中文版 AutoCAD 2013 建筑制图实用教程

高林　徐彬　刘晓民　编著

人民邮电出版社
北京

图书在版编目（CIP）数据

中文版AutoCAD 2013建筑制图实用教程 / 高林，徐彬，刘晓民编著. -- 北京 : 人民邮电出版社，2013.5（2017.1 重印）
ISBN 978-7-115-31073-6

Ⅰ. ①中… Ⅱ. ①高… ②徐… ③刘… Ⅲ. ①建筑制图－计算机辅助设计－AutoCAD软件 Ⅳ. ①TU204

中国版本图书馆CIP数据核字(2013)第041333号

内容提要

本书主要讲述 AutoCAD 2013 绘制建筑图形的基本思路和具体方法。全书由浅入深、循序渐进地讲解了利用 AutoCAD 绘制建筑图形必备的基础知识，包括建筑平面图、立面图、剖面图的绘制实例介绍及典型三维图形的绘制。

全书分为 16 章，第 1 章～第 2 章主要讲解 AutoCAD 2013 的基础知识和设置绘图环境。第 3 章～第 5 章主要讲解 AutoCAD 的基本操作，包括基本二维图形的绘制命令、编辑命令和添加标注等；第 6 章～第 7 章主要讲解三维实体的绘制及基础实例。第 8 章～第 15 章主要讲解建筑设计图纸的绘制，包括绘制建筑总平面图、建筑平面图、建筑立 面图、建筑剖面图等，以及结构和设备施工图。第 16 章主要介绍图纸的布局和打印等。

本书内容丰富，可读性强，既适合建筑设计专业人员使用，又适合作为相关专业学生的教材。

◆ 编　著 高　林　徐　彬　刘晓民
责任编辑 孟飞飞
◆ 人民邮电出版社出版发行　北京市丰台区成寿寺路 11 号
邮编 100164　电子邮件 315@ptpress.com.cn
网址 http://www.ptpress.com.cn
固安县铭成印刷有限公司印刷
◆ 开本：787×1092 1/16
印张：28
字数：788 千字　2013 年 5 月第 1 版
印数：3 501- 3 700 册　2017 年 1 月河北第 2 次印刷

ISBN 978-7-115-31073-6

定价：49.80 元（附光盘）

读者服务热线：(010)81055410　印装质量热线：(010)81055316
反盗版热线：(010)81055315
广告经营许可证：京东工商广字第 8052 号

前 言

随着计算机技术的飞速发展，AutoCAD技术已经广泛应用于机械、电子、化工和建筑等行业。AutoCAD 2013是Autodesk公司最新推出的制图软件，广泛应用于建筑设计、工程制图和机械制造等领域，它以友好的用户界面、丰富的命令和强大的功能，逐渐赢得了各行业的青睐，成为国内外最受欢迎的计算机辅助设计软件。

自1982年美国Autodesk公司推出AutoCAD软件以来，先后经历了十多次的版本升级，AutoCAD 2013是AutoCAD所有版本中最快捷、最便捷的版本，它提供的新增功能和增强功能能够帮助用户更快地创建设计数据，方便地共享设计数据，更有效地管理软件。

为了使读者能够深入掌握AutoCAD 2013我们编写了此书，在编写的过程中力求做到深入浅出，语言简练，使读者能够很快掌握AutoCAD的基本操作和技巧。本书不但适合于建筑制图的入门者，而且适合于具有一定设计经验的建筑设计师及有关院校建筑土木专业的师生使用。

本书以AutoCAD 2013为基础，针对建筑设计领域，系统地介绍了AutoCAD 2013的基础知识，并结合基本的绘图知识讲解如何使用AutoCAD绘制建筑施工图。全书由16章组成，第1～5章主要讲解了AutoCAD 2012的基础知识，包括AutoCAD的绘图环境、二维绘图命令、二维图形的修改和编辑命令、文字标注和尺寸标注以及图块的使用等。第6～7章主要讲解了三维绘图基础及如何编辑三维图形，通过此部分的学习，读者可以绘制出复杂的三维图形。第8～15章包括建筑施工图的绘制，如建筑总平面图的绘制、建筑平面图的绘制、建筑剖面图的绘制等，还包括结构施工图和设备施工图的绘制等，主要讲解了建筑施工图的绘制，有利于读者上机实践。

本书全面系统地讲解了AutoCAD 2013的命令和操作过程，每个知识点都结合实例进行了详细的说明。根据建筑工程本身的要求，以及施工图的内容和绘制要求，结合建筑图的绘制实例，详细地介绍了应用AutoCAD 2013绘制建筑施工图的方法和技巧。

本书配套光盘中包含所有实例的场景文件和使用的图块，读者可以根据书中的讲解配合光盘的实例文件一起学习，以便达到更好的效果。

本书由高林、徐彬、刘晓民编写，其中高林编写第1、3、8、9、10、11、12、13、15、16章，徐彬编写第2、4、5、6、7、14章，刘晓民负责整体统稿。由于编写水平有限，本书难免有不足之处，恳请广大读者批评指正。

编　者

2013年3月

目 录 CONTENTS

目 录 CONTENTS

目 录 CONTENTS

目 录 CONTENTS

目 录 CONTENTS

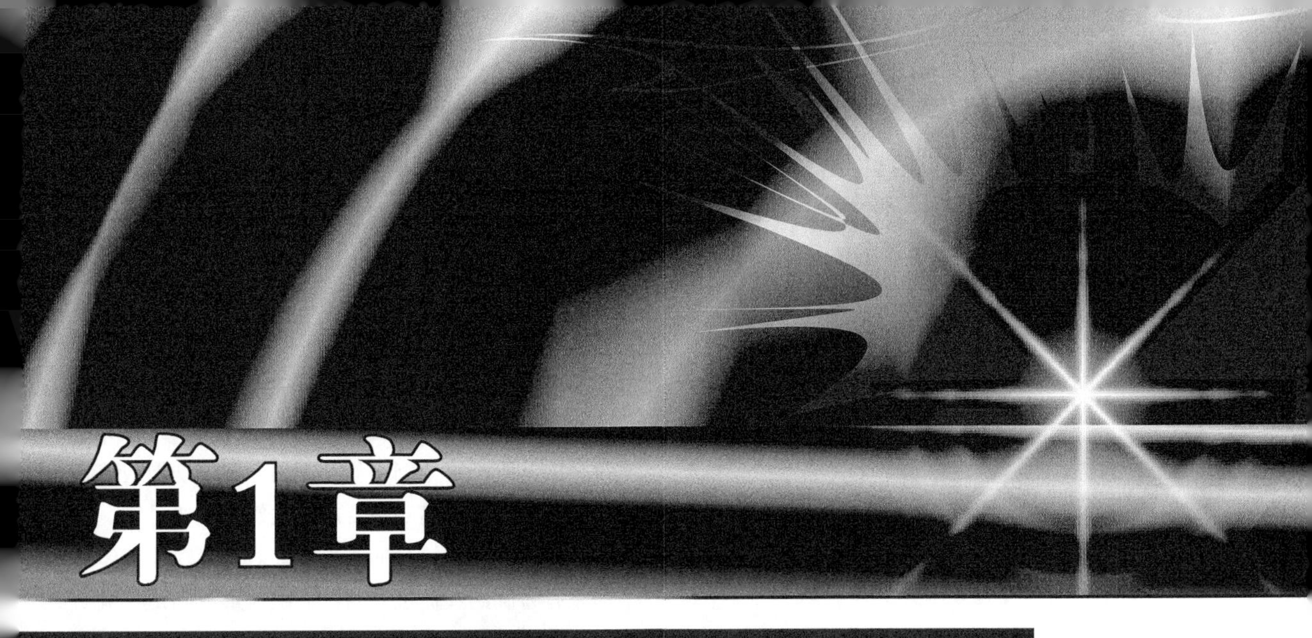

第1章 AutoCAD 2013建筑绘图基础

通过本章的学习，读者应掌握建筑绘图的基础知识，AutoCAD 2013建筑绘图的基本知识，工作界面，图形文件管理等。本章通过对模型空间与图纸空间、坐标系的简单介绍，使读者更清楚地了解AutoCAD 2013的绘图环境，并通过视图显示的控制及AutoCAD设计中心的讲解，使读者可以加深对绘图基本知识的理解。

课堂学习目标

建筑绘图的基本知识
AutoCAD 2013的操作界面及基本功能
图形文件的创建、打开和保存等
视图显示的控制
AutoCAD 2013设计中心

1.1 建筑绘图基本知识

建筑设计是在总体规划的前提下，根据任务书的要求，综合考虑基地环境、使用功能、结构施工、材料设备、建筑经济及建筑艺术等问题，着重解决建筑物内部各种使用功能和使用空间的合理安排，建筑与周围环境、各种外部条件的协调配合，内部和外表的艺术效果，各个细部的构造方式等，创造出既符合科学性又具有艺术性的生产和生活环境。

1.1.1 建筑设计概述

建筑是人们为满足生活、生产或其他活动的需要而创造的物质的、有组织的空间环境。从广义上讲，建筑既表示建筑工程或土木工程的营建活动，又表示这种活动的成果。有时建筑也泛指某种抽象的概念，如隋唐建筑、现代建筑、哥特式建筑等。一般情况下，建筑仅指营建活动的成果，即建筑物和构筑物。建筑物是供人们进行生活、生产或其他活动的房屋或场所，如住宅、厂房、商场等。构筑物是为某种工程目的而建造的，人们一般不直接在其内部进行生活和生产活动的建筑，如桥梁、烟囱、水塔等。

建筑的构成要素是建筑功能、建筑技术、建筑形象，通常称为建筑的三要素。建筑功能指人们建造房屋总是有其具体的目的和使用要求。例如，住宅是为了家庭生活起居的需要，学校建筑是为了教学活动的需要，厂房是为了生产的需要而建造的。不同类型的建筑具有不同的建筑功能。建筑技术是指建筑材料、建筑结构、建筑设备和建筑施工等内容。建筑材料和建筑结构是构成建筑空间环境的骨架；建筑设备是保证建筑物达到某种要求的技术条件；建筑施工是实现建筑生产的过程和方法。随着社会生产和科学技术的不断发展，各种新材料、新结构、新设备不断出现，施工工艺不断更新。建筑形象是指建筑既是物质产品，又具有一定的艺术形象，它不仅用来满足人们的物质功能要求，还应满足人们的精神和审美要求。建筑形象包括建筑内部空间组合、建筑外部体形、立面构图、细部处理、材料的色彩和质感及装饰处理等内容。良好的建筑形象具有较强的艺术感染力，如庄严雄伟、宁静幽雅、简洁明快等，使人获得精神上的满足和享受。另外，建筑形象还不可避免地要反映社会和时代的特点。

建筑功能、建筑技术、建筑形象三者是辨证统一的，既不可分割又相互制约。建筑功能通常起着主导作用，满足功能要求是建筑的主要目的；建筑技术是达到建筑目的的手段，对建筑功能和建筑形象有着制约和促进作用；而建筑形象则是建筑功能、建筑技术与建筑艺术的综合表现，但也不完全是被动地反映建筑功能和建筑技术，在同样的功能和技术条件下，也可创造出不同的建筑形象。

建造房屋从拟定计划到建成使用，通常有编制计划任务书、选择和勘测基地、设计、施工，以及交付使用后的回访总结等几个阶段。设计工作又是其中比较关键的环节，它必须严格执行国家基本建设计划，并且具体贯彻建设方针和政策。通过设计这个环节，把计划中关于设计任务的文字资料编制成表达整幢或成组房屋立体形象的全套图纸。

房屋的设计一般包括建筑设计、结构设计和设备设计等几部分，它们之间既有分工又相互密切配合。由于建筑设计是建筑功能、工程技术和建筑艺术的综合，因此必须综合考虑建筑、结构、设备等工种的要求，以及这些工种的相互联系和制约。设计人员必须贯彻执行建筑方针和政策，正确掌握建筑标准，重视调查研究和群众路线的工作方法。建筑设计还和城市建设、建筑施工、材料供应以及环境保护等部门的关系极为密切。

建筑设计的依据文件有：主管部门有关建筑任务的使用要求、建筑面积、单方造价和总投资的批文，以及有关部、委或省、市、地区规定的有关设计定额和指标；工程设计任务书；城建部门同意设计的批文；委托设计工程项目表。

设计人员根据上述设计的有关文件，通过调查研究，收集必要的原始资料和勘测设计资料，综合考虑总体规划、基地环境、功能要求、结构施工、材料设备、建筑经济以及建筑艺术等多方面的问题，进行设计并绘制出建筑图纸，编写主要设计意图的说明书，其他工种也相应设计并绘制各类图纸，编制各工种的计算书、说明书以及概算和预算书。上述整套设计图纸和文件便成为建筑房屋施工的依据。

1.1.2　建筑设计的原则

建筑结构设计中，应综合处理好各种技术因素，必须全面综合考虑坚固适用、技术先进、经济合理、美观大方等，应遵循以下原则。

（1）必须满足建筑物使用功能要求。由于建筑物的使用性质和所在地区的不同、环境不同，因而对建筑结构设计有不同的技术要求。例如在保温性能、通风采光及防潮防水方面的要求，各种不同使用要求的建筑物都有所不同。北方地区要求建筑在冬季保温；南方地区要求建筑能通风、隔热；而剧场等建筑则要求考虑吸声、隔音等要求。

（2）必须有利于结构安全。建筑物的设计过程中，除了要根据荷载大小和结构要求确定构件的基本尺寸，此外还要根据一些受力构件在结构中的具体受力情况，比如阳台、悬挑板等构件，都必须采取必要的措施，以确保建筑物的安全。

（3）必须适用建筑工业化的要求。在建筑设计中，应大力改进传统的建筑方法，广泛使用标准设计、标准构配件及其制品，使构配件生产工业化、节点构造定型化。与此同时，在开发新材料、新结构、新设备的基础上，注意促进对传统材料、结构、设备和施工方法的更新和改造。

（4）必须考虑建筑的经济、社会和环境的综合效益。在建筑结构设计中，应综合考虑建筑物的整体经济效益，在经济上注意降低造价，降低材料的能源消耗。

（5）必须注意建筑物整体美观。建筑物的形象主要取决于建筑设计的体型组合和立面组合，一些细部构造处理对整体美观也有很大的影响。

（6）必须符合总体规划的要求。单体建筑是总体规划的组成部分，必须充分考虑和周围环境的关系。

建筑结构设计的要求包括满足建筑功能要求，采用合理的技术措施，具有良好的经济效果，考虑建筑美观要求和符合总体规划要求。

建筑设计的依据包括人体尺度和人体活动所需的空间尺度，家具、设备的尺寸和使用它们的必要空间，温度、湿度、日照、雨雪、风向、风速等气候条件，地形、地质条件和地震烈度，建筑模数和模数制。

1.1.3　建筑设计的过程

建筑设计的过程一般分为设计前的准备工作和设计阶段两个部分。下面分别进行介绍。

● 设计前的准备工作

设计前的准备工作包括落实设计任务和调查研究、收集资料，落实设计任务主要包括掌握必要批文以及熟悉设计任务书。

1. 掌握必要的批文

建设单位必须具有以下批文才可向设计单位办理委托设计手续。

- 主管部门的批文。上级主管部门对建设项目的批准文件，包括建设项目的使用要求、建筑面积、单方造价和总投资等。
- 城市建设部门同意设计的批文。为了加强城市的管理及进行统一规划，一切设计都必须事先得到城市建设部门的批准。批文必须明确指出用地范围（常用红色线划定），以及有关规划、环境及个体建筑的要求。

2. 熟悉设计任务书

设计任务书是经上级主管部门批准提供给设计单位进行设计的依据性文件，一般包括以下内容。

- 建设项目总的要求、用途、规模及一般说明。
- 建设项目的组成，单项工程的面积、房间组成、面积分配及使用要求。
- 建设项目的投资及单方造价，土建设备及室外工程的投资分配。
- 建设基地大小、形状、地形，原有建筑及道路现状，并附地形测量图。

- 供电、供水、采暖及空调等设备方面的要求，并附有水源、电源的使用许可文件。
- 设计期限及项目建设进度计划安排要求。

除设计任务书提供的资料外，还应当收集必要的设计资料和原始数据，如：建设地区的气象、水文地质资料；基地环境及城市规划要求；施工技术条件及建筑材料供应情况；与设计项目有关的定额指标及已建成的同类型建筑的资料；当地文化传统、生活习惯及风土人情等。

● 设计阶段的划分

建筑设计过程按工程复杂程度、规模大小及审批要求，划分为不同的设计阶段。一般分两阶段设计或三阶段设计。两阶段设计是指初步设计和施工图设计两个阶段，一般的工程多采用两阶段设计。对于大型民用建筑工程或技术复杂的项目，采用三阶段设计，即初步设计、技术设计和施工图设计。

1. 初步设计阶段

初步设计的内容一般包括设计说明书、设计图纸、主要设备材料表和工程概算等四部分，具体的图纸和文件有如下内容。

- 设计总说明：设计指导思想及主要依据，设计意图及方案特点，建筑结构方案及构造特点，建筑材料及装修标准，主要技术经济指标以及结构、设备等系统的说明。
- 建筑总平面图：比例1:500、1:1 000，应表示用地范围，建筑物位置、大小、层数及设计标高，道路及绿化布置，技术经济指标。
- 各层平面图、剖面图及建筑物的主要立面图：比例1:100、1:200，应表示建筑物各主要控制尺寸，如总尺寸、开间、进深、层高等，同时应表示标高，门窗位置，室内固定设备及有特殊要求的厅、室的具体布置，立面处理，结构方案及材料选用等。
- 工程概算书：建筑物投资估算，主要材料用量及单位消耗量。
- 大型民用建筑及其他重要工程，必要时可绘制透视图、鸟瞰图或制作模型。

2. 技术设计阶段

主要任务是在初步设计的基础上进一步解决各种技术问题。技术设计的图纸和文件与初步设计大致相同，但更详细些。具体内容包括整个建筑物和各个局部的具体做法，各部分确切的尺寸关系，内外装修的设计，结构方案的计算和具体内容、各种构造和用料的确定，各种设备系统的设计和计算，各技术工种之间各种矛盾的合理解决，设计预算的编制等。

3. 施工图设计阶段

施工图设计是建筑设计的最后阶段，是提交施工单位进行施工的设计文件。

施工图设计的主要任务是满足施工要求，解决施工中的技术措施、用料及具体做法。

施工图设计的内容包括建筑、结构、水电、采暖通风等工种的设计图纸、工程说明书，结构及设备计算书和概算书。具体图纸和文件有如下内容。

- 建筑总平面图：与初步设计基本相同。
- 建筑物各层平面图、剖面图、立面图：比例1:50、1:100、1:200。除表达初步设计或技术设计内容以外，还应详细标出门窗洞口、墙段尺寸及必要的细部尺寸、详图索引。
- 建筑构造详图：应详细表示各部分构件关系、材料尺寸及做法、必要的文字说明。根据节点需要，比例可分别选用1:20、1:10、1:5、1:2、1:1等。
- 各工种相应配套的施工图纸，如基础平面图、结构布置图、钢筋混凝土构件详图、水电平面图及系统图、建筑防雷接地平面图等。
- 设计说明书：包括施工图设计依据、设计规模、面积、标高定位、用料说明等。
- 结构和设备计算书。
- 工程概算书。

1.1.4 建筑制图规范对填充的要求

房屋建筑制图统一标准（GB/T 50001—2001）中对建筑制图中的图案填充有着详细的规定。

（1）图例线应间隔均匀，疏密适度，做到图例正确，表示清楚。

（2）不同品种的同类材料使用同一图例时（如某些特定部位的石膏板必须注明是防水石膏板时），应在图上附加必要的说明。

（3）两个相同的图例相接时，图例线宜错开或使倾斜方向相反，如图1-1所示。

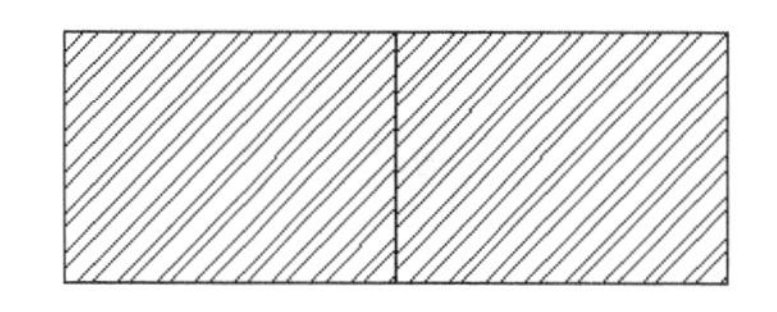

图1-1 相同图例相接时的画法

（4）两个相邻的涂黑图例（如混凝土构件、金属件）间，应留有空隙。其宽度不得小于0.7mm。

（5）需画出的建筑材料图例面积过大时，可在断面轮廓线内，沿轮廓线作局部表示。

1.1.5　建筑制图规范对文字的要求

（1）《房屋建筑制图统一标准》GB/T 50001—2001中要求图纸上所需书写的文字、数字或符号等，均应笔画清晰、字体端正、排列整齐；标点符号应清楚正确。文字的字高，应从如下系列中选用：3.5mm、5mm、7mm、10mm、14mm、20mm。图样及说明中的汉字，宜采用长仿宋体，宽度与高度的关系应符合表1-1中的规定。

表1-1　长仿宋体字高宽关系（mm）

字高	20	14	10	7	5	3.5
字宽	14	10	7	5	3.5	2.5

（2）拉丁字母、阿拉伯数字与罗马数字的书写与排列，应符合表1-2的规定。

表1-2　拉丁字母、阿拉伯数字与罗马数字的书写规格

书写格式	一般字体	窄字体
大写字母高度	h	h
小写字母高度（上下均无延伸）	7/10h	10/14h
小写字母伸出头或尾部	3/10h	4/14h
笔画宽度	1/10h	1/14h
字母间距	2/10h	2/14h
上下行基准线最小间距	15/10h	21/14h
词间距	6/10h	6/14h

（3）拉丁字母、阿拉伯数字与罗马数字，如需写成斜体字，其斜度应是从字的底线逆时针向上倾斜75°。斜体字的高度与宽度应与相应的直体字相等。

（4）拉丁字母、阿拉伯数字与罗马数字的字高，应不小于2.5mm。数量的数值注写，应采用正体阿拉伯数字。各种计量单位凡前面有量值的，均应采用国家颁布的单位符号注写。单位符号应采用正体字母。

（5）分数、百分数和比例数的注写，应采用阿拉伯数字和数学符号，例如四分之三、百分之二十五和一比二十应分别写成3/4、25%和1:20。

（6）当注写的数字小于1时，必须写出个位的“0”，小数点应采用圆点，对齐基准线书写，例如0.01。

1.1.6 建筑制图规范对尺寸的要求

《房屋建筑制图统一标准》GB/T—50001—2001中对建筑制图中的尺寸标注有着详细的规定。下面分别介绍规范对尺寸界线、尺寸线、尺寸起止符号和标注文字（尺寸数字）的一些要求。

1. 尺寸界线、尺寸线及尺寸起止符号

尺寸界线应用细实线绘制，一般应与被注长度垂直，其一端应离开图样轮廓线不小于2mm，另一端宜超出尺寸线2～3mm。图样轮廓线可用作尺寸界线。

尺寸线应用细实线绘制，应与被注长度平行。图样本身的任何图线均不得用作尺寸线。因此尺寸线应调整好位置避免与图线重合。

尺寸起止符号一般用中粗斜短线绘制，其倾斜方向应与尺寸界线成顺时针45°角，长度宜为2～3mm。半径、直径、角度与弧长的尺寸起止符号，宜用箭头表示。

2. 尺寸数字

图样上的尺寸，应以尺寸数字为准，不得从图上直接量取。但建议按比例绘图，这样可以减少绘图错误。图样上的尺寸单位，除标高及总平面以米为单位外，其他必须以毫米为单位。

尺寸数字一般应依据其方向注写在靠近尺寸线的上方中部。如没有足够的注写位置，最外边的尺寸数字可注写在尺寸界线的外侧，中间相邻的尺寸数字可错开注写。

3. 尺寸的排列与布置

尺寸宜标注在图样轮廓以外，不宜与图线、文字及符号等相交， 互相平行的尺寸线，应从被注写的图样轮廓线由近向远整齐排列，较小尺寸应离轮廓线较近，较大尺寸应离轮廓线较远。

图样轮廓线以外的尺寸线，距图样最外轮廓之间的距离，不宜小于10mm。平行排列的尺寸线的间距，宜为7～10mm，并应保持一致。

总尺寸的尺寸界线应靠近所指部位，中间的分尺寸的尺寸界线可稍短，但其长度应相等。

4. 半径、直径、球的尺寸标注

半径的尺寸线应一端从圆心开始，另一端画箭头指向圆弧。半径数字前应加注半径符号“R”。

标注圆的直径尺寸时，直径数字前应加直径符号“Φ”。在圆内标注的尺寸线应通过圆心，两端画箭头指至圆弧。

标注球的半径尺寸时，应在尺寸前加注符号“SR”。标注球的直径尺寸时，应在尺寸数字前加注符号“SΦ”。注写方法与圆弧半径和圆直径的尺寸标注方法相同。

5. 角度、弧度、弧长的标注

角度的尺寸线应以圆弧表示。该圆弧的圆心应是该角的顶点,角的两条边为尺寸界线。起止符号应以箭头表示，如没有足够位置画箭头，可用圆点代替，角度数字应按水平方向注写。

标注圆弧的弧长时，尺寸线应以与该圆弧同心的圆弧线表示，尺寸界线应垂直于该圆弧的弦，起止符号用箭头表示，弧长数字上方应加注圆弧符号“⌒”。

标注圆弧的弦长时，尺寸线应以平行于该弦的直线表示，尺寸界线应垂直于该弦，起止符号用中粗斜短线表示。

6. 标高

标高数字应以米为单位，注写到小数点以后第三位。在总平面图中，可注写到小数点以后第二位。零点标高应注写成±0.000，正数标高不注“+”，负数标高应注“–”，例如3.000、–0.600。

1.1.7 建筑制图规范对线型、线宽的要求

《房屋建筑制图统一标准》GB/T 5001—2001中对建筑制图的线型和线宽都由比较明确的规定，这样便于设计人员的读图和绘图，以及加强图纸的通用性。

（1）图线的基本宽度b，宜从下列线宽系列中选取：2.0、1.4、1.0、0.7、0.5、0.35mm。每个图样，应根据复杂程度与比例大小，先选定基本线宽b，再在表1-3中选取相应的线宽组。同一张图纸内，相同比例的各图样，应选用相同的线宽组。

表1-3　线宽组（mm）

线宽比	线宽组					
B	2.0	1.4	1.0	0.7	0.5	0.35
0.5b	1.0	0.7	0.5	0.35	0.25	0.18
0.25b	0.5	0.35	0.25	0.18	—	—

注：1. 需要微缩的图纸，不宜采用0.18mm及更细的线宽

2. 同一张图纸内，各种不同线宽中的细线，可采用统一较细的线宽组的细线

（2）工程建设制图，不同的线型和线宽有着不同的含义，比较统一的选取原则参见表1-4所示的图线。

表1-4　图线

名称		线型	线宽	一般用途
实线	粗		b	主要可见轮廓线
	中		0.5b	可见轮廓线
	细		0.25b	可见轮廓线、图例线
虚线	粗		b	见各有关专业制图标准
	中		0.5b	不可见轮廓线
	细		0.25b	不可见轮廓线、图例线
单点长划线	粗		b	见各有关专业制图标准
	中		0.5b	见各有关专业制图标准
	细		0.25b	中心线、对称线等
双点长划线	粗		b	见各有关专业制图标准
	中		0.5b	见各有关专业制图标准
	细		0.25b	假想轮廓线、成型前原始轮廓线
折断线			0.25b	断开界限
波浪线			0.25b	断开界限

（3）图纸的图框和标题栏线，可采用表1-5所示的线宽。

表1-5　图框线、标题栏线的宽度（mm）

图幅代号	图框线	标题栏外框线	标题栏分格线、会前栏线
A0、A1	1.4	0.7	0.35
A2、A3、A4	1.0	0.7	0.35

（4）相互平行的图线，其间隙不宜小于其中的粗线宽度，且不宜小于0.7mm。

（5）虚线、单点长画线或双点长画线的线段长度和间隔，宜各自相等。

（6）单点长画线或双点长画线，当在较小图形中绘制有困难时，可用实线代替。

（7）单点长画线或双点长画线的两端，不应是点。点画线与点画线交接或点画线与其他图线交接时，应是线段交接。

（8）虚线与虚线交接或虚线与其他图线交接时，应是线段交接。虚线为实线的延长线时，不得与实线连接。

（9）图线不得与文字、数字或符号重叠、混淆，不可避免时，应首先保证文字等的清晰。

1.2 了解AutoCAD 2013建筑绘图

AutoCAD 2013简体中文版具有良好的用户界面，通过交互菜单或命令行方式便可以进行各种操作。它的多文档设计环境，让非计算机专业人员也能很快地学会使用。在不断实践的过程中更好地掌握它的各种应用和开发技巧，从而不断提高工作效率，具有广泛的适应性。AutoCAD 2013软件整合了制图和可视化，加快了任务的执行，能够满足个人用户的需求和偏好，能够更快地执行常见的CAD 任务，更容易找到那些不常见的命令。新版本也能通过让用户在不需要软件编程的情况下自动操作制图从而进一步简化了制图任务，极大地提高了效率。借助于AutoCAD可以对建筑设计反复进行多方案的比较、评价，可以选取各个不同的角度观察拟建建筑物，十分精确地求出任意观察方向的透视，甚至可以进入建筑物内部……简而言之，AutoCAD是建筑师最忠实的助手，可以用它做出任何想得到的设计方案。

1.2.1 AutoCAD概述

AutoCAD是由美国Autodesk公司于20世纪80年代初为了在微机上应用CAD技术而开发的绘图程序软件包，经过不断的完美，现已经成为国际上广为流行的绘图工具。AutoCAD 2013是Autodesk公司推出的AutoCAD最新版本。AutoCAD可以绘制任意二维和三维图形，并且同传统的手工绘图相比，用AutoCAD绘图速度更快、精度更高、而且便于个性，它已经在航空航天、造船、建筑、机械、电子、化工、美工、轻纺等很多领域得到了广泛应用，并取得了丰硕的成果和巨大的经济效益。

● AutoCAD的简介

AutoCAD软件是美国Autodesk公司开发的产品，问世于1982年，是用在微机平台上的设计软件。它将制图带入了个人计算机时代。CAD是英语“Computer Aided Design”的缩写，意思是“计算机辅助设计”。AutoCAD软件现已成为全球领先的、使用最为广泛的计算机绘图软件，用于二维绘图、详细绘制、设计文档和基本三维设计。

Autodesk是世界领先的设计软件和数字内容提供商，目前全球财富排行100强的全部客户和排行500强的98%的客户都已经采用了Autodesk软件技术和应用解决方案。从1995年进入中国以来，Autodesk的产品在中国已成为中国制造业、建筑工程行业、土木及基础设施建设等多种产业技术信息化的一个重要工具，也是中国参与国际竞争的重要工具。

● AutoCAD的发展

AutoCAD绘图软件由美国Autodesk公司于1982年推出，首次应用于微型计算机，是计算机应用历史上的一次重大变革。从AutoCAD 1.0版本开始，逐步改进和完善，经历了十几个版本的更新。从DOC版本到Windows版本，从二维到三维的开发和升级，逐步适应着社会的发展，随后又增加了Internet功能和影视动画功能，使其功能更加强大。现已经成为国际上广为流行的绘图工具。

AutoCAD的发展过程可分为初级阶段、发展阶段、高级发展阶段、完善阶段和进一步完善阶段5个阶段。

1. 初始阶段

在初级阶段里AutoCAD更新了5个版本。

1982年11月，首次推出了AutoCAD 1.0版本。

1983年4月，推出了AutoCAD 1.2版本。

1983年8月，推出了AutoCAD 1.3版本。

1983年10月，推出了AutoCAD 1.4版本。

1984年10月，推出了AutoCAD 2.0版本。

2. 发展阶段

在发展阶段里，AutoCAD更新了以下版本。

1985年5月，推出了AutoCAD 2.17版本和2.18版本。

1986年6月，推出了AutoCAD 2.5版本。

1987年9月后，陆续推出了AutoCAD 9.0版本和9.03版本。

3. 高级发展阶段

在高级发展阶段里，AutoCAD经历了3个版本，使AutoCAD的高级协助设计功能逐步完善。它们是1988年8月推出的AutoCAD 10.0版本、1990年推出的11.0版本和1992年推出的12.0版本。

4. 完善阶段

在完善阶段中，AutoCAD版本逐步由DOS平台转向Windows平台。

1996年6月，AutoCAD R13版本问世。

1998年1月，推出了划时代的AutoCAD R14版本。

1999年1月，AutoCAD公司推出了AutoCAD 2000版本。

5. 进一步完善阶段

在进一步完善阶段中，AutoCAD经历了两个版本，功能逐渐加强。

2001年9月Autodesk公司向用户发布了AutoCAD 2002版本。

2003年5月，Autodesk公司在北京正式宣布推出其AutoCAD软件的划时代版本——AutoCAD 2004简体中文版。

2004年8月，Autodesk公司在北京正式宣布推出更具划时代意义的AutoCAD版本——AutoCAD 2005简体中文版。

2005年之后，推出AutoCAD 2006版本和AutoCAD 2007版本。

2007年，AutoCAD更新到AutoCAD 2008版本。

2008年，AutoCAD更新到AutoCAD 2009版本。

2009年，AutoCAD更新到AutoCAD 2010版本。

2010年，AutoCAD更新到AutoCAD 2011版本。

2011年，AutoCAD又更新到AutoCAD 2012版本。

最近推出的AutoCAD 2013简体中文版使其版本更加趋于完善。

1.2.2　AutoCAD的功能

AutoCAD是一个辅助设计软件，满足通用设计和绘图的要求，提供了各种接口，可以和其他设计软件共享设计成果，并能十分方便地进行图片文件管理。AutoCAD提供了如下重要功能。

1. 基本绘图功能

- 提供绘制各种二维图形的工具，并可以根据所绘制的图形进行测量和标注尺寸；
- 具备对图形进行修改、删除、移动、旋转、复制、偏移、剪切、圆角等多种强大的编辑功能；
- 具备缩放、平移等动态观察功能，并具有透视、投影、轴测、着色等多种图形显示方式；
- 提供栅格、正交、极轴、对象捕捉及追踪等多种辅助工具，保证精确绘图；
- 提供图块及属性等功能，大大提高绘图效率；
- 使用图层管理器管理不同专业和类型的图线，可根据颜色、线型、线宽分类管理图线，并可以方便地控制图形的显示或打印；

- 可对指定的图形区域进行图案填充；
- 提供在图形中书写、编辑文字的功能，提供插入、编辑表格的功能；
- 创建三维几何模型，并可以对其进行修改或提取几何和物理特性。

2. 辅助设计功能

AutoCAD软件不仅仅具备绘图功能，它还提供了工程设计和计算的功能：

- 可以进行参数化设计，约束图形几何特性和尺寸特性；
- 可以查询图形的长度、面积、体积、力学等特征；
- 提供在三维空间中的各种绘图和编辑功能，具备三维实体和三维曲造型的功能，便于用户对设计有直观的了解和认识；
- 提供图纸集功能，可方便地管理设计图纸，进行批量打印等；
- 提供多种软件的接口，可方便地将设计数据和图形在多个软件中共享，进一步发挥各个软件的特点和优势。

3. 开发定制功能

针对不同专业的用户需求，在AutoCAD提供强大的二次开发工具，让用户能定制和开发适于本专业设计特点的功能。在这方面提供了如下功能：

- 具备强大的用户定制功能，用户可以方便地将界面、快捷键、工具选项板、简化命令等改造得更易于使用；
- 具有良好的二次开发性，AutoCAD提供多种方式以使用户按照自己的思路去解决问题：AutoCAD开放的平台使用户可以用AutoLISP、LISP、ARX、VBA、AutoCAD.NET等语言开发适合特定行业使用的CAD产品。

1.2.3 AutoCAD 2013的新特性

1. 用户交互命令行增强功能

命令行界面已得到革新，包括颜色、透明度，还可以更灵活地显示历史记录和访问最近使用的命令。用户可以将命令行固定在 AutoCAD 窗口的顶部或底部，如图1-2所示；或使其浮动以最大化绘图区域。如图1-3所示。

图1-2 固定命令行

图1-3 浮动命令行

浮动命令行以单行显示，在 AutoCAD 窗口上方浮动。它包括半透明的提示历史记录，可以在不影响绘图区域的情况下显示多达 50 行的历史记录。命令行中的新工具可使用户轻松访问提示历史记录的行数以及自动完成透明度和选项控件。可以按 F2 键或浮动命令行右侧的弹出型按钮来显示更多行的命令历史记录。命令行处于浮动状态时，只需将它移动到 AutoCAD 窗口或固定选项板的附近，命令行即可快速附着到这些边上。当调整 AutoCAD 窗口或固定选项板的大小或移动它们时，命令行也会相应地移动，以保持其相对于边的位置。如果解除相邻选项板的固定，命令行会自动附着到下一个选项板或 AutoCAD 窗口。如果要在边框的边附近放置 CLI 窗口而不附着，只需在按 Ctrl 键的同时移动它即可。通过使用左侧的夹点将命令行移动到位，可以在 AutoCAD 窗口的顶部或底部固定命令行。

不管命令行是浮动还是固定，命令图标有助于识别命令行并在 AutoCAD 等待命令时进行指示。命令处于活动状态时，该命令的名称将始终显示在命令行中。以蓝色显示的可单击选项使用户易于访问活动命令中的选项。并且可以从“选项”对话框的“显示”选项卡中设置命令行字体。

2. AutoCAD 2013阵列增强功能

阵列增强功能可帮助用户以更快且更方便的方式创建对象。

为矩形阵列选择了对象之后，它们会立即显示在 3 行 4 列的栅格中，如图1-4所示。在创建环形阵列时，在指定圆心后将立即在 6 个完整的环形阵列中显示选定的对象，如图1-5所示。为路径阵列选择对象和路径后，对象会立即沿路径的整个长度均匀显示，如图1-6所示。对于每种类型的阵列（矩形、环形和路径），在阵列对象上的多功能夹点使您可以动态编辑相关的特性。用户可以使用 Ctrl 键循环浏览具有多个选项的夹点。除了使用多功能夹点，还可以在上下文功能区选项卡以及在命令行中修改阵列的值。

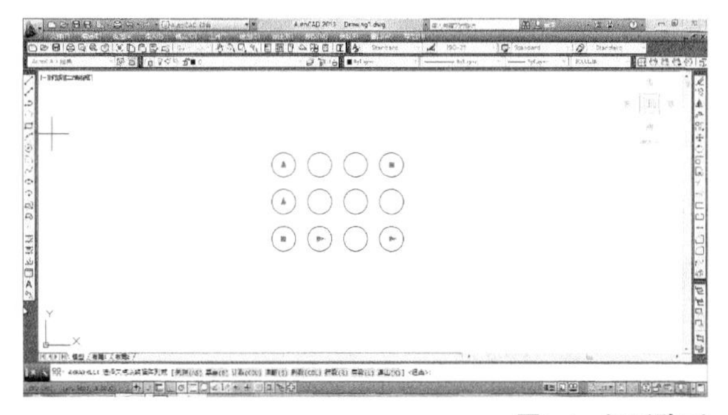

图1-4 矩形阵列

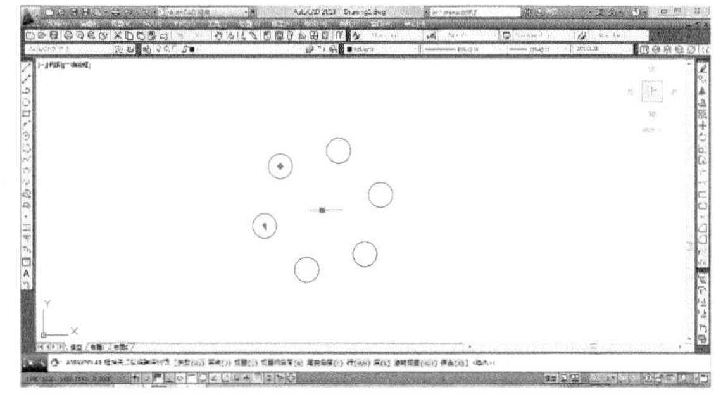

图1-5 环形阵列

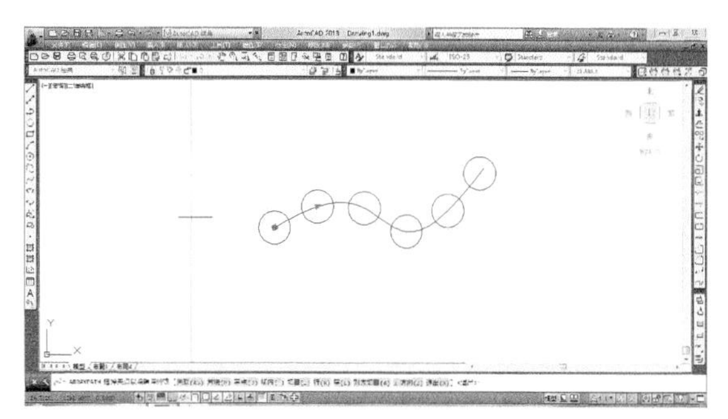

图1-6 路径阵列

当使用测量方法时，路径阵列可提供更大的灵活性和控制力。在创建期间使用“切线方向”选项，更易于指定相对于路径的阵列中对象的方向。项目计数切换可使用户基于间距和曲线长度计数（以填充路径），也可以明确控制该数量。在增加或减少项目间距时，项目数会自动增大或减小以适合指定的路径。同样，当路径长度更改时，项目数会自动增加或减少以填充路径。当项目计数切换处于禁用状态时，阵列末端的其他夹点提供项目计数和项目总间距的动态编辑，以沿路径曲线的一部分进行排列。

3. AutoCAD 2013画布内特性预览

用户可以在应用更改前对对象动态预览和更改视口特性。例如，如果您选择对象，然后使用“特性”选项板更改颜色，当光标经过列表中或“选择颜色”对话框中的每种颜色时，选定的对象会随之动态地改变颜色。当您更改透明度时，也会动态应用对象透明度。

预览不局限于对象特性，视口内显示的任何更改都可预览。例如，当光标经过视觉样式、视图、日光和天光特性、阴影显示和 UCS 图标时，其效果会随之动态地应用到视口中。

您可以使用新的系统变量控制特性预览行为。也可以在“选项”对话框中访问。

4. 快速查看图形及图案填充编辑器

在“快速查看图形”缩略图中的粗体文本和彩色边框有助于突出当前处于活动状态的视图。

图案填充编辑器在AutoCAD 2013中已得到增强，可以更快且更轻松地编辑多个图案填充对象。即使在您选择多个图案填充对象时，也会自动显示上下文“图案填充编辑器”功能区选项卡。同样，当使用图案填充编辑器的命令行版本(-HATCHEDIT) 时，现在用户可以选择多个图案填充对象，以便同时编辑。

5. AutoCAD 2013新功能光栅图像及外部参照

光栅图像：两色重采样的算法已经更新，以提高范围广泛的受支持图像的显示质量。

外部参照：用户可以在“外部参照”选项板中直接编辑保存的路径，找到的路径显示为只读。快捷菜单包含一些其他更新。在对话框中，默认类型会更改为相对路径，除非相对路径不可用。例如，如果图形尚未保存或宿主图形和外部文件位于不同的磁盘分区中。

6. AutoCAD 2013新功能 点云支持（增强功能）

在AutoCAD 2013中点云功能已得到显著增强。点云工具可在新点云工具栏和在“插入”功能区选项卡中的“点云”面板上找到。

可以附着和管理点云文件，类似于使用外部参照、图像和其他外部参照的文件。“附着点云”对话框已更新，可提供关于选定点云的预览图像和详细信息。选择附着的点云会显示围绕数据的边界框，以直观观察它在三维空间中的位置和相对于其他三维对象的位置。可以使用pointcloudboundary系统变量控制点云边界的显示。

除了显示边界框，选择点云将自动显示“点云编辑”功能区选项卡，其中包含易于访问的相关工具。您可以剪裁选定的点云。

在“特性”选项板中的其他信息可以使用户更轻松地查看和分析点云数据。例如，要帮助进行曲面识别，可以使用不同的颜色方案（包括灰度或光谱）查看点强度。新的“点云强度”工具使用户可以编辑颜色方案和颜色范围。

在AutoCAD 2013中，点云索引得到显著增强，在使用原始扫描文件时可提供更平滑、更高效的工作流程。您可以为主要工业扫描仪公司的扫描文件建立索引。

新的“创建点云文件”对话框提供了一种直观且灵活的界面来选择和索引原始点扫描文件。您可以选择多个文件来批量索引，甚至可以将它们合并到一个点云文件中。当创建 PCG 文件时，可以指定各种索引设置，包括 RGB、强度、法线和自定义属性。

如果从AutoCAD 2013保存到旧版本的 DWG 文件，将显示一条消息，警告您附着的 PCG 文件将被重新索引和降级，以与早期版本的图形文件格式相兼容。新文件将重命名为相应的增量文件名。

AutoCAD 网络共享功能在最新的2013中得到了极大的增强，只要注册一个Autodesk即可得到免费的3G空间，付费用户可以得到25G的网络空间，在联机选项卡中选择登录后，可进行联机方面的设置，可以把你的AutoCAD的有关设置保存到云上，这样你无论在家里还是办公室，就可以保证你的AutoCAD设置总是相一致的，包括模板文件、界面、自定义选项等。

7. Press Pull 命令

可以直接选取轮廓线条进行Press Pull；可以选取多个轮廓线条或者多个封闭区域一次操作创建多个实体；可以延续倾斜面的角度。

1.2.4 AutoCAD 2013的启动与退出

1. AutoCAD 2013的启动

启动AutoCAD的方法有多种，下面介绍几种AutoCAD的启动方法。

（1）双击桌面快捷方式。完成安装后，系统会自动在Windows 桌面上创建AutoCAD 2013快捷方式图标，如图1-7所示。

图1-7 快捷方式

（2）通过“开始”菜单。在“开始”菜单上，直接单击“AutoCAD 2013”；或选择“所有程序”→ “Autodesk”→ “AutoCAD 2013-Simplified Chinese” → “AutoCAD 2013”，如图1-8所示。

（3）AutoCAD 的安装位置。如果用户具有管理权限，则可以从 AutoCAD 的安装位置运行该程序，如“C:\Program Files\AutoCAD 2013”中的acad.exe图标，如图1-9所示。如果是有限权限用户，必须从“开始”菜单或桌面快捷方式图标运行 AutoCAD。

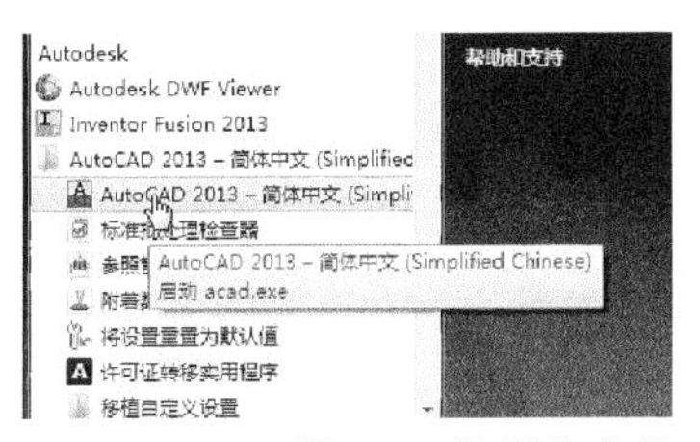

图1-8　“开始”菜单

图1-9　启动图标

打开AutoCAD 2013以后会自动弹出“欢迎”窗口，如图1-10所示。用户可通过此窗口深入了解AutoCAD 2013的相关内容。

图1-10　欢迎屏幕

2. AutoCAD 2013的退出

退出AutoCAD的3种方法：

（1）直接单击标题栏右侧的“关闭”按钮；

（2）选择“文件”→“退出”菜单命令；

（3）在命令行中输入exit命令或者quit命令。

1.3　AutoCAD 2013建筑绘图的工作界面

AutoCAD窗口中大部分元素的用法和功能与其他Windows软件一样，而另外一些元素则是AutoCAD所特有的。首次打开AutoCAD 2013的工作界面时，系统默认为“草图与注释”工作空间模式，如图1-11所示。主要包括标题栏、常用工具栏、菜单浏览器、功能区、绘图区域、命令窗口、状态栏等。

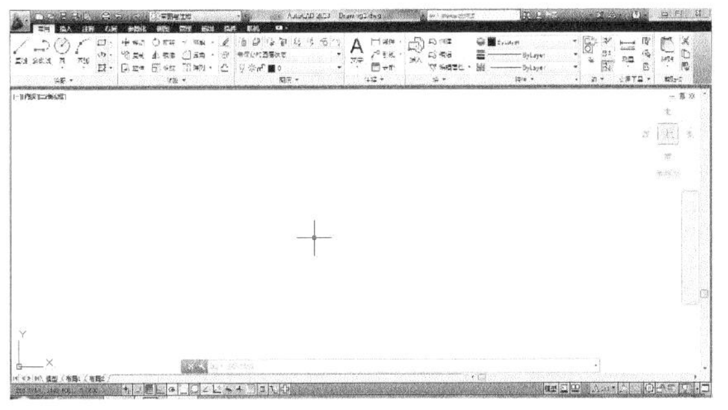

图1-11　AutoCAD 2013的工作界面

技巧与提示

注意：中文版AutoCAD 2013为用户提供了“草图与注释”、“三维基础”、“三维建模”和“AutoCAD经典”4种工作空间模式。可通过单击“工作空间”下拉列表框进行选择和设置，如图1-12所示。用户也可根据自己的习惯进行设置。

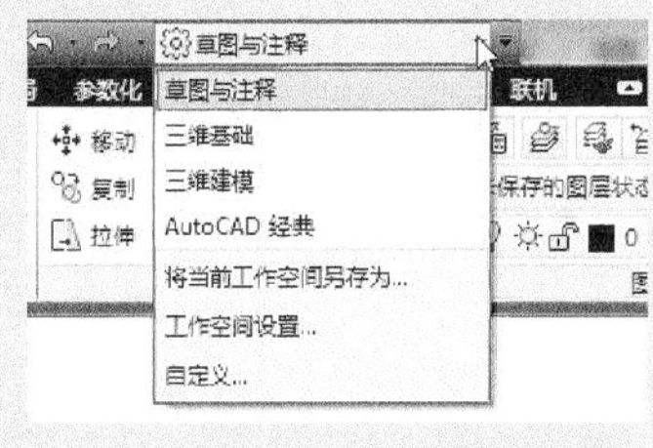

图1-12　设置工作空间模式

对于大多数用户通常习惯于AutoCAD传统界面，因此在本节中将重点讲解一下AutoCAD 2013中“AutoCAD经典”工作空间模式。打开“AutoCAD经典”的工作界面主要包括标题栏、菜单栏、工具栏、常用工具栏、菜单浏览器、绘图区域、命令窗口、状态栏、工具选项板窗口等，如图

1-13所示。用户可根据需要进行设置，关闭或打开某些常用工具栏。

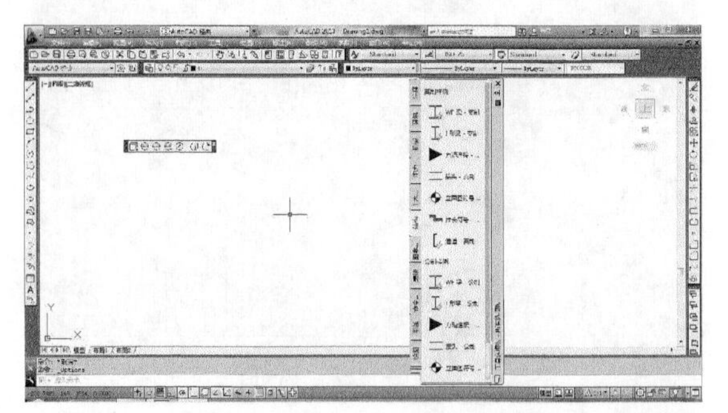

图1-13 “AutoCAD经典”工作空间

1.3.1 标题栏

AutoCAD窗口同Windows应用程序一样，都有标题栏，它可以显示当前正在运行的程序名及文件名。把鼠标移到标题栏上，右键单击或按“Alt+空格”键，将弹出窗口控制菜单，如图1-14所示，可以用该菜单进行窗口的还原、移动、最大化、最小化、关闭等操作。

图1-14 标题栏控制菜单

1.3.2 菜单栏

图1-15所示为菜单栏，菜单栏包括文件、编辑、视图、插入、格式、工具、绘图、标注、修改、参数、窗口、帮助12个主菜单项。菜单栏用下拉菜单的形式包含了AutoCAD运行、绘图、编辑、标注、图层、约束等各方面的命令，几乎所有的命令均可由操作者通过选择菜单中的菜单选项来实现。

图1-15 菜单栏

1.3.3 工具栏

AutoCAD 2013版系统提供了40余种已命名的工具栏，在默认情况下，工具栏处于隐藏状态。如果绘图窗口已经有一些工具栏，用户想要显示某个隐藏的工具栏，可以直接在某个工具栏上右键单击，弹出一个快捷菜单，可以在此选择想要显示的工具栏，还可以通过“自定义用户界面”对话框来进行管理。

下面介绍几种建筑设计常用的工具栏。

（1）“快速访问”工具栏，如图1-16所示。

图1-16 快速访问工具栏

可通过单击右侧下拉箭头自定义快速访问工具栏。

（2）“绘图”工具栏，如图1-17所示。

图1-17 “绘图”工具栏

（3）“修改”工具栏，如图1-18所示。

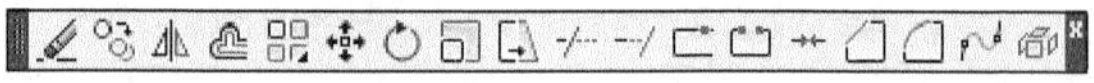

图1-18 “修改”工具栏

（4）“标准”工具栏，如图1-19所示。

图1-19 “标准”工具栏

（5）“样式”工具栏，如图1-20所示。

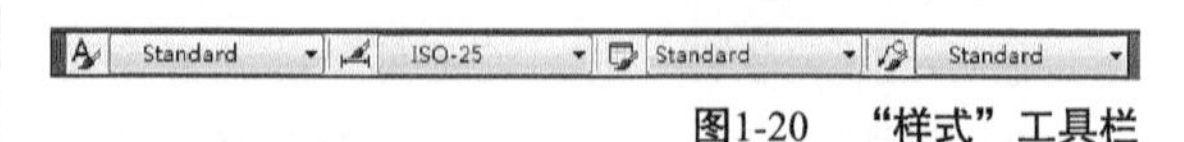

图1-20 “样式”工具栏

（6）“图层”工具栏，如图1-21所示。

图1-21 “图层”工具栏

工具栏可以为浮动的或固定的。浮动工具栏定位在绘图区域的任意位置，可以将浮动工具栏拖至新位置、调整其大小或将其固定。固定工具栏附着在绘图区域的任意边上，可以通过将固定工具栏拖到新的固定位置来移动它。

1.3.4 菜单浏览器

单击菜单浏览器，AutoCAD 2013会将浏览器展开，如图1-22所示。用户可通过菜单浏览器执行相应的操作。

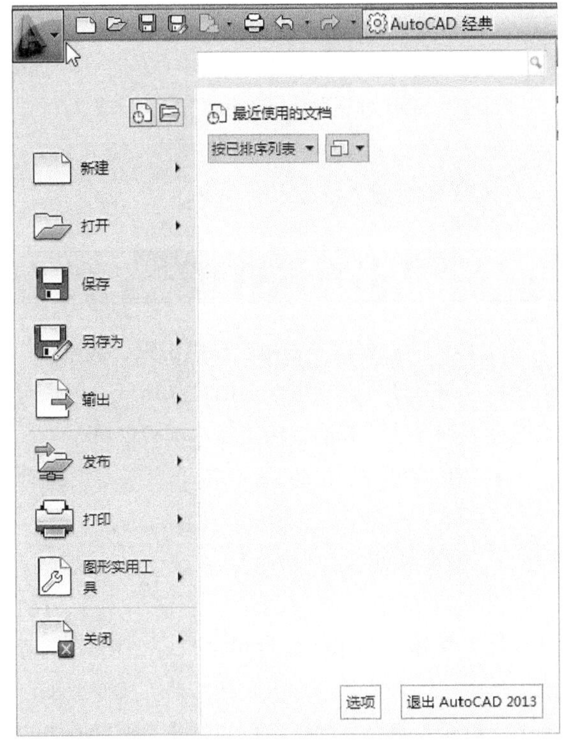

图1-22　菜单浏览器

1.3.5　绘图区域、坐标系图标

绘图区域用来绘制图形的“图纸”，坐标系图标显示当前的视角方向，如图1-23所示。

图1-23　绘图区域和坐标系图标

1. 绘图区域

绘图区域是用户的工作窗口，相当于“图纸”，是绘制、编辑和显示图形对象的区域。状态栏上有“模型”和“布局”两种模式，单击状态栏上的“模型”或“布局”选项卡可在两种模式之间进行切换。通常情况下，用户先在模型空间绘制图形，然后转至布局空间安排图纸输出布局。

2. 坐标系图标

坐标系图标用于显示当前坐标系的设置，如坐标原点、*x*、*y*、*z* 轴正向等。AutoCAD有一个默认的坐标系，即世界坐标系WCS。如果重新设置坐标系原点或调整坐标系的其他设置，则世界坐标系WCS就变成用户坐标系UCS。

1.3.6　命令行与文本窗口

命令窗口用来手动输入命令，并通过文本窗口显示出来。

1. 命令窗口

命令窗口是供用户通过键盘输入命令、参数等信息的地方，用户通过菜单和功能区执行的命令也会在命令窗口中显示命令的执行过程。默认状态下，命令窗口位于绘图区域的下面，用户可以通过拖动命令窗口的左边框将其移到任意位置，还可上下拖动命令窗口上方的拆分条，调整命令窗口的尺寸。

2. 文本窗口

文本窗口是记录AutoCAD历史命令的窗口，是一个独立的窗口，如图1-24 所示。默认状态下的文本窗口是不显示的，可以通过下列方法显示文本窗口。

- 单击面板标题栏的“视图”选项，在“窗口”功能区勾选“用户界面”下的“文本窗口”复选框。
- 命令行键入Textscr命令，按回车键。
- 按F2快捷键。

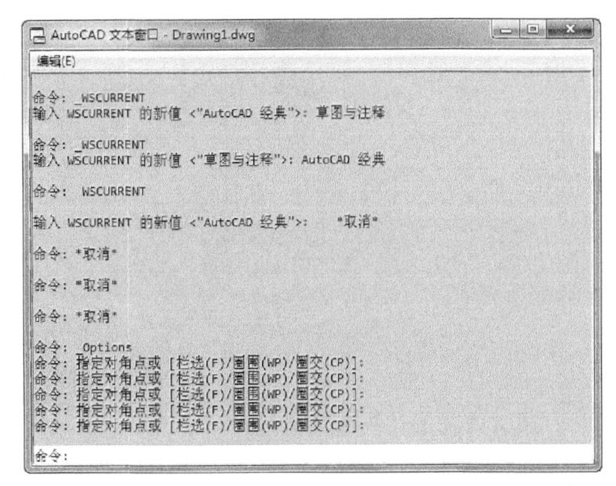

图1-24　文本窗口

1.3.7 状态栏与快捷菜单栏

状态栏用于显示当前的绘图状态，快捷菜单用于对图形对象的属性进行快速的编辑。

1. 状态栏

状态栏如图1-25所示，其左边显示当前十字光标的坐标，其后是推断约束、捕捉模式、栅格显示、正交模式、极轴追踪、对象捕捉、三维对象捕捉、对象捕捉追踪、允许/禁止动态UCS、动态输入、显示/隐藏线宽和显示/隐藏透明度等绘图辅助功能的控制按钮，均可通过单击鼠标右键对其进行设置。

图1-25 状态栏

2. 快捷菜单

在AutoCAD中系统提供了快捷菜单，用户可以随时通过单击鼠标右键打开一个和当前操作状态相关的快捷菜单，用户可从中选择相应的菜单命令。如在绘图区内单击鼠标右键，如图1-26所示。

图1-26 快捷菜单

通常情况下，快捷菜单包含以下选项。

（1）重复执行输入的上一个命令。

（2）取消当前命令。

（3）显示用户最近输入的命令的列表。

（4）剪切、复制以及从剪贴板粘贴。

（5）选择其他命令选项。

（6）显示对话框，例如“选项”或“自定义”等。

（7）放弃输入的上一个命令。

1.3.8 工具选项板窗口

工具选项板窗口是为用户提供组织、共享和放置块及填充图案选项卡，如图1-27所示。用户可以通过下列方法打开或关闭工具选项板窗口。

- 在菜单栏中选择“工具”→“选项板”→“工具选项板”菜单命令。
- 使用快捷键“Ctrl+3”。

此外，单击“工具选项板”窗口右上角的“特性”按钮，显示“特性菜单”，如图1-28所示。从中可以对工具选项板实行移动、改变大小、关闭、设置是否允许固定、自动隐藏、设置透明、重命名、更改图标显示样式和大小等特性等方面的操作。

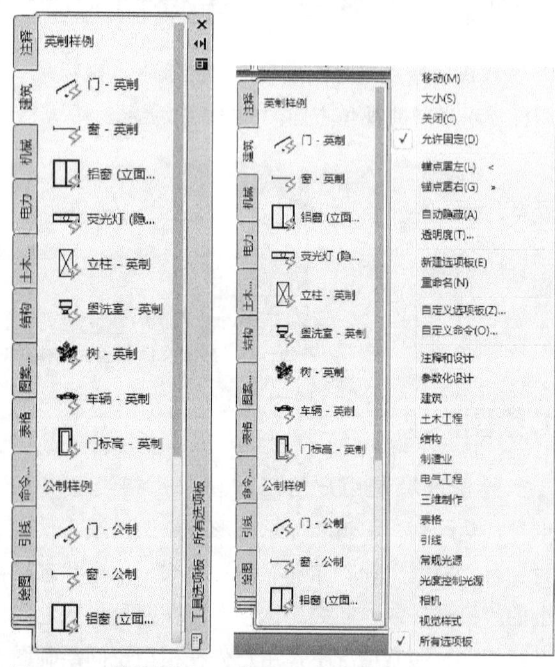

图1-27 工具选项板　　图1-28 特性菜单

1.4　AutoCAD 2013建筑绘图的文件管理

图形文件的管理是十分重要的，合理地对文件进行管理，对于以后查找文件非常方便。在使用AutoCAD 2013绘图之前，我们应该掌握该软件的各种图形文件管理方法，如新建、保存、打开及关闭等基本操作。

1.4.1　创建新图形文件

在绘制图形前，需要新建一个图形文件，然后在此新建的图形文件中绘制图形。

用户可通过以下方法创建新的图形文件。

- 选择“文件”→“新建”命令。
- 选择“菜单浏览器”→“新建”→“图形”命令。
- 在“标准”工具栏或“快速访问”工具栏中单击“新建”按钮。

此时将会打开“选择样板”对话框，如图1-29所示。

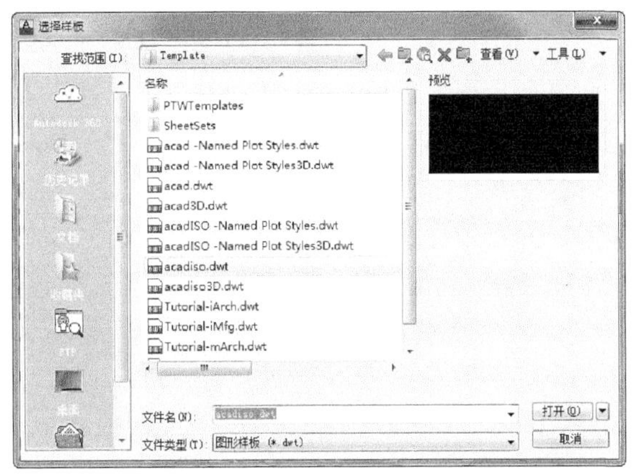

图1-29　选择样板

在此对话框中，可以在“名称”列表框中选中某一样板文件，这时在其右侧的“预览”框中将显示出该样板的预览图像。单击“打开”按钮，可以以选中的样板文件为样板创建新图形，此时会显示图形文件的布局（选择样板文件 acad.dwt 或 acadiso.dwt 除外）。例如，以样板文件 Tutorial-iMfg.dwt 创建新图形文件后如图1-30所示。

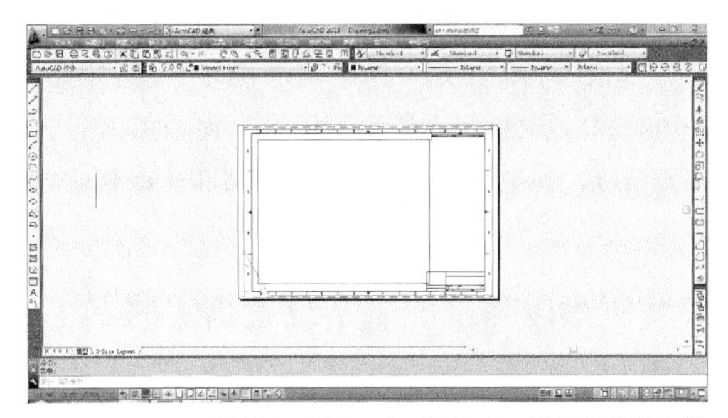

图1-30　以Tutorial-iMfg.dwt创建新图形文件

当无特殊要求时，则采用默认文件名，直接单击“打开”按钮，创建一幅新图形文件。

1.4.2　打开图形文件

用户可以通过以下几种方法打开原有图形文件。

- 在命令行中输入open命令。
- 单击“标准”工具栏中的“打开”按钮。
- 选择“文件”→“打开”菜单命令。
- 选择“菜单浏览器”→“打开”→“图形”命令。

在执行上述命令后，系统弹出如图1-31所示的“选择文件” 对话框。在该对话框中，可以直接输入文件名打开已有图形，也可以在文本框中双击要打开的文件或选中文件后单击“打开”按钮即可打开该文件。

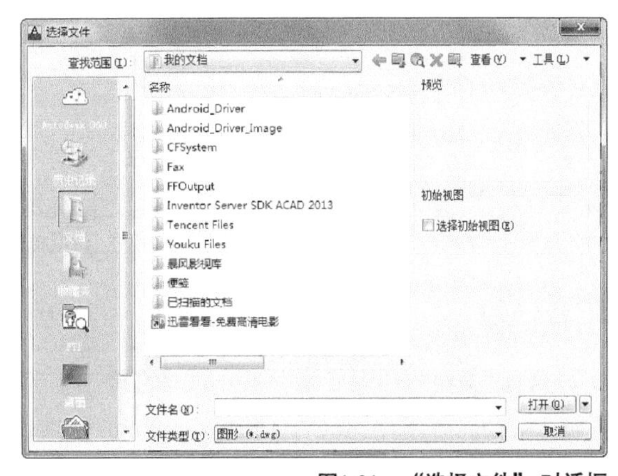

图1-31　“选择文件” 对话框

1.4.3 保存图形文件

在使用AutoCAD绘图时，应每隔10～15min保存一次绘制的图形，执行这一操作不需要退出AutoCAD。定期保存绘制的图形是为了防止一些突发情况，如电源被切断、错误编辑和一些其他故障等。

1. 将图形以当前的名字或者指定的名字保存

用户可以通过以下几种方法保存图形文件。

- 在命令行中输入save命令。
- 单击“标准”工具栏中的按钮。
- 选择“文件”→“保存”菜单命令。
- 选择“菜单浏览器”→“保存”命令。

在执行上述命令后，如果当前图形尚未保存或执行了“另存为”操作，系统将会弹出如图1-32所示的“图形另存为”对话框。在该对话框中，可以指定图形文件要保存的位置、文件名和文件类型，单击“保存”按钮即可保存该文件。

如果当前图形已被保存过，则AutoCAD将当前图形按原路径及文件名进行保存。

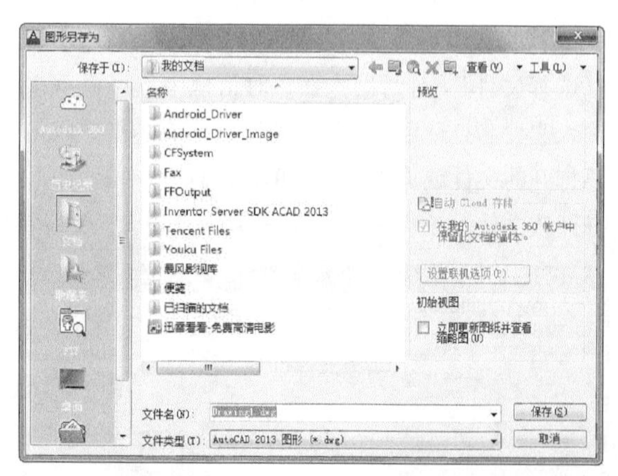

图1-32　“图形另存为”对话框

2. 另存为

执行“文件”→“另存为”命令，或者直接在命令行输入saveas命令，AutoCAD 2013均会自动弹出如图1-32所示的“图形另存为”对话框。利用该对话框可以将当前文件以一个新的名字和路径进行保存。

1.4.4 加密图形文件

在AutoCAD 2013中，保存文件时可以使用密码保护功能，对文件进行加密保存。

操作步骤

01 单击“菜单浏览器”按钮，在弹出的菜单中选择“文件”→“保存”或“文件”→“另存为”命令时，将打开“图形另存为”对话框，如图1-32所示。

02 在该对话框中单击“工具”按钮，在弹出的菜单中选择“安全选项”命令，此时将打开“安全选项”对话框，如图1-33所示。

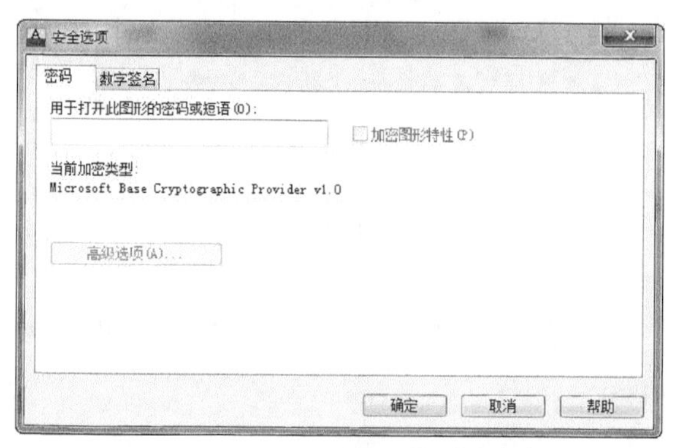

图1-33　“安全选项”对话框

03 在“密码”选项卡中，可以在“用于打开此图形的密码或短语”文本框中输入密码，然后单击“确定”按钮打开“确认密码”对话框，如图1-34所示。并在“再次输入用于打开此图形的密码”文本框中输入确认密码。

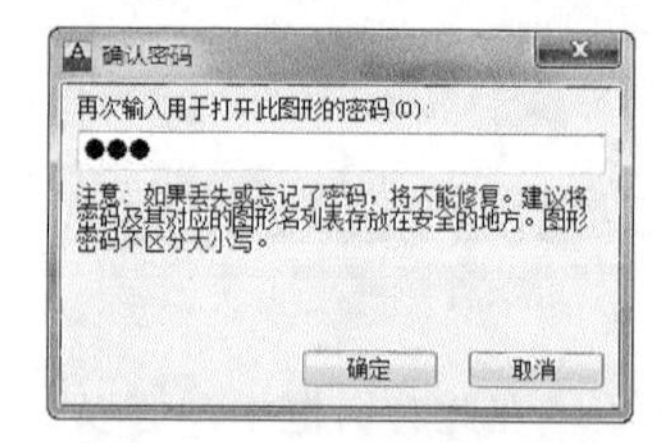

图1-34　“确认密码”对话框

1.4.5 关闭图形文件

关闭图形文件的几种方法。

- 选择“文件”→“关闭”菜单命令。
- 单击标题栏右侧的“关闭”按钮。
- 在命令行中输入close命令。

- 选择“菜单浏览器”→“关闭”→“当前图形”或“所有图形”命令。

当执行关闭命令后，如果当前图形文件在修改后尚未存盘，系统将会弹出如图1-35所示的对话框，需要存盘则选择“是”，不需要存盘则选择“否”，若误点关闭按钮则选择“取消”。

图1-35　AutoCAD提示

1.5　AutoCAD 2013建筑绘图的视图控制

在AutoCAD的模型空间中，当所画的图形过小或线条太密集时，会给点的捕捉和对象的选择带来麻烦，很难做到准确地捕捉和选择。这时就需要用到视图的缩放、平移等控制视图显示的操作工具，以便更加迅速、快捷地显示并绘制图形。

1.5.1　视图的缩放

1. 命令功能

在绘图过程中，我们可以使用视图的缩放功能来使图形对象放大或缩小，从而使用户更容易观察和编辑图形对象。

2. 命令调用

用户可以通过以下几种方法调用视图的缩放。

- 在命令行中输入zoom命令。
- 单击“标准”工具栏中的按钮。
- 选择“视图”→“缩放”菜单命令，“缩放”命令的子菜单如图1-36所示。

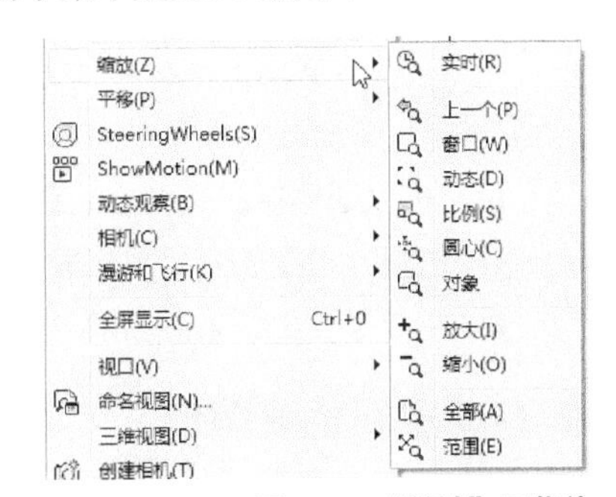

图1-36　“缩放”子菜单

- 实时：在“实时缩放”命令下，可以通过垂直向上移动光标来放大图形，还可以通过垂直向下移动光标来缩小图形。
- 窗口（W）或按钮：表示指定一个窗口，将窗口内的图形对象放大显示。
- 动态（D）或按钮：如果“快速缩放”功能已经打开，就可以用动态缩放改变画面显示而不产生重新生成的效果。动态缩放会在当前视区中显示图形的全部。

技巧与提示

在命令行输入viewers可实现“快速缩放”功能，“快速缩放”命令使用短矢量控制圆、圆弧、椭圆和样条曲线的外观。矢量数目越大，圆或圆弧的外观越平滑。例如，如果创建了一个很小的圆然后将其放大，它可能显示为一个多边形。使用viewres增大缩放百分比并重生成图形，可以更新圆的外观并使其平滑。减小缩放百分比会有相反的效果。

- 比例（S）或按钮：表示按指定的比例对当前图形对象进行缩放。

此时输入方式有3种。

（1）输入“0.5XP”，表示相对于图纸空间缩放视图。

（2）输入“0.5X”，表示相对于视图缩放。

（3）输入“0.5”，表示相对于当前图形进行缩放。

- 圆心（C）或按钮：表示通过用户指定点为圆心点，按照输入的比例或高度来显示图形。如在输入的数值后面加一个“X”，如“2X”，则表示将当前图形放大两倍。如在输入的数值后面加一个“XP”，则表示相对于图纸空间缩放视图。
- 对象或按钮：表示选择一个对象后，这时所选对象将最大化显示在绘图窗口中。
- 全部（A）或按钮：表示在当前窗口中

显示整个图形的内容。

- 范围（E）或按钮：表示将全部图形对象最大限度地显示在屏幕上。
- 放大和缩小：表示将当前图形放大或缩小两倍显示。

1.5.2 视图的平移

1. 命令功能

通过平移视图以重新确定所绘制图形在绘图区域中的位置。

2. 命令调用

用户可以通过以下几种方法调用视图的平移。

- 在命令行中输入pan命令。
- 单击“标准”工具栏中的按钮。
- 选择“视图”→“平移”菜单命令，“平移”命令的子菜单如图1-37所示。

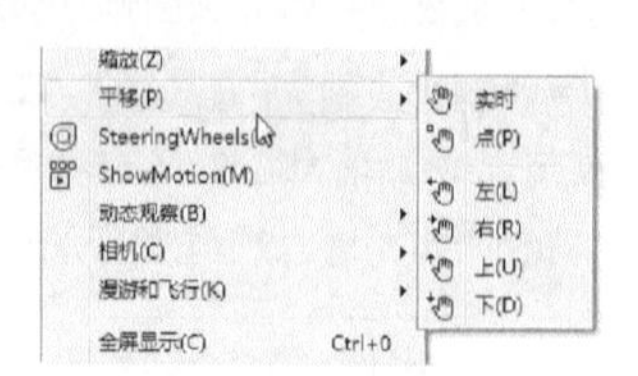

图1-37 “平移”子菜单

执行上述命令后，光标将变成小手的图形，按住鼠标左键即可平移视图。

- 实时：执行上述命令后，用鼠标按下选择按钮，然后拖动手形光标就可以平移图形。
- 点：将当前图形按指定的位移和方向进行平移。
- 左、右、上、下：选择这些命令时，图形按指定的方向平移一定的距离。其操作方法与点平移类似。

1.5.3 重画和重生成

在绘制建筑图纸的过程中，由于操作的原因，会使得屏幕上出现一些残留光标点。为了擦除这些不必要的光标点，使图形显得整洁清晰，可以使用AutoCAD中的重画与重生成的功能来完成这些要求。可以通过选择如图1-38所示的菜单栏中的显示控制命令来完成。

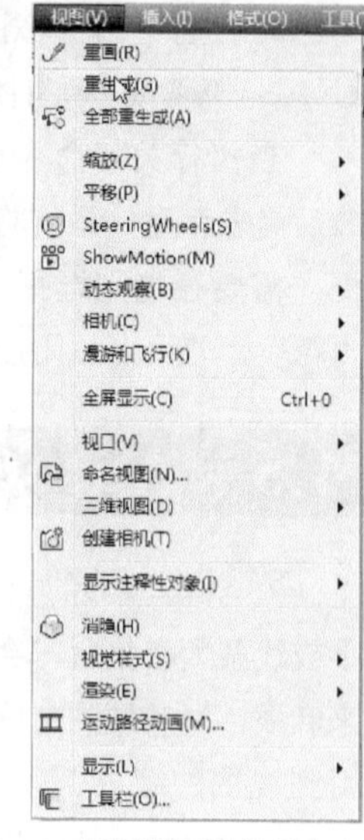

图1-38 显示控制菜单栏命令

● 重画

1. 命令功能

重画又称刷新，是对当前视图中的图形的一种刷新显示。

2. 命令调用

用户可以通过以下几种方法调用命令。

- 选择“视图”→“重画”菜单命令。
- 在命令行中输入redraw或redrawall命令。

● 重生成

1. 命令功能

重生成不仅刷新显示，而且更新图形数据库的所有对象的屏幕坐标。

2. 命令调用

用户可以通过以下几种方法调用命令。

- 选择“视图”→“重生成”菜单命令。
- 在命令行中输入regen命令。

● 自动重新生成图形

1. 命令功能

在对图形进行编辑时，利用regenauto命令可以自动地再生成整个图形，以确保屏幕上的显示能反映图形的实际状态，保持视觉的真实度。

2. 命令调用

用户可以通过以下几种方法调用命令。

- 选择“视图”→“重生成”菜单命令。
- 在命令行中输入regen命令。

3. 命令提示

在命令行输入字母regenauto，按Enter键。命令执行后，命令行会提示“输入模式[开(ON)/关(OFF)]<开>:

其中命令行中各选项具体说明如下所示。

（1）开（ON）：如果队列中存在被禁止的重新生成操作，则立即重新生成图形。无论何时执行需要重新生成的操作，图形都将自动重新生成。

（2）关（OFF）：

① 除非使用regen或regenall命令，或将regenauto设定为“开”，否则都将抑制重生成图形；

② 如果执行的操作需要进行重生成且该操作不可取消（例如解冻图层），将显示以下信息：“重生成被排入队列”；

③ 如果执行的操作需要进行重生成且该操作可取消，将显示以下信息：“准备重生成—是否继续？”。

如果选择“确定”，将重生成图形。如果选择“取消”，将取消上一个操作，且不重生成图形。

1.5.4　视口控制

为了便于在不同视图中编辑对象，可将绘图区分割成几个视口。单击视口所在的绘图区，则该视口被激活，成为当前视口。只有在当前视口中才能编辑图形，而其他非当前视口中的图形也会作相应的改变。有关视口的命令主要有新建视口、命名视口和合并视口等。视口的操作命令可从视图菜单中查询，如图1-39所示。

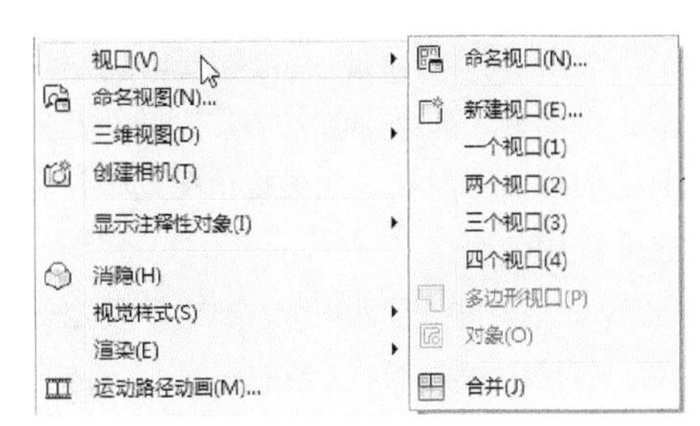

图1-39　菜单栏启用“视口”命令

● 新建视口和命名视口

1. 命令功能

新建视口和命名视口都是通过“视口”对话框来完成的。新建视口用于视口的创建，命名视口用于给新建的视口命名。

2. 命令调用

在AutoCAD 2013中启用新建视口和命名视口功能的方法有以下几种。

- 在命令行中输入vports。
- 选择菜单栏中的“视图”→“视口”→“命令视口”→“新建视口”菜单命令。

3. 命令提示

通过调用上述命令后，系统将会弹出如图1-40所示的“视口”对话框。在该对话框中有“新建视口”和“命名视口”两个选项卡。

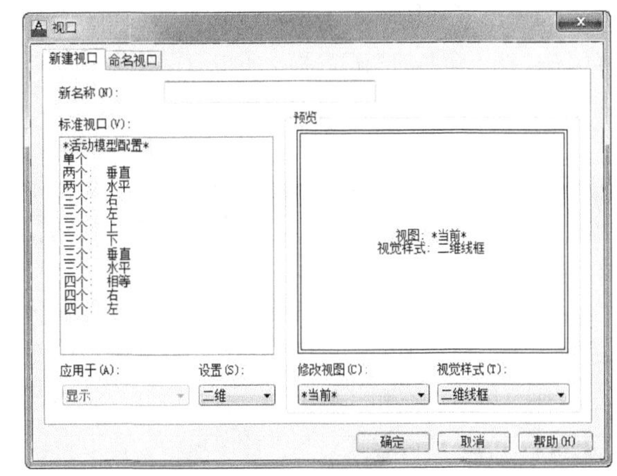

图1-40　“视口”对话框

单击“新建视口”选项卡，如图1-40所示，其中控制面板上的各项内容具体说明如下所示。

（1）“新名称”：为新建的模型空间视口配置指定名称。如果不输入名称，则新建的视口配置只能应用而不保存。如果视口配置未保存，将不能在布局中使用。

（2）“标准视口”：列出并设定标准视口配置，包括CURRENT（当前配置）。选择其中的选项可根据需要建立不同形式和数量的视口。

（3）“预览”：显示选定视口配置的预览图像，以及在配置中被分配到每个单独视口的默认视图。

（4）“应用于”：该对话框将模型空间视口配置应用到整个显示窗口或当前视口。该对话框有两个下拉选项。

①显示：将视口配置应用到整个“模型”选项卡显示窗口。“显示”选项是默认设置。

②当前视口：仅将视口配置应用到当前视口。

（5）“设置”：用于指定二维或三维设置。如果选择二维，新的视口配置将最初通过所有视口中的当前视图来创建。如果选择三维，一组标准正交三维视图将被应用到配置中的视口。

（6）“修改视图”：用于从列表中选择视图替换选定视口中的视图。可以选择命名视图，如果已选择三维设置，也可以从标准视图列表中选择。使用“预览”区域查看选择。

（7）“视觉样式”：将视觉样式应用到视口。

单击“命名视口”按钮，其对话框内容如图1-41所示。该对话框显示图形中任意已保存的视口配置。选择视口配置时，已保存配置的布局显示在“预览”中。在已命名的视口名称上单击右键将有快捷菜单弹出，选择“重命名”可对视口的名称进行修改。单击“确定”按钮，所选视口配置将被调用。其中，“当前名称”对话框显示当前视口配置的名称。

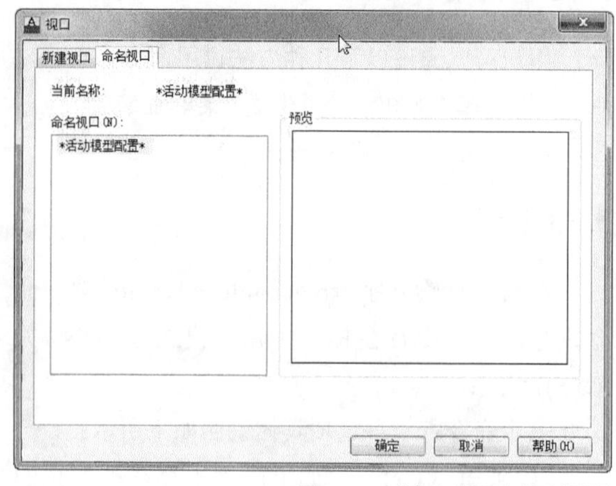

图1-41　“命名视口”控制面板

另外，通过依次单击菜单栏中的“视图”→“视口”弹出子菜单，可以直接选择“新建视口”的形式：一个视口、两个视口、三个视口、四个视口、多边形视口、对象等。选择后命令行会有提示出现。可根据需要依提示进行视口的创建。

● 合并视口

1. 命令功能

合并视口将相邻的两个视口合并为一个大视口。

2. 命令调用

- 在命令行中输入Vports。
- 选择菜单栏中的“视图”→“视口”→“合并”菜单命令。

1.6　AutoCAD 2013常用建筑制图辅助工具

设计中心是AutoCAD提供的一个资料库，通过AutoCAD 2013设计中心，用户可以组织对图形、块、图案填充和其他图形内容的访问。可以将源图形中的任何内容拖动到当前图形中。可以将图形、块和填充拖动到工具选项板上。源图形可以位于用户的计算机上、网络位置或网站上。另外，如果打开了多个图形，则可以通过设计中心在图形之间复制和粘贴其他内容（如图层定义、布局和文字样式）来简化绘图过程。这样，资源可得到再使用和共享，提高了图形管理和图形设计的效率。

通常使用AutoCAD设计中心可以完成如下工作。

（1）浏览和查看各种图形图像文件，并可显示预览图像及其说明文字。

（2）查看图形文件中命名对象的定义，将其插入、附着、复制和粘贴到当前图形中。

（3）将图形文件（DWG）从控制板拖放到绘图区域中，即可打开图形；而将光栅文件从控制板拖放到绘图区域中，则可查看和附着光栅图像。

（4）在本地和网络驱动器上查找图形文件，并可创建指向常用图形、文件夹和Internet地址的快捷方式。

1.6.1　设计中心的显示

用户可以下面的几种方法显示设计中心。

- 在命令行中输入adcenter命令。
- 选择“工具”→“选项板”→“设计中心”菜单命令。

执行上述操作均会弹出“设计中心”窗口，如图1-42所示。

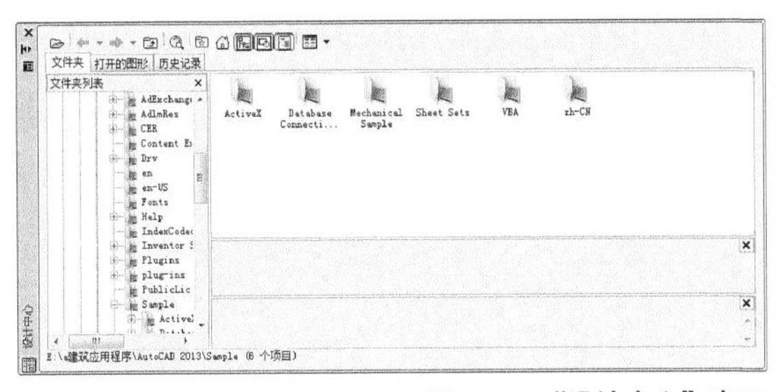

图1-42　“设计中心”窗口

1.6.2　设计中心各选项卡说明

设计中心选项卡主要由文件夹、打开的图形、历史记录和联机设计中心组成。

- “文件夹”为默认选项卡（如图1-47所示）。在内容显示区显示了所浏览资源的有关内容，资源管理器的左边显示了系统的树形结构。用户利用设计中可以有效地查找和组织文件，并可以查找出这些图形文件所包含的对象。
- “打开的图形” 选项卡用于在设计中心显示在当前AutoCAD环境中打开的所有图形，其中包括最小化了的图形。此时单击某个文件图标，就可以看到该图形的有关设置，如图层、线型、文字样式、块、标注样式等，如图1-43所示。

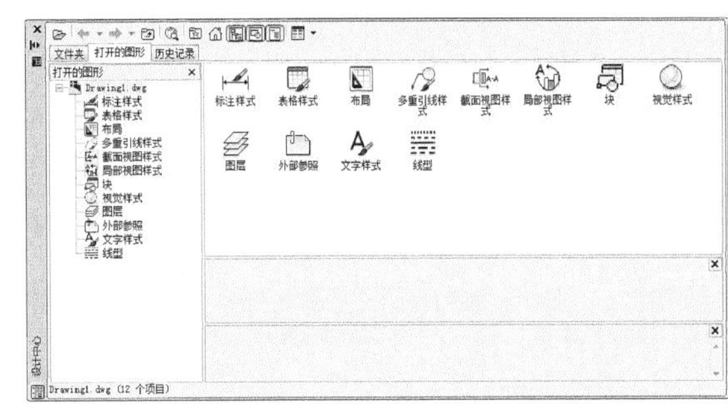

图1-43　“打开的图形”选项卡

- “历史记录” 选项卡用于显示用户最近浏览的AutoCAD图形，如图1-44所示。

图1-44　“历史记录” 选项卡

1.6.3　设计中心的应用

1．打开图形文件

通过以下方法进行操作。

- 按下Ctrl键的同时，鼠标左键将图形文件从设计中心拖到应用程序中窗口中。
- 选择需要打开的图形文件的图标，单击鼠标右键，在弹出的快捷菜单中，选择“在应用程序中窗口中打开”，如图1-45所示，便可将图形文件打开，效果如图1-46所示。

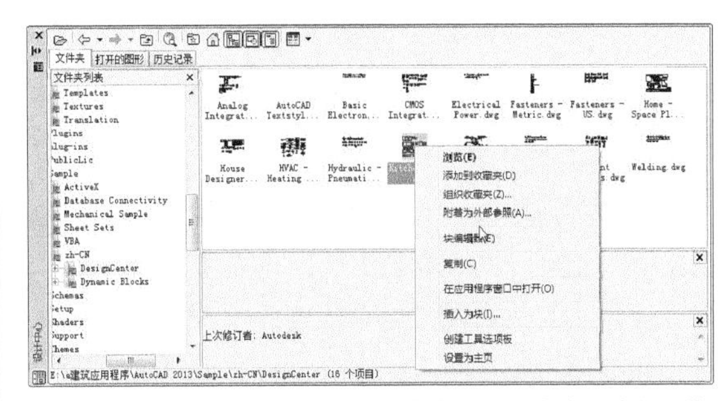

图1-45　选择“在应用程序中窗口中打开”

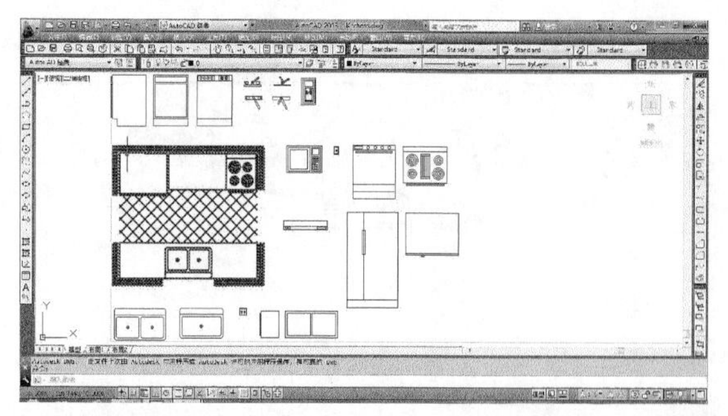

图1-46 效果图

技巧与提示

若直接用鼠标左键将图形文件从设计中心拖到应用程序中窗口中，将图形文件将以图块的形式插入到当前图形中。

2. 使用设计中心插入图块

用户可以下面的几种方法向当前图形插入块。

- 选择需要打开的图形文件的图标，单击鼠标右键，在弹出的快捷菜单中，选择“插入为块”，弹出“插入”对话框，如图1-47所示，指定插入比例和旋转角度，单击“确定”按钮，在屏幕上指定插入点即可。
- 鼠标左键将块从设计中心拖到应用程序中窗口中，在屏幕上指定插入点、插入比例和旋转角度即可。

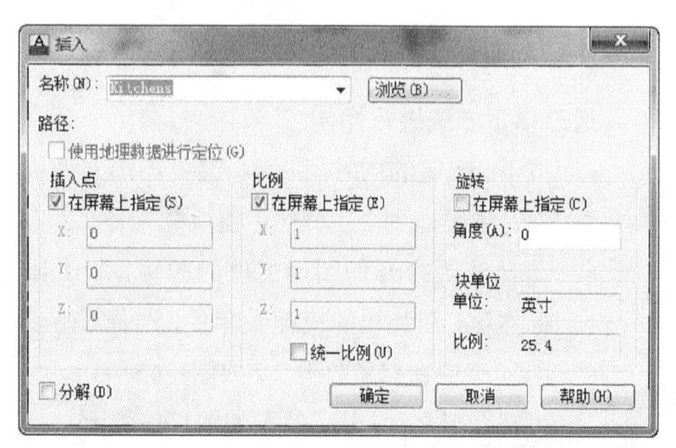

图1-47 “插入”对话框

1.6.4 工具选项板

工具选项板是一个选项卡形式的区域，它提供了一种组织、共享和放大块及填充图案的有效方法。通过工具选项板，用户可以非常方便地组织、管理和使用自定义图库。

工具面板支持多种显示风格：图标、图标和文字、列表，也可以根据用户的喜好动态更改图标的大小。自动堆叠的选项卡可以更加有效地显示和管理选项板编组。“工具特性”对话框可用于自定义块工具，以便提示用户适合绘图的块插入比例、旋转角度，应用于工具的图层、颜色、线型等诸多特征。

1. 新建工具选项板

用户可以根据自己的需要新建工具选项板，以帮助用户进行个性化绘图，同时也可以满足有些时候绘图的特殊需要。

调用新建工具选项板的方法有如下几种。

- 在命令行输入Customize命令。
- 选择“工具”→“自定义”→“工具选项板”菜单命令。
- 在任意工具栏处右键单击，选择“自定义”命令。
- 调用上述命令后，系统打开“自定义”对话框，如图1-48所示。

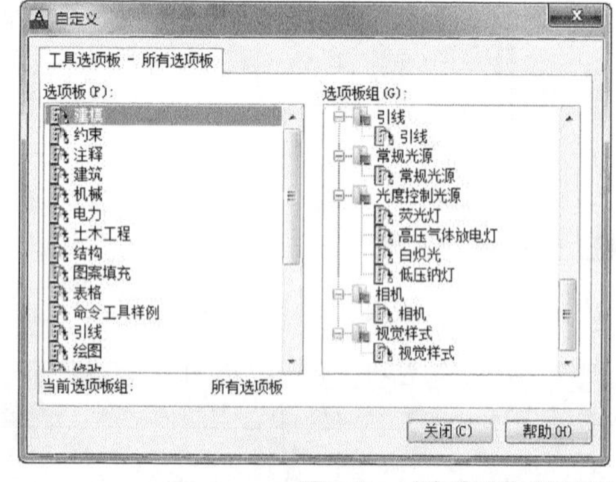

图1-48 “自定义”对话框

在“选项板”列表空白处右键单击，打开快捷菜单，如图1-49所示，选择“新建选项板”选项。

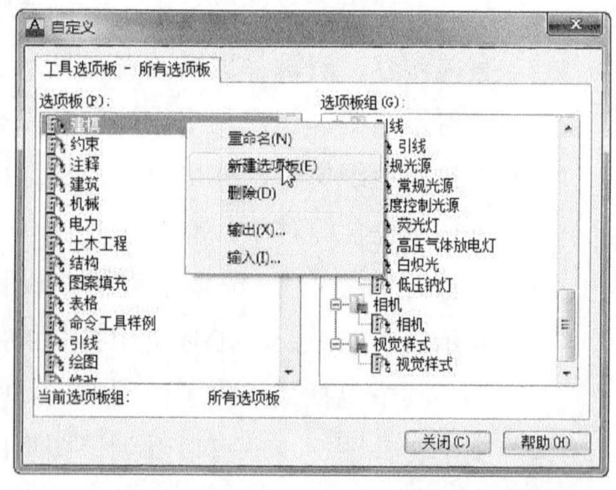

图1-49 快捷菜单

新建后，用户可以为新建的工具选项板命名，此时，工具选项板中就增加了一个新的选项卡，如图1-50所示。

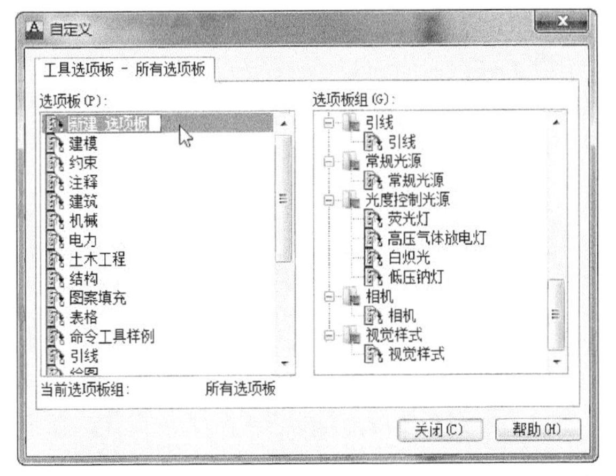

图1-50 增加了一个新的选项卡

2. “工具选项板”与“设计中心”配合使用

配合设计中心的“文件夹”选项卡功能，用户可以将任意DWG文件中或已打开图形中的用户块定制到选项板，使用选项板“自定义”对话框，可以将这些块工具按多级分组的方式灵活、自由地组织和管理。

通过AutoCAD 2013设计中心，用户可以组织对图形、块、图案填充和其他图形内容的访问。如果打开了多个图形，则可以通过设计中心在图形之间复制和粘贴其他内容（如图层定义、布局和文字样式）来简化绘图过程。这样，资源可得到再使用和共享，提高了图形管理和图形设计的效率。

1.7 小结

通过本章的学习，使读者熟悉了Auto-CAD 2013的操作界面、基本功能以及图形文件管理的基本知识，掌握本章内容是读者学习好后面所讲的知识的前提。在本章中，我们学习了Auto-CAD 2013以及建筑绘图的一些基本知识，如模型空间和图纸空间，坐标系和视图控制显示等，在绘图之前这些知识是必须要了解的。我们还学习了设计中心的一些知识和具体使用方法，掌握这些具体操作，对我们今后的学习和工作将有很大的帮助。

操作技巧

1. 问：AutoCAD中的工具栏不见了怎么办？

答：单击“工具”→“选项”→“配置”→“重置”命令；也可用命令MENULOAD，然后点击浏览，选择acad.mnc加载即可。

2. 问：打开dwg文件时，系统弹出“AutoCAD Message”对话框提示“Drawingfileisnotvalid”，告诉用户文件不能打开怎么办？

答：这种情况下可以先退出打开操作，然后单击“文件”→“绘图实用程序”→“恢复”菜单命令，或者在命令行直接用键盘输入“recover”，接着在“选择文件”对话框中输入要恢复的文件，确认后系统开始执行恢复文件操作。

3. 问：如何给AutoCAD工具条添加命令及相应图标？

答：AutoCAD的工具条并没有显示所有可用命令，在需要时用户要自己添加。例如绘图工具条中默认没有多线命令（mline），就要自己添加。

做法如下：单击“视图”→“工具栏”菜单命令，在“自定义用户界面”对话框中选择“所有命令”，选中列表中相应的命令，这时找到“多线”，点左键把它拖出，若不放到任何已有工具条中，则它以单独工具条出现；否则成为已有工具条一员。

这时又发现刚拖出的“多线”命令并没有图标。将命令拖出后，此时不要关闭自定义窗口，单击“多线”命令，在弹出的面板的右下角，给它选择相应的图标。

这时，我们还可以发现，CAD允许我们给每个命令自定义图标。这样设置个性化工具条就变得容易了。

最后，要删除命令，重复以上操作，把要删除命令拖回，然后在确认要求中选“是”就行了。

4. 问：怎么修改CAD的快捷键？

答：CAD 2002及以下版本，直接修改其SUPPORT目录下的ACAD.PGP文件即可。AutoCAD 2013是在“工具”→“自定义”→“编辑程序参数”处进行修改的。

5. 问：低版本的AutoCAD怎样打开高版本的图？

答：一般情况下是不能打开的，可以让持有源文件的作者转存为低版本的格式再打开。

6. 问：如何使图形只能看而不能修改？

答：要是自己的图把它全部图层锁定就行了，打开不会变的；如果以后不想用了，就把里面所有东西都炸碎也可以；还有一种方法是用lisp语言写个加密程序，一旦运行后，图就只能看，怎么也改不了了。

1.8 练习

一、选择题

1. AutoCAD第一版是（　　）年推出的。

A. 1945

B. 1982

C. 2000

D. 2002

2. AutoCAD 2013中文版是由（　　）Autodesk公司推出。

A. 美国

B. 英国

C. 法国

D. 俄罗斯

3. 下列哪个文件类型，不属于AutoCAD的文件类型（　　）。

A. *.dwg

B. *.dws

C. *.dxf

D. *.dat

4. AutoCAD的主要功能是（　　）。

A. 绘制与编辑图形

B. 标注图形尺寸

C. 渲染三维图形

D. 输出与打印图形

5. AutoCAD提供了一个特殊的输入命令功能——（　　），AutoCAD早期版本的用户更习惯于通过在命令行输入命令来绘制或修改图形。

A. 命令行

B. 菜单栏

C. 工具栏

D. 快捷键

二、填空题

1. AutoCAD的含义是（　　）。

2. AutoCAD 2013中文版的界面主要由（　　）、（　　）、（　　）、（　　）、（　　）、（　　）、（　　）、（　　）、（　　）组成。

3. 十字光标用于进行（　　）等操作，在不同的操作状态下，十字光标的显示状态也不相同。

4. AutoCAD 2013为用户提供的调用命令的方法有（　　）等方式。

5. “面板”是一种特殊形式的选项板，它由（　　）及（　　）组成，选取菜单命令“工具”→“选项板”→“面板”就可以打开或关闭它。

6. AutoCAD 2013窗口中最大的空间部分就是（　　），用户绘制、修改、查看图形等工作都需要在其中进行。

三、操作题

1. 熟悉AutoCAD 2013的工作界面。

2. 熟悉建筑设计的基本知识

3. 新建一个图形文件。打开“设计中心”，将设计中心默认主页中的文件“Home-Space Planner.dwg”插入到当前文件，分解插入的图块，然后将图中的“钢琴”图转化为块并保存起来，结果如图1-51所示。

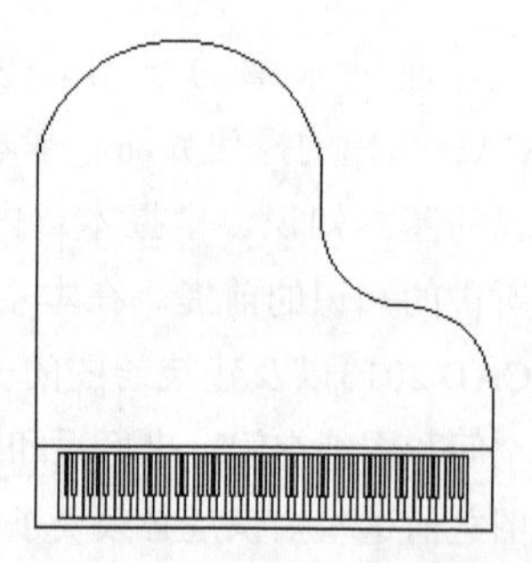

图1-51

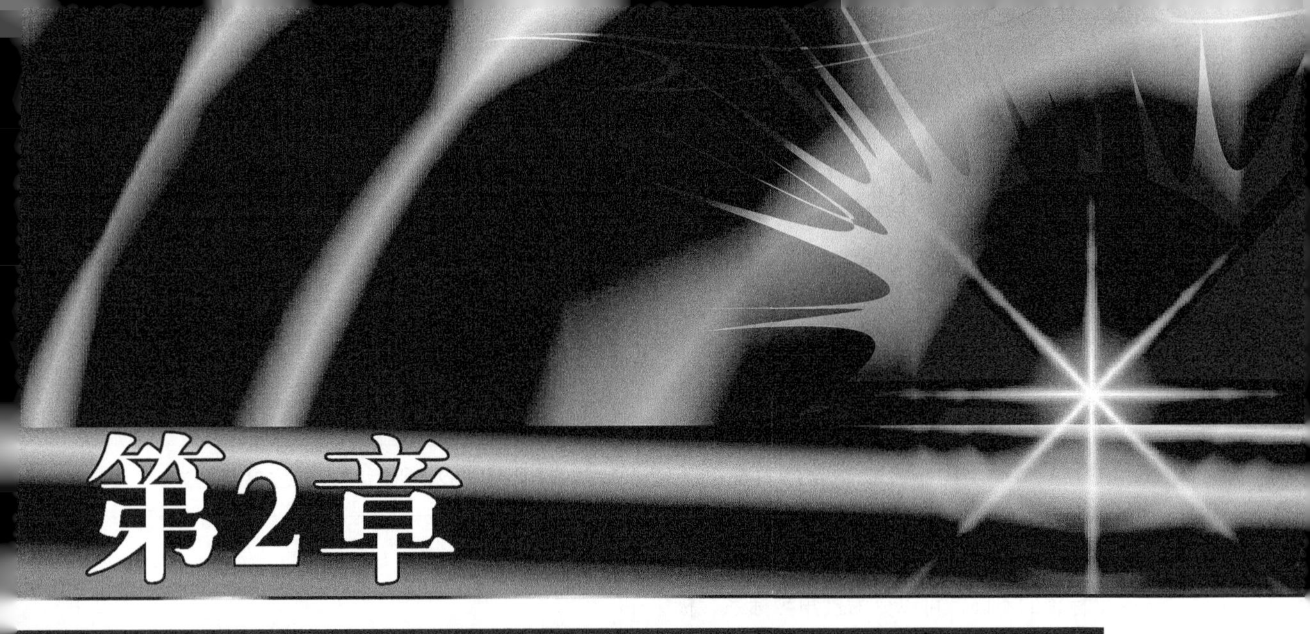

第2章 设置建筑绘图环境及精确绘图

利用AutoCAD进行设计和制图之前，根据工作需要和用户个人操作习惯设置好AutoCAD的绘图环境，有利于形成统一的设计标准和工作流程，提高设计工作的效率。绘图环境的优化包括设置绘图环境、设置辅助功能及管理图层。

课堂学习目标

了解坐标系的基本知识
设置绘图工作空间
设置图形界限与单位
使用辅助绘图工具
图层的设置与管理

2.1 建筑绘图的坐标系及其图标

任何物体在空间中的位置都是通过一个坐标系来定位的。坐标系是确定对象位置的最基本的手段。掌握各种坐标系的概念，坐标系的创建以及正确的坐标数据输入方法，对于正确、高效地绘图是非常重要的。

AutoCAD 2013中的坐标系按定制对象的不同，可以分为世界坐标系和用户坐标系；按照坐标值参考点的不同，可以分为绝对坐标系和相对坐标系：按照坐标轴的不同，可以分为直角坐标系、极坐标系、球坐标系和柱坐标系。其中球坐标系和柱坐标系主要用于三维绘图，在这里不作详细介绍。

2.1.1 世界坐标系

AutoCAD 2013系统默认的坐标系为世界坐标系。沿x轴正方向向右为水平距离增加的方向，沿y轴正方向向上为竖直距离增加的方向，垂直于xy平面，沿z轴正方向从所视方向向外为距离增加的方向。这一套坐标轴确定了世界坐标系，简称WCS。AutoCAD通常是采用这个坐标系统来确定图形矢量的。世界坐标系的重要之处在于：它总是存在于每一个设计的图形之中，并且不可更改。图2-1所示为世界坐标系(WCS)的显示图标。

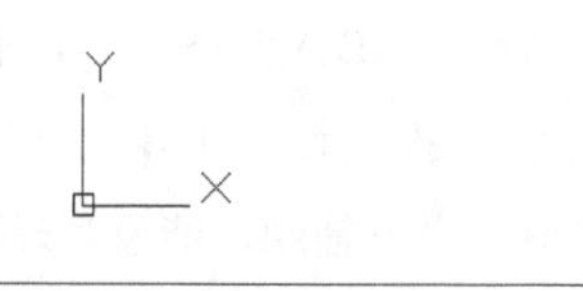

图2-1 世界坐标系（WCS）的显示图标

2.1.2 用户坐标系

相对于世界坐标系，可以创建无限多的可变坐标系，这些坐标系通常称为用户坐标系(UCS)，并且可以通过调用UCS命令来创建。尽管世界坐标系WCS是固定不变的，但可以从任意角度、任意方向来观察和旋转世界坐标系（WCS），而不用改变其他坐标系。但UCS的x、y、z轴以及原点方向都可以转动和旋转，甚至可以依赖于图形中某个特定的对象。尽管用户坐标系中的3个轴之间仍然相互垂直，但是在方向及位置上都有很大的灵活性。AutoCAD提供的坐标系，可以在同一图纸不同坐标系中保持同样的视觉效果这种图标将通过指定x、y轴的正方向来显示当前UCS的方位。用户坐标系的图标如图2-2所示（方向位置自定）。

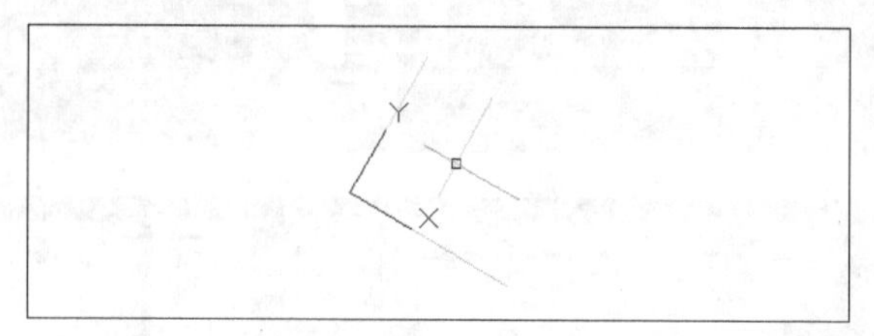

图2-2 用户坐标系图标

在命令行直接输入ucs，命令行显示如下提示。

指定 UCS 的原点或 [面(F)/命名(NA)/对象(OB)/上一个(P)/视图(V)/世界(W)/X/Y/Z/Z 轴(ZA)] <世界>

指定UCS坐标原点后，命令行提示：

指定 X 轴上的点或 <接受>:

指定 XY 平面上的点或 <接受>:

根据具体需要可设置用户坐标系的方向和位置。

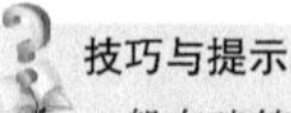

技巧与提示

一般在建筑设计时，所采用的是系统默认的坐标系，用户不需要单独设置。

2.1.3 笛卡尔坐标系

AutoCAD 2013采用三维笛卡尔坐标系来确定点的位置，在状态栏里显示的三维坐标值就是笛卡尔坐标值，如图2-3所示。它的精度达到0.1μm，极其精确地反映出十字光标所处的位置。

-32.4906, -535.6600, 0.0000

图2-3 笛卡尔坐标系

2.1.4 用坐标确定点的位置

用户通过坐标可以准确地确定点的位置，下面介绍几种主要的用来确定点的位置的坐标。

1. 绝对坐标

绝对坐标是指相对于坐标原点，该点的坐标值不会改变。绝对坐标又分为绝对直角坐标和绝对极坐标。

（1）绝对直角坐标是通过输入（*x*，*y*）坐标值来确定点的位置。例如利用直线命令绘制一个300×200的矩形，令起始点坐标是（200，200）。

命令行提示如下。

```
命令: _line 指定第一点: 200，200
//指定起始点坐标（200，200）
指定下一点或 [放弃(U)]:300
//输入第一条边长300
指定下一点或 [放弃(U)]: 200
//输入第二条边长200
指定下一点或 [闭合(C)/放弃(U)]: 300
//输入第三条边长300
指定下一点或 [闭合(C)/放弃(U)]: c
//输入C闭合矩形
```

技巧与提示

AutoCAD 2013不能连续地输入绝对坐标，用绝对坐标输入基点后，将会使用相对坐标输入其他点，当图形确定后相对坐标值就很清楚了，这样绘图更加方便，不用再计算绝对坐标值。

结果如图2-4所示。

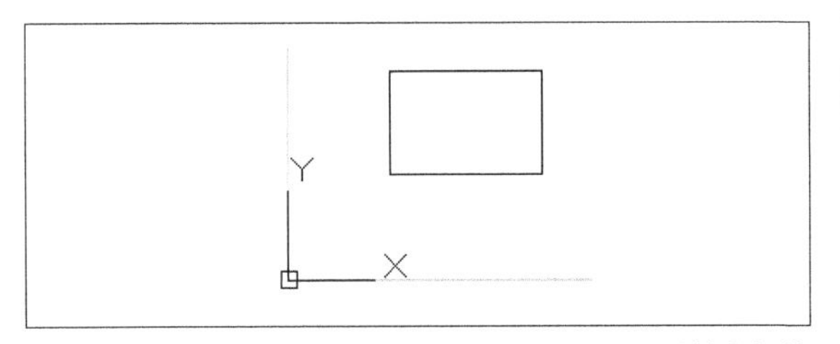

图2-4　矩形的坐标值

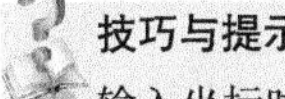

技巧与提示

输入坐标时的逗号“,”，必须是在英文输入状态下输入，不能用中文输入状态下的逗号。

（2）绝对极坐标是由极坐标和极角组成的，极半径是该点与极点的连线，极角是该连线与*x*轴正方向的夹角，并以逆时针方向的角度测量方向。坐标原点即为绝对极坐标的极点。极半径和角度之间用尖括号“<”分开。例如点（100<30），（50<60）等。

技巧与提示

（1）在系统默认情况下，绝对极坐标以原点作为极点，以逆时针方向为角度正方向。

（2）当第一步有输入点，第二步再输入点时，系统则会以第一步输入点作为极点，利用相对坐标输入该点。

2. 相对坐标

使用绝对坐标确定点的位置有很大的局限性，绘图时绝大多数的点是根据与其他点的相对位置来确定的。相对坐标就是一个点与其他点的坐标差，方法是在输入值前加“@”符号，如点（@100,60）。

（1）相对直角坐标是输入当前输入点相对前一个特定点的（*x*，*y*）的距离的变化值来确定点的位置。

（2）相对极坐标的极点不是原点，而是图形上的某一点，这是相对极坐标与绝对极坐标的区别之处。相对极坐标与绝对极坐标表示类似，只是在输入值前加“@”符号。

例如，利用直线命令绘制一个腰长为100的等腰直角三角形，结果如图2-5所示。

命令行提示如下。

```
命令: _line 指定第一点:
//任意指定一点
指定下一点或 [放弃(U)]: @100，0
//画出水平直角边
指定下一点或 [放弃(U)]: @0,100
//画出垂直直角边
指定下一点或 [闭合(C)/放弃(U)]: c
//输入C闭合三角形
```

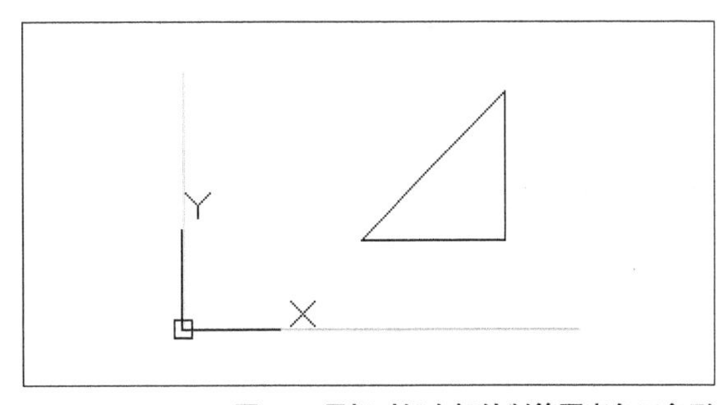

图2-5　用相对极坐标绘制等腰直角三角形

2.2 设置建筑绘图环境

通常情况下，完成AutoCAD 2013的安装后就可以在其默认状态下绘制图形，但有时为了特殊的定点设备、打印机，或提高绘图效率，用户需要在绘图前对绘图环境和系统参数进行设置。

2.2.1 设置绘图系统

根据自己的绘图习惯修改默认系统配置，将大大提高绘图效率，下面来介绍比较常用的系统配置。

1. 显示

选择“工具”→“选项”命令，打开“选项”对话框，选择“显示”选项卡，该选项卡主要控制绘图环境特有的显示设置，如图2-6所示。

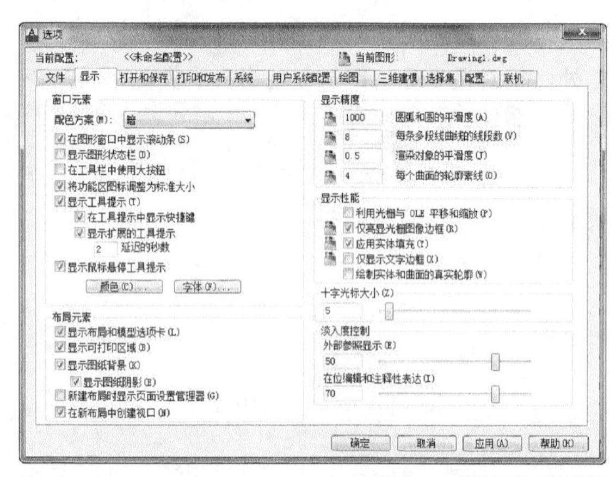

图2-6 “选项”对话框

2. “窗口元素”选项组

（1）“颜色方案”：以深色或亮色控制元素（例如状态栏、标题栏、菜单浏览器边框）的颜色设置。

（2）“图形窗口中显示滚动条”：在绘图区域的底部和右侧显示滚动条。

（3）“显示图形状态栏”：显示“绘图”状态栏，此状态栏将显示用于缩放注释的若干工具。图形状态栏处于打开状态时，将显示在绘图区域的底部。图形状态栏处于关闭状态时，显示在图形状态栏中的工具将移到应用程序的状态栏。

（4）“在工具栏中使用大按钮”：用户可以根据自己的使用习惯——32像素×32像素的更大格式显示图标。默认显示尺寸为15像素×16像素。

（5）“显示工具提示”：控制工具提示在功能区、工具栏和其他用户界面元素的显示。

（6）“在工具提示中显示快捷键”：在工具提示中显示快捷键，如“Alt+按键”、“Ctrl+按键”。

（7）“颜色”按钮：可以根据用户需要设置绘图区域的背景、命令窗口背景等界面的颜色，如图2-7所示。

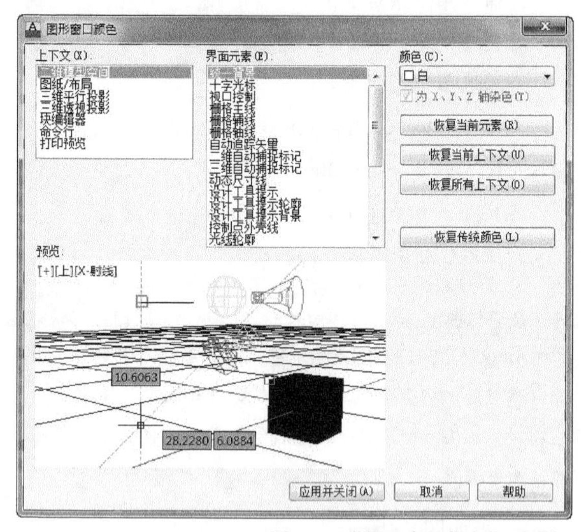

图2-7 “图形窗口颜色”对话框

3. “十字光标大小”选项组

用来控制十字光标的尺寸。有效值的范围从屏幕1～100。当前十字光标的默认的尺寸是5。但是有些用户喜欢使用全屏幕的十字光标，这时只要设定为100，效果如图2-8所示。

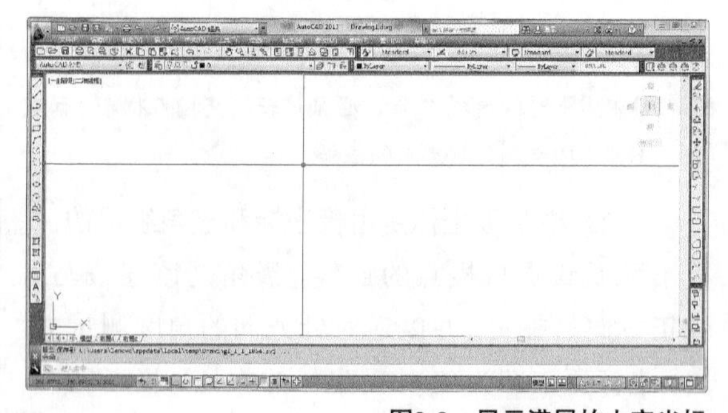

图2-8 显示满屏的十字光标

4. 用户系统配置

“用户系统配置”选项卡用于控制优化工作方式的选项，如图2-9所示。

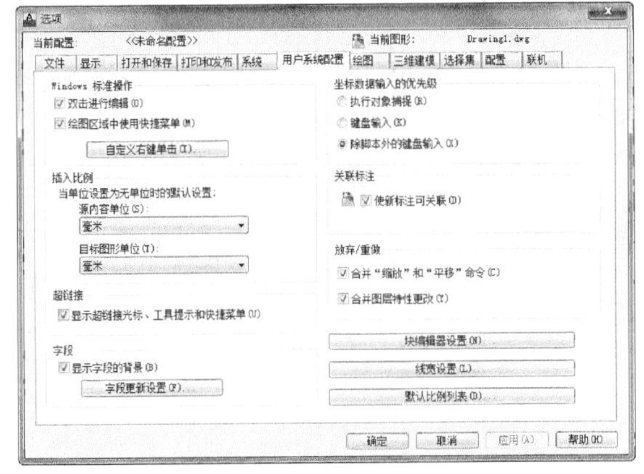

图2-9　“用户系统配置”选项卡

（1）“双击进行编辑”：控制绘图区域中的双击编辑 操作。

（2）“绘图区域中使用快捷菜单”：右键单击定点设备时，在绘图区域内显示快捷菜单。如果清除此选项，则右键单击将被解释为Enter键。

（3）“自定义右键单击”按钮：单击该按钮打开“自定义右键单击”对话框。在该对话框中可以进一步定义“绘图区域中使用快捷菜单”选项，如图2-10所示。

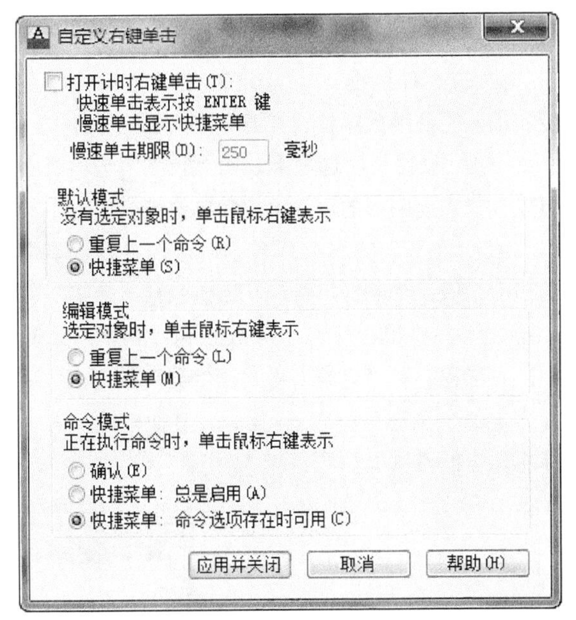

图2-10　“自定义右键单击”对话框

5. 绘图

该选项主要设置多个编辑功能的选项（包括自动捕捉和自动追踪），如图2-11所示。

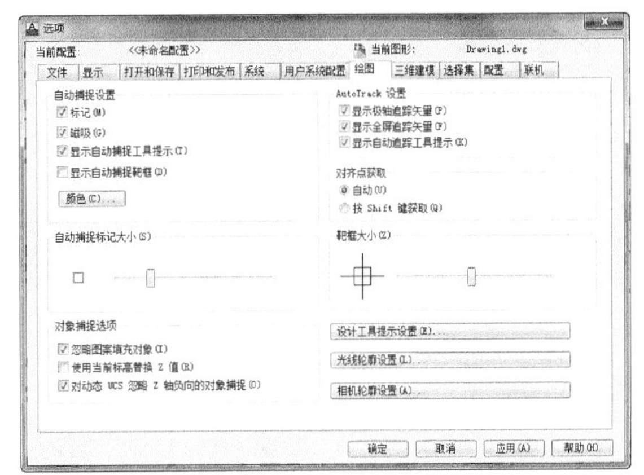

图2-11　“绘图”选项卡

（1）“自动捕捉设置”选项区域：控制使用对象捕捉时显示的形象化辅助工具（成为自动捕捉）的相关设置。如果光标或靶框处于对象上，可以按Tab键遍历该对象可用的所有捕捉点。

- “标记”：控制制动捕捉标记的显示。该标记为当十字光标移到捕捉点上时显示的几何符号。
- “磁吸”：打开或关闭自动捕捉磁吸。磁吸是指十字光标移动并锁定到最近的几何符号。
- “显示自动捕捉工具提示”：控制自动捕捉工具提示的显示。工具提示是一个标签，用来描述捕捉到的对象部分。
- “显示自动捕捉靶框”：控制自动捕捉靶框的显示。靶框是捕捉对象时出现在十字光标内部的方框。

（2）“自动捕捉标记大小”选项区域：设置自动捕捉标记的显示尺寸，按照个人的工作习惯设定。

（3）“靶框大小”选项区域：设置自动捕捉靶框的显示尺寸。如果选择“显示自动捕捉靶框”复选框，则当捕捉到对象时靶框显示在十字光标的中心。靶框的大小确定磁吸将靶框锁定到捕捉点之前，光标应达到与捕捉点多近的位置。取值范围为1～50像素。

6. 选择集

该选项主要是设置选择对象的选项，如图2-12所示。

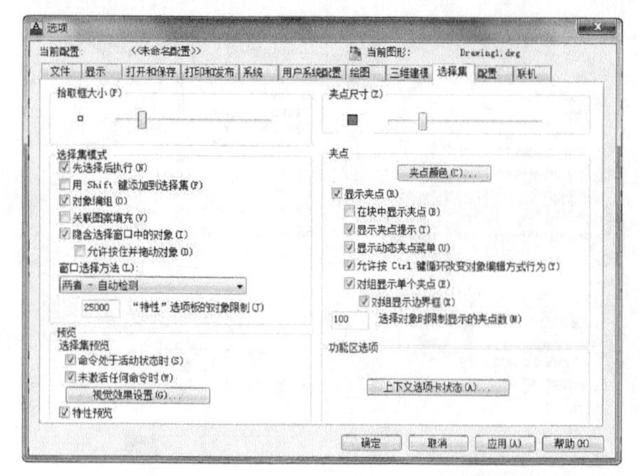

图2-12 "选择集"选项卡

（1）"拾取框大小"选项区域：控制拾取框的显示尺寸。拾取框是在编辑命令中出现的对象选择工具。

（2）"选择集模式"选项区域：控制与对象选择方法相关的设置。

- "先选择后执行"复选框：选择该复选框，允许在启动命令之前选择对象。被调用的命令对之前选定的对象产生影响。
- "用Shift键添加到选择集"复选框：按Shift键并选择对象时，可以向选择集中添加对象或从选择集总删除对象。要快速清除选择集，需在图形的空白区域绘制一个选择窗口。

（3）"夹点尺寸"：控制夹点的显示尺寸。

2.2.2 设置图形单位

在AutoCAD绘图中，用户可以采用1:1的比例因子绘图，因此所有的直线、圆和其他对象都可以真实大小来绘制，需要打印出图时，再将图形按图纸大小进行缩放。

1. 命令功能

用户在AutoCAD 2013中创建的所有对象都是根据图形单位进行测量的。开始绘图之前，必须根据要绘制图形的应用要求来确定一个图形单位代表的实际大小。然后据此创建实际大小的图形。例如，一个图形单位的距离通常可以表示实际单位距离的1毫米、1厘米、1英寸或1英尺。

2. 命令调用

在AutoCAD 2013中，用户可以通过以下方式调用该命令。

- 在命令行中输入units命令。
- 选择"格式"→"单位"菜单命令。

执行命令后系统均会弹出"图形单位"对话框，如图2-13所示。

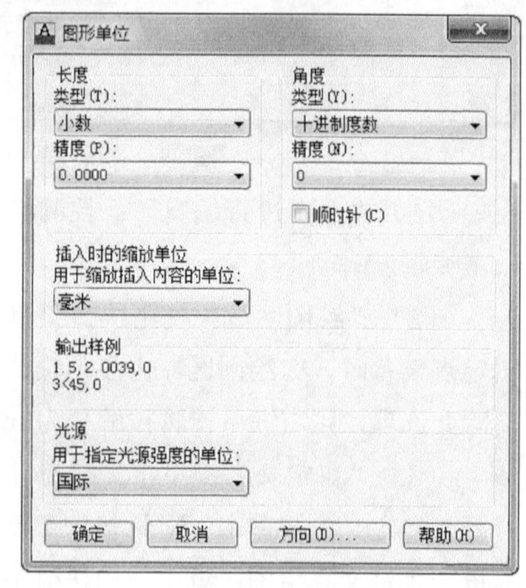

图2-13 "图形单位"对话框

3. 设置图形单位选项

通过该对话框，可以设置图形的长度、角度、插入时的缩放单位、光源和方向控制等。

（1）设置长度选项卡。在"长度"选项组中可以设置当前图形的测量单位和单位精度。

在"类型"的下拉列表中，可设置测量单位的当前格式。如图2-14所示，该值包括"建筑"、"小数"、"工程"、"分数"和"科学"。其中，"工程"和"建筑"格式提供英尺和英寸显示并假定每个图形单位表示1英寸。其他格式可表示任何真实世界单位。

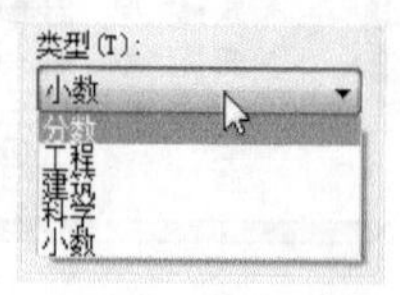

图2-14 长度类型

在“精度”下拉列表中，可以设置线性测量值显示的小数位数或分数大小，如图2-15所示。

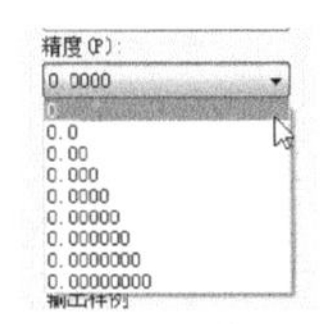

图2-15　长度精度类型

（2）设置角度选项。在“角度”选项组中，用来指定当前角度格式和当前角度显示的精度。

在“类型”下拉列表中可设置当前角度格式，如图2-16所示，其中包括“百分数”、“弧度”、“勘测单位”、“度/秒/分”和“十进制度数”5种角度类型。

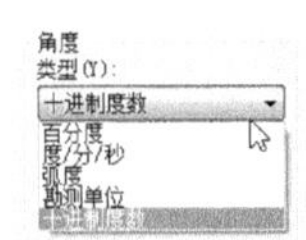

图2-16　角度类型

在“精度”下拉列表中，可以设置当前角度显示的精度。在角度测量时一般遵循的惯例为：十进制度数以十进制数表示，百分度附带一个小写 g 后缀，弧度附带一个小写 r 后缀。度/分/秒格式用 d 表示度，用 ' 表示分，用 " 表示秒，例如：123d45'56.7"。勘测单位以方位表示角度：N 表示正北，S 表示正南，度/分/秒表示从正北或正南开始的偏角的大小，E 表示正东，W 表示正西，例如：N 45d0'0" E，此形式只使用度/分/秒格式来表示角度大小，且角度值始终小于90°。如果角度正好是正北、正南、正东或正西，则只显示表示方向的单个字母。

选择“顺时针”复选框，将以顺时针方向计算正的角度值。默认的正角度方向是逆时针方向。当提示用户输入角度时，可以点击所需方向或输入角度，而不必考虑“顺时针”设置。

设置的用途

用于创建和列出对象，测量距离以及显示坐标位置的单位格式与用于创建标注值的标注单位设置是分开的。

（3）设置插入时的缩放单位。在“插入时的缩放单位”选项组中，可以用来设置插入到当前图形中的块和图形的测量单位。如果块或图形创建时使用的单位与该选项指定的单位不同，则在插入这些块或图形时，将对其按比例缩放。插入比例是源块或图形使用的单位与目标图形使用的单位之比。如果插入块时不按指定单位缩放，需选择“无单位”。

设置“无单位”

当源图形（块）或目标图形中的“插入比例”设置为“无单位”时，将使用“选项”对话框的“用户系统配置”选项卡中的“源内容单位”和“目标图形单位”设置。

（4）设置光源。在“光源”选项组中，可以控制当前图形中光度控制光源强度的测量单位。

（5）方向控制。单击“方向”按钮，弹出“方向控制”对话框，如图2-17所示，在该对话框中可以设置零角度的方向。

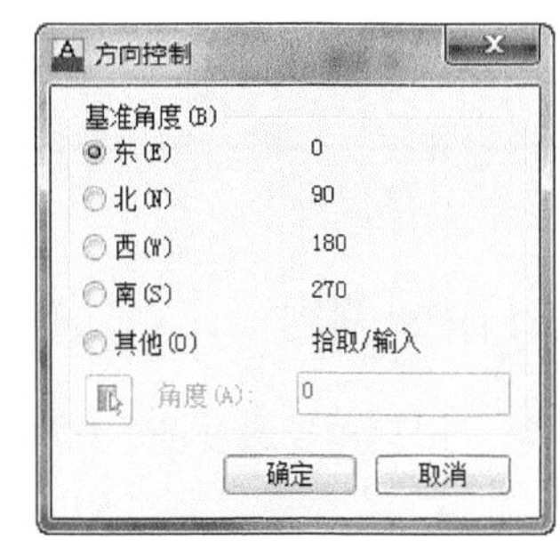

图2-17　“方向控制”对话框

其中各项含义如下。

- 东：表示指定正东方向（默认方向）为零角度的方向。
- 北：表示指定正北方向为零角度的方向。
- 西：表示指定正西方向为零角度的方向。
- 南：表示正南方向为零角度的方向。
- 其他：表示指定除正方向以外的其他方向为零角度的方向。

当选择“其他”指定零角度值时，可通过“角度”文本框输入值来指定角度。“拾取角度”按钮是基于假想线的角度定义图形区域中的零角度，该假想线连接用户使用定点设备指定的任意两点。只有选定“其他”时，此选项才可用。

设置单位的影响

设置单位之后，在AutoCAD 2013中绘制图形时，将对某些操作产生影响，包括“特性”选项板、动态输入、list命令、id命令、状态栏上的坐标显示以及显示坐标的几个对话框等。指定了单位的显示精度后，坐标值和距离值将被舍入处理。但是，不管显示精度如何，始终将保留坐标和距离的内部精度。

2.2.3 设置图形界限

1. 命令功能

图形界限即图形的一个不可见的边框。用户可以根据所绘图形的大小，使用图形界限来确保按指定比例在指定大小的纸上打印图形，所创建的图形不会超出图纸空间的大小。默认情况下，图形文件的大小为420 mm×297 mm。这个尺寸适合于绘制小的图形对象，如果需要绘制大的图形，就需要设置绘图区域。

2. 命令调用

用户可以通过以下几种方法设置图形界限。

- 在命令行中输入limits命令。
- 选择“格式”→“图形界限”菜单命令。

命令行提示如下。

命令: limits

重新设置模型空间界限:

指定左下角点或 [开(ON)/关(OFF)] <0.0000,0.0000>:

//按回车键采用默认值

指定右上角点 <420.0000,297.0000>: 297,210

//A2图纸大小的图形界限

上述命令行中的各项提示说明如下。

- 指定左下角点：指定栅格界限的左下角点。
- 开：打开图形界限检查功能时，图形画出界限时AutoCAD会给出提示。
- 关：关闭界限检查，但是可以保持当前的图形界限的值用于下一次打开界限检查。

通过选择ON或OFF选项可以决定能否在图形界限外指定一点。如果选择ON选项，那么将打开界限检查，用户不能在图限之外结束一个对象，如果选择OFF选项（默认值），那么将关闭界限检查，可以在图限之外绘制对象或指定点。

当设置完图形界限后，屏幕上不会出现任何变化，也看不到该图形界限范围，此时单击绘图界面下端的状态栏中的“栅格”功能按钮▦，在AutoCAD 2013中激活“栅格”功能时，按钮将呈现淡蓝色。在绘图界面中将呈现出如图2-18所示的栅格界限。

图2-18　栅格打开时显示的图形界限

设置的用途

选择“视图”工具栏中的“缩放”→“全部”命令，也可使绘图区域被限制在该区域内。

2.3 精确绘制建筑图形

当在图上画线及圆等对象时，定位点的最快方法就是直接在屏幕上拾取点。但是，用光标很难准确地在对象上定位某一个特定的点。为了解决这个问题，AutoCAD提供了捕捉、栅格、正交、极轴追踪、对象捕捉和显示/隐藏线宽等辅助工具，能提高绘图精度，加快绘图速度，状态栏中各个辅助工具按钮如图2-19所示。

999.7140, 1901.9390, 0.0000 模型

图2-19　状态栏各工具按钮

2.3.1　栅格和捕捉

栅格是点或线的矩阵，遍布指定为栅格界限的整个区域。使用栅格类似于在图形下放置一张坐标纸。利用栅格可以对齐对象并直观显示对象之间的距离。

要提高绘图的速度和效率，可以显示并捕捉矩形栅格。还可以控制其间距、角度和对齐。

捕捉模式用于限制十字光标，使其按照用户定义的间距移动。当“捕捉”模式打开时，光标似乎附着或捕捉到不可见的栅格。捕捉模式有助于使用箭头键或定点设备来精确地定位点。“栅格”模式和“捕捉”模式各自独立，但经常同时打开。

用户可以下面的几种方法启用捕捉和栅格。

- 右键单击状态栏中的“捕捉”和“栅格”按钮，选择“设置”选项。
- 选择“工具”→“绘图设置”菜单命令，在打开的“草图设置”对话框中选中或取消“启用捕捉”和“启用栅格”复选框，如图2-20所示。
- 在命令行键入dsettings，按回车键。

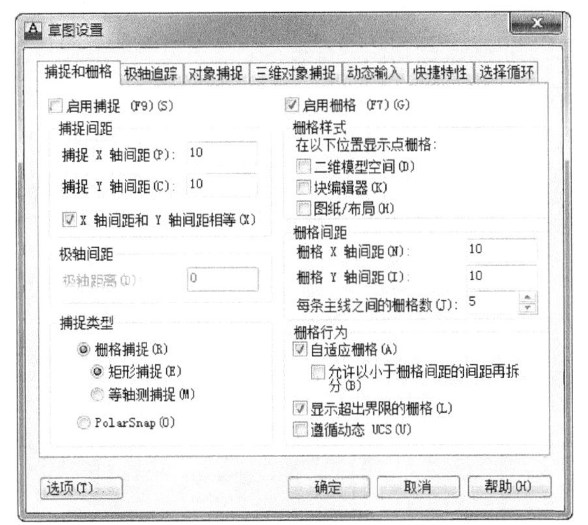

图2-20　“草图设置”对话框

工作时，可以打开或关闭“栅格”与“捕捉”模式，还可以改变栅格和捕捉间距。用户可以使用替代键临时打开和关闭“捕捉”模式。

通过对话框中“捕捉和栅格”选项卡来设置捕捉和栅格的x轴和y轴的间距，或在状态栏中的鼠标右键单击按钮“捕捉”或“栅格”按钮，选择“设置”命令也可进行同样的设置。

> **技巧与提示**
> 捕捉间距不需要和栅格间距相同。例如，可以设置较宽的栅格间距用作参照，但使用较小的捕捉间距以保证定位点的精确性。

2.3.2　正交

AutoCAD 提供的正交模式也可以用来精确定位点，它将定点设备的输入限制为水平或垂直。在正交模式下，可以方便地绘出与当前x轴或y轴平行的线段。

用户可以下面的几种方法启用正交模式。

- 使用ortho命令，可以打开“正交”模式。
- 在AutoCAD程序窗口的状态栏中单击“正交”按钮。
- 按F8键，可以打开或关闭正交方式。

打开正交功能后，AutoCAD此时只限定绘制水平或铅垂线。这样可以大大地方便绘图。

> **技巧与提示**
> 正交模式与极轴追踪模式不能同时打开。

2.3.3　对象捕捉

对象捕捉用来指定捕捉和栅格设置。打开捕捉可以使十字光标自动找到已知点的位置或在栅格点上进行精确定位。

用户启用捕捉的3种方法。

- 单击状态栏中的按钮捕捉。
- 选择“工具”→“绘图设置”菜单命令，在打开的“草图设置”对话框中选中或取消“对象捕捉”复选框，如图2-21所示。
- 按F9键。

捕捉的间距设置可通过“工具”→“草图设置”→“捕捉和栅格”菜单命令来设置捕捉的x轴和y轴的间距，或在状态栏中鼠标右键单击按钮捕捉，选择“设置”命令，弹出“草图设置”对话框，如图2-21所示，捕捉类型采用默认设置。

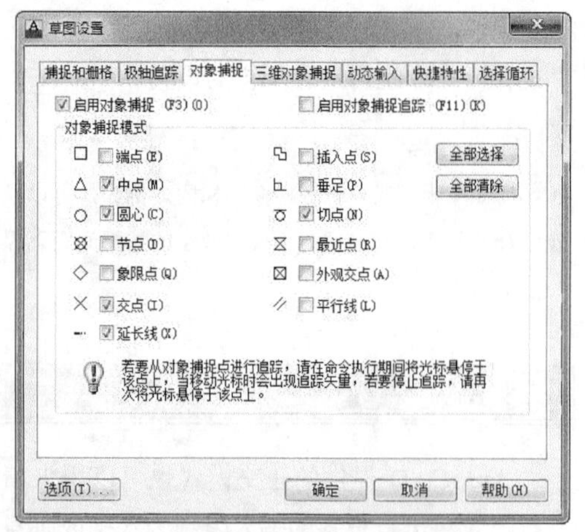

图2-21　“草图设置”中的“对象捕捉”选项卡

下面对各个捕捉模式进行简单的介绍。

- 端点：用来捕捉对象的端点。将光标放到对象上，系统将自动捕捉到离光标最近的端点。
- 中点：用来捕捉线段或弧段的中点。
- 圆心：用来捕捉一个圆、圆弧和圆环的圆心。
- 节点：用来捕捉使用点命令绘制的点对象。
- 象限点：用来捕捉圆、圆弧和圆环在圆周上的四分点。
- 交点：用来捕捉对象之间的交点，也可以捕捉到两个对象延长线的交点。
- 延长线：用来捕捉线段或圆弧延长线上的点。
- 插入点：用来捕捉文字、块或属性等的插入点。
- 垂足：用来捕捉一点到一个对象上的垂足。
- 切点：用来捕捉点到圆、圆弧和圆环上的切点。
- 最近点：用来捕捉光标到对象上的最近点。
- 外观交点：用来捕捉对象之间的外观交点即延伸交点。
- 平行线：用来捕捉一点，使之与已知点的连线平行一条已知直线。

技巧与提示

对象追踪必须与对象捕捉功能同时工作，即在追踪对象捕捉到点之前，必须先打开对象捕捉功能。

AutoCAD 2013中新增加了三维对象捕捉功能，如图2-22所示。其主要功能和操作同对象捕捉是一样的，只是三维对象捕捉可能会降低性能，因此建议用户在使用时仅选择所需的三维对象捕捉即可。

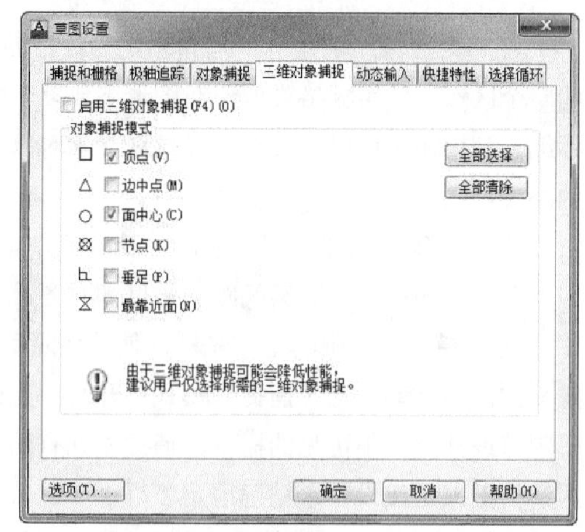

图2-22　“草图设置”对话框的“三维对象捕捉”选项卡

2.3.4　极轴追踪

极轴追踪是按预先给定的角度增量来追踪特征点。即如果用户事先知道要追踪的方向（角度），就使用极轴追踪；若事先不知道具体的追踪方向（角度），但却知道与其他对象的某种特定关系（如相交等），就使用对象捕捉追踪。用户可以同时使用对象捕捉追踪和极轴追踪。

极轴追踪功能可在系统要求指定一个点时，按事先设置的角度增量显示一条无限延伸的辅助线（虚线），用户此时就可以沿着辅助线追踪得到光标点。用户可以在“草图设置”对话框的“极轴追踪”选项卡中设置极轴追踪和对象捕捉追踪，如图2-23所示。

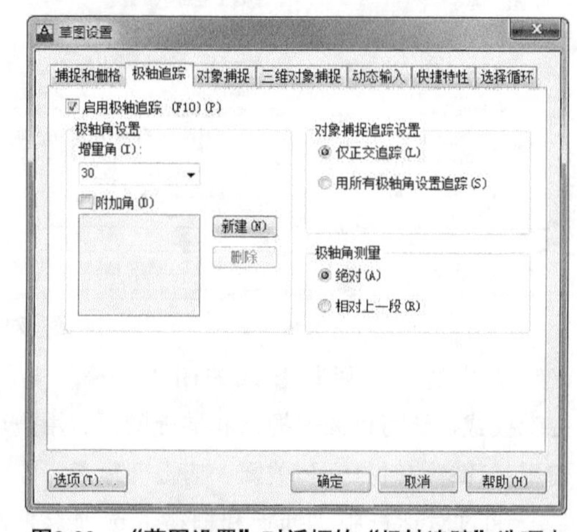

图2-23　“草图设置”对话框的“极轴追踪”选项卡

极轴追踪设置和对象捕捉追踪设置方法如下。

（1）命令行：在命令行输入dognap命令。

（2）工具栏：选择“对象捕捉”→“对象捕捉设置”菜单命令。

（3）菜单栏：选择“工具（T）”→“绘图设置（F)”菜单命令。

（4）状态栏：“对象捕捉”与“极轴”按钮。

（5）快捷键：按F10键。

（6）快捷菜单：对象捕捉设置。

各选项具体说明如下。

- “启用极轴追踪”复选框：用于启用极轴追踪功能。
- “极轴角设置”选项组：用于设置极轴角的值。用户可在“增量角”的下拉列表框中选择一种角度值。也可以选中“附加角”复选框，单击“新建”按钮设置任意附加角，系统在进行极轴追踪时，同时追踪增量角和附加角，可设置多个附加角。
- “对象捕捉追踪设置”选项组：用于设置对象捕捉追踪。若选中“仅正交追踪”单选按钮，可以在启用对象捕捉追踪时，只显示获取的对象捕捉点的正交（水平或垂直）对象捕捉追踪路径；若选中“用所有极轴角设置追踪”单选按钮，可以将极轴追踪设置应用到对象捕捉追踪，使用对象捕捉追踪时，光标将会从获取的对象捕捉点起沿极轴对齐角度进行追踪。

技巧与提示

打开正交模式，光标将会被限制沿水平或垂直方向移动。因此，正交模式和极轴追踪不能同时打开，如果一个打开，另一个就会自动关闭。

- “极轴角测量”选项组：用于设置极轴追踪对齐角度的测量基准。若选中“绝对”单选按钮，可以基于当前用户坐标系（UCS）确定极轴追踪角度；若选中“相对上一段”单选按钮，可以基于最后绘制的线段确定极轴追踪角度。

绘制如图2-24所示图形。操作步骤如下。

（1）绘制点1至点2的直线。

（2）启动“极轴捕捉”功能，并设置极角增量为45°。

（3）光标在45°位置附近时AutoCAD显示一条辅助线和提示。

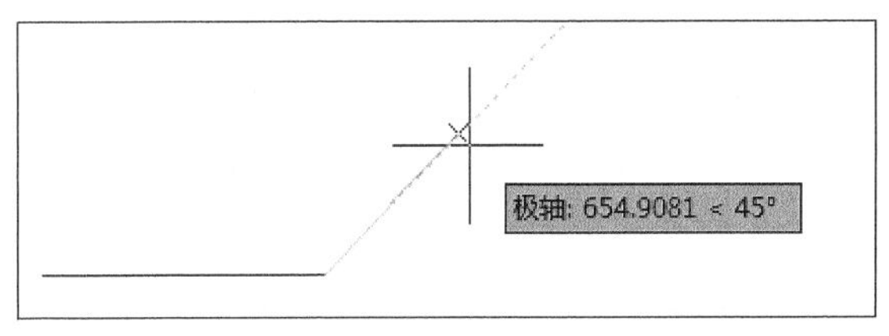

图2-24　极轴追踪功能

2.3.5　动态输入

“动态输入”在光标附近提供了一个命令界面，以帮助用户专注于绘图区域，如图2-25所示的“动态输入”工具栏。

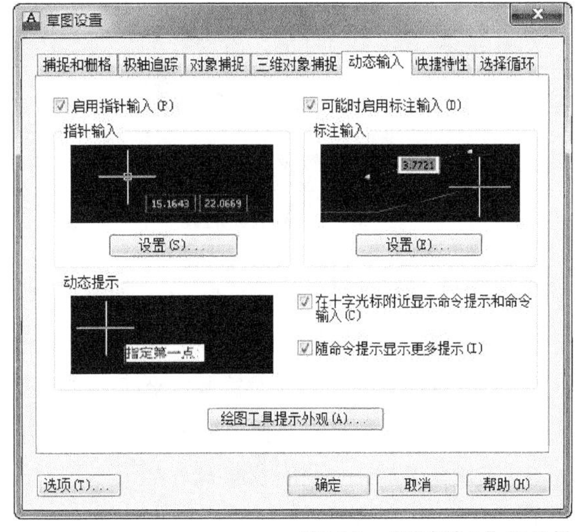

图2-25　“动态输入”工具栏

启用“动态输入”时，工具栏提示将在光标附近显示信息，该信息会随着光标移动而动态更新。当某条命令为活动时，工具栏提示将为用户提供输入的位置。

在输入字段中输入值并按 Tab 键后，该字段将显示一个锁定图标，并且光标会受用户输入的值约束。随后可以在第二个输入字段中输入值。另外，如果用户输入值然后按 Enter 键，则第二个输入字段将被忽略，且该值将被视为直接距离输入。

完成命令或使用夹点所需的动作与命令提示中的动作类似。区别是用户的注意力可以保持在光标附近。

动态输入不会取代命令窗口。用户可以隐藏命令窗口以增加绘图屏幕区域，但是在有些操作中还是需要显示命令窗口。按 F2 键可根据需要隐藏和显示命令提示和错误消息。另外，也可以浮动命令窗口，并使用“自动隐藏”功能来展开或卷起该窗口。

- 打开和关闭动态输入：单击状态栏上的Dyn来打开和关闭“动态输入”。按住F12 键可以临时将其关闭。“动态输入”有3个组件：指针输入、标注输入和动态提示。在“动态”上单击鼠标右键，然后单击“设置”，以控制启用“动态输入”时每个组件所显示的内容。
- 指针输入：当启用指针输入且有命令在执行时，十字光标的位置将在光标附近的工具栏提示中显示为坐标。可以在工具栏提示中输入坐标值，而不用在命令行中输入，如图2-26 所示的“指针输入”效果。

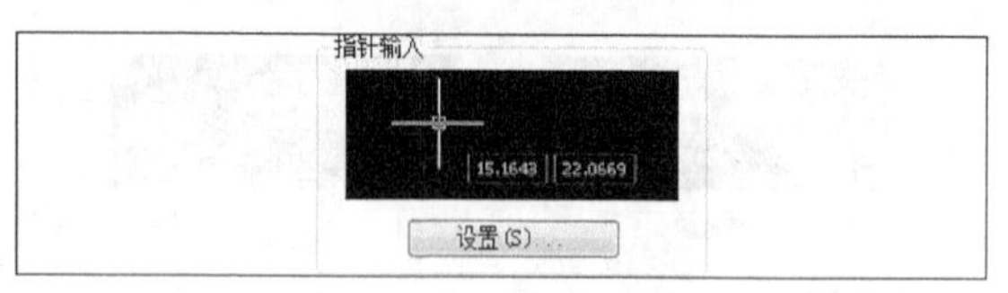

图2-26 “指针输入”

第二个点和后续点的默认设置为相对极坐标（对于 Rectang 命令，为相对笛卡尔坐标）。不需要输入 @ 符号。如果需要使用绝对坐标，使用井号 (#) 前缀。例如，要将对象移到原点，在提示输入第二个点时，输入 #0,0。

- 标注输入，效果如图2-27所示。

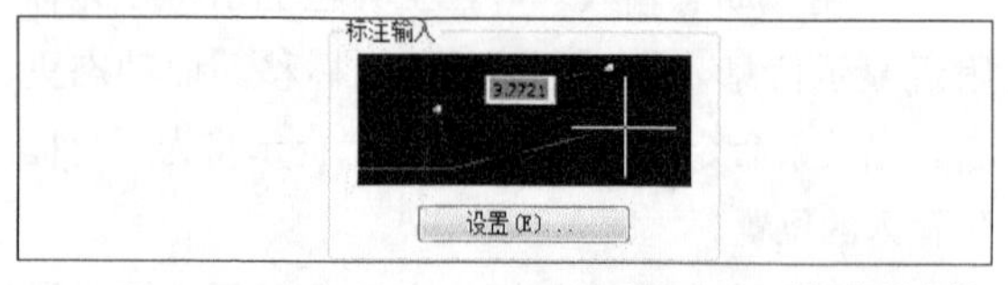

图2-27 “标注输入”

启用标注输入时，当命令提示输入第二点时，工具栏提示将显示距离和角度值。在工具栏提示中的值将随着光标的移动而改变。按 Tab 键可以移动到要更改的值。标注输入可用于 arc、circle、ellipse、line 和 pline。

使用标注输入设置只显示您希望看到的信息。

在使用夹点来拉伸对象或在创建新对象时，标注输入仅显示锐角，即所有角度都显示为小于或等于180°。因此，无论 ANGDIR 系统变量如何设置（在“图形单位”对话框中设置），270°的角度都将显示为90°。创建新对象时指定的角度需要根据光标的位置来决定角度的正方向。

- 动态提示，效果如图2-28所示。

图2-28 “动态提示”

启用动态提示时，提示会显示在光标附近的工具栏提示中。用户可以在工具栏提示（而不是在命令行）中输入响应。按下箭头键可以查看和选择选项。按上箭头键可以显示最近的输入。

2.4 创建图层

图层是AutoCAD提供的一个管理图形对象的工具，用户可以根据图层对图形几何对象、文字、标注等进行归类处理，使用图层来管理它们，不仅能使图形的各种信息清晰、有序，便于观察，而且也会给图形的编辑、修改和输出带来很大的方便。

2.4.1 创建新图层

1. 命令功能

在正式开始绘图之前，必须做好图层创建工作，因为每个图形中都包括大量的信息，如基准线、轮廓线、剖面线、虚线、中心线、尺寸标注及文字注释等元素，通过图层来管理，不但可以使图形的各种信息非常清晰有序，便于观察，而且也能给图形的编辑、修改和输出带来极大的方便。

2. 命令调用

在AutoCAD 2013中创建新图层的方式有以下几种。

- 命令行：在命令行中输入layer命令。
- 菜单栏：单击菜单栏中的“格式”→“图层”命令。
- 工具栏：单击“图层”工具栏中的“图层特性管理器”按钮。

通过执行上述3种命令后，系统都会弹出如图2-29所示的“图层特性管理器”对话框。可以在该对话框中创建新的图层和进行其他设置。

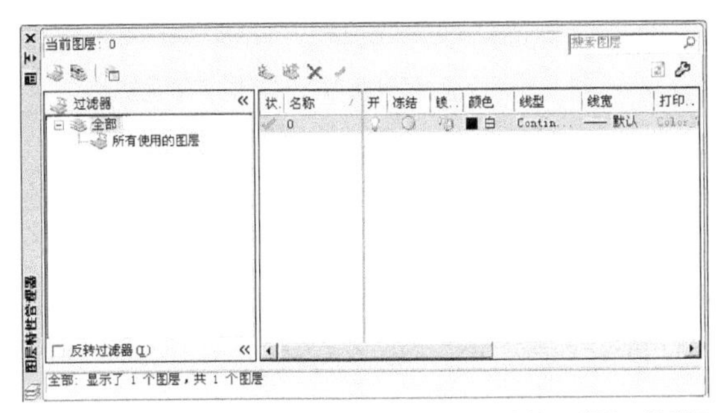

图2-29　“图层特性管理器”对话框

在图2-29所示“图层特性管理器”对话框中的各选项按钮具体解释如下。

（1）“新建图层”按钮：创建新图层，列表将显示名为“图层1”图层。该名称处于选定状态，因此可以立即输入新图层名。新图层将继承图层列表中当前选定图层的特性（颜色、开或关状态等）。

（2）“图层冻结”按钮：在所有视口中都被冻结的新图层视口。创建新图层，然后在所有现有布局视口中将其冻结。可以在“模型”选项卡或布局选项卡上访问此按钮。

（3）“删除图层”按钮：此按钮可以删除选中的图层。只能删除未被参照的图层，参照的图层包括图层0和DEFPOINTS、包含对象（包括块定义中的对象）的图层、当前图层以及依赖外部参照的图层。

（4）“置为当前”按钮：此按钮可以将选中的图层设置成当前图层。将在当前图层上绘制创建的对象。

（5）“图层列表区”（图2-30）：显示图层和图层过滤器及其特性和说明。

（6）“新建特性过滤器”按钮：单击此按钮，如图2-31所示，将显示“图层过滤器特性”对话框，从中可以根据图层的一个或多个特性创建图层过滤器。

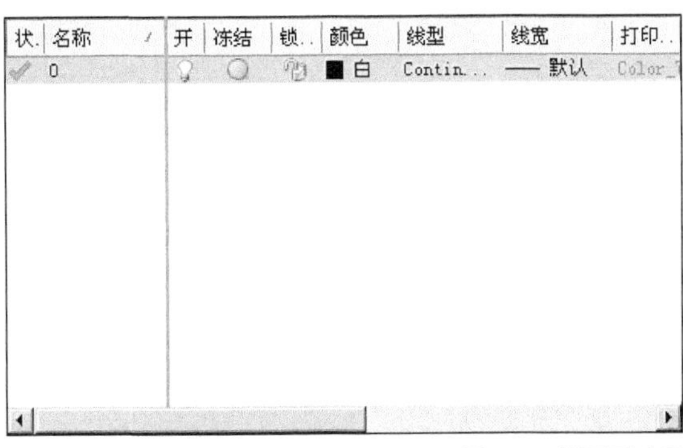

图2-30　图层列表区

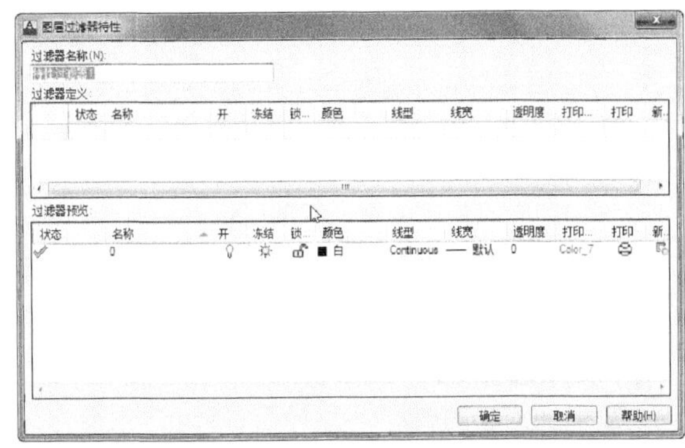

图2-31　“图层过滤器特性”对话框

（7）“新组过滤器”按钮：创建图层过滤器，其中包含选择并添加到该过滤器的图层。

（8）“图层状态管理器”按钮：单击此按钮，将弹出“图层状态管理器”对话框，如图2-32所示。

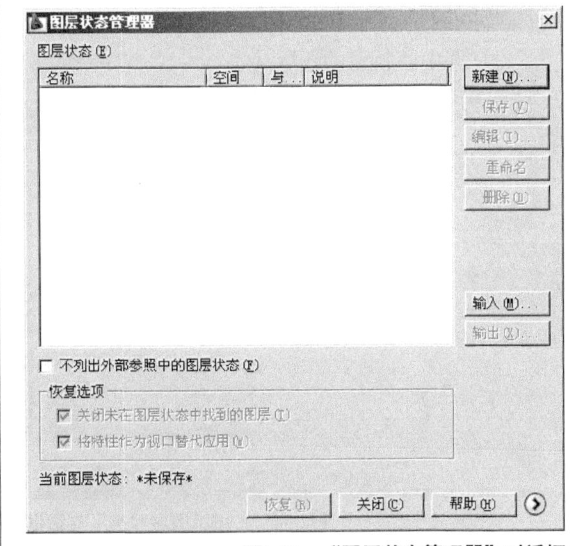

图2-32　“图层状态管理器”对话框

从中可以将图层的当前特性设置保存到一个命名图层状态中，以后可以再恢复这些设置。单击右下角的前进图标⊙，则会展开右半部分对话框，如图2-33所示。

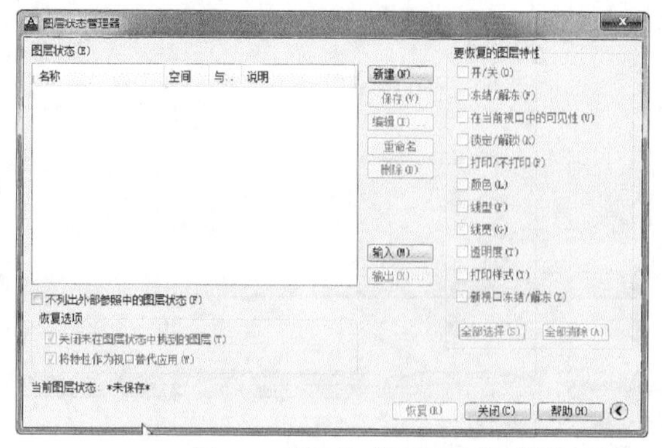

图2-33　展开的“图层状态管理器”对话框

在展开的“要恢复的图层设置”选项组里，可以通过选中相应的复选框来设置图层状态和特性。

- “图层状态”：用于显示当前图层已保存的图层状态名称和从外部输入进来的图层状态名称。
- “新建”按钮：此按钮用来打开“要保存的新图层状态”对话框，创建新的图层状态。
- “保存”按钮：此按钮用于覆盖选中的图层状态。
- “编辑”按钮：单击此按钮，会弹出“编辑图层状态：new（用户建立的图层状态名）”对话框，如图2-34所示，用于设置选中的新建的图层状态。

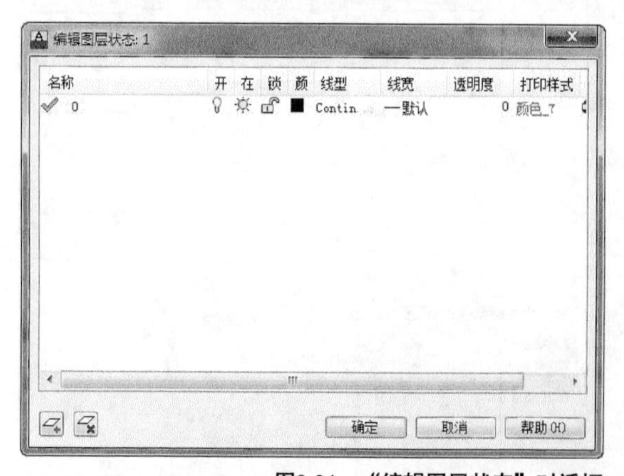

图2-34　“编辑图层状态”对话框

- “重命名”按钮：此按钮用于重命名选中的图层状态。
- “删除”按钮：此按钮用来删除选中的图层状态。
- “输入”按钮：此按钮用来打开“输入图层状态”对话框，可以将外部图层状态输入到当前图层中。
- “输出”按钮：此按钮用来打开“输出图层状态”对话框，可以将当前图形已保存下来的图层状态输出到一个LAS文件中。
- “恢复选项”选项组：此选项组用来设置是否关闭未在图层状态中找到的图层。
- “恢复”按钮：此按钮可以将选中的图层状态恢复到当前图形中，而且只有保存的状态和特性才能被恢复到图层中。

（9）“搜索图层”文本框搜索图层：在这里输入字符时，会按名称快速过滤图层列表。关闭图层特性管理器时并不保存此过滤器。

（10）同上，“反转过滤器”复选框：此按钮用于显示、选择非指定过滤器中的图层。

（11）“刷新”按钮：通过扫描图形中的所有图元来刷新图层使用信息。

（12）“设置”按钮：单击此按钮，将弹出“图层设置”对话框，如图2-35所示。从中可以设置新图层通知设置、隔离图层设置、是否将图层过滤器更改应用于“图层”工具栏及更新图层特性替代的背景色。

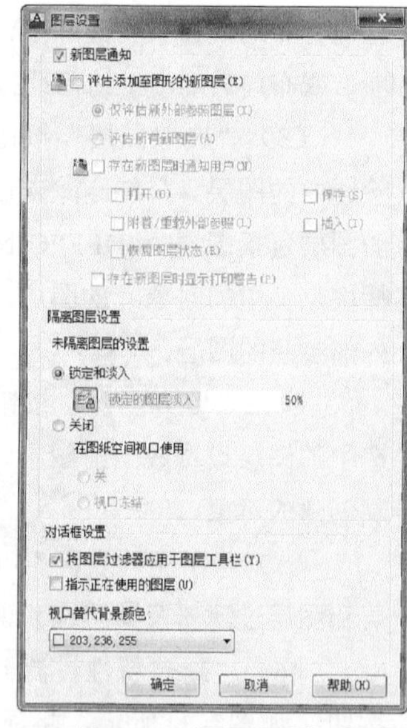

图2-35　“图层设置”对话框

使用图层技巧

（1）建议使用多个图层来组织图形，而不是将整个图形都创建在图层0上。

（2）如果长期使用某一特定的图层方案，可以使用指定的图层、线型和颜色建立图形样板。

（3）图层名最多可以包括255个字符：字母、数字和特殊字符，如美元符号（$）、连字符号（-）和下划线符号（_）。在其他特殊字符前使用反向引号（`），使字符不被当作通配符。图层名不能包括空格。

2.4.2　设置图层的颜色

可以根据需要为图形对象设置不同的颜色，从而把不同类型的对象区分开来。颜色的确定可以采用“随层”方式，即取其所在层的颜色；也可以采用“随块”方式，对象随着图块插入到图形中时，根据插入层的颜色而改变；对象的颜色还可以脱离于图层或图块单独设置。对于若干取相同颜色的对象，比如全部的尺寸标注，可以把它们放在同一图层上，为图层设定一个颜色，而对象的颜色设置为“随层”方式。

1. 命令调用

通常设置图层颜色的操作方式有以下两种。

- 命令行：在命令行中输入color命令。
- 菜单栏：选择“格式”→“颜色”菜单命令。

通过以上两种方式的操作，系统都将会弹出如图2-36所示的“选择颜色”对话框。在这个过程中，大家可以根据自己的需求对每个图层设置相同或不同的颜色。

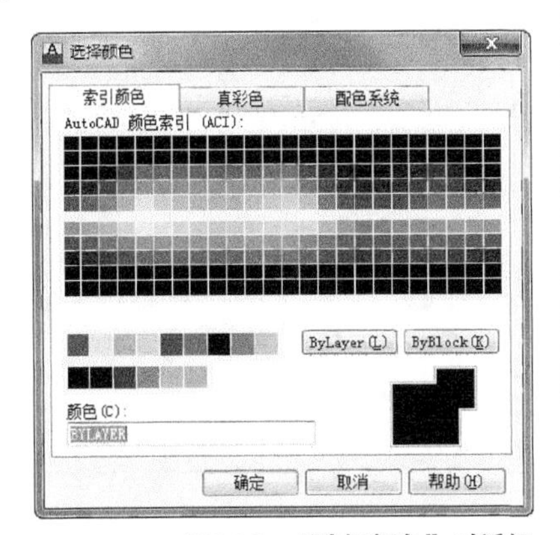

图2-36　“选择颜色”对话框

另外通过在“图层特性管理器”中，单击所选图层属性条的颜色块，AutoCAD 也将会弹出“选择颜色”对话框，如图2-37所示。

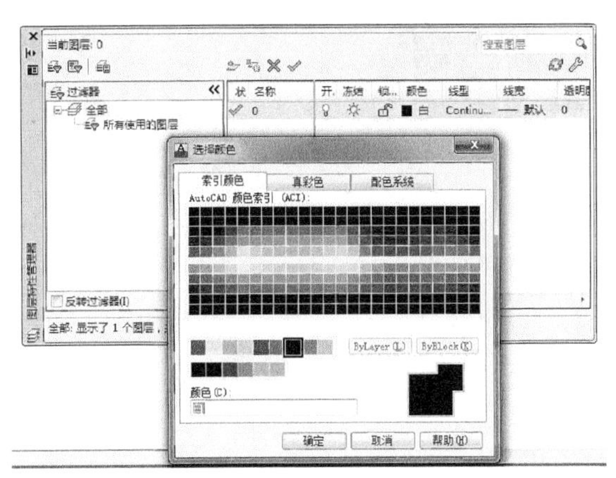

图2-37　通过单击图层属性条的颜色块弹出“选择颜色”对话框

2. 选项卡说明

如图2-36所示，在“选择颜色”对话框中包括了“索引颜色”、“真彩色”和“配色系统”3个选项卡。索引颜色包括标准颜色和灰度颜色，标准颜色包括红色、黄色及绿色等9种颜色。

（1）索引颜色。包含功能如下。

①“AutoCAD颜色索引”调色板：这里包括240种颜色。当用户选择一种颜色时，在颜色列表下面就会显示该颜色的序号和其对应的RGB值，如图2-38所示。

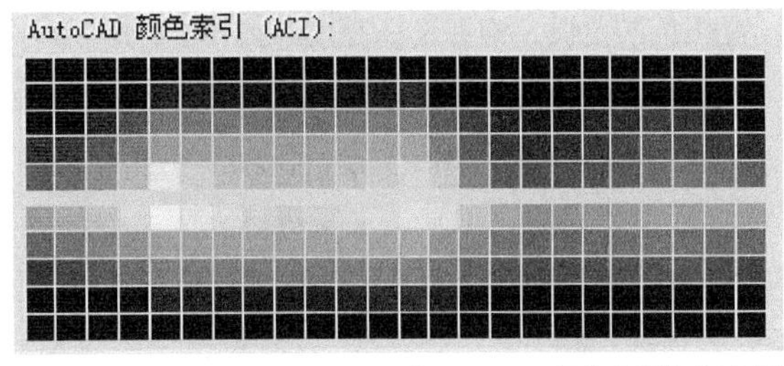

图2-38　“AutoCAD 颜色索引”调色板

②“标准颜色选项组”：如图2-39所示，标准颜色只适用于1～7号颜色。分别是1为红色，2为黄色，3为绿色，4为青色，5为蓝色，6为品红色，7为白色/黑色。

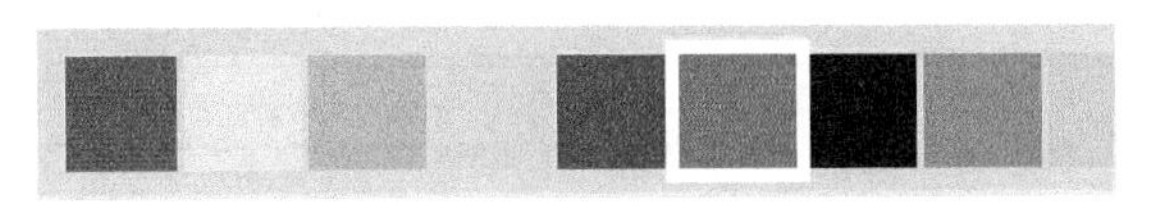

图2-39　标准颜色选项组

③“灰度颜色选项组”：如图2-40所示，这个选项组包含了6种灰度，可以用于将图层的颜色设置成灰度色。

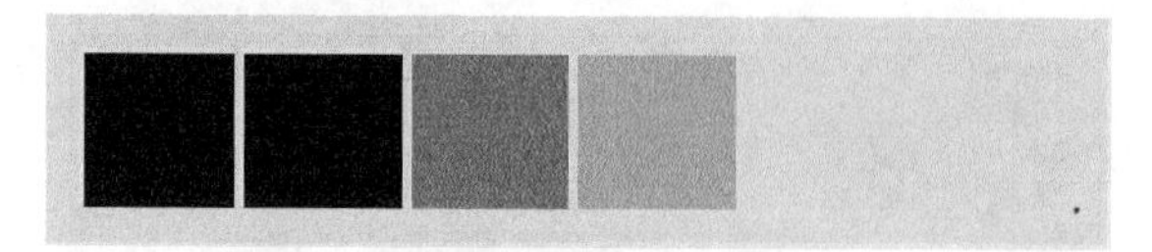

图2-40　灰度颜色选项组

④“颜色”文本框：用于显示与编辑所选颜色的名称和编号，如图2-41所示。

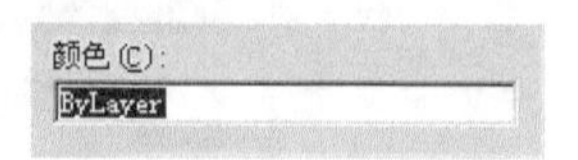

图2-41　颜色文本框

⑤“ByLayer”按钮 ByLayer(L)：单击此按钮，可以指定新对象采用创建该对象所在的图层指定颜色。选中ByLayer时，当前图层的颜色将显示在“旧颜色和新颜色”颜色样例中。

⑥“ByBlock”按钮 ByBlock(K)：单击此按钮，可以指定新对象的颜色为默认颜色（白色或黑色，取决于背景色），直到将对象编组到块并插入块。当把块插入图形时，块中的对象继承当前颜色的设置。

（2）真彩色。在真彩色选项卡里，可以在“颜色模式下拉列表框”中选择RGB和HSL两种颜色模式。选择RGB模式时，可以设置颜色的红、绿及蓝的值，如图2-42所示。选择HSL模式时，可以设置颜色的色调、饱和度和亮度，如图2-43所示。

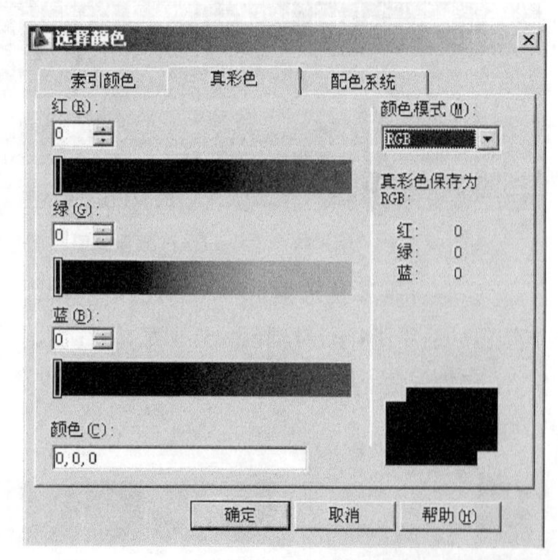

图2-42　真彩色中的RGB颜色模式

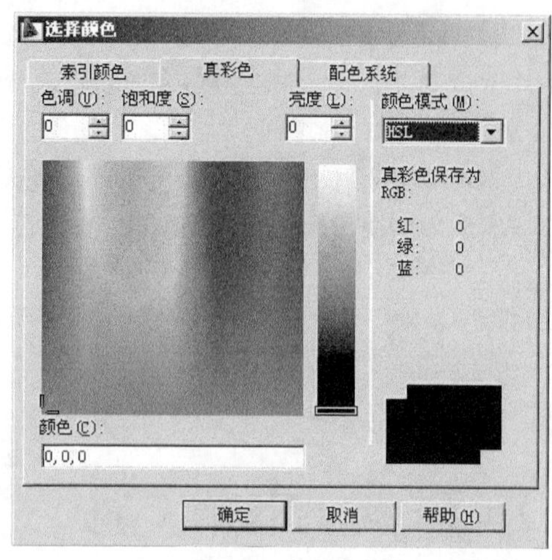

图2-43　真彩色中的HCL颜色模式

RGB模式和HSL模式

RGB模式是基于有色光的三元色原理进行设置的，R代表红色，G代表绿色，B代表蓝色。每种颜色都有256种不同的亮度值，从理论上讲，RGB模式有256×256×256共约16万种颜色。HSL模式是以人类对颜色的感觉为基础的，描述了颜色的3种基本特征。H代表色调，是从物体反射或透过物体传播的颜色，通常由颜色名称标识，如红色、橙色或绿色；S代表饱和度，是指颜色的强度或纯度，表示色相中灰色分量所占的比例，使用从0%～100%的百分比来度量；L代表亮度，是颜色的相对明暗程度，通常用从0%～100%的百分比来度量。

（3）配色系统。在“配色系统”选项卡里也可以设置图层的颜色，如图2-44所示。在AutoCAD中有标准Pantone配色系统，用户也可以输入其他配色系统，可以进一步扩充可供使用的颜色选择。

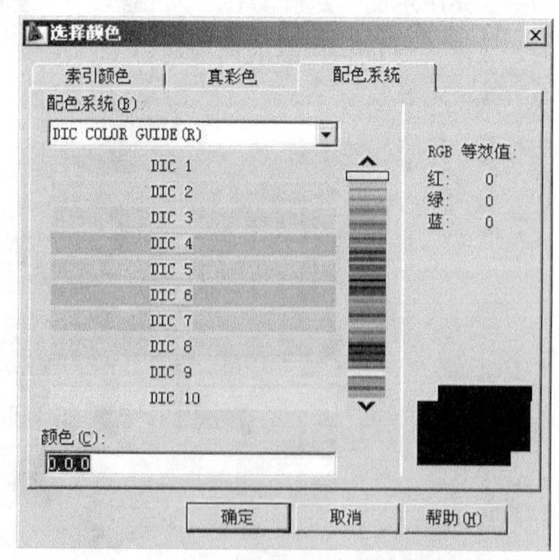

图2-44　“配色系统”选项卡

2.4.3 设置图层的线型

除了用颜色区分图形对象之外，用户还可以为对象设置不同的线型。根据制图要求，在绘图时往往需要使用不同的线型来表达不同的实体对象，在建筑制图中需要实线、虚线和点划线等线型来表示不同的绘图对象。

在“图层特性管理器”对话框中，单击图层“线型”特性图标，弹出“选择线型”对话框，如图2-45所示。在该对话框中选择一种线型，单击“确定”按钮，完成设置。

图2-45 “选择线型”对话框

若线型中没有所需的线型，在图2-45“选择线型”对话框中，单击“加载”按钮，弹出“加载或重载线型”对话框，如图2-46所示。选择所需线型，单击“确定”按钮，完成加载。返回到“选择线型”对话框，单击“确定”按钮，完成设置。

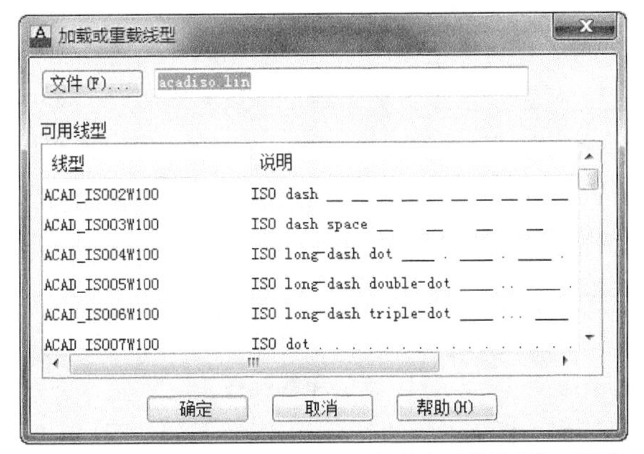

图2-46 “加载或重载线型”对话框

2.4.4 设置图层的线宽

1. 命令功能

线宽是指定给图形对象和某些类型文字的宽度值。使用线宽，可以用粗线和细线清楚地表现出截面的剖切方式、标高的深度、尺寸线和小标记，以及细节上的不同。例如，通过为不同图层指定不同的线宽，可以很方便地区分新建的、现有的和被破坏的结构。除非选择了状态栏上的“线宽”按钮，否则不显示线宽。

2. 命令调用

设置图层线宽的操作方式有如下两种方式。

- 命令行：在命令行中输入Lweight命令。
- 菜单栏：选择菜单栏中的“格式”→“线宽”菜单命令。

通过以上两种方式的操作，系统都将会弹出如图2-47所示的“线宽设置”对话框。在此对话框中可以设置和管理线宽。

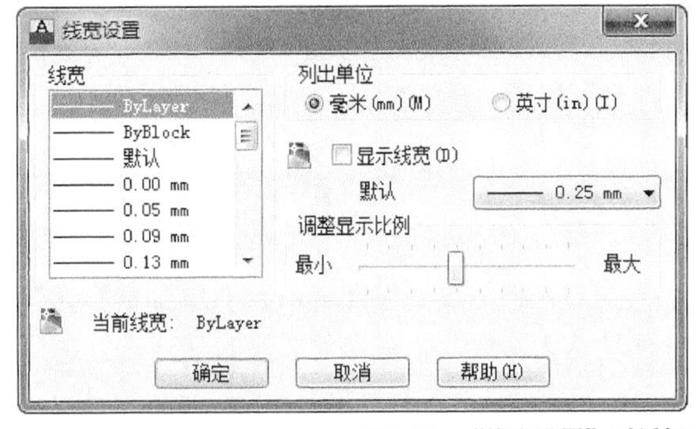

图2-47 “线宽设置”对话框

其中各选项卡的含义如下。

- 线宽：设置当前的线宽值，也可以改变图形中已有对象的线宽。
- 列出单位：用于设置线宽的单位，有毫米和英寸两种单位制可以选择。
- 显示线宽：控制线宽是否在当前图形中显示。
- 默认：控制图层的默认线宽。
- 调整显示比例：控制“模型”选项卡上，线宽的显示比例。

图层管理器中设置线宽

如果用户要在建立图层的时候设置某一图层的线宽，可以在“图层特性管理器”对话框中的的“图层列表区”直接进行设置。方法是直接单击线宽所对应的图标，单击后弹出“线宽”对话框，如图2-48所示，用户可以在这里选择和加载自己所需要的线宽。

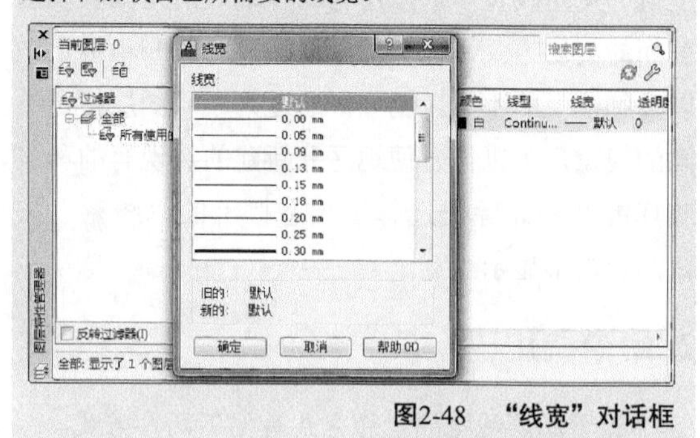

图2-48 “线宽”对话框

2.5 管理图层

在AutoCAD 2013中，图层是一个管理工具，一般实际工作中主要用来对图形中的对象进行分类。并且可以通过一些管理图层功能，如设置图层特性、过滤图层等功能来快速地修改图层中对象的一些统一属性，包括颜色、线宽、显示状态等。

2.5.1 设置图层特性

在使用图层进行绘图时，新创建对象的各种特性默认为随层，是由当前图层的默认设置决定的。用户也可以对各种对象的特性进行单独设置，设置好的新特性将覆盖原来图层的特性。如图2-29中的“图层特性管理器”对话框所示，图层的特性包括“名称”、“打开/关闭”、“冻结/解冻”、“锁定/解锁”、“颜色”、“线型”、“线宽”和“打印样式”等。

这些特征在“图层”工具栏（图2-49）和“对象特征”工具栏（图2-50）中都有显示，可以在绘图的时候对图形的特性一目了然，也可以在下拉列表框直接进行设置。

图2-49 “图层”工具栏

图2-50 “对象特性”工具栏

在图2-29“图层特性管理器”中，各项特性的具体说明分别如下所示。

（1）“状态”：此项用于显示图层和过滤器的状态。当前图层表示为✓，被删除的图层标识为 图层2 。

（2）“名称”：“名称”也就是图层的名字，是图层的唯一标识。在默认情况下，图层的名字按“0”、“Layer1”、“Layer2”等的顺序依次递增。在绘图时，用户可以根据自己的需要为图层重新命名。

（3）“开关”：单击“开”对应的小灯泡图标，可以打开或者关闭图层。打开时灯泡为黄色，图层的图形可以显示，也可以打印；关闭时，灯泡为灰色，图形就不能显示，也不能打印。用户在关闭图层时，系统会弹出一个消息框，如图2-51所示，通知用户正在关闭当前图层。

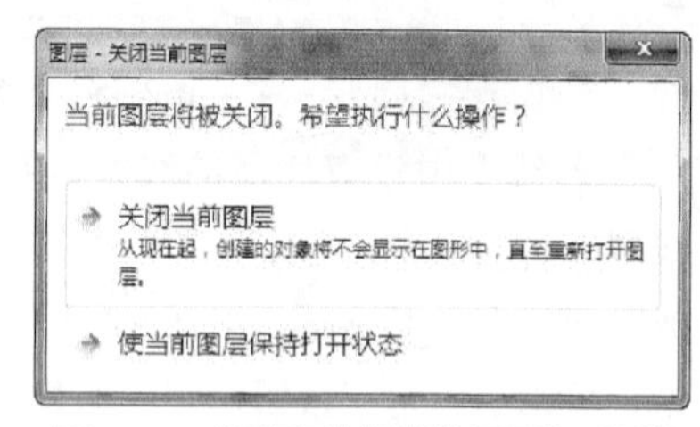

图2-51 “图层-关闭当前图层”对话框

（4）“冻结/解冻”：单击“冻结”对应的太阳图标可冻结图层，这时图标就变为雪花图标；反之，单击雪花图标，可以解冻图层，又变回太阳图标。当图层被冻结，则图层上的图形不但不可以显示和打印，而且也不可以编辑或修改图层上的图形对象；反之，就可以显示、打印和编辑图形了。

（5）“锁定/解锁”：单击“锁定”对应的锁子图标或可以锁定和解锁图形。锁定状态下并不影响图形对象的显示，不能编辑锁定图层上的图形对象，但是可以在锁定的图层上绘制新的图形对象，也可以使用查询命令和对象捕捉功能。

（6）“颜色”、“线型”和“线宽”：单击各项对应的图标，都会弹出各自的选择对话框，在各个对话框中就可以设置所需要的特性。

（7）“打印样式”和“打印”：“打印样式”可以确定图层的打印样式，如果用户使用的是彩色绘图仪，就不能改变这些打印样式。单击“打印”对应的打印机图标，可使设置图层是否能被打印，可以在保持图形显示可见性不变的前提下控制图形的打印特性。

（8）“冻结新视口”：单击此列的 或 图标冻结/解冻新视口。

（9）“说明”：在“说明”列可以为图层或过滤器添加说明信息。

冻结后的图层与解冻的图层的区别

冻结后的图层与解冻的图层可见性是相同的，但冻结后的图形对象就不能参加处理过程中的运算了，关闭的图层则要参加运算。因此，绘制复杂的图形时，冻结不需要的图层可以加快系统重新生成图形的速度。但是不能冻结当前层。

2.5.2　切换图层

在“图层特性管理器”对话框中，选中某一图层后，单击“当前图层”按钮，便可将该层设置为当前层，这样，用户便可在该层上绘制和编辑图形了。

而在实际的建筑绘图过程中，有时为了便于操作，就要在各个图层之间进行切换，切换图层的方法有以下3种方式。

（1）在命令行输入clayer命令。

（2）单击“图层”工具栏中的“图层控制”下拉列表框，在列表框单击要选择的图层即可。

（3）在“图层特性管理器”对话框的图层列表中选择图层，使其高亮显示，然后单击“置为当前”按钮即可。

2.5.3　过滤图层

一个复杂的图形文件往往需要设置大量的图层，当需要在某些图层上进行绘图或编辑时，AutoCAD 2013提供了图层过滤功能，图层过滤器可限制图层特性管理器和“图层”工具栏上的“图层”控件中显示的图层名。在大型图形中，利用图层过滤器，可以仅显示要处理的图层。

大家可以根据以下两种方式进行过滤，包括图层颜色、线型、线宽、打印样式、图层可见性、图层冻结或解冻状态、图层锁定或解锁状态和图层打印或不打印状态等。

（1）使用“图层过滤器特性”对话框过滤图层。单击“图层过滤器特性”对话框中的“新特性过滤器”按钮，打开“图层过滤特性”对话框来命名图层过滤器，如图2-29所示。

在此对话框中的“过滤器名称”文本框中可以输入过滤器名称，但不允许使用<、>、/、\、“、”、:、;、?、*、|、=和·等字符。在“过滤器定义”列表框中设置过滤条件，其中包括图层名称、状态和颜色等条件。

（2）使用“新建组过滤器”过滤图层。单击“图层过滤器特性”对话框中的“新组过滤器”按钮，就会在“图层过滤器特性”对话框左侧的过滤器列表中添加一个新的“组过滤器1”（也可以重命名组过滤器）。单击“所有使用的图层”结点或者其他过滤器，显示对应的图层信息，之后，用户把需要分组过滤的图层拖动到“组过滤器1”中即可，如图2-52所示。

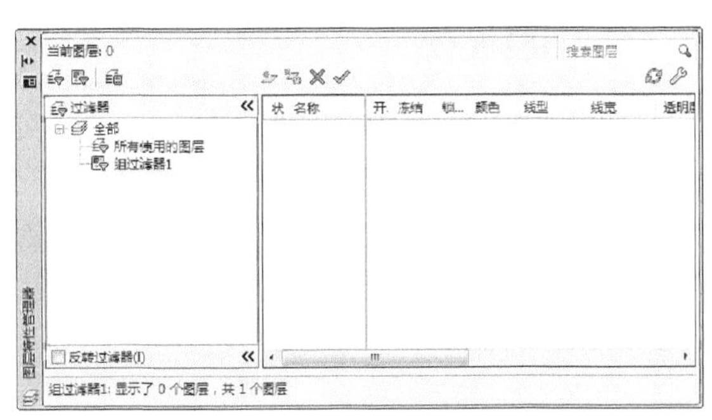

图2-52　使用“新建组过滤器”过滤图层

使用“图层过滤特性”时的注意事项

使用“图层过滤特性”对话框所创建的过滤器中包含的图层是特定的，只有符合过滤条件的图层才能放在此过滤器中，而使用“新组过滤器”创建的过滤器所包含地图层取决于用户的实际需要。

2.5.4　保存和恢复图层状态

设置图层包括设置图层的状态和特性两方

面。图层状态包括图层是否打开、冻结、锁定及打印等。图层的特性包括图形对象的颜色、线宽、线型和打印样式。可以在“图层特性管理器”对话框中管理、保存或恢复图层状态。

1. 保存图层状态

单击“图层状态管理器”对话框中的“新建”按钮，打开“要保存的新图层状态”对话框，如图2-53所示。在“新图层状态名”文本框中输入图层状态名，在“说明”文本框中输入相关的说明，单击“确定”按钮返回到“图层状态管理器”对话框，然后在“要恢复的图层设置”选项组中设置恢复选项，单击“关闭”按钮即可。

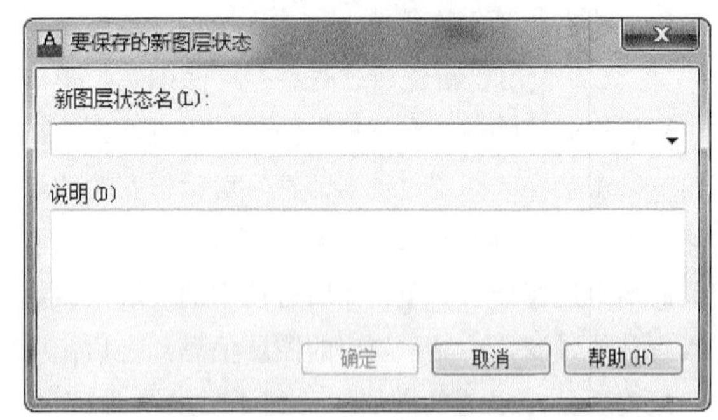

图2-53 “要保存的新图层状态”对话框

2. 恢复图层状态

如果在“图层特性管理器”对话框中改变了图层的显示等状态，还可以恢复以前保存的图层设置。在“图层特性管理器”对话框中单击“图层状态管理器”按钮，打开“图层状态管理器”对话框，选择要恢复的图层状态，单击“确定”按钮即可。

2.5.5 转换图层

用户可以通过“图层转换器”来实现图层之间的转换，从而实现图形的标准化和规范化。“图层转换器”可以转换当前图形中的图层，使其与其他图形的图层结构或CAD标准文件相互匹配。

1. 命令调用

（1）菜单栏：依次选择菜单栏中的“工具”→“CAD标准”→“图层转换器”命令。

（2）在“CAD标准”工具栏中单击“图层转换”按钮。

通过执行上述两种方法，系统都将会弹出如图2-54所示的“图层转换”对话框。

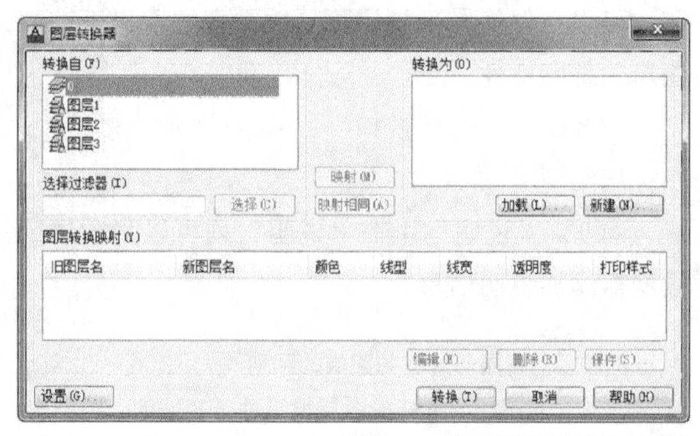

图2-54 “图层转换器”对话框

2. 功能选项说明

如图2-54所示，在“图层转换器”对话框中的各选项的具体说明如下所示。

（1）“转换自”选项组：此选项组用于显示当前图形中即将被转换的图层结构，用户可以在列表框中选择，也可以通过“选择过滤器”来选择。

（2）“转换为”选项组：此选项组用于显示可以将当前图形的图层转换成的图层名称。单击“加载”按钮，打开“选择图形”对话框，用户可以从中选择作为图层标准的图形文件，并将该图层结构显示在“转换为”列表框中。单击“新建”按钮，打开“新图层”对话框。如图2-55所示，用户可从中创建新的图层作为转换匹配图层，新建的图层也将显示在“转换为”列表框中。

图2-55 “新图层”对话框

（3）“映射”按钮：此按钮可以把在“转换自”列表框中选中的图层映射到“转换为”列表框

中。当图层被映射后，就自动从“转换自”列表框中删除了。

（4）“映射相同”按钮：此按钮用于把“转换自”列表框和“转换为”列表框中名称相同的图层进行转换映射。

（5）“图层转换映射”选项组：此选项组用于显示已经映射的图层名称和其相关的特性值。选中一个图层，单击“编辑”按钮，打开“编辑图层”对话框如图2-56所示，用户可以从中修改转换后的图层特性。单击“删除”按钮，就可以取消该图层的转换映射。单击“保存”按钮，可打开“保存图层映射”对话框，用来将图层转换关系保存到一个标准配置文件*.DWS中。

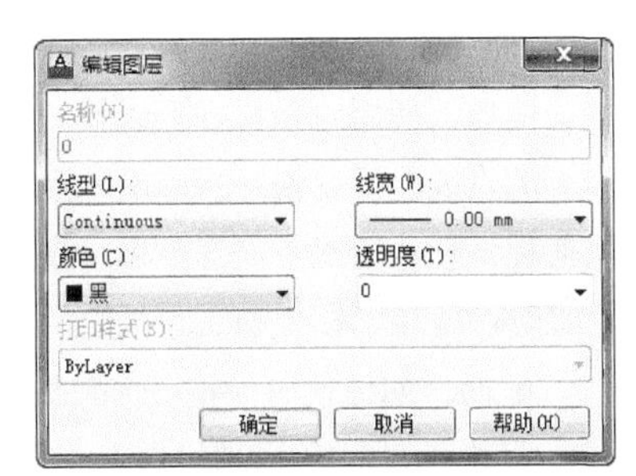

图2-56　“编辑图层”对话框

（6）“设置”按钮：此按钮用来打开“设置”对话框，如图2-57所示，可在此设置图层的转换规则。

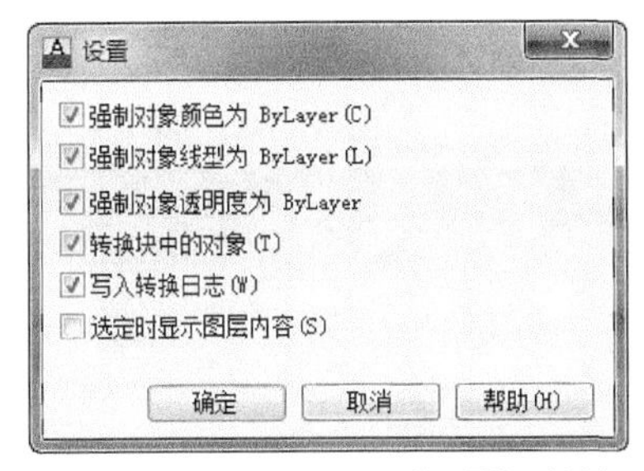

图2-57　“设置”对话框

（7）“转换”按钮：单击此按钮就开始转换图层，打开“图层转换”对话框。

2.5.6　改变对象所属图层

用户在实际绘图时，如果绘制好某一图形元素后，发现此元素并没有在预先设置的图层中，此时，可以选中该元素，在“对象特性”工具栏的图层控制下拉列表框中选择预设图层名称，按下Esc键即可。

2.5.7　合并图层

对于分类信息相似的图层可以将它们合并起来，以减少图形中图层的数量，以方便管理。合并图层后，原图层将被删除。

合并图层的操作方式如下所示。

选择菜单栏中的“格式”→“图层工具”→“图层合并”命令后，在当前绘图区域中选择需要合并的图层对象，在随后出现的快捷菜单中选择“是”命令，最终图层合并后，原来的图层将被自动删除。

2.5.8　用图层漫游功能控制图层显示

当一个图形所包含的图层很多，彼此叠加，很难分辨各个图层都包含哪些对象时，尽管可以使用前面小节中讲述的一些命令通过对某些对象操作来间接控制对应的图层，但这样显然非常麻烦。因此可以使用AutoCAD 2013的“图层漫游”功能来控制图层的显示。

使用“图层漫游”功能来控制图层显示的操作方式如下。

- 菜单栏：依次选择菜单栏中的“格式”→“图层工具”→“图层漫游”菜单命令。
- 工具栏：单击“图层II”工具栏中的按钮。

通过以上操作方式，系统将会弹出如图2-58所示的“图层漫游”对话框，该对话框中列出了当前图形文件所包含的全部图层，并按照名称字母顺序进行排序。

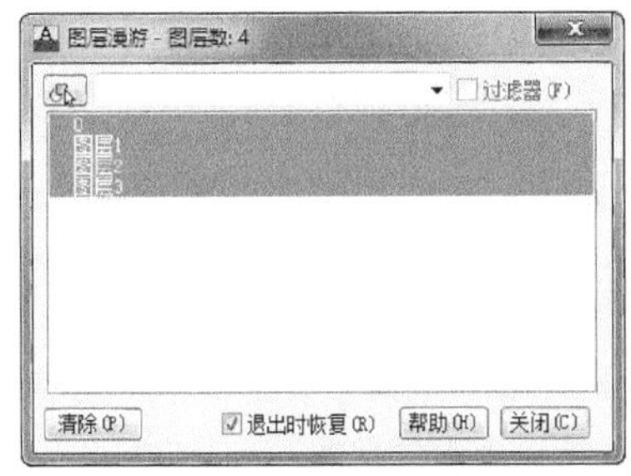

图2-58　“图层漫游”对话框

当前对话框中的图层列表默认为全部选择，如果只选择“射线”图层，则视口中只显示该图层所包含的对象。

“图层漫游”是一个动态显示图层内容的好工具。在对话框的图层列表中，单击某一图层，则该图层显示，而其他图层被动态隐藏。如果想要视口中始终显示某一图层作为参考，可双击该图层，使该图层始终处于显示状态。此时，该图层前面显示“*”号。

设置多图层始终显示的技巧

如果要将多个图层设置为始终显示，可按住Shift键并双击其他图层。

2.6 小结

本章主要介绍了坐标系统的设置和使用、如何设置和使用图层、图形界限和单位的设置等AutoCAD 2013建筑环境的设置，同时还讲述了在AutoCAD 2013建筑绘图中，如何精确绘制图形。其中要求读者掌握捕捉和栅格、对象捕捉的使用，了解动态输入的使用。此章为后面学习建筑绘图铺垫了基础，大家要熟练掌握如何设置图层、图形界限、图形单位。更要了解坐标的使用，知道如何使用坐标创建图形。

操作技巧

1. 问：可以使用哪些方法重新定位用户坐标系？

答：一是通过定义新原点移动 UCS，将 UCS 与现有对象对齐；二是通过指定新原点和新 x 轴上的一点旋转 UCS；三是将当前 UCS 绕 z 轴旋转指定的角度；四是恢复到上一个 UCS。

2. 问：在视图缩放中，“上一个”命令中最多可以恢复几个视图？

答：最多可恢复此前的 10 个视图。如果更改视觉样式，视图将被更改。如果输入 zoom previous，它将恢复上一个不同着色的视图，而不是不同缩放的视图。

3. 问：要在打印图形中精确地缩放每个显示视图，该怎么办？

答：需设置每个视图相对于图纸空间的比例。可以使用：①“特性”选项板；②ZOOM 命令的 XP 选项；③“视口”工具栏更改视口的视图比例。

4. 问：如何用自定义工作空间来创建一个绘图环境？

答：用户可以自定义工作空间来创建一个绘图环境，以便仅显示所选择的那些工具栏、菜单和选项板。适用于工作空间的自定义选项包括：使用“自定义用户界面”编辑器来创建工作空间、更改工作空间的特性以及将某个工具栏显示在所有工作空间中。

5. 问：使用对象捕捉有哪些好处？

答：使用对象捕捉可指定对象上的精确位置。例如，使用对象捕捉可以绘制到圆心或多段线中点的直线。不论何时提示输入点，都可以指定对象捕捉。默认情况下，当光标移到对象的对象捕捉位置时，将显示标记和工具栏提示。

6. 问：如何使用极轴追踪绘制对象？

答：一是打开极轴追踪并启动绘图命令，如 arc、circle 或 line。也可以将极轴追踪与编辑命令结合使用，如 copy 和 move。二是将光标移到指定点时，注意显示在指定的追踪角度处的极轴追踪虚线。显示极轴追踪线时指定的点将采用极轴追踪角度。

2.7 练习

一、选择题

1. 笛卡尔直角坐标系（系统默认）有（　　）。

A. 世界坐标系和极坐标系

B. 世界坐标系和绝对坐标系

C. 世界坐标系的用户坐标系

D. 相对坐标系和绝对坐标系

2. 定义用户坐标系(UCS)的方法（　　）。

A. 选择“工具”→“新建UCS”命令

B. 在命令行输入ucs命令

C. 在命令行输入wcs命令

D. 在命令行输入u命令

3. AutoCAD提供了（　　）等辅助工具。

A. 捕捉

B. 栅格

C. 正交

D. 极轴追踪

E. 对象捕捉

F. 显示/隐藏线宽

4. 一般情况下，一个图层上的对象应该是（　　）种线型，（　　）种颜色。

A. 1

B. 2

C. 3

D. 4

5. （　　）都是用于刷新屏幕显示的命令。

A. 动态观察

B. 重画

C. 正交

D. 重生成

二、填空题

1. 在进入AutoCAD绘图区时，系统默认的坐标系就是（　　），是不可更改的坐标系。

2. 在 AutoCAD中，用户一般采用（　　）的比例因子绘图。

3. （　　）图层是不能被删除和重命名的。

4. 利用（　　）可以快速地找到需要放大的那部分图形，然后将其平移到显示窗口内进行放大处理。

5. 对象追踪必须与（　　）功能同时工作，即在追踪对象捕捉到点之前，必须先打开（　　）功能。

三、操作题

1. 新建一个AutoCAD文档，在初始状态下，AutoCAD的绘图区域的底色为黑色，打开“选项”对话框，单击“颜色”按钮，弹出“图形窗口颜色”对话框，将其设置为白色，然后在绘图工作区任意绘制一个图形，如图2-59所示，单击快速工具栏中的“保存”按钮，弹出“图形另存为”对话框，在“文件名”列表框中输入文件名，单击“保存”按钮即可保存文件，如图2-60所示。

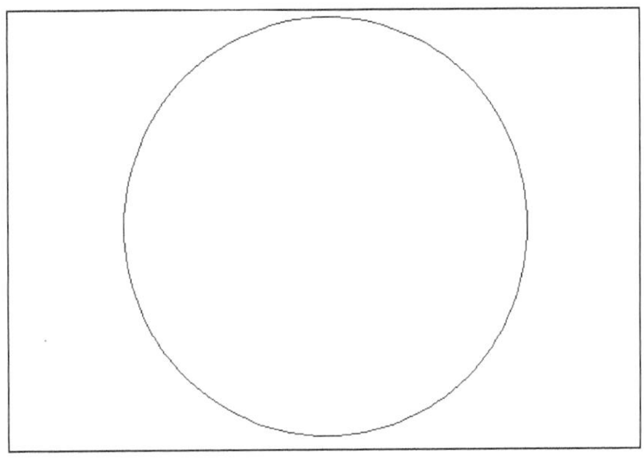

图2-59　绘制图形

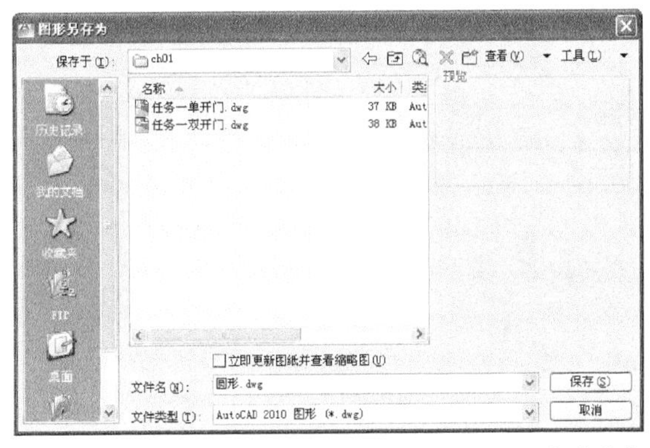

图2-60　保存文件

2. 练习“栅格显示”、“正交模式”、“极轴追踪”及“显示/隐藏线宽”等切换操作，如图2-61所示。

图2-61　“状态栏”相关操作

3. 改变绘图区的背景颜色。运行AutoCAD2013，在工作界面单击鼠标右键选择“选项”→“显示”→“颜色”命令，在显示选项卡中单击“颜色”按钮设置所需颜色，设置完成后单击“应用和关闭”按钮。或选择菜单栏里的“工具→选项”菜单命令进行设置。在AutoCAD中默认的绘图区背景颜色为白色，设置后的结果如图2-62所示。

图2-62　更改绘图区背景颜色

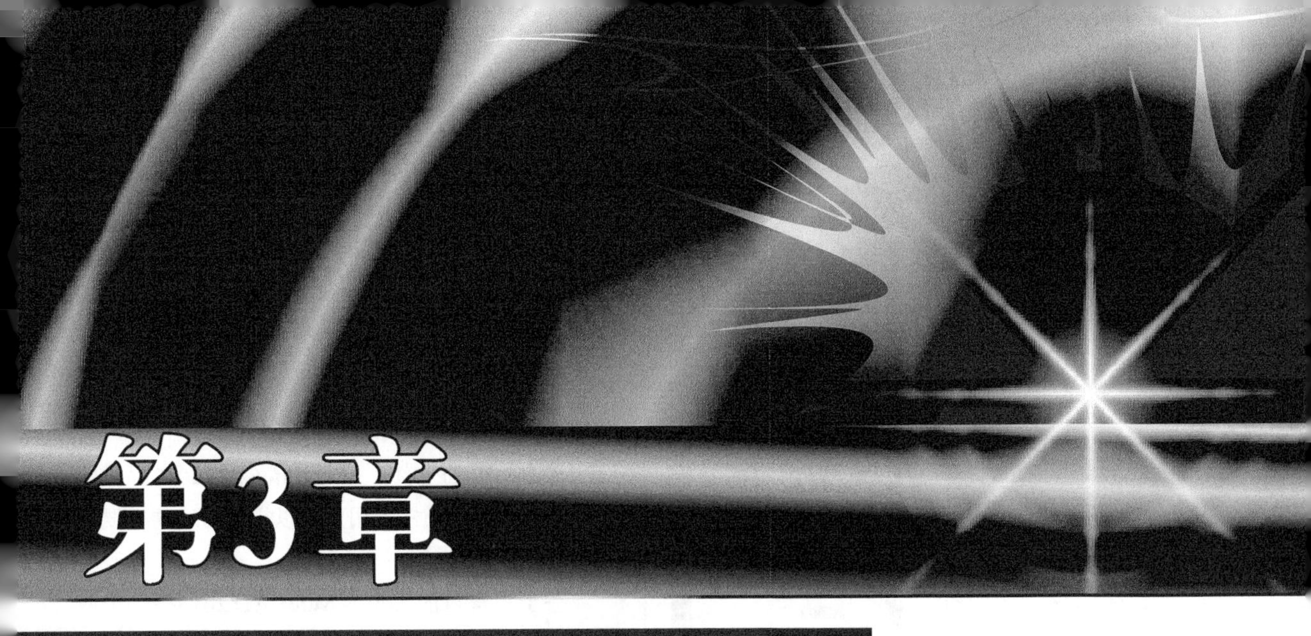

第3章 绘制简单建筑二维图形

在AutoCAD 2013中，使用“绘图”菜单中的命令，可以绘制点、直线、圆、圆弧和多边形等简单二维图形。二维图形对象是整个AutoCAD的绘图基础，因此要熟练地掌握它们的绘制方法和技巧。通过本章的学习，读者应掌握在AutoCAD 2013中绘制二维图形对象的基本方法，包括点对象，直线、射线和构造线，矩形和正多边形，以及圆、圆弧、椭圆和椭圆弧对象的绘制方法。

课堂学习目标

AutoCAD 2013中绘制二维图形对象的基本方法
绘制点对象，直线、射线和构造线
绘制矩形和正多边形
多段线、多线的使用
绘制圆、圆弧、椭圆和椭圆弧对象
图案填充的使用

绘图菜单是绘制图形最基本、最常用的方法，其中包含了AutoCAD 2013的大部分绘图命令。选择该菜单中的命令或子命令，可绘制出相应的二维图形，如图3-1所示。选择“绘图”工具栏中的绘图按钮也可绘制相应图形，如图3-2所示。“绘图”工具栏中的每个工具按钮都与“绘图”菜单中的绘图命令相对应，是图形化的绘图命令。

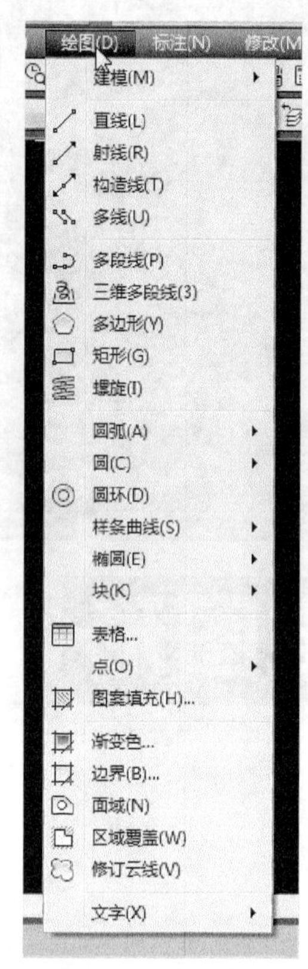

图3-1 【绘图】菜单

图3-2 “绘图”工具栏

下面对各种绘图命令分别进行详细的介绍。

3.1 建筑绘图中点对象的绘制

点在AutoCAD 2013建筑绘图中起辅助作用，常常用来定位，作为捕捉对象的节点和相对偏移。点对象包括单点、多点、定数等分和定距等分4种，可根据不同的需要进行命令调用。点作为组成图形实体之一具有各种实体属性，且可以被编辑。

3.1.1 设置点样式

改变点对象的大小及外观，将会影响所有在图形中已经绘制的点和将要绘制的点。

改变点对象的大小及外观的具体操作如下。

操作步骤

01 执行“格式”→“点样式”命令，或者在命令行直接输入ddptype，AutoCAD 2013会自动弹出“点样式”对话框，如图3-3所示。

02 选择一个点对象的图像，设置点的显示大小，单击“确定”按钮。

该对话框的上部列出了AutoCAD 2013提供的所有的点的显示模式。用户可以根据自己的需要进行选取。

关于设置点的大小，AutoCAD 2013提供了两种模式，一种是“相对于屏幕设置大小”，另外一种就是“按绝对单位设置大小”。如果选中前一项，用户可以在“点大小”文本框中直接输入相对屏幕大小的百分比，如图3-3所示。如果用户选择了“按绝对单位设置大小”，可以在点的大小文本框中直接输入点的大小，如图3-4所示。

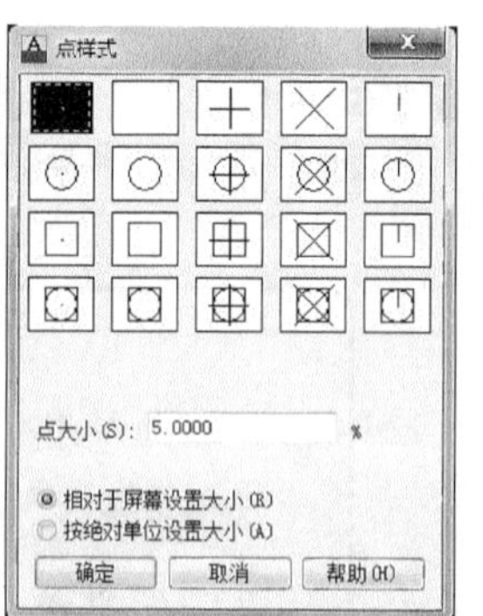

图3-3 “点样式”对话框

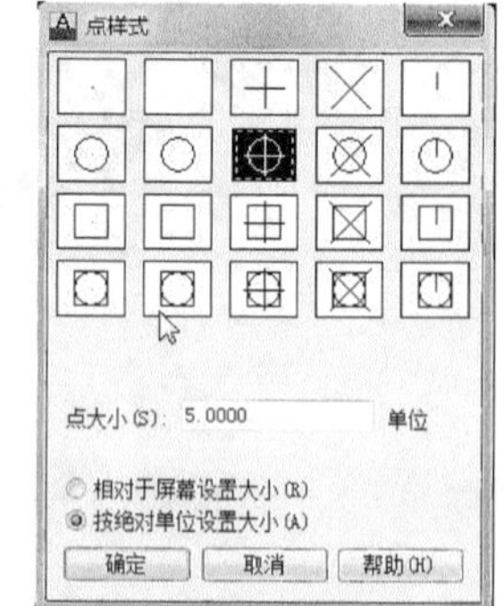

图3-4 改变点的显示模式和大小

3.1.2 绘制单点

1. 命令功能

用于建筑绘图中绘制单个点对象，执行一次命令只能绘制一个点。

2. 命令调用

实现该命令可通过以下几种方法。

- 在命令行中输入point命令。
- 单击“绘图”工具栏中的按钮⊡。
- 选择“绘图”→“点”→“单点”菜单命令。

3. 命令提示

执行上述任意命令后将启动单点命令，系统提示“指定点：”时，用户可以在绘图区内指定点的位置，方法如下。

- 用鼠标指定，移动鼠标，在绘图区需要输入点的位置单击即可。
- 用绝对坐标指定，直接输入x轴和y轴的实际值，中间用逗号隔开，表示相对原点的距离，输入（100，200）表示相对于原点的横坐标为100，纵坐标为200。
- 用相对坐标指定，输入时在坐标前加符号“@”其后的Δx和Δy的值表示相对前点在x轴和y轴方向的增量，如（@100,200）表示相对前一点在x轴上增加100，在y轴上增加200。
- 用极坐标指定，输入方式为@距离＜方位角。表示从前一点出发，指定到下一点的距离和方位角（与x轴正向的夹角），@符号会自动设置前一点的坐标为（0,0）。

操作步骤

01 在命令行输入point命令并按下回车键，执行输入点命令。

02 在命令行提示“指定点：”时，在绘图区任意位置单击鼠标左键指定点的位置。

3.1.3　绘制多点

1. 命令功能

当用户需要连续绘制很多个点时，可使用多点命令。

2. 命令调用

通过以下几种方法可以绘制多点。

- 在命令行中输入point命令。
- 单击“绘图”工具栏中的按钮⊡。
- 选择“绘图”→“点”→“多点”菜单命令。

操作步骤

01 在命令行输入point命令并按下回车键，执行多点命令。

02 在命令行提示“指定点：”时，在绘图区任意位置单击鼠标左键指定点的位置。

> **技巧与提示**
>
> “绘图”工具栏中的按钮⊡，既可用来绘制单点，又可用来绘制多点。按下回车键或Esc键即可结束命令。

3.1.4　绘制定数等分点

1. 命令功能

可以在指定的对象上绘制等分点或者在等分点处插入块。被等分的对象可以是直线、圆、圆弧或多段线等，等分数目由用户指定。

2. 命令调用

实现该命令可通过以下两种方法。

- 在命令行里输入divide命令。
- 选择“绘图”→“点”→“定数等分”菜单命令。

3. 操作示例

使用定数等分命令，在如图3-5所示的圆上绘制定数等分点。

操作步骤

01 在命令行中输入divide命令并按下回车键，执行定数等分命令。

02 在命令行提示：“选择要定数等分的对象：”时，选择圆为定数等分对象。

03 命令行提示“指定线段长度或[块（B）]: ”时，输入等分数目10，按回车键结束定数等分命令。

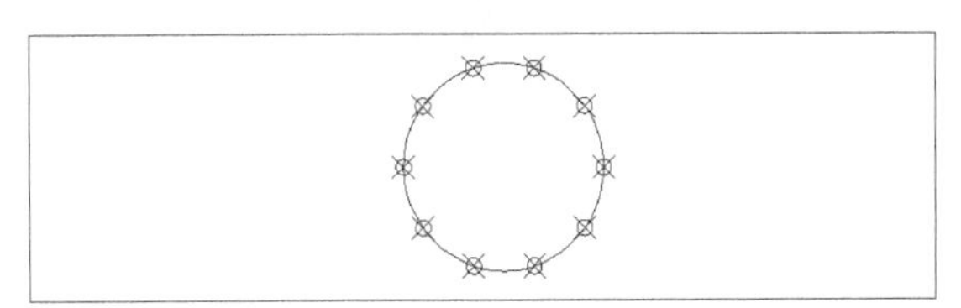

图3-5　定数等分后的圆

技巧与提示

在命令行输入"线段数目或 [块(B)]:"，若选择[块(B)]，该命令为插入块，需事先定义一个图块（定义名称）。

插入块的操作如下。

（1）命令：_divide

（2）选择要定数等分的对象:

（3）输入线段数目或 [块(B)]: b

（4）输入要插入的图块名：五边形

（5）是否对齐块和对象? [是(Y)/否(N)] <Y>: y

（6）输入线段数目: 5

是否对齐块的区别如图3-6所示。

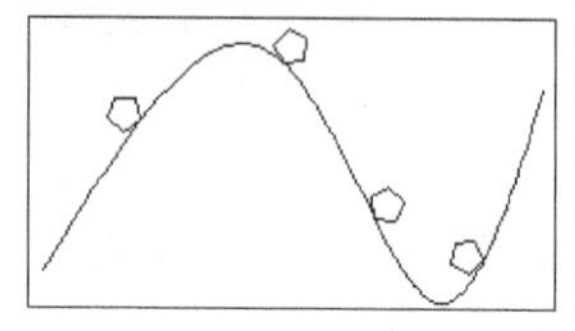

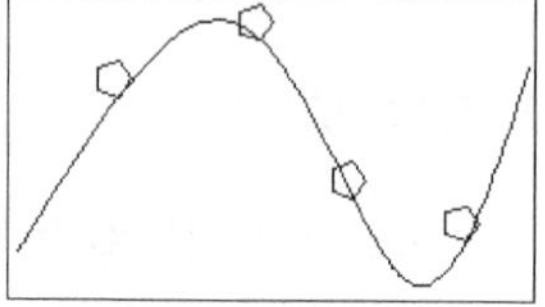

图3-6　定数等分插入块

3.1.5　绘制定距等分点

1. 命令功能

定距等分点是指在选定的对象上按指定的长度放置点的标记符号。

2. 命令调用

实现该命令可通过以下两种方法。

- 在命令行中输入measure命令。
- 选择"绘图"→"点"→"定距等分点"菜单命令。

3. 操作示例

用定距等分命令，在如图3-7所示的圆上绘制定距等分点。

操作步骤

01 在命令行中输入measure命令并按下回车键，执行定距等分命令。

02 命令行提示"选择要定距等分的对象："时，选择圆为定距等分对象。

03 命令行提示"指定线段长度或[块（B）]: "时，输入等分线段长度值500，按回车键结束定距等分命令。

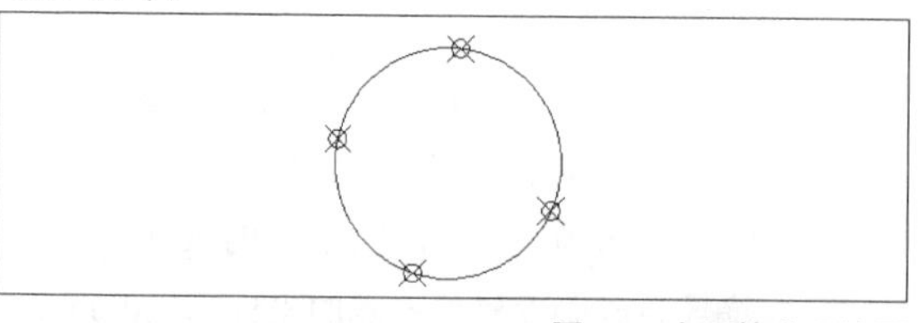

图3-7　定距等分后的圆

技巧与提示

在执行定数等分命令或定距等分命令后，实体对象在等分点处并没有断开，只是作了一个标记符号用于捕捉点。

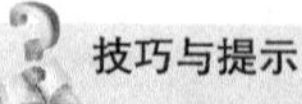

技巧与提示

在进行定数等分之前，可先将点样式更改为一个易于查看的样式，否则将看不到定数等分的效果。

3.2　建筑绘图中直线型对象的绘制

直线型对象是建筑绘图中最常用、最简单的图形对象。主要包括直线、射线、构造线、多段线和多线，以及简单直线型几何图形，如矩形、多边形等。下面将对建筑绘图中直线型对象的绘制进行讲解。

3.2.1　绘制直线

1. 命令功能

"直线"是各种绘图中最常用、最简单的一类图形对象，只要指定了起点和终点即可绘制一条直线。在AutoCAD中，可以用二维坐标（x,y）或三维坐标（x,y,z）来指定端点，也可以混合使用二维坐标和三维坐标。如果输入二维坐标，AutoCAD 将会用当前的高度作为 z 轴坐标值，默认值为0。在建筑设计中，直线常用于绘制各种轮廓线，是AutoCAD最为常用的一个命令。

2. 命令调用

实现该命令可通过以下两种方法。

- 在命令行里输入line（L）命令。
- 单击"绘图"工具栏上的按钮。

- 选择“绘图”→“直线”菜单命令。

3. 命令提示

若在命令行中输入命令调用直线命令，命令行提示如下。

命令：_line 指定第一点:

指定下一点或 [放弃(U)]:

指定下一点或 [闭合(C)/放弃(U)]:

- “第一点”表示直线的起点，每条直线段都各自独立，并不是一个整体。
- “放弃”选项表示删除直线序列中最近绘制的线段。
- “闭合”选项表示以第一条线段的起始点作为最后一条线段的端点，形成一个闭合的线段环。

在绘制了一系列线段（两条或两条以上）之后，可以使用“闭合”选项，如图3-8和图3-9所示。

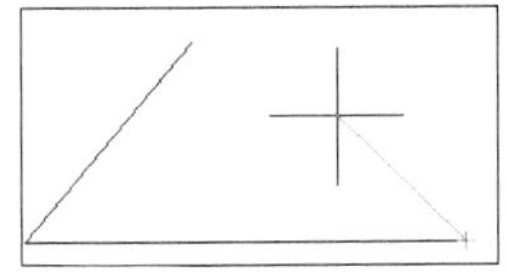

图 3-8　输入C之前

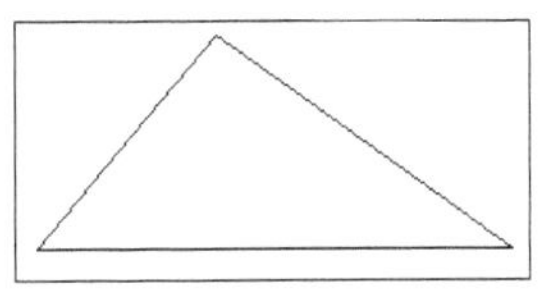

图 3-9　输入C之后

4. 操作示例

使用直线命令，绘制如图3-10所示的图形。

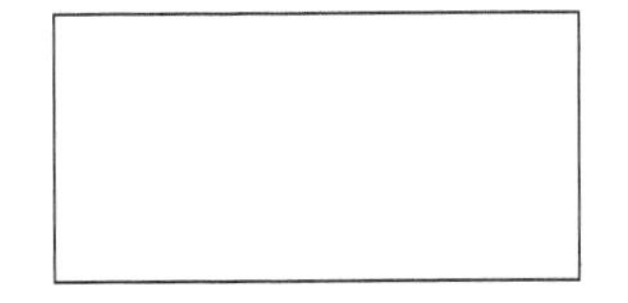

图3-10　绘制直线

操作步骤

01 在命令行输入line命令并按下回车键，执行直线命令。

02 命令行提示“指定第一点：”时，在绘图区任意位置按下鼠标左键确定线段起点。

03 命令行继续提示“指定下一点或 [放弃(U)]：”时；输入第二点坐标（@200,0）。

04 命令行提示“指定下一点或[放弃(U)]：”时，输入第三点坐标（@0,-100）。

05 命令行提示“指定下一点或 [闭合(C)/放弃(U)]：”时，输入第四点坐标（@-200,0）。

06 最后在命令行提示“指定下一点或 [闭合(C)/放弃(U)]：”时，输入C选项，闭合图形结束绘制。

> **技巧与提示**
>
> 使用直线命令绘制斜线段的方法：在命令行输入直线命令，在绘制过程中按下功能键F8关闭正交模式，在该模式下可以绘制出不同角度的斜线段。

3.2.2　绘制射线

1. 命令功能

射线在建筑绘图中常用于绘制辅助线，绘制射线的方法和绘制直线的方法基本相同。

2. 命令调用

采用下列两种方法进行绘制。

- 在命令行键入ray命令，并按回车键。
- 选择“绘图”→“射线”菜单命令。

3. 操作示例

绘制如图3-11所示的射线。

操作步骤

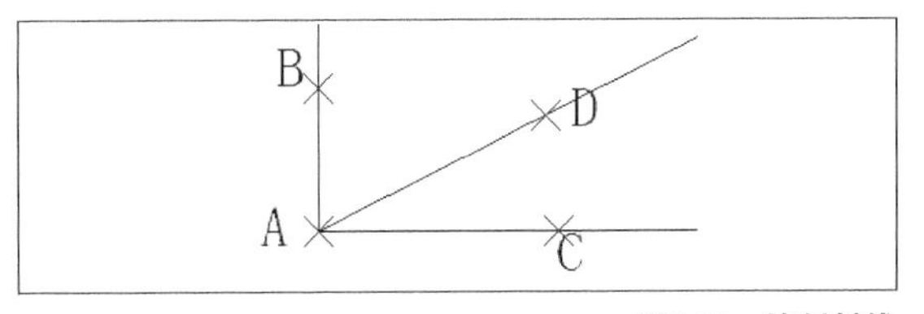

图3-11　绘制射线

01 在命令行输入ray命令并按下回车键，执行射线命令。

02 命令行提示“指定起点：”时，在绘图区任意位置按下鼠标左键确定射线起点A，如图3-12所示。

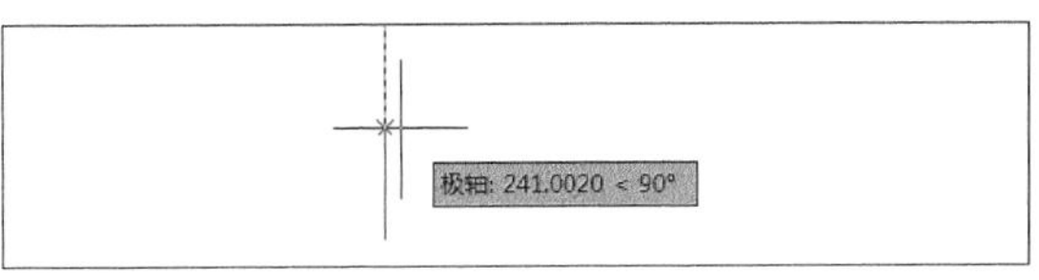

图3-12　指定起点

03 命令行继续提示"指定通过点："时，在绘图区按下鼠标左键确定通过点B，如图3-13所示。

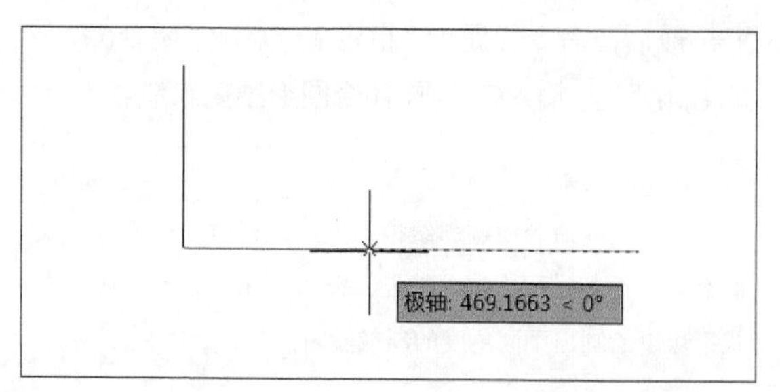

图3-13　通过B点

04 同上移动鼠标确定另一通过点C，如图3-14所示。

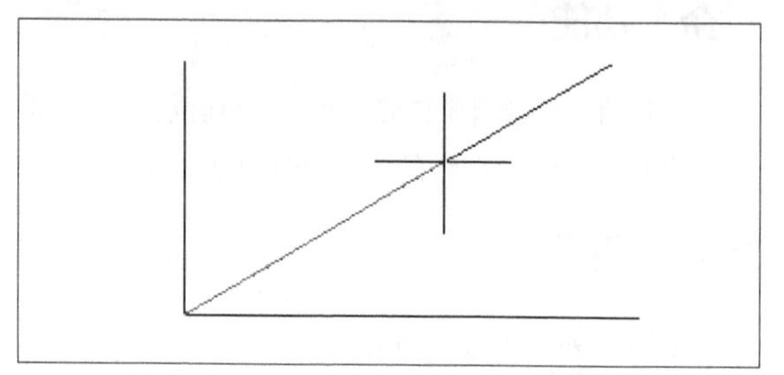

图3-14　通过C点

05 同上移动鼠标确定另一通过点D，按下回车键结束命令，如图3-15所示。

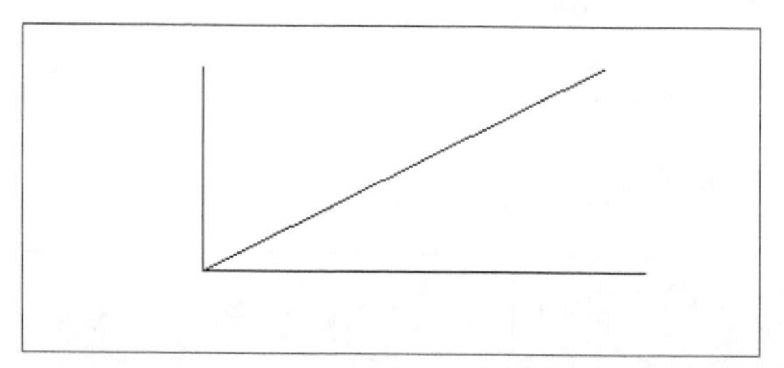

图3-15　通过D点

3.2.3　绘制构造线

1. 命令功能

构造线命令能够绘制向两个方向无限延伸的直线，可用于创建建筑绘图中其他对象的辅助线。

2. 命令调用

采用下列几种方法进行绘制。

- 在命令行里输入xline命令。
- 单击"绘图"工具栏中的按钮。
- 选择"绘图"→"构造线"菜单命令。

3. 命令提示

执行上述任意命令后，系统提示"指定点或[水平(H)/垂直(V)/角度(A)/二等分(B)/偏移(O)]:"，其中各项含义如下。

- 指定点：指定一点，即可用无限长直线所通过的两点，定义构造线的位置。
- 水平（H）：创建一条通过选定点的水平参照线。
- 垂直（V）：创建一条通过选定点的垂直参照线。
- 角度（A）：以指定的角度创建一条参照线。执行该命令后，系统提示"输入构造线的角度（O）或[参照(R)]："，这时可指定一个角度或输入R选择参照选项。
- 二等分（B）：该项为绘制角平分线。执行该命令后，系统提示"指定角的顶点、指定角的起点、指定角的端点"，从而绘制出该角的角平分线。
- 偏移（O）：创建平行于另一个对象的参照线。执行该命令后，系统提示"指定偏移距离或[通过(T)]<通过>："，用户输入偏移距离后，系统继续提示"选择直线对象："，此时用户应选择一条直线、多段线、射线或参照线，最后系统提示"指定向哪侧偏移："，用户可以指定一点并按下回车键结束命令。

4. 操作示例

使用构造线命令，在图3-16中利用直线AC中点位置绘制通过BD中点、B点及D点构造线。

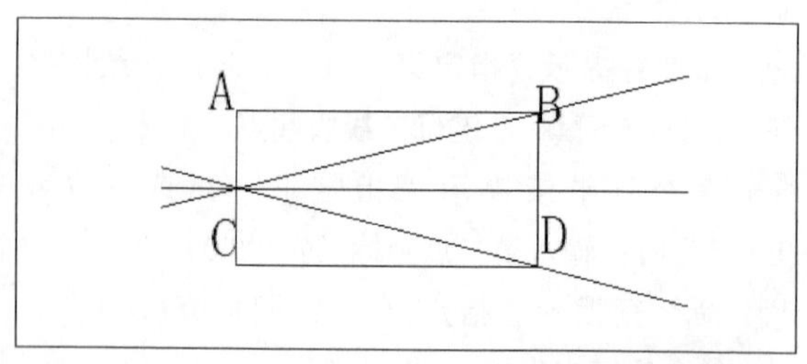

图3-16　绘制构造线

操作步骤

01 使用直线命令在绘图区绘制任意大小的矩形，如图3-17所示。

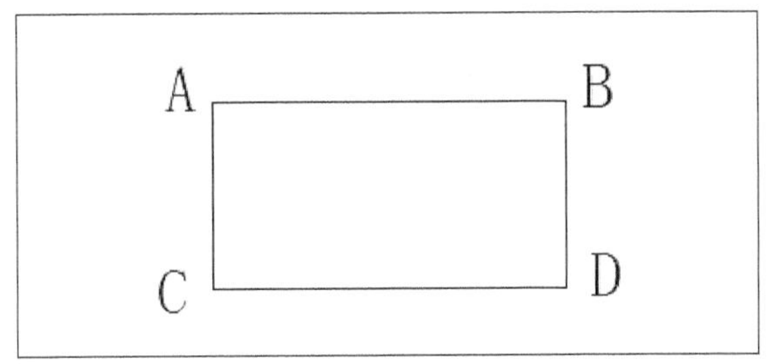

图3-17　绘制矩形

02 在命令行中输入xline命令并按下回车键，执行构造线命令。

03 命令行提示“指定点或[水平(H)/垂直(V)/角度(A)/二等分(B)/偏移(O)]:”时，按下鼠标左键捕捉线段AC中点，如图3-18所示。

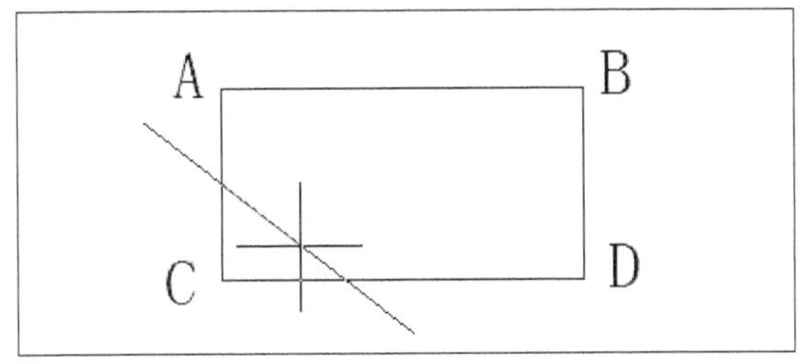

图3-18　指定AC中点

04 命令行继续提示“指定通过点：”时，按下鼠标左键捕捉线段BD中点，如图3-19所示。

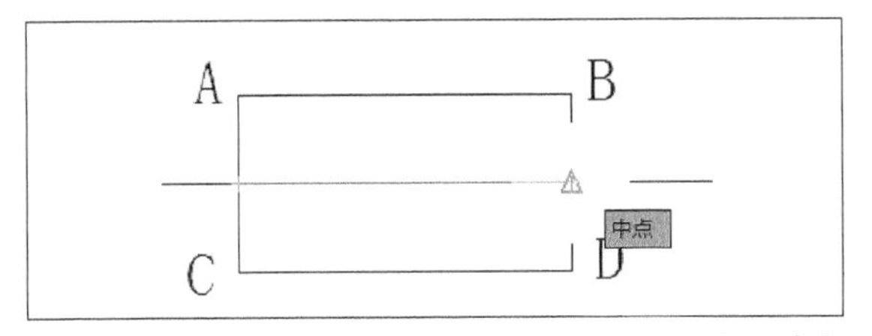

图3-19　指定BD中点

05 命令行提示“指定通过点：”时，捕捉B点，如图3-20所示。

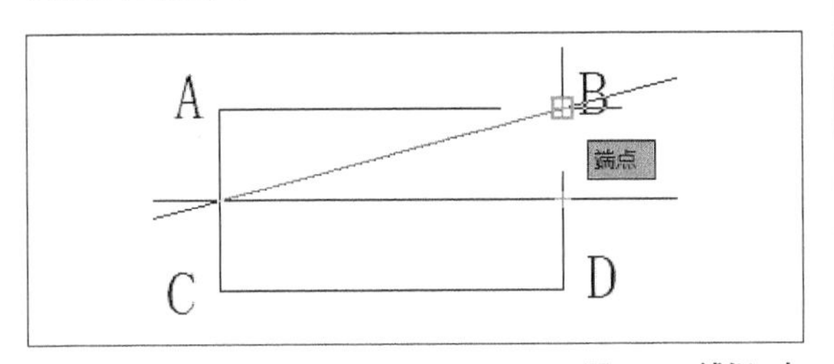

图3-20　捕捉B点

06 命令行继续提示“指定通过点：”时，捕捉D点。

07 最后在命令行提示“指定通过点：”时，按下回车键结束构造线命令。

3.2.4　绘制多段线

1. 命令功能

多段线是由等宽或者不等宽的直线或圆弧构成的一种特殊的几何对象。在AutoCAD 2013中，多段线被视为一个对象，利用多段线编辑命令可以对其进行各种编辑。由直线段及其圆弧线段构成的连续线段，可以将其连接成一条多段线，而一条多段线也可以将其分解成组成它的多条独立的线段。在图形设计的过程中，多段线为设计操作带来了很多方便。

2. 命令调用

绘制多段线的方法和绘制直线基本相同。也可以采用下列3种方法进行绘制。

- 在命令行里输入pline命令。
- 单击“绘图”工具栏中的按钮。
- 选择“绘图”→“多段线”菜单命令。

3. 命令提示

执行上述任意命令后，系统提示“指定起点：”，确定多段线的起点后，系统继续提示“指定下一点或[圆弧（A）/半宽（H）/长度（L）/放弃（U）/宽度（W）]:”。其中各项含义如下。

- 圆弧：将多段线绘制方式设置为弧形方式，输入A后，系统将继续提示“[角度（A）/圆心（CE）/方向（D）/半宽（H）/直线（L）/半径（R）/第二点（S）/放弃（U）/宽度（W）]:”。
- 半宽：设置多段线的半宽值。在输入多段线的起点和终点时，AutoCAD会提示输入半宽值，并且在绘制多段线的过程中，每一段都可以重新设置半宽值。
- 长度：设置下一段多段线的长度。该线沿上一段线的方向绘出，若上一段是圆弧，则绘制与圆弧相切的线段。

- 放弃：取消刚绘制的一段多段线。
- 宽度：设置多段的宽度，要求设置起始线宽和终点线宽。

4. 操作示例

使用多段线命令绘制如图3-21所示的图形。

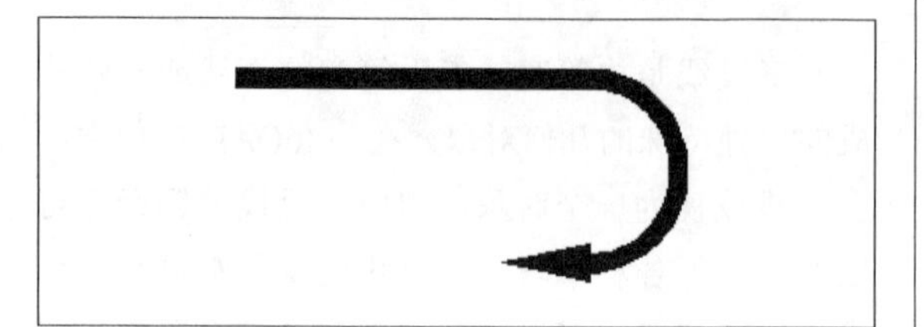

图3-21　绘制多段线

操作步骤

01 在命令行中输入pline命令并按回车键，执行多段线命令。

02 命令行提示“指定起点：”时，在绘图区按下鼠标左键确定多段线的起点，如图3-22所示。

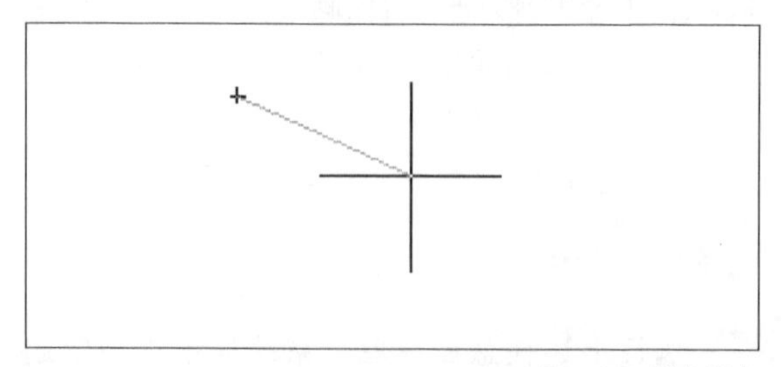

图3-22　指定起点

03 命令行继续提示“指定下一点或[圆弧（A）/半宽（H）/长度（L）/放弃（U）/宽度（W）]:”时，输入宽度选项W。

04 命令行提示“指定起点宽度<0.0000>：”时，输入多段线的起点宽度20。

05 命令行提示“指定端点宽度<20.0000>：”时，输入终点宽度值20，如图3-23所示。

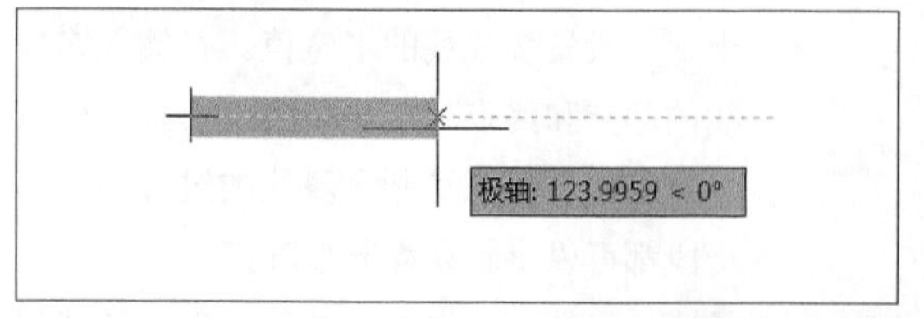

图3-23　改变多段线宽度

06 命令行提示“指定下一点或[圆弧（A）/半宽（H）/长度（L）/放弃（U）/宽度（W）]:”，平移鼠标按左键指定下一点，如图3-24所示。

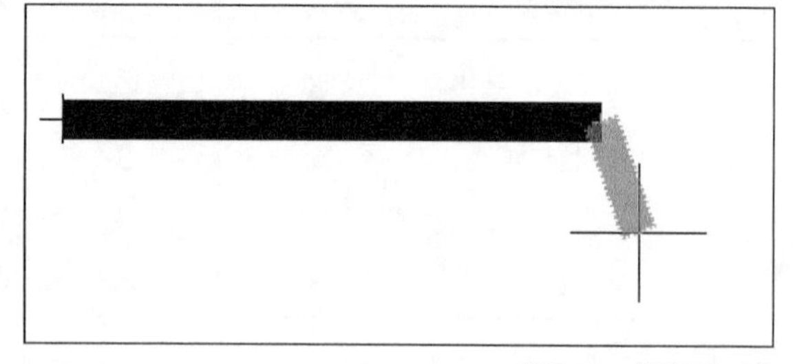

图3-24　指定下一点

07 命令行提示“指定下一点或[圆弧（A）/半宽（H）/长度（L）/放弃（U）/宽度（W）]:”时，输入圆弧选项A，按下回车键，如图3-25所示。

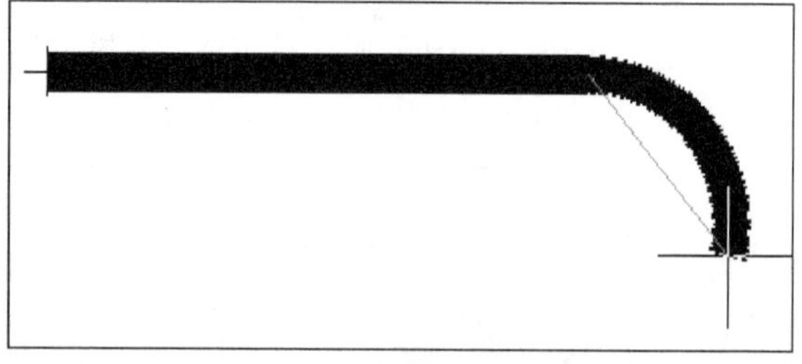

图3-25　输入圆弧选项

08 命令行提示“指定圆弧的端点或[角度（A）/圆心（CE）/方向（D）/半宽（H）/直线（L）/半径（R）/第二点（S）/放弃（U）/宽度（W）]:”时，输入角度选项A。命令行提示“指定包含角”时，输入包含角度值180，如图3-26所示。

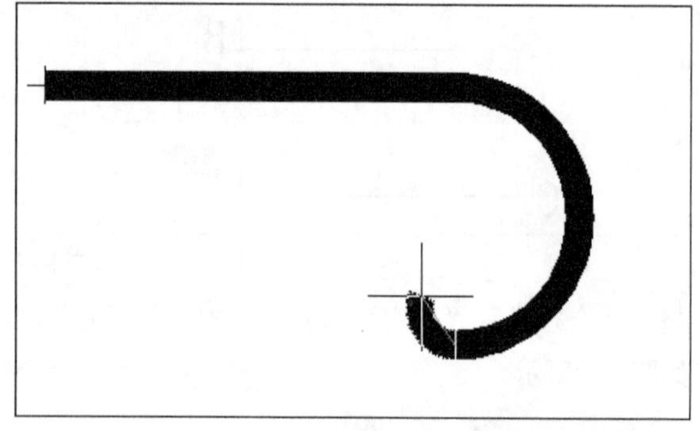

图3-26　绘制圆弧段

09 命令行提示“指定圆弧的端点或[角度（A）/圆心（CE）/方向（D）/半宽（H）/直线（L）/半径（R）/第二点（S）/放弃（U）/宽度（W）]:”时，输入L并回车，再输入W改变线宽，起点宽度设为40，终点宽度设为0，如图3-27所示。

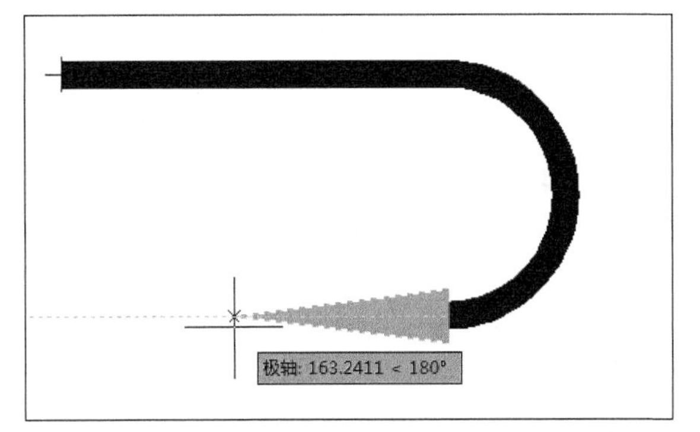

图3-27 改变线宽

10 拖动鼠标按下左键，回车结束多段线命令。

技巧与提示

在绘制多段线之前，可以确定多段线是否填充。可以通过Fill命令来实现，如果Fill模式设为ON（打开），则填充多段线，如图3-28所示。如果Fill模式设为OFF（关闭），则不填充多段线，如图3-29所示。

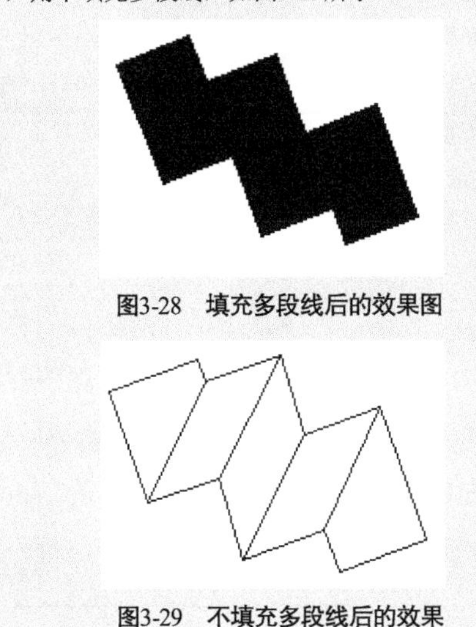

图3-28 填充多段线后的效果图

图3-29 不填充多段线后的效果

5. 编辑多段线

多段线是作为一个整体进行编辑的。用户可以通过以下两种方法编辑多段线。

- 在命令行中输入pedit命令。
- 选择“修改”→“对象”→“多段线”菜单命令。

启动该命令后，系统提示“选择多段线或 [多条（M）]:”，选择多段线后系统继续提示“ [闭合（C）/合并（J））/宽度（W）/编辑顶点(E)/拟合（F）/样条曲线（S）/非曲线化（D）/线型生成（L）/放弃（U）]:”。各选项具体说明如下。

- 闭合：用来闭合多段线。当多段线闭合时，该选项为“打开”。
- 合并：用来合并与多段线相交的非多段线对象。
- 宽度：用来修改多段线的宽度。
- 编辑顶点：提供一组子选项，使用户能够编辑顶点及相邻顶点的线段。
- 拟合: 用来创建圆弧平滑曲线拟合多段线。
- 样条曲线：用样条曲线拟合多段线。
- 非曲线化：拉直多段线，使多段线顶点合切线方向不会改变。
- 线型生成：通过顶点生成连续线型。
- 放弃：取消操作。

3.2.5 绘制多线

多线是由相互平行的两条或两条以上的直线组成的一种复杂的实体对象。在图形中多线是作为一个整体对象存在的。使用多线命令时，应首先定义多线样式，确定多线中平行线的条数和每条线的特性，然后利用多线命令绘制多线，最后通过多线编辑工具进行多线交叉点处的编辑。

1. 设置多线样式

在AutoCAD中，可以创建多线的命令样式，以控制元素的数量、背景填充、封口以及每个元素的特征。

操作步骤

01 选择“格式”→“多线样式”命令，或在命令行中输入mlstyle，按回车键。弹出“多线样式”对话框，如图3-30所示。

在该对话框中，可以创建、修改、保存和加载多线样式。“样式”列表显示已加载到图形中的多线样式列表。多线样式列表中可以包含外部参照的多线样式，即存在于外部参照图形中的多线样式。“说明”可以显示选定多线样式的一些说明。“预览”可以显示选定多线样式的名称和图像。

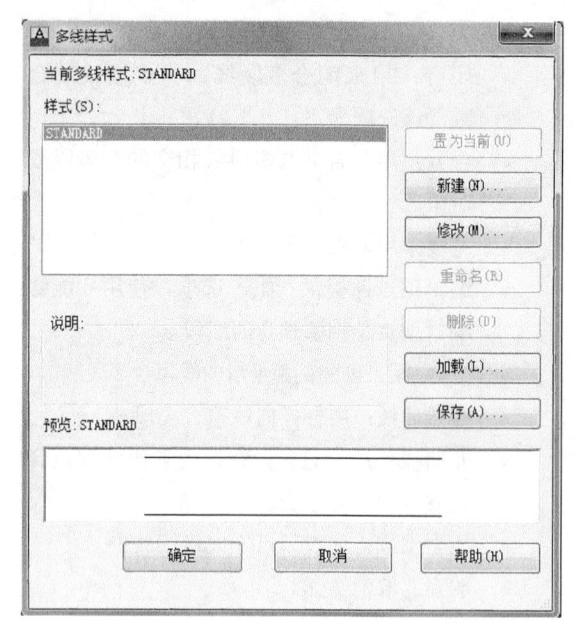

图3-30 “多线样式”对话框

02 在“多线样式”对话框中，单击“新建”按钮，弹出“创建新的多线样式”对话框，在“新样式名”中输入新样式的名称，如图3-31所示。

图3-31 “创建新的多线样式”对话框

“新样式名”用来命名新的多线样式。“基础样式”用来确定要用于创建新多线样式的多线样式。

03 单击“继续”按钮，弹出“新建多线样式：样式一”对话框，如图3-32所示。可以设置新多线样式的特性和元素，或将其更改为现有多线样式的特征和元素。

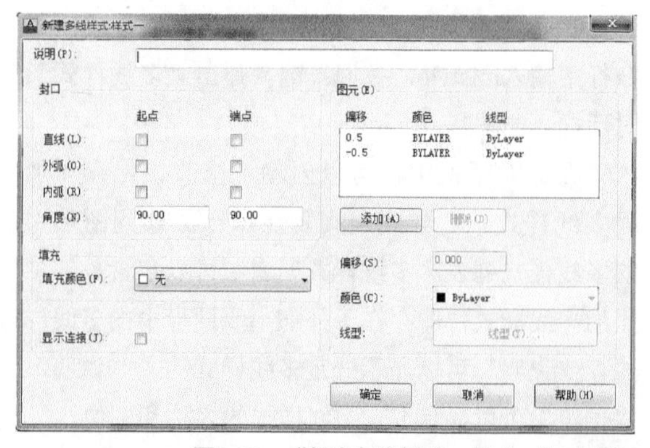

图3-32 “新建多线样式：样式一”对话框

- 在“说明”文本框中可以输入多线样式的简要说明。
- 在“封口”选项组中设置多线的封口角度，多线的起点和端点可以设置为直线、外弧或者内弧封口。
- 在“填充”选项组中设置多线的填充颜色，在“填充颜色”下拉列中选择填充的颜色。
- 设置“显示连接”复选框，控制每条多线线段定点处连接的显示。
- 在“图元”选项组中可添加元素或者删除元素。

04 单击“确定”按钮，结束新建的多线样式的过程。

技巧与提示

在“新建多线样式”对话框中，可以在“封口”中选择起点和终点的闭合形式，有直线、外弧和内弧3种形式。它们的区别如图3-33所示，其中内弧封口必须由4条及4条以上的直线组成。

图3-33 3种封口形式

“图元”组合框中用来设置新的和现有的多线元素的元素特性。默认情况下，“图元”组合框中有两个元素，如图3-34所示。

图3-34 “图元”组合框

05 单击“添加”按钮将新元素添加到多线样式，同时还可以设置每一条元素的偏移量、颜色和线型，如图3-35所示添加一个新元素。单击“删除”按钮还可以删除元素。

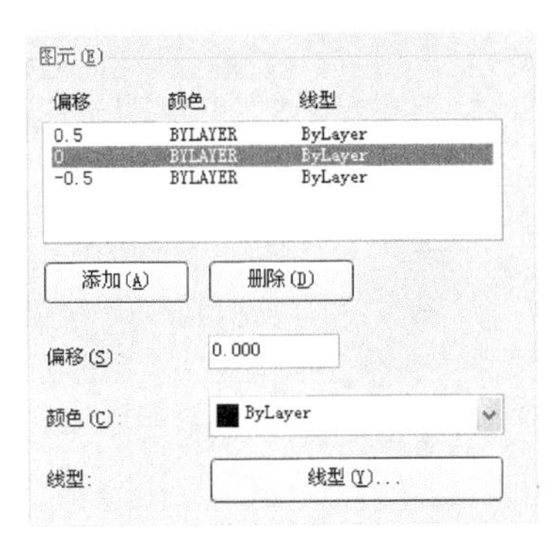

图3-35　添加新元素

每个元素的偏移值有两种设置方法，一种为设置相对值，如系统默认的设置0.5，-0.5，此时在绘制多线时输入多线的比例时，需要输入实际的多线宽度；另一种为输入绝对值，如多线的宽度为200，对称与中心两侧，则在输入多线元素偏移值时，可以输入（100，-100），绘制多线时输入多线的比例时，需要输入1。

06 设置完成各个参数后，单击“确定”按钮，完成多线样式的设置，此时新创建的多线样式将在“样式”列表中显示。

2. 绘制多线

多线命令用于绘制多条相互平行的线，每条线的颜色和线型可以相同也可以不同。调用多线命令的方法有以下两种。

- 在命令行中输入mline（ML）命令。
- 选择“绘图”→“多线”菜单命令。

技巧与提示

多线的线宽、偏移、比例、样式和断头交接方式都可以用mline和mlstyle命令控制。

执行多线命令后，系统提示“指定起点或 [对正(J)/比例(S)/样式(ST)]:”，其中各项含义如下。

（1）对正（J）：选中该项后，系统确定多线的对正方式。确定选该选项后系统继续提示“输入对正类型[上（T）/无（Z）/下（B）]：”，其中各选项的含义如下。

- 上(T)。选择该选项后，表示从左到右绘制多线时，多线顶端的线条随光标移动。
- 无（Z）。选择该选项后，表示绘制多线时，多线的中线随光标移动。
- 下(B)。选择该选项后，表示从左到右绘制多线时，多线底端的线条随光标移动。

图3-36所示分别为3种多线的对正方式。

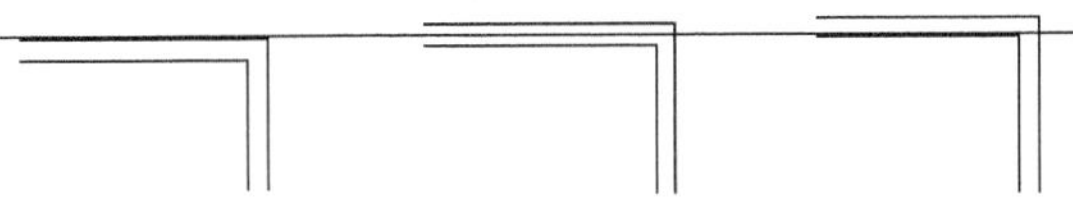

图3-36　多线的对正方式

（2）比例（S）：选择该选项后，系统要求指定多线的宽度相对于定义宽度的比例因子，此比例不影响多线的线型比例。选择比例（S）项后，系统进一步提示“输入多线比例<20.00>：”。在上述提示下，输入多线的比例后回车，系统返回提示“指定起点或 [对正(J)/比例(S)/样式(ST)]:”。

（3）样式（ST）：选择该选项后，系统要求指定多重线的样式。在默认情况下，系统采用多线STANDARD（标准）样式。选择样式（ST）后，系统进一步提示“输入多重线的样式名称或[?]:”，在上述提示下，可以直接输入多线样式的名称，也可以输入“?”显示已经存在的多线样式。然后系统继续提示“指定起始点或[对正（J）/比例（S）/样式（ST）]:”。

技巧与提示

若在命令行中输入“？”，将弹出“AutoCAD文本窗口”文本框，列出已加载的多线样式，便可以从中选择需要的多线样式，如图3-37所示。

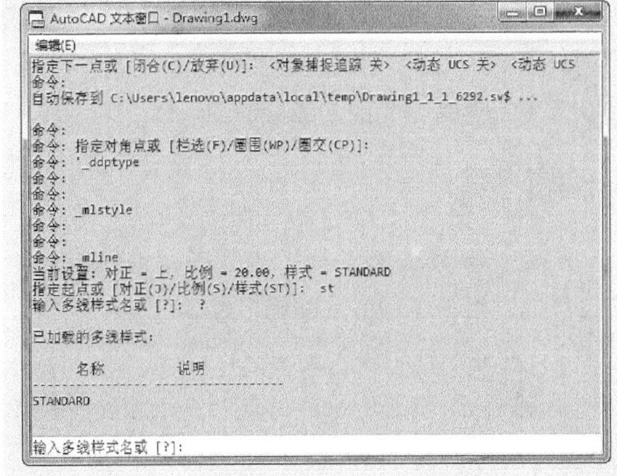

图3-37　“AutoCAD文本窗口”文本框

根据上述多线样式的设置，使用多线命令绘制如图3-38所示的门窗框架。

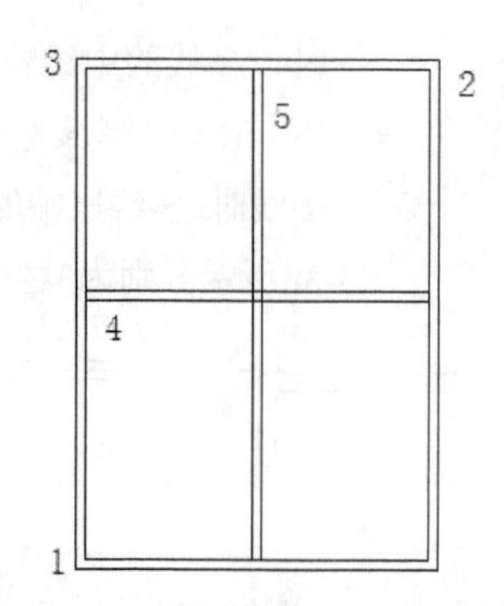

图3-38　门窗框架

操作步骤

01 在命令行输入mline命令按回车键，执行多线命令。

02 命令行提示“当前设置：对正 = 上，比例 = 20.00，样式 = STANDARD”。

03 命令行提示“指定起点或 [对正(J)/比例(S)/样式(ST)]: ”时，指定多线起点。

04 命令行提示“指定下一点:”时，指定下一点1。

05 命令行提示“指定下一点或 [放弃(U)]:”时，指定下一点2。

06 命令行提示“指定下一点或 [闭合(C)/放弃(U)]:”时，指定下一点3。

07 命令行提示“指定下一点或 [闭合(C)/放弃(U)]:”时，输入C并按回车完成第一步绘制。

08 重复上述前三步的操作后，在系统提示“指定下一点:”时，指定端点；在系统继续提示“指定下一点或 [放弃(U)]:”时，回车，完成多线4的绘制。

09 重复上述命令完成多线5的绘制。

3. 编辑多线

通过“多线编辑工具”进行多线的编辑。用户可以通过以下几种方法编辑多线。

- 在命令行中输入mledit命令。
- 选择“修改”→“对象”→“多线”菜单命令。
- 双击相交的多线。

以此弹出“多线编辑工具”对话框，如图3-39所示。在该对话框中，有12种图标可进行选择。

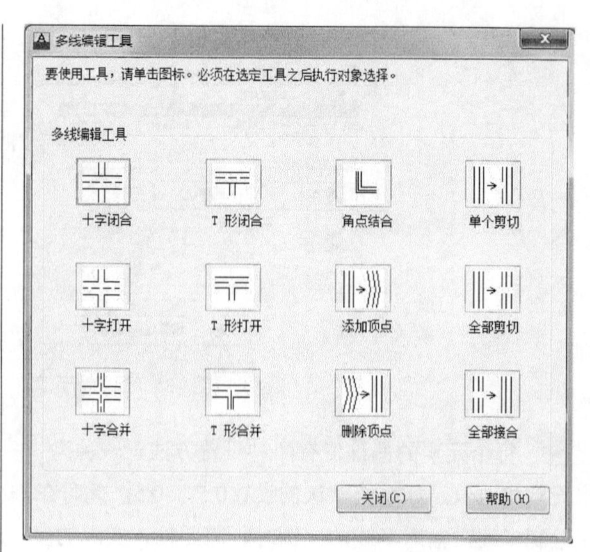

图3-39　“多线编辑工具”对话框

各工具的用法如下。

01 “十字闭合”用来在两条多线之间创建闭合的十字交点。选择的第一条多线被修剪，选择的第二条多线保持原状，如图3-40所示。

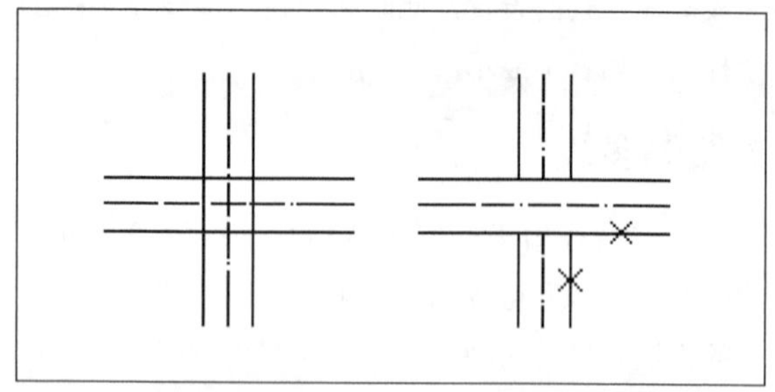

图3-40　“十字闭合”

02 “十字打开”用来在两条多线之间创建打开的十字交点。打断第一条多线的所有元素和第二条多线的外部元素，如图3-41所示。

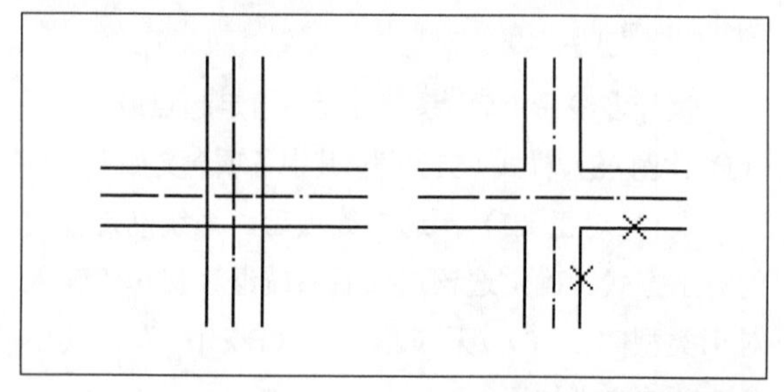

图3-41　“十字打开”

03 “十字合并”用来在两条多线之间创建合并的十字交点。选择的第一条多线和第二条多线的外部元素都被修剪，如图3-42所示。

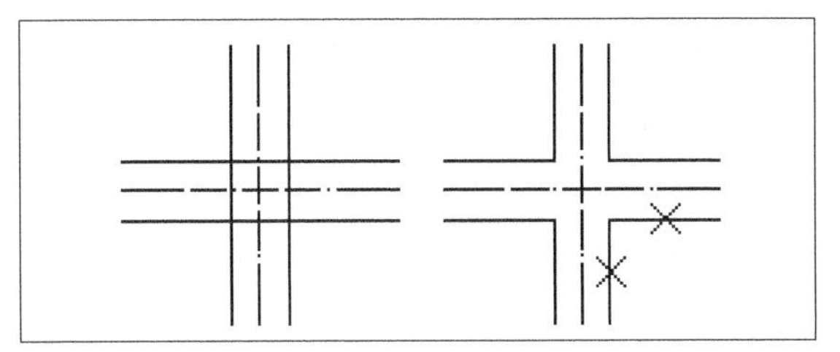

图3-42　“十字合并”

04　“T形闭合”用于两条多线相交为闭合的T形交点。选择的第一条多线被修剪，选择的第二条多线保持原状，如图3-43所示。

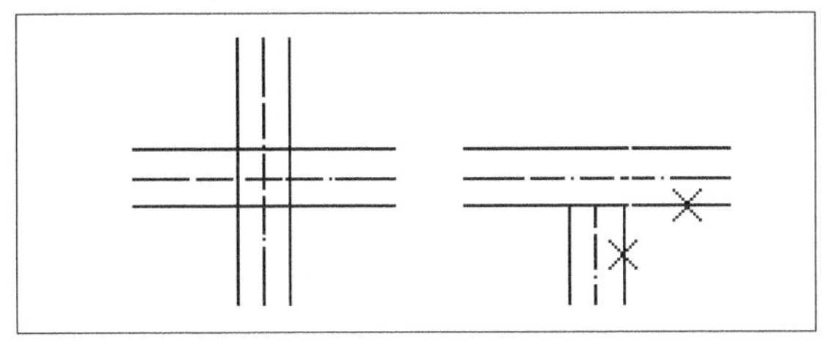

图3-43　“T形闭合”

05　“T形打开”用来在两条多线之间创建打开的T 形交点。将选择的第一条多线修剪到它们的交点处，选择的第二条多线与第一条相交的外部元素被打断，如图3-44所示。

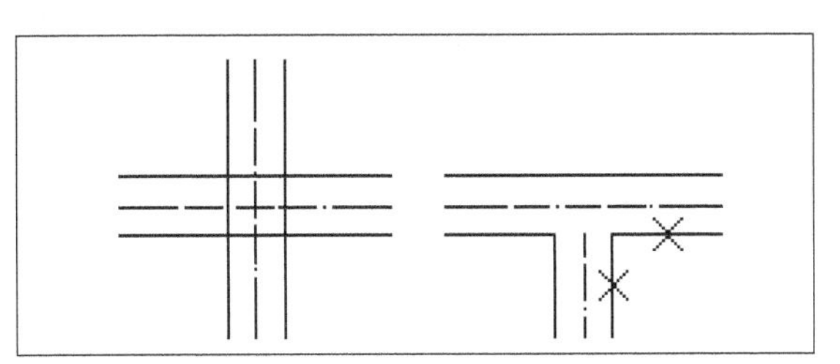

图3-44　“T形打开”

06　“T形合并”用来在两条多线之间创建合并的T 形交点。将多线修剪或延伸到与另一条多线的交点处，如图3-45所示。

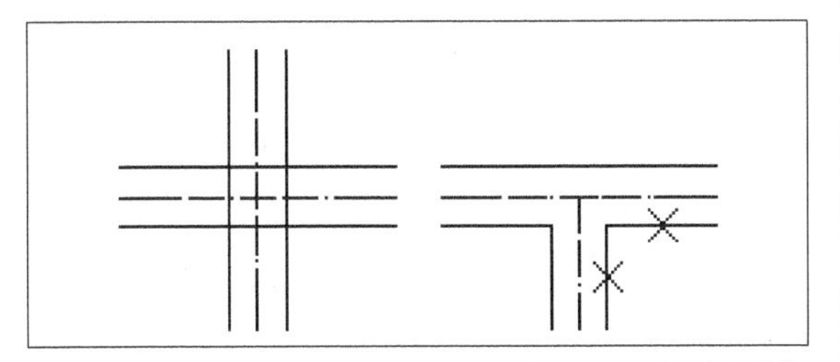

图3-45　“T形合并”

07　“角点结合”用来在多线之间创建角点结合。将多线修剪或延伸到它们的交点处，如图3-46所示。

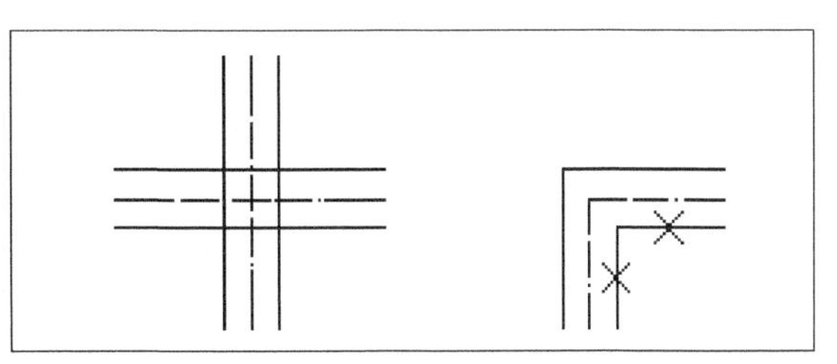

图3-46　“角点结合”

08　“添加顶点”用来向多线上添加一个顶点。“删除顶点”用来从多线上删除一个顶点，如图3-47所示。

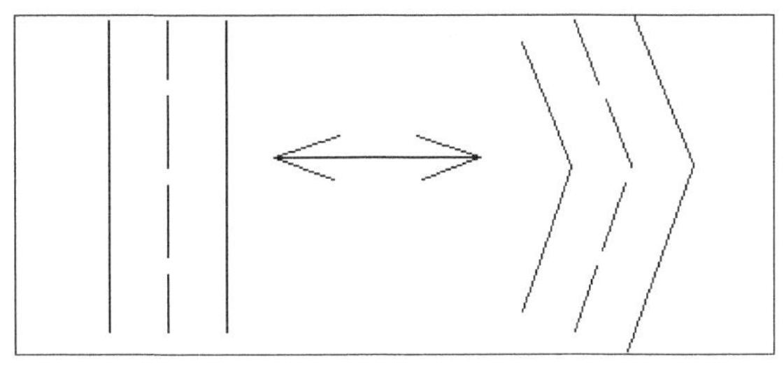

图3-47　添加顶点和删除顶点

09　“单个剪切”用来在选定多线元素中创建可见打断，如图3-48所示。

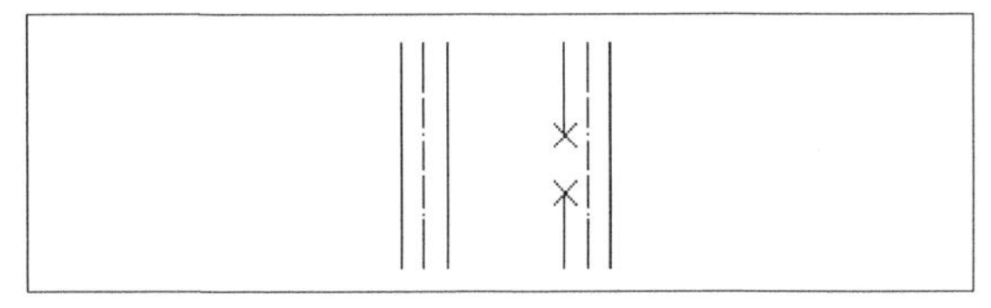

图3-48　“单个剪切”

10　“全部剪切”用来创建穿过整条多线的可见打断，如图3-49所示。

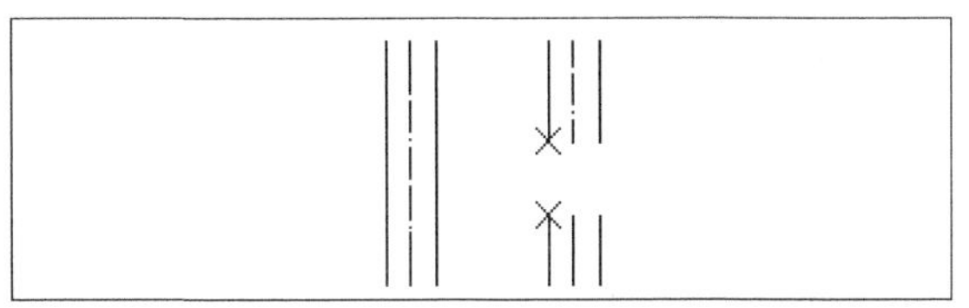

图3-49　“全部剪切”

11　“全部接合”用来将已被剪切的多线线段重新接合起来，如图3-50所示。

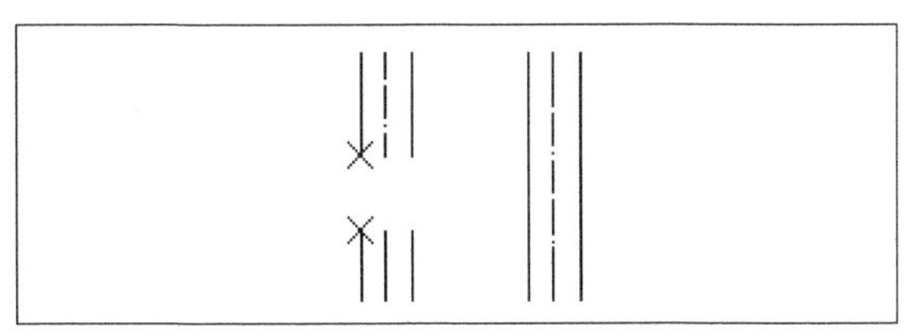

图3-50　“全部接合”

技巧与提示

通过“多线编辑工具”对话框进行多线编辑时，多线必须是相交的。

可以通过“多线编辑工具”对话框对图3-38进行多线编辑，结果如图3-51所示。其中用到十字合并和T形合并。

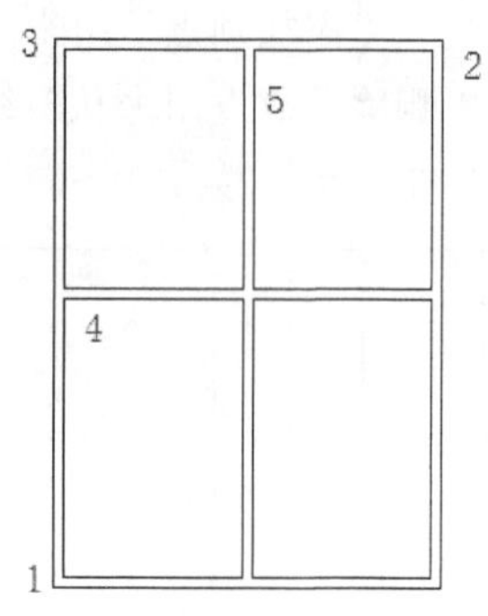

图3-51 编辑后的多线

3.2.6 绘制矩形

1. 命令功能

矩形命令以指定两个对角点的方式绘制矩形，当两角点形成的边相同时则生成正方形。

2. 命令调用

启动矩形命令可通过以下几种方法。

- 在命令行输入rectangle（REC）命令。
- 单击“绘图”工具栏中的按钮▭。
- 选择“绘图”→“矩形”菜单命令。

3. 命令提示

启动矩形命令后，命令行提示“指定第一个角点或 [倒角(C)/标高(E)/圆角(F)/厚度(T)/宽度(W)]: ”，其中各项含义如下。

- 倒角：设置矩形的倒角距离。
- 标高：设置矩形在三维空间里的基面高度。
- 圆角：设置矩形圆角半径。
- 厚度：设置矩形的厚度，即三维空间z轴方向的高度。
- 宽度：设置矩形的线条粗细。

如图3-52所示，分别是执行不同命令后绘制出的图形。

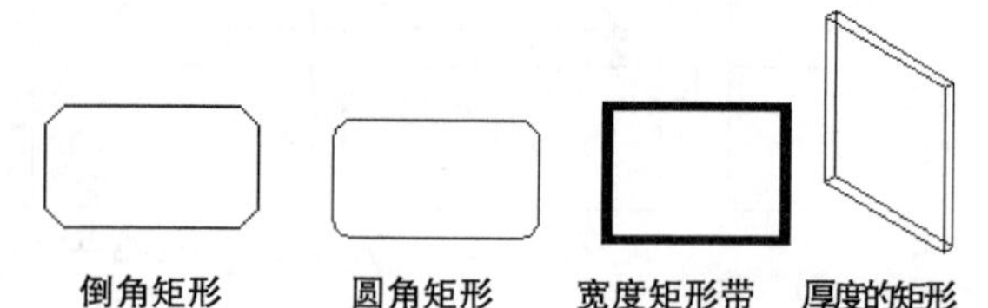

图3-52 各种形式的矩形

指定第一点后，命令行将继续提示提示“指定另一个角点或 [面积（A）/尺寸（D）/旋转（R）]:”。其中：

- “面积”：表示通过指定矩形面积的方式来绘制矩形，例如绘制一个面积为500的矩形，需指定第一个角点后，在命令行输入面积(A)选项，然后指定“计算矩形标注时依据”即可，如图3-53所示。

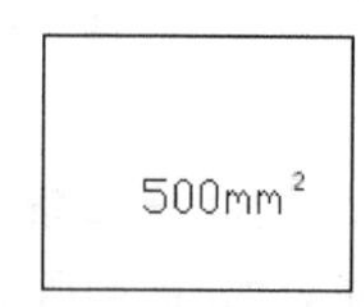

图3-53 面积

- “尺寸”：通过指定矩形的具体长宽值的方式来绘制矩形，例如绘制长为100，宽为80的矩形。需指定第一个角点后，在命令行输入尺寸(D)选项，然后输入矩形的长度和宽度即可，如图3-54所示。

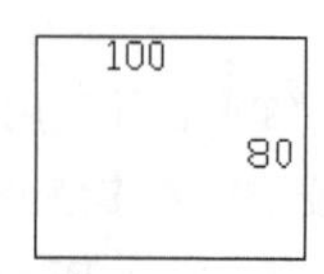

图3-54 尺寸

- “旋转”：表示按指定的旋转角度绘制矩形，例如绘制一个与x轴成30°的矩形。需指定第一个角点后，在命令行输入旋转(R)选项，然后单击鼠标确定另一点即可，如图3-55所示。

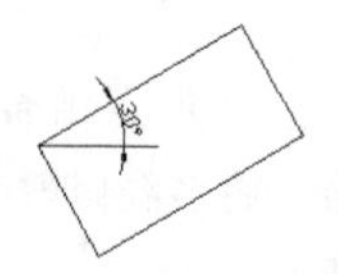

图3-55 旋转

4. 操作示例

绘制电视机轮廓图。命令行提示如下。

- 命令：_rectang //绘制矩形1
- 指定第一个角点或 [倒角(C)/标高(E)/圆角(F)/厚度(T)/宽度(W)]:

//指定第一个点的位置

- 指定另一个角点或 [面积(A)/尺寸(D)/旋转(R)]: 1000,700

//指定第二个点的位置

- **命令：** rectangle 绘制矩形2
- 指定第一个角点或 [倒角(C)/标高(E)/圆角(F)/厚度(T)/宽度(W)]: f

//执行圆角命令

- 指定矩形的圆角半径 <0.0000>: 10 //指定圆角半径10
- 指定第一个角点或 [倒角(C)/标高(E)/圆角(F)/厚度(T)/宽度(W)]:

//指定矩形2的第一个角点

- 指定另一个角点或 [面积(A)/尺寸(D)/旋转(R)]:

//指定矩形2的另一个角点

- 命令：rectangle

//绘制电视矩形按钮3

- 当前矩形模式： 圆角=10.0000
- 指定第一个角点或 [倒角(C)/标高(E)/圆角(F)/厚度(T)/宽度(W)]: f

//执行圆角命令

- 指定矩形的圆角半径 <10.0000>: 0

//设置圆角半径为0

- 指定第一个角点或 [倒角(C)/标高(E)/圆角(F)/厚度(T)/宽度(W)]:

//指定矩形第一点

- 指定另一个角点或 [面积(A)/尺寸(D)/旋转(R)]: //指定第二点
- 用“复制”命令复制出多个矩形按钮。“复制”命令第四章中将详细介绍
- 命令：_circle 指定圆的圆心或 [三点(3P)/两点(2P)/相切、相切、半径(T)]: //画圆形按钮
- 指定圆的半径或 [直径(D)]:

//指定圆的半径

- 用复制按钮复制出其他两个按钮。
- 最后用“圆弧”和“直线”命令画出天线。

得到如图3-56所示的电视图形。

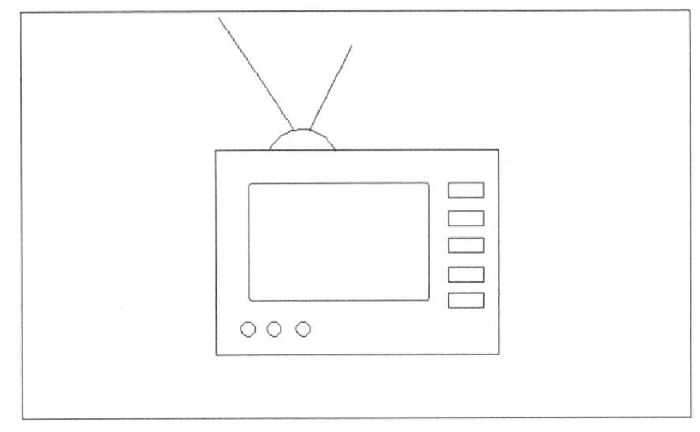

图3-56 矩形绘制出的电视模型

3.2.7 绘制正多边形

1. 命令功能

正多边形是指在一个平面内由3条以上直线段构成的几何图形。建筑图中常常将三角形、四边形、五边形、六边形和八边形作为符号和图素。

2. 命令调用

可通过以下几种方法绘制多边形。

- 在命令行中输入polygon(POL)命令。
- 单击“绘图”工具栏按钮⬠。
- 选择“绘图”→“正多边形”菜单命令。

3. 命令提示

若在命令行中输入命令调用正多边形命令，命令行提示如下。

命令： _polygon 输入边的数目 <4>:
指定正多边形的中心点或 [边(E)]:

各个选项的含义如下。

- “中心点”选项用来定义正多边形中心点。选择正多边形的中心点后，命令行提示如下。

命令： _polygon 输入边的数目 <4>:
指定正多边形的中心点或 [边(E)]:
输入选项 [内接于圆(I)/外切于圆(C)] <I>:
指定圆的半径:

- “内接于圆”表示指定外接圆的半径，正多边形的所有顶点都在此圆周上。命令行提示如下。

  命令：_polygon 输入边的数目 <4>:
  指定正多边形的中心点或 [边(E)]:
  输入选项 [内接于圆(I)/外切于圆(C)]
  <I>: I

指定圆的半径:

- “外切于圆”用来指定从正多边形中心点到各边中点的距离。命令行提示如下。

  命令：_polygon 输入边的数目 <4>:
  指定正多边形的中心点或 [边(E)]:
  输入选项 [内接于圆(I)/外切于圆(C)]

<C>: C

指定圆的半径:

- “边”表示通过指定第一条边的端点来定义正多边形。按边绘制正多边形时，在指定两个端点后，系统将按从1到2的方向以逆时针方向来绘制。命令行提示如下。

命令: _polygon 输入边的数目 <4>:

指定正多边形的中心点或 [边(E)]: e

指定边的第一个端点: 指定边的第二个端点

图3-57和图3-58所示为多边形“内接于圆”与“外切于圆”的区别。

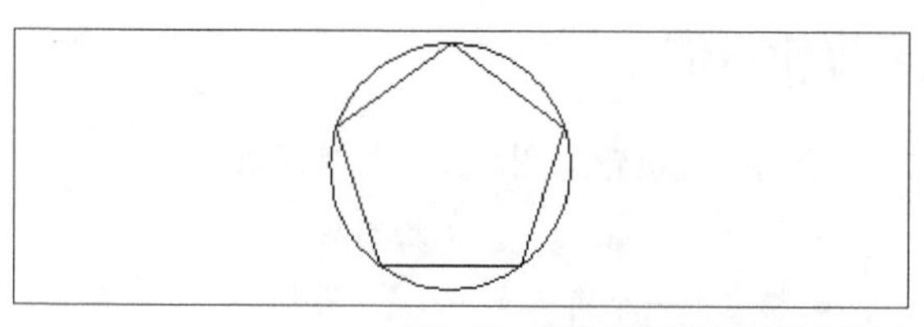

图3-57　按内接于圆绘制正多边形

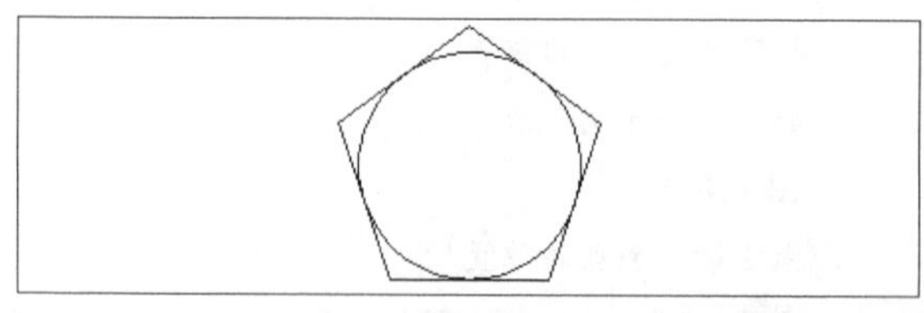

图3-58　按外切于圆绘制正多边形

4. 操作示例

绘制如图3-59所示的正多边形，命令行提示如下。

- 命令：polygon　　//绘制多边形命令
- 输入边的数目 <4>:↙

//输入多边形的边数6

- 指定正多边形的中心点或 [边(E)]:　　//指定正六边形的中心点
- 输入选项 [内接于圆(I)/外切于圆(C)] <I>:↙

//选择内接于圆

- 指定圆的半径: //制定圆的半径

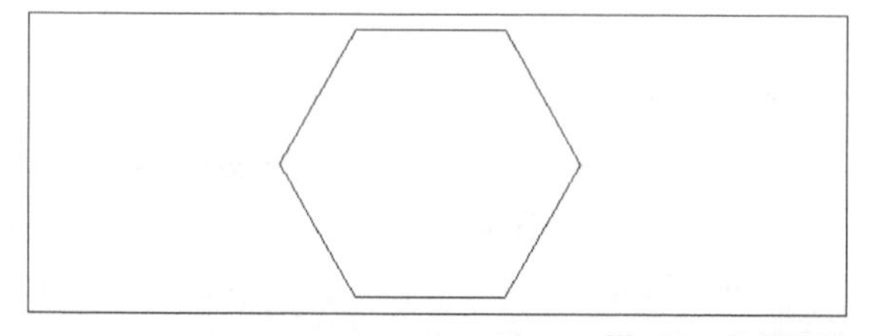

图3-59　正多边形

3.3　建筑绘图中曲线对象的绘制

一副完整的建筑设计图形，不仅有直线型图形还需要曲线图形来构成。建筑绘图中曲线对象包括样条曲线、圆和圆弧、椭圆和椭圆弧等。熟练掌握建筑绘图中曲线对象的绘制，对建筑图形的绘制有很大作用，下面将逐一讲解绘制曲线图形命令。

3.3.1　绘制样条曲线

样条曲线经常用来绘制光滑的曲线，主要用于创造形状不规则的曲线。在建筑设计中，用来绘制小路、纹理图案等。

1. 绘制样条曲线

用户可以通过以下几种方法绘制样条曲线。

- 在命令行中输入spline（SPL）命令。
- 单击“绘图”工具栏中的按钮。
- 选择“绘图”→“样条曲线”菜单命令，会显示出如图3-60所示绘制样条曲线的两种方法，可根据需要选择不同的绘图方法。

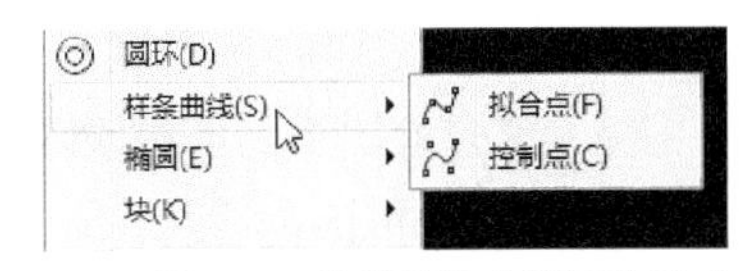

图3-60　绘制样条曲线两种形式

技巧与提示

样条曲线使用拟合点或控制点进行定义。默认情况下，拟合点与样条曲线重合，而控制点定义控制框。图3-61所示为两种定义方法所绘图形的区别。

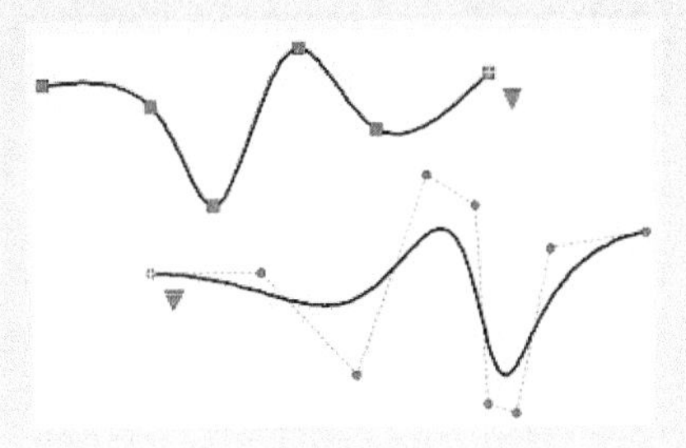

图3-61　拟合点（上）和控制点（下）区别

执行样条线命令后，命令行提示如下。

- 命令：_spline
- 当前设置：方式=拟合　节点=弦
- 指定第一个点或 [方式(M)/节点(K)/对象(O)]:
- 输入下一个点或 [起点切向(T)/公差(L)]:
- 输入下一个点或 [端点相切(T)/公差(L)/放弃(U)]:
- 输入下一个点或 [端点相切(T)/公差(L)/放弃(U)/闭合(C)]:

其中上述各项的含义如下。

- 可通过方式（M）和节点（K）对当前样条曲线进行设置。
- 对象（O）：将一条多段线拟合生成样条曲线。
- 起点切向(T)：指定样条曲线起点处的切线方向。
- 公差(L)：拟定公差，值越大曲线离指定点越远，值越小曲线离指定点越近。

使用样条曲线命令绘制如图3-62所示的图形，命令行提示如下。

- 命令：_spline
- 当前设置：方式=拟合　节点=弦
- 指定第一个点或 [方式(M)/节点(K)/对象(O)]:　//指定第一个点
- 输入下一个点或 [起点切向(T)/公差(L)]:　//指定第二个点
- 输入下一个点或 [端点相切(T)/公差(L)/放弃(U)]:　//指定第三个点
- 输入下一个点或 [端点相切(T)/公差(L)/放弃(U)/闭合(C)]:　//回车结束命令
- 用“复制”命令复制出一条样条曲线
- 利用line命令，绘制一条直线
- 用“复制”命令复制多条直线

结束绘制，得到如图3-62所示的图形。

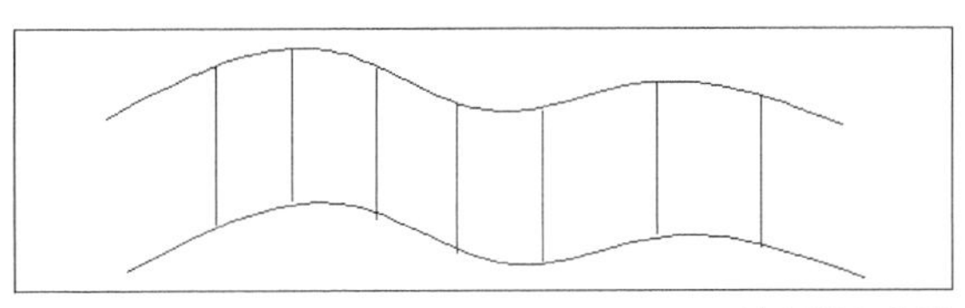

图3-62　绘制样条曲线

2. 编辑样条曲线

用户可以通过编辑样条曲线命令对绘制的样条曲线进行编辑。可通过以下方法执行命令。

- 在命令行输入splinedit命令。
- 选择“修改”→“对象”→“样条曲线”菜单命令。
- 在“修改II”工具栏上单击编辑多段线图标。（若AutoCAD工作界面无“修改II”工具栏，可通过“工具”→“工具栏”，使其在工作区中显示）

执行该命令后，命令行提示如下。

- 命令：_splinedit
- 选择样条曲线：
- 输入选项 [闭合(C)/合并(J)/拟合数据(F)/编辑顶点(E)/转换为多段线(P)/反转(R)/放弃(U)/退出(X)] <退出>:

其中：

- 闭合：将开放样条曲线修改为连续闭合的环。
- 合并：与开放曲线合并，成为一条曲线。
- 拟合数据：编辑定义样条曲线的拟合数据，以生成新的样条曲线。
- 编辑顶点：编辑拟合点，以修改样条曲线。
- 转换为多段线：将已编辑的样条曲线转换成多段线。
- 反转：反转样条曲线的方向。

用户可根据自己的需求，对以绘制的样条曲线进行编辑，以得到想要的图形。

技巧与提示

样条曲线的特点：spline命令可以从一个样条拟合的多段线中生成一条真实的样条对象。样条在绘制曲线时比多段线更节省内存及磁盘空间；样条曲线可以通过偏差来控制曲线的光滑度，偏差越小，曲率越小。

3.3.2 绘制圆和圆弧

● 绘制圆

AutoCAD提供了多种画圆方式，用户可以根据不同需要选择不同的画圆的方法。

1. 命令调用

用户可以通过以下几种方法绘制圆。

- 在命令行中输入circle命令。
- 单击“绘图”工具栏中的按钮。
- 选择“绘图”→“圆”菜单命令。

执行“绘图”→“圆”菜单命令，显示出绘制圆的6种方法，如图3-63所示，可以根据需要选择不同的绘图方法。

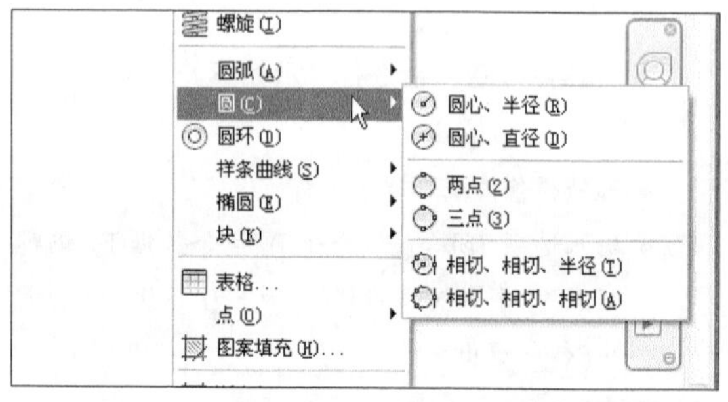

图3-63 绘制圆的菜单命令

2. 命令提示

指定画圆命令，命令行显示如下。

命令：_circle

指定圆的圆心或 [三点(3P)/两点(2P)/切点、切点、半径(T)]:

指定圆的半径或 [直径(D)]:

其中选项含义如下。

- 三点（3P）：通过指定圆周上的3个端点来绘制圆。依次输入3个点来确定一个圆，如图3-64所示。命令行提示如下。

命令：_circle 指定圆的圆心或 [三点(3P)/两点(2P)/相切、相切、半径(T)]: 3p

指定圆上的第一个点:

指定圆上的第二个点:

指定圆上的第三个点:

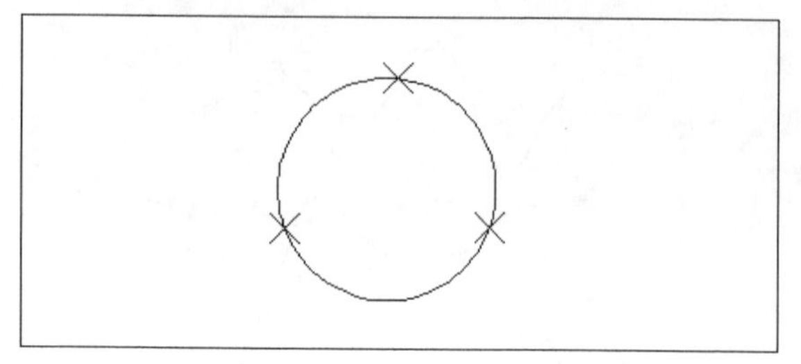

图3-64 三点绘圆

- 两点（2P）：基于圆直径上的两个端点来绘制圆。两点间的距离即为圆的直径。依次输入两个点来画一个圆，如图3-65所示。命令行提示如下。

命令：_circle 指定圆的圆心或 [三点(3P)/两点(2P)/相切、相切、半径(T)]: 2p

指定圆直径的第一个端点:

指定圆直径的第二个端点:

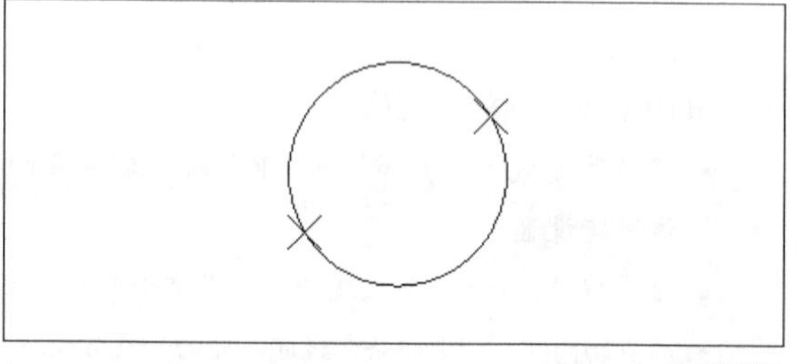

图3-65 两点绘圆

- 相切、相切、半径（T）：画与两个对象相切，且半径已知的圆。选择此选项后，根据命令行提示，指定相切对象并给出半径后，既可画出一个圆。

图3-66所示为指定不同相切对象而画出的圆。

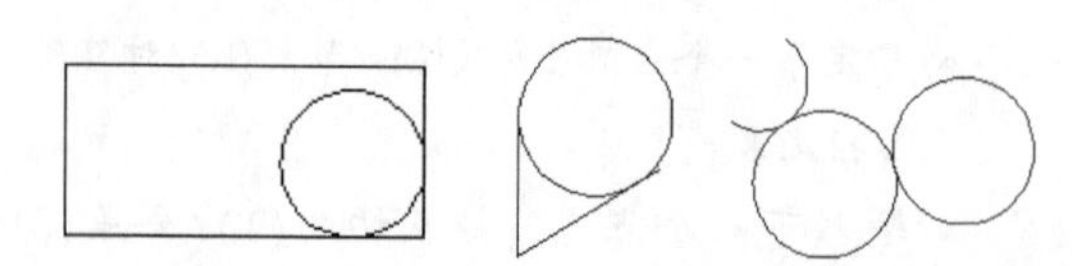

图3-66 指定不同相切对象绘制的圆

技巧与提示

相切对象可以是直线、圆、圆弧、椭圆等图线，这种绘图方式在圆弧连接中经常使用。

● 绘制圆弧

1. 命令调用

用户可以通过以下几种方法绘制圆弧。

- 在命令行中输入arc命令。
- 单击“绘图”工具栏中的按钮
- 选择“绘图”→“圆弧”菜单命令。

2. 命令提示

通过选择“绘图”→“圆弧”菜单命令来绘制，会显示出多种绘制圆弧的方法如图3-67所示。

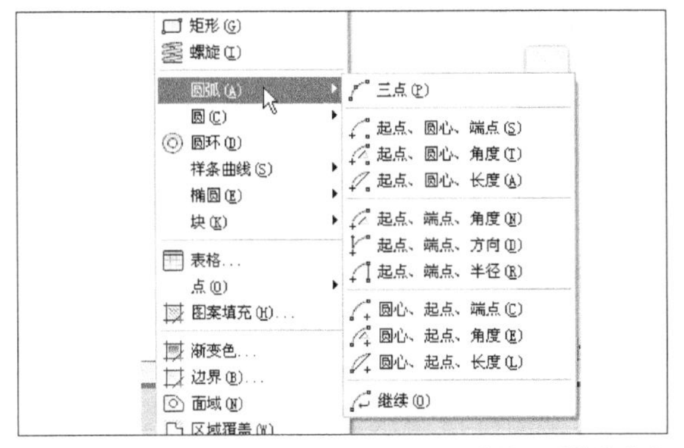

图3-67　绘制圆弧菜单命令

下面分别介绍几种绘制圆弧的方法。

（1）三点：通过给定的3个点绘制圆弧，此时应指定圆弧的起点，通过的第二个点和端点。

例如绘制如图3-68所示的圆弧，命令行提示如下。

- 命令：_arc
- 指定圆弧的起点或 [圆心(C)]:

//指定第一个点

- 指定圆弧的第二个点或 [圆心(C)/端点(E)]:　　//指定第二个点
- 指定圆弧的端点:

//指定第三个点

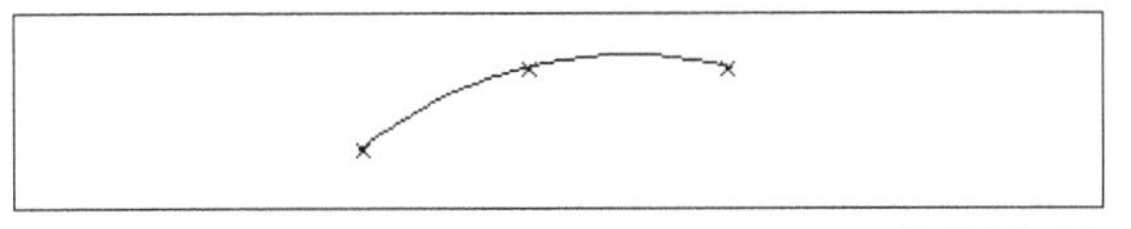

图3-68　三点绘制圆弧

（2）起点、圆心、端点：通过指定圆弧的起点、圆心和端点来绘制圆弧。

例如绘制如图3-69所示的圆弧，命令行提示如下。

- 命令：_arc 指定圆弧的起点或 [圆心(C)]:

//指定圆弧起点1

- 指定圆弧的第二个点或 [圆心(C)/端点(E)]: c
- 指定圆弧的圆心:

//指定圆弧圆心2

- 指定圆弧的端点或 [角度(A)/弦长(L)]:

//指定端点3，若端点不在圆周上，则圆弧的端点在圆心2和指定点3的连线上。

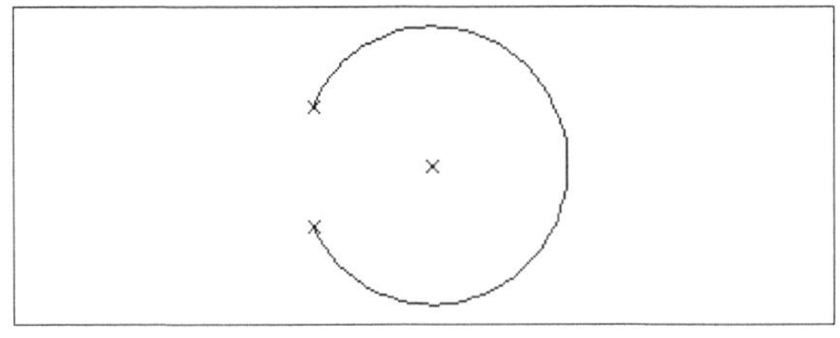

图3-69　起点、圆心、端点绘制圆弧

（3）起点、圆心、角度：通过指定圆弧的起点、圆心和圆弧对应的角度来确定圆弧。

技巧与提示

角度的设置系统默认以x轴为基准线逆时针方向为正。

（4）起点、圆心、长度：通过指定圆弧的起点、圆心和两个端点之间的长度来绘制圆弧。

（5）起点、端点、角度：通过指定圆弧的起点、端点和圆弧对应的角度来绘制圆弧。

（6）起点、端点、方向：通过指定圆弧的起点、端点和方向来确定圆弧。方向是指圆弧起点的切线方向。

（7）起点、端点、半径：通过指定圆弧的起点、端点和两个端点之间的角度来绘制圆弧。

（8）圆心、起点、端点：通过指定圆弧的圆心、起点和端点来绘制圆弧。

（9）圆心、起点、角度：通过指定圆弧的圆心、起点和圆弧所对应的角度来绘制圆弧。

例如绘制如图3-70所示的圆弧，命令行提示如下。

命令：_arc 指定圆弧的起点或 [圆心(C)]: _c 指定圆弧的圆心：//指定圆心

指定圆弧的起点：　//指定圆弧起点

指定圆弧的端点或 [角度(A)/弦长(L)]: _a 指定包含角:112　//指定角度

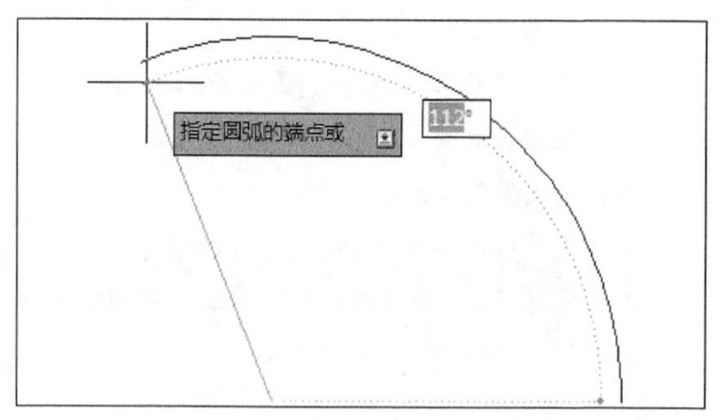

图3-70　圆心、起点、角度绘制圆弧

（10）圆心、起点、长度：通过指定圆弧的圆心、起点和圆弧所对应的长度来绘制圆弧。

3. 操作示例

绘制如图3-71所示的窗格，命令行提示如下。

- 命令：arc　　//绘制圆弧a
- 指定圆弧的起点或 [圆心(C)]:

//指定圆弧起点

- 指定圆弧的第二个点或 [圆心(C)/端点(E)]:

//指定第二个点

- 指定圆弧的端点:

//指定圆弧端点，结束命令。

- **命令**：line　//　　绘制直线
- 指定第一点:

//在屏幕上指定直线的第一点

- 指定下一点或 [放弃(U)]:　//指定下一点
- 指定下一点或 [放弃(U)]:

//指定下一点

指定下一点或 [闭合(C)/放弃(U)]: 回车，结束命令。

- **命令**：line　//绘制直线b
- 指定第一点:
- 指定下一点或 [放弃(U)]:
- 指定下一点或 [放弃(U)]: ↙

采用同样方法绘制其他直线和窗格外边缘，可得到如图3-71所示的窗格图。

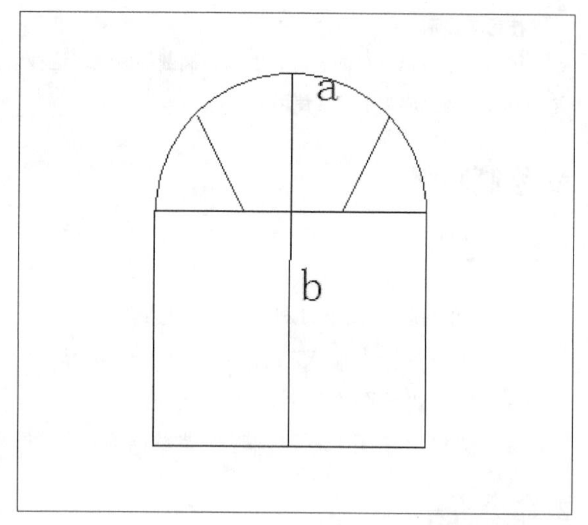

图3-71　利用圆弧绘制窗格

3.3.3　绘制椭圆和椭圆弧

1. 命令功能

椭圆命令可以绘制任意形状的椭圆和椭圆弧图形。

2. 命令调用

用户可以通过以下几种方法进行绘制。

- 在命令行里输入ellipse命令。
- 单击“绘图”工具栏上的按钮或。
- 选择“绘图”→“椭圆”菜单命令，或选择“绘图”→“椭圆”菜单命令。

3. 命令提示

- 当在命令行输入ellipse命令或单击工具栏上的“椭圆”按钮时，命令行会出现提示“指定椭圆的轴端点或[圆弧（A）/中心点（C）]：”时，输入A则进行椭圆弧绘制；直接指定端点则绘制椭圆。
- 当直接单击按钮时，命令行会出现提示“指定椭圆弧的轴端点或[中心点（C）]：”时，可直接绘制椭圆弧。
- 当选择“绘图（D）”→“椭圆（E）”时会出现下级菜单，是画椭圆的两种方法和椭圆弧命令，如图3-72所示。

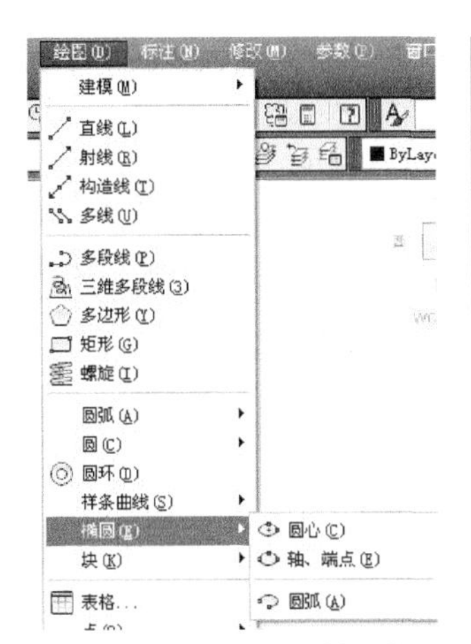

图3-72　椭圆菜单

- “圆心（C)”是指先指定椭圆的中心点，再指定一条轴的轴端点和另一条轴的长度画椭圆。
- “轴、端点（E)”是指先指定一条轴的两端点，再指定另一条轴的长度方法画椭圆，如图3-73所示。

命令行提示如下。

命令：_ellipse

//轴、端点方式绘制椭圆

指定椭圆的轴端点或 [圆弧(A)/中心点(C)]:　//指定椭圆轴的端点

指定轴的另一个端点:

//指定另一个轴端点

指定另一条半轴长度或 [旋转(R)]:500

//指定另一半长轴长度

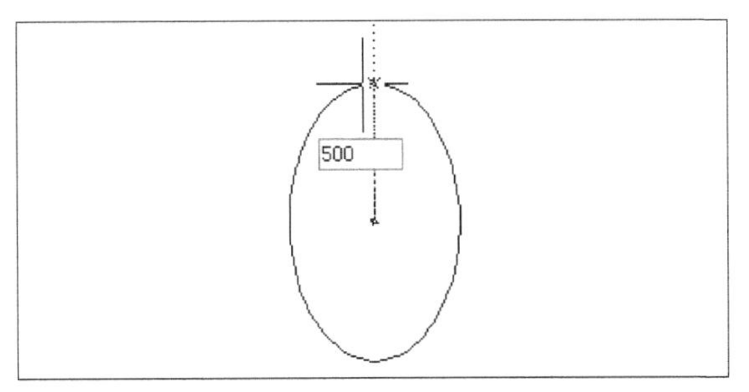

图3-73　“轴、端点”绘制椭圆

3.3.4　绘制圆环和填充圆

圆环是一种呈圆形封闭的多段线，它由一对同心圆组成。圆环命令主要用于绘制指定内外直径的圆环和填充圆。

绘制圆环的两种方法。

- 在命令行中输入donut（DO）命令。
- 选择“绘图”→“圆环”菜单命令。

启动圆环命令后，系统将分别提示指定圆环的内径、外径和中心点。当指定圆环的内径设为0，外径为大于0的任意数，可绘制实心圆，如图3-74所示。

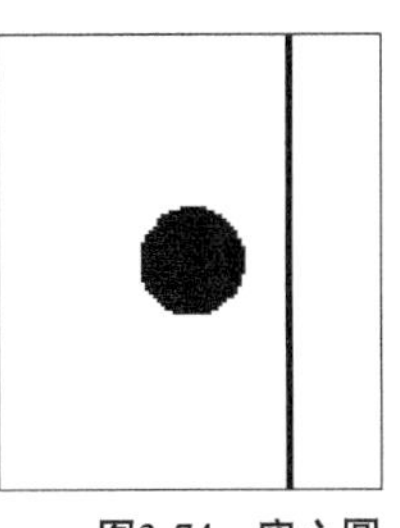

图3-74　实心圆

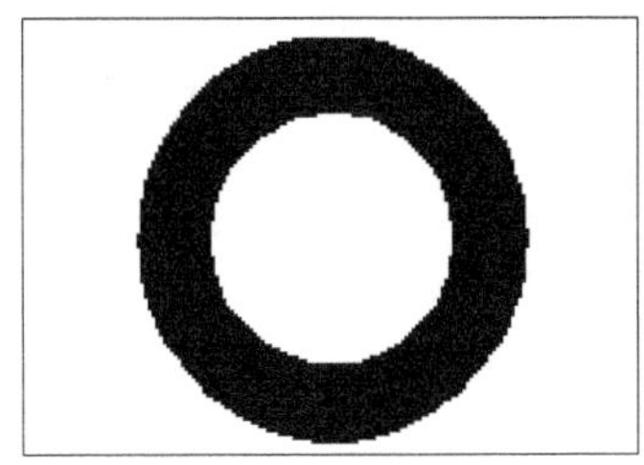

图3-75　绘制圆环

使用圆环命令绘制如图3-75所示的圆环，命令行提示如下。

- 命令：_donut
- 指定圆环的内径 <0.5000>:
- 指定圆环的外径 <1.0000>:
- 指定圆环的中心点或 <退出>:

3.4　建筑绘图中图案的填充

设计者在建筑设计绘图中，需要在某些区域填入某种图案，这种操作称为图案填充。图案填充经常用于在剖视图中表达对象的材料类型，从而增加了图形的可读性。

1. 命令功能

在建筑设计中，如建筑室内地面的详细构造、建筑立面装饰材料等都需要图案填充来完成。

2. 命令调用

用户可以通过以下几种方法进行图案填充。

- 在命令行中输入bhatch命令。
- 单击“绘图”工具栏中的按钮▦。
- 选择“绘图”→“图案填充”菜单命令。

3. 命令提示

执行该命令后，弹出“图案填充和渐变色”对话框，如图3-76所示。

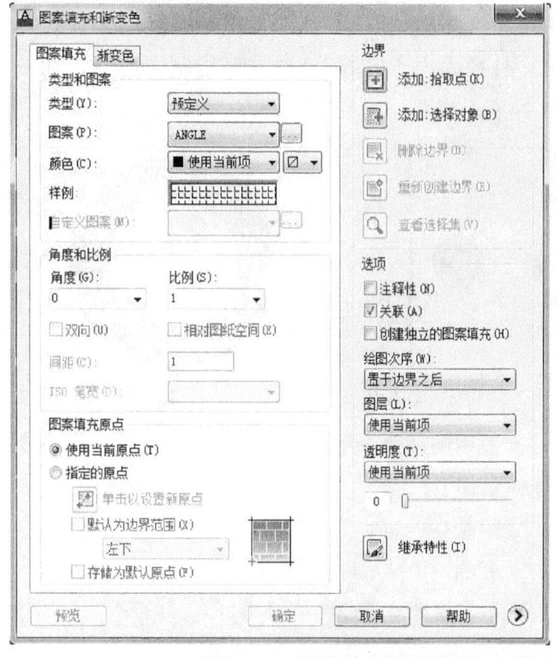

图3-76 “图案填充和渐变色”对话框

该对话框用以确定图案填充时的填充图案、填充边界以及填充方式等内容。对话框中有“图案填充”和“渐变色”两个选项卡和其他一些选择项，它们的功能如下。

（1）“图案填充”选项卡：该选项卡用于进行与填充图案有关的快速设置。

- “类型”下拉列表框：确定填充图案的类型。用户可通过下拉列表在“预定义”、“用户定义”和“自定义”之间选择。其中：“预定义”表示将使用AutoCAD提供的图案进行填充；“用户定义”表示用户将临时定义填充图案，该图案由一组平行线或相互垂直的两组平行线组成（即交叉线）；“自定义”表示将选用用户事先定义好的图案进行填充。
- “图案”下拉列表框：当通过“类型”下拉列表选用“预定义”填充图案类型进行填充时，该下拉列表用于确定具体的填充图案。用户可以从“图案”下拉列表中选择，也可以单击右边的按钮，从弹出的“填充图案控制板”对话框（图3-77）中选择。

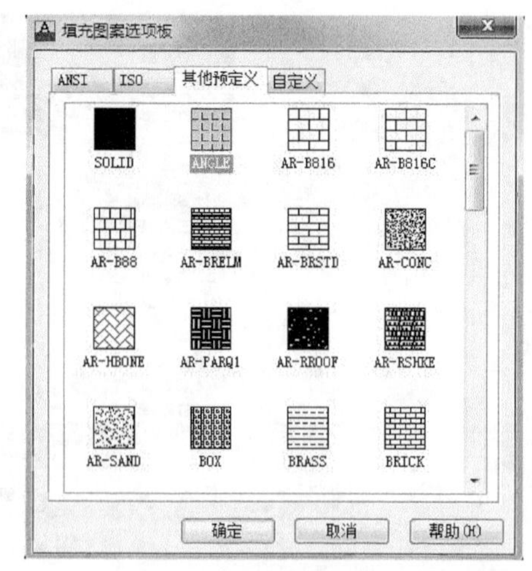

图3-77 “填充图案选项板”对话框

- “样例”框：显示当前所使用填充图案的图案样式。单击“样例”框中的图案，AutoCAD也会弹出类似于图3-77所示的对话框，供用户选择图案。
- “自定义图案”下拉列表框：确定用户自定义的填充图案。只有当通过“类型”下拉列表选用“自定义”填充图案类型进行填充时，该项才有效。用户可通过下拉列表选择自定义的填充图案，也可以单击相应的按钮，从弹出的对话框中选择。
- “角度”下拉列表框：确定填充图案的旋转角度，每种图案在定义时的旋转角为零。用户可以在“角度”下拉列表框内输入图案填充时图案要旋转的角度，也可以从相应的下拉列表中选择。
- “比例”下拉列表框：确定填充图案时的比例值，每种图案在定义时的初始比例为1。用户可以根据需要改变填充图案填充时的图案比例。方法是在“比例”下拉列表框内输入比例值，或从相应的下拉列表中选择。

技巧与提示

当填充类型采用“用户定义”类型时，“比例”项低亮度显示，即不起作用。

- “间距”文本框：当填充类型采用“用户定义”类型时，确定填充平行线之间的距离。用户在“间距”文本框内输入值即可。

- “拾取点”按钮：以拾取点的形式确定填充区域的边界。单击该按钮，AutoCAD 2013临时切换到绘图窗口，并提示如下内容。

拾取内部点或 [选择对象(S)/删除边界(B)]:

此时在希望进行填充的封闭区域内任意拾取一点，AutoCAD 2013会自动确定出包围该点的封闭填充边界，同时以虚线形式显示这些边界。如果当拾取点后AutoCAD 2013不能形成封闭的填区边界，则会给出相应的提示信息。

- “选择对象”按钮：以选择对象的方式确定填充区域边界。单击该按钮，AutoCAD 2013临时切换到绘图屏幕，并提示如下内容。

选择对象或 [拾取内部点(K)/删除边界(B)]:

用户可在此提示下选择构成填充区域的边界。同样，被选择的对象应能够构成封闭的边界区域，否则达不到所希望的填充效果。

- “查看选择集”按钮：查看所选择的填充边界。单击该按钮，AutoCAD 2013临时切换到绘图窗口，将已选择的填充边界以虚线形式显示，同时提示如下内容。

<按Enter键或单击鼠标右键返回对话框>

用户响应后，即按Enter键或单击鼠标右键后，AutoCAD 2013返回到“边界图案填充”对话框。

- “继承特性”按钮：选用已有的填充图案作为当前填充图案。执行该选项，AutoCAD 2013临时切换到绘图屏幕并提示如下内容。

选择图案填充对象:

在此提示下选择某一填充图案，AutoCAD 2013返回“边界图案填充”对话框，并在对话框中显示出该填充图案的相应设置及有关特性参数。

- “预览”按钮：预览填充效果。确定填充边界和填充图案后，单击“预览”按钮，AutoCAD 2013临时切换到绘图窗口，按当前的填充设置进行预填充，并提示如下内容。

拾取或按Esc键返回到对话框或 <单击右键接受图案填充>:

用户响应后，AutoCAD 2013返回到“边界图案填充”对话框。

- 孤岛检测：单击“图案填充和渐变色”对话框右下角的⊙按钮，可以对更多的选项进行设置，如图3-78所示。我们可以进行孤岛检测等的设置。孤岛显示提供了3种样式：普通、外部和忽略。
- 普通：将按照从最外层的边界向内进行检测，第一层填充，第二层不填充，如此交替进行，直到填充完毕。
- 外部：只填充最外层的边界到向内的第一层边界，内部不再填充。
- 忽略：忽略内部的边界，以最外层的边界为填充边界进行填充。

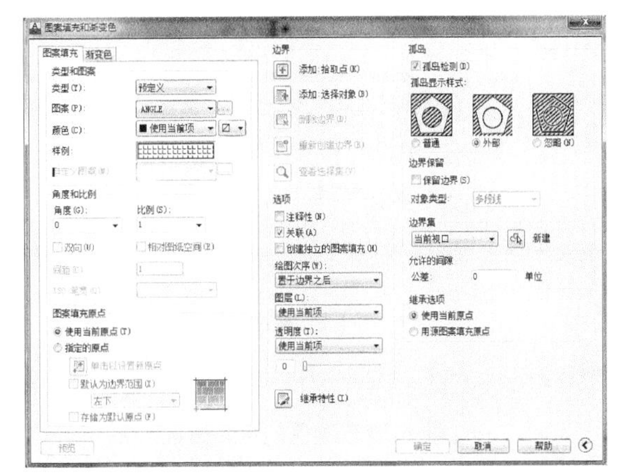

图3-78　孤岛检测

（2）在“渐变色”选项卡中，可以设置颜色、方向等，如图3-79所示。

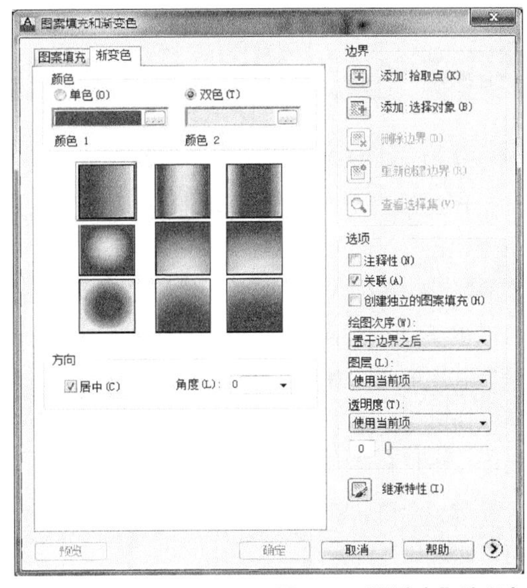

图3-79　“渐变色”选项卡

- 单色：指定一种渐变颜色进行单色填充。在中单击按钮，弹出“选择颜色”对话框，如图3-80所示，从中可以选择需要的一种颜色，并且可以在上调整颜色深浅的显示。

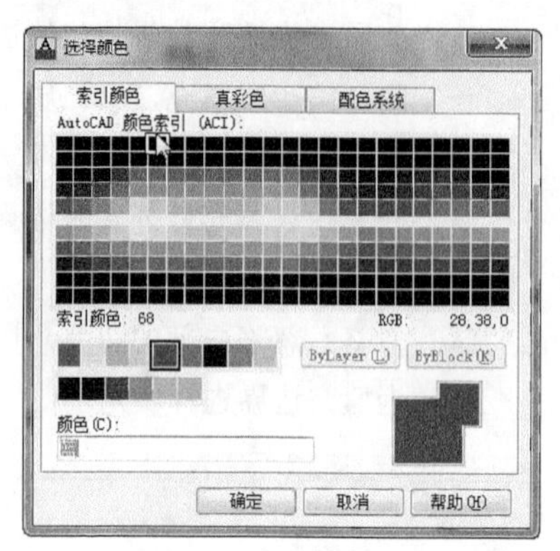

图3-80 “选择颜色”对话框

- 双色：指定两种颜色的渐变色进行图案填充，如图3-81所示，可以进行颜色的选择。

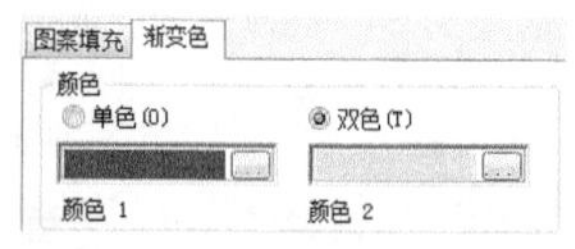

图3-81 双色

- 方向：指定填充颜色的填充方向，在“角度”下拉列表中可以选择任意角度进行显示。

下面对建筑设计中常用的几种图样进行填充，如砌体材料、混凝土材料等。

砌体材料的断面采用“预定义”中“ANSI”中的ANSI31图样进行填充，砌体材料的外装饰采用“其他预定义”中AR-B816、AR-B816C或AR-B88图样进行填充，如图3-82所示。

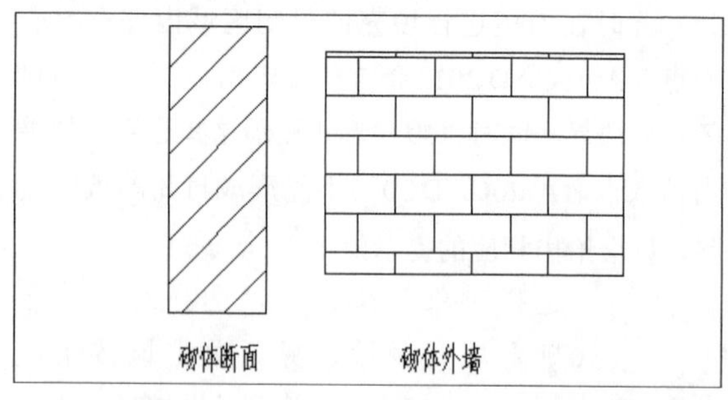

图3-82 图案填充

混凝土材料采用“预定义”中“ANSI”中的ANSI31图样和“其他预定义”中AR-CONC图样的组合，室外地平的土壤采用“预定义”中“ANSI”中的AR-HBONE图样，如图3-83所示。

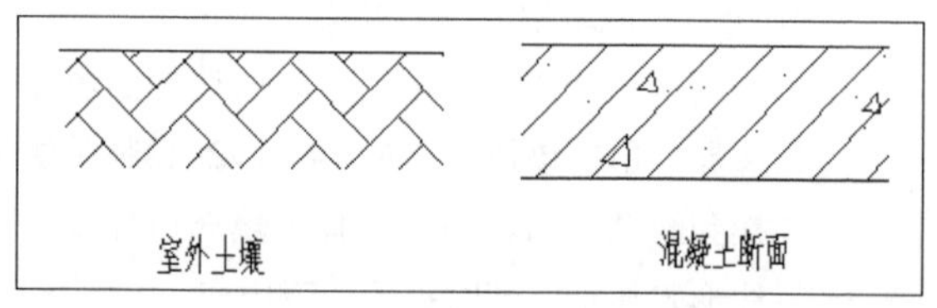

图3-83 图案填充

技巧与提示

在进行图案填充时，需要设定合适的比例才能正常显示。

3.5 建筑绘图中图块的绘制及其应用

作为一个整体图形单元，图块可以是绘制在几个图层上的不同颜色、线型和线宽特性对象的组合。各个对象可以有自己独立的图层、颜色和线型等特性。在插入块时，块中的每个对象的特性都可以被保留。使用图块之前，首先应定义一个块，然后利用插入块命令将定义好的块插入到当前图形中。块是作为一个整体存在的，用户可以对块进行移动、旋转和复制等编辑，也可以用分解命令将其分解成多个独立的对象。当块带有属性时，用户还可以对块属性进行编辑。

1. 创建图块

用户可以通过以下几种方法创建图块。

- 在命令行中输入block命令。
- 单击“绘图”工具栏上的创建块按钮。
- 选择“绘图”→“块”→“创建”菜单命令。

执行上述命令后，弹出“块定义”对话框，如图3-84所示。

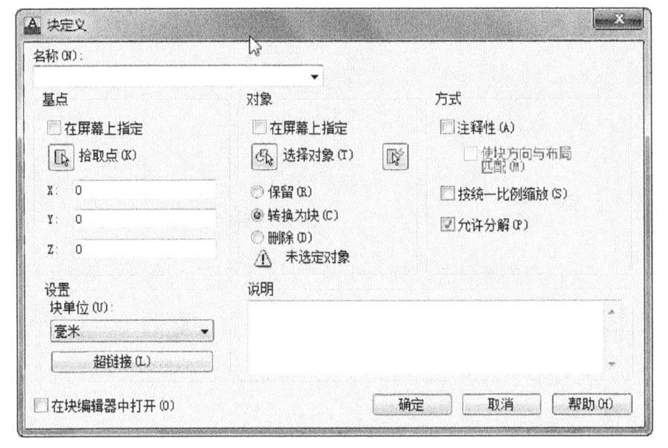

图3-84 “块定义”对话框

用户可以在该对话框中设置定义块的名称、基点等内容。

- “名称”下拉列表框用于输入需要创建图块的名称或在下拉列表中选择。名称最多可以包含255个字符，包括字母、数字、空格，以及操作系统或程序未作他用的任何特殊字符，但不能包含标点符号等字符，不区分大小写。
- “基点”组合框可以确定图块在插入时的基准点。基点可以在屏幕上指定，也可以通过拾取点方式指定，单击按钮，在绘图区拾取一个点作为基准点，此时在*x*轴、*y*轴、*z*轴的文本框中显示该点的坐标。
- “对象”组合框用来选择创建图块的图形对象。选择对象可以在屏幕上指定，也可以通过拾取方式指定，单击按钮，在绘图区选择对象。此时选择“删除”项，表示在定义内部图块后，将删除绘图区中被定义为图块的源对象。选择“转换成块”项，表示在定义内部图块后，在绘图区中被定义为图块也被转换成块。选择“保留”项，表示在定义内部图块后，被定义为图块的源对象仍然为原来状态。
- “设置”组合框用来指定图块的单位，在建筑设计中一般选择“毫米”。
- “方式”组合框用来指定图块的一些特定的方式，如注释性、使块方向与布局匹配、按统一比例缩放、允许分解等。
- “说明”文本框可以对所定义的图块进行必要的说明。

2. 操作示例

创建如图3-85所示的门内部图块。

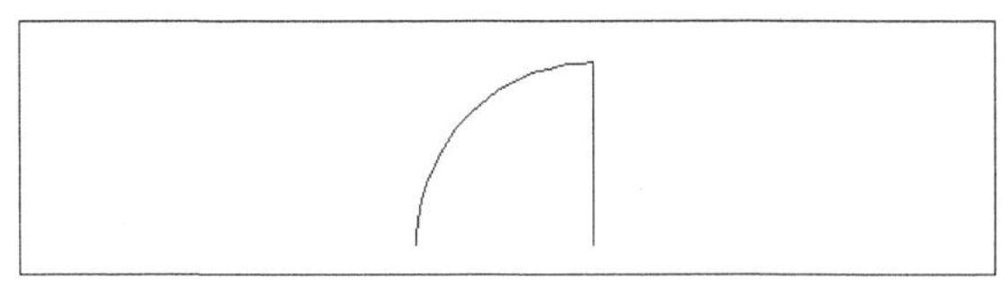

图3-85 门内部图块

操作步骤

01 利用直线命令绘制一条直线，如图3-86所示。

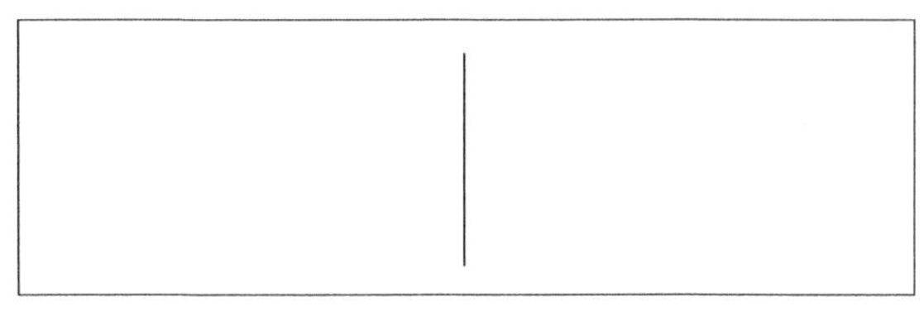

图3-86 直线命令

02 利用圆弧命令绘制处一条圆弧，如图3-87所示。命令行提示如下。

命令：_arc

指定圆弧的起点或 [圆心(C)]:

指定圆弧的第二个点或 [圆心(C)/端点(E)]:

指定圆弧的端点:

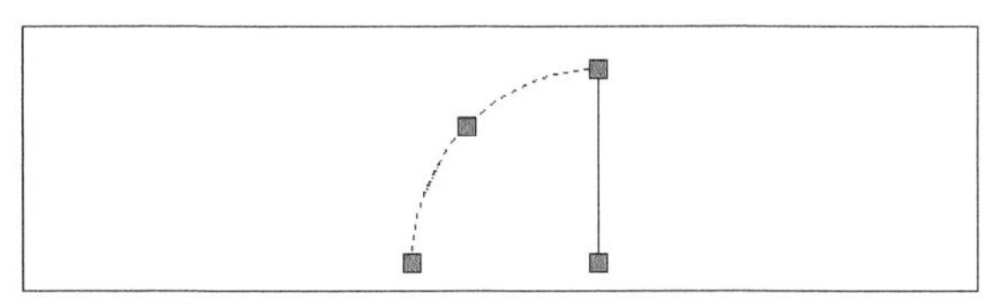

图3- 87 圆弧命令

03 选择“绘图”→“块”→“创建”菜单命令，在“名称”中输入“门”，选择刚绘制的图形为对象，并拾取基点，如图3-88所示。

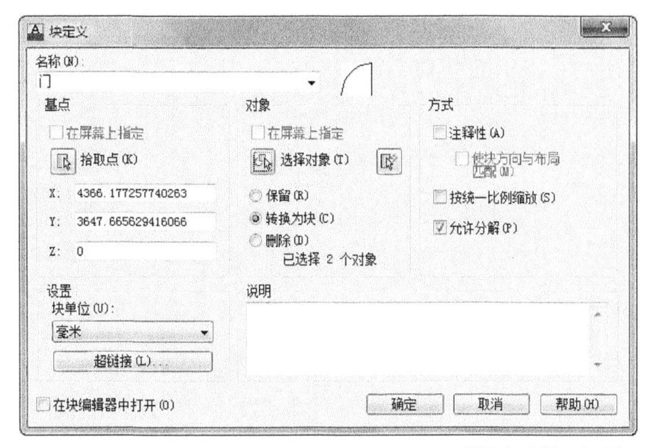

图3-88 “块定义”对话框

04 单击“确定”按钮，图块创建完成，如图3-89所示。

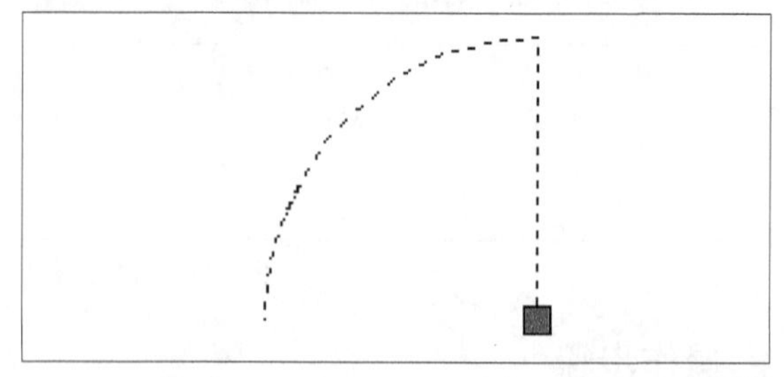

图3-89 门图块

3. 写块命令

使用写块命令可以创建外部图块，在任何的CAD图形中都可以引用该图块，创建外部图块可以在命令行中输入wblock命令。执行写块命令后，弹出“写块”对话框，如图3-90所示，该对话框用来将对象保存到文件或将块转换为文件。

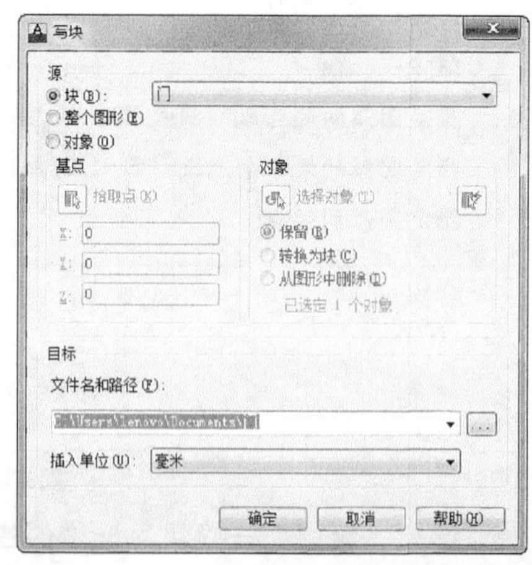

图3-90 “写块”对话框

“写块”对话框将显示不同的默认设置，这取决于是否选定了对象、是否选定了单个块或是否选定了非块的其他对象。

- “源”组合框用来指定块和对象，将其保存为文件并指定插入点。“块”选项可以将创建的内部图块作为外部图块来保存，可以从下拉列表中选择需要的内部图块。“整个图形”选项用来将当前图形文件中的所有对象作为外部图块存盘。“对象”选项用来将当前绘制的图形对象作为外部图块存盘。
- “基点”组合框和“对象”组合框中的选项的含义与“块定义”对话框中的含义一致，此处不再介绍。
- “目标”组合框用来指定文件的新名称和新位置以及插入块时所用的测量单位。

创建外部图块不但可以通过在当前图形中已经定义的内部图块来创建，还可以在绘图区绘制图形直接创建为外部图块。下面举例说明创建外部图块的过程。

通过内部图块创建外部图块，将图3-85所示的图块创建为外部图块。

操作步骤

01 在命令行中输入wblock命令，弹出“写块”对话框，在“源”组合框中，选择“块”单选钮，在下拉列表中选择“门”，如图3-91所示。

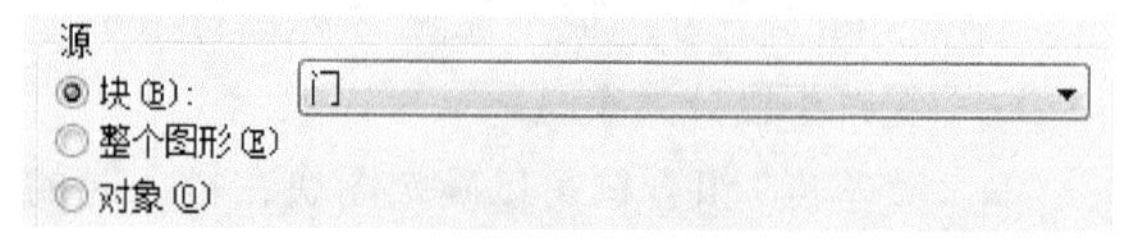

图3-91 选择“门”

02 在“目标”组合框中的“文件名和路径”中输入存储位置，如图3-92所示。

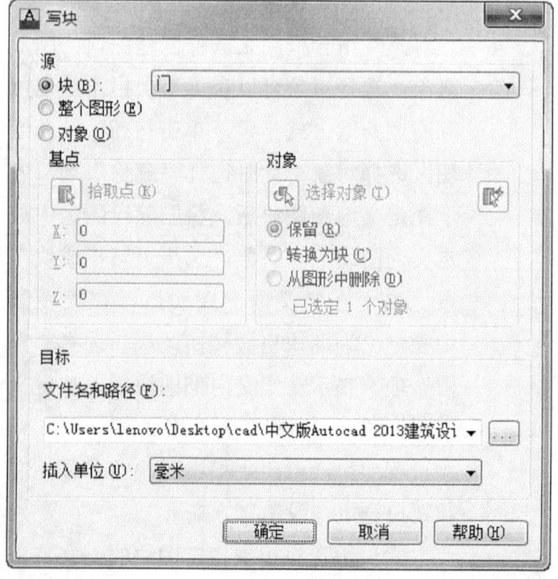

图3-92 “写块”对话框

03 创建完成，在指定的位置存储了该块的dwg文件，以后调用即可。

4. 插入块

在实际绘图过程中，使用图块一般为创建新图形后，再制作成图块在图形中使用。对于已有的图块可以直接应用插入块命令进行插入。

调用插入单一图块命令的方法有3种。

- 命令行中输入insert命令。
- 单击“绘图”工具栏上的创建块按钮。
- 选择“插入”→“块”菜单命令。

启动插入图块命令后，打开“插入”对话框，如图3-93所示。

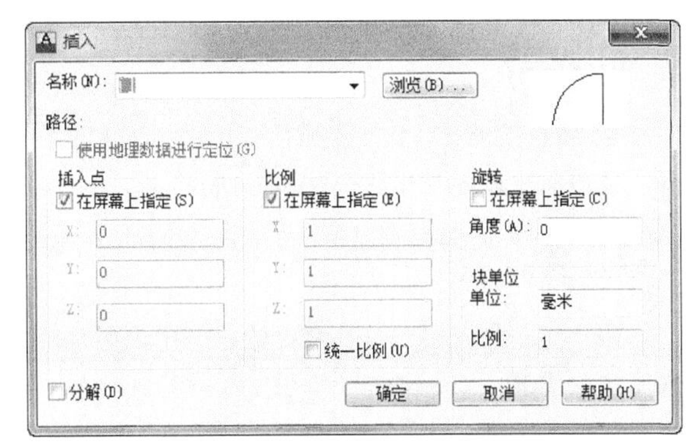

图3-93　“插入”对话框

其中各选项含义如下。

- “名称”下拉列表：用于选择插入图层的名称。单击列表下拉符号，在弹出的列表中选择图块名。也可以单击“浏览”按钮，在打开的“选择图形文件”对话框中选择图块。
- “插入点”区域：用于确定图块的插入位置。可使用鼠标指定，也可使用坐标值指定。
- “比例”区域：用于确定图块在插入时放大或缩小的尺寸。可以在屏幕上指定，也可以输入参数确定。
- “旋转”：用于确定图块在插入时，旋转的角度。
- “分解”：用于确定图块在插入时，是否分解。

技巧与提示

选择“分解”复选框后，图块只能在*x*轴、*y*轴、*z*轴方向相同的比例插入；以在*x*轴、*y*轴、*z*轴方向不同的比例插入的图块，则不能用“分解”命令分解。

3.6　综合实例

通过实例的应用将对本章建筑绘图中二维图形的绘制有更加深入的掌握，本节就对指北针的绘制、柱建筑详图的绘制和梁结构详图的绘制进行深入讲解。

3.6.1　绘制指北针

1. 知识要点

运用“圆”、“直线”及“图案填充”命令来绘制指北针并创建图块。

2. 操作要点

用“圆”和“直线”命令绘制轮廓，用“图案填充”命令填充指针。

操作步骤

在绘图区绘制图形直接创建为外部图块，下面具体讲解指北针外部图块创建过程。

01 利用“圆”命令，绘制一个半径为12的圆，如图3-94所示。

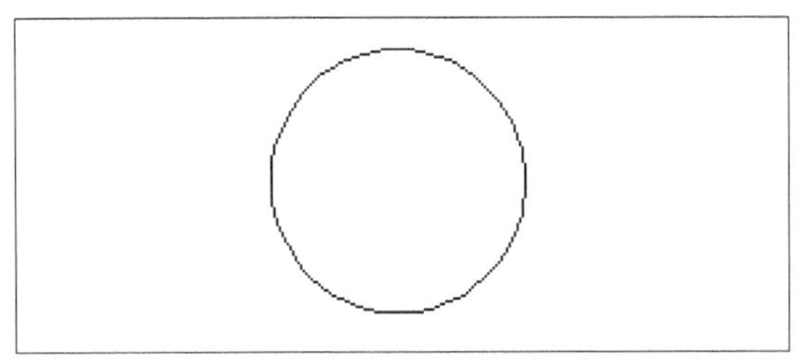

图3-94　“圆”命令

02 利用“直线”命令绘制两条直线，两条直线尾部与圆的交点的距离为3（可先绘制辅助直线，后再将其删除），如图3-95所示。

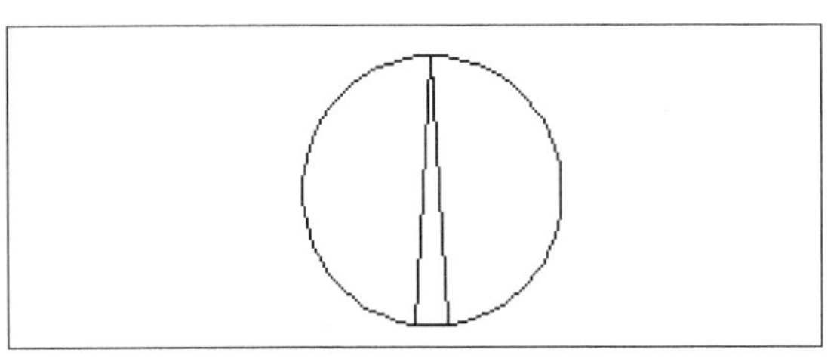

图3-95　“直线”命令

03 利用图案填充命令将中间部分进行填充，选择“solid”填充类型，拾取内部一点，单击“确定”按钮即可，如图3-96所示。

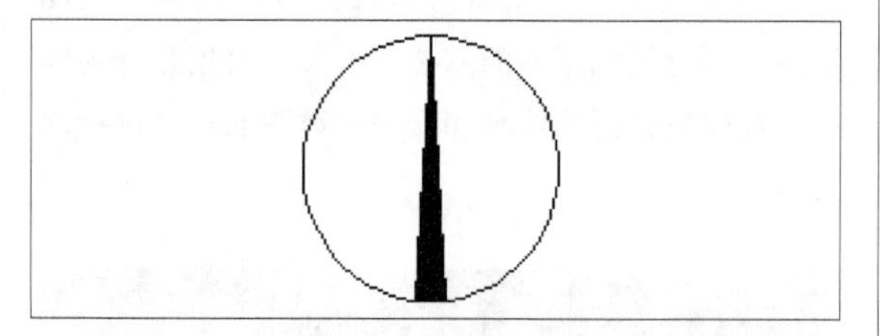

图3-96　图案填充图

04 利用多行文字命令，在图形上部写一个“北”字，字体大小为5，如图3-97所示。

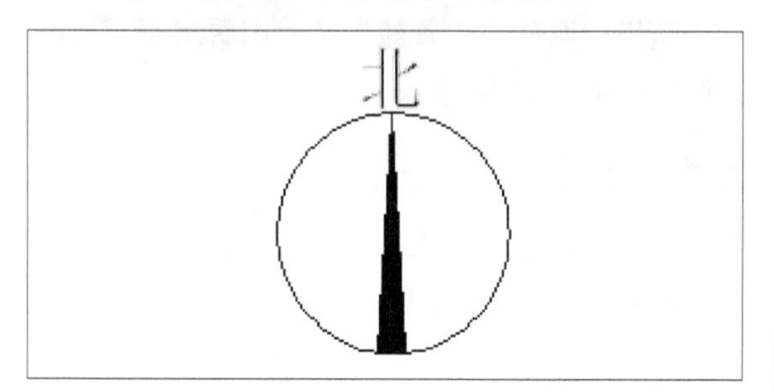

图3-97　多行文字

05 在命令行中输入wblock命令，弹出“写块”对话框，在“源”组合框中，选择“对象”单选钮，如图3-98所示。

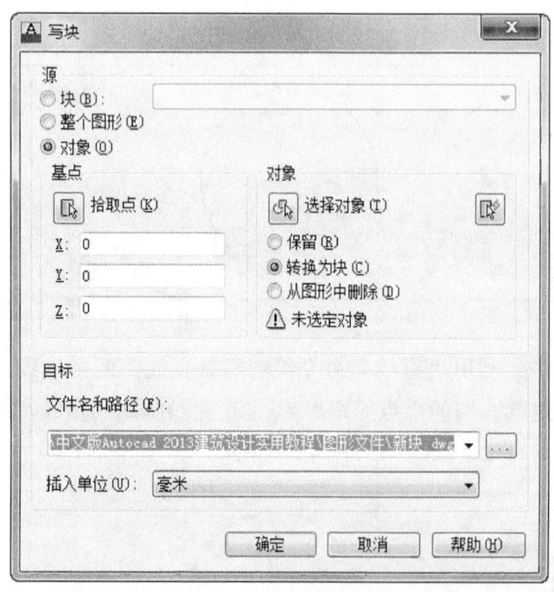

图3-98　“写块”对话框

06 在“目标”组合框中的“文件名和路径”中输入存储位置，单击“确定”按钮。创建的指北针图块，如图3-99所示。

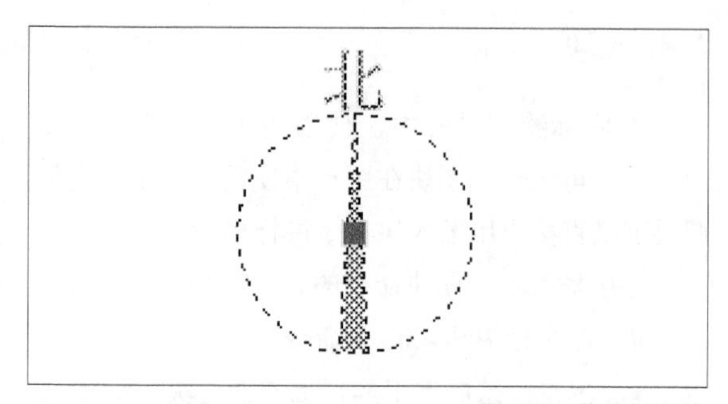

图3-99　指北针图块

3.6.2　门的绘制（平面图）

1. 知识要点

运用“矩形”、“圆弧”、“捕捉自”命令，及相对坐标的使用来绘制单开门。

2. 操作要点

用“矩形”（rectang）命令绘制门扇，用“圆弧”（arc）命令绘制门的开启轨迹。

操作步骤

绘制如图3-100所示的门的平面图。

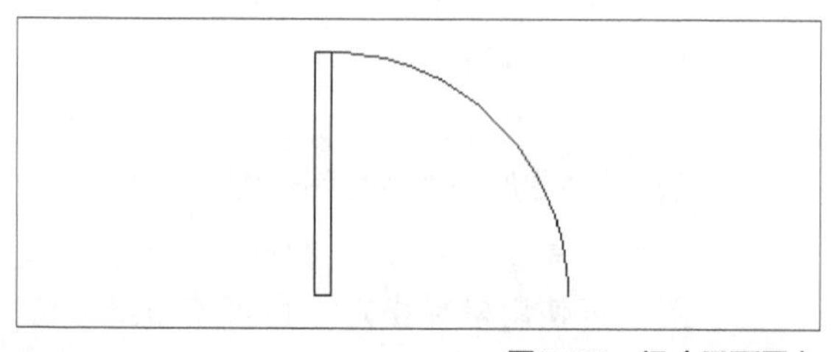

图3-100　门（平面图）

01 单击“绘图”工具栏中的按钮，绘制如图3-101所示的门扇。其中长为60，高为800。

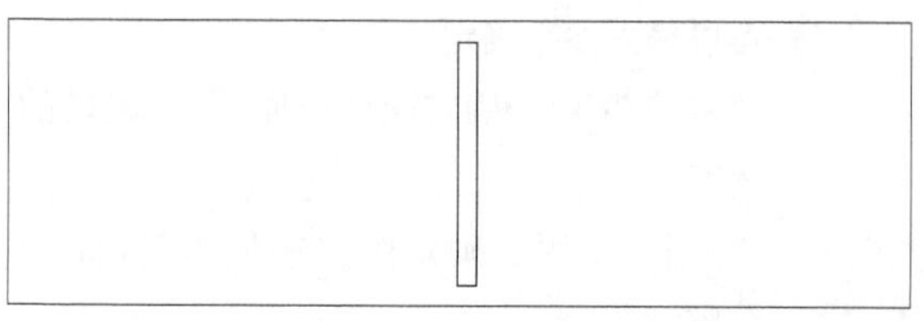

图3-101　矩形门扇

命令行提示如下。

命令：_rectang　　//调用“矩形”命令

指定第一个角点或 [倒角(C)/标高(E)/圆角(F)/厚度(T)/宽度(W)]:　//拾取任意一点

指定另一个角点或 [面积(A)/尺寸(D)/旋转(R)]: @60,800　　　//输入相对坐标，回车

02 右键单击屏幕下方的“对象捕捉”功能按钮，选择“设置”即可打开“草图设置”对话框，选中“端点”复选按钮，如图3-102所示。

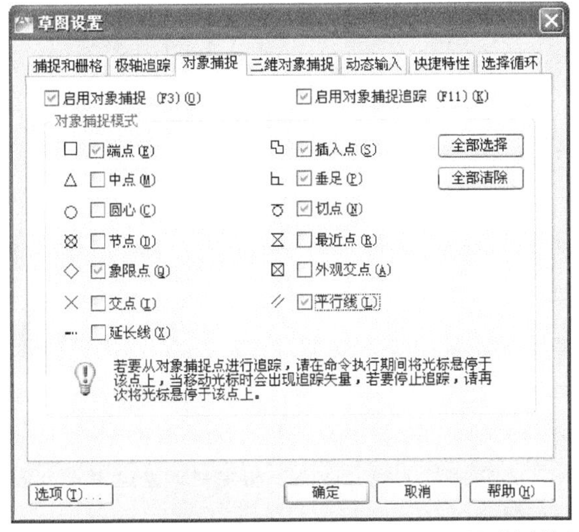

图3-102　设置对象捕捉

03 单击“确定”按钮后，用直线（line）命令绘制长度为800的直线，如图3-103所示。命令行提示如下。

命令：_line 指定第一点:

//捕捉矩形门扇的右下角点A

指定下一点或 [放弃(U)]: @800,0

//输入相对于A点的坐标，得到直线AB

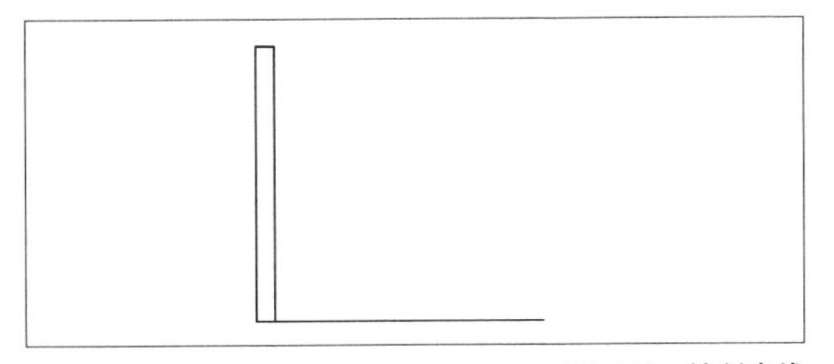

图3-103　绘制直线

04 用“圆弧”命令绘制门的开启轨迹，单击“绘图”工具栏中的按钮，命令行提示如下。

命令：_arc 指定圆弧的起点或 [圆心(C)]:

//捕捉端点B,并指定该点为圆弧的起点

指定圆弧的第二个点或 [圆心(C)/端点(E)]: e

//输入e选择“端点”

指定圆弧的端点:

//捕捉C点并指定为下一端点

指定圆弧的圆心或 [角度(A)/方向(D)/半径(R)]: r

//选择“半径”

指定圆弧的半径: 800

//指定圆弧的半径，回车即可得到如图3-104所示图形

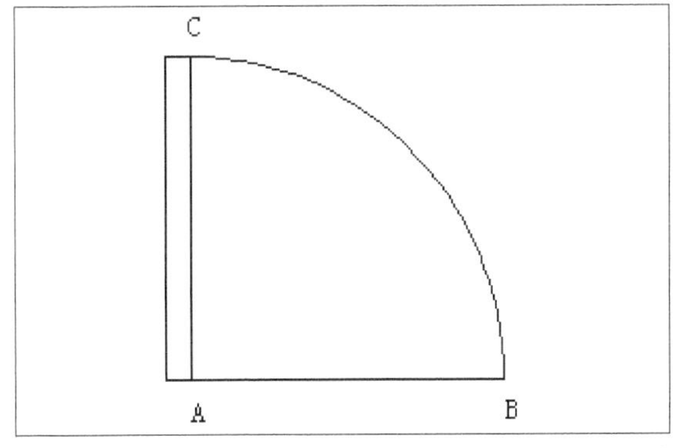

图3-104　绘制圆弧

05 删除直线AB，完成门的绘制。

3.6.3　绘制门框

绘制如图3-105所示的门框。

图3-105　门框

操作步骤

01 单击“绘图”工具栏中的按钮绘制如图3-106所示的矩形。命令行提示如下。

命令：_rectang

//调用“矩形”命令

指定第一个角点或 [倒角(C)/标高(E)/圆角(F)/厚度(T)/宽度(W)]:　　//指定第一个角点

指定另一个角点或 [面积(A)/尺寸(D)/旋转(R)]: @1000,-1500

//指定另一个角点

图3-106　绘制矩形

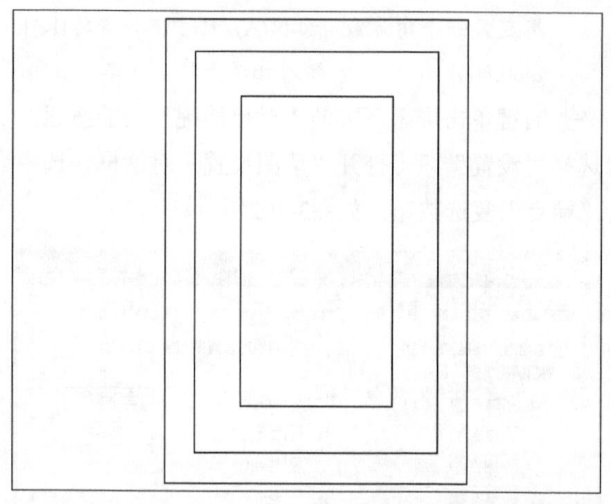

图3-107　偏移后的矩形框

02 单击“修改”工具栏中的按钮，将矩形分别向内偏移100和150个单位，如图3-107所示。命令行提示如下。

命令：_offset

//调用“偏移”命令

当前设置：删除源=否　图层=源　OFFSETGAPTYPE=0

指定偏移距离或 [通过(T)/删除(E)/图层(L)] <通过>: 100　　//指定偏移距离

选择要偏移的对象，或 [退出(E)/放弃(U)] <退出>:

//选择矩形

指定要偏移的那一侧上的点，或 [退出(E)/多个(M)/放弃(U)] <退出>:

//单击矩形内侧向内侧偏移

选择要偏移的对象，或 [退出(E)/放弃(U)] <退出>:

命令：_offset

当前设置：删除源=否　图层=源　OFFSETGAPTYPE=0

指定偏移距离或 [通过(T)/删除(E)/图层(L)] <100.0000>:　150

选择要偏移的对象，或 [退出(E)/放弃(U)] <退出>:

指定要偏移的那一侧上的点，或 [退出(E)/多个(M)/放弃(U)] <退出>:

选择要偏移的对象，或 [退出(E)/放弃(U)] <退出>:

03 利用“直线”命令，绘制两条辅助线，其交点为矩形的中心，如图3-108所示。命令行提示如下。

命令：_line 指定第一点：<对象捕捉开>

//调用“直线”命令，指定矩形左边中点为第一点

指定下一点或 [放弃(U)]:　<正交 开>

//指定矩形右边中点为第二点

指定下一点或 [放弃(U)]:

//回车

命令：_line 指定第一点:

指定下一点或 [放弃(U)]:

指定下一点或 [放弃(U)]:　　　　//回车

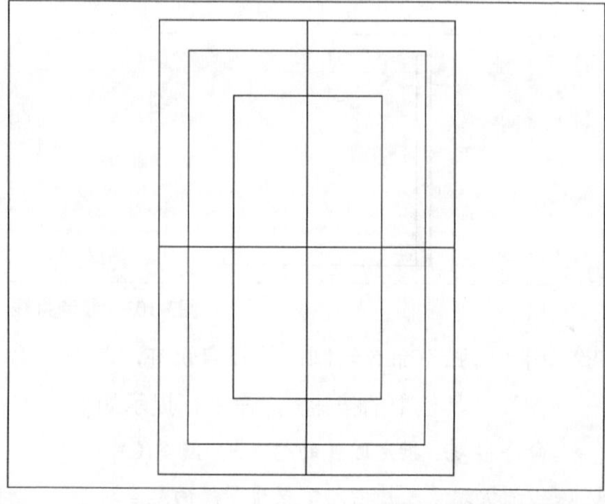

图3-108　添加辅助线

04 单击“绘图”工具栏中的按钮，绘制一通过直线交点的圆，如图3-109所示。

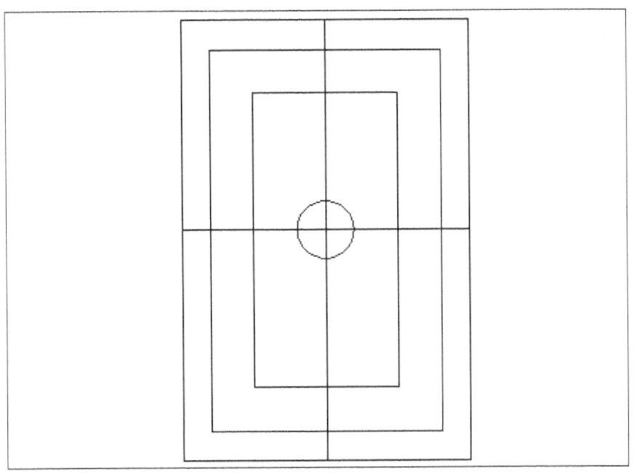

图3-109　绘制圆

05 右键单击状态栏中的“极轴”按钮，选择“设置”项，打开“草图设置”对话框，在此设置极轴角度，本例增值角设为30，如图3-110所示。

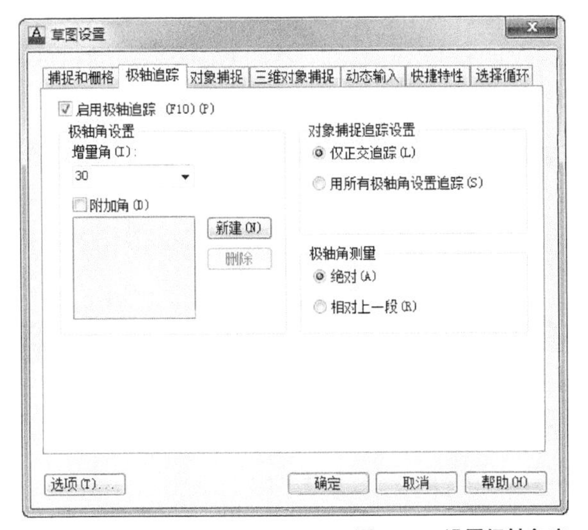

图3-110　设置极轴角度

06 打开“极轴”功能，利用“直线”命令绘制如图3-111所示的图形。

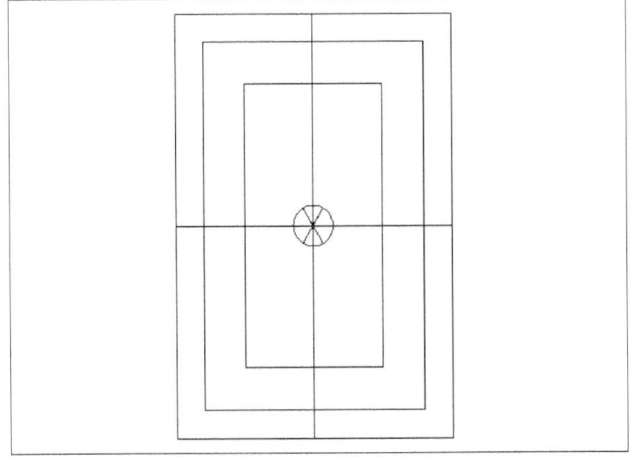

图3-111　利用“极轴”绘制直线

07 捕捉直线与圆的交点，绘制出如图3-112所示的图形。

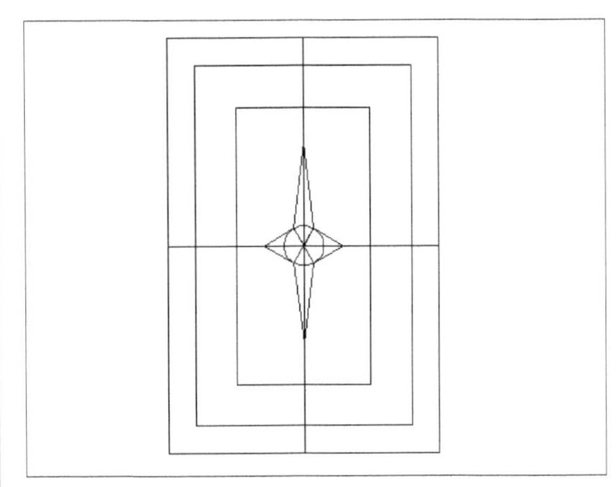

图3-112　绘制棱角

08 删除圆和多余的直线，命令行提示如下。

命令：_erase　//调用“删除”命令

选择对象: 找到 1 个

//选择圆

选择对象: 找到 1 个，总计 2 个

//选择水平直线

选择对象: 找到 1 个，总计 3 个

//选择垂直直线

选择对象:

//单击鼠标右键

或者选中要删除的直线和圆，按Delete键，获得如图3-113所示的图形。

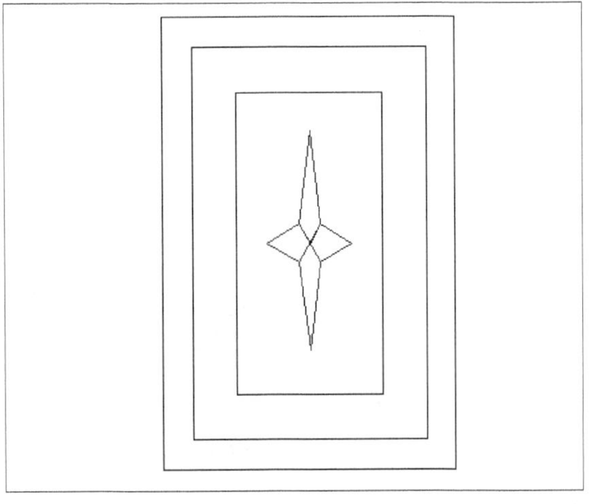

图3-113　删除圆和多余的直线

09 选中内部矩形框，在颜色下拉列表中选择蓝色，如图3-114所示。

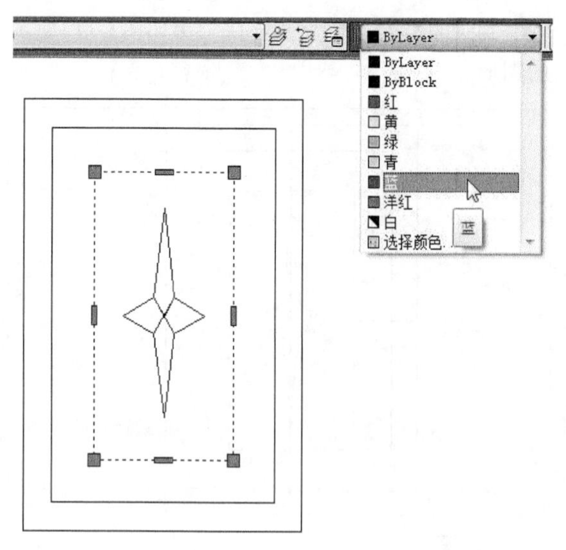

图3-114 设置矩形颜色

10 采用同样的方法设置中间4个棱的颜色为黄色，结果如图3-115所示。

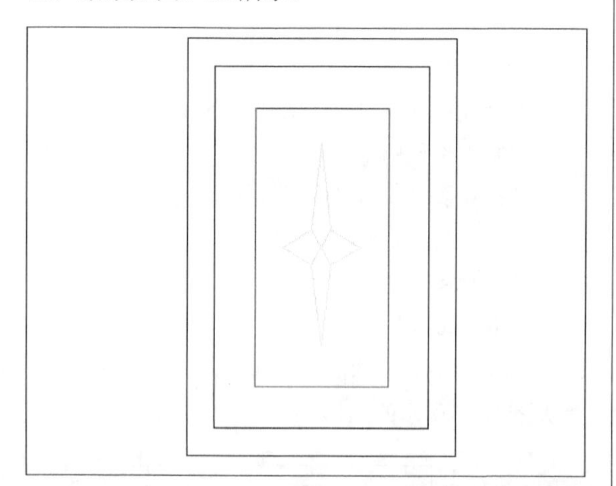

图3-115 设置颜色

11 在“颜色”下拉列表中选择“选择颜色”项，打开“选择颜色”对话框，设置颜色如图3-116所示。

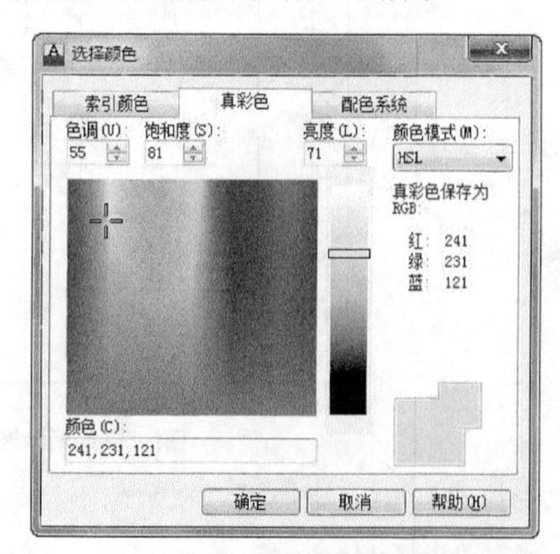

图3-116 “选择颜色”对话框

12 单击“确定”按钮后，单击“绘图”工具栏中的按钮，打开如图3-117所示的“图案填充和渐变色”对话框，对图形填充颜色，单击“图案”后面的按钮，从“填充颜色选项板”对话框中选择SOLID图案，单击按钮拾取填充内部点，单击“确定”按钮后，如图3-118所示。

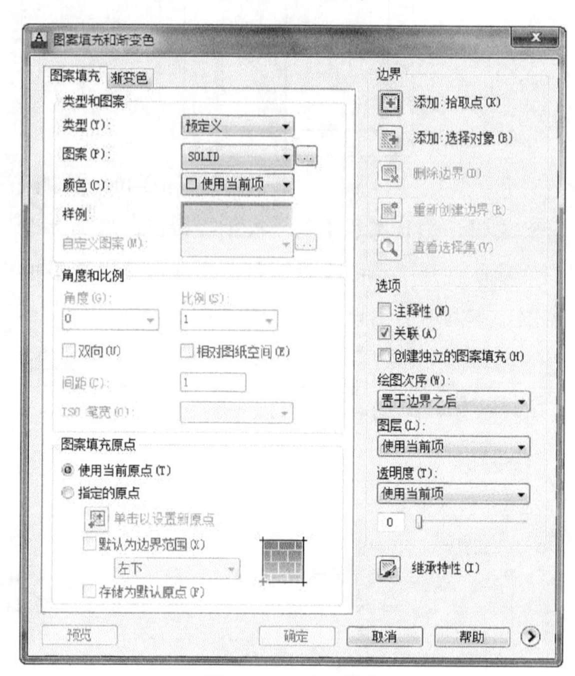

图3-117 “图案填充和渐变色”对话框

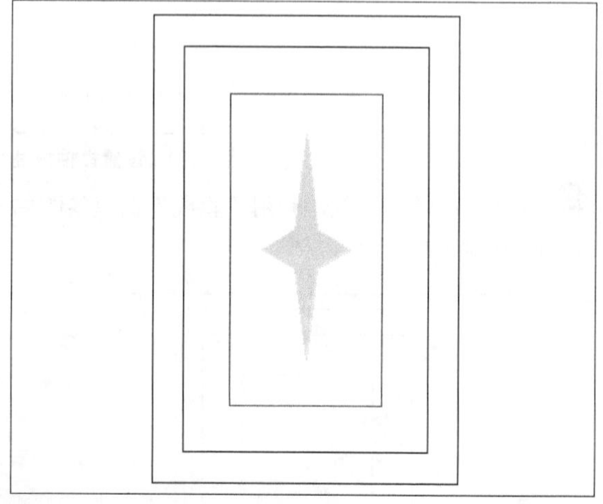

图3-118 填充图案

13 采用相同办法对其他区域填充，即可得到如图3-105所示的门框图形。

3.7 小结

本章主要讲解了AutoCAD中的二维绘图命令，这些命令在建筑制图中都是比较常用的，结合实例我们对每一个命令及命令选项的功能含义都详细地进行了讲解。从而能引导读者运用具体理论知识有效地解决实际中的问题。

操作技巧

1. 问：在实际绘图中，多段线一般应用在哪里？

答：在绘制建筑图形的结构施工图时，钢筋常常采用多段线进行绘制，可以设置一定宽度的多段线表示钢筋。

2. 问：在打印图形时，多段线的宽度问题？

答：当pline线设置成宽度不为0时，打印时就按这个线宽打印。如果这个多段线的宽度太小，就出不了宽度效果。（如以毫米为单位绘图，设置多段线宽度为10，当你用1:100的比例打印时，就是0.1毫米。）所以多段线的宽度设置要考虑打印比例才行。而宽度是0时，就可按对象特性来设置（与其他对象一样）。

3. 问：怎样把多条直线合并为一条？

答：用group命令可以完成。

4. 问：怎样把多条线合并为多段线？

答：用pedit命令，此命令中有合并选项

5. 问：对圆进行打断操作时的方向问题？

答：AutoCAD会沿逆时针方向将圆上从第一断点到第二断点之间的那段圆弧删除。

6. 问：钢筋混凝土图例怎么进行图案填充？

答：一般情况下，在AutoCAD中，采用“预定义”中“ANSI”中的“ANSI31”图样和“其他预定义”中“AR-CONC”图样的组合，最后的效果就是钢筋混凝土的图例效果。

3.8 练习

一、选择题

1. 绘制射线的命令调用方式有（　　）。

A．单击“绘图”工具栏中的按钮

B．在命令提示行提示下键入ray命令

C．在命令行中输入hide命令

D．选择“绘图”→“射线”菜单命令

2. 绘制样条曲线的命令调用方式有（　　）。

A．单击“绘图”工具栏中的按钮

B．在命令提示行提示下键入ellipse命令

C．选择“绘图”→“样条曲线”菜单命令

D．在命令行中输入spline命令

3. 修订云线命令的调用方式有（　　）。

A．单击绘图工具栏中的 按钮

B．单击绘图工具栏中的 按钮

C．直接在命令行中输入revcloud命令

D．在命令行中输入ellipse命令

4. 下面说法不正确的是（ ）。

A．矩形是一个封闭的多段线

B．多段线不可以绘制圆弧

C．构造线也称双向构造线

D．射线也称单向构造线

5. 正多边形命令可以绘制（　　）边的正多边形对象。

A．3　　　B．100

C．1 000　　　D．1 024

二、填空题

1．AutoCAD 2013提供了5种圆弧对象，包括圆、圆弧、（　　）、椭圆和（　　）。

2．在AutoCAD 2013中点命令包括单点、多点、（　　）和（　　）4种。

3．AutoCAD 2013直线对象包括：直线、构造线和射线、多段线、（　　）和多线等。

4．在执行(　　)后，实体对象在等分点处并没有断开，只是作了一个标记符号用于捕捉点。

5．在进行图案填充时，需要设定合适的（　　）才能正常显示。

三、操作题

1. 熟悉AutoCAD 2013绘制二维图形的命令。

2. 新建一个文件“房子.dwg”，在文件中绘制一座小房子，如图3-119所示。

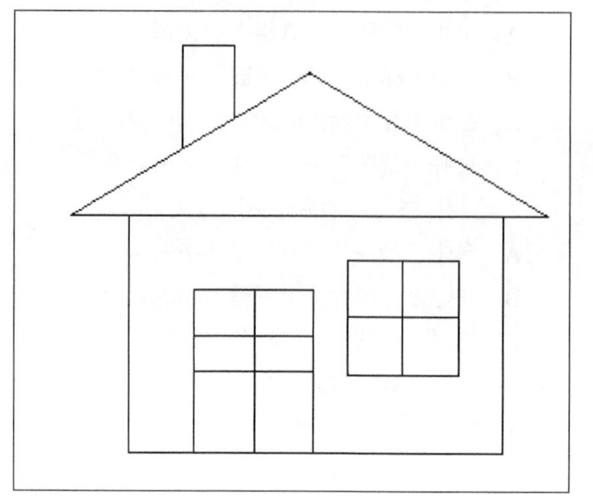

图3-119 房子

3. 新建一个文件“红旗.dwg”，在文件中绘制一面红旗，如图3-120所示。

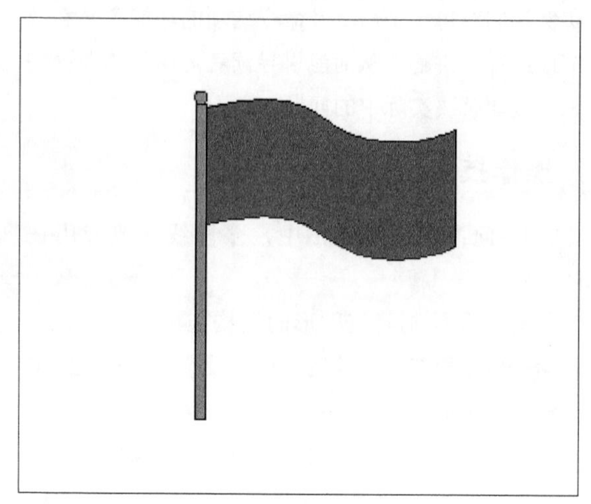

图3-120 红旗

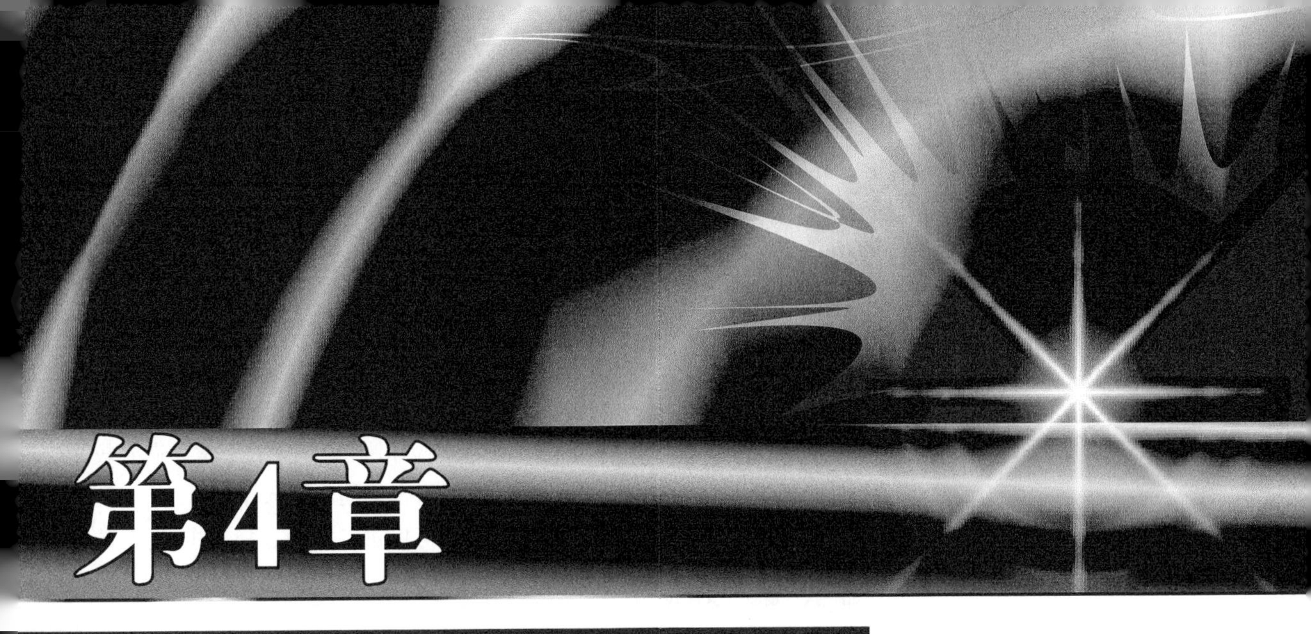

第4章 编辑简单建筑二维图形

用户在绘图时，单纯使用AutoCAD所提供的绘图工具只能创建一些基本图形，想要绘制复杂的图形，必须借助于“修改”菜单所提供的图形编辑命令，对已有图形对象进行复制、删除、镜像、修剪、移动及其他操作。在对图形进行编辑时必须先选择对象，然后再进行编辑。利用这些工具，可以极大地提高绘图效率。

课堂学习目标

选择对象的方法
图形对象的复制、偏移、镜像及阵列
对象的偏移、旋转与缩放
对象的删除与清除
图形的拉伸、延伸、拉长及圆角等
使用夹点编辑图形
编辑对象特性

二维对象的编辑是在绘制二维对象的基础上，利用强大的编辑功能对已绘制的二维对象进行的进一步处理，修改对象的位置、大小、形状及数量，使用户大大加快绘图速度。本章将详细介绍各类编辑命令的功能，结合实例对各命令的操作方法进行说明。

可以通过以下方法调用编辑命令。

- 选择“修改”下拉菜单，如图4-1所示。
- 单击“修改”工具栏和“修改Ⅱ”工具栏，如图4-2和图4-3所示。
- 在命令行中输入相应的命令，如输入copy就可进行图形复制了。

其中，“修改”工具栏集中了使用频率最高的编辑命令，“修改Ⅱ”工具栏在编辑复杂对象时才打开，默认情况下，“修改”工具栏是打开的，“修改”下拉菜单包括了所有的编辑命令。

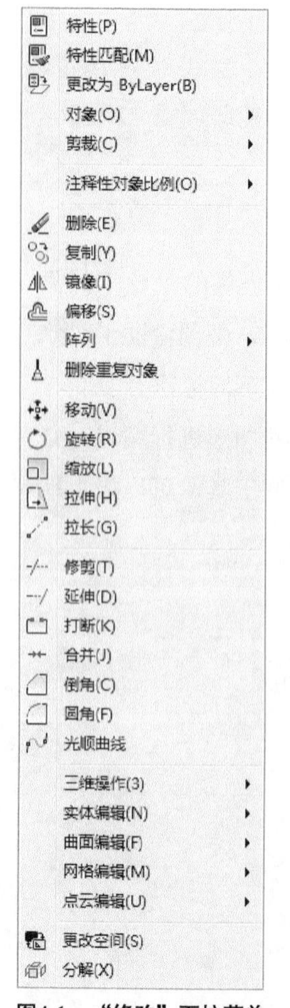

图4-2 “修改”工具栏

图4-1 “修改”下拉菜单

图4-3 “修改Ⅱ”工具栏

4.1 选择对象

用户在对图形进行编辑之前，必须先选择要编辑的对象。AutoCAD系统用虚线表示所选择的对象，这些对象就构成了选择集，它可以包括单个对象，也可包括复杂的对象编组。目标选择是进行绘图的一项基本操作，在建筑设计中常会遇到较为复杂的实体，使用合理的目标选择方式，将达到满意的效果。用户可以进行多种选择，如“逐个的选择对象”、“选择多个对象”和“过滤选择集”等。

4.1.1 设置对象选择模式

在菜单栏选择“工具”→“选项”命令，打开“选项”对话框；或者右键单击，选择“选项”打开选项对话框。选择“选择集”复选框，如图4-4所示。在“选项”卡中可以设置选择集模式、拾取框的大小和夹点功能等。

在“拾取框大小”选项中，拖动滑块可设置选择对象时拾取框的大小。在“夹点尺寸”选项中，拖动滑块可设置选择对象时夹点的大小。在“夹点”选项中可设置未选中夹点的颜色、选中夹点的颜色及悬停夹点的颜色等项，用户可依据自己的需要根据对话框界面提示进行设置。

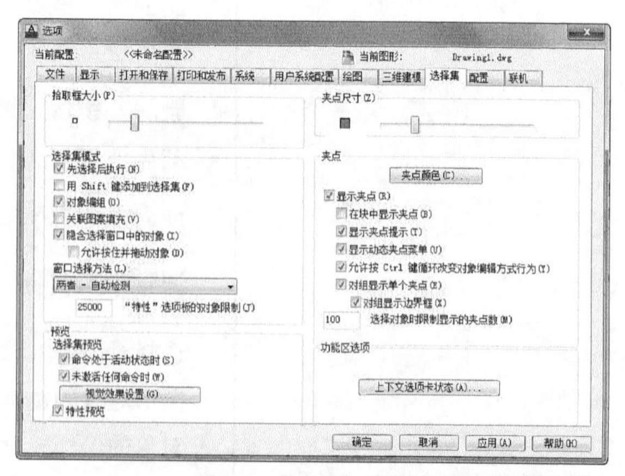

图4-4 “选项”对话框设置对象选择模式

各选项具体说明。

- “先选择后执行”复选框：在输入命令（先选择后执行）之前或之后选择对象。
- “用Shift键添加到选择集”复选框：按

Shift 键将对象附加到选择集。该选项用于设置向已有选择集中添加对象的方式。

- “允许按住并拖动对象”复选框：该选项用于控制用鼠标定义选择窗口的方式。当用户选中该项时，单击右键并拖动以创建选择窗口，否则必须单击两次来定义选择窗口的角点。
- “隐含选择窗口中的对象”复选框：该选项用于控制是否自动生成一个选择窗口。当用户选中复选框时，单击空白区域后，将自动启动“窗口”或“交叉”选择。否则，必须输入 C 或 W 来指定窗口交叉选择。
- “对象编组”复选框：该选项用于控制是否可以自动按组选择对象。当选中该复选框时，选择编组中的一个对象即选择了该编组中的所有对象。
- “关联图案填充”复选框：该选项用于控制是否可从关联性填充中选择编辑对象。当用户选中该复选框时，选择图案填充后，边界即包含在选择集中。

拾取框光标移动到这些对象上时，它们将亮显，这样就可以预览选择的对象，如图4-5所示。

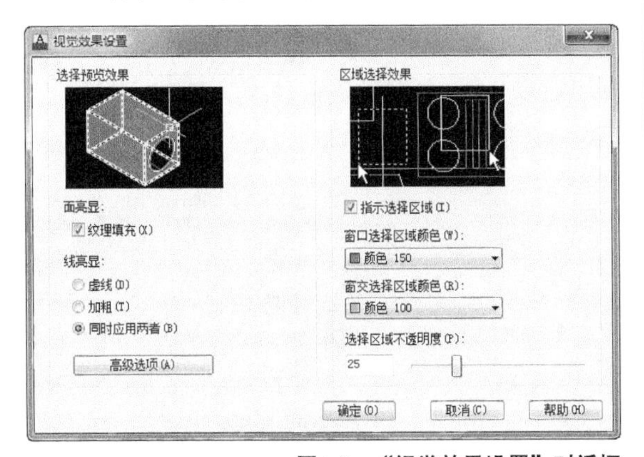

图4-5　“视觉效果设置”对话框

指定区域以选择多个对象时，区域的背景将变得透明。

4.1.2　选择对象的方法

AutoCAD列举了多种选择对象及操作的方法，当用户选择对象时，在命令行输入“select”，命令行提示“选择对象：”，在提示下输入“?”，将会出现如下提示。

需要点或窗口（W）/上一个（L）/窗交（C）/框（BOX）/全部（ALL）/栏选（F）/圈围（WP）/圈交（CP）/编组（G）/添加（A）/删除（R）/多个（M）/前一个（P）/放弃（U）/自动（AU）/单个（SI）/子对象/对象

下面对各种方法分别进行介绍。

- 需要点：可以直接拾取对象，拾取到的对象醒目显示。
- 窗口（W）：选择位于窗口内的所有对象。用户可以通过选择矩形（由两点定义）区域中的所有对象。从左到右指定矩形两个角点创建矩形选择窗口，所有位于矩形窗口中的对象均被选中，在窗口之外的对象或者部分在该窗口的对象则不能被选中，如图4-6所示。

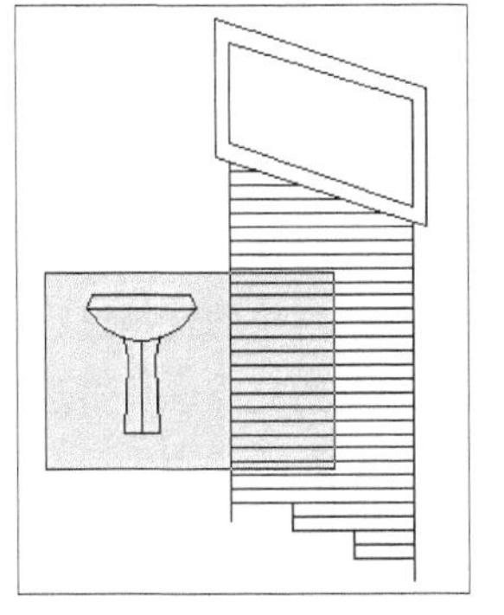
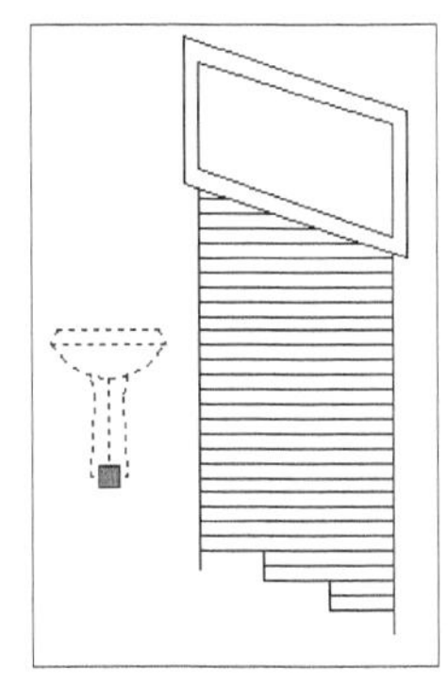

图4-6　使用“窗口”方式选择对象

- 上一个（L）：选择最后画出的对象，自动醒目显示。
- 窗交（C）：可选择区域（由两点确定）内部或与之相交的所有对象。窗交显示的方框为虚线或高亮度方框，这与窗口选择框不同。从左到右指定角点创建窗交选择。全部位于窗口之内或与窗口边界相交的对象都将被选中，如图4-7所示。

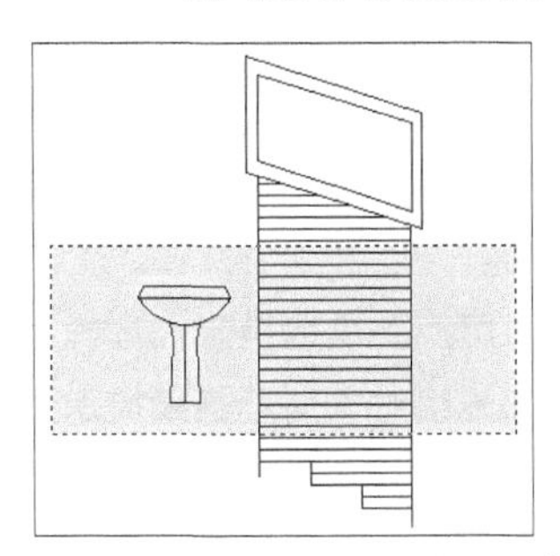
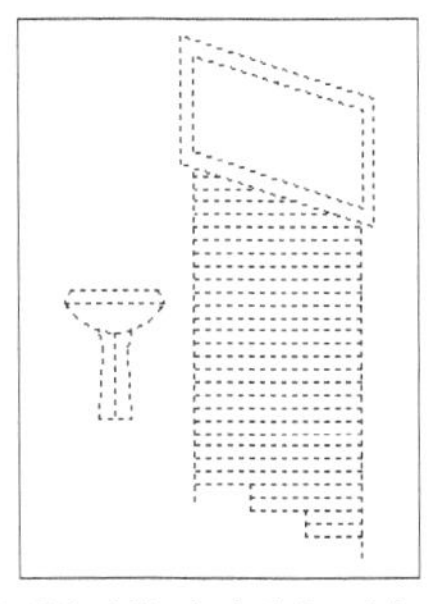

图4-7　使用“窗交”方式选择对象

- 全部（ALL）：选择图中的全部对象。
- 圈围（WP）：构造一个任意的封闭多边形，在圈内所有的对象被选中。
- 圈交（CP）：圈内及多边形边界相交的所有对象均被选中。
- 编组（G）：该选项用于选择指定组中的所有对象。
- 添加（A）：可以使用任何对象选择方法将选定对象添加到选择集。通过设置pickadd系统变量来实现。pickadd设置为1（默认），则后面所选择的对象均被加入到选择集中；如果pickadd设置为0，则最近所选择的对象均被加入到选择集中。
- 删除（R）：可以使用任何对象选择方法从当前选择集中删除对象。删除模式的替换模式是在选择单个对象时按Shift键，或者是使用“自动”选项。
- 多个（M）：指定多次选择而不高亮显示对象，从而加快对复杂对象的选择过程。如果两次指定相交对象的交点，“多选”也将选中这两个相交对象。
- 前一个（P）：选择最近创建的选择集。从图形中删除对象将清除“上一个”选项设置。程序将跟踪是在模型空间中还是在图纸空间中指定每个选择集。如果是在两个空间中切换将忽略“上一个”选择集。
- 放弃（U）：放弃选择最近加到选择集中的对象。如果最近一次选择的对象多于一个，将从选择集中删除最后一次选择的所有对象。
- 自动（AU）：即切换到自动选择，指向一个对象即可选择该对象。指向对象内部或外部的空白区，将形成框选方法定义的选择框的第一个角点。“自动”和“添加”为默认模式。
- 单个（SI）：即切换到单选模式，选择指定的第一个或第一组对象而不继续提示进一步选择。
- 子对象：使用户可以逐个选择原始形状，这些形状是复合实体的一部分或三维实体上的顶点、边和面。可以选择这些子对象的其中之一，也可以创建多个子对象的选择集。选择集可以包含多种类型的子对象，按住Ctrl键与选择Select命令的“子对象”选项相同。
- 对象：结束选择子对象的功能。使用户可以使用对象选择方法。

4.1.3 快速选择

1. 命令功能

“快速选择”可以选择某些具有共同特征的对象，如具有相同的颜色、线型或者线宽等特性。使用系统提供的“快速选择”对话框，根据对象的图层、颜色或线型等特性，创建选择集。

2. 命令调用

（1）菜单栏：选择“工具（T）”→“快速选择（K）”菜单命令。

（2）快捷菜单：右键单击快捷菜单→“快速选择”（图4-8）。

图4-8 “快速选择”右键单击菜单

3. 命令提示

调用“快速选择”命令，打开“快速选择”对话框，如图4-9所示。

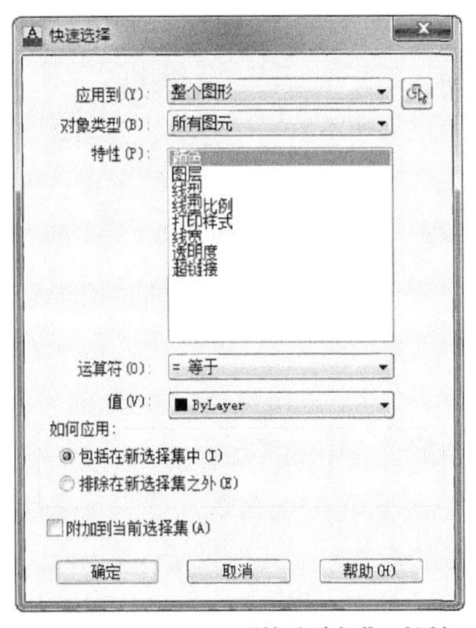

图4-9　“快速选择”对话框

各选项具体说明如下。

- “应用到”下拉列表框：用于选择过滤条件的应用范围，可以应用于整个图形，也可用于当前选择集中。如果有当前选择集，则“当前选择”项为默认选项；否则，“整个图形”选项为默认选项。
- “选择对象”按钮：单击该按钮将会切换到绘图窗口中，此时，用户可以按照当前所指定的过滤条件选择对象。选择完毕按Enter键结束选择，回到“快速选择”对话框，并且系统将会把“应用到”列表框中的选项设置为“当前选择”。
- “对象类型”下拉列表框：用于指定要过滤的对象类型，若当前有一个选择集，则包含多选对象的对象类型；若当前没有选择集，则在下拉列表框中包含所有可用的对象类型。
- “特性”列表框：用于指定作为过滤条件的对象特性。
- “运算符”下拉列表框：用于控制过滤的范围。运算符包括：=、＜、＞、＜＞、*、全部选择等。其中＞和＜对某些对象特性是不可用的，*仅对可编辑的文本起作用。
- “值”下拉列表框：用于设置过滤的特性值。
- “如何应用”选项组：用户可以选择其中任意一项，选“包括在新选择集中”，则由满足过滤条件的对象构成选择集；选择“排除在新选择集之外”，则由不满足过滤条件的对象构成选择集。
- “添加到当前选择集”复选框：用于指定由Qselect命令所创建的选择集是追加到当前选择集中，还是替代当前选择集。

4. 操作示例

使用快速选择方法选择对象,选择如图4-10所示的原始图中半径为20的4个圆。

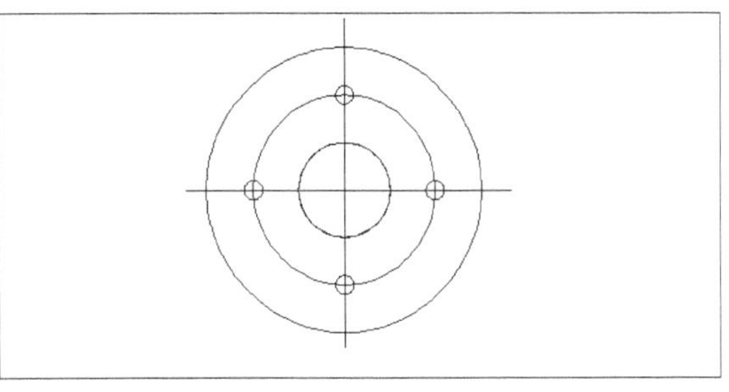

图4-10　原始图形

操作步骤

01 选择“工具（T）”→“快速选择（N）”命令，打开“快速选择”对话框。

02 在“应用到”下拉列表框中选择“整个图形”选项；在“对象类型”下拉列表框中选择“圆”选项。

03 在“特性”列表框中选择“半径”选项，在“运算符”下拉列表框中选择“＝等于”选项，在“值”文本框中输入20，表示选择图形中所有半径为20的圆弧。

04 在“如何运用”选项组中选择“包括在新选择集中”单选按钮，按设定条件创建新的选择集。

05 单击“确定”按钮，这样就会选择图形中所有颜色为蓝色的对象，选择结果如图4-11所示。

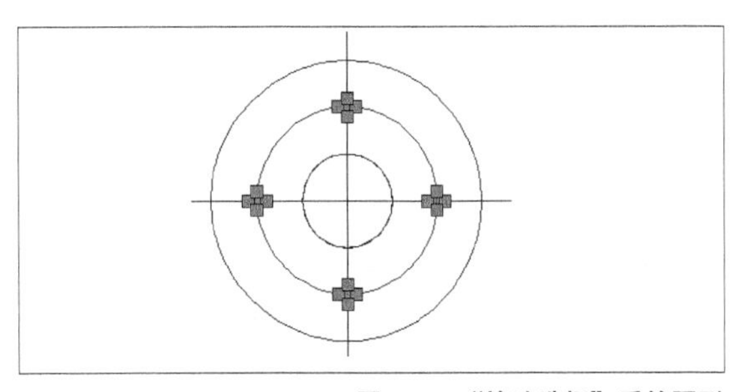

图4-11　“快速选择”后的图形

4.1.4 过滤选择

1. 命令功能

“过滤选择”是以对象的类型（如直线、圆或圆弧等）、图层、颜色、线型或线框等特性为过滤条件来过滤选择符合设定条件的对象。

2. 命令调用

命令行：在命令行中输入字母filter。

3. 命令提示

打开“对象选择过滤器”对话框，如图4-12所示。在“选择过滤器”选项组下，选择要使用的过滤器。单击“应用”按钮。

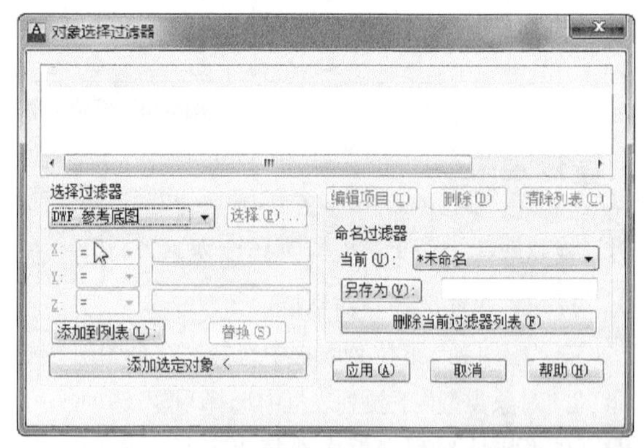

图4-12 “对象选择过滤器”对话框

各选项具体说明如下。

（1）“选择过滤器”选项组：用于设置选择过滤器，其中包括以下几项。

①“选择过滤器”下拉列表框：用于选择过滤器的类型。如圆、直线、圆弧、图层、颜色及线型对象特性，以及关系语句。

②X、Y、Z下拉列表框：用于设置与选择调节对应的关系运算符。关系运算符包括=、！=、<、<=、>、>=和*。例如，在建立“块位置”过滤器时，在对应的文本框中可以设置对象的位置坐标。

③“添加到列表”按钮：用于将选择的过滤器及附加条件添加到过滤器列表中。

④“替换”按钮：单击此按钮，可以用当前“选择过滤器”选项组中的设置替代列表框中选定的过滤器。

⑤“添加选定对象”按钮：单击此按钮，将切换到绘图窗口，然后选择一个对象，系统将会把选中的对象特性添加到过滤器列表框中。

（2）“编辑项目”按钮：用于编辑过滤器列表框中选定的项目。

（3）“删除”按钮：用于删除过滤器列表框中选定的项目。

（4）“清除列表”按钮：用于删除过滤器列表框中选中的所有项目。

（5）“命名过滤器”选项区：用于选择已命名的过滤器，其中包括以下选项。

①“当前”下拉列表框：在此列表框中列出了可用的已命名的过滤器。

②“另存为”按钮：单击此按钮，在其后的文本框中输入名称，可以保存当前设置的过滤器集。

③“删除当前过滤器列表”按钮：单击此按钮，可从FILTER.NFL文件中删除当前的过滤器集。

4. 操作示例

使用过滤选择方法选择对象，所选对象为图4-13所示的所有直径为20和30的圆。

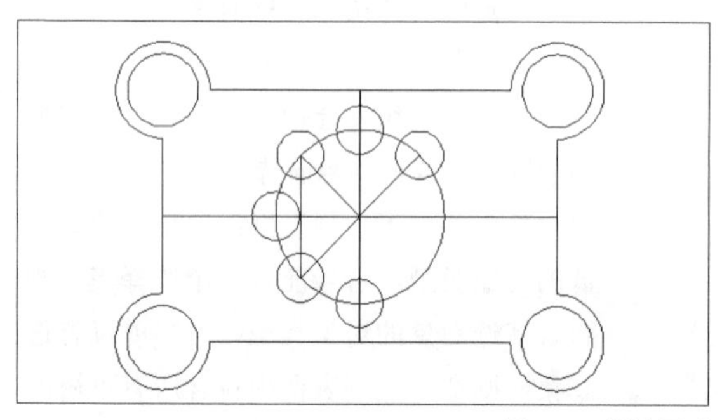

图4-13 原始图形

操作步骤

01 在命令行输入filter命令并回车。

02 在“选择过滤器”选项组的下拉列表框中，选择“** 开始OR”选项，单击“添加到列表”按钮，将其添加到过滤器列表框中，表示以下各项目为逻辑“或”关系。

03 在“选择过滤器”选项组的下拉列表框中，选择“圆半径”选项，在X后面的下拉列表框中选择“=”，在对应的文本框中输入20。

04 单击“添加到列表”按钮，将上一步设置的圆半径过滤器添加到过滤器列表框中，此时将会显示“对象＝圆”和“圆半径＝20”。

05 在“选择过滤器”选项组的下拉列表框中，选择“圆半径”选项，在X后面的下拉列表框中选择“=”，在对应的文本框中输入30。

06 单击“添加到列表”按钮，将上一步设置的圆半径过滤器添加到过滤器列表框中，此时将会显示“圆半径 =30”。

07 在过滤器列表框中选择“对象= 圆”，单击“删除”按钮，删除“对象= 圆”选项，确保只选择半径为20和30的圆。

08 单击“圆半径 = 30”下边的空白区域，在“选择过滤器”选项组的下拉列表框中，选择“** 结束OR”选项，单击“添加到列表”按钮，将其添加到过滤器列表框中，即表示结束逻辑关系“或”。此时，对象选择过滤器设置完毕，此时过滤器列表框中将显示如图4-14所示的信息。

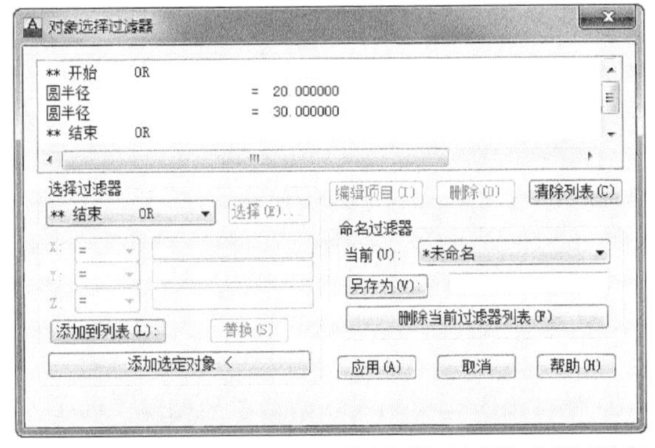

图4-14　“过滤器列表框”中所列信息

09 单击“应用”按钮，在绘图窗口中选择所有图形（可用窗口选择法），然后按Enter键，此时，系统就会过滤出满足条件的对象，并将其选中，最终结果如图4-15所示。

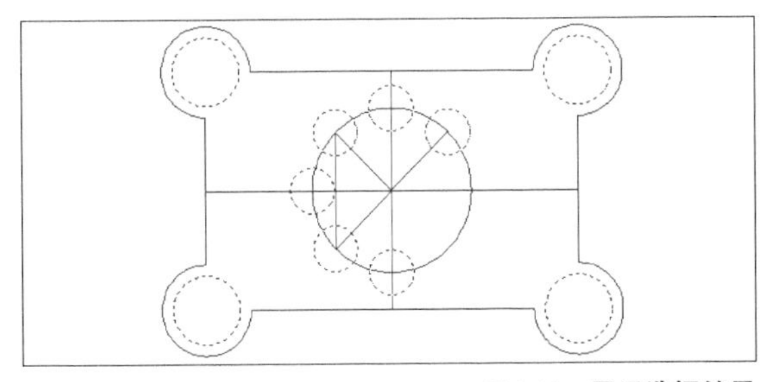

图4-15　显示选择结果

4.2　复制类编辑命令

AutoCAD 2013版提供了丰富的图形编辑命令，其中复制命令是非常常用的命令，其中包括：复制、镜像、偏移和阵列命令，利用这些命令进行绘图，可以大大提高绘图效率。

4.2.1　复制对象

1. 命令功能

在绘图过程中，若有多个形状相同，但位置不同的对象时，在绘制一个对象后，其他对象常采用复制命令来完成。复制对象包括直接复制对象、镜像复制对象、偏移复制对象和阵列复制对象。

2. 命令调用

方法一：在命令行中输入copy命令。

方法二：单击“修改”工具栏上的复制按钮。

方法三：选择“修改”→“复制”菜单命令。

3. 操作示例

复制如图4-16所示的五环图形。

图4-16　复制效果图

操作步骤

01 应用圆环命令绘制如图4-17所示的圆环。

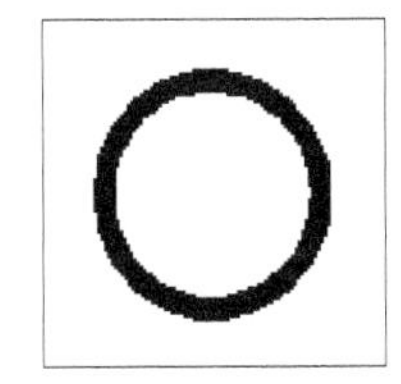

图4-17　要复制的圆

02 使用以上任一种方法调用“复制”命令。

03 选择要进行复制的对象，并按回车键。AutoCAD提示如下。

选择对象：　//选择要复制的圆环

04 指定基准点。AutoCAD提示如下。

指定基点或 [位移(D)/模式(O)] <位移>:

05 指定第一个副本位移的第二点。AutoCAD将会重复上面的提示。

06 指定下一个副本位移的第二点。

07 继续指定其他副本的位移点，直到复制成5个相连的圆环为止，如图4-18所示。

图4-18 连续复制4个圆环

08 对每个圆环分别设置相应的红、黄、蓝、绿、黑5种颜色，可得到图4-16所示的五环图。

4.2.2 镜像对象

1. 命令功能

使用镜像命令可以创建一个对象的镜像图像。所镜像的对象穿过一条通过在图形中指定的两点定义的镜像线。在镜像一个对象时，可以保留或删除原始对象。

2. 命令调用

用户可以通过以下几种方法来镜像复制对象。

方法一：在命令行中输入mirror命令。

方法二：单击“修改”工具栏上的镜像按钮。

方法三：选择“修改”→“镜像”菜单命令。

指定镜像线的两个点只是用来确定对称轴的位置，它是不可见的，镜像可以删除源对象也可以保留，默认情况选项为N。

3. 操作示例

镜像图4-16所示的五环图形，操作步骤如下。

执行“镜像”命令。命令行提示如下。

```
命令: mirror        //执行镜像命令
选择对象:           //选择要镜像的图形
选择对象:           //按回车或单击鼠标右键
指定镜像线的第一点: 指定镜像线的第二点: <对象捕捉 关> <对象捕捉 开>  //指定镜像线
要删除源对象吗? [是(Y)/否(N)] <N>:
//回车或单击鼠标右键
```

得到如图4-19所示的图形。

图4-19 镜像后的五环

4. 文字镜像

在镜像文字时，AutoCAD合乎规则地创建一个文字镜像。通过修改系统变量mirrtext可以防止文字反转或倒置。当mirrtext设置为0时，文字保持原始方向，如图4-20（a）所示；设置为1时，镜像显示文字，如图4-20（b）所示。

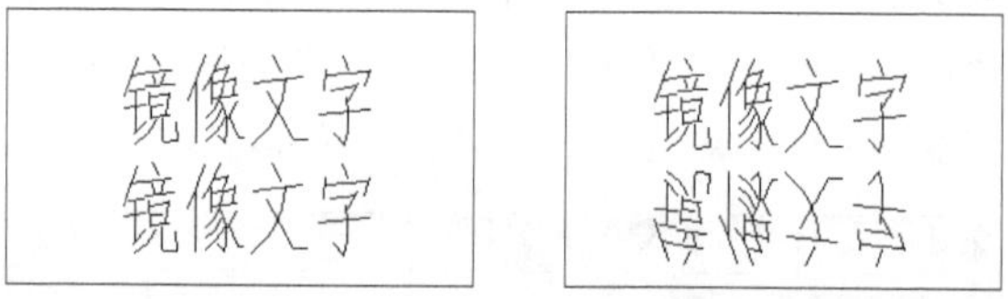

镜像文字
镜像文字

（a）

镜像文字

（b）

图4-20 镜像文字对象

4.2.3 偏移对象

1. 命令功能

偏移命令用来画出制定对象的偏移，即等距线。直线的等距线为平行等长线段；圆弧的等距线为同心圆弧，保持圆心角相同；多段线的等距线为多段线，其组成线段将自动调整，如图4-21所示。在建筑绘图中，偏移命令可以绘制平行的轴线，墙体、窗户等对象。

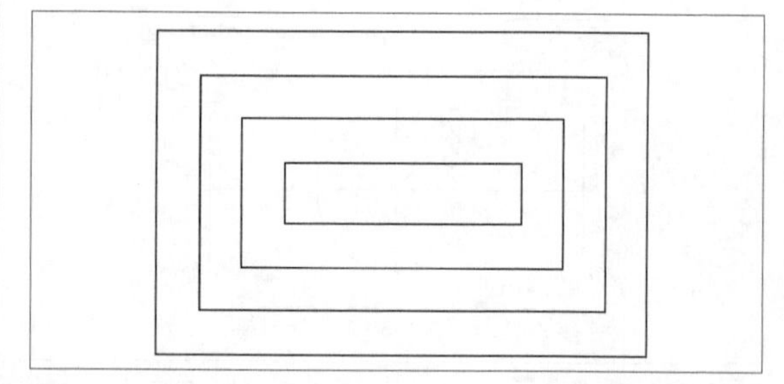

图4-21 偏移

2. 命令调用

方法一：在命令行中输入offset命令。

方法二：单击“修改”工具栏上的偏移按钮。

方法三：选择“修改”→“偏移”菜单命令。

3. 操作示例

例如：利用图4-22所示图形绘制如图4-23所示的偏移效果图，命令行提示如下。

命令: _offset

当前设置: 删除源=否

图层=源　OFFSETGAPTYPE=0

指定偏移距离或 [通过(T)/删除(E)/图层(L)] <100.0000>: 5

选择要偏移的对象，或 [退出(E)/放弃(U)] <退出>:

指定要偏移的那一侧上的点，或 [退出(E)/多个(M)/放弃(U)] <退出>:

选择要偏移的对象，或 [退出(E)/放弃(U)] <退出>:

图4-22　偏移图形前

图4-23　偏移图形后

技巧与提示

偏移命令不能偏移文字、图块和三维图形。

4.2.4　阵列

1. 命令功能

“阵列”命令用于将所选择的对象按照矩形或环形（图案）方式进行多重复制。当使用矩形阵列时，需要指定行数、列数、行间距和列间距（行间距和列间距可以不同），整个矩形可以按照某个角度旋转；当使用环形阵列时，需要指定间隔角度、复制数目、整个阵列的填充角度，以及对象阵列时是否保持原对象的方向。

2. 命令调用

（1）命令行：在命令行输入array命令。

（2）工具栏：单击“修改”→“阵列”按钮。

（3）菜单栏：选择“修改(M)”→“阵列(A)”菜单命令。

工具栏中默认为矩形阵列，可按住列阵按钮选择环形列阵或路径列阵，或者选择“修改(M)”→“阵列(A)”菜单命令进行选择。利用该对话框可以设置矩形阵列、环形阵列以及路径列阵的相关参数。

3. 矩形阵列

矩形阵列是指把选中的对象进行多重复制并沿x轴和y轴方向排列的阵列方式，如图4-24所示。

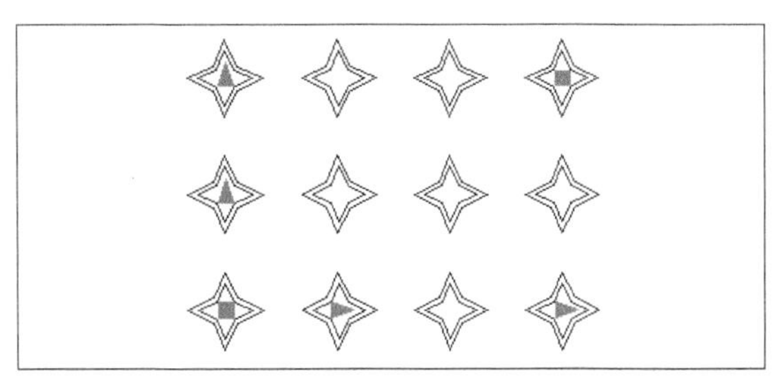

图4-24　矩形阵列

4. 环形阵列

环列阵列是围绕用户指定的圆心或一个基点在其周围以一定角度旋转复制对象。环形阵列如图4-25所示。

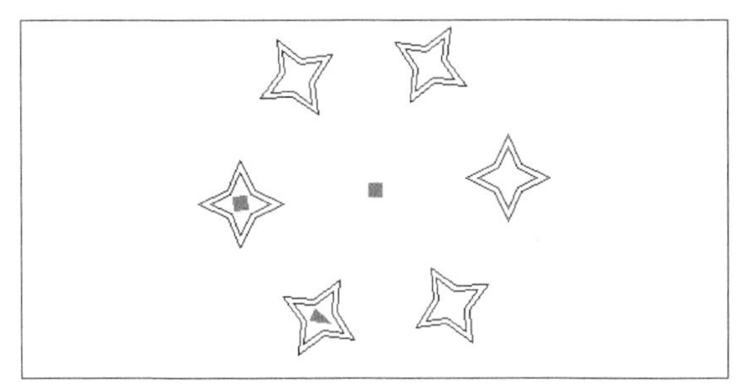

图4-25　环形阵列

5. 路径阵列

为路径阵列选择对象和路径后，对象会立即沿路径的整个长度均匀显示，如图4-26所示。

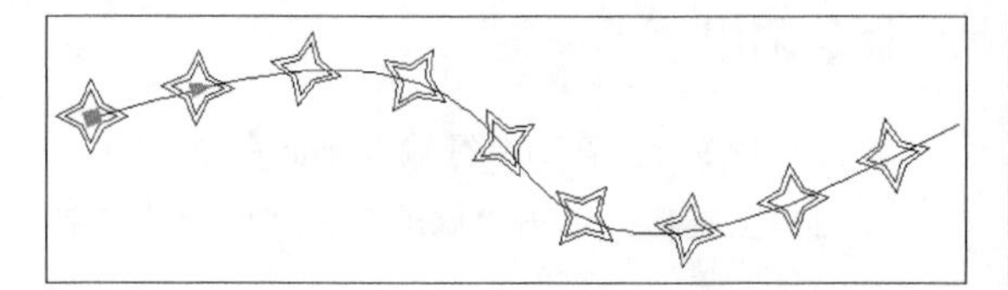

图4-26　路径阵列

执行阵列命令后，系统命令行提示如下。

选择夹点以编辑阵列或 [关联（AS）/基点（B）/计数（COU）/间距（S）/列数（COL）/行数（R）/层数（L）/退出（X）] <退出>:

通过阵列对象上的多功能夹点来动态编辑阵列图形相关的特性。

4.3　移动类编辑命令

4.3.1　移动对象

移动命令可以把对象从一个位置移到另一个位置，而图形的大小和方向不会改变。

1. 命令功能

该命令主要用来对选中的对象进行移动处理，该操作不会改变对象的尺寸、比例等。

2. 命令调用

方法一：在命令行中输入move命令。

方法二：单击"修改"工具栏上的移动按钮。

方法三：选择"修改"→"移动"菜单命令。

3. 操作示例

例如要求绘制边长与直径相同的正方形与圆。

操作步骤

01 利用正多边形与圆的命令，绘制如图4-27所示相切的正方形与圆。

命令: _polygon 输入边的数目 <4>:

//回车，绘制正四边形

指定正多边形的中心点或 [边(E)]: 900,900

//指定正方形的中心点

输入选项 [内接于圆(I)/外切于圆(C)] <I>: C

//选择外切于圆

指定圆的半径: 300

//指定圆的半径300

命令: _circle 指定圆的圆心或 [三点(3P)/两点(2P)/相切、相切、半径(T)]: 900,900

指定圆的半径或 [直径(D)] <260.0000>:300

//指定圆的半径为300

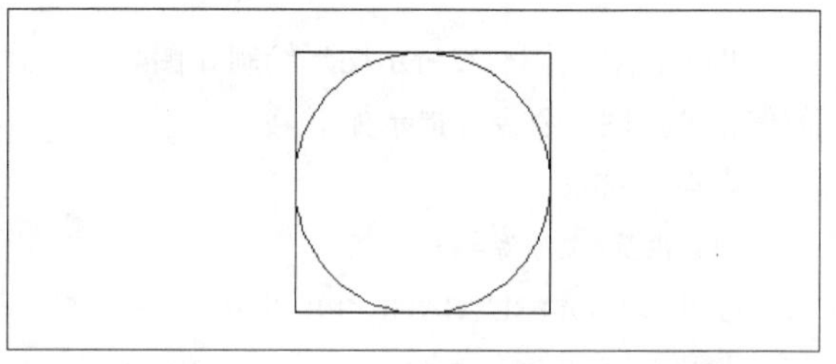

图4-27　相切的正方形与圆

02 应用移动move命令将圆从正方形中移出，结果如图4-28所示。命令行提示如下。

命令: _move　　　　//调用移动命令

选择对象: 找到 1 个　　//在屏幕上选择圆

选择对象:　　　　//回车或单击鼠标右键

指定基点或 [位移(D)] <位移>:

//指定位移基点

指定基点或 [位移(D)] <位移>: 指定第二个点或 <使用第一个点作为位移>: //指定第二个点

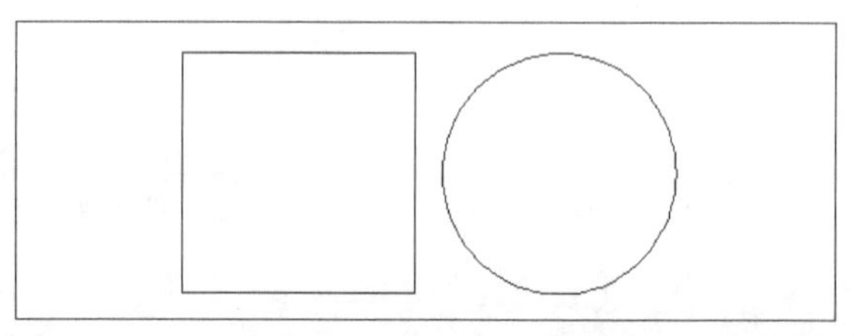

图4-28　移动对象

技巧与提示

移动与偏移两者概念容易混淆，移动不会改变图形形状，是将图形从一个点移到另一个点，而偏移除含有复制命令外，还能自动改变图形。请读者仔细练习实践。

4.3.2　旋转对象

旋转命令可以使用户很方便地将图形中的一个或多个对象绕指定基点进行旋转。通常把对象上的一个捕捉点作为基点，而旋转角度可输入角度值、使用光标进行拖动或指定参照角度，以便与绝对角度对齐。

1. 命令功能

旋转命令用于将对象绕指定的基点进行旋转，该操作不会改变对象的尺寸、比例等。

2. 命令调用

方法一：在命令行中输入rotate命令。

方法二：单击“修改”工具栏上的旋转按钮。

方法三：选择“修改”→“旋转”菜单命令。

选择要旋转的对象（可以依次选择多个对象），并指定旋转的基点，命令行显示如下。

指定旋转角度，或[复制(C)参照(R)] <0>:

如果直接输入角度值，可以将对象绕基点转动该角度，角度为正时逆时针旋转，角度为负时顺时针旋转；如果选择“参照（R）”选项，将以参照方式旋转对象，需要依次指定参照方向的角度值和相对于参照方向的角度值。

3. 操作示例

例如要将图4-29所示的图形转换为图4-30所示的图形，应用“旋转”命令即可。

操作步骤

01 用“圆”、“直线”及“图案填充”命令，绘制如图4-29所示的图形。

02 用“旋转”命令将图4-29转化为图4-30，命令行提示如下。

命令: _rotate　　　　//调用“旋转”命令

UCS 当前的正角方向: ANGDIR=逆时针 ANGBASE=0

选择对象: 找到 1 个　　　//选择对象

选择对象:　　　　//回车或单击鼠标右键

指定基点:　　　　//指定旋转基点

指定旋转角度，或 [复制(C)/参照(R)] <0>: 45　//指定旋转角度为45°

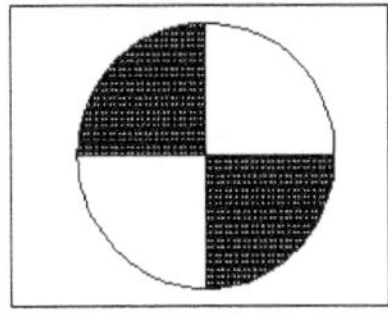

图4-29　旋转前

图4-30　旋转效果

4.3.3　缩放对象

1. 命令功能

缩放图形可以将图形对象按给定的基点和比例因子进行成比例扩大或缩放。

2. 命令调用

方法一：在命令行中输入scale命令。

方法二：单击“修改”工具栏上的缩放按钮。

方法三：选择“修改”→“缩放”菜单命令。

调用缩放命令后，命令行会提示如下内容。

选择对象：

选择缩放对象，继续提示如下内容。

指定基点：

确定缩放基点，系统继续提示如下内容。

指定比例因子或[复制(C)/参照(R)]<2.0000>：

输入绝对比例因子或参照。

- “指定比例因子”：用户可以直接指定缩放因子，大于1的比例因子使对象放大，而介于0和1之间的比例因子将使对象缩小。
- “复制”：可以复制缩放对象，即缩放对象时，保留原对象。
- “参考”：采用参考方向缩放对象时，若系统提示新长度值大于参考长度值，则放大对象；否则，缩小对象。操作完毕后，系统以指定选项，指定两点来定义新的长的基点按指定的比例因子缩放对象。

3. 操作示例

运用缩放命令绘制如图4-31所示的图形。

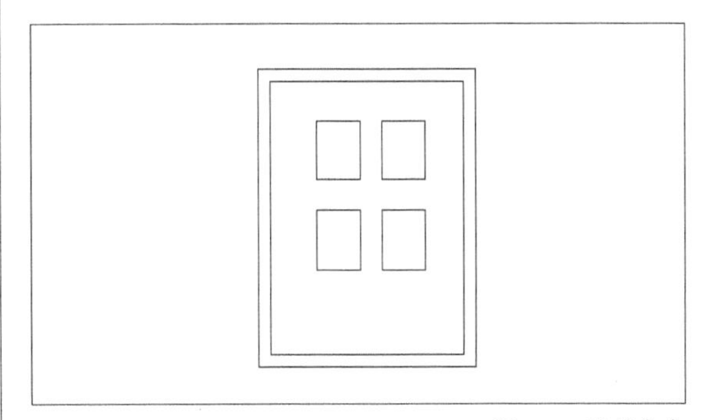

图4-31　缩放命令

操作步骤

01 绘制图4-32中的矩形，命令行提示如下。

命令: _rectang　　//调用矩形命令，绘制矩形

指定第一个角点或 [倒角(C)/标高(E)/圆角(F)/厚度(T)/宽度(W)]:

指定另一个角点或 [面积(A)/尺寸(D)/旋转(R)]:

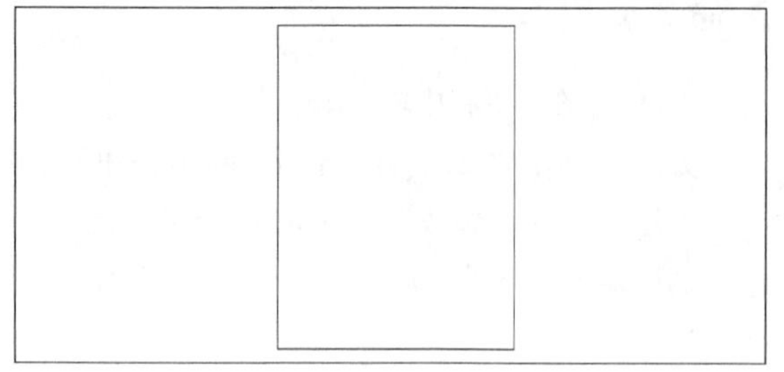

图4-32　绘制矩形

02 用缩放命令将矩形缩放为与其具有相同比例的小矩形，如图4-33所示。命令行提示如下。

命令: _scale　　//缩放命令

选择对象: 找到 1 个　　//选取对象

选择对象:　　//回车或单击鼠标右键

指定基点:　　//指定缩放的基点

指定比例因子或 [复制(C)/参照(R)] <0.5000>: c

//选择复制命令，保留源复制对象矩形1

指定比例因子或 [复制(C)/参照(R)] <0.5000>: 0.2　　//指定缩放比例为原来的0.2倍

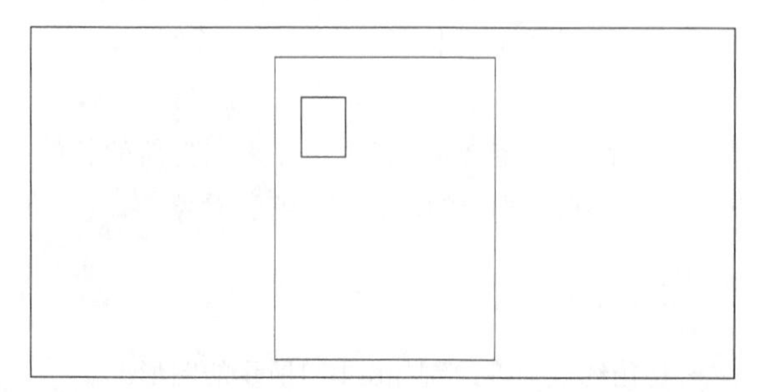

图4-33　缩放矩形

03 用阵列命令使小矩形分布为图4-34所示的阵列效果。然后用偏移命令将矩形1偏移，即可得到图4-31所示的窗格轮廓图，命令行提示如下。

命令: _array

选择对象: 找到 1 个

选择对象:　//选择要阵列的对象矩形1

命令:

执行偏移命令

命令: _offset　//执行偏移命令

当前设置: 删除源=否

图层=源　OFFSETGAPTYPE=0

指定偏移距离或 [通过(T)/删除(E)/图层(L)] <通过>: 40　//指定偏移距离为40

指定要偏移的那一侧上的点，或 [退出(E)/多个(M)/放弃(U)] <退出>:

//在屏幕上指定偏移点，来确定偏移方向

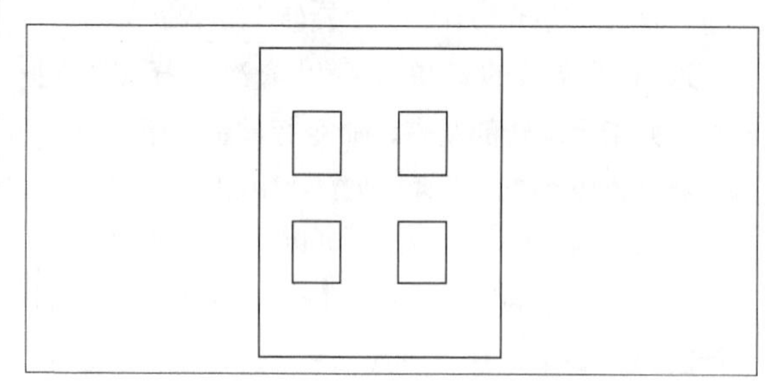

图4-34　阵列效果

4.4　修剪类编辑命令

4.4.1　修剪对象

1. 命令功能

可被修剪的对象包括圆弧、圆、伤圆、椭圆弧、直线、二维和三维多段线、射线等。样条曲线和多线可以作为修建边界的对象，包括圆弧、圆、椭圆、椭圆弧、浮动视口边界、宣线、二维和三维多段线、射线、面域、样条曲线、文字和多线。

2. 命令调用

方法一：在命令行中输入trim命令。

方法二：单击“修改”工具栏上的修剪按钮。

方法三：选择“修改”→“修剪”菜单命令。

命令行提示如下。

命令: _trim

当前设置:投影=UCS，边=无

选择剪切边...

选择对象或 <全部选择>: 找到 1 个

选择对象:

选择要修剪的对象，或按住 Shift 键选择要延伸

的对象，或

[栏选(F)/窗交(C)/投影(P)/边(E)/删除(R)/放弃(U)]:

各选项具体说明如下。

- 选择要修剪的对象：这是缺省选项，选择要修剪的对象，即选择被修剪的边。用户在该提示下选择了被修剪的对象后，AutoCAD 2013将以该对象为目标，以修剪边界为边界对该对象进行修剪处理。
- 栏选（F）：用于通过指定栏选点修剪图形对象。
- 窗交（C）：用于通过指定窗交对角点修剪图形对象。
- 投影（P）：用于确定修剪操作的空间，主要是指三维空间中的两个对象的修剪，此时可以将对象投影到某一平面上进行修剪操作。
- 边（E）：用于确定修剪边的隐含延伸模式。选择此项时，命令行会提示“输入隐含边延伸模式[延伸（E）/不延伸（N）]<不延伸>：”信息。选择“延伸”，当剪切边太短而且没有与被修剪对象相交时，可以延伸修剪边，然后进行修剪；若选择“不延伸”，则只有当剪切边与被修剪对象真正相交时，才可以进行修剪操作。
- 删除（R）：用于确定要删除的对象。
- 放弃（U）：用于取消上一次的操作。

3. 操作示例

绘制如图4-35所示的图案。

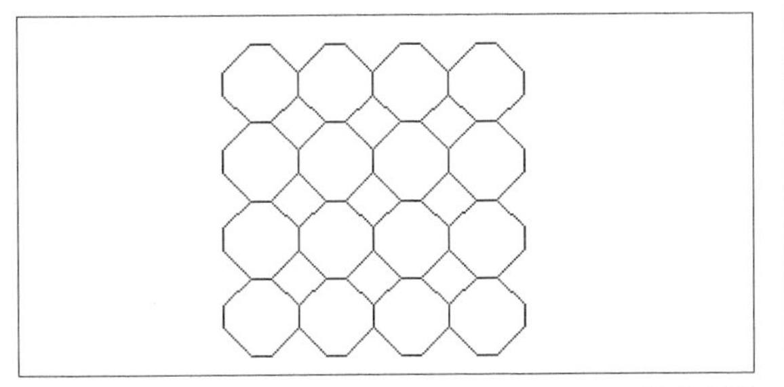

图4-35　修剪效果

操作步骤

01 利用矩形命令在绘制矩形1，并用捕捉端点捕捉矩形左上角的端点，绘制矩形2，并将矩形2旋转45°，得到如图4-36所示的图形。命令行提示如下。

命令: _polygon 输入边的数目 <4>:

//绘制矩形1

指定正多边形的中心点或 [边(E)]:850,1170

//指定中心点

输入选项 [内接于圆(I)/外切于圆(C)] <I>: C

指定圆的半径:200

//指定半径，回车或单击鼠标右键

命令: _polygon 输入边的数目 <4>:

//绘制矩形2

指定正多边形的中心点或 [边(E)]:

//用捕捉命令捕捉到左上角顶点

输入选项 [内接于圆(I)/外切于圆(C)] <C>: C

指定圆的半径: 100　　//指定半径

命令: _rotate　　//旋转命令

UCS 当前的正角方向: ANGDIR=逆时针 ANGBASE=0

找到 1 个

指定基点:

指定旋转角度，或 [复制(C)/参照(R)] <0>: 45

//指定旋转角度为45度

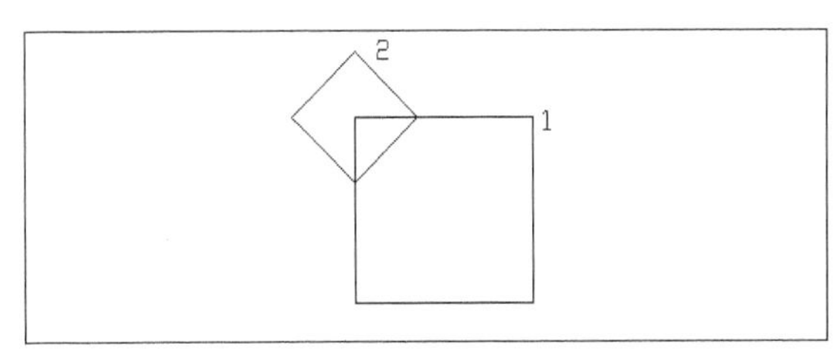

图4-36　矩形命令

02 用环形阵列命令绘制出如图4-37所示的图形。命令行提示如下。

命令: _array　　//调用阵列命令

指定阵列中心点: 850,1170

选择对象: 找到 1 个

选择对象: //在屏幕上选取对象

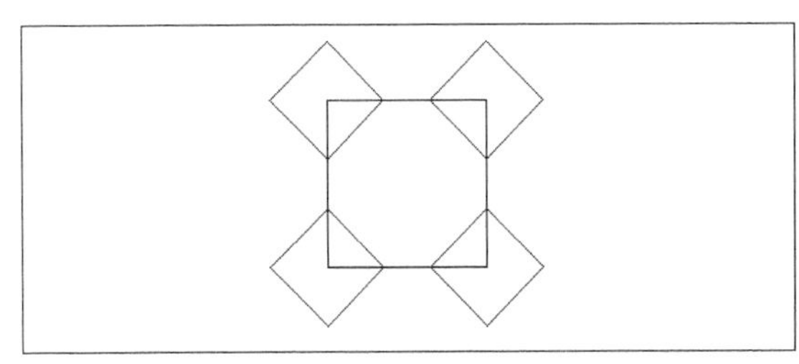

图4-37　阵列

03 用修剪命令将各个边修剪掉，效果如图4-38所示。

命令: _trim　　//调用修剪命令
当前设置:投影=无，边=无
选择剪切边
选择对象或 <全部选择>: 找到 1 个
选择对象: 找到 1 个，总计 2 个
选择对象: 找到 1 个，总计 3 个
选择对象: 找到 1 个，总计 4 个
选择对象:　　//回车或单击鼠标右键
选择要修剪的对象，或按住 Shift 键选择要延伸的对象，或
[栏选(F)/窗交(C)/投影(P)/边(E)/删除(R)/放弃(U)]: // 选择要修建的小矩形边界
选择要修剪的对象，或按住 Shift 键选择要延伸的对象，或
[栏选(F)/窗交(C)/投影(P)/边(E)/删除(R)/放弃(U)]: //重复修剪直到修剪为图4-38效果

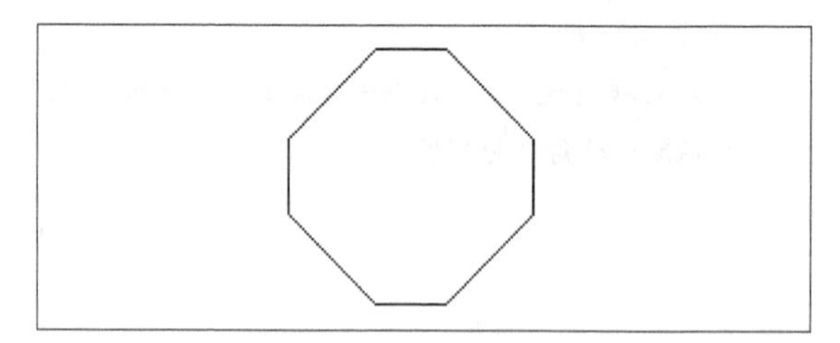

图4-38 修剪

04 用矩形阵列命令，得到图4-35所示的最终结果。命令行提示如下。

命令: _array
指定行间距: 第二点:400
指定列间距: 第二点:400
选择对象: 指定对角点: 找到 8 个
选择对象: //选择屏幕中图3-37所示图形

4.4.2 拉伸

1. 命令功能

拉伸命令是指将选定的对象进行拉伸或移动，而不改变没有选定的部分。通过拉伸命令移动对象后，该对象与其他对象的连接线段如直线、圆弧或多段线也将被拉伸。

2. 命令调用

（1）命令行：在命令行输入stretch命令。

（2）工具栏：单击“修改”→“拉伸”按钮。

（3）菜单栏：选择“修改（M）”→“拉伸（H）”菜单命令。

调用拉伸命令后，命令行提示信息如下。

选择对象:
选择拉伸对象，系统继续提示:
指定基点或[位移(D)]<位移>:
输入拉伸的基点，系统继续提示:
指定第二个点或<使用第一个点作为位移>:
输入第二点。

可以通过拉伸来改变由直线、圆弧、区域填充或多段线等对象。在选取对象时，如果这些对象都在选择窗口内，则对其进行移动；如果其一部分在窗口内，另一部分在窗口外，则根据对象的类型，遵循以下规则进行拉伸。

- “直线”：位于窗口之外的端点不动，而位于窗口之内的端点移动。
- “圆弧”：与直线类似，但是在圆弧改变的过程中，其弦高是保持不变的，同时以此来调整圆心的位置和圆弧起始角和终止角的值。
- “多段线”：与直线和圆弧类似，但是多段线两端的宽度、切线的方向和曲线拟合信息都不改变。
- “区域填充对象”：位于窗口外的端点不动，位于窗口内的端点移动，以此改变图形。

对于有些不能用拉伸来改变形状的对象，在选取时如果其定义点位于选择窗口内，则发生移动，否则将不发生移动。其中，圆对象的定义点为圆心，形和块对象的定义点为插入点，文字和属性的定义点为字符创串基线的左端点。

3. 操作示例

使用拉伸命令编辑图形，编辑结果如图4-39所示。

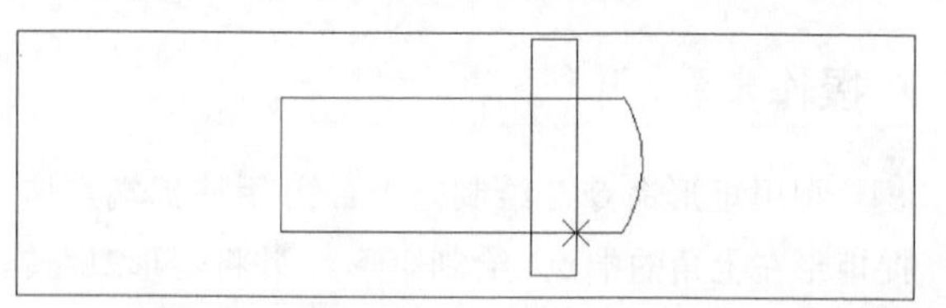

图4-39 拉伸结果

操作步骤

01 在命令行输入stretch命令并回车。

02 命令行提示“选择对象：”（以交叉窗口或交叉多边形选择要拉伸的对象，如图4-40所示）。

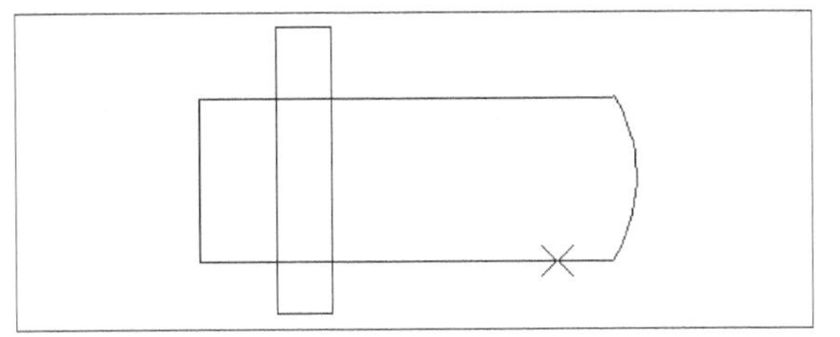

图4-40 选择拉伸对象

03 命令行提示“选择对象：”，按回车键。

04 命令行提示“指定基点或[位移(D)]<位移>：”

05 命令行提示“指定第二个点或<使用第一个点作为位移>：”。

4.4.3 延伸

1. 命令功能

在某些图中，由于移动了图形，使本应相交的图形对象分离了。如果想让对象相交，但拉长的距离不知道，这时可以使用延伸命令。延伸就是使对象的终点落到指定的某个对象的边界上。圆弧、椭圆弧、直线及射线等对象都可以被延伸。有效的边界对象有圆弧、块、圆、椭圆、浮动的视口边界、直线、多段线、射线、面域、样条曲线、构造线及文本等对象。

2. 命令调用

（1）命令行：在命令行输入extend命令。

（2）工具栏：单击“修改”>“延伸”按钮。

（3）菜单栏：选择“修改（M）”>“延伸（D）”菜单命令。

调用延伸命令后，命令行提示如下。

选择作为边界的对象。

系统继续提示如下。

“选择要延伸的对象，或按住Shift键选择要修剪的对象，或[栏选（F）/窗交（C）/投影（P）/边（E）/放弃（U）]：”

选择要延伸的对象或者利用其他选项进行操作。上面各选项含义与“修剪”命令中的选项含义相同，这里不再赘述。

各选项具体说明如下。

如果要延伸的对象是适配样条多段线，则在延伸后会在多段线的控制框上增添新的节点。如果要延伸的对象是锥形的多段线，系统就会修正延伸端的宽度，使得多段线从起始端平滑地延伸至新终止端。如果延伸操作导致终止端的宽度为负值，则去宽度值为0。

圆弧：与直线类似，但是在圆弧改变的过程中，其弦高是保持不变的，同时以此来调整圆心的位置和圆弧起始角和终止角的值。

3. 操作示例

下面介绍延伸相交对象的操作，如图4-41所示。

图4-41 延伸前

操作步骤

01 在命令行输入extend↙。

02 命令行提示“选择对象或<全部选择>：”（选择直线，如图4-42所示）。

图4-42 选择直线

03 命令行提示“选择对象：”↙。

04 命令行提示“选择要延伸的对象，或按住Shift键选择要修剪的对象，或[栏选（F）/窗交（C）/投影（P）/边（E）/放弃（U）]：”（选择所有线段，如图4-43所示，选择完毕按Enter键结束，结果如图4-44所示）。

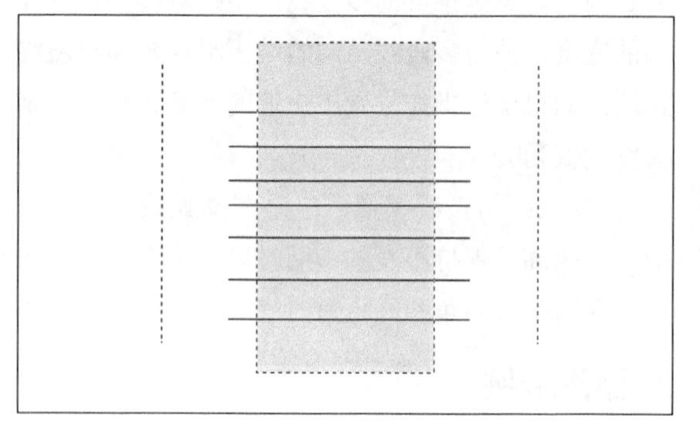

图4-43 选择要延伸的线段

图4-44 延伸后

延伸边界的选择

若选择多个边界，则延伸对象先延伸到最近的边界，再次选择这个对象，它将会延伸到下一个边界。若一个对象可以沿多个方向进行延伸，则由选择点的位置决定延伸的方向，即在靠近左边端点的位置单击，则向左延伸；在靠近右边端点的位置单击，则向右延伸。

4.4.4 分解对象

1. 命令功能

分解命令可以将矩形、多段线、图块或者尺寸标注等组合对象分解为单个独立的对象，以便单独进行编辑。组合对象即由多个基本对象组合而成的复杂对象，如多段线、多线、标注、块、面域、多面网格、多边形网格、三维网格以及三维实体等。

2. 命令调用

方法一：在命令行中输入explode命令。

方法二：单击“修改”工具栏上的分解按钮。

方法三：选择“修改”→“分解”菜单命令。

3. 操作示例

将用多段线绘制的图形进行分解，如图4-45所示。

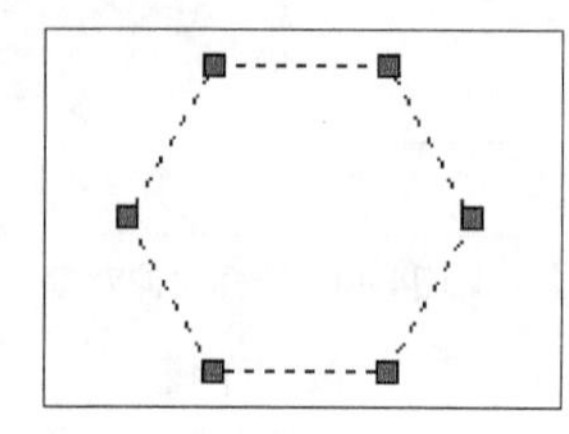

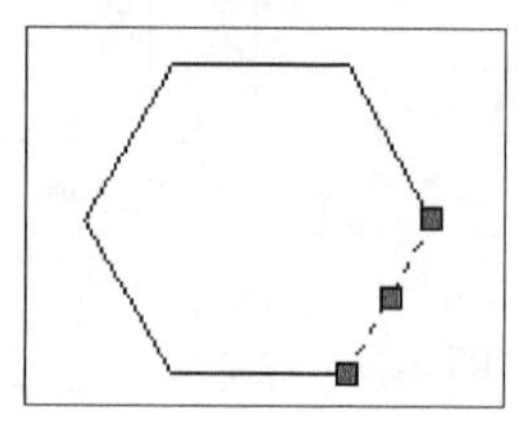

图4-45 分解命令

延伸边界的选择

（1）分解对象后看不出变化，但是对象的颜色或线型等特性可能改变。

（2）块被分解后其组成对象一般采用原来的特性。

（3）原始的多段线有宽度，被分解后将会失去宽度信息。

（4）分解对象后，原来配置成By Block（随块）的颜色和线型的显示将有可能发生改变，组成块的对象将会转换成单独的线、圆等对象。

4.4.5 拉长

1. 命令功能

拉长命令可以改变直线、圆弧、椭圆弧及开放多段线和开放样条曲线等对象的长度，对其进行伸长或缩短操作。用拉长命令中的增量、百分数、全部和动态等选项来改变直线和圆弧的长度。

2. 命令调用

（1）命令行：在命令行输入lengthen命令。

（2）菜单栏：选择“修改（M）”→“拉长（G）”命令。

3. 命令提示

调用延伸命令后，命令行提示如下。

选择对象或[增量（DE）/百分数（P）/全部（T）/动态（DY）]：

选择对象，系统提示如下。

当前长度：

给出选定对象的长度，如选择的是圆弧，则还必须给出圆弧的包含角度。

各选项具体说明如下。

- “增量”：通过指定增量值的方法改变对象的长度或角度。
- “百分数”：通过指定拉长后总长度相对于原长度的百分数来进行拉长操作。
- “全部”：通过指定直线或圆弧的新的长度值或新的包含角度来进行对象的拉长操作。
- “动态”：通过拖动鼠标的方法来动态地确定对象的新端点来改变对象的长度。

4. 操作示例

下面举例说明以不同方式拉长箭头。

（1）以设置增量的方式拉长箭头，如图4-46所示。

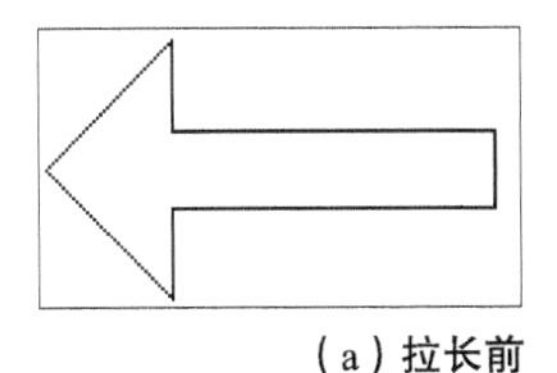

（a）拉长前　（b）拉长后

图4-46　设置增量的方式

操作步骤

01 选择菜单栏上的“修改（M）”→“拉长（G）”菜单命令。

02 命令行提示“选择对象或[增量（DE）/百分数（P）/全部（T）/动态（DY）]：”de↙。

03 命令行提示“输入长度增量或[角度（A）]：”100↙。

04 命令行提示“选择要修改的对象或[放弃（U）]：”（选择箭头的两条直线，如图4-47所示，选择完毕按Enter键完成拉长）。

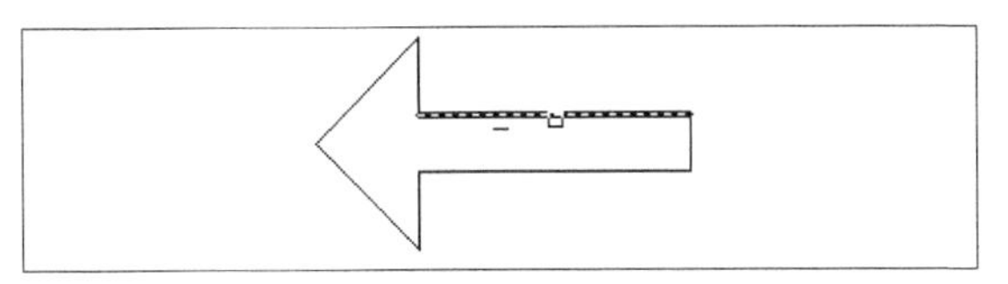

图4-47　选择要拉长的对象

05 单击工具栏中的删除按钮。（删除原封口直线）

06 单击工具栏中的直线按钮。（绘制新的封口直线，结果如图4-46（b）所示）

（2）以设置百分数的方式拉长对象，如图4-48所示。

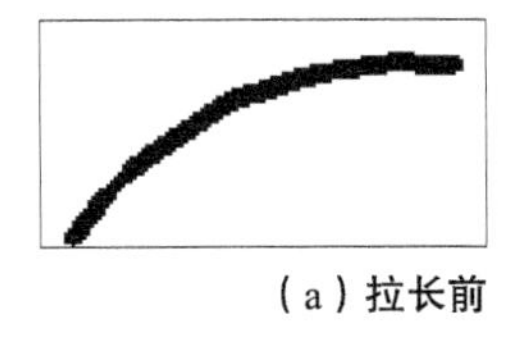

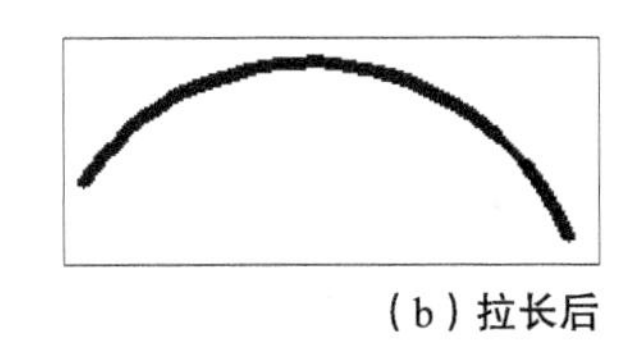

（a）拉长前　（b）拉长后

图4-48　设置百分数的方式

操作步骤

01 选择菜单栏上的“修改(M)”→“拉长(G)”菜单命令。

02 命令行提示“选择对象或[增量(DE)/百分数(P)/全部(T)/动态(DY)]：”p↙。

03 命令行提示“输入长度百分数<100.0000>：”200↙。

04 命令行提示“选择要修改的对象或[放弃(U)]：”。（选择多段线）

05 命令行提示“选择要修改的对象或[放弃(U)]：”↙（结束拉长操作，结果如图4-48（b）所示）。

（3）以设置全部的方式拉长对象，如图4-49所示。

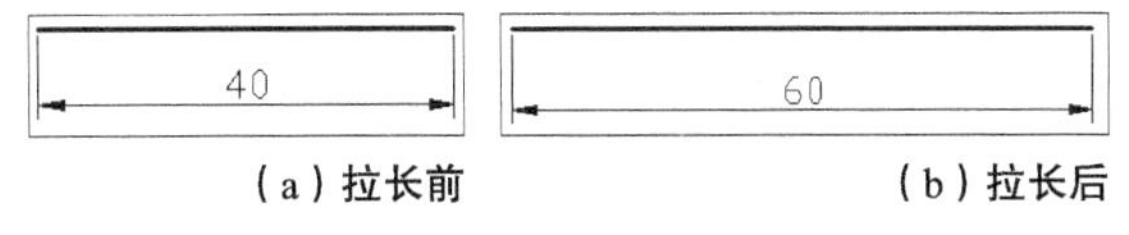

（a）拉长前　（b）拉长后

图4-49　设置全部的方式

操作步骤

01 选择菜单栏上的“修改（M）”→“拉长（G）”菜单命令。

02 命令行提示“选择对象或[增量（DE）/百分数（P）/全部（T）/动态（DY）]：”t↙。

03 命令行提示“设置总长度或[角度（A）]：”60↙。

04 命令行提示“选择要修改的对象或[放弃（U）]：”。（选择多段线）

05 命令行提示“选择要修改的对象或[放弃（U）]：”↙（结束拉长操作，结果如图4-49（b）所示）。

（4）以动态设置的方式拉长对象，如图4-50所示。

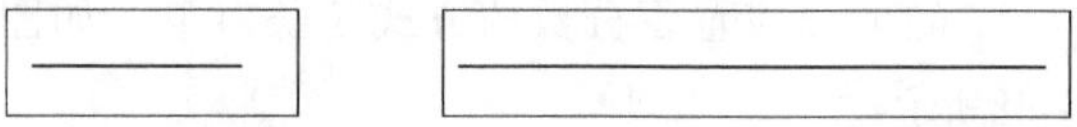

（a）拉长前　（b）拉长后

图4-50　动态设置方式

操作步骤

01 选择菜单栏上的“修改（M）”→“拉长（G)）”菜单命令。

02 命令行提示“选择对象或[增量（DE）/百分数（P）/全部（T）/动态（DY）]：”，输入DY并回车。

03 命令行提示“选择要修改的对象或[放弃(U)]：”。（在直线的右端某处单击）

04 命令行提示“指定新端点：”。（在直线的外部任意一处单击，直线即被拉长）

05 命令行提示“选择要修改的对象或[放弃(U)]：”，按回车键。（结束拉长操作，结果如图4-50（b）所示）

4.4.6　打断和打断于点

● 打断

1. 命令功能

“打断”命令可以删除对象在指定点之间的部分，即可部分删除对象或将对象分解成两部分。对直线，用打断命令可以从中间截去一部分，同时直线变成两段。对圆或椭圆，可以用打断命令去除一段弧。

2. 命令调用

（1）命令行：在命令行输入break命令。

（2）工具栏：单击“修改”→“打断”按钮。

（3）菜单栏：选择“修改(M)”→“打断(K)”菜单命令。

调用打断命令后，命令行提示如下。

指定第二个打断点或[第一点(F)]:

系统默认以选择对象是的拾取点作为第一个断点，用户需指定第二点。若用户直接选取对象上的另一点或在对象的一端之外拾取一点，将会删除对象上位于两个拾取点之间的部分。若用户选择“第一点”选项，便可以重新确定第一个断点。

“打断”点的选择

在确定第二点时，若在命令行输入@,可以是第一个点和第二个点重合，从而将对象一分为二。若对圆或矩形等封闭图形使用打断命令，系统将会自动按逆时针方向把第一个断点和第二个断点之间的那段删除。

● 打断于点

1. 命令功能

打断于点命令是从打断命令中派生出来的，此命令可以将对象在一点处断开成两个对象。

2. 命令调用

工具栏：单击“修改”→“打断于点”按钮。

调用该命令后，系统提示“指定第一个打断点”，指定后即可从该点打断对象。

4.4.7　圆角对象

1. 命令功能

用一段圆弧来连接指定相交的两直线、圆弧或多段线中相邻的两段线，使其在两段线间光滑过渡。

2. 命令调用

方法一：在命令行中输入fillet命令。

方法二：单击“修改”工具栏上的圆角按钮。

方法三：选择“修改”→“圆角”菜单命令。

命令行提示如下。

命令: _fillet

当前设置: 模式 = 不修剪，半径 = 0.0000

选择第一个对象或 [放弃(U)/多段线(P)/半径(R)/修剪(T)/多个(M)]:

选择第二个对象，或按住 Shift 键选择要应用角点的对象:

其中：

- 放弃：放弃圆角操作命令。
- 多段线：在一条二维多段线的两段直线的节点处插入圆滑的弧。
- 半径：用于输入连接圆角的圆弧半径。
- 修剪：设置圆角后是否对对象进行修剪，如图4-51所示。

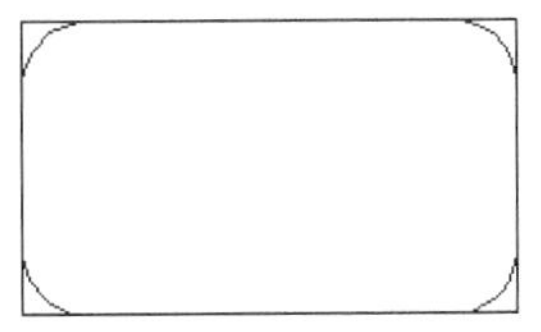
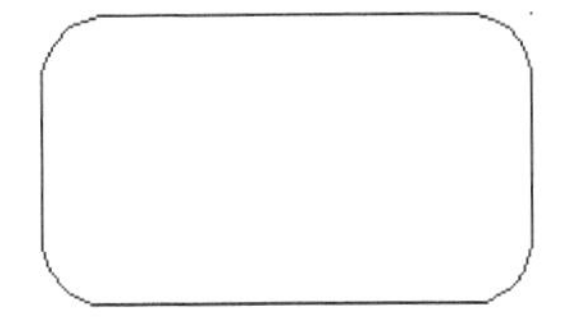

图4-51　圆角的“不修剪”与“修剪”

- 多个：用于对多个对象进行圆角操作。

技巧与提示

倒圆角的两圆不能是相交的，否则无显示效果。

4.4.8　倒角对象

1. 命令功能

在AutoCAD 2013中，可以使用“倒角”命令修改对象使其以平角相接。

2. 命令调用

方法一：在命令行中输入chamfer命令。

方法二：单击“修改”工具栏上的倒角按钮。

方法三：选择“修改”→“倒角”菜单命令。

命令行提示如下。

命令: _chamfer

(“修剪”模式) 当前倒角距离 1 = 0.0000，距离 2 = 0.0000

选择第一条直线或 [放弃(U)/多段线(P)/距离(D)/角度(A)/修剪(T)/方式(E)/多个(M)]:

各选项具体说明如下。

- 放弃：放弃倒角操作命令。
- 多段线：可以实现在单一的步骤中对整个二维多段线进行倒角，如图4-52所示。

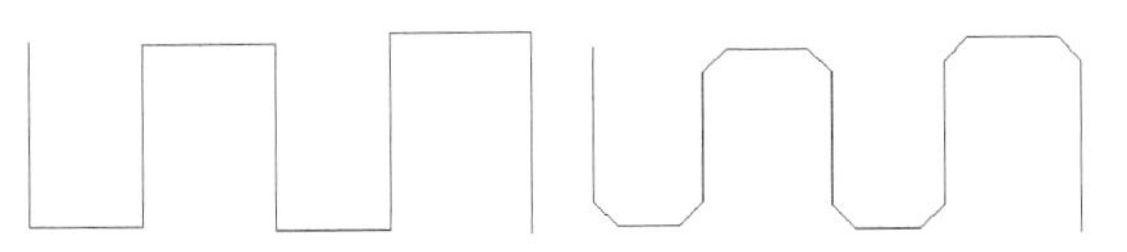

图4-52　选择多段线倒角

- 距离：通过输入倒角的斜线距离进行倒角，斜线的距离可以相同也可以不同。
- 角度：通过输入第一个倒角距离和角度来进行倒角。
- 修剪：设置倒角后是否保留原拐角边，选择“修剪”选项即表示倒角后对倒角边进行修剪；选择“不修剪”选项则表示不进行修剪。
- 方式：用于设置倒角的方法，即采用“距离”方式还是“角度”方式进行倒斜角。选择“距离”选项即将以两条边的倒角距离来修倒角；选择“角度”选项则表示将以一条边的距离以及相应的角度来修倒角。
- 多个：用于同时对多个对象进行倒角操作。

技巧与提示

倒角命令只能对直线、多段线和正多边形进行倒角，不能对圆弧、椭圆等进行倒角。

4.4.9　合并对象

1. 命令功能

合并命令可以将相似的对象合并为一个对象，可以合并圆弧、椭圆弧、直线、多段线和样条曲线等对象。在执行合并命令时，直线对象必须共线，但是它们之间可以有间隙；圆弧对象必须位于同一假想的圆上，它们之间可以有间隙；多段线可以与直线、多段线或圆弧合并，但对象之间不能有间隙，并且必须位于同一平面上。

2. 命令调用

调用合并命令的方法。

方法一：选择“修改”→“合并”菜单命令。

方法二：单击“修改”工具栏上的合并按钮。

方法三：在命令行中输入join命令。

命令行提示如下。

命令: _join

选择源对象或要一次合并的多个对象: 找到 1 个

选择要合并的对象: 找到 1 个，总计 2 个

选择要合并的对象:

2 条直线已合并为 1 条直线

合并结果如图4-53所示。

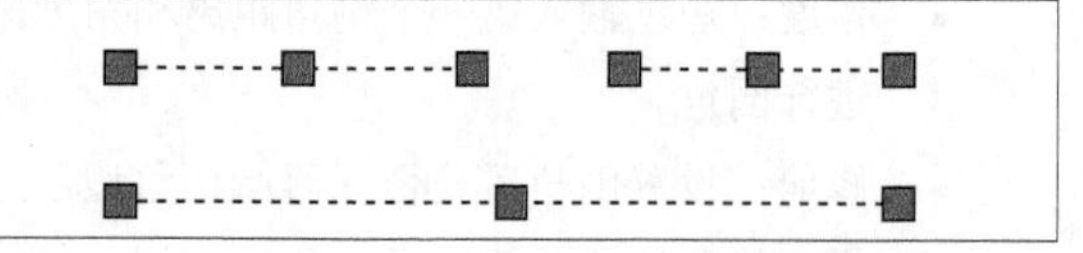

图4-53　合并命令

4.5　删除和恢复

● 删除

1. 命令功能

删除命令用来删除指定的对象，如在绘图过程中，删除一些辅助线或绘图时出现错误的对象。

2. 命令调用

用户可以通过以下几种方法来调用删除命令。

方法一：在命令行中输入erase命令。

方法二：单击“修改”工具栏上的删除按钮。

方法三：选择“修改”→“删除”菜单命令。

方法四：选择对象后，直接按Delete键。

命令行提示如下。

命令: _erase

选择对象: 找到 1 个

选择对象:

//单击鼠标右键或按回车键

● 恢复

1. 命令功能

如果用户不小心误删了图形，可以使用恢复命令恢复误删除的对象。

2. 命令调用

用户可以通过以下几种方法来恢复原操作。

方法一：在命令行输入oops命令。

方法二：单击“标准”工具栏上的按钮。

方法三：按快捷键“Ctrl+Z”。

4.6　使用夹点编辑对象

在AutoCAD 2013中，用户可以使用夹点对图形进行简单编辑，或综合使用“修改”菜单和“修改”工具栏中的多种编辑命令对图形进行较为复杂的编辑。

选择对象时，在对象上显示出若干个小方框，这些小方框就是用于标记被选中对象的夹点，即对象上的控制点，如图4-54所示。

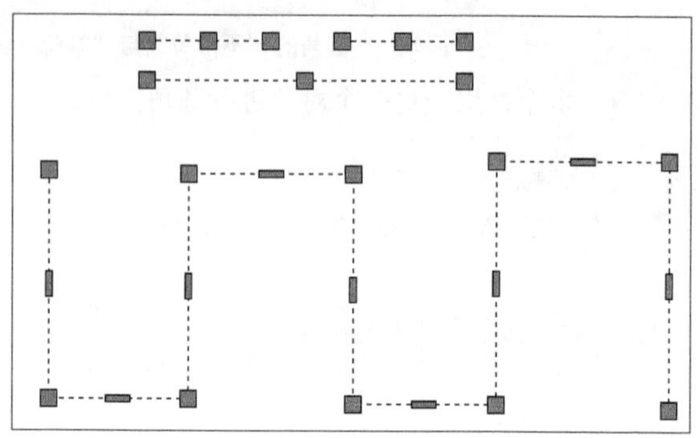

图4-54　显示对象夹点

默认情况下，夹点始终是打开的。用户可以通过“选项”对话框的“选择集”选项卡设置夹点的显示和大小，如图4-55所示。对于不同的对象，用来控制其特征的夹点的位置和数量也是不相同的，通过拖动夹点可以对图形进行简单的编辑。

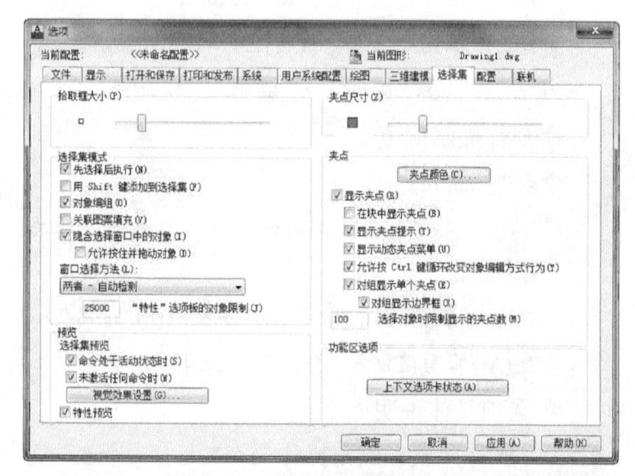

图4-55　“选项”对话框的“选择集”选项卡

夹点是一种集成的编辑模式，提供了一种很方便快捷的图形编辑操作方式。在AutoCAD 2013中可以利用夹点对对象进行拉伸，拾取对象后，在对象上拾取一个温点后，则该点此时变为热点，命令行提示如下。

** 拉伸 **

指定拉伸点或 [基点(B)/复制(C)/放弃(U)/退出(X)]:

- 拉伸：指定拉伸点后，AutoCAD 2013将把对象拉伸或移动到新的位置。因为对于某些夹点，移动时只能移动对象而不能拉伸对象，如文字、块、直线中点、圆心、椭圆中心和点对象上的夹点。

位于顶点位置的夹点，将光标停在该位置上时，系统显示如图4-56所示。位于图形边上的夹点，当将光标停在该位置上时，系统显示如图4-57所示。

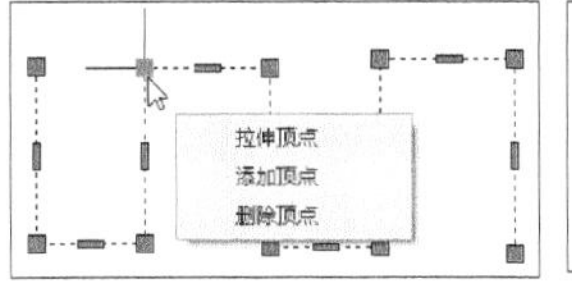

图4-56　顶点夹点

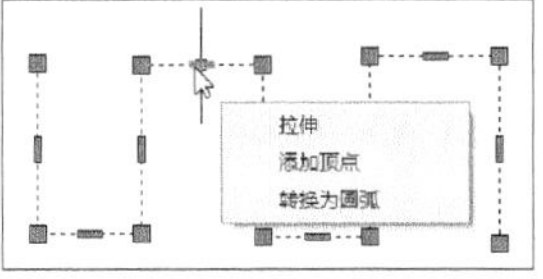

图4-57　边线上夹点

移动鼠标到相应位置上即可对夹点进行拉伸、添加或删除，也可对边线上的夹点进行圆弧和直线的转化。

当选择的图形为直线时，如图4-58所示，可对其进行拉伸或拉长的操作。不同的是，拉伸可以向任意方向，而拉长只能沿直线方向。

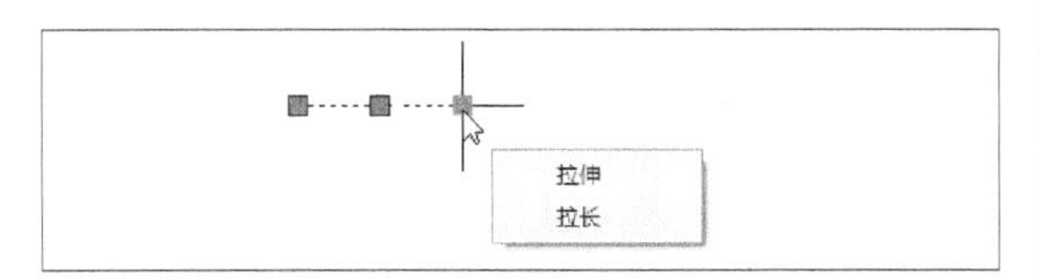

图4-58　直线夹点

4.7　特性和特性匹配

对象特性包括对象的一般特性和几何特性。默认情况下，在某层中绘制对象的颜色、线型、线宽等特性属于一般特性；对象的尺寸和位置属于几何特性。用户一般可以在特性工具栏修改对象的特性，如图4-59所示的“特性”工具栏。

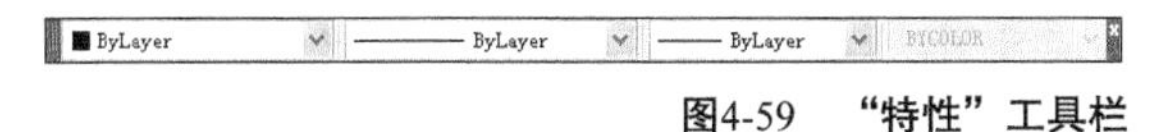

图4-59　“特性”工具栏

工具栏上的控制项将显示所选择的对象都具有的相同特性。如果这些对象所具有的特性不相同，则相应的控制项为空白。

当用户只选择一个对象时，工具栏上的控制项将显示这个对象的相应特性。

如果没有选择对象时，工具栏上的控制项将显示当前图层的特性，包括图层的颜色、线型、线宽和打印样式。

如果用户想要修改某个对象特性，只需在相应的控制项中选择新的选项即可。

下面对图形的特性和特性匹配进行介绍。

4.7.1　特性

1. 命令功能

可以直接在“特性”选项板中设置和修改对象的特性。特性对话框可以修改任何对象的任何特性。用户选择的对象不同，特性对话框中显示的内容和项目也会有所不同。

2. 命令调用

方法一：在命令行中输入properties命令。

方法二：单击“标准”工具栏上的特性按钮。

方法三：选择“修改”→“特性”菜单命令。

3. 命令提示

执行上述命令后，弹出“特性”工具窗口，如图4-60所示。

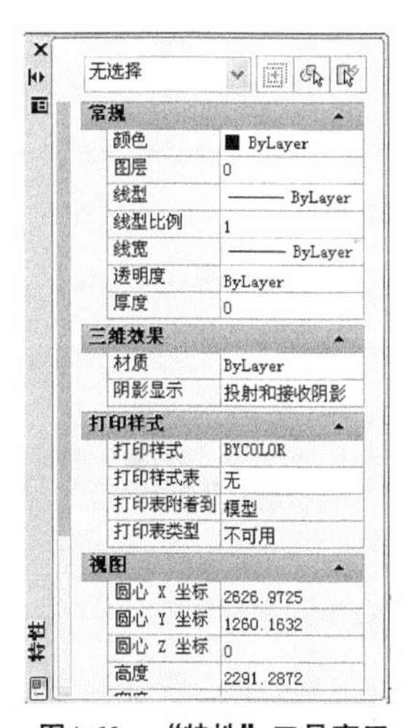

图4-60　“特性”工具窗口

选择对象，然后在夹点处右键单击，可弹出修改特性的对话框，单独选择一个对象时，将弹出修改该对象的“特性”选项板，如图4-61所示，包括对象的颜色、线型、线宽、厚度等基本特性以及线段的长度、角度、坐标等几何特性。

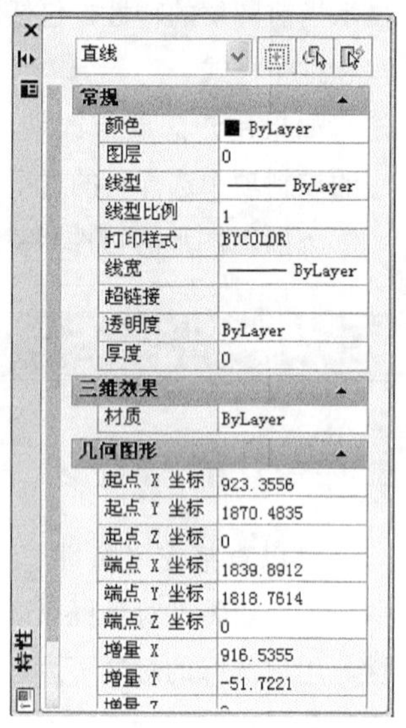

图4-61　单个对象特性

选取多个对象时，“特性”对话框将只显示图形、颜色、线型及厚度等基本特性，如图4-62所示。

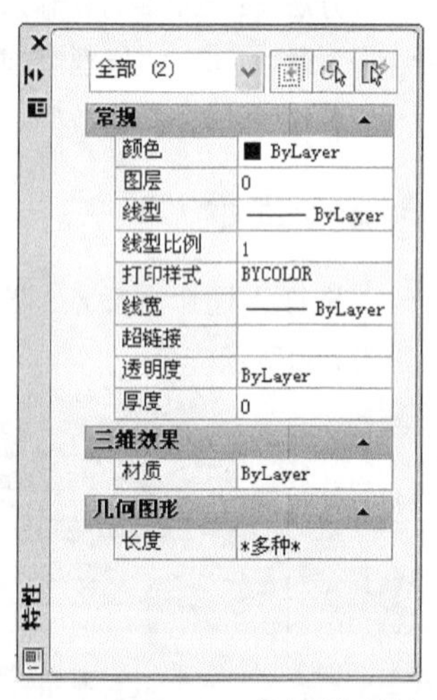

图4-62　多个对象特性

4.7.2　特性匹配

1. 命令功能

特性匹配是指把源对象的图层、颜色、线型、线宽和厚度等特性复制到目标对象。

2. 命令调用

方法一：在命令行中输入matchprop命令。

方法二：单击“标准工具栏”上的特性匹配按钮。

方法三：选择“修改”→“特性匹配”菜单命令。

命令行提示如下。

命令: '_matchprop

选择源对象:

当前活动设置:

选择目标对象或 [设置(S)]:

如果需要对对象特性调整，则输入S后，选择“设置”选项，弹出“特性设置”对话框，在该对话框中可以选择需要匹配的特性，如图4-63所示。

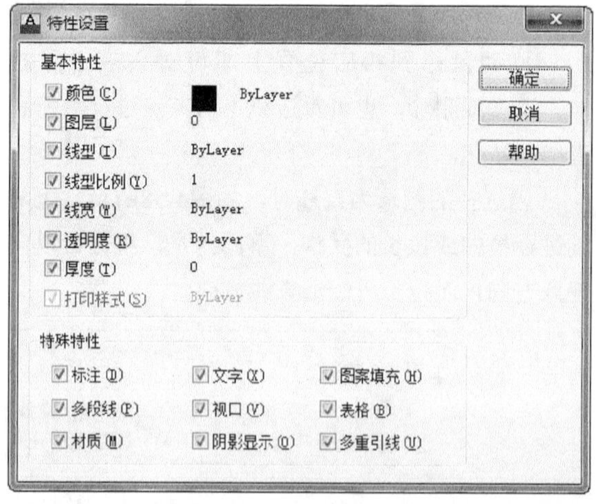

图4-63　“特性设置”对话框

4.8　综合实例

4.8.1　绘制单开铁门

1. 知识要点

运用“多线”、“圆弧”、“修剪”“分解”、“偏移”、“镜像”命令绘制单开铁门。

2. 操作要点

用“多线”（mline）命令绘制门框，用“修剪”（trim）命令绘制门上的铁架，再用“圆弧”（arc）命令绘制花纹，由于门比较对称，所以用“镜像”（mirror）命令可省去好多重复的绘制。

操作步骤

绘制如图4-64所示的单开铁门。

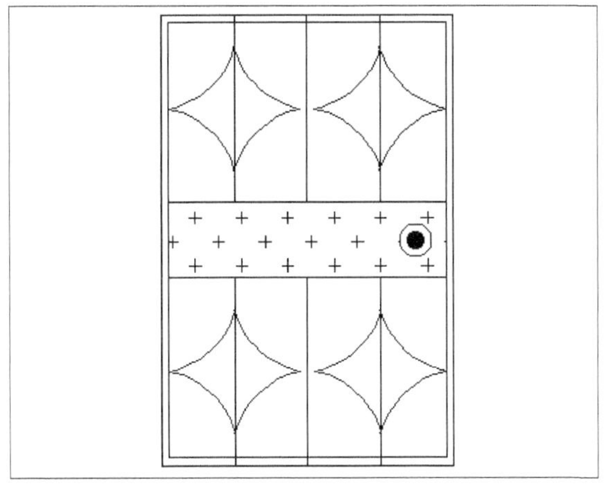

图4-64　铁门（立面图）

01 开启“正交”，选择“绘图”→“多线”菜单命令，绘制高为1 200，长为800的门框，并向内偏移，如图4-65所示。

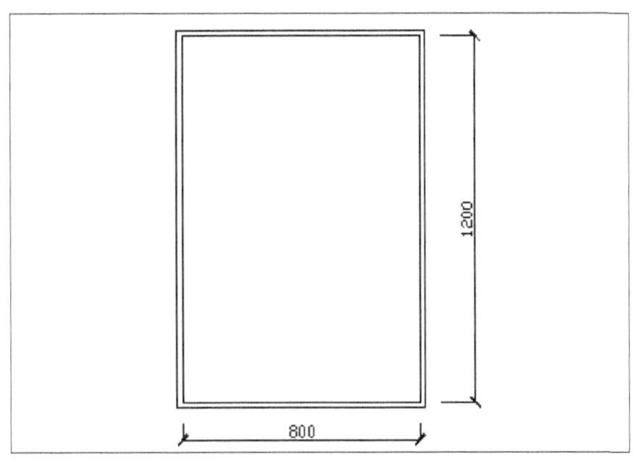

图4-65　绘制门框

命令行提示如下。

命令: _mline

/调用“多线”命令

当前设置: 对正 = 上，比例 = 20.00，样式 = STANDARD

指定起点或 [对正(J)/比例(S)/样式(ST)]:

在屏幕上任意处指定多线起点

指定下一点: <正交 开> 1200

//指定高度为1200

指定下一点或 [放弃(U)]: 800

//指定宽度为800

指定下一点或 [闭合(C)/放弃(U)]: 1200

//指定高度

指定下一点或 [闭合(C)/放弃(U)]: c

//闭合多线

02 利用“直线”命令，在门中间绘制一条与门框平行的直线，直线的起始点与端点分别在多线的内侧上，如图4-66所示。

图4-66　绘制直线

命令行提示如下。

命令: _line 指定第一点:

//调用“直线”命令

指定下一点或 [放弃(U)]:

//捕捉多线左边的内侧一点

指定下一点或 [放弃(U)]:

//捕捉多线右边的内侧另一点

03 单击“修改”工具栏上的按钮，偏移上一步绘制的直线。命令行提示如下。

命令: _offset　//调用“偏移”命令

当前设置: 删除源=否

图层=源　OFFSETGAPTYPE=0

指定偏移距离或 [通过(T)/删除(E)/图层(L)] <20.0000>: 100　//指定偏移距离100

选择要偏移的对象，或 [退出(E)/放弃(U)] <退出>:

//选择直线

指定要偏移的那一侧上的点，或 [退出(E)/多个(M)/放弃(U)] <退出>:

//单击直线下方，指定偏移的方向

选择要偏移的对象，或 [退出(E)/放弃(U)] <退出>:
//选择直线
指定要偏移的那一侧上的点，或 [退出(E)/多个(M)/放弃(U)] <退出>:
//单击直线上方，指定偏移的方向
选择要偏移的对象，或 [退出(E)/放弃(U)] <退出>:
//单击鼠标右键单击“确认”或直接回车

删除中间直线得到如图4-67所示的图形。

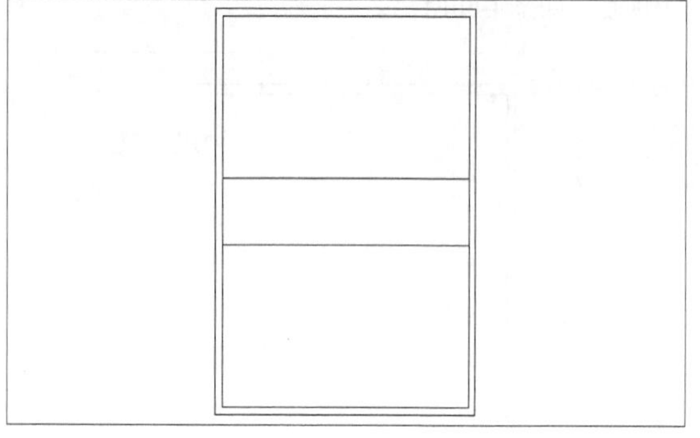

图4-67　偏移直线

04 单击“修改”工具栏中的按钮，分解多线，然后用“偏移”命令绘制铁栏杆，绘制效果如图4-68所示。

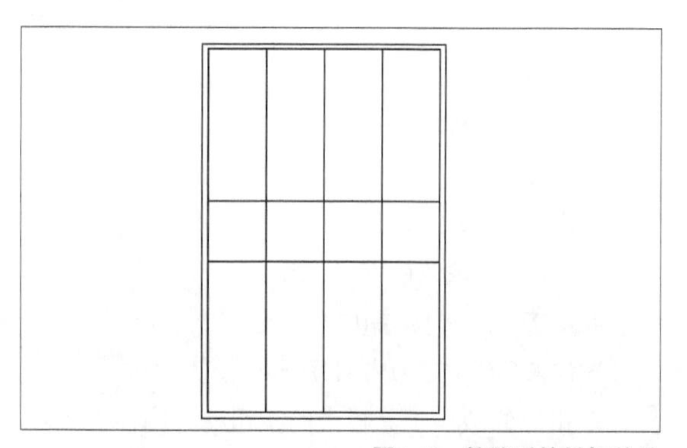

图4-68　偏移后的栏杆效果

命令行提示如下。

命令: _explode　　//调用“分解”命令
选择对象: 找到 1 个　　//选择多线“门框”
选择对象:　　//回车
命令: _offset　　//调用“偏移”命令
当前设置: 删除源=否
图层=源　OFFSETGAPTYPE=0
指定偏移距离或 [通过(T)/删除(E)/图层(L)] <200.0000>:
//指定偏移距离为200，使铁栏杆均匀分布
选择要偏移的对象，或 [退出(E)/放弃(U)] <退出>:
//选择分解后的内侧直线
指定要偏移的那一侧上的点，或 [退出(E)/多个(M)/放弃(U)] <退出>:
//单击直线右侧指定偏移方向
选择要偏移的对象，或 [退出(E)/放弃(U)] <退出>:
//选择上一次偏移后的直线再次偏移
指定要偏移的那一侧上的点，或 [退出(E)/多个(M)/放弃(U)] <退出>:
选择要偏移的对象，或 [退出(E)/放弃(U)] <退出>:
//继续偏移
指定要偏移的那一侧上的点，或 [退出(E)/多个(M)/放弃(U)] <退出>:
选择要偏移的对象，或 [退出(E)/放弃(U)] <退出>:
//回车

05 用“修剪”命令修剪门框中垂直方向的直线与平行方向的直线，得到如图4-69所示的图形。

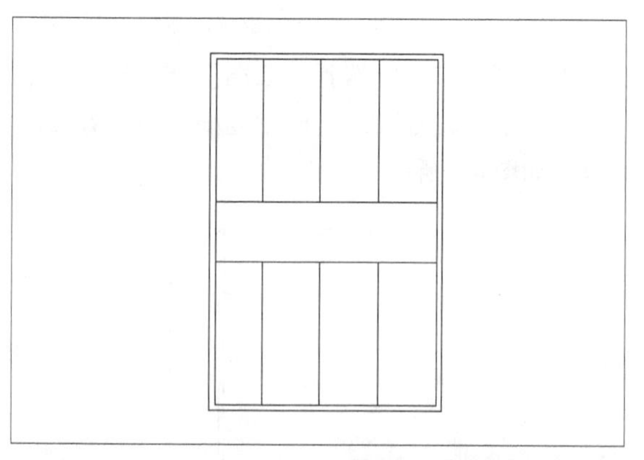

图4-69　修剪后的栏杆效果

命令行提示如下。

命令: _trim　//调用“修剪”命令
当前设置:投影=UCS，边=无
选择剪切边...
选择对象或 <全部选择>: 找到 1 个
选择对象: 找到 1 个，总计 2 个
选择对象:
选择要修剪的对象，或按住 Shift 键选择要延伸的对象，或
[栏选(F)/窗交(C)/投影(P)/边(E)/删除(R)/放弃(U)]: 指定对角点:
选择要修剪的对象，或按住 Shift 键选择要延伸的对象，或

[栏选(F)/窗交(C)/投影(P)/边(E)/删除(R)/放弃(U)]:

06 绘制铁栏杆间的圆弧花纹，命令行提示如下。

命令: _arc 指定圆弧的起点或 [圆心(C)]:
//调用“圆弧”命令，在第一条铁栏杆上指定起点
指定圆弧的第二个点或 [圆心(C)/端点(E)]: e
指定圆弧的端点:
//在多线内侧直线上指定端点
指定圆弧的圆心或 [角度(A)/方向(D)/半径(R)]: r
//选择“半径”
指定圆弧的半径:
//指定合适的半径，最后效果如图4-70所示

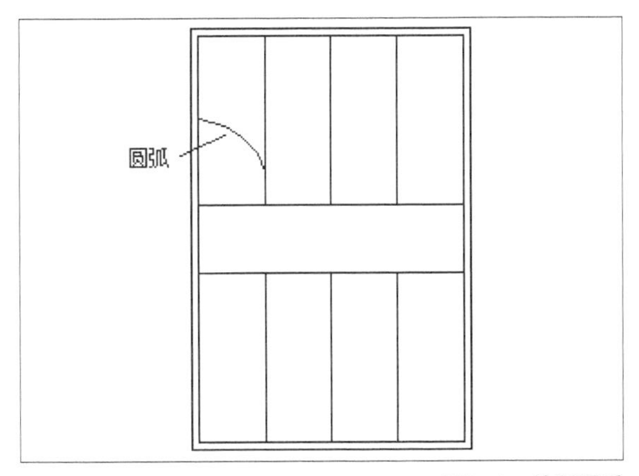

图4-70 绘制圆弧

07 用“镜像”命令镜像圆弧到其他栏杆之间，最终效果如图4-71所示。

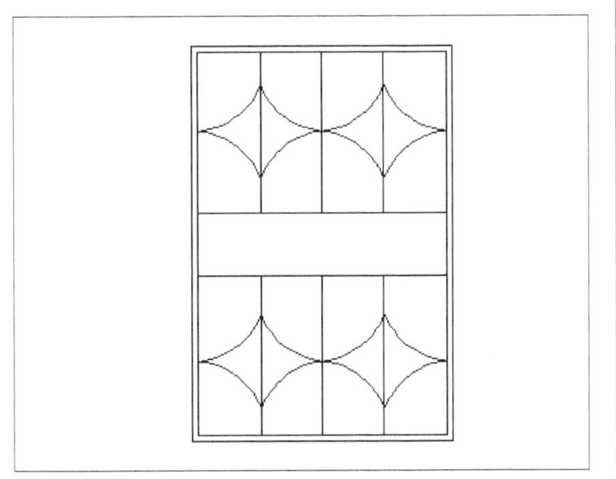

图4-71 镜像圆弧花纹

08 绘制圆形拉手，单击“绘图”工具栏中的按钮⊙，绘制一小圆，然后用“偏移”命令向内再偏移出一个同心圆。效果如图4-72所示。

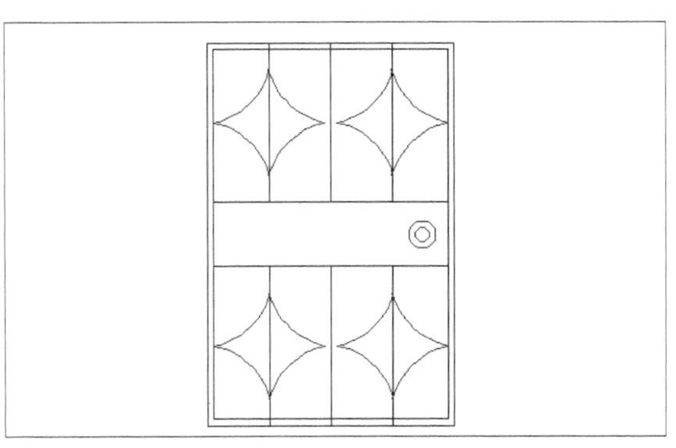

图4-72 绘制圆形拉手

09 选择“绘图”→“图案填充”命令，为门中间与拉手分别填充“预定义”中的CROSS与EARTH图案，最终效果如图4-64所示。

4.8.2 绘制多人沙发

1. 知识要点

运用“矩形”、“圆角”、“镜像”命令，及其相对坐标的使用来绘制多人沙发。

2. 操作要点

用“矩形”（rectang）命令绘制单人沙发扶手及沙发座，用“圆角”（fillet）命令修饰单人沙发，再用“镜像”命令做出多个沙发。

操作步骤

绘制如图4-73所示的多人沙发。

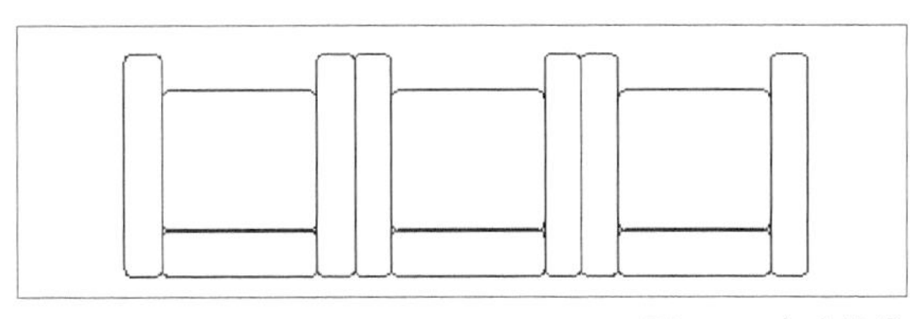

图4-73 多人沙发

01 单击“绘图”工具栏中的按钮▭，绘制沙发扶手，如图4-74所示。

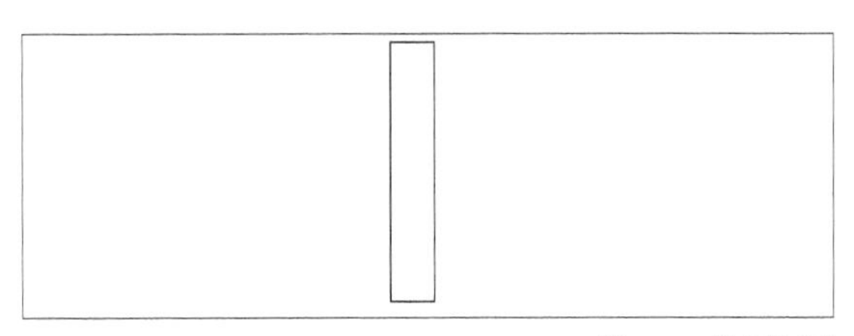

图4-74 绘制矩形

命令行提示如下。

命令: _rectang

//调用“矩形”命令，绘制高为700，长为120的矩形

指定第一个角点或 [倒角(C)/标高(E)/圆角(F)/厚度(T)/宽度(W)]: //任意指定一点

指定另一个角点或 [面积(A)/尺寸(D)/旋转(R)]:

@120,-700 //输入相对坐标，指定下一点

02 单击按钮▭，捕捉矩形的右下方角点，以该点为起点绘制沙发靠背，如图4-75 所示。

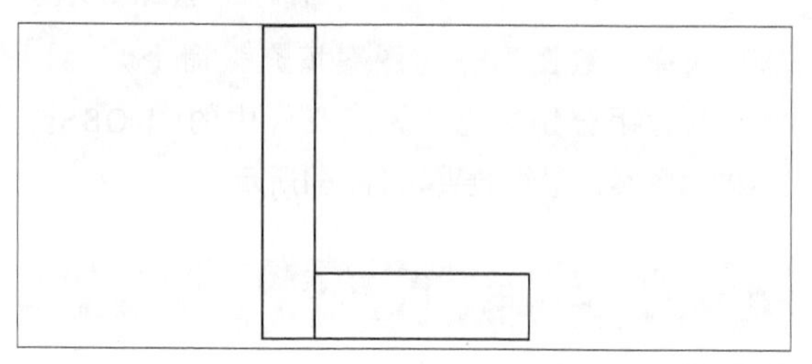

图4-75 绘制靠背

命令行提示如下。

命令: _rectang //调用“矩形”命令

指定第一个角点或 [倒角(C)/标高(E)/圆角(F)/厚度(T)/宽度(W)]:

//捕捉矩形右下角点，并指定为第一角点

指定另一个角点或 [面积(A)/尺寸(D)/旋转(R)]:

@500,150 //输入相对坐标，指定下一点

03 单击“修改”工具栏中的按钮，对沙发扶手与靠背进行圆角，使其表面圆滑。修饰后效果如图4-76所示。

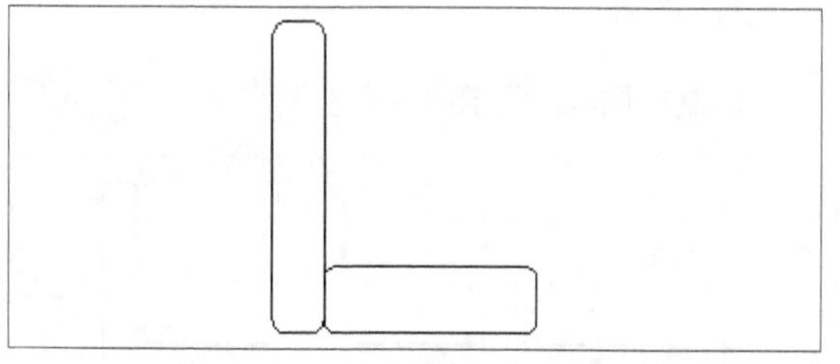

图4-76 修饰沙发靠背与扶手

04 选择“修改”工具栏中的按钮，将沙发扶手复制到沙发靠背的另一侧，如图4-77所示。

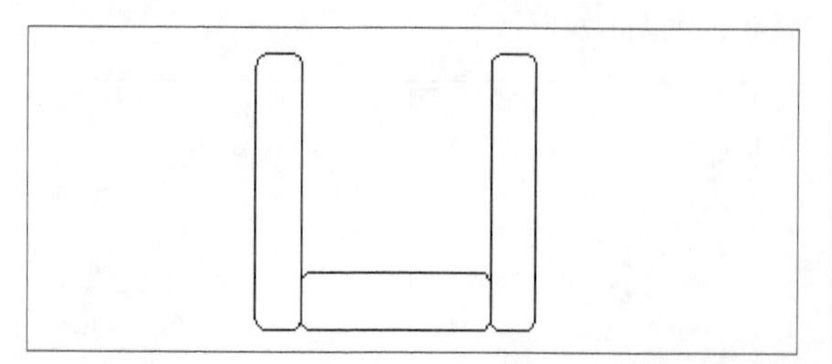

图4-77 复制沙发扶手

05 再次运用“矩形”命令绘制沙发座，并对其进行“圆角”，效果如图4-78所示。命令行提示如下。

命令: _rectang //调用“矩形”命令

指定第一个角点或 [倒角(C)/标高(E)/圆角(F)/厚度(T)/宽度(W)]:

//在左侧沙发扶手上选择一点

指定另一个角点或 [面积(A)/尺寸(D)/旋转(R)]:

//选择第二点使沙发座与其他部分相接

命令:

命令: _fillet //调用“圆角”命令

当前设置: 模式 = 修剪，半径 = 30.0000

选择第一个对象或 [放弃(U)/多段线(P)/半径(R)/修剪(T)/多个(M)]: //选择矩形的一条边

选择第二个对象，或按住 Shift 键选择要应用角点的对象: //选择矩形的另一条边

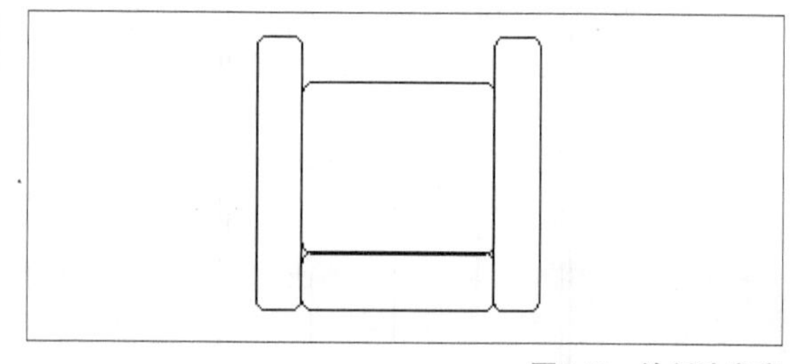

图4-78 绘制沙发座

06 单击“修改”工具栏中的按钮，将单人沙发复制成多人沙发，命令行提示如下。

命令: _mirror //调用“镜像”命令

选择对象: 指定对角点: 找到 4 个

//选择图4-78所示图形

选择对象: //单击鼠标右键

指定镜像线的第一点: 指定镜像线的第二点:

//指定右边扶手外侧为镜像轴线

要删除源对象吗? [是(Y)/否(N)] <N>:

//直接回车

命令: _mirror

//再次运用“镜像”命令多个沙发

选择对象: 指定对角点: 找到 4 个

//选择第二个沙发

选择对象: //单击鼠标右键

指定镜像线的第一点: 指定镜像线的第二点:

要删除源对象吗? [是(Y)/否(N)] <N>:

//回车，最终效果如图4-73 所示。

4.8.3　绘制木窗

1. 知识要点

运用“矩形”、“多线”、“偏移”、“复制”、“修剪”、“分解”及“镜像”命令来绘制木窗。

2. 操作要点

用“矩形”和“偏移”命令绘制木窗的边框，用“多线”命令绘制内窗格，用“圆”命令绘制弧形窗格，用“修剪”命令去掉多余的部分，最后通过“镜像”命令镜像出两个对称的窗格。

操作步骤

绘制如图4-79所示的木窗。

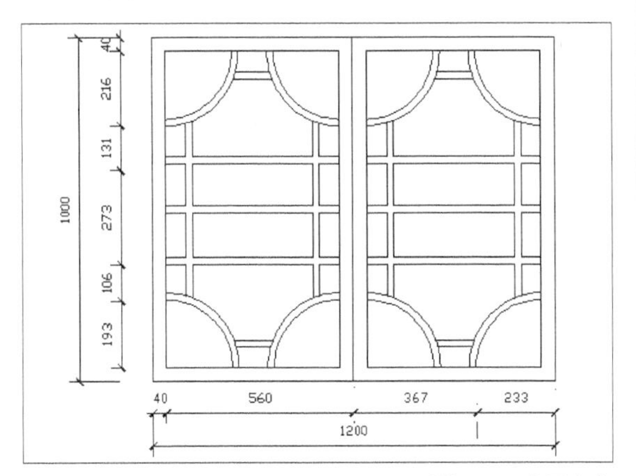

图 4-79　木质窗户

01 单击“绘图”工具栏中的按钮▭，绘制高为1 000，长为600的矩形，作为木窗的边框，然后用“偏移”命令将其向内偏移40个单位，如图4-80所示。

图4-80　绘制外边框

命令行提示如下。

命令: _rectang　　　　//调用“矩形”命令

指定第一个角点或 [倒角(C)/标高(E)/圆角(F)/厚度(T)/宽度(W)]:　　//在屏幕上任意处指定一点

指定另一个角点或 [面积(A)/尺寸(D)/旋转(R)]: @600,−1000　　//输入相对坐标，指定第二点

命令: _offset　　//调用“偏移”命令

当前设置: 删除源=否

图层=源　OFFSETGAPTYPE=0

指定偏移距离或 [通过(T)/删除(E)/图层(L)] <通过>: 40　　//要求指定偏移距离，输入40

选择要偏移的对象，或 [退出(E)/放弃(U)] <退出>:

//选择矩形

指定要偏移的那一侧上的点，或 [退出(E)/多个(M)/放弃(U)] <退出>:　//指定矩形内侧

选择要偏移的对象，或 [退出(E)/放弃(U)] <退出>:

//单击鼠标右键或回车

02 选择“绘图”→“多线”菜单命令，绘制如图4-81所示内部边框。

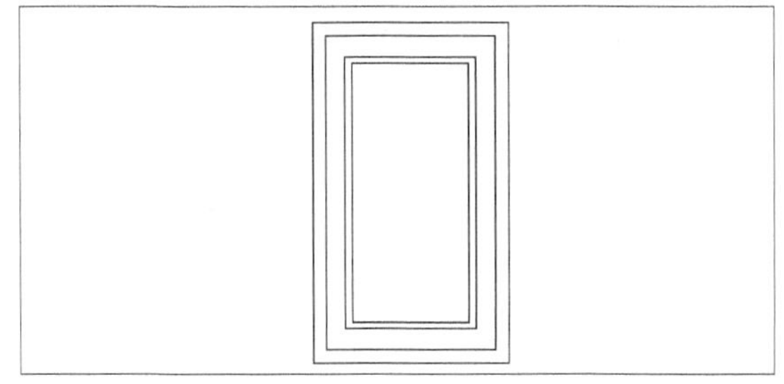

图4-81　内部边框

命令提示如下。

命令: _line 指定第一点:

//调用“直线”命令，指定内侧边框左下角点

指定下一点或 [放弃(U)]:

//单击鼠标右键选择“确认”，或直接回车

命令: _mline

//调用“多线”命令

当前设置: 对正 = 上，比例 = 20.00，样式 = STANDARD

指定起点或 [对正(J)/比例(S)/样式(ST)]: @80,80

//输入相对坐标确定内部边框与外部边框的距离为80

指定下一点: <正交 开> @360,0

//指定下一点

指定下一点或 [放弃(U)]: @0,760

指定下一点或 [闭合(C)/放弃(U)]: @−360,0

指定下一点或 [闭合(C)/放弃(U)]: c

//输入c，完成绘制

03 用“多线”命令，绘制水平边框并复制其余3条平行边框与内边框相交组成窗格。如图4-82所示。

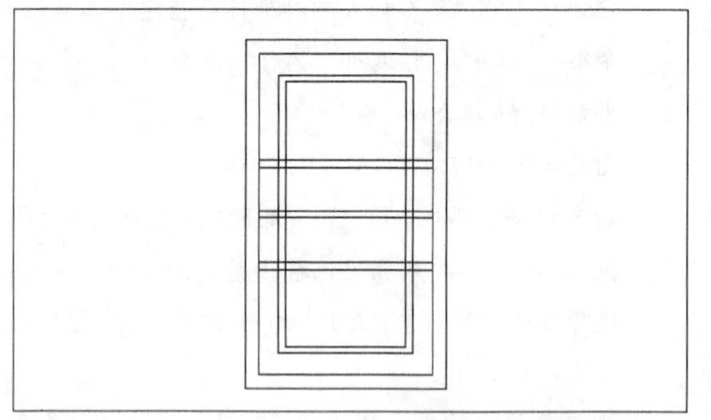

图4-82 绘制水平边框

04 绘制两条辅助线，用“直线”命令绘制两条垂直相交的直线，它们的交点即为木窗的中心。命令行提示如下。

命令: _line 指定第一点:
//调用“直线”命令，捕捉左侧窗框中点为第一点
指定下一点或 [放弃(U)]: <正交 开>
//指定第二点
指定下一点或 [放弃(U)]:
//单击鼠标右键，完成对平行方向辅助线的绘制
命令: _line 指定第一点:
//调用“直线”命令，捕捉上侧窗框中点为第一点
指定下一点或 [放弃(U)]:
//指定第二点
指定下一点或 [放弃(U)]:
//单击鼠标右键，完成垂直方向辅助线的绘制

05 单击“绘图”工具栏中的按钮⊙，绘制以矩形端点为圆心的圆，并向内偏移一个20单位的圆，再应用镜像命令，效果如图4-83所示。

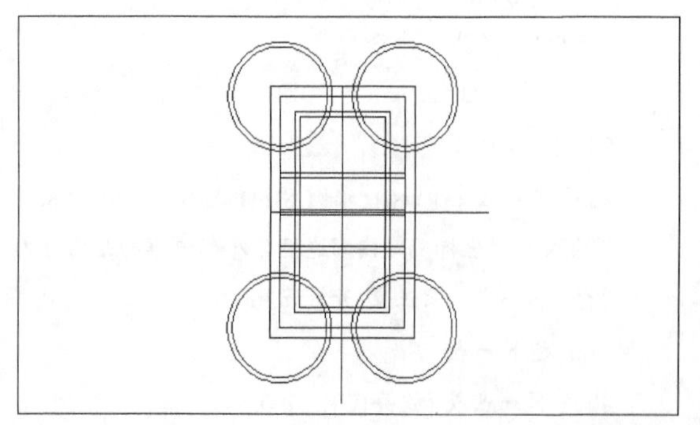

图4-83 镜像后效果

06 删除两条辅助线，单击“修改”工具栏中的按钮 -/-，将多余的线都修剪掉。并选择“修改”→“对象”→“多线”菜单命令，选择“十字闭合”编辑多线，最终效果如图4-84所示。

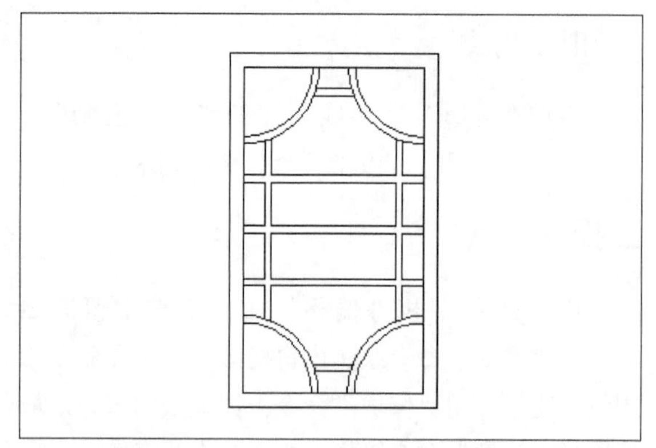

图4-84 修剪多余的线后效果

07 用“镜像”命令镜像出两个对称的木窗，最终效果如图4-79所示。命令行提示如下。

命令: _mirror
选择对象: 指定对角点: 找到 17 个
选择对象:
指定镜像线的第一点: 指定镜像线的第二点:
要删除源对象吗? [是(Y)/否(N)] <N>:

技巧与提示

在用“修剪”命令时，缩放工具有着很大的作用，当需要修剪复杂的图形时，不妨先将其放大后再作修剪，可以起到很好的效果。

4.8.4 绘制楼梯

1. 知识要点

运用“直线”、“多线”、“复制”、“修剪”、“分解”，“偏移”及“倒角”命令来绘制楼梯剖面图。

2. 操作要点

用“直线”命令结合相对坐标的使用来绘制楼梯的跑道，用“多线”命令来绘制楼梯栏杆，用“直线”和“偏移”命令来绘制楼梯扶手，最后用“修剪”及“圆角”等命令综合地修饰图形。

操作步骤

绘制如图4-85所示的楼梯剖面图。

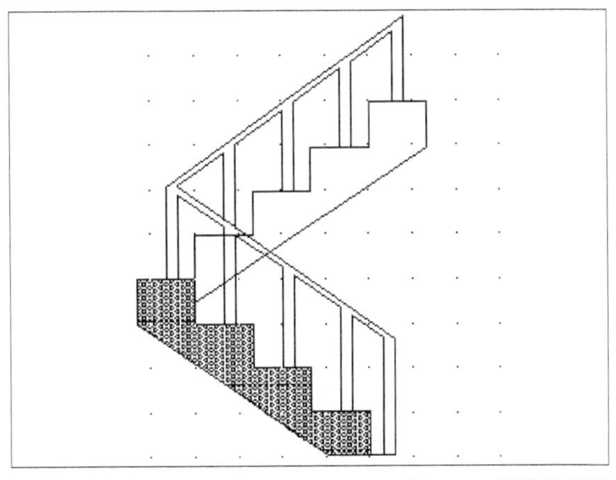

图4-85　楼梯剖面图

01 在“文件”菜单中选择“新建”命令，创建一个新的文件。

02 单击“绘图”工具栏中的按钮，使用相对坐标绘制楼梯剖面图的第一跑台阶，台阶宽度为100，高度为74，如图4-86所示。

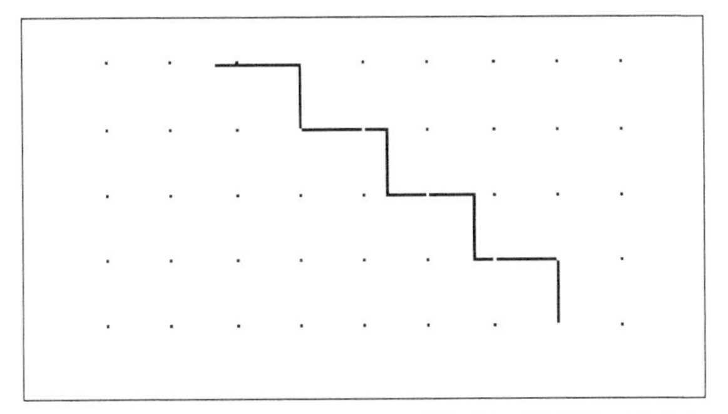

图4-86　绘制第一跑台阶

命令行提示如下。

命令: _line 指定第一点:

//调用“直线”命令

指定下一点或 [放弃(U)]: @0,74

//输入相对坐标

指定下一点或 [放弃(U)]: @−100,0

指定下一点或 [闭合(C)/放弃(U)]: @0,74

指定下一点或 [闭合(C)/放弃(U)]: @−100,0

指定下一点或 [闭合(C)/放弃(U)]: @0,74

指定下一点或 [闭合(C)/放弃(U)]: @−100,0

指定下一点或 [闭合(C)/放弃(U)]: @0,74

指定下一点或 [闭合(C)/放弃(U)]: @−100,0

指定下一点或 [闭合(C)/放弃(U)]: 　　//回车

03 单击按钮，绘制楼梯平面图的第二跑台阶，台阶高度和宽度与第一跑台阶一致，如图4-87所示。命令行提示如下。

命令: _line 指定第一点:

指定下一点或 [放弃(U)]: @0,74

指定下一点或 [放弃(U)]: @100,0

指定下一点或 [闭合(C)/放弃(U)]: @0,74

指定下一点或 [闭合(C)/放弃(U)]: @100,0

指定下一点或 [闭合(C)/放弃(U)]: @0,74

指定下一点或 [闭合(C)/放弃(U)]: @100,0

指定下一点或 [闭合(C)/放弃(U)]: @0,74

指定下一点或 [闭合(C)/放弃(U)]: @100,0

指定下一点或 [闭合(C)/放弃(U)]:

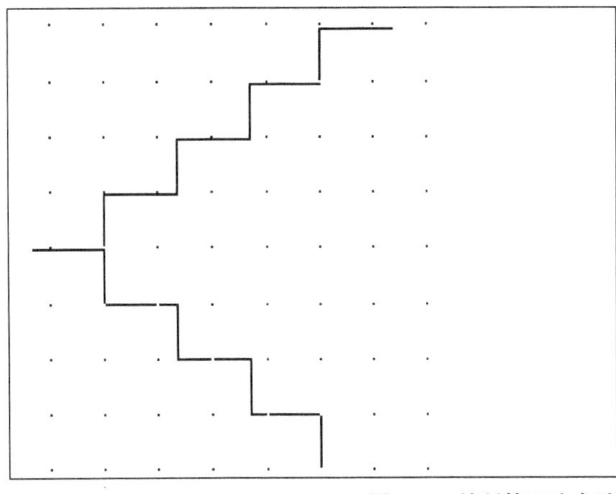

图4-87　绘制第二跑台阶

04 选择“绘图”→“多线”命令绘制楼梯的栏杆，然后将其复制放到合适的位置，如图4-88所示。

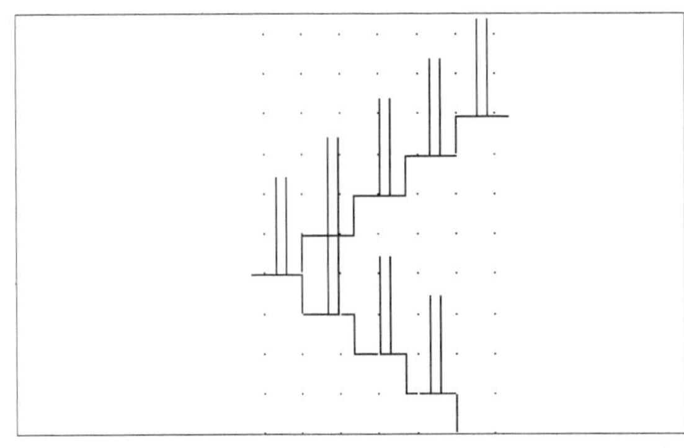

图4-88　绘制楼梯栏杆

命令行提示如下。

命令: _mline　　　//调用“多线”命令

当前设置: 对正 = 上，比例 = 20.00，样式 = STANDARD

指定起点或 [对正(J)/比例(S)/样式(ST)]: j

//选择“对正”设置多线对正格式

输入对正类型 [上(T)/无(Z)/下(B)] <上>: z

//选择z

当前设置: 对正 = 无, 比例 = 20.00, 样式 = STANDARD

指定起点或 [对正(J)/比例(S)/样式(ST)]:

//指定水平方向台阶的中点

指定下一点: //向上指定第二点

指定下一点或 [放弃(U)]: //回车

命令: _copyclip 找到 1 个

//调用“复制”命令

命令: _pasteclip 指定插入点:

//将上面绘制出的多线复制到第二处

命令: _pasteclip 指定插入点:

//将上面绘制出的多线复制到第三处

05 用“直线”绘制楼梯轮廓线，选择“直线”命令绘制楼梯扶手，并偏移10个单位，如图4-89所示。

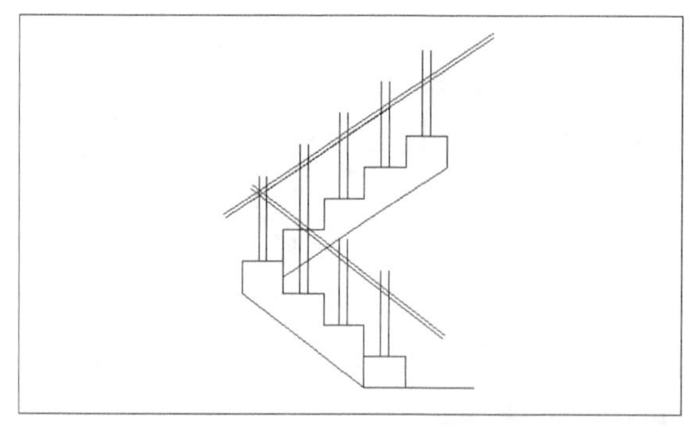

图4-89 绘制楼梯轮廓线及扶手

命令行提示如下。

命令: _line 指定第一点:

//调用“直线”命令绘制楼梯第一跑台阶的底部轮廓

指定下一点或 [放弃(U)]:

指定下一点或 [放弃(U)]:

指定下一点或 [闭合(C)/放弃(U)]:

指定下一点或 [闭合(C)/放弃(U)]:

命令: _line 指定第一点:

//调用“直线”命令绘制楼梯第二跑台阶的底部轮廓

指定下一点或 [放弃(U)]:

指定下一点或 [放弃(U)]:

指定下一点或 [闭合(C)/放弃(U)]:

命令: _line 指定第一点:

//调用“直线”命令绘制楼梯第一跑台阶的楼梯扶手

指定下一点或 [放弃(U)]:

指定下一点或 [放弃(U)]:

命令: _line 指定第一点:

//调用“直线”命令绘制楼梯第二跑台阶的楼梯扶手

指定下一点或 [放弃(U)]:

指定下一点或 [放弃(U)]:

命令: _offset

//调用“偏移”命令

当前设置: 删除源=否

图层=源 OFFSETGAPTYPE=0

指定偏移距离或 [通过(T)/删除(E)/图层(L)] <通过>: 10 //指定偏移距离为10

选择要偏移的对象，或 [退出(E)/放弃(U)] <退出>:

//选择上面第一跑台阶所绘制的直线

指定要偏移的那一侧上的点，或 [退出(E)/多个(M)/放弃(U)] <退出>: //单击直线右下方

选择要偏移的对象，或 [退出(E)/放弃(U)] <退出>: *取消* //单击鼠标右键

命令: _offset

//调用“偏移”命令

当前设置: 删除源=否

图层=源 OFFSETGAPTYPE=0

指定偏移距离或 [通过(T)/删除(E)/图层(L)] <10.0000>: //回车

选择要偏移的对象，或 [退出(E)/放弃(U)] <退出>:

//选择上面第二跑台阶所绘制的直线

指定要偏移的那一侧上的点，或 [退出(E)/多个(M)/放弃(U)] <退出>: //单击直线右上方

选择要偏移的对象，或 [退出(E)/放弃(U)] <退出>:

//单击鼠标右键

06 绘制完底座后，由于缺少一个栏杆，再次调用“多线”命令，绘制一条多线与扶手相交。命令行提示如下。

命令: _mline

当前设置: 对正 = 无, 比例 = 20.00, 样式 = STANDARD

指定起点或 [对正(J)/比例(S)/样式(ST)]:

指定下一点: <正交 开>

指定下一点或 [放弃(U)]:

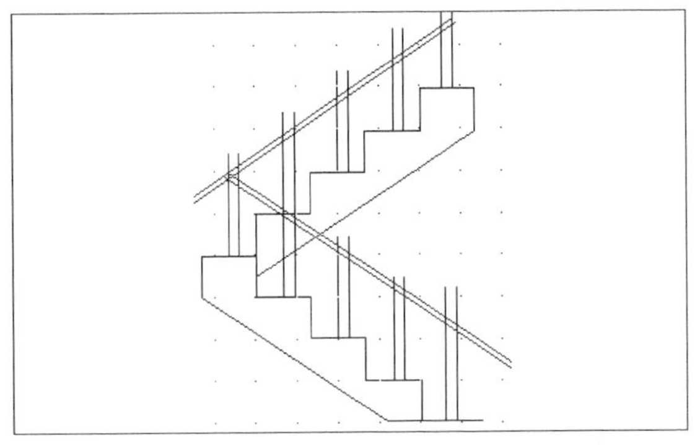

图4-90　用直线绘制轮廓与扶手

07 单击“修改”工具栏中的按钮，修剪掉多余的部分，最终效果如图4-91所示。

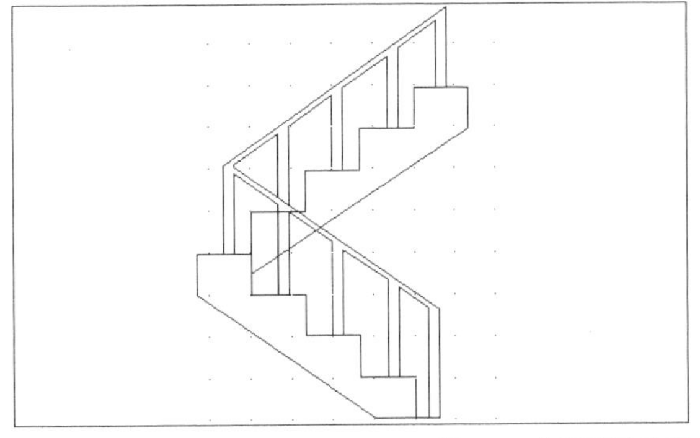

图4-91　修剪后的效果

08 选择“绘图”→“图案填充”菜单命令弹出图案填充对话框，如图4-92所示。选择“预定义”中的HEX，单击“拾取点”按钮，选择要填充的区域，单击“确定”按钮即可。

图4-92　设置填充图案

技巧与提示

对于较复杂的图形，在“修剪”过程中可能无法按预想的效果来完成修剪，可能要与其他命令功能配合使用才能做出完美的图形，比如“分解”、“倒角”等命令。

4.9　小结

本章主要介绍了AutoCAD 2013的图形编辑命令，如直线多段线及多边形等图形的修改，结合实例各个命令进行说明，可以使读者深刻理解各个命令的使用。在最后给出了几个实例，希望读者在学习过程中对命令中各个选项的功能可以熟练掌握，将有助于提高绘图效率。

操作技巧

1. 问：怎样用trim命令同时修剪多条线段?

答：直线AB与四条平行线相交，现在要剪切掉直线AB右侧的部分，执行trim命令，在提示行显示选择对象时选择AB并回车，然后输入F并回车，然后在AB右侧画一条直线并回车。

2. 问：在执行拉伸stretch命令时，如何选择对象使其能形状不变地被移动?

答：将整个图形的端点和顶点都位于交叉窗口内，那么整个图形将被移动。对于文字、块和圆，它们不可拉伸，只有当它们的主定义点位于交叉窗口内时，才可移动；否则也不会移动。

3. 问：怎样防止其他图层上的对象被选中和修改?

答：可以通过锁定图层防止意外地编辑特定对象，锁定图层后仍然可以进行其他操作。例如，可以使锁定图层作为当前图层，并为其添加对象。也可以使用查询命令，使用对象捕捉指定锁定图层中对象上的点，更改锁定图层上对象的绘制次序。

4. 什么是夹点?

答：单击图形，图形上便会出现许多方框这些就是夹点。通过控制夹点便能进行一些基本的编辑操作，如copy、move，改变图形所在的图层等基本操作。而且不同的图形，还有其特殊的操作，如直线有延伸操作。

5. 如何改变十字光标尺寸？

答：选择“工具”→“选项”→“显示”→“十字光标大小”菜单命令，调整就可以了。

6. 为什么在进行offset和move操作后，没有得到偏移或移动后的线段或物体？

答：因为偏移或移动后的线段或物体超出了绘图区，所以无法显示，而根本原因是没有设置正确的图形界限。在启动对话框中，选择使用向导，任选高级设置或快速设置。

4.10 练习

一、选择题

1. 所有的编辑命令都要求选对象，选对象时（　　）。

A. 可以先激活命令再选对象，也可以在激活命令前选对象

B. 必须先激活命令

C. 必须先选对象

D. 以上说法都不对

2. 通过按住鼠标左键并拖动，从左到右指定矩形两个角点创建矩形选择窗口，（　　）。

A. 如果对象所有部分位于矩形窗口内将被选中

B. 在窗口之外的对象或者部分在该窗口的对象则不能被选中

C. 这是窗选方式选择对象

D. 以上说法都对

3. 拉伸用于移动图形中指定对象，按指定的方向和角度进行拉伸或缩短，与其边界相连的对象将发生（　　）变化。

A. 镜像　　B. 旋转

C. 拉伸或压缩　　D. 阵列

4. 当选定对象时，对象关键点上将出现一些实心的小方框，这是图形对象的（　　）。

A. “特征点”　　B. “夹点”

C. “夹持点”　　D. “钳夹点”

5. 布尔运算的对象只包括（　　）。

A. 直线、多段线

B. 圆、圆弧、椭圆弧

C. 实体和共面的面域

D. 样条曲线、多线

二、填空题

1. 偏移命令是将指定对象在一定方向上进行（　　）距离的偏移复制。

2. （　　）命令对选定对象作矩形或环形式复制。

3. 旋转命令用于将对象绕指定的基点进行旋转，该操作（　　）改变对象的尺寸、比例等。

4. 使用镜像命令可以创建一个对象的镜像图像。在镜像一个对象时，（　　）保留或删除原始对象。

5. 在镜像文字时，AutoCAD合乎规则地创建一个文字镜像。通过修改系统变量mirrtext可以防止文字反转或倒置。在mirrtext设置为（　　）时，文字保持原始方向。设置为（　　）时，镜像显示文字。

三、上机操作题

1. 绘制如图4-93所示的灶具，利用“矩形”、“圆”和“直线”命令来绘制厨房的灶具。

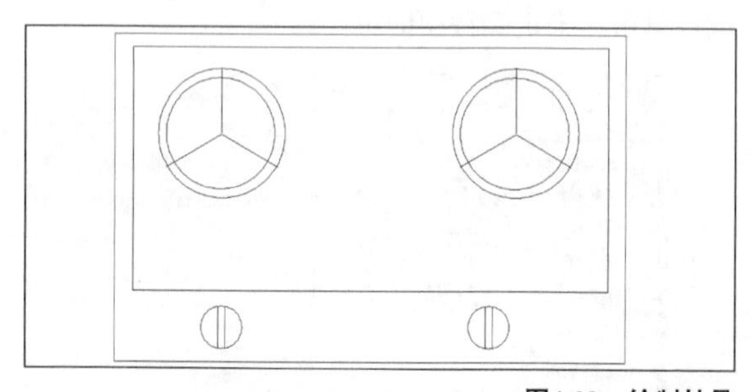

图4-93　绘制灶具

2. 绘制图4-94所示的矩形浴缸，必须用到多段线命令，尺寸自拟，适当照顾比例。

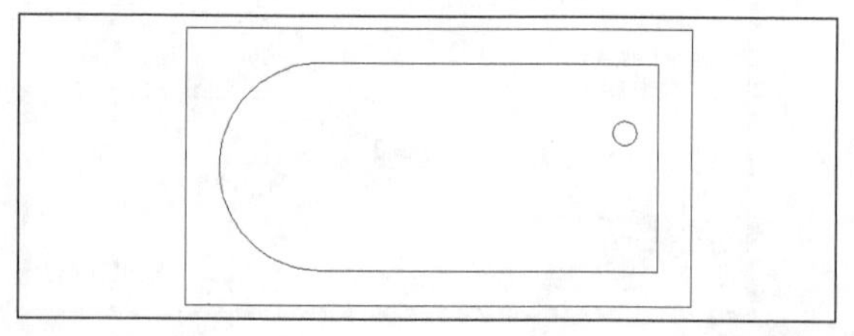

图4-94　矩形浴缸

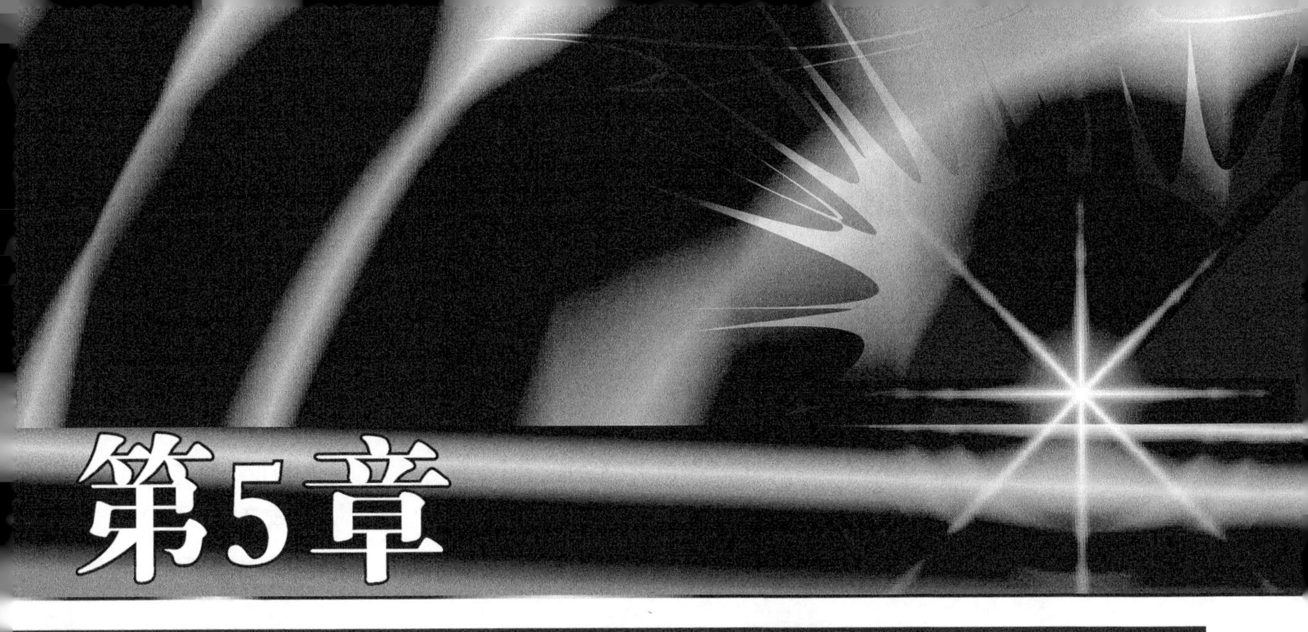

第5章 建筑绘图的尺寸标注、文字和表格

尺寸标注是建筑绘图设计中的一项主要内容。由于图形主要用来反映对象的形状，因而对象各部分的真实大小以及相互间的位置只有通过标注尺寸才能确定下来。文字标注在尺寸标注中起到了重要的注释和说明作用。

本章将主要介绍尺寸标注的基本知识、常用的标注尺寸命令、尺寸标注的编辑修改工具。同时介绍了如何创建文字样式，怎样使用单行文字和多行文字输入文字等内容。

课堂学习目标

- 尺寸标注的组成和种类
- 常用的尺寸标注命令
- 行位公差的标注
- 如何进行文字标注
- 尺寸标注综合实例
- 尺寸标注样式的设置
- 尺寸标注的编辑
- 文字标注样式的设置
- 文字标注的编辑
- 创建和编辑表格

5.1 建筑绘图的尺寸标注基础

尺寸标注的基本要求是完整、准确、合理和清晰。尺寸标注既不能遗漏尺寸，也不能重复标注，正确的尺寸标注可以使建筑工程顺利完工。在绘制尺寸标注之前，需要对标注的一些基本知识有所了解，这样可避免在尺寸标注过程中由于对相关知识的不理解而造成的时间浪费。

5.1.1 尺寸标注的构成和种类

在建筑绘图或其他工程绘图中，一个完整的尺寸标注应由尺寸文字、尺寸线、尺寸界线、尺寸起止符号等组成，如图5-1所示。

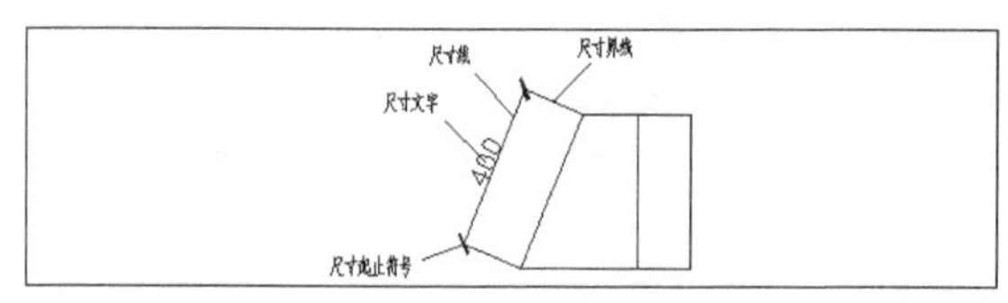

图5-1 尺寸标注的组成

1. 尺寸界线

为了标注清晰，通常用尺寸界线将尺寸引到实体之外，有时也可用实体的轮廓线或中心线代替边界尺寸界线。

2. 尺寸线

尺寸线一般是一条线段，有时也可以是一条圆弧，它表明标注的范围。尺寸线和标注文字通常放置在测量区域之内，如果空间不足，尺寸线或文字也可以移到测量区域之外。

3. 尺寸起止符号

在建筑绘图中，尺寸起止符号采用“建筑标记”，尺寸起止符号位于尺寸线两端，用来表明尺寸线的起止位置。

4. 尺寸文字

用来标注尺寸的具体值。尺寸文字可以只反映基本的尺寸，也可以带尺寸公差，还可以按极限尺寸形式标注。

5. 尺寸标注的种类

在AutoCAD 2013系统提供了10余种标注工具用以标注图形对象，选择“标注”菜单或打开“标注”工具栏，即可看到尺寸标注的主要类型，如图5-2所示。使用它们可以进行角度、直径、半径、线性、对齐、连续、圆心及基线等标注 。

图5-2 “标注”菜单和工具栏

5.1.2 尺寸标注的规则

在 AutoCAD 2013 中，对绘制的图形进行尺寸标注时应遵循以下规则。

（1）物体的真实大小应以图样上所标注的尺寸数值为依据，与图形的大小及绘图的准确度无关。

（2）图样中的尺寸以毫米为单位时，不需要标注计量单位的代号或名称。如采用其他单位，则必须注明相应计量单位的代号或名称，如度、厘米及米等。

（3）图样中所标注的尺寸为该图样所表示的物体的最后完工尺寸，否则应另加说明。

（4）一般物体的每一尺寸只标注一次，并应标注在最后反映该结构最清晰的图形上。

5.1.3　尺寸标注的步骤

在AutoCAD中进行尺寸标注时，按照一定的步骤进行才能保证更快、更好地完成标注工作。尺寸标注的方法及过程如下。

（1）选择“格式”→“图层”菜单命令，在打开的“图层特性管理器”对话框中创建一个独立的图层，用于尺寸标注。

（2）选择“格式”→“文字样式”命令，在打开的“文字样式”对话框中创建一种文字样式。

（3）选择“格式”→“标注样式”命令，打开的“标注样式管理器”对话框，如图5-3所示，在此设置标注样式。

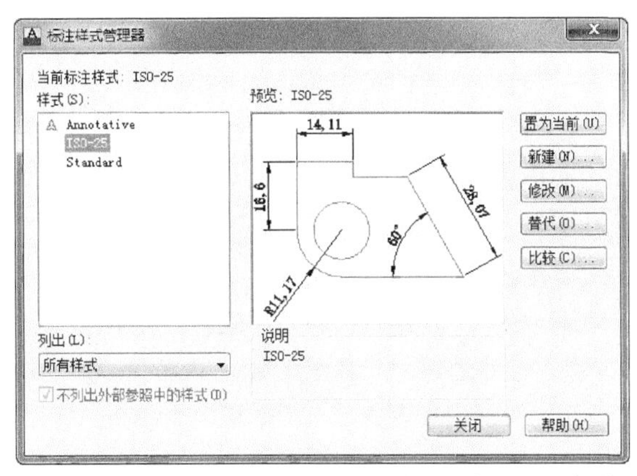

图5-3　“标注样式管理器”对话框

（4）使用对象捕捉和标注等功能，对图形中的元素进行标注。

5.2　尺寸标注样式

在AutoCAD 中，使用“标注样式”可以控制标注的格式和外观，建立强制执行的绘图标准，并有利于对标注格式及用途进行修改。在对建筑图形进行尺寸标注时，任何一个尺寸标注的特性都是由尺寸标注样式的参数来确定的。因此在学习尺寸标注之前，应首先学习如何对尺寸样式进行设置。

5.2.1　创建尺寸标注样式

1. 命令功能

通过“标注样式管理器”对话框，可以进行新标注样式的创建，标注样式的修改等操作。

2. 命令调用

通过以下方法之一即可打开“标注样式管理器”对话框。

方法一：单击“样式”工具栏上的按钮。

方法二：在命令行中输入ddim命令。

方法三：选择“格式”→“标注样式”菜单命令。

3. 命令提示

在该对话框中，系统提供了一个默认的标注样式ISO-25，用户可以根据该样式为基础创建新的标注样式。

在该对话框中可以对样式进行修改、新建及替代等操作，具体介绍如下。

单击“新建”按钮，弹出“创建新标注样式”对话框，如图5-4所示。

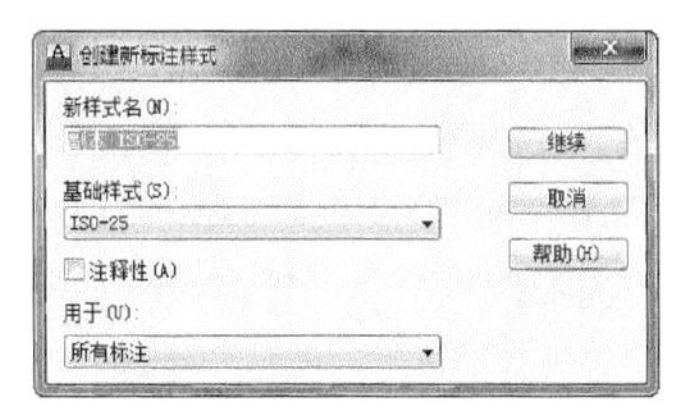

图5-4　“创建新标注样式”对话框

在该对话框中，可以在“新样式名”文本框输入新样式名；“基础样式”下拉列表框用来选择新样式的基础样式；“用于”下拉列表框用来设置该新样式适用于哪个特定标注类型。

单击“继续”按钮，弹出“新建标注样式”对话框，如图5-5所示。在该对话框中可以设置尺寸标注样式的各个参数。

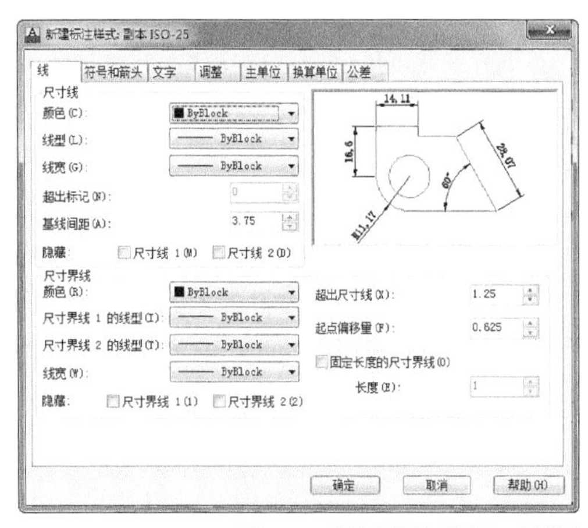

图5-5　“新建标注样式”对话框

（1）“线”选项卡。

在“尺寸线”选项组中，可以设置尺寸线的颜色、线宽、超出标记以及基线间距等属性。

在“尺寸界线”选项组中，可以设置尺寸界线的颜色、线宽、超出尺寸线的长度和起点偏移量、隐藏控制等属性。

技巧与提示

在“尺寸线”和“尺寸界线”组合框中，“颜色”、“线型”、“线宽”、“尺寸界线1”和“尺寸界线2”均设置为“ByBlock”，在进行尺寸标注时，采用这样的设置可以保持这些特性与标注尺寸的图层设置特性相一致。

（2）“符号和箭头”选项卡

在“符号和箭头”选项卡中可以设置尺寸起止符号的形式和大小，如图5-6所示。

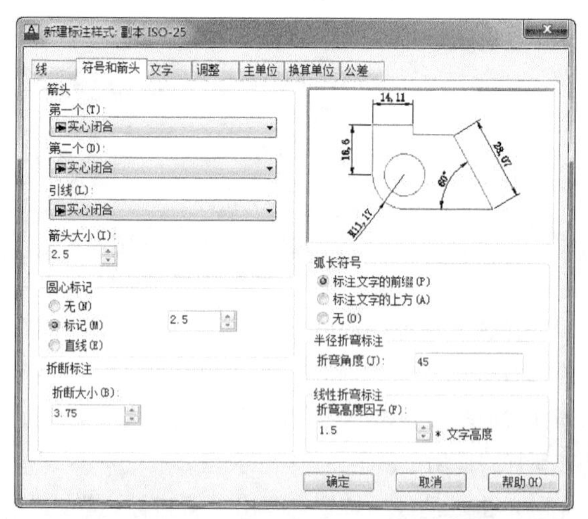

图5-6　“符号和箭头”选项卡

各选项具体说明如下。

① 箭头用于设置尺寸箭头和引线箭头的类型和大小等。通常情况下，尺寸线的两个箭头应该保持一致，但也可以不同。

- “第一个”下拉列表框：用于设置第一个尺寸箭头的形式。可单击右侧的小箭头从下拉列表中选择，其中列出了各种箭头形式的名字，以及各类箭头的形状。一旦确定了第一个箭头的类型，第二个箭头自动与其相匹配，要想第二个箭头取不同的形状，可在“第二个”下拉列表框中设定。第一个箭头名对应的尺寸变量为DIMBLK1。

在下拉列表框中选择“用户箭头”，打开“选择自定义箭头块”对话框，如图5-7所示，用户可以事先把自定义的箭头保存成一个图块，在此输入图块名称即可。

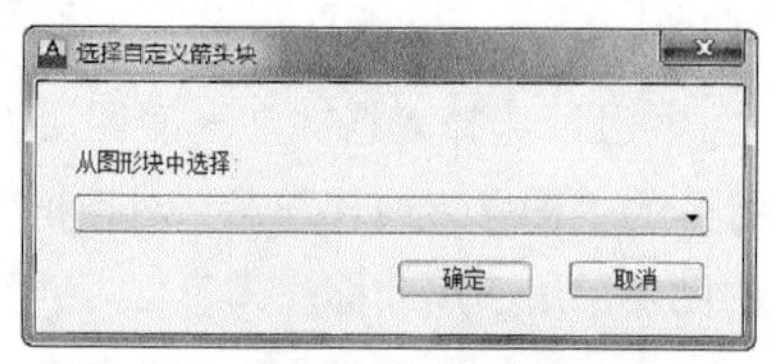

图5-7　“选择自定义箭头块”对话框

- “第二个”下拉列表框：用于确定第二个尺寸箭头的形式，可以与第一个箭头不同。
- “引线”下拉列表框：用于确定引线的形式，设置与“第一项”设置类似。
- “箭头大小”微调框：用于设置箭头的大小，相应的尺寸变量为DIMASZ。

② 圆心标记。用于设置半径标注、直径标注和中心标注中的中心标记和中心线的形式。对应的尺寸变量为DIMCEN。

其中选项的含义说明如下。

- “无”单选项：即不产生中心标记也不产生中心线。此时变量DIMCEN的值为0。
- “标记”单选项：中心标记为一个记号。系统将标记大小以一个正值存在DIMCEN中。
- “直线”单选项：中心标记为直线的形式。系统将中心线的大小以一个负的值存储在DIMCEN中。
- 微调框：用于设置中心标记和中心线的大小和粗细。

③ 弧长符号。用于控制弧长标注中圆弧符号的显示。

- “标注文字的前缀”单选项：将弧长符号放置在标注文字的前面。
- “标注文字的上方”单选项：将弧长符号放置在标注文字的上方。
- “无”单选项：不显示弧长符号，如图5-8所示。

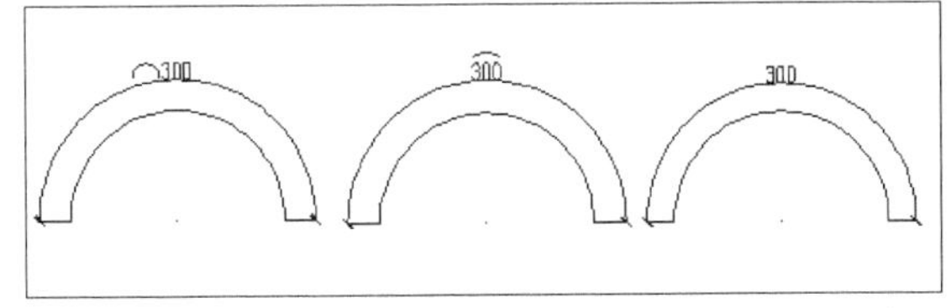

图5-8　“弧长符号”中的3种方式

④ 半径折弯标注。用于控制半径标注的显示。半径折弯标注通常在中心点位于页面外部时创建。在“折弯角度”文本框中可以输入连接半径标注的尺寸界线和尺寸线的横向直线的角度。

⑤ 线型折弯标注。可以在“折弯高度因子”的“文字高度”微调框里设置折弯高度因子的文字的高度。

⑥ 折断标注。可以在“折断大小”微调框中设置折断标注的大小。

（3）“文字”选项卡。单击“文字”选项卡，如图5-9所示，可以设置尺寸文字的外观，位置和对齐方式等特性。

在“文字外观”组合框中，可设置文字的样式颜色高度和分数高度比例，以及控制是否绘制文字边框等。

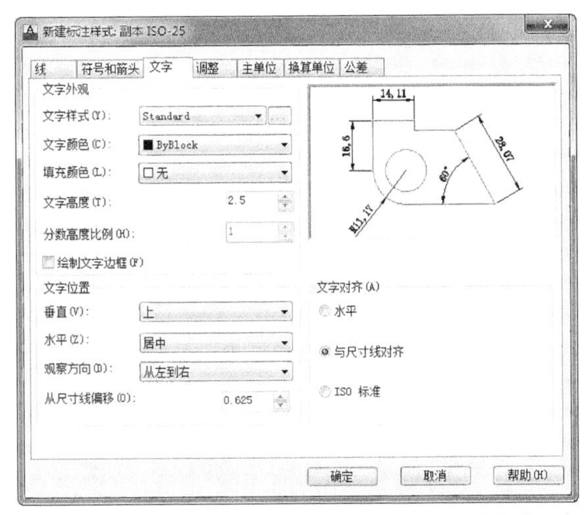

图5-9　“文字”选项卡

① 在“文字外观”组合框中包括以下几项。

- “文字样式”下拉列表：可对标注的文字样式进行选择，或者单击按钮□，打开“文字样式”对话框，进行文字样式的选择或新建，也可以通过dimtxsty变量进行设置。
- “文字颜色”下拉列表：对标注的文字进行颜色的设置，也可以通过dimclrt变量进行设置。
- “文字高度”文本框：可对标注文本的高度进行设置，也可以使用变量dimtxt进行设置。
- “分数高度比例”文本框：可对标注文字中的分数相对于其他标注文字的比例进行设置，将该比例值与标注文字高度的乘积作为分数的高度。

② 在“文字位置”组合框中包括以下几项。

- “垂直”下拉列表：用于控制尺寸文字在垂直方向的对齐位置，如图5-10所示。

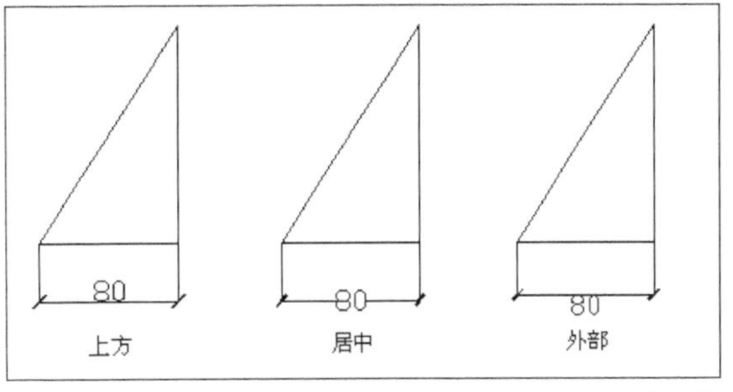

图5-10　文字垂直位置

- “水平”下拉列表：可对标注文字相对于尺寸线和尺寸界线在水平方向的位置进行设置，如图5-11所示。

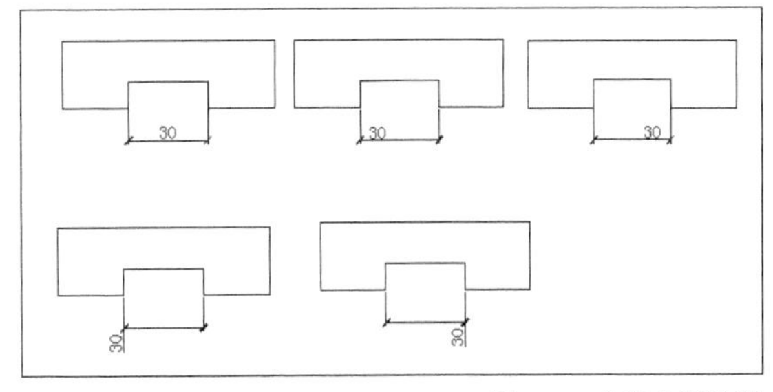

图5-11　文字水平位置

- “从尺寸线偏移”文本框：用来设置尺寸文字与尺寸线间的距离。

③ 在“文字对齐”组合框中包括以下几项。

- “水平”选项：可以使尺寸文字始终保持水平。
- “与尺寸线对齐”选项：可以使尺寸文字与尺寸线对齐。
- “ISO标准”选项：是当尺寸文字在两条尺寸界线之间时，与尺寸线对齐，否则尺寸文字水平放置。

（4）“调整”选项卡，如图5-12所示，可以设置标注特性比例，调整文字的放置位置等。

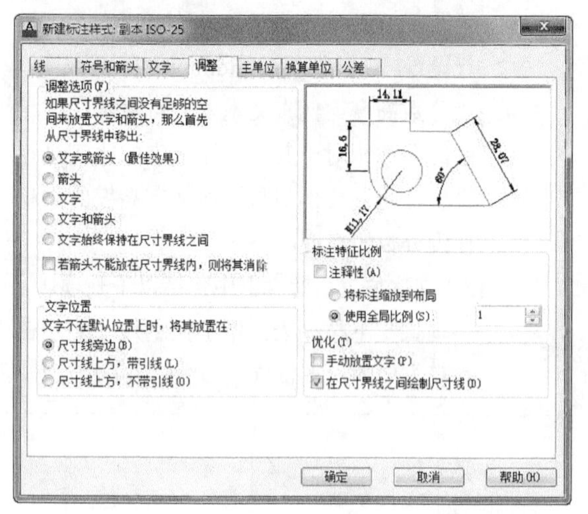

图5-12　“调整”选项卡

① 调整选项。当尺寸界线之间没有足够的空间同时放置标注文字和箭头时，可以通过“调整选项”区域中的各选项来设置如何从尺寸界线之间组合文字或箭头。

各选项具体说明如下。

- “文字或箭头（最佳效果）”单选按钮：选中此单选按钮，由系统按最佳效果自动移除文本或箭头。即如果空间允许，把尺寸文本和箭头都放在两尺寸界线之间；如果两尺寸界线之间只够放置尺寸文本，则把文本放在尺寸界线之间，而把箭头放在尺寸界线的外边；如果只够放置箭头，则把箭头放在里边，把文本放在外边；如果两尺寸界线之间既放不下文本，也放不下箭头，则把二者均放在外边。
- “箭头”单选按钮：选中此单选按钮，则首先将箭头移出。即如果空间允许，把尺寸文本和箭头都放在两尺寸界线之间；如果空间只够放置箭头，则把箭头放在尺寸界线之间，把文本放在外边；如果尺寸界线之间的空间放不下箭头，则把箭头和文本均放在外面。
- “文字”单选按钮：选中此单选按钮，则首先将文字移出：即如果空间允许，把尺寸文本和箭头都放在两尺寸界线之间；否则把文本放在尺寸界线之间，把箭头放在外面；如果尺寸界线之间的空间放不下尺寸文本，则把文本和箭头都放在外面。
- “文字和箭头”单选按钮：选中此单选按钮，可将文字和箭头都移出。即如果空间允许的话，把尺寸文本和箭头都放在两尺寸界线之间；否则把文本和箭头都放在尺寸界线外面。
- “文字始终保持在尺寸界线之间”单选按钮：选中此单选按钮，可将文字始终保持在尺寸界线之内，对应的系统变量为DIMTIX。
- “若箭头不能放在尺寸界线内，则将其消除”复选框：选中此复选框，如果尺寸接线之间的空间不足以容纳箭头，则不显示标注箭头，相对应的系统变量为DIMSOXD。

在“调整选项”组合框中，可以确定当尺寸界线之间没有足够的空间同时放置标注文字和箭头时，应从尺寸界线之间移出对象，如图5-13所示。

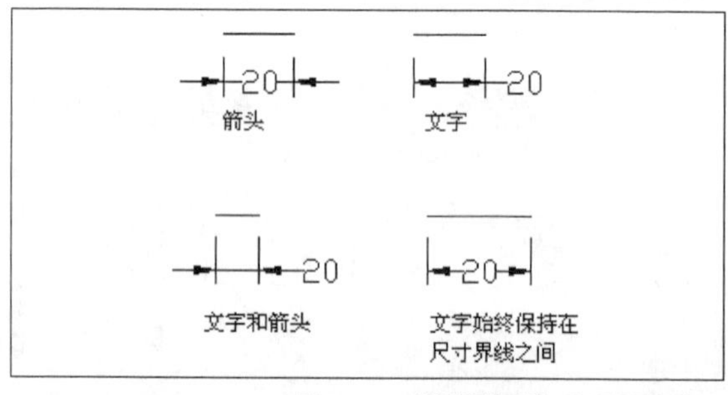

图5-13　“调整选项”中设置的效果

② 文字位置。当文字不在默认位置上时，可以在这里选择尺寸文字的放置位置，包括3个单选项：“尺寸线旁边”、“尺寸线上方，带引线”和“尺寸线上方，不带引线”。

在“文字位置”组合框中，可以设置当文字不在默认位置时的位置，如图5-14所示。

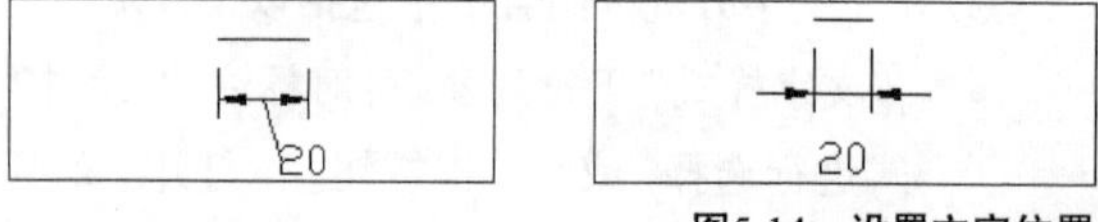

图5-14　设置文字位置

③ 标注特征比例。在“标注特征比例”选项组中，可以设置标注尺寸的特征比例，以便通过设置全

局比例来增加或减少各标注的大小，如图5-15所示。

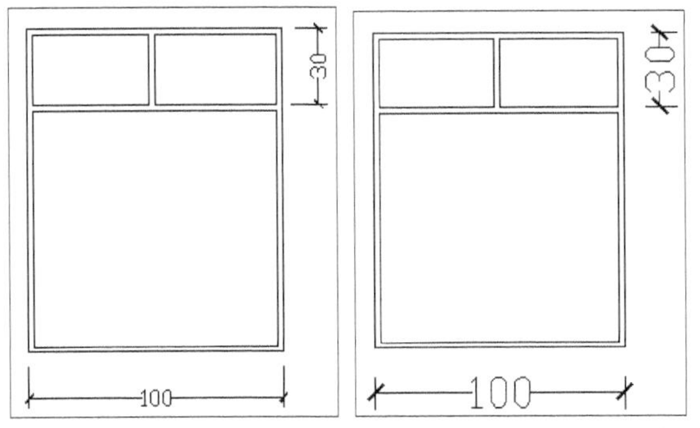

（a）标注尺寸比例为2　　（b）标注尺寸比例为1

图5-15　尺寸标注不同比例效果

各选项具体说明如下。

- “注释性”复选框：是否将标注特征比例设置为注释性的。
- “将标注缩放到全局”单选按钮：用户可根据当前模型空间视口和图纸空间之间的比例确定比例因子。当在图纸空间而不是模型空间视口工作时。或者当TILEMODE被设置成1时，将使用默认的比例因子，即1.0。
- “使用全局比例”单选按钮：对所有的标注样式进行缩放比例，该比例并不改变尺寸的测量值。用户可在其后的微调框里输入缩放因子。

④ 优化。在这个选项组中可以对文本的尺寸线进行细微调整。

各选项具体说明如下。

- “手动放置文字”复选框：选中此复选框，标注尺寸时由用户确定尺寸文本的放置位置，忽略前面的对齐设置。
- “在尺寸界线之间绘制尺寸线”复选框：选中此复选框，不论尺寸文本在尺寸界线内部还是外面，在两尺寸界线之间均可绘出一尺寸线；否则当尺寸界线内放不下尺寸文本而将其放在外面时，尺寸界线之间无尺寸线。对应的系统变量为DIMTOFL。

⑤“主单位”选项卡，如图5-16所示，用来设置尺寸标注的主单位和精度，以及给尺寸文本添加固定的前缀或后缀。

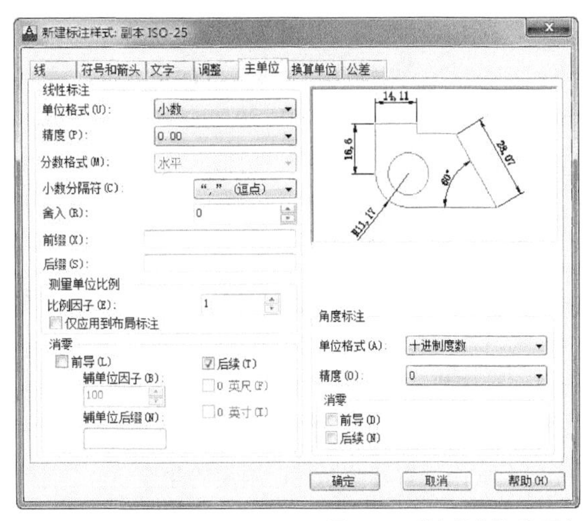

图5-16　“主单位”选项卡

该选项卡包含两个选项组，分别可对线性标注和角度标注进行设置。

（1）线性标注。在此可以设置线性标注的单位格式和精度。

各选项具体说明如下。

- “单位格式”下拉列表框：用于设置除角度标注之外，其余各种标注类型的尺寸单位，其中包括“科学”、“小数”、“工程”、“建筑”、“分数”和“Windows桌面”6种单位制，用户可根据自己需要进行选择。对应的系统变量为DIMLUNIT。
- “精度”下拉列表框：用于设置除角度标注之外的其他标注的尺寸精度，对应的系统变量为DIMDEC。
- “分数格式”下拉列表框：用于设置分数的形式，其中包括“水平”、“对角”和“非重叠”3种形式。对应的系统变量为DIMFRAC。
- “小数分隔符”下拉列表框：用于设置十进制单位的分隔符，其中包括“句点”、“逗点”和“空格”3种形式。对应的系统变量为DIMDSEP。
- “舍入”微调框：用于设置除角度标注之外的尺寸测量值的舍入值。对应的系统变量为DIMRND。
- “前缀”文本框：用于设置标注文字的前缀。用户可输入文本，也可以用控制符产生特殊字符。这些文本会被加在所有尺寸之前。对应的系统变量为DIMPOST。

- “后缀”文本框：用于设置标注文字的后缀。
- “测量单位比例”选项组：用于确定系统自动测量尺寸中的比例因子。其中“比例因子”微调框用来设置除角度之外所有尺寸测量的比例因子。如果选中“仅应用到布局标注”复选项，则设置的比例因子只适用于布局标注。

（2）角度标注。用户可以使用“单位格式”下拉列表框来设置标注角度时采用的角度单位。使用“精度”下拉列表框来设置标注角度的尺寸精度。

各选项具体说明如下。

- “单位格式”下拉列表框：用于设置角度单位，其中包括“十进制度数”、“度/分/秒”、“百分度”和“弧度”4种形式。对应的系统变量为DIMAUNIT。
- “精度”下拉列表框：用于设置较粗尺寸标注的精度。
- “消零”选项组：用于设置是否省略标注角度中的前导和后续的0。

（3）“换算单位”选项卡。单击“新建标注样式”对话框中的“换算单位”选项卡，如图5-17所示，该选项卡用于设置替换单位。通过换算标注单位，可以转换使用不同测量单位制的标注，通常是显示英制标注的等效公制标注，或公制标注的等效英制标注。

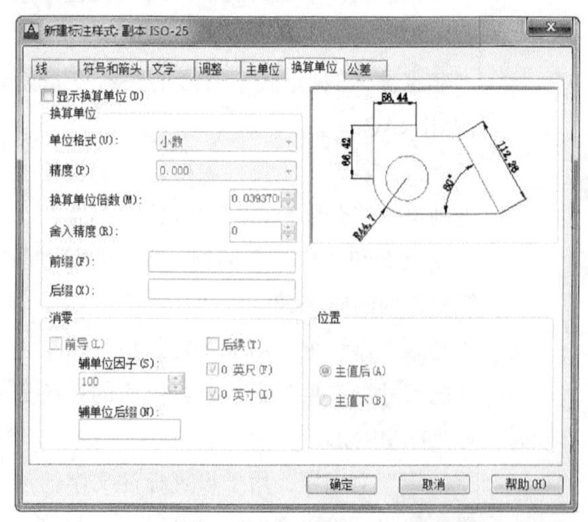

图5-17 “换算单位”选项卡

（4）显示换算单位。选中该复选框后，对话框中其他的选项才可用。在标注文字中，换算标注单位显示在主单位旁边的方括号[]中。

（5）换算单位。各选项具体说明如下。

- “单位格式”下拉列表框：选取替换单位采用的单位制。
- “精度”下拉列表框：用于设置替换单位的精度。
- “换算单位倍数”微调框：用于指定主单位和替换单位的转换因子，对应的系统变量为DIMALTF。
- “舍入精度”微调框：用于设定替换单位的圆整规则。
- “前缀”文本框：用于设置替换单位文本的固定前缀，对应的系统变量为DIMAPOST。
- “后缀”文本框：用于设置替换单位文本的固定后缀，对应的系统变量为DIMAPOST。

（6）消零。用于设置是否省略尺寸标注中的0，对应的系统变量为DIMALTZ。

（7）位置。用于设置替换单位尺寸标注的位置。

- “主值后”单选按钮：将替换单位尺寸标注放置在主单位标注的后边。
- “主值下”单选按钮：将替换单位尺寸标注放置在主单位标注的下边。

（8）“公差”选项卡。单击“新建标注样式”对话框中的“公差”选项卡，如图5-18所示，可以控制标注文字中公差的格式及显示。

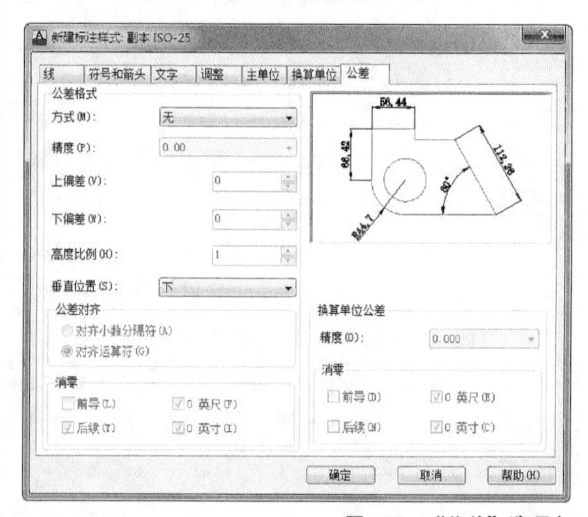

图5-18 “公差”选项卡

① 公差格式用于设置公差的标注方式。

各选项具体说明如下。

- “方式”下拉列表框：用于设置以何种形式标注公差。单击右侧的向下箭头，弹出下拉列表框，提供的5种标注公差的形式，用户可从中选择。这5种形式分别是“无”、“对称”、“极限偏差”、“极限尺寸”和“基本尺寸”，其中“无”表示不标注公差，即上面说过的通常标注情形。
- “精度”下拉列表框：用于确定公差标注的精度，对应的系统变量为DIMTDEC。
- “上偏差”微调框：用于设置尺寸的上偏差，对应的系统变量为DIMTP。
- “下偏差”微调框：用于设置尺寸的下偏差，对应的系统变量为DIMTM。
- “高度比例”微调框：用于设置公差文本的高度比例，即公差文本的高度与一般尺寸文本的高度之比，对应的系统变量为DIMTFAC。
- “垂直位置”下拉列表框：用于控制“对称”和“极限偏差”形式的公差标注的文本对齐方式。

  “上”：即公差文本的顶部与一般尺寸文本的顶部对齐。

  “中”：即公差文本的中线与一般尺寸文本的中线对齐。

  “下”：即公差文本的底线与一般尺寸文本的底线对齐。

  “公差对齐”选项组：可以设置对齐小数分隔符和对齐运算符。

  “消零”选项组：用于设置是否省略公差标注中的0，对应的系统变量为DIMTZIN。

② 换算单位公差。用于对齐形位公差标注的替换单位进行设置，各项设置方法与上面类似。

5.2.2　修改尺寸标注样式

如果标注的尺寸需要修改，可通过单击“标注样式管理器”的“修改”按钮来完成，此时会弹出“修改标注样式”对话框，如图5-19所示。

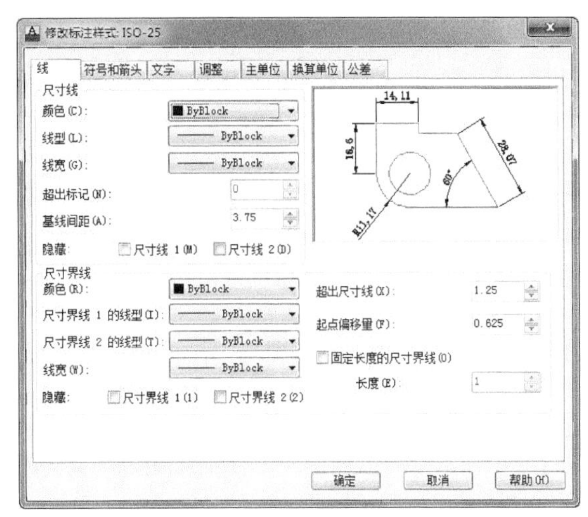

图5-19　“修改标注样式”

在此对话框中可设置相应的选项来对标注样式进行修改，各选项设置同与前面所讲一样，前者只不过是新建样式，后者则为修改样式。

5.2.3　删除和重命名标注样式

在“标注样式管理器”对话框中的“样式”列表框中，通过右键单击某个标注可对其进行删除和重命名操作，如图5-20所示。

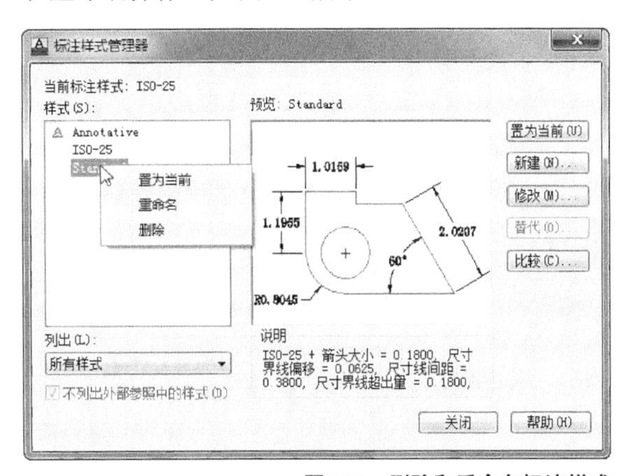

图5-20　删除和重命名标注样式

5.2.4　标注样式的比较

单击“标注样式管理器”中的“比较”按钮，弹出“比较标注样式”对话框，在此可对不同的样式进行比较，如图5-21所示。

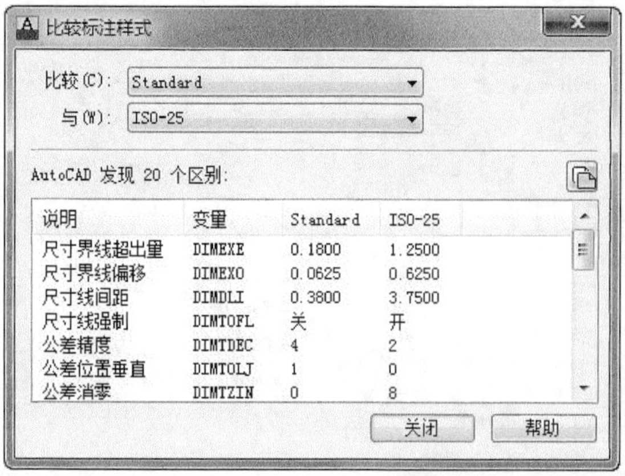

比较标注样式

比较(C): Standard

与(W): ISO-25

AutoCAD 发现 20 个区别:

说明	变量	Standard	ISO-25
尺寸界线超出量	DIMEXE	0.1800	1.2500
尺寸界线偏移	DIMEXO	0.0625	0.6250
尺寸线间距	DIMDLI	0.3800	3.7500
尺寸线强制	DIMTOFL	关	开
公差精度	DIMTDEC	4	2
公差位置垂直	DIMTOLJ	1	0
公差消零	DIMTZIN	0	8

关闭 帮助

图5-21 “比较标注样式”对话框

5.3 建筑绘图的尺寸标注命令

在了解了尺寸标注的组成与规则、标注样式的创建和设置方法后，接下来介绍如何使用标注工具标注图形。AutoCAD 2013提供了完善的标注命令，例如使用“直径”、“半径”、“角度”、“线性”、“圆心标记”等标注命令，可以对直径、半径、角度、直线及圆心位置等进行标注。

用户可通过以下方法对图形进行标注。

方法一：在命令行中输入相应的命令。

方法二：单击“标注”工具栏中相应按钮，各标注按钮功能如表5-1所示。

方法三：选择“标注”下拉菜单中的命令。

表5-1 “工具”栏按钮说明

按钮	名称	说明
	线性标注	可对两点间的直线距离进行测量。可创建水平垂直或旋转线性标注
	对齐标注	可创建尺寸线平行于尺寸界线原点的线性标注，也可以创建对象的真实长度测量值。
	半径标注	可测量圆或圆弧的半径
	坐标标注	用于创建坐标点标注，显示给定原点测量出来的点的坐标
	直径标注	可测量圆或圆弧的半径
	角度标注	可测量角度
	快速标注	通过一次选择多个对象，可创建标注阵列，例如基线、连续和坐标标注

（续表）

按钮	名称	说明
	基线标注	从一个点或选定标注的基线进行连续的线性、角度或坐标标注，都是从相同的原点测量尺寸
	连续标注	从上一个或选定标注的第2条尺寸界线进行连续的线性、角度或坐标标注
	公差	可创建行位公差
	圆心标记	可创建圆和圆弧的圆心标记或中心线
	弧长标注	用来标注弧长或角度

5.3.1 线性标注

1. 命令功能

线性标注用于标注图形对象的线性距离或长度，其中包括水平标注、垂直标注和旋转标注3种类型。水平标注用于标注对象上的两点在水平方向上的距离，尺寸线沿水平方向放置；垂直标注用于标注对象上的两点在垂直方向的距离，尺寸线沿垂直方向放置；旋转标注用于标注对象上的两点在指定方向上的距离，尺寸线沿旋转角度方向放置。

2. 命令调用

方法一：在命令行中输入dimlinear命令。

方法二：单击“标注”工具栏按钮。

方法三：选择“标注”→“线性”菜单命令。

执行上述命令后，命令行提示如下。

命令: _dimlinear

指定第一条尺寸界线原点或 <选择对象>:

指定第二条尺寸界线原点:

指定尺寸线位置或

[多行文字(M)/文字(T)/角度(A)/水平(H)/垂直(V)/旋转(R)]:

各选项具体说明如下。

- 多行文字：选择该选项后，弹出“文字格式”编辑器，可以输入和编辑标注文字。
- 文字：根据命令行的提示输入新的标注文

字内容。

- 角度：根据命令行的提示输入标注文字角度来修改尺寸的角度。
- 水平：用来将尺寸文字水平放置。
- 垂直：用来将尺寸文字垂直放置。
- 旋转：用来创建具有倾斜角度的线性尺寸标注。

3. 操作示例

为图5-22（a）所示的图形添加标注，效果如图5-22（b）所示。

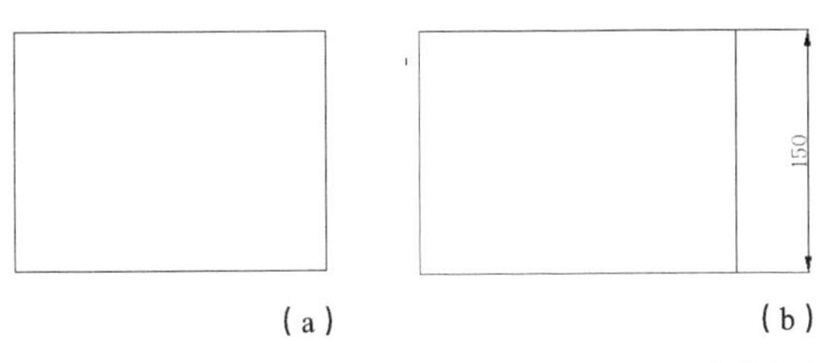

图5-22 线性标注

命令行提示如下。

（调整合适的标注样式后）

命令: _dimlinear //调用线性标注命令

指定第一条尺寸界线原点或 <选择对象>: //捕捉左下角端点

指定第二条尺寸界线原点: //捕捉上方顶点

指定尺寸线位置或

[多行文字(M)/文字(T)/角度(A)/水平(H)/垂直(V)/旋转(R)]:

标注文字=150

5.3.2 对齐标注

1. 命令功能

对齐标注用来创建与指定位置或对象平行的标注，对齐标注是指标注两点之间的实际长度，对齐标注的尺寸线平行于两点间的连线。

2. 命令调用

方法一：在命令行中输入dimaligned命令。

方法二：单击“标注”工具栏按钮。

方法三：选择“标注”→“对齐”菜单命令。

3. 操作示例

对齐标注效果如图5-23所示。

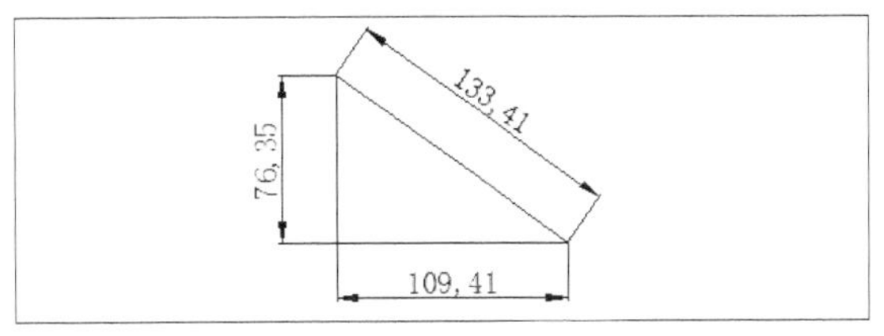

图5-23 对齐标注

5.3.3 弧长标注

1. 命令功能

弧长标注用来标注弧长或角度。为区别它们是线性标注还是角度标注，默认情况下，弧长标注将显示一个圆弧符号。

2. 命令调用

方法一：在命令行输入dimmarc命令。

方法二：单击“标注”工具栏按钮。

方法三：选择“标注”→“弧长”菜单命令。

调用弧长标注命令后，系统提示如下。

选择弧线段或多段线弧线段:

选择弧段后，系统提示如下。

指定弧长标注位置或 [多行文字（M）/文字（T）/角度（A）/部分（P）/引线（L）]:

各选项具体说明如下。

- “部分”：用于缩短弧长标注的长度。选择后，系统提示如下。

指定弧长标注的第一个点:

指定后，提示如下。

指定弧长标注的第二个点:

指定圆弧上弧长标注的终点即可，如图5-24所示。

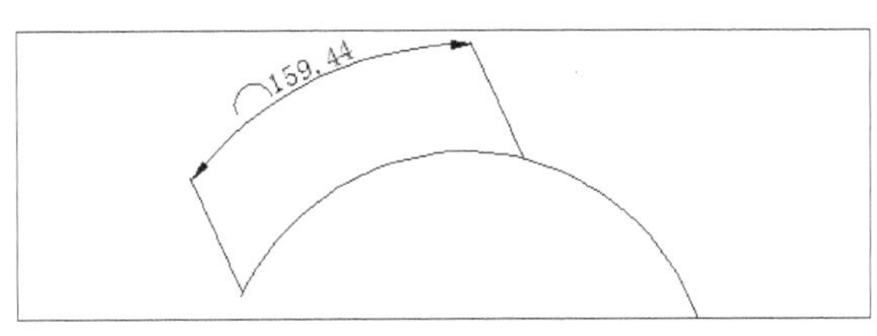

图5-24 部分圆弧标注

- “引线”：用于添加引线对象。引线是按照径向绘制的，指向所标注圆弧的圆心。需注意的是仅当圆弧的包含角度大于90°时才显示此项。如图5-25所示。

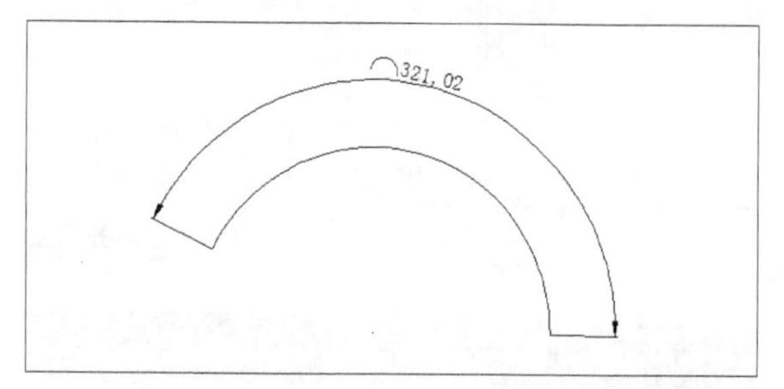

图5-25 添加引线标注

5.3.4 坐标标注

1. 命令功能

坐标标注可以标明位置点相对于当前坐标系原点的坐标值，它是由x坐标或y坐标和引线组成的。

2. 命令调用

方法一：在命令行中输入dimordinate命令。

方法二：单击“标注”工具栏按钮。

方法三：选择“标注”→“坐标”菜单命令。

命令行提示如下。

命令: _dimordinate

指定点坐标:

指定引线端点或 [X 基准(X)/Y 基准(Y)/多行文字(M)/文字(T)/角度(A)]:

标注文字 = 1493.45

各选项具体说明如下。

- 指定引线端点：用于确定另一点。可根据这两个点之间的坐标差决定是生成x坐标尺寸还是y坐标尺寸。如果这两个点之间y坐标的距离相差大，就生成x坐标；否则生成y坐标。
- X基准：用于生成该点的x坐标。
- Y基准：用于生成该点的y坐标。

3. 操作示例

使用坐标标注对台阶图形进行标注，如图5-26（a）所示。

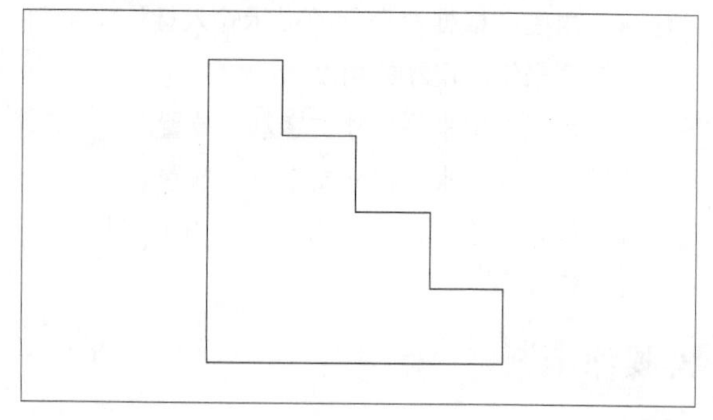

（a）标注前

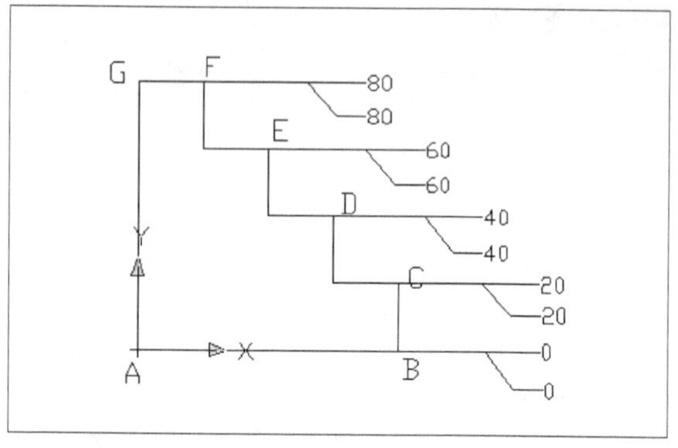

（b）标注后

图5-26 坐标标注

操作步骤

01 选择菜单栏“工具”→“新建UCS”→“原点”菜单命令。（将用户坐标设置到图中的A点）

02 单击工具栏“标注”→“坐标”按钮。（创建A点的坐标标注）

命令行提示：“指定点坐标：”（指定B点）

命令行提示：“指定引线端点或 [X基准（X）/Y基准（Y）/多行文字（M）/文字（T）/角度（A）]：”（向右水平拖动鼠标，创建B点的Y坐标标注，向右下方拖动鼠标，创建B点的X坐标标注）

03 重复以上操作，创建各点的x和y坐标标注，最终结果如图5-26（b）所示。

5.3.5 半径标注

1. 命令功能

半径标注就是标注圆或圆弧的半径尺寸。

2. 命令调用

方法一：在命令行中输入dimradius命令。

方法二：单击“标注”工具栏按钮。

方法三：选择“标注”→“半径”菜单命令。

执行上述命令后，命令行提示如下。

选择圆弧或圆:

选择对象后，命令行接着提示：

指定尺寸线位置或 [多行文字(M)/文字(T)/角度(A)]:

指定尺寸线的位置后，系统将按照实际测量值标注出圆或圆弧的半径。用户也可以利用“多行文字”、“文字”及“角度”选项确定尺寸文字和尺寸文字的旋转角度。其中，当通过“多行文字”或“文字”选项重新确定尺寸文字时，只有为输入的尺寸文字加前缀R才可以使标出的半径尺寸有该符号，否则没有此符号。

3. 操作示例

为图5-27（a）所示的图形添加尺寸标注，效果如图5-27（b）所示。

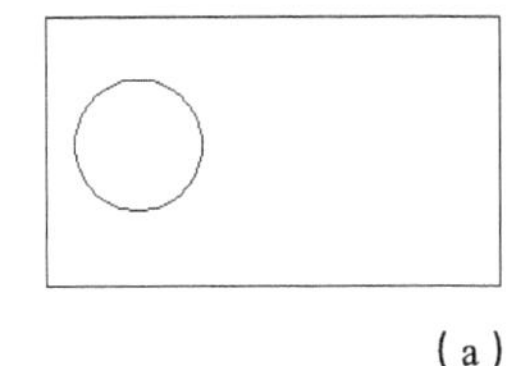

（a）

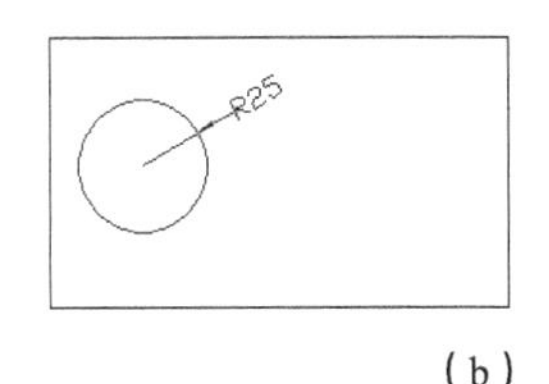

（b）

图5-27 添加半径标注

命令行提示如下。

命令: _dimradius //调用半径标注命令

选择圆弧或圆:

标注文字 =25

指定尺寸线位置或 [多行文字(M)/文字(T)/角度(A)]: t

输入标注文字 <137.04>: R25 //输入半径值并按回车键

指定尺寸线位置或 [多行文字(M)/文字(T)/角度(A)]:

技巧与提示

（1）在选择对象时，只能用鼠标选择单个对象，不能使用框选。

（2）坐标标注的箭头形式采用“实心闭合”。

5.3.6 直径标注

直径标注就是标注圆或圆弧的直径尺寸。

1. 命令调用

方法一：在命令行中输入dimdiameter命令。

方法二：单击“标注”工具栏按钮。

方法三：选择“标注”→“直径”菜单命令。

2. 操作效果

直径标注操作效果如图5-28所示。

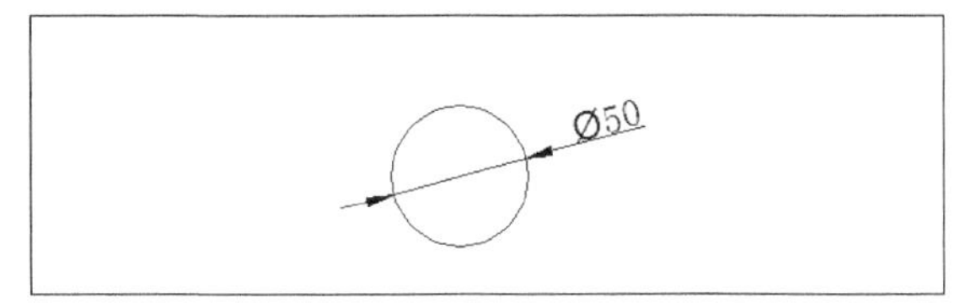

图5-28 直径标注

5.3.7 角度标注

1. 命令调用

方法一：在命令行中输入dimangular命令。

方法二：单击“标注”工具栏按钮。

方法三：选择“标注”→“角度”菜单命令。

执行该命令后，命令行提示如下：

命令: _dimangular

选择圆弧、圆、直线或 <指定顶点>:

指定标注弧线位置或 [多行文字(M)/文字(T)/角度(A)/象限点(Q)]:

（1）如选择圆弧为标注对象，系统则以圆弧的两个端点为角度尺寸的两条界线的起始点。

（2）如选择圆为标注对象，系统则以圆心为顶点，两个指定点为尺寸界线，要求指定的第二点既可以是圆上的点，也可以是圆外的点。

（3）如选择直线为标注对象，系统则以两条直线的交点或延长线的交点为顶点，两条直线为尺寸界线。

（4）指定顶点：直接指定顶点、角的第一个端点和角的第二个端点来标注角度。

（5）象限点：指定圆或圆弧上的象限点来标注弧长，尺寸线将与指定的象限点在同一侧。

角度标注效果如图5-29所示。

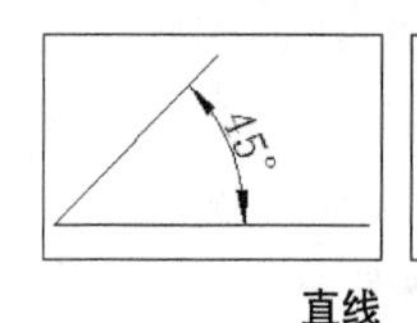

直线

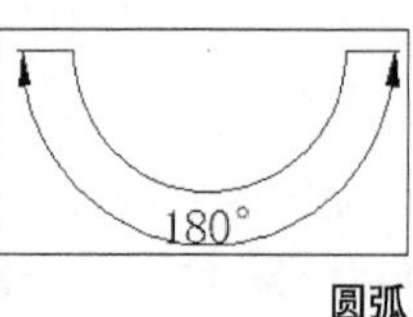

圆弧

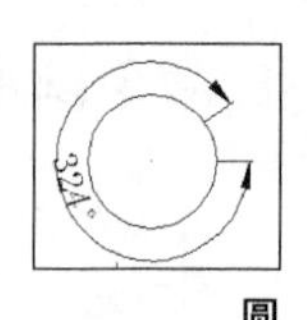

圆

图5-29 角度标注效果

2. 操作示例

为图5-30（a）所示的图形，添加角度标注，效果如图5-30（b）所示。

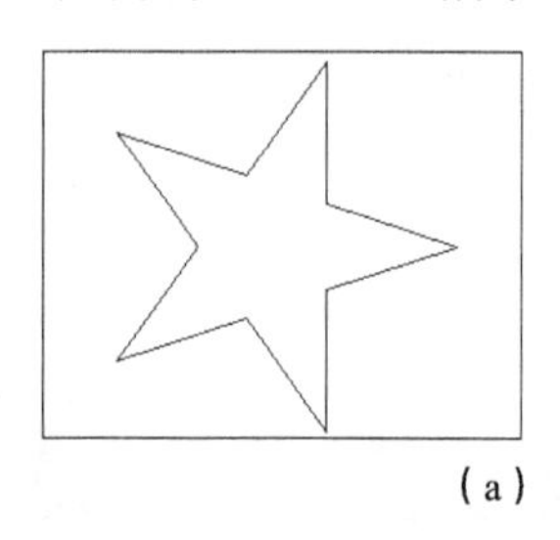

（a）

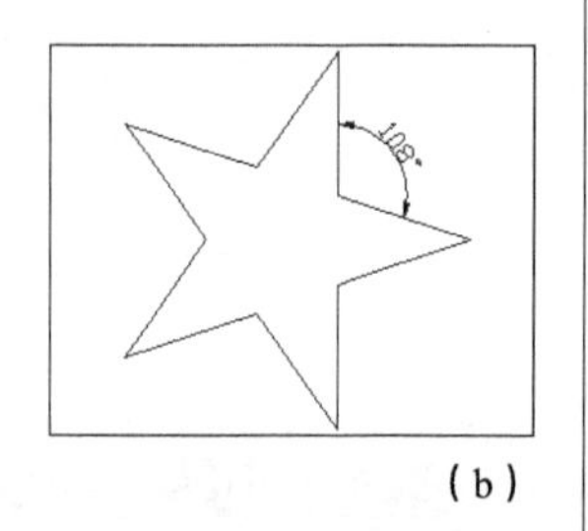

（b）

图5-30 添加角度标注

操作步骤

01 在命令行中输入dimangular命令。

命令: dimangular

//调用角度标注命令，并回车

选择圆弧、圆、直线或 <指定顶点>:

02 选择如图5-31所示的直线，命令行提示如下。

选择第二条直线:

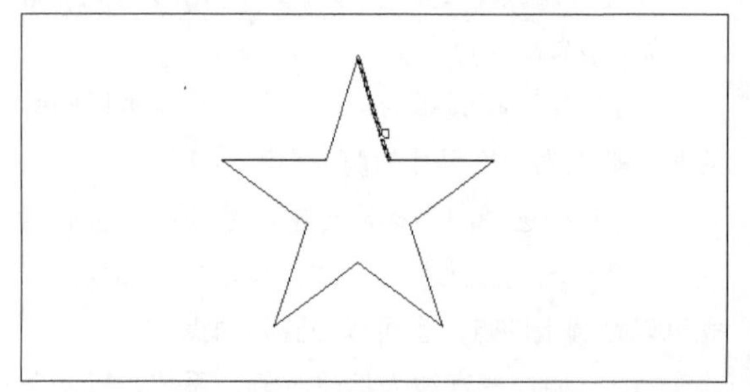

图5-31 拾取第一条直线

03 选择如图5-32所示的第三条边，命令行提示如下。

指定标注弧线位置或 [多行文字(M)/文字(T)/角度(A)/象限点(Q)]:

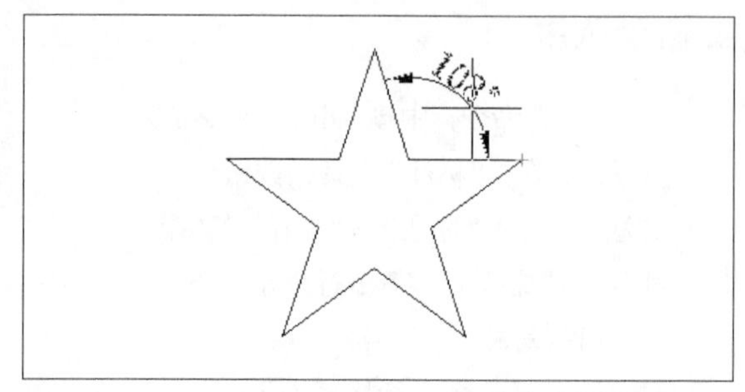

图5-32 拾取第二条直线

04 移动光标，尺寸标注移动到合适的位置单击即可。

标注文字 = 108

5.3.8 连续标注

1. 命令调用

方法一：在命令行中输入dimcontinue命令。

方法二：单击“标注”工具栏按钮⊞。

方法三：选择“标注”→“连续”菜单命令。

在进行连续标注之前，必须先创建(或选择)一个线性、坐标或角度标注作为基准标注，以确定连续标注所需要的前一尺寸标注的尺寸界线，然后执行 dimcontinue 命令，此时命令行提示如下。

指定第二条尺寸界线原点或 [放弃(U)/选择(S)] <选择>:

在该提示下，当确定了下一个尺寸的第二条尺寸界线原点后，AutoCAD 按连续标注方式标注出尺寸，即把上一个或所选标注的第二条尺寸界线作为新尺寸标注的第一条尺寸界线标注尺寸。当标注完成后，按 Enter 键即可结束该命令。

2. 操作示例

对图5-33（a）所示的图形进行连续标注，效果如图5-33（b）所示。

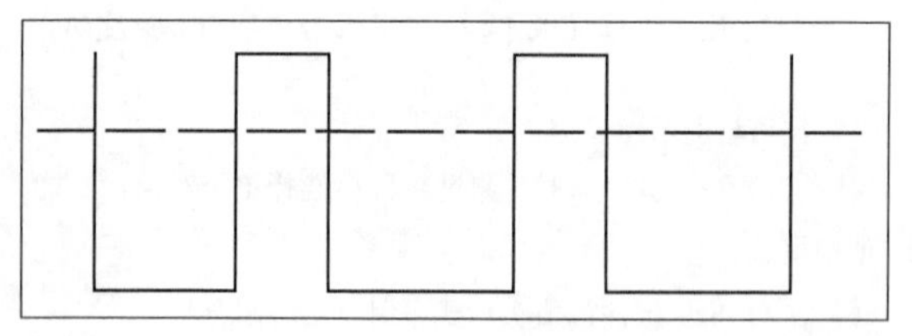

（a）

图5-33 连续标注

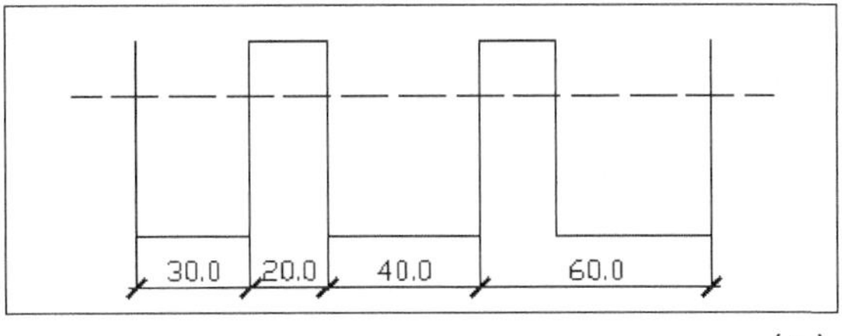

（b）

图5-33　连续标注（续）

5.3.9　基线标注

1. 命令功能

基线标注是以某一个尺寸标注的第一尺寸界线为基线，创建另一个尺寸标注，这种方法通常应用于建筑设计和机械设计中。

2. 命令调用

方法一：在命令行中输入dimlinear命令。

方法二：单击“标注”工具栏按钮。

方法三：选择“标注”→“基线”菜单命令。

与连续标注一样，在进行基线标注之前也必须先创建（或选择）一个线性、坐标或角度标注作为基准标注，然后执行dimbaseline 命令，此时命令行提示如下信息。

指定第二条尺寸界线原点或 [放弃(U)/选择(S)] <选择>:

在该提示下，可以直接确定下一个尺寸的第二条尺寸界线的起始点。AutoCAD将按基线标注方式标注出尺寸，直到按下Enter键结束命令为止。

技巧与提示

在基线标注之前，应首先设置基线间距，选择合适的基线间距，避免覆盖上一条尺寸线。

3. 操作示例

基线标注效果如图5-34所示。

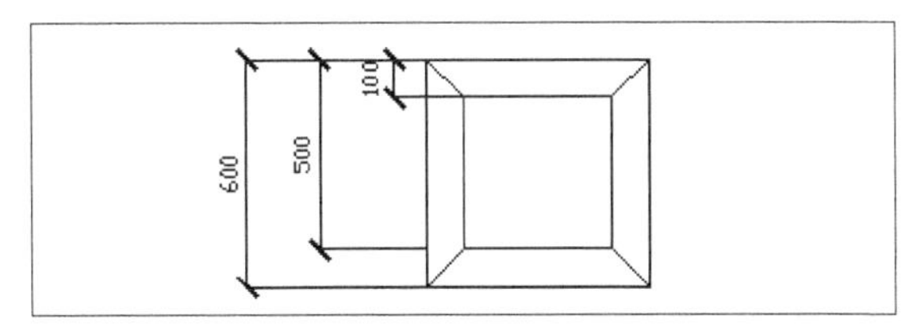

图5-34　基线标注

5.3.10　引线标注

1. 命令功能

利用引线标注可以创建带有一个或多个引线、多种格式的注释文字及多行旁注和说明等，还可以标注特定的尺寸，如圆角、倒角等。

2. 命令调用

方法一：在命令行输入qleader命令。

方法二：在命令行输入leader命令。

利用qleader命令可以快速生成指引线及注释，并且可以通过命令行优化对话框进行用户自定义，由此可以消除不必要的命令行提示，达到最高的工作效率。

（1）利用qleader命令进行引线标注。在对图形进行引线标注前，用户可以先对引线格式进行设置。调用qleader引线命令后，系统提示如下。

指定第一个引线点或 [设置（S）] <设置>:

输入s后，弹出“引线设置”对话框，如图5-35所示。

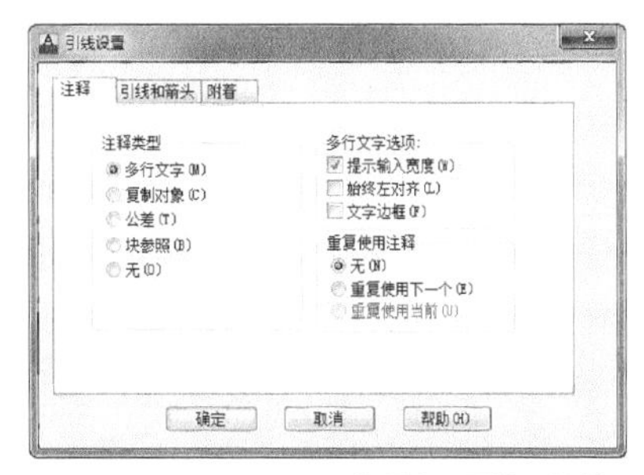

图5-35　“引线设置”对话框

打开“引线设置”对话框，如图5-36所示，可以对引线标注进行设置。

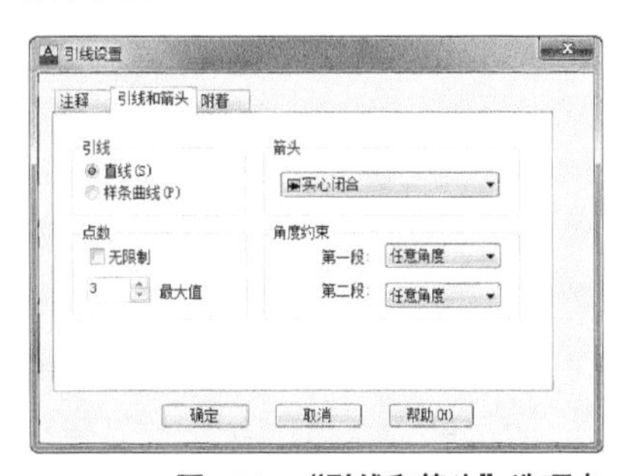

图5-36　“引线和箭头”选项卡

（2）利用leader命令进行引线标注。

利用leader命令可以灵活创建多样的引线标注形式，用户可以根据自己的需要把指引线设置成折线或者曲线；引线的端部可以有箭头，也可以没有箭头，如图5-37所示。

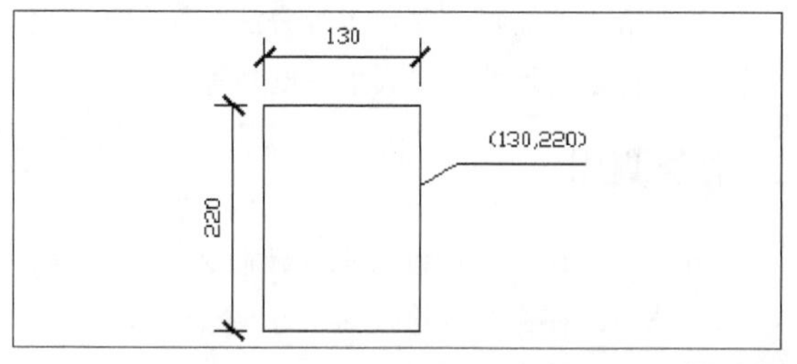

图5-37　引线注释

3. 操作示例

创建如图5-38所示的引线标注。

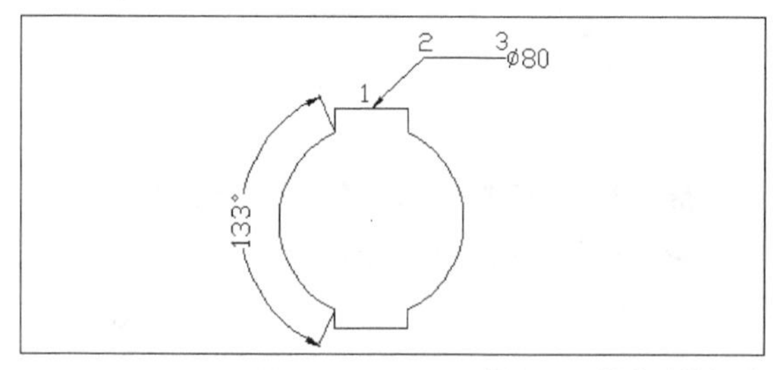

图5-38　创建引线标注

操作步骤

01 单击“标注”工具栏中的“角度”按钮。命令行提示如下。

选择圆弧、圆、直线或 <指定顶点>:

02 选择左半边圆弧。命令行提示如下。

指定标注弧线位置或 [多行文字（M）/文字（T）/角度（A）]: //指定弧线位置即可

03 在命令行输入qleader。命令行提示如下。

指定第一个引线点或 [设置（S）] <设置>: //指定1点

指定下一点: //指定2点

指定下一点: //指定3点

指定文字宽度：15↙

输入注释文字的第一行 <多行文字(M)>:%%C80↙ //结果如图5-38所示

5.3.11 快速标注

1. 命令功能

“快速标注”命令可使用户交互、动态、自动化地进行尺寸标注。在快速尺寸标注命令中可以同时选择多个圆或圆弧标注直径或半径，也可同时选择多个对象进行基线标注和连续标注，选择一次即可完成多个标注，因此可节省时间，提高工作效率。

2. 命令调用

方法一：在命令行中输入qdim命令。

方法二：单击“标注”工具栏按钮。

方法三：选择“标注”→“快速标注”菜单命令。

用上述任意一种方法输入命令，AutoCAD将有如下提示。

命令: _qdim

选择要标注的几何图形: //选择实体

选择要标注的几何图形: //继续选择实体或按回车

指定尺寸线位置或 [连续(C)/并列(S)/基线(B)/坐标(O)/半径(R)/直径(D)/基准点(P)/编辑(E)/设置(T)] <连续>:

各选项具体说明如下。

- 连续：创建一系列连续标注，如图5-39所示。

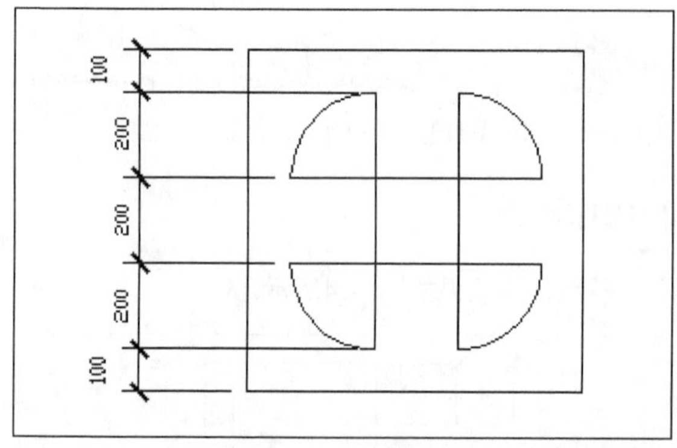

图5-39　利用qdim命令创建连续标注

- 并列：创建一系列的并列标注，如图5-40所示。

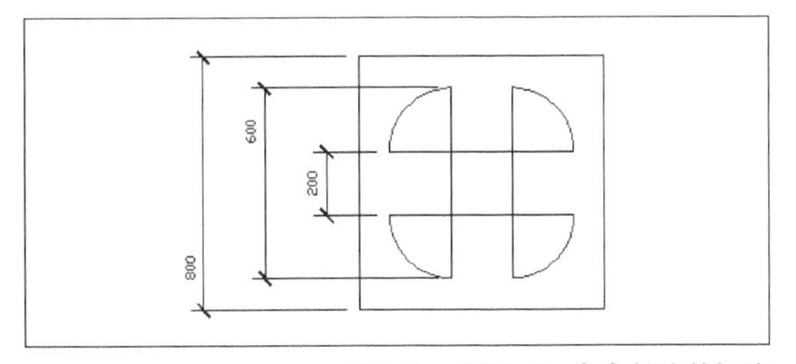

图5-40　利用qdim命令创建并标注

- 基准点：用来为基线标注和连续标注确定一个新的基准点。
- 编辑：用来对快速标注的选择集进行修改。
- 设置：用来设置关联标注的优先级。

技巧与提示

"标注"工具栏中的圆心标记和折弯标注等标注命令在建筑绘图中使用较少，此处不再介绍。

5.3.12　形位公差标注

1. 命令功能

形位公差在机械图形中非常重要，它表示特征的形状、轮廓、方向、位置和跳动的允许偏差。可以通过特征控制框来添加形位公差，这些框中包含单个标注的所有公差信息。标注形位公差通常由形位公差符号、框、形位公差值、材料状况和基准代号等组成。

2. 命令调用

（1）命令行：在命令行输入tolerance命令。

（2）工具栏：单击"公差"按钮。

（3）菜单栏：选择"标注"→"公差"菜单命令。

调用公差命令后，系统打开"形位公差"对话框，如图5-41所示，用户在此对话框中设置形位公差标注。

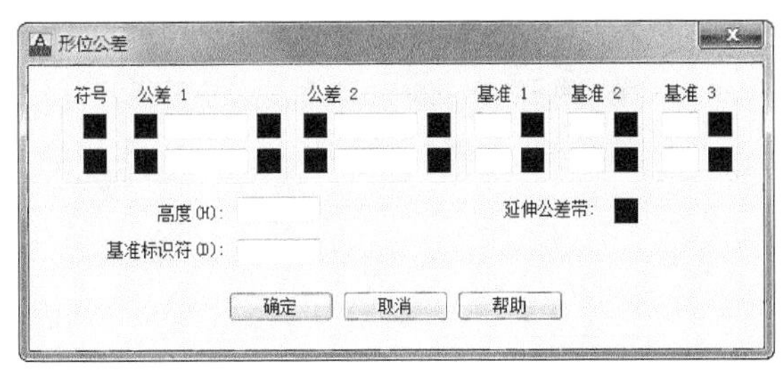

图5-41　"形位公差"对话框

各选项具体说明如下。

- "符号"选项：用于设置所要标注形位公差的符号。单击下面的黑色框，打开"特征符号"对话框，如图5-42所示。

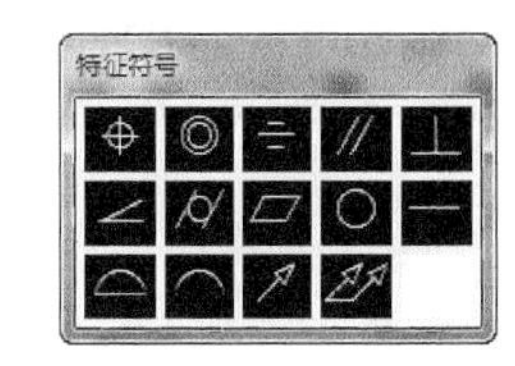

图5-42　"符号特征"对话框

- "公差1"和"公差2"选项组：单击该选项下面的黑色框，就可以插入一个直径符号。用户可在中间的文本框中输入具体的公差值。单击其后的黑色框，打开"附加符号"对话框，用户可以通过该对话框为公差选择包容条件符号，如图5-43所示。

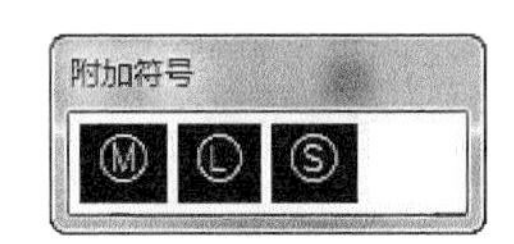

图5-43　"附加符号"对话框

- "基准1"、"基准2"和"基准3"选项组：用于设置公差基准和相应的包容条件。用户可在前面的文本框中输入基准符号；单击其后的黑色框，打开"附加符号"对话框，用户可以通过该对话框为公差选择包容条件符号。
- "高度"文本框：用于设置投影公差带的值。投影公差带控制固定垂直部分延伸区的高度变化，并且以位置公差控制公差精度。
- "延伸公差带"：单击其后的黑色框，可以在投影公差带值的后面插入投影公差符号。
- "基准标识符"文本框：用于创建由参照文字组成的基准标识符号。

5.4　编辑尺寸标注

在AutoCAD 2013中，可以对已标注对象的文字、位置及样式等内容进行修改，而不必删除所标注的尺寸对象再重新进行标注。

5.4.1 编辑标注

1. 命令功能

编辑标注用来改变标注对象的文字及尺寸界线等。

2. 命令调用

用户可以通过以下几种方法来编辑标注。

方法一：单击“标注”工具栏按钮。

方法二：在命令行中输入dimedit命令。

执行上述命令后，命令行提示如下。

输入标注编辑类型 [默认(H)/新建(N)/旋转(R)/倾斜(O)] <默认>:

该提示行各选项的含义如下。

- 默认：按默认位置放置尺寸文本，执行该项时会有如下提示。

选择对象:　　　　//选择尺寸对象

该尺寸对象将按默认位置方向放置。

- 新建：修改指定尺寸对象的尺寸文本，执行该选项时会弹出多行文本编辑器对话框，用户在该对话框的输入框内输入新尺寸值，然后单击“确定”按钮会出现如下提示：

选择对象:　　　　//选取尺寸对象

执行此命令修改该尺寸对象的尺寸文本。

- 旋转：用来指定标注文字的旋转角度，如图5-44所示，命令行提示如下。

输入标注编辑类型 [默认(H)/新建(N)/旋转(R)/倾斜(O)] <默认>: r

指定标注文字的角度　　　　//输入角度

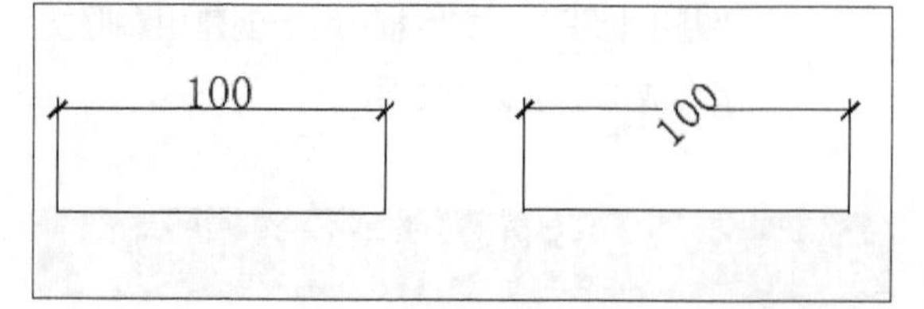

图5-44　旋转标注

- 倾斜：此项是针对尺寸界线进行编辑，用来指定线性尺寸界线的倾斜角度，如图5-45所示，命令行提示如下。

命令: dimedit

输入标注编辑类型 [默认(H)/新建(N)/旋转(R)/倾斜(O)] <默认>: o

选择对象:　　　　//选择实体

选择尺寸标注对象后，命令行提示如下。

输入倾斜角度（按 Enter 键表示无）:

//输入角度

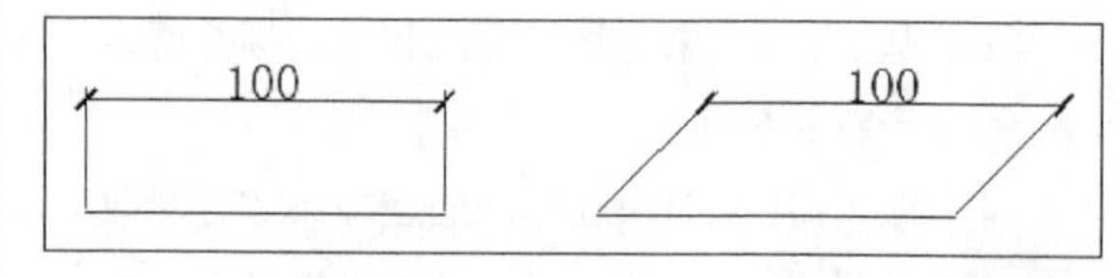

图5-45　倾斜标注

5.4.2 编辑标注文字的位置

1. 命令功能

用户可以利用该命令调整尺寸文本的位置。

2. 命令调用

方法一：在命令行中输入dimtedit命令。

方法二：单击“标注”工具栏按钮。

执行上述命令后，命令行提示如下。

选择标注:　　　　//选择尺寸标注

指定标注文字的新位置或 [左(L)/右(R)/中心(C)/默认(H)/角度(A)]:

该提示行各选项的含义如下。

- 左：仅对长度型、半径型、直径型尺寸标注起作用，这决定尺寸文本是否沿尺寸线左对齐，如图5-46所示。

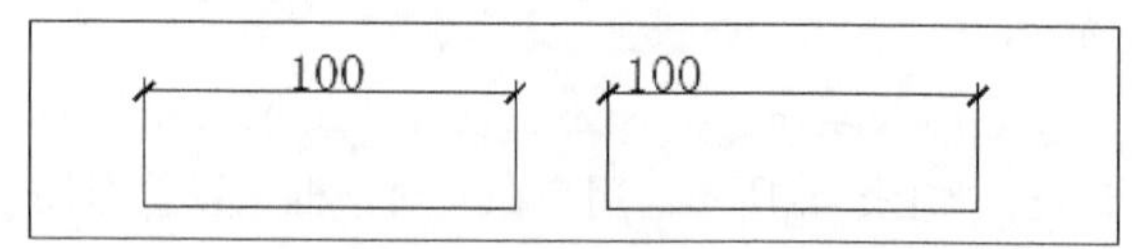

图5-46　尺寸文本修改为左对齐

- 右：仅对长度型、半径型、直径型尺寸标注起作用，这决定尺寸文本是否沿尺寸线右对齐，如图5-47所示。

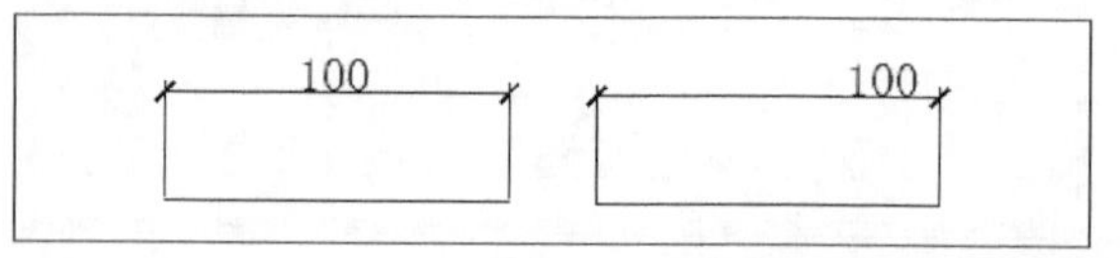

图5-47　尺寸文本修改为右对齐

- 中心：仅对长度型、半径型、直径型尺寸标注起作用，这决定尺寸文本是沿尺寸线中心对齐。
- 默认：是否按默认位置的方向放置。
- 角度：使尺寸文本旋转指定的角度。

5.4.3 替代标注

1. 命令功能

可以临时修改尺寸标注的系统变量设置，并按该设置修改尺寸标注。该操作只对指定的尺寸对象作修改，并且修改后不影响原系统的变量设置。

2. 命令调用

方法一：在命令行输入dimoverride命令。

方法二：选择“标注”→“替代”菜单命令。

执行上述命令后，命令行提示如下。

输入要替代的标注变量名或[清除替代(C)]:

各选项具体说明如下。

- “输入要替代的标注变量名”：输入后，系统将会提示用户输入新的变量值，此时按照需要输入新值即可。
- “清除替代”：选择对象后，系统会自动取消对该对象所做的替代操作，并恢复为原来的标注变量。

默认情况下，输入要修改的系统变量名，并为该变量指定一个新值。然后选择需要修改的对象，这时指定的尺寸对象将按新的变量设置作相应的更改。如果在命令提示下输入C，并选择需要修改的对象，这时可以取消用户已做出的修改，并将尺寸对象恢复成在当前系统变量设置下的标注形式。

5.4.4 更新标注

用户可以利用以下方法调用更新标注命令。

方法一：在命令行输入dimstyle命令。

方法二：在“标注”工具栏中单击按钮。

方法三：选择“标注”→“更新”菜单命令。

执行上述命令后，命令行提示如下。

输入标注样式选项[保存（S）/恢复（R）/状态（ST）/变量（V）/应用（A）/?] <恢复>:

5.4.5 尺寸关联

尺寸关联是指所标注尺寸与被标注对象有关联关系。如果标注的尺寸值是按自动测量值标注，且尺寸标注是按尺寸关联模式标注的，那么改变被标注对象的大小后相应的标注尺寸也将发生改变，即尺寸界线、尺寸线的位置都将改变到相应新位置，尺寸值也改变成新测量值。反之，改变尺寸界线起始点的位置，尺寸值也会发生相应的变化。

图5-48（a）所示图形中标注是按尺寸关联模式标注的，则图形改变后，尺寸标注也会相应的改变。

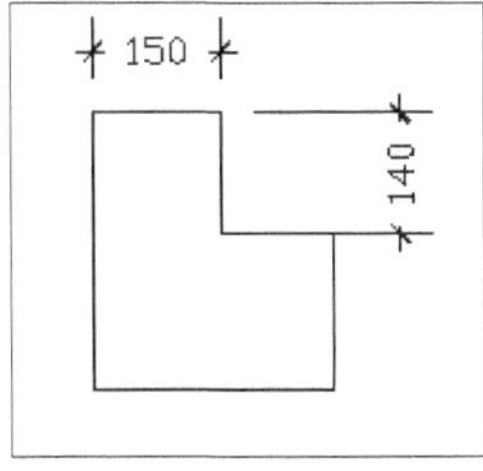

（a） 拉伸前标注

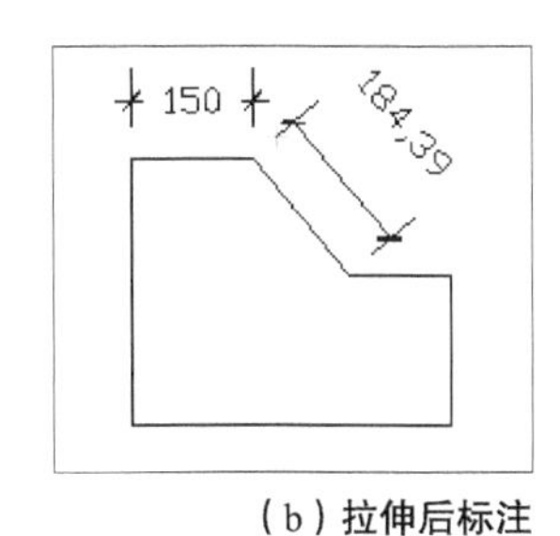

（b）拉伸后标注

图5-48 标注的关联

用户可以通过dimassoc变量来设置标注的尺寸是否为关联标注，其中0表示分解尺寸，相当于对标注尺寸执行“分解”命令；1表示非尺寸关联；2表示尺寸关联。

通过选择“标注”→“重新关联标注”菜单命令对没有关联的标注进行关联，命令行会有如下提示。

选择对象:

指定第一个尺寸界线原点或[选择对象(S)]<下一个>:

//要求确定第一条尺寸界线的起始点位置。

此时系统会把第一个默认的尺寸标注用一个小方框显示出来，直接回车则采用默认值，也可重新指定新的起始点。

设置了尺寸关联后，可对尺寸标注是否关联进行查看确认，打开“特性”选项板观察“关联”属性值即可。

5.4.6 使用“特性”选项板修改尺寸标注

在“特性”选项板中可对标注进行快速修改，选择“修改”→“特性”命令，可打开如图5-49所示的“特性”选项板。

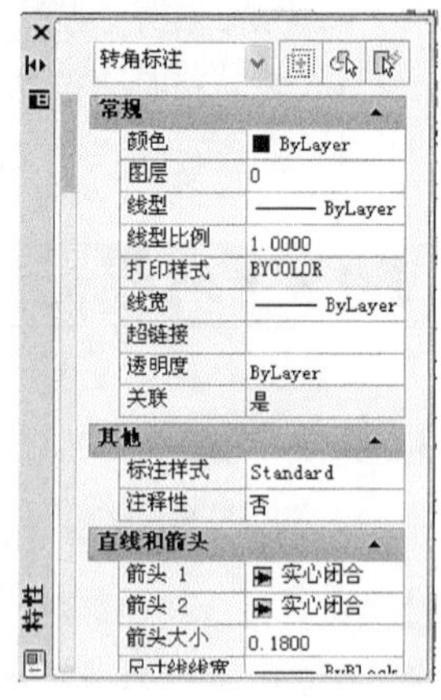

图5-49 “特性”选项板

5.5 建筑绘图的文字标注

文字对象是AutoCAD 图形中很重要的图形元素，是建筑制图和工程制图中不可缺少的组成部分。设计人员常利用文字进行说明或提供扼要的注释。适当的说明文字不仅能使图样更好地表达设计思想，而且还会使图纸本身显得清晰整洁。

在一个完整的图样中，通常都包含一些文字注释来标注图样中的一些非图形信息。例如，建筑图形中的技术要求、说明，以及工程制图中的材料说明、施工要求等。另外，使用表格功能可以创建不同类型的表格，还可以在其他软件中复制表格，以简化制图操作。

5.5.1 文字样式

1. 命令功能

文字样式是用来定义文字的各种参数的，如文字的字体、大小、倾斜角度等。在进行文字标注之前，首先应设置文字样式，文字样式决定了文字的外观形状。

2. 命令调用

方法一：在命令行中输入style命令。

方法二：单击“样式”工具栏上的按钮A。

方法三：选择“格式”→“文字样式”菜单命令。

执行上述命令后，会弹出“文字样式”对话框，如图5-50示。

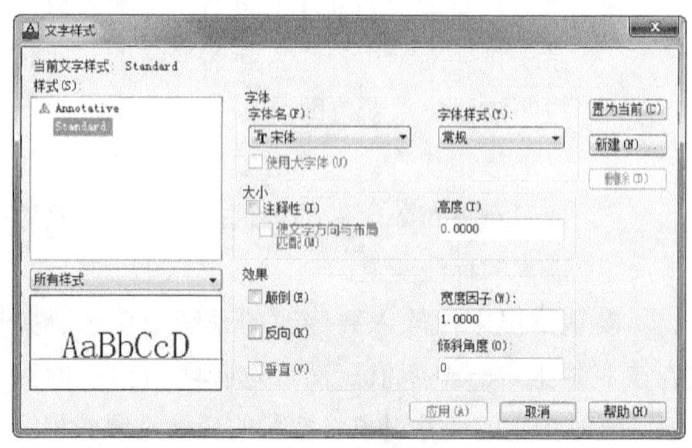

图5-50 “文字样式”对话框

单击“新建”按钮，弹出“新建文字样式”对话框，如图5-51所示，在“样式名”文本框中输入样式名即可。单击“确定”按钮返回“文字样式”对话框，新建的样式的名称即出现在左侧的“样式”列表框中，此时即可对新建的样式进行设置。

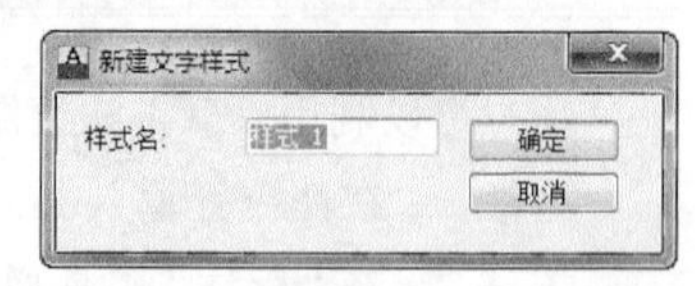

图5-51 “新建文字样式”对话框

3. 设置字体

在“字体名”列表框中可以选择合适的字体，“使用大字体”复选框只适于编译型的字体。如果选择的是编译型字体，选择该复选框后可创建支持大字体的文字样式，此时可在“文字样式”下拉列表框中选择字体样式。“字体样式”下拉列表中可设置大字体的格式，比如常规字体、粗体或斜体。常用的字体文件为gbcbig.shx，可根据需要进行选择。

4. 设置效果

在“效果”选项组中可设置字体的效果，如颠倒、反向、垂直和倾斜等。

- “颠倒”复选框：可将文字上下颠倒显示（仅作用于单行文字）。
- “反向”复选框：可将文字反向显示（仅作用于单行文字）。
- “垂直”复选框：可将文字垂直排列显示。

5.5.2 单行文字标注

1. 命令功能

在图形中创建单行文字对象。

2. 命令调用

方法一：单击“文字”工具栏中的“单行文字”AI按钮。

方法二：在“面板”选项的“文字”选项区域中单击“单行文字”按钮。

方法三：选择“绘图”→“文字”→“单行文字”命令（dtext）。

调用单行文字命令，命令行提示如下。

命令: _dtext

当前文字样式: “Standard” 文字高度: 149.8704 注释性: 否

指定文字的起点或 [对正(J)/样式(S)]:

- 对正：用来控制文字的对齐方式，选择该命令后，命令行提示如下。

输入选项

[对齐(A)/调整(F)/中心(C)/中间(M)/右(R)/左上(TL)/中上(TC)/右上(TR)/左中(ML)/正中(MC)/右中(MR)/左下(BL)/中下(BC)/右下(BR)]:

其中各项含义如下。

对齐：要求用户指定文字基线的起点和终点，系统根据起点和终点的距离和当前文字样式的宽度比例自动计算文字字高，使输入的文字正好在两个端点之间。

调整：用户需要指定文字的起始点、结束点以及高度，文字将均匀地排列于起始点与结束点之间。

中心：从基线的水平中心对齐文字，此基线是由用户给出的点指定的。

中间：要求用户指定文字中线的中点，输入文字后，文字均匀分布在该中点两侧。

右：要求用户指定文字基线的右端点，以基线的右端点对齐文字。

左上：要求用户指定文字顶线的左端点，以顶线的左端点对齐文字。

中上：指定文字顶线的中点后，以顶线的中点对齐文字。

右上：指定文字顶线的右端点后，以顶线的右端点对齐文字。

左中：指定文字中线的左端点后，以中线的左端点对齐文字。

正中：指定文字中线的中点后，以中线的中点对齐文字。

右中：指定文字中线的右端点后，以中线的右端点对齐文字。

左下：指定文字底线的左端点后，以底线的左端点对齐文字。

中下：指定文字底线的中点后，以底线的中点对齐文字。

右下：指定文字底线的右端点后，以底线的右端点对齐文字。

- 样式：用来设置当前文字的样式。输入st

后，命令行提示如下。

指定文字的起点或 [对正(J)/样式(S)]: s

输入样式名或 [?] <Standard>:

若不知道当前图形中有哪些文字样式，可以在命令行中输入“？”按回车键，弹出“AutoCAD文本窗口”，在此窗口中列出了所有的文字样式及其放置参数，如图5-52所示。

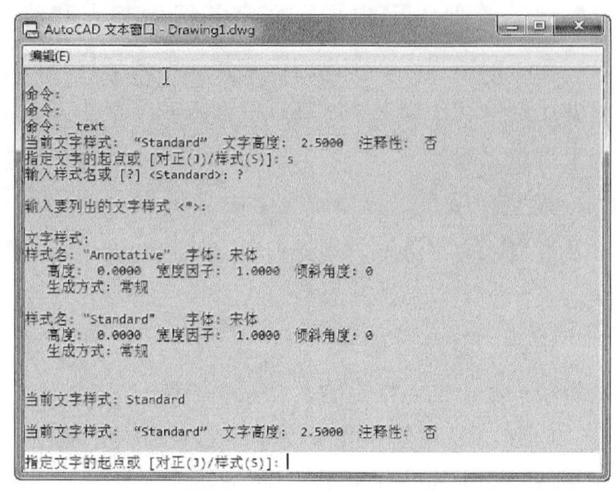

图5-52　AutoCAD文本窗口

5.5.3　多行文字标注

1. 命令功能

多行文字又称为段落文字，是一种更易于管理的文字对象，可以由两行以上的文字组成，而且各行文字都是作为一个整体处理。对于较长、较为复杂的内容，利用“多行文字”命令输入文本时，用户可以方便地指定文字的宽度，并可以在多行文字中单独设置其中某个字符或某一部分文字的属性。

2. 命令调用

方法一：在“绘图”工具栏中单击“多行文字” A 按钮。

方法二：在“面板”选项板的“文字”选项区域中单击“多行文字”按钮 。

方法三：选择“绘图”→“文字”→“多行文字”命令（mtext）。

然后在绘图窗口中指定一个用来放置多行文字的矩形区域，弹出“多行文字编辑器”对话框，由“文字格式”工具栏和“文字输入”窗口两部分，如图5-53所示。

在“文字输入”框中输入文字时，如果文字达到边框的边界时，文字就会自动换行，在“文字格式”对话框中还可以设置文字的字体、高度和颜色等属性。

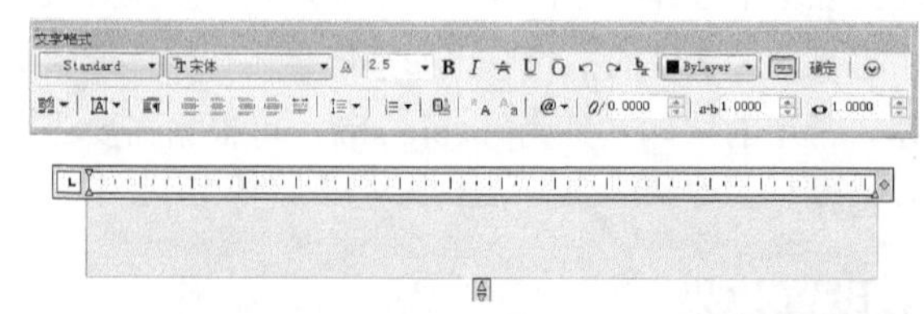

图5-53　多行文字编辑器

5.6　编辑文字标注

5.6.1　文字标注的编辑

1. 命令调用

用户可以通过以下几种方法编辑文字标注。

方法一：选择“修改”→“对象”→“文字”→“编辑”菜单命令。

方法二：单击“文字”工具栏上的按钮。

方法三：在命令行中输入ddedit命令。

方法四：双击文字标注。

2. 编辑单行文字

单行文字的编辑主要涉及到修改文字特性和修改文字内容两方面。

采用上述方法可直接修改文字内容。

修改文字特性有以下两种方法。

（1）单击“标准”工具栏中的按钮。

（2）选择文字后单击鼠标右键，选择“特性”命令。

3. 编辑多行文字

执行ddedit命令后，在弹出的“多行文字编辑器”对话框，可以直接对多行文字内容及特性进行修改和编辑。

5.6.2　查找和替换

1. 命令功能

使用“查找”命令可以快速实现对一段文字中的一部分文字的查找和替换。

2. 命令调用

用户可以通过以下几种方法调用查找和替换。

方法一：在命令行中输入find命令。

方法二：选择“编辑”→“查找”菜单命令。

执行上述命令后，弹出“查找和替换”对话框，如图5-54所示。

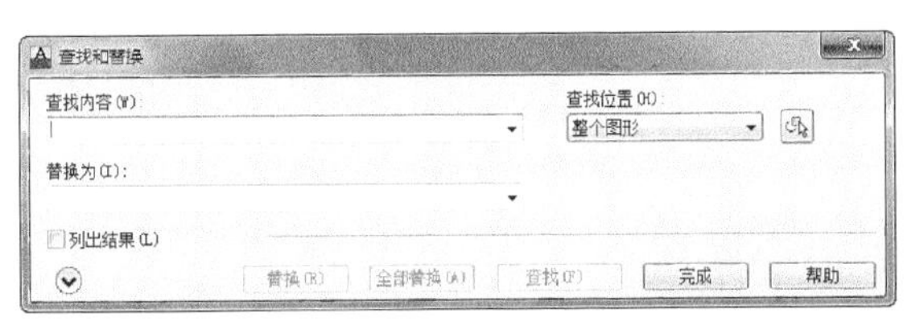

图5-54　“查找和替换”对话框

- “查找内容”文本框：用于输入或显示选择的文字。
- “替换为”文本框：用于输入替换后的文字。
- “查找位置”下拉列表：用于选择文字的查找范围。若选择“整个图形”会对整个图形中的文字进行查找或替换；单击按钮可在图形中选择具体的文字查找范围。
- “列出结果”选项组：显示查找的结果。

5.7　建筑绘图的表格

表格是由包含注释（以文字为主，也包含多个块）的单元构成的矩形阵列，是在行和列中包含数据的对象。可以从空表格或表格样式创建表格对象，可以将表格链接至Microsoft Excel电子表格中的数据，还可以将表格链接至Microsoft Excel（.XLS、.XLSX或.CSV）文件中的数据。用户可以将其链接至Excel中的整个电子表格、各行、列、单元或单元范围。表格的外观由表格样式控制。用户可以使用默认表格样式standard，也可以创建自己的表格样式。表格单元数据可以包括文字和多个块，还可以包含使用其他表格单元中的值进行计算的公式。

5.7.1　创建和编辑表格样式

1. 命令功能

“表格样式”控制一个表格的外观，用于保证标准的字体、颜色、文本、高度和行距。用户可以使用默认的表格样式，也可以根据需要自定义表格样式。

2. 命令调用

调用方法有如下几种。

方法一：选择“格式”→“表格样式”命令 。

方法二：在命令行中输入tablestyle命令。

执行该命令后，弹出如图5-55所示的“表格样式”对话框。

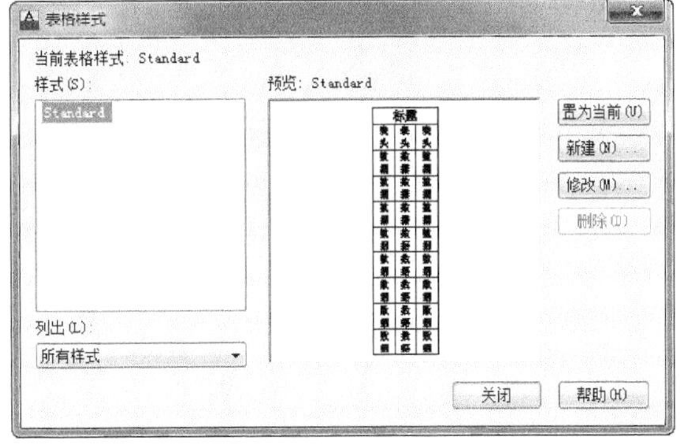

图5-55　“表格样式”对话框

在该对话框中单击“新建”按钮，弹出如图5-56所示的“创建新的表格样式”对话框，在该对话框中的“新样式名（N）：”文本框中输入新的表格样式名，在“基础样式（S）”下拉列表框中选择一种基础样式作为模板，新样式将在该样式的基础上进行修改。

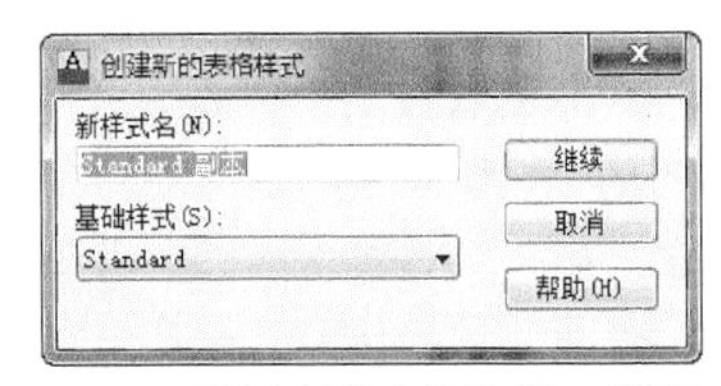

图5-56　“创建新的表格样式”对话框

然后单击“继续”按钮，弹出如图5-57所示的“新建表格样式”对话框，在该对话框中可以设置数据、列表题和标题的样式。

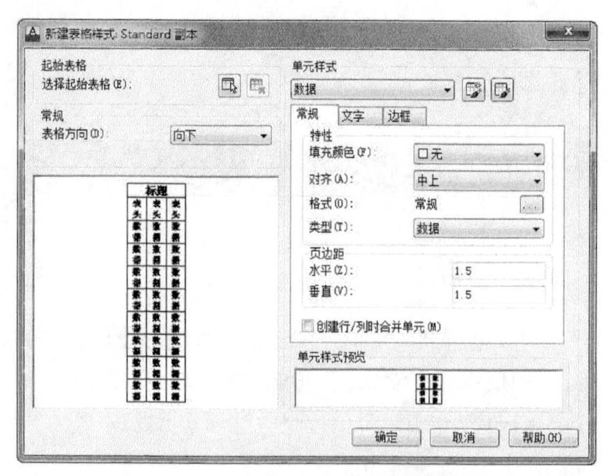

图5-57　“新建表格样式”对话框

在AutoCAD 2013中，表格由“标题”、“表头”、“数据”3种单元组成。

各选项具体说明如下。

- “起始表格”选项组：在“起始表格”选项区域中单击“选择起始表格（E）：”按钮，选择绘图窗口中以创建的表格作为新建表格样式的起始表格，单击其右边的按钮，可取消选择。
- “表格方向”下拉列表框：在“基本”选项区域的“表格方向（E）：”下拉列表框中选择表的生成方向是向上或向下。该选项的下方白色区域形成表格的预览。
- “单元样式”选项组：表格的单元样式有标题、表头、数据3种。在“单元样式”下拉列表中依次选择这3种单元，通过“常规”、“文字”、“边框”3个选项卡便可对每种单元样式进行设置。

常规选项卡（图5-58）中可以设置填充颜色、对齐方式及页边距等表格特征，单击常规后面的图标，可以选择表格的单元格式，如图5-59所示。在文字和边框端详卡中可以对文字的样式、高度、颜色以及便边框的线型、表格的间距等进行设置。

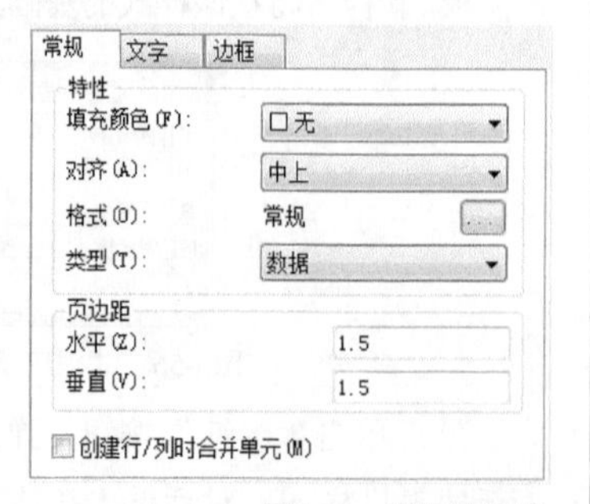

图5-58　常规选项卡

图5-59　“表格单元格式”对话框

5.7.2　创建表格

1. 命令功能

“创建表格”命令用于图形中表格的创建，从而对图形进行注释和说明。

2. 命令调用

方法一：单击绘图工具栏中的按钮。

方法二：选择“绘图”→“表格”命令。

方法三：在命令行中输入table命令。

调用上述命令后，弹出“插入表格”对话框，如图5-60所示。

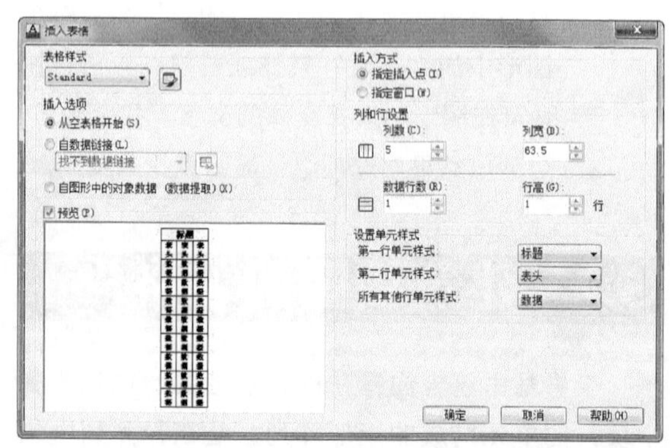

图5-60　“插入表格”对话框

各选项具体说明如下。

（1）“表格样式”选项组：在要从中创建表格的当前图形中选择表格样式。通过单击下拉列表旁边的按钮，可以创建新的表格样式。

（2）“插入选项”选项组：用于指定插入表格的方式。

①“从空表格开始”单选按钮：创建可以手

动填充数据的空表格。

②“自数据链接”单选按钮：从外部电子表格中的数据创建表格。单击下拉列表旁边的按钮，弹出“选择数据连接”对话框，如图5-61所示。通过该对话框进行数据连接设置。

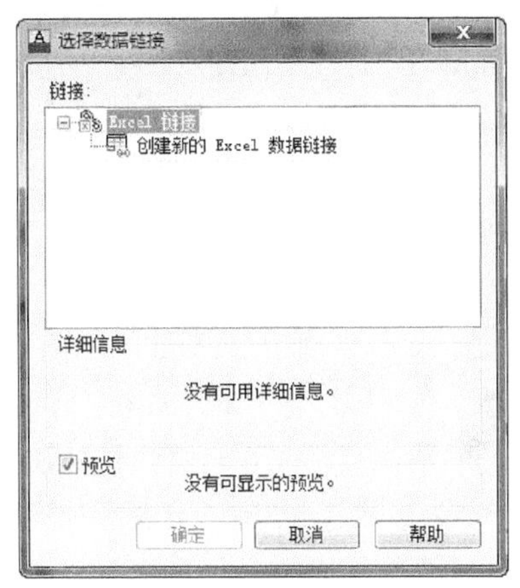

图5-61　“选择数据连接”对话框

③“自图形中的对象数据（数据提取）”复选框：启动“数据提取”向导。

（3）“预览”复选框：显示当前表格样式的样例。

（4）“插入方式”选项组：用于指定表格位置。

①“指定插入点”单选按钮：指定表格左上角的位置。可以使用定点设备，也可以在命令提示下输入坐标值。如果表格样式将表格的方向设置为由下而上读取，则插入点位于表格的左下角。

②“指定窗口”单选按钮：指定表格的大小和位置。可以使用定点设备，也可以在命令提示下输入坐标值。选定此选项时，行数、列数、列宽和行高取决于窗口的大小以及列和行设置。

（5）“列和行设置”选项组：用于设置列和行的数目和大小。

①“列数”微调框：指定列数。选定“指定窗口”选项并指定列宽时，“自动”选项将被选定，且列数由表格的宽度控制。如果已指定包含起始表格的表格样式，则可以选择要添加到此起始表格的其他列的数量。

②“列宽”微调框：指定列的宽度。选定“指定窗口”选项并指定列数时，则选定了“自动”选项，且列宽由表格的宽度控制。最小列宽为一个字符。

③“数据行”微调框：指定行数。选定“指定窗口”选项并指定行高时，则选定了“自动”选项，且行数由表格的高度控制。带有标题行和表头行的表格样式最少应有3行。最小行高为一个文字行。如果已指定包含起始表格的表格样式，则可以选择要添加到此起始表格的其他数据行的数量。

④“行高”微调框：按照行数指定行高。文字行高基于文字高度和单元边距，这两项均在表格样式中设置。选定“指定窗口”选项并指定行数时，则选定了“自动”选项，且行高由表格的高度控制。

（6）“设置单元样式”选项组：对于那些不包含起始表格的表格样式，请指定新表格中行的单元格式。

①“第一行单元样式”下拉列表框：指定表格中第一行的单元样式。默认情况下，使用标题单元样式。

②“第二行单元样式”下拉列表框：指定表格中第二行的单元样式。默认情况下，使用表头单元样式。

③“所有其他行单元样式”下拉列表框：指定表格中所有其他行的单元样式。默认情况下，使用数据单元样式。

5.7.3　编辑表格

1. 命令功能

“编辑表格”可以对表格进行剪切、复制、删除、移动、缩放和旋转等简单操作，还可以均匀调整表格的行、列大小，删除所有特性替代。当选择“输出”命令时，还可以打开“输出数据”对话框，以.csv格式输出表格中的数据。

2. 命令调用

单击该表格上的任意网格线以选中该表格，然后通过夹点来修改该表格，如图5-62所示。

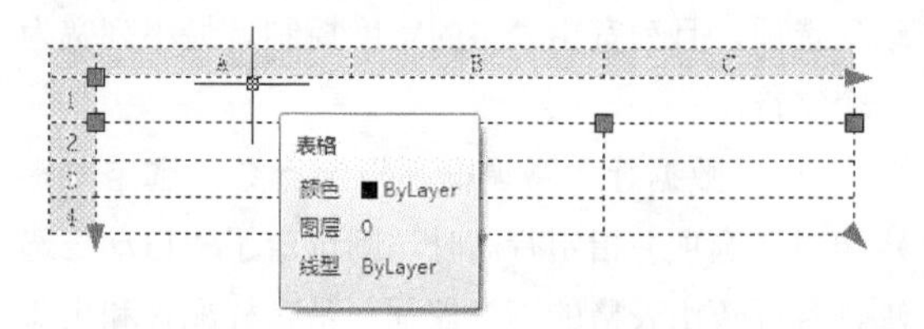

图5-62 选中表格

在AutoCAD 2013中，还可以使用表格的快捷菜单来编辑表格，如图5-63所示。

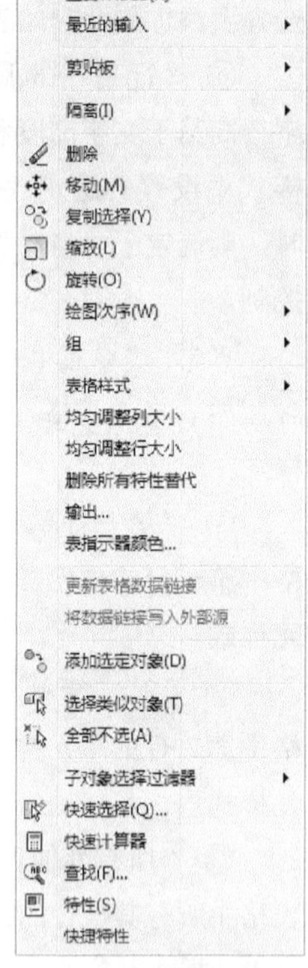

图5-63 表格的快捷菜单

5.8 综合实例

标注平面图尺寸，以图5-64为例，讲解标注尺寸的具体过程。

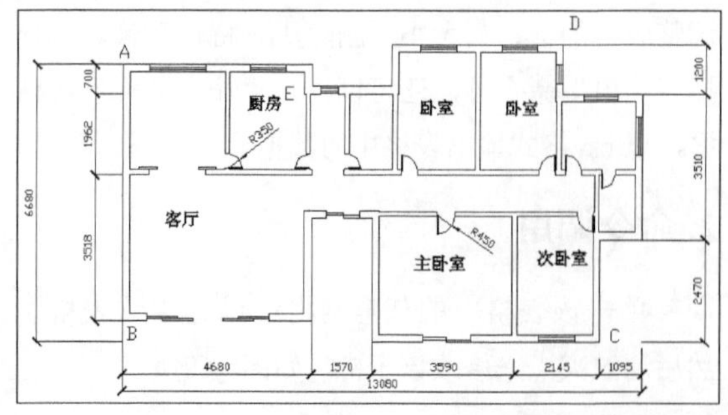

图5-64 标注尺寸与文字后的效果

操作步骤

01 打开随书光盘中的“光盘/原始文件/5/5.8综合实例.dwg”文件，作为当前文件图形，然后设置“标注”图层作为当前层。

02 选择“格式”→“标注格式”菜单命令，在弹出的“标注样式管理器”中单击“新建”按钮，建立新的标注样式“样式1”。

03 设置“样式1”的样式，在“线”选项卡中，将“基线间距”设为1 000；在“符号和箭头”中设置“箭头大小”为400。

04 单击“确定”按钮，返回“标注样式管理器”对话框，再单击“关闭”按钮，关闭对话框。

05 单击“标注”→“线性标注”菜单命令，选择A为标注原点，命令行提示如下。

命令: _dimlinear

指定第一条尺寸界线原点或 <选择对象>:

指定第二条尺寸界线原点:

06 确认标注原点E后，系统自动计算出两点间的距离，并将会出现一条随光标而移动的标注图形，在合适的位置单击即可看到第一条标注尺寸效果，如图5-65所示。

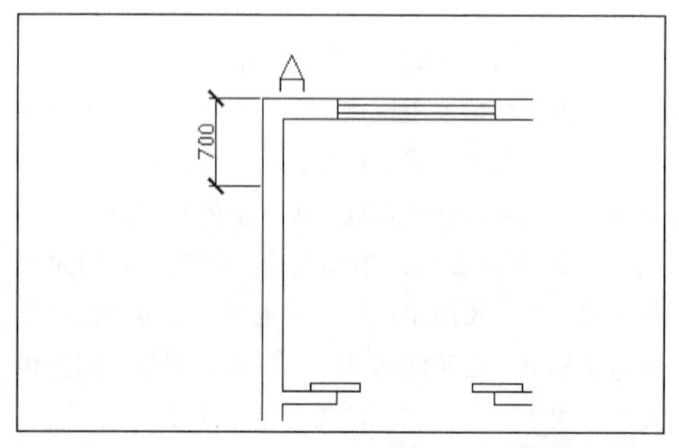

图5-65 标注第一个尺寸

07 单击“标注”工具栏上的按钮，执行连续标注命令，完成图5-64中A到B点的标注，然后再次执行完成“线性标注”命令，完成对平面图左侧的外部的标注。

08 运用线性标注完成平面图下方内侧的标注，然后用基线标注完成外侧的标注。

09 用多行文字命令为平面图添加文字，单击工具栏按钮A，命令行提示如下。

命令: _mtext 当前文字样式: “Standard” 文字高度: 600 注释性: 否
指定第一角点:
指定对角点或 [高度(H)/对正(J)/行距(L)/旋转(R)/样式(S)/宽度(W)/栏(C)]:

10 添加文字后效果如图5-66所示。

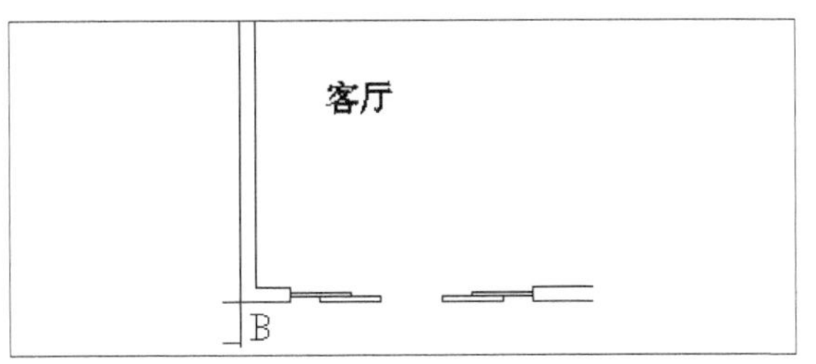

图5-66 添加文字

11 为其他房间分别添加文字，最终效果如图5-64所示。

5.9 小结

本章主要讲解了如何创建尺寸标注和文字标注的样式、尺寸标注和文字样式的常用命令以及对标注的编辑。最后文章介绍了表格的创建和编辑，又通过具体的实例对其进行了详细的叙述。通过本章的学习，能够使读者熟练地对建筑制图或工程图中文字进行使用和编辑，减少不必要的标注，使图纸更加地清晰合理，从而绘制出高质量的建筑图形。读者应该对各种命令多个选项的功能进行详细阅读和重点理解，熟练掌握尺寸标注和文字标注的使用方法，对以后的绘图将带来很大的方便。

操作技术

1. 在多行文字（mtext）命令中如何使用Word编辑文本？

答：mtext多行文字编辑器是AutoCAD 2013中的新增功能，它提供了Windows文字处理软件所具备的界面和工作方式，它甚至可以利用Word的强大功能编辑文本，这一功能可以用如下方法实现：打开“工具Tools”菜单选择“选项Preferences”命令，弹出“选项Preferences”对话框后，打开“文件/文本编辑器，字典和字体文件名/文本编辑器应用程序/内部”，双击“内部”，出现“选择文件”对话框，接着找到“Winword.exe”应用程序文件，单击“打开”按钮，最后单击“确定”按钮返回，完成以上设置后，用户如再使用mtext命令时系统将自动调用我们熟悉的Word应用程序，为AutoCAD中的文本锦上添花。

2. 在标注文字时，如何标注上下标？

答：使用多行文字编辑命令：上标时，输入2^，然后选中2^，点a/b键即可；下标时，输入^2，然后选中^2，点a/b键即可；上下标时，输入2^2，然后选中2^2，点a/b键即可。

3. 如何输入特殊符号？

答：打开多行文字编辑器→在输入文字的矩形框里点右键单键→选符号→其他打开字符映射表→选择符号即可。注意字符映射表的内容取决于用户在“字体”下拉列表中选择的字体。

4. 如何修改尺寸标注的比例？

答：方法一：dimscale决定了尺寸标注的比例其值为整数，缺省为1，在图形有了一定比例缩放时应最好将其改为缩放比例。

方法二：格式→标注样式（选择要修改的标注样式）→修改→主单位→比例因子，修改即可。

5. 如何修改尺寸标注的关联性?

答：改为关联:选择需要修改的尺寸标注,执行dimreassociate命令即可。

改为不关联: 选择需要修改的尺寸标注,执行dimdisassociate命令即可。

6. 标注时如何使标注离图形有一定的距离？

答：执行dimexo命令，再输入数字调整距离即可。

5.10 练习

一、选择题

1.文字标注在图形中（　　）文字对象。

A. 只可以创建单行

B. 只可以创建多行

C. 可以创建单行和多行

D. 以上说法都不对

2．在进行连续标注之前，必须先创建或选择（　）个线性、坐标或角度标注作为基准标注，以确定连续标注所需要的前一尺寸标注的尺寸界线，然后执行“连续”标注命令。

A．1　　B．2　C．3　D．4

3．快速标注是（　）。

A．只能生成一系列的连续标注

B．只能生成一系列的并列标注

C．能生成一系列的连续和并列标注

D．以上说法都不对

4．尺寸关联是指（　）有关联关系。

A．前一个被标注对象与现在的被标注对象

B．所标注尺寸与前一个被标注对象

C．所标注尺寸与被标注对象

D．以上说法都不对

二、填空题

1．文字样式是用来控制文字基本属性和字体的一组功能设置，用户可以利用AutoCAD默认设置的（　）文字样式，也可以修改已有样式或定义自己需要的文字样式。

2．“多行文字编辑器”对话框，由（　）和（　）两部分。

3．完整的尺寸标注一般由（　）等4部分组成。

4．新建或修改标注样式时，在“线”选项板的“尺寸线”和“尺寸界线”组合框中，将“颜色”、“线型”、“线宽”、“尺寸界线1”和“尺寸界线2”均设置为（　），采用这样的设置可以保持这些特性与标注尺寸的图层设置特性相一致。

5．在基线标注之前，应首先设置（　）间距，选择合适的（　）间距，避免覆盖上一条尺寸线。

三、操作题

1. 图形标注尺寸，打开随书光盘中的“光盘/原始文件/5/练习/1.尺寸标注前”文件如图5-67所示，将其标注成如图5-68所示的效果。利用“线性”标注、“连续”标注及“直径”标注完成对建筑制图的标注，主要学习如何对建筑制图进行尺寸标注，主要学习了“线性”、“连续”与“弧长”等命令，其他命令读者可自己练习实践。

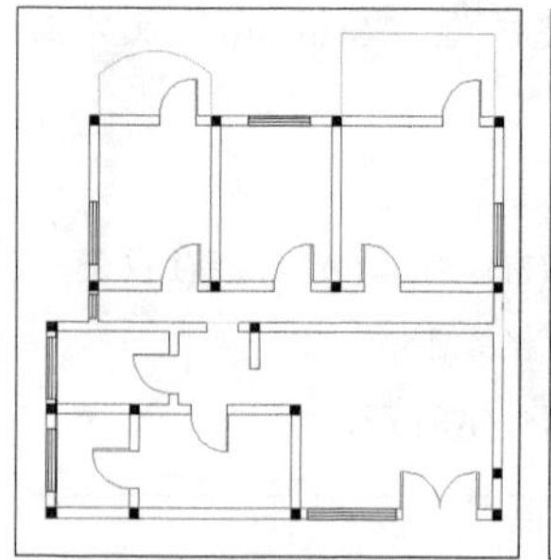

图5-67　图形标注尺寸前

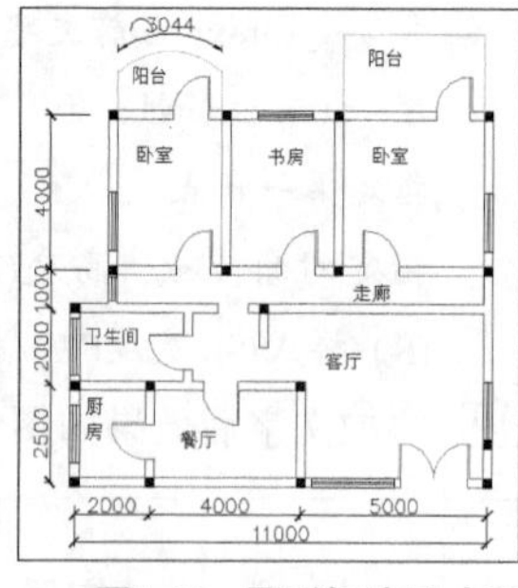

图5-68　图形标注尺寸后

2. 利用“单行文字”和“多行文字”命令，标注效果如图5-69所示。

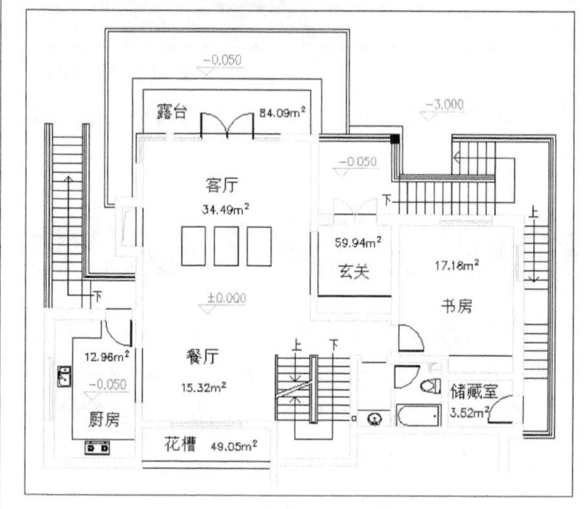

图5-69　标注别墅底层平面图文字

3. 利用“线性标注”、“连续标注”和“快速标注”等尺寸标注命令，进行如图5-70所示别墅底层平面图尺寸的标注。

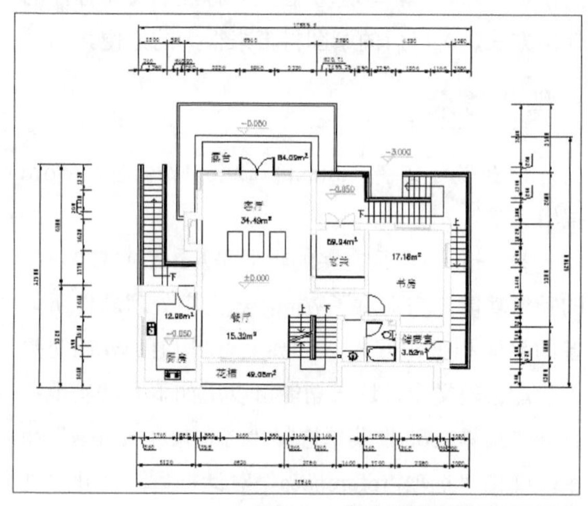

图5-70　标注别墅底层平面图尺寸

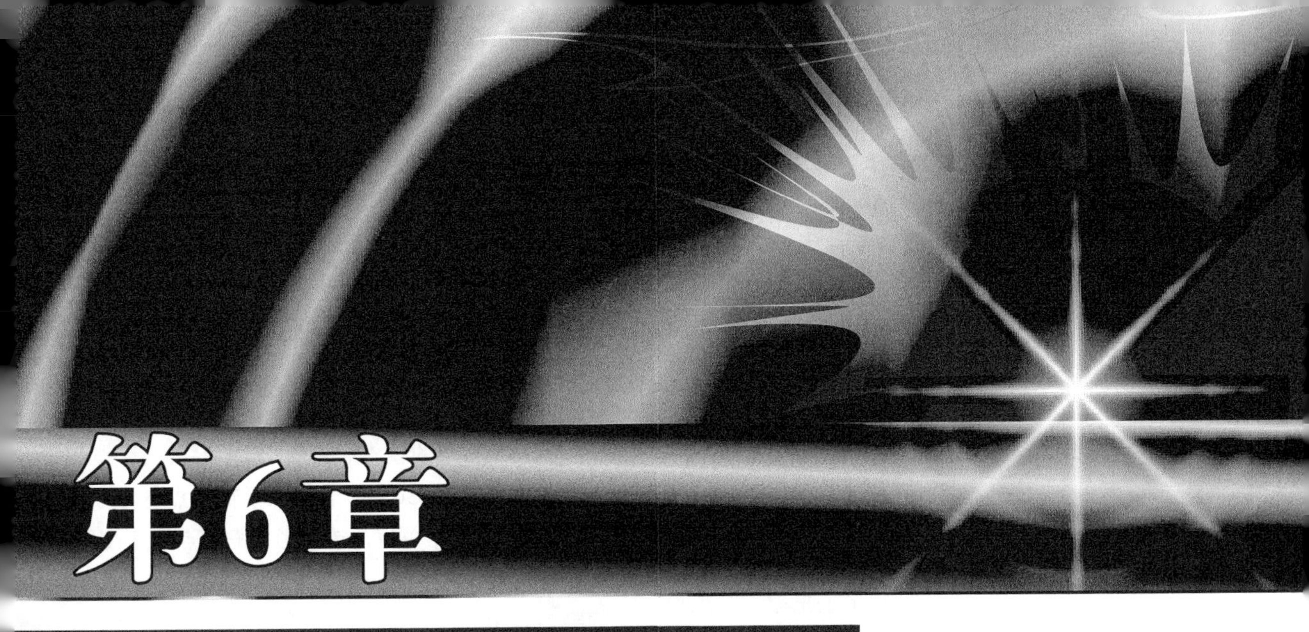

第6章

绘制简单建筑三维对象

三维图形有直观的立体感和真实感，能清楚地表达各组成部分的形状及相对位置关系，便于工程设计人员进行直观思维，从而设计出最优产品。本章将围绕基础的三维绘制命令展开讲解，并在讲解后都安排了一些实例操作，可加深读者对命令的理解。通过本章的学习，要对AutoCAD的三维绘图功能有初步的了解。

课堂学习目标

三维坐标系
用户坐标系的设置
设置视点
三维绘制
绘制三维网格
绘制基本实体
通过二维图形创建实体

6.1 三维坐标系

三维坐标系是在二维笛卡尔坐标系的基础上根据右手定则增加第三维坐标（即z轴）而形成的。同二维坐标系一样，AutoCAD中的三维坐标系有世界坐标系（WCS）和用户坐标系（UCS）两种形式。

6.1.1 世界坐标系

世界坐标系的平面图标如图6-1所示，其中x轴指向右侧，y轴竖直向上，z轴正向垂直于屏幕指向操作者。当用户从三维视图来观测时效果如图6-2所示。

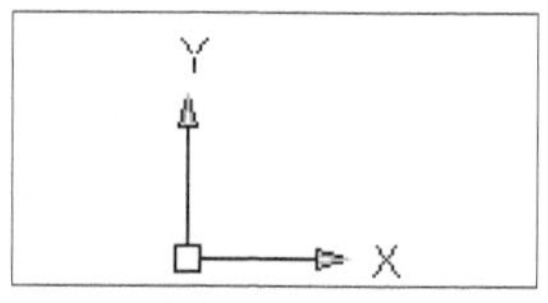

图6-1 平面坐标

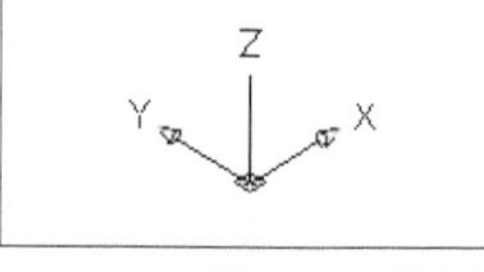

图6-2 三维坐标

1. 右手定则

在二维坐标系中，z轴的正轴方向是根据右手定则确定的。右手定则也决定三维空间中任一坐标轴的正旋转方向。

右手定则是将右手靠近屏幕，大拇指指向x轴方向，食指指向y轴方向，然后弯曲其他手指，所指方向即为z轴方向。

2. 柱坐标系

柱坐标系就是通过指定位置到xy平面的投影与UCS原点之间的距离r、到xy平面的投影与x轴的角度θ，以及垂直于xy平面的z坐标值来描述精确的位置的坐标系。相当于在二维极坐标系上加上z坐标组成三维坐标系，其输入方式为如下。

绝对坐标值的输入形式为：$r<\theta$，z。如“100<45，200”表示输入点在xy平面内的投影到坐标系原点有100个单位，该投影点与原点的连线与x轴夹角为45°，且沿z轴方向有200个单位。

相对坐标的输入形式为：$@r<\theta$，z。

3. 球坐标系

球坐标系就是通过指定位置到当前UCS原点的距离r、在xy平面上的投影与x轴所成的角度θ，以及z轴正方向上与xy平面所成的角度来描述该位置Φ。其输入格式为：

绝对坐标值的输入形式是：$r<\theta<\Phi$

相对坐标值的输入形式是：$@r<\theta<\Phi$

例如，“200<30<50”表示表示输入点与坐标系原点之间有100个单位，该投影点与原点的连线与x轴夹角为30°，输入点与坐标原点的连线与xy平面的夹角为50°。

6.1.2 用户坐标系

用户在通用坐标系中，按照需要定义的任意坐标系称为用户坐标系，又称UCS。用户可将UCS的原点放在任何位置，也可以指定任何方向为x轴的正方向。该坐标系方向符合右手法则。在用户坐标系中，坐标的输入方式与世界坐标系相同，但坐标值不是相对于世界坐标系，而是相对于当前用户坐标系。

1. 定义新 UCS 原点

选择“工具”→“新建 UCS”→“原点”菜单命令，回到绘图区指定新的原点，则UCS 原点(0,0,0)被重新定义到指定点处。此时，坐标系的图标变成如图6-3所示。

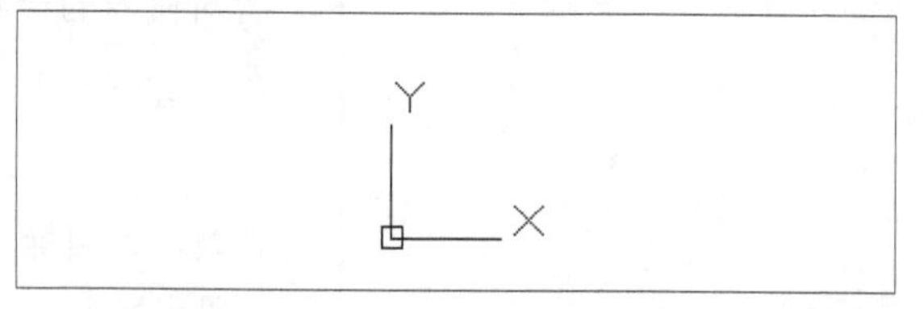

图6-3 图标样式

2. 使用特定的x轴和y轴定义新 UCS

选择“工具”→“新建 UCS”→“三点”菜单命令，回到绘图区指定新的原点，再指定位于x轴正半轴上的一点和指定位于y 轴正半轴上的一点。例如新建一个如图6-4所示的UCS。

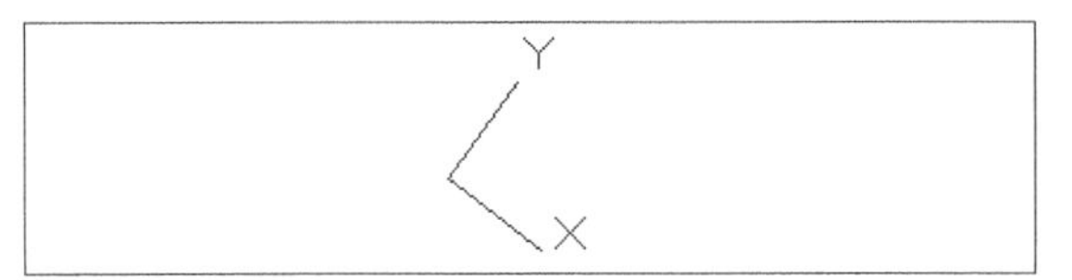

图6-4　新UCS

3. 控制UCS图标显示

选择“视图”→“显示 UCS”→“UCS图标”→“开”菜单命令，可以打开或关闭 UCS 图标显示。

选择“视图”→“显示 UCS”→“UCS图标”→“原点”菜单命令，可以将UCS图标显示在当前坐标系的原点处。

选择“视图”→“显示 UCS”→“UCS图标”→“特性”菜单命令，弹出“UCS图标”对话框，如图6-5所示，可以设置图标大小、样式和颜色等特性。

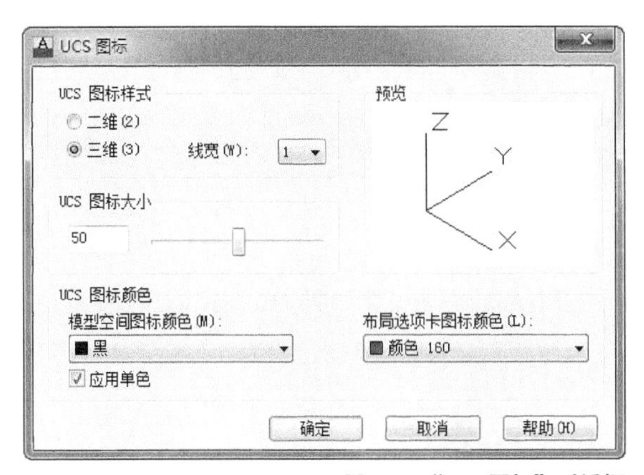

图6-5　“UCS图标”对话框

6.2　设置三维视点

三维视图可以在当前视口中创建图形的交互式视图。使用三维观察和导航工具，可以在图形中导航、为指定视图设置相机及创建动画以便与其他人共享设计。可以围绕三维模型进行动态观察、回旋、漫游和飞行，设置相机，创建预览动画以及录制运动路径动画，用户可以将这些分发给其他人以从视觉上传达设计意图。视点是指观察图形的方向。例如，绘制三维零件图时，如果使用平面坐标系即 z 轴垂直于屏幕，此时仅能看到物体在xy平面上的投影。如果调整视点至当前坐标系的左上方，将看到一个三维物体。不同的视点视图效果如图6-6所示。

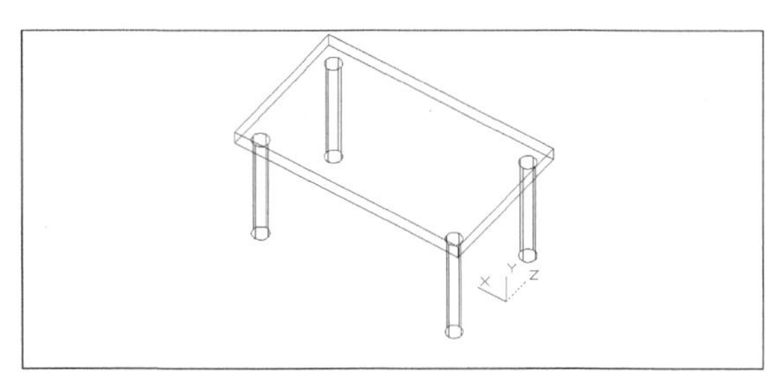

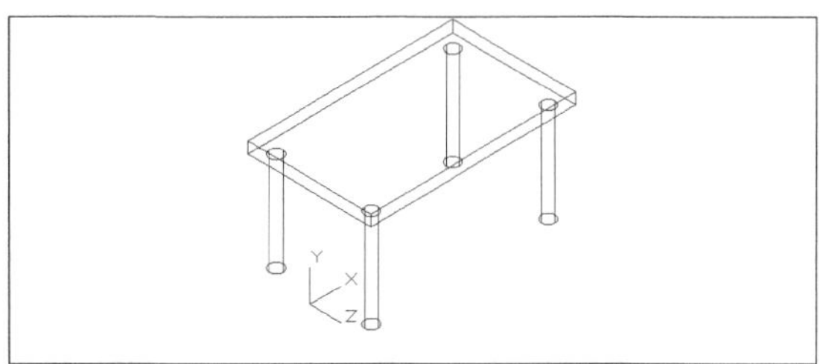

图6-6　三维图形不同的视图效果

6.2.1　用“视点预置”命令设置视点

1. 命令功能

利用“视点预置”命令设置视点，可选择WCS或UCS坐标系，其原理与“设置”命令的“旋转”选项的原理相同。

2. 命令调用

方法一：在命令行输入ddvpoint命令。

方法二：选择“视图”→“三维视图”→“视点预置”菜单命令。

执行上述命令后，AutoCAD会弹出“视点预置”对话框为当前视口设置视点，如图6-7所示。

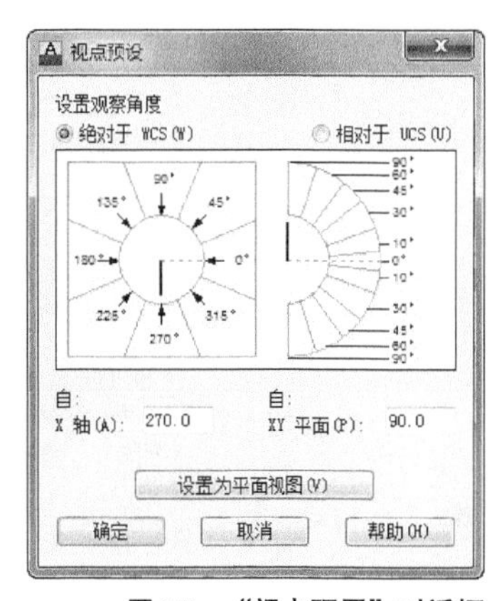

图6-7　“视点预置”对话框

对话框的左面用于设置原点和视点之间的连线在xy平面的投影与x轴正向的夹角；右面的半圆图形用于设置设置视点和相应坐标系原点连线与xy平面的夹角。

单击“设置为平面视图”按钮，可以将坐标系设置为平面视图。

3. 操作示例

利用“视点设置”对话框设置如图6-8所示效果的视点。

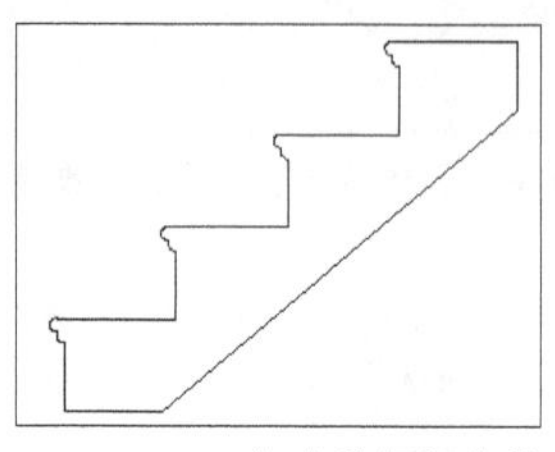

（a）选择视点前

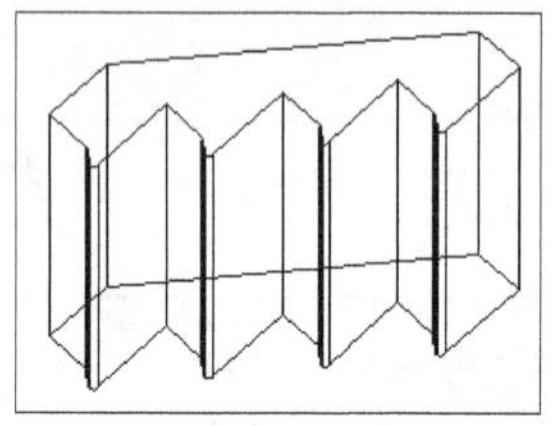

（b）选择视点后

图6-8　利用对话框设置视点

操作步骤

01 打开光盘文件/原始文件/6/台阶.dwg文件，在命令行输入ddvpoint命令，命令行提示如下。

命令: ddvpoint

02 系统弹出“视点预置”对话框。

03 设置“视点预置”对话框中角度：“自：x轴”为315和“自：xy平面”为-60，如图6-9所示。

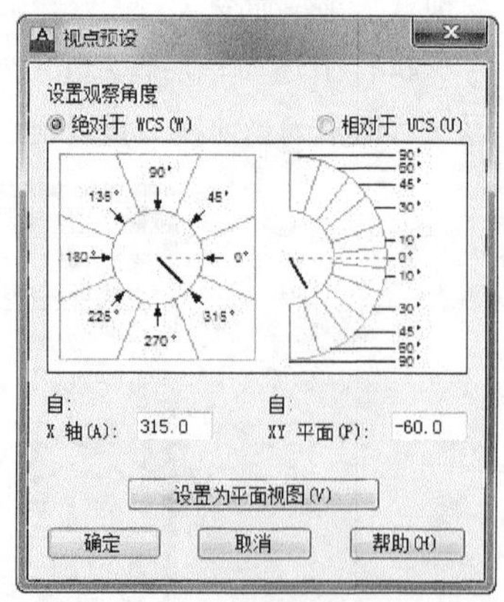

图6-9　修改后“视点预置”对话框

04 单击“确定”按钮，显示新图形如图6-8（b）所示。

6.2.2　使用视点命令

1. 命令功能

使用“视点”命令设置视点是相对于WCS坐标系而言的。

2. 命令调用

方法一：在命令行输入vpoint命令。

方法二：选择“视图”→“三维视图”→“视点”菜单命令。

执行上述命令后，可使用屏幕上显示的罗盘来控制视点。

三轴架的3个轴分别代表x轴、y轴和z轴的正方向。当光标在坐标球范围内移动时，三维坐标系通过绕 z 轴旋转可调整x轴、y轴的方向。坐标球中心及两个同心圆可定义视点和目标点连线与x、y、z平面的角度。

3. 操作示例

用vpoint命令设置如图6-10所示的图形视点。

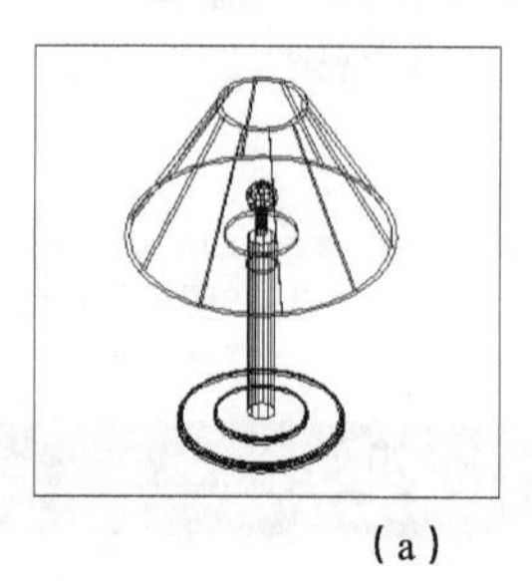

（a）

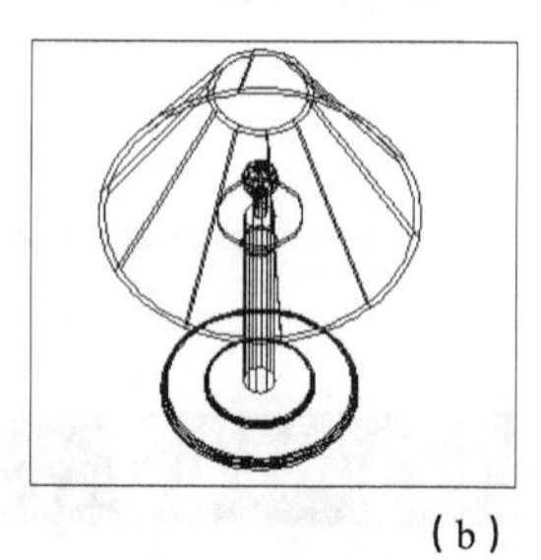

（b）

图6-10　使用“旋转”选项设置视点的效果

操作步骤

01 命令行输入vpoint命令，命令行提示如下。

指定视点或 [旋转(R)] <显示坐标球和三轴架>:

02 在命令行输入R并按回车键，命令行提示如下。

输入 xy 平面中与 x 轴的夹角 <315>: 100

输入与 xy 平面的夹角 <35>: 50

03 最后得到效果如图6-10（b）所示。

技巧与提示

（1）由vpoint命令设置视点后得到的投影图为轴测投影图，不是透视投影图。（2）视点只确定方向，没有距离含义。也就是说，在视点与原点连线及其延长线上任意选一点作为视点，观察效果一样。（3）在指定命令时，可以在指南针内单击鼠标左键，也可以直接输入相应的观察方位坐标，然后按回车键确定。

6.2.3 快速设置特殊视点

1. 命令功能

AutoCAD提供了10个标准视点，可供用户选择来快速地观察模型，其中包括6个正交投影视图，4个等轴测视图。

各命令说明如下。

- “俯视”：从上往下观察视图。
- “仰视”：从下往上观察视图。
- “左视”：从左往右观察视图。
- “右视”：从右往左观察视图。
- “主视”：从前往后观察视图。
- “上一页”：从后往前观察视图。
- “西南等轴测”：遵循“上北下南，左西右东”的原则，从西南方向以等轴测方式观察视图。
- “东南等轴测”：从东南方向以等轴测方式观察视图。
- “东北等轴测”：从东北方向以等轴测方式观察视图。
- “西北等轴测”：从西北方向以等轴测方式观察视图。

2. 命令调用

方法一：单击“视图”工具栏中提供的按钮，如图6-11所示。

图6-11　“视图”工具栏

方法二：选择“视图”→“三维视图”子菜单下提供的选项，如图6-12所示。

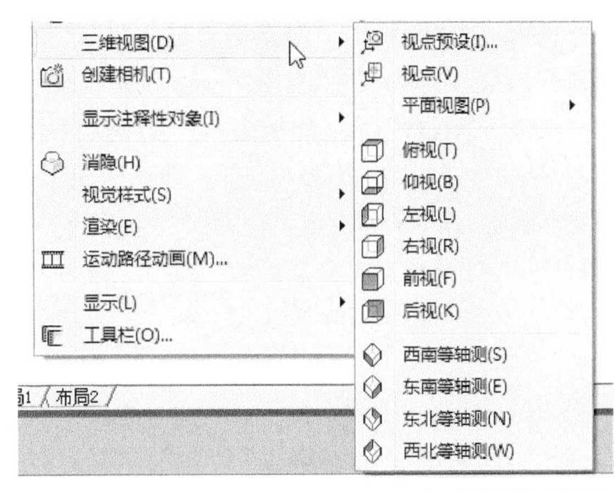

图6-12　“三维视图”子菜单

6.2.4 动态观察三维图形

1. 命令功能

AutoCAD 2013提供了具有交互控制功能的三维动态观测器，用三维动态观测器的用户可以实时地控制和改变当前视图中创建的三维视图，以得到用户期望的效果。

2. 命令调用

方法一：在命令行输入3dorbit命令。

方法二：选择“视图”→“动态观察”菜单命令。

方法三：单击“动态观察”工具栏中相应的按钮，如图6-13所示。

图6-13　“动态观察”菜单

各命令说明如下。

- “受约束的动态观察”：控制在三维空间中的交互式查看对象，只有拖动鼠标时，图形观察方向才会改变，且在一个固定的范围内转动。
- “自由动态观察图形”：使用不受约束的动态观察，控制三维中对象的交互式查看。
- “连续动态观察”：启用交互式三维视图并将对象设置为连续运动，拖动鼠标后图形会自动连续转动，直到单击鼠标停止。

选择要查看的对象，或要查看整个图形，则不选择对象，然后单击“视图”→“ 动态观察”→“自由动态观察”菜单命令或单击“动态观察”工具栏中的“自由动态观察”按钮，即可对图形进行动态观察，如图6-14所示。

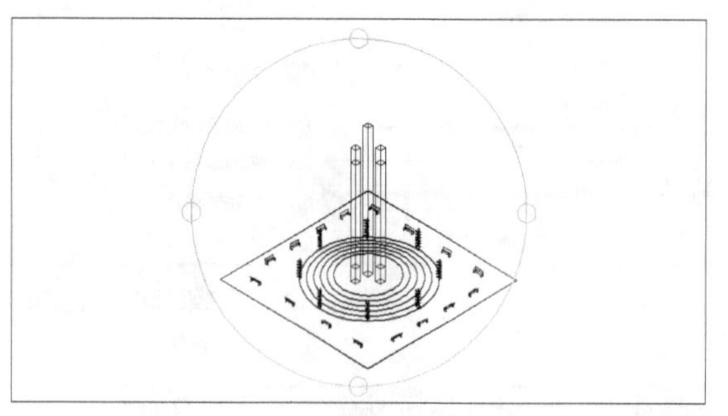

图6-14　三维动态观察器

在导航球的不同部分之间移动光标将更改光标图标，以指示视图旋转的方向。

在导航球中移动光标时，光标的形状变为外面环绕两条直线的小球状。如果在绘图区域中单击并拖动光标，则可围绕对象自由移动。就像光标抓住环绕对象的球体并围绕目标点对其进行拖动一样。用此方法可以在水平、垂直或对角方向上拖动。

在导航球外部移动光标时，光标的形状变为圆形箭头。在导航球外部单击并围绕导航球拖动光标，将使视图围绕延长线通过导航球的中心并垂直于屏幕的轴旋转，称为“卷动”。当光标在导航球左右两边的小圆上移动时，光标的形状变为水平椭圆。从这些点开始单击并拖动光标将使视图围绕通过导航球中心的垂直轴或y轴旋转。

当光标在导航球上下两边的小圆上移动时，光标的形状变为垂直椭圆。从这些点开始单击并拖动光标将使视图围绕通过导航球中心的水平轴或x轴旋转。

6.3　绘制简单建筑三维图形

在三维空间中观察实体，能感觉到它的真实形状和构造，既有助于形成设计概念，又有利于设计决策，同时也有助于设计人员之间的交流，因此AutoCAD的三维图形设计在建筑绘图领域中占有着重要的地位。本节主要介绍三维图形的基本元素包括点、线、面的创建，多种三维曲面的绘制方法。

6.3.1　绘制三维点

1. 命令功能

同二维绘制点一样，在三维空间中的任意位置创建点。三维点的绘制方法与二维相似。

2. 命令调用

方法一：在命令行输入point命令。

方法二：单击“绘图”工具栏上按钮 · 。

方法三：选择“视图”→“点”→“单点”菜单命令。

执行上述命令后，命令行提示如下。

令: _point

当前点模式: PDMODE=0 PDSIZE=0.0000

指定点:

绘制三维直线、构造线和样条曲线时，具体绘制方法与二维相似，读者可自行实践。

6.3.2　绘制普通三维面

1. 命令功能

在三维空间中的任意位置创建三侧面或四侧面。

2. 命令调用

方法一：在命令行输入3dface命令。

方法二：选择“绘图”→“建模”→“网格”→“三维面”菜单命令。

执行上述命令后，系统提示如下。

指定第一点或[不可见(I)]:

各选项具体说明如下。

- 指定第一点：定义三维面的起点。在输入第一点后，可按顺时针或逆时针顺序输入其余的点，以创建普通三维面。如果将所有的4个顶点定位在同一平面上，那么将创建一个类似于面域对象的平整面。当着色或渲染对象时，平整面将被填充。

- 不可见：控制三维面各边的可见性，以便建立有孔对象的正确模型。在边的第一点之前输入 i 或 invisible，可以使该边不可见。不可见属性必须在使用任何对象捕捉模式、XYZ 过滤器或输入边的坐标之前定义。可以创建所有边都不可见的三维面。这样的面是虚幻面，它不显示在线框图中，但在线框图形中会遮挡形体。三维面确实显示在着色的渲染中。

3. 操作示例

创建如图6-15所示的三维面。

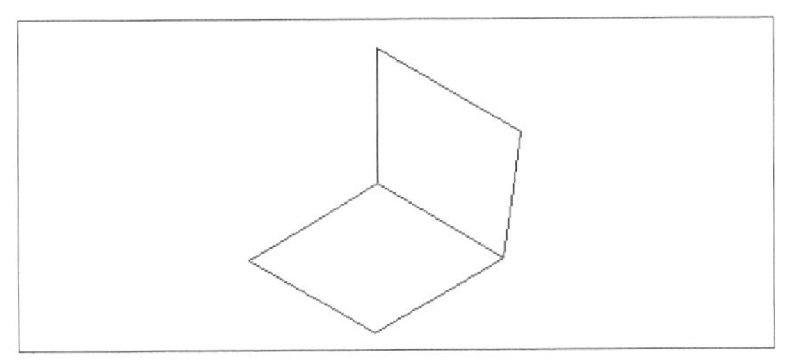

图6-15　三维面的建立

命令行提示如下。

```
命令:3dface        //调用绘制三维面命令
指定第一点或 [不可见(I)]:90,-50,0
//指定第一点
指定第二点或 [不可见(I)]:
//指定第二点
指定第三点或 [不可见(I)] <退出>:
指定第四点或 [不可见(I)] <创建三侧面>:
指定第三点或 [不可见(I)] <退出>:
//指定另一个面上的点
指定第四点或 [不可见(I)] <创建三侧面>:
//指定下一个点
指定第三点或 [不可见(I)] <退出>:
//回车，完成曲面的绘制
```

6.3.3　绘制平面曲面

1. 命令调用

方法一：在命令行输入planesurf命令。

方法二：单击“建模”工具栏上的按钮。

方法三：选择“绘图”→“建模”→“平面曲面”命令。

执行上述命令后，命令行提示如下。

```
命令: _planesurf
指定第一个角点或 [对象(O)] <对象>:
指定其他角点:
```

2. 示例效果

按照上述命令绘制的平面曲面，效果如图6-16所示。

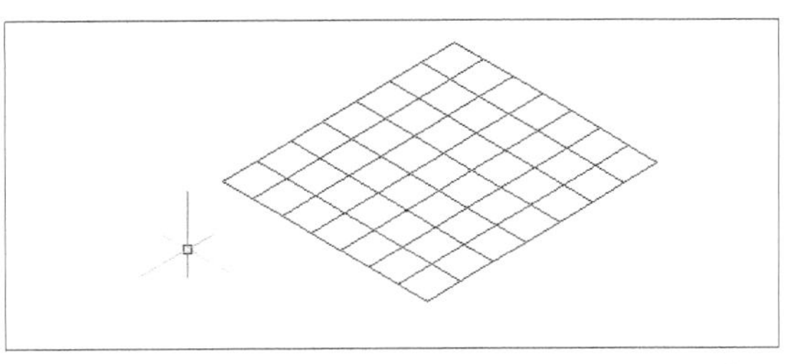

图6-16　绘制平面曲面

6.3.4　绘制三维网格表面

1. 命令功能

三维多边形网格，可以是平面或由若干平面网格构成的近似曲面。AutoCAD 2013把这些平面看作一个实体。用户可以用pedit命令进行编辑，也可用explode命令把它分解为许多的小平面。

2. 命令调用

方法一：在命令行输入3dmesh命令。

方法二：单击“曲面”工具栏上的按钮。

方法三：选择“绘图”→“建模”→“网格”→“三维网格”菜单命令。

执行上述命令后，命令行提示如下。

```
输入 M 方向上的网格数量:
输入 N 方向上的网格数量:
```

其中M和N的最小值为2，表明定义的网格至少要有4个点，其最大值为256。

3. 操作示例

绘制如图6-17所示的三维网格表面。

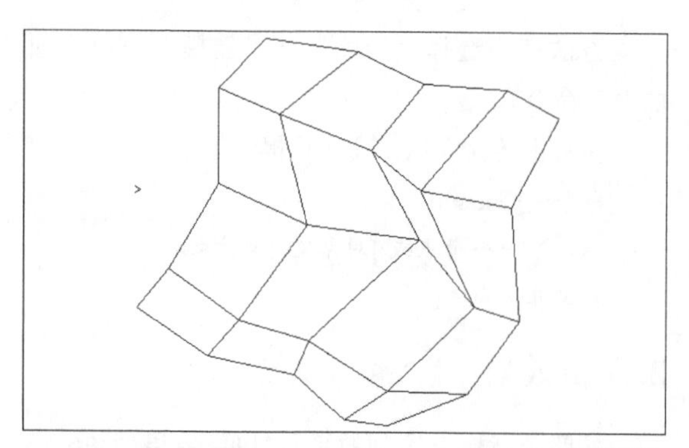

图6-17　三维网格

命令行提示如下。

命令:3dmesh
输入M方向上的网格数量:5　　//输入5，回车
输入N方向上的网格数量:　　//输入5，回车
指定顶点 (0, 0) 的位置:
//在屏幕上指定第一点的位置
指定顶点 (0, 1) 的位置:　　//接着指定下一点
指定顶点 (0, 2) 的位置:
……
指定顶点 (4, 4) 的位置:
//指定最后一点，绘制出如图6-17所示网格

6.4　绘制三维网格

6.4.1　绘制旋转网格

1. 命令功能

绘制旋转曲面必须具备两个对象，一个是旋转的轮廓，又称迹线；另一个是旋转中心，如图6-18所示。

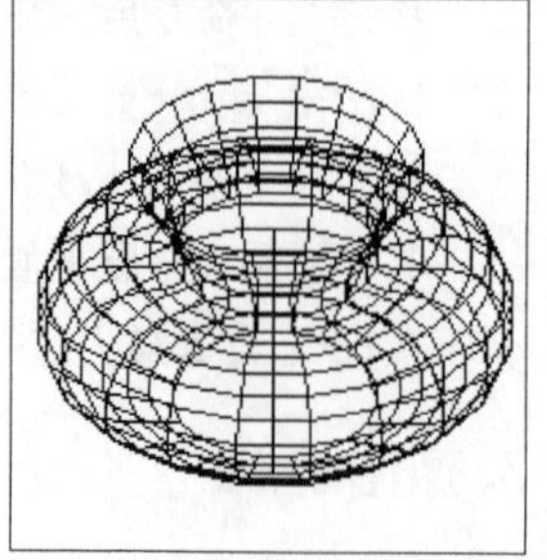

图6-18　旋转网格

2. 命令调用

方法一：在命令行输入revsurf命令。

方法二：单击“曲面”工具栏上的按钮。

方法三：选择“绘图”→“建模”→“网格”→“旋转网格”菜单命令。

执行上述命令后，命令行提示如下。

命令: revsurf
当前线框密度: SURFTAB1=6 SURFTAB2=6
选择要旋转的对象:
//指定已绘制好的直线、圆弧、圆或二维、三维多多段线
选择定义旋转轴的对象:
//指定已绘制好的的用作旋转的直线或是开放的二维、三维多多段线
指定起点角度 <0>:
//输入值或按回车键
指定包含角 (+=逆时针, -=顺时针) <360>:
//输入值或按回车键

起点角度如果设置为非零值，平面将从生成路径曲线位置的某个偏移处开始旋转。包含用来指定绕旋转轴旋转的角度。

系统变量SURFTAB1和SURFTAB2用来设置相应的数值，即可控制线框的密度。其中SURFTAB1指定在旋转方向上绘制的网格线的数目。SURFTAB2将指定绘制的网格线数目进行等分。

3. 操作示例

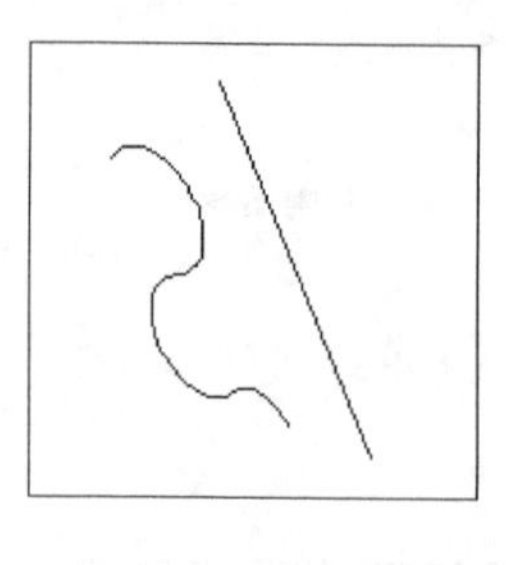

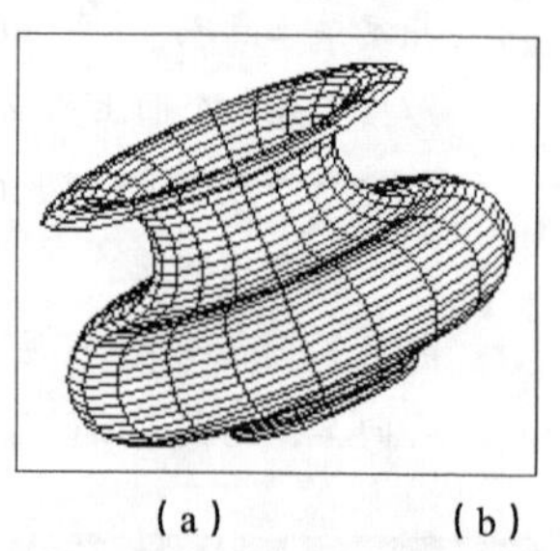

(a)　　(b)

图6-19　旋转曲面效果

（1）选择“视图”→“三维视图”→“西南等轴测”菜单命令，将视角设置为西南方向。

（2）旋转选择图6-19（a）所示尺寸分别绘制曲面的迹线与轴线。命令行提示如下。

命令: surftab1

输入 SURFTAB1 的新值 <4>: 20

命令: surtable2

输入 SURFTAB2 的新值 <4>: 20

命令: _revsurf

当前线框密度: SURFTAB1=20　SURFTAB2=20

选择要旋转的对象:

选择定义旋转轴的对象:

指定起点角度 <0>:

指定包含角 (+=逆时针，−=顺时针) <360>:

（3）删除中间直线。

（4）选择“视图”→“消隐”菜单命令，效果如图6-19（b）所示。

6.4.2　绘制平移网格

1. 命令功能

利用平移网格命令可以路径曲线沿方向矢量方向平移，构成平移曲面。

2. 命令调用

方法一：在命令行输入tabsurf命令。

方法二：单击“曲面”工具栏上按钮。

方法三：选择“绘图”→“建模”→“网格”→“平移网格”菜单命令。

执行上述命令后，命令行提示如下。

选择用作轮廓曲线的对象:

//选择一个已经存在的轮廓曲线

选择用作方向矢量的对象:

//选择一个方向线

当确定了拾取点后，系统将向方向矢量对象上远离拾取点的端点方向创建平移曲面。平移曲面的分段数由系统变量SURFTAB1确定。

选择如图6-20所示的样条曲线为轮廓曲线对象，以绘制的直线为方向矢量绘制的图形，结果如图6-21所示。

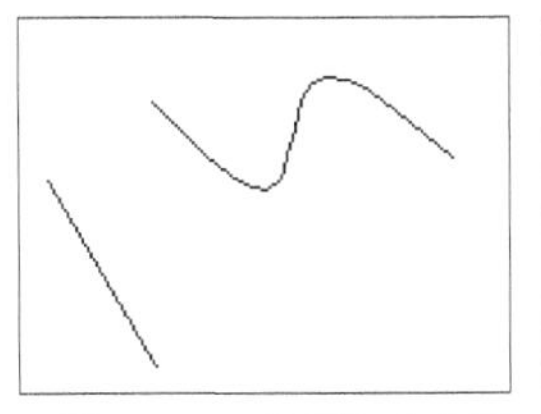

图6-20　八边形和方向线

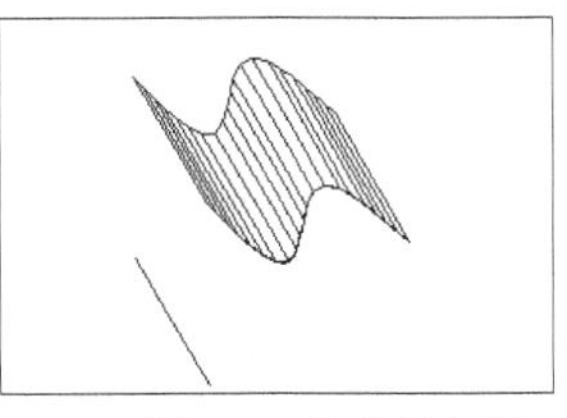

图6-21　平移后的曲面

6.4.3　绘制直纹网格

1. 命令功能

在两条曲线之间用直线连接从而形成直纹曲面。

2. 命令调用

方法一：在命令行输入rulesurf命令。

方法二：单击“曲面”工具栏上按钮。

方法三：选择“绘图”→“建模”→“网格”→“直纹曲面”菜单命令。

执行上述命令后，命令行提示如下。

选择第一条定义曲线:

//在屏幕上指定第一条曲线

选择第二条定义曲线:　　　　//指定第二条曲线

3. 操作示例

绘制如图6-22（b）所示的直纹曲线。

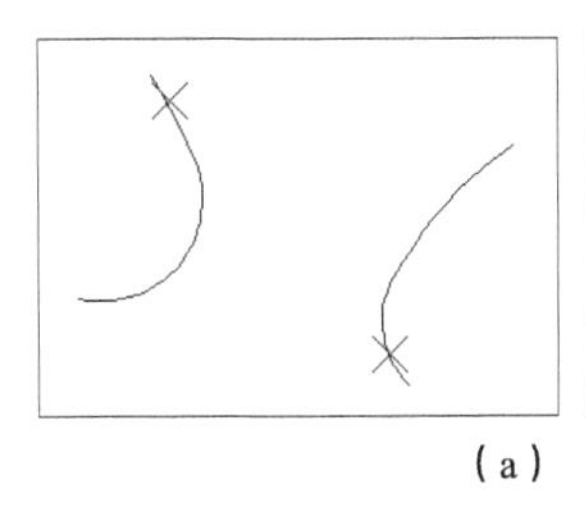

（a）

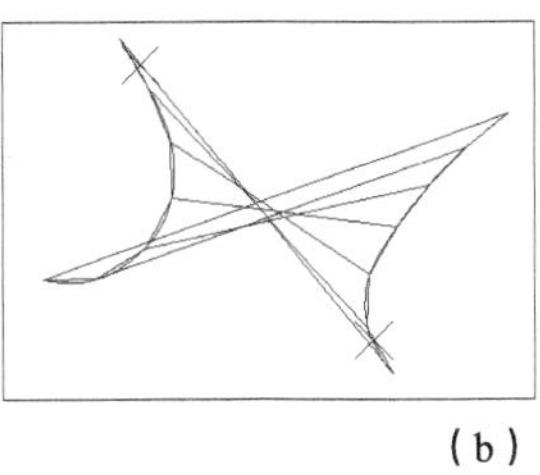

（b）

图6-22　绘制直纹曲线

命令行提示如下。

命令:rulesurf　　　　//调用直纹网格命令

当前线框密度: SURFTAB1=6

选择第一条定义曲线:

//鼠标在第一条曲线上拾取，拾取位置如图6-22（a）所示

选择第二条定义曲线:

//拾取第二条曲线上的位置，如图6-22（a）所示

技巧与提示

在选择两条定义曲线时，鼠标的拾取位置将会影响绘图的效果。图6-22所示为拾取不同侧时的效果，而图6-23所示为鼠标位于同一侧时的效果。

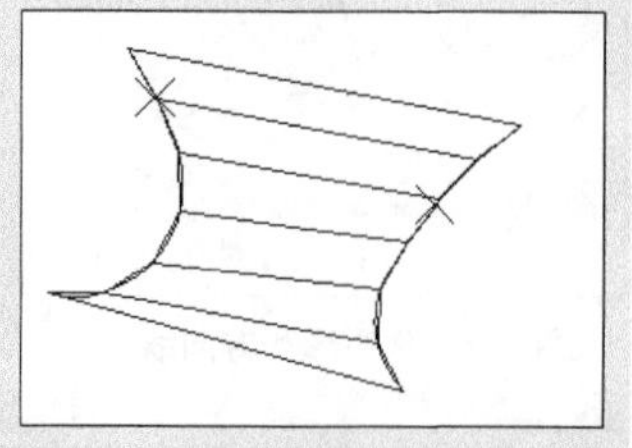

图6-23　鼠标拾取不同位置效果

6.4.4　绘制边界网格

1. 命令功能

边界网格是指以相互连接的4条边作为曲面边界形成的网格曲面，这条边可以在体平面内，也可以在不同平面内，但首尾必须相接。

2. 命令调用

方法一：在命令行输入degesurf命令。

方法二：单击“曲面”工具栏上的按钮。

方法三：选择“绘图”→“建模”→“网格”→“边界曲面”菜单命令。

执行上述命令后，命令行提示如下。

选择用作曲面边界的对象 1:

//指定的一条曲线

选择用作曲面边界的对象 2:

//指定的二条曲线

选择用作曲面边界的对象 3:

//指定的三条曲线

选择用作曲面边界的对象 4:

//指定的四条曲线

边界可以是圆弧、多段线、样条曲线和椭圆弧等，系统变量SURFTAB1和SURFTAB2分别控制 M、N方向的网格分段数。可通过在命令行输入SURFTAB1改变M方向的默认值，在命令行输入SURFTAB2改变N方向的默认值。

3. 示例效果

执行边界网格命令，可得到如图6-24所示的边界网格曲面。

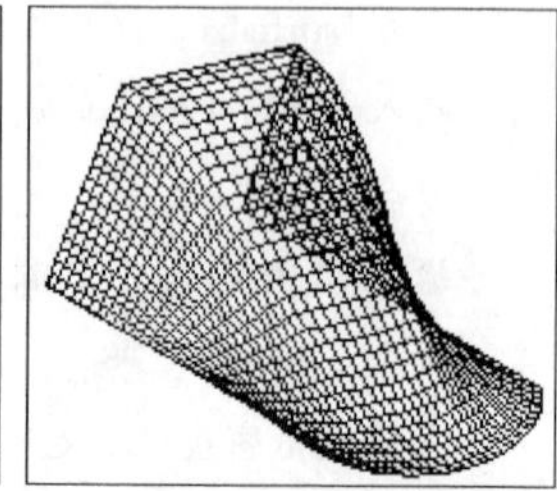

图6-24　生成边界曲面

6.5　绘制基本建筑实体

在AutoCAD中，使用“绘图”→“建模”子菜单中的命令，或使用“建模”工具栏，可以绘制长方体、球体、圆柱体、楔体及圆环体等基本实体模型，如图6-25所示。

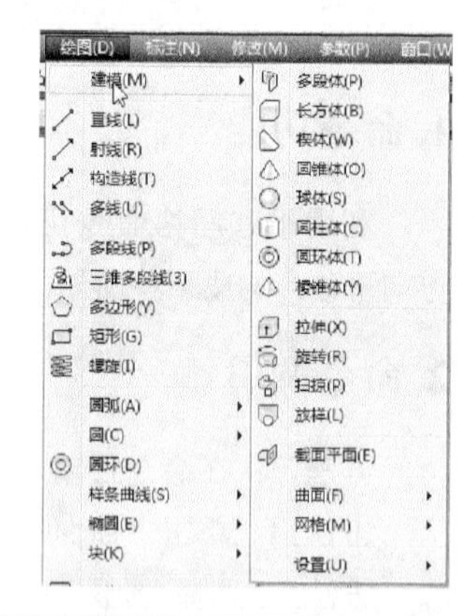

图6-25　“建模”子菜单与工具栏

6.5.1　绘制长方体

1. 命令功能

长方体作为最基本的三维模型，其应用非常广泛。

2. 命令调用

方法一：在命令行输入box命令。

方法二：在“建模”工具栏中单击按钮。

方法三：选择“绘图”→“建模”→“长方体”菜单命令。

执行上述命令后，命令行提示如下。

指定第一个角点或 [中心(C)]:

指定其他角点或 [立方体(C)/长度(L)]:

指定高度或 [两点(2P)]:

各选项具体说明如下。

- 中心点：定义长方体的中心点，并根据该中心点和一个角点来绘制长方体。
- 指定角点：输入长方体的一个角点，为默认选项。
- 立方体：绘制立方体，选择此命令后，根据提示可生成立方体。
- 长度：根据长、宽、高生成长方体。长、宽、高3个方向分别与x轴、y轴、z轴 3个坐标轴平行。
- 指定长方体的角点：根据长方体的一个顶点位置生成长方体，为默认选项。

3. 操作示例

绘制长、宽、高分别为300、200、120的长方体，如图6-26所示。

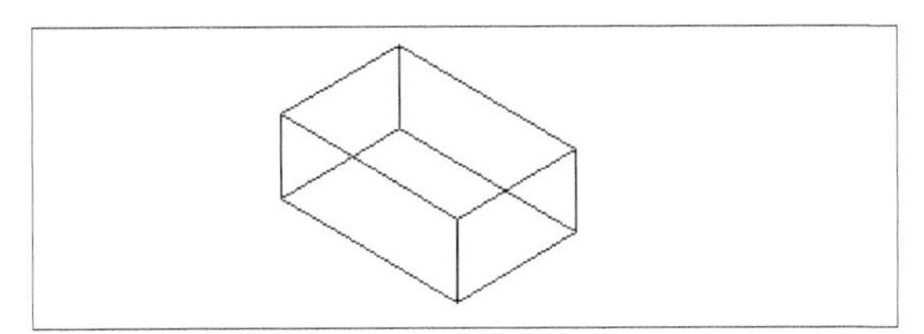

6-26　长方体图

操作步骤

01 选择“视图”→“三维视图”→“西南等轴测”菜单命令，将视图模式设为西南方向视图。

02 调用长方体命令，命令行提示如下。

命令: _box

指定第一个角点或 [中心(C)]:

//在屏幕上指定第一个角点

指定其他角点或 [立方体(C)/长度(L)]: <正交 开>l　//选择长度命令，确定长方体具体长度

指定长度 <300.0000>: <正交 开> 300

//指定固定长度300

指定宽度 <50.6931>: 200

//指定宽度200

指定高度或 [两点(2P)] <-162.2037>: 120

//指定长方体高度120，结果如图6-26所示

6.5.2　绘制楔体

在AutoCAD 2013中，虽然创建“长方体”和“楔体”的命令不同，但创建方法却相同，因为楔体是长方体沿对角线切成两半后的结果。

操作示例

绘制长为300，宽为150，高为50的楔体，如图6-27所示。

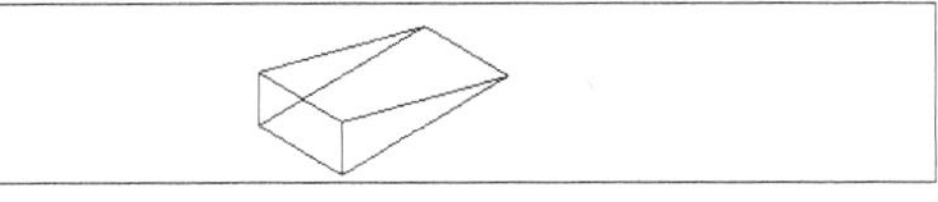

图6-27　绘制楔体

命令行提示如下。

命令: wedge　//调用楔体命令

指定第一个角点或 [中心(C)]:

指定其他角点或 [立方体(C)/长度(L)]: l

指定长度 <300.0000>: //指定长度

指定宽度 <200.0000>: 150 //指定宽度

指定高度或 [两点(2P)] <161.6002>: 80 //指定高度

6.5.3　绘制圆柱体

1. 命令功能

用来绘制圆柱体或椭圆柱体。网线密度由系统变量ISOLINES决定，默认值为4。

2. 命令调用

方法一：在命令行输入cylinder命令。

方法二：单击“建模”工具栏中的按钮。

方法三：选择“绘图”→“建模”→“圆柱体”菜单命令。

执行上述命令后，命令行提示如下。

指定底面的中心点或 [三点(3P)/两点(2P)/相切、相切、半径(T)/椭圆(E)]:

可以在屏幕上直接指定圆柱底面圆心，也可通过输入坐标来指定。选择“三点”表示通过指定3个点来定义圆柱体的底面周长和底面。“两点”表示通过指定两个点来定义圆柱体的底面直径。“相切、相切、半径”表示定义具有指定半径，且与两个对象相切的圆柱体底面。

3. 示例效果

用该命令构造的实体如图6-28所示。

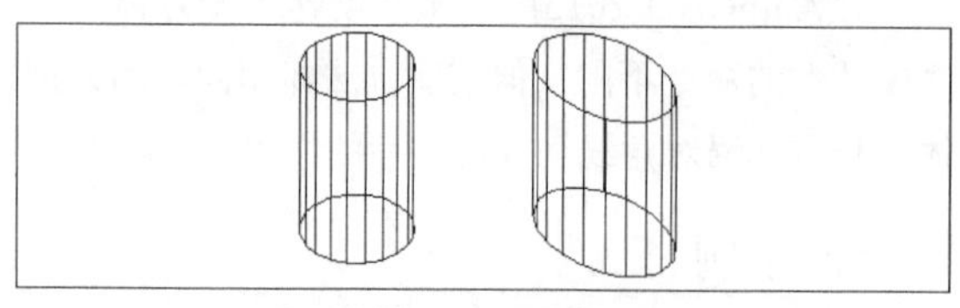

图6-28　圆柱体和椭圆柱体

6.5.4　绘制圆锥体

1. 命令功能

创建一个三维实体，该实体以圆或椭圆为底，以对称方式形成锥体表面，最后交于一点，或交于圆或椭圆平面。网线密度由系统变量isolines决定，默认值为4。

2. 命令调用

方法一：在命令行输入cone命令。

方法二：在“建模”工具栏中单击按钮。

方法三：选择“绘图”→“建模”→“圆锥体”菜单命令。

执行上述命令后，命令行提示如下。

指定底面的中心点或 [三点(3P)/两点(2P)/相切、相切、半径(T)/椭圆(E)]:

指定中心点后，按回车键命令行提示如下。

指定底面半径或 [直径(D)] <20.0000>:

输入半径值或选择“直径”命令输入直径值，按回车键后，命令行提示如下。

指定高度或 [两点(2P)/轴端点(A)/顶面半径(T)] <40.0000>:

其中，“两点”可根据两点的距离指定圆锥体的高度，“轴端点”可任意指定轴端点即顶点的位置，绘制出的圆锥体的轴线可以是任意方向，“顶面半径”通过指定相应半径值绘制出圆台，如图6-29所示。

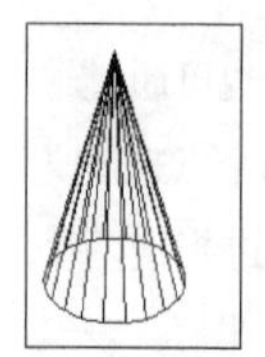
“两点”命令绘制

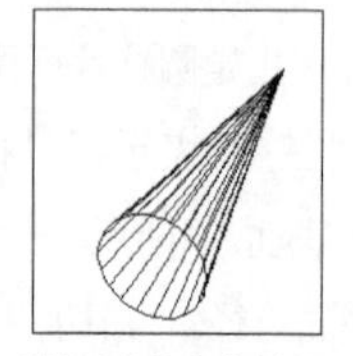
“轴端点”命令绘制

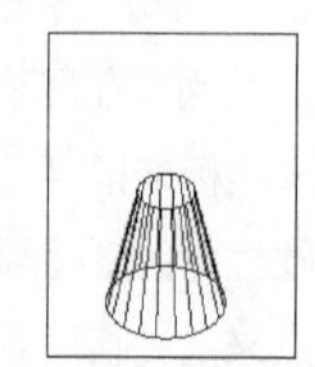
“顶面半径”命令绘制

图6-29　不同的圆锥体

6.5.5　绘制球体

1. 命令功能

创建三维实体球体。球体由中心点和半径或直径组成。网线密度可通过系统变量isolines决定。

2. 命令调用

方法一：在命令行输入sphere命令。

方法二：在“建模”工具栏中按钮。

方法三：选择“绘图”→“建模”→“球体”菜单命令。

执行上述命令后，命令行提示如下。

指定中心点或 [三点(3P)/两点(2P)/相切、相切、半径(T)]:

指定中心点后，命令行提示如下。

指定半径或 [直径(D)]:

按上述命令操作即可绘制出球体表面。有时所绘制出的球体，其外形线框的条数太少，不能完全反映整个球体的外观，此时通过改变isolines的值来增加线条的数量，如图6-30所示。

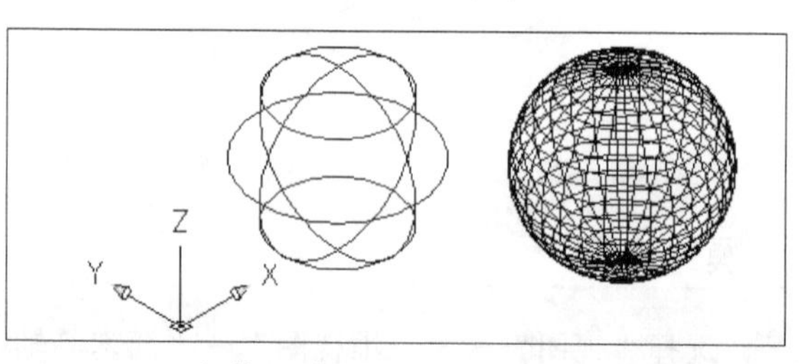

图6-30　球体示例图

6.5.6　绘制圆环体

1. 命令功能

创建三维圆环形实体。

2. 命令调用

方法一：在命令行输入torus命令。

方法二：在“建模”工具栏中单击按钮。

方法三：选择“绘图”→“建模”→“圆环体”菜单命令。

执行上述命令后，命令行提示如下。

指定中心点或 [三点(3P)/两点(2P)/相切、相切、半径(T)]:

可以直接输入中心点位置，也可在屏幕上直接指定，指定中心点后，命令行提示如下。

指定半径或 [直径(D)] <76.4285>:

指定半径后，命令行提示如下。

指定圆管半径或 [两点(2P)/直径(D)] <12.2961>:

3. 操作示例

用上述命令构造的实体如图6-31所示。

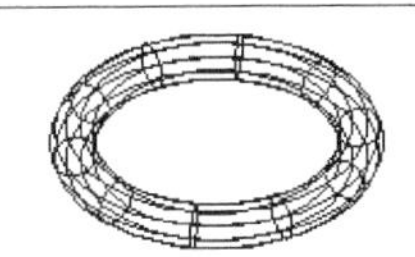

图6-31　圆环实体

命令行提示如下。

命令: ISOLINES

输入 ISOLINES 的新值 <15>: 10

//设置ISOLINES的值来确定线条密度

命令: _torus　　　　//调用圆环体命令

指定中心点或 [三点(3P)/两点(2P)/相切、相切、半径(T)]:　//在屏幕上指定一点

指定半径或 [直径(D)] <76.4285>:80

//指定圆环体半径

指定圆管半径或 [两点(2P)/直径(D)] <12.2961>:

//指定圆管半径

6.5.7　绘制棱锥面

1. 命令功能

用来绘制棱锥面实体。

2. 命令调用

方法一：在命令行输入pyramid命令。

方法二：在“建模”工具栏中单击按钮。

方法三：选择“绘图”→“建模”→“圆环体”菜单命令。

执行上述命令后，命令行提示如下。

指定底面的中心点或 [边(E)/侧面(S)]:

指定中心后命令行提示如下。

指定底面半径或 [内接(I)] <122.5020>:

指定半径后，继续提示如下。

指定高度或 [两点(2P)/轴端点(A)/顶面半径(T)] <101.1212>:

3. 操作示例

绘制如图6-32所示的圆锥体。

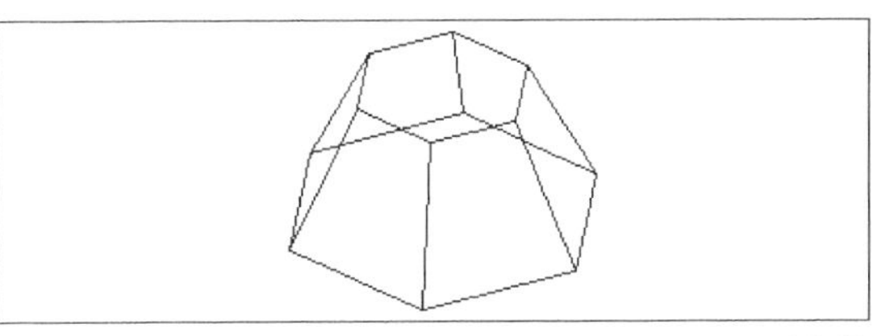

图6-32　六边形棱锥体

命令行提示如下。

命令: _pyramid　　//调用棱锥体命令

5 个侧面　外切

指定底面的中心点或 [边(E)/侧面(S)]: s

//选择“侧面”项设置侧面数目

输入侧面数 <5>: 6

//输入6，创建6面棱锥体

指定底面的中心点或 [边(E)/侧面(S)]:

指定底面半径或 [内接(I)] <86.7248>:

//在屏幕上指定地面半径

指定高度或 [两点(2P)/轴端点(A)/顶面半径(T)] <146.5721>: t　//选择“顶面半径”设置定边的半径长度

指定顶面半径 <49.4427>:

//在屏幕上指定顶面半径

指定高度或 [两点(2P)/轴端点(A)] <146.5721>

//指定高度后，效果如图6-32所示

6.5.8　绘制多段体

1. 命令调用

方法一：在命令行输入polysolid命令。

方法二：在“建模”工具栏中单击按钮。

方法三：选择“绘图”→“建模”→“多段体”菜单命令。

执行上述命令后，命令行提示如下。

指定起点或 [对象（O）/高度（H）/宽度（W）/对正（J）] <对象>:

各选项具体说明如下。

- 对象：可将直线、样条曲线及圆弧等线型转化为多段体，如图6-33所示。

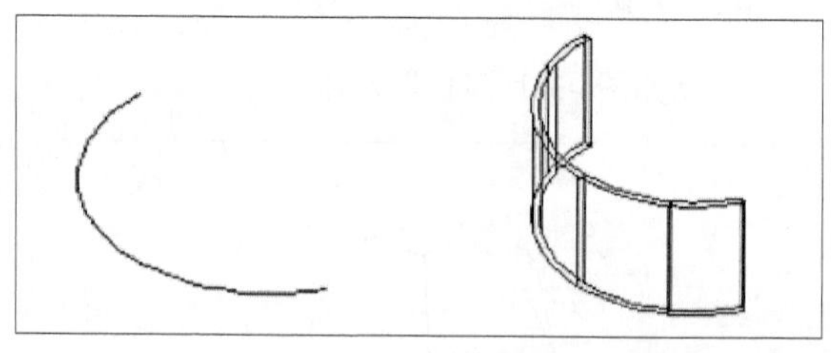

图6-33　选择“对象”后

- 宽度：设置多段体的宽度，如图6-34所示。

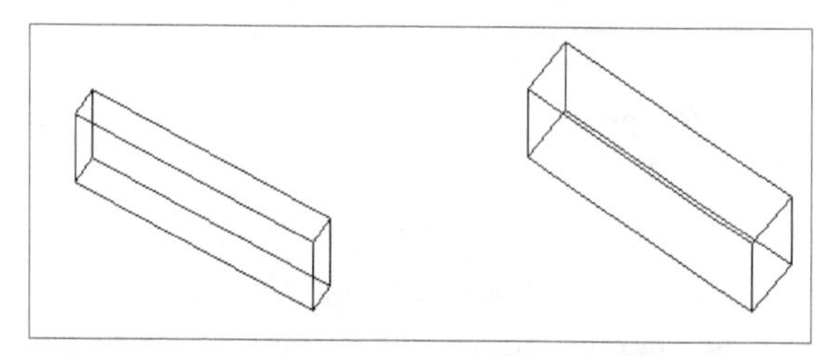

图6-34　设置不同宽度后

- 宽度：设置多段体的高度。
- 对正：输入对正方式共包括左对正、居中与右对正3种方式。

2. 操作示例

绘制如图6-35所示的多段体。

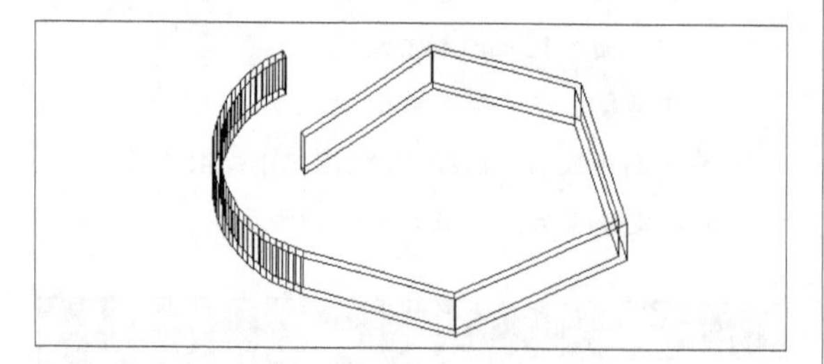

图6-35　多段体

操作步骤

01 设置为三维视图模式。

02 绘制图6-35所示的多段体，命令行提示如下。

命令: _Polysolid 高度 = 60.0000, 宽度 = 10.0000, 对正 = 右对齐

指定起点或 [对象(O)/高度(H)/宽度(W)/对正(J)] <对象>: w

指定宽度 <10.0000>: 6

高度 = 60.0000, 宽度 = 6.0000, 对正 = 右对齐

指定起点或 [对象(O)/高度(H)/宽度(W)/对正(J)] <对象>:　//在屏幕上指定起始点

指定下一个点或 [圆弧(A)/放弃(U)]:

//连续指定下一点

指定下一个点或 [圆弧(A)/放弃(U)]:

指定下一个点或 [圆弧(A)/闭合(C)/放弃(U)]:

指定下一个点或 [圆弧(A)/闭合(C)/放弃(U)]:

指定下一个点或 [圆弧(A)/闭合(C)/放弃(U)]:

指定下一个点或 [圆弧(A)/闭合(C)/放弃(U)]: a

//选择“圆弧”命令，绘制圆弧

指定圆弧的端点或 [闭合(C)/方向(D)/直线(L)/第二个点(S)/放弃(U)]: //指定圆弧端点

指定下一个点或 [圆弧(A)/闭合(C)/放弃(U)]: 指定圆弧的端点或 [闭合(C)/方向(D)/直线(L)/第二个点(S)/放弃(U)]:　//按回车键或单击鼠标右键

6.6　通过二维图形创建建筑实体

6.6.1　拉伸

1. 命令功能

用拉伸命令可以绘制直柱体、台柱体和沿一条曲线拉伸形成的广义柱体，如图6-36所示。

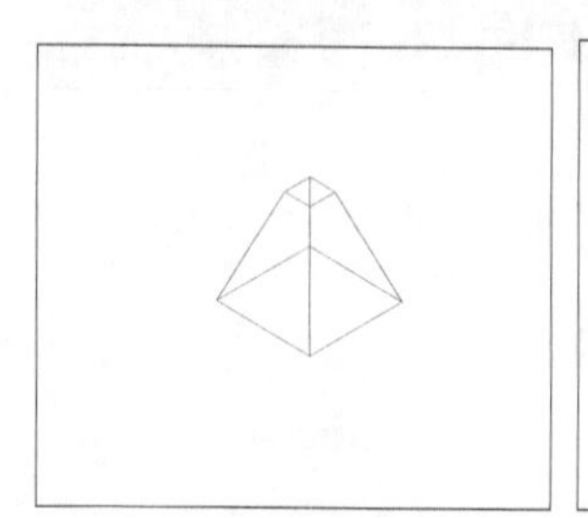

台柱体

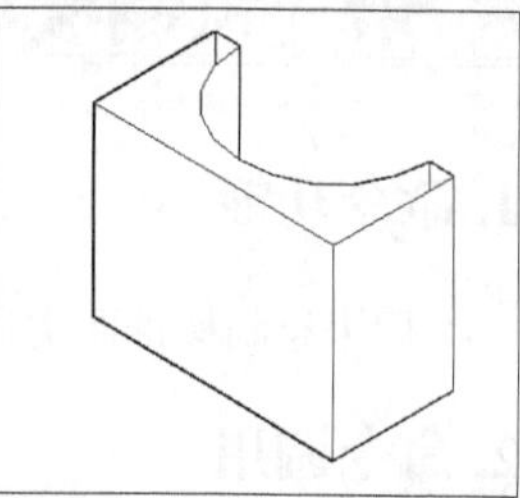

直柱体

图6-36　圆环实体

先在*xy*平面内画出其端面形状，再调用拉伸命令输入厚度即可将二维图形转化为三维实体。可以拉伸为三维实体为直线、圆、椭圆、多边形或样条

曲线等。

2. 命令调用

方法一：在命令行输入extrude命令。

方法二：单击“建模”工具栏上的按钮。

方法三：选择“绘图”→“建模”→“拉伸”菜单命令。

执行上述命令后，命令行提示如下。

当前线框密度:ISOLINES=4 选择要拉伸的对象:

用户通过鼠标选择要拉伸的对象，之后命令行相继提示如下。

指定拉伸的高度或[方向(D)/路径(P)/倾斜角(T)]:

各选项具体说明如下。

- 拉伸高度：如果输入正值，将沿对象所在坐标系的z轴正方向拉伸对象。如果输入负值，将沿z轴负方向拉伸对象。默认情况下，将沿对象的法线方向拉伸平面对象。
- 方向：通过指定的两点指定拉伸的长度和方向。
- 路径：选择基于指定曲线对象的拉伸路径。路径将移动到轮廓的质心。然后沿选定路径拉伸选定对象的轮廓以创建实体或曲面。
- 倾斜角：如果为倾斜角指定一个点而不是输入值，则必须拾取第二个点。用于拉伸的倾斜角是两个指定点之间的距离。

正角度表示从基准对象逐渐变细地拉伸，而负角度则表示从基准对象逐渐变粗地拉伸。默认角度为0°表示在与二维对象所在平面垂直的方向上进行拉伸。所有选定的对象和环都将倾斜到相同的角度。

指定一个较大的倾斜角或较长的拉伸高度,将导致对象或对象的一部分在到达拉伸高度之前就已经汇聚到一点。

3. 操作示例

拉伸如图6-37所示的圆形。

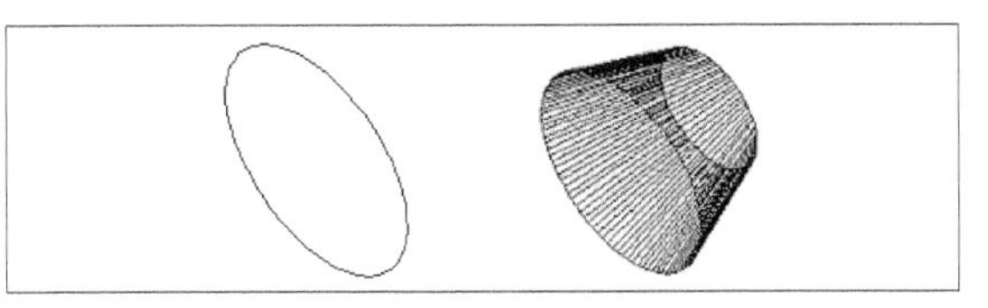

图6-37　拉伸圆形

命令行提示如下。

```
命令: _extrude            //调用拉伸命令
当前线框密度: ISOLINES=100
选择要拉伸的对象: 找到 1 个
//选择拉伸对象圆
选择要拉伸的对象:            //单击鼠标右键
指定拉伸的高度或 [方向(D)/路径(P)/倾斜角(T)]
<300.0000>: t  //制定拉伸倾斜角
指定拉伸的倾斜角度 <0>: 20      //输入角度20
指定拉伸的高度或 [方向(D)/路径(P)/倾斜角(T)]
<300.0000>: 200   //制定拉伸高度
```

6.6.2　旋转

1. 命令功能

旋转实体是将一些二维图形按指定的轴进行旋转而形成三维实体。绘制旋转实体的方法与拉伸相同，要先绘制出截面形状，再调用旋转命令，生成回转体。

可以旋转的对象一般包括多段线、多边形、圆、椭圆、样条曲线、圆环和面域。不能旋转包含在块中的对象，不能旋转具有相交或自交线段的多段线。

按指定实体旋转时，作为旋转轴的实体只能是直线和多段线。

2. 命令调用

方法一：在命令行输入revolve命令。

方法二：单击“建模”工具栏中的按钮。

方法三：选择“绘图”→“建模”→“旋转”菜单命令。

执行上述命令后，命令行提示如下。

```
选择要旋转的对象:
指定轴起点或根据以下选项之一定义轴 [对象(O)/X/Y/Z] <对象>:
指定轴端点:
指定旋转角度或 [起点角度(ST)] <360>:
```

各选项具体说明如下。

- 定义轴：指定旋转轴的第1点和第2点。轴的正方向从第1点指向第2点。为默认选项。

- 对象：选择现有实体（直线或多段线）中的单条线段定义轴，对象绕该轴旋转。轴的正方向从这条直线上的最近端点指向最远端点。
- *x*轴：绕*x*轴进行旋转。
- *y*轴：绕*y*轴进行旋转。
- 指定旋转角度<360>：以指定角度旋转二维对象。

3. 示例效果

将封闭多段线绕直线旋转360°后得到的实体，如图6-38所示。

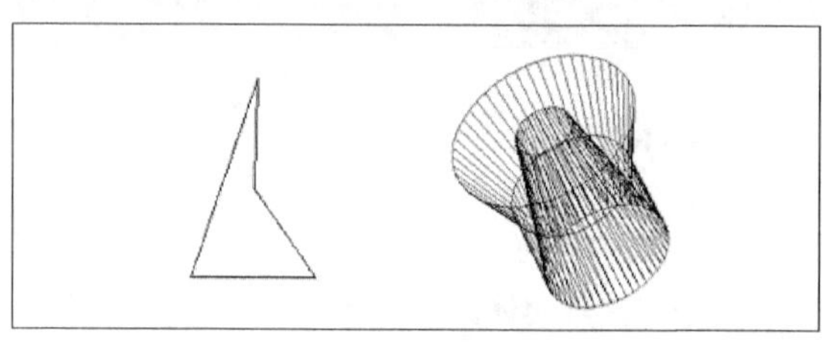

图6-38　将二维图形旋转城实体

6.6.3　扫掠

1. 命令调用

方法一：在命令行输入sweep命令。

方法二：单击"建模"工具栏中的按钮。

方法三：选择"绘图"→"建模"→"扫掠"菜单命令。

执行上述命令后，命令行提示如下。

选择要扫掠的对象:

选择扫掠路径或 [对齐(A)/基点(B)/比例(S)/扭曲(T)]:

如果沿一条路径扫掠开放的曲线，则生成曲面。扫掠与拉伸不同。沿路径扫掠轮廓时，轮廓将被移动并与路径垂直对齐。然后，沿路径扫掠该轮廓。

2. 操作示例

绘制并达到如图6-39所示的扫掠效果。

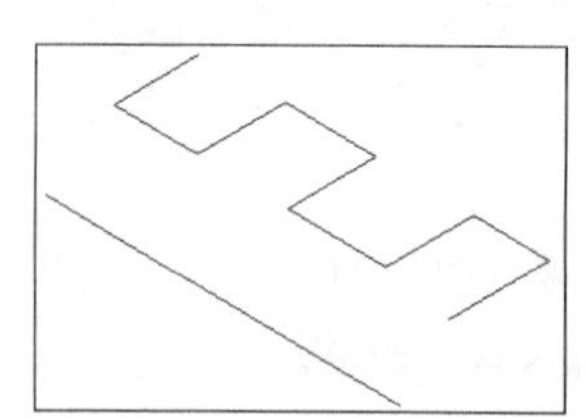

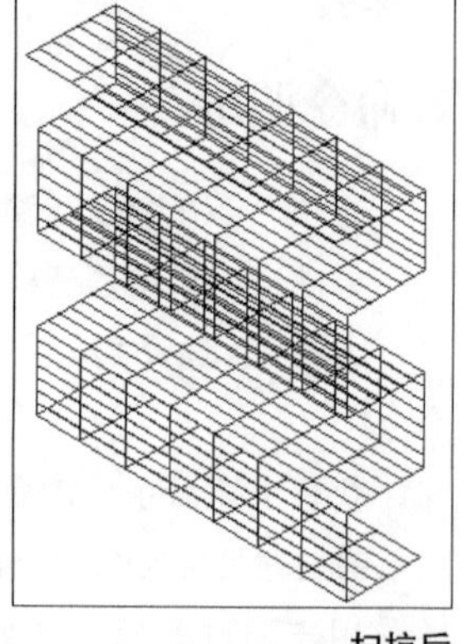

扫掠前　　扫掠后

图6-39　扫掠效果

命令行提示如下。

命令: _sweep　　//执行扫掠命令

当前线框密度: ISOLINES=50

选择要扫掠的对象: 找到 1 个

//选择图6-39中的多段线

选择要扫掠的对象:

//按回车键或单击鼠标右键

选择扫掠路径或 [对齐(A)/基点(B)/比例(S)/扭曲(T)]:　//选择图6-39中的直线

技巧与提示

要沿螺旋扫掠轮廓（如闭合多段线），请将轮廓移动或旋转到位空间并关闭 sweep 命令中的"对齐"选项。如果建模时出现错误，请确保结果不会与自身相交。

6.6.4　放样

1. 命令功能

通过一组两个或多个曲线之间放样来创建三维实体或曲面。

2. 命令调用

方法一：在命令行输入loft命令。

方法二：单击"建模"工具栏中的按钮。

方法三：选择"绘图"→"建模"→"放样"菜单命令。

执行上述命令后，命令行提示如下。

按放样次序选择横截面: 找到 1 个

按放样次序选择横截面: 找到 1 个，总计 2 个

按放样次序选择横截面: 找到 1 个, 总计 3 个
按放样次序选择横截面:
输入选项 [导向(G)/路径(P)/仅横截面(C)] <仅横截面>: C

各选项具体说明如下。

- 导向：指定控制放样实体或曲面形状的导向曲线。导向曲线是直线或曲线，可通过将其他线框信息添加至对象来进一步定义实体或曲面的形状。可以使用导向曲线来控制点如何匹配相应的横截面以防止出现不希望看到的效果。
- 路径：指定放样实体或曲面的单一路径。
- 仅横截面：显示“放样设置”对话框。

3. 操作示例

绘制如图6-40所示的图形。

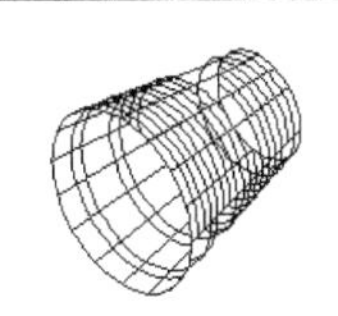

图6-40　放样实体

命令行提示如下。

命令: _circle 指定圆的圆心或 [三点(3P)/两点(2P)/相切、相切、半径(T)]:
//调用“圆”命令绘制圆
指定圆的半径或 [直径(D)] <26.4180>: 100
//指定圆的半径
命令: _circle 指定圆的圆心或 [三点(3P)/两点(2P)/相切、相切、半径(T)]:
指定圆的半径或 [直径(D)] <100.0000>: 60
命令: _loft
//调用“放样”命令
按放样次序选择横截面: 找到 1 个
按放样次序选择横截面: 找到 1 个, 总计 2 个
按放样次序选择横截面:
//依次选择半径为100和50的圆
输入选项 [导向(G)/路径(P)/仅横截面(C)] <仅横截面>: C
//选择“仅横截面”

6.7 综合实例

下面就通过两个实际生活中的实例来讲解三维图形的基本操作。

6.7.1 绘制台灯

绘制如图6-41所示的台灯图形。

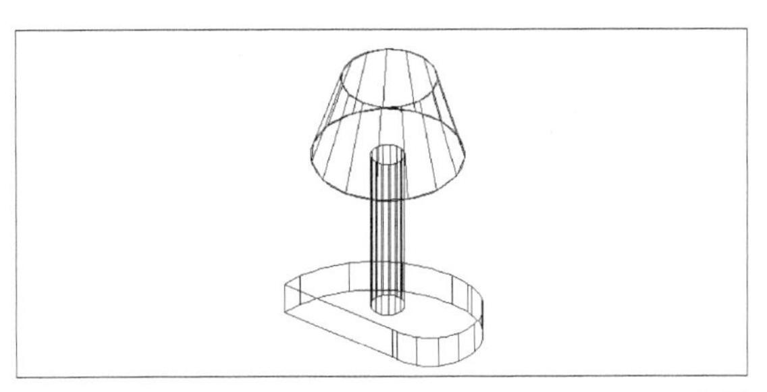

6-41　台灯

操作步骤

01 单击“文件”→“新建”菜单命令，新建一图形文件。

02 单击“视图”工具栏上的“西南等轴测”按钮，将视图转换为西南等轴测。

03 单击“绘图”工具栏上的按钮，绘制两同心圆，选择“绘图”→“建模”→“网格”→“直纹网格”菜单命令，绘制出灯罩，如图6-42所示。

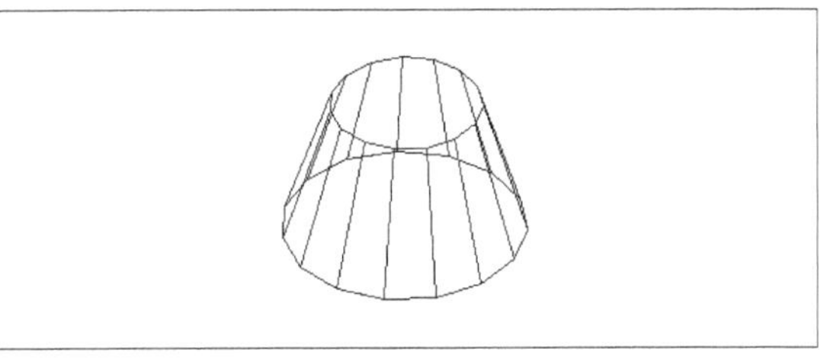

图6-42　绘制灯罩

命令行提示如下。

命令: _circle 指定圆的圆心或 [三点(3P)/两点(2P)/相切、相切、半径(T)]:　//调用“圆”命令，绘制顶圆
指定圆的半径或 [直径(D)]:
//在屏幕上指定圆的半径
命令: _circle 指定圆的圆心或 [三点(3P)/两点(2P)/相切、相切、半径(T)]:

//调用“园”命令绘制底圆

指定圆的半径或 [直径(D)] <2.3218>:

//在屏幕上指定圆的半径

命令: surftab1　　//设置直纹网格线密度

输入 SURFTAB1 的新值 <6>: 15　//设为15

命令: _rulesurf　　//调用“直纹网格”命令

当前线框密度: SURFTAB1=15

选择第一条定义曲线:　　//选择顶圆

选择第二条定义曲线:

//选择底圆，效果如图6−42所示

04 捕捉底圆的圆心，绘制一同心小圆，并执行“绘制”→“建模”→“拉伸”命令，绘制台灯支架。命令行提示如下。

命令: isolines　　//设置线密度

输入 ISOLINES 的新值 <4>: 10　//输入10

命令:

命令: _extrude　　//调用拉伸命令

当前线框密度: ISOLINES=10

选择要拉伸的对象: 找到 1 个　　//选择小圆

选择要拉伸的对象:

//单击鼠标右键

指定拉伸的高度或 [方向(D)/路径(P)/倾斜角(T)] <−9.2591>:　//指定拉伸的高度

05 利用“多段线”命令，绘制一多段线如图6-43所示。

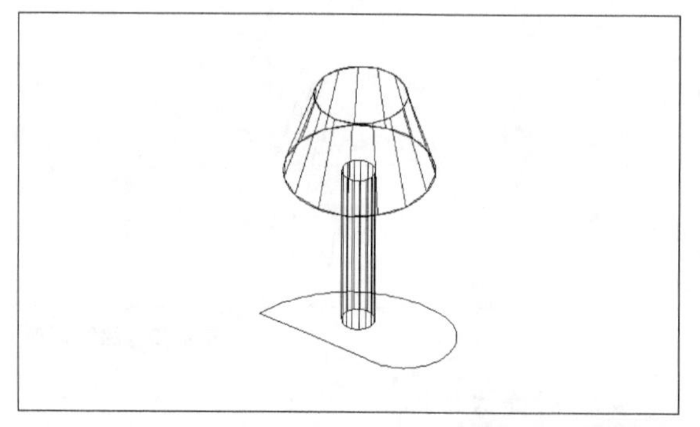

图6-43　绘制多段线

06 调用“拉伸”命令，将多段线拉伸，最终效果如图6-41所示。

6.7.2 绘制书架

利用三维命令绘制如图6-44所示的书架。

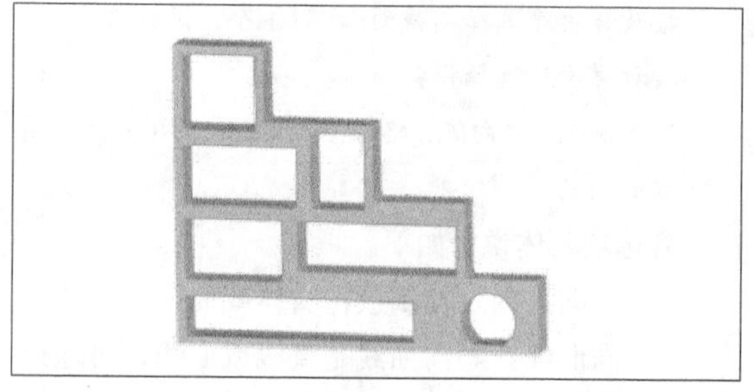

图6-44　书架

操作步骤

01 单击“文件”→“新建”菜单命令，新建一图形文件。

02 选择“绘图”工具栏中的按钮，绘制书架的外部轮廓，如图6-45所示。

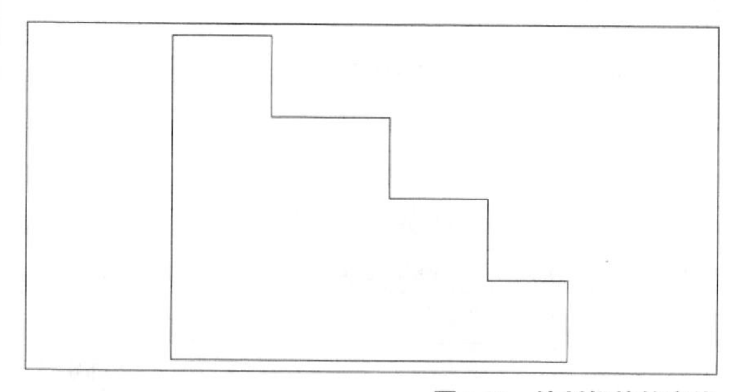

图6-45　绘制好的轮廓线

命令行提示如下。

命令: _pline　　//调用“多线”命令

指定起点:　　//在屏幕上任意指定一点

当前线宽为 0.0000

指定下一个点或 [圆弧(A)/半宽(H)/长度(L)/放弃(U)/宽度(W)]: @0,−1600

指定下一点或 [圆弧(A)/闭合(C)/半宽(H)/长度(L)/放弃(U)/宽度(W)]: @2000,0

指定下一点或 [圆弧(A)/闭合(C)/半宽(H)/长度(L)/放弃(U)/宽度(W)]: @0,400

指定下一点或 [圆弧(A)/闭合(C)/半宽(H)/长度(L)/放弃(U)/宽度(W)]: @−400,0

指定下一点或 [圆弧(A)/闭合(C)/半宽(H)/长度(L)/放弃(U)/宽度(W)]: @0,400

指定下一点或 [圆弧(A)/闭合(C)/半宽(H)/长度(L)/放弃(U)/宽度(W)]: @−500,0

指定下一点或 [圆弧(A)/闭合(C)/半宽(H)/长度(L)/放弃(U)/宽度(W)]: @0,400

指定下一点或 [圆弧(A)/闭合(C)/半宽(H)/长度(L)/放弃(U)/宽度(W)]: @-600,0

指定下一点或 [圆弧(A)/闭合(C)/半宽(H)/长度(L)/放弃(U)/宽度(W)]: @0,400

指定下一点或 [圆弧(A)/闭合(C)/半宽(H)/长度(L)/放弃(U)/宽度(W)]: c

03 单击“绘图”工具栏中的按钮，将多段线向内偏移50个单位，如图6-46所示。

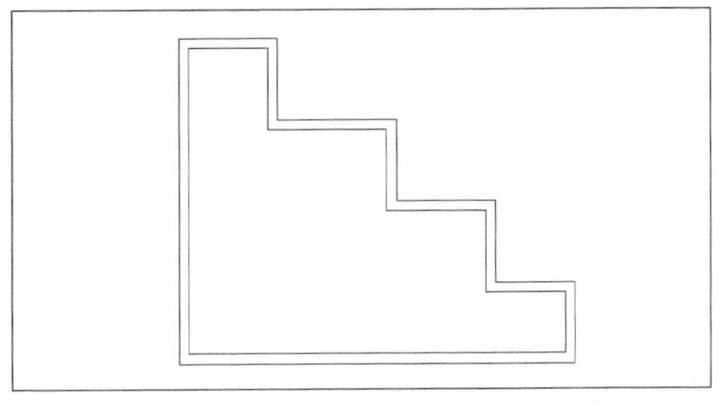

图6-46　偏移轮廓线

命令行提示如下。

命令: _offset　　　　//调用“偏移”命令

当前设置: 删除源=否

图层=源　OFFSETGAPTYPE=0

指定偏移距离或 [通过(T)/删除(E)/图层(L)] <通过>: 50　　//指定偏移距离为50

选择要偏移的对象，或 [退出(E)/放弃(U)] <退出>:

指定要偏移的那一侧上的点，或 [退出(E)/多个(M)/放弃(U)] <退出>:

选择要偏移的对象，或 [退出(E)/放弃(U)] <退出>:

04 选择“视图”→“三维视图”→“西南等轴测”菜单命令，调整为三维视图模式，如图6-47所示。

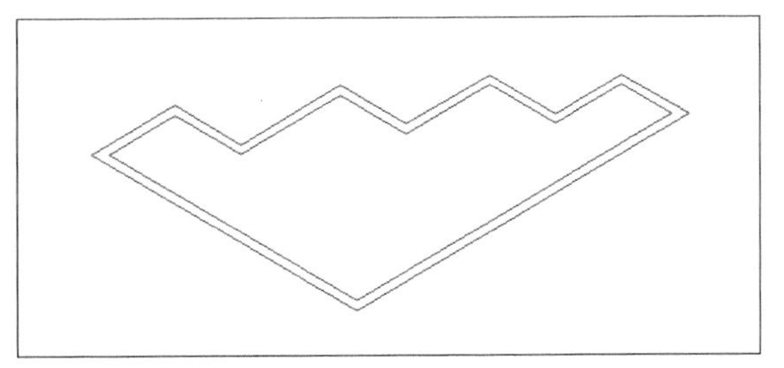

图6-47　“西南等轴测”视图

05 选择“工具”→“新建UCS”→“原点”菜单命令，改变UCS坐标。改变后的坐标原点如图6-48所示。

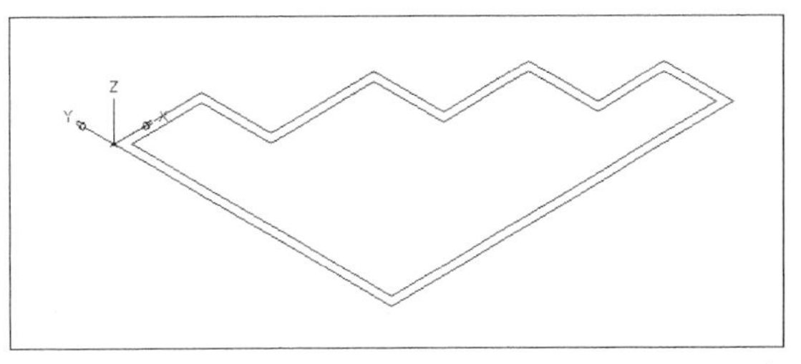

图6-48　调整坐标原点

命令行提示如下。

命令: _ucs

当前 UCS 名称: *世界*

指定 UCS 的原点或 [面(F)/命名(NA)/对象(OB)/上一个(P)/视图(V)/世界(W)/X/Y/Z/Z 轴(ZA)] <世界>: _o

指定新原点 <0,0,0>:

06 单击“绘图”工具栏中的按钮，绘制书架内部。绘制第一个矩形，如图6-49所示。

命令行提示如下：

命令: _rectang　　　　//调用“矩形”命令

指定第一个角点或 [倒角(C)/标高(E)/圆角(F)/厚度(T)/宽度(W)]:　　//捕捉内侧轮廓左顶点

指定另一个角点或 [面积(A)/尺寸(D)/旋转(R)]:

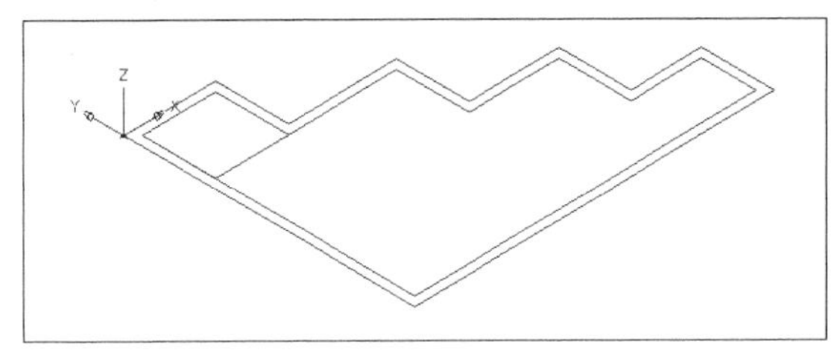

图6-49　绘制第一个矩形轮廓

07 采用相同方法绘制其他书洞，如图6-50所示。

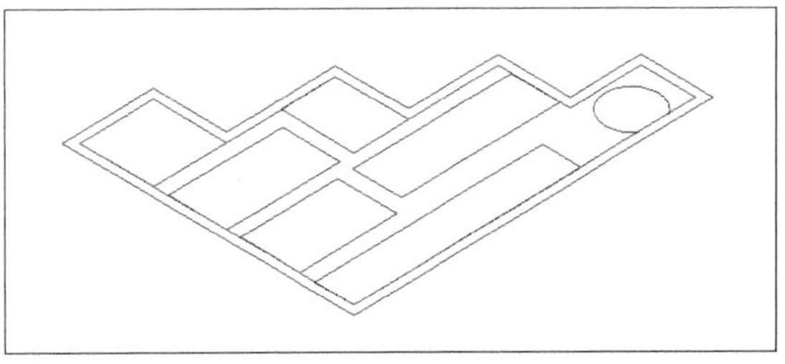

图6-50　绘制好后的轮廓图

08 由于下面的圆形图案不是一个整体，故需要将其定义为面域，单击“绘图”工具栏中的按钮，命令行提示如下。

命令: _region　　　//调用“面域”命令

选择对象: 找到 1 个　　//选择圆弧

选择对象: 找到 1 个，总计 2 个　　//选择直线

选择对象:　　//回车

已提取 1 个环。

已创建 1 个面域。

09 单击“建模”工具栏中的按钮，拉伸所绘制的轮廓线，结果如图6-51所示。

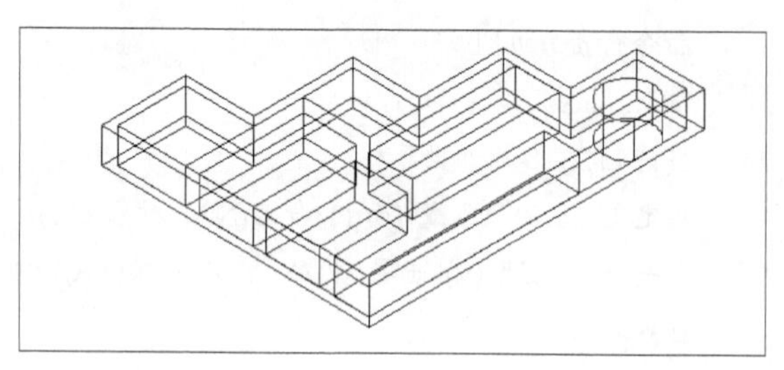

图6-51　拉伸后效果

命令行提示如下。

命令: _extrude

当前线框密度: ISOLINES=4

选择要拉伸的对象: 指定对角点: 找到 9 个

选择要拉伸的对象:

指定拉伸的高度或 [方向(D)/路径(P)/倾斜角(T)] <161.5964>: 200

10 单击“建模”工具栏上的按钮，减去中间的书洞。命令行提示如下。

命令: _subtract 选择要从中减去的实体或面域...

//执行“差集”命令

选择对象: 找到 1 个

选择对象: 找到 1 个，总计 2 个

选择对象:

选择要减去的实体或面域 ..

选择对象: 找到 1 个

//依次选择要建区的实体

选择对象: 找到 1 个，总计 2 个

选择对象: 找到 1 个，总计 3 个

选择对象: 找到 1 个，总计 4 个

选择对象: 找到 1 个，总计 5 个

选择对象: 找到 1 个，总计 6 个

选择对象: 找到 1 个，总计 7 个

选择对象:　　//回车

11 选择“视图”→“消隐”菜单命令，效果如图6-52所示。

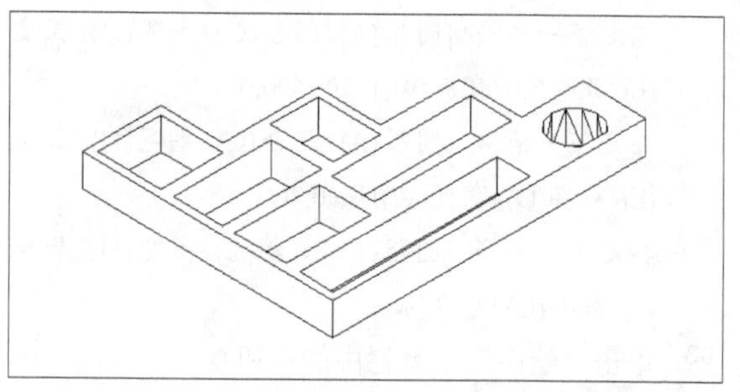

图6-52　消隐后效果

12 选择“视图”→“动态观察”菜单命令，利用“动态观察”中的按钮调整视图。

13 改变图形的平滑度，命令行提示如下。

命令: facetres

输入 facetres 的新值 <0.5000>: 5

选择“消隐”命令，即可看到平滑后的效果，如图6-53所示。

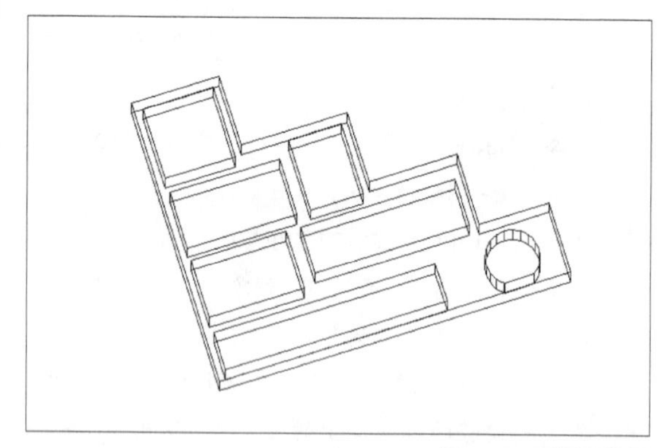

图6-53　平滑后效果

14 选择“视图”→“视觉样式”→“概念”菜单命令，效果如图6-54所示。

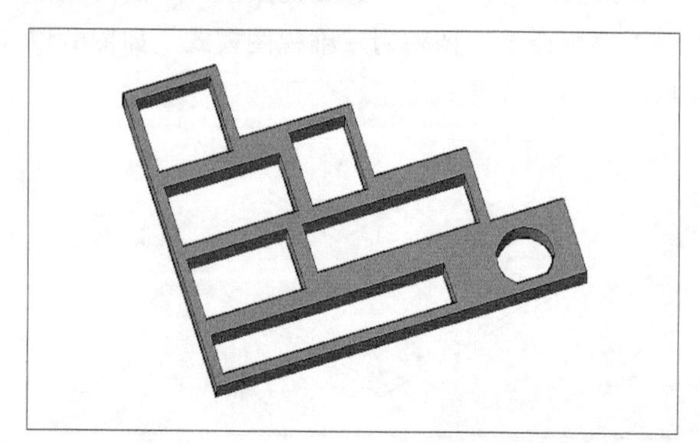

图6-54　“概念”视觉样式

15 单击“实体编辑”工具栏中的着色面按钮，为书架着色，选择要着色的面后系统弹出“选择颜色”对话框，设置颜色如图6-55所示。

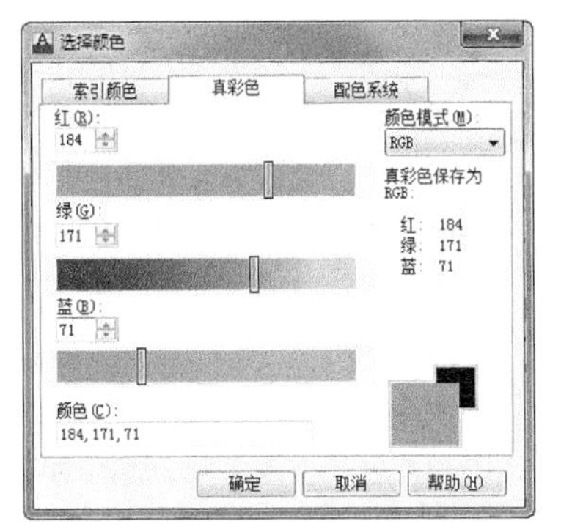

图6-55　**“选择颜色”对话框**

16 选择“视图”→“渲染”→“材质编辑器”菜单命令，在“材质编辑器”面板中设置书架材质，如图6-56所示。

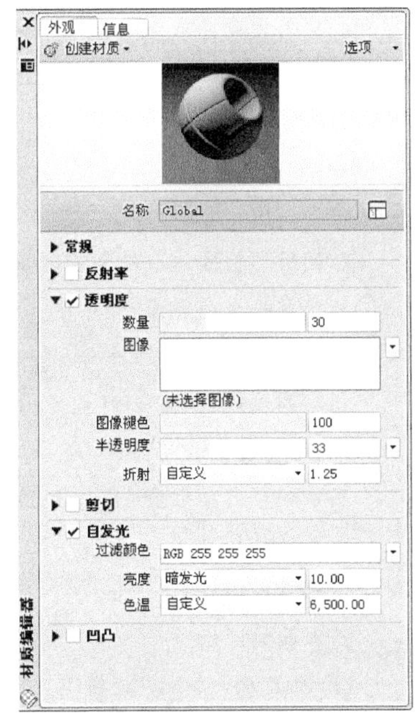

图6-56　**“材质编辑器”面板**

17 设置好书架材质后，改变视图角度，效果如图6-57所示。

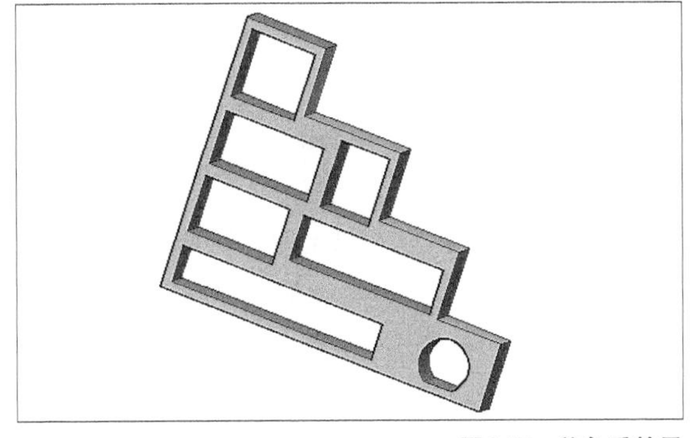

图6-57　**着色后效果**

18 选择“视图”→“渲染”→“渲染环境”菜单命令，在“渲染环境”对话框中设置参数，如图6-58所示。

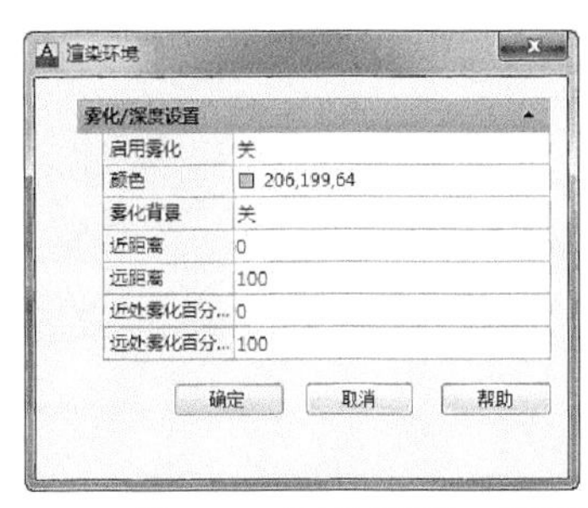

图6-58　**“渲染环境”对话框**

19 选择“视图”→“渲染”→“渲染”菜单命令，即可看到渲染效果，如图6-44所示。

6.7.3　绘制办公桌

1. 知识要点

运用“长方体”、“倾斜面”、“复制”、“三维镜像”及“渲染”命令来绘制办公桌。

2. 操作要点

用“长方体”命令绘制桌体轮廓及各个抽屉，用“长方体”与“倾斜面”命令结合来绘制抽屉，“三维镜像”实现两边抽屉的对称，通过“着色边”为桌子着面，用“渲染”命令来渲染图形。

操作步骤

绘制如图6-59所示的办公桌。

图6-59　**办公桌**

01 在“文件”菜单中选择“新建”命令，创建一个新的文件。

02 选择“视图”→“三维视图”→“西南等轴测”菜单命令，调整视图。

03 单击"建模"工具栏中的按钮，绘制办公桌的第一个长方体桌柜，尺寸为200×300×100，在该长方体上方再绘制一高为15的长方体，如图6-60所示。

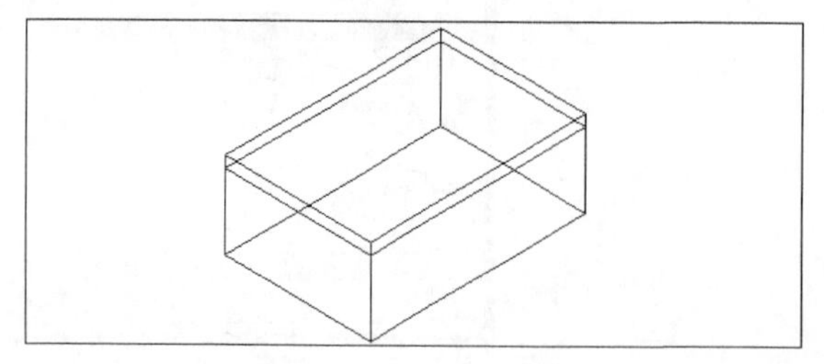

图6-60　绘制长方体

命令行提示如下。

命令: _box　　//调用"长方体"命令
指定第一个角点或 [中心(C)]:
//在屏幕上任意指定一点
指定其他角点或 [立方体(C)/长度(L)]: l
//选择"长度"
指定长度 <11.1883>: 200
//输入长度为200
指定宽度 <11.0603>: 300
//输入宽度为300
指定高度或 [两点(2P)] <-172.0441>:100
//指定高度为100
命令: _box
//调用"长方体"命令，绘制第二个长方体
指定第一个角点或 [中心(C)]:
指定其他角点或 [立方体(C)/长度(L)]:
指定高度或 [两点(2P)] <-16.0000>: -15
//向上指定高度为15

04 用相同方法在图6-60上方继续画出两个抽屉，然后选择"长方体"绘制拉手，把手中心位于最上方长方体前表面的中心，选择"实体编辑"工具栏中的按钮，使之倾斜15°，选择"视图"→"消隐"菜单命令。效果如图6-61所示。

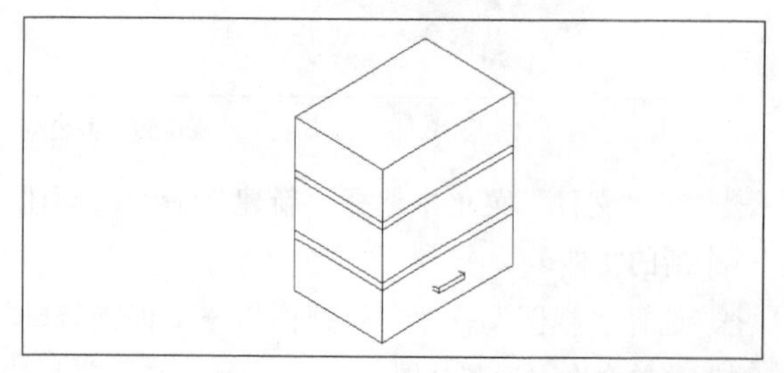

图6-61　绘制把手

命令行提示如下。

命令: _box
//调用"长方体"命令，绘制第二个抽屉
指定第一个角点或 [中心(C)]:
指定其他角点或 [立方体(C)/长度(L)]:
指定高度或 [两点(2P)] <100.0000>:　　//回车
命令: _box
指定第一个角点或 [中心(C)]:
指定其他角点或 [立方体(C)/长度(L)]:
指定高度或 [两点(2P)] <100.0000>:20
//指定高度
命令: _box　　//绘制最上面的抽屉
指定第一个角点或 [中心(C)]:
指定其他角点或 [立方体(C)/长度(L)]:
指定高度或 [两点(2P)] <100.0000>:
//指定高度
命令:
命令: _box
//调用"长方体"命令绘制拉手
指定第一个角点或 [中心(C)]:
指定其他角点或 [立方体(C)/长度(L)]:
指定高度或 [两点(2P)] <100.0000>:
命令: _solidedit
实体编辑自动检查: SOLIDCHECK=1
输入实体编辑选项 [面(F)/边(E)/体(B)/放弃(U)/退出(X)] <退出>: _face
输入面编辑选项
[拉伸(E)/移动(M)/旋转(R)/偏移(O)/倾斜(T)/删除(D)/复制(C)/颜色(L)/材质(A)/放弃(U)/退出(X)] <退出>: _taper
选择面或 [放弃(U)/删除(R)]: 找到 2 个面。
//选择上表面
选择面或 [放弃(U)/删除(R)/全部(ALL)]: r
//输入r，删除多选择的面
删除面或 [放弃(U)/添加(A)/全部(ALL)]: 找到 2 个面，已删除 1 个。
删除面或 [放弃(U)/添加(A)/全部(ALL)]:
指定基点:　　//在屏幕上指定一点
指定沿倾斜轴的另一个点:
//打开"正交"功能，沿y轴方向指定下一点
指定倾斜角度: 15　　//输入倾斜角度

05 复制拉手到其他3个抽屉外表面上，选择“修改”→“三维操作”→“三维镜像”菜单命令，镜像出两对称的桌子抽屉轮廓，如图6-62所示。

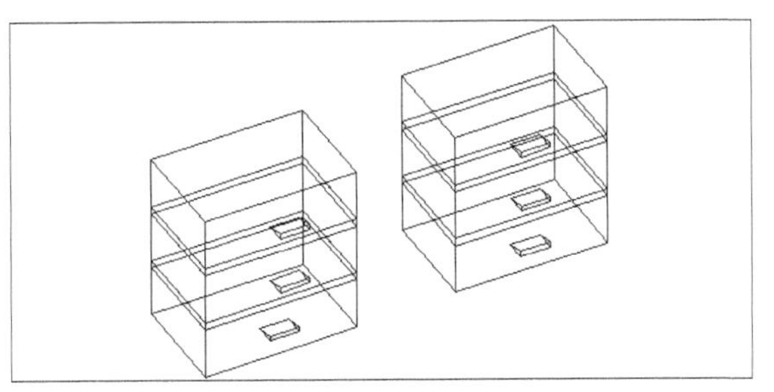

图6-62　镜像后效果

命令行提示如下。

命令: _mirror3d

选择对象: 指定对角点: 找到 10 个

选择对象:

指定镜像平面 (三点) 的第一个点或

[对象(O)/最近的(L)/Z 轴(Z)/视图(V)/XY 平面(XY)/YZ 平面(YZ)/ZX 平面(ZX)/三点(3)] <三点>:

在镜像平面上指定第二点: 在镜像平面上指定第三点:

三点共线。

在镜像平面上指定第三点:

是否删除源对象? [是(Y)/否(N)] <否>: N

06 用“长方体”命令绘制桌板和隔板，完成办公桌的绘制，选择“消隐”命令，效果如图6-63所示。命令行提示如下。

命令: _box　　　　　　//绘制桌子面板

指定第一个角点或 [中心(C)]:

指定其他角点或 [立方体(C)/长度(L)]:

指定高度或 [两点(2P)] <46.0496>:

命令: _box　　　　　　//绘制隔板

指定第一个角点或 [中心(C)]:

指定其他角点或 [立方体(C)/长度(L)]:

指定高度或 [两点(2P)] <46.0496>:

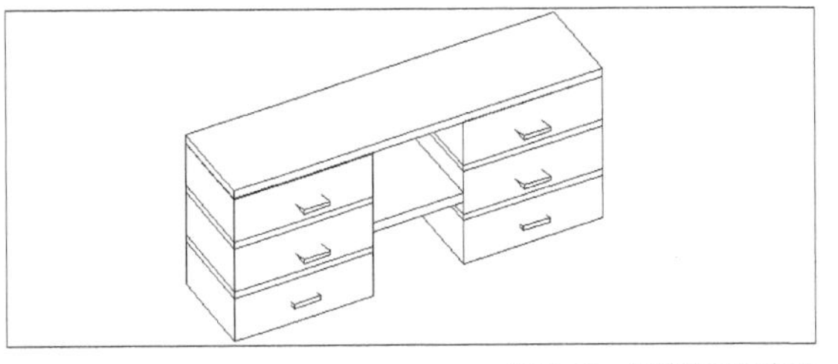

图6-63　消隐后的效果

07 选择“视图”→“视觉样式”→“概念”菜单命令。

08 单击“实体编辑”工具栏中的按钮，为桌面着色。命令行提示如下。

命令: _solidedit

//调用“着色面”命令

实体编辑自动检查: SOLIDCHECK=1

输入实体编辑选项 [面(F)/边(E)/体(B)/放弃(U)/退出(X)] <退出>: _face

输入面编辑选项

[拉伸(E)/移动(M)/旋转(R)/偏移(O)/倾斜(T)/删除(D)/复制(C)/颜色(L)/材质(A)/放弃(U)/退出(X)] <退出>: _color

选择面或 [放弃(U)/删除(R)]: 找到一个面。

//选择要找色的表面

选择面或 [放弃(U)/删除(R)/全部(ALL)]:

//单击鼠标右键选择“确认”

输入面编辑选项

[拉伸(E)/移动(M)/旋转(R)/偏移(O)/倾斜(T)/删除(D)/复制(C)/颜色(L)/材质(A)/放弃(U)/退出(X)] <退出>: X

实体编辑自动检查: SOLIDCHECK=1

输入实体编辑选项 [面(F)/边(E)/体(B)/放弃(U)/退出(X)] <退出>: X

09 选择“视图”→“渲染”→“材质编辑器”菜单命令，打开“材质编辑器”选项板，设置材质。设置完后将材质应用到对象。效果如图6-64所示。

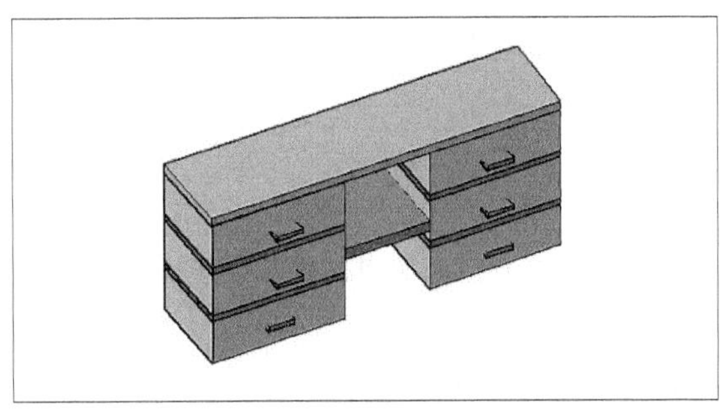

图6-64　附材质后效果

10 选择“视图”→“渲染”→“渲染环境”菜单命令，在“渲染环境”对话框中设置参数。选择“视图”→“渲染”→“渲染”菜单命令，即可看到渲染效果，如图6-59所示。

技巧与提示

有时为了能放大或缩小视图效果，需要用到“实时缩放”工具，在用该工具之前应先重生成图形，选择“视图”→“重生成”即可。

6.8 小结

本章是绘制三维模型的入门知识，系统介绍了三维模型坐标系，建立世界坐标系和用户坐标系的目的和方法以及二维半图形的绘制等内容。通过这一章的学习，读者应该对三维模型的表达方法有了初步了解，为以后进一步的三维绘图学习打下坚实的基础。

操作技巧

1. 问：面域、块、实体是什么概念？

答：面域是用闭合的外形或环创建的二维区域；块是可组合起来形成单个对象(或称为块定义)的对象集合(一张图在另一张图中一般可作为块)；实体有两个概念，其一是构成图形的有形的基本元素,其二是指三维物体。对于三维实体，可以使用“布尔运算”使之联合，对于广义的实体，可以使用“块”或“组(group)”进行“联合”。

2. 问：怎样对两个图进行对比检查？

答：可以把其中一个图做成块，并把颜色改为一种鲜艳颜色，如黄色，然后把两个图重迭起来，若有不一致的地方就很容易看出来。

3. 问：如何在修改完acad.lsp后自动加载？

答：可以将acadlspasdoc的系统变量修改为1。

4. 问：如何控制实体显示？

答：isolines：缺省时实体以线框方式显示，实体上每个曲面以分格线的形式表述。分格线数目由该系统变量控制，有效值为0～2047，初始值为4。分格线数值越大，实体越易于观察，但是等待显示时间加长。

dispsilh：该变量控制实体轮廓边的显示，取值0或1，缺省值为0，不显示轮廓边，设置为1，则显示轮廓边。

facetres：该变量调节经hide（消隐）、shade（着色）、render（渲染）后的实体的平滑度，有效值为0.01～10.0，缺省值为0.5。其值越大，显示越光滑，但执行hide、shade、render命令时等待显示时间加长。通常在进行最终输出时，才增大其值。

5. 问：如何快速输入距离？

答：在定位点的提示下，输入数字值，将下一个点沿光标所指方向定位到指定的距离，此功能通常在“正交”或“捕捉”模式打开的状态下使用。例如：执行命令:line；指定第一点: 指定点 ；指定下一点: 将光标移到需要的方向并输入5，回车即可。

6. 问：如何使变得粗糙的图形恢复平滑？

答：有时候图形经过缩放或zoom后，图形会变得粗糙，如圆变成了多边形，可以用重生成命令（regen）来恢复平滑状态。

6.9 练习

一、选择题

1. 右手定则是将右手靠近屏幕，（　　）指向x轴方向。

A．大拇指

B．食指

C．中指

D．无名指

2. AutoCAD 提供了（　　）个标准视点，可供用户选择以快速地观察模型。

A．4

B．5

C．6

D．10

3．执行“三维网格”菜单命令后，若输入的M和N的值为4，表明定义的网格至少要有（　　）个点。

A．4

B．8

C. 16

D. 32

4. 不能拉伸为三维实体的对象有（　　）

A. 直线

B. 圆

C. 椭圆

D. 多线

5. 执行（　　）命令，在选择两条定义曲线时，鼠标的拾取位置将会影响绘图的结果。

A. 旋转曲面

B. 平移曲面

C. 直纹曲面

D. 边界曲面

二、填空题

1. AutoCAD中的三维坐标系有（　　）和（　　）两种形式。

2. 在三维坐标系中，z轴的正方向是根据（　　）确定的。

3. 由vpoint命令设置视点后得到的投影图为（　　）投影图。

4. 系统变量SURFTAB1和SURFTAB2用来设置相应的数值，即可控制线框的密度。其中SURFTAB1指定（　　）绘制的网格线的数目，SURFTAB2将指定（　　）。

5. 按指定实体旋转时，作为旋转轴的实体只能是（　　）。

6. 放样是通过一组（　　）曲线之间放样来创建三维实体或曲面。

三、上机操作题

1. 通过利用“直线”、“圆”、“圆角”、“旋转面”、“拉伸面”等命令来绘制如图6-65所示的三维圆桌。

2. 床头柜是建筑室内设计中所必不可少的物体，利用“直线”、“长方体”、“圆柱”、“布尔运算”等命令来进行如图6-66所示床头柜的绘制。

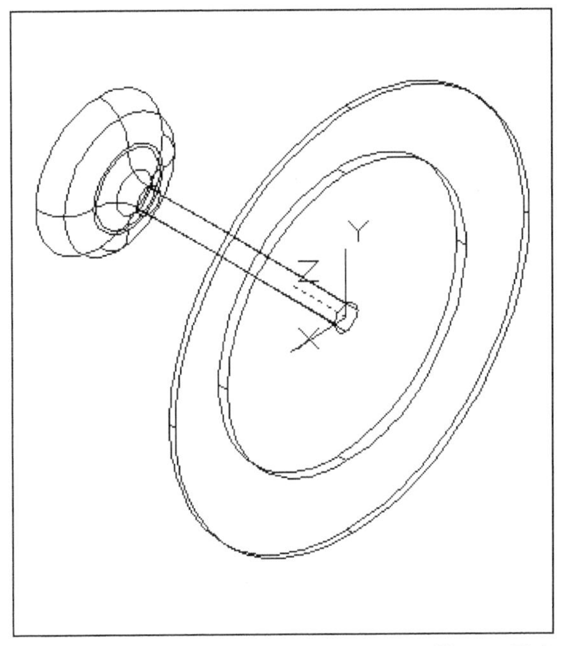

图6-65　圆桌

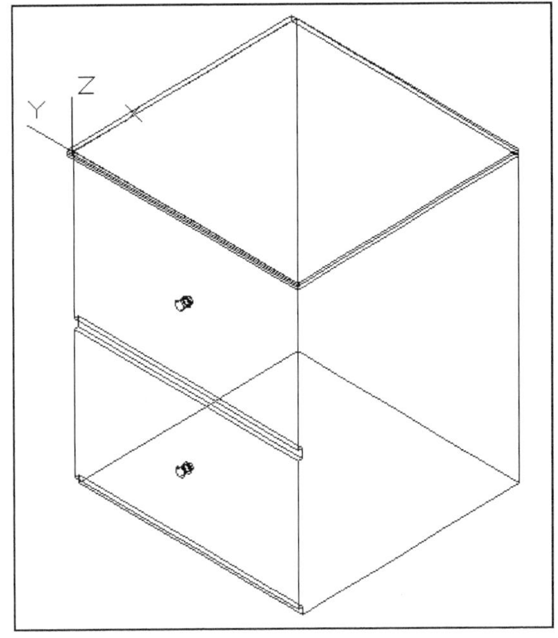

图6-66　床头柜

3. 利用“圆柱体”、“球体”、“圆”、“拉伸面”等命令来进行如图6-67所示台灯的绘制。

4. 利用“矩形”、“圆”、“长方体”、“圆角”、“偏移”、“拉伸面”、“布尔运算”等命令来进行如图6-68所示三维餐桌的绘制。

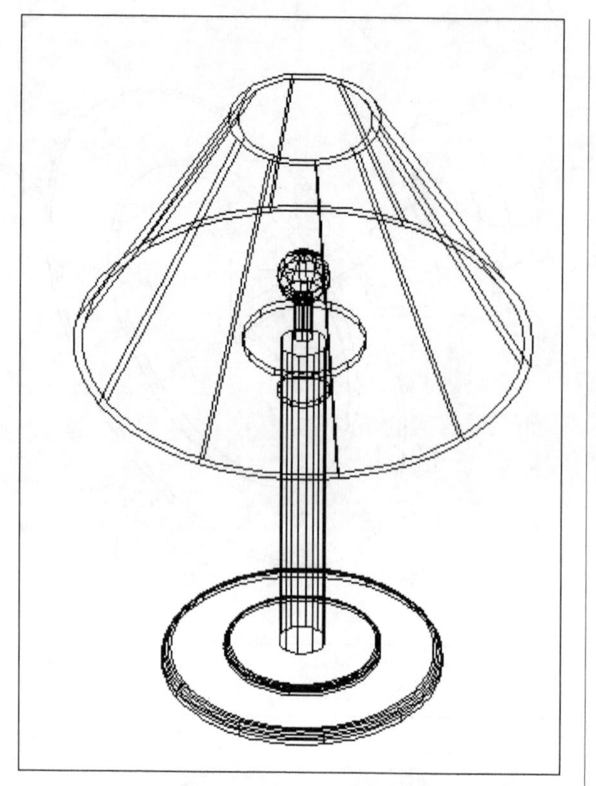

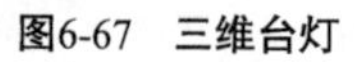

图6-67　三维台灯

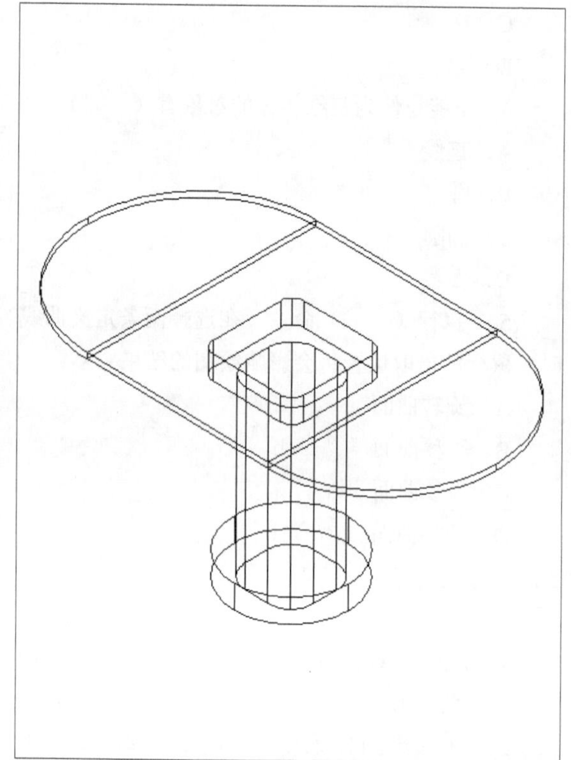

图6-68　三维餐桌

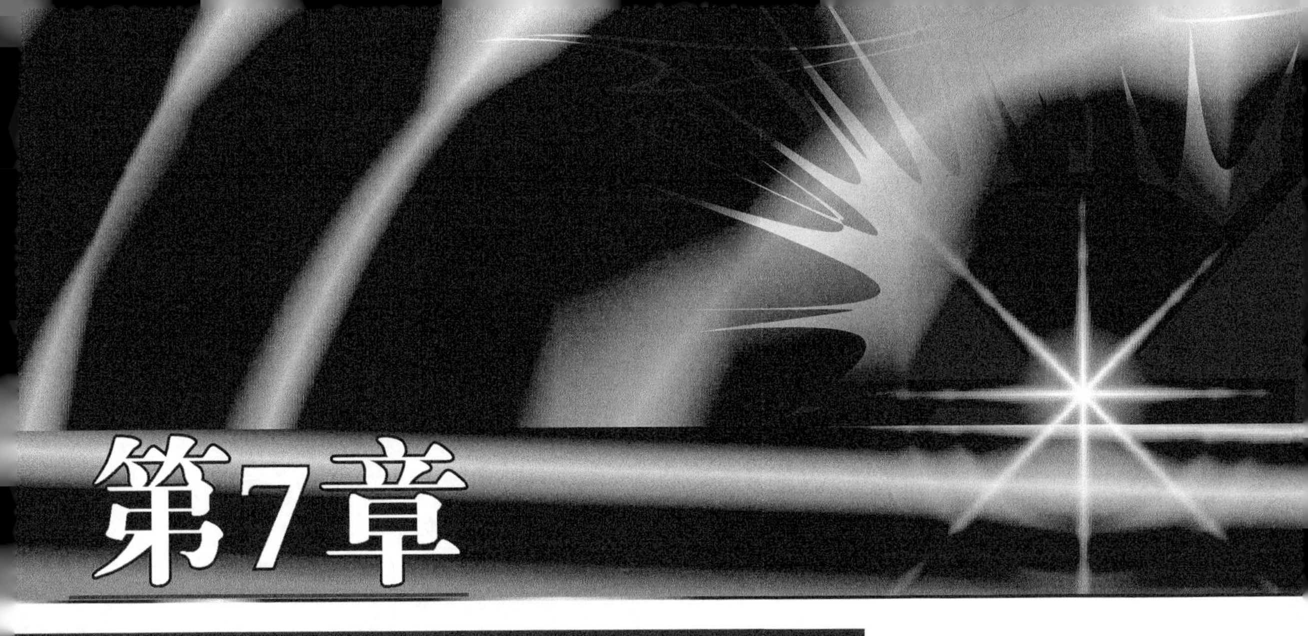

第7章 编辑简单建筑三维图形

在前面章节已经介绍了基本的三维实体的创建，用户坐标系的使用和修改以及基本三维图元的绘制，但在真正使用这些三维图元进行建筑图形绘制时，一定要进行对三维图形的标记和修改。三维实体的编辑可以通过对某一个平面的处理，来改变整个立体的结构形状，从而使得三维实体设计变得相对容易。

在实际工程设计中，常常需要绘制复杂的三维图形。这些复杂的三维图形需要通过三维图形的编辑来实现。本章主要讲述基本三维实体的观察和编辑、标注三维实体及对实体进行着色和渲染处理等。

课堂学习目标

观察三维实体
布尔运算
编辑三维实体
编辑三维对象
三维实体的着色和渲染

7.1 观察三维建筑实体

7.1.1 图形旋转

1. 命令功能

利用旋转命令，可以在xy平面内旋转三维图形，其方法与平面图形的旋转方法相同，但是，三维图形旋转后由于视点的改变，显示的效果也将发生改变。

2. 命令调用

方法一：在命令行输入rotate命令。

方法二：单击“修改”工具栏上的按钮。

方法三：选择“修改”→“旋转”菜单命令。

执行上述命令后，系统提示如下。

选择对象

指定基点

指定旋转角度或[复制(C)/参照(R)]:

各选项具体说明如下。

- 复制：创建要旋转的选定对象的副本。
- 参照：将对象从指定的角度旋转到新的绝对角度。

3. 操作示例

将图7-1所示的图形旋转160°，效果如图7-2所示。

图7-1 待旋转的图形

图7-2 旋转后的图形

操作步骤

01 调用“旋转”命令，命令行提示如下。

命令: _rotate

UCS 当前的正角方向:

ANGDIR=逆时针 ANGBASE=0

选择对象:

02 选择实体对象后，回车，结束对象选择命令。

03 命令行接着提示如下。

指定基点:0, 0, 0↙

//输入基点坐标0, 0, 0后，回车

04 命令行提示如下。

指定旋转角度或[复制(C)/参照(R)]:160↙

输入旋转角度160°，回车，结束旋转命令，旋转后的图形如图7-2所示。

技巧与提示

旋转视口对象时，视口的边框仍然保持与绘图区域的边界平行。

7.1.2 图形消隐

1. 命令功能

一般来说，三维图形是以线框模式显示的。当三维图形较为复杂时，绘图窗口会显得非常混乱，使用户无法正确而清晰地查看图形。为了克服这一缺陷，用户可利用“消隐”命令来创建三维图形的消隐图。

2. 命令调用

方法一：在命令行输入hide命令。

方法二：单击“渲染”工具栏中的按钮。

方法三：选择“视图”→“消隐”菜单命令。

3. 操作示例

将图7-3所示的图形消隐，效果如图7-4所示。

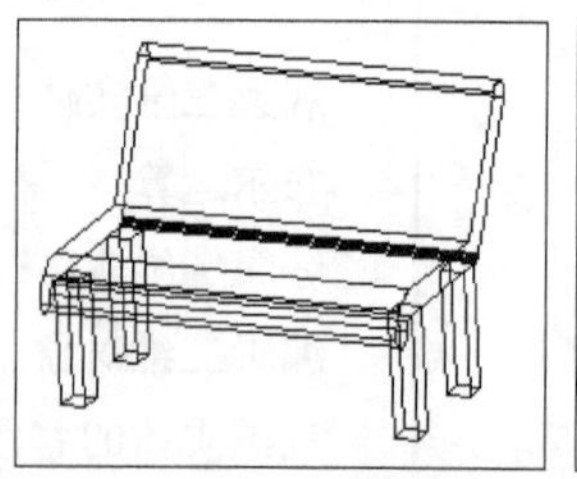

图7-3 图形消隐前

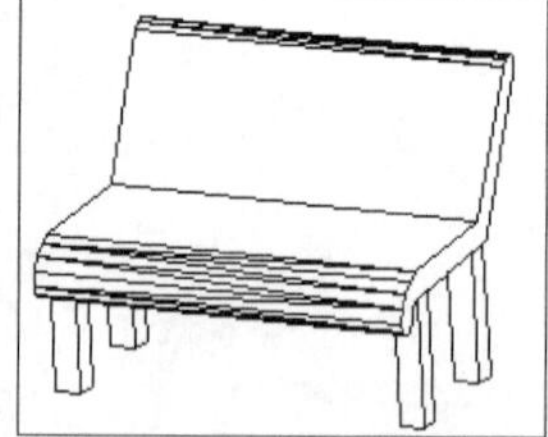

图7-4 图形消隐后

命令行提示如下。

命令: hide

//输入该命令后，既可看到消隐效果的图形

执行消隐操作之后，绘图窗口将暂时无法使用“缩放”和“平移”命令显示，直到选择“视图”→“重生成”命令重生成图形为止。

技巧与提示

绘图区中的实体图案越多，消隐所需要的时间就越长。

7.1.3　以线框形式表现实体轮廓

使用系统变量dispsilh可以以线框形式显示实体轮廓。此时需要将其值设置为1，并用“消隐”或“着色”命令隐藏曲面的小平面，如图7-5所示。

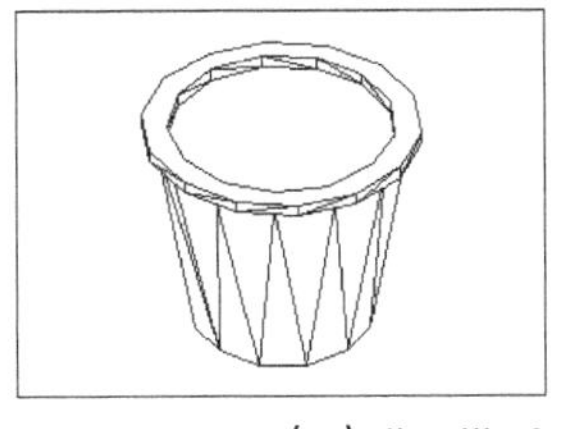

（a）dispsilh=0

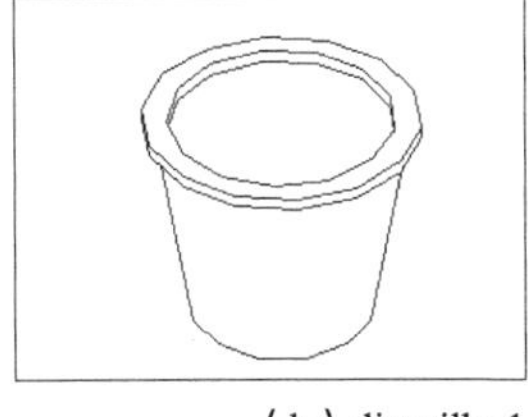

（b）dispsilh=1

图7-5　以线框形式实体轮廓

使用该变量时要注意以下3点。

- 修改dispsilh值之后，必须执行“消隐”命令才能看出效果。
- dispsilh设置适用于所有视口，但消隐命令仅针对某个视口，因此在不同的视口中可以产生不同的消隐效果。
- 选择“视图”→“重生成”或“全部重生成”命令，可消除消隐效果。

7.1.4　改变实体表面平滑度

在AutoCAD中，要想在执行“消隐”、“着色”、“渲染”命令时，改变实体表面的平滑度，可通过修改系统变量facetres的值来实现。该变量用于设置曲面的面数，取值范围为0.01～10。其值越大，曲面越平滑，如图7-6所示。

如果facetres变量值为1，那么执行“消隐”、“着色”或“渲染”命令时并不能看到facetres设置效果，此时必须将facetres值设置为0。

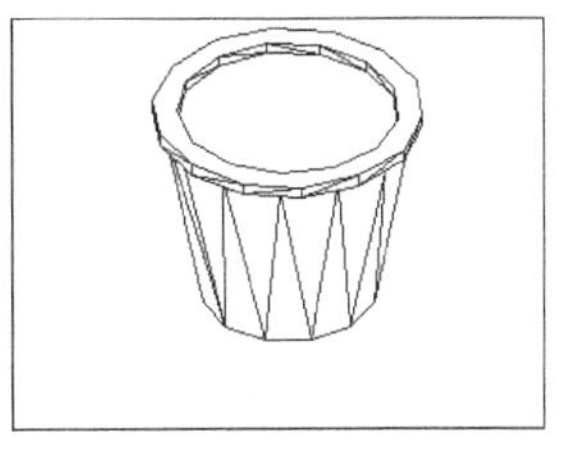

（a）facetres=0.5

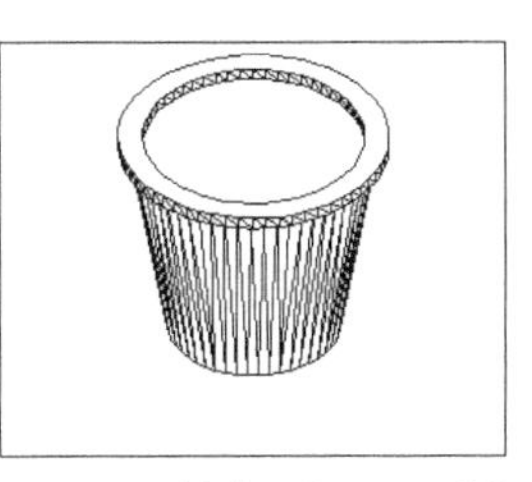

（b）　facetres=1.0

图7-6　以线框形式实体轮廓

7.2　三维实体的布尔运算

布尔运算实在数学的集合运算中得到广泛应用，AutoCAD 2013也将该运算应用到实体的创建过程中。布尔运算就是对两个或多个三维实体进行“并”（union）、“交”（intersection）、“差”（subtract）运算，使它们进行组合后生成符合设计要求的新实体。本节将详细介绍对三维实体进行布尔运算的具体过程。

7.2.1　并集

1. 命令功能

通过“并集”命令可以将两个或多个实体进行合并和叠加，生成一个组合三维实体。

2. 命令调用

方法一：在命令行输入union命令。

方法二：单击“实体编辑”工具栏中的按钮。

方法三：选择“修改”→“实体编辑”→“并集”菜单命令。

3. 操作示例

利用并集运算绘制圆柱贯通体，如图7-7所示。

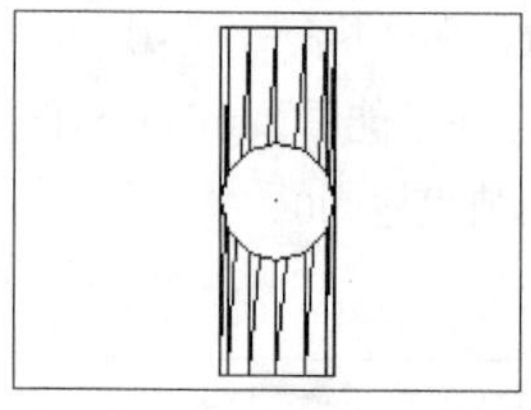

（a）绘制两圆柱

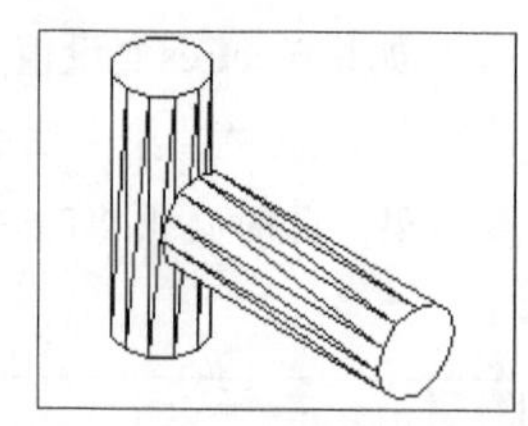

（b）观察圆柱

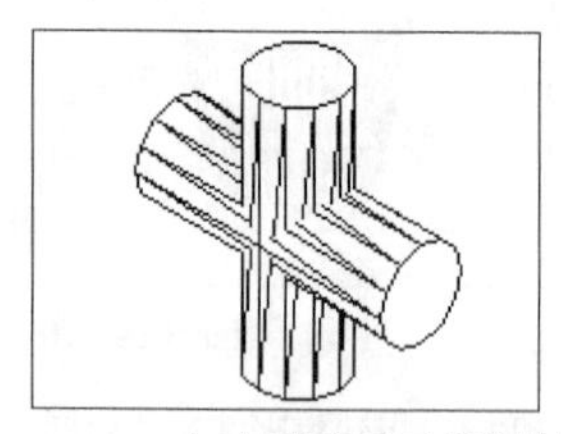

（c）移动后两单独的圆柱

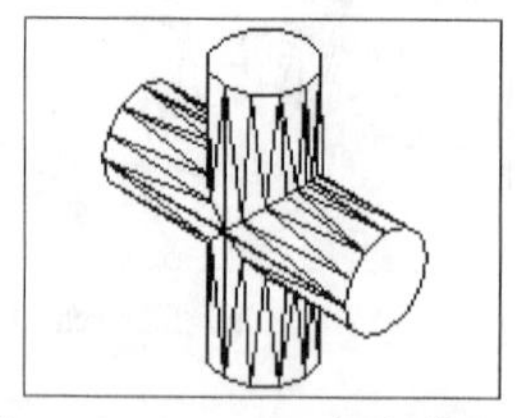

（d）并集

图7-7　绘制圆柱贯通体

操作步骤

01 命令行输入：_cylinder↙。

02 命令行提示。“指定底面的中心点或[三点(3P)/两点(2P)/相切、相切、半径(T)/椭圆(E)]：”（在屏幕上单击一点，指定圆柱体底面中心点的位置）。

03 命令行提示。“指定底面半径或[直径(D)]：”20↙（输入圆柱体底面半径20，回车）。

04 命令行提示。“指定高度或[两点(2P)/轴端点(A)]：”120↙（输入圆柱体高度120，回车）。

05 单击“视图”工具栏中的“主视”按钮。

06 单击“绘图”工具栏中的“直线”按钮，分别在圆柱体的两个端面圆上捕捉象限点，绘制一条辅助线。

07 命令行输入：_cylinder↙。

08 命令行提示“指定底面的中心点或[三点(3P)/两点(2P)/相切、相切、半径(T)/椭圆(E)]：”（捕捉辅助线中点，指定其中点为第二个圆柱体底面中心点的位置）。

09 命令行提示“指定底面半径或[直径(D)]：”20↙（输入圆柱体底面半径20，回车）。

10 命令行提示“指定高度或[两点(2P)/轴端点(A)]：”120↙（输入圆柱体高度120，回车,创建另一圆柱体如图7-7（a）所示）。

11 单击“视图”工具栏中的“西南等轴测”按钮。结果如图7-7（b）所示。

12 单击“修改”工具栏中“移动”按钮，调整第二个圆柱体的位置，如图7-7（c）所示。

命令行输入：_union↙

命令行提示“选择对象：”（单击圆柱）

命令行提示“找到1个

择对象：”（单击另一圆柱）

命令行提示“找到1个，总共2个

选择对象：”↙（回车，结束“并”运算）

13 单击“动态观察”工具栏中的“自由动态观察”按钮，调整观察方向并进行消隐，即可得到如图7-7（d）所示的圆柱贯通体。

7.2.2　交集

1. 命令功能

将两个或多个实体的公共部分构造成一个新的实体。

2. 命令调用

方法一：在命令行输入intersection命令。

方法二：单击“实体编辑”工具栏按钮。

方法三：选择“修改”→“实体编辑”→“交集”菜单命令。

3. 操作示例

利用交集运算绘制如图7-8所示的图形。

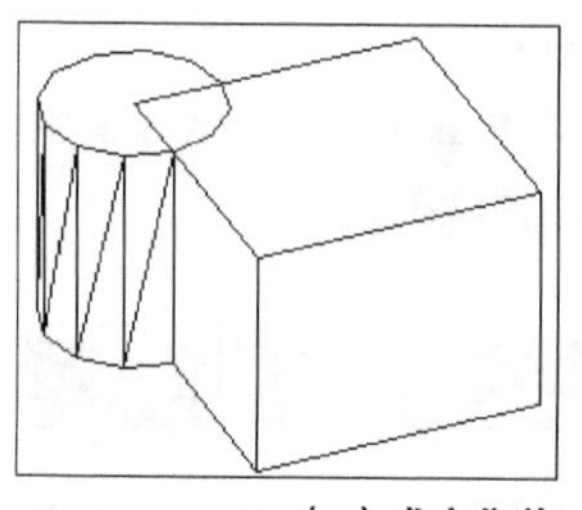

（a）求交集前

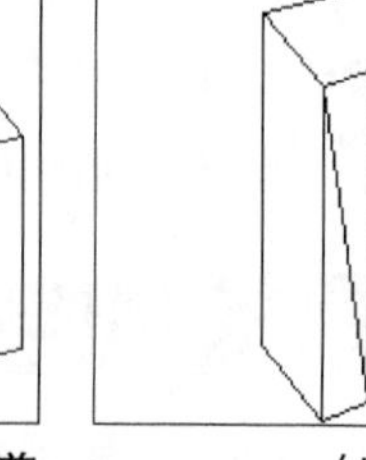

（b）求交集后

图7-8　交集

操作步骤

01 命令行输入：_intersection↙。

02 命令行提示“选择对象：”（单击长方体）

03 命令行提示“找到1个选择对象：”（单击圆柱体）。

04 命令行提示“找到1个，总共2个选择对象：”↙（回车，结束“交”运算即可得到如图7-8（b）所示的图形）。

7.2.3 差集

1. 命令功能

利用“差集”命令可从一个实体中减去另一个实体，得到一个新的实体。

2. 命令调用

方法一：在命令行输入subtract命令。

方法二：单击“实体编辑”工具栏上的按钮。

方法三：选择“修改”→“实体编辑”→“差集”菜单命令。

3. 操作示例

利用差集运算绘制如图7-9 所示的图形。

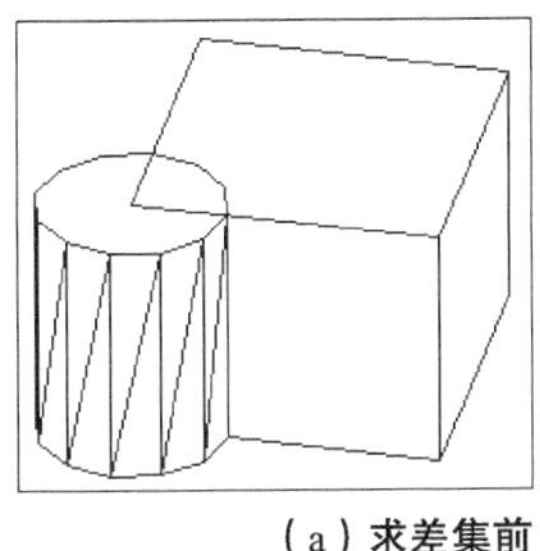

（a）求差集前

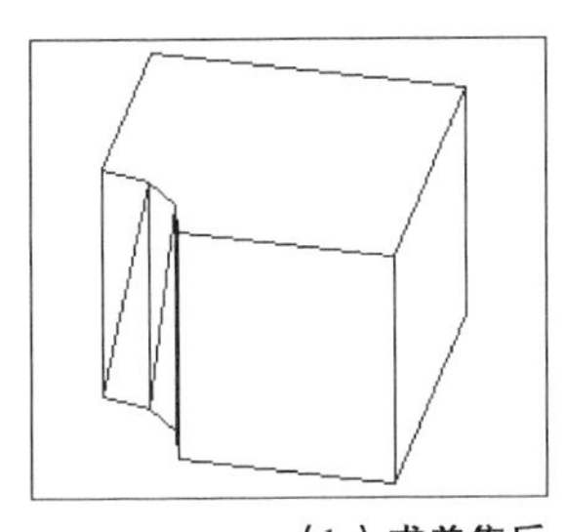

（b）求差集后

图7-9　差集

操作步骤

01 命令行输入：_subtract↙。

02 命令提示“选择要从中减去的实体或面域选择对象：”（单击长方体）。

03 命令行提示“找到1个选择对象：”↙（回车，结束选择要从中减去的实体）。

04 命令行提示“选择要减去的实体或面域...选择对象：”（单击圆柱体）。

05 命令行提示“找到1个选择对象：”↙（回车，结束“差”运算得到如图7-9（b）所示的图形）。

> **技巧与提示**
> 执行“差”操作的两个面域必须位于同一平面上。但是，通过在不同的平面上选择面域集，可同时执行多个“差”操作。程序会在每个平面上分别生成减去的面域。如果没有其他选定的共面面域，则该面域将被拒绝。

7.3 操作建筑三维对象

同二维对象一样，三维对象也可以进行旋转、镜像和阵列等编辑操作，本节就来介绍这些编辑方法的具体操作过程。

7.3.1 三维旋转

1. 命令功能

可以绕指定基点旋转图形中的对象。

2. 命令调用

（1）命令行：在命令行输入rotate3d/3d rotate命令。

（2）菜单栏：选择“修改（M）”→“三维操作”→“三维旋转（R）”菜单命令。

调用rotate3d命令后，命令行会相继提示如下。

指定轴上的第一个点或定义轴依据[对象(O)/最近的（L）/视图（V）/*x*轴（X）/*y*轴（Y）/*z*轴（Z）/两点（2）]：和：

指定旋转角度或[参照（R）]：

各选项具体说明如下。

- 指定轴上的第一个点或定义轴依据：通过两点确定旋转角度后将对象旋转。
- 对象(O)：选择已经绘制好的对象作为旋转曲线。
- 最近的（L）：使用上次执行rotate3d时设置的旋转轴线作为旋转轴。
- 视图（V）：以垂直于当前视图的直线作为旋转轴。
- *x*（*y*、*z*）轴：以平行于*x*（*y*、*z*）轴的直线作为旋转直线。

3. 操作示例

绘制如图7-10所示的三维旋转图。

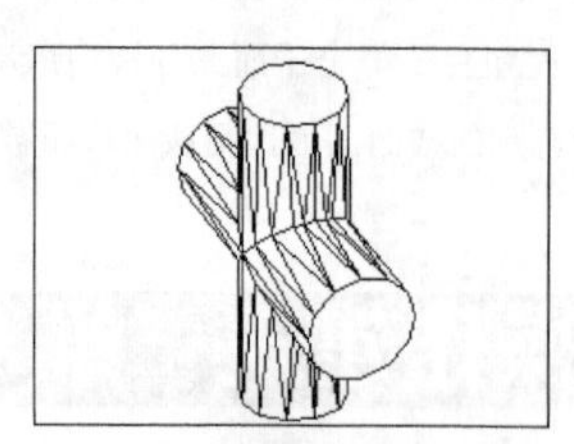

（a）选定要旋转的对象

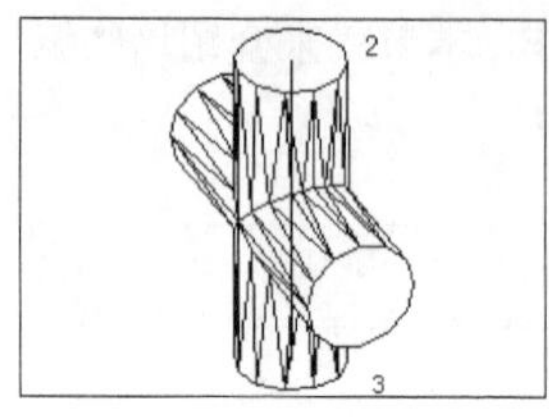

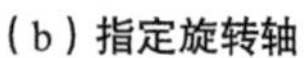

（b）指定旋转轴

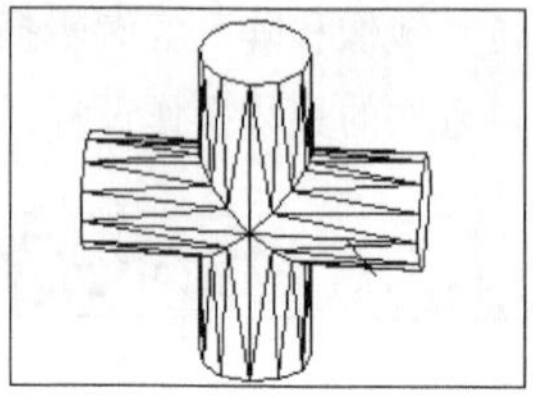

（c）旋转后图形

图7-10　三维旋转

操作步骤

01 命令行输入：_rotate3d↙。

02 命令行提示。“当前正向角度：ANGDIR=逆时针ANGBASE=0 选择对象：（选择图7-10（a）所示要旋转的对象1）。

03 命令行提示。“选择对象：”↙（回车，结束对象选择命令）。

04 命令行提示。“指定轴上的第一个点或定义轴依据[对象（O）/最近的（L）/视图（V）/*x*轴（X）/*y*轴（Y）/*z*轴（Z）/两点（2）]:”（指定图7-10（b）所示对象旋转轴的起点2和端点3）。

05 命令行提示。“指定旋转角度或[参照(R)]:”60↙（输入旋转角度60°，回车，得到的新图形如图7-10（c）所示）。

7.3.2　三维镜像

1. 命令功能

创建相对于某一平面的镜像对象，原实体可以保留也可以删除。

2. 命令调用

方法一：在命令行输入mirror3d命令。

方法二：选择“修改”→“三维操作”→“三维镜像”菜单命令。

执行上述命令后，命令行提示如下。

选择对象:

选择要镜像的对象并按回车键。命令行接着提示如下。

指定镜像平面（三点）的第一个点或

[对象(O)/最近的(L)/Z 轴(Z)/视图(V)/XY 平面(XY)/YZ 平面(YZ)/ZX 平面(ZX)/三点(3)]<三点>:

各选项具体说明如下。

- 对象：使用选定平面对象的平面作为镜像平面。可以是圆、圆弧或二维多段线。
- 最近的：用上次定义的镜像面作为当前镜像面。
- Z 轴：根据平面上的一个点和平面法线上的一个点定义镜像平面。
- 视图：用与当前视图平行的面作为镜像面。
- XY 平面/YZ 平面/ZX 平面：分别表示用与当前USC的*xy*、*yz*、*zx*面平行的面作为镜像面。
- 三点：通过3个点定义镜像平面。

3. 操作示例

用该命令达到镜像效果如图7-11所示。

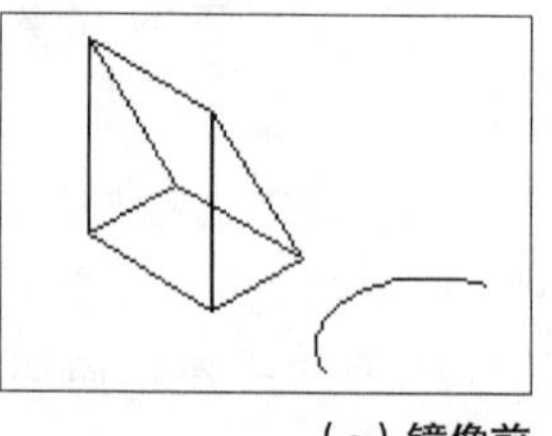

（a）镜像前

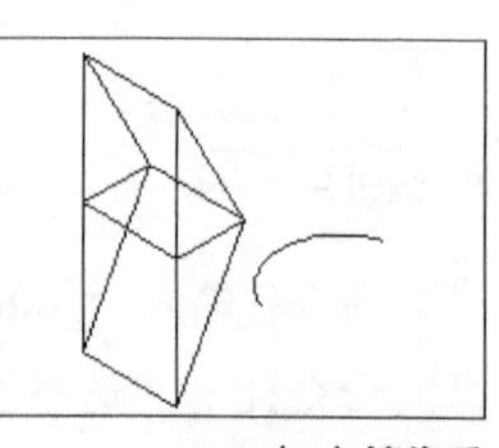

（b）镜像后

图7-11　镜像实体

7.3.3　三维列阵

1. 命令功能

将三维对象在三维空间里阵列，与二维空间

不同的是，它除了在x轴，y轴方向具有阵列数和距离外，在z轴方向上也具有阵列数。

2. 命令调用

方法一：在命令行输入3darray命令。

方法二：选择“修改”→“三维操作”→“三维阵列”菜单命令。

7.3.4　三维移动

1. 命令功能

“三维移动”命令可以在三维空间中使用环形阵列或矩形阵列方式复制对象。

2. 命令调用

（1）命令行：在命令行输入3dmove命令。

（2）菜单栏：选择“修改(M)”→“三维操作(3)”→“三维移动(M)”菜单命令。

3. 操作示例

绘制如图7-12所示的三维矩形阵列图。

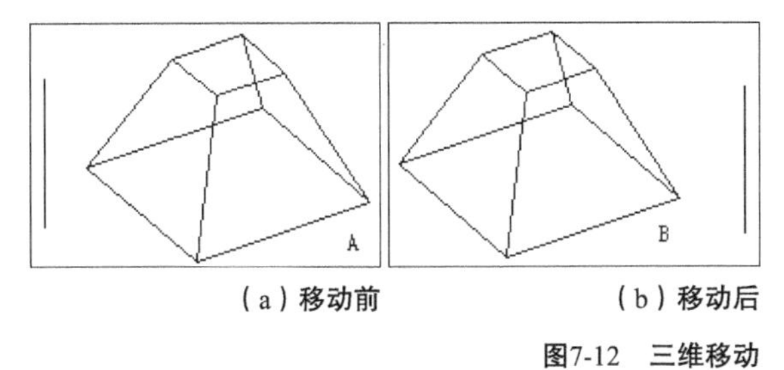

（a）移动前　（b）移动后

图7-12　三维移动

操作步骤

01 命令行输入：_3dmove↙。

02 命令行提示。“选择对象：”（选择如图7-12（a）所示的对象）。

03 命令行提示。“选择对象：”↙（回车，结束对象选择命令）。

04 命令行提示。“指定基点或[位移(D)]<位移>：”↙（选择点A，回车）。

05 命令行提示。“指定基点或[位移(D)]<位移>：指定第二个点或<使用第一个点作为位移>：”（选择点B，回车，生成如图7-12（b）所示图形）。

7.3.5　三维倒圆角

1. 命令功能

倒圆角功能可以对实体的棱边修圆角，从而在两个相邻面间产生一个圆滑过渡的曲面，如图7-13所示。

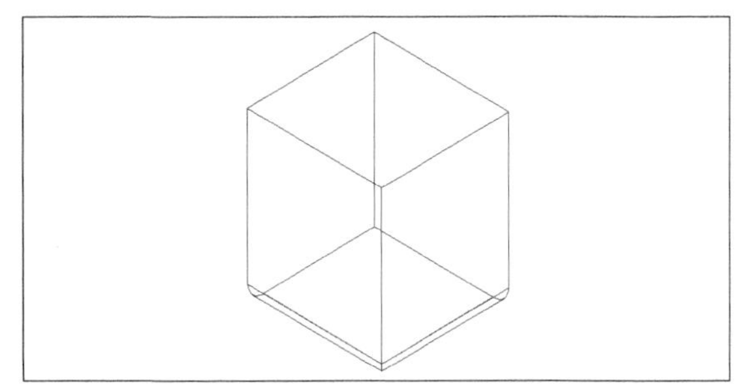

图7-13　倒圆角

2. 命令调用

方法一：在命令行输入fillet命令。

方法二：单击“修改”工具栏中的按钮。

方法三：选择“修改”→“圆角”菜单命令。

执行上述命令后，命令行提示如下。

命令：_fillet

当前设置：模式 = 修剪，半径 = 0.0000

选择第一个对象或 [放弃(U)/多段线(P)/半径(R)/修剪(T)/多个(M)]:

输入圆角半径：30

选择边或 [链(C)/半径(R)]:

各选项具体说明如下。

- 选择边：选择要设置圆角的边，AutoCAD即会对所选择的边修出圆角。
- 链：选择多个要修圆角的边。例如，如果选择某个三维实体长方体顶部的一条边，那么fillet还将选择顶部上其他相切的边。
- 半径：为随后选择的棱边重新设定圆角半径。

7.3.6 三维倒斜角

1. 命令功能

三维实体的倒斜角功能实际上就是将三维实体的倒角切去，使之变成斜角。

2. 命令调用

方法一：在命令行输入chamfer命令。

方法二：单击“修改”工具栏中的按钮。

方法三：选择“修改”→“倒角”菜单命令。

执行上述命令后，命令行提示如下。

择第一条直线或 [放弃(U)/多段线(P)/距离(D)/角度(A)/修剪(T)/方式(E)/多个(M)]: //选择三维实体的一条边，与该边共面的一个面将被选中

输入曲面选择选项 [下一个(N)/当前(OK)] <当前(OK)>:

//“下一个”表示继续选择面，“当前”表示保持上一步所选的面

指定基面的倒角距离：指定第二点：100

//输入倒角距离

指定其他曲面的倒角距离 <100.0000>:

选择边或 [环(L)]：选择边或 [环(L)]:

各选项具体说明如下。

- 选择边：选择需倒角的基面的边，可以连续选择基面上的多个边。
- 环：对基面上的各边均倒角。

3. 操作示例

对图7-14（a）所示的图形进行倒角，效果如图7-14（b）所示。

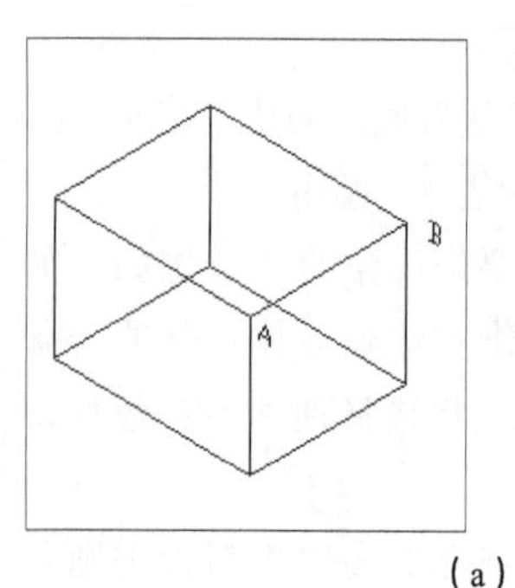

（a）

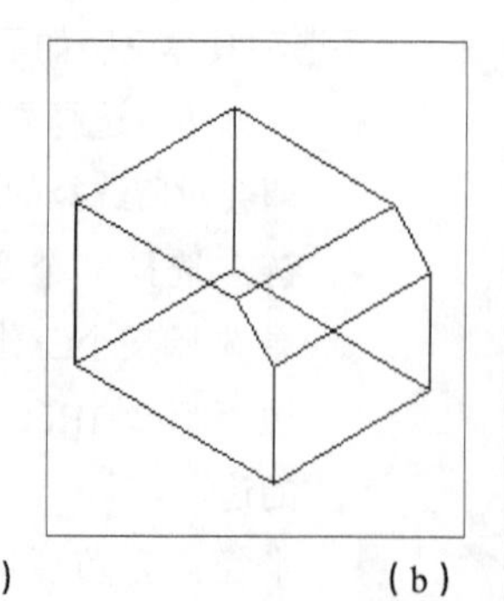

（b）

图7-14 倒斜角前后的效果

操作步骤

01 首先绘制如图7-14（a）所示的长方体。

02 调用倒角命令，命令行提示如下。

命令：_chamfer

(“修剪”模式) 当前倒角距离 1 = 100.0000，距离 2 = 100.0000

选择第一条直线或 [放弃(U)/多段线(P)/距离(D)/角度(A)/修剪(T)/方式(E)/多个(M)]:

基面选择...

03 选择直线AB，此时AB线所在面以虚线显示。命令行接着提示如下。

输入曲面选择选项 [下一个(N)/当前(OK)] <当前(OK)>: OK

04 回车后，要求输入倒角距离，命令行提示如下。

指定基面的倒角距离 <0.0000>:100

//输入100，回车

指定其他曲面的倒角距离 <0.0000>:100

//输入100，回车

选择边或 [环(L)]:　　选择AB边

选择边或 [环(L)]:　　//回车

7.4 编辑实体边

7.4.1 复制边

1. 命令功能

复制三维边。所有三维实体边被复制为直线、圆弧、圆、椭圆或样条曲线。

2. 命令调用

（1）命令行：在命令行输入solidedit命令。

（2）菜单栏：选择“修改(M)”→“实体编辑(N)”→“复制边(F)”菜单命令。

选择边或输入选项后，命令行将显示以下提示。

选择边或[放弃(U)/删除(R)]：选择一条或多条边或按ENTER键

指定基点或位移：指定基点

指定位移的第二点：指定点

各选项说明如下。

① “放弃”：放弃选择最近添加到选择集中的边，显示前一个提示。如果已删除所有边，将显示以下提示。“未完成边选择”。

② “删除”：从选择集中删除先前选择的边，显示前一个提示。命令行将提示“删除边或[放弃(U)/添加(A)]:选择一条或多条边、输入选项或按Enter键”。

- 放弃：放弃选择最近添加到选择集中的边。显示前一个提示。如果当前未选择边，将显示以下提示“未完成边选择”。
- 添加：向选择集中添加边。系统提示“选择边或[放弃(U)/删除(R)]：选择一条或多条边或输入选项”，其中“放弃”为未取消选择最近添加到选择集中的边，显示前一个提示；“删除”为删除上一次选定的边，显示前一个提示。

3. 操作示例

如图7-15所示，复制边。

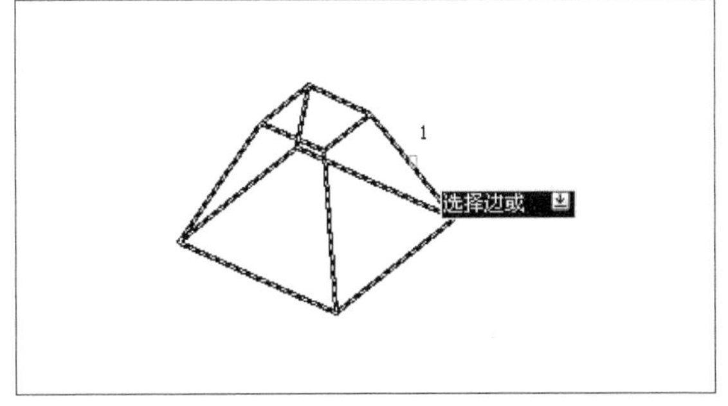

（a）选定边

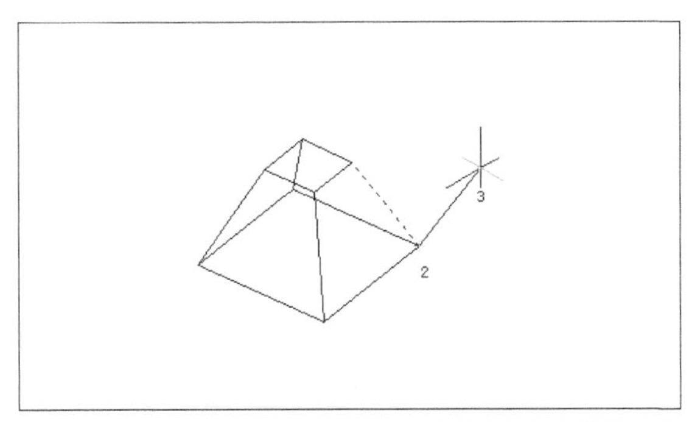

（b）基点和选定的第二点

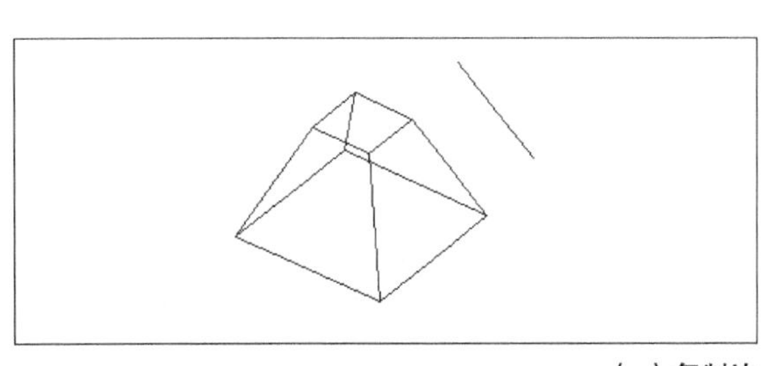

（c）复制边

图7-15　复制边

操作步骤

01 命令行输入：_solidedit↙。

02 命令行提示“实体编辑自动检查：SOLIDCHECK=1输入实体编辑选项[面(F)/边(E)/体(B)/放弃(U)/退出(X)]<退出>：”e↙（选择边命令，回车）。

03 命令行提示“输入面编辑选项[拉伸(E)/移动(M)/旋转(R)/偏移(O)/倾斜(T)/删除(D)/复制(C)/颜色(L)/材质(A)/放弃(U)/退出(X)]<退出>：”c↙（选择复制命令，回车）。

04 命令行提示“选择面或[放弃(U)/删除(R)]：”（选择图7-15（a）中要复制的边1）。

05 命令行提示“选择面或[放弃(U)/删除(R)/全部(ALL)]：”↙（回车，结束选择边命令）。

06 命令行提示“指定基点或位移：”（指定图7-15（b）中的基点2）。

07 命令行提示“指定位移的第二点：”（指定图7-15（b）中点3，即生成图7-15（c）所示图形）。

7.4.2　着色边

1. 命令功能

更改边的颜色。

2. 命令调用

（1）命令行：在命令行输入solidedit命令。

（2）菜单栏：选择“修改(M)”→“实体编辑(N)”→“着色边(L)”菜单命令。

有关“放弃”、“删除”、“添加”和“全部”选项的说明与“复制”中相应选项的说明相同。选择边或输入选项后，将显示“选择颜色”对话框，如图7-16所示。

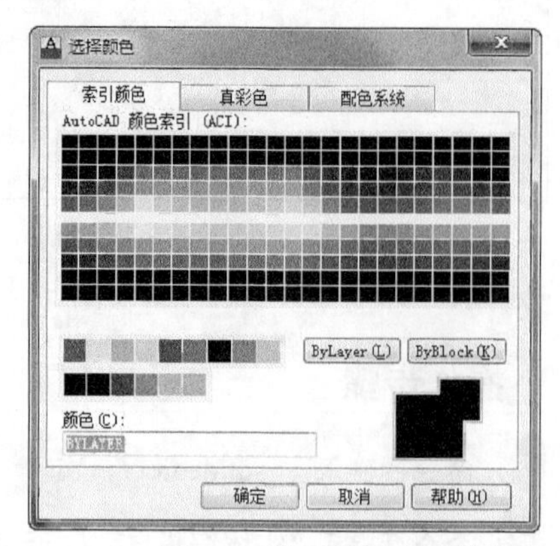

图7-16　设置要着色的边的颜色

3. 操作示例

着色如图7-17所示的三通管边。

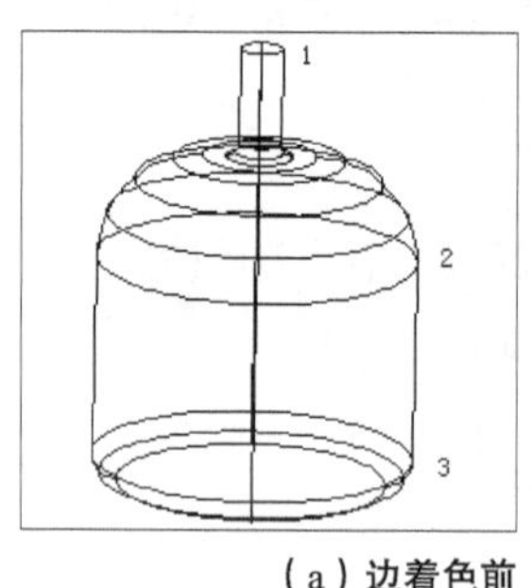

（a）边着色前

（b）边着色后

图7-17　着色边

操作步骤

01 命令行输入：_solidedit↙。

02 命令行提示“实体编辑自动检查：SOLIDCHECK=1输入实体编辑选项[面(F)/边(E)/体(B)/放弃(U)/退出(X)]<退出>：”e↙（选择边命令，回车）。

03 命令行提示“输入面编辑选项[拉伸(E)/移动(M)/旋转(R)/偏移(O)/倾斜(T)/删除(D)/复制(C)/颜色(L)/材质(A)/放弃(U)/退出(X)]<退出>：”l↙（选择着色命令，回车）。

04 命令行提示“选择面或[放弃(U)/删除(R)]：”（选择图7-17（a）中要着色的边1，2，3）。

05 命令行提示“选择面或[放弃(U)/删除(R)/全部(ALL)]：”↙（回车，结束选择边命令）。

06 系统弹出如图7-16所示的“选择颜色”对话框，设置红色作为着色边的颜色，单击“确定”按钮，显示如图7-17（b）所示的图形。

7.4.3 压印

1. 命令功能

在选定的对象上压印一个对象。为了使压印操作成功，被压印的对象必须与选定对象的一个或多个面相交。“压印”选项仅限于以下对象执行：圆弧、圆、直线、二维和三维多段线、椭圆、样条曲线、面域、体和三维实体。

2. 命令调用

（1）命令行：在命令行输入solidedit命令。

（2）菜单栏：选择“修改(M)”→“实体编辑(N)”→“压印边(I)”菜单命令。

3. 操作示例

压印如图7-18所示的图形。

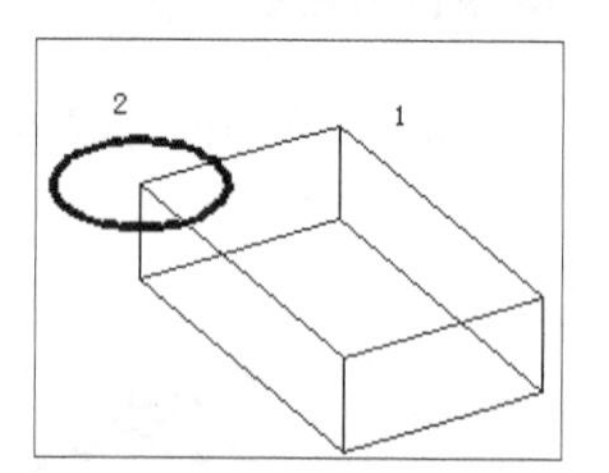

（a）原对象

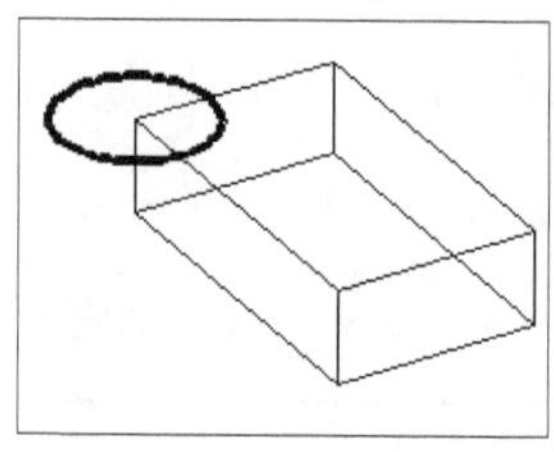

（b）压印结果

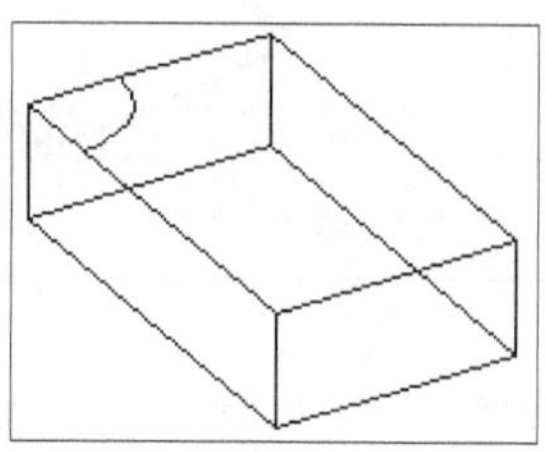

（c）删除圆

图7-18　压印对象

操作步骤

01 命令行输入：_solidedit↙。

02 命令行提示“实体编辑自动检查：SOLIDCHECK=1输入实体编辑选项[面(F)/边(E)/体(B)/放弃(U)/退出(X)]<退出>：”b↙（选择体命令，回车）。

03 命令行提示“输入面编辑选项[压印(I)/分割实体(P)/抽壳(S)/清除(L)/检查(C)/放弃(U)/退出(X)]:<退出>：”I↙（选择压印命令，回车）。

04 命令行提示“选择三维实体：”（选择图7-18（a）中长方体1）。

05 命令行提示“选择要压印的对象：”（选择图7-18（a）中的圆2）。

06 命令行提示“是否删除源对象<否>：”↙（回车，默认系统的不删除源对象，生成图7-18（b）所示的图形）。

07 删除原对象圆2，所得结果如图7-18（c）所示。

7.5 编辑实体面

7.5.1 拉伸面

1. 命令功能

通过选择一个或多个实体面，指定一个高度和倾斜角或指定一条拉伸路径来得到一个新的实体。

2. 命令调用

方法一：在命令行输入solidedit命令。

方法二：单击“实体编辑”工具栏上的按钮。

方法三：选择“修改”→“实体编辑”→“拉伸面”菜单命令。

调用移动面命令后，命令行提示如下。

选择面或[放弃(U)/删除(R)]:

命令行各命令说明如下。

（1）放弃：取消选择最近添加到选择集中的面后将重显示提示。如果已删除所有面，将显示“已完全放弃面选择操作”。

（2）删除：从选择集中删除以前选择的面。系统将显示“删除面或[放弃(U)/添加(A)/全部(ALL)]：选择一个或多个面(1)、输入选项或按Enter键”。

- “放弃”：取消选择最近从选择集中删除的面后将重显示提示。如果当前未选择面，将显示以下提示。“已完全放弃面选择操作”。
- “添加”：向选择集中添加面。选择后命令行会提示“选择面或[放弃（U）/删除（R）/全部（ALL）]：选择一个或多个面（1），或选择选项”。放弃为取消选择最近添加到选择集中的面选择后重显示提示；删除为删除以前选定的面后重显示提示；全部为选择所有面然后将它们添加到选择集并重显示提示。
- “全部”：选择所有面并将它们添加到选择集中。选择面或选项后，将显示以下提示。

选择面或[放弃（U）/删除（R）/全部（ALL）]：选择一个或多个面（1）、输入选项或按Enter键。

3. 操作示例

如图7-19所示，沿指定路径曲线拉伸面。

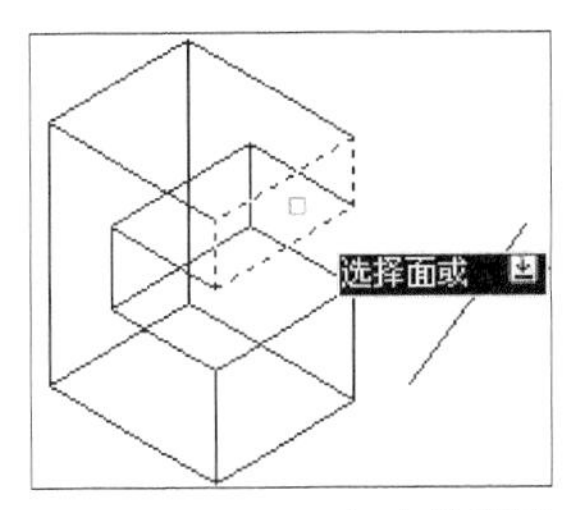

（a）选定面

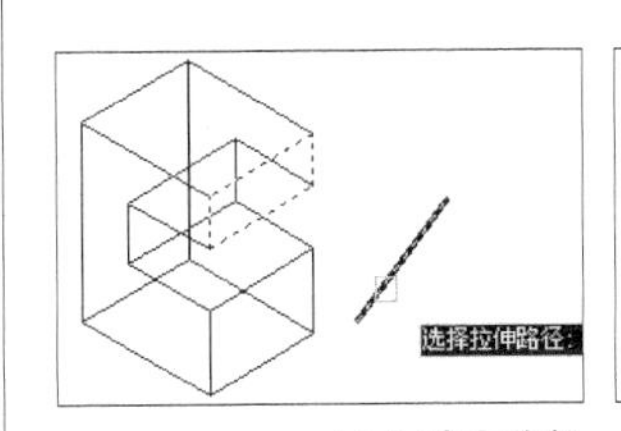

（b）选定路径

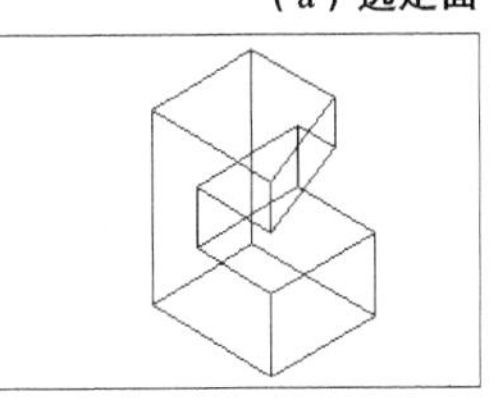

（c）拉伸了的面

图7-19 拉伸面

操作步骤

01 命令行输入solidedit命令。

命令行提示如下。

选择面或[放弃(U)/删除(R)]:

02 选择图7-19（a）中要进行移动的面。

03 命令行提示如下。

选择面或[放弃(U)/删除(R)/全部(ALL):

单击鼠标右键，选择“确认”结束选择面命令。

04 命令行提示如下。

指定拉伸高度或[路径(P)]:P　　//选择拉伸路径命令，即可得到图7-19（c）所示效果

7.5.2　移动面

1. 命令功能

沿指定的高度或距离移动选定的三维实体对象的面，移动时可以只改变选定的面而不改变其方向。

2. 命令调用

方法一：在命令行输入solidedit命令。

方法二：单击“实体编辑”工具栏中的按钮。

方法三：选择“修改”→“实体编辑”→“移动面”菜单命令。

3. 操作示例

如图7-20所示，移动三维面。

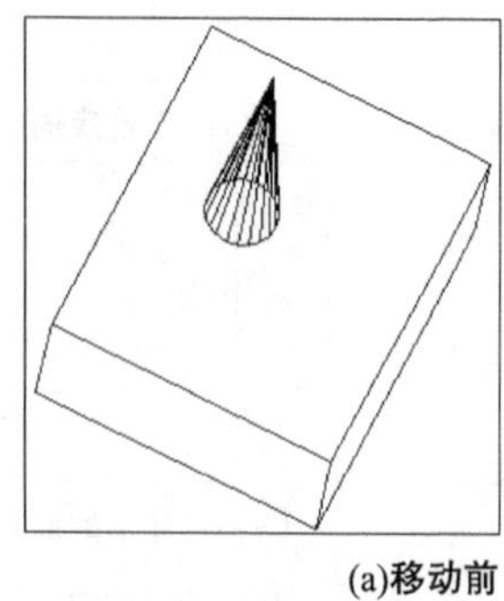

(a)移动前

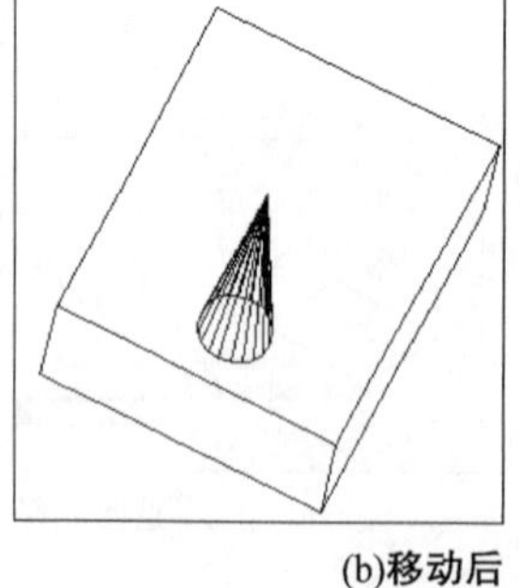

(b)移动后

图7-20　移动面

命令行提示如下。

命令: _solidedit　//调用“移动面”命令

实体编辑自动检查: SOLIDCHECK=1

输入实体编辑选项 [面(F)/边(E)/体(B)/放弃(U)/退出(X)] <退出>: _face

输入面编辑选项

[拉伸(E)/移动(M)/旋转(R)/偏移(O)/倾斜(T)/删除(D)/复制(C)/颜色(L)/材质(A)/放弃(U)/退出(X)] <退出>: _move　//调用“移动面”命令

选择面或 [放弃(U)/删除(R)]: 找到 2 个面。//选择要移动的圆锥体

选择面或 [放弃(U)/删除(R)/全部(ALL)]: //单击鼠标右键，选择“确认”项

指定基点或位移:　//指定移动基点

指定位移的第二点:　//指定第二点

已开始实体校验。

已完成实体校验。

输入面编辑选项

[拉伸(E)/移动(M)/旋转(R)/偏移(O)/倾斜(T)/删除(D)/复制(C)/颜色(L)/材质(A)/放弃(U)/退出(X)] <退出>: X　//输入x,选择“退出”

实体编辑自动检查: SOLIDCHECK=1

输入实体编辑选项 [面(F)/边(E)/体(B)/放弃(U)/退出(X)] <退出>: X　//输入x退出

技巧与提示

指定的两个点将定义一个位移矢量，用于指示选定的面移动的距离和方向。solidedit使用第一个点作为基点并相对于基点放置一个副本。如果指定一个点（通常输入为坐标），然后按Enter键，则将使用此坐标作为新位置。

7.5.3　旋转面

1. 命令功能

用于对实体的某个面进行旋转处理，从而形成新的实体。用该命令可以将一些特征旋转到新的方位。

2. 命令调用

方法一：在命令行输入solidedit命令。

方法二：单击“实体编辑”工具栏上的按钮。

方法三：选择“修改”→“实体编辑”→“旋转面”菜单命令。

有关“放弃”、“删除”、“添加”和“全部”选项的说明与“拉伸”中相应选项的说明相同。选择面或输入选项后，将显示以下提示。

选择面或[放弃(U)/删除(R)/全部(ALL)]：选择一个或多个面、输入选项或按Enter键

指定轴点或[经过对象的轴(A)/视图(V)/X轴(X)/Y轴(Y)/Z轴(Z)]<两点>：输入选项、指定点或按ENTER键

命令行各命令说明如下。

（1）轴点，两点：使用两个点定义旋转轴。在“旋转”主提示下按Enter键将显示“在旋转轴上指定第一个点：”、“在旋转轴上指定第二个点：”、“指定旋转角度或[参照(R)]：”

- “旋转角度”：从当前位置起，使对象绕选定的轴旋转指定的角度。
- “参照”：指定参照角度和新角度。

（2）经过对象的轴：将旋转轴与现有对象对齐。可选择下列对象。

- “直线”：将旋转轴与选定直线对齐。
- “圆”：将旋转轴与圆的三维轴（此轴垂直于圆所在的平面且通过圆心）对齐。
- “圆弧”：将旋转轴与圆弧的三维轴（此轴垂直于圆弧所在的平面且通过圆弧圆心）对齐。
- “椭圆”：将旋转轴与椭圆的三维轴（此轴垂直于椭圆所在的平面且通过椭圆中心）对齐。
- “二维多段线”：将旋转轴与由多段线的起点和端点构成的三维轴对齐。
- “三维多段线”：将旋转轴与由多段线的起点和端点构成的三维轴对齐。
- “样条曲线”：将旋转轴与由样条曲线的起点和端点构成的三维轴对齐。

（3）视图：将旋转轴与当前通过选定点的视口的观察方向对齐。选择视图命令后会出现“指定旋转原点<0,0,0>：”和“指定旋转角度或[参照(R)]：”提示。

- “旋转角度”：从当前位置起，使对象绕选定的轴旋转指定的角度。
- “参照”：指定参照角度和新角度。提取参照命令后，会提示“指定参照(起点)角度<0>：”和“指定端点角度：”。其中起点角度和端点角度之间的差值即为计算的旋转角度。

（4）*x*轴、*y*轴、*z*轴：将旋转轴与通过选定点的轴（*x*、*y*、*z*轴）对齐。

3. 操作示例

将图7-21（a）中长方体的上表面绕AB轴旋转45°，效果如图7-16（b）所示。

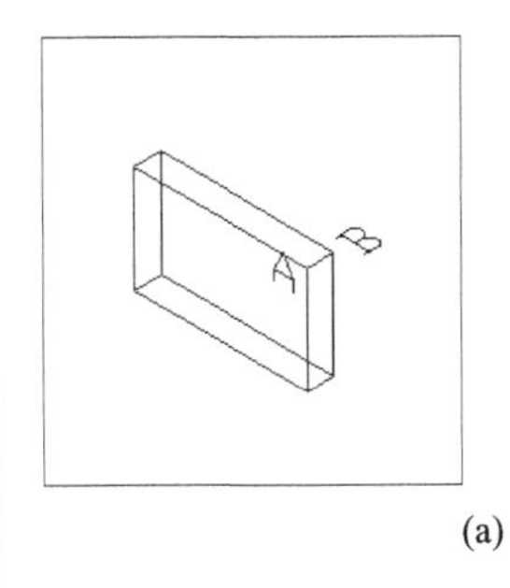

(a)

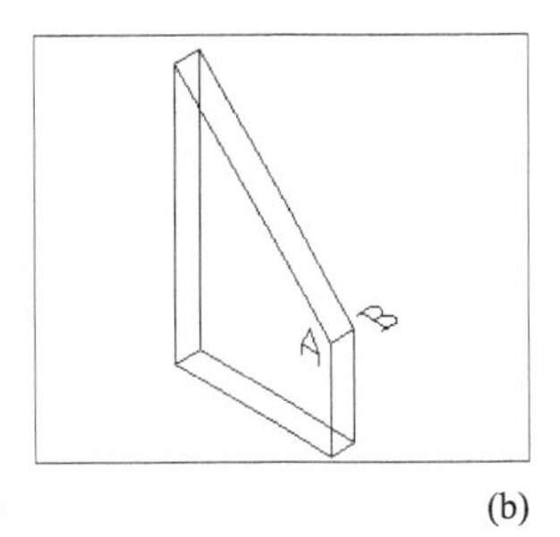

(b)

图7-21　旋转角度为45°

命令行提示如下。

命令: _solidedit

//调用“旋转面”命令

实体编辑自动检查: SOLIDCHECK=1

输入实体编辑选项 [面(F)/边(E)/体(B)/放弃(U)/退出(X)] <退出>: _face

输入面编辑选项

[拉伸(E)/移动(M)/旋转(R)/偏移(O)/倾斜(T)/删除(D)/复制(C)/颜色(L)/材质(A)/放弃(U)/退出(X)] <退出>:

_rotate

选择面或 [放弃(U)/删除(R)]: 找到一个面。

//选择上表面

选择面或 [放弃(U)/删除(R)/全部(ALL)]:

//单击鼠标右键选择“确认”或直接回车

指定轴点或 [经过对象的轴(A)/视图(V)/X 轴(X)/Y 轴(Y)/Z 轴(Z)] <两点>:　//指定点A

在旋转轴上指定第二个点:　　　　//指定点B

指定旋转角度或 [参照(R)]: 45

//输入旋转角度

已开始实体校验。

已完成实体校验。

输入面编辑选项

[拉伸(E)/移动(M)/旋转(R)/偏移(O)/倾斜(T)/删除(D)/复制(C)/颜色(L)/材质(A)/放弃(U)/退出(X)] <退出>: X　　　//输入x或直接回车

实体编辑自动检查：SOLIDCHECK=1

输入实体编辑选项 [面(F)/边(E)/体(B)/放弃(U)/退出(X)] <退出>: X　//回车

7.5.4　偏移面

1. 命令功能

通过指定偏移距离移动所选择的表面。其中距离的值为正值时增大实体尺寸，距离为负值时减小尺寸。

2. 命令调用

方法一：在命令行输入solidedit命令。

方法二：单击“实体编辑”工具栏中的按钮。

方法三：选择“修改”→“实体编辑”→“偏移面”菜单命令。

3. 操作示例

如图7-22所示，偏移三维面。

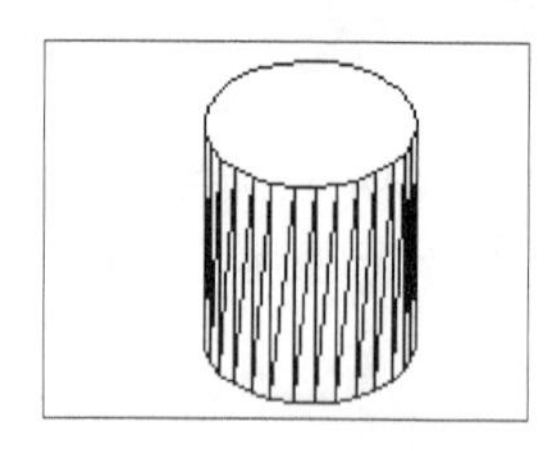

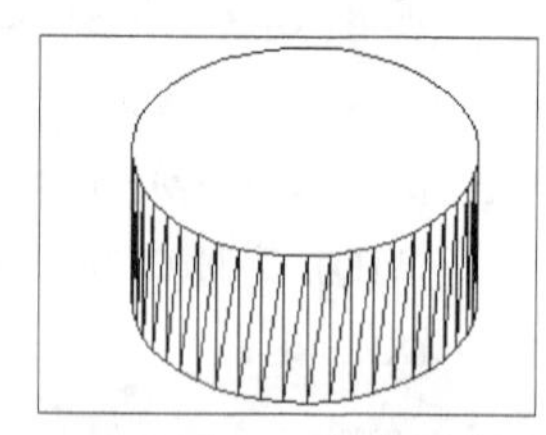

图7-22　偏移圆柱面

命令行提示如下。

命令: _solidedit

//调用“偏移面”命令

实体编辑自动检查：SOLIDCHECK=1

输入实体编辑选项 [面(F)/边(E)/体(B)/放弃(U)/退出(X)] <退出>: _face

输入面编辑选项

[拉伸(E)/移动(M)/旋转(R)/偏移(O)/倾斜(T)/删除(D)/复制(C)/颜色(L)/材质(A)/放弃(U)/退出(X)] <退出>:

_offset

选择面或 [放弃(U)/删除(R)]: 找到一个面。

//选择圆柱体侧面

选择面或 [放弃(U)/删除(R)/全部(ALL)]:

//直接回车

指定偏移距离: 180

//指定偏移距离

已开始实体校验。

已完成实体校验。

输入面编辑选项

[拉伸(E)/移动(M)/旋转(R)/偏移(O)/倾斜(T)/删除(D)/复制(C)/颜色(L)/材质(A)/放弃(U)/退出(X)] <退出>: X

//直接回车或选择“退出”

实体编辑自动检查：SOLIDCHECK=1

输入实体编辑选项 [面(F)/边(E)/体(B)/放弃(U)/退出(X)] <退出>: X　//选择退出

命令:

命令: _hide 正在重生成模型。

//执行“消隐”命令

7.5.5　删除面

1. 命令功能

通过该命令可以删除三维实体的某些表面，可删除的表面包括内表面、圆角和倒角等。

2. 命令调用

方法一：在命令行输入solidedit命令。

方法二：单击“实体编辑”工具栏中的按钮。

方法三：选择“修改”→“实体编辑”→“删除面”菜单命令。

3. 操作示例

如图7-23所示，删除三维面。

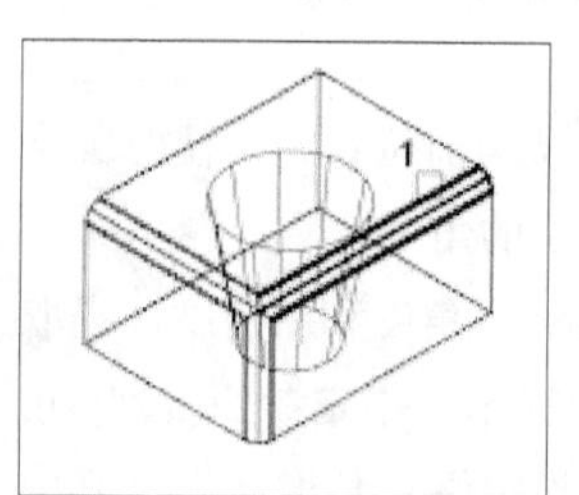

（a）选定的面

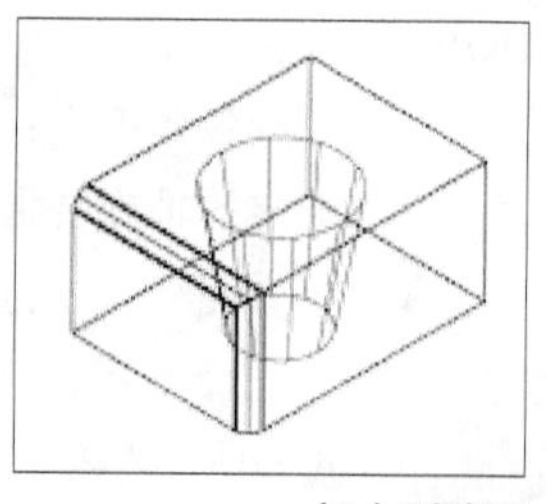

（b）删除面

图7-23　删除面

操作步骤

01 命令行输入：_solidedit↙。

02 命令行提示“实体编辑自动检查：SOLIDCHECK=1输入实体编辑选项[面(F)/边(E)/体(B)/放弃(U)/退出(X)]<退出>：”f↙（选择面命令，回车）。

03 命令行提示“输入面编辑选项[拉伸(E)/移动(M)/旋转(R)/偏移(O)/倾斜(T)/删除(D)/复制(C)/颜色(L)/材质(A)/放弃(U)/退出(X)]<退出>：”d↙（选择删除命令，回车）。

04 命令行提示“选择面或[放弃(U)/删除(R)]：”（选择图7-23（a）中要删除的面1）。

05 命令行提示“选择面或[放弃(U)/删除(R)/全部(ALL)]：”↙（回车，结束选择面命令，即生成图7-23（b）所示图形）。

7.5.6 倾斜面

1. 命令功能

按一个角度将面进行倾斜。

2. 命令调用

方法一：在命令行输入solidedit命令。

方法二：单击“实体编辑”工具栏中的按钮。

方法三：选择“修改”→“实体编辑”→“倾斜面”菜单命令。

3. 操作示例

如图7-24所示，倾斜三维面。

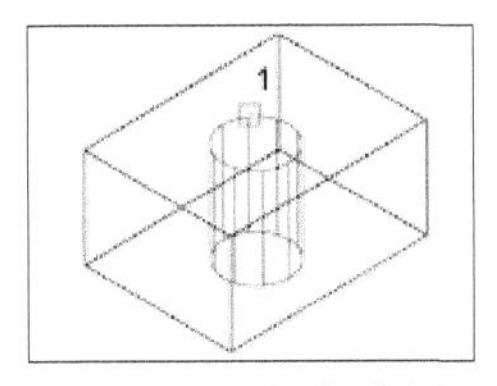

（a）选定面

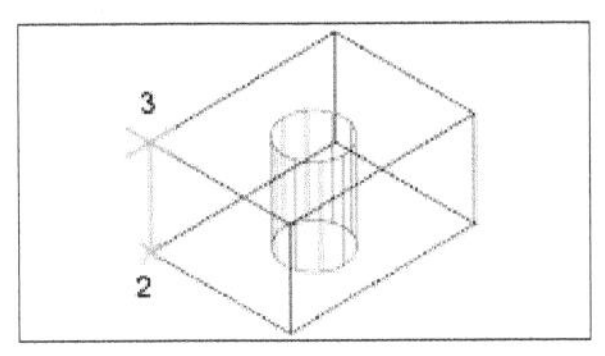

（b）基点和选定的第二点

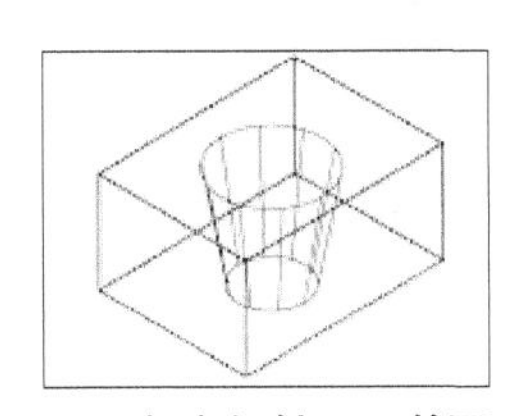

（c）倾斜-12° 的面

图7-24 倾斜面

操作步骤

01 命令行输入：_solidedit↙。

02 命令行提示“实体编辑自动检查：SOLIDCHECK=1输入实体编辑选项[面(F)/边(E)/体(B)/放弃(U)/退出(X)]<退出>：”f↙（选择面命令，回车）。

03 命令行提示“输入面编辑选项[拉伸(E)/移动(M)/旋转(R)/偏移(O)/倾斜(T)/删除(D)/复制(C)/颜色(L)/材质(A)/放弃(U)/退出(X)]<退出>：”t↙（选择倾斜命令，回车）。

04 命令行提示“选择面或[放弃(U)/删除(R)]：”（选择图（a）中要进行倾斜的面1）。

05 命令行提示“选择面或[放弃(U)/删除(R)/全部(ALL)]：”↙（回车，结束选择面命令）。

06 命令行提示“指定基点：”（选择倾斜的基点，即倾斜后不动的点）。

07 命令行提示“指定沿倾斜轴的另一个点：”（选择另一点，即倾斜后改变方向的点）。

08 命令行提示“指定倾斜角度：”10↙（输入倾斜角度10°，回车）。

7.5.7 复制面

1. 命令功能

通过该命令可以将以有实体的表面复制并移动到指定的位置。

2. 命令调用

方法一：在命令行输入solidedit命令。

方法二：“实体编辑”工具栏中的按钮。

方法三：选择“修改”→“实体编辑”→“复制面”菜单命令。

复制面的操作方法与复制边的操作方法基本相同。

3. 操作示例

如图7-25所示，复制三维面。

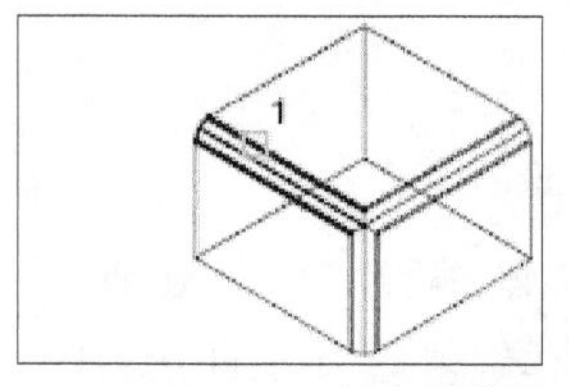

（a）选定面

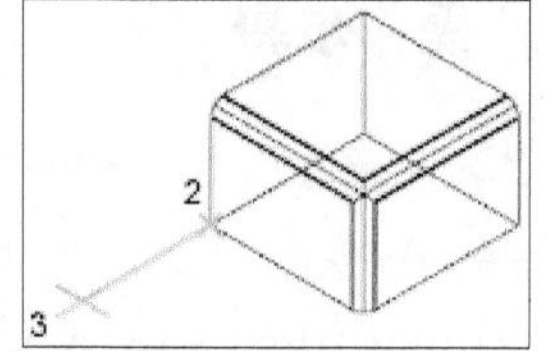

（b）基点和选定的第二点

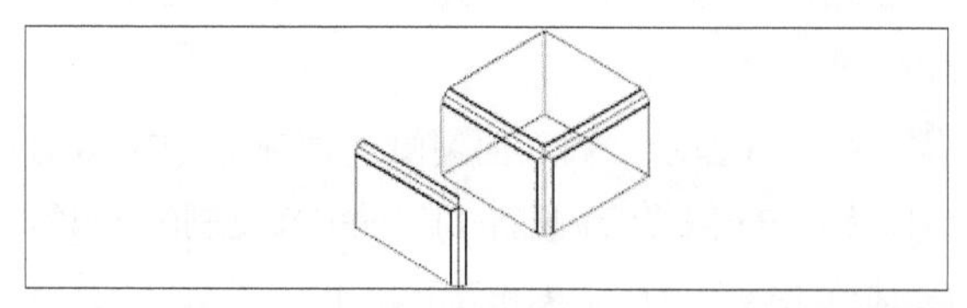

（c）复制面

图7-25　复制面

操作步骤

01 命令行输入：_solidedit↙。

02 命令行提示“实体编辑自动检查：SOLIDCHECK=1输入实体编辑选项[面(F)/边(E)/体(B)/放弃(U)/退出(X)]<退出>：”f↙（选择面命令，回车）。

03 命令行提示“输入面编辑选项[拉伸(E)/移动(M)/旋转(R)/偏移(O)/倾斜(T)/删除(D)/复制(C)/颜色(L)/材质(A)/放弃(U)/退出(X)]<退出>：”c↙（选择复制命令，回车）。

04 命令行提示“选择面或[放弃(U)/删除(R)]：”（选择图7-25（a）中要复制的面1）。

05 命令行提示“选择面或[放弃(U)/删除(R)/全部(ALL)]：”↙（回车，结束选择面命令）。

06 命令行提示“指定基点或位移：”（指定图7-25（b）中的基点2）。

07 命令行提示“指定位移的第二点：”（指定图7-25（b）中点3，即生成图7-25（c）所示图形）。

7.5.8　着色面

1. 命令功能

通过指定面的颜色，从而能改变模型的显示效果。

2. 命令调用

方法一：在命令行输入solidedit命令。

方法二：单击“实体编辑”工具栏中的按钮。

方法三：选择“修改”→“实体编辑”→“着色面”菜单命令。

3. 操作示例

着色如图7-26所示的图形。

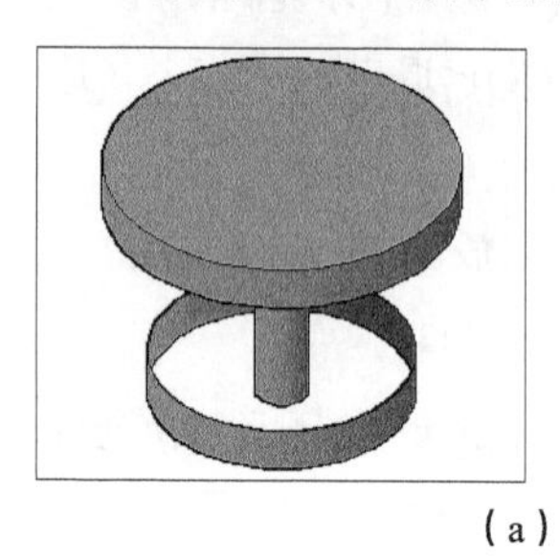

（a）

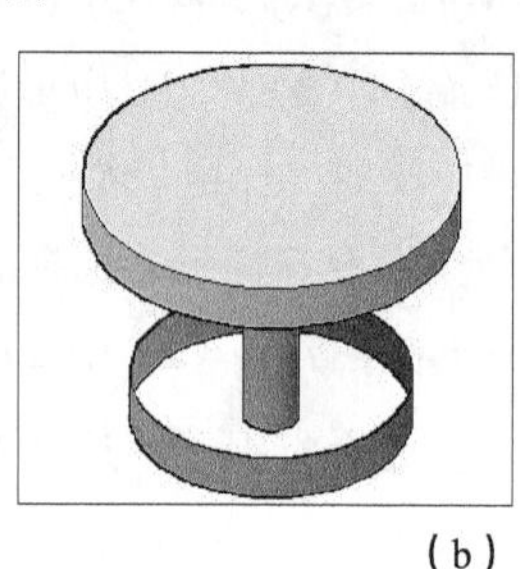

（b）

图7-26　着色后效果

操作步骤

01 单击“实体编辑”工具栏中的按钮，对图7-26中的图形（a）进行着色。命令行提示如下。

命令: _solidedit　　//调用“着色面”命令
实体编辑自动检查: SOLIDCHECK=1
输入实体编辑选项 [面(F)/边(E)/体(B)/放弃(U)/退出(X)] <退出>: _face
输入面编辑选项
[拉伸(E)/移动(M)/旋转(R)/偏移(O)/倾斜(T)/删除(D)/复制(C)/颜色(L)/材质(A)/放弃(U)/退出(X)] <退出>: _color
选择面或 [放弃(U)/删除(R)]:

02 选择圆形桌的桌面，回车后，弹出“选择颜色”对话框。选择颜色后，单击“确定”按钮即可。

7.6　编辑实体

7.6.1　抽壳

1. 命令功能

该命令常用于绘制壁厚相等的壳体。

2. 命令调用

方法一：单击“实体编辑”工具栏中的按钮。

方法二：选择“修改”→“实体编辑”→“抽壳”菜单命令。

3. 操作示例

如图7-27所示，对长方体进行抽壳。

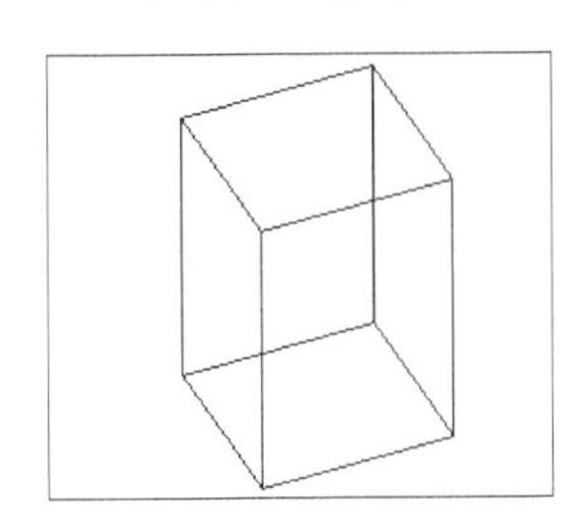
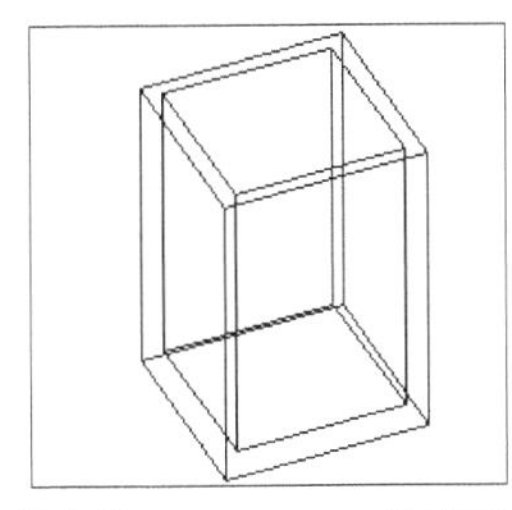

抽壳前　　　　抽壳后

图7-27　抽壳操作

命令行提示如下。

命令: _solidedit

//调用“抽壳”命令

实体编辑自动检查: SOLIDCHECK=1

输入实体编辑选项 [面(F)/边(E)/体(B)/放弃(U)/退出(X)] <退出>: _body

输入体编辑选项

[压印(I)/分割实体(P)/抽壳(S)/清除(L)/检查(C)/放弃(U)/退出(X)] <退出>: _shell

选择三维实体:　　　　//选择长方体模型

删除面或 [放弃(U)/添加(A)/全部(ALL)]: 找到一个面，已删除 1 个。 //选择长方体的顶面

删除面或 [放弃(U)/添加(A)/全部(ALL)]:

//回车或单击鼠标右键选择“确认”

输入抽壳偏移距离: 2

//输入壳的厚度

已开始实体校验

已完成实体校验

输入体编辑选项

[压印(I)/分割实体(P)/抽壳(S)/清除(L)/检查(C)/放弃(U)/退出(X)] <退出>: X //回车退出

实体编辑自动检查: SOLIDCHECK=1

输入实体编辑选项 [面(F)/边(E)/体(B)/放弃(U)/退出(X)] <退出>: X　//回车退出

7.6.2　剖切

1. 命令功能

可以切开现有实体并移去指定部分，从而创建新的实体。使用该命令可以保留剖切实体的一半或全部。剖切实体保留原实体的图层和颜色特性。

2. 命令调用

方法一：在命令行输入slice命令。

方法二：单击“三维制作”和“剖切”按钮。

方法三：选择“修改”→“三维操作”→“剖切”菜单命令。

7.6.3　分解

1. 命令功能

分解实体后，可以对子体进行操作。三维多段线分解成线段。三维多段线指定的线型将应用到每一个得到的线段。三维实体将平面分解成面域。将非平面的面分解成曲面。体分解成一个单一表面的体（非平面表面）、面域或曲线。

2. 命令调用

方法一：在命令行输入explode命令。

方法二：单击“修改”工具栏中的按钮。

方法三：选择“修改”→“分解”菜单命令。

7.6.4　清除

1. 命令功能

将实体中多余的棱边、顶点、印记等对象或不使用的几何图形去除。该命令常用来清理实体上压印的几何对象。

2. 命令调用

方法一：单击“实体编辑”工具栏中的按钮。

方法二：选择“修改”→“实体编辑”→“清除”菜单命令。

选择三维实体，选择要清理的实体后，系统将自动完成清理工作。

7.6.5 分割

1. 命令功能

将体积不连续的完整实体分成相互独立的三维实体。

2. 命令调用

方法一：单击“实体编辑”工具栏中的按钮。

方法二：选择“修改”→“实体编辑”→“分割”菜单命令。

7.7 综合实例

通过以上的讲解，读者已对三维绘图有了基本的了解。下面就通过两个实际生活中的实例来讲解三维图形的基本操作。

7.7.1 绘制石桌椅

1. 知识要点

运用“圆柱体”、“拉伸”、“阵列”及新建三维USB坐标系来绘制石凳与石椅。

2. 操作要点

用“圆柱体”命令绘制石桌，用“阵列”命令来绘制石椅。

操作步骤

绘制如图7-28所示的石桌和石椅。

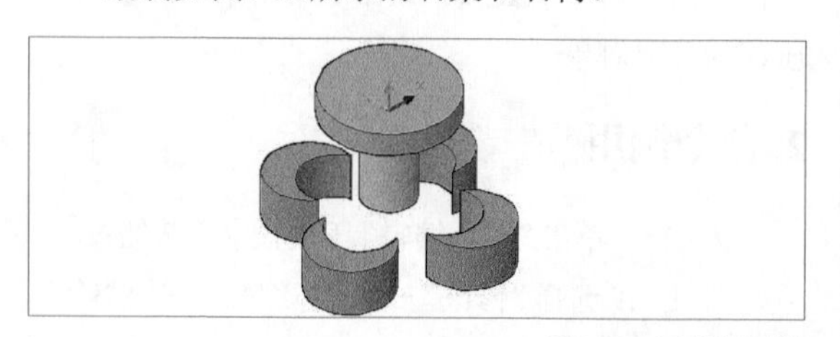

图7-28 石桌和石椅

01 在“文件”菜单中选择“新建”命令，创建一个新的文件。

02 选择“视图”→“三维视图”→“东南等轴测”菜单命令，调整视图。

03 单击“建模”工具栏中的按钮，绘制石桌支座，命令行提示如下。

命令: isolines

//在命令行输入isolines命令，设置网格线密度

输入 ISOLINES 的新值 <4>: 16　　//输入16

命令: _cylinder

//调用“圆柱体”命令

指定底面的中心点或 [三点(3P)/两点(2P)/相切、相切、半径(T)/椭圆(E)]:　　//任意指定一点

指定底面半径或 [直径(D)] <80.0000>: 60

//

指定高度或 [两点(2P)/轴端点(A)] <-180.0000>: 200

04 选择“工具”→“新建UCS”→“三点”菜单命令，新建坐标系，将原点置于石桌支座顶面圆心，如图7-29所示。

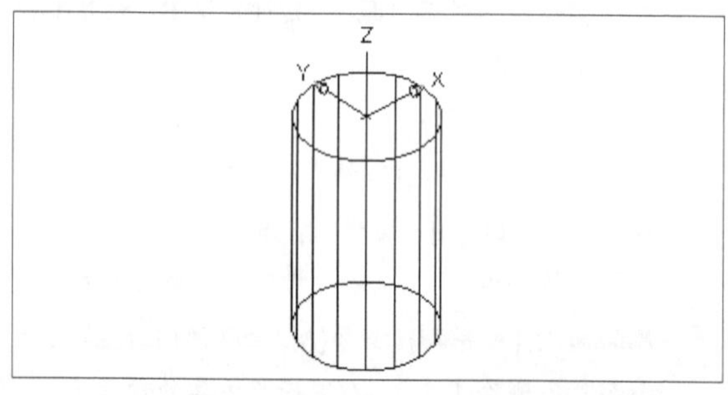

图7-29 改变坐标系位置

命令行提示如下。

命令: _ucs

当前 UCS 名称: *世界*

指定 UCS 的原点或 [面(F)/命名(NA)/对象(OB)/上一个(P)/视图(V)/世界(W)/X/Y/Z/Z 轴(ZA)] <世界>: _3

指定新原点 <0,0,0>:

//在顶面上的圆心处，指定新的坐标原点

在正 X 轴范围上指定点 <1.0000,0.0000,0.0000>:

//指定x轴范围

在 UCS XY 平面的正 Y 轴范围上指定点 <0.0333,0.9994,0.0000>:　//指定y轴范围

05 用“圆柱体”命令绘制桌面，消隐后效果如图7-30所示。命令行提示如下。

命令: _cylinder

//调用“圆柱体”命令绘制桌面

指定底面的中心点或 [三点(3P)/两点(2P)/相切、相切、半径(T)/椭圆(E)]:

//指定坐标原点为中心点

指定底面半径或 [直径(D)] <60.0000>: 150

//指定半径

指定高度或 [两点(2P)/轴端点(A)] <-200.0000>: -50　　//指定高度

命令:

命令: _hide 正在重生成模型。

//执行“消隐”命令

命令: 正在重生成模型。

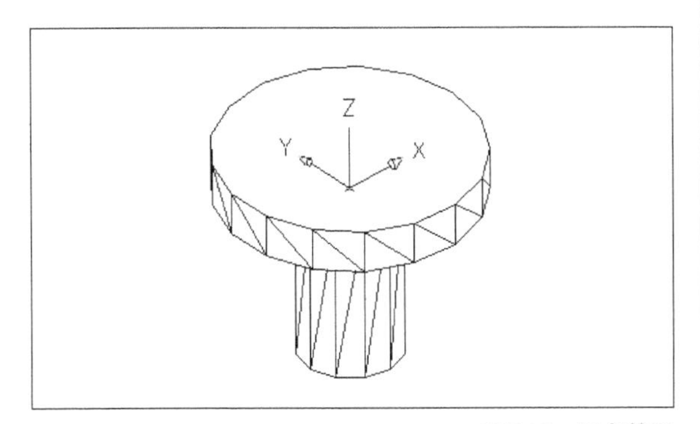

图7-30　石桌效果

06 单击“绘图”工具栏中的按钮，以石桌支座底面中心为圆心绘制一半径为180的辅助圆，来确定石椅的位置，如图7-31所示。

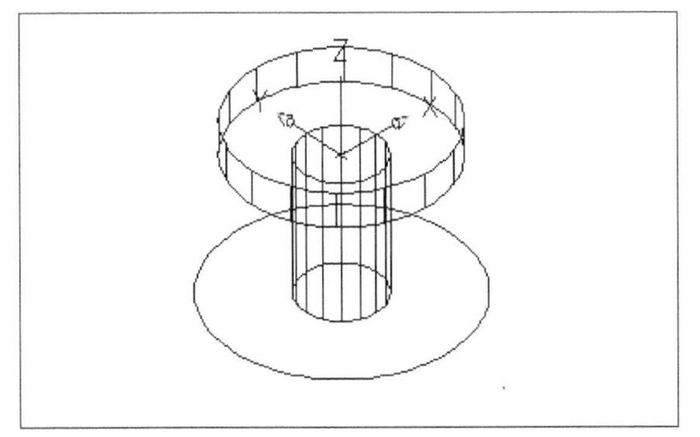

图7-31　绘制圆形基线

07 以此圆为基准绘制两圆，并执行布尔运算（选择“修改”→“实体编辑”→“差集”菜单命令）最终效果如图7-32所示。命令行提示如下。

命令: _circle 指定圆的圆心或 [三点(3P)/两点(2P)/相切、相切、半径(T)]:

指定圆的半径或 [直径(D)] <180.0000>:

//指定圆的半径

命令: _circle 指定圆的圆心或 [三点(3P)/两点(2P)/相切、相切、半径(T)]:

指定圆的半径或 [直径(D)] <180.0000>:

//指定另外一圆的半径

命令: _region

//调用“面域”命令，将一个

选择对象: 找到 1 个

//选择第一个圆

选择对象:

//单击鼠标右键

已提取 1 个环。

已创建 1 个面域。

命令: _region

选择对象: 找到 1 个

选择对象:

已提取 1 个环。

已创建 1 个面域。

命令: _subtract 选择要从中减去的实体或面域...

选择对象: 找到 1 个

选择对象:

选择要减去的实体或面域 ..

选择对象: 找到 1 个

选择对象:

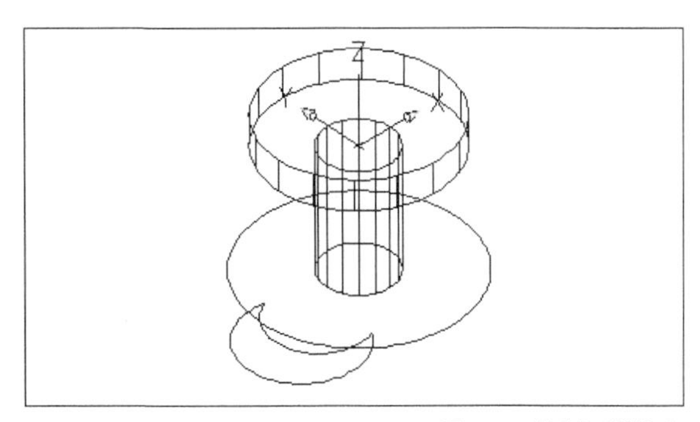

图7-32　绘制石凳轮廓

技巧与提示

在使用布尔运算之前，应先将两圆生成面域。

08 单击“建模”工具栏中的按钮，将月形轮廓拉伸，可得到如图7-33所示的石椅。

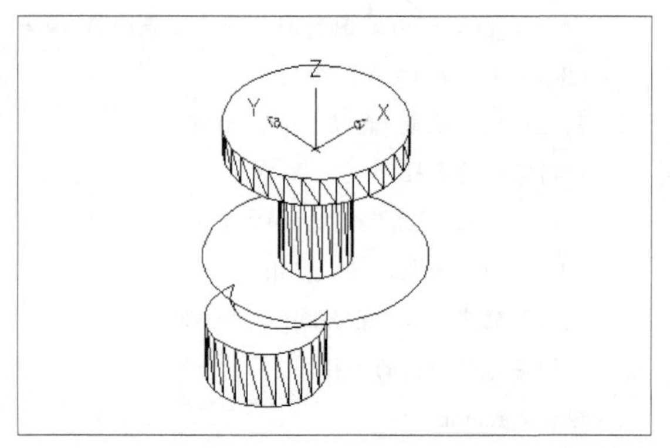

图7-33　拉伸石椅

命令行提示如下。

命令: _extrude　　　　//调用“拉伸”命令
当前线框密度: ISOLINES=16
选择要拉伸的对象: 找到 1 个　　//选择布尔运算后的图形
选择要拉伸的对象:　　　　//单击鼠标右键
指定拉伸的高度或 [方向(D)/路径(P)/倾斜角(T)] <50.0000>: 100　　//指定拉伸高度
命令: facetres
//在命令行输入facetres命令，来改变图形的光滑度
输入 FACETRES 的新值 <0.5000>: 3
//设置为3
命令: _hide 正在重生成模型。
//执行“消隐”命令

09 单击“修改”工具栏中的按钮，利用“阵列”命令排列石椅，效果如图7-34所示。

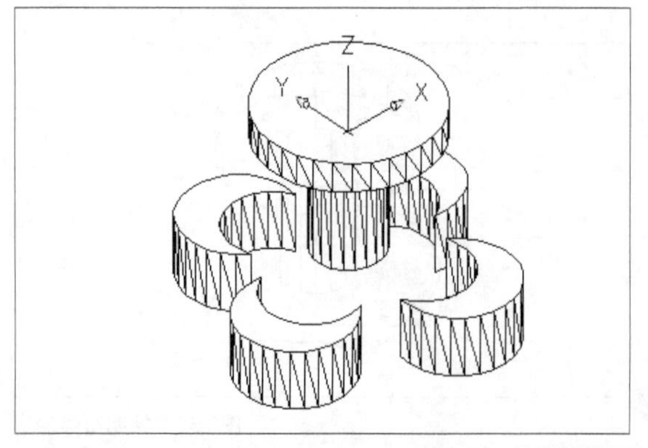

图7-34　阵列后效果

10 单击“实体编辑”工具栏中的按钮，对桌子进行着色，选择“视图”→“视觉样式”→“概念”菜单命令，最终效果如图7-28所示。

7.7.2　绘制阳台

1. 知识要点

综合运用“长方体”、“阵列”、“复制”命令来绘制阳台。

2. 操作要点

用“长方体”绘制阳台底面与侧面，用“阵列”命令来绘制阳台栏杆。

操作步骤

绘制如图7-35所示的阳台。

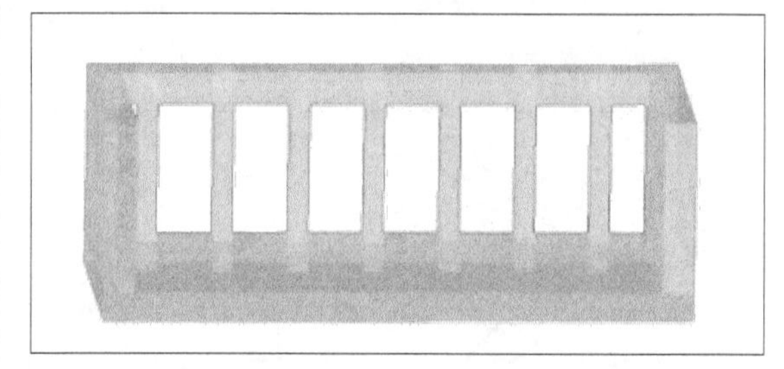
图7-35　阳台

01 在“文件”菜单中选择“新建”命令，创建一个新的文件。

02 利用“矩形”命令绘制一矩形，如图7-36所示。

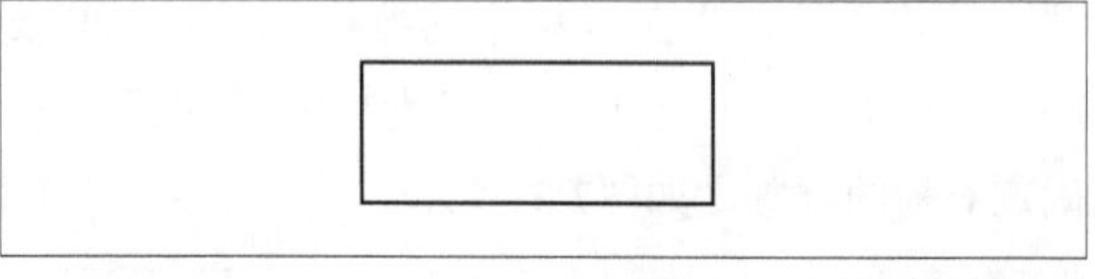
图7-36　二维图中的矩形

命令行提示如下。

命令: _rectang
//调用“矩形”命令
指定第一个角点或 [倒角(C)/标高(E)/圆角(F)/厚度(T)/宽度(W)]:
指定另一个角点或 [面积(A)/尺寸(D)/旋转(R)]: @600,240
//指定相对坐标

03 选择“视图”→“三维视图”→“东南等轴测”菜单命令，调整视图，调整后矩形如图7-37所示。

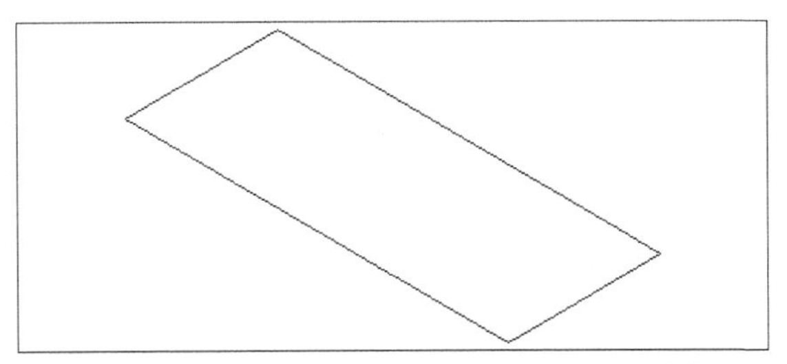

图7-37　三维图中的矩形

04 单击“建模”工具栏中的按钮，将矩形拉伸一定厚度。命令行提示如下。

命令: _extrude　　//调用“拉伸”命令

当前线框密度: ISOLINES=4

选择要拉伸的对象: 找到 1 个　　//选择矩形

选择要拉伸的对象:　//回车或单击鼠标右键

指定拉伸的高度或 [方向(D)/路径(P)/倾斜角(T)] <450.0389>: 40　　//输入拉伸高度

05 单击“建模”工具栏中的按钮，利用“长方体”工具绘制阳台侧面。命令行提示如下。

命令: _box　　//调用“长方体”工具

指定第一个角点或 [中心(C)]:

指定其他角点或 [立方体(C)/长度(L)]:

指定高度或 [两点(2P)] <40.0000>:

命令: _copy

//调用“复制”命令复制出阳台另一侧面

选择对象: 找到 1 个

选择对象:

当前设置: 复制模式 = 多个

指定基点或 [位移(D)/模式(O)] <位移>: 指定第二个点或 <使用第一个点作为位移>:

指定第二个点或 [退出(E)/放弃(U)] <退出>:

图7-38所示为阳台的底面与侧面。

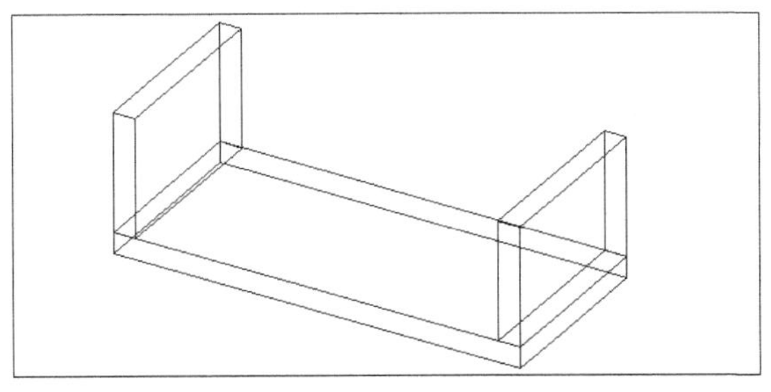

图7-38　阳台底面与侧面

06 单击“绘图”工具栏中的按钮，绘制一矩形。命令行提示如下。

命令: _rectang

指定第一个角点或 [倒角(C)/标高(E)/圆角(F)/厚度(T)/宽度(W)]:

指定另一个角点或 [面积(A)/尺寸(D)/旋转(R)]:

07 利用“建模”工具栏中的“拉伸”命令，将其拉伸一定高度，如图7-39所示。

命令行提示如下。

命令: _extrude

当前线框密度: ISOLINES=4

选择要拉伸的对象: 找到 1 个

选择要拉伸的对象:

指定拉伸的高度或 [方向(D)/路径(P)/倾斜角(T)] <−591.8819>:

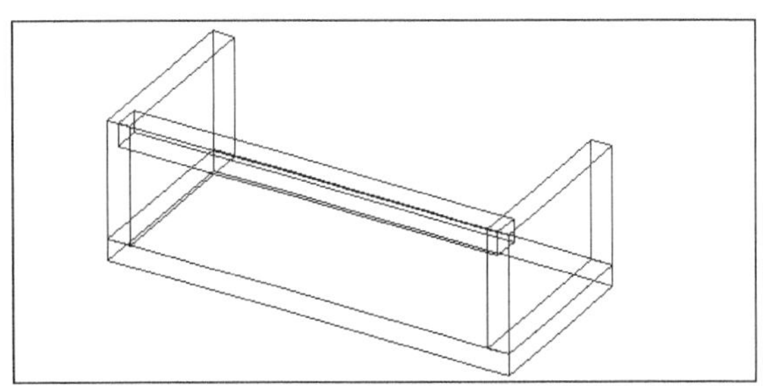

图7-39　阳台上侧护板

08 单击“建模”工具栏中的按钮，绘制栏杆，调整视图，如图7-40所示。

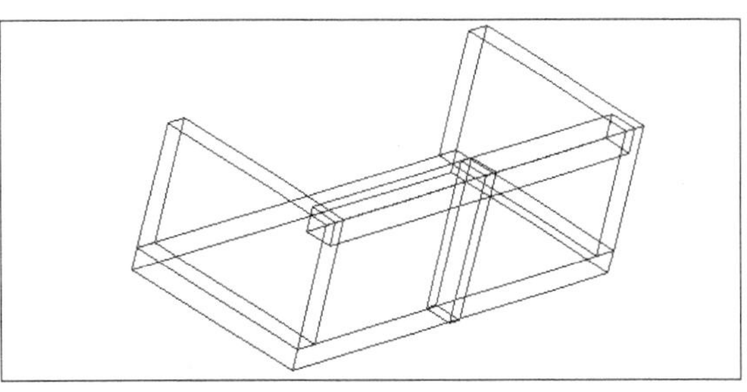

图7-40　绘制中间栏杆

09 单击“修改”工具栏中的按钮，阵列后效果如图7-41所示。

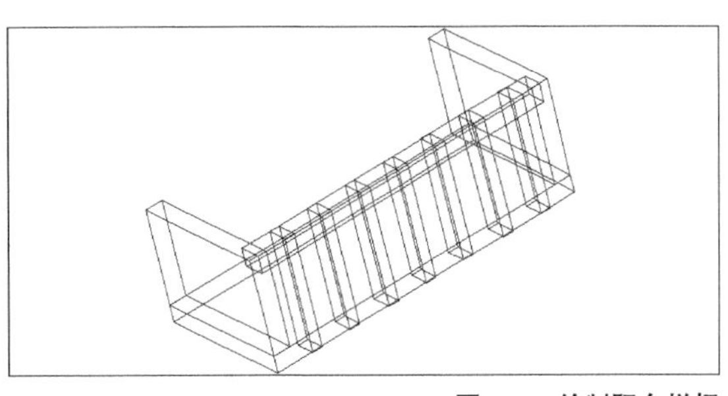

图7-41　绘制阳台栏杆

10 利用“材质”命令对阳台赋予材质。

11 选择“视图”→“渲染”→“渲染”菜单命令，得到如图7-42所示效果图。

图7-42　渲染后效果

7.7.3　绘制板楼

1. 知识要点

综合运用“多段线”、“拉伸”命令及布尔运算来绘制阳台。

2. 操作要点

利用“多段线”命令来绘制墙体轮廓，利用“拉伸”命令将其拉伸一定高度，绘制墙体，然后用“长方体”命令绘制门窗洞。

操作步骤

绘制如图7-43所示的板楼。

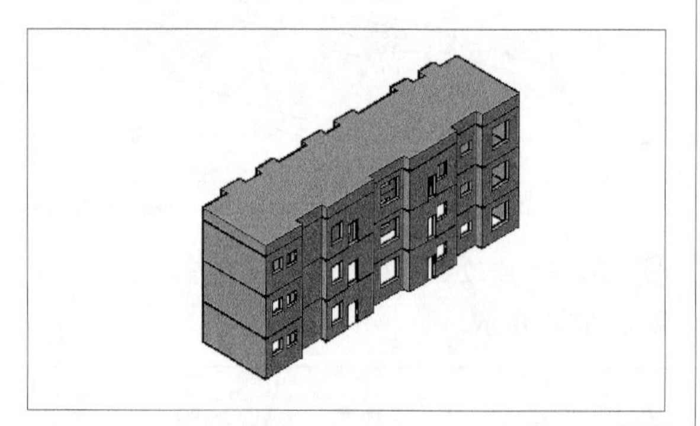

图7-43　板楼

01 在“文件”菜单中选择“新建”命令，创建一个新的文件。

02 单击“绘图”工具栏中的按钮，绘制房屋轮廓图，命令行提示如下。

命令: _pline

指定起点:

当前线宽为 0.0000

指定下一个点或 [圆弧(A)/半宽(H)/长度(L)/放弃(U)/宽度(W)]: <正交 开> @300,0

指定下一点或 [圆弧(A)/闭合(C)/半宽(H)/长度(L)/放弃(U)/宽度(W)]: @0,50

指定下一点或 [圆弧(A)/闭合(C)/半宽(H)/长度(L)/放弃(U)/宽度(W)]: @220,0

指定下一点或 [圆弧(A)/闭合(C)/半宽(H)/长度(L)/放弃(U)/宽度(W)]: @0,−50

指定下一点或 [圆弧(A)/闭合(C)/半宽(H)/长度(L)/放弃(U)/宽度(W)]: @400,0

指定下一点或 [圆弧(A)/闭合(C)/半宽(H)/长度(L)/放弃(U)/宽度(W)]: @0,50

指定下一点或 [圆弧(A)/闭合(C)/半宽(H)/长度(L)/放弃(U)/宽度(W)]: @280

指定下一点或 [圆弧(A)/闭合(C)/半宽(H)/长度(L)/放弃(U)/宽度(W)]: @280,0

指定下一点或 [圆弧(A)/闭合(C)/半宽(H)/长度(L)/放弃(U)/宽度(W)]: @0,−50

指定下一点或 [圆弧(A)/闭合(C)/半宽(H)/长度(L)/放弃(U)/宽度(W)]: @400,0

指定下一点或 [圆弧(A)/闭合(C)/半宽(H)/长度(L)/放弃(U)/宽度(W)]: @0,50

指定下一点或 [圆弧(A)/闭合(C)/半宽(H)/长度(L)/放弃(U)/宽度(W)]: @220,0

指定下一点或 [圆弧(A)/闭合(C)/半宽(H)/长度(L)/放弃(U)/宽度(W)]: @0,−50

指定下一点或 [圆弧(A)/闭合(C)/半宽(H)/长度(L)/放弃(U)/宽度(W)]: @300,0

指定下一点或 [圆弧(A)/闭合(C)/半宽(H)/长度(L)/放弃(U)/宽度(W)]: @0,520

指定下一点或 [圆弧(A)/闭合(C)/半宽(H)/长度(L)/放弃(U)/宽度(W)]: @−150,0

指定下一点或 [圆弧(A)/闭合(C)/半宽(H)/长度(L)/放弃(U)/宽度(W)]: @0,50

指定下一点或 [圆弧(A)/闭合(C)/半宽(H)/长度(L)/放弃(U)/宽度(W)]: @−120,0

指定下一点或 [圆弧(A)/闭合(C)/半宽(H)/长度

(L)/放弃(U)/宽度(W)]: @0,-50

指定下一点或 [圆弧(A)/闭合(C)/半宽(H)/长度(L)/放弃(U)/宽度(W)]: @-100,0

指定下一点或 [圆弧(A)/闭合(C)/半宽(H)/长度(L)/放弃(U)/宽度(W)]: @0,50

指定下一点或 [圆弧(A)/闭合(C)/半宽(H)/长度(L)/放弃(U)/宽度(W)]: @-120,0

指定下一点或 [圆弧(A)/闭合(C)/半宽(H)/长度(L)/放弃(U)/宽度(W)]: @0,-50

指定下一点或 [圆弧(A)/闭合(C)/半宽(H)/长度(L)/放弃(U)/宽度(W)]: @-320,0

指定下一点或 [圆弧(A)/闭合(C)/半宽(H)/长度(L)/放弃(U)/宽度(W)]: @0,50

指定下一点或 [圆弧(A)/闭合(C)/半宽(H)/长度(L)/放弃(U)/宽度(W)]: @-160,0

指定下一点或 [圆弧(A)/闭合(C)/半宽(H)/长度(L)/放弃(U)/宽度(W)]: @0,-50

指定下一点或 [圆弧(A)/闭合(C)/半宽(H)/长度(L)/放弃(U)/宽度(W)]: @-120,0

指定下一点或 [圆弧(A)/闭合(C)/半宽(H)/长度(L)/放弃(U)/宽度(W)]: @0,50

指定下一个点或 [圆弧(A)/半宽(H)/长度(L)/放弃(U)/宽度(W)]: @-160,0

指定下一点或 [圆弧(A)/闭合(C)/半宽(H)/长度(L)/放弃(U)/宽度(W)]: @0,-50

指定下一点或 [圆弧(A)/闭合(C)/半宽(H)/长度(L)/放弃(U)/宽度(W)]: @-240,0

指定下一点或 [圆弧(A)/闭合(C)/半宽(H)/长度(L)/放弃(U)/宽度(W)]: @0,50

指定下一点或 [圆弧(A)/闭合(C)/半宽(H)/长度(L)/放弃(U)/宽度(W)]: @-140,0

指定下一点或 [圆弧(A)/闭合(C)/半宽(H)/长度(L)/放弃(U)/宽度(W)]: @0,-50

指定下一点或 [圆弧(A)/闭合(C)/半宽(H)/长度(L)/放弃(U)/宽度(W)]: @-140,0

指定下一点或 [圆弧(A)/闭合(C)/半宽(H)/长度(L)/放弃(U)/宽度(W)]: @0,50

指定下一点或 [圆弧(A)/闭合(C)/半宽(H)/长度(L)/放弃(U)/宽度(W)]: @-140,0

指定下一点或 [圆弧(A)/闭合(C)/半宽(H)/长度(L)/放弃(U)/宽度(W)]: @0,-50

指定下一点或 [圆弧(A)/闭合(C)/半宽(H)/长度(L)/放弃(U)/宽度(W)]: @-210,0

指定下一点或 [圆弧(A)/闭合(C)/半宽(H)/长度(L)/放弃(U)/宽度(W)]: c

03 单击“修改”工具栏中的按钮，将上一步中绘制的轮廓线向内侧偏移24个单位，如图7-44所示。

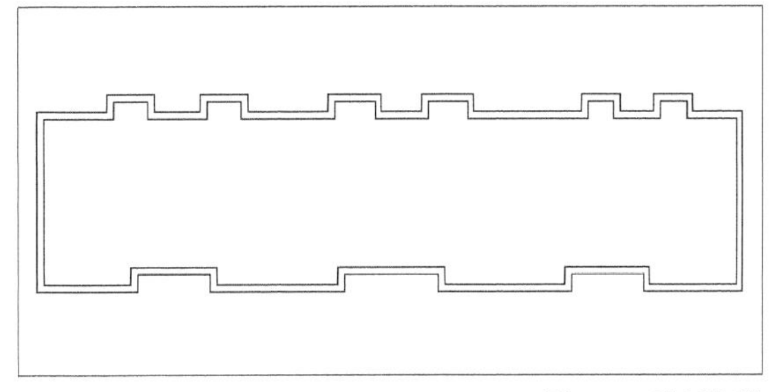

图7-44　绘制墙线

命令行提示如下。

命令: _offset

//调用“偏移”命令

当前设置: 删除源=否

图层=源　OFFSETGAPTYPE=0

指定偏移距离或 [通过(T)/删除(E)/图层(L)] <10.0000>: 24

//指定偏移距离

选择要偏移的对象，或 [退出(E)/放弃(U)] <退出>:

指定要偏移的那一侧上的点，或 [退出(E)/多个(M)/放弃(U)] <退出>:

选择要偏移的对象，或 [退出(E)/放弃(U)] <退出>:

04 选择“视图”→“三维视图”→“西南等轴测”菜单命令，改变为三维视图。

05 单击“建模”工具栏中的按钮，将墙线拉伸一定高度，命令行提示如下。

命令: _extrude

当前线框密度: ISOLINES=4

选择要拉伸的对象: 找到 1 个

选择要拉伸的对象: 找到 1 个，总计 2 个

选择要拉伸的对象:

指定拉伸的高度或 [方向(D)/路径(P)/倾斜角(T)]:

指定第二点: 280

执行“消隐”命令后如图7-45所示。

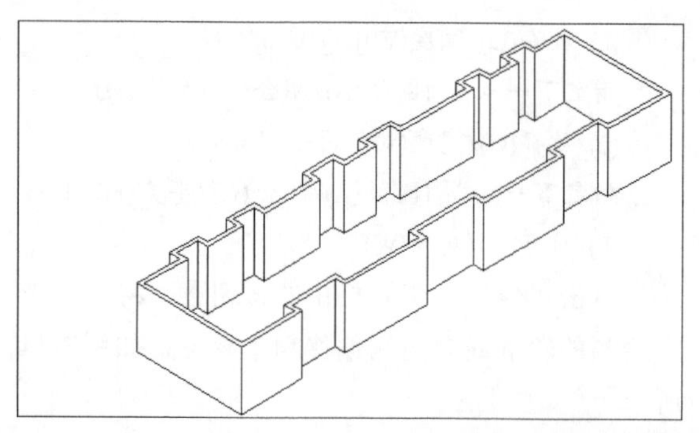

图7-45　消隐后效果

06 要得到的是房屋中间有空间，因此要将内部抽去，选择“建模”中布尔运算的差集按钮，命令行提示如下。

命令: _subtract 选择要从中减去的实体或面域...

选择对象: 找到 1 个　　　//选择外面的轮廓

选择对象:　　//回车或单击鼠标右键

选择要减去的实体或面域 ..

选择对象: 找到 1 个

//选择要减去的实体，即内部轮廓

07 对其执行“消隐”命令，可得到如图7-46所示效果。

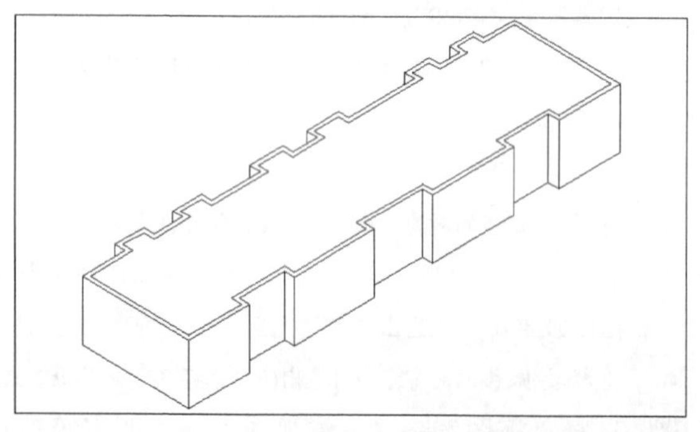

图7-46　抽去中心后效果

08 利用“长方体”命令在底层墙体中绘制门窗尺寸均相同的门窗洞。

09 利用布尔运算中的“差集”命令删除门窗洞长方体，生成门窗洞，执行“消隐”命令，效果如图7-47所示。

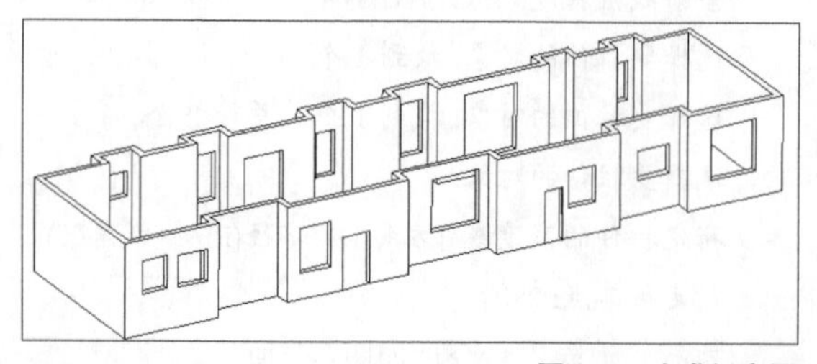

图7-47　生成门窗洞

10 利用“复制”命令绘制其他楼层，如图7-48所示。

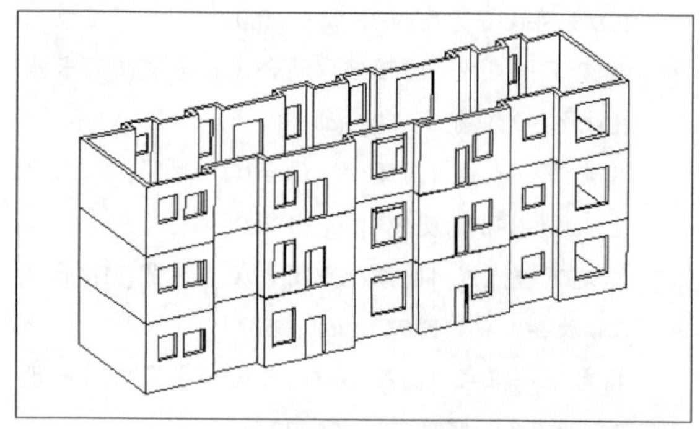

图7-48　复制出其他楼层

11 单击“绘图”工具栏中的按钮，绘制屋顶，然后利用“拉伸”命令拉伸一定的高度。命令行提示如下。

命令: _extrude

当前线框密度: ISOLINES=4

选择要拉伸的对象: 找到 1 个

选择要拉伸的对象:

指定拉伸的高度或 [方向(D)/路径(P)/倾斜角(T)] <652.4406>: 80

结果如图7-49所示。

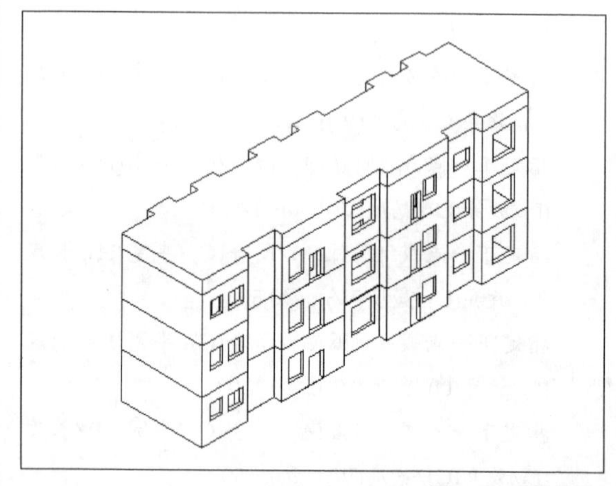

图7-49　绘制屋顶

7.7.4　绘制走廊

1. 知识要点

综合运用“长方体”、“圆柱体”、“多段线”和“拉伸”命令来绘制长廊。

2. 操作要点

利用“长方体”命令来绘制走廊地基，然后用“圆柱体”命令绘制走廊上的支柱，最后利用“多段线”及“拉伸”命令将其拉伸一定宽度。

操作步骤

绘制如图7-50所示的走廊。

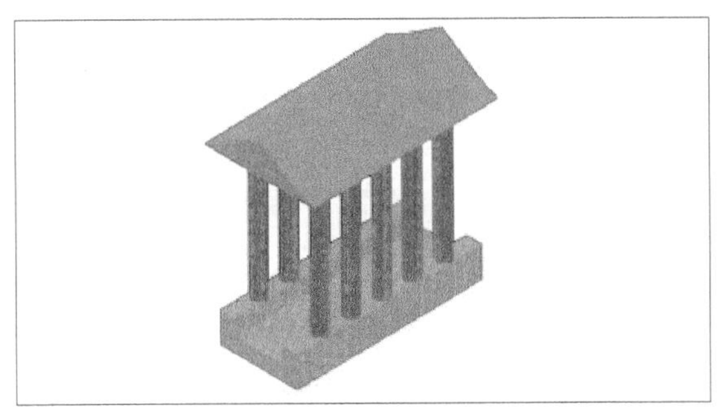

图7-50　走廊

01 在“文件”菜单中选择“新建”命令，创建一个新的文件。

02 选择“视图”→“三维视图”→“西南等轴测”菜单命令。

03 单击“建模”工具栏中的按钮，绘制长方体，如图7-51所示。

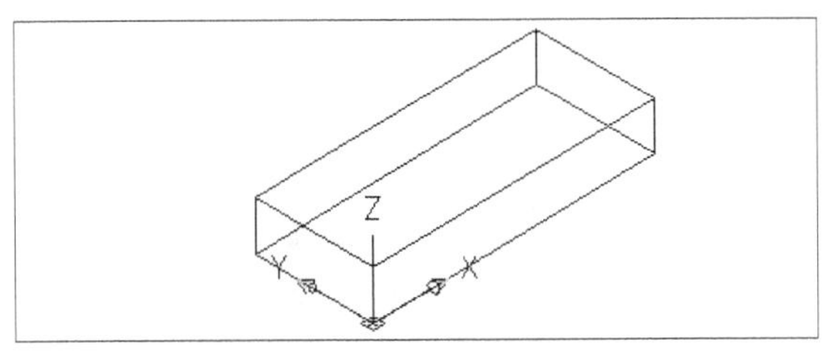

图7-51　绘制长方体

命令行提示如下。

命令: _box

指定第一个角点或 [中心(C)]: 0,0,0

指定其他角点或 [立方体(C)/长度(L)]: @480,200,0

指定高度或 [两点(2P)]: 80

04 以（0，40，40）为起始点，绘制一480×120×40的长方体，命令行提示如下。

命令: _box

指定第一个角点或 [中心(C)]: 0,40,40

指定其他角点或 [立方体(C)/长度(L)]: l

指定长度 <480.0000>: <正交 开> 480

指定宽度 <157.5011>: 120

指定高度或 [两点(2P)] <27.7180>:40

05 利用布尔运算中的“差集”命令减去第二个长方体。结果如图7-52所示。

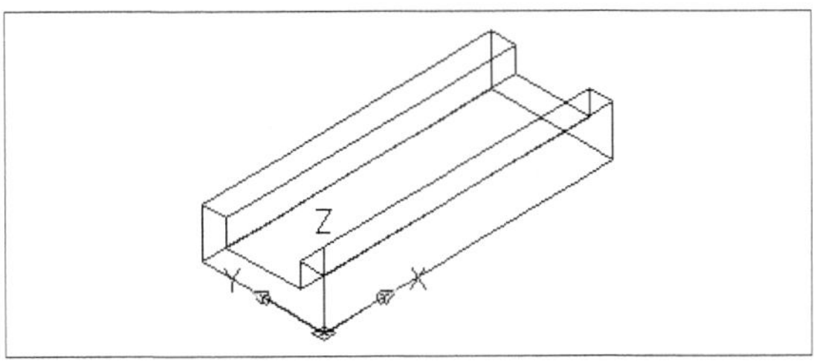

图7-52　减去中间部分

06 单击“建模”工具栏中的按钮，绘制支柱，如图7-53所示。

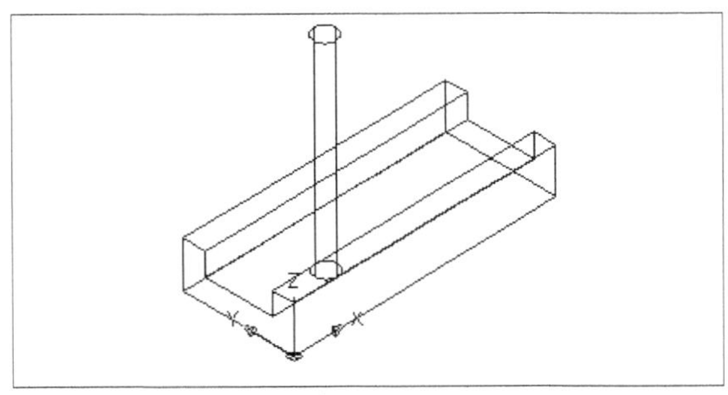

图7-53　绘制支柱

命令行提示如下。

命令: _cylinder

指定底面的中心点或 [三点(3P)/两点(2P)/相切、相切、半径(T)/椭圆(E)]: 80,20,80

指定底面半径或 [直径(D)] <20.0000>: 20

指定高度或 [两点(2P)/轴端点(A)] <360.0000>: 360

07 单击“修改”工具栏中的按钮，设置阵列参数，得到如图7-54所示效果。

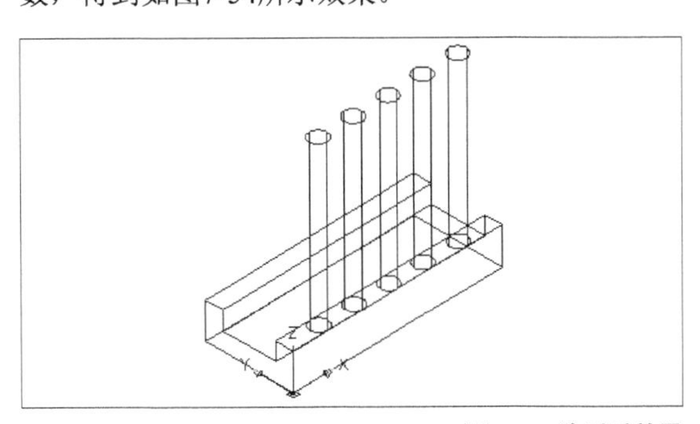

图7-54　阵列后效果

08 单击“修改”工具栏中的按钮，镜像出另一侧的走廊支柱，如图7-55所示。

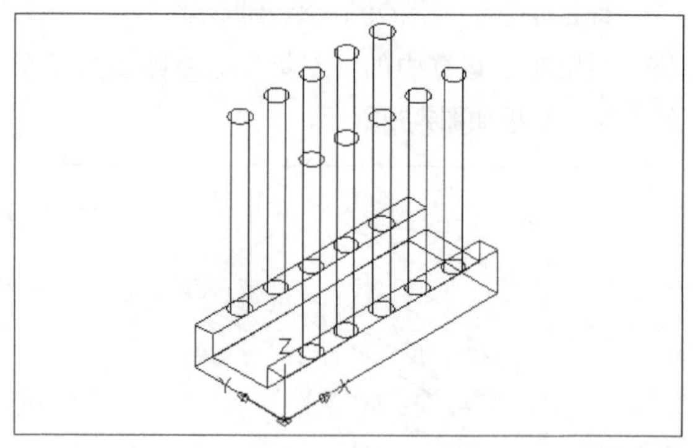

图7-55 镜像后效果

命令行提示如下。

命令: _mirror //调用“镜像”命令

选择对象: 找到 1 个 //选择圆柱体

选择对象: 找到 1 个，总计 2 个

选择对象: 找到 1 个，总计 3 个

选择对象: 找到 1 个，总计 4 个

选择对象: 找到 1 个，总计 5 个

选择对象: //回车

指定镜像线的第一点: 指定镜像线的第二点:

//指定长方体中线为镜像线

要删除源对象吗? [是(Y)/否(N)] <N>:

//回车

09 选择“左视”命令，绘制如图7-56所示的多段线。

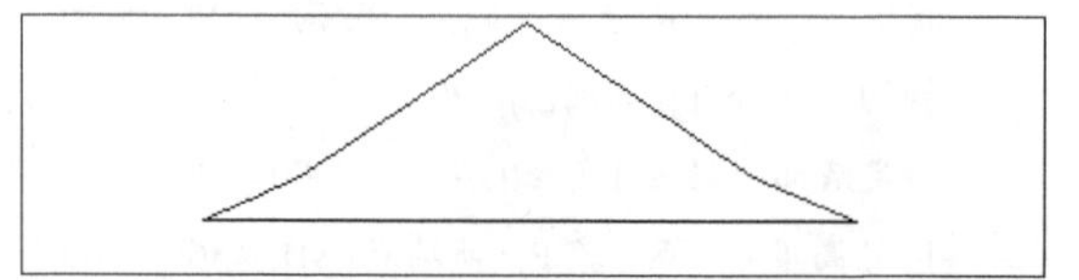

图7-56 多段线

10 返回“西南等轴测”视图，单击按钮，将多段线拉伸一定长度，如图7-57所示。

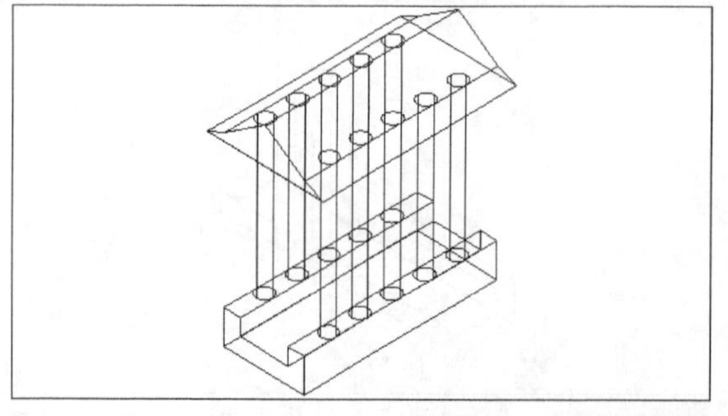

图7-57 绘制走廊顶部

命令行提示如下。

命令: _extrude

当前线框密度: ISOLINES=4

选择要拉伸的对象: 找到 1 个

选择要拉伸的对象:

指定拉伸的高度或 [方向(D)/路径(P)/倾斜角(T)] <-480.0000>: 480

11 单击“实体编辑”工具栏中的按钮，对走廊表面进行着色，选择颜色如图7-58所示。

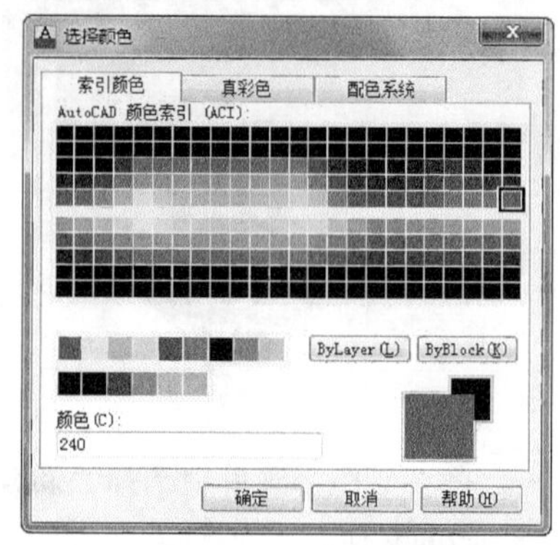

图7-58 “选择颜色”对话框

12 对各个面进行着色后，选择“视图”→“视觉样式”→“概念”菜单命令，效果如图7-59所示。

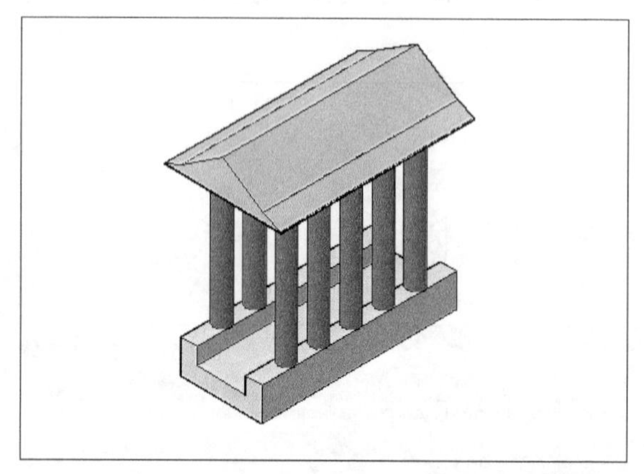

图7-59 着色后效果

7.8 小结

本章主要讲解了AutoCAD中三维实体的操作，最后通过几个实例的绘制加深对三维命令的使用，通过本章的学习，读者应该熟练掌握常用命令的使用方法。

操作技巧

1. 在绘制三维模型时，拉伸命令怎么使用？

答：拉伸命令只能拉伸闭合的曲线，如矩形或圆绘制的曲线，以及多段线绘制的闭合的曲线均可以进行拉伸。

2. 如何将CAD的DWG格式的图转化为SOLIDWORKS的三维模型图?

答："打开"→"选择DWG→"在"DXF/DWG输入"对话框中选择"输入到零件"，如果要对选项进一步设置就点下一步，可以设定选择导入的图层、显示单位等；如果不设置，单击"完成"按钮，系统自动把DWG导入一张草图，把多余的图元删除，在导入DWG的时候，会自动跳出2D到3D工具条，框选对应的视图图元，比如框选前视图图元，然后按工具条上的前视按钮，SW自动把这个视图生成一张草图，其他视图一样的操作。但这时，所有视图放到了相应的位置，但没有对齐，先选择要调整的视图的一条边线，再按Ctrl键选择要对齐的目标视图的边线，按工具条上的对齐草图按钮，其他一样操作，对齐成功后就用这些草图做实体造型，做成想要的零件，实体造型时可以多次调用草图，同时可以通过草图区域选择，来作为造型的参考。当然，只有结构比较简单的模型才可以这样做，太过复杂的也很难甚至无法做出，这里只是省去了画草图的工作。

3. 什么是布尔运算?

答：布尔运算对于学过数学的用户都知道这个数学名词，在代数中集合是可以进行求交集、并集、差集运算的。在三维建模中，同样可以对实体进行布尔运算，对二个或二个以上的简单实体合并为一个复合实体。

并集运算用于可以合并两个或两个以上实体（或面域）的总体积，成为一个复合对象。差集运算可以从一组实体中删除与另一组实体的公共区域，即从第一个选择集中的对象减去第二个选择集中的对象，然后创建一个新的实体或面域。交集运算可以从两个或两个以上重叠实体的公共部分创建复合实体。

4. 怎样把多条线合并为多段线?

答：用pedit命令，此命令中有合并选项。

5. 什么是实体模型?

答：实体模型具有边和面，还有在其表面内由计算机确定的质量。实体模型的信息量最完整，不会产生歧义。实体模型创建方式最直接，因此实体模型应用最为广泛，另外还要注意区别面域、块与实体的区别。

6. 什么是渲染?

答：渲染是基于三维场景来创建二维图像的。它使用已设置的光源、已应用的材质和环境设置（例如背景和雾化），为场景的几何图形着色。

渲染器是一种通用渲染器，它可以生成真实准确的模拟光照效果，包括光线跟踪反射和折射以及全局照明。

一系列标准渲染预设、可重复使用的渲染参数均可以使用。某些预设适用于相对快速的预览渲染，而其他预设则适用于质量较高的渲染。

7.9　练习

一、选择题

1. 图形旋转是在（　　）平面内旋转三维图形。

A．*yx*　　B．*xz*

C．*xy*　　D．任意

2．"差集"命令是从一个三维实体或面域中减去一个或多个实体或面域，得到（　　）新的实体或面域。

A．一个　　B．二个

C．一个或多个　　D．多个

3. 分解实体的命令可以将实体分解成（　　）。

A．线段　　B．曲线

C．面域　　D．曲面

4．三维镜像创建相对于某一平面的镜像对象，原实体（　　）。

A．必须保留　　B. 必须删除

C．自动删除　　D. 可以保留也可以删除

5．（　　）命令可以对实体的棱边修圆角，从而在两个相邻面间产生一个圆滑过渡的曲面。

A．倒角　　B．倒圆角

C．分解　　D．修剪

二、填空题

1．将三维对象在三维空间里阵列，与二维空间不同的是（　　）。

2．（　　）命令通过选择一个或多个实体面，指定一个高度和倾斜角或指定一条拉伸路径，来得到一个新的实体。

3．通过“删除面”命令可以删除三维实体的某些（　　）。

4．（　　）命令将体积不连续的完整实体分成相互独立的三维实体。

5．三维实体的（　　）功能实际上就是将三维实体的倒角切去，使之变成斜角。

三、上机操作题

1. 沙发是建筑室内设计和工业设计中很重要的一种家具，同样也是家庭中常用的家具之一，利用“长方体”、“矩形”、“圆角”、“拉伸面”、“材质”、“材质库”、“渲染”等命令进行如图7-60所示沙发模型的绘制。

2. 鞋架在建筑室内设计和工业设计中的设计空间非常开阔，虽然看起来很不起眼，但一个好的设计可以为居家室内增添很大的色彩，利用“多段线”、“矩形”、“正多边形”、“拉伸面”、“三维旋转”、“三维阵列”、“材质”、“渲染”等命令来进行如图7-61所示三维鞋架的绘制。

图7-60　沙发模型

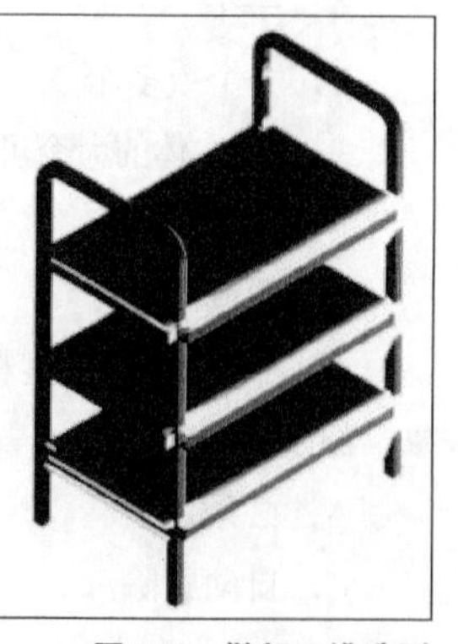

图7-61　鞋架三维造型

3. 书桌的样式多种多样，是人们办公和学习所必不可少的家具之一。通过利用“长方体”、“圆环”、“抽壳”、“复制”、“材质”、“渲染”等命令，绘制如图7-62所示书桌。

4. 床作为居家卧室供人们休息的家具，它的设计在建筑室内设计和工业设计中同样是占有重要位置的，通过利用“矩形”、“圆弧”、“长方体”、“偏移”、“修剪”、“三维旋转”、“材质”、“渲染”等命令，绘制一种简单的如图7-63所示的单人床。

图7-62　三维书桌

图7-63　单人床

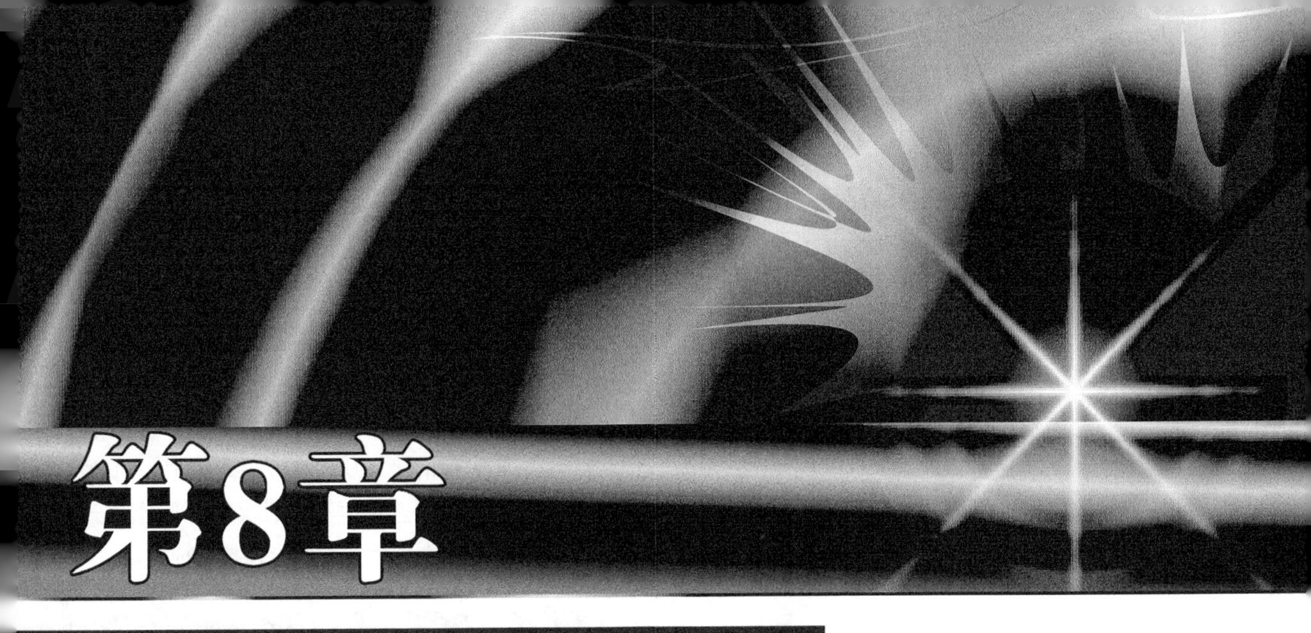

第8章 建筑总平面图的绘制

建筑总平面图是建筑施工图的一部分，它是在建筑区域上空向地面投影所形成的水平投影图。本章将完整地绘制一幅建筑图，体会绘制一幅建筑图的过程、步骤和方法。通过本章的学习，应熟练掌握建筑总平面图的基本绘制与要求。

课堂学习目标

建筑总平面图的概述
建筑总平面图的绘制过程
建筑总平面图的图例表示

8.1 概述、内容和绘制要求

建筑总平面图又称为总平面图，表明建筑地域内的自然环境和规划设计状况，表示一项建筑工程的整体布局。总平面图是正投影在水平投影面上产生的图像，它指人们从上面俯瞰建筑物或景象所获得的视图。建筑总平面图用以描述地面上的建筑物或建筑群在周围环境中的位置和方向。在绘制建筑总平面图之前，首先介绍一下建筑总平面图的相关知识。

8.1.1 建筑总平面图的概述

建筑总平面图是利用水平投影法和相应的图例将建筑物四周一定范围的建筑物和周边的地形状况表现出来的图纸。总平面图给出了新建筑物的位置、朝向、占地范围、相互间距、室外场地和道路布置、绿化配置，场地的形状、大小、朝向、地形。地貌、标高以及原有建筑物和周围环境之间的关系的情况等信息。

总平面图中表示建筑物等的符号，均采用国家标准《建筑制图标准》中规定的图例来表示。对于《建筑制图标准》中没有或平时少用的图例，则在图中另加图例表示。

- 对于地势有起伏的地方，在总平面图中应画上表示地形的等高线。
- 对于较大范围的地区，则加上坐标方格网来表示建筑物等的位置。
- 在地形有起伏的基地上布置建筑物和道路时，应注意结合地形，以减少土石方工程。

8.1.2 建筑总平面图的绘制内容

建筑总平面图主要包括以下部分。

- 图名和比例。
- 建筑地域的环境状况包括地理环境、用地范围地形、原有建筑物、构筑物、道路和管网等。
- 新建区域的布置情况包括原有建筑物、道路和绿化等的布置、建筑物的层数、新建建筑物的位置。
- 新建建筑物的相关尺寸包括首层室内地面、室外整平地面和道路的绝对标高及新建建筑物的距离尺寸。
- 新建建筑物的朝向和风向，即标明指北针和当地的风玫瑰。风玫瑰是根据当地的风向资料将全年中不同的吹风频率用同一比例绘制在十六方位线上连接而成的。

8.1.3 建筑总平面图的绘制要求

建筑立面图的绘制要求具体如下。

- 比例：总平面图常用的比例有1:500，1:1000，1:2000等。
- 图例：总平面图中图例表示基地范围内的总体布置，包括各新建建筑物以及构筑物的位置，道路、广场、室外场地和绿化等的布置情况以及建筑物的层数等。此外，对于《建筑工程制图标准》中没有而自制的图例，必须在总平面图中绘制清楚，并注明其名称。
- 图线：新建房屋的可见轮廓用粗实线绘制。新建的道路、桥梁涵洞、围墙等用中实线绘制。计划扩建的建筑物用虚线绘制，原有的建筑物、道路以及坐标网、尺寸线、引用线等用细实线绘制。
- 层数：建筑物的层数用小圆点标注在建筑物的轮廓线内，若建筑物建筑层数为6层，则在建筑物的轮廓线的右上角标注6个小圆点即可，也可以用文字的形式表明在建筑物的轮廓线内。
- 标高：注明新建房屋底层室内地面和室外整平地坪的绝对标高，在地势平坦的地区，有时也可只在施工说明中注写。
- 尺寸标注：总平面图中的距离、标高以及坐标尺寸宜以米为单位。

8.1.4　建筑总平面图的绘制步骤

绘制建筑总平面图的一般步骤如下。

01 设置绘图环境。

02 绘制道路。

03 绘制各种建筑物。

04 绘制建筑物周边局部和绿化的细节。

05 标注必要的尺寸。

06 完成必要的文字说明。

07 添加图框和标题。

下面将通过绘制一个建筑总平面图的实例来对绘制过程进行详细的介绍。图8-1所示为某住宅的建筑总平面图。

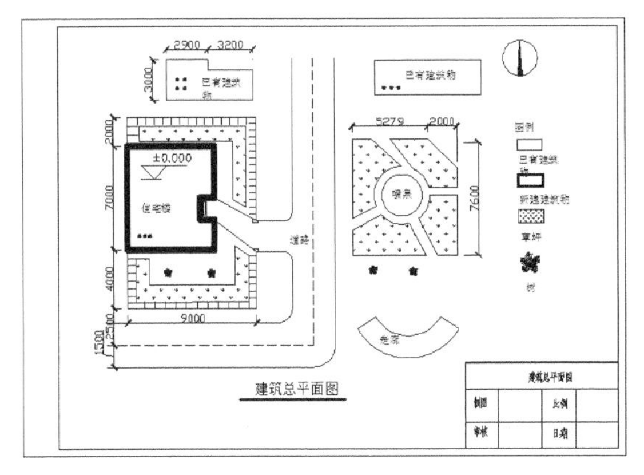

图8-1　某住宅的建筑总平面图

8.2　绘制过程

通过前面的学习，已经知道了绘制建筑总平面图的方法和步骤，下面进行建筑总平面图的绘制。

8.2.1　设置绘图环境

绘制之前首先要设置好绘图环境，设置绘图环境主要包括：设置图形界限，设置绘图单位，设置图层，设置文字样式及设置标注样式等，下面分别进行介绍。建立绘图环境的具体步骤如下。

1. 新建图形文件

运行AutoCAD 2013的运行程序，选择“文件”→“新建”菜单命令，或单击“标准”工具栏中的按钮□，弹出“选择样板”对话框，如图8-2所示。采用系统默认值，单击“打开”按钮即可新建一个图形文件。

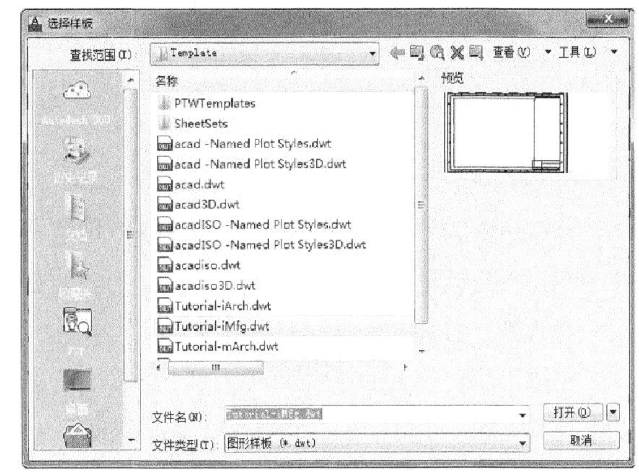

图8-2　“选择样板”对话框

2. 设置单位

在绘制建筑总平面图时，一般采用米为基本单位，精度选用“0”。

选择“格式”→“单位”菜单命令，在弹出的图形“单位”对话框中将“长度”项的“精度”下拉列表中选择“0”，其他设置保持系统默认参数不变即可，如图8-3所示。

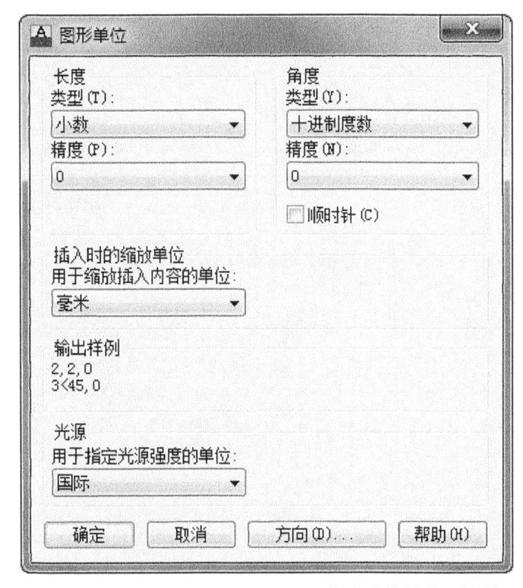

图8-3　“图形单位”对话框

3. 设置图形界限

选择“格式”→“图形界限”菜单命令，或在命令行中输入limits命令。

命令行提示如下。

命令: limits

重新设置模型空间界限:

指定左下角点或 [开(ON)/关(OFF)] <0.0000,0.0000>: //按回车键采用默认值

指定右上角点 <420.0000,298.0000>: 42000,29700

4. 设置图层

单击“图层”工具栏上的按钮，弹出“图层特性管理器”对话框，单击“新建”按钮，为轴线创建一个图层，然后设置图层名称为“标注”，即可完成“标注”图层的设置。采用同样方法依次创建“道路”、“辅助线”、“绿化”、“围墙”、“已有建筑物”、“新建建筑物”及“其他”等图层，如图8-4所示。

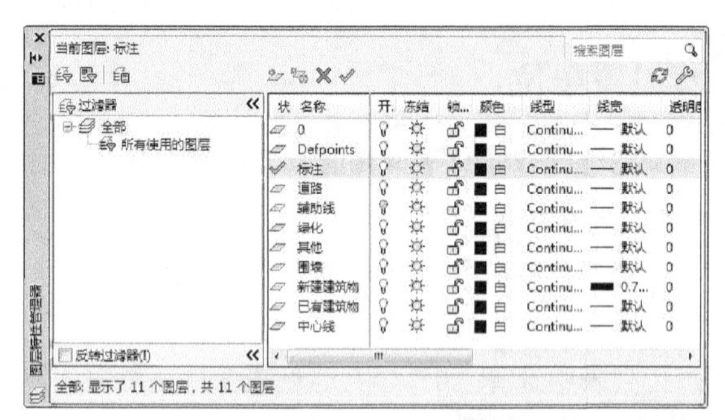

图8-4 “图层特性管理器”对话框

5. 设置文字样式

选择“格式”→“文字样式”菜单命令，弹出“文字样式”对话框，新建一个“文字”文字样式，“字体”中选择“仿宋”，其他均采用默认值，如图8-5所示。

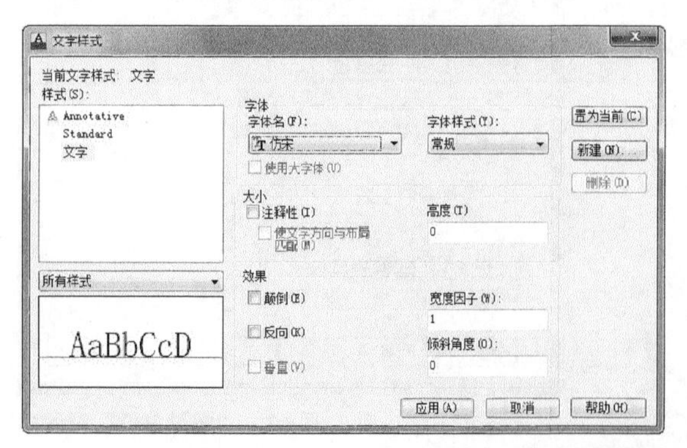

图8-5 设置文字样式

6. 设置标注样式

选择“格式”→“标注样式”菜单命令，弹出“标注样式”对话框，新建一个“标注”文字样式，在“线”选项卡中设置“起点偏移量”设为“5”；在“符号和箭头”选项卡中设置“箭头”为“建筑标记”；“调整”选项卡中的“使用全局比例”设为“100”，“主单位”选项卡“线性标注”的精度设为“0”；其他设置保持系统默认参数不变即可，如图8-6所示。

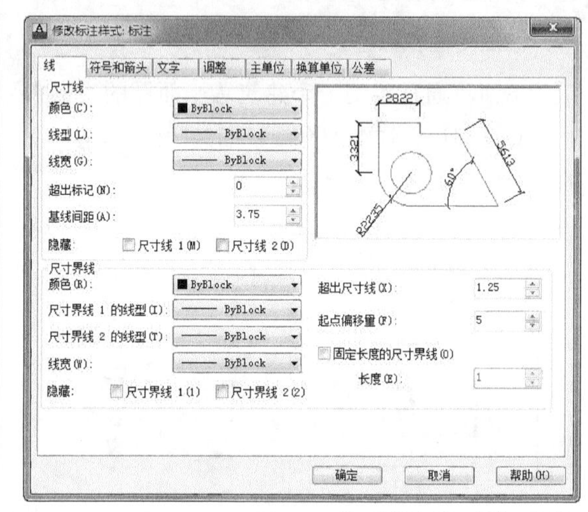

图8-6 “标注样式管理器”对话框

技巧与提示

在绘图过程中根据实际需要，仍然可以对图形单位、界限、图层等进行重新设置。

8.2.2 绘制辅助线

辅助线用来在绘图时准确定位，其绘制步骤如下。

01 选择“绘图”→“缩放”→“全部”菜单命令，将图形显示在绘图区。

02 将“辅助线”层设置为当前层。打开“正交”功能。

03 选择“格式”→“线型”菜单命令，在弹出的“线型管理器”中单击“加载”按钮加载线型DASHDOT，单击“确定”按钮后可以看到线型已经被加载进来，如图8-7所示。

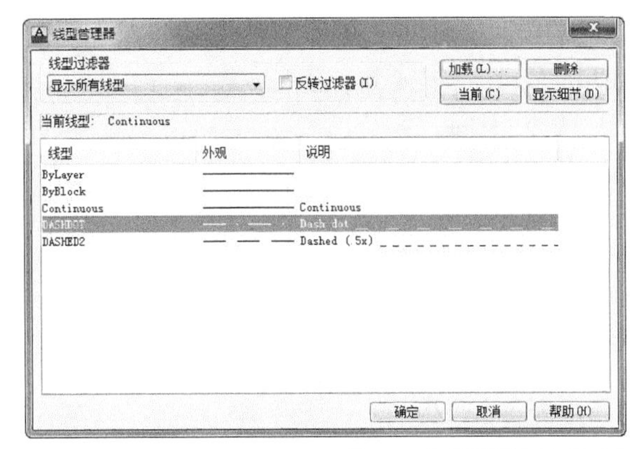

图8-7　加载线型DASHDOT

04 利用“直线”命令绘制水平和垂直辅助线。

05 利用“偏移”命令将水平辅助线依次向上偏移2500、4000、9000、4000个单位。

06 利用“偏移”命令将垂直辅助线依次向右偏移1500、9000、4000个单位。绘制好的辅助线如图8-8所示。

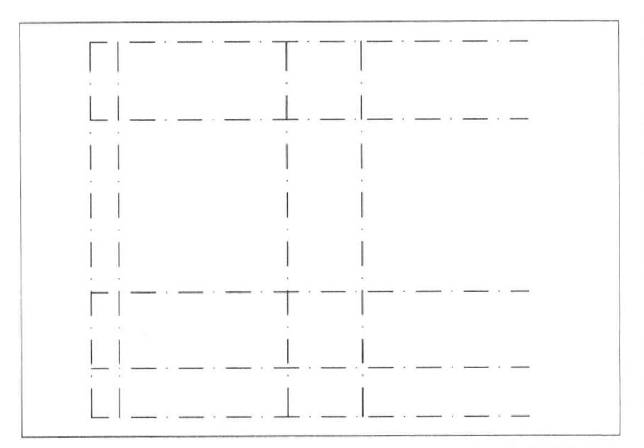

图8-8　绘制好的辅助线

命令行提示如下。

命令: _line 指定第一点:

//调用“直线”命令

指定下一点或 [放弃(U)]:

指定下一点或 [放弃(U)]:

命令: _offset　　　　//调用“偏移”命令

当前设置: 删除源=否

图层=源　OFFSETGAPTYPE=0

指定偏移距离或 [通过(T)/删除(E)/图层(L)] <1000>: 2500

选择要偏移的对象，或 [退出(E)/放弃(U)] <退出>:

//选择水平辅助线

指定要偏移的那一侧上的点，或 [退出(E)/多个(M)/放弃(U)] <退出>:　//指定向上偏移

选择要偏移的对象，或 [退出(E)/放弃(U)] <退出>:

命令: _offset

当前设置: 删除源=否

图层=源　OFFSETGAPTYPE=0

指定偏移距离或 [通过(T)/删除(E)/图层(L)] <2500>: 4000

选择要偏移的对象，或 [退出(E)/放弃(U)] <退出>:

//选择上一条直线

指定要偏移的那一侧上的点，或 [退出(E)/多个(M)/放弃(U)] <退出>:　//指定向上偏移

选择要偏移的对象，或 [退出(E)/放弃(U)] <退出>:

命令: _offset

当前设置: 删除源=否

图层=源　OFFSETGAPTYPE=0

指定偏移距离或 [通过(T)/删除(E)/图层(L)] <4000>: 9000

选择要偏移的对象，或 [退出(E)/放弃(U)] <退出>:

指定要偏移的那一侧上的点，或 [退出(E)/多个(M)/放弃(U)] <退出>:

选择要偏移的对象，或 [退出(E)/放弃(U)] <退出>:

命令: _offset

当前设置: 删除源=否

图层=源　OFFSETGAPTYPE=0

指定偏移距离或 [通过(T)/删除(E)/图层(L)] <9000>: 4000

选择要偏移的对象，或 [退出(E)/放弃(U)] <退出>:

指定要偏移的那一侧上的点，或 [退出(E)/多个(M)/放弃(U)] <退出>:

选择要偏移的对象，或 [退出(E)/放弃(U)] <退出>:

命令: _line 指定第一点:

//调用“直线”命令，绘制垂直辅助线

指定下一点或 [放弃(U)]:

指定下一点或 [放弃(U)]:

命令: _offset

//调用“偏移”命令向右偏移垂直辅助线

当前设置: 删除源=否

图层=源　OFFSETGAPTYPE=0

指定偏移距离或 [通过(T)/删除(E)/图层(L)] <4000>: 1500

选择要偏移的对象，或 [退出(E)/放弃(U)] <退出>:

指定要偏移的那一侧上的点，或 [退出(E)/多个(M)/放弃(U)] <退出>:

选择要偏移的对象，或 [退出(E)/放弃(U)] <退出>:

命令: _offset

当前设置: 删除源=否

图层=源 OFFSETGAPTYPE=0

指定偏移距离或 [通过(T)/删除(E)/图层(L)] <1500>: 9000

选择要偏移的对象，或 [退出(E)/放弃(U)] <退出>:

指定要偏移的那一侧上的点，或 [退出(E)/多个(M)/放弃(U)] <退出>:

选择要偏移的对象，或 [退出(E)/放弃(U)] <退出>:

命令: _offset

当前设置: 删除源=否

图层=源 OFFSETGAPTYPE=0

指定偏移距离或 [通过(T)/删除(E)/图层(L)] <9000>: 4000

选择要偏移的对象，或 [退出(E)/放弃(U)] <退出>:

指定要偏移的那一侧上的点，或 [退出(E)/多个(M)/放弃(U)] <退出>:

选择要偏移的对象，或 [退出(E)/放弃(U)] <退出>:

8.2.3 绘制道路

建筑总平面图的道路绘制步骤如下。

01 将“道路”层设置为当前层。打开“对象捕捉”功能。

02 选择“格式”→“线型”菜单命令，打开“线型管理器”对话框，在该对话框中加载线型DASHED2，如图8-9所示。

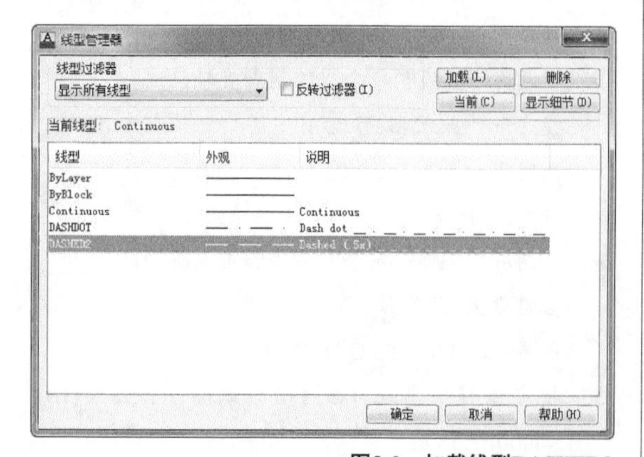

图8-9 加载线型DASHED2

03 单击“确定”按钮后，利用“多段线”命令使用此线型绘制中心线。命令行提示如下。

命令: _pline

//调用“多段线”命令

指定起点:

//捕捉辅线的端点，指定为起点

当前线宽为 0

指定下一个点或 [圆弧(A)/半宽(H)/长度(L)/放弃(U)/宽度(W)]:

指定下一点或 [圆弧(A)/闭合(C)/半宽(H)/长度(L)/放弃(U)/宽度(W)]:

指定下一点或 [圆弧(A)/闭合(C)/半宽(H)/长度(L)/放弃(U)/宽度(W)]:

04 单击“修改”工具栏中的按钮，偏移出道路线，并将道路线型改为Coutinuous，如图8-10所示。

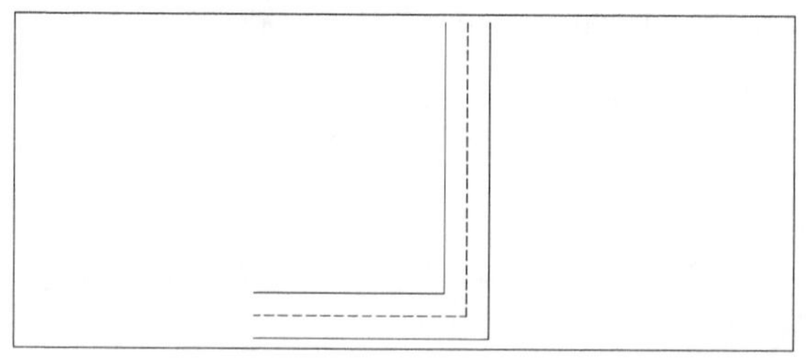

图8-10 偏移出道路线

命令行提示如下。

命令: _offset //调用“偏移”命令

当前设置: 删除源=否

图层=源 OFFSETGAPTYPE=0

指定偏移距离或 [通过(T)/删除(E)/图层(L)] <4000>: 1500 //设置偏移距离

选择要偏移的对象，或 [退出(E)/放弃(U)] <退出>:

//选择中心线

指定要偏移的那一侧上的点，或 [退出(E)/多个(M)/放弃(U)] <退出>:

//单击中心线内侧，向内偏移

选择要偏移的对象，或 [退出(E)/放弃(U)] <退出>:

//选择中心线

指定要偏移的那一侧上的点，或 [退出(E)/多个(M)/放弃(U)] <退出>:

//单击中心线外侧，向外偏移

选择要偏移的对象，或 [退出(E)/放弃(U)] <退出>:

//回车

05 利用“分解”命令将多段线分解，并单击“修改”工具栏中的按钮，对道路线进行倒圆角，绘制出拐角处的弯道，如图8-11所示。

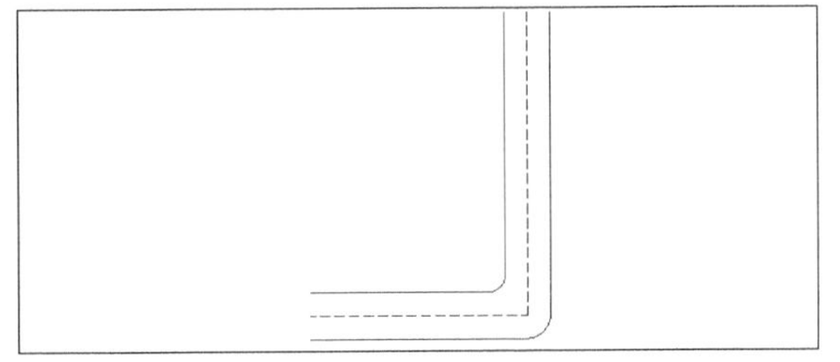

图8-11 圆角后的效果

命令行提示如下。

命令: _explode

选择对象: 找到 1 个

选择对象:

命令: _fillet

//调用“圆角”命令

当前设置: 模式 = 修剪，半径 = 0

选择第一个对象或 [放弃(U)/多段线(P)/半径(R)/修剪(T)/多个(M)]: r

//选择半径

指定圆角半径 <0>: 1000

//设置圆角半径为1000

选择第一个对象或 [放弃(U)/多段线(P)/半径(R)/修剪(T)/多个(M)]:

//选择第一条直线

选择第二个对象，或按住 Shift 键选择要应用角点的对象:

//选择第二条直线

命令: _explode

选择对象: 找到 1 个

命令: _fillet

当前设置: 模式 = 修剪，半径 = 1000

选择第一个对象或 [放弃(U)/多段线(P)/半径(R)/修剪(T)/多个(M)]: r

指定圆角半径 <1000>: 1500

//设置外部道路的圆角半径为1500

选择第一个对象或 [放弃(U)/多段线(P)/半径(R)/修剪(T)/多个(M)]:

选择第二个对象，或按住 Shift 键选择要应用角点的对象:

8.2.4 绘制新建筑物及围墙

1. 绘制新建建筑物

建筑总平面图的新建筑物绘制步骤如下。

01 将“新建建筑物”层设置为当前层。

02 绘制“新建建筑物”外墙。单击“绘图”工具栏中的按钮，命令行提示如下。

命令: _rectang //调用“矩形”命令

指定第一个角点或 [倒角(C)/标高(E)/圆角(F)/厚度(T)/宽度(W)]: //捕捉辅助线中的角点

指定另一个角点或 [面积(A)/尺寸(D)/旋转(R)]: //捕捉另一个角点，如图8-12所示。

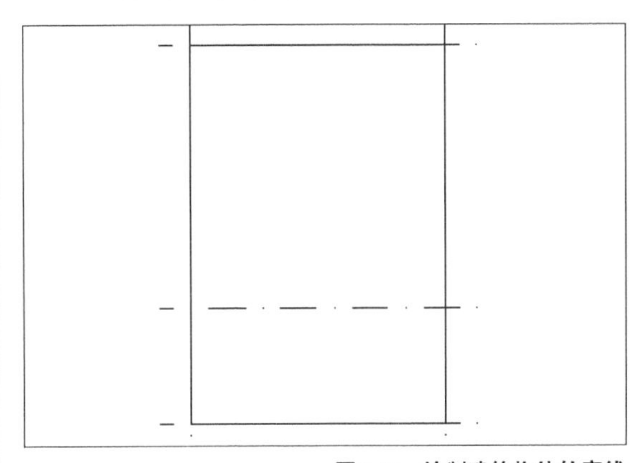

图8-12 绘制建筑物外轮廓线

03 单击“修改”工具栏中的按钮，将矩形分解，4个边依次向内偏移4 000、3 000、2 000个单位。命令行提示如下。

命令: _explode

选择对象: 找到 1 个

选择对象:

命令: _offset

当前设置: 删除源=否

图层=源 OFFSETGAPTYPE=0

指定偏移距离或 [通过(T)/删除(E)/图层(L)] <1500>: 4000

选择要偏移的对象，或 [退出(E)/放弃(U)] <退出>:

指定要偏移的那一侧上的点，或 [退出(E)/多个(M)/放弃(U)] <退出>:

选择要偏移的对象，或 [退出(E)/放弃(U)] <退出>:

命令: _offset

当前设置: 删除源=否

图层=源 OFFSETGAPTYPE=0

指定偏移距离或 [通过(T)/删除(E)/图层(L)] <4000>: 3000

选择要偏移的对象，或 [退出(E)/放弃(U)] <退出>:

指定要偏移的那一侧上的点，或 [退出(E)/多个(M)/放弃(U)] <退出>:

选择要偏移的对象，或 [退出(E)/放弃(U)] <退出>:

命令: _offset

当前设置: 删除源=否

图层=源 OFFSETGAPTYPE=0

指定偏移距离或 [通过(T)/删除(E)/图层(L)] <3000>: 2000

选择要偏移的对象，或 [退出(E)/放弃(U)] <退出>:

指定要偏移的那一侧上的点，或 [退出(E)/多个(M)/放弃(U)] <退出>:

选择要偏移的对象，或 [退出(E)/放弃(U)] <退出>:

命令: _trim

当前设置:投影=无，边=无

选择剪切边...

选择对象或 <全部选择>: 找到 1 个

选择对象: 找到 1 个，总计 2 个

选择对象: 找到 1 个，总计 3 个

选择对象:

选择要修剪的对象，或按住 Shift 键选择要延伸的对象，或

[栏选(F)/窗交(C)/投影(P)/边(E)/删除(R)/放弃(U)]:

……

04 利用“直线”命令绘制建筑物的门，并对其进行修剪，选择其线宽为0.7mm，最后得到如图8-13所示图形。

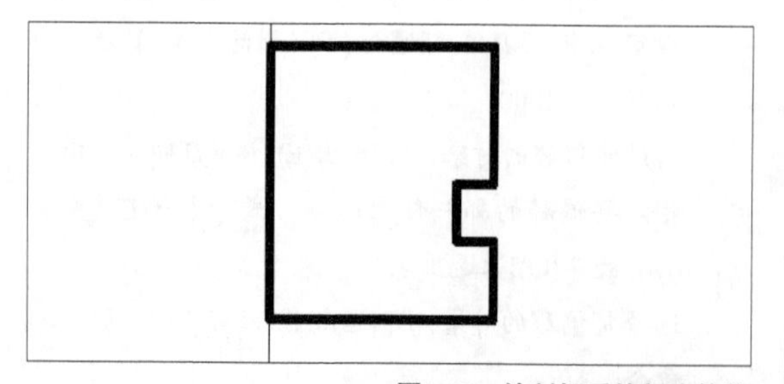

图8-13 绘制好后的新建筑物

2. 绘制围墙

绘制围墙的步骤如下。

01 将“围墙”层设置为当前层。线型为默认。

02 在上小节绘制的外墙轮廓内侧绘制较短的直线段，可利用“阵列”命令来辅助完成。

03 新建筑物的出口处，围墙要折断，新建筑物的出路和道路相连通。

绘制好后的围墙如图8-14所示。

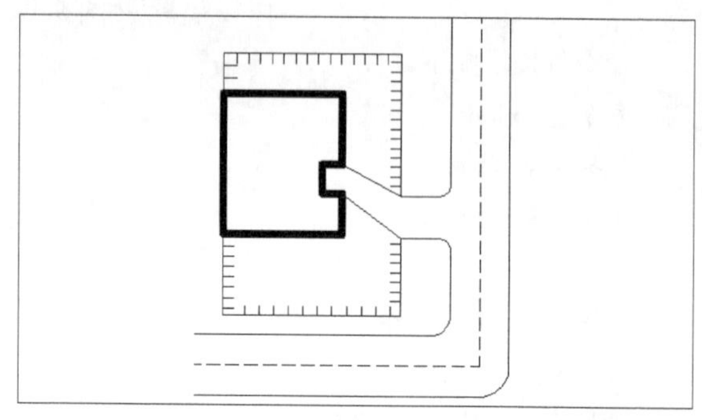

图8-14 绘制好后的围墙

3. 绘制建筑物的边角

除了主体建筑物外，还有一些附属于建筑物的部分如台阶、大门。下面分别绘制这些附属物。

操作步骤

01 选择“工具”→“新建USB”→“原点”菜单命令，新建坐标系。命令行提示如下。

命令: _ucs

当前 UCS 名称: *世界*

指定 UCS 的原点或 [面(F)/命名(NA)/对象(OB)/上一个(P)/视图(V)/世界(W)/X/Y/Z/Z 轴(ZA)] <世界>: _o

指定新原点 <0,0,0>:

//指定新的原点

02 单击“绘图”工具栏中的按钮，绘制台阶。命令行提示如下。

命令: _pline //调用“多线”命令

指定起点: 0,-300

当前线宽为 0

指定下一个点或 [圆弧(A)/半宽(H)/长度(L)/放弃(U)/宽度(W)]: <正交 开> @300,0

指定下一点或 [圆弧(A)/闭合(C)/半宽(H)/长度(L)/放弃(U)/宽度(W)]: @0,-800

指定下一点或 [圆弧(A)/闭合(C)/半宽(H)/长度(L)/放弃(U)/宽度(W)]:

指定下一点或 [圆弧(A)/闭合(C)/半宽(H)/长度(L)/放弃(U)/宽度(W)]:

03 利用“偏移”命令，绘制出其他台阶，效果如图8-15所示。

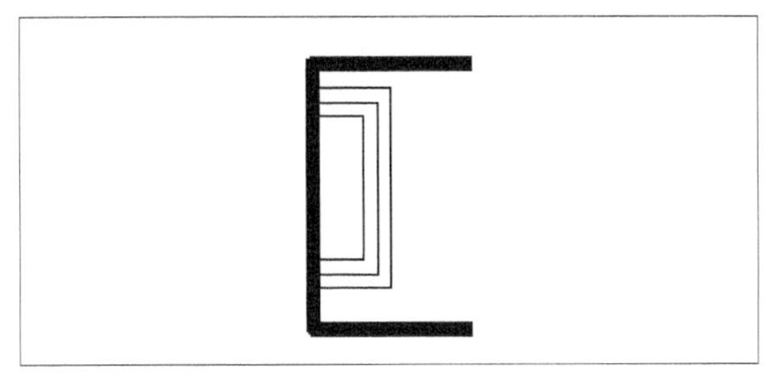

图8-15　绘制台阶

命令行提示如下。

命令: _offset

当前设置: 删除源=否

图层=源　OFFSETGAPTYPE=0

指定偏移距离或 [通过(T)/删除(E)/图层(L)] <通过>: 80

选择要偏移的对象，或 [退出(E)/放弃(U)] <退出>:

指定要偏移的那一侧上的点，或 [退出(E)/多个(M)/放弃(U)] <退出>:

选择要偏移的对象，或 [退出(E)/放弃(U)] <退出>:

指定要偏移的那一侧上的点，或 [退出(E)/多个(M)/放弃(U)] <退出>:

选择要偏移的对象，或 [退出(E)/放弃(U)] <退出>:

04 利用“直线”命令绘制大门，绘制时注意利用“对象捕捉功能”使两大门宽度相同。命令行提示如下。

命令: _line 指定第一点:

指定下一点或 [放弃(U)]:

指定下一点或 [放弃(U)]:

指定下一点或 [闭合(C)/放弃(U)]:

指定下一点或 [闭合(C)/放弃(U)]:

指定下一点或 [闭合(C)/放弃(U)]:

命令: _line 指定第一点:

指定下一点或 [放弃(U)]:

指定下一点或 [放弃(U)]:

指定下一点或 [闭合(C)/放弃(U)]:

指定下一点或 [闭合(C)/放弃(U)]:

绘制完后的建筑物的边角如图8-16所示。

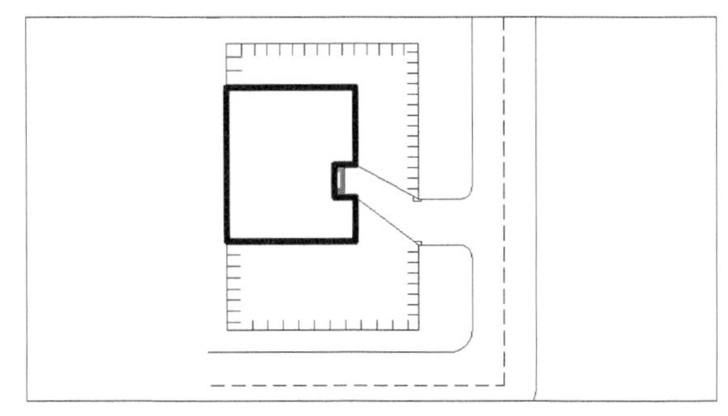

图8-16　绘制好的建筑物边角

8.2.5　绘制绿化草坪和树木

草坪事建筑总平面图的一个重要组成部分。对于草坪的绘制，采用CAD中自带的图案填充方式来实现，下面介绍草坪的绘制方法。

操作步骤

01 将“绿化”层设置为当前层，并打开“对象捕捉”，将线型采用默认，即采用细实线来绘制。

02 利用“直线”命令绘制草坪的轮廓线，在图上适当的位置绘制一系列直线，围成一系列矩形，也可用矩形命令，然后再将矩形分解。用户可以采用对象捕捉或者输入相对坐标的方式来完成绘制，绘制好的轮廓线如图8-17所示。

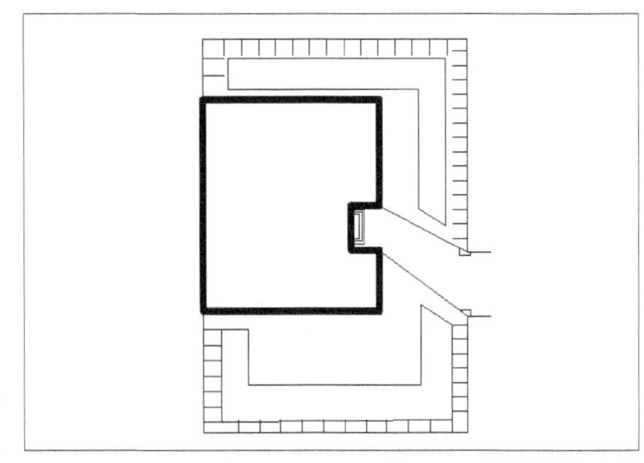

图8-17　绘制草坪轮廓线

命令行提示如下。

命令: _line 指定第一点:

指定下一点或 [放弃(U)]:

指定下一点或 [放弃(U)]:

指定下一点或 [闭合(C)/放弃(U)]:

指定下一点或 [闭合(C)/放弃(U)]: <正交 关>

指定下一点或 [闭合(C)/放弃(U)]:

指定下一点或 [闭合(C)/放弃(U)]: <正交 开>

指定下一点或 [闭合(C)/放弃(U)]:

指定下一点或 [闭合(C)/放弃(U)]:

指定下一点或 [闭合(C)/放弃(U)]:

命令: _line 指定第一点:

指定下一点或 [放弃(U)]:

指定下一点或 [放弃(U)]:

指定下一点或 [闭合(C)/放弃(U)]:

指定下一点或 [闭合(C)/放弃(U)]: <正交 关>

指定下一点或 [闭合(C)/放弃(U)]: <正交 开>

指定下一点或 [闭合(C)/放弃(U)]:

指定下一点或 [闭合(C)/放弃(U)]:

指定下一点或 [闭合(C)/放弃(U)]:

03 选择“绘图”→“图案填充”菜单命令，弹出“边界图案填充”对话框，如图8-18所示，对草坪进行图案填充。

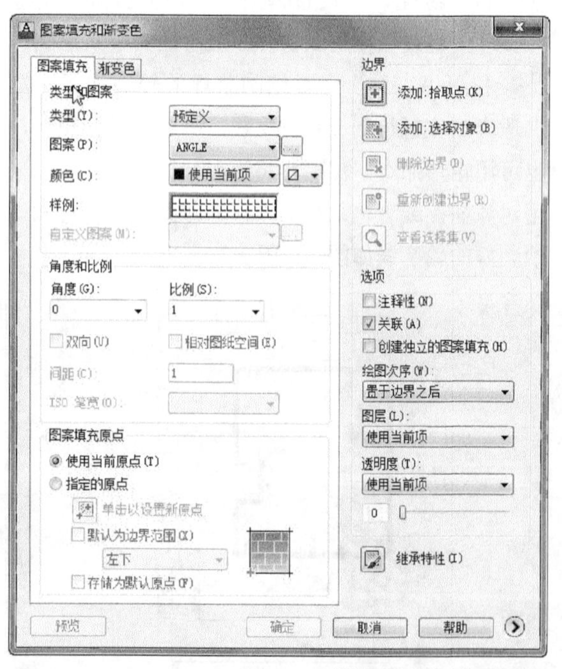

图8-18 “边界图案填充”对话框

04 单击“图案”后面的按钮...，打开“填充图案选项板”对话框，选择GRASS项，如图8-19所示。

05 单击“确定”按钮，设置“比例”为30，单击按钮，拾取要填充的内部点，如图8-20所示。

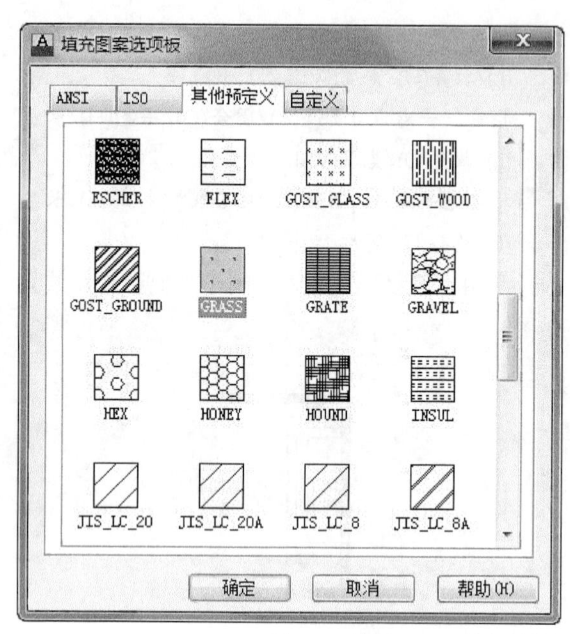

图8-19 选择GRASS项填充图案

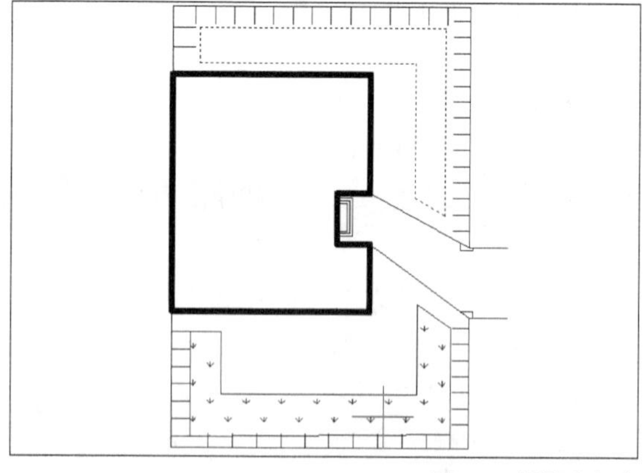

图8-20 拾取内部点

06 单击鼠标右键选择“确认”后，返回“边界图案填充”对话框，单击“确定”按钮，即可填充好图案，如图8-21所示。

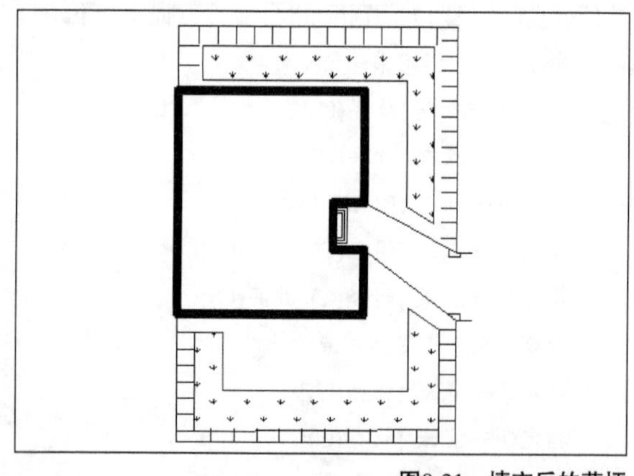

图8-21 填充后的草坪

还可以绘制出一些树木，树木的绘制过程如下。

01 选择“工具”→“选项板”→“工具选项板”菜单命令，打开“工具选项板”面板，打开“建筑”选项卡，如图8-22所示。

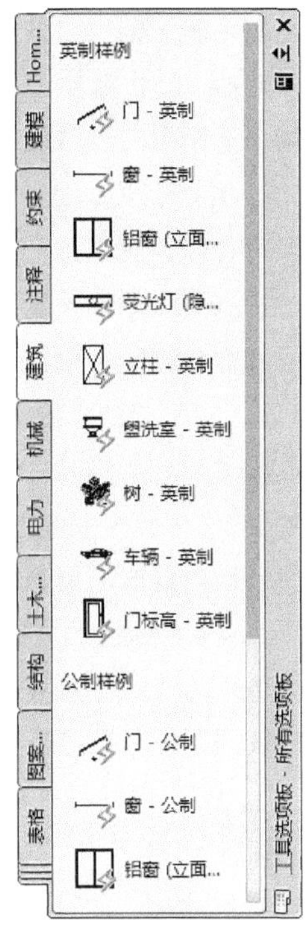

图8-22　“工具选项板”面板

02 单击树块，将其插入到总平面图合适的位置即可。采用同样方法绘制出绿化环境，如图8-23所示。

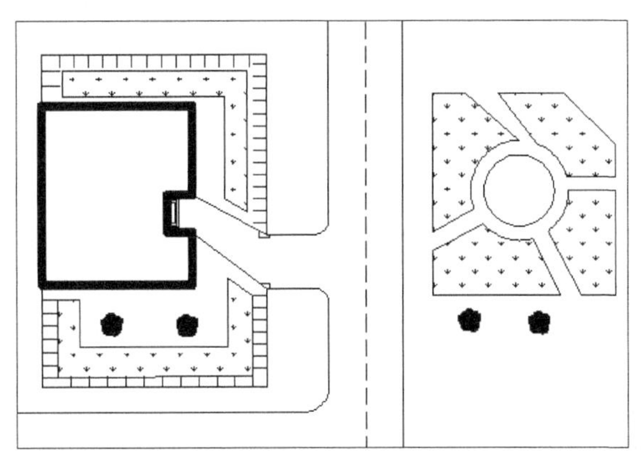

图8-23　绘制绿化环境

8.2.6　绘制已有建筑物

建筑总平面图的已有建筑物的绘制过程如下。

01 将“已有建筑物”层设置为当前层，线型为默认。

02 利用“直线”命令绘制已有建筑物，如图8-24所示。

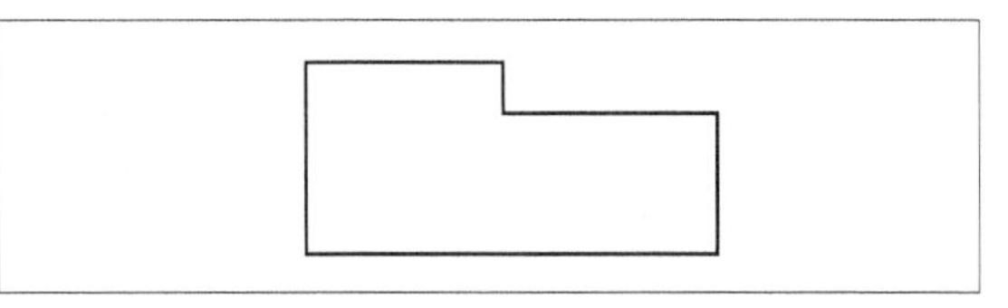

图8-24　已有建筑物

03 利用“圆弧”和“直线”命令绘制休息走廊，如图8-25所示。

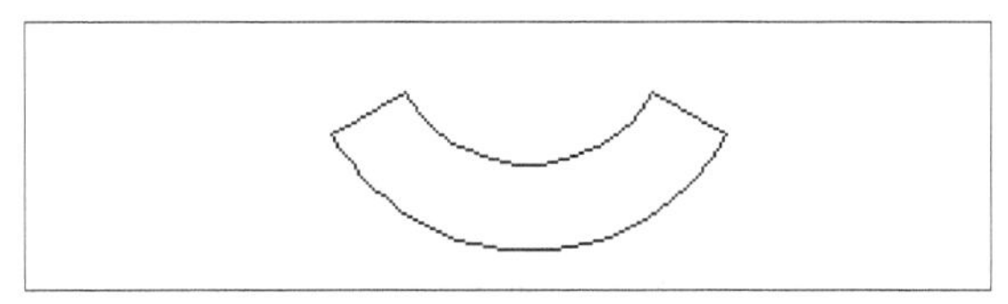

图8-25　绘制走廊

命令行提示如下。

命令: _arc 指定圆弧的起点或 [圆心(C)]:

//调用“圆弧”命令

指定圆弧的第二个点或 [圆心(C)/端点(E)]:

<正交 关> e

//选择“端点”

指定圆弧的端点: @4500,0

//输入相对坐标

指定圆弧的圆心或 [角度(A)/方向(D)/半径(R)]: r

//选择“半径”

指定圆弧的半径: 2000

命令: _offset

//调用“偏移”命令

当前设置: 删除源=否

图层=源　OFFSETGAPTYPE=0

指定偏移距离或 [通过(T)/删除(E)/图层(L)] <80>: 1500

选择要偏移的对象，或 [退出(E)/放弃(U)] <退出>:

指定要偏移的那一侧上的点，或 [退出(E)/多个(M)/放弃(U)] <退出>:

选择要偏移的对象，或 [退出(E)/放弃(U)] <退出>:

命令: _line 指定第一点:

指定下一点或 [放弃(U)]:

指定下一点或 [放弃(U)]:

命令: _line 指定第一点:

指定下一点或 [放弃(U)]:

指定下一点或 [放弃(U)]:

8.2.7 绘制指北针

在建筑总平面图中通常用指北针来表示建筑物的方向。本例就来绘制一个指北针。

操作步骤

01 将“其他”层设置为当前层，线型为默认。

02 利用“圆”命令绘制一个直径为2 400的圆。命令行提示如下。

命令: _circle 指定圆的圆心或 [三点(3P)/两点(2P)/相切、相切、半径(T)]: //指定圆心

指定圆的半径或 [直径(D)]: d //选择“直径”

指定圆的直径: 2400 //指定直径值

03 打开“对象捕捉”功能。利用“多段线”命令绘制指北针，一般指北针的尾部为圆直径的1/8。命令行提示如下。

命令: _pline //调用“多段线”命令

指定起点: //捕捉圆的象限点

当前线宽为300

指定下一个点或 [圆弧(A)/半宽(H)/长度(L)/放弃(U)/宽度(W)]: w //设置宽度

指定起点宽度 <300>: 0 //设置起点宽度

指定端点宽度 <0>: 300 //设置端点宽度

指定下一个点或 [圆弧(A)/半宽(H)/长度(L)/放弃(U)/宽度(W)]:

//捕捉圆的另外一个象限点

指定下一点或 [圆弧(A)/闭合(C)/半宽(H)/长度(L)/放弃(U)/宽度(W)]: //回车

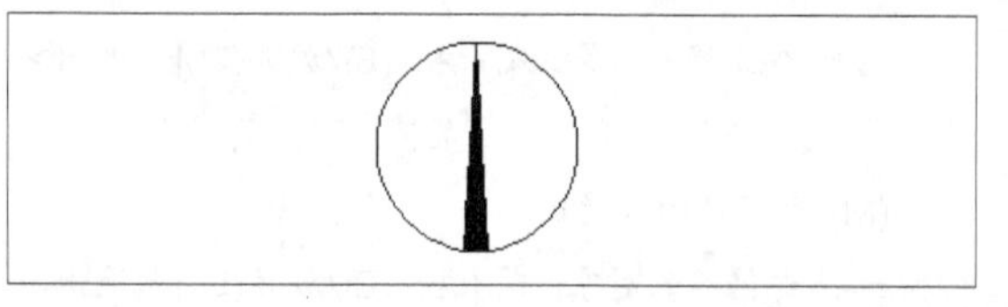

图8-26 指北针

04 单击“绘图”工具栏中的按钮，将指北针存储为块，在合适的位置插入即可。

8.2.8 添加尺寸标注、注释和图例

1. 尺寸标注

尺寸标注是建筑施工图的一个重要组成部分，是现场施工的主要依据，对于尺寸标注，绝对不能掉以轻心。尺寸标注是一个十分复杂的过程，在建筑物平面图中，尺寸标注的要求相对比较简单。

根据有关建筑制图的规范，在尺寸标注中必须符合以下规定。

（1）尺寸一般以毫米（mm）为单位，当使用其他单位时需要注明采用的尺寸单位。

（2） 施工图上标注的尺寸就是实际设计的建筑尺寸。

（3）尺寸标注要简洁明了，一个尺寸只能标注一次，最好不要重复。

（4）标注尺寸的汉字要遵循规范的要求，采用仿宋体，数字采用阿拉伯数字，有个别部分标注可以采用罗马数字。

（5）尺寸标注应该符合用户所喜爱设计单位的习惯。

尺寸标注的具体步骤如下。

01 将“标注”层设置为当前层，并打开“对象捕捉”，并将其设置为象限捕捉。

02 设置尺寸标注样式。建筑制图中常常用到不同的标注样式，一幅图内采用的标注样式也不止一样，因此在标注之前，应该设置标注样式。通过“标注样式管理器”对话框，可以进行新标注样式的创建，标注样式的参数修改等操作。

调用标注样式命令，可以选择“格式”→“标注样式”菜单命令或者单击工具栏中的标注样式按钮，系统弹出“标注样式管理器”对话框，如图8-27所示。

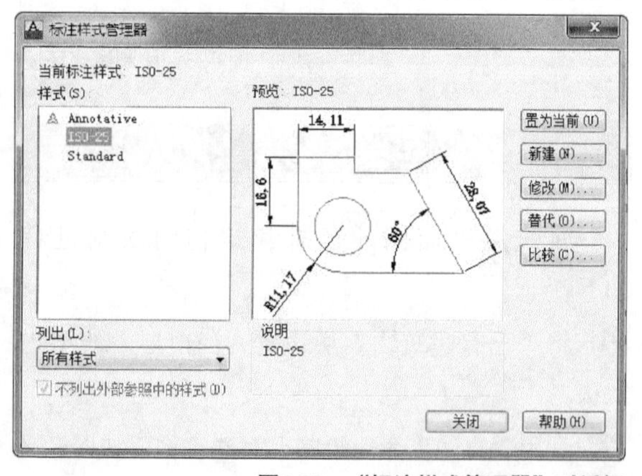

图8-27 “标注样式管理器”对话框

单击“修改”按钮，在打开“修改标注样式”对话框，如图8-28所示，用户可以在此修改包括标注样式的线条、箭头、文字、调整、换算单位等已有的标注样式。在本建筑图中，标注比例为1:100，箭头符号选用“建筑标号”自高和箭头长度可以根据需要选取。

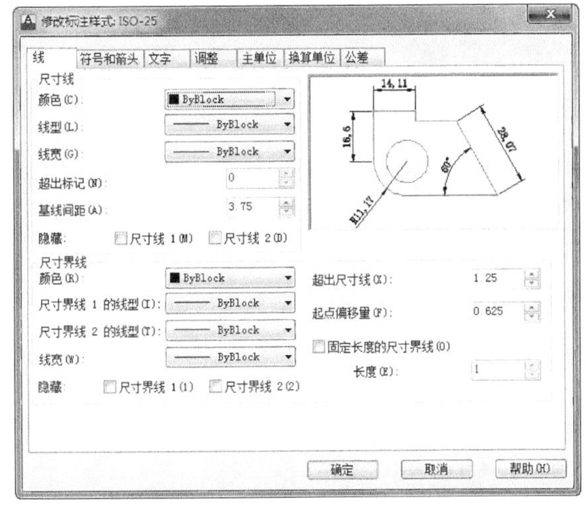

图8-28　“修改标注样式”对话框

03 绘制尺寸标注的辅助线。在标注尺寸的工程中，有时候一些需要标注尺寸的端点不太好选择，用户可以采取绘制标注辅助线的方式来使标注尺寸顺利实现，将这些辅助线复制到“辅助线”图层上，最后标注完成后，关闭“辅助线”图层就可以了。由于本总建筑平面图的尺寸标注比较简单，因此不需要在单独为标注绘制辅助线了，利用绘制建筑总平面图时所绘制的辅助线就可以了。

04 标注尺寸。下面以水平标注为例，概略说明一下如何进行标注。

单击线形标注按钮⊢⊣，标注出新建建筑物和围墙之间的距离。

单击连续标注按钮⊢⊢⊣，依次选取新建建筑物上的各点，标注出新建建筑物上的尺寸。使用同样的方法，标出新建建筑物的竖向尺寸。

在建筑总平面图中尺寸标注相对比较简单，标注后的图形如图8-29所示。

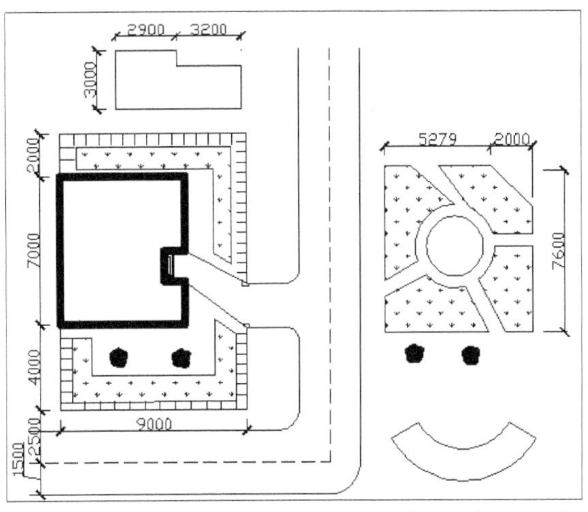

图8-29　标注后的总平面图

05 标注标高和层数。 接下来可以往建筑总平面图中插入标高、层数等标注。

标高是建筑物某一部分相对于基准面（标高的零点）的竖直高度，是施工竖向定位的依据。标高按照基准面选取的不同分为相对标高和绝对标高。相对标高可以根据工程的需要自行选定工程的基准面。在建筑工程中通常以建筑物的第一层作为标高的零点。绝对标高是以国家或者地区的统一规定作为零点的标高。我国规定黄海海平面作为标高的零点。

标注标高要采用标高符号，标高的符号是底边高大约3mm的等腰三角形，用细实线绘制，如图8-30（a）所示；定点可以指在所标注的高度部位上，如图8-30（b）所示；或者引线上，如图8-30（c）所示；定点也可以指向上方，如图8-30（d）所示。在建筑总平面图中标注室外地坪的高度时，采用涂黑的直角等腰三角形如图8-30（e）所示。

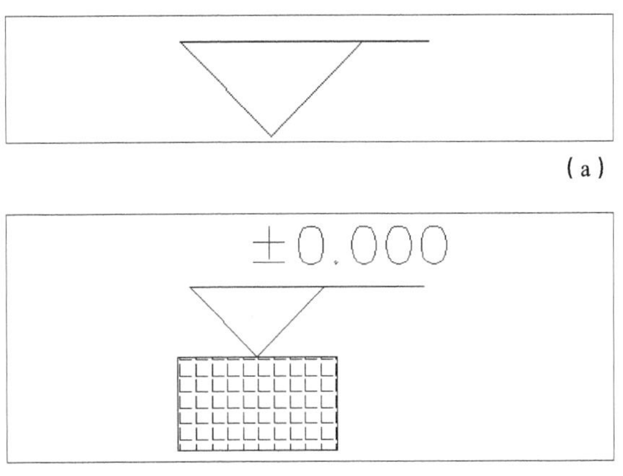

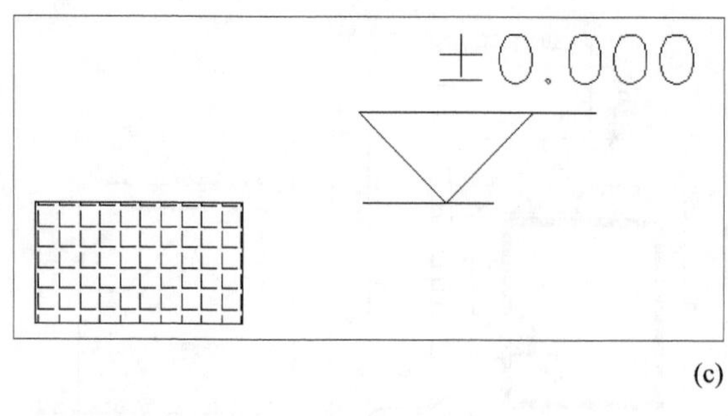

(c)

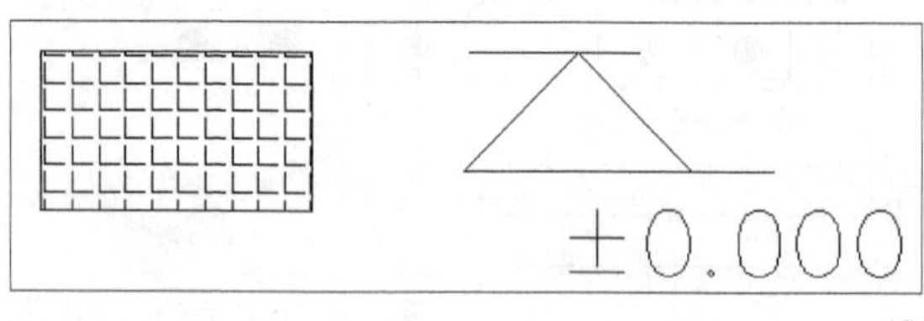

(d)

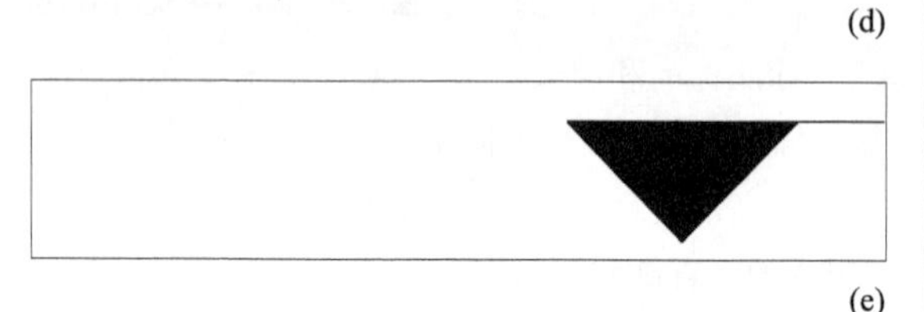

(e)

图8-30 标高符号

由于标高符号用途比较广，所以用户最好将其保存成一个块，以后绘图时只需将其插入即可。读者可以自己进行创建，在这里不进行介绍。

建筑物总平面图也可以表示建筑物的层数，根据有关建筑制图标准，建筑物的层数采用一个填充的黑圆圈来表示，一个黑圆圈表示建筑物只有一层，两个黑圆圈表示建筑物有两层，三个黑圆圈表示建筑物有三层，下面依次类推，如图8-31所示。

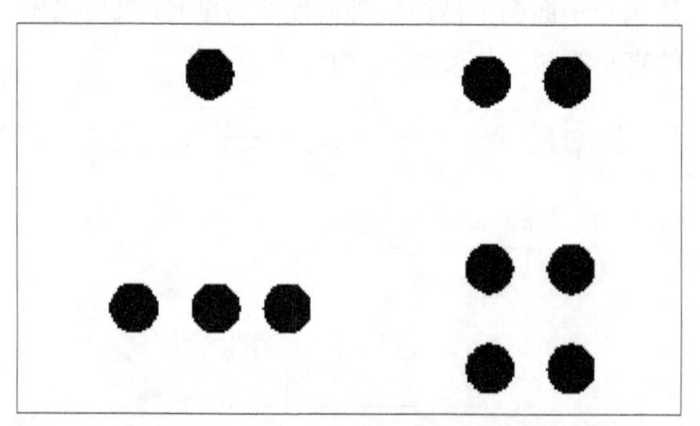

图8-31 层数的表示方法

在本建筑物的总平面图中，新建建筑物的层数为3层，原有建筑为4层，分别添加层数符号即可。

添加了标高和层数的图形如图8-32所示。

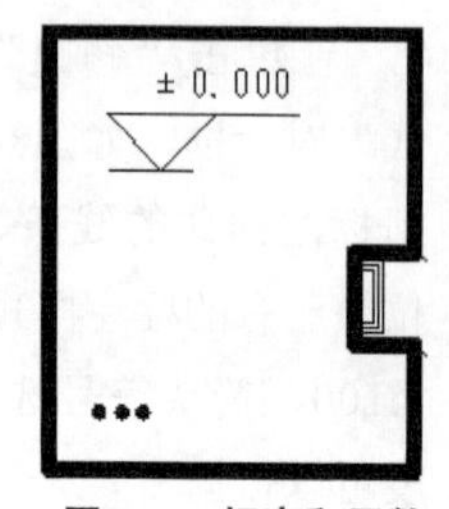

图8-32 标高和层数

2. 文字注释

建筑施工图的许多地方需要文字注释，以说明施工图的有关信息，因此文字标注是建筑施工图的重要组成部分。一般来说，文字注释包括图名、比例、房间功能的划分、门窗符号、楼梯说明以及其他有关的文字说明等。

文字注释是为了便于施工的参考，而把一些信息写到图纸上。对于建筑总平面图来说，需要注释的地方并不是太多，下面进行详细介绍。

文字注释的步骤如下。

01 将“标注层”设置为当前层。

02 设置标注样式。

为此建筑总平面图添加文字注释的步骤如下。

01 单击“绘图”工具栏中的按钮 A，弹出“文字各式”对话框。设置文字高度为500，如图8-33所示。

图8-33 设置文字高度

02 在文字输入区输入相应的文字注释，输入完后可根据需要调整文字的位置。

输入文字后的总平面图如图8-34所示。

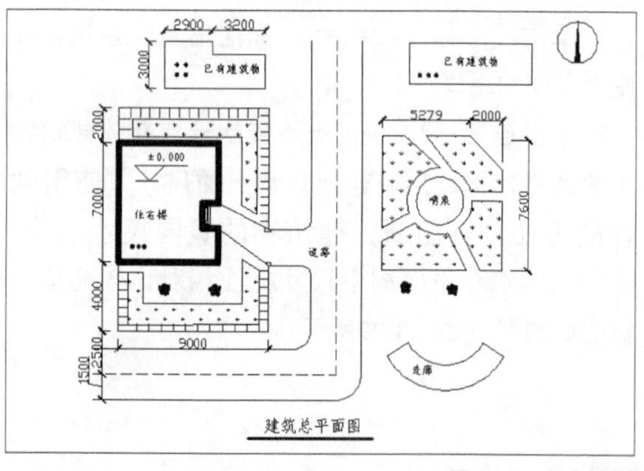

图8-34 文字注释

3. 绘制图例

在建筑总平面图中，为了把图中的内容表达清楚，需要用到图例。图例就是采用建筑制图的符号来表示实际建筑物或者其组成部分，根据有关建筑制图规范，制定了一些标注集，对于这部分图例，在建筑行业是通用的，用户不必说明。但是有时候为了方便，用户自己定义一些图例，这部分的图例是必须在图中给与说明的，例如本例中的新建建筑物、已有建筑物等，所以必须要给出图例说明，如图8-35所示。

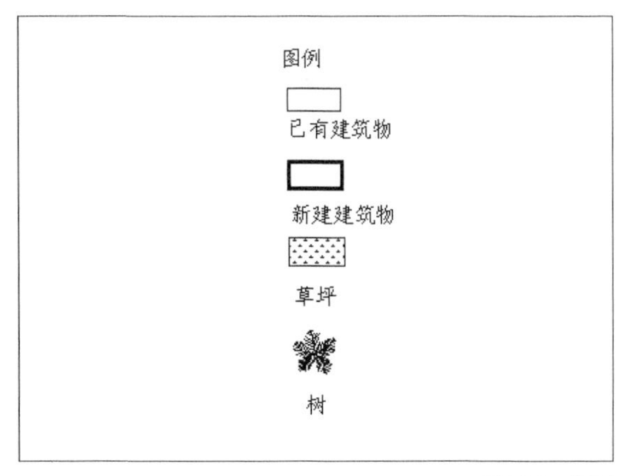

图8-35 图例

8.2.9 添加图框和标题

1. 图框的绘制

图框在建筑制图标准中有明确的规定，从大到小依次为0＃，1＃，2＃，3＃，4＃，其中1＃，2＃较为常用。

图框包括图框线、标题栏和会签栏3部分。其中图框线决定了图幅的大小，标题栏和会签栏显示了图纸的一些设计信息。

图纸幅面和图框尺寸应符合表8-1的规定。

表8-1 幅面和图框尺寸

幅面代号 / 尺寸代号	A0	A1	A2	A3	A4
b×l	841×1189	594×841	420×594	297×420	210×297
c	10			5	
a	25				

必要时，图纸的长边可以加长，短边一般不应加长，但应符合表8-2的规定。

表8-2 图纸长边加长尺寸

截面尺寸	长边尺寸	长边加长尺寸
A0	1189	1486 1635 1783 1932 2080 2230 2378
A1	841	1051 1261 1471 1682 1892 2102
A2	594	743 891 1041 1189 1338 1486 1635
A2	594	1783 1932 2080
A3	420	630 841 1051 1261 1471 1682 1892

注：有特殊要求的图纸，可采用b×l为841mm×891mm与1189mm×1261mm的幅面。

图纸以短边作为垂直边称为横式，以短边作为水平边称为立式。一般A0～A3图纸宜横式使用；必要时，也可立式使用，如图8-36所示。

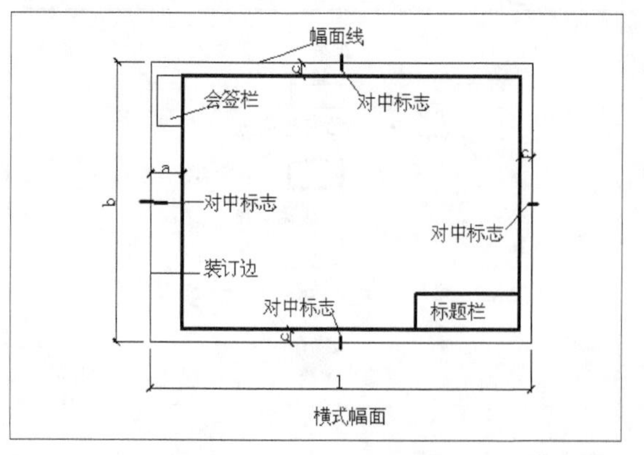

图8-36a　横式图幅

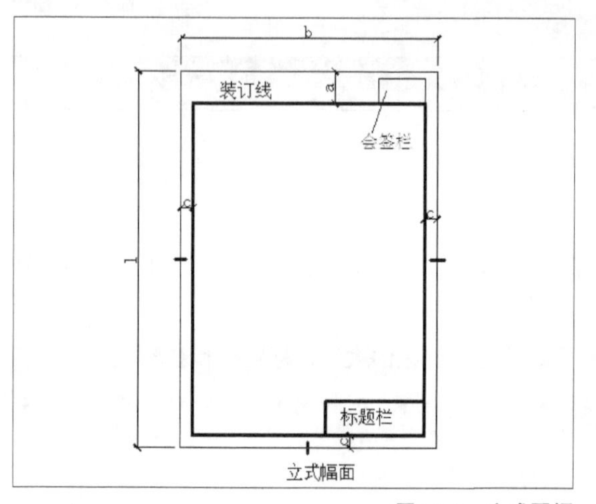

图8-36b　立式图幅

下面以2＃图框为例说明图框的绘制过程。首先绘制图框线。

操作步骤

01 利用“矩形”命令绘制一个594×420的矩形，如图8-37所示。

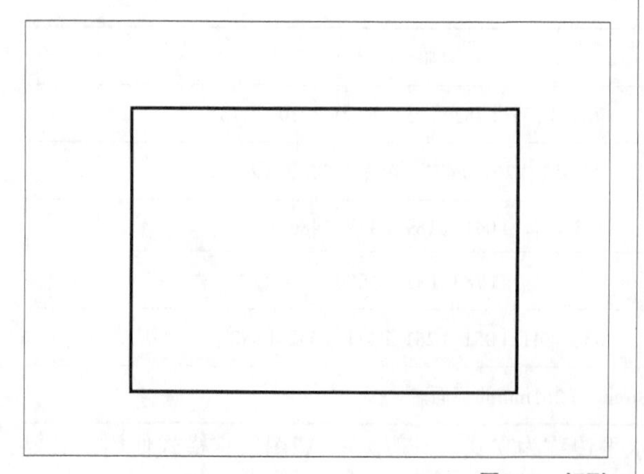

图8-37　矩形

02 利用“偏移”命令将矩形向内偏移10，如图8-38所示。

图8-38　偏移

03 利用“拉伸”命令修改内部的矩形，将矩形向右拉伸15，如图8-39所示。

图8-39　拉伸

04 将内部的矩形的线宽改为“1.4”，如图8-40所示。

图8-40　图框线

2. 绘制标题栏

下面绘制标题栏。

操作步骤

01 利用直线命令绘制标题栏外框线，如图8-41所示。

图8-41　标题栏

02 利用直线命令绘制标题栏分格线线，形式如图8-42所示。

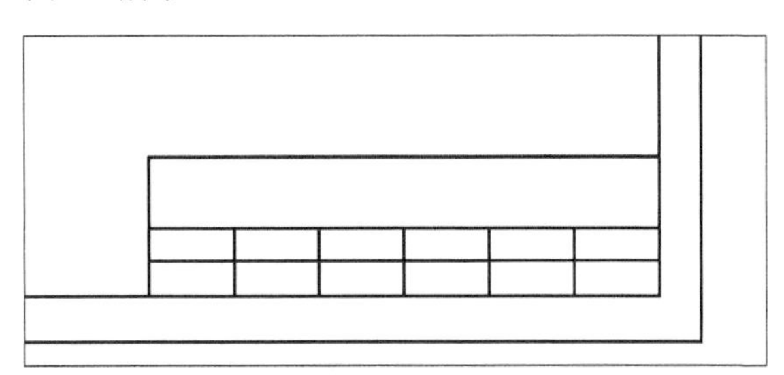

图8-42　标题栏

03 添加图名和详细的内容，如图8-43所示。

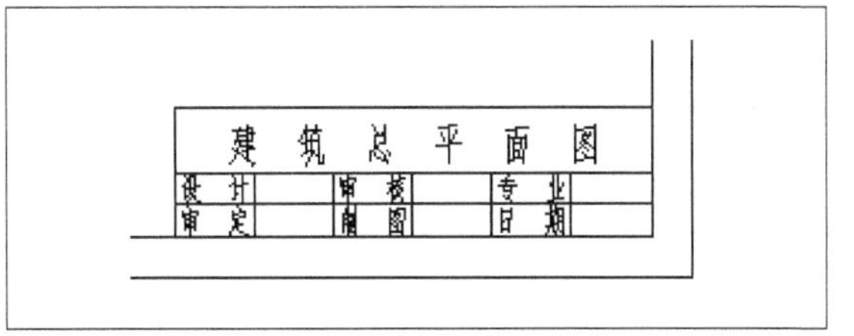

图8-43　标题栏

04 将标题栏外框线的线宽改为“0.7”，标题栏分格线线宽改为“0.35”，如图8-44所示。

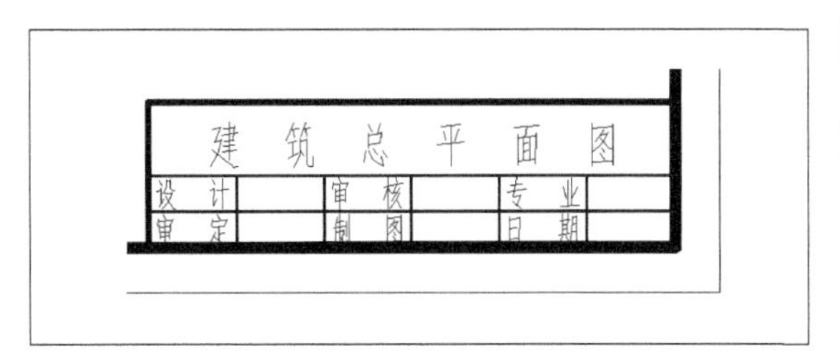

图8-44　标题栏

3. 绘制会签栏

接下来绘制会签栏，会签栏的尺寸应为120mm×20mm。

操作步骤

01 利用矩形命令绘制一个100×20的矩形，如图8-45所示。

图8-45　矩形

02 利用直线命令绘制会签栏的分格线，如图8-46所示。

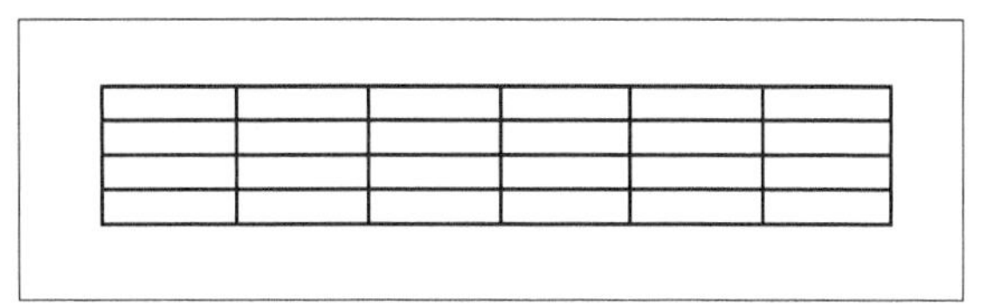

图8-46　分格线

03 添加内容，如图8-47所示。

专 业	姓 名	日 期	专 业	姓 名
建 筑			暖 通	
结 构			电 气	
给排水				

图8-47　会签栏

04 将会签栏放置到图框中，如图8-48所示。

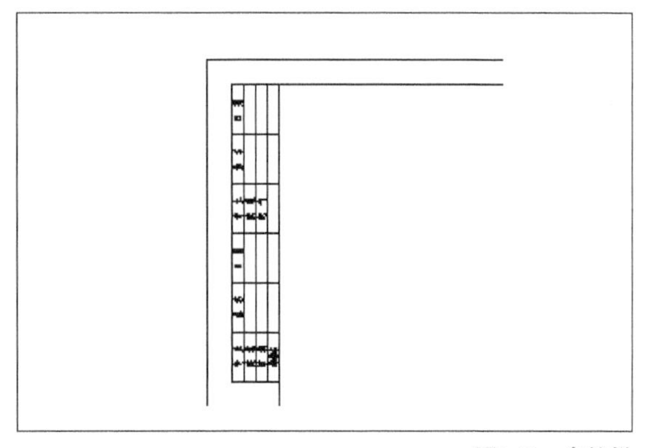

图8-48　会签栏

05 最后的图框如图8-49所示。

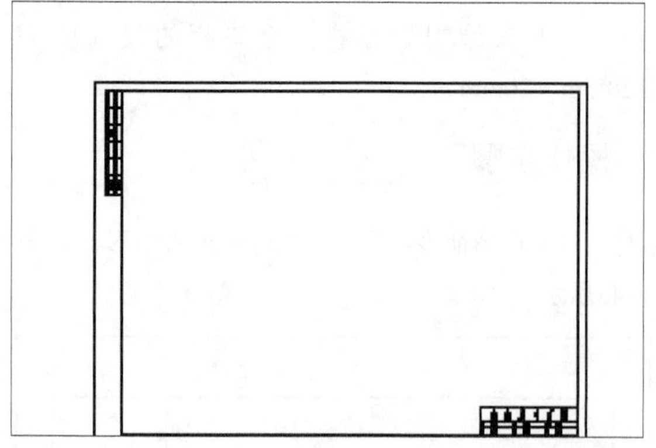

图8-49 图框

在正规的图纸中都包括图框，一般来说，在绘图时首先要制定图框，然后在图框内绘制图形，但是由于计算机绘图的灵活性和方便性，可以先绘制图形和标注再插入图框。

在使用AutoCAD绘制建筑图施工时，应会除符合国家有关规定的图框。在本建筑总平面图中需要绘制一个A3图纸大小的图框，绘制图框具体步骤如下。

01 将“图框”层设置为当前层。

02 绘制图框和标题栏，首先要绘制图幅线，A3图纸的大小是297×420，本例中采用的是足尺作图，比例为1:100，图幅的大小为29 700×42 000，可以采用一个矩形来绘制图幅线，图幅就是图纸的边缘，绘制图幅线的目的是便于观察和打印。命令行提示如下。

命令: _rectang

指定第一个角点或 [倒角(C)/标高(E)/圆角(F)/厚度(T)/宽度(W)]: 0,0

指定另一个角点或 [面积(A)/尺寸(D)/旋转(R)]: @42000,29700

03 绘制图框线，在建筑图标准中，规定采用粗实线绘制图框线。命令行提示如下。

命令: pline

指定起点: 500,500

当前线宽为 0

指定下一个点或 [圆弧(A)/半宽(H)/长度(L)/放弃(U)/宽度(W)]: w

指定起点宽度 <0>: 60

指定端点宽度 <60>: 60

当前线宽为 60

指定下一个点或 [圆弧(A)/半宽(H)/长度(L)/放弃(U)/宽度(W)]: 29200,500

指定下一点或 [圆弧(A)/闭合(C)/半宽(H)/长度(L)/放弃(U)/宽度(W)]: @0,39000

指定下一点或 [圆弧(A)/闭合(C)/半宽(H)/长度(L)/放弃(U)/宽度(W)]: @28700,0

指定下一点或 [圆弧(A)/闭合(C)/半宽(H)/长度(L)/放弃(U)/宽度(W)]: _u

指定下一点或 [圆弧(A)/闭合(C)/半宽(H)/长度(L)/放弃(U)/宽度(W)]: @−28700,0

指定下一点或 [圆弧(A)/闭合(C)/半宽(H)/长度(L)/放弃(U)/宽度(W)]: c

04 绘制标题栏。根据有关规定，用同样的方法绘制图框的标题栏，这里不再赘述。

05 添加文字。绘制完图框和标题栏后在标题栏中分别填充相应的汉字，这样一个完整的图框就绘制完成了，标题栏如图8-50所示。

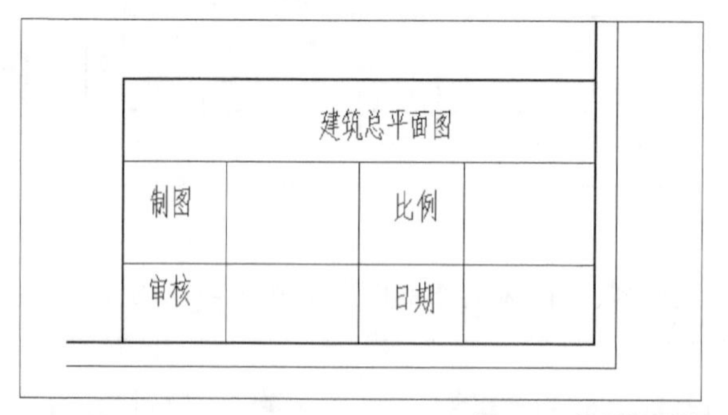

图8-50 绘制标题栏

绘制好后的图框和标题如图8-51所示。

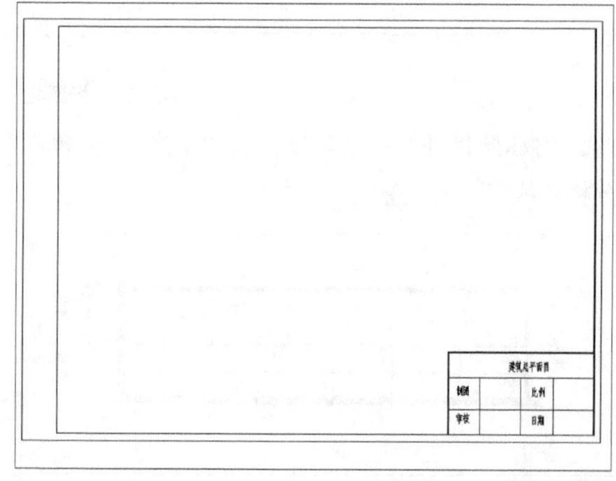

图8-51 图框和标题

将绘制好的图框和标题插入到建筑总平面图中合适的位置，结果如图8-52所示。

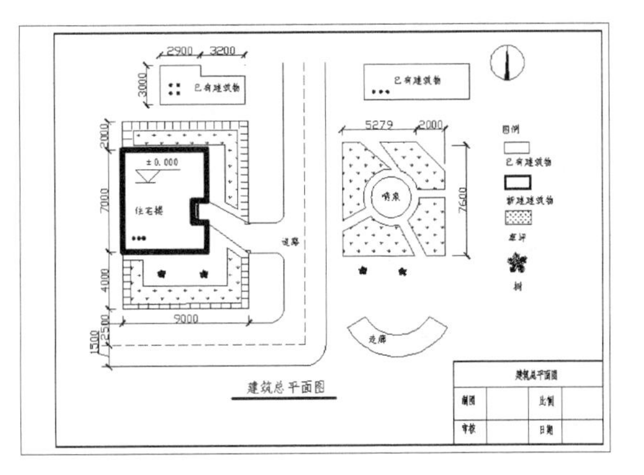

图8-52　建筑总平面图

8.3　综合实例

8.3.1　风玫瑰的绘制

风玫瑰是在某一特定时间内某一风向或风方位和风速出现频次的定量化图形表达方式。每个花瓣的长度代表该风向出现的频次。

首先绘制方位线。

操作步骤

01 利用“构造线”命令绘制一条水平构造线，如图8-53所示。

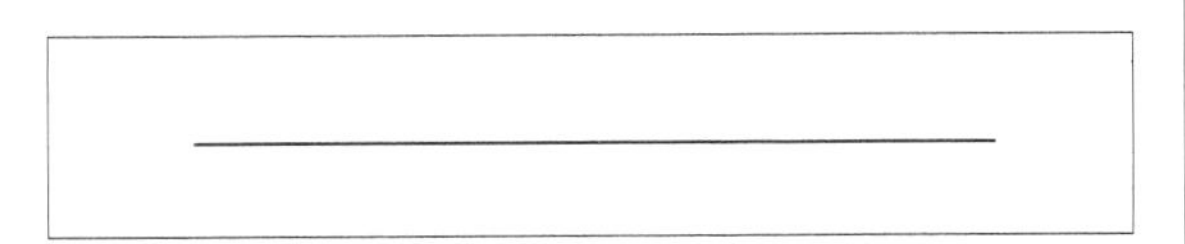

图8-53　构造线

02 利用“阵列”命令绘制出16个方位线，选择构造线上的任意一点为中心点，选择构造线为阵列对象，进行环形列阵。阵列后的结果如图8-54所示。

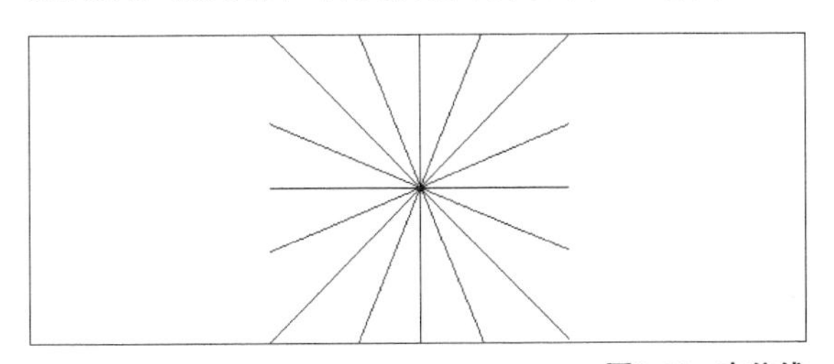

图8-54　方位线

03 利用“圆”命令绘制一个以构造线的交点为圆心的圆，如图8-55所示。

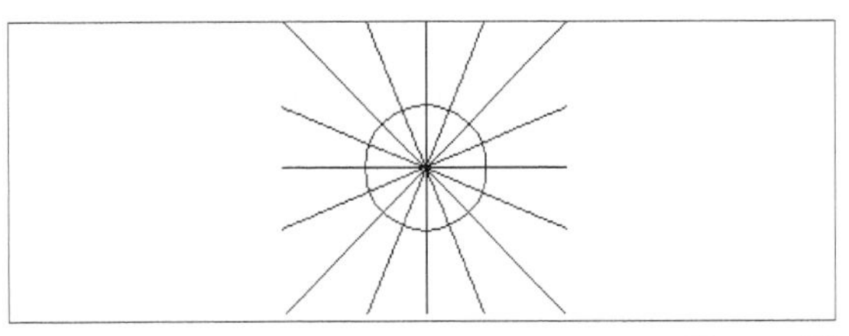

图8-55　圆

04 利用“偏移”命令绘制同心圆，如图8-56所示，偏移距离为100。

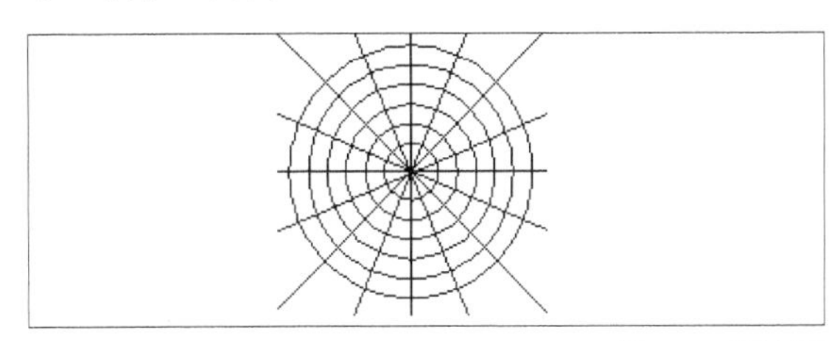

图8-56　同心圆

然后根据风向资料的吹风频率，绘制玫瑰状图。

操作步骤

01 利用“多段线”命令绘制玫瑰状图，首先绘制夏季主导风向，如图8-57所示。

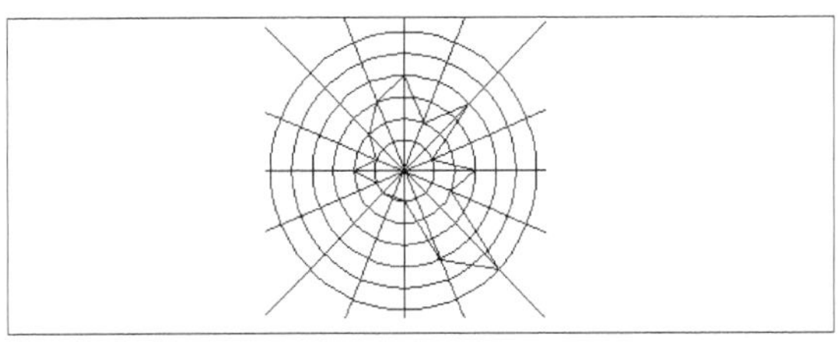

图8-57　玫瑰状图

02 绘制冬季主导风向，采用虚线表示，首先加载线型，选择“格式”→“线型”→“加载”菜单命令，如图8-58所示，加载“ACAD_ISO02W100”线型。

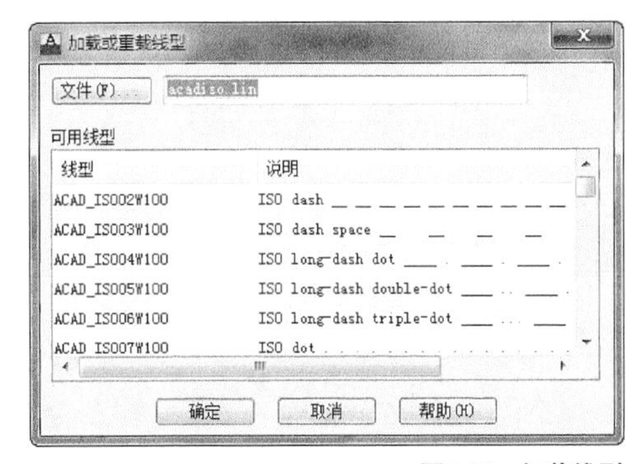

图8-58　加载线型

03 绘制冬季主导风向，如图8-59所示。

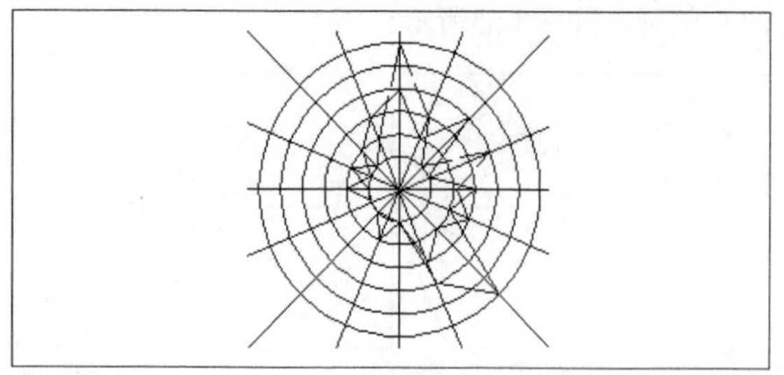

图8-59 玫瑰状图

04 利用“修剪”命令将构造线进行修剪，如图8-60所示。

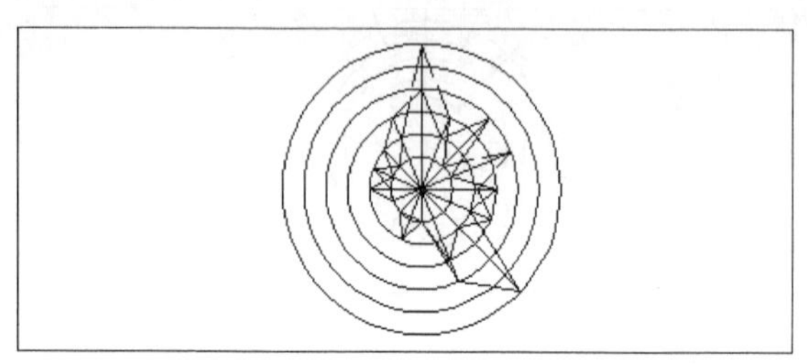

图8-60 修剪

05 将同心圆删除，结果如图8-61所示。

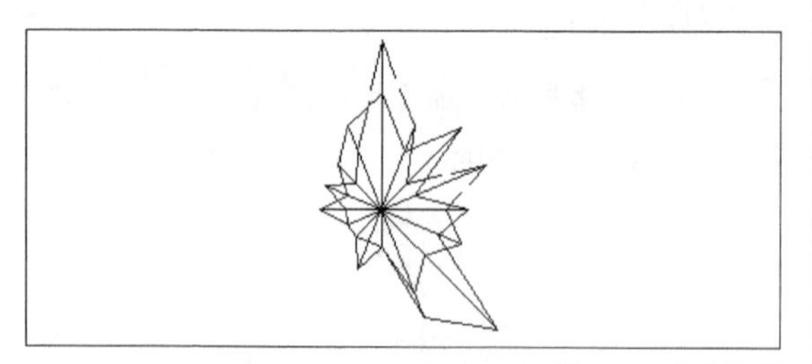

图8-61 玫瑰状图

06 利用“直线”命令绘制出两个坐标轴，然后利用多行文字标注“北”，结果如图8-62所示。

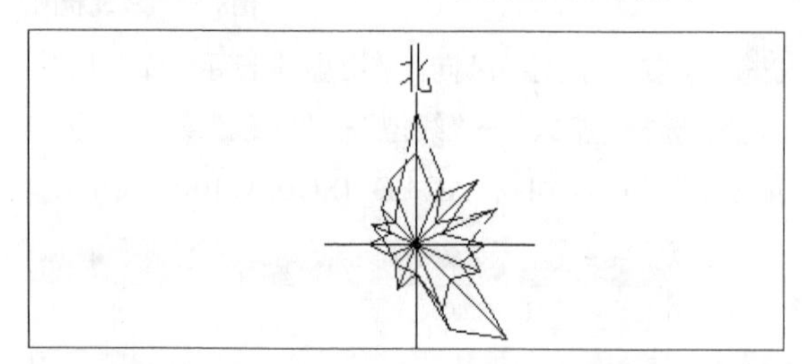

图8-62 风玫瑰

技术点拨

风玫瑰关键提示如下。

(1) 风向指的是风来自的方向。

(2) 风的大小决定于水平气压梯度力，而不是气压差。

(3) 风频越大，风速越大（风频、风速成正相关）。

技巧与提示

一般规定：城市总体规划的规划图和现状图应标绘指北针和风向玫瑰图。城市详细规划图可不标绘风向玫瑰图。指北针与风向玫瑰图可一起标绘，指北针也可单独标绘。组合型城市的规划图纸上应标绘城市各组合部分的风向玫瑰图，各组合部分的风向玫瑰图应绘制在其所代表的图幅上，也可在其下方用文字标明该风向玫瑰图的适用地。指北针与风向玫瑰的位置应在图幅图区内的上方左侧或右侧。

8.3.2 建筑总平面图的绘制

下面将通过绘制一个建筑总平面图的实例来对绘制过程进行详细的介绍。

1. 新建图形文件

运行AutoCAD 2013的运行程序，选择“文件”→“新建”菜单命令，或单击“标准”工具栏中的按钮，弹出“选择样板”对话框。采用系统默认值，单击“打开”按钮即可新建一个图形文件。

2. 设置绘图环境

设置绘图环境应包括：设置绘图单位，设置图形界限，设置图层，设置文字样式及设置标注样式等。

操作步骤

01 选择“格式”→“单位”菜单命令，在弹出的图形“单位”对话框中将“长度”项的“精度”下拉列表中选择“0.00”，“插入比例”选择“米”，其他设置保持系统默认参数不变即可，如图8-63所示。

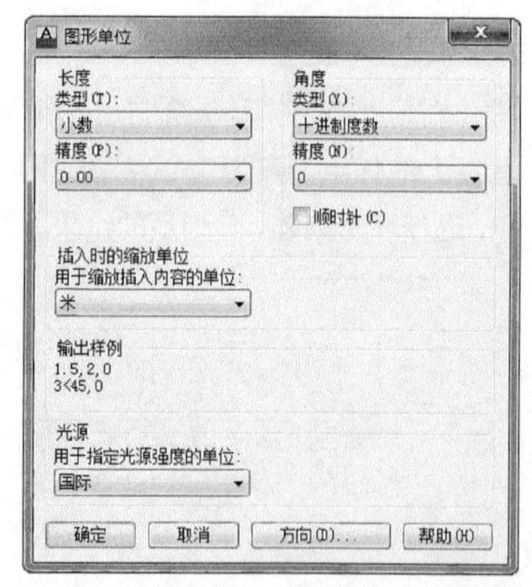

图8-63 “图形单位”对话框

02 选择“格式”→“图形界限”菜单命令，设置图形界限为59 400×42 000。

03 选择“格式”→“线型”菜单命令，弹出“线型管理器”对话框，如图8-64所示。

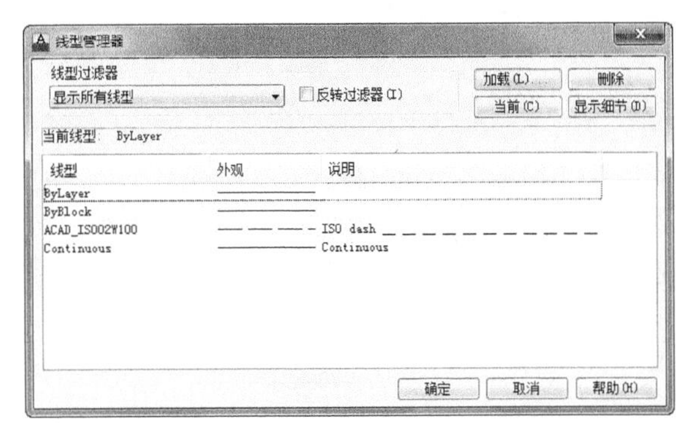

图8-64　“线型管理器”对话框

04 单击“加载”按钮，弹出“加载或重载线型”对话框，如图8-65所示，在“可以线型”中选择加载“ACAD–ISO02W100”线型，单击“确定”按钮，返回“线型管理器”对话框，单击“确定”按钮，完成设置。

图8-65　“加载或重载线型”对话框

05 单击“图层”工具栏上的 按钮，弹出“图层特性管理器”对话框，如图8-66所示，设置以下图层：“道路”、“建筑物”、“轴线”：线型为“ACAD-ISO02W100”、“细部”和“图框”。

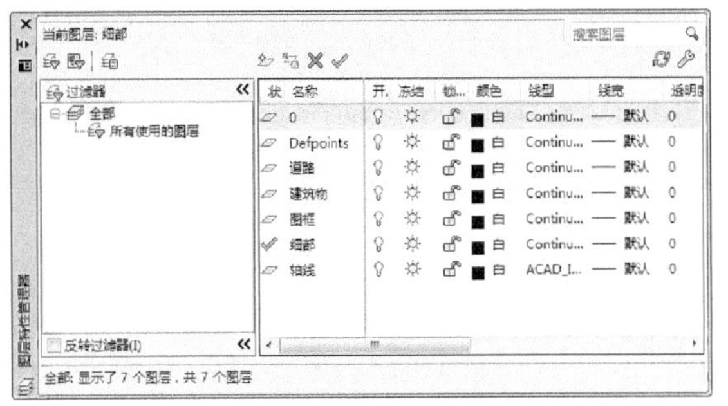

图8-66　“图层特性管理器”对话框

06 选择“格式”→“文字样式”菜单命令，弹出“文字样式”对话框，如图8-67所示。

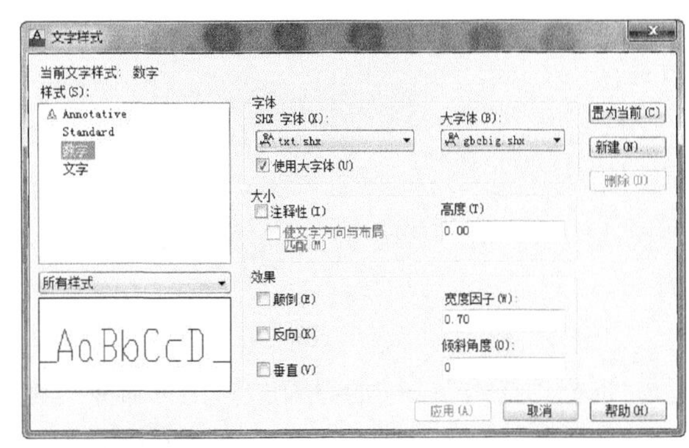

图8-67　“文字样式”对话框

07 单击“新建”按钮，弹出“新建文字样式”对话框，如图8-68所示，在“样式名”中输入“文字”，单击“确定”按钮，返回到“文字样式”对话框。

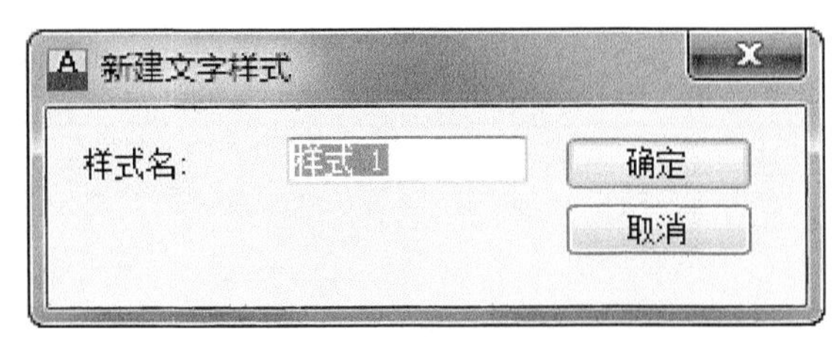

图8-68　“新建文字样式”对话框

08 在“文字样式”对话框中，不选择“使用大字体”，“字体名”中选择“仿宋”，“宽度因子”设为“0.70”，单击“应用”按钮，完成“文字”文字样式的设置，如图8-69所示。

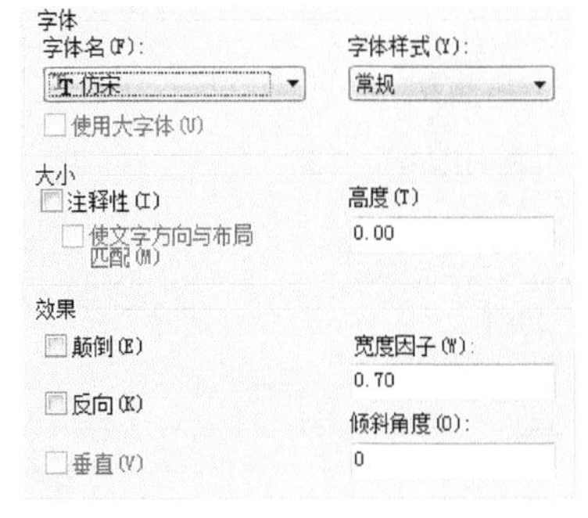

图8-69　“文字”文字样式

09 同样，创建一个“数字”文字样式，勾选“使用大字体”，“字体名”选择“txt.shx”，“大字体”中选择“gbcbig.shx”，“宽度因子”设为“0.70”，单击“应用”按钮，完成设置，如图8-70所示。

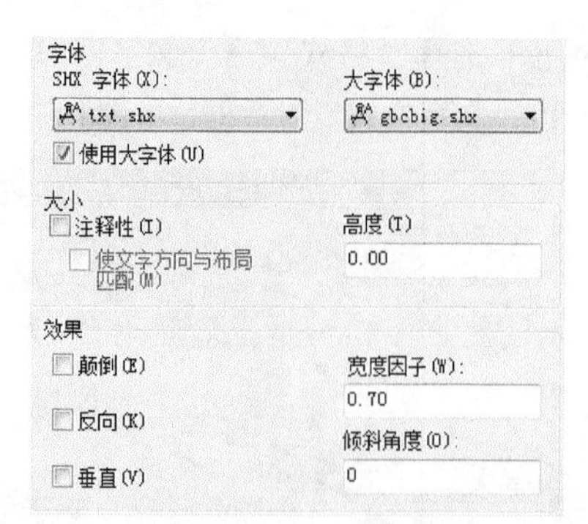

图8-70 “数字”文字样式

10 选择“格式”→“标注样式”菜单命令，弹出“标注样式管理器”对话框，如图8-71所示。

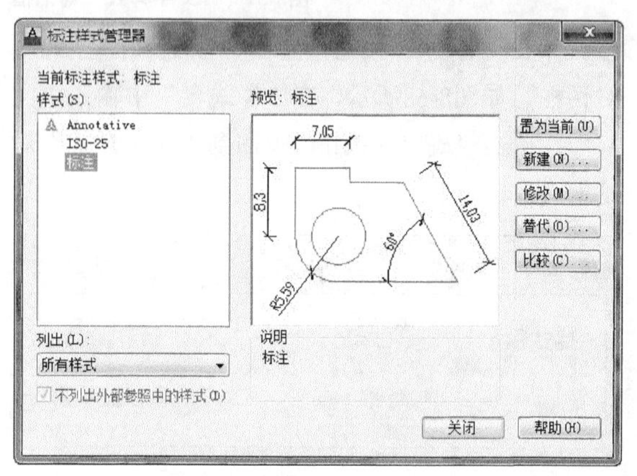

图8-71 “标注样式管理器”对话框

11 单击“新建”按钮，弹出“创建新标注样式”对话框，如图8-72所示，在“新样式名”中输入“标注”，单击“继续”按钮。

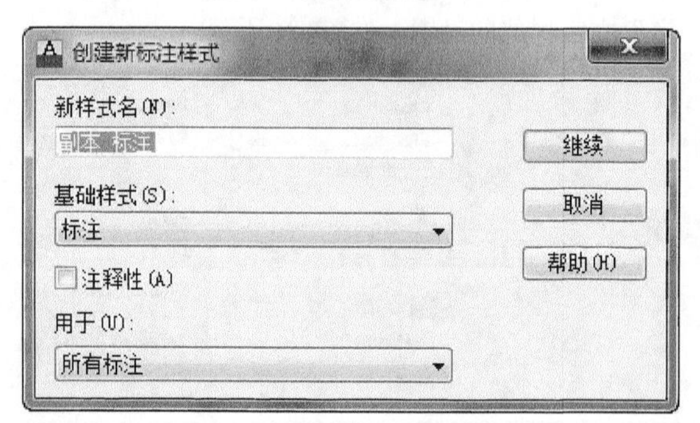

图8-72 “创建新标注样式”对话框

12 在“新建标注样式：标注”对话框中的“线”选项卡中，“超出尺寸线”设为“1”，“起点偏移量”设为“5”；“符号和箭头”选项卡中，“箭头”选择“建筑标记”；“文字样式”选项卡中，“文字样式”选择“数字”；“调整”选项卡中，“文字位置”选择“尺寸线上方，不带引线”，“使用全局比例”设为“500”，其他设置保持系统默认参数不变即可，单击“确定”按钮，完成设置。

3. 绘制道路和围墙

绘制道路和围墙。

操作步骤

01 在“图层”下拉列表中选择“轴线”图层，作为当前层。利用“直线”命令绘制道路轴线，分别为200 000、140 000，如图8-73所示。

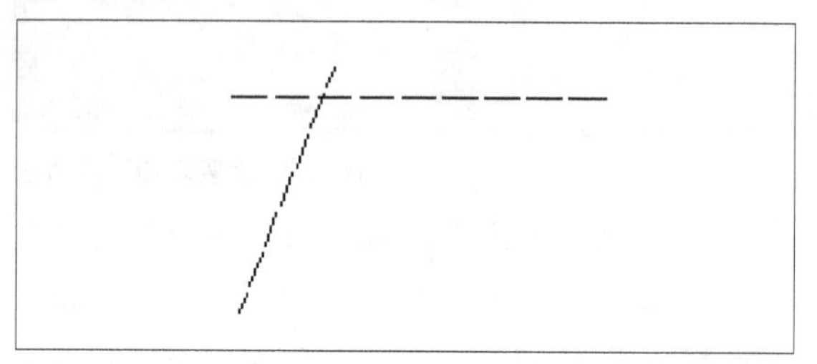

图8-73 道路轴线

若显示为实线的话，可使用ltscale命令，将线型比例设置为合适的数值，使之显示为虚线。

02 在“图层”下拉列表中选择“道路”图层作为当前层。利用直线命令在轴线的两侧绘制道路线，分别距轴线为5 000，如图8-74所示。

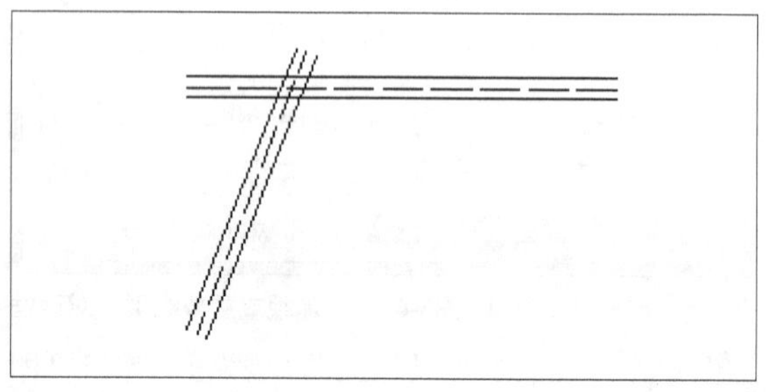

图8-74 道路

03 再利用“修剪”命令将道路相交处进行修剪，如图8-75所示。

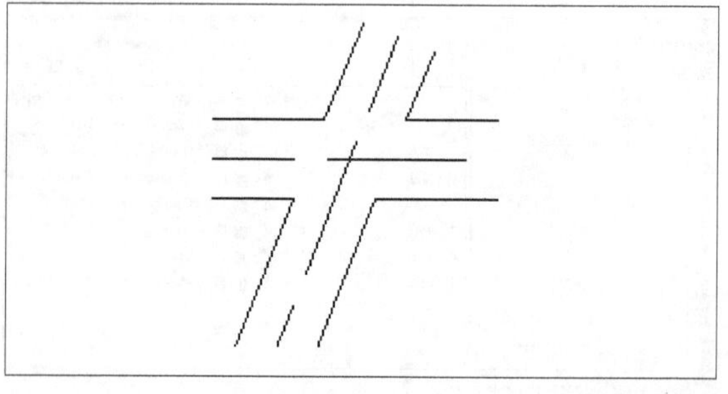

图8-75 修剪

04 利用“直线”命令绘制围墙线，如图8-76所示。

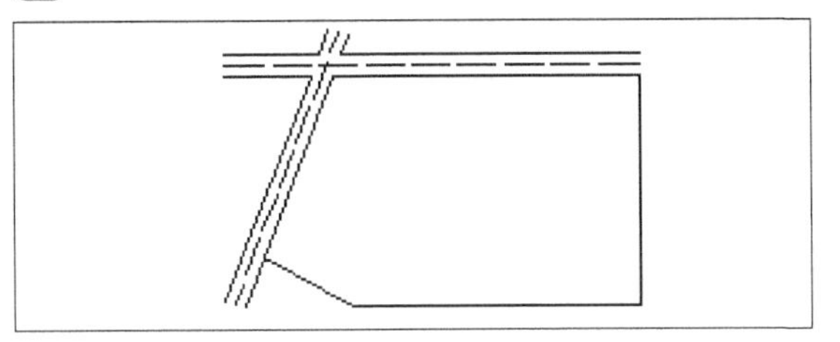

图8-76　围墙线

05 首先利用“直线”命令绘制一段直线，再利用“复制”命令等距复制，得到围墙，如图8-77所示。

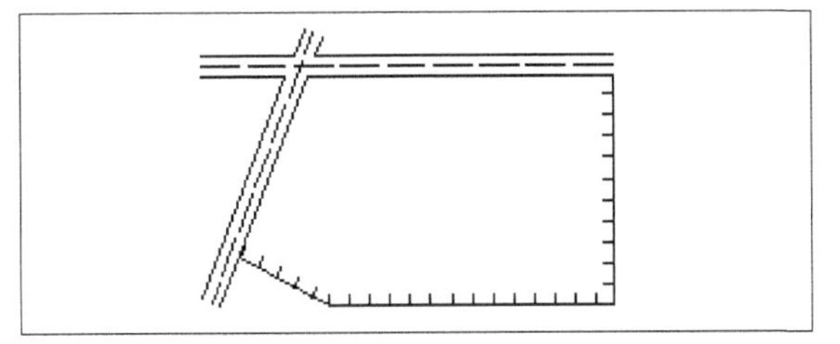

图8-77　围墙

4. 绘制建筑物

下面绘制建筑物。

操作步骤

01 在“图层”下拉列表中选择“建筑物”图层作为当前层。利用“矩形”命令绘制一个尺寸为50 000×15 000的矩形，将矩形布置到图中，如图8-78所示。

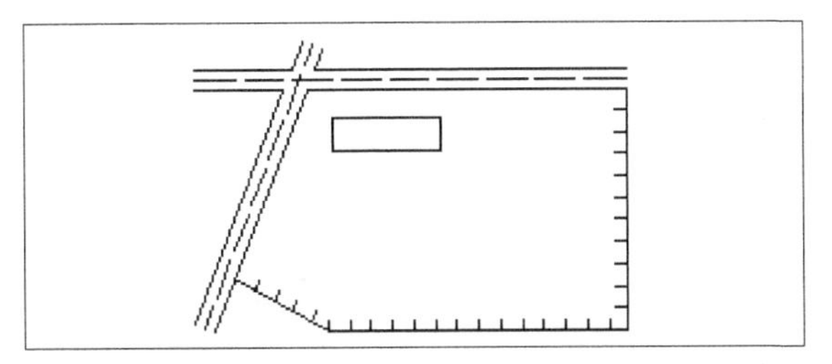

图8-78　建筑物

02 添加其他的已有建筑物，可利用“复制”命令和“旋转”命令进行复制和移动，如图8-79所示。

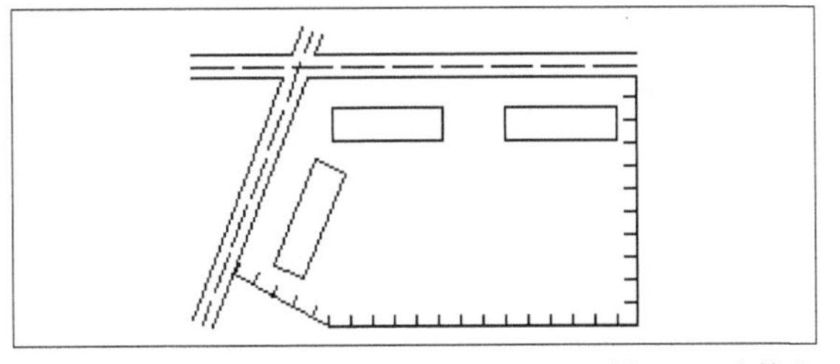

图8-79　建筑物

03 若新建建筑物的尺寸与原有建筑物的尺寸相同，利用“复制”命令将新建建筑物布置到图中，如图8-80所示。

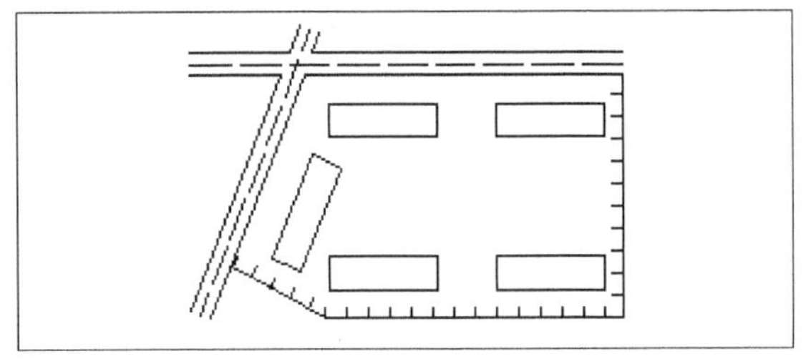

图8-80　建筑物

技术点拨

绘制建筑物时，新建建筑物用粗实线绘制，原有建筑物用中实线绘制，拟建建筑物用虚线绘制。

5. 绘制建筑物之间的道路

绘制建筑物之间的道路。

操作步骤

01 利用“直线”命令绘制出辅助线，如图8-81所示。

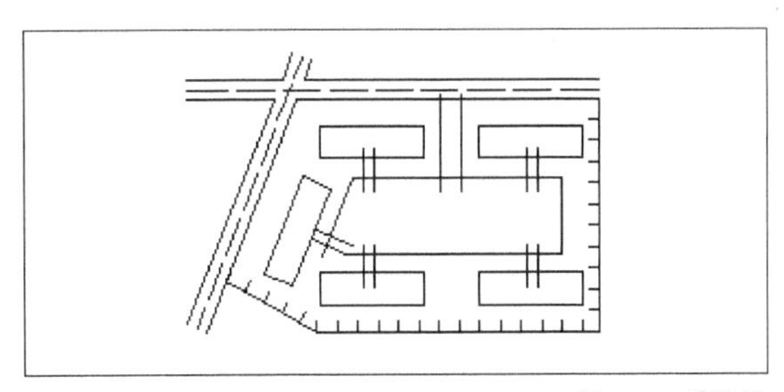

图8-81　辅助线

02 利用“修剪”命令对辅助线进行修剪，修剪完的结果如图8-82所示。

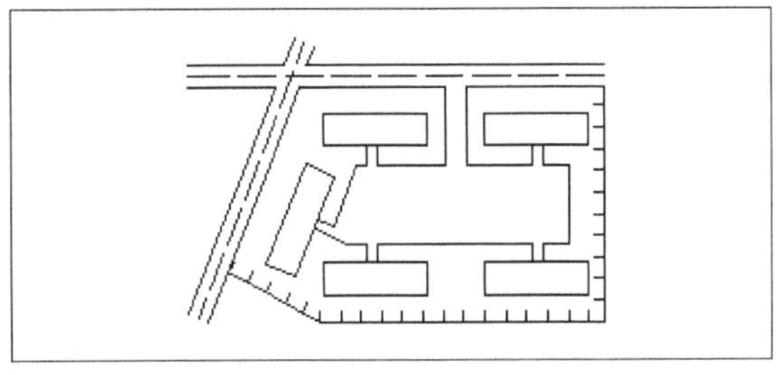

图8-82　道路

03 利用“圆角”命令将各个道路的拐角进行圆角，如图8-83所示。

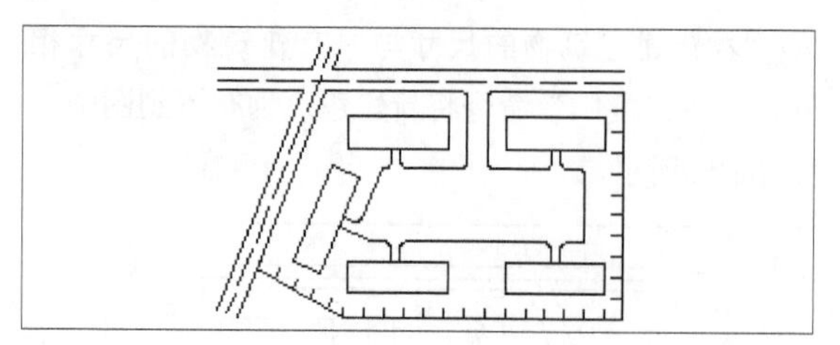

图8-83　道路

04 在道路之间利用圆命令绘制3个圆，如图8-84所示。

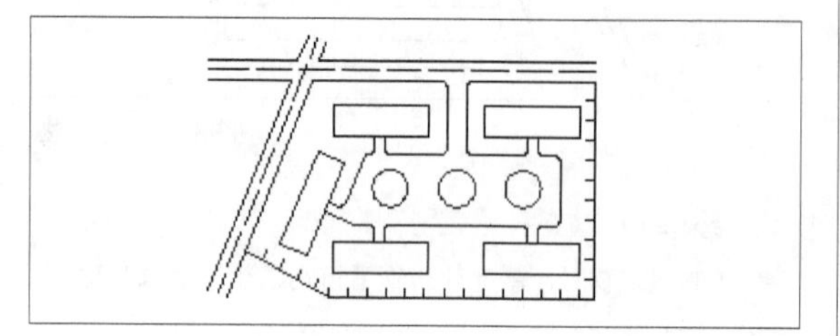

图8-84　道路

6. 细部完善

下面对图形的细部进行进一步的完善。

操作步骤

01 在“图层”下拉列表中选择“细部”图层作为当前层。利用“图案填充”命令绘制草坪，在“预定义”类型中选择“GRASS”图案类型，选择合适的比例，填充的结果如图8-85所示。

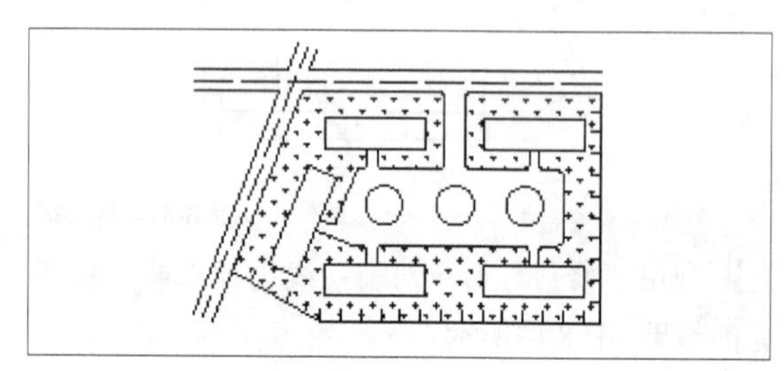

图8-85　草坪

02 利用已经定义好的“树木”图块，利用插入块命令，选择合适的比例，将图块插入到图形中，如图8-86所示。

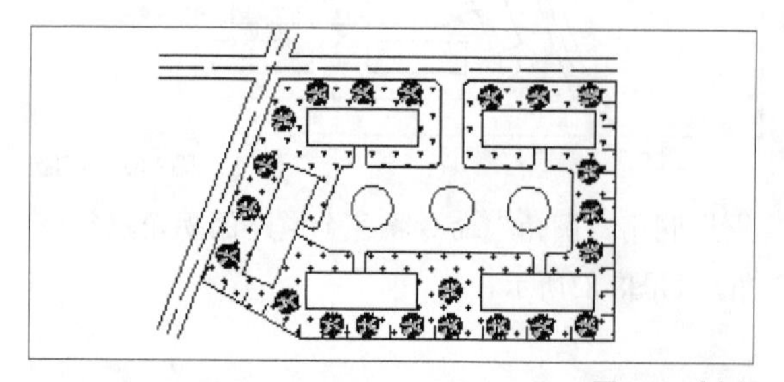

图8-86　树木

03 对建筑物添加文字和层高数，在建筑总平面图中需要明确标出原有建筑、新建建筑和拟建建筑的说明和建筑层数，利用多行文字添加文字，如图8-87所示。

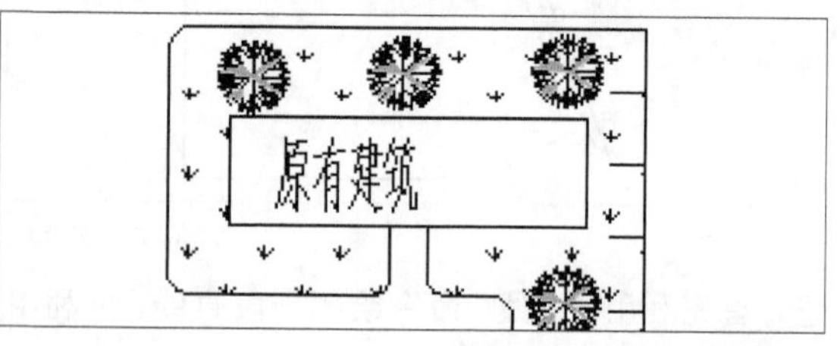

图8-87　添加文字

04 利用“圆环”命令绘制实心点代表层数，例如建筑物为5层，则画出5个点即可，最后绘制的结果如图8-88所示。

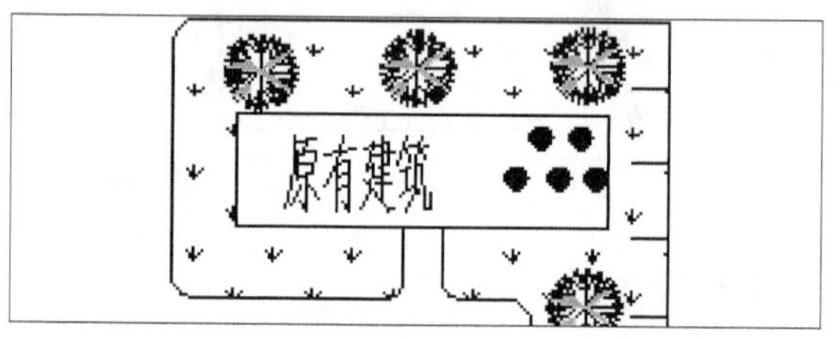

图8-88　层数

05 利用“线性标注”对图形进行标注，如图8-89所示。

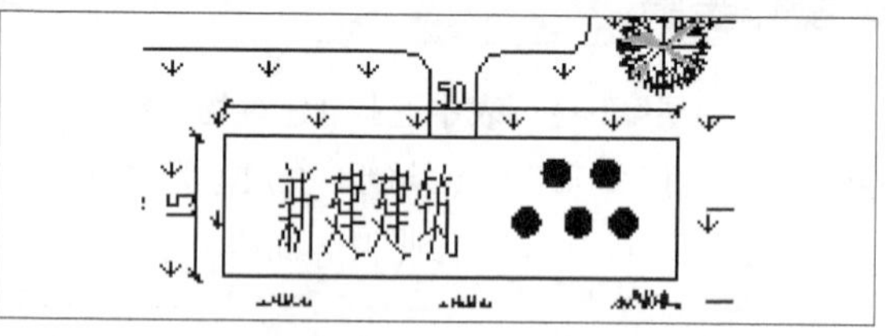

图8-89　标注

06 最后的结果如图8-90所示。

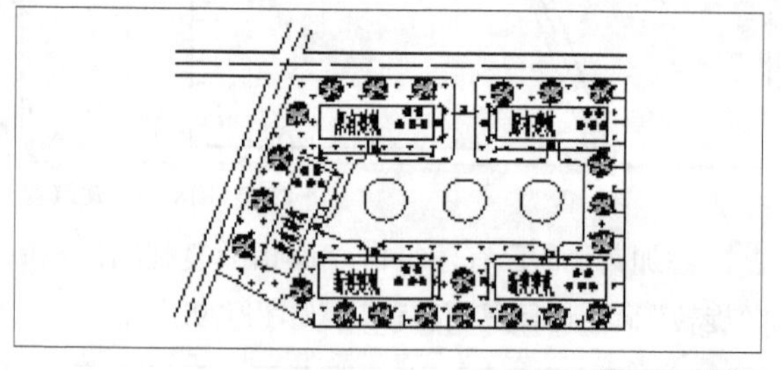

图8-90　标注

07 添加图例说明，如图8-91所示。

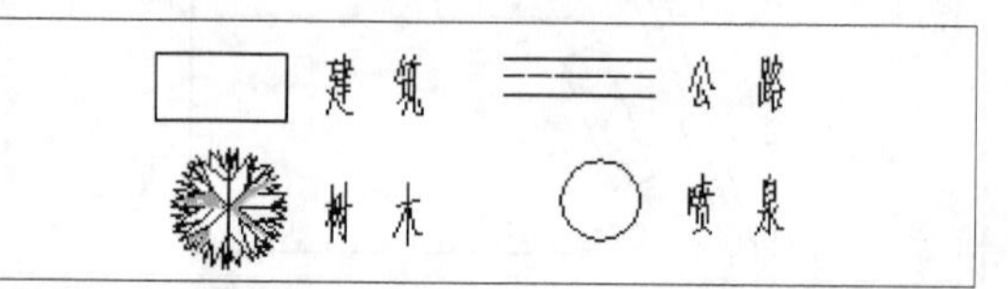

图8-91　图例

08 添加标题，如图8-92所示。

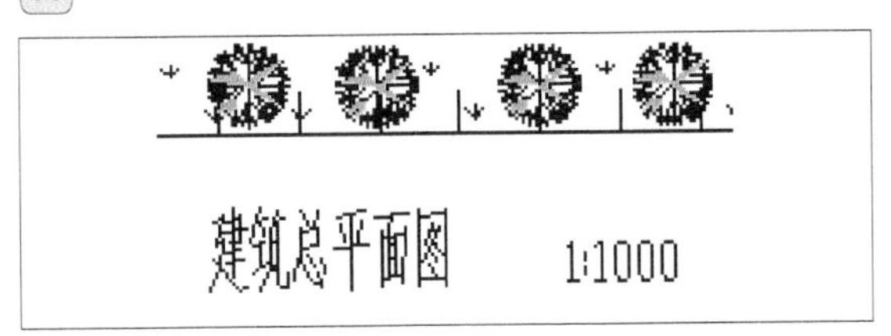

图8-92　标题

09 最后的结果如图8-93所示。

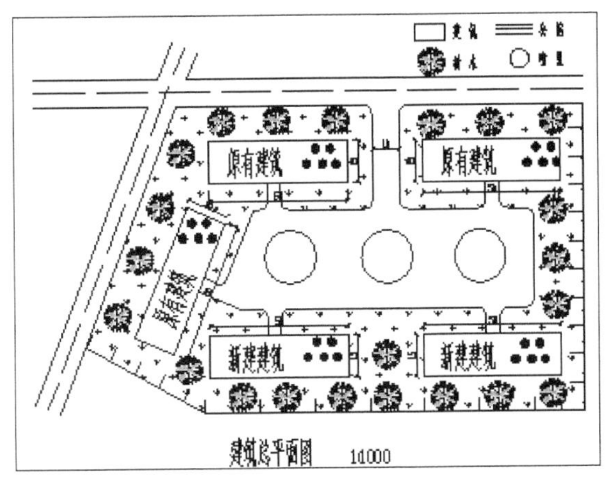

图8-93　建筑总平面图

10 再插入风玫瑰和图框，如图8-94所示，即完成建筑总平面图的绘制。

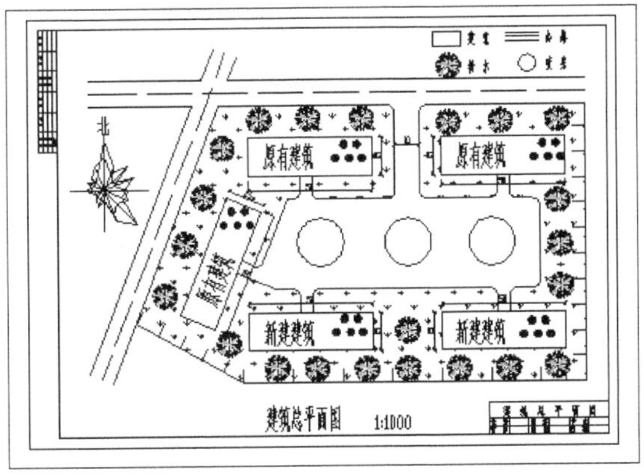

图8-94　建筑总平面图

8.4 小结

本章着重介绍了建筑总平面图绘制的一般步骤，同时在绘制和阅读建筑总平面图时一定要注意以下几个问题：绘制建筑图示一定要注意图层的应用，不同部分和功能的建筑物放在不同的图层上，这样便于用户绘制和修改，也便于对不同的图层设置不同的参数，还要找出建筑图中标高的定义和画法，以及在定义图例时，一定要绘制图例说明，不同的图形可以有多种实现方法，不要拘泥于某一种，争取每一种方法都尝试一下，找出适合的绘图方法，这样在以后的绘图过程中就能节省很多精力和时间。

操作技巧

1. 绘制建筑总平面图常用的绘图比例有哪些？

答：总平面图由于表达的范围较大，常采用较小的绘图比例，如1:500，1:1 000等。

2. 标题栏和会签栏的具体形式？

答：标题栏应根据工程需要选择确定其尺寸、格式及分区。签字区应包含实名列和签名列。涉外工程的标题栏内，各项主要内容的中文下方应附有译文，设计单位的上方或左方，应加"中华人民共和国"字样。

会签栏尺寸应为100mm×20mm，栏内应填写会签人员所代表的专业、姓名、日期（年、月、日）；一个会签栏不够时，可另加一个，两个会签栏应并列；不需会签的图纸可不设会签栏。

3. 建筑总平面图中坐标怎么读取？

答：建筑总平面图中坐标的主要作用是标定平面图内各建筑物之间的相对位置及与平面图外其他建筑物或参照物的相对位置关系。一般建筑总平面图中使用的坐标有建筑坐标系和测量坐标系两种，都属于平面坐标系，均以方格网络的形式表示。建筑坐标系一般是由设计者自行制定的坐标系，它的原点由制定者确定，两轴分别以A、B表示；测量坐标系是与国家或地方的测量坐标系相关联的，两轴分别以x、y表示。如果总平面图中有两种坐标系，一般都要给出两者之间的换算公式。

4. 什么时候该附上风玫瑰图和指北针？

答：一般规定：城市总体规划的规划图和现状图应标绘指北针和风向玫瑰图。城市详细规划图可不标绘风向玫瑰图。指北针与风向玫瑰图可一起标绘，指北针也可单独标绘。组合型城市的规划图纸上应标绘城市各组合部分的风向玫瑰图，各组合部分的风向玫瑰图应绘制在其所代表的图幅上，也可在其下方用文字标明该风向玫瑰图的适用地。指北针与风象玫瑰的位置应在图幅图区内的上方左侧或右侧。

5. 在大型的建筑总平面图中，有3条线，一是征地红线，二是围墙线，三建筑物控制线，问3条线有什么联系吗？

答：控制红线是根据规划局审批的坐标点，规划局会让测绘局专业人员用全站仪现场定位的（测量定位费用甲方出），红线是万万不能超出的。一般业主都会交给设计师坐标控制点，根据控制点来放建筑物线，再外面就是围墙线，再外面是红线。

6. 建筑总平面图的作用是什么？

答：建筑总平面图主要表示整个建筑基地的总体布局，具体表达新建房屋的位置、朝向以及周围环境（原有建筑、交通道路、绿化、地形）基本情况的图样。 主要是新建房屋定位、施工放线、布置施工现场的依据。

8.5 练习

一、选择题

1. 下列哪项不是总平面图的常用比例？（　　）

A. 1:50　　B. 1:500

C. 1:1 000　　D. 1:2 000

2. 建筑总平面图不包括以下哪个部分？（　　）

A. 图名和比例　　B. 新建建筑物

C. 窗户　　D. 植物

3. 下列说法不正确的是（　　）。

A. 风玫瑰是根据当地的风向资料将全年中不同的吹风频率用同一比例绘制在十六方位线上连接而成的

B. 对于地势有起伏的地方，在总平面图中应画上表示地形的等高线

C. 新建房屋的可见轮廓用粗实线绘制。新建的道路、桥梁涵洞、围墙等用中实线绘制。计划扩建的建筑物用虚线绘制，原有的建筑物、道路以及坐标网、尺寸线、引用线等用细实线绘制

D. 总平面图中的距离、标高以及坐标尺寸宜以毫米为单位

二、填空题

1. 根据不同的绘图对象，图形界限的设置是不同的，多数情况下会工作在（　　）。

2. 图形样板文件的扩展名是（　　）。

3. 根据施工需要，必须另外绘制比例较大的图样才能表达清楚，这种图样称为建筑详图（　　）。

4. 总平面图由于表达的范围较大，常采用较小的绘图比例，如（　　）、（　　）等。

5. 在大型的建筑总平面图中，有3条线分别是（　　）、（　　）、（　　）。

三、操作题

1. 分别绘制指北针和风玫瑰图，如图8-95所示。了解其使用区别，在总平面图中什么时候该附上风玫瑰图和指北针？

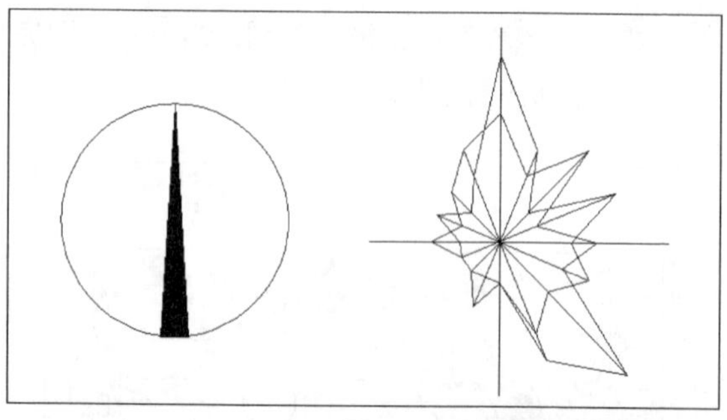

图8-95　绘制指北针和风玫瑰图

2. 绘制如图8-96所示的总平面图，并添加图框和标题栏，打印输出。图纸采用“A4纸”。

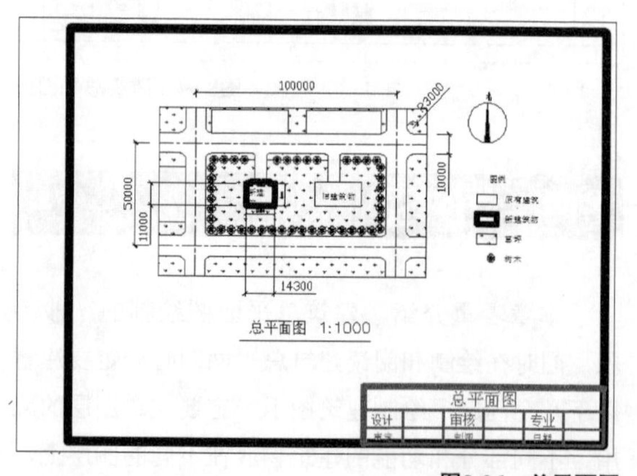

图8-96　总平面图

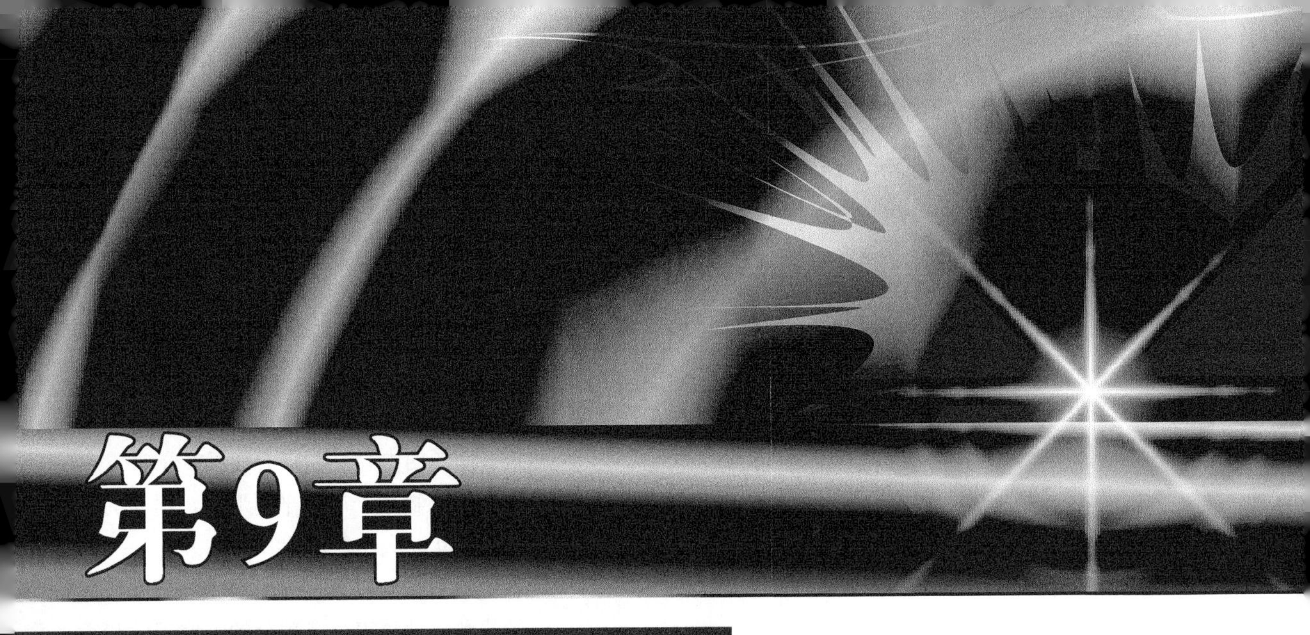

第9章 建筑平面图的绘制

本章将利用AutoCAD 2013并结合一实际的建筑平面图的绘制，讲解建筑平面图的一般绘制方法。通过本章内容的学习，读者应对建筑平面图的设计过程和绘制方法有一个初步的了解。

课堂学习目标

建筑平面图概述
建筑平面图过程

9.1 概述、内容和绘制要求

建筑平面图是表示建筑物水平方向房屋各部分内容及其组合关系的图纸。由于建筑平面图能突出地表达建筑的组成和功能关系等方面的内容，因此一般建筑设计都先从平面设计入手。在建筑平面设计时还应从建筑整体出发，考虑建筑空间组合的效果，照顾建筑剖面和立面的效果和体型关系。在绘制建筑平面图之前，读者首先应了解一下建筑平面图的基本知识。

9.1.1 建筑平面图概述

建筑平面图是通过使用假想一水平剖切面，将建筑物在某层门窗洞口范围内剖开，移去剖切平面以上的部分，对剩下的部分作水平面的正投影图形成的。

在建筑平面设计中，平面图一般由墙体、柱、门、窗、楼梯、阳台、台阶、厨卫洁具、室内布置、散水、雨蓬、花台、尺寸标注、轴线和说明文字等辅助图素组成。

对于多层建筑物，原则上应画出每一层的平面图。并在图的下方标注相应的图名，例如“底层平面图”、“三层平面图”等。如果一幢楼的各楼层平面布局相同则可共用一个平面图，也可称为“中间层平面图”或“标准层平面图”。一般情况下，3层或3层以上的房屋，至少应有3个平面图，即首层平面图、标准（或中间）层平面图和顶层平面图。

除上述的楼层平面图外，建筑平面图还有屋顶（或屋面）平面图和顶棚平面图。屋面平面图是房屋顶部分的水平投影，顶棚平面图则是室内天花板构造或图案的表现图。对于顶棚平面图，如果采用水平正投影绘制，将出现大量的虚线，不利于看图，所以可使用“镜像”法，图名后须加上“镜像”二字。

当建筑物左右对称时，也可将不同的两层平面图左、右各画出一半拼在一起，中间以对称符号分界。

建筑平面图是表示建筑物平面形状、房间及墙（柱）布置、门窗类型、建筑材料等情况的图样，它是施工放线、墙体砌筑、门窗安装及室内装修等项的施工依据。

9.1.2 建筑平面图的绘制内容

建筑平面图的内容主要包括以下部分。

- 反映建筑物某一层的平面形状，房间的位置、形状、大小及用途等。
- 表明建筑物的尺寸。在建筑平面图中，用轴线和尺寸线表示各部分的长宽尺寸和准确位置。
- 门厅、走廊、楼梯等交通设施的位置、形式和走向等。
- 其他的设施构造，如阳台、台阶、卫生器具等。
- 表示地下室、地坑、地沟、各种平台、楼阁（板）、检查孔、墙上留洞、高窗等位置尺寸与标高。如果是隐蔽的或者在剖切面以上部位的内容，应以虚线表示。
- 画出剖面图的剖切符号及编号（一般只标注在底层平面图上）。
- 标注有关部位上节点详图的索引符号。
- 表明各层地面的标高。首层地面标高定为±0.000，并注明室外地坪的绝对标高，其余各层均标注相对标高。
- 在底层平面图上画有指北针符号，以确定建筑物的朝向，另外还要画上剖面图的剖切位置，以便与剖面图对照查询。

9.1.3 建筑平面图的绘制要求

建筑平面图的绘制要求具体如下。

- 比例：根据不同的建筑物大小，采用不同的比例。绘制平面图常用的比例为1:50、1:100、1:200，一般采用1:100的比例，这样绘制起来比较方便。
- 定位轴线：定位轴线是施工定位、放线的重要依据。凡是承重墙、柱子等主要承重构件都应画出轴线来确定其位置。建筑平面图中定位轴线编号确定后，其他图样中的轴线编号与之相应。

- 标注：在建筑平面图中，外墙一般应该标注三道尺寸，最外面的一道表示尺寸，表明建筑物的总长度和总宽度；中间一道是轴线尺寸，表明开间和进深的尺寸；最里面的一道是表示门窗洞口、墙垛、墙后等详细尺寸。内墙必须标明与轴线的关系、门窗洞口尺寸等。

建筑物平面图中也应注写房间的名称或编号。编号注写在直径为6mm的细实线绘制的圆圈内，并在同张图纸上列出房间表。

- 图层：建筑平面图在绘制之前设置绘图环境时，分层很重要，一般情况下初学者很容易忽略这一点，进行图层分层对以后图形修改起到很方便的作用。一般情况下，将不同的构件、不同的线型等设置为不同的图层。
- 线型：建筑平面图中的图线应有粗细有别，层次分明。凡是承重墙和柱等主要承重构件的定位轴线均应用细点画线来绘制；图中被剖分的墙、柱的断面轮廓线用粗实线来绘制；门的开启线用中粗线来绘制；其余的可见轮廓线用细实线来绘制；尺寸线、标高符号、定位轴线等用细实线来绘制。
- 线宽：图线的宽度b，应根据图样的复杂程度和比例，按规范规定选用。绘制较简单的图样时，可采用两种线宽的线宽组，其线宽比为b:0.25b（b一般采用的值为2.0、1.4、1.0、0.7、0.5、0.35mm）。
- 图例：由于平面图一般采用1:50、1:100、1:200的比例绘制，所有门、窗等应采用国标规定的图例来绘制，而相应的具体构造用放大比例的详图表达。常用构造及配件图例可翻阅相关资料。
- 投影：一般来说，各层平面图按投影方向能看到的部分均应画出，但通常是将重复之处省略，如散水、明沟、台阶等只在底层平面图中表示，而其他层次平面图则不画出，雨蓬也只在二层平面画出，必要时在平面图中还应画出卫生器具、水池、橱柜等。
- 详图索引符号：一般在屋顶平面图附近有檐口、女儿墙、雨水口等构造详图，以配合平面图的识读。凡需绘制详图的部位，均应画上详图索引符号。详图符号的圆圈应画成直径14mm的粗实线圆。索引符号的圆和水平直径均以细实线绘制，圆曲直径一般为10mm。

9.1.4 建筑平面图的绘制步骤

绘制建筑平面图的一般步骤如下。

01 设置绘图环境。

02 绘制定位轴线及柱网。

03 绘制各种建筑构配件（如墙体线、门窗洞等）的形状及大小。

04 绘制各个建筑细部。

05 绘制尺寸界线、标高数字、索引符号和相关说明文字。

06 尺寸标注。

07 添加图框和标题。

按照上述步骤，采用AutoCAD 2013设计并绘制某建筑的平面图，如图9-1所示。

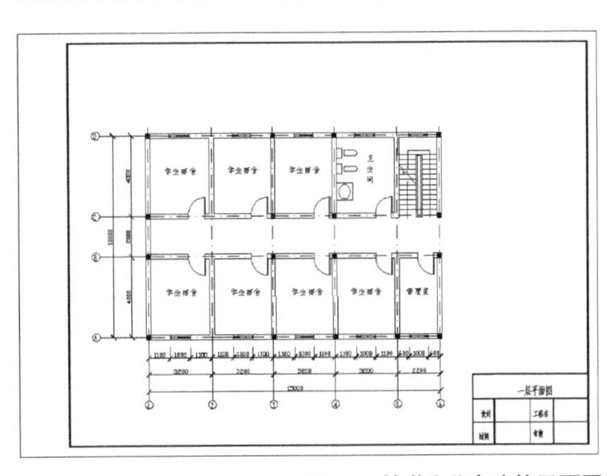

图9-1　某学生公寓建筑平面图

9.2 绘制过程

通过前面的介绍，我们已经知道建筑平面图的绘制要求与具体步骤，接下来进行建筑平面图的绘制。

9.2.1 设置绘图环境

设置绘图环境主要包括：设置图形界限，设置绘图单位，设置图层，设置文字样式及设置标注样式等，绘图之前首先要设置好绘图的环境，绘图环境的步骤如下。

1. 新建图形文件

运行AutoCAD 2013的运行程序，选择“文件”→“新建”菜单命令，或单击“标准”工具栏中的按钮□，弹出“选择样板”对话框，如图9-2所示。采用系统默认值，单击“打开”按钮即可新建一个图形文件。

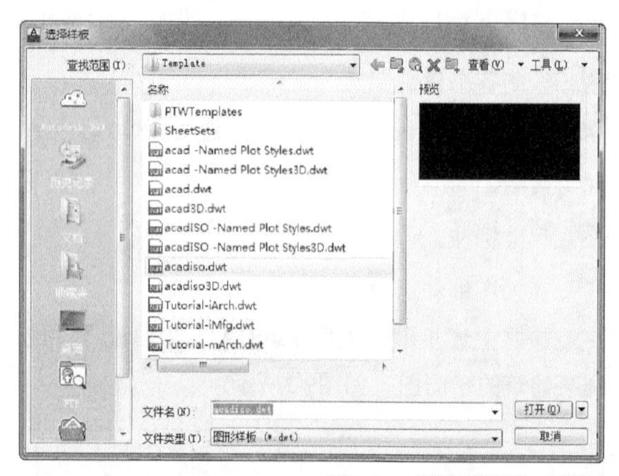

图9-2 “选择样板”对话框

2. 设置单位

选择“格式”→“单位”菜单命令，在弹出的图形“单位”对话框中将“长度”项的“精度”下拉列表中选择“0”，系统默认的角度类型为十进制，精确小数位数为0，这里采用默认值，用于缩放插入内容的单位为“毫米”，如图9-3所示。

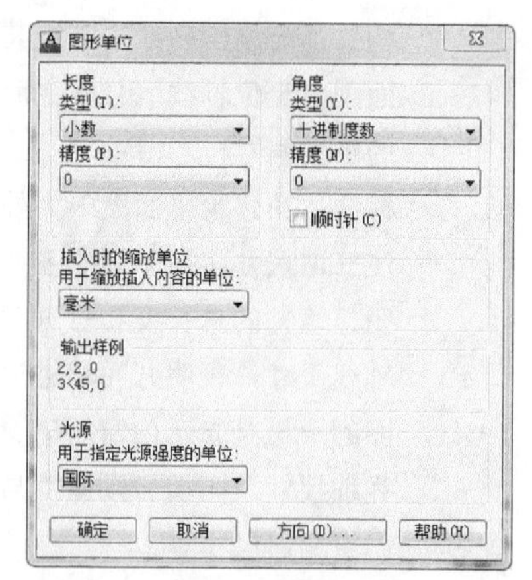

图9-3 “图形单位”对话框

单击“方向”按钮，打开“方向控制”对话框，可设置角度测量的起始方向为东，如图9-4所示。

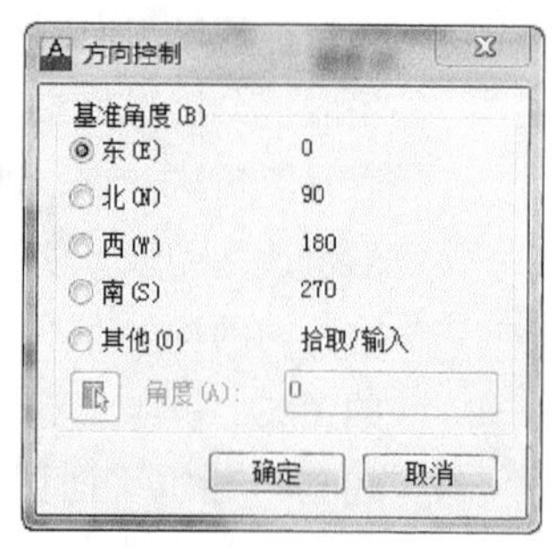

图9-4 “方向控制”对话框

注意

通常情况下，AutoCAD绘图是以默认的逆时针方向为正。

3. 设置图形界限

图形界限是指能够绘图区域的边界，它是AutoCAD绘图空间中的一个假想的矩形区域，可根据绘图需要设定其大小。

选择“格式”→“图形界限”菜单命令，也可以在命令行中输入limits命令。命令行提示如下。

命令: limits

重新设置模型空间界限:

指定左下角点或 [开(ON)/关(OFF)] <0,0>:

//回车采用默认值

指定右上角点 <420,297>: 21000,29700

//A4图纸放大100倍

可通过单击屏幕下方的“栅格”按钮，查看图形区域，如图9-5所示。

图9-5　栅格打开时显示状态

4. 设置图层

设置图层是绘制图形之前必不可少的工作。用户可以设置一些专门的图层，并把一些相关的图形放在专门的图层上，这样可以很方便地对图形进行管理和修改。单击“图层”工具栏上的按钮，弹出“图层特性管理器”对话框，单击“新建”按钮，为轴线创建一个图层，然后设置图层名称为“轴线”，即可完成“轴线”图层的设置。采用同样方法依次创建“标注”、“墙体”、“窗户”、“楼梯”、“阳台”、“文字”等图层，如图9-6所示。

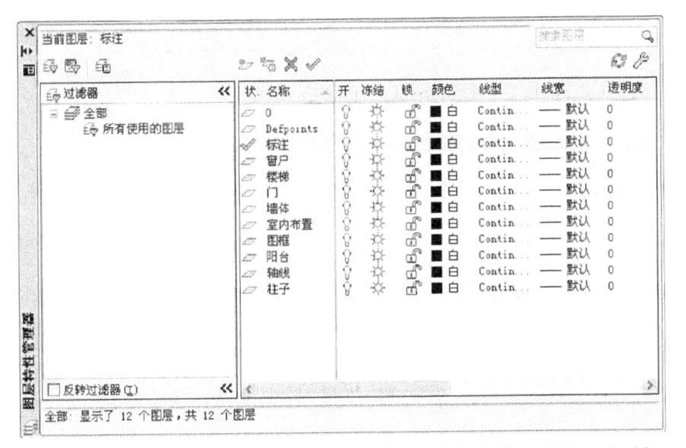

图9-6　“图层特性管理器”对话框

系统允许建立多个图层，但当前图层只有一个，绘图时只能在当前图层上绘制，这就要求在绘图时，要及时转换当前层。

5. 设置标注样式

选择“格式”→“标注样式”菜单命令，单击“新建”按钮，新建“标注”样式，其中“符号和箭头”选项卡选择“建筑标记”；“尺寸箭头”大小为“4”；“调整”选项卡中设置全局比例为100，如图9-7所示；“主单位”中精度为0。

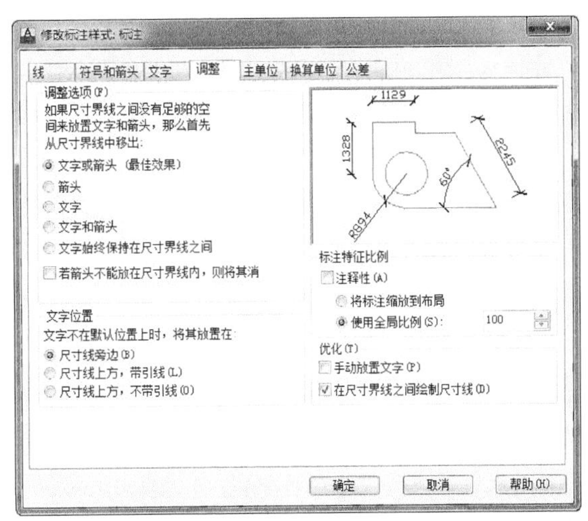

图9-7　修改标注样式

6. 设置文字样式

选择“格式”→“文字样式”菜单命令，弹出“文字样式”对话框，单击“新建”按钮，新建“文字”样式，如图9-8所示。根据国家建筑制图标准，在“字体”选项组的“字体名”下拉列表中选择“FangSong_GB2312”选项，其余设置均采用默认值。

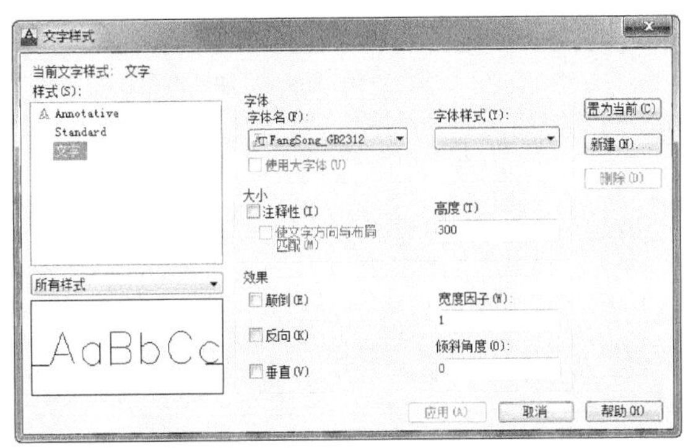

图9-8　“文字样式”对话框

注意

虽然在开始绘图前，已经对图形单位、界限、图层、标注等设置过了，但在绘制图形的过程中，仍然可以对它们进行重新设置，这样就避免了用户在绘图时因设置不合理而影响绘图。

9.2.2　绘制轴线及柱网

1. 绘制轴线

轴线也称基准线，用来确定墙的位置。它由

中心线组成，而且由于房屋的特点，大多数轴线是平行关系，因此可以首先绘制某条基准线，然后进行偏移操作，通常能快速完成轴线的绘制。

操作步骤

01 选择“视图”→“缩放”→“全部”→菜单命令，将图形显示在绘图区。单击状态栏中的“正交”按钮，打开“正交”状态。

02 将“轴线”层设置为当前层，选择“格式”→“线型”菜单命令，打开“线型管理器”对话框，加载点划线线型DASHDOT，如图9-9所示。

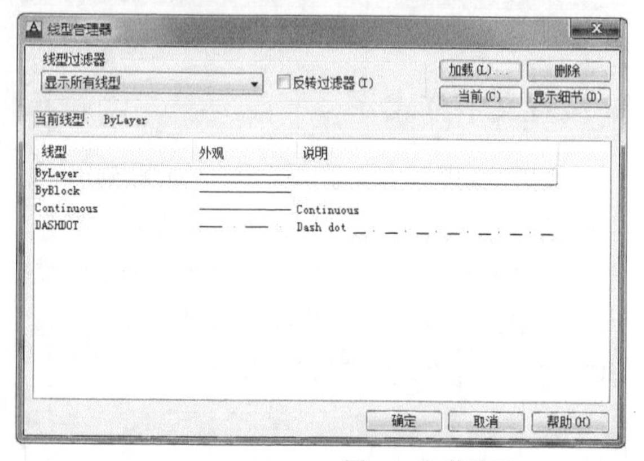

图9-9 加载线型DASHDOT

03 单击“确定”按钮，线型DASHDOT即被加载进来。

04 单击“绘图”工具栏中的按钮，绘制基准水平轴线，利用“偏移”命令将水平轴线按固定的距离偏移，从下到上依次偏移4 000、2 000、4 000个单位，如图9-10所示。

图9-10 水平轴线的绘制

命令行提示如下。

命令: _line 指定第一点:

//用鼠标单击任意一点为第一点

指定下一点或 [放弃(U)]:

//在屏幕上指定第二点

指定下一点或 [放弃(U)]: //回车

命令: _offset //调用偏移命令

当前设置: 删除源=否

图层=源 OFFSETGAPTYPE=0

指定偏移距离或 [通过(T)/删除(E)/图层(L)] <通过>: 指定第二点: 4000

//指定偏移距离4000

选择要偏移的对象，或 [退出(E)/放弃(U)] <退出>:

//选择绘制的第一条直线

指定要偏移的那一侧上的点，或 [退出(E)/多个(M)/放弃(U)] <退出>:

//在直线上方单击，指定偏移方向

选择要偏移的对象，或 [退出(E)/放弃(U)] <退出>: *取消* //回车

命令: _offset //调用“偏移”命令

当前设置: 删除源=否

图层=源 OFFSETGAPTYPE=0

指定偏移距离或 [通过(T)/删除(E)/图层(L)] <650>: 2000 //指定偏移距离2000

选择要偏移的对象，或 [退出(E)/放弃(U)] <退出>:

//选择第二条直线

指定要偏移的那一侧上的点，或 [退出(E)/多个(M)/放弃(U)] <退出>:

//在直线上方单击，指定偏移方向

选择要偏移的对象，或 [退出(E)/放弃(U)] <退出>:

//回车

命令: _offset //调用“偏移”命令

当前设置: 删除源=否

图层=源 OFFSETGAPTYPE=0

指定偏移距离或 [通过(T)/删除(E)/图层(L)] <300>: 4000 //指定偏移距离4000

选择要偏移的对象，或 [退出(E)/放弃(U)] <退出>:

//选择第四条直线

指定要偏移的那一侧上的点，或 [退出(E)/多个(M)/放弃(U)] <退出>:

//在直线上方单击，指定偏移方向

选择要偏移的对象，或 [退出(E)/放弃(U)] <退出>:

//回车

技巧与提示

当绘制的图形较大时，一般情况下，轴线所采用的虚线显示为一条实线，可以通过设定其线型比例来实现在比例较小的图形中显示出虚线状态。可在命令行输入itscale来设定相应的线型比例。

05 利用“直线”命令绘制基准垂直轴线，利用“偏移”命令将水平轴线按固定的距离偏移，从下到上依次偏移3 200、3 200、3 200、3 200、2 200个单位，结果如图9-11所示。

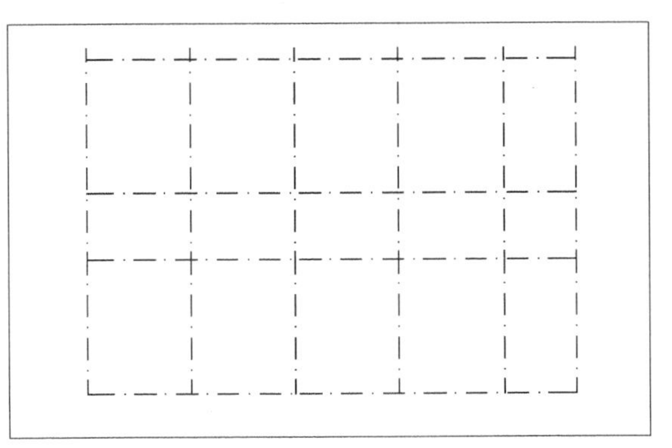

图9-11 轴线布置

命令行提示如下。

命令: _line 指定第一点:

//在水平轴线左侧指定任意一点

指定下一点或 [放弃(U)]:

//在屏幕上指定第二点，完成第一条垂直轴线的绘制

指定下一点或 [放弃(U)]: //回车

命令: _offset //调用“偏移”命令

当前设置: 删除源=否

图层=源 OFFSETGAPTYPE=0

指定偏移距离或 [通过(T)/删除(E)/图层(L)] <650>: 3200 //指定偏移距离3200

选择要偏移的对象，或 [退出(E)/放弃(U)] <退出>:

//选择第一条垂直轴线

指定要偏移的那一侧上的点，或 [退出(E)/多个(M)/放弃(U)] <退出>: //指定偏移方向

选择要偏移的对象，或 [退出(E)/放弃(U)] <退出>:

//选择第二条垂直轴线

指定要偏移的那一侧上的点，或 [退出(E)/多个(M)/放弃(U)] <退出>: //指定偏移方向

选择要偏移的对象，或 [退出(E)/放弃(U)] <退出>:

//选择第三条垂直轴线

指定要偏移的那一侧上的点，或 [退出(E)/多个(M)/放弃(U)] <退出>: //指定偏移方向

选择要偏移的对象，或 [退出(E)/放弃(U)] <退出>:

//选择第四条垂直轴线

指定要偏移的那一侧上的点，或 [退出(E)/多个(M)/放弃(U)] <退出>: //指定偏移方向

选择要偏移的对象，或 [退出(E)/放弃(U)] <退出>:

//回车

命令: _offset

//调用“偏移”命令

当前设置: 删除源=否

图层=源 OFFSETGAPTYPE=0

指定偏移距离或 [通过(T)/删除(E)/图层(L)] <560>: 2200 //指定偏移距离2200

选择要偏移的对象，或 [退出(E)/放弃(U)] <退出>:

//选择上一条偏移后的直线

指定要偏移的那一侧上的点，或 [退出(E)/多个(M)/放弃(U)] <退出>: //指定偏移方向

选择要偏移的对象，或 [退出(E)/放弃(U)] <退出>:

//回车

2. 绘制柱网

在绘制完轴线的基础后，添加柱子，柱子的绘制方法比较简单，先绘制一个正方形，然后填充即可。本例子中的柱子尺寸全部为30×30。

操作步骤

01 将“柱网”层设置为当前层，打开“对象捕捉”中的捕捉“端点”和“交点”功能。

02 单击“绘图”工具栏中的按钮，在一个轴线交点的位置绘制240×240的柱子。命令行提示如下。

命令: _polygon 输入边的数目 <4>:

//调用“正多边形”命令

指定正多边形的中心点或 [边(E)]:

//捕捉轴线的交点，并指定为中心点

输入选项 [内接于圆(I)/外切于圆(C)] <I>: c

//选择“外切于圆”

指定圆的半径: 120

//输入圆的半径120

03 选择“绘图”→“图案填充”菜单命令，在弹出的“图案填充”对话框中图案下拉列表框中选择SOLID选项，如图9-12所示，然后进行填充即可。

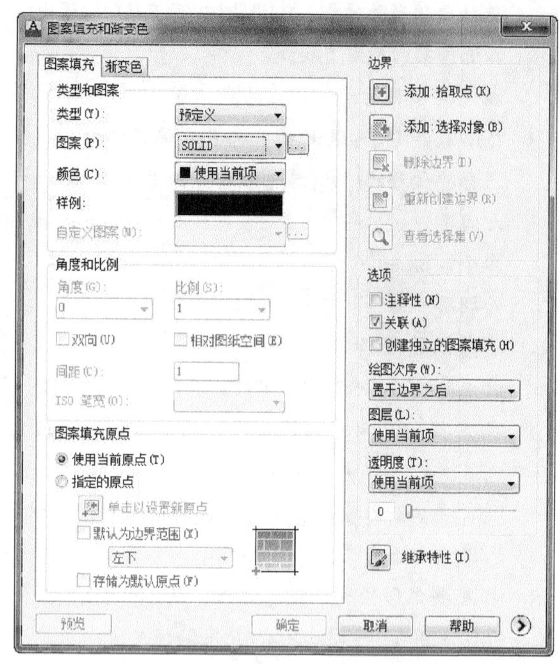

图9-12　填充图案

04 采用“复制”命令，把填充完的柱子依次复制到各轴线相交处，完成后的效果如图9-13所示。命令行提示如下。

```
命令: _copy
//调用“复制”命令
选择对象: 指定对角点: 找到 3 个
//选择柱子
选择对象:
当前设置: 复制模式 = 多个
指定基点或 [位移(D)/模式(O)] <位移>: 指定第二个点或 <使用第一个点作为位移>:
//指定柱子的中心作为基点
指定第二个点或 [退出(E)/放弃(U)] <退出>:
//复制到第一个交点
指定第二个点或 [退出(E)/放弃(U)] <退出>:
//复制到第二个交点
指定第二个点或 [退出(E)/放弃(U)] <退出>:
//复制到第三个交点
……
```

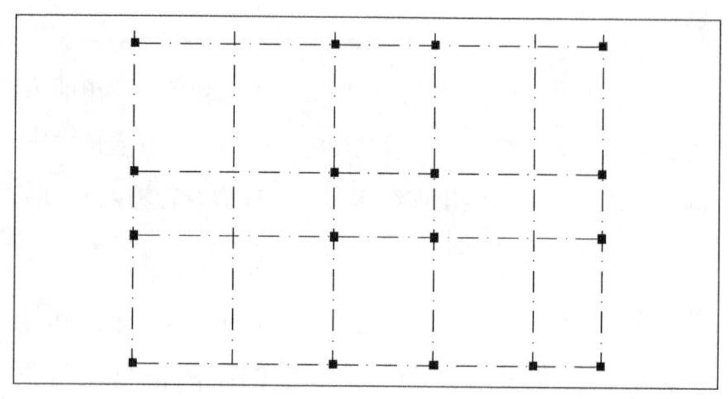

图9-13　生产柱网

9.2.3　绘制墙体

墙体依据其在房屋所处位置的不同分为外墙和内墙。凡是位于建筑物外围的墙体都是外墙，是建筑物的外围围护结构，起着挡风、阻碍、保温等作用；凡是位于建筑物内部的墙体都称为内墙，主要起隔断作用。

墙线能够表示出建筑平面的分割方式，因此墙线的绘制在建筑制图中占有很重要的地位。在AutoCAD中，通常使用“多线”命令绘制墙体，然后再编辑多线，整理墙体的交线，并在墙体上开出门洞等。

操作步骤

01 将“墙体”层设为当前层，同时打开屏幕下方状态栏中的“对象捕捉”功能，设置为端点和交点捕捉方式。

02 选择“格式”→“多线样式”菜单命令，打开“多线样式”对话框，单击“新建”按钮，在新样式名文本框中输入“多线”，如图9-14所示。

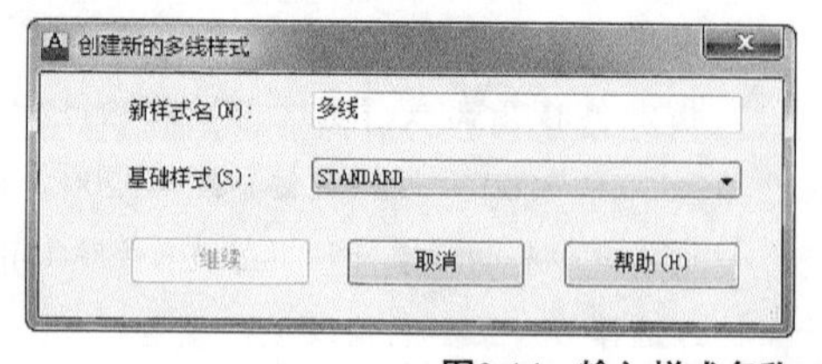

图9-14　输入样式名称

03 单击“继续”按钮，打开“新建多线样式”对话框，在“图元”组合框中设置多线样式，选中第一个选项，在偏移文本框中输入120，再选中第二个选项，在偏移文本框中输入-120，如图9-15所示。然后单击“确定”按钮，返回“多线样式”对话框，单击“确定”按钮，即可完成多线的设置。

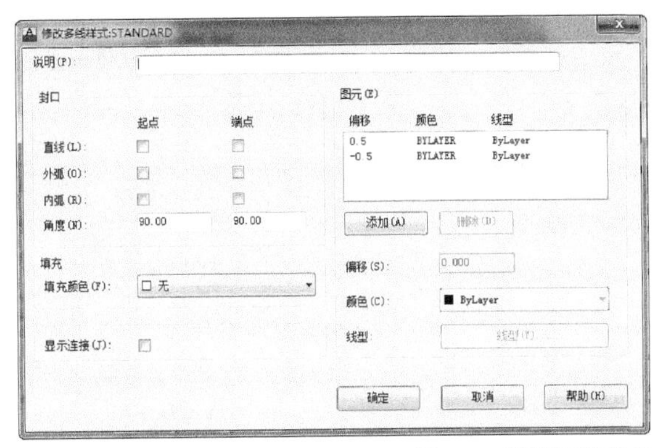

图9-15　设置多线样式

04 选择“绘图”→“多线”菜单命令，绘制墙线，绘制的结果如图9-16所示。命令行提示如下。

```
命令: _mline　　//调用“多线”命令
当前设置: 对正 = 无, 比例 = 20.00, 样式 = 多线
指定起点或 [对正(J)/比例(S)/样式(ST)]: s
//设置多线比例
输入多线比例 <20.00>: 1
当前设置: 对正 = 无, 比例 = 1.00, 样式 = 多线
指定起点或 [对正(J)/比例(S)/样式(ST)]:
//指定起点绘制多线
指定下一点:　//指定多线下一点
……
```

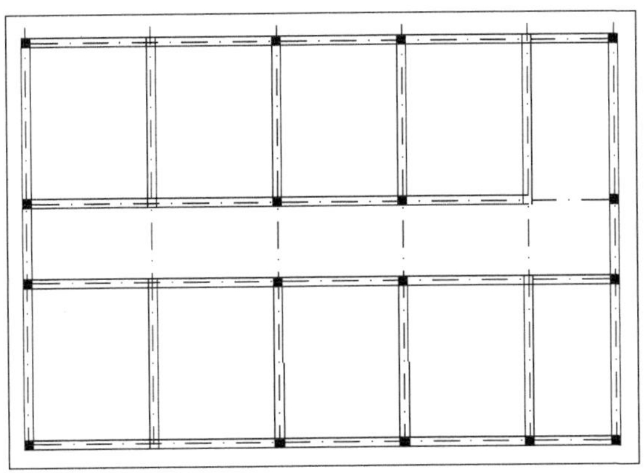

图9-16　绘制墙体

技巧与提示

绘制多线时，应注意多线的对正方式、比例和样式是否和绘制要求相符，如果不符合绘制要求，可在指定起点时在命令行输入相应的命令进行设置。

05 在命令行输入mledit命令，弹出“多线编辑工具”对话框，如图9-17所示。从对话框中选择多线的交点形式，对墙线进行编辑。编辑后效果如图9-18所示。

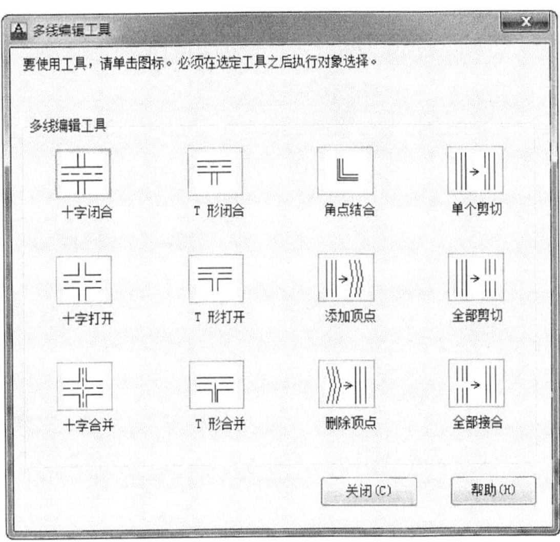

图9-17　多线编辑工具”对话框

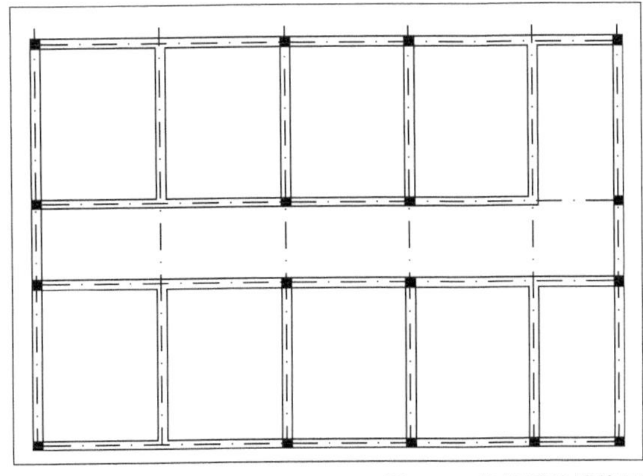

图9-18　编辑后的墙体图

9.2.4　设置门窗

完成墙体的设计之后，即可进行门窗设计。门窗的种类、数量很多，其设计是根据空间的使用功能而定的。我国建筑设计规范对门窗的设计有具体的要求，所以在使用AutoCAD设计建筑图形的时候，可以把它们作为标准图块插入到当前图形中，从而避免了大量的重复工作，提高工作效率，为平面图设置门窗之前，应首先绘制一些标准门窗图块。

1. 设置门

绘制完柱子后，开始绘制门，可以先绘制出门，然后将其设置为图块，再将其插入到图中即可。

操作步骤

01 绘制一宽度为800，厚度为50的两个基本门，左门和右门，如图9-19所示。

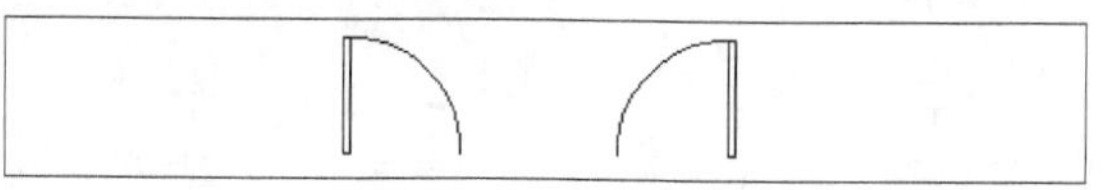

图9-19　绘制基本门

命令行提示如下。

命令: _rectang

//调用“矩形”命令

指定第一个角点或 [倒角(C)/标高(E)/圆角(F)/厚度(T)/宽度(W)]:

指定另一个角点或 [面积(A)/尺寸(D)/旋转(R)]: @50,−800

命令: _line 指定第一点:

//绘制辅助线

指定下一点或 [放弃(U)]:

指定下一点或 [放弃(U)]:

命令: _arc 指定圆弧的起点或 [圆心(C)]:

//调用“圆弧”命令

指定圆弧的第二个点或 [圆心(C)/端点(E)]: e

//指定圆弧端点

指定圆弧的端点:　拾取矩形右上角点

指定圆弧的圆心或 [角度(A)/方向(D)/半径(R)]: r

//指定圆弧半径

指定圆弧的半径: 800

//指定圆弧半径后，删除辅助线既可绘制出左门

命令: _mirror

//调用“镜像”命令，镜像出右门

选择对象: 指定对角点: 找到 2 个

选择对象:

指定镜像线的第一点: 指定镜像线的第二点:

要删除源对象吗? [是(Y)/否(N)] <N>:

02 定义门块。单击“绘图”工具栏中的按钮，打开块定义对话框，分别定义左门块和右门块，插入基点分别取矩形左下角点和右下角点。

03 单击“绘图”工具栏中的按钮，打开“插入”对话框，如图9-20所示。选择右门块，插入点选择“在屏幕上指定”，选中下面的“分解”，指定旋转角度为0。

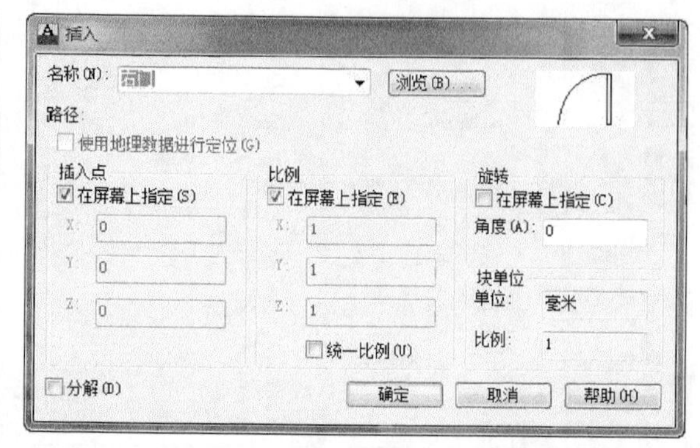

图9-20　选择插入“右门”块

04 单击“确定”按钮后，将门插入到合适的位置，插入后的门如图9-21所示。

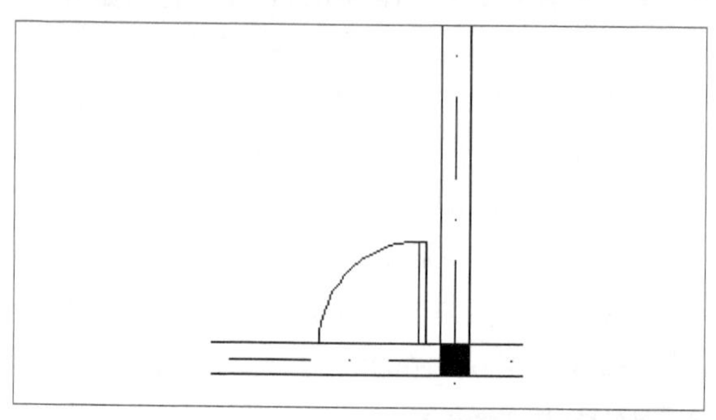

图9-21　插入的一扇门

05 由于墙线是多线，无法进行通常的编辑操作，因此需要将其分解。选择“墙线”图层为当前层，单击“修改”工具栏的按钮，将需要创建门洞的墙线分解，再利用“直线”命令和“修剪”命令创建门洞，结果如图9-22所示。

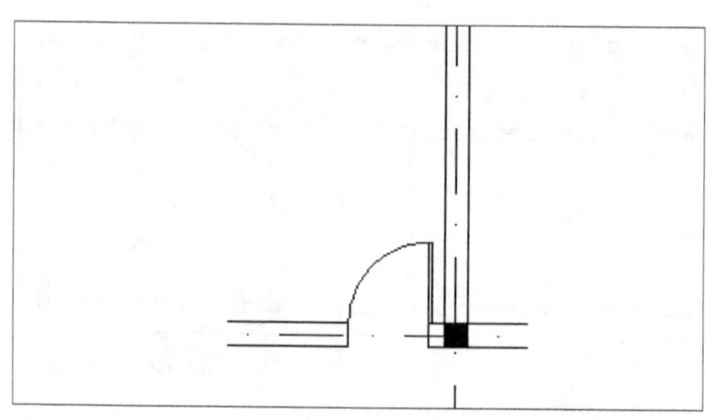

图9-22　创建门洞

命令行提示如下。

命令：　explode

//调用“分解”命令，分解多段线

选择对象：找到1个

选择对象；

命令：Line　//绘制第一个封口

指定第一点:
指定下—点或[放弃]:
指定下一点或[放弃]:
命令：Line　　//绘制第二个封口
指定第一点:
指定下—点或[放弃]:
指定下一点或[放弃]:
命令：　trim　　//修剪多段线修剪出门洞
选择剪切边…
选择对象：找到1个
选择对象：找到1个
选择对象:
选择要修剪的对象:
选择要修剪的对象:
选择要修剪的对象:
核住shlft键选择要延伸的对象或[投影(P)／边(E)／放弃(u)]:
按住shlft键选择要延伸的对象或[投影(P)／边(E)／放弃(u)]:
按住shLft键选择要延伸的对象或t投影(P)／边(E)／放弃(u)]:

06 用同样的方法，绘制出其他的门洞，绘制完成后的门洞如图9-23所示。

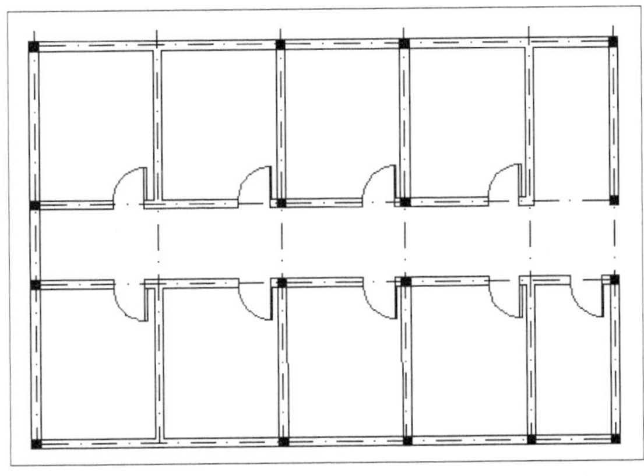

图9-23　完成门后的图形

2. 设置窗户

绘制窗户的过程和门的绘制过程比较相似，先绘制一个窗洞，然后绘制一个窗户，这里绘制一个尺寸为1 000×240把它保存成图块，最后在需要的地方插入即可。

操作步骤

01 将“窗户”层设置为当前层，利用“直线”命令绘制出窗户的边界，然后修剪出窗洞，如图9-24所示。

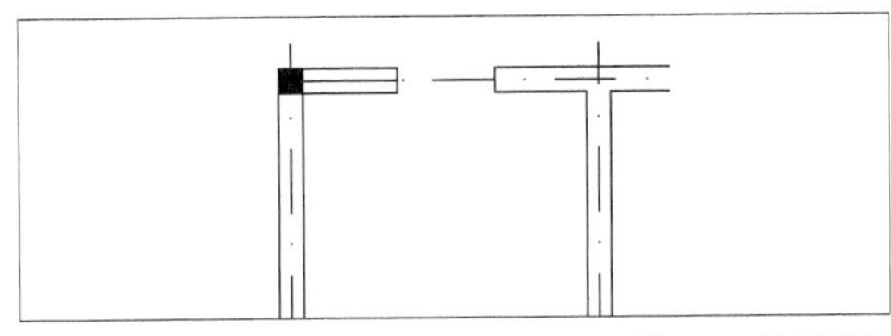

图9-24　绘制窗洞

命令行提示如下。

命令: _trim
当前设置:投影=无，边=无
选择剪切边...
选择对象或 <全部选择>: 找到 1 个
选择对象: 找到 1 个，总计 2 个
选择对象: 找到 1 个，总计 3 个
选择对象:
选择要修剪的对象，或按住 Shift 键选择要延伸的对象，或
[栏选(F)/窗交(C)/投影(P)/边(E)/删除(R)/放弃(U)]:
选择要修剪的对象，或按住 Shift 键选择要延伸的对象，或
[栏选(F)/窗交(C)/投影(P)/边(E)/删除(R)/放弃(U)]:

02 绘制窗户，利用“定数等分”命令先将窗线三等分，连接等分点即可，如图9-25所示。命令行提示如下。

命令: _rectang
//调用“矩形”命令
指定第一个角点或 [倒角(C)/标高(E)/圆角(F)/厚度(T)/宽度(W)]:
指定另一个角点或 [面积(A)/尺寸(D)/旋转(R)]:
@1000,−240　//用相对坐标指定长方形的长和宽
命令: _explode
//调用“分解”命令分解矩形
选择对象: 找到 1 个　　//选择矩形
选择对象:　　//回车
命令: _divide　　//调用“定数等分”命令
选择要定数等分的对象:

//选择矩形的一条边

输入线段数目或 [块(B)]: 3

命令: _divide

选择要定数等分的对象:

//选择矩形的另一条边

输入线段数目或 [块(B)]: 3

命令: _line 指定第一点:

//用“直线”命令，连接等分点

指定下一点或 [放弃(U)]:

指定下一点或 [放弃(U)]:

命令: _line 指定第一点:

//用“直线”命令连接等分点

指定下一点或 [放弃(U)]:

指定下一点或 [放弃(U)]:

图9-25　窗户

03 与门的绘制方法一样，将图9-25所示的窗线制成图块，插入基点选择矩形的左上方角点。

04 单击“绘图”工具栏中的按钮，打开“插入”对话框，选择“窗户”块，单击“确定”按钮插入一个窗户，插入窗户后的图形如图9-26所示。

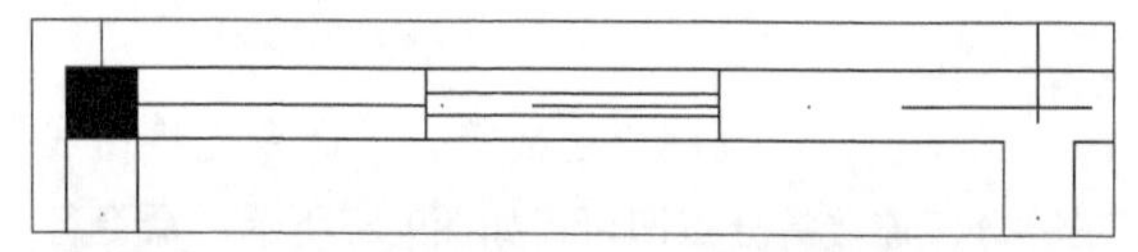

图9-26　插入窗户

05 同样的方法，可以绘制其他的窗户，如图9-27所示。

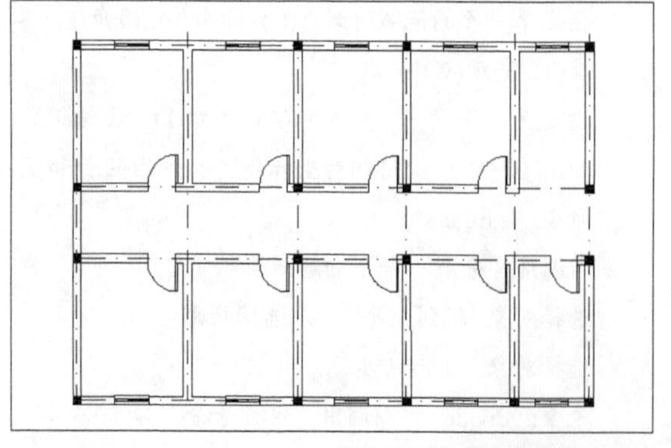

图9-27　完成窗户后的平面图

9.2.5　绘制楼梯

楼梯是建筑中常用的垂直交通设施，楼梯的数量、位置以及形式应满足使用方便和安全疏散的要求，注重建筑环境空间的艺术效果。设计楼梯时，还应使其符合《建筑设计防火规范》和《建筑楼梯模数协调标推》等其他有关单项建筑设计规范的要求。

操作步骤

01 将“楼梯”层设为当前层。

02 利用“直线”命令绘制楼梯台阶AB。命令行提示如下。

命令: _line 指定第一点:

//调用“直线”命令绘制台阶线，指定第一点

指定下一点或 [放弃(U)]:　　　//指定第二点

指定下一点或 [放弃(U)]:　　　//回车

03 单击“修改”工具栏中的按钮，绘制其他台阶线，设置台阶的间距为250mm，效果如图9-28所示。

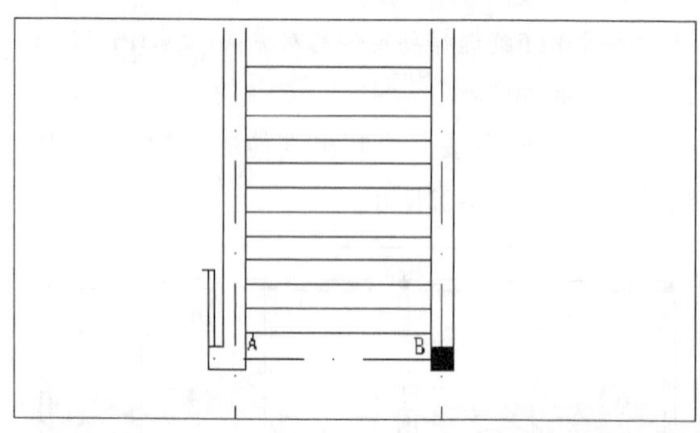

图9-28　阵列后效果

04 单击“绘图”工具栏中的按钮，绘制楼梯的上下扶手。命令行提示如下。

命令: _rectang　　　//调用“矩形”命令

指定第一个角点或 [倒角(C)/标高(E)/圆角(F)/厚度(T)/宽度(W)]:

指定另一个角点或 [面积(A)/尺寸(D)/旋转(R)]: @300,−3100

命令: _offset

//偏移外侧扶手，绘制内侧扶手

当前设置: 删除源=否

图层=源　OFFSETGAPTYPE=0

指定偏移距离或 [通过(T)/删除(E)/图层(L)] <通过>: 70

选择要偏移的对象，或 [退出(E)/放弃(U)] <退出>:

指定要偏移的那一侧上的点，或 [退出(E)/多个(M)/放弃(U)] <退出>:

选择要偏移的对象，或 [退出(E)/放弃(U)] <退出>:

05 采用“修剪”命令减去穿过扶手的楼梯台阶线。命令行提示如下。

命令: _trim

//调用“修剪”命令

当前设置:投影=无，边=无

选择剪切边...

选择对象或 <全部选择>: 找到 1 个

选择对象: 找到 1 个，总计 2 个

选择对象: 找到 1 个，总计 3 个

……

选择对象: 找到 1 个，总计 12 个

选择对象:　　　　//回车或单击鼠标右键

选择要修剪的对象，或按住 Shift 键选择要延伸的对象，或

[栏选(F)/窗交(C)/投影(P)/边(E)/删除(R)/放弃(U)]:　　　　//依次选择要修剪的对象

选择要修剪的对象，或按住 Shift 键选择要延伸的对象，或

[栏选(F)/窗交(C)/投影(P)/边(E)/删除(R)/放弃(U)]:

……

选择要修剪的对象，或按住 Shift 键选择要延伸的对象，或

[栏选(F)/窗交(C)/投影(P)/边(E)/删除(R)/放弃(U)]:　　　　//回车或单击鼠标右键

06 利用“多线”命令绘制楼梯起跑方向和剖段线，如图9-29所示。

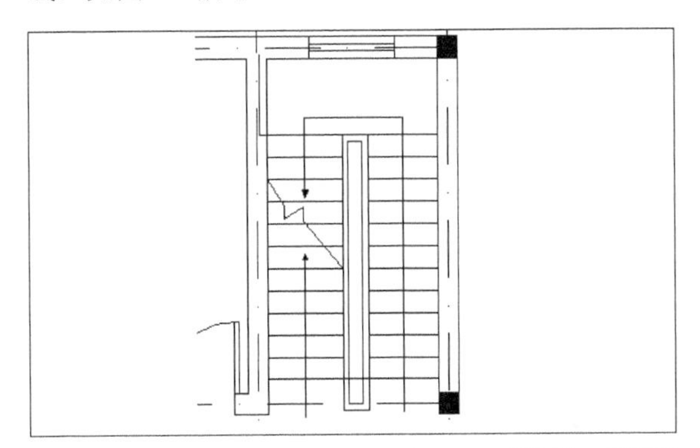

图9-29　楼梯图

命令行提示如下。

命令: _pline

//调用“多线”命令，绘制剖段线

指定起点:

当前线宽为 0

指定下一个点或 [圆弧(A)/半宽(H)/长度(L)/放弃(U)/宽度(W)]:

指定下一点或 [圆弧(A)/闭合(C)/半宽(H)/长度(L)/放弃(U)/宽度(W)]: <正交 开>

指定下一点或 [圆弧(A)/闭合(C)/半宽(H)/长度(L)/放弃(U)/宽度(W)]: <正交 关>

指定下一点或 [圆弧(A)/闭合(C)/半宽(H)/长度(L)/放弃(U)/宽度(W)]: <正交 开>

指定下一点或 [圆弧(A)/闭合(C)/半宽(H)/长度(L)/放弃(U)/宽度(W)]: <正交 关>

指定下一点或 [圆弧(A)/闭合(C)/半宽(H)/长度(L)/放弃(U)/宽度(W)]:

命令: _pline

//调用“多段线”命令，绘制楼梯起跑线

指定起点:

当前线宽为 0

指定下一个点或 [圆弧(A)/半宽(H)/长度(L)/放弃(U)/宽度(W)]: <正交 开>

指定下一点或 [圆弧(A)/闭合(C)/半宽(H)/长度(L)/放弃(U)/宽度(W)]: h

指定起点半宽 <0>: 30

//指定起点半宽

指定端点半宽 <30>: 0

//指定端点半宽

指定下一点或 [圆弧(A)/闭合(C)/半宽(H)/长度(L)/放弃(U)/宽度(W)]:　//指定下一点

指定下一点或 [圆弧(A)/闭合(C)/半宽(H)/长度(L)/放弃(U)/宽度(W)]:　　//回车，既可绘制出带有箭头的多段线

命令: _pline

指定起点:

当前线宽为 0

指定下一个点或 [圆弧(A)/半宽(H)/长度(L)/放弃(U)/宽度(W)]:

指定下一点或 [圆弧(A)/闭合(C)/半宽(H)/长度(L)/放弃(U)/宽度(W)]:

指定下一点或 [圆弧(A)/闭合(C)/半宽(H)/长度(L)/放弃(U)/宽度(W)]:

指定下一点或 [圆弧(A)/闭合(C)/半宽(H)/长度(L)/放弃(U)/宽度(W)]: h

指定起点半宽 <0>: 30

指定端点半宽 <30>: 0

指定下一点或 [圆弧(A)/闭合(C)/半宽(H)/长度(L)/放弃(U)/宽度(W)]:

指定下一点或 [圆弧(A)/闭合(C)/半宽(H)/长度(L)/放弃(U)/宽度(W)]:

9.2.6 绘制卫生间

卫生间主要包括马桶、洗手池等。

操作步骤

01 将“室内设施”层设为当前层。

02 用矩形及圆弧绘制马桶，先用矩形绘制水箱，然后再绘制一个矩形，并且在矩形的顶部绘制出半圆弧。

03 绘制洗手池。先绘制出一个矩形，再在矩形的中间绘制一个椭圆。最终绘制效果如图9-30所示。

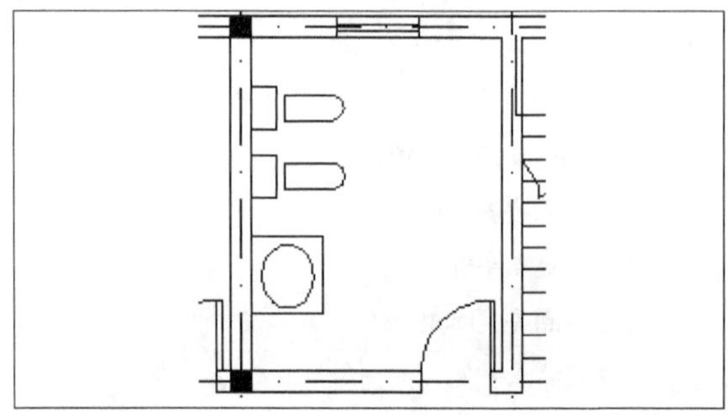

图9-30 绘制卫生间

9.2.7 尺寸标注

通过尺寸标注可以反映图形对象的形状和大小，可以精确表达出施工图各部分实际大小及其相互关系，方便指导施工。建筑施工图的尺寸标注力求规范、整齐，可采用各种方法达到这一目的。

操作步骤

01 将“标注”层设置为当前层。

02 选择“格式”→“标柱样式”菜单命令或单击“标注”工具栏中的按钮，弹出“标柱样式管理器”对话框，如图9-31所示，选择“标注”标柱样式。

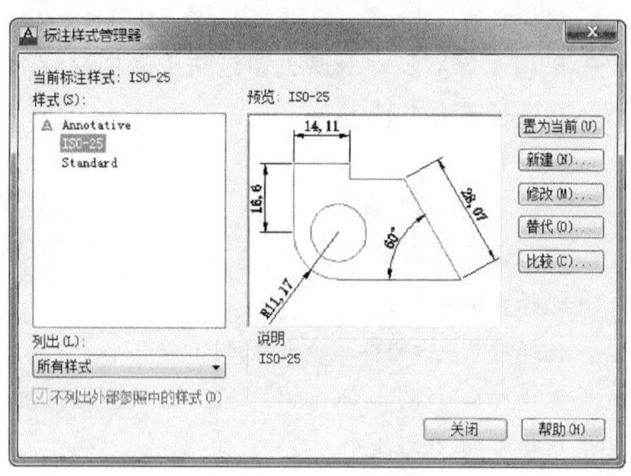

图9-31 “标柱样式管理器”对话框

03 将“线”选项卡中起点偏移量修改为5，如图9-32所示。

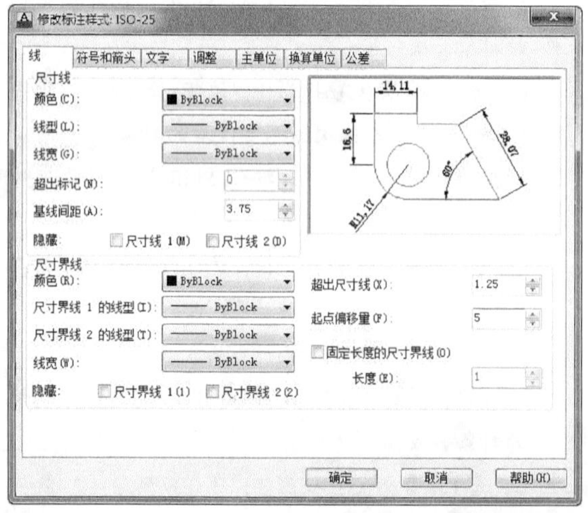

图9-32 设置起点偏移量

04 单击“置为当前”按钮，单击“关闭”按钮，完成标柱样式的选择。

技巧与提示

1. 尺寸标柱以mm为单位；
2. 图中的标注尺寸是实际的设计尺寸；
3. 标注尺寸的文字采用仿宋字，数字采用阿拉伯数字；
4. 每个部位不能重复标注。

05 选择“标注”→“线性”命令或单击“标注”工具栏中的按钮，对平面图进行尺寸标注。

命令行提示如下。

命令: _dimlinear

指定第一条尺寸界线原点或 <选择对象>:

//指定标注图形的起点

指定第二条尺寸界线原点:

//指定标注图形的终点

创建了无关联的标注。

指定尺寸线位置或

//选择合适的位置

[多行文字(M)/文字(T)/角度(A)/水平(H)/垂直(V)/旋转(R)]:

标注文字 =15000

06 当绘制出一条标注后，采用"连续标注"可以快速地进行标注。选择"标注"→"连续标注"命令或单击"标注"工具栏中的按钮，依次完成其他标注，结果如图9-33所示。

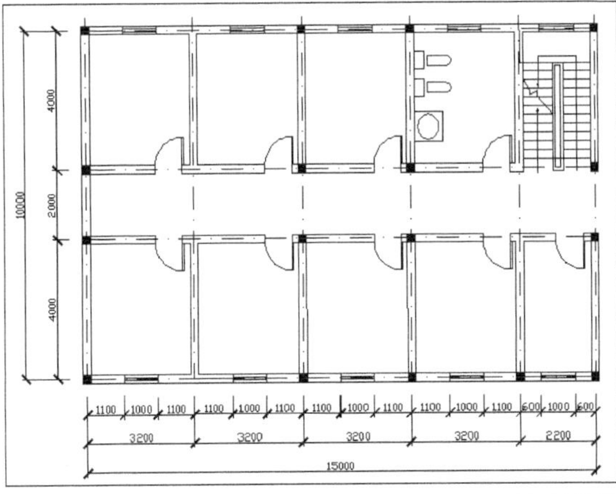

图9-33 尺寸标注结果

注意

在平面图中，必须标明标高尺寸，如相邻地面标高不同时，要分别标注清楚。

9.2.8 文字标注

对于建筑施工图中不能用图形来表达的部分或施工做法等需要详细的文字说明，文字标注是施工平面图的一项必不可少的内容，是对图纸进行必要的说明。文字标注一般包括标题栏中的内容、施工图说明、房间功能、门窗代号等。

文字标注具体步骤如下。

01 将"文字"层设为当前层。

02 选择"格式"→"文字样式"命令，弹出"文字样式"对话框，选择名为"文字" 的文字样式。具体设置参数为：在"字体名"选项组中选择"FangSong-GB2312"，字体高度设置为300，其他选项均采用默认设置。

03 单击"绘图"工具栏中的按钮，文字样式选择"文字"，字高输入250，此时输入所需文字即可，如图9-34所示。

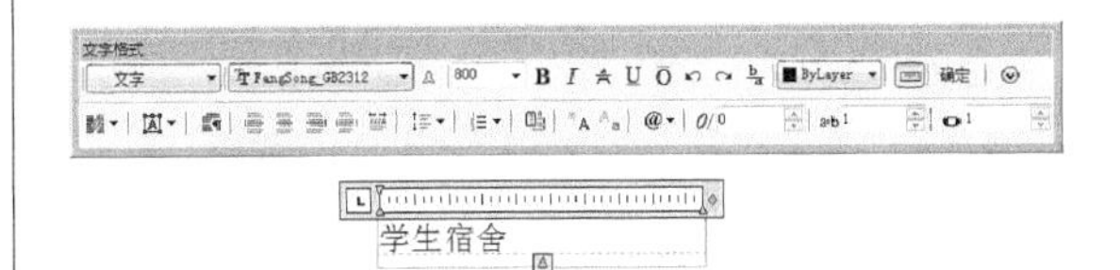

图9-34 标注文字

注意

字高的输入应与图纸的打印比例相一致，如本例打印比例为1:100，若采用五号字，则字高应设为500。

对平面进行文字标注，完成的结果如图9-35所示。

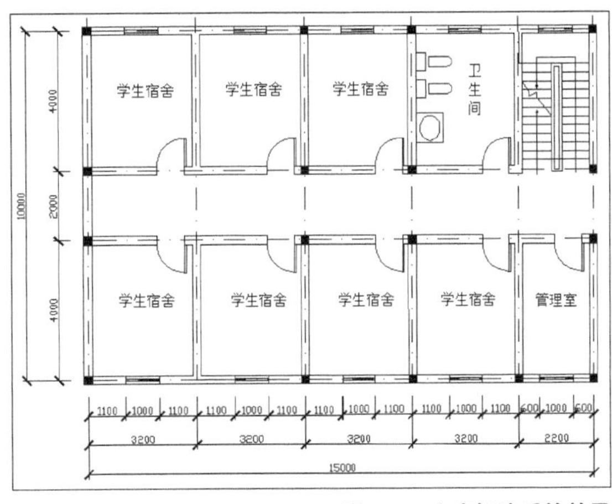

图9-35 文字标注后的效果

9.2.9 添加轴线编号

接下来为轴线添加符号，具体步骤如下。

01 将"标注"层作为当前层。

02 单击"绘图"工具栏上的按钮，绘制水平方向轴线的引线，命令行提示如下。

命令: _line 指定第一点:

指定下一点或 [放弃(U)]:

指定下一点或 [放弃(U)]:

03 单击“绘图”工具栏中的按钮⊙，绘制要标注符号端部的圆圈，并输入文字，命令行提示如下。

命令: _circle 指定圆的圆心或 [三点(3P)/两点(2P)/相切、相切、半径(T)]:
指定圆的半径或 [直径(D)]: 200
//指定圆的半径为200
命令: _dtext
当前文字样式: “文字” 文字高度:300 注释性:否
指定文字的起点或 [对正(J)/样式(S)]: j
输入选项
[对齐(A)/调整(F)/中心(C)/中间(M)/右(R)/左上(TL)/中上(TC)/右上(TR)/左中(ML)/正中(MC)/右中(MR)/左下(BL)/中
下(BC)/右下(BR)]: mc
指定文字的中间点:
指定文字的旋转角度 <0>:

04 采用“复制”命令，结合AutoCAD 2013的“对象捕捉”功能，绘制出其他轴线编号。命令行提示如下。

命令: _copy
选择对象: 找到 1 个
选择对象: 找到 1 个，总计 2 个
选择对象: 找到 1 个，总计 3 个
选择对象:
当前设置: 复制模式 = 多个
指定基点或 [位移(D)/模式(O)] <位移>: 指定第二个点或 <使用第一个点作为位移>:
指定第二个点或 [退出(E)/放弃(U)] <退出>:
指定第二个点或 [退出(E)/放弃(U)] <退出>:
……

最终效果如图9-36所示。

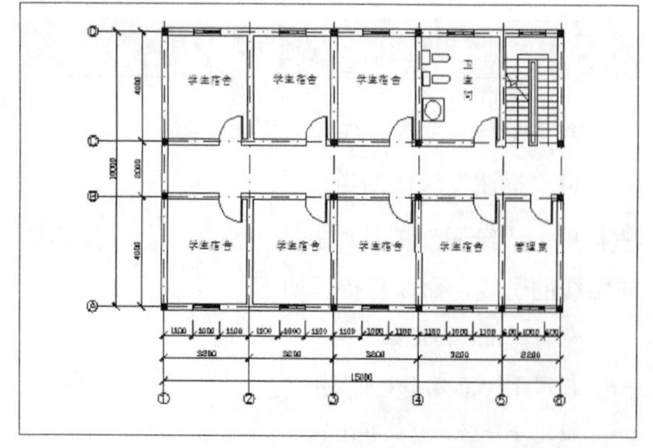

图9-36 标注轴线编号后的效果

9.2.10 添加图框和标题

在正规的图纸中都是包括图框的。接下来为平面图增加图框。使用AutoCAD 2013 绘制建筑施工图，应绘制出符合国家有关规定的图框。在本平面图中需要绘制一个长宽为21 000mm×29 700 mm，即A4的图纸放大100倍。

操作步骤

01 新建一个绘图文件，将图框文件保存为“A4.dwg”。

02 定制A4图符，命令行提示如下。

命令: LIMITS
//调用“图形界限”命令
重新设置模型空间界限:
指定左下角点或 [开(ON)/关(OFF)] <0.0000,0.0000>:
指定右上角点 <420.0000,297.0000>: 21000,29700
命令: '_zoom
指定窗口的角点，输入比例因子 (nX 或 nXP)，或者
[全部(A)/中心(C)/动态(D)/范围(E)/上一个(P)/比例(S)/窗口(W)/对象(O)] <实时>: _all 正在重生成模型。 //显示当前视图范围

03 单击“绘图”工具栏中的按钮□，绘制图符线。命令行提示如下。

命令: _rectang
指定第一个角点或 [倒角(C)/标高(E)/圆角(F)/厚度(T)/宽度(W)]: 0,0
指定另一个角点或 [面积(A)/尺寸(D)/旋转(R)]: 29700,21000

04 图框线是图纸上存在的图形。在建筑制图标准中，规定采用粗实线进行绘制。命令行提示如下。

命令: _pline
指定起点: 2500,500
当前线宽为 60.0000
指定下一个点或 [圆弧(A)/半宽(H)/长度(L)/放弃(U)/宽度(W)]: W
指定起点宽度 <60.0000>:
指定端点宽度 <60.0000>:
指定下一个点或 [圆弧(A)/半宽(H)/长度(L)/放弃

(U)/宽度(W)]: @26700,0
指定下一点或 [圆弧(A)/闭合(C)/半宽(H)/长度(L)/放弃(U)/宽度(W)]: @20000
需要二维角点或选项关键字。
指定下一点或 [圆弧(A)/闭合(C)/半宽(H)/长度(L)/放弃(U)/宽度(W)]: @0,20000
指定下一点或 [圆弧(A)/闭合(C)/半宽(H)/长度(L)/放弃(U)/宽度(W)]: @-26700,0
指定下一点或 [圆弧(A)/闭合(C)/半宽(H)/长度(L)/放弃(U)/宽度(W)]: C

05 采用同样的方法，绘制出标题栏，并在标题栏中分别填充相应的文字，如图9-37所示。

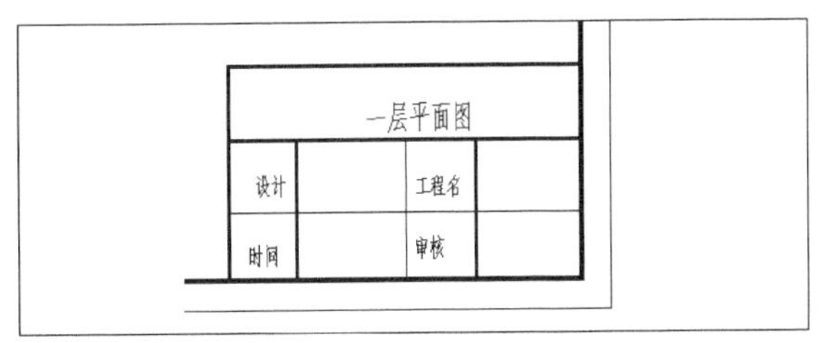

图9-37　标题栏

06 将图框和标题保存为“A4.dwg”插入到所绘制的平面图中。将比例设为1，选择适当的位置插入图形，如果不满意可利用“移动”命令调整位置。完成该平面图的绘制。

9.3　综合实例

通过以上的学习，读者应对建筑平面图的设计过程和绘制方法有一个初步的了解。本节将讲述门窗平面图的绘制、楼梯平面图的绘制、门客厅平面图的绘制以及平面图的绘制。

9.3.1　门窗平面图的绘制

建筑用门窗都有固定尺寸，用户可以先绘制一个基本门窗，然后通过复制、镜像等操作,可方便地绘制图形，也可绘制为基本块，在需要的地方进行插入。在开启方式上一般分为左门和右门，因此可把这两类门制作为块，其他尺寸的门经过旋转或缩放可得到。

操作步骤

01 绘制宽为900，厚为45的左门。首先绘制一矩形长900，宽45，然后通过“起点、圆心、角度”命令绘制圆弧。通过”镜像”命令得到右门，如图9-38所示。

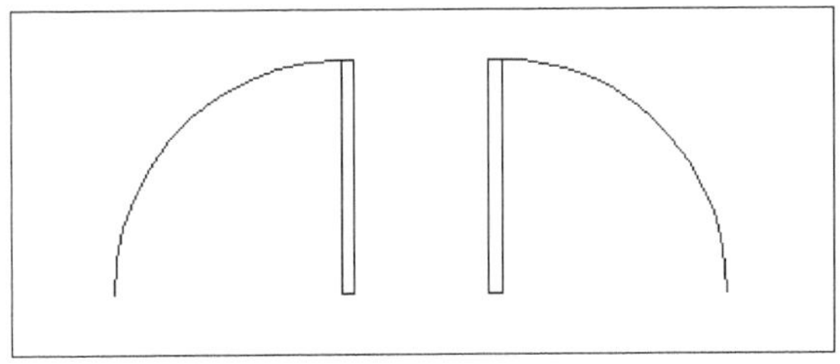

图9-38　绘制基本门

02 在不同的图形中门的开启方向各不相同，但是用户可以通过“旋转”命令，分别对左右门块旋转合适的角度，效果如图9-39所示。

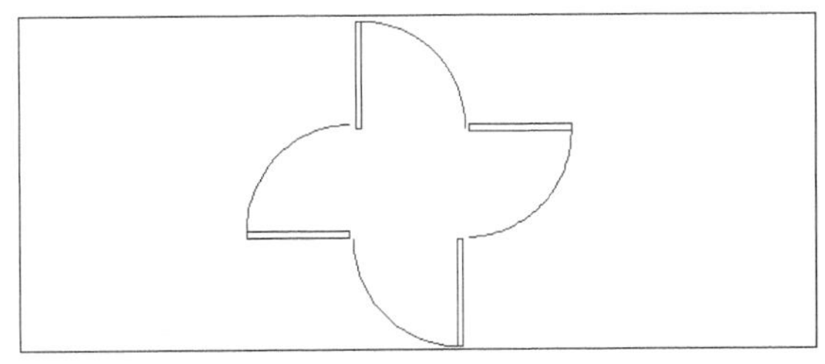

图9-39　左门

03 用户可把这两种门的形式分别制作成块。单击按钮，弹出块对话框，名称项输入“左门”，基点选择矩形的一个角点，选中弧线和矩形作为整体，如图9-40所示。

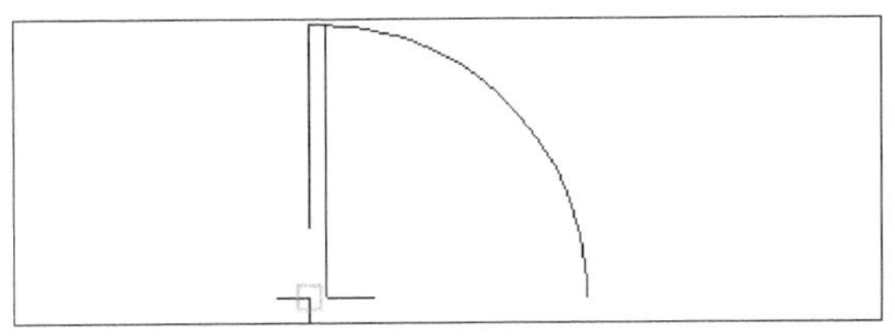

图9-40　拾取基点

04 在图形中插入左门时，单击按钮，名称项输入“左门”，选择门中作为插入基点，如图9-41所示。

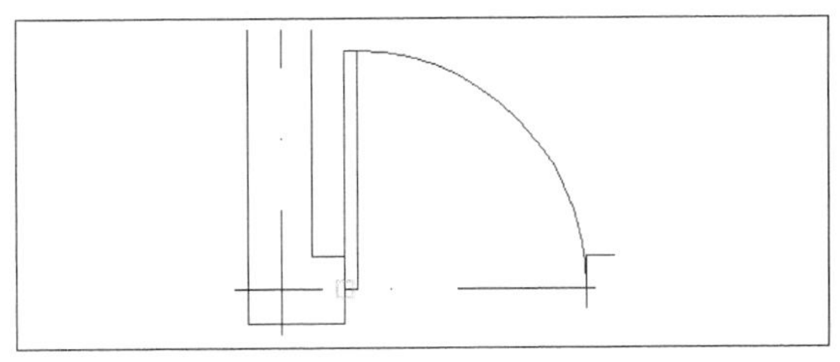

图9-41　插入“左门”块

05 房屋常用的有单扇门、双扇门、推拉门、单扇双面弹簧门、双扇双面弹簧门、转门等，如图9-42所示。

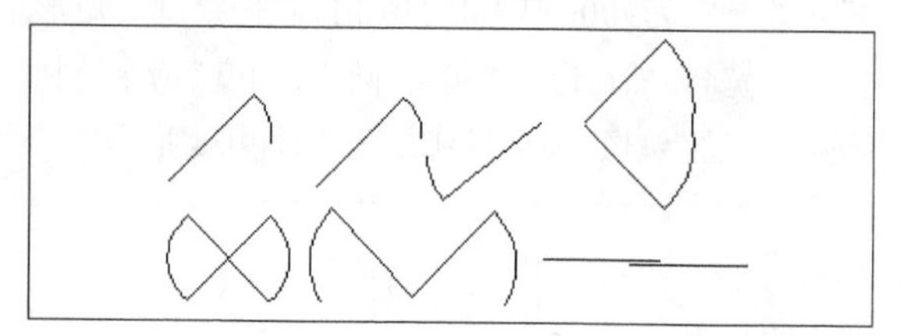

图9-42 常见的几种图例

06 窗分为单层固定窗、外开上悬窗、内开下悬窗、外开平窗、立转窗、内开平窗、外开平窗、左右推拉窗、上推窗和百叶窗。它们的表现形式如图9-43所示。

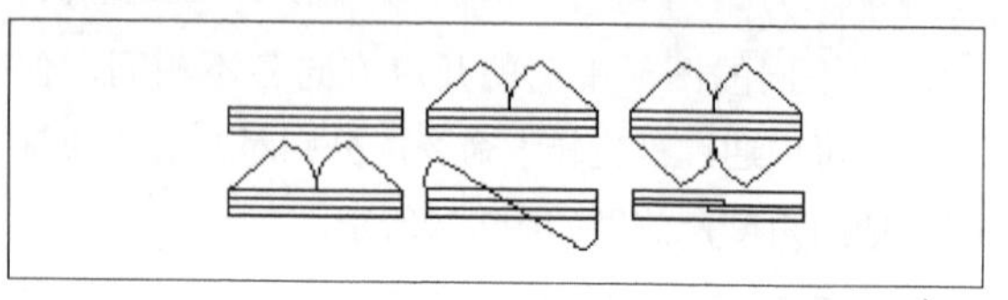

图9-43 常见窗的图例

9.3.2 楼梯平面图的绘制

楼梯是上下交通的主要设施，要求满足行走方便安全，人流疏散畅通，坚固耐久。楼梯由楼梯段（简称梯段，包括踏步或斜梁）、平台（包括平台板和梁）和栏板（或栏杆）等组成。根据楼梯平面形式的不同，楼梯可分为单跑直楼梯、双跑直楼梯、双跑平行楼梯、三跑楼梯和弧形楼梯等。

按楼梯的平面形式不同，包括：单跑直楼梯、双跑直楼梯、曲尺楼梯、双跑平行楼梯、双分转角楼梯、双分平行楼梯、三跑楼梯、三角形三跑楼梯、圆形楼梯、中柱螺旋楼梯、无中柱螺旋楼梯、单跑弧形楼梯、双跑弧形楼梯、交叉楼梯、剪刀楼梯。

按受力分，楼梯包括板式楼梯和梁板式楼梯两种结构形式。

一般每一层楼梯都应画一楼梯平面图。3层以上的房屋，若中间各层的楼梯位置及其梯段数，踏步数和大小都相同时，通常只画出底层、中间层和顶层3个平面图即可。

除顶层外，楼梯平面图的剖切位置通常为从该层上行第一梯段（休息平台下）的任一位置处水平剖切。

被折断的梯段用30°的折断线折断，并用长箭头加注“上X级”或“下X级”，级数为两层间的总步级数。

应标注楼梯间的定位轴线，楼地面、平台面的标高及有关的尺寸（如楼梯间的开间和进深尺寸、平台尺寸和细部尺寸）。

注意梯段长度尺寸应注成：踏面宽*踏面数=梯段水平投影长。

在底层平面图中注明楼梯剖面图的剖切位置。

绘制楼梯平面图主要使用“偏移”、“修剪”命令，下面绘制一楼梯间休息平台宽为1.2m，楼梯井宽为0.1m，踏步宽为0.25m的图形。

操作步骤

01 首先绘制休息平台的外边线，如图9-44所示。

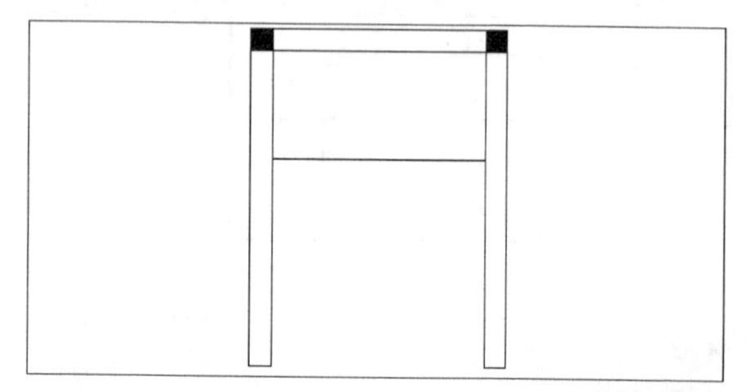

图9-44 平台的外边线

02 用“偏移”命令来复制已绘制好的平台外边线，距离为250，如图9-45所示。

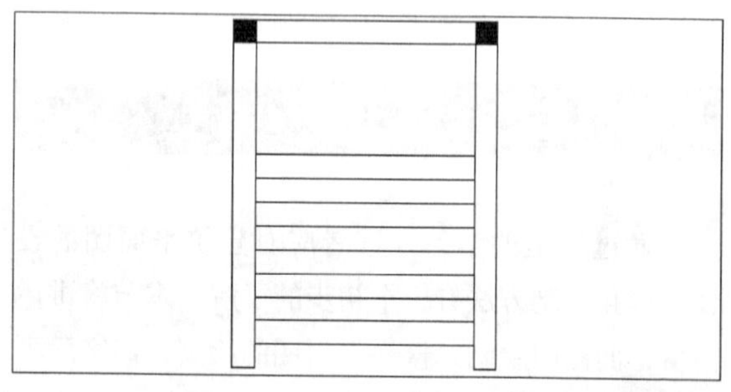

图9-45 复制台阶

03 用“矩形”命令绘制楼梯的栏杆，再将矩形移动到台阶的中间位置，如图9-46所示。

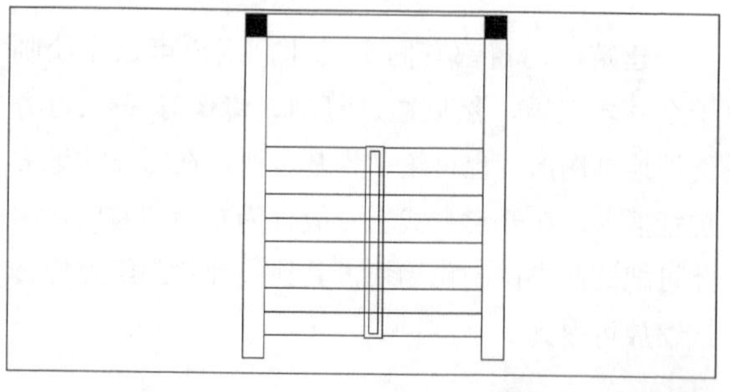

图9-46 绘制栏杆

04 用“修剪”命令剪除穿过栏杆的楼梯台阶线，后绘制楼梯起跑方向线和剖断线，效果如图9-47所示。

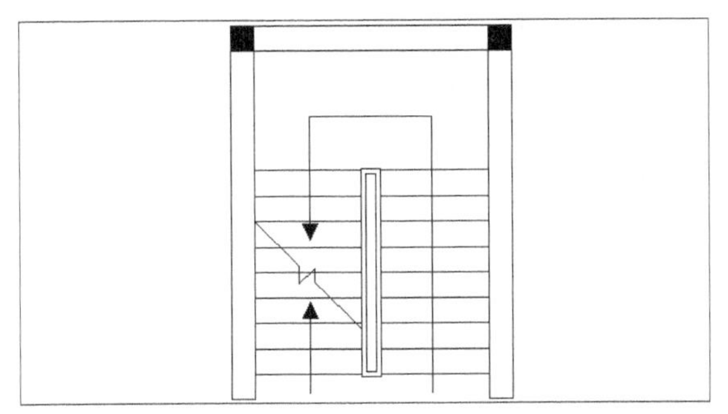

图9-47　楼梯平面图

05 其他几种楼梯平面图如图9-48、图9-49、图9-50、图9-51所示。

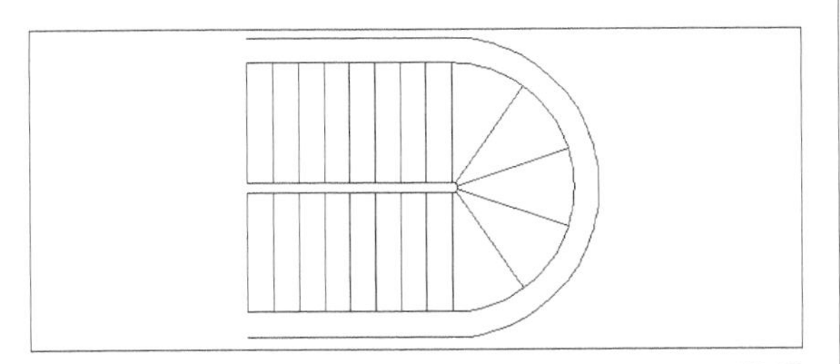

图9-48　圆形楼梯

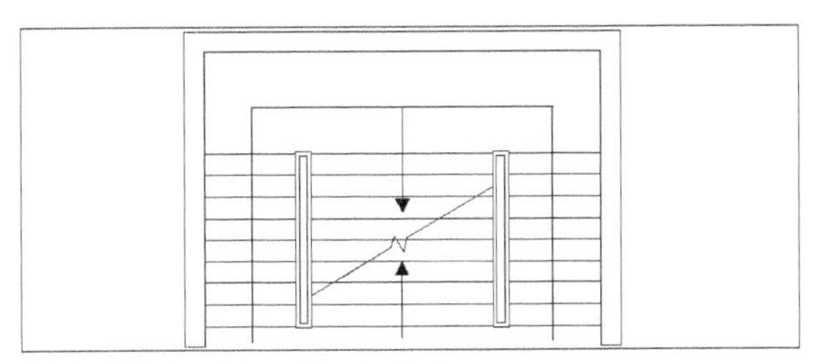

图9-49　双跑楼梯

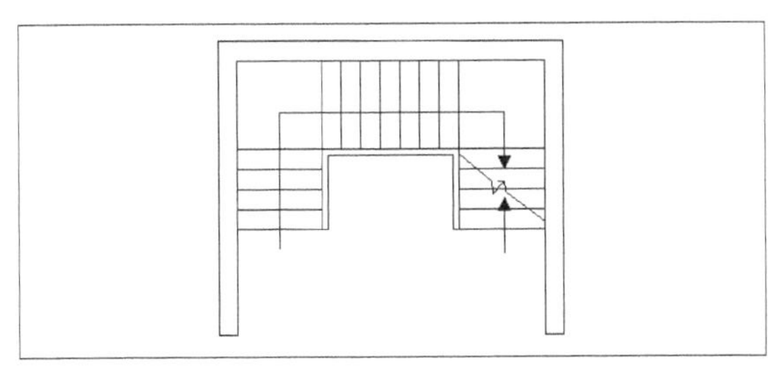

图9-50　三跑楼梯

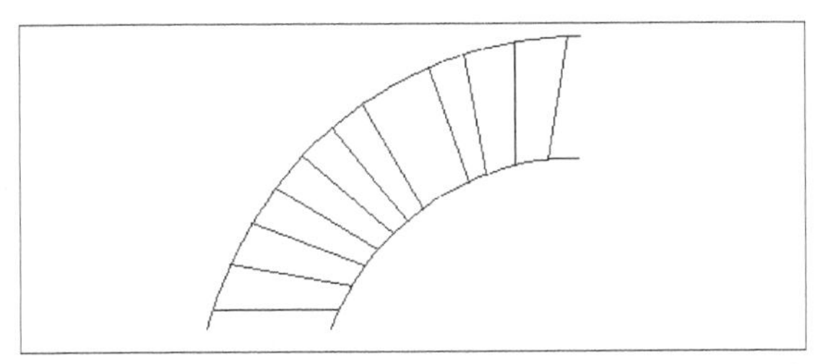

图9-51　弧形楼梯

9.3.3　门客厅平面图的绘制

客厅中一般放置沙发、茶几、电视桌等。

操作步骤

01 首先利用“偏移”、“圆角”等命令绘制一单人沙发，其尺寸为800×800，前面已经详细讲述，此处不再赘述。效果如图9-52所示。

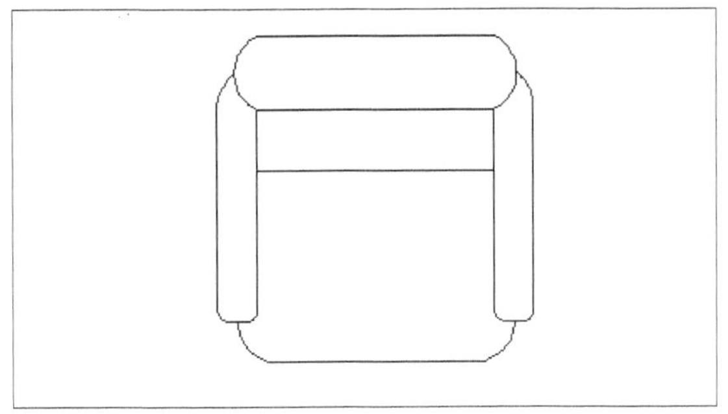

图9-52　单人沙发

02 利用“镜像”命令复制，制作双人沙发，尺寸为1 500×800。效果如图9-53所示。

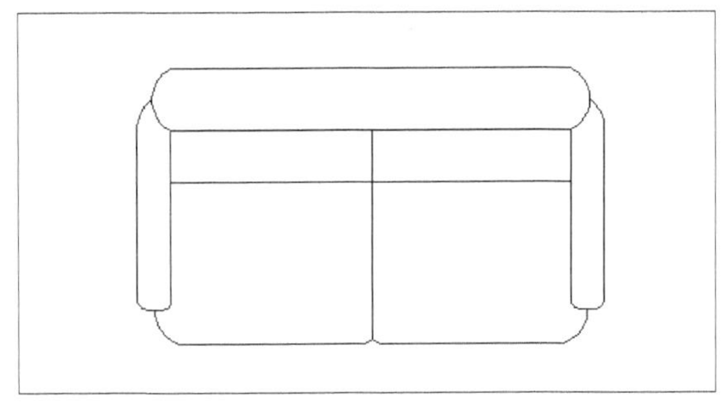

图9-53　双人沙发

03 制作电视机，其尺寸为500×800。效果如图9-54所示。

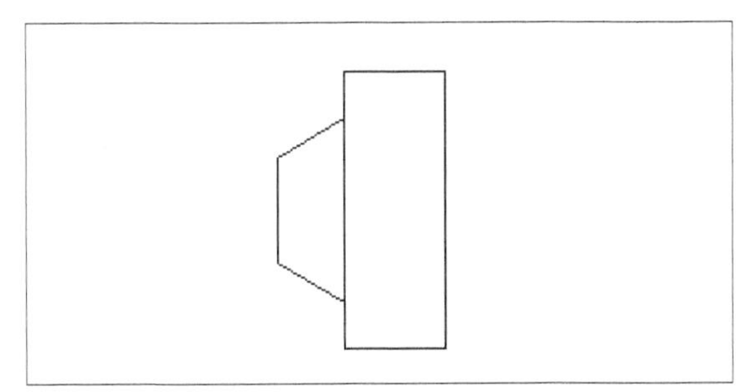

图9-54　电视机

04 绘制电视平台，其尺寸为700×1 000。效果如图9-55所示。

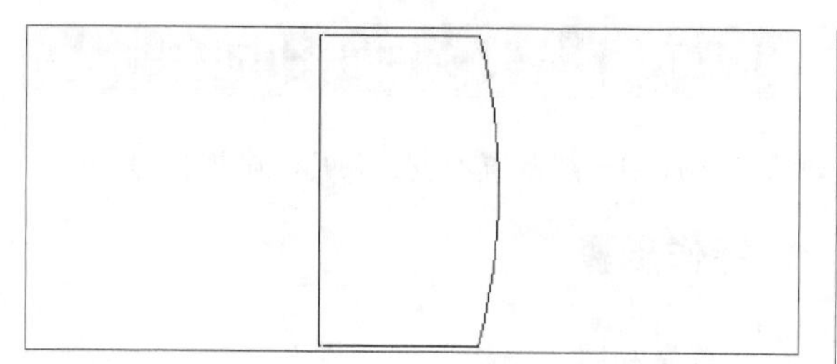

图9-55　电视机平台

05 把沙发、电视机等创建成块，插入图中合适位置，如图9-56所示。

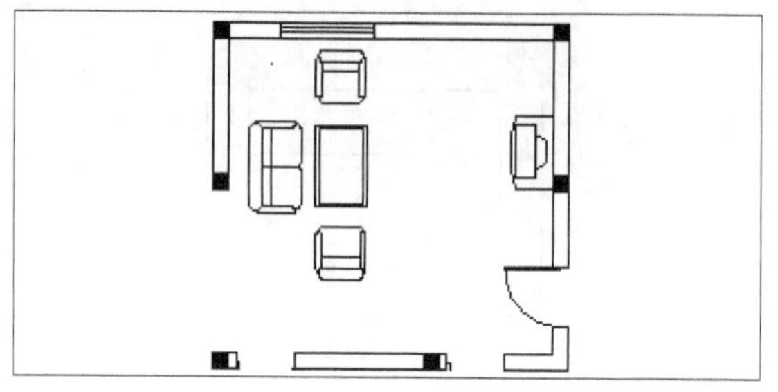

图9-56　插入块

06 在沙发之间的合适位置绘制一矩形，尺寸为3 000×3 000的地毯，如图9-57所示。

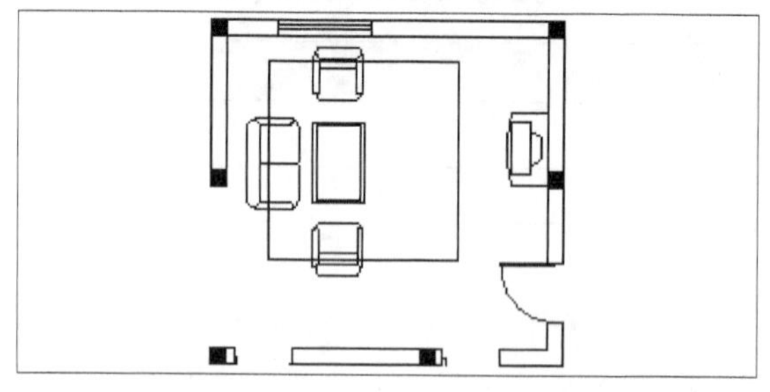

图9-57　绘制地毯

07 选择此矩形的4条边线，在工具栏的“线型控制”下拉框中，选择“其他→加载→tracks”菜单命令，修改其线型。双击对象，打开“特性”对话框，将线型比例改为10，效果如图9-58所示。

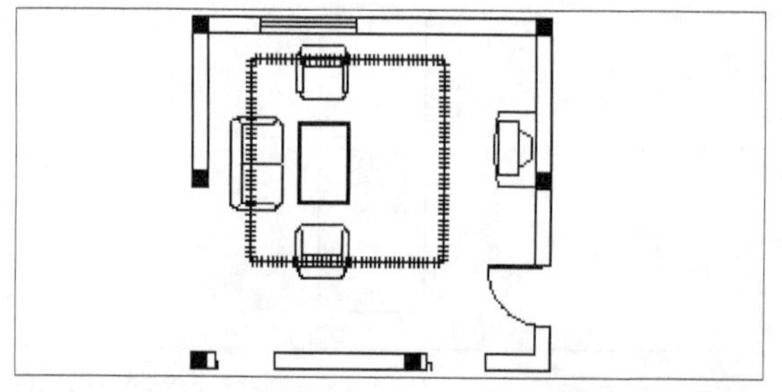

图9-58　修改线型

对穿过沙发的地毯进行修改，效果如图9-59所示。

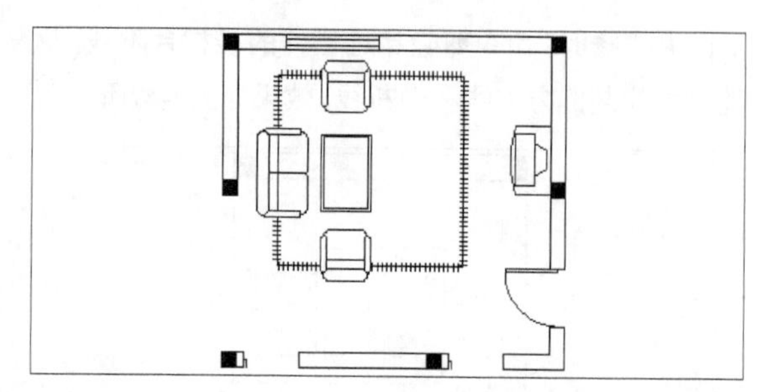

图9-59　客厅效果

9.3.4　平面图的绘制

下面将通过绘制一个建筑平面图的实例来对绘制过程进行详细的介绍。

操作步骤

01 利用“缩放”命令中的“全部”选项，将图形显示在绘图区。首先在已建好的“轴线”层上，根据尺寸数利用“直线”和“偏移”命令绘制轴线，效果如图9-60所示。

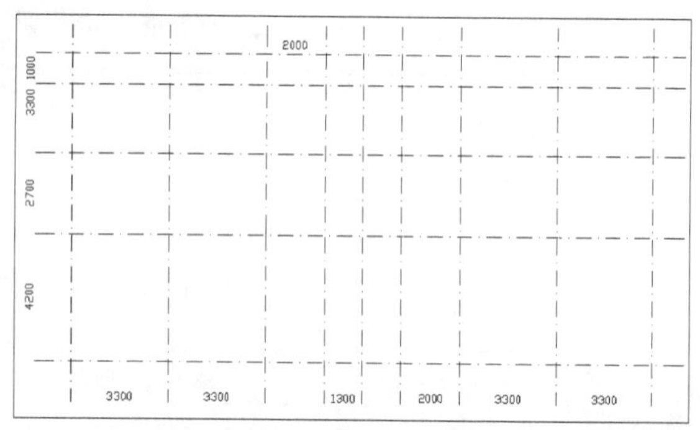

图9-60　绘制轴线

02 根据原图对轴线进行修剪，效果如图9-61所示

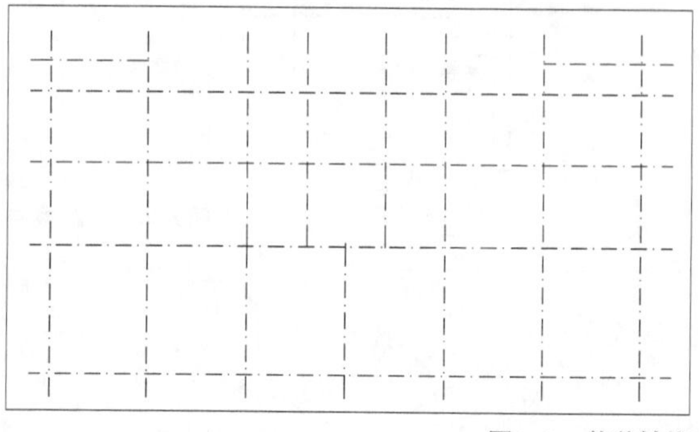

图9-61　修剪轴线

03 将“柱子”层设为当前层，用“矩形”命令先绘制尺寸为240×240柱子的截面边界，然后在

“图案填充和渐变色”的“图案”选项中，选用“SOLID”填充就可得到，效果如图9-62所示。为了方便绘图，用户可把柱子转化为块。

图9-62　绘制柱子

04 插入柱块后效果如图9-63所示。

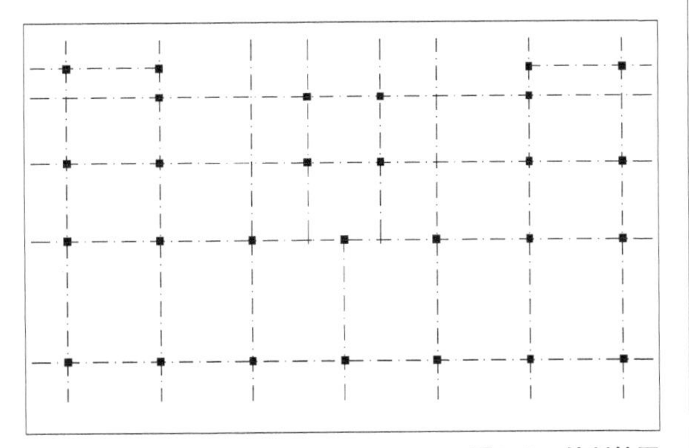

图9-63　绘制柱网

05 绘制墙体的方法有两种，一种是采用“直线”命令绘制出墙体的一侧直线，然后采用“偏移”命令再绘制出另外一侧的直线；另一种是采用“多线”命令绘制墙体，然后再编辑多线，整理墙体的交线，并在墙体上开出门窗洞口等。

06 定义多线样式，选择“格式”→“多线样式”→“新建”菜单命令，输入“墙”，单击“继续”按钮，在“新建多线样式”对话框中进行修改，如图9-64所示。

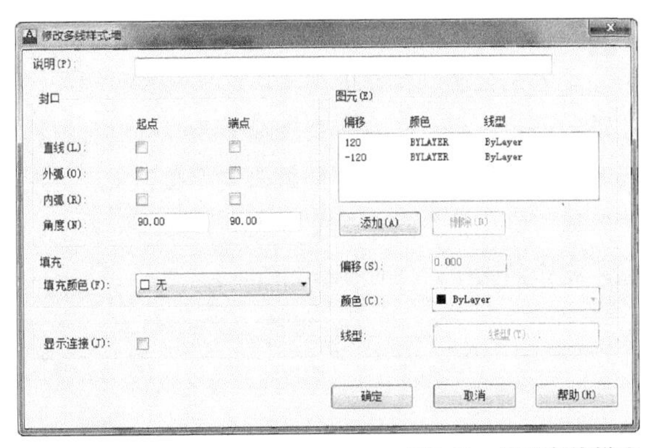

图9-64　修改多线样式

07 选择“绘图”→“多线”命令进行绘制，效果如图9-65所示。

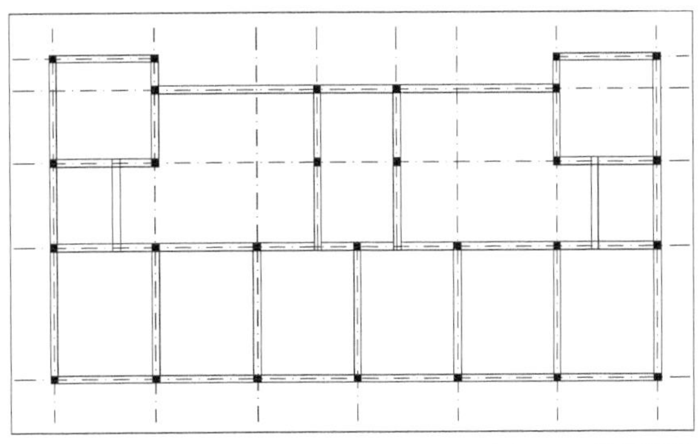

图9-65　绘制墙体

08 利用“多线”命令绘制的墙线只是一个墙体轮廓，多线的交叉处并不满足墙线的要求，这就需要进一步编辑。选择“修改”→“对象”→“多线”菜单命令，弹出多线编辑工具框，如图9-66所示。

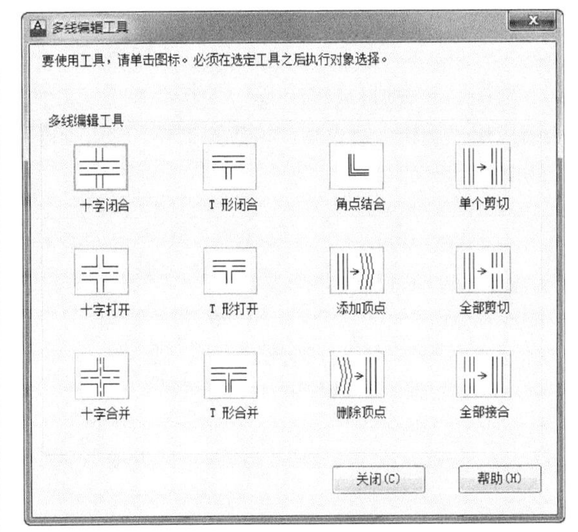

图9-66　多线编辑工具

09 对墙体的交叉部分进行相应的修改，效果如图9-67所示。

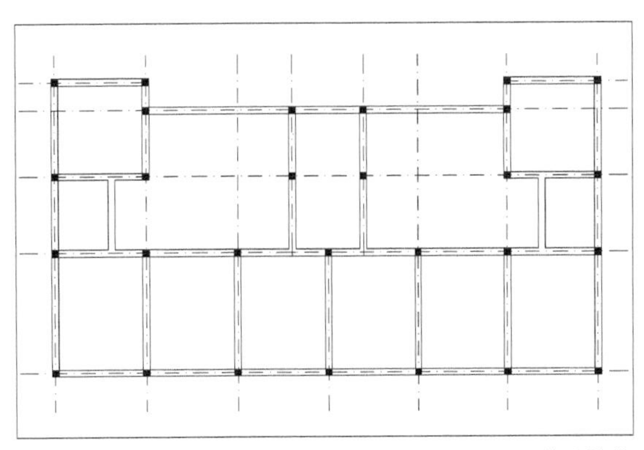

图9-67　修改墙体

10 绘制门窗洞口。选择工具栏上的“分解”命令，把墙体多线分解为多条直线，根据门窗尺寸数，利用“修剪”命令绘制洞口。效果如图9-68所示。

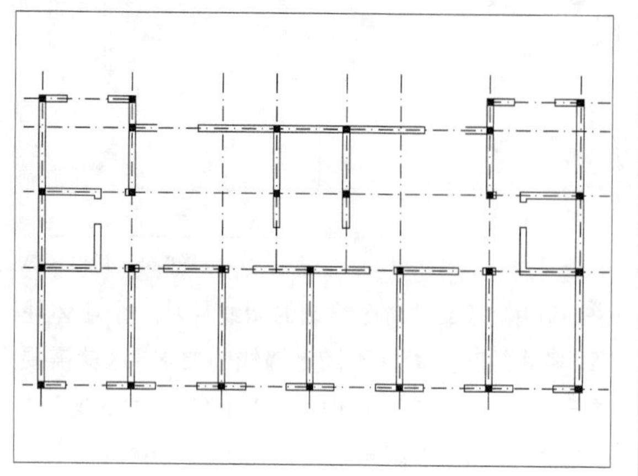

图9-68 绘制洞口

11 分别在“门层”、“窗层”、“楼梯层”中插入前面已经绘制为块的门块、窗块和楼梯块。插入后应用“旋转”命令对门块进行调整，效果如图9-69所示。

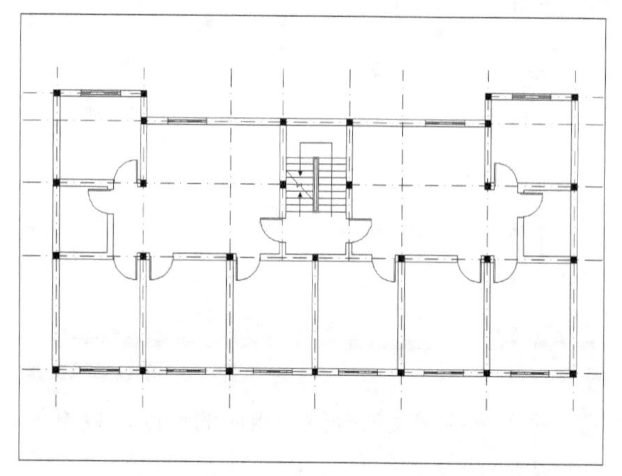

图9-69 插入门窗

下面介绍添加尺寸标注和文字标注。

操作步骤

01 将“标注”层设为当前层，调用标注命令。

02 绘制尺寸辅助线L1～L5和S1～S3，如图9-70所示。其中L1表示轴线标注符号起点位置，L2表示第一排水平尺寸线的起点位置，L3表示第一排水平尺寸线的位置，L4表示第二排水平尺寸线的位置，L5表示第三排水平尺寸线的位置；S1表示轴线标注符号起点位置，S2表示第一排竖向尺寸线位置，S3表示第二排竖向尺寸线位置。

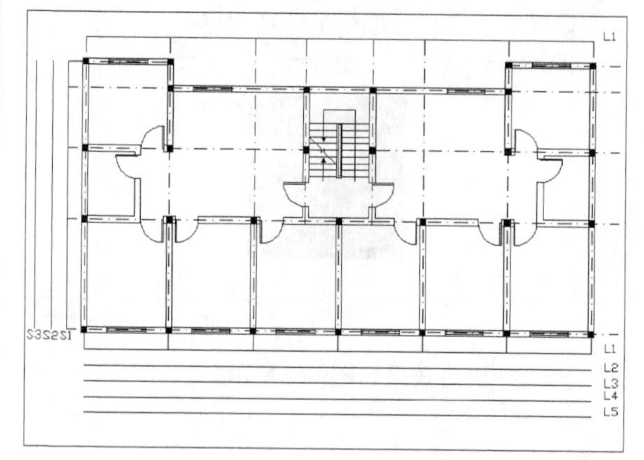

图9-70 绘制辅助线

03 绘制尺寸标注界线和标注轴线符号。其中轴线符号的圆圈半径为400，在水平轴线上的编号为1、2、3等，竖向轴线的编号为A、B、C等，数字和字母大小均为400。效果如图9-71所示。

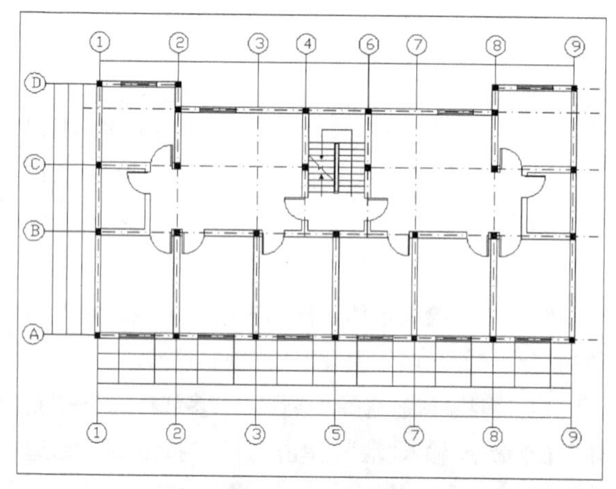

图9-71 尺寸标注界线

04 对图形进行标注。对于两个相邻的尺寸，如果间隔太小会出现拥挤的现象，这就需要对标注尺寸进行编辑。用户用鼠标直接选中要编辑的对象，或者单击“标注”工具栏的编辑文字按钮，再拖动鼠标，则可把被选中的文字放到合适的位置了。标注完毕的水平尺寸如图9-72所示。

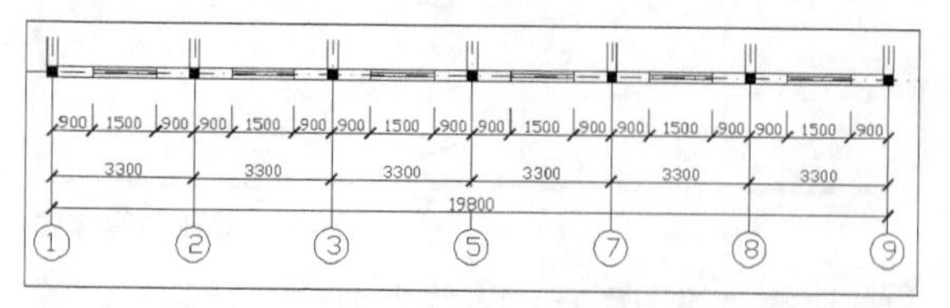

图9-72 标注水平尺寸

05 删除掉标注辅助线，用同样的方法绘制竖向尺寸的标注及其他标注。效果如图9-73所示。

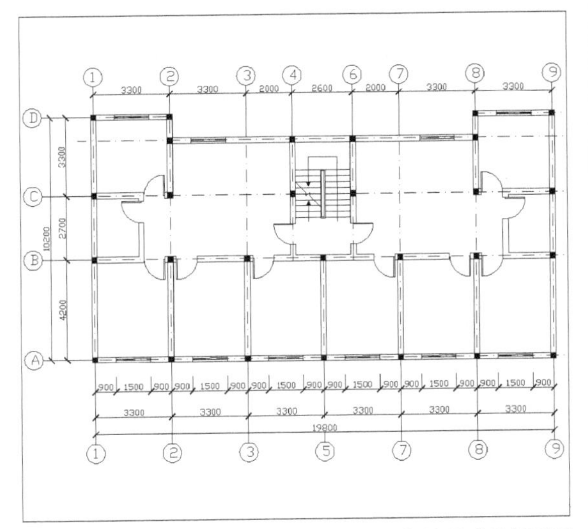

图9-73　标注尺寸的平面图

06 进行文字注释。将“标注”层设为当前层，选择“绘图”→“文字”→“单行文字”命令，文字的高度设为400，其他采用默认值。如果注释的文字位置不合适时，可以用“移动”命令修改。效果如图9-74所示。

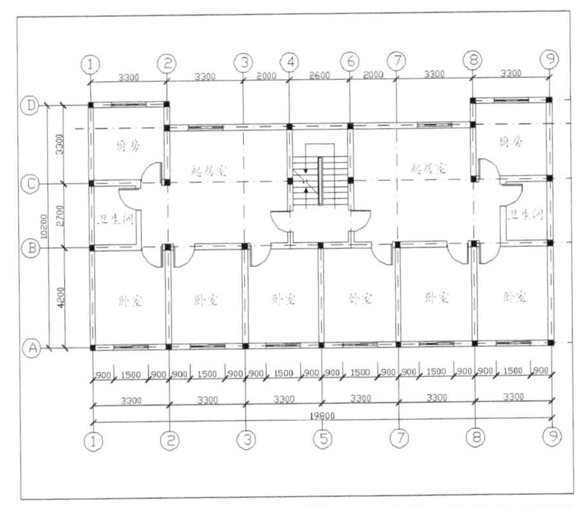

图9-74　完成文字标注的图形

07 添加图框和标题栏。这幅图的宽为10 000，长为19 800，如果按照1∶100的比例出图，则至少宽为110，长为210，所以要制作一个宽为210，长为297的A4页面的图框。利用前面的介绍绘制效果如图9-75所示。

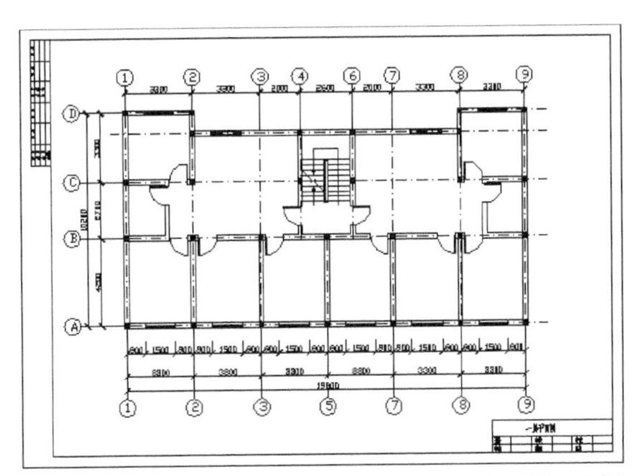

图9-75　加图框后的平面图

9.4　小结

本章主要介绍了使用 AutoCAD 2013绘制建筑平面图的具体步骤，根据具体情况和读者自己的设计思想差异，具体的绘制方法可能有所不同，不过具体的绘制方法大多一样。本章主要介绍了设置绘图环境、利用“偏移”命令绘制柱网、利用“多线”命令绘制墙体、创建和插入门窗块等的操作。由于该图大多数线条均为直线，且图形左右对称，因此用户可利用“镜像”、“修剪”等简单的二维绘图命令绘制和编辑。

在绘图时应当注意分层绘制图形的各个部分，设置各部分的线型、线宽和颜色等，这样便于建筑图素的相互区分。通过这一章的学习，可以使读者了解绘制建筑平面图的基本知识，掌握绘制过程及其在这一过程中需要注意的事项。

操作技巧

1. 如何保证不在绘图界限外绘制图形？

答：用户可以在完成图形界限的设置后，再重复打开此命令，当命令行提示为“指定左下角点或［开（ON）/ 关（OFF）］〈0.0000,0.0000〉”时，输入“ON”并按回车键。这样系统就打开了图形界限的限制功能，用户只能在设置的图形界限内绘图，当所绘制的图形超出已设置的图形界限时，系统会拒绝执行用户的绘图命令。

在命令行输入OFF并按回车键，这时系统就关闭了图形界限的限制功能，用户可以在超出已设置的图形界限的范围绘图。

2. 在标注文字时，标注上下标的方法？

答：使用多行文字编辑命令：

上标：输入2^，然后选中2^，点a/b键即可。

下标：输入^2，然后选中^2，点a/b键即可。

3. 如何在不同的图形中使用同一个块？

答：由block命令创建的块只能由所在图形使用，而不能由其他图形使用。如果在其他图形中也使用该块，需要由wblock命令创建，在命令行输入wblock命令，设置文件名和保存路径。它将所定义的块储存为图形文件，既可以在当前图形中使用，也可被其他图形文件使用。

4. 如何修改尺寸标注的比例？

答：方法一：dimscale决定了尺寸标注的比例其值为整数，默认为1，在图形有了一定比例缩放时应最好将其改为缩放比例。

方法二：格式→标注样式（选择要修改的标注样式）→修改→主单位→比例因子，修改即可。

5. 在使用写文本命令写中文字时，在未将字体设定旋转的情况下，输入的每个字都发生90°的旋转？

答：这显然不是旋转命令的结果，因为将字体设定旋转之后，是将输入的文字整行进行90°旋转，而不是每个字各自旋转。产生这种情况的原因是“字体样式”中选定的中文字体有误。通常是将字体名下拉列表框中开始部分和结尾部分的两种字体搞混淆，因为这两种字体名极为相像，如果同样是仿宋体的话，那么开始部分的字体名只比结尾部分的字体名多出了@符号，因为差别不大，很容易就会误选。如果选用了带@符号的字体，就会出现每个字都旋转的情况，注意区分这两种字体，仔细选用正确的样式。

6. 什么原因“图案填充”命令不能执行？

答：这可能是由以下两种原因造成的。

原因一：执行“图案填充”命令后，要填充的区域没有被填入图案，或者全部被填入白色或黑色。出现这些情况，都是因为“图案填充”对话框中的“比例”设置不当。要填充的区域没有被填入图案，是因为比例过大，要填充的图案被无限扩大之后，显示在需填充的局部小区域中的图案正好是一片空白，或者只能看到图案中的少数零星的局部花纹。反之，如果比例过小，要填充的图案被无限缩小之后，看起来就像一团色块，如果背景色是白色，则显示为黑色色块，如果背景色是黑色，则显示为白色色块，这就是前面提到的全部被填入白色或黑色的情况。

原因二：提示“未找到有效的图案填充边界”，这说明填充边界不封闭。此时，用“窗口放大”命令观察各个交点，可发现有的线段之间没有交点，也就是图形不封闭的原因。

9.5 练习

一、判断题

1．建筑平面图是通过使用假想一水平剖切面，将建筑物在某层门窗洞口范围内剖开，移去剖切平面以上的部分，对剩下的部分作水平面的正投影图形成的。

2．定位轴线是施工定位、放线的重要依据。凡是承重墙、柱子等主要承重构件都应画出轴线来确定其位置。

3．建筑平面图中凡是承重墙和柱等主要承重构件的定位轴线均应用细点画线来绘制；图中被剖分的墙、柱的断面轮廓线用粗实线来绘制；门的开启线及其余的可见轮廓线用细实线来绘制；尺寸线、标高符号、定位轴线等用细实线来绘制。

4．详图符号的圆圈应画成直径14mm的粗实线圆。索引符号的圆和水平直径均以细实线绘制，圆曲直径一般为10mm。

二、填空题

1．绘制建筑图纸时，一般先从（　　）开始，然后再画剖面图、立面图等。画的时候，是从小到大，从整体到局部层层深入。

2. 在建筑平面设计中，平面图一般由（　　）组成。

3. 一般情况下，3层或3层以上的房屋至少应有3个平面图，即（　　）、（　　）和（　　）。

4. 建筑平面图是表示建筑物平面形状、房间及墙（柱）布置、门窗类型、建筑材料等情况的图样，它是（　　）、（　　）、（　　）及（　　）等项的施工依据。

三、操作题

1. 绘制如图9-76所示的图形，并添加图框和标题栏，图纸采用“A4纸”。

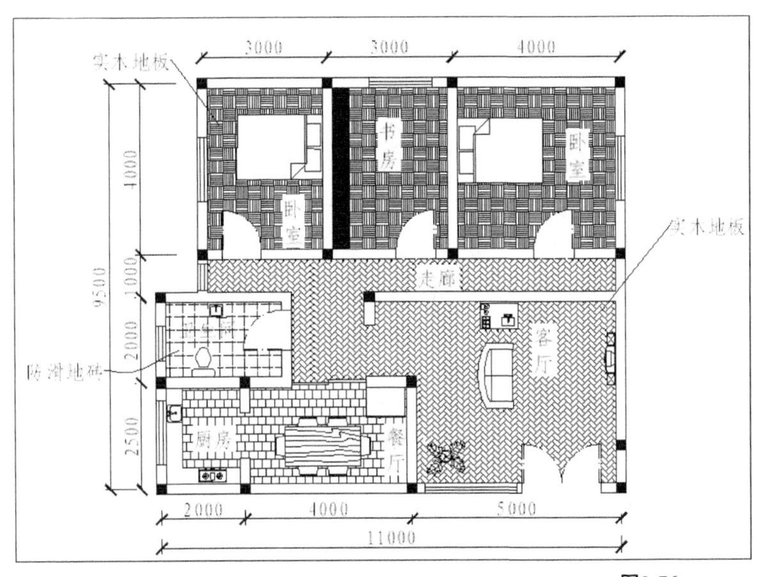

图9-76

2. 绘制如图9-77所示的平面图形，并添加图框和标题栏，操作步骤如下。

（1）新建图形文件。选用样板文件是上面实例中作的图形样板文件：“建筑绘图模板.dwt”，单击“打开”按钮，新建一个图形文件。

（2）修改“图层”。执行“格式”→“图层”菜单命令，打开“图层特性管理器”对话框，设置绘制图形常用的图层。

（3）切换当前图层为“轴线”层。运用“直线”及“偏移”命令绘制轴线。

（4）切换当前图层为“墙”层，运用“绘图”→“多线”命令、“修改”→“对象”→“多线”命令，绘制及编辑墙线。

（5）修剪多余墙线。关闭“轴线”层，运用“修改”→“对象”→“多线”命令，或者使用“修改Ⅱ”工具栏中的“多线编辑器”（T形、十字、直角等）。

（6）开门、窗洞。运用“偏移”命令，绘制出门窗的边。关闭“轴线”层，“修剪”墙线。切换当前图层为“门”、“窗”图层。插入“门”图块和“窗”图块（在资料中查找），需要调整比例和旋转角度。

（7）切换当前图层为“柱”图层。绘制、插入柱形块，矩形边长400或与墙宽一致，填充“SOLID”。

（8）切换当前图层为“楼梯”图层，绘制楼梯。灵活运用“矩形阵列 ”。

（9）调整视图。

（10）切换当前图层为“家具”图层，利用“设计中心”加入合适的家具。

（11）切换当前图层为“尺寸标注”图层，关闭“门、窗”、“柱”、“文本”图层，进行尺寸标注。

（12）切换当前图层为“轴线标注”图层，标注轴号（定义块的属性，写块，根据插入点的不同，可设两个图块）。

（13）切换当前图层为“标高”图层，标明标高。

（14）底层平面图中应表明剖面图的剖切方向及其编号，利用“多段线”和“多行文字”命令绘制剖切方向及其编号。

（15）表示房屋朝向的指北针。插入“指北针”图块（在资料中查找），需要调整比例和旋转角度。

（16）切换当前图层为“文字注释”图层，标注各房间的名称、图名、比例等。

（17）最后得到如图9-77所示建筑平面图。

（18）切换当前图层为“图框”图层，添加图框和标题。

（19）保存文件，文件名为“底层平面图.dwg”。

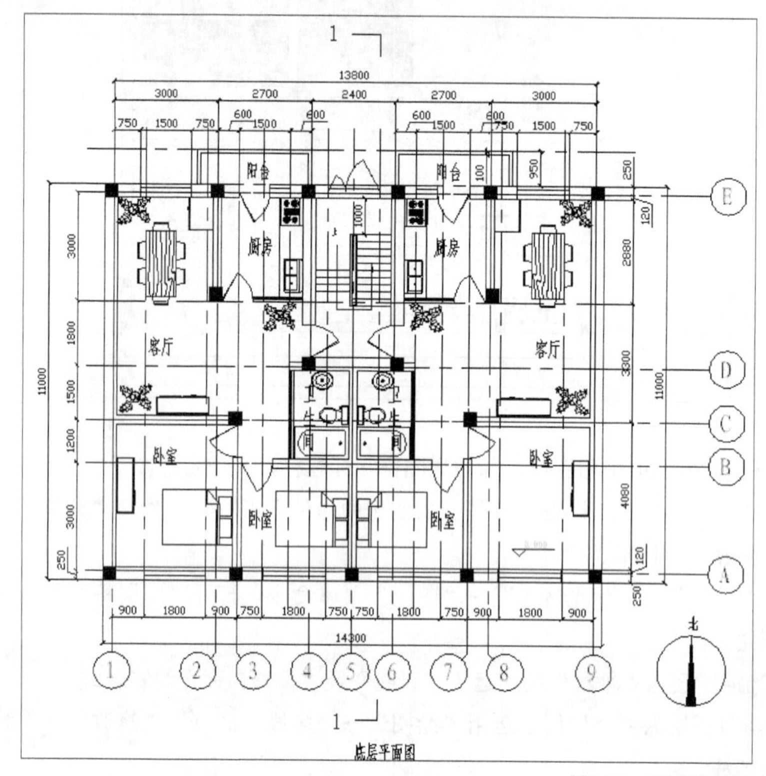

图9-77　建筑平面图

第10章 建筑立面图的绘制

本章结合建筑设计规范和建筑制图要求，详细讲述建筑立面图的绘制。通过本审内容的学习，读者将了解工程设计中有关建筑立面图设计的一般要求和使用AutoCAD 2013绘制建筑立面图的方法与技巧。

课堂学习目标

建筑立面图概述
建筑立面图的绘制要求
建筑立面图的绘制过程

10.1 概述、内容和绘制要求

将房屋的各个立面按照正投影的方法投影到与之平行的投影面上，所得到的正投影图称为建筑立面图，简称立面图。建筑立面图是建筑施工图中的重要图样，也是指导施工的基本依据。在绘制建筑立面图之前，应首先了解正面图的内容、图示原理和方法，才能将设计意图和设计内容明确表达出来。

10.1.1 建筑立面图的概述

建筑立面图是建筑物不同方向的立面正投影视图。建筑立面图主要表现建筑物的体型和外貌，外墙面的面层材料、色彩，女儿墙的形式，线脚、腰线、勒脚等饰面做法，阳台形式，门窗布置及雨水管位置等。

立面图的数量与建筑物的平面形式及外墙的复杂程度有关，原则上需要画出建筑每一个方向上的立面图，对于特别简单的立面图也可省略不画。

对平面形状曲折的建筑物，可绘制展开立面图、展开室内立面图。对圆形或多边形平面的建筑物，可分段展开绘制立面图、室内立面图，但均应在图名后加注“展开”二字。

较简单的对称式建筑物或对称的构配件等，在不影响构造处理和施工的情况下，立面图可绘制一半，并在对称轴线处画对称符号。通常一个房屋有4个朝向，立面图可以根据房屋的朝向来命名，如东立面、西立面等。也可根据主要出入口或房屋外貌的主要特征来命名，如正立面、背立面、左侧立面和右侧立面等。还可以根据立面图两端轴线的编号来命名，如①-②立面图等。

10.1.2 建筑立面图的绘制内容

建筑立面图主要包括以下内容。

- 图名、比例。
- 建筑立面图两端的定位轴线以及编号。
- 建筑物的外轮廓线形状、大小。
- 建筑构配件，如门窗、阳台、挑檐和台阶等的位置和形状。
- 建筑外墙的装修做法。
- 尺寸标注包括建筑物的总高、各楼层高度以及标注建筑物的相对标高，一般要标注室外地坪、出入口地面、窗台、门窗顶及檐口等处的标高。
- 详细的索引符号。

10.1.3 建筑立面图的绘制要求

建筑立面图的绘制要求具体如下。

- 比例：立面图的比例通常与平面图相同，常用1:50、1:100、1:200等较小比例绘制。
- 定位轴线：立面图中只画出两端的轴线及编号。
- 线型：立面图中外轮廓线用粗实线表示，室外地坪线用加粗实线表示，所有构配件的轮廓线用中粗实线表示，其他如门窗线、尺寸线和标高等用细实线表示。
- 图例：门窗都是采用图例来绘制的，一般只给出有关轮廓线，具体的门窗等尺寸可以查看有关建筑标准，会单独列表给出。
- 尺寸标注：立面图的尺寸标注可沿立面图的高度方向标注细部尺寸、层高尺寸和总高度。在水平方向一般不标注尺寸，如需要可标注一道轴线间的长度。立面图的标高符号一般标注在同一条铅垂线上。
- 详图索引符号：必要时，可以添加一些文字说明和详图索引符号。

10.1.4 建筑立面图的绘制步骤

建筑立面图的绘制步骤如下。

01 设置绘图环境。

02 绘制地坪线、定位轴线、各层的楼面线、楼面和外墙轮廓线。

03 绘制门窗等细部构件的轮廓线。

04 绘制门窗线、外墙分割线等细部构件。

05 绘制尺寸界线、标高数字、索引符号和相关注释文字。

06 尺寸标注。

07 添加图框和标题。

本章将通过绘制某建筑的一南向立面图实例来对绘制过程进行详细的介绍，绘制完成后的立面图效果如图10-1所示。

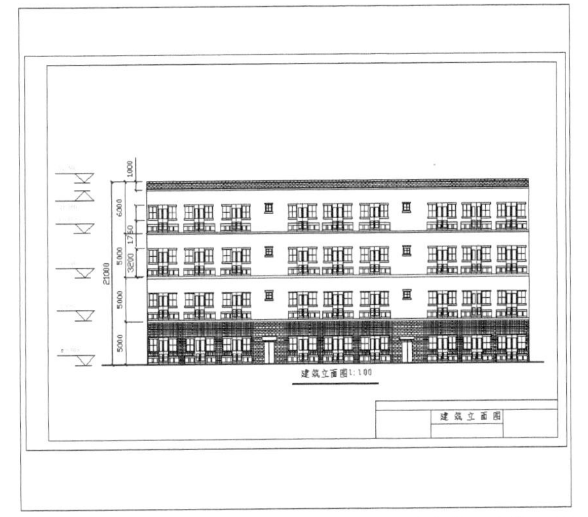

图10-1 某建筑立面施工图

10.2 绘制过程

通过前面的介绍，我们已经知道建筑立面图的绘制要求与具体步骤，接下来通过完整的建筑立面图的绘制，更加深入地了解建筑立面图的绘制。

10.2.1 设置绘图环境

绘制之前首先要设置好绘图环境，设置绘图环境主要包括：设置图形界限，设置绘图单位，设置图层，设置文字样式及设置标注样式等，下面进行分别介绍。建立绘图环境的具体步骤如下。

1. 新建图形文件

运行AutoCAD 2013的运行程序，选择“文件”→“新建”菜单命令，或单击“标准”工具栏中的按钮□，弹出“选择样板”对话框，如图10-2所示。采用系统默认值，单击“打开”按钮即可新建一个图形文件。

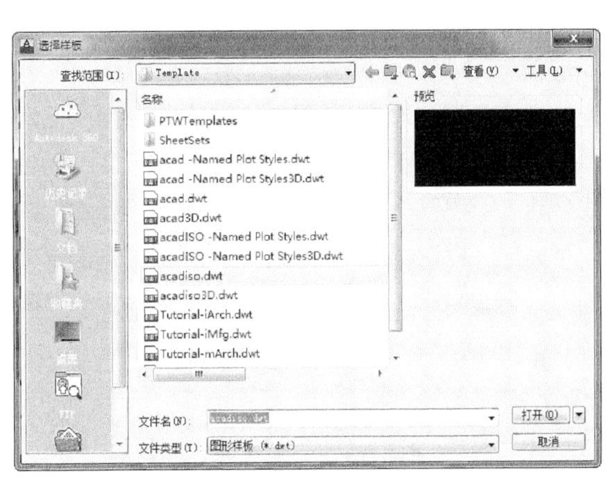

图10-2 “选择样板”对话框

2. 设置单位

在绘制建筑立平面图时，一般采用毫米为基本单位，精度选用“0”。

选择“格式”→“单位”菜单命令，在弹出的图形“单位”对话框中将“长度”项的“精度”下拉列表中选择“0”，其他设置保持系统默认参数不变即可，如图10-3所示。

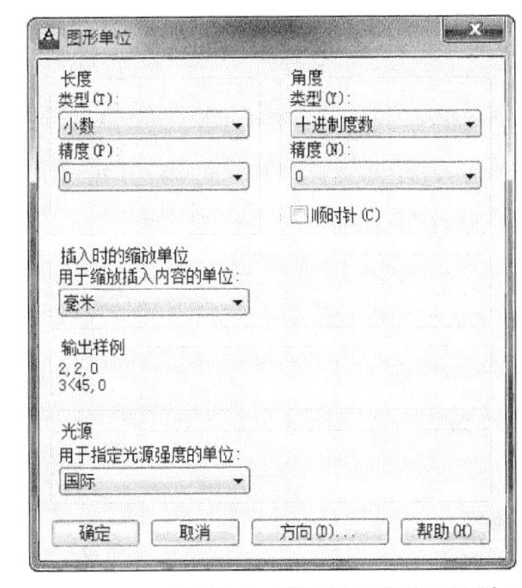

图10-3 “图形单位”对话框

3. 设置图形界限

选择“格式”→“图形界限”菜单命令，或在命令行中输入limits命令。

命令行提示如下。

命令: limits

重新设置模型空间界限:

指定左下角点或 [开(ON)/关(OFF)] <0.0000,0.0000>:

//按回车键采用默认值

指定右上角点 <420.0000,297.0000>: 59400,42000

4. 设置图层

单击“图层”工具栏上的按钮，弹出“图层特性管理器”对话框，单击“新建”按钮，为轴线创建一个图层，然后设置图层名称为“标注”，即可完成“标注”图层的设置。采用同样方法依次创建“辅助线”、“轮廓线”、“窗户”、“阳台”、“其他”及“文字”等图层，如图10-4所示。

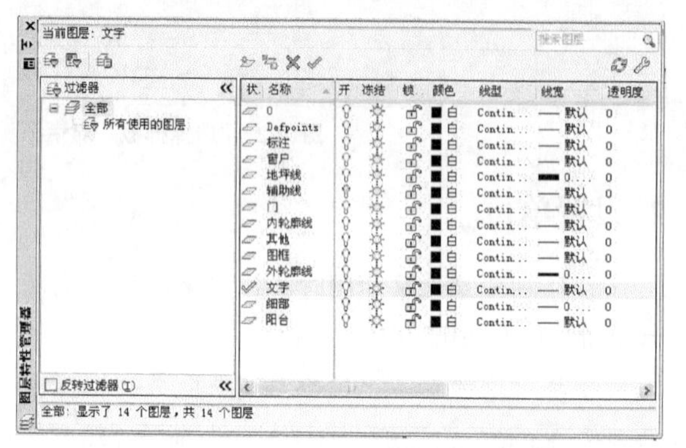

图10-4 “图层特性管理器”对话框

5. 设置文字样式

选择“格式”→“文字样式”菜单命令，弹出“文字样式”对话框，新建一个“文字”文字样式，“字体”中选择“FangSong-GB2312”，其他均采用默认值，如图10-5所示。

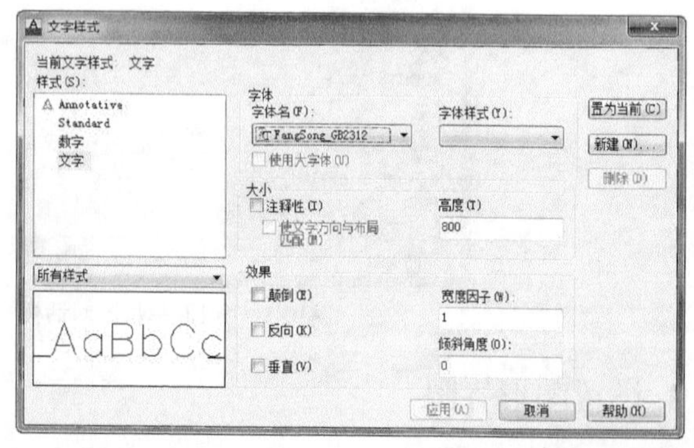

图10-5 设置文字样式

6. 设置标注样式

选择“格式”→“标注样式”菜单命令，弹出“标注样式”对话框，新建一个“标注”文字样式，在“线”选项卡中设置“起点偏移量”设为“5”；在“符号和箭头”选项卡中设置“箭头”为“建筑标记”；“调整”选项卡中的“使用全局比例”设为“100”，“主单位”选项卡“线性标注”的精度设为“0”；其他设置保持系统默认参数不变即可，如图10-6所示。

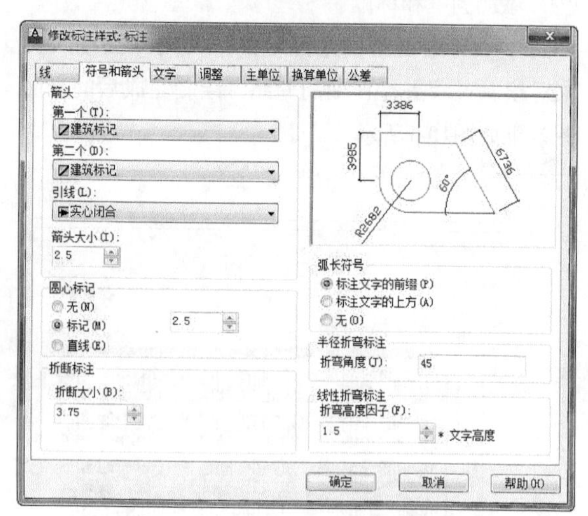

图10-6 “标注样式管理器”对话框

10.2.2 绘制辅助线

辅助线用来在绘图的时候准确定位。

操作步骤

01 选择“视图”→“缩放”→“全部”菜单命令，将图形显示在绘图区。

02 单击屏幕下方状态栏中的“正交”按钮，打开“正交”状态。

03 将“辅助线”层设置为当前层。

04 选择“格式”→“线型”菜单命令，打开“线型管理器”对话框，加载线型DAHDOT，如图10-7所示。

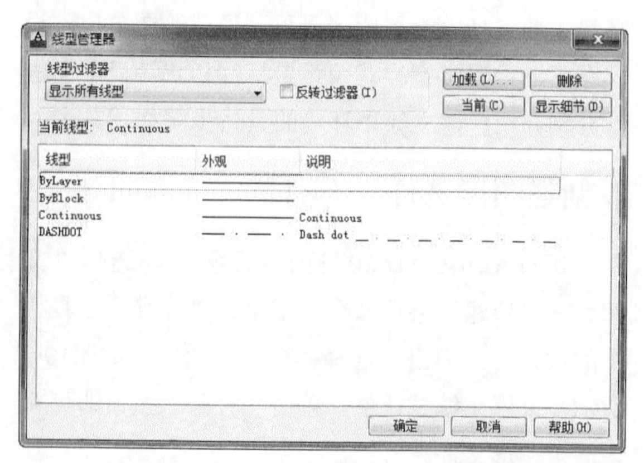

图10-7 加载DASHDOT线型

05 单击“绘图”工具栏中的按钮，绘制水平方向上的辅助线。命令行提示如下。

命令: _line 指定第一点:
//在绘图区任意指定一点
指定下一点或 [放弃(U)]: 45000
//指定直线长度
指定下一点或 [放弃(U)]://回车

06 单击“修改”工具栏中的按钮，利用“偏移”绘制出水平辅助线，偏移距离依次为5 000、5 000、5 000、5 000、1 000。命令行提示如下。

命令: _offset
当前设置: 删除源=否
图层=源 OFFSETGAPTYPE=0
指定偏移距离或 [通过(T)/删除(E)/图层(L)] <通过>: 5000
选择要偏移的对象，或 [退出(E)/放弃(U)] <退出>:
指定要偏移的那一侧上的点，或 [退出(E)/多个(M)/放弃(U)] <退出>:
选择要偏移的对象，或 [退出(E)/放弃(U)] <退出>:
指定要偏移的那一侧上的点，或 [退出(E)/多个(M)/放弃(U)] <退出>:
选择要偏移的对象，或 [退出(E)/放弃(U)] <退出>:
指定要偏移的那一侧上的点，或 [退出(E)/多个(M)/放弃(U)] <退出>:
选择要偏移的对象，或 [退出(E)/放弃(U)] <退出>:
指定要偏移的那一侧上的点，或 [退出(E)/多个(M)/放弃(U)] <退出>:
选择要偏移的对象，或 [退出(E)/放弃(U)] <退出>:
命令: _offset
当前设置: 删除源=否
图层=源 OFFSETGAPTYPE=0
指定偏移距离或 [通过(T)/删除(E)/图层(L)] <5000>: 1000
选择要偏移的对象，或 [退出(E)/放弃(U)] <退出>:
指定要偏移的那一侧上的点，或 [退出(E)/多个(M)/放弃(U)] <退出>:
选择要偏移的对象，或 [退出(E)/放弃(U)] <退出>:

07 按照上述方法，利用“直线”和“偏移”命令，绘制垂直方向的辅助线。绘制完成后的辅助线如图10-8所示。

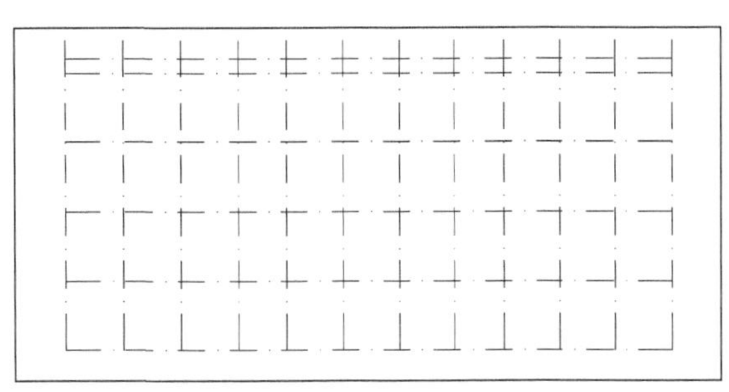

图10-8　完成后的辅助线

10.2.3　绘制地坪线和轮廓线

1. 绘制地坪线

操作步骤

01 将“地坪线”层作为当前层。

02 单击“绘图”工具栏中的按钮，或在命令行中输入pline命令。

命令行提示如下。

命令: _pline //调用“多线”命令
指定起点: //在屏幕上任意处指定一点
当前线宽为 0
指定下一个点或 [圆弧(A)/半宽(H)/长度(L)/放弃(U)/宽度(W)]: w //设置当前线宽
指定起点宽度 <0>: 50
指定端点宽度 <50>:
指定下一个点或 [圆弧(A)/半宽(H)/长度(L)/放弃(U)/宽度(W)]: 52000
指定下一点或 [圆弧(A)/闭合(C)/半宽(H)/长度(L)/放弃(U)/宽度(W)]://回车

技巧与提示

此时若要显示线宽，可以单击“状态”工具栏的“线宽”按钮，单击按钮打开线宽。

2. 绘制轮廓线

操作步骤

01 将“轮廓线”层作为当前层。

02 将当前图层的线型设为Continuous，线宽为0.3mm。

03 采用“直线”和“多线”命令绘制轮廓线，绘制效果如图10-9所示。命令行提示如下。

```
命令: _line 指定第一点:
//调用“直线”命令绘制外部轮廓线
指定下一点或 [放弃(U)]:
指定下一点或 [放弃(U)]:
指定下一点或 [闭合(C)/放弃(U)]:
指定下一点或 [闭合(C)/放弃(U)]:
命令: _mline //调用“多线”命令
当前设置:
对正 = 无, 比例 = 100.00, 样式 = STANDARD
指定起点或 [对正(J)/比例(S)/样式(ST)]: j
//设置多线对齐方式
输入对正类型 [上(T)/无(Z)/下(B)] <上>: z
//设置对齐方式为无
当前设置:
对正 = 无, 比例 = 100.00, 样式 = STANDARD
指定起点或 [对正(J)/比例(S)/样式(ST)]: s
输入多线比例 <100.00>: 200
//设置“多线”比例
当前设置:
对正 = 无, 比例 = 200.00, 样式 = STANDARD
指定起点或 [对正(J)/比例(S)/样式(ST)]:
指定下一点:
指定下一点或 [放弃(U)]:
MLINE
当前设置:
对正 = 无, 比例 = 200.00, 样式 = STANDARD
指定起点或 [对正(J)/比例(S)/样式(ST)]:
指定下一点:
指定下一点或 [放弃(U)]:
MLINE
当前设置:
对正 = 无, 比例 = 200.00, 样式 = STANDARD
指定起点或 [对正(J)/比例(S)/样式(ST)]:
指定下一点:
指定下一点或 [放弃(U)]:
MLINE
当前设置:
对正 = 无, 比例 = 200.00, 样式 = STANDARD
指定起点或 [对正(J)/比例(S)/样式(ST)]:
指定下一点:
指定下一点或 [放弃(U)]:
```

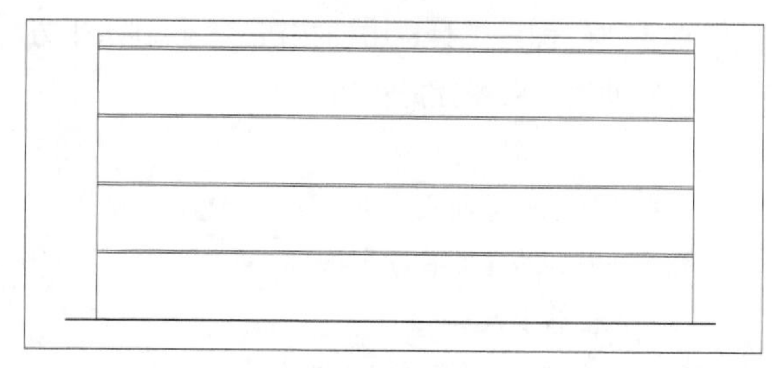

图10-9 绘制好后的轮廓线

10.2.4 绘制门窗

门窗是立面图上重要的图形对象，从该建筑物的立面图来看，该立面图每层有9个阳台和18扇卧室窗户，2个楼道门和9个阳台门，但窗户的形式有两种，门形式有两种，阳台的形式有1种。因此，在作图时只需将每种形式绘制出一个，其余的复制即可。

事实上，建筑立面图中所有门窗的绘制方法大同小异，基本部分由矩形和直线组合而成。因此，熟练运用“矩形”和“直线”命令是绘制门窗的关键所在。

1. 绘制门

在绘制门之前，先观察一下这栋建筑物一共有多少种类的门，在AutoCAD 2013 作图的过程中，每种门只需作出一个，其余的都可以通过“复制”命令实现。

对于本立面图来说，只有楼道间的门和阳台上的门，所以只需绘制两种形式的门即可。

操作步骤

01 将“门”层设为当前层，线型为Continuous，线宽默认。

02 通过绘图工具栏中的按钮▭和⁄绘制楼道间的门，如图10-10所示。

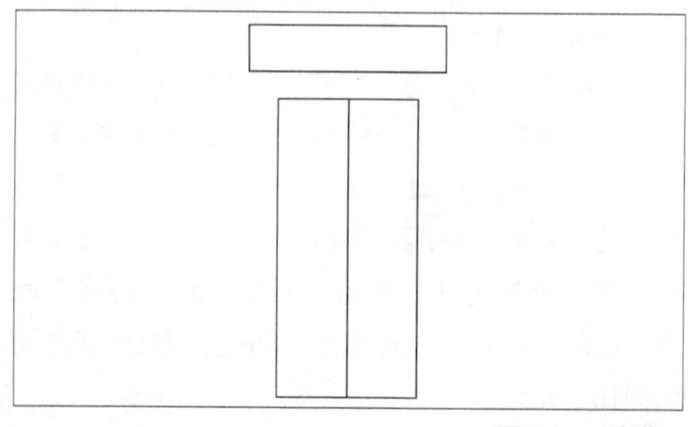

图10-10 楼道门

命令行提示如下。

命令: _rectang

指定第一个角点或 [倒角(C)/标高(E)/圆角(F)/厚度(T)/宽度(W)]: <对象捕捉追踪 关> <对象捕捉追踪 开>

指定另一个角点或 [面积(A)/尺寸(D)/旋转(R)]: @1200,2500

命令:

命令: _line 指定第一点:

指定下一点或 [放弃(U)]:

指定下一点或 [放弃(U)]:

命令:

命令: _rectang

指定第一个角点或 [倒角(C)/标高(E)/圆角(F)/厚度(T)/宽度(W)]:

指定另一个角点或 [面积(A)/尺寸(D)/旋转(R)]:

03 利用“矩形”和“镜像”命令绘制阳台上的门，如图10-11所示。

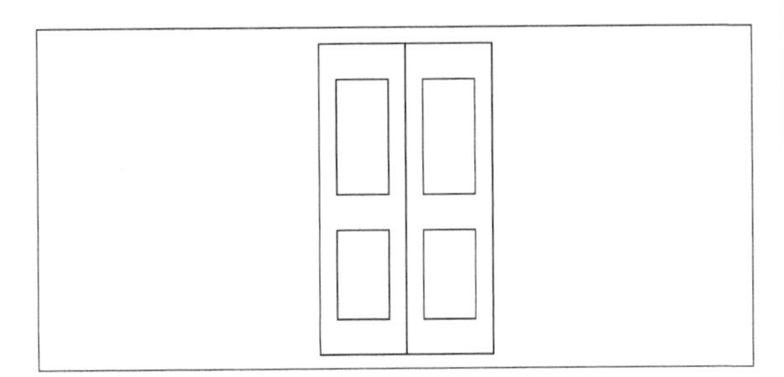

图10-11　阳台上的门

命令行提示如下。

命令: _rectang

//调用“矩形”命令绘制左门扇

指定第一个角点或 [倒角(C)/标高(E)/圆角(F)/厚度(T)/宽度(W)]: 0,0

指定另一个角点或 [面积(A)/尺寸(D)/旋转(R)]: @600,3200

命令:

命令: _rectang //绘制下门扇

指定第一个角点或 [倒角(C)/标高(E)/圆角(F)/厚度(T)/宽度(W)]: 100,400

指定另一个角点或 [面积(A)/尺寸(D)/旋转(R)]: @400,800

命令:

命令: _rectang //绘制上门扇

指定第一个角点或 [倒角(C)/标高(E)/圆角(F)/厚度(T)/宽度(W)]: 100,1600

指定另一个角点或 [面积(A)/尺寸(D)/旋转(R)]: @400,1200

命令:

命令: _mirror

//调用“镜像”命令，镜像出右扇门

选择对象: 指定对角点: 找到 3 个

选择对象:

指定镜像线的第一点: 指定镜像线的第二点:

要删除源对象吗? [是(Y)/否(N)] <N>: //回车

04 将两种门分别定义为块，如图10-12和图10-13所示，然后插入到合适的位置。

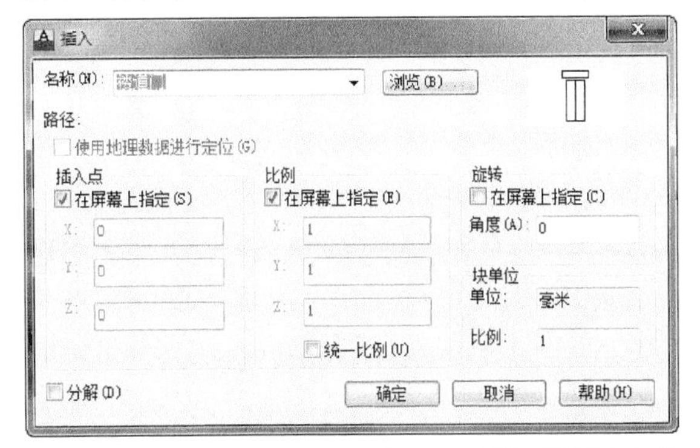

图10-12　定义“楼道门”块

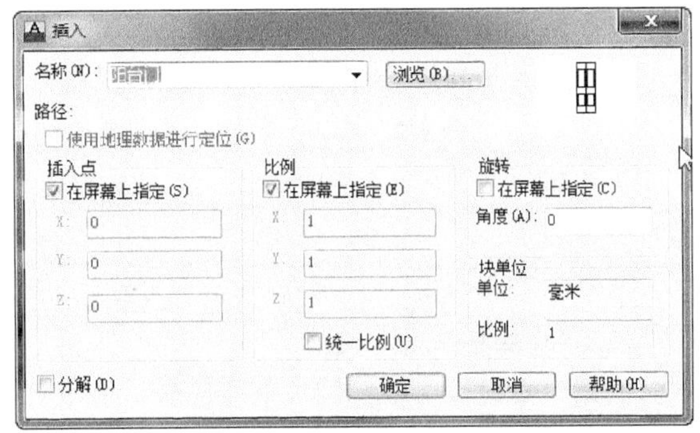

图10-13　定义“阳台门”块

所有门插入后的效果如图10-14所示。

图10-14　完成所有门后的图形

2. 绘制窗户

窗户的绘制方法和门相似，在绘制窗户之前，先观察一下这栋建筑物一共有多少种类的窗户，在AutoCAD 2013 作图的过程中，每种窗户只需作出一个，其余的都可以通过"复制"命令实现。

对于本立面图来说，只有楼道间的窗户和各个房间的窗户，所以只需绘制两种形式的窗户即可。窗户的具体绘制步骤如下。

01 将"窗户"层设为当前层，线型为Continuous，线宽默认。

02 用"矩形"和"阵列"命令，绘制上窗台。命令行提示如下。

命令: _rectang
//调用"矩形"命令绘制上窗台
指定第一个角点或 [倒角(C)/标高(E)/圆角(F)/厚度(T)/宽度(W)]:
指定另一个角点或 [面积(A)/尺寸(D)/旋转(R)]: @1100,160

03 单击"修改"工具栏中的按钮▦，阵列矩形。

04 选择"工具"→"新建UCS"→"原点"菜单命令，改变坐标原点。命令行提示如下。

命令: ucs //输入ucs命令
当前 UCS 名称: *世界*
指定 UCS 的原点或 [面(F)/命名(NA)/对象(OB)/上一个(P)/视图(V)/世界(W)/X/Y/Z/Z 轴(ZA)] <世界>: _o
指定新原点 <0,0,0>: //指定下窗台矩形的右上角点为新的坐标原点

05 利用"直线"命令绘制玻璃轮廓线，命令行提示如下。

命令: _line 指定第一点: 100,0 //指定直线的第一点
指定下一点或 [放弃(U)]: //指定下一点
指定下一点或 [放弃(U)]: //回车
命令:
命令: _offset //调用"偏移"命令，偏移直线
当前设置: 删除源=否
图层=源 OFFSETGAPTYPE=0
指定偏移距离或 [通过(T)/删除(E)/图层(L)] <4200>: 900
选择要偏移的对象，或 [退出(E)/放弃(U)] <退出>:
指定要偏移的那一侧上的点，或 [退出(E)/多个(M)/放弃(U)] <退出>:
选择要偏移的对象，或 [退出(E)/放弃(U)] <退出>:
命令:
命令: _line 指定第一点:
//绘制玻璃轮廓线的中间平行线
指定下一点或 [放弃(U)]:
//捕捉上窗台矩形底边的中点
指定下一点或 [放弃(U)]:
//捕捉下窗台矩形顶边的中点
命令:
命令:
命令: _line 指定第一点:
//绘制玻璃轮廓线的中间垂直线
指定下一点或 [放弃(U)]:
//捕捉左边玻璃线的中点
指定下一点或 [放弃(U)]:
//捕捉右边玻璃线的中点，绘制完后如图10-15所示

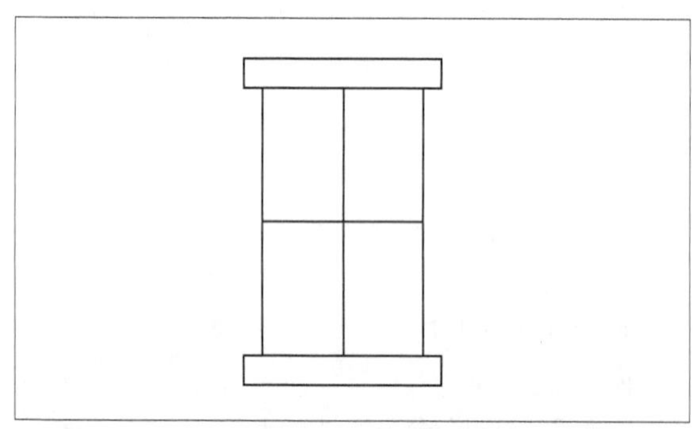

图10-15　绘制完成后窗户

06 采用相同的方法绘制楼梯间的窗户，绘制完成后如图10-16所示。

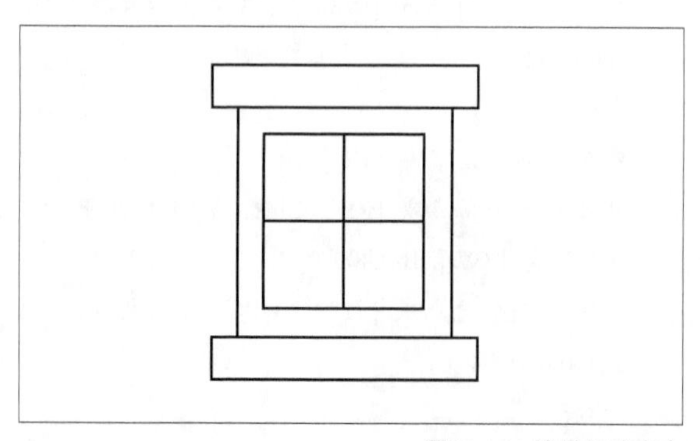

图10-16　楼梯间的窗户

07 将两种窗户定义为块，如图10-17和图10-18所示，然后插入到合适的位置即可。

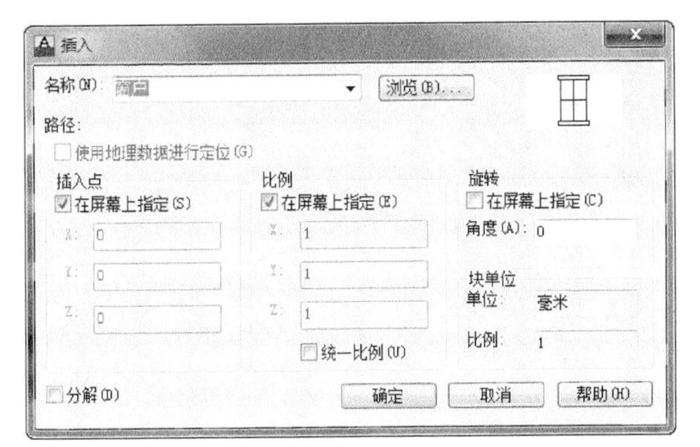

图10-17　定义“窗户”块

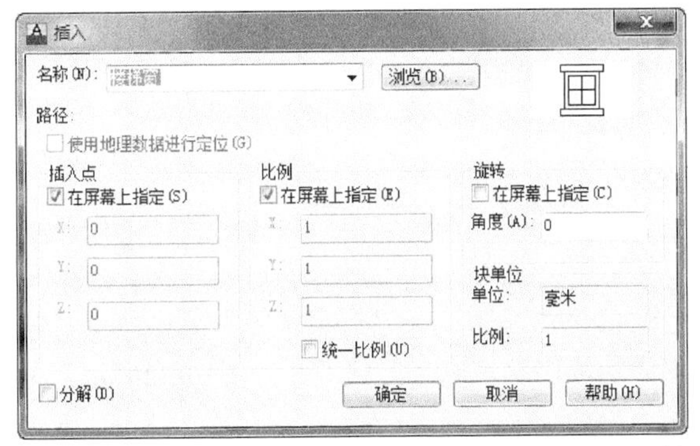

图10-18　插入“楼梯窗”块

08 将窗户块插入到立面图合适的位置后，如图10-19所示。

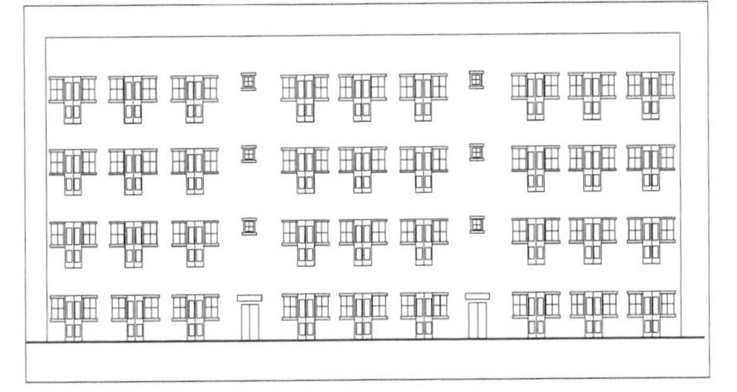

图10-19　插入窗户后的立面图

10.2.5　绘制阳台

在本立面图中每层都有阳台，而且样式都一样，分布也十分规则，所以可以先绘制出一个阳台，然后采用“复制”和“镜像”命令把阳台复制到合适的位置即可。

操作步骤

01 将“阳台”层设置为当前层，线型为Continuous，线宽默认。

02 单击“绘图”工具栏中的按钮▭，绘制阳台的上侧护板，命令行提示如下。

命令: _rectang
//调用“矩形”命令绘制阳台上护板
指定第一个角点或 [倒角(C)/标高(E)/圆角(F)/厚度(T)/宽度(W)]:
指定另一个角点或 [面积(A)/尺寸(D)/旋转(R)]: @3600,−200

03 单击“修改”工具栏中的按钮▦，绘制出阳台下护板。

04 选择“工具”→“新建UCS”→“原点”菜单命令，改变坐标原点。命令行提示如下。

命令: _ucs
当前 UCS 名称: *世界*
指定 UCS 的原点或 [面(F)/命名(NA)/对象(OB)/上一个(P)/视图(V)/世界(W)/X/Y/Z/Z 轴(ZA)] <世界>: _o
指定新原点 <0,0,0>://指定下侧护板矩形的左上角点为新的原点

05 利用“直线”和“偏移”命令绘制阳台其他部分，命令行提示如下。

命令: _line 指定第一点: 600,0
指定下一点或 [放弃(U)]:
指定下一点或 [放弃(U)]:
命令:
命令: _offset
当前设置:
删除源=否 图层=源 OFFSETGAPTYPE=0
指定偏移距离或 [通过(T)/删除(E)/图层(L)] <600>:
选择要偏移的对象，或 [退出(E)/放弃(U)] <退出>:
指定要偏移的那一侧上的点，或 [退出(E)/多个(M)/放弃(U)] <退出>:
选择要偏移的对象，或 [退出(E)/放弃(U)] <退出>:
指定要偏移的那一侧上的点，或 [退出(E)/多个(M)/放弃(U)] <退出>:
选择要偏移的对象，或 [退出(E)/放弃(U)] <退出>:

指定要偏移的那一侧上的点，或 [退出(E)/多个(M)/放弃(U)] <退出>:
选择要偏移的对象，或 [退出(E)/放弃(U)] <退出>:
指定要偏移的那一侧上的点，或 [退出(E)/多个(M)/放弃(U)] <退出>:
选择要偏移的对象，或 [退出(E)/放弃(U)] <退出>:
命令:
命令: _offset
当前设置:
删除源=否 图层=源 OFFSETGAPTYPE=0
指定偏移距离或 [通过(T)/删除(E)/图层(L)] <600>: 150
选择要偏移的对象，或 [退出(E)/放弃(U)] <退出>:
指定要偏移的那一侧上的点，或 [退出(E)/多个(M)/放弃(U)] <退出>:
选择要偏移的对象，或 [退出(E)/放弃(U)] <退出>:
指定要偏移的那一侧上的点，或 [退出(E)/多个(M)/放弃(U)] <退出>:
选择要偏移的对象，或 [退出(E)/放弃(U)] <退出>:
指定要偏移的那一侧上的点，或 [退出(E)/多个(M)/放弃(U)] <退出>:
选择要偏移的对象，或 [退出(E)/放弃(U)] <退出>:
指定要偏移的那一侧上的点，或 [退出(E)/多个(M)/放弃(U)] <退出>:
选择要偏移的对象，或 [退出(E)/放弃(U)] <退出>:
指定要偏移的那一侧上的点，或 [退出(E)/多个(M)/放弃(U)] <退出>:
选择要偏移的对象，或 [退出(E)/放弃(U)] <退出>:
命令: _line 指定第一点:
指定下一点或 [放弃(U)]:
指定下一点或 [放弃(U)]:
命令:
命令: _line 指定第一点:
指定下一点或 [放弃(U)]:
指定下一点或 [放弃(U)]:

绘制好的阳台如图10-20所示。

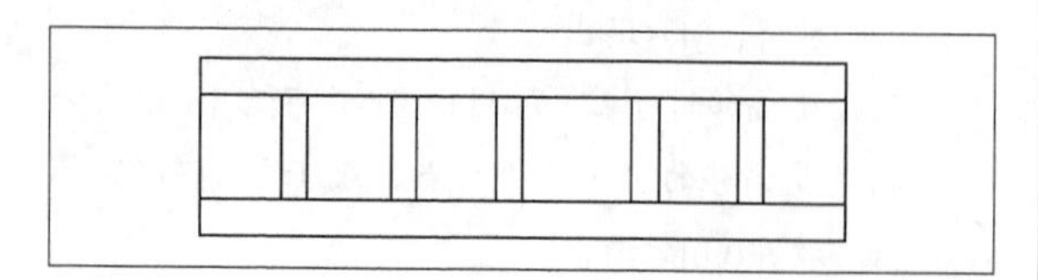

图10-20　阳台

06 将阳台定义为块，插入到立面图合适的位置，如图10-21所示。

图10-21　插入阳台后的图形

10.2.6　墙面装饰

下面主要对建筑进行图案填充。

操作步骤

01 将“其他”层设置为当前层，线型为Continuous，线宽默认。

02 选择“绘图”→“图案填充”菜单命令，弹出“边界图案填充”对话框，如图10-22所示。单击“图案”下拉列表后面的按钮，弹出“填充图案选项板”对话框，在对话框的“其他预定义”列表中选择图案AR-B816C。单击“确定”按钮后，重新回到“边界图案填充”对话框。

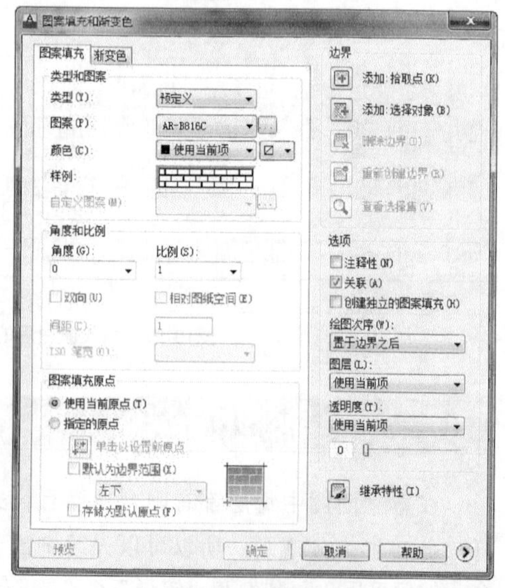

图10-22　“边界图案填充”对话框

然后对立面图进行图案填充。填充效果如图10-23所示。

图10-23　绘制完成后的立面图

10.2.7　标注尺寸和标高

1. 标注尺寸

在“图层”下拉列表中选择“标注”图层，作为当前层，将“标注”标注样式置为当前标注样式。首先在距墙200处绘制出一条辅助线，标注完成后，删除辅助线，标注结果如图10-24所示。

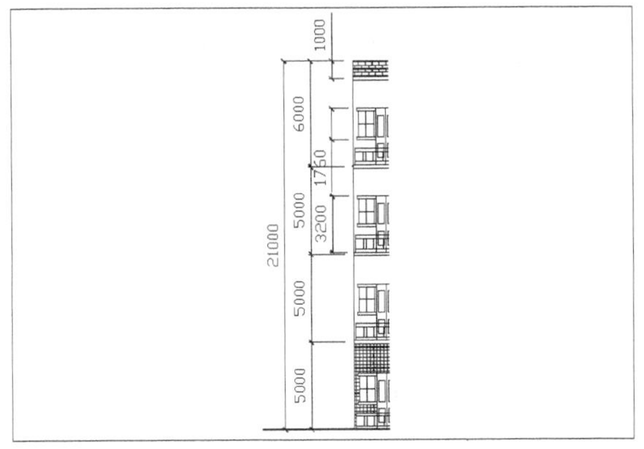

图10-24　标注尺寸

2. 标注标高

在“图层”下拉列表中选择“标注”图层，作为当前层，对于标高，我国的建筑有着一定的图例和标准，如图10-25所示。

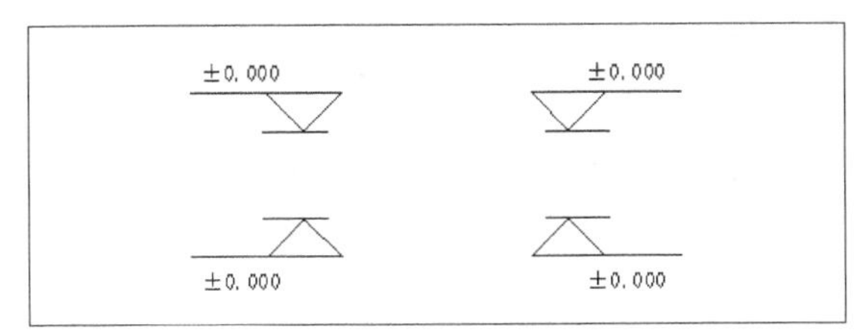

图10-25　不同的标高符号

将标高保存为块，以三角形的顶点作为插入基点，在需要的地方将块插入即可。

在建筑里面图中除了标高之外，还需要标注出轴线编号，以表明立面图所在的范围，本立面图要表明两条轴线的编号，分别是轴线H和A。完成这些标注后的立面图如图10-26所示。

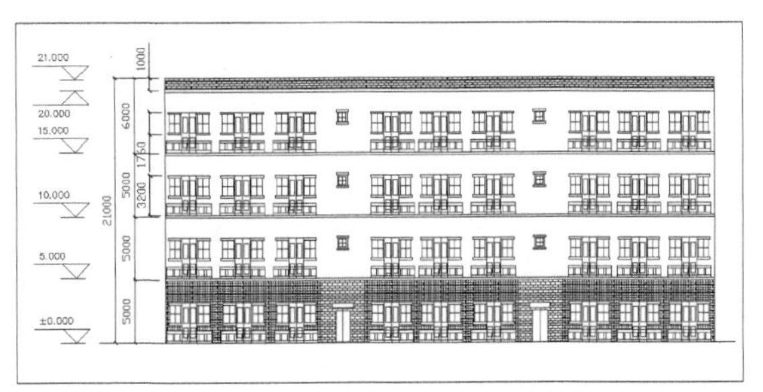

图10-26　尺寸标注完毕的立面图

10.2.8　添加文字注释

建筑立面图应标注出图名和比例，还应标注出材质做法、详图索引等其他必要文字注释。

操作步骤

01 设置文字标注样式。选择“格式”→“文字样式”菜单命令，打开“文字样式”对话框。设置字体高度为600，其他选项采用默认值，如图10-27所示。

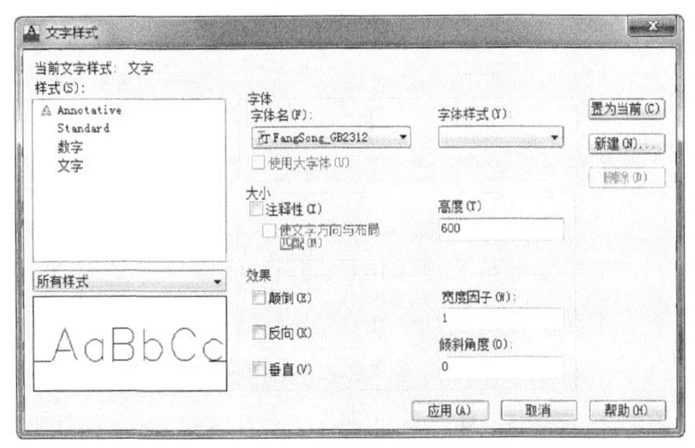

图10-27　“文字样式”对话框

02 输入注释文字，选择“绘图”→“文字”→“单行文字”菜单命令。命令行提示如下。

命令: _dtext

当前文字样式:

“文字”　文字高度: 800　注释性: 否

指定文字的起点或 [对正(J)/样式(S)]: j

输入选项

[对齐(A)/调整(F)/中心(C)/中间(M)/右(R)/左上(TL)/中上(TC)/右上(TR)/左中(ML)/正中(MC)/

右中(MR)/左下(BL)/中下(BC)/右下(BR)]: mc

指定文字的中间点:

指定文字的旋转角度 <0>: //回车后输入文字

完成文字标注的立面图如图10-28所示。

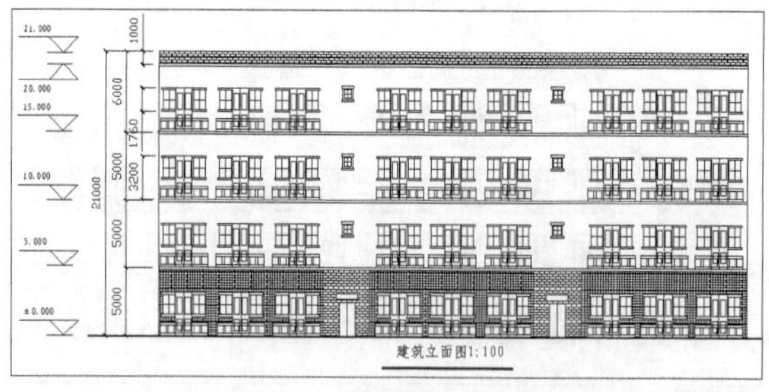

图10-28　完成文字标注的立面图

10.2.9　添加图框和标题

1. 图框

本例采用A2的图纸1:100打印出图，故图框采用59400×42000。

操作步骤

01 新建一图形文件，选择“绘图”→“矩形”菜单命令，利用矩形绘制出幅面线。命令行提示如下。

命令: _rectang

指定第一个角点或 [倒角(C)/标高(E)/圆角(F)/厚度(T)/宽度(W)]: //任意指定一点

指定另一个角点或 [面积(A)/尺寸(D)/旋转(R)]: d

指定矩形的长度 <10.0000>: 59400

指定矩形的宽度 <10.0000>: 42000

指定另一个角点或 [面积(A)/尺寸(D)/旋转(R)]:

02 选择“绘图”→“偏移”菜单命令，利用偏移命令绘制图框线。命令行提示如下。

命令: _offset

当前设置:

删除源=否 图层=源　OFFSETGAPTYPE=0

指定偏移距离或 [通过(T)/删除(E)/图层(L)] <1000.0000>: 1000

选择要偏移的对象，或 [退出(E)/放弃(U)] <退出>:

指定要偏移的那一侧上的点，或 [退出(E)/多个(M)/放弃(U)] <退出>:

选择要偏移的对象，或 [退出(E)/放弃(U)] <退出>:

03 选择“绘图”→“拉伸”菜单命令，利用拉伸命令修改图框线。命令行提示如下。

命令: _stretch

以交叉窗口或交叉多边形选择要拉伸的对象...

//选择图框线的左部分

选择对象: 指定对角点: 找到 1 个

选择对象:

指定基点或[位移(D)] <位移>:

//选择图框线的左边顶点

指定第二个点或 <使用第一个点作为位移>: 1500

04 将图框线线宽修改为“1.0”，关闭线宽按钮。结果如图10-29所示。

图10-29　绘制图框

2. 标题栏

按照同样法方法绘制标题栏，尺寸为20000×4000。添加图名，结果如图10-30所示。

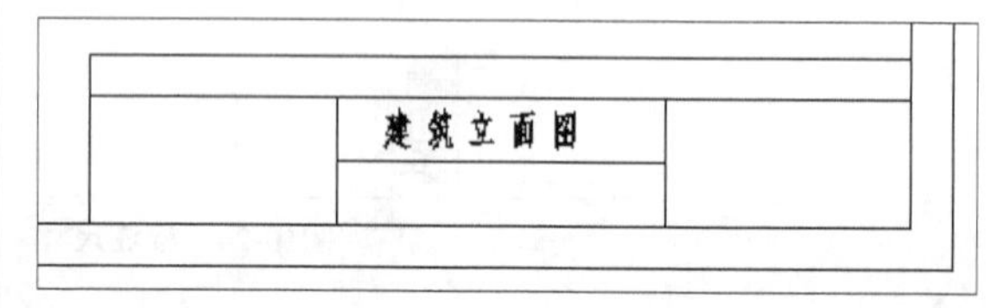

图10-30　绘制标题栏

将绘制好的图框与标题存储为块，插入到立面图中合适的位置。添加了图框和标题的图形如图10-1所示。

10.3　综合实例

10.3.1　门窗立面图的绘制

由于追求建筑造型的多种多样，不仅西方建筑风格的门窗造型增多，而且具有中国古典朴素风格的门窗大兴。下面只介绍几种流行的门窗大样。

操作步骤

01 绘制简单门的立面图。首先绘制长为800，高为2 000的门，用“偏移”命令绘制如图10-31所示。

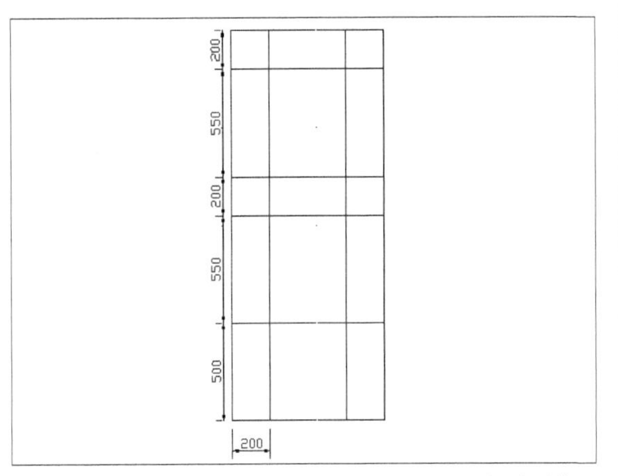

图10-31　偏移后效果

02 再用“修剪”命令进行修改，在距地1 050处绘制门把手，并进行填充。效果如图10-32所示。

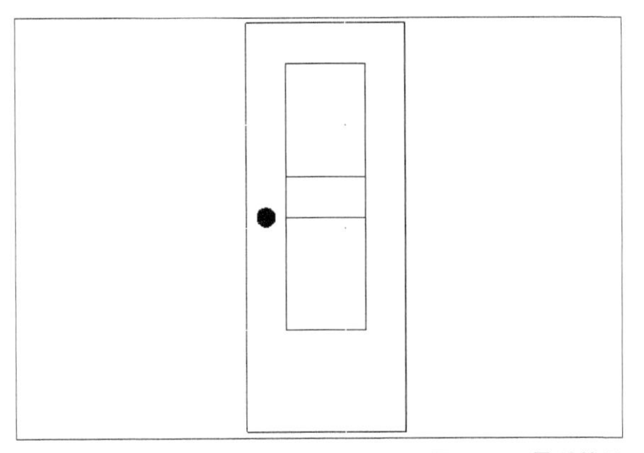

图10-32　最后效果

03 绘制玻璃双开门立面造型。先绘制一长为800，高为2 000的矩形，上下边分别向内偏移150和250，左右边都向内偏移100，并且修剪多余的线，再把新形成的矩形向内偏移20，如图10-33所示。

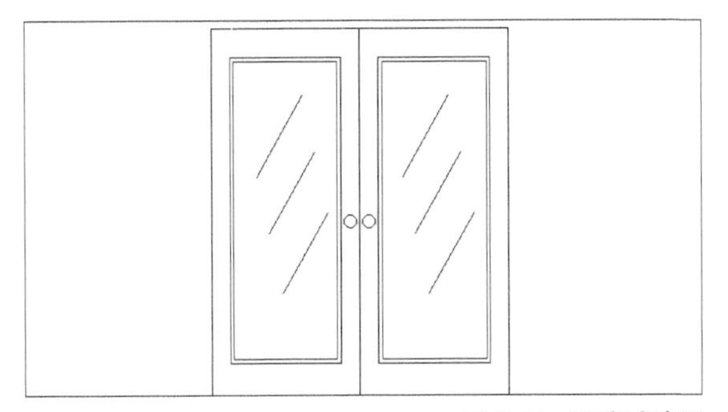

图10-33　双扇玻璃门

04 绘制木门立面造型。绘制尺寸为1 100×2 100的矩形，作为门套的外边框，再分别向内偏移30、15和100作为门套的内边框。效果如图10-34所示。

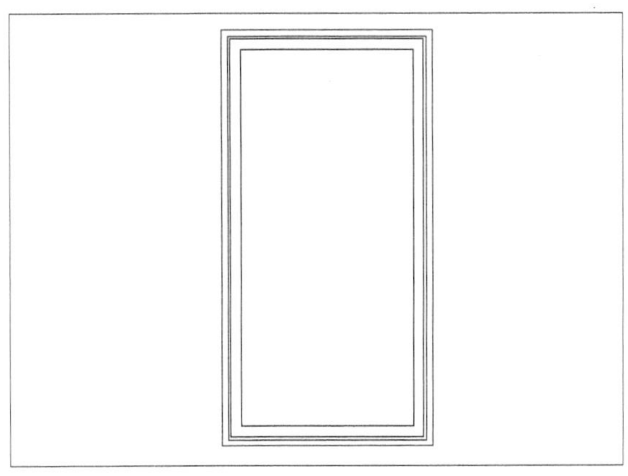

图10-34　绘制门的内外边框

05 绘制门扇的装饰线。效果如图10-35所示。

图10-35　木门立面

06 绘制中式门图形，如图10-36所示。

图10-36　中式门立面

07 绘制塑钢窗立面图。绘制尺寸为1 540×1 240的矩形，边框和支撑宽为40，效果如图10-37所示。

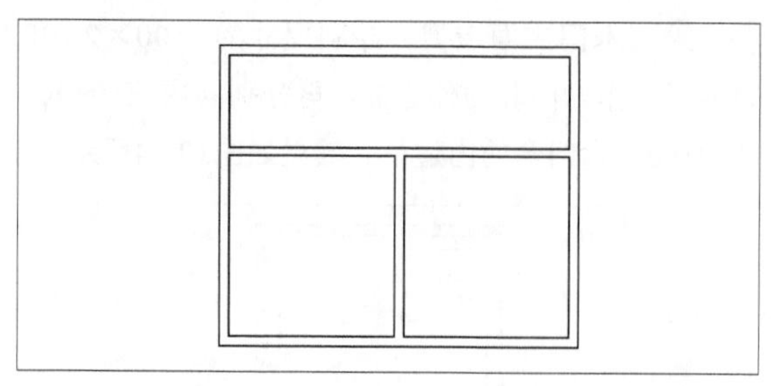

图10-37　塑钢门立面

08 绘制铝合金窗立面图。使用“矩形”、“多线”、“分解”和“偏移”等命令绘制。效果如图10-38所示。

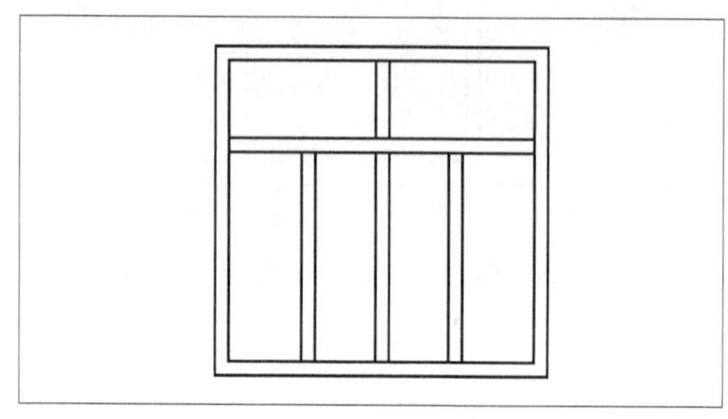

图10-38　铝合金窗立面图

09 绘制的弧形拱窗立面图如图10-39所示。

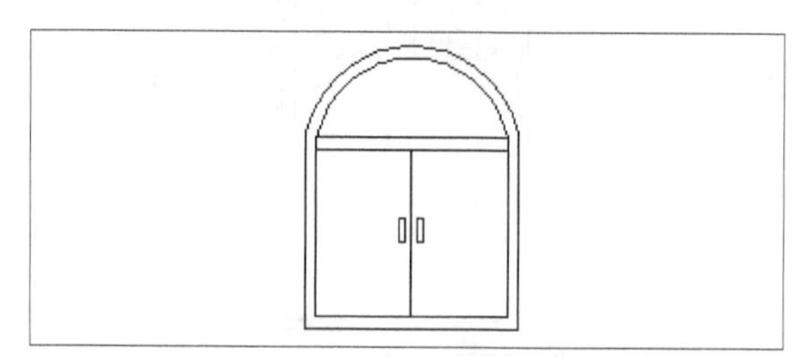

图10-39　弧形拱窗立面图

10 绘制的圆拱窗立面图如图10-40所示。

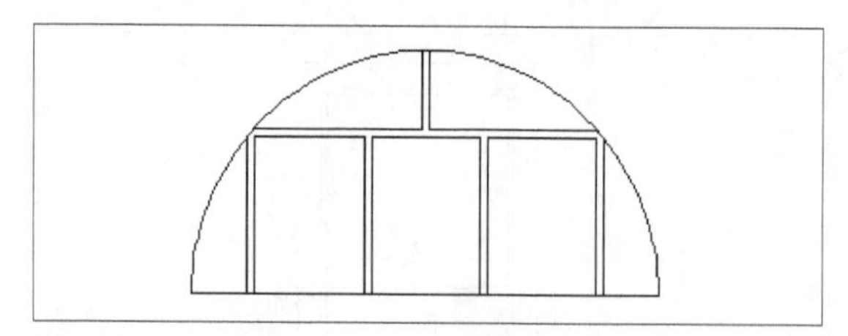

图10-40　圆拱窗的立面图

10.3.2　建筑北立面图的绘制

操作步骤

01 首先绘制一尺寸为42 640×18 150的矩形，在“其他”层上，根据窗的位置利用“直线”、“偏移”等命令绘制定位窗的辅助线，如图10-41所示。

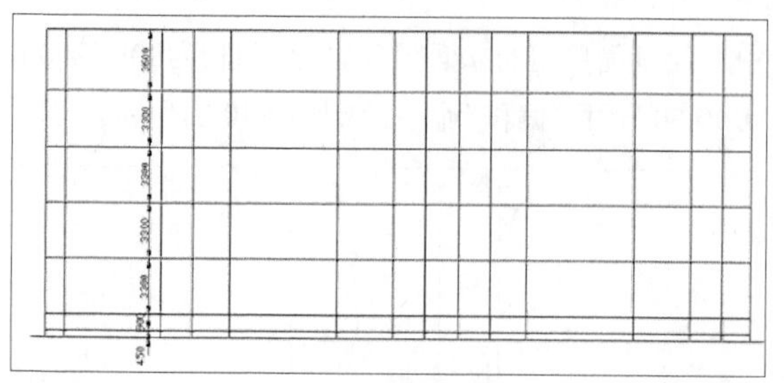

图10-41　绘制辅助线

02 分别绘制窗的3种尺寸和楼宇门，并且把它们分别创建为块，块基点为窗的左下角，如图10-42所示。

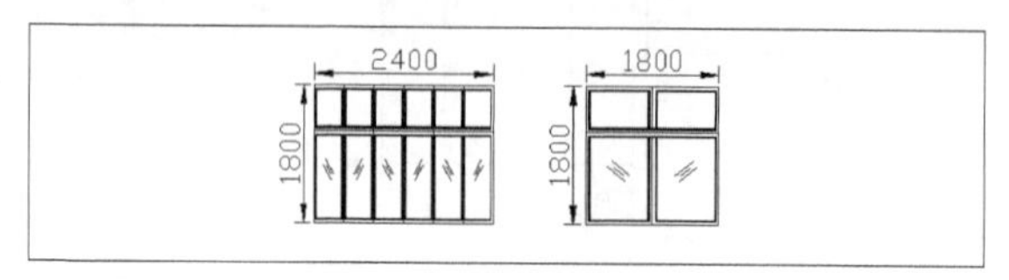

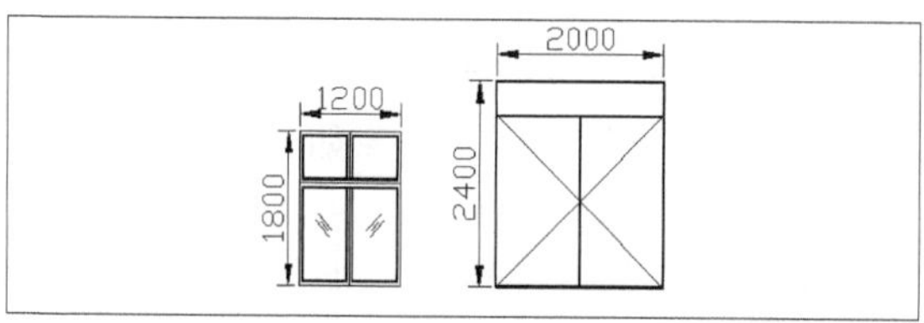

图10-42　绘制窗块和门块

03 把相应尺寸的窗块插入立面图后，效果如图10-43所示。

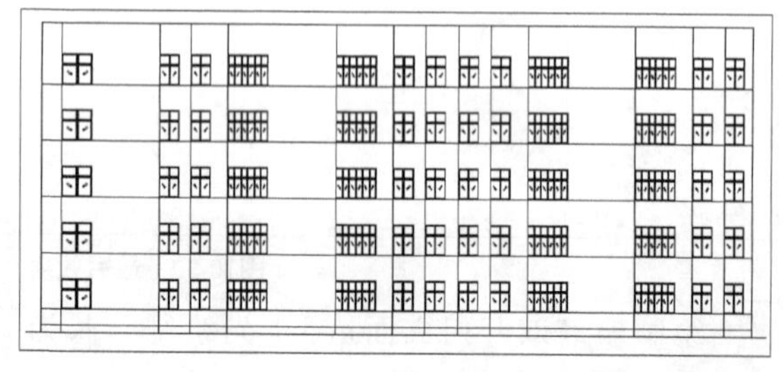

图10-43　插入房间窗的立面图

04 由于楼梯间休息平台处的窗和同层房间的窗高度上有差别，为了方便绘图，一般在其他窗块插入图形后再插入楼梯间的窗块，效果如图10-44所示。

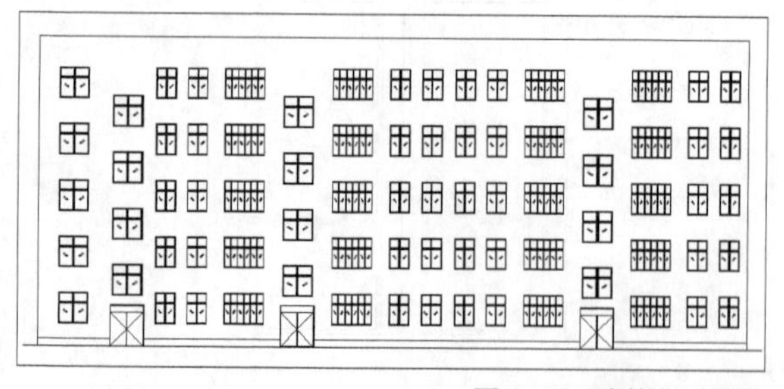

图10-44　建筑北立面图

05 在“图层”下拉列表中选择“细部”图层，作为当前层，在建筑物外墙的第一层与第二层的交界处绘制分隔线。选择“绘图”→“图案填充”菜单命令或单击“绘图”工具栏中的按钮，也可以在命令行中输入bhatch命令，如图10-45所示，填充“AR-B816”图案类型，比例设为“1”。

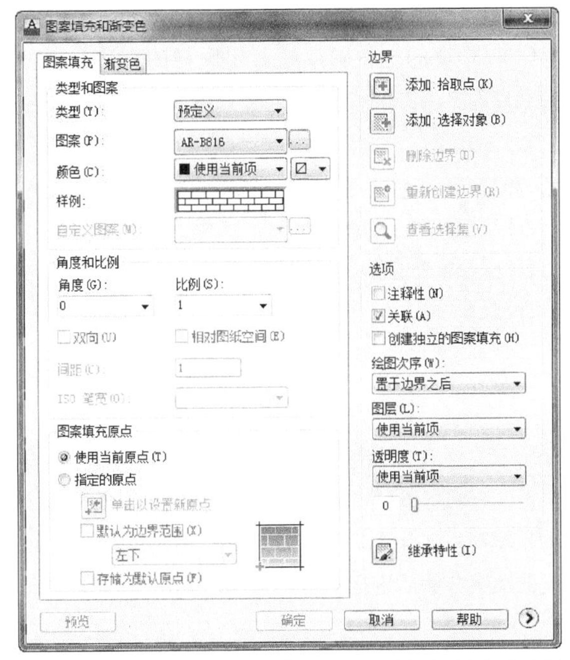

图10-45 “图案填充”对话框

06 进行填充后的效果如图10-46所示。

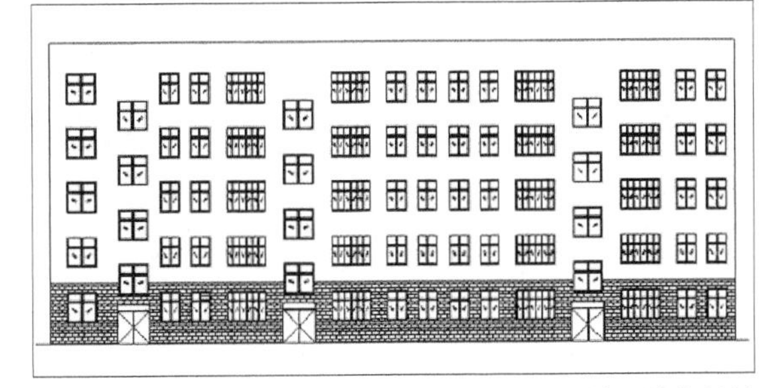

图10-46 填充墙体材料

07 选择“轮廓”层为当前层，利用“直线”命令绘制挑檐，檐总高为200，并修剪外墙轮廓线。随后绘制楼梯间的轮廓线。

08 在“细部”层绘制楼层分隔线。虽然从建筑物的外观上看不到楼层分隔线，但是在立面图上应该表示出来，让识图者了解该建筑物的层次结构。同时也是为了标注方便，再利用“矩形”命令绘制紧贴墙面的8根落水管。效果如图10-47所示。

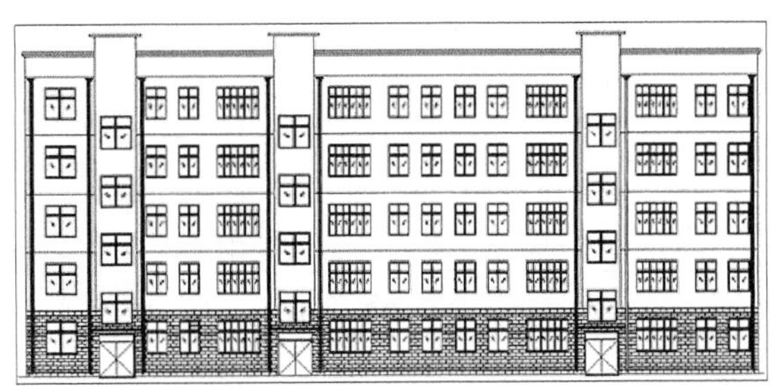

图10-47 完成细部设计后的立面图

09 在立面图中不但要进行尺寸标注，还要绘制定位轴线及轴线编号，以便与平面图对照阅读。一般情况下不需要画出所有的定位轴线，只要有两条就可以确切地判断出立面图的观看方向。效果如图10-48和图10-49所示。

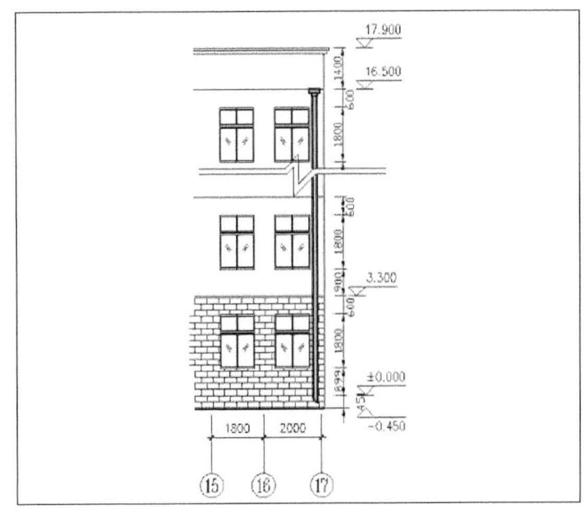

图10-48 标注标高

图10-49 完成尺寸标注的北立面图

10 立面图的文字标注内容除了图名和比例外，还有立面材质做法、详细索引及其他必要的文字说明。比如雨水管材料应标出“26#白铁水管100×75，白铁水斗”；一层外墙应标出“红褐色贴面砖”；其他层外墙“喷乳白色立邦漆饰面”等。完成文字标注后的立面图如图10-50所示。

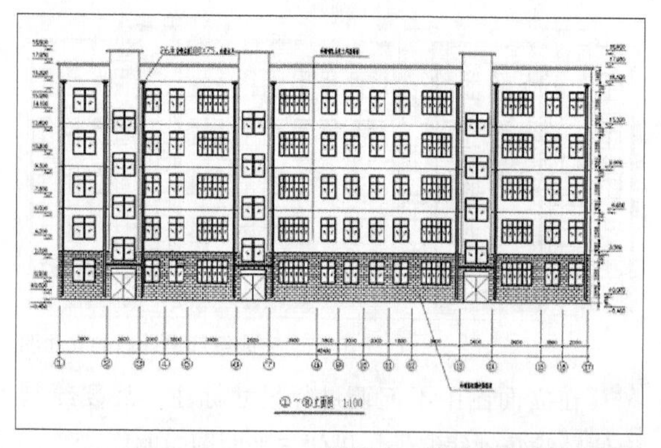

图10-50 完成标注后的立面图

10.3.3 建筑南立面图的绘制

由于此建筑物造型简单，南立面和北立面的变化不大，下面简要介绍一下。

操作步骤

01 首先绘制一尺寸为42 640×18 150的矩形，在“其他”层上，根据窗的位置利用“直线”、“偏移”等命令绘制定位窗的辅助线。效果如图10-51所示。

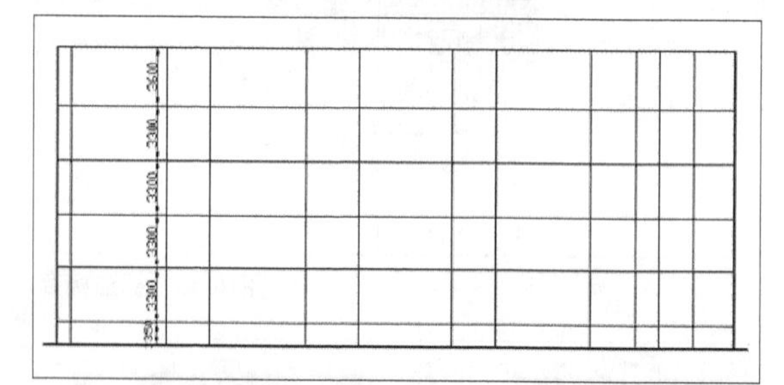

图10-51 绘制辅助线

02 分别绘制窗和阳台，并且把它们分别创建为块，块基点为图形的左下角。效果如图10-52所示。

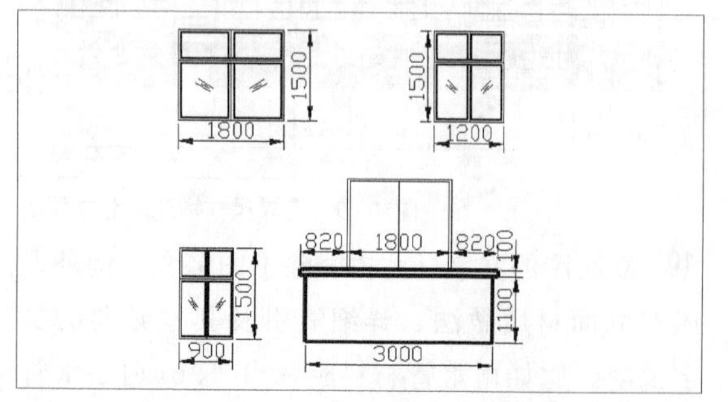

图10-52 窗和阳台的立面图

03 把相应尺寸的窗块插入立面图后，效果如图10-53所示。

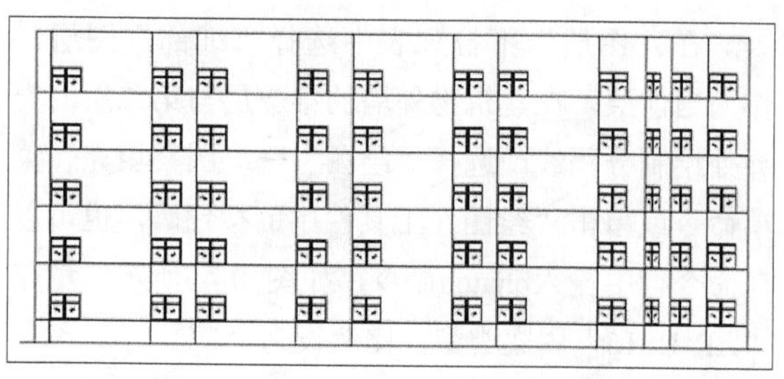

图10-53 插入窗

04 删除窗的定位辅助线。用同样的方法，再把阳台块插入相应的位置，效果如图10-54所示。

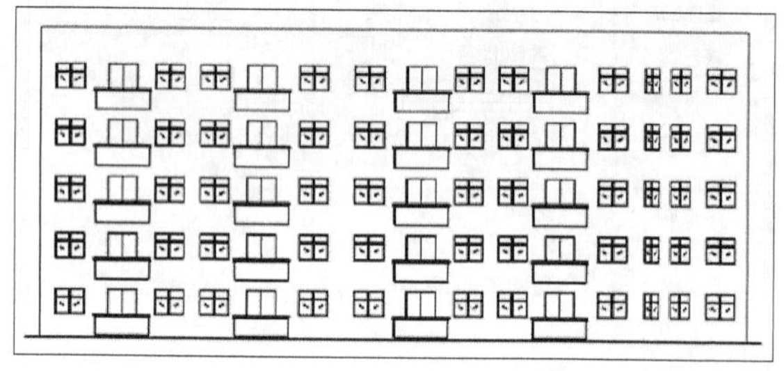

图10-54 插入阳台

05 在“细部”层绘制分隔线，并且利用“填充”命令里的“AR-B816”图案类型填充建筑物一层的外墙，如果填充后效果不理想，可以利用“分解”命令，把填充的图案分解后进行修剪。效果如图10-55所示。

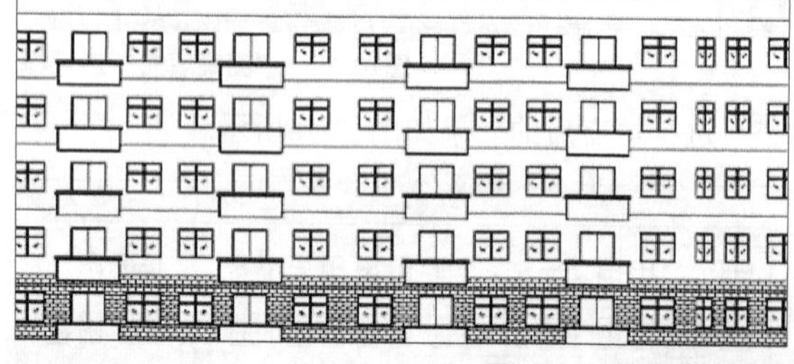

图10-55 图案填充效果

06 设置“轮廓”层为当前层，绘制房檐和突出的楼梯间立面。绘制辅助线以便进行尺寸标注和文字标注。最终效果如图10-56所示。

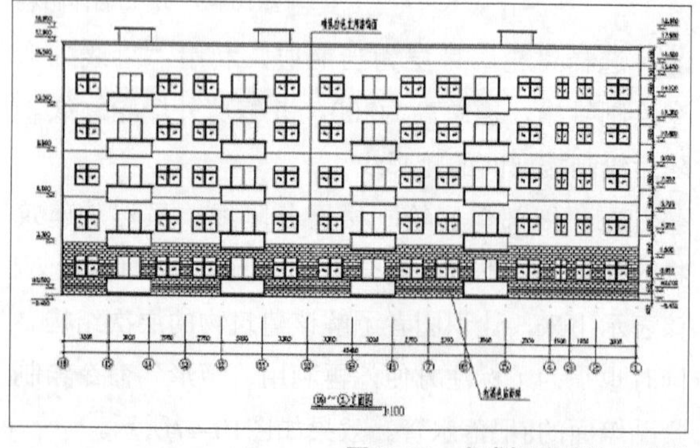

图10-56 完成标注后的立面图

10.4　小结

本章主要介绍了建筑立面图的基本知识以及通过实例讲解了立面图的绘制过程，使读者对立面图的设计和绘制有一定的了解。主要介绍了利用定位辅助线精确定位门窗块，标高标注的绘制及填充图案的修剪等内容。建筑的立面造型多种多样，特别是细部的绘制，熟练使用二维命令可以加快绘图速度。通过本章的学习，读者应该了解建筑立面图包含的内容及绘制要求，掌握绘制建筑立面图的方法和技巧。

操作技巧

1. 在AutoCAD中采用什么比例绘图好？

答：最好使用1∶1比例画，输出比例可以随意调整。画图比例和输出比例是两个概念，输出时使用“输出1单位=绘图500单位”，就是按1/500比例输出，若“输出10单位=绘图1单位”，就是放大10倍输出。用1∶1比例画图好处很多。第一，容易发现错误，由于按实际尺寸画图，很容易发现尺寸设置不合理的地方。第二，标注尺寸非常方便，尺寸数字是多少，软件自己测量，万一画错了，一看尺寸数字就发现了（当然，软件也能够设置尺寸标注比例，但总得多费工夫）。第三，在各个图之间复制局部图形或者使用块时，由于都是1∶1比例，调整块尺寸方便。第四，由零件图拼成装配图或由装配图拆画零件图时非常方便。第五，用不着进行繁琐的比例缩小和放大计算，提高工作效率，防止换算过程中可能出现的差错。

2. 误保存覆盖了原图时如何恢复数据？

答：如果仅保存了一次，及时将后缀为bak的同名文件改为后缀dwg，再在AutoCAD中打开就行了。如果保存多次，则原图无法恢复。后缀为bak的同名文件有一个存在的前提，那就是要正确设置文件安全措施，设置路径为“工具”→“选项”→“打开和保存”→“文件安全措施”→“每次保存均创建备份”，把最后一项打勾。

3.尺寸标注后，图形中有时出现一些小的白点，却无法删除，为什么？

答：AutoCAD在标注尺寸时，自动生成一DEFPOINTS层，保存有关标注点的位置等信息，该层一般是冻结的。由于某种原因，这些点有时会显示出来。要删掉可先将DEFPOINTS层解冻后再删除。但要注意，如果删除了与尺寸标注还有关联的点，将同时删除对应的尺寸标注。

10.5　练习

一、选择题

1. 如今住宅的房屋内层高最低不得低于多少？

A. 3.0米　　B. 2.6米

C. 2.8米　　D. 3.2米

2. 单击“复制”按钮与以下哪组组合键的作用一样？

A. “Ctrl+C”和“Ctrl+V”

B. “Ctrl+X”和“Ctrl+V”

C. “Ctrl+A”和“Ctrl+V”

D. “Ctrl+Z”和“Ctrl+V”

3. 需要调整图形的位置，应该使用下列哪个工具？

A. 偏移　　B. 复制

C. 阵列　　D. 移动

二、判断题

1. 在工具栏中选择“修改” →“移动”命令可以将图形复制到其他的文件当中。

2. 在“修改”工具栏中单击“复制”按钮可以将图形复制到其他的文件当中。

3. 使用“Ctrl+C”和“Ctrl+V”组合键不能将图形复制到其他的文件当中。

三、填空题

1. 在“选择颜色”对话框中设置颜色，可以采取以下3种模式：（　　）、（　　）、（　　）。

2. （　　）用于指示标注的方向和范围，对于角度标注、尺寸线是一段圆弧。

3．（　　）也称为终止符号，显示在尺寸线的两端。用户可以为箭头或标记指定不同的尺寸和形状。

四、操作题

1. 利用“插入”中的“缩放比例”命令和“角度”命令等进行平面图门的插入，插入后效果如图10-57所示。

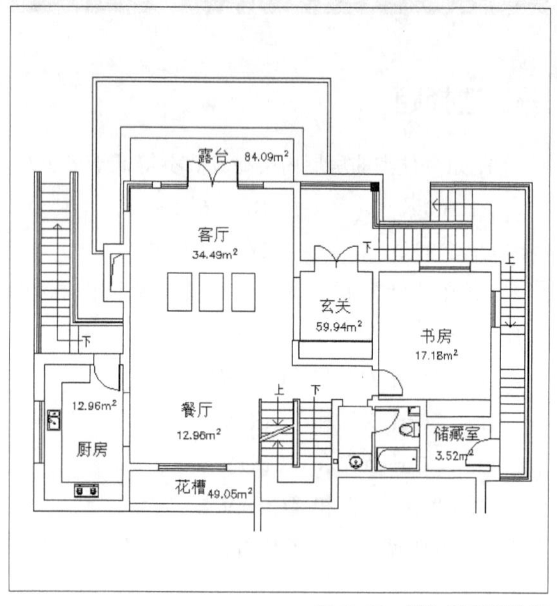

图10-57　插入平面图的门

2. 栏杆，也被称作栅栏，常见于建筑设计立面图中，多用于别墅的设计。利用“矩形”、“多线”、“圆”、“修剪”等命令进行如图10-58所示栏杆的绘制。

图10-58　简易栏杆

3. 在建筑设计图纸的组成中，建筑立面图是必不可少的一个组成部分。利用各种命令绘制图纸，绘制效果如图10-59所示。

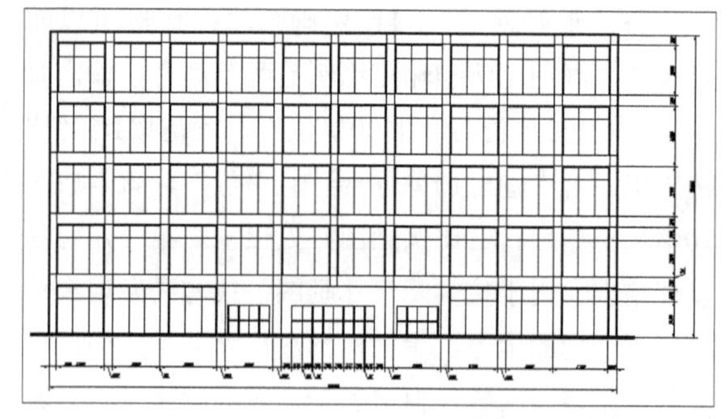

图10-59　建筑立面图

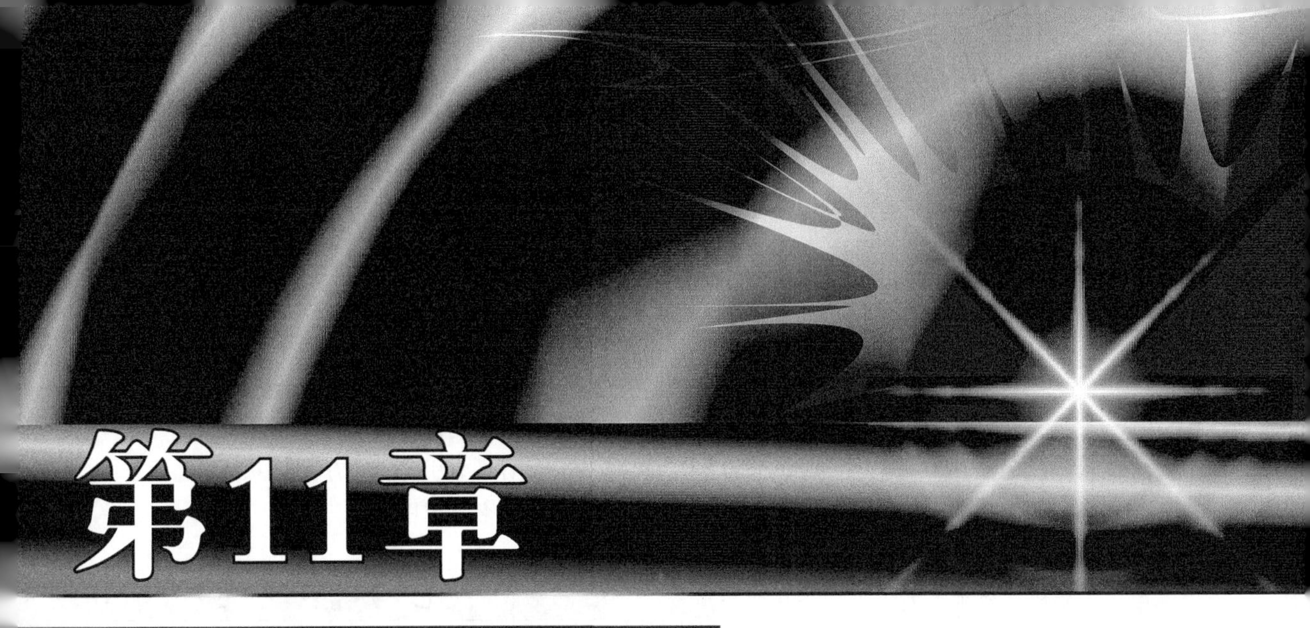

第11章 建筑剖面图的绘制

本章结合建筑设计规范和建筑制图要求，详细讲述建筑剖面图的绘制。通过本章内容的学习，读者将了解工程设计中有关建筑剖面图设计的一般要求和使用AutoCAD绘制建筑剖面图的方法与技巧。

课堂学习目标

建筑剖面图概述
建筑剖面图的绘制内容
建筑剖面图的绘制过程

11.1 概述、内容和绘制要求

建筑剖面图用来表达建筑物竖向构造的方法，主要表现建筑物内部垂直方向的高度、楼层的分层、垂直空间的利用、简要的结构形式和构造方式，如屋顶的形式、屋顶的坡度、檐口的形式、楼板的搁置方式和搁置位置、楼梯的形式等。

11.1.1 建筑剖面图的概述

用一个假想的铅垂平面沿指定的位置将建筑物剖切为两部分，并沿剖切方向进行平行投影得到的平面图形，称为建筑剖面图，简称剖面图。建筑剖面图也是建筑施工图中的一个重要内容，和平面图及立面图配合在一起，可以使得读图的人更加清楚地了解建筑物的总体结构特征。

剖切位置应根据图纸的用途和设计深度，在平面图上选择能反映全貌、构造特征及有代表性的部位剖切。剖切平面一般应平行于建筑物的宽度方向或者长度方向，并且通过墙体的门窗洞口。

建筑剖面图的数量应根据建筑物的实际复杂程度和建筑物的本身特点决定。一般选择一个或两个剖面图说明问题即可。但是在某些建筑平面较为复杂而且建筑物内部的功能分区又没有特别规律性的情况下，要想完整地表达出整个建筑物的实际情况，所需要的剖面图数量是很大的。在这种情况下，就需要从几个有代表性的位置绘制多张剖面图，这样才可以完整地反映整个建筑物的全貌。

11.1.2 建筑剖面图的绘制内容

建筑剖面图主要包括以下内容。

- 各层的楼板、层面板等的轮廓。
- 建筑物内部的分层情况，各建筑部位的高度，房间的进深或开间等。
- 各层地面、屋面、梁和板等主要承重构件的相互关系。
- 有关建筑部位的构造和工程做法。
- 被剖切的墙体轮廓线。
- 被剖切到的梁、板、平台、阳台、地面及地下室图形。
- 被剖切到的门窗图形。
- 未被剖切的可见部位的构配件。
- 室外地坪、楼地面和阳台等处的标高和高度尺寸及门窗的标高和高度尺寸。
- 墙柱的定位轴线及轴线的编号。
- 详图索引符号等有关标注。
- 图名和出图比例。

11.1.3 建筑剖面图的绘制要求

建筑剖面图的绘制要求具体如下。

- 定位轴线：在剖面图中要画出两端的轴线及其编号，有时也注出中间轴线。
- 比例：剖面图的比例与平面图、立面图的比例相同，采用1:50、1:100、1:200等较小比例绘制。
- 图例：门窗都是采用图例来绘制的，一般只给出轮廓线。具体尺寸要求可参照国家有关建筑标准。砖墙和钢筋混凝土的材料图例，在较小比例的剖面图中，其简化画法与平面图相同，在较大比例的剖面图中，其表示方法也与平面图相同。
- 投影：各种剖面图应按正投影法绘制。建筑剖面图的投影方向宜向左、向上。
- 剖切符号：剖切符号应在底层平面图中明确标注。剖切符号可用阿拉伯数字、罗马数字或拉丁字母编号。
- 标注：在建筑剖面图中，主要是建筑物的标高，要注意不同的地方采用不同的标高符号。剖面图在竖直方向通常标注3道尺寸线，第一道标注门窗洞口及洞口间墙体的尺寸；第二道标注层高尺寸；第三道标注房屋的总高度尺寸。在水平方向需要标注剖切到的墙、柱轴线尺寸、总长和必要的细部尺寸。
- 线型：剖面图中被剖切到的墙、板和柱等构件用粗实线表示，没有被剖切到的其他构件的投影线用细实线表示。

- 详图索引符号：由于剖面图比例较小，某些部位如墙脚、窗台、楼地面、顶棚等节点不能详细表达，可在剖面图上的该部位处画上详图索引符号，另用详图表示其细部构造。

11.1.4　建筑剖面图的绘制步骤

绘制建筑剖面图的一般步骤如下。

01 设置绘图环境。

02 绘制定位轴线。

03 绘制墙体、楼板的轮廓线。

04 绘制绘制各种梁的轮廓线及断面。

05 绘制楼梯、室内的固定设备、室外的台阶，以及其他可见的细节构件，并且给出楼梯的材质。

06 标注尺寸、标高。

07 绘制索引符号。

08 添加图框和标题。

下面将通过绘制一个建筑剖面图的实例来对绘制过程进行详细的介绍。图11-1所示为某一建筑物的剖面图。

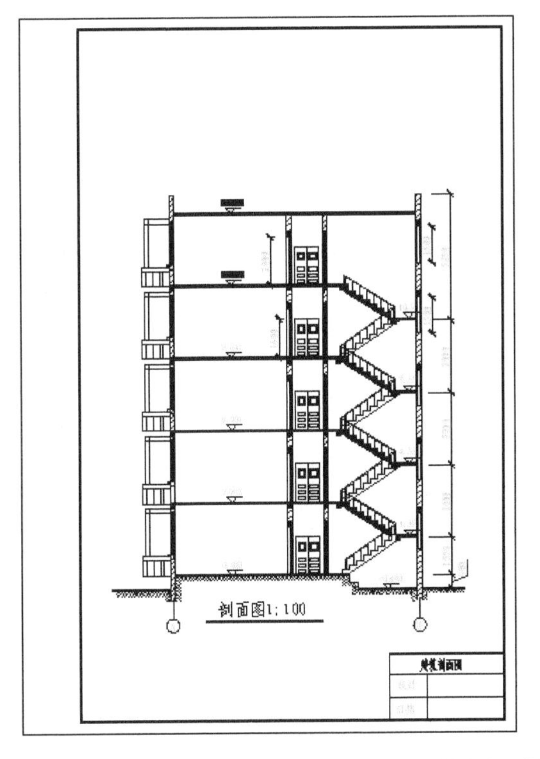

图11-1　某建筑物剖面图

11.2　绘制过程

通过前面的介绍，我们已经知道建筑剖面图的绘制要求与具体步骤，接下来进行建筑立面图的绘制。

11.2.1设置绘图环境

绘制之前首先要设置好绘图环境，设置绘图环境主要包括：设置图形界限，设置绘图单位，设置图层，设置线型，设置文字样式及设置标注样式等，下面分别进行介绍。建立绘图环境的具体步骤如下。

1. 新建图形文件

运行AutoCAD 2013的运行程序，选择“文件”→“新建”菜单命令，或单击“标准”工具栏中的按钮，弹出“选择样板”对话框，如图11-2所示。采用系统默认值，单击“打开”按钮即可新建一个图形文件。

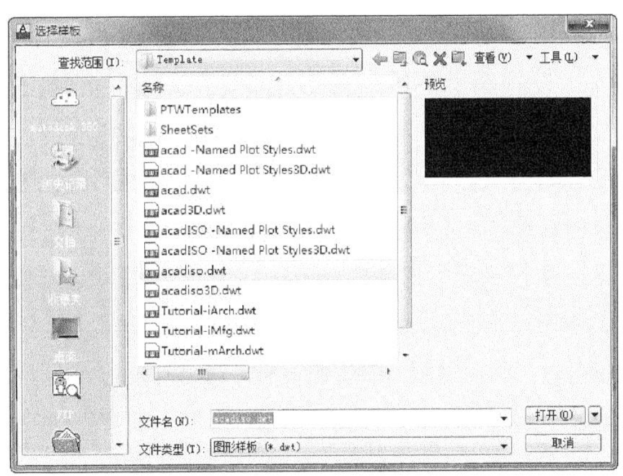

图11-2　“选择样板”对话框

2. 设置单位

在绘制建筑立平面图时，一般采用毫米为基本单位，精度选用“0”。

选择“格式”→“单位”菜单命令，在弹出的图形“单位”对话框中将“长度”项的“精度”下拉列表中选择“0”，其他设置保持系统默认参数不变即可，如图11-3所示。

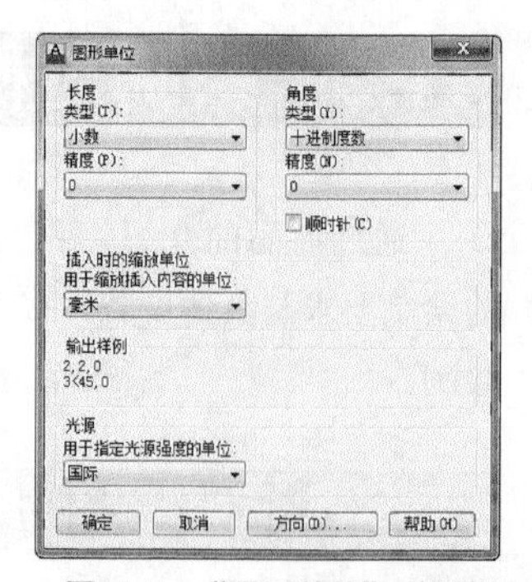

图11-3 “图形单位”对话框

3. 设置图形界限

选择“格式”→“图形界限”菜单命令，也可以在命令行中输入limits命令。

命令行提示如下。

命令: limits

重新设置模型空间界限:

指定左下角点或 [开(ON)/关(OFF)] <0.0000,0.0000>:

//按回车键采用默认值

指定右上角点 <420.0000,297.0000>: 21000,29700

//A4图纸放大100倍

4. 设置图层

设置图层是绘制图形之前必不可少的准备工作。可以先设置一些专门的图层，绘图时将相应图层设置为当前层即可。这样可以很方便地对图形进行管理和修改。单击“图层”工具栏上的按钮，弹出“图层特性管理器”对话框，单击“新建”按钮，为轴线创建一个图层，然后设置图层名称为“辅助线”，即可完成“辅助线”图层的设置。采用同样方法依次创建“标注”、“地坪线”、“轮廓线”、“窗户”、“阳台”、“其他”及“文字”等图层，如图11-4所示。

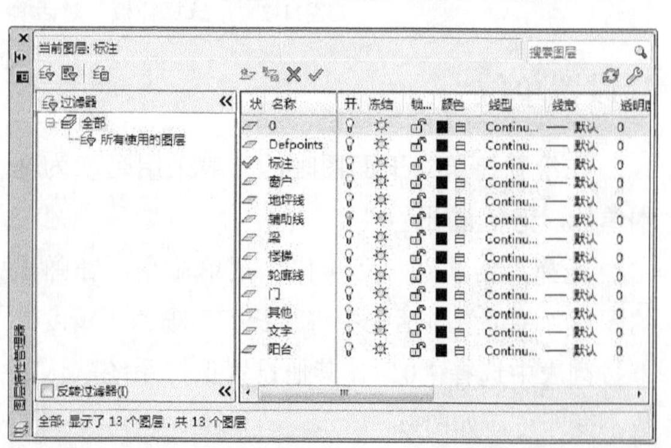

图11-4 “图层特性管理器”对话框

5. 设置文字样式

选择“格式”→“文字样式”菜单命令，弹出“文字样式”对话框，新建一个“文字”文字样式，设置参数为：“字体”中选择“FangSong-GB2312”，其他采用默认值，如图11-5所示。

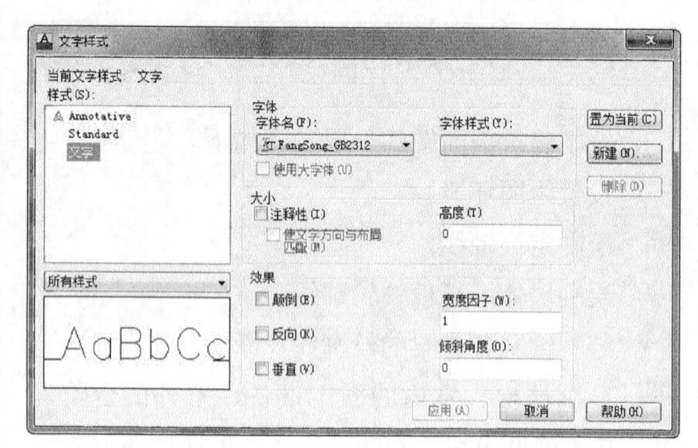

图11-5 “文字样式”对话框

6. 设置标注样式

本例采用的绘图比例为1:100，选择“格式”→“标注样式”菜单命令，弹出“标注样式”对话框，新建一个“标注”文字样式，在“线”选项卡中设置“起点偏移量”设为“5”；“符号和箭头”选项卡中设置“箭头”为“建筑标记”；在“文字”选项卡中设置“文字样式”为“文字”；在“调整”选项卡中的“使用全局比例”文本框中输入为“100”，其他设置保持系统默认参数不变即可，如图11-6所示。

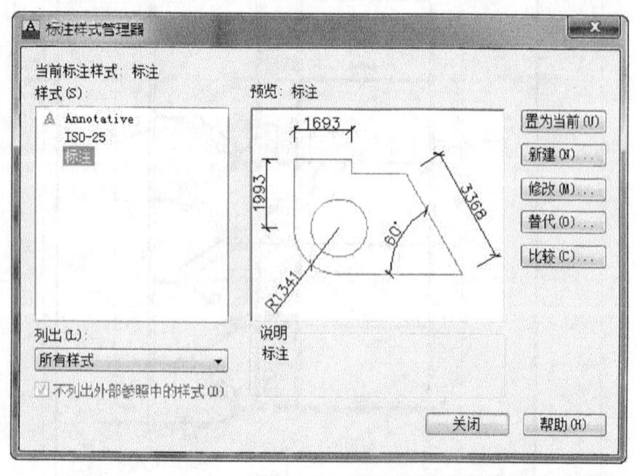

图11-6 “标注样式管理器”对话框

11.2.2　绘制辅助线

辅助线用来在绘图时对图形进行准确的定位。

操作步骤

01 选择“视图”→“缩放”→“全部”菜单命令，将图形显示在绘图区。

02 单击屏幕下方状态栏中的“正交”按钮，打开“正交”状态。

03 将“辅助线”层设置为当前层。

04 选择“格式”→“线型”菜单命令，打开“线型管理器”对话框，加载线型DAHDOT，如图11-7所示。

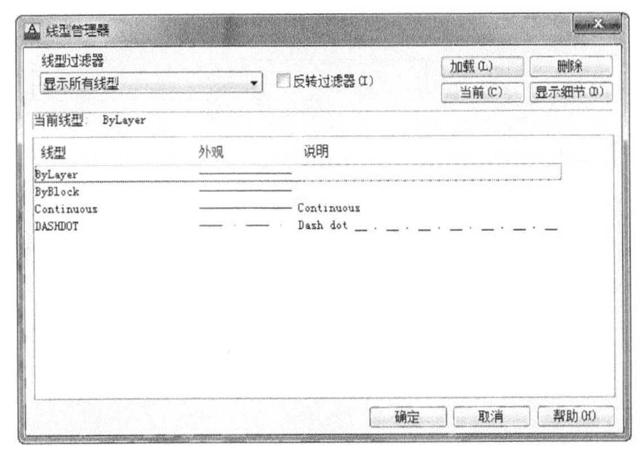

图11-7　加载DASHDOT线型

05 单击“绘图”工具栏中的按钮⁄，绘制水平方向上的辅助线。命令行提示如下。

命令: _line 指定第一点:

//在绘图区任意指定一点

指定下一点或[放弃(U)]: 15000

//指定直线长度

指定下一点或[放弃(U)]:

//回车

06 利用“偏移”命令绘制水平辅助线，以此向上偏移600、3 000、3 000、3 000、3 000、3 000、800个单位。命令行提示如下。

命令: _offset

当前设置:

删除源=否图层=源　OFFSETGAPTYPE=0

指定偏移距离或 [通过(T)/删除(E)/图层(L)] <通过>: 600

选择要偏移的对象，或 [退出(E)/放弃(U)] <退出>:

指定要偏移的那一侧上的点，或 [退出(E)/多个(M)/放弃(U)] <退出>:

选择要偏移的对象，或 [退出(E)/放弃(U)] <退出>:

命令: _offset

当前设置:

删除源=否图层=源　OFFSETGAPTYPE=0

指定偏移距离或 [通过(T)/删除(E)/图层(L)] <600>: 3000

选择要偏移的对象，或 [退出(E)/放弃(U)] <退出>:

指定要偏移的那一侧上的点，或 [退出(E)/多个(M)/放弃(U)] <退出>:

选择要偏移的对象，或 [退出(E)/放弃(U)] <退出>:

……

命令: _offset

当前设置:

删除源=否图层=源　OFFSETGAPTYPE=0

指定偏移距离或 [通过(T)/删除(E)/图层(L)] <3000>: 800

选择要偏移的对象，或 [退出(E)/放弃(U)] <退出>:

指定要偏移的那一侧上的点，或 [退出(E)/多个(M)/放弃(U)] <退出>:

选择要偏移的对象，或 [退出(E)/放弃(U)] <退出>:

07 采用相同方法绘制垂直方向的辅助线，间距从左向右依次为5 000、1 500、4 000个单位，如图11-8所示。

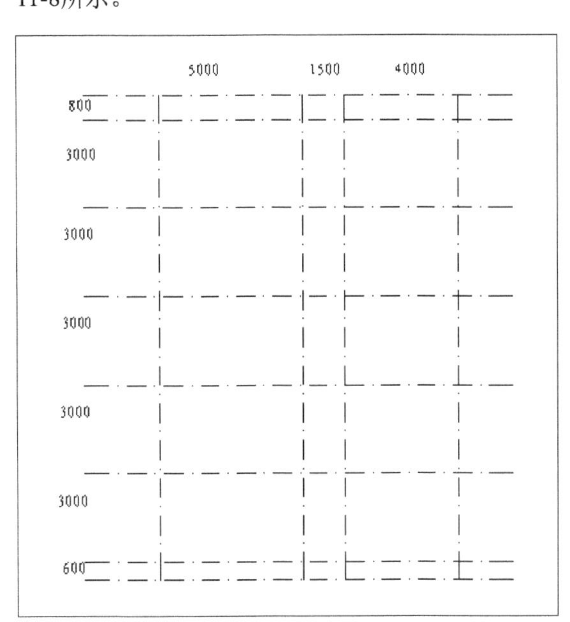

图11-8　完成后的辅助线

11.2.3 绘制地坪线和轮廓线

1. 绘制地坪线

操作步骤

01 将“地坪线”层设置为当前层。

02 选择“绘图”→“多段线”菜单命令，绘制地坪线。命令行提示如下。

命令: _pline
指定起点:
当前线宽为 10
指定下一个点或 [圆弧(A)/半宽(H)/长度(L)/放弃(U)/宽度(W)]: w
指定起点宽度 <10>: 30
指定端点宽度 <30>:
指定下一个点或 [圆弧(A)/半宽(H)/长度(L)/放弃(U)/宽度(W)]:
指定下一点或 [圆弧(A)/闭合(C)/半宽(H)/长度(L)/放弃(U)/宽度(W)]:
命令:
命令:
命令: _offset
当前设置:
删除源=否图层=源 OFFSETGAPTYPE=0
指定偏移距离或 [通过(T)/删除(E)/图层(L)] <4000>: 600
选择要偏移的对象，或 [退出(E)/放弃(U)] <退出>:
指定要偏移的那一侧上的点，或 [退出(E)/多个(M)/放弃(U)] <退出>:
选择要偏移的对象，或 [退出(E)/放弃(U)] <退出>:

03 利用“直线”命令绘制台阶线，然后利用“修剪”命令将其修剪即可。命令行提示如下。

命令: _line 指定第一点:
指定下一点或 [放弃(U)]:
指定下一点或 [放弃(U)]:
命令: _offset
当前设置:
删除源=否图层=源 OFFSETGAPTYPE=0
指定偏移距离或 [通过(T)/删除(E)/图层(L)] <600>: 700
选择要偏移的对象，或 [退出(E)/放弃(U)] <退出>:
指定要偏移的那一侧上的点，或 [退出(E)/多个(M)/放弃(U)] <退出>:
选择要偏移的对象，或 [退出(E)/放弃(U)] <退出>:
命令: _line 指定第一点:
指定下一点或 [放弃(U)]:
指定下一点或 [放弃(U)]:
命令: _line 指定第一点:
指定下一点或 [放弃(U)]:
指定下一点或 [放弃(U)]:
指定下一点或 [闭合(C)/放弃(U)]:
命令: _trim
当前设置:投影=无，边=无
选择剪切边...找到 1 个
选择要修剪的对象，或按住 Shift 键选择要延伸的对象，或[栏选(F)/窗交(C)/投影(P)/边(E)/删除(R)/放弃(U)]:
……

修剪好后的地坪线如图11-9所示。

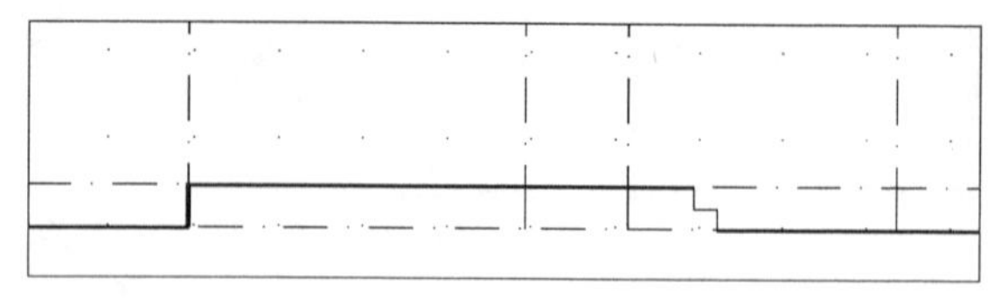

图11-9 地坪线

2. 绘制轮廓线

操作步骤

01 将“轮廓线”层设置为当前层。

02 选择“绘图”→“多线”菜单命令，绘制墙体轮廓线。命令行提示如下。

命令: _mline //调用“多线”命令
当前设置: 对正 = 上，比例 = 20.00，样式 = STANDARD
指定起点或 [对正(J)/比例(S)/样式(ST)]: j
输入对正类型 [上(T)/无(Z)/下(B)] <上>: z
当前设置: 对正 = 无，比例 = 20.00，样式 = STANDARD
指定起点或 [对正(J)/比例(S)/样式(ST)]: s
输入多线比例<20.00>: 200 //设置多线比例
当前设置: 对正 = 无，比例 = 200.00，样式 =

STANDARD

指定起点或 [对正(J)/比例(S)/样式(ST)]:

指定下一点:

指定下一点或 [放弃(U)]:

03 重复使用“多线”命令绘制其他轮廓线，如图11-10所示。

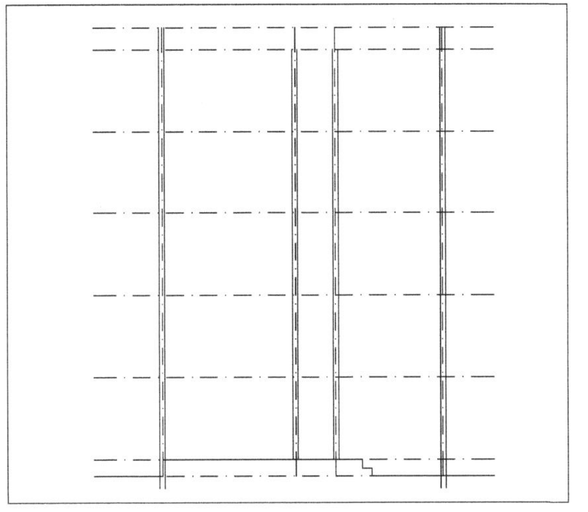

图11-10　墙体轮廓线

3. 绘制楼板

楼板就是各层的地板和楼梯间的平台，在AutoCAD 2013中同样可以使用“多线”命令绘制。

操作步骤

01 选择“格式”→“多线样式”菜单命令，打开“多线样式”对话框，单击“新建”按钮新建“楼梯”多线样式，单击“继续”按钮后，在“新建多线样板”对话框中的“图元”组合框中将多线偏移量分别设置为50和-50，如图11-11所示。

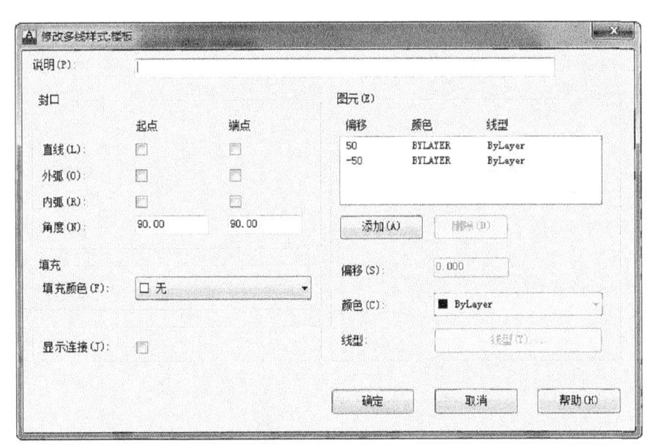

图11-11　“新建多线样式”对话框

02 单击“确定”按钮，返回“多线样式”对话框，单击“确定”按钮完成设置。

03 选择“绘图”→“多线”菜单命令，绘制楼板。命令行提示如下。

命令: _mline //调用“多线”命令

当前设置: 对正 = 无, 比例 = 200.00, 样式 = 楼板

指定起点或 [对正(J)/比例(S)/样式(ST)]: j

需要点或选项关键字。

指定起点或 [对正(J)/比例(S)/样式(ST)]: j

输入对正类型 [上(T)/无(Z)/下(B)] <无>:

当前设置: 对正 = 无, 比例 = 200.00, 样式 = 楼板

指定起点或 [对正(J)/比例(S)/样式(ST)]: s //设置多线比例

输入多线比例 <200.00>: 1

当前设置: 对正 = 无, 比例 = 1.00, 样式 = 楼板

指定起点或 [对正(J)/比例(S)/样式(ST)]:

指定下一点:

指定下一点或 [放弃(U)]:

注意

在绘制多线命令时，如果多线比例的设置不当，可能会导致绘图的不正确。

04 重复执行上述命令，绘制完成的楼板和墙体多处不吻合，需要进行修剪，通过多线命令对其进行修剪即可。完成后的效果如图11-12所示。

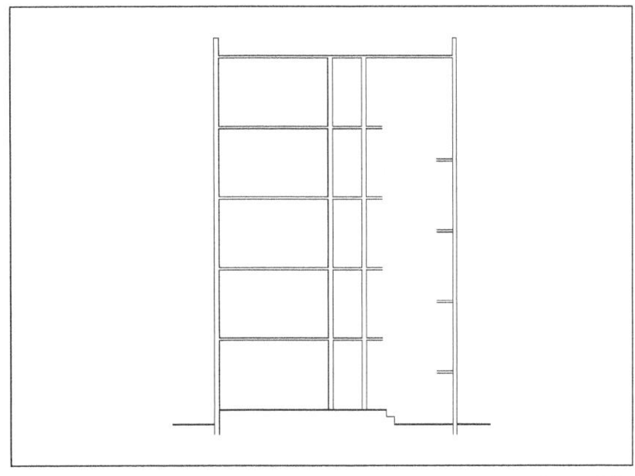

图11-12　楼板和墙体

11.2.4　绘制楼梯

楼梯的绘制是剖面图中最常见的，也是最为复杂的一部分。本图中有5层，用户可以先绘制出

一层的楼梯，然后存储为块，使用的时候插入到合适的位置即可。

操作步骤

01 将“楼梯”层设置为当前层。

02 将当前图层的线型设为Continuous，线宽为0.3mm。

03 单击“绘图”工具栏中的按钮，绘制第一跑台阶。命令行提示如下。

命令: _line 指定第一点:
指定下一点或 [放弃(U)]: @0,200
指定下一点或 [放弃(U)]: @300,0
指定下一点或 [闭合(C)/放弃(U)]: @0,200
指定下一点或 [闭合(C)/放弃(U)]: @300,0
指定下一点或 [闭合(C)/放弃(U)]: @0,200
……

04 利用“直线”命令继续绘制第二跑台阶，命令行提示如下。

命令: _line 指定第一点:
指定下一点或 [放弃(U)]: @0,250
指定下一点或 [放弃(U)]: @−300,0
指定下一点或 [闭合(C)/放弃(U)]: @0,180
指定下一点或 [闭合(C)/放弃(U)]: @−300,0
指定下一点或 [闭合(C)/放弃(U)]: @0,180
……

05 选择“绘图”→“多线”菜单命令，绘制栏杆。绘制出一个栏杆后，其他栏杆可以通过“复制”命令将其放到合适的位置。命令行提示如下。

命令:MLINE //调用“多线”命令
当前设置: 对正 = 无，比例 = 1.00，样式 = 楼板
指定起点或 [对正(J)/比例(S)/样式(ST)]: st
输入多线样式名或 [?]: standard
当前设置: 对正 = 无，比例 = 1.00，样式 = STANDARD
指定起点或 [对正(J)/比例(S)/样式(ST)]: s
输入多线比例 <1.00>: 30
当前设置: 对正 = 无，比例 = 30.00，样式 = STANDARD
指定起点或 [对正(J)/比例(S)/样式(ST)]:
指定下一点:
指定下一点或 [放弃(U)]:
命令: _copyclip 找到 1 个
命令: _pasteclip 忽略块 _ArchTick 的重复定义。
指定插入点:
命令: _pasteclip 忽略块 _ArchTick 的重复定义。
指定插入点:
……

06 利用“多线”命令绘制楼梯扶手，命令行提示如下。

命令: _mline
当前设置:
对正 = 无，比例 = 30.00，样式 = STANDARD
指定起点或 [对正(J)/比例(S)/样式(ST)]:
指定下一点:
指定下一点或 [放弃(U)]:

07 在两段的楼梯下部添加一条轮廓线，然后利用“修剪”命令对楼梯的细部进行修剪，修剪完后的楼梯如图11-13所示。

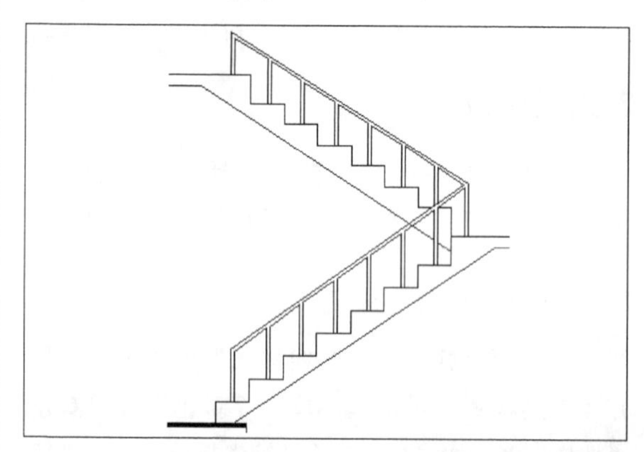

图11-13　一层楼梯

08 单击“绘图”工具栏中的按钮，将楼梯定义为块，如图11-14所示。

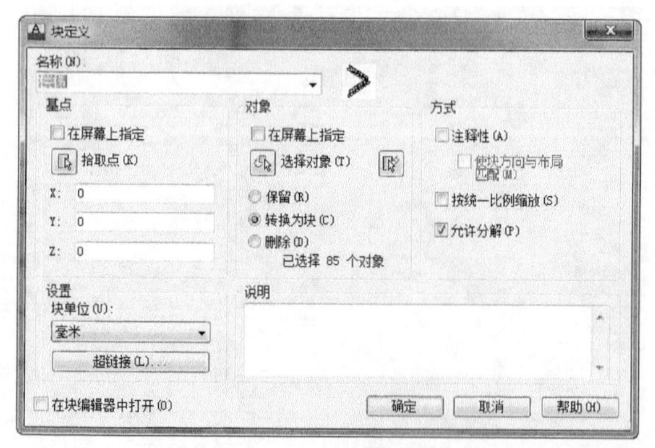

图11-14　“块定义”对话框

09 单击“绘图”工具栏中的按钮，在“插入”对话框中选择“楼梯”块，如图11-15所示，单击“确定”按钮，插入到图中合适的位置即可。完成后的楼梯图形如图11-16所示。

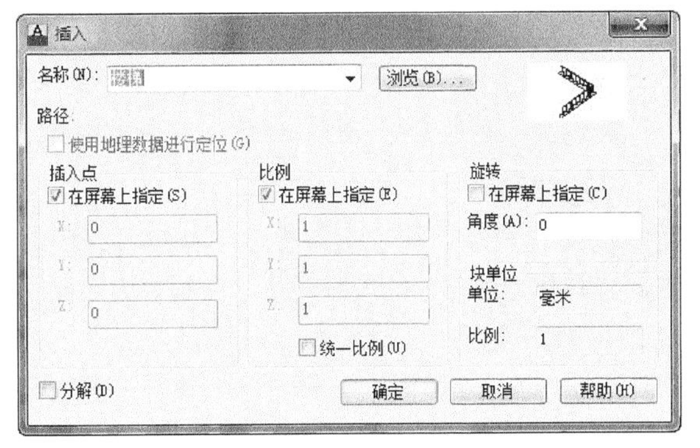

图11-15　“插入”对话框

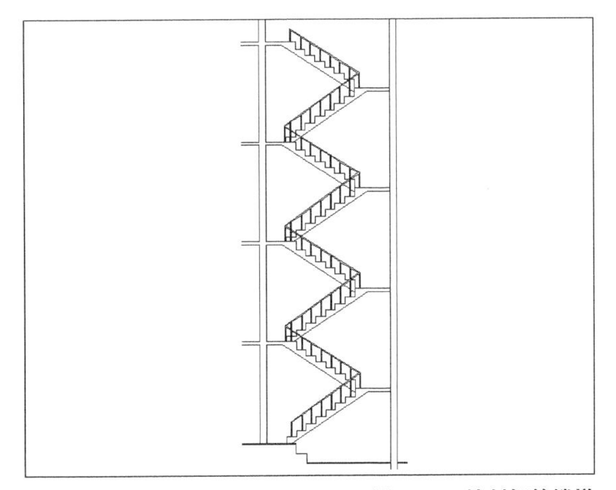

图11-16　绘制好的楼梯

11.2.5　绘制门窗

1. 绘制窗户

在介绍建筑平面图和建筑立面图的绘制过程中，都接触过窗的绘制。在建筑剖面图中，窗主要分为两类，被剖切到的窗和未被剖切到的窗。它们的绘制方法与建筑立面图中的绘制方法相同，由于本图的剖切面位置，仅有一种被剖切的窗，尺寸为1 500×200。

操作步骤

01 将“窗户”层设置为当前层。

02 单击“绘图”工具栏中的按钮，绘制窗的外轮廓。命令行提示如下。

命令: _rectang

指定第一个角点或 [倒角(C)/标高(E)/圆角(F)/厚度(T)/宽度(W)]:

指定另一个角点或 [面积(A)/尺寸(D)/旋转(R)]: @200,−1500

03 单击“修改”工具栏中的按钮，将矩形分解，利用“定数等分”与“直线”命令绘制窗户细部。命令行提示如下。

命令: _explode //调用“定数等分”命令

选择对象: 找到 1 个

选择对象: //选择矩形

命令: _divide //调用“定数等分”命令

选择要定数等分的对象: //选择矩形上面的边

输入线段数目或 [块(B)]: 3

命令: _line 指定第一点:

指定下一点或 [放弃(U)]:

指定下一点或 [放弃(U)]:

命令: _line 指定第一点:

指定下一点或 [放弃(U)]:

指定下一点或 [放弃(U)]:

绘制完的窗如图11-17所示。

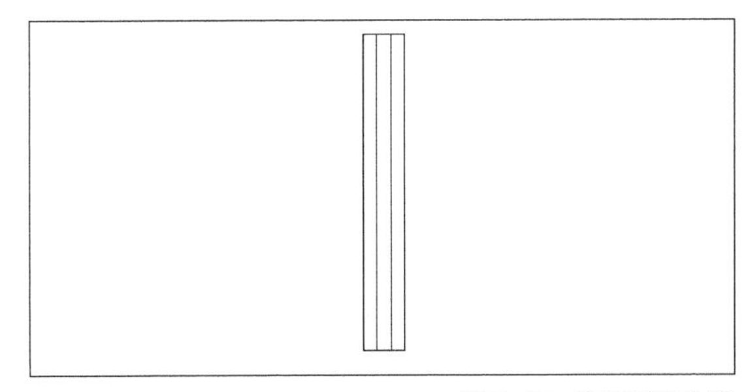

图11-17　被剖切到的窗

技巧与提示

执行“定数等分”命令后，往往看不到定数等分的点。选择“格式”→“点样式”菜单命令可以设置点的显示样式，系统默认为点号，可将其改为其他样式，使其正常显示，如图11-18所示。

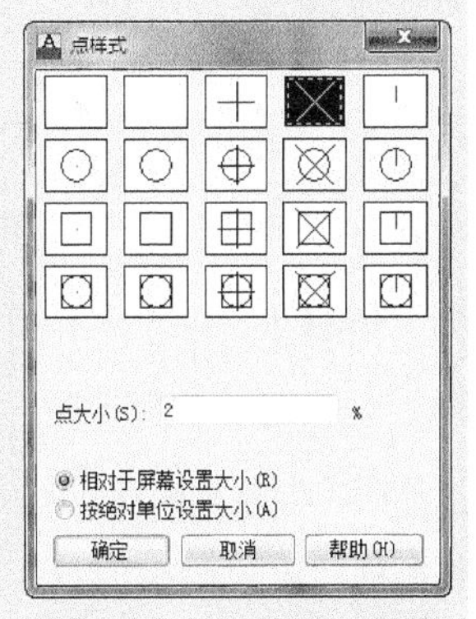

图11-18　“点样式”对话框

04 利用“矩形”与“修剪”命令绘制窗台。命令行提示如下。

命令: _rectang

指定第一个角点或 [倒角(C)/标高(E)/圆角(F)/厚度(T)/宽度(W)]:

指定另一个角点或 [面积(A)/尺寸(D)/旋转(R)]: @−300,−180

命令: _rectang

指定第一个角点或 [倒角(C)/标高(E)/圆角(F)/厚度(T)/宽度(W)]:

指定另一个角点或 [面积(A)/尺寸(D)/旋转(R)]:

05 利用“修剪”命令修剪多余线段，如图11-19所示。

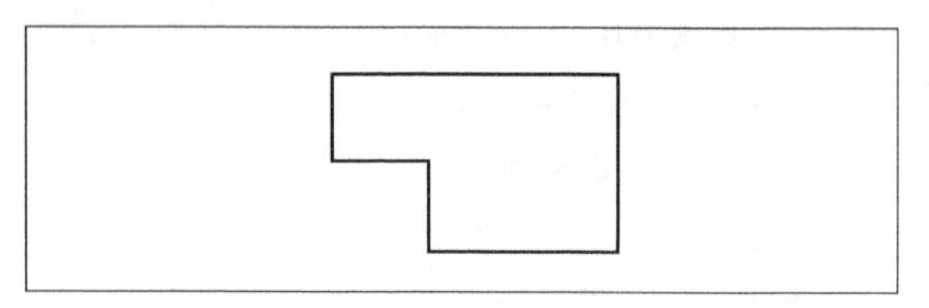

图11-19 窗台

06 分别将窗与窗台存储为块，插入到合适的位置即可，如图11-20所示。

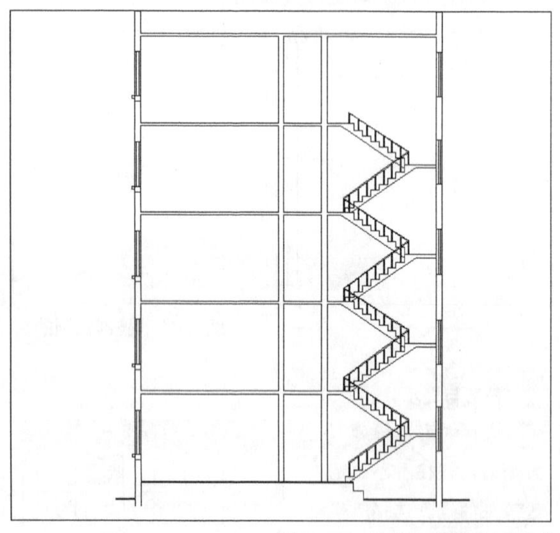

图11-20 插入窗户后的剖面图

2. 绘制门

在建筑平面图与立面图中，我们都接触过门的绘制。在建筑剖面图中，门主要分为两类，被剖切到的门和未被剖切到的门。

被剖切到的门的绘制步骤如下。

01 将“门”层设置为当前层。

02 利用“矩形”命令绘制门的外轮廓线。命令行提示如下。

命令: _rectang

指定第一个角点或 [倒角(C)/标高(E)/圆角(F)/厚度(T)/宽度(W)]:

指定另一个角点或 [面积(A)/尺寸(D)/旋转(R)]: @200,2000

03 利用“直线”和“定数等分”命令绘制门的细部。具体方法与窗的绘制一致。绘制完成后如图11-21所示。

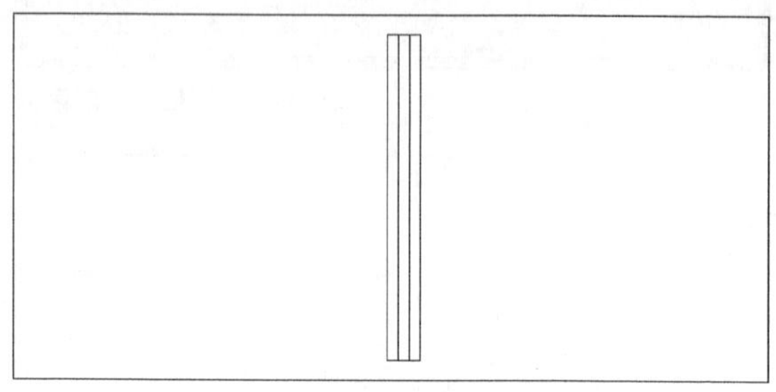

图11-21 被剖切的门

未被剖切的门的绘制步骤如下。

01 单击“绘图”工具栏中的按钮▭，绘制门的外部轮廓，命令行提示如下。

命令: _rectang

//执行“矩形”命令

指定第一个角点或 [倒角(C)/标高(E)/圆角(F)/厚度(T)/宽度(W)]:

指定另一个角点或 [面积(A)/尺寸(D)/旋转(R)]: @−500,1600

02 单击“绘图”工具栏中的按钮⬠，绘制内部边框。命令行提示如下。

命令: _polygon 输入边的数目 <4>:

//调用“正多边形”命令

指定正多边形的中心点或 [边(E)]:

输入选项 [内接于圆(I)/外切于圆(C)] <I>: C

指定圆的半径: //在屏幕上指定合适的把半径

03 利用“偏移”命令向内侧偏移60个单位。命令行提示如下。

命令: _offset

当前设置:

删除源=否图层=源 OFFSETGAPTYPE=0

指定偏移距离或 [通过(T)/删除(E)/图层(L)] <83>: 60

选择要偏移的对象，或 [退出(E)/放弃(U)] <退出>:

指定要偏移的那一侧上的点，或 [退出(E)/多个(M)/放弃(U)] <退出>:

选择要偏移的对象，或 [退出(E)/放弃(U)] <退出>:

04 绘制门下方的小矩形。命令行提示如下。

命令: _rectang

指定第一个角点或 [倒角(C)/标高(E)/圆角(F)/厚度(T)/宽度(W)]:

指定另一个角点或 [面积(A)/尺寸(D)/旋转(R)]: 500

05 利用“阵列”命令绘制出3个平行的小矩形。

06 利用“直线”命令连接上方两个正多边形的各个顶点。命令行提示如下。

命令: _line 指定第一点:

指定下一点或 [放弃(U)]:

指定下一点或 [放弃(U)]:

命令: _line 指定第一点:

指定下一点或 [放弃(U)]:

指定下一点或 [放弃(U)]:

命令: _line 指定第一点:

指定下一点或 [放弃(U)]:

指定下一点或 [放弃(U)]:

命令: _line 指定第一点:

指定下一点或 [放弃(U)]:

指定下一点或 [放弃(U)]:

此时绘制的其中一扇门如图11-22所示。

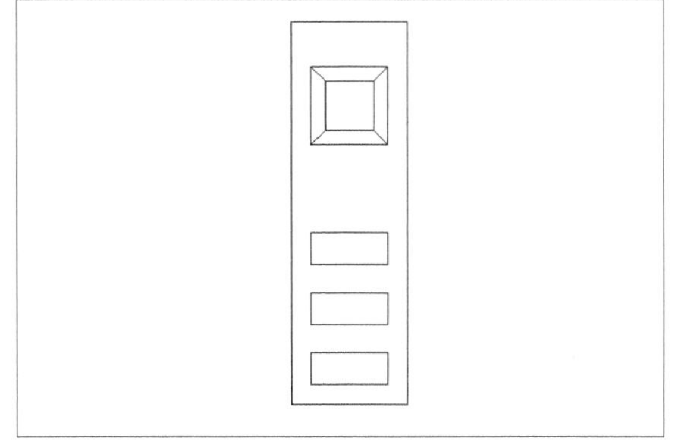

图11-22　绘制好的一扇门

07 单击“修改”工具栏中的按钮，镜像出另一扇门，如图11-23所示。

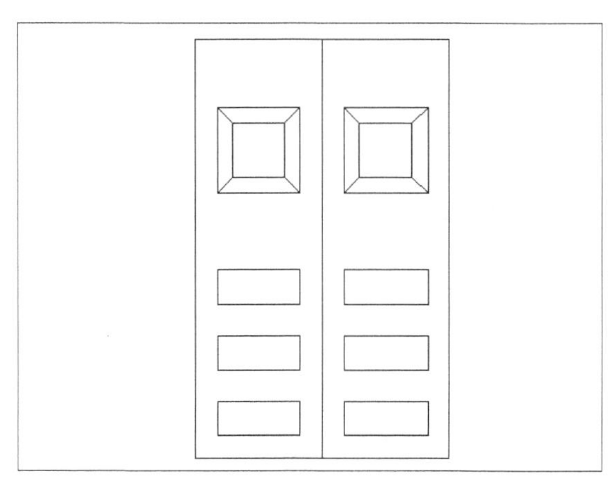

图11-23　镜像后的门

08 将两种门定义为块，在需要的地方插入即可。插入门后的剖面图如图11-24所示。

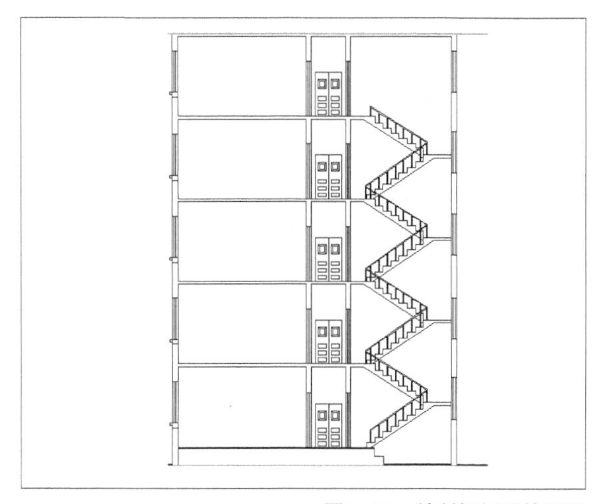

图11-24　绘制好门后的图形

11.2.6　绘制阳台

本例中的每层都有阳台且样式相同，因此只要绘制出其中一层的阳台，其他的通过复制或将阳台定义为块插入到相应的位置即可。

操作步骤

01 将“阳台”层设置为前层。

02 利用“矩形”、“分解”及“偏移”命令绘制阳台下方护栏。命令行提示如下。

命令: _rectang //执行“矩形”命令

指定第一个角点或 [倒角(C)/标高(E)/圆角(F)/厚度(T)/宽度(W)]: //指定第一个对角点

指定另一个角点或 [面积(A)/尺寸(D)/旋转(R)]:

@-1200,800
命令: _explode //调用“分解”菜单命令
选择对象: 找到 1 个 //选择绘制出的矩形
选择对象: //单击鼠标右键或回车
命令: _offset //调用“偏移”命令
当前设置:
删除源=否图层=源 OFFSETGAPTYPE=0
指定偏移距离或 [通过(T)/删除(E)/图层(L)] <通过>: 160 //设置偏移距离
选择要偏移的对象，或 [退出(E)/放弃(U)] <退出>: //选择矩形上面的边
指定要偏移的那一侧上的点，或 [退出(E)/多个(M)/放弃(U)] <退出>://指定偏移方向，向下偏移
选择要偏移的对象，或 [退出(E)/放弃(U)] <退出>: //回车
命令: _offset
当前设置:
删除源=否图层=源 OFFSETGAPTYPE=0
指定偏移距离或 [通过(T)/删除(E)/图层(L)] <160>: 200
选择要偏移的对象，或 [退出(E)/放弃(U)] <退出>: //选择矩形右边的边
指定要偏移的那一侧上的点，或 [退出(E)/多个(M)/放弃(U)] <退出>: //向右偏移
选择要偏移的对象，或 [退出(E)/放弃(U)] <退出>: //回车
命令: _offset
当前设置:
删除源=否图层=源 OFFSETGAPTYPE=0
指定偏移距离或 [通过(T)/删除(E)/图层(L)] <200>: 300
选择要偏移的对象，或 [退出(E)/放弃(U)] <退出>: //选择上此偏移后的直线
指定要偏移的那一侧上的点，或 [退出(E)/多个(M)/放弃(U)] <退出>: //向右偏移
选择要偏移的对象，或 [退出(E)/放弃(U)] <退出>: //选择上此偏移后的直线
指定要偏移的那一侧上的点，或 [退出(E)/多个(M)/放弃(U)] <退出>: //向右偏移
选择要偏移的对象，或 [退出(E)/放弃(U)] <退出>: //回车
命令: _offset
//继续执行偏移命令，向右偏移100个单位
当前设置:
删除源=否图层=源 OFFSETGAPTYPE=0
指定偏移距离或 [通过(T)/删除(E)/图层(L)] <300>: 100
选择要偏移的对象，或 [退出(E)/放弃(U)] <退出>:
指定要偏移的那一侧上的点，或 [退出(E)/多个(M)/放弃(U)] <退出>:
选择要偏移的对象，或 [退出(E)/放弃(U)] <退出>:

03 选择“修剪”命令，修剪掉多余的直线。命令行提示如下。

命令: _trim
当前设置:投影=无，边=无
选择剪切边...
选择对象或 <全部选择>: 找到 1 个
......
选择对象: 找到 1 个，总计 5 个
选择对象:
选择要修剪的对象，或按住 Shift 键选择要延伸的对象，或
[栏选(F)/窗交(C)/投影(P)/边(E)/删除(R)/放弃(U)]:
......

修剪后的图形如图11-25所示。

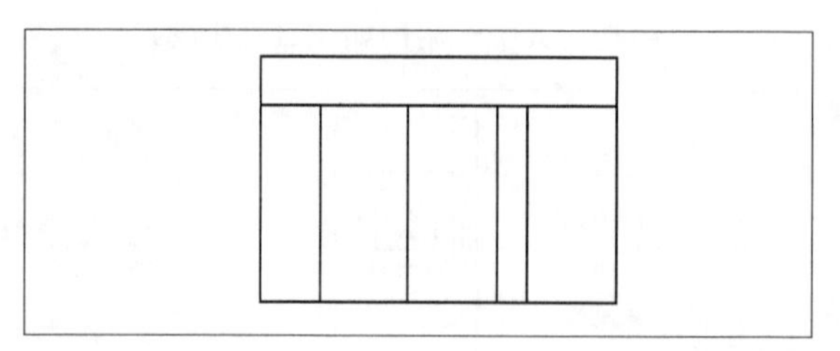

图11-25 绘制护栏

04 利用“矩形”和“偏移”命令绘制阳台上的玻璃轮廓。命令行提示如下。

命令: _rectang
指定第一个角点或 [倒角(C)/标高(E)/圆角(F)/厚度(T)/宽度(W)]:
指定另一个角点或 [面积(A)/尺寸(D)/旋转(R)]: @-1100,2000
命令: _explode

选择对象: 找到 1 个

选择对象:

命令: _offset

//执行“偏移”命令向内侧偏移

当前设置:

删除源=否图层=源　OFFSETGAPTYPE=0

指定偏移距离或 [通过(T)/删除(E)/图层(L)] <100>: 200

选择要偏移的对象, 或 [退出(E)/放弃(U)] <退出>:

//选择矩形上面的边

指定要偏移的那一侧上的点, 或 [退出(E)/多个(M)/放弃(U)] <退出>:

选择要偏移的对象, 或 [退出(E)/放弃(U)] <退出>:

//选择矩形右面一条边

指定要偏移的那一侧上的点, 或 [退出(E)/多个(M)/放弃(U)] <退出>:

选择要偏移的对象, 或 [退出(E)/放弃(U)] <退出>:

05 绘制完成的阳台如图11-26所示。单击“绘图”工具栏中的按钮，将其定义为块，选择右下角点为插入点，如图11-27所示。

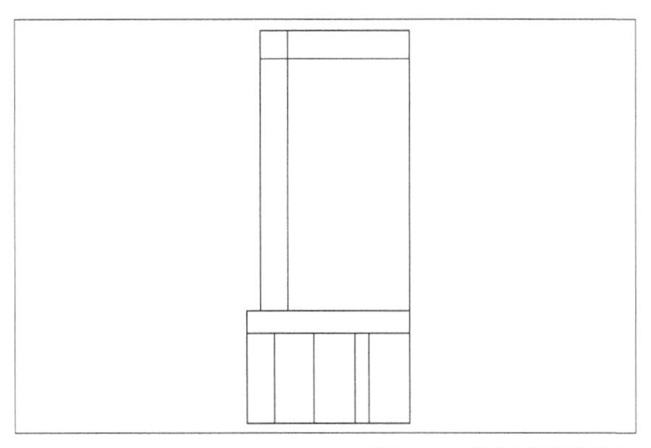

图11-26　绘制完后的阳台

图11-27　定义“阳台”块

06 单击“绘图”工具栏中的按钮，将阳台插入到合适的位置，插入后的效果图如图11-28所示。

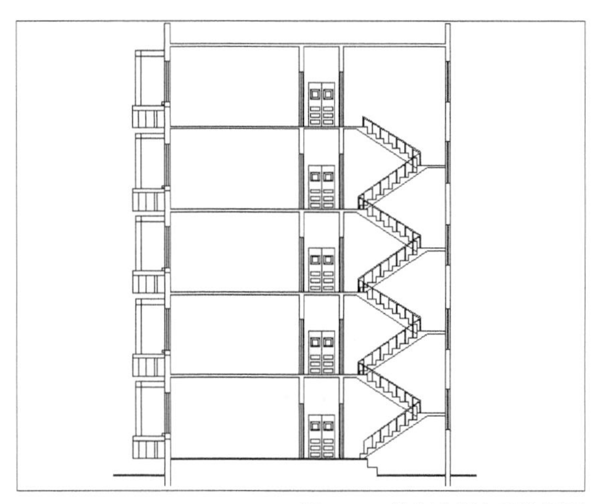

图11-28　绘制完阳台后的图形

11.2.7　绘制过梁

梁设置在楼板的下面，或者设置在门窗的顶部和楼梯的下面。

操作步骤

01 将“梁”层设置为当前层，线型设置为Coutinuous，线宽为默认。

02 本例中主要需要用到两种梁。一种是门窗的梁，一种是阳台下面的梁，利用“矩形”命令绘制，然后填充即可。

03 将两种梁定义为块，然后插入到相应的位置，如图11-29所示。

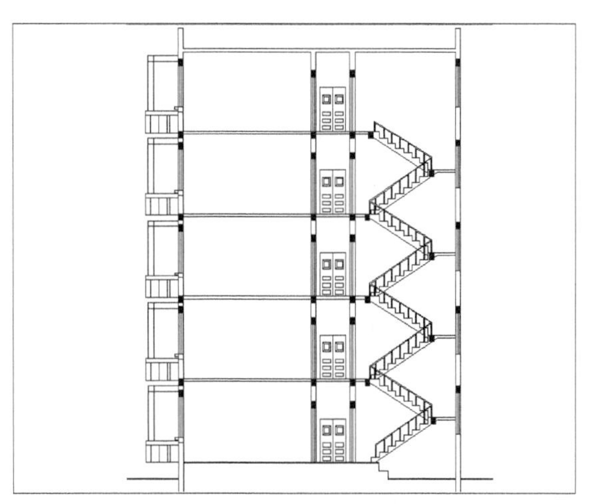

图11-29　绘制完梁后的剖面图

11.2.8 图形装饰

本例绘图比例为1:100，故楼板和梁直接涂黑，墙体和地坪画出材料图例。

操作步骤

01 在“图层”下拉列表中选择“其他”图层，作为当前层。选择“绘图”→“图案填充”菜单命令，如图11-30所示，填充“SOLID”图案类型，选择楼梯板和梁作为填充对象。

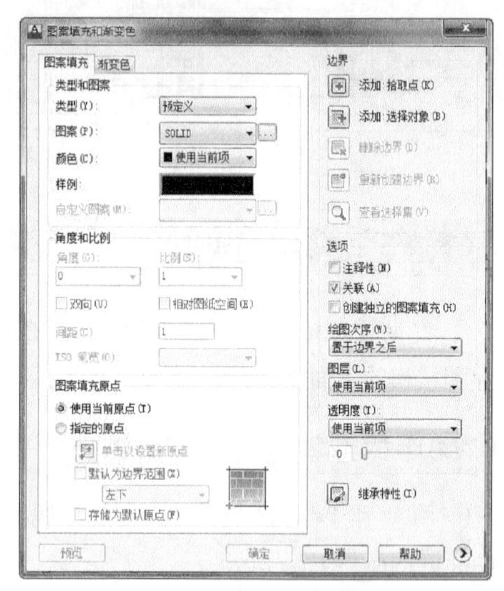

图11-30 “图案填充和渐变色”对话框

02 选择“绘图”→“图案填充”菜单命令，如图11-31所示，填充“ANSI31”图案类型，比例为“50”，选择墙体作为填充对象。

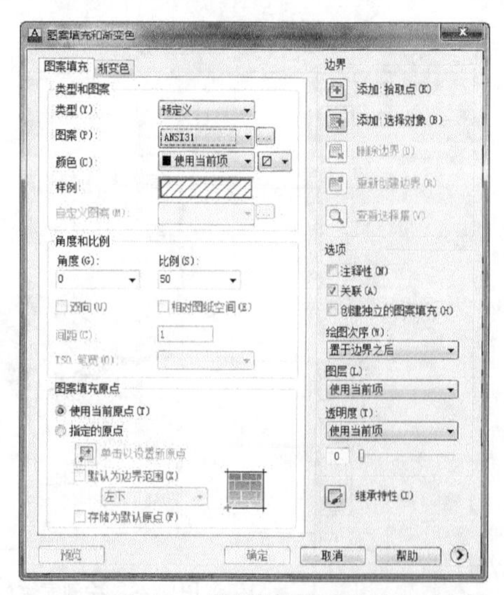

图11-31 “图案填充和渐变色”对话框

03 填充地坪图例时应首先添加辅助线，使地坪线与辅助线成为封闭的图形，填充后将辅助线删除。选择“绘图”→“图案填充”菜单命令，如图11-32所示，填充“AR-HBONE”图案类型，比例为“50”，选择地坪作为填充对象。

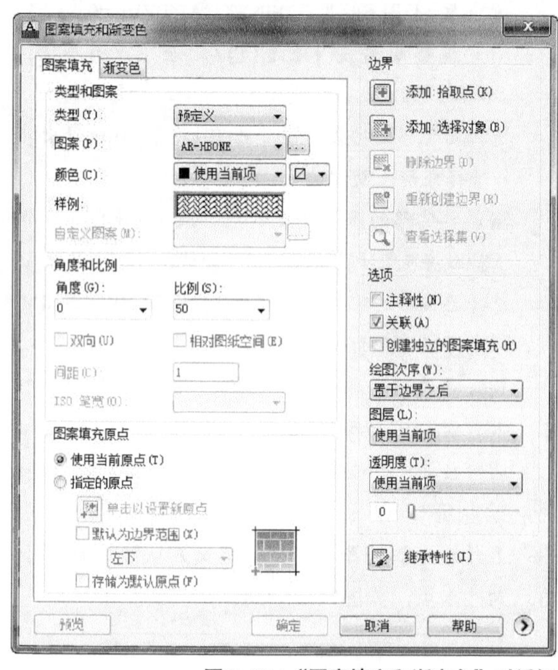

图11-32 “图案填充和渐变色”对话框

结果如图11-33所示。

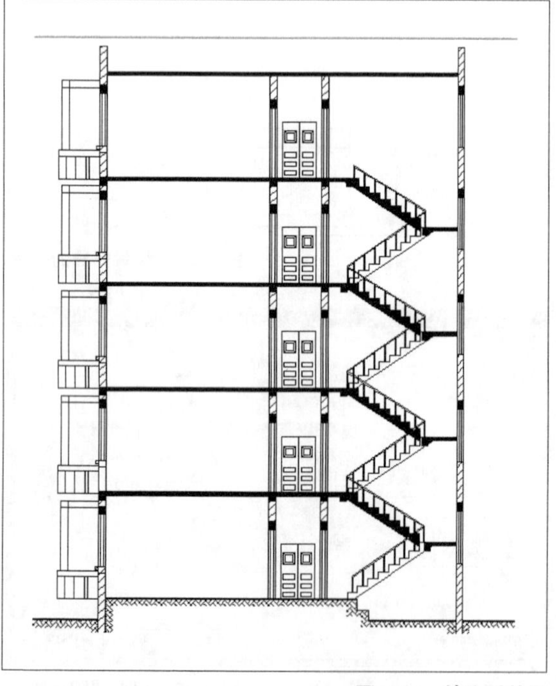

图11-33 填充后效果

11.2.9　标注尺寸和标高

在“图层”下拉列表中选择“标注”为当前图层，将“标注”标注样式设为当前标注样式。对外墙的门窗等尺寸标注，标注出层高，以及室内外的高度差和建筑物的标高等。

在建筑剖面图中除了标高外，还需要标注出轴线符号。利用前面立面图和平面图中的方法标注尺寸。

1. 标注尺寸

利用“标注”工具栏中的“线型”标注与“连续”标注对上面完成的剖面图进行尺寸标注，标注后的效果如图11-34所示。

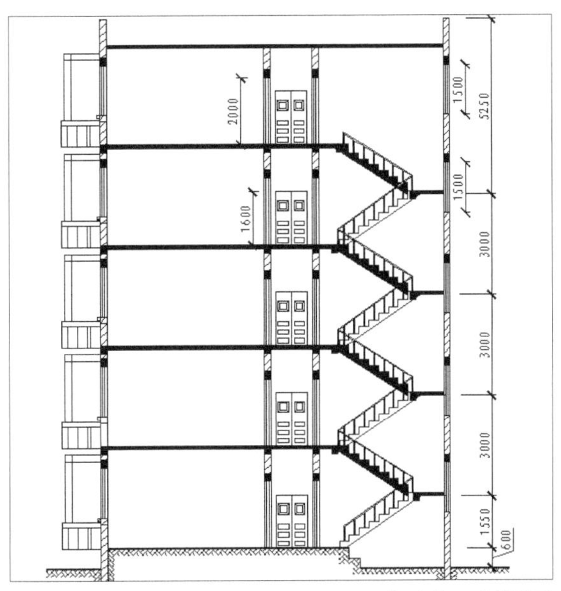

图11-34　标注完尺寸的图形

2. 标注标高和轴线符号

除此之外，剖面图还需标注一些结构的标高，包括各部分的地面、楼面、楼梯休息平台面、梁、雨篷等。AutoCAD 2013没有自带的标高工具，需要自己绘制出不同的标高符号，然后将它们保存成图块，一般以三角形的顶点作为插入基点，在需要的位置插入即可。

在建筑剖面图中除了标高之外，还需要标注出轴线符号，以表明立面图所在的范围。完成这些标注后的剖面图如图11-35所示。

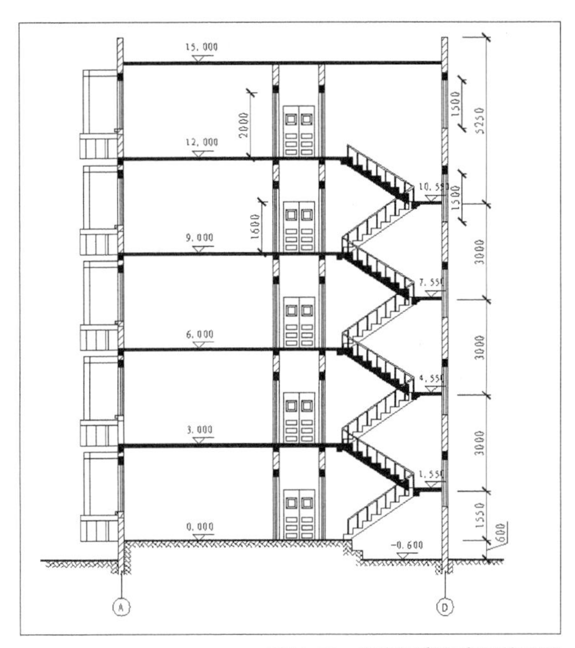

图11-35　完成标高和索引的图形

3. 标注文字

在建筑剖面图中，需要对一些特殊的结构进行说明，比如所用的材料、坡度等。

操作步骤

01 在“样式”工具栏中的“标注样式”下拉列表中选择“文字”样式。

02 单击“绘图”工具栏中的按钮A，命令行提示如下。

命令: _mtext 当前文字样式: "文字" 文字高度: 3 注释性: 否

指定第一角点: //在合适的位置指定第一点

指定对角点或 [高度(H)/对正(J)/行距(L)/旋转(R)/样式(S)/宽度(W)/栏(C)]: //指定对角点

执行上述命令后，会弹出“文字样式”对话框，设置文字高度为500，如图11-36所示。

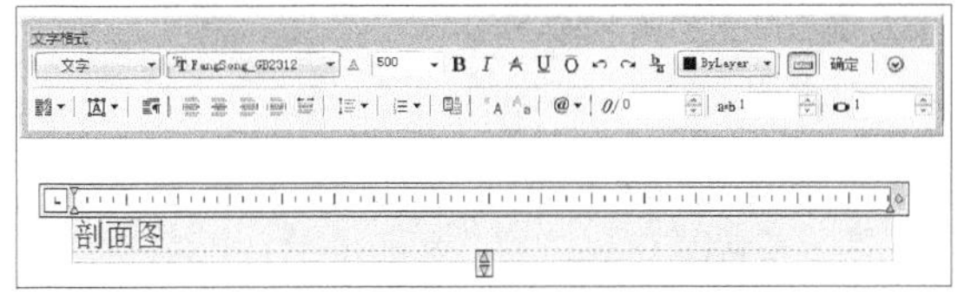

图11-36　添加文字

到此，剖面图的绘制基本完成，下面为该剖面图添加标题和图框。

11.2.10 添加图框和标题

在前面两章的绘制过程中，已经介绍了图框和标题的绘制方法，这里仍然采用相同的方法来绘制图框和标题。

本图的宽度为10 500，长度为16 400，本图的比例为1:100，因此需要制作一个A4页面的图框。然后采用相同的方法绘制标题栏。绘制好的图框和标题栏如图11-37所示。

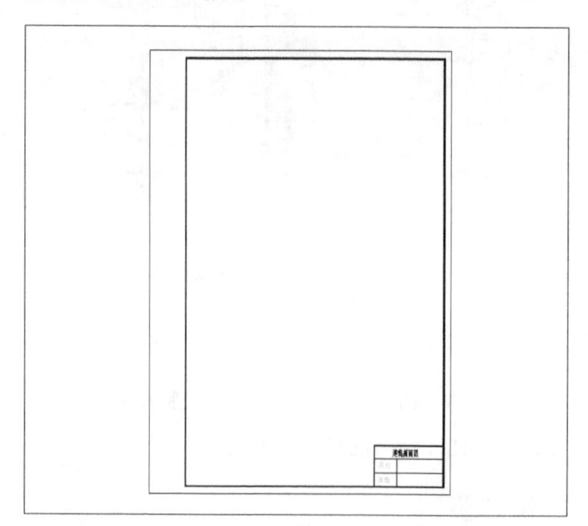

图11-37 绘制好的图框和标题

部分命令行提示如下。

命令: _rectang

指定第一个角点或 [倒角(C)/标高(E)/圆角(F)/厚度(T)/宽度(W)]: 0,0

指定另一个角点或 [面积(A)/尺寸(D)/旋转(R)]: @21000,29700

命令: _pline

指定起点: 2500,500

当前线宽为 60.0000

指定下一个点或 [圆弧(A)/半宽(H)/长度(L)/放弃(U)/宽度(W)]: w

指定起点宽度 <60.0000>:

指定端点宽度 <60.0000>:

指定下一个点或 [圆弧(A)/半宽(H)/长度(L)/放弃(U)/宽度(W)]: @18000,0

指定下一点或 [圆弧(A)/闭合(C)/半宽(H)/长度(L)/放弃(U)/宽度(W)]: @0,28700

指定下一点或 [圆弧(A)/闭合(C)/半宽(H)/长度(L)/放弃(U)/宽度(W)]: @-18000,0

指定下一点或 [圆弧(A)/闭合(C)/半宽(H)/长度(L)/放弃(U)/宽度(W)]: c

将绘制好的图框和标题存储为块，插入到前面绘制好的剖面图中即可。添加了图框和标题的剖面图如图11-1所示。

11.3 综合实例

11.3.1楼梯剖面图的绘制

楼梯主要由楼梯梯段、楼梯平台和栏杆扶手三部分组成。楼梯梯段是设有踏步供人上下行走的通道段落，分为踏面和踢面；楼梯平台是连接两梯段之间的水平部分；栏杆扶手是布置在楼梯梯段和平台边缘处保障行人安全的围护构件。

操作步骤

01 首先将“楼梯”层设为当前层，绘制一踏步宽为300，高为150。再用“复制”命令进行复制，效果如图11-38所示。

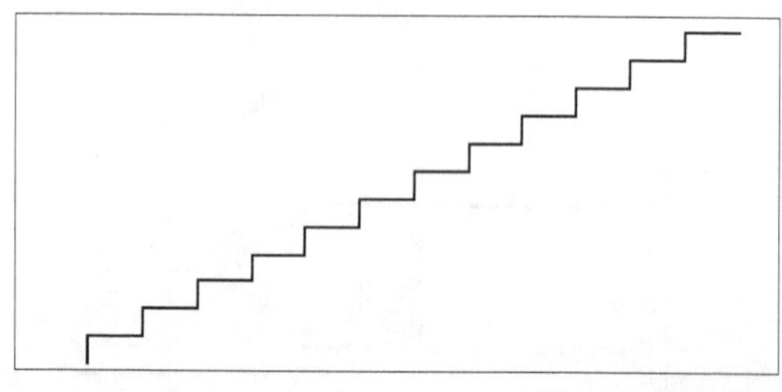

图11-38 楼梯踏步

02 绘制楼梯平台长为2 580，厚为 100，平台梁的尺寸为300×240。通过踏步的端点绘制辅助线。效果如图11-39所示。

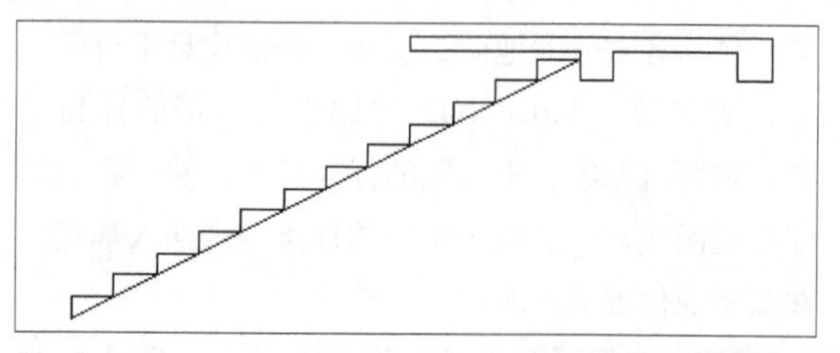

图11-39 绘制平台

03 利用“偏移”命令绘制梯段底板轮廓，并且进行修剪。效果如图11-40所示。

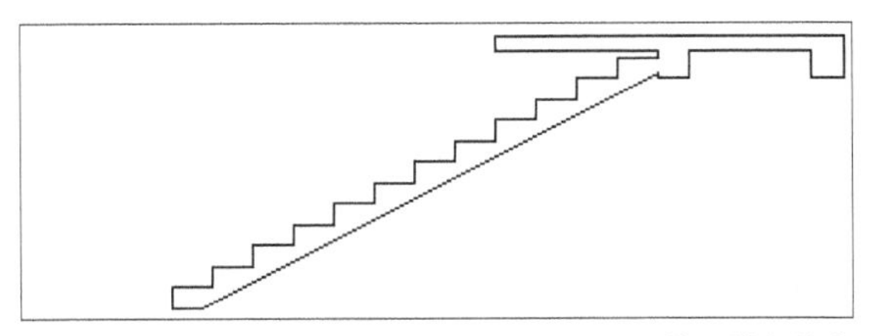

图11-40 第一梯段轮廓

04 用同样的方法绘制二层楼梯段，踏步宽变为360，二层以上就可以用“复制”、“镜像”和“移动”命令绘制，以便加快绘图速度。效果如图11-41所示。

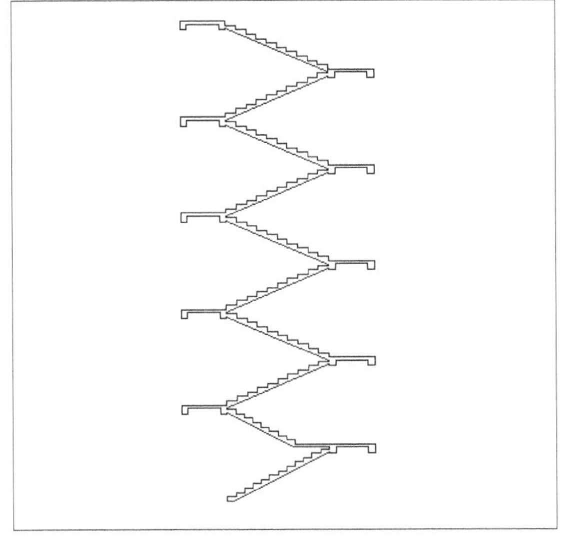

图11-41 复制梯段

05 根据定位轴线绘制墙体、女儿墙、窗和护栏，用宽为50的多段线绘制地坪线。效果如图11-42所示。

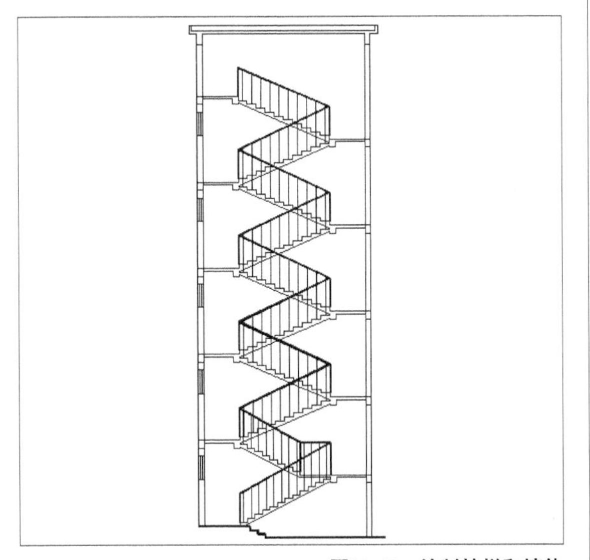

图11-42 绘制护栏和墙体

06 打开“填充”命令框，选用“SOLID”命令填充被剖切的楼梯断面。效果如图11-43所示。

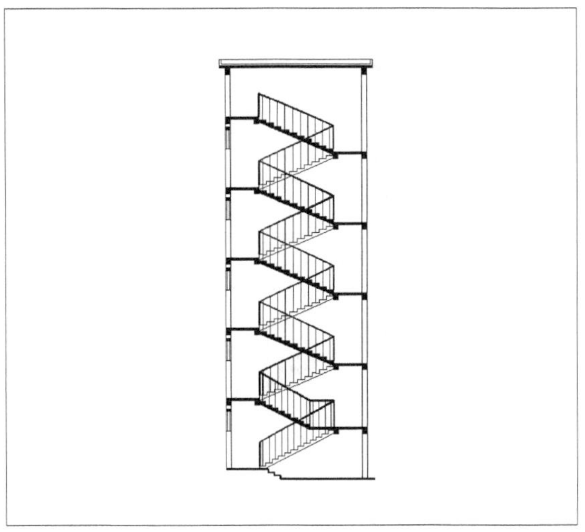

图11-43 填充后的楼梯剖面图

07 尺寸标注。楼梯剖面图中的尺寸标注要求非常详细具体。在标注楼梯段时，要注明每个踏步的高度和踏步的数量，比如说有11个踏步，每个踏步高度为150，标注时要写：150×11=1650。

08 首先绘制标高符号。绘制一斜边长为600的直角三角形，利用“镜像”命令绘制符号的几种形式。具体如图11-44所示。

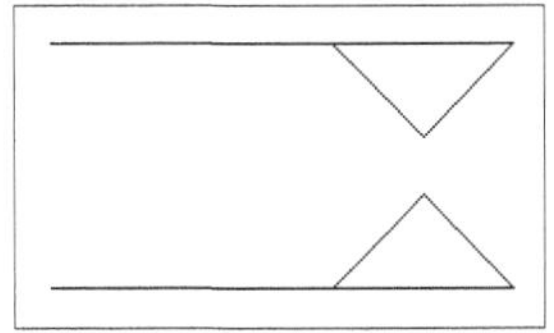

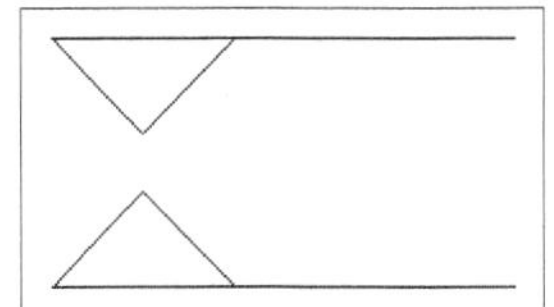

图11-44 标高符号

09 首先把“标注”层设为当前层，根据前面已介绍的知识，利用“标注样式管理器”修改，在“线”选项卡中基线间距设为2.5，在“符号和箭头”选项卡中设置为“建筑”标记，“调整”选项卡中，“文字位置”选择“尺寸线上方，不带引线”，“使用全局比例”设为“100”，其他设置保持系统默认参数不变即可。标注各梯段高度及栏杆高度、平台梁的厚度；标注各楼层的高程、休息平台的高程；最后利用“编辑标注”命令进行修改文字，利用“编辑标注文字”命令移动文字到合适的位置。效果如图11-45所示。

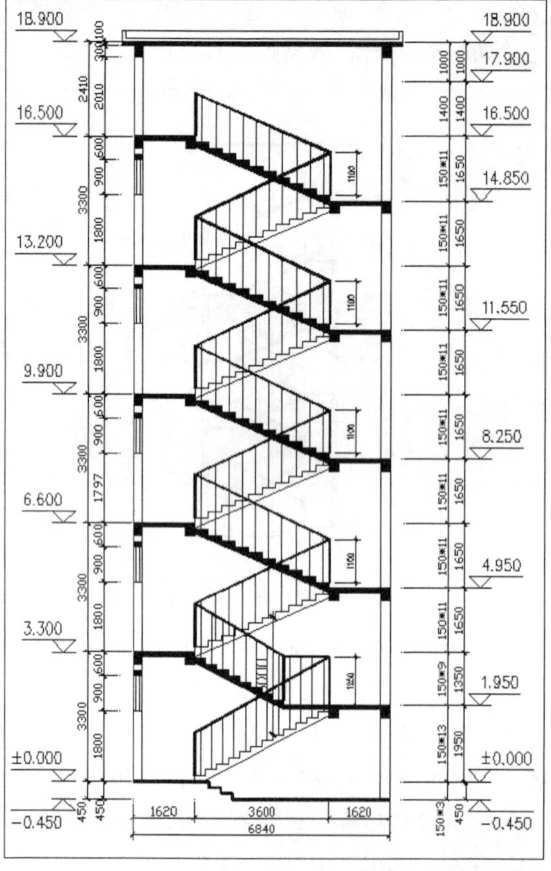

图11-45　绘制后的楼梯剖面图

11.3.2　剖面图的绘制

剖面图的剖切位置一般选取在内部结构和构造比较复杂或有变化、有代表性的部位，如通过出入口、门厅或楼梯等部位的剖面。剖切平面一般横向，即平行于侧立面，必要时也可纵向，即平行于正立面。同时，为了达到比较好的表达效果，在某些特定的情况下，可以采用阶梯剖面图，也就是选择合理转折的平面作为剖切平面，从而可以在较少的图形上获得更多的信息。

绘制通过楼梯的剖面图。前面已经介绍了楼梯间的剖面绘制，只要在它的基础上继续绘制墙体和门、窗等图形即可。效果如图11-46所示。

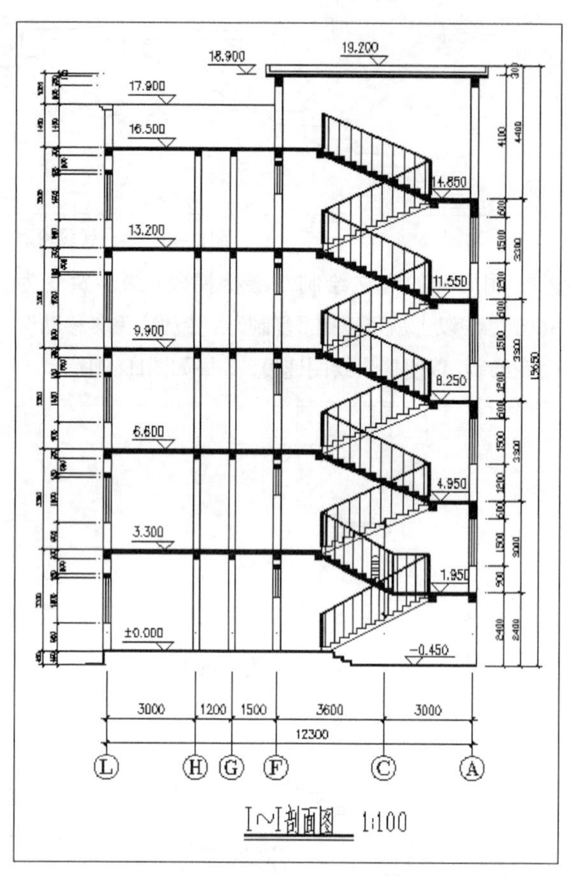

图11-46　I–I剖面图

11.4　小结

本章主要介绍了建筑剖面图的基本知识，通过实例讲解了剖面图的绘制过程，使读者对剖面图的设计和绘制有一定的了解。主要介绍了利用定位辅助线精确定位门窗块，标高标注的绘制及填充图案的修剪等。通过本章的学习，读者应该了解建筑剖面图包含的内容及绘制要求，掌握绘制建筑剖面图的方法和技巧。

操作技巧

1.为什么当绘图时没有虚线框显示，比如画一个矩形，取一点后，拖动鼠标时没有矩形虚框跟着变化？

答：这时需修改DRAGMODE的系统变量，推荐修改为AUTO。

系统变量为ON时，选定要拖动的对象后，仅当在命令行中输入Drag后，在拖动时才显示对象的轮廓。

系统变量为OFF时，在拖动时不显示对象的轮廓。

系统变量为AUTO时，在拖动时总是显示对象的轮廓

2.如何快速变换图层？

答：点取想要变换到图层中的任一元素，然后点击图层工具栏的“将对象的图层置为当前”即可。

3.在绘图时如何输入一些特殊符号，如“度”、“标注直径符号”等？

答：绘图时需要的一些特殊符号，如上划线、下划线、标注直径符号等，不能由键盘直接输入，但软件提供了相应的控制符来输入符号；也可以使用“多行文字”命令里的“符号”按钮@·，进行选择合适的符号。

符号	功能
%%O	打开或关闭文字上划线
%%U	打开或关闭文字下划线
%%D	标注“度”符号（°）
%%P	标注“正负公差”符号（±）
%%C	标注直径符号（ф）

11.5　练习

一、选择题

1. 在“绘图”工具栏中不能直接进行哪种图形的绘制？

A. 圆形　　B. 矩形

C. 多边性　　D. 扇形

2. 以下哪种图案样例可以设置其颜色？

A. DOLMIT　　B. JRS-LC-20

C. SOLID　　D. CORK

3. 跨文件复制对象时应该使用哪个组合键？

A. Ctrl+N　　B. Ctrl+V

C. Ctrl+C　　D. Ctrl+P

二、判断题

1. “复制”和“镜像”工具的效果完全一样，二者可以通用。

2. 使用“置为当前”工具可以使用户创建的对象被放置到当前图层中。

3. “偏移”工具可以用来创建与选定对象垂直的新对象。

三、填空题

1. 启动AutoCAD 2013，选择选择“文件”→“新建”命令，打开________对话框，在此对话框中可以选择各种类型的设计图纸样板。

2. “倒角”工具用于在线段之间生成倒角，由于在默认的状态下，倒角半径为________，所以可以使用此工具来进行线段之间的连接。

3. （　）选项卡用于设置尺寸线、尺寸界线、箭头及圆心标记的格式和特性

四、操作题

1. 按要求绘制图11-48所示的建筑剖面图，并添加图框和标题栏，图纸采用“A4纸”。

操作步骤要求：

（1）新建图形文件，调用实例中“建筑绘图模板.dwt”。

（2）设置绘图环境。打开“图层特性管理器”对话框，修改图层，如图11-47所示。

（3）在绘图过程中注意切换图层。

（4）绘制定位轴线。

（5）绘制墙体、楼板的轮廓线。

（6）绘制各种梁的轮廓线以及断面。

（7）绘制楼梯、室内的固定设备、室外的台阶，以及其他可见的细节构件，并且给出楼梯的材质。

（8）标注尺寸、标高。

（9）索引符号和相关注释文字。

（10）添加图框和标题。

（11）保存文件，文件名为“建筑剖面图.dwg”。

（12）打印出图。

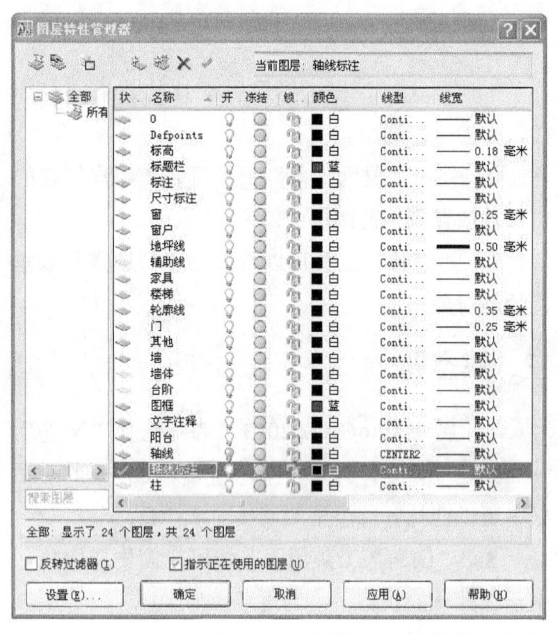

图11-47 “图层特性管理器”对话框

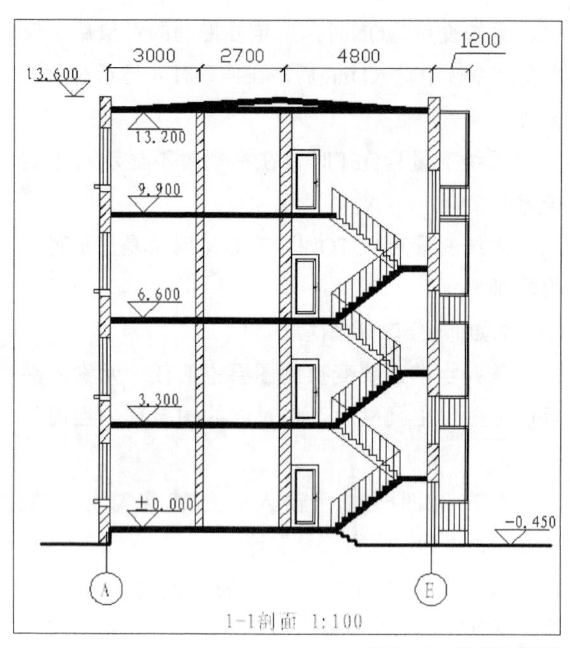

图11-48 建筑剖面图

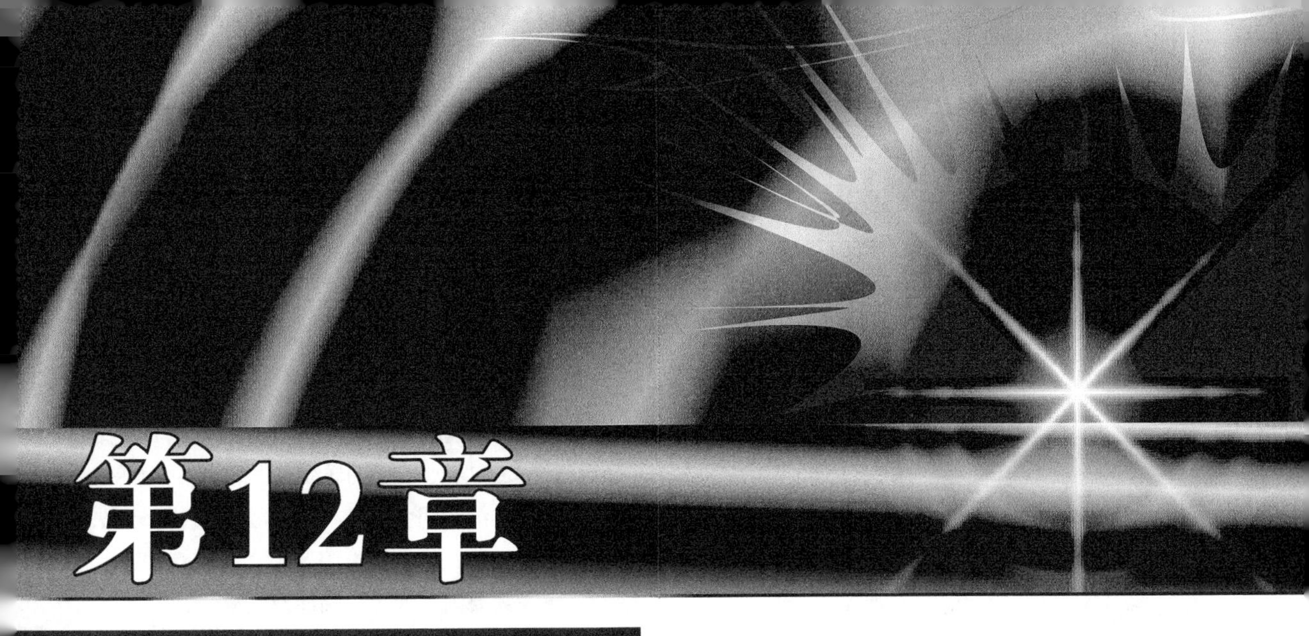

第12章 建筑详图的绘制

本章将利用AutoCAD 2013并结合实际的建筑详图的绘制，来讲解建筑详图的一般绘制方法。将通过对卫生间详图的绘制、墙身大样的绘制及建筑楼梯详图的绘制来体会绘制建筑详图的绘制过程、步骤和方法。通过本章的学习，应熟练掌握建筑详图的基本绘制与要求。

课堂学习目标

建筑详图的概述
建筑详图的绘制过程
建筑详图的图例表示

12.1 概述、内容和绘制要求

对平面图、立面图、剖面图表达不够清楚的建筑细部要用较大的比例详尽地绘出，这样的图样称为建筑详图。建筑详图通常有墙身剖面节点详图、建筑构配件详图（如雨蓬详图、阳台详图、门窗详图等）和房间详图（如厨房详图、卫生间详图、楼梯详图等）。在绘制建筑平面图之前，读者首先应了解一下建筑详图的基本知识。

12.1.1 建筑详图的概述

建筑详图是建筑细部的施工图。因为建筑平面图、立面图、剖面图一般采用较小的比例，因而某些建筑构配件（如门、窗、楼梯、阳台、各种装饰等）和某些建筑剖面节点（如檐口、窗台、明沟及楼地面层和屋顶层等）及详细构造（包括式样、层次、做法、用料和详细尺寸等）都无法表达清楚。根据施工需要，必须另外绘制比例较大的图样才能表达清楚，这种图样称为建筑详图（包括建筑构配件详图和剖面节点详图）。因此，建筑详图是建筑平面图、立面图、剖面图的补充。

绘制建筑图纸时，一般先从平面图开始，然后再画剖面图、立面图等。画的时候，是从小到大，从整体到局部层层深入。

绘制建筑平面图、立面图和剖面图必须注意它们的完整性和统一性。例如立面图上，外墙面的门、窗布置和宽度应与平面图上的相一致。同样，剖面图上的外墙面的门、窗布置和宽度应与立面图上的相一致。同时，立面图上各部分的高度尺寸，除了根据使用功能和立面的造型外，是由剖面图中构配件的构造关系来确定的，因此在设计和绘图中，立面图和剖面图相应的高度关系必须一致，立面图和平面图的宽度关系必须一致。对于小型的房屋，当平、立、剖面图能够画在同一张图纸上时，则利用它们相应部分的一致性来绘制，这样就更为方便。

12.1.2 建筑详图的绘制内容

建筑详图主要包括以下内容。

- 详图名称、比例。
- 详图符号及其编号，再需另画详图时的索引符号。
- 建筑构配件的形状及与其他构配件的详细构造、层次、有关的详细尺寸和材料图例等。
- 详细注明各部位和各层次的用料、做法、颜色、施工要求等。
- 需要画上的定位轴线及其编号。
- 需要标注的标高等。

12.1.3 建筑详图的绘制要求

建筑详图的图示内容和图示方法如下。

（1）详图的主要特点是：用能清晰表达所绘节点或构配件的较大比例绘制，尺寸标注齐全，文字说明详尽。

（2）建筑详图一般表达构配件的详细构造，如材料、规格、相互连接方法、相对位置、详细尺寸、标高、施工要求和做法的说明等。

（3）建筑详图必须画出详图符号，应与被索引的图样上的索引符号相对应，在详图符号的右下侧注写比例。

（4）在详图中如需再另画详图时，则在其相应部位画上索引符号。

（5）对于套用标准图或通用详图的建筑构配件和建筑节点，只要注明所套用图集的名称、编号或页次，就不必再画详图。

（6）详图的平面图、剖视图，一般都应画出抹灰层与楼面层的面层线，并画出材料图例。

（7）详图中的标高应与平面图、立面图、剖面图中的位置一致。

（8）详图中定位轴线的标号圆圈可为10mm。

（9）详细地表达建筑细部的形状、层次、尺寸、材料和做法等，是建筑施工、工程预算的重要依据。常用的比例为1:1、1:2、1:5、1:10、1:20、1:50。

建筑详图绘制的具体要求将在以下章节中逐一进行介绍。

12.1.4 建筑详图的绘制步骤

操作步骤

01 设置绘图环境。

02 绘制定位轴线。

03 绘制各个详图细部构件。

04 标注必要的尺寸。

05 完成必要的文字说明。

06 添加图框和标题。

建筑详图根据绘制内容的不同，绘制步骤也不尽相同，以下将会逐一具体介绍。下面将通过绘制几个常见建筑详图的实例对绘制过程进行详细的介绍。

12.2 绘制建筑详图

对平面图、立面图、剖面图表达不够清楚的建筑细部要用较大的比例详尽地绘出，这样的图样称为建筑详图。建筑详图通常有墙身剖面节点详图、建筑构配件详图（如雨蓬详图、阳台详图、门窗详图等）和房间详图（如厨房详图、卫生间详图、楼梯详图等）。

12.2.1 卫生间详图的绘制

卫生间详图主要表达了卫生器具与墙体的相对位置关系。

卫生间详图主要包括以下内容。

- 图名、比例。
- 卫生器具的图例，具体大小和绘制方法参照有关图集。
- 剖切到的墙、楼板等轮廓线用粗实线表示，其他采用细实线表示。
- 卫生器具相对位置的尺寸标注。
- 必要的文字说明和索引符号。

操作步骤

01 设置绘图环境。

02 绘制墙体。

03 绘制卫生器具。

04 标注尺寸。

05 添加图框。

下面通过绘制一个卫生间详图的实例介绍绘制过程。

1. 设置绘图环境

（1）设置图形界限。本例采用的绘图比例为1:50，故图形界限设置为21 000×14 850，即A3图纸放大50倍。

（2）设置绘图单位。在“图形单位”对话框中，将“长度”组合框中，“类型”下拉列表中选择“小数”，“精度”下拉列表中选择“0.00”，其他设置保持系统默认参数。

（3）设置线型。选择加载“DASHDOTX2”线型作为轴线的线型。

（4）设置图层。在“图层特性管理器”对话框中，依次创建“轴线”、“墙体”、“卫生器具”、“细部”、“标注”及“图框”。其中“轴线”图层的“线型”选择“DASHDOTX2”，“墙体”图层的“线宽”选择“0.35mm”。

（5）设置文字样式。在“文字样式”对话框中，新建一个“文字”文字样式和一个“数字”文字样式，“文字”文字样式的具体设置参数为：“字体名”选择“FangSong_GB2312”，“宽度因子”设为“0.70”；“数字”文字样式的具体设置参数为：“字体名”选择“txt.shx”，勾选“使用大字体”，“大字体”中选择“gbcbig.shx”，“宽度因子”设为“0.70”。

（6）设置标注样式。在“标注样式”对话框中，新建一个“1:50”标注样式，具体设置参数为：在“线”选项卡中，“超出尺寸线”设为“1”，“起点偏移量”设为“5”；“符号和箭头”选项卡中，“箭头”选择“建筑标记”；“文字样式”选项卡中，“文字样式”选择“数字”；“调整”选项卡中，“文字位置”选择“尺寸线上方，不带引线”，“使用全局比例”设为“50”。

2. 绘制墙体

操作步骤

01 在“图层”下拉列表中选择“轴线”图层作为当前层。利用直线命令绘制轴线，横向轴线间的距离为1 800，6 000，纵向轴线间的距离为3 900，3 900，修改线型比例后，效果如图12-1所示。

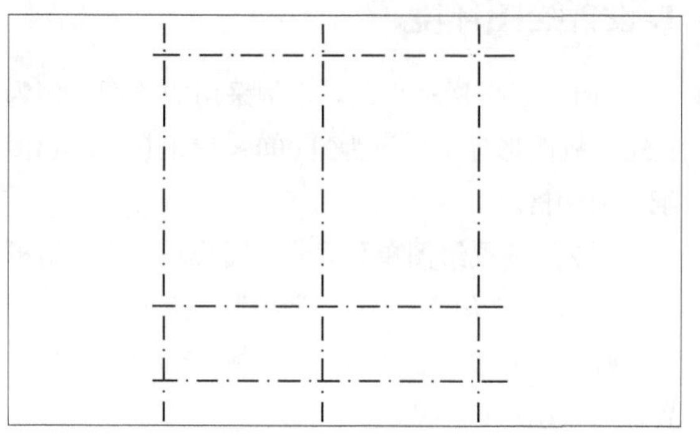

图12-1 轴线

02 在“图层”下拉列表中选择“墙体”图层作为当前层。利用直线命令绘制墙体，墙体的厚度为200，修改后的结果如图12-2所示。

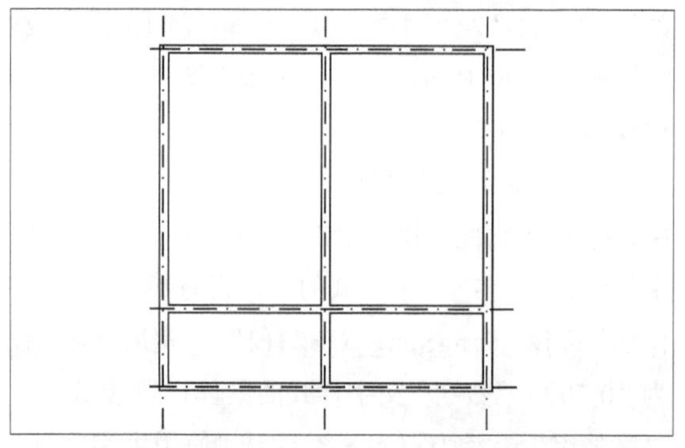

图12-2 墙体

03 对墙体开洞，外门的尺寸为1 000，距轴线300，内门的尺寸为900，距轴线360，如图12-3所示。

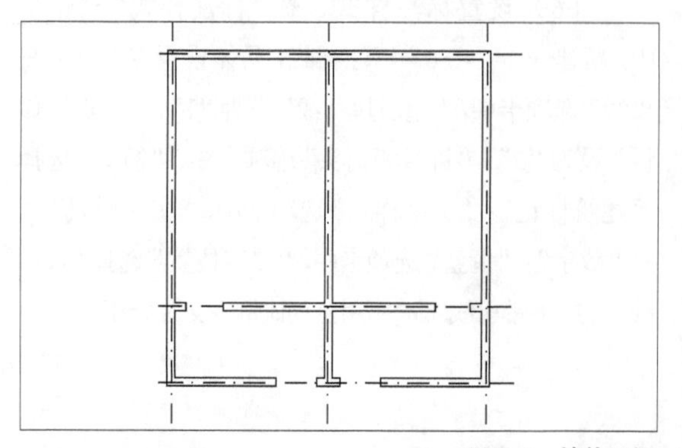

图12-3 墙体开洞

3. 绘制卫生器具

卫生器具一般情况下都制作成图块，在使用时直接插入即可。如本例中使用如图12-4所示的小便斗，如图12-5所示的洗脸盆和如图12-6所示的地漏等，已经制作成图块。

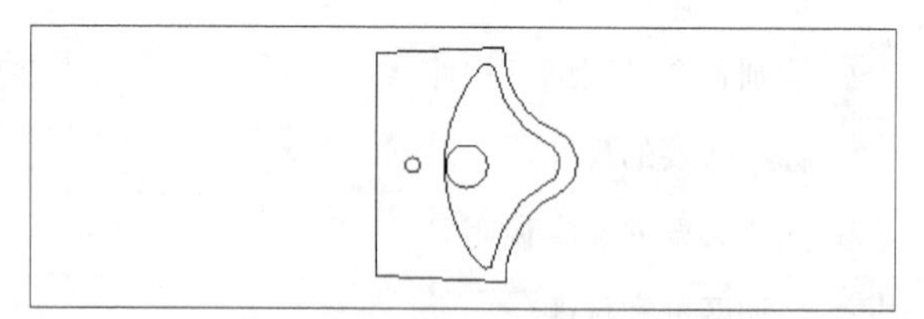

图12-4 小便斗

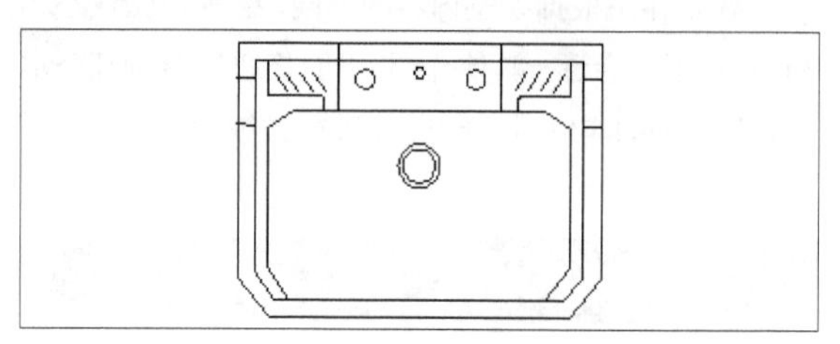

图12-5 洗脸盆

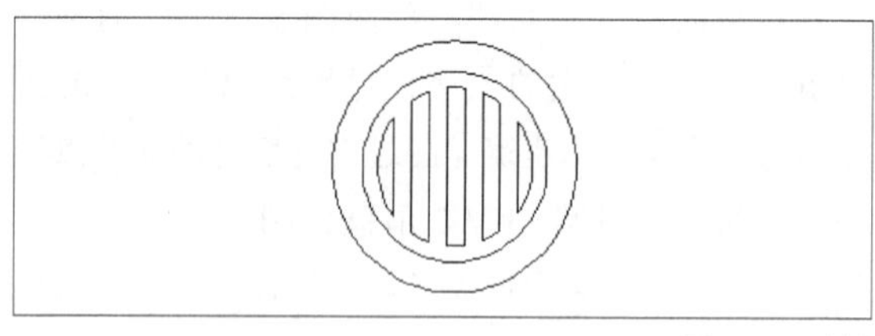

图12-6 地漏

操作步骤

01 在“图层”下拉列表中选择“卫生器具”图层作为当前层。利用“直线”命令和“圆弧”命令绘制大便器和厕所隔板，如图12-7所示。

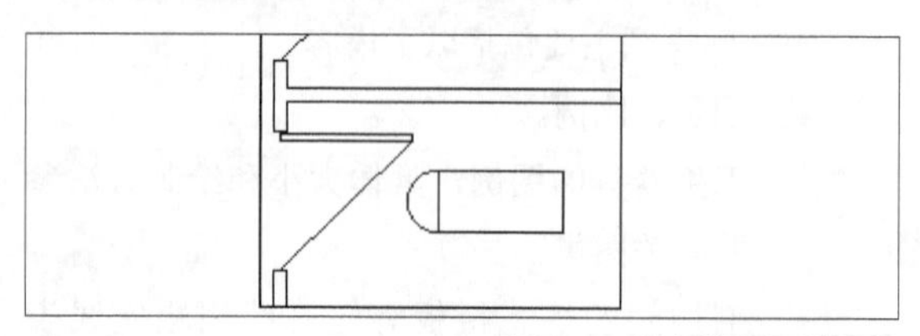

图12-7 大便器和厕所隔板

02 利用“直线”命令和“圆”命令绘制水池，如图12-8所示。

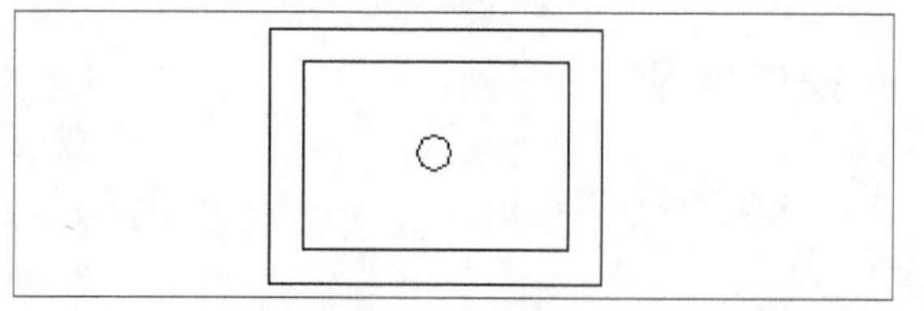

图12-8 水池

03 利用“直线”命令绘制风道，如图12-9所示。

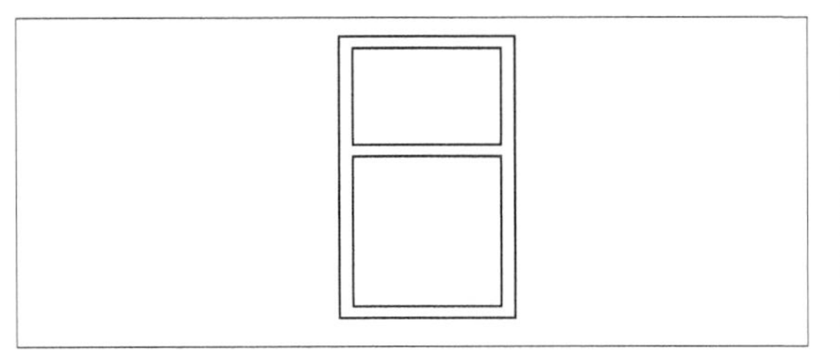

图12-9　风道

04 厕所蹲台的尺寸为1 500×5 500，将各个卫生器具和构件绘制到图形中，结果如图12-10所示。

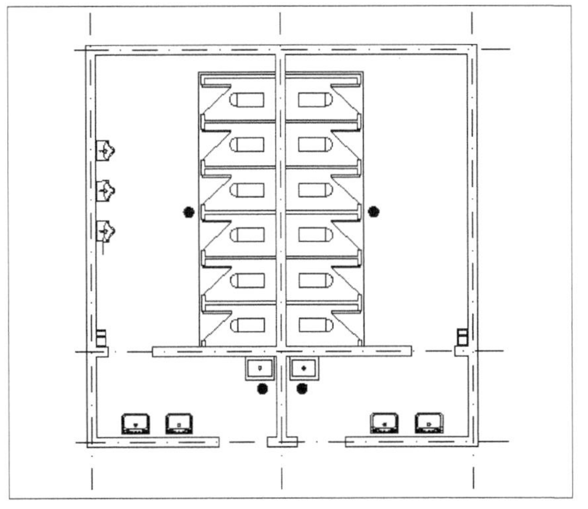

图12-10　厕所

4. 标注尺寸

操作步骤

01 在“图层”下拉列表中选择“标注”图层，作为当前层。选择“1:50”标注样式作为当前样式，使用线性标注和连续标注，结果如图12-11所示。

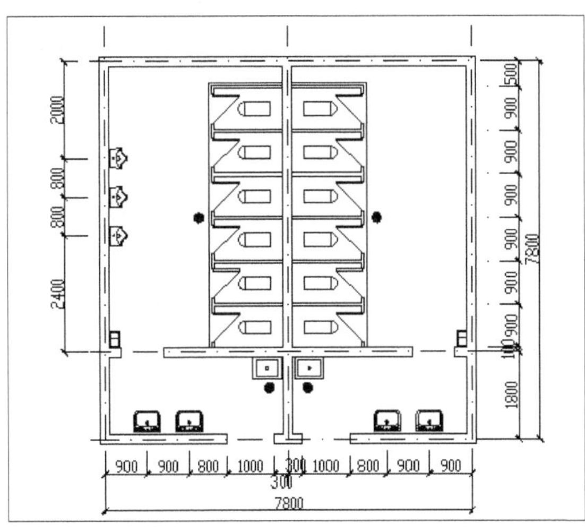

图12-11　标注

02 添加卫生器具图例的索引符号，厕所隔板和小便斗的详细索引如图12-12所示。

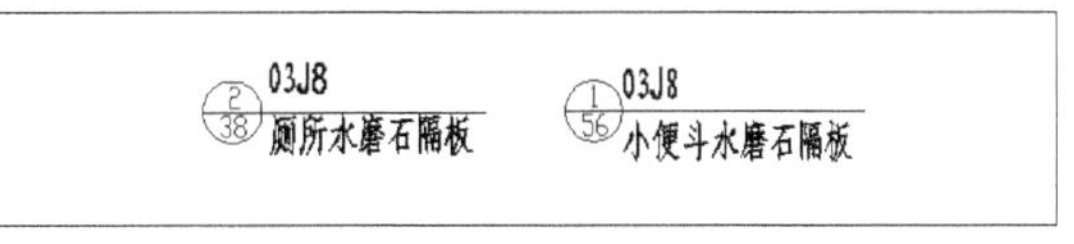

图12-12　索引

03 风道和水池的详细索引如图12-13所示。

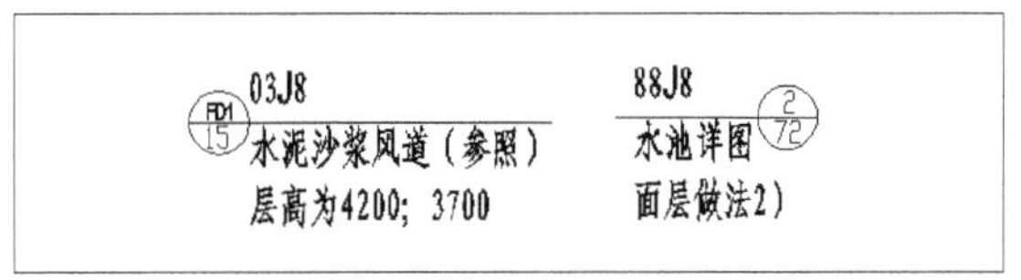

图12-13　索引

04 添加文字说明、坡度和标题，坡度的具体形式如图12-14所示。

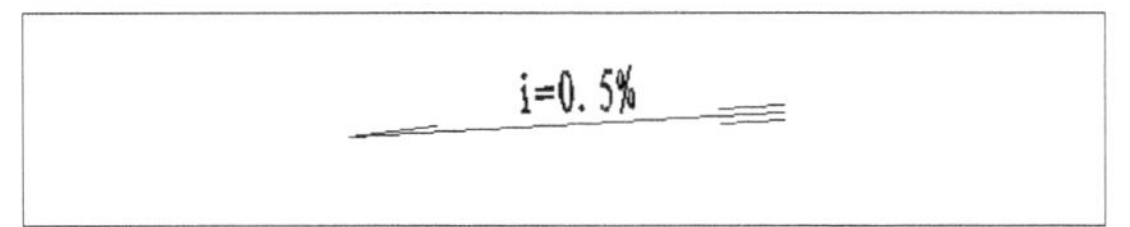

图12-14　坡度

05 最后的结果如图12-15所示。

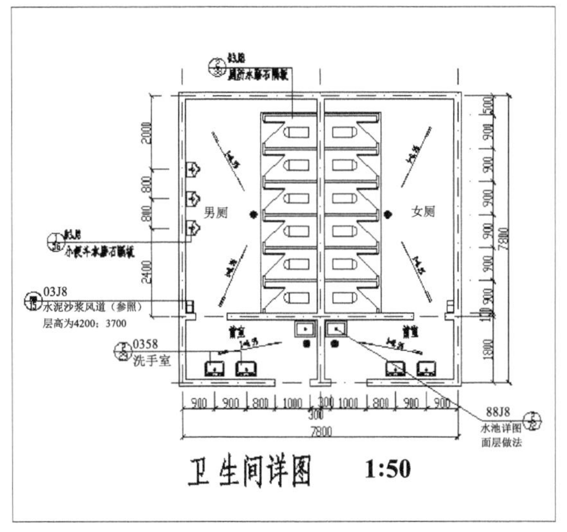

图12-15　标注

5. 添加图框

在“图层”下拉列表中选择“图框”图层，作为当前层。图框的具体绘制方法见8.2.9节，此处不再重复，图框大小采用A3图幅放大50倍，添加后的结果如图12-16所示。

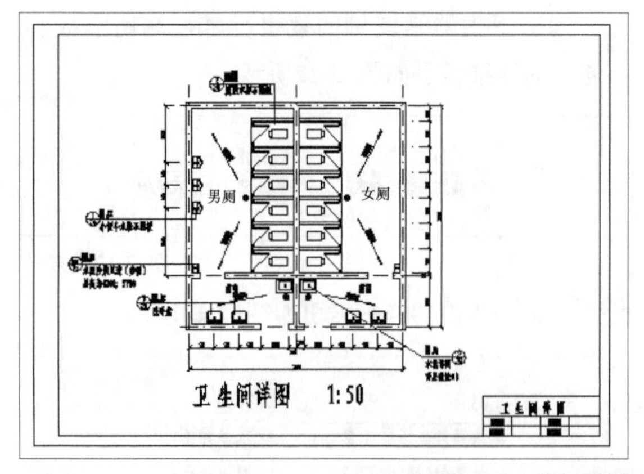

图12-16 添加图框

12.2.2 墙身大样的绘制

墙身大样，也称为墙身剖面详图。一般由墙身各主要建筑部位的剖面节点详图组成。它表达了屋顶、挑檐、楼地面、门窗过梁、窗台及散水等构配件的构造和楼板和墙的连接。

墙身大样主要包括以下内容。

- 各标准层的构造相同时，图中可以只画出一个楼板节点详图。
- 在标注楼板节点标高时，用不带括号的数字表示两层楼面节点详图的标高尺寸，用括号内数字表示其他标准层的楼板节点的标高尺寸。
- 墙身大样的节点详图通常用1:10、1:20或1:50的比例绘制，需要画出建筑材料的图例符号。
- 凡是以索引符号标注标准图集的图集名称及图号的部位，其构造和尺寸无需详细画出。
- 剖切到的墙、楼板等轮廓线用粗实线表示，其他采用细实线表示。

绘制墙身大样的一般步骤如下。

01 设置绘图环境。

02 绘制底层墙身大样。

03 绘制标准层墙身大样。

04 绘制顶层墙身大样。

05 添加图框和标题。

下面通过绘制一个墙身大样的实例介绍绘制过程。

1. 设置绘图环境

（1）设置图形界限。本例采用的绘图比例为1:20，故图形界限设置为5 940×4 200，即A3图纸放大20倍。

（2）设置绘图单位。在“图形单位”对话框中，将“长度”组合框中，“类型”下拉列表中选择“小数”，“精度”下拉列表中选择“0.00”，其他设置保持系统默认参数。

（3）设置线型。选择加载“DASHDOTX2”线型作为轴线的线型。

（4）设置图层。在“图层特性管理器”对话框中，依次创建“轴线”、“墙体及楼板”、“地坪线”、“细部”、“标注”及“图框”，其中“轴线”图层的“线型”选择“DASHDOTX2”，“墙体及楼板”图层的“线宽”选择“0.35mm”，“地坪线”图层的“线宽”选择“1.00mm”。

（5）设置文字样式。在“文字样式”对话框中，新建一个“文字”文字样式和一个“数字”文字样式，“文字”文字样式的具体设置参数为：“字体名”选择“FangSong_GB2312”，“宽度因子”设为“0.70”；“数字”文字样式的具体设置参数为：“字体名”选择“txt.shx”，勾选“使用大字体”，“大字体”中选择“gbcbig.shx”，“宽度因子”设为“0.70”。

（6）设置标注样式。在“标注样式”对话框中，新建一个“1:20”标注样式，具体设置参数为：在“线”选项卡中，“超出尺寸线”设为“1”，“起点偏移量”设为“5”；“符号和箭头”选项卡中，“箭头”选择“建筑标记”；“文字样式”选项卡中，“文字样式”选择“数字”；“调整”选项卡中，“文字位置”选择“尺寸线上方，不带引线”，“使用全局比例”设为“20”。

2. 绘制底层墙身大样

操作步骤

01 在“图层”下拉列表中选择“轴线”图层作为当前层。利用“直线”命令绘制出一段轴线。

02 在“图层”下拉列表中选择“墙体及楼板”图层作为当前层。利用“直线”命令绘制出部分墙体。然后在“图层”下拉列表中选择“地坪线”图层作为当前层。利用“直线”命令绘制出地坪线，结果如图12-17所示。

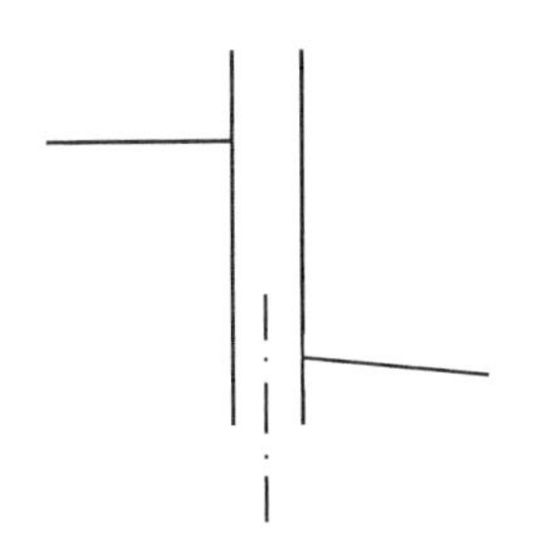

图12-17 墙体和地坪线

03 在“图层”下拉列表中选择“细部”图层作为当前层。将直线进行偏移得到地面做法和散水做法，左侧地坪线分别向上偏移100、20、30、20；右侧地坪线分别向上偏移60、20，两侧绘制切断符号，在100厚的楼板处布置100厚的防潮层，在墙体外侧绘制50厚的保温层和30厚的抹灰层，墙体内侧绘制30厚的抹灰层，并在底部绘制一个尺寸为50×120的踢脚，如图12-18所示。

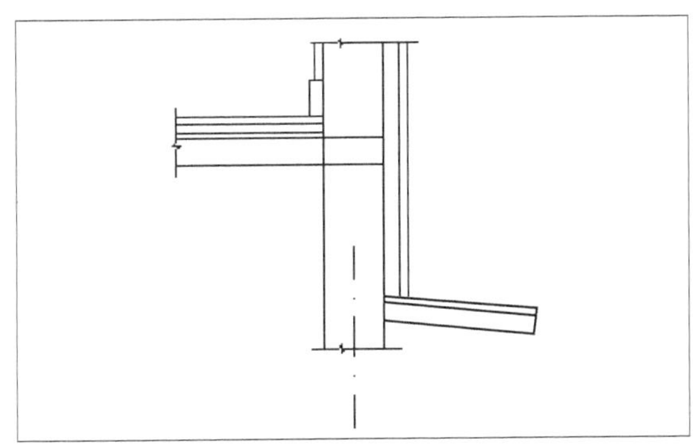

图12-18 细部做法

04 对相关图形进行图案填充，地坪线选择“AR-HBONE”图案类型，比例为“0.5”，墙体选择“ANSI31”图案类型，比例为“30”，素混凝土层选择“AR-CONC”图案类型，比例为“0.5”，防潮层选择“SOLID”图案类型，结果如图12-19所示。

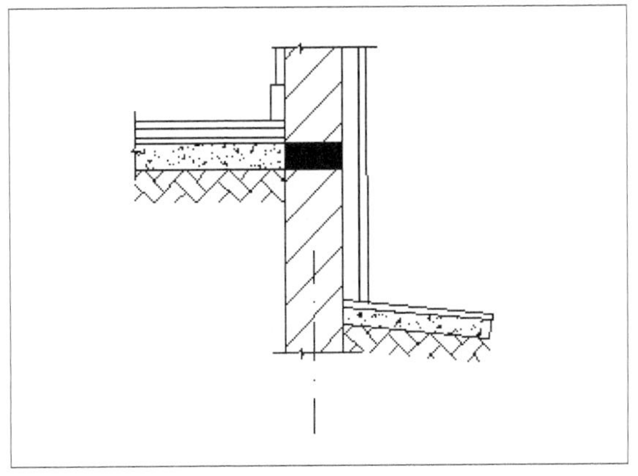

图12-19 图案填充

05 在“图层”下拉列表中选择“标注”图层作为当前层。插入标高图块和标注墙体尺寸，结果如图12-20所示。

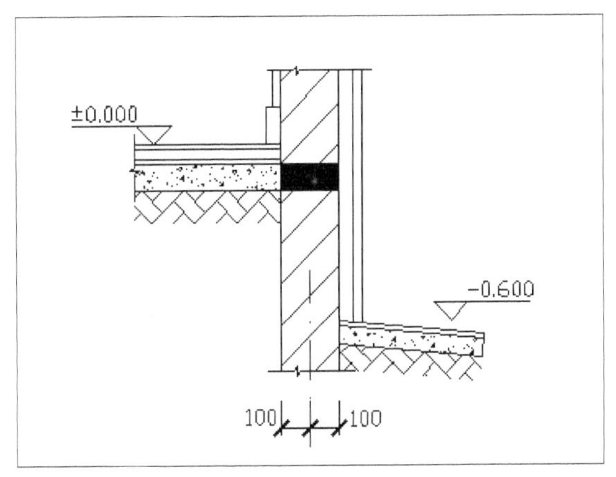

图12-20 标注

06 对地面和散水的工程做法进行标注，结果如图12-21所示。

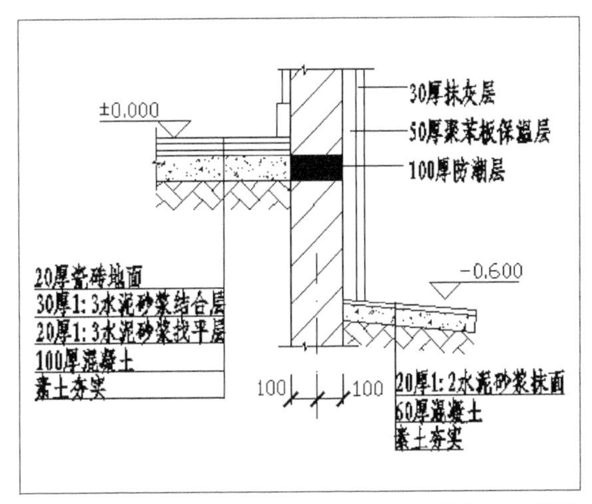

图12-21 标注

3. 绘制标准层墙身大样

操作步骤

01 在“图层”下拉列表中选择“轴线”图层作为当前层，绘制一段轴线。在“图层”下拉列表中选择“墙体及楼板”图层作为当前层，绘制出部分墙体、楼板和梁，如图12-22所示。

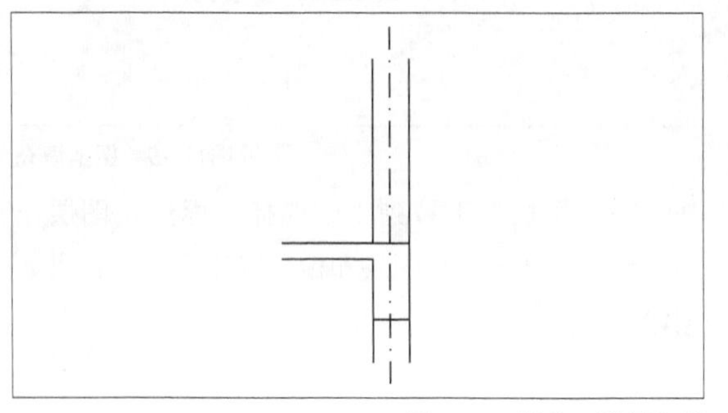

图12-22 墙体、楼板和梁

02 在“图层”下拉列表中选择“细部”图层作为当前层。利用“偏移”命令绘制出楼面和外墙的工程做法，并绘制出截断的窗和切断符号，如图12-23所示。

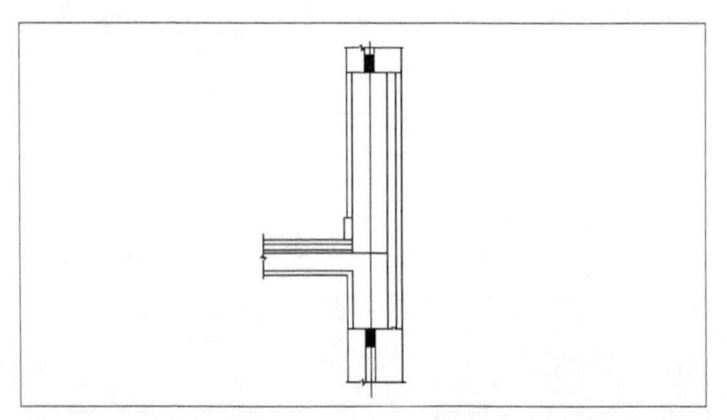

图12-23 细部

03 对相关图形进行图案填充，墙体选择“ANSI31”图案类型，比例为“30”，混凝土选择“AR-CONC”和“ANSI31”图案类型两种的叠加，结果如图12-24所示。

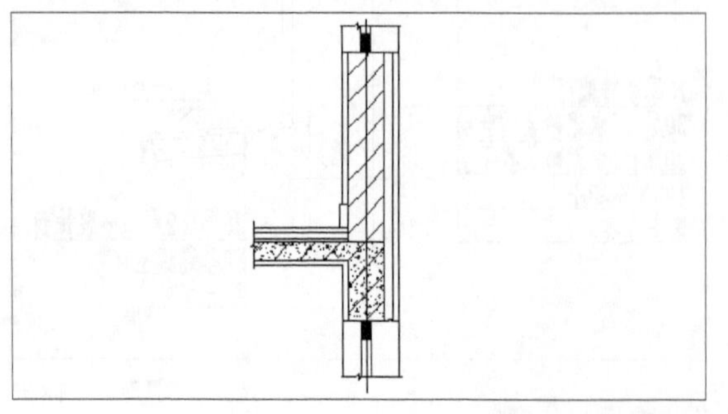

图12-24 图案填充

04 在“图层”下拉列表中选择“标注”图层作为当前层。插入标高图块，对楼地面的工程做法进行标注，结果如图12-25所示。

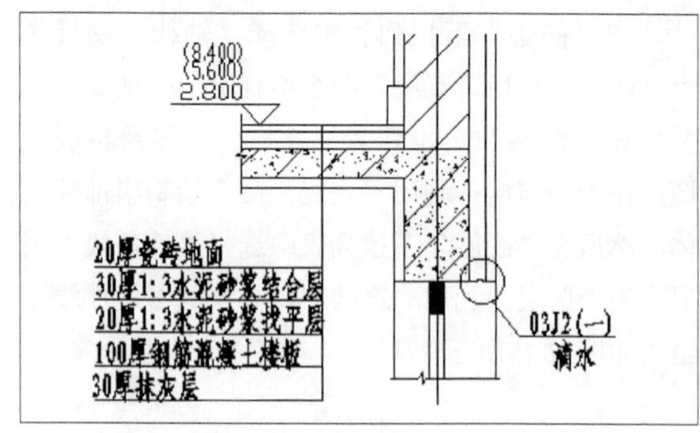

图12-25 标注

4. 绘制标准层墙身大样

操作步骤

01 在“图层”下拉列表中选择“轴线”图层作为当前层，绘制一段轴线。在“图层”下拉列表中选择“墙体及楼板”图层作为当前层，绘制出部分墙体、楼板和梁，如图12-26所示。

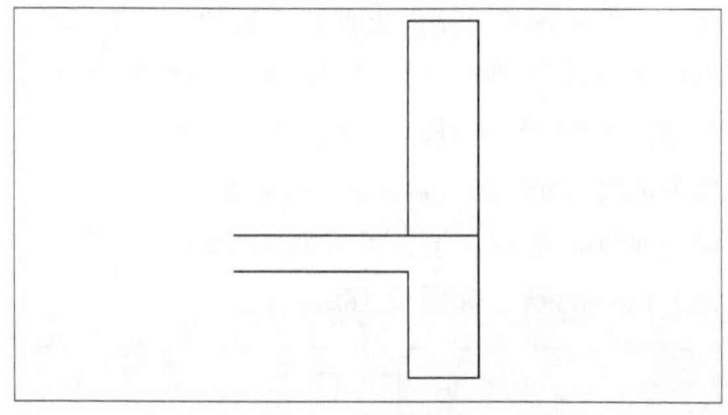

图12-26 墙体、楼板和梁

02 在“图层”下拉列表中选择“细部”图层作为当前层。利用“偏移”命令绘制出楼面和外墙的工程做法，并绘制出截断的窗和切断符号，如图12-27所示。

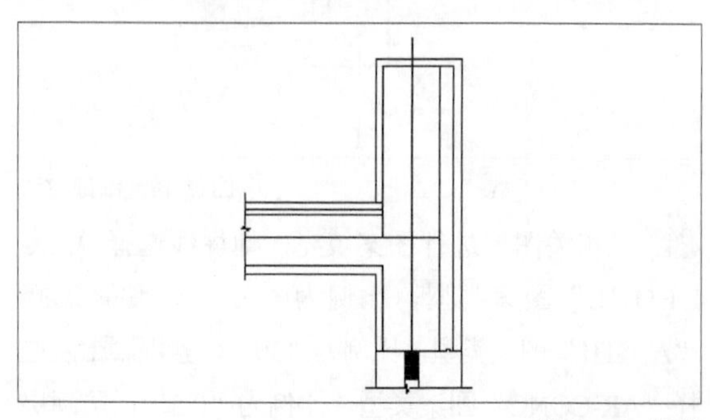

图12-27 细部

03 对相关图形进行图案填充，墙体选择“ANSI31”图案类型，比例为“30”，混凝土选择“AR-CONC”和“ANSI31”图案类型两种的叠加，结果如图12-28所示。

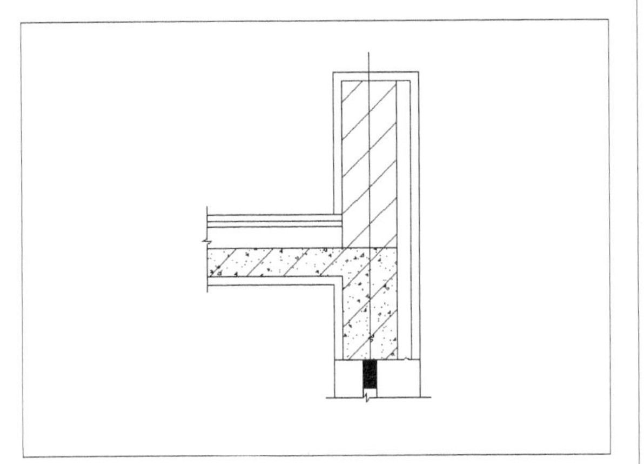

图12-28 图案填充

04 在“图层”下拉列表中选择“标注”图层作为当前层。插入标高图块，对楼地面的工程做法进行标注，结果如图12-29所示。

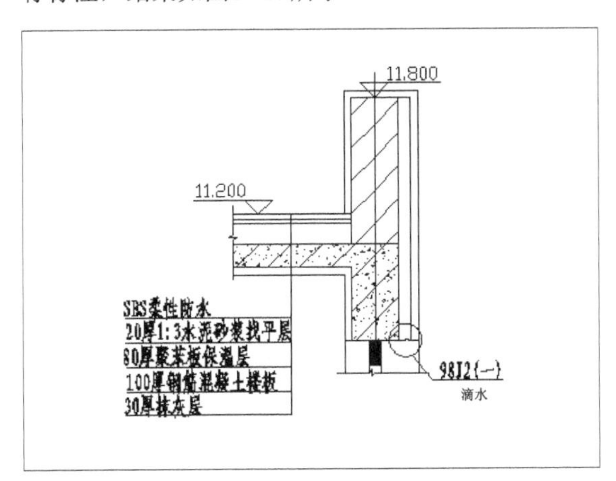

图12-29 标注

5. 添加图框和标题

在“图层”下拉列表中选择“图框”图层作为当前层。图框的具体绘制方法见8.2.9节，此处不再重复，图框大小采用A3立式图幅放大20倍，将底层、标准层和顶层墙身大样按轴线上下对其，添加后的结果如图12-30所示。

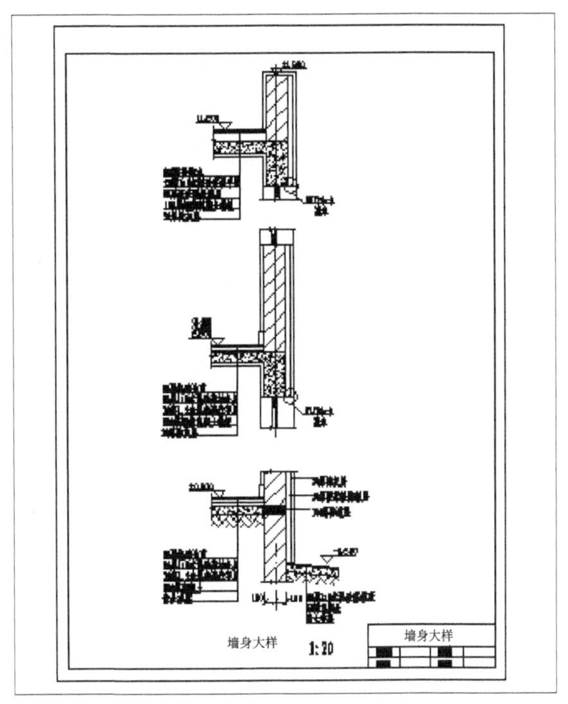

图12-30 墙身大样

12.2.3 建筑楼梯详图的绘制

楼梯是多层房屋上下交通的主要设施，它主要由楼梯梯段、休息平台和栏杆扶手组成。楼梯梯段是连接两个不同标高平台的倾斜构件，一般由踏步和楼梯梁组成。休息平台是供行走时调解疲劳和转换梯段方向用的。栏杆扶手是设在楼梯梯段及休息平台边缘的保护构件，以保证楼梯交通安全。

在一般建筑物中，最常见的楼梯形式是双梯段的并列楼梯，称为双跑楼梯或双折式楼梯，除此之外还有直跑式楼梯、三跑式楼梯等多种形式。楼梯形式的选择主要以房屋的使用要求为依据。

楼梯的尺寸应满足有关的要求，楼梯梯段净宽不应小于1.10m。6层及6层以下住宅，一边设有栏杆的梯段净宽不应小于1m。楼梯梯段净宽系指墙面至扶手中心之间的水平距离。楼梯踏步宽度不应小于0.26m，踏步高度不应大于0.175m。扶手高度不宜小于0.90m。楼梯水平段栏杆长度大于0.50m时，其扶手高度不应小于1.05m。楼梯栏杆垂直杆件间净空不应大于0.11m。楼梯平台净宽不应小于楼梯梯段净宽，并不得小于1.20m。楼梯平台的结构下缘至人行过道的垂直高度不应低于2m。入口处地坪与室外地面应有高差，并不应小于0.10m。楼梯井宽度大于0.11m时，必须采取防止儿童攀滑的措施。7层及以上的住宅或住户入口层楼面距室外设计地面的高度超过16m以上的住宅必须设置电梯。

楼梯详图包括平面图、剖面图和节点详图。主要表现楼梯类型、结构形式、各部位的尺寸以及装饰做法。楼梯详图一般分为建筑楼梯详图和结构楼梯详图。

建筑楼梯详图中平面图的主要内容包括楼梯间的轴线和尺寸，楼地面和休息平台的标高，楼梯梯段的起步位置、水平长度、宽度和休息平台的宽度，上下行指示箭头，两层之间的踏步级数，底层平面图上标注的楼梯剖面图的剖切符号等。

建筑楼梯详图中剖面图的内容主要包括楼梯梯段的长度、踏步级数，楼梯结构形式及所用材料，地面、楼地面、休息平台、栏杆和墙体的构造做法，楼梯各部分的标高和详图索引符号等。建筑楼梯详图中节点详图的主要内容包括栏杆扶手的详图，踏步防滑条的详图和雨棚的详图等。

建筑楼梯详图的绘制要求具体如下。

- 楼梯平面图和剖面图一般以不低于1:50的比例绘制，节点详图一般以不低于1:10的比例绘制。
- 楼梯的剖切位置默认为站在该层平面上的人眼的高度位置。
- 在底层平面图上应标注的楼梯剖面图的剖切符号和投影方向。
- 剖面图可以只画出底层、中间层和顶层3段剖面图，其他部分可以折断，屋面可以不画出，通常不画基础。
- 剖切到的墙体和楼梯用粗实线表示，并画上材料图例和粉刷线，看到的楼梯用细实线表示。
- 标注必要的尺寸和标高。
- 在各层平面图时，各层平面图宜按层数由低向高的顺序从左至右或从下至上布置。

绘制建筑楼梯详图的一般步骤如下。

01 设置绘图环境。

02 绘制底层平面图。

03 绘制标准层平面图。

04 绘制顶层平面图。

05 添加图框和标题。

下面通过绘制一个建筑楼梯详图的实例介绍绘制过程。

1. 设置绘图环境

（1）设置图形界限。本例采用的绘图比例为1:50，故图形界限设置为29 700×21 000，即A2图纸放大50倍。

（2）设置绘图单位。在“图形单位”对话框中，将“长度”组合框中，“类型”下拉列表中选择“小数”，“精度”下拉列表中选择“0.00”，其他设置保持系统默认参数。

（3）设置线型。选择加载“DASHDOTX2”线型作为轴线的线型。

（4）设置图层。在“图层特性管理器”对话框中，依次创建“轴线”、“墙体及楼板”、“门窗”、“楼梯线”、“细部”、“标注”及“图框”，其中“轴线”图层的“线型”选择“DASHDOTX2”，“墙体及楼板”图层的“线宽”选择“0.35mm”。

（5）设置文字样式。在“文字样式”对话框中，新建一个“文字”文字样式和一个“数字”文字样式，“文字”文字样式的具体设置参数为：“字体名”选择“FangSong_GB2312”，“宽度因子”设为“0.70”；“数字”文字样式的具体设置参数为：“字体名”选择“txt.shx”，勾选“使用大字体”，“大字体”中选择“gbcbig.shx”，“宽度因子”设为“0.70”。

（6）设置标注样式。在“标注样式”对话框中，新建一个“1:50”标注样式，具体设置参数为：在“线”选项卡中，“超出尺寸线”设为“1”，“起点偏移量”设为“5”；“符号和箭头”选项卡中，“箭头”选择“建筑标记”；“文字样式”选项卡中，“文字样式”选择“数字”；“调整”选项卡中，“文字位置”选择“尺寸线上方，不带引线”，“使用全局比例”设为“50”。

2. 绘制底层平面图

操作步骤

01 在“图层”下拉列表中选择“轴线”图层作为当前层。利用“直线”命令绘制轴线轴线间的距离为3 900，7 800。

02 在“图层”下拉列表中选择“墙体及楼板”图层作为当前层。利用“直线”命令绘制出部分墙体，墙体厚为200，如图12-31所示。

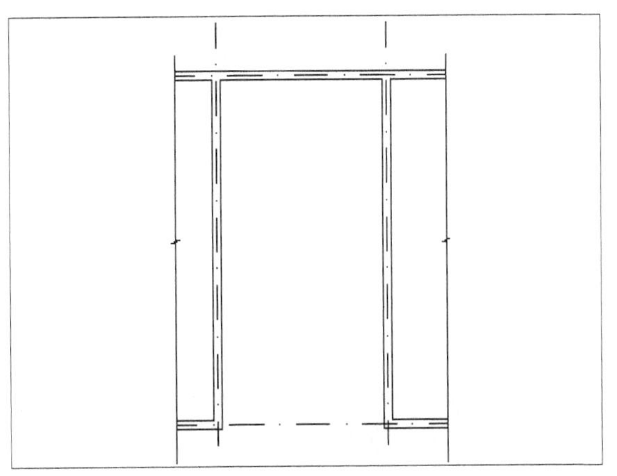

图12-31　轴线和墙体

03 在“图层”下拉列表中选择“楼梯线”图层作为当前层。利用“直线”命令和“矩阵”命令绘制出楼梯线，踏步宽度为300，修剪后的结果如图12-32所示。

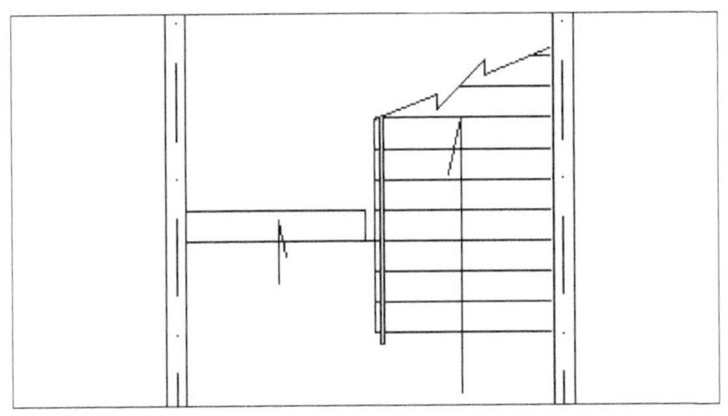

图12-32　楼梯线

04 在“图层”下拉列表中选择“细部”图层作为当前层。在墙体上开洞，插入窗图块，同时插入标高图块，如图12-33所示。

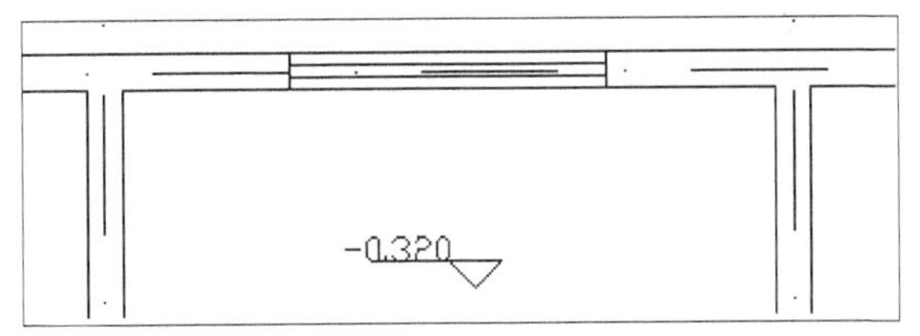

图12-33　细部

05 在“图层”下拉列表中选择“标注”图层，作为当前层。对图形进行尺寸标注，标注出楼梯的上下和剖面图的剖切符号，以及图形的标题，如图12-34所示。

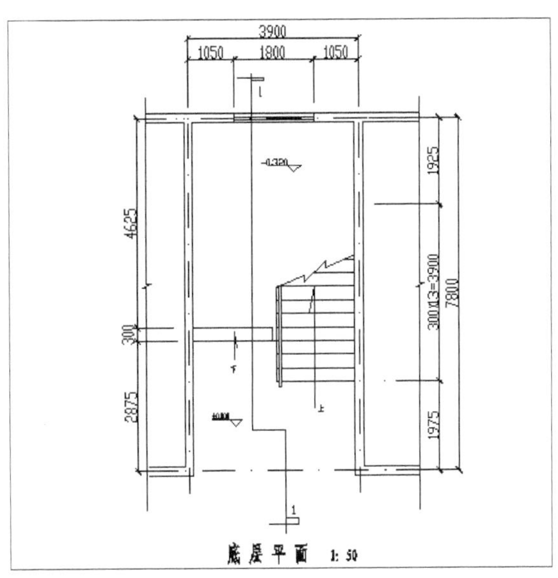

图12-34　标注

3. 绘制标准层平面图

标准层的轴线和墙体可以直接从底层平面图中复制过来稍加修改即可。

操作步骤

01 在“图层”下拉列表中选择“楼梯线”图层作为当前层。利用“直线”命令和“矩阵”命令绘制出楼梯线，踏步宽度为300，修剪后的结果如图12-35所示。

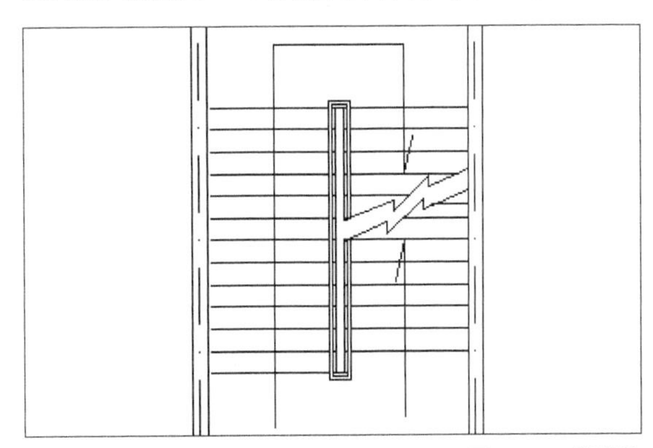

图12-35　楼梯线

02 在“图层”下拉列表中选择“标注”图层作为当前层。对图形进行尺寸标注，标注出图形的标题，如图12-36所示。

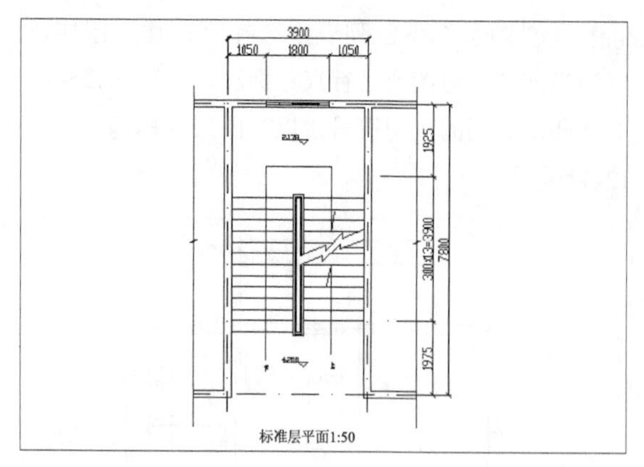

图12-36　标注

4. 绘制顶层平面图

顶层的轴线和墙体可以直接从底层平面图中复制过来稍加修改即可。

操作步骤

01 在“图层”下拉列表中选择“楼梯线”图层作为当前层。利用“直线”命令和“矩阵”命令绘制出楼梯线，踏步宽度为300，修剪后的结果如图12-37所示。

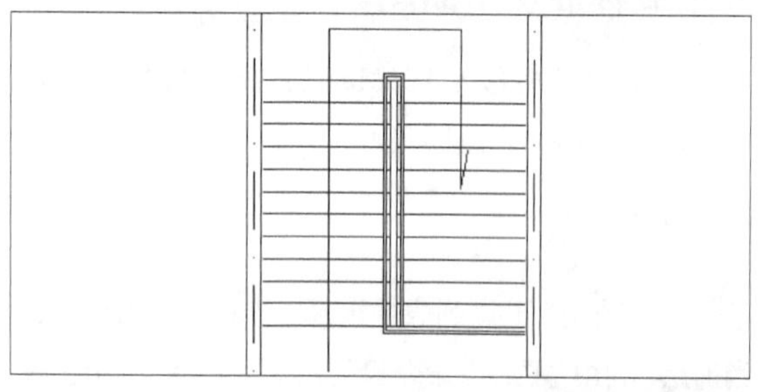

图12-37　楼梯线

02 在“图层”下拉列表中选择“标注”图层作为当前层。对图形进行尺寸标注，标注出图形的标题，如图12-38所示。

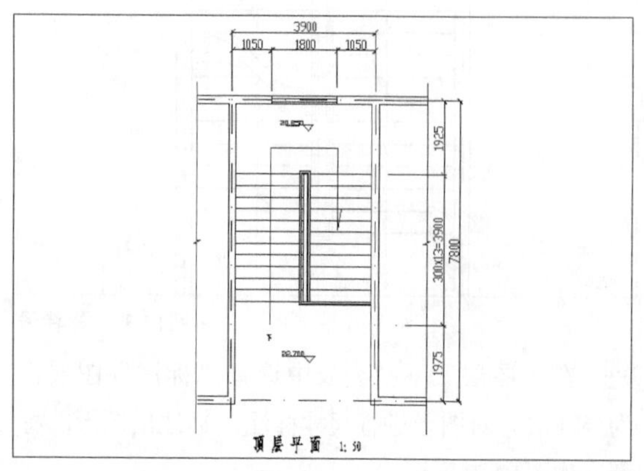

图12-38　标注

5. 添加图框和标题

在“图层”下拉列表中选择“图框”图层作为当前层。图框的具体绘制方法见8.2.9节，此处不再重复，图框大小采用A2图幅放大50倍，添加后的结果如图12-39所示。

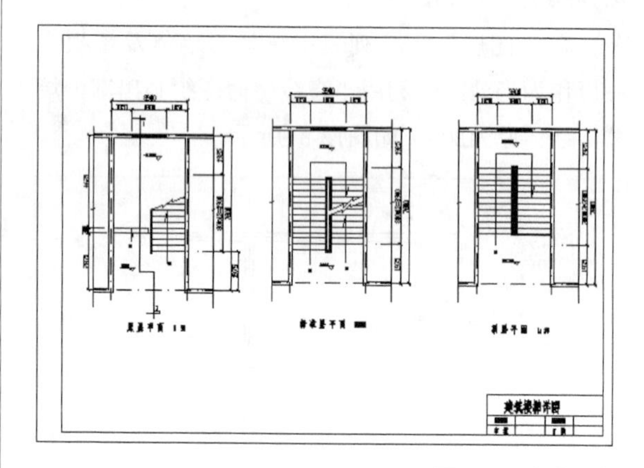

图12-39　添加图框

12.3　综合实例

12.3.1　绘制柱建筑详图

施工图进行设计，整个设计过程包括设置绘图环境，绘制轴线，绘制墙体，绘制构造柱及门洞，绘制钢筋，绘制梁及板，标注尺寸，书写技术说明等。

操作步骤

01 绘制轴线。先绘制直线再用偏移命令绘制。最终结果如图12-40所示。

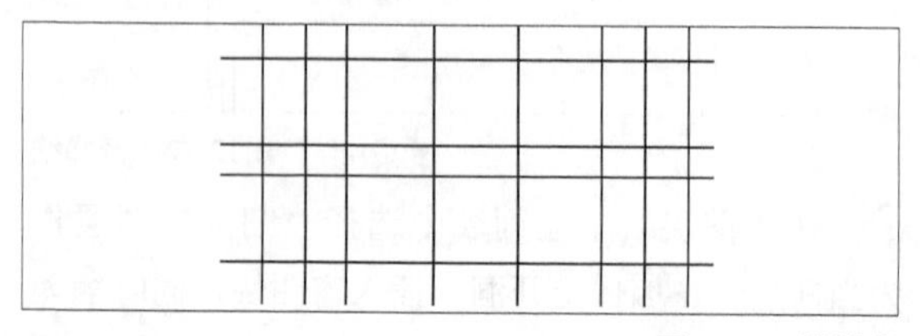

图12-40　绘轴线

02 绘制柱。选择“矩形”命令绘制500×500柱。结果如图12-41所示。

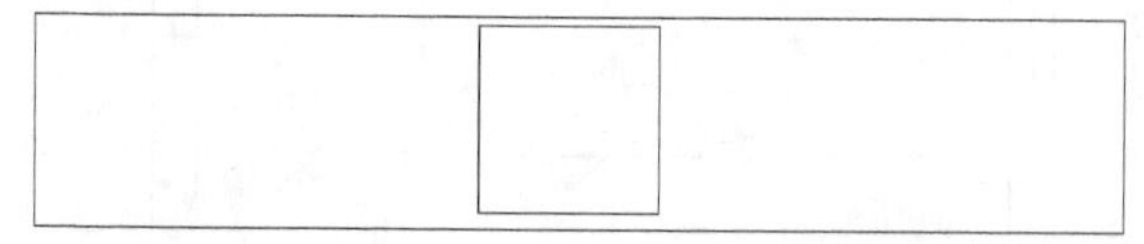

图12-41　绘制柱

03 复制柱子。选择“修改”→“复制”命令复制柱子，如图12-42所示。

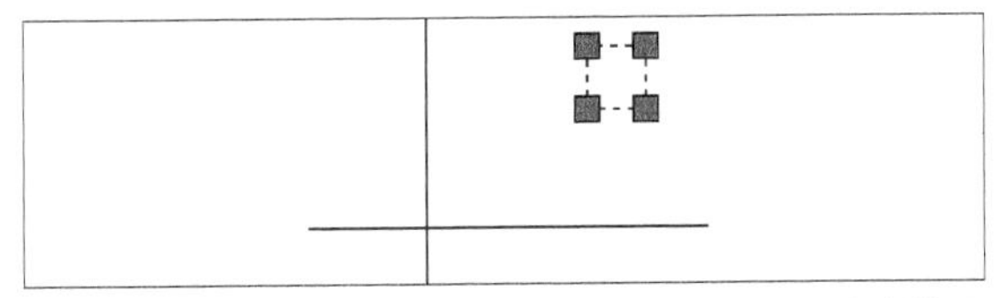

图12-42　复制柱子

04 复制过程。选择“修改”→“复制”命令复制柱子，如图12-43所示。

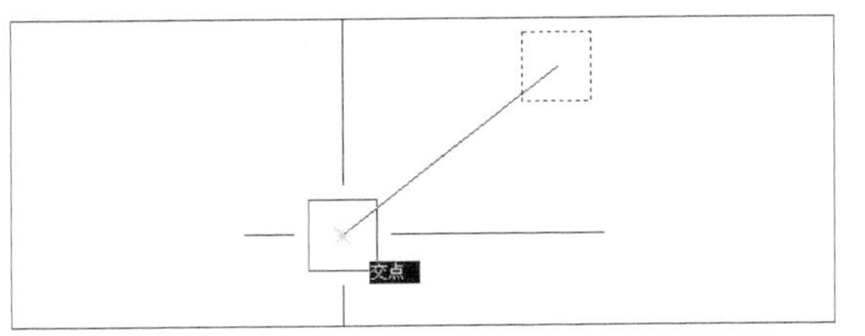

图12-43　复制过程

05 柱子复制后。选择“修改”→“复制”命令复制柱子，如图12-44所示。

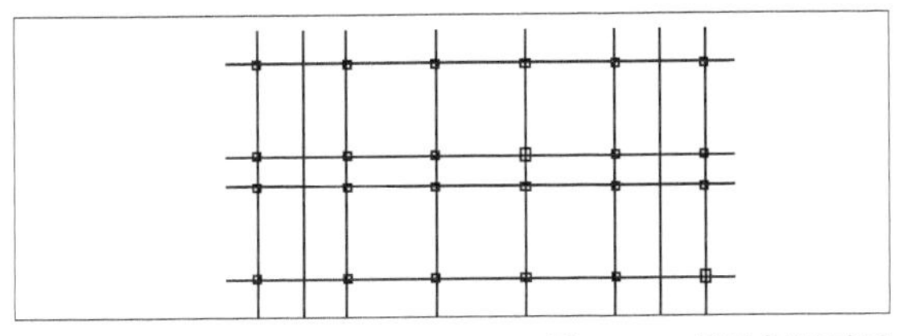

图12-44　柱子复制后图

06 绘制框架柱KZ1。选择“绘图”→“矩形”命令在中间绘制放大的柱子，如图12-45所示。

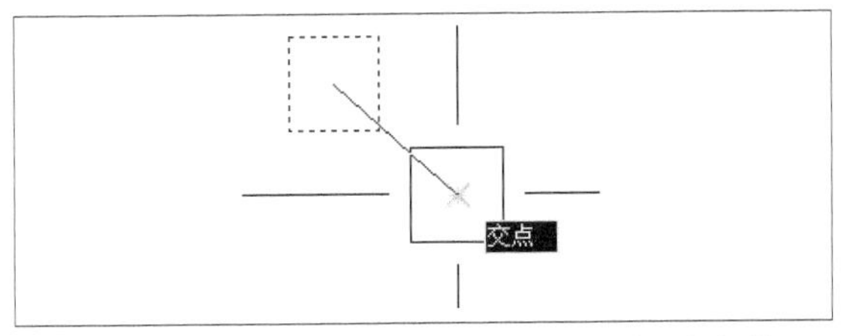

12-45　绘制框架柱KZ1

07 绘制框架柱KZ2。选择“绘图”→“矩形”命令在4个角点绘制放大的柱子，如图12-46所示。

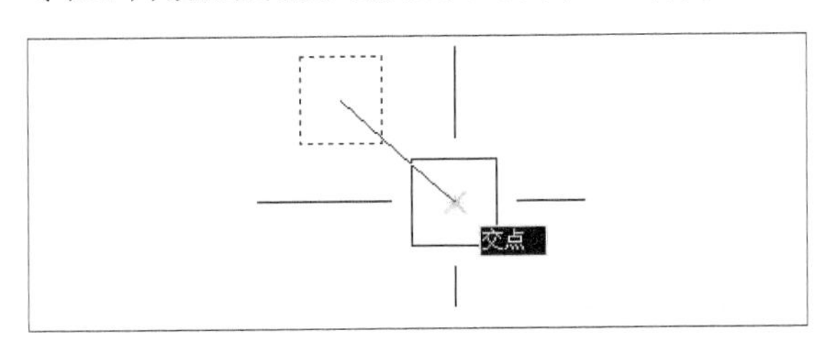

图12-46　绘制框架柱KZ2

08 绘制构造柱。选择“绘图”→“矩形”命令在楼梯间绘制300×300的构造柱，如图12-47所示。

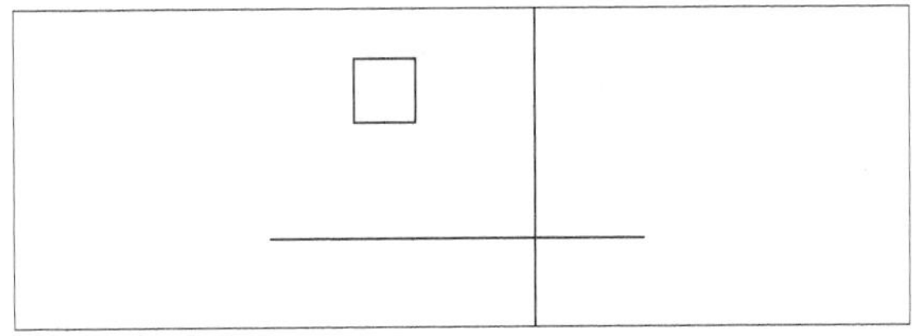

图12-47　绘制构造柱

09 绘制构造柱。选择“绘图”→“矩形”命令在楼梯间绘制300×300的构造柱，如图12-48所示

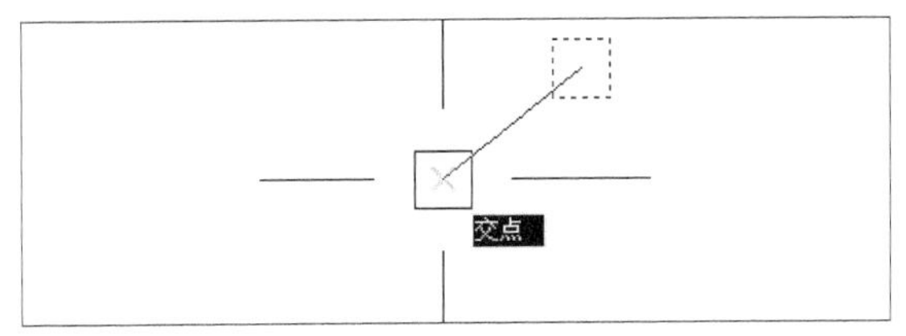

图12-48　绘制构造柱图

10 确定钢筋为当前层。选择“格式”→“图层”命令会弹出“图层特性管理器”对话框，双击“图层特性管理器”对话框中的“钢筋”图层设其为当前层，如图12-49所示。

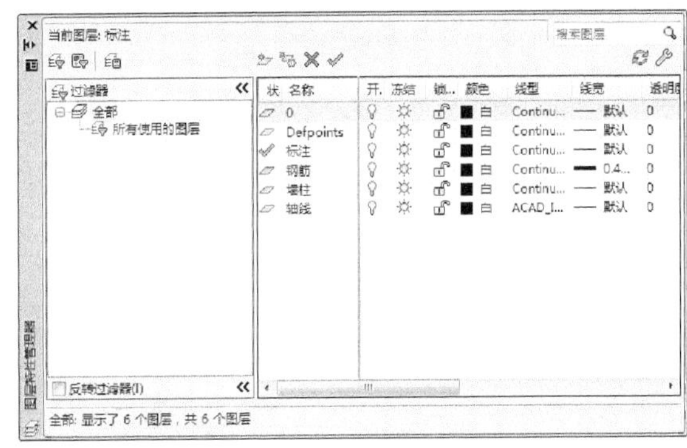

图12-49　确定当前层

11 确定线宽。选择“钢筋”→“线宽”命令，会弹出“线宽”对话框，在“线宽”对话框中选择“0.4mm”，如图12-50所示。

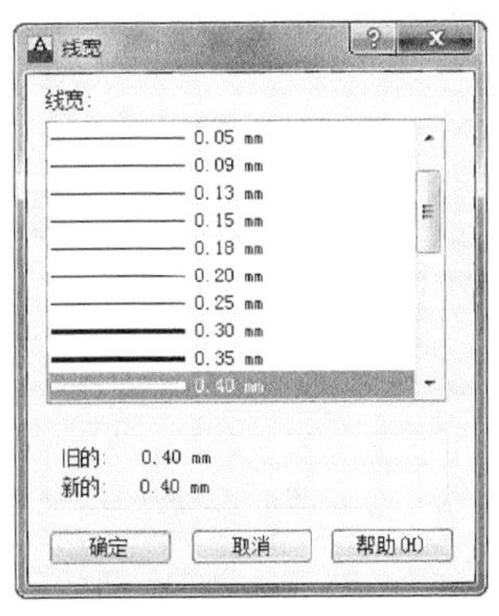

图12-50　设置图

12 绘制KZ1的箍筋。在放大的KZ1上绘制柱的钢筋，首先绘制箍筋，如图12-51所示。

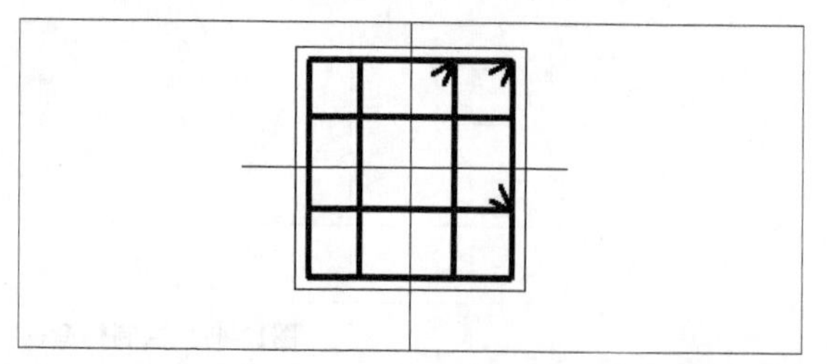

图12-51 绘制KZ1的箍筋

13 绘制KZ1的竖向筋。在放大的KZ1上绘制一个小圆，如图12-52所示。

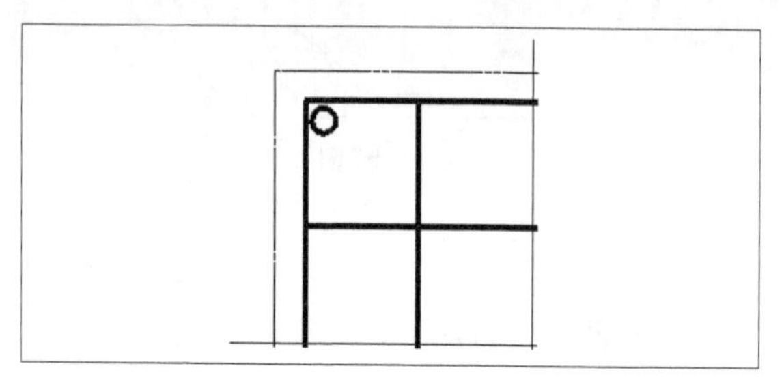

图12-52 绘制KZ1竖向筋图

14 填充小圆。选择“绘图”→“图案填充”命令，弹出“图案填充和渐变色”对话框，如图 12-53所示。

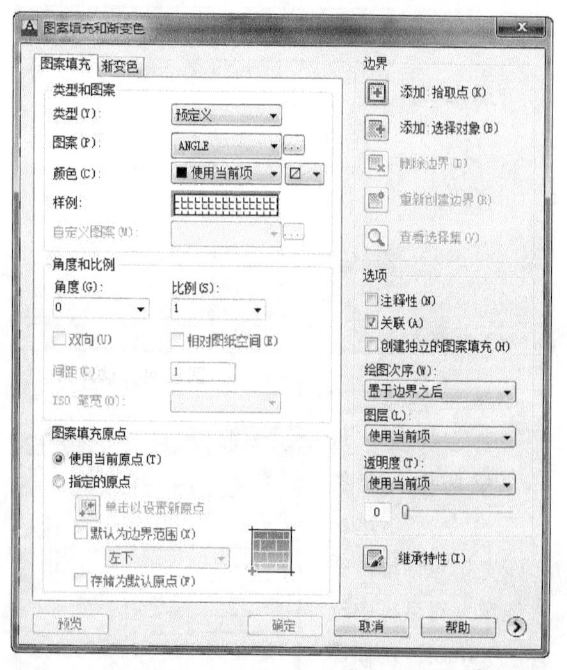

12-53 填充小圆

15 选择填充图案。在“图案填充和渐变色”对话框，单击“图案”后的按钮弹出“填充图案选项板”，如图 12-54所示。

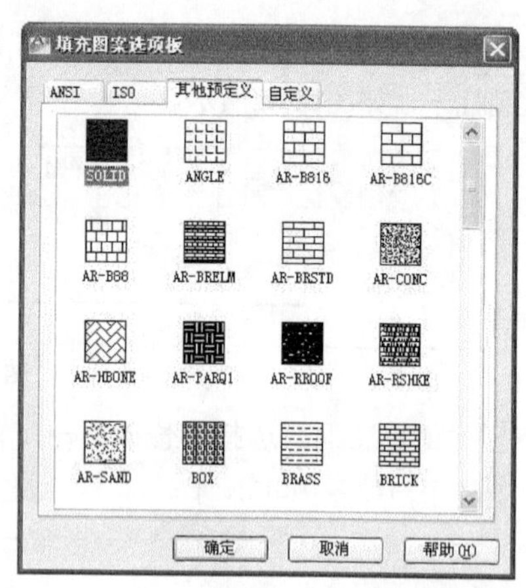

图12-54 选择填充图案图

16 选择拾取点。“图案填充和渐变色”对话框中，单击“边界”下的“添加：拾取点”，然后单击圆的中间，如图12-55所示。

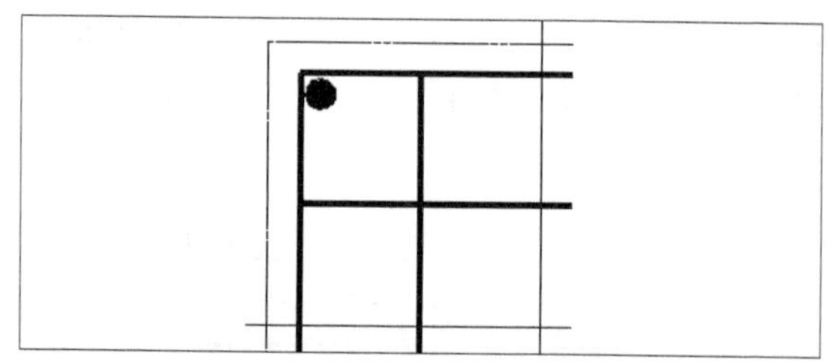

12-55 选择拾取点

17 复制纵向钢筋结果。选择“修改”→“复制”命令进行复制，如图12-56所示。

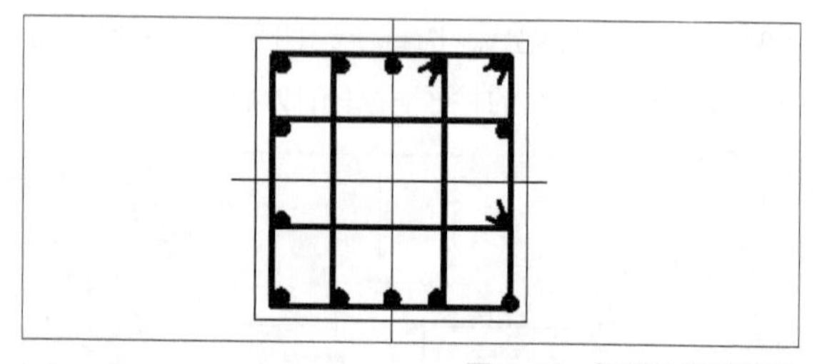

图12-56 钢筋绘制完毕图

18 设置标注样式。选择“格式”→“标注样式”命令，如图12-57所示。

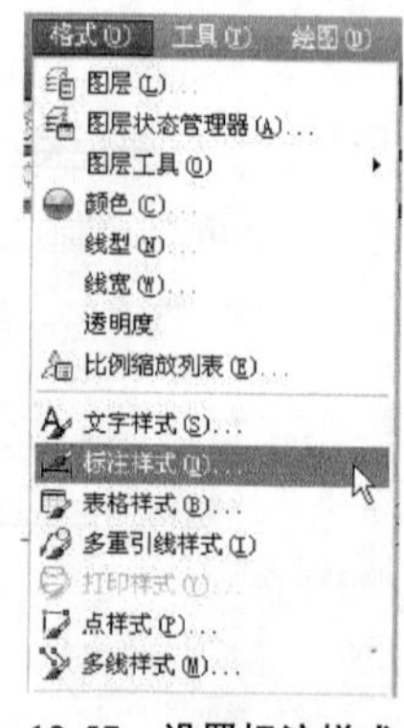

12-57 设置标注样式

19 标注样式对话框。选择“标注样式”弹出“标注样式管理器”对话框，如图12-58所示。单击“修改”按钮。

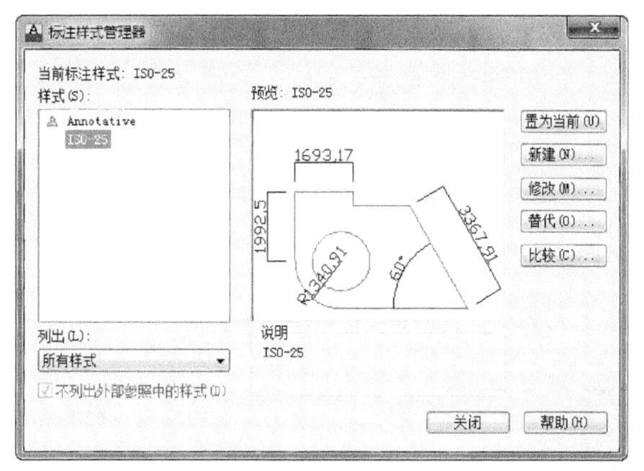

图12-58　设置标注样式

20 设置标注线的样式。在“标注样式管理器”中将“尺寸界线”的“起点偏移量”设置为300，如图 12-59所示。

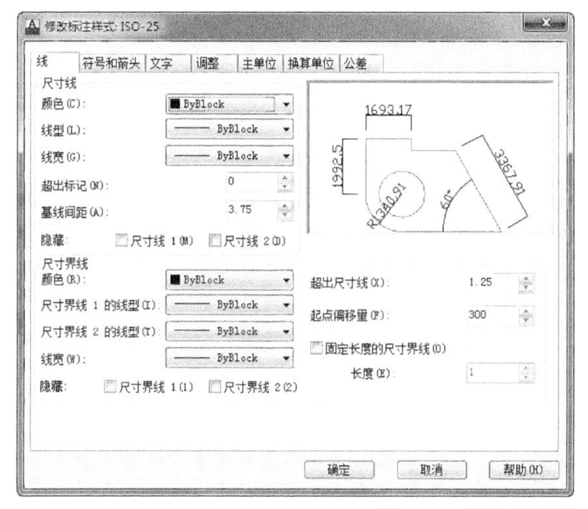

图12-59　起点偏移量

21 设置标注箭头。在“标注样式管理器”中在“箭头”下选择“建筑标记”，并设箭头大小为25，如图12-60所示。

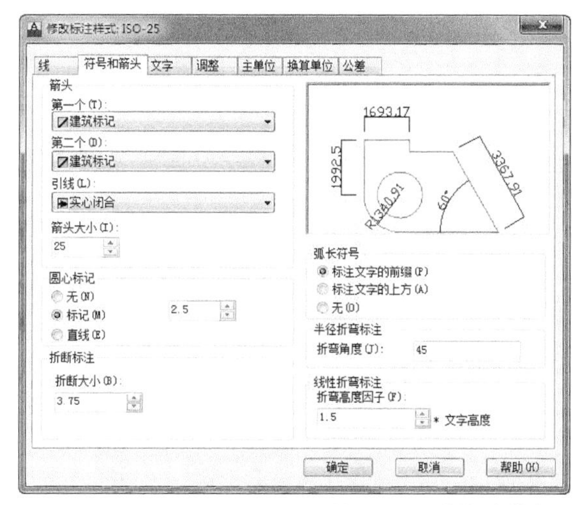

图12-60　设置标注箭头图

22 设置标注文字高度。在“标注样式管理器”中将“文字”下的“文字高度”设置为300mm，如图 12-61所示。

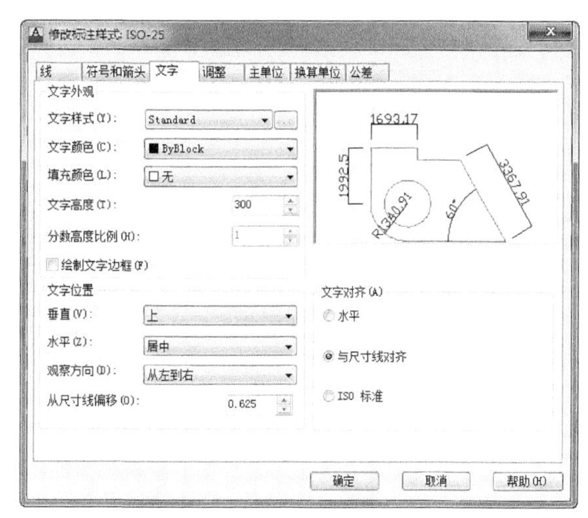

12-61　设置文字高度

23 标注KZ1尺寸。选择“标注” →“线性”命令，结果如图12-62所示。

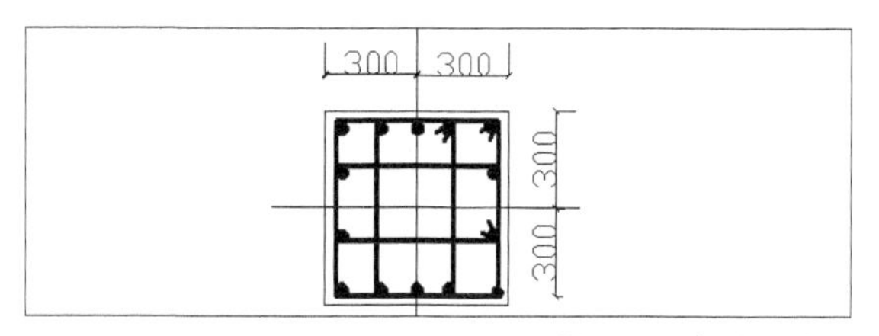

图12-62　标注尺寸图

24 对柱进行截面注写。选择“绘图” →“多行文字”命令，结果如图12-63所示。

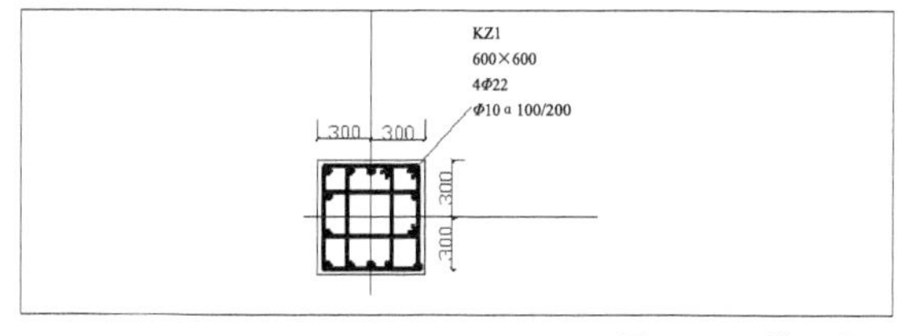

图12-63　截面注写

25 标注KZ2尺寸。选择“标注” →“线性”命令，结果如图12-64所示。

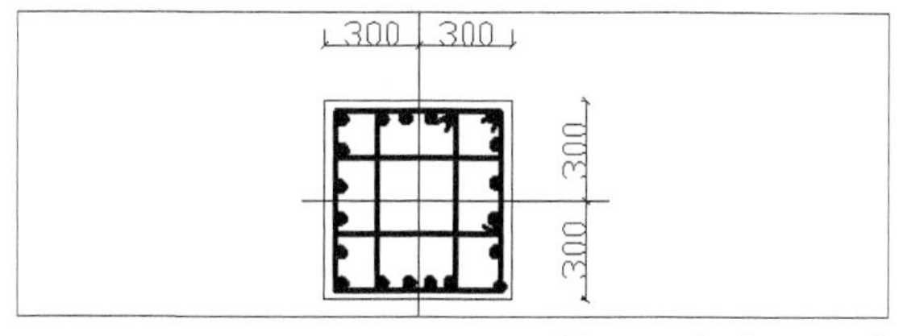

图12-64　标注KZ2尺寸

26 对柱进行截面注写。选择“绘图”→“多行文字”命令，结果如图 12-65所示。

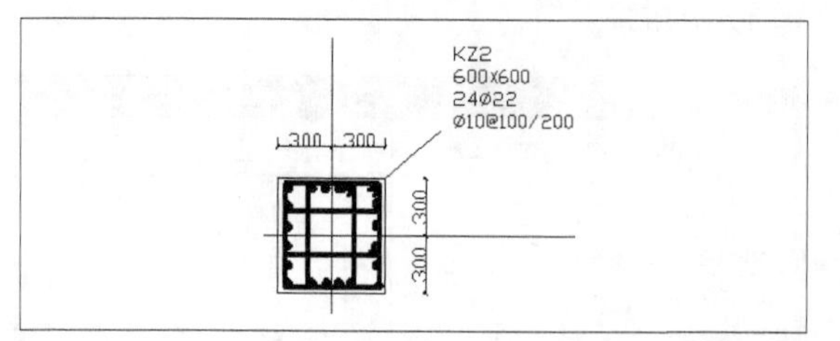

图12-65 截面注写

27 对构造柱进行标注。选择“标注”→“线性”命令，结果如图 12-66所示。

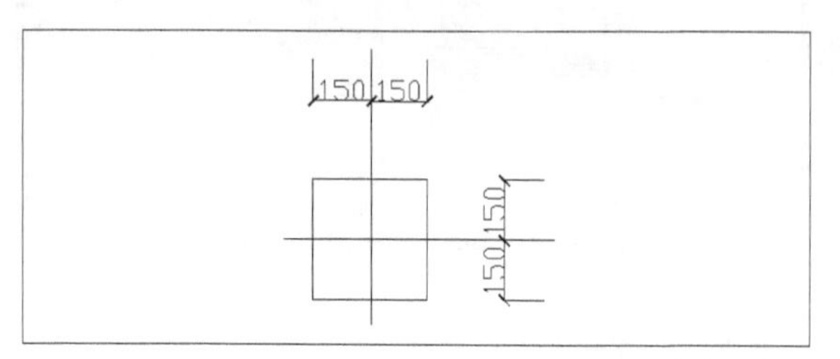

图12-66 对构造柱标注

28 对构造柱截面注写。选择“绘图”→“多行文字”命令，结果如图 12-67所示。

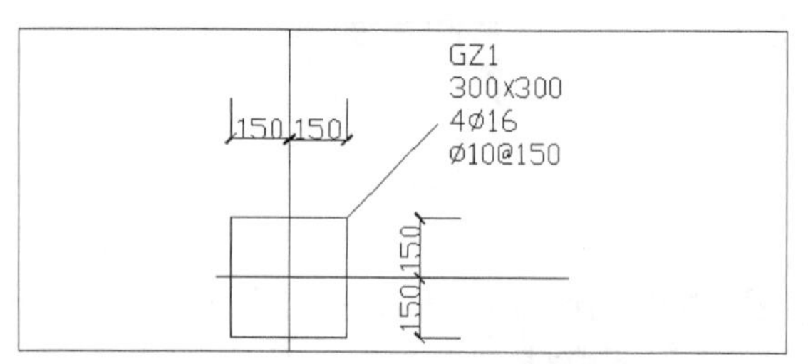

图12-67 截面注写

29 对所有的柱进行注写。选择“绘图”→“单行文字”命令和复制命令进行注写，结果如图 12-68所示。

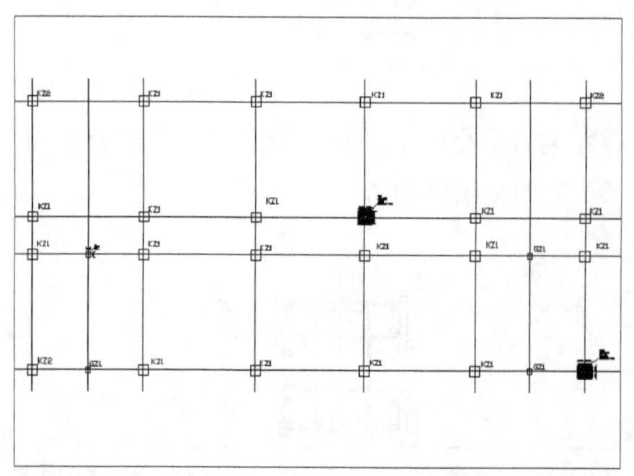

图12-68 注写完毕

30 对轴线标注。选择“标注”→“线性”命令，结果如图12-69所示。

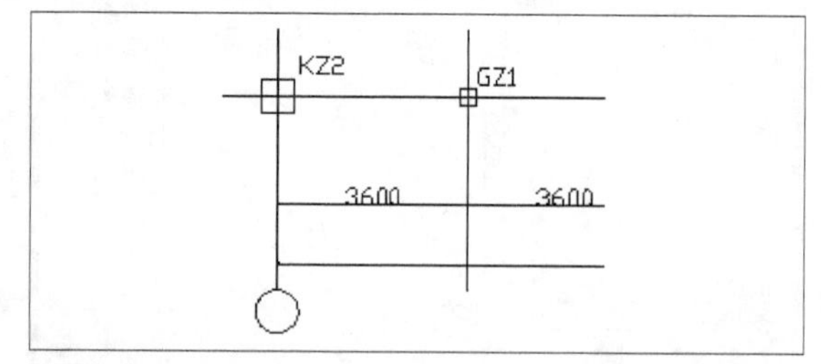

图12-69 线性标注

31 注写轴线编号。选择“绘图”→“文字”→“多行文字”命令，结果如图12-70所示。

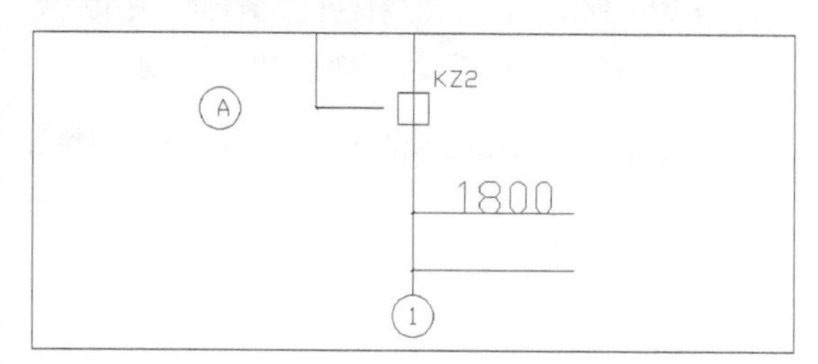

图12-70 轴线编号

32 对所有轴线标注。最终效果如图12-71所示。

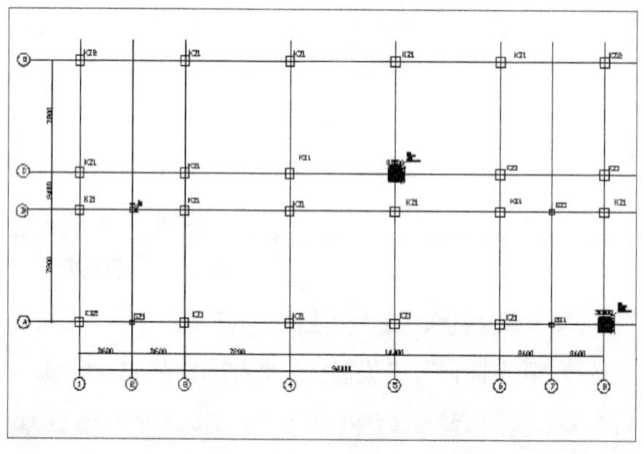

图12-71 标注结果

12.3.2 绘制梁结构详图

下面绘制一个教学楼二层的结构平面图，要求应用平法的平面注写方式来绘制。整栋楼东西方向是对称的，因此，在下面只画出1~4轴的梁平法施工图。

操作步骤

01 图层特性管理器。选择“格式”→“图层”菜单命令，弹出“图层特性管理器”对话框，如图 12-72所示。

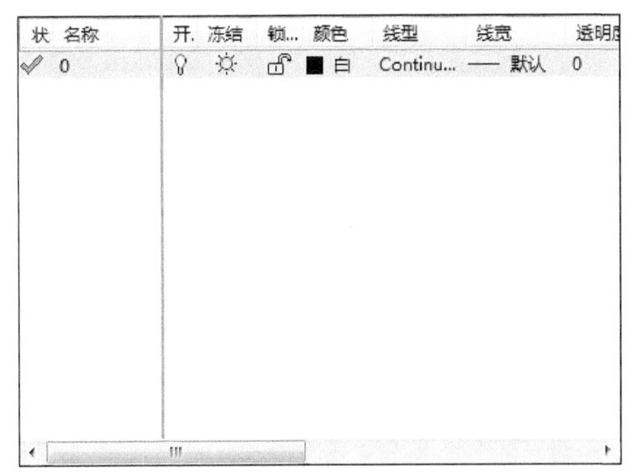

图12-72　图层特性管理器对话框

02 建立图层。新建如图12-72所示的图层，如图12-73所示。

状	名称	开.	冻结	锁...	颜色	线型	线宽	透明度
	0				白	Continu...	—— 默认	0
	Defpoints				白	Continu...	—— 默认	0
✓	标注				白	Continu...	—— 默认	0
	梁				白	ACAD_I...	—— 默认	0
	轴线				白	ACAD_I...	—— 默认	0
	柱				白	Continu...	—— 默认	0

图12-73　新建图层

03 设置轴线线型。单击“图层特性管理器”的线型弹出“选择线型”对话框，如图12-74所示。

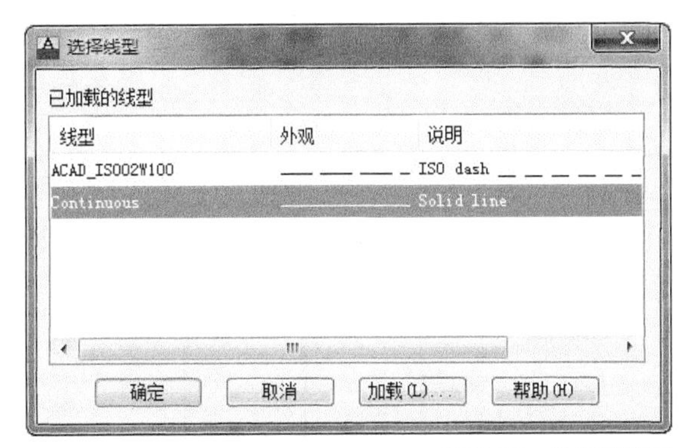

图12-74　设置线型图

04 加载线型。在“选择线型”对话框中单击“加载”按钮，加载“ACAD-IS002W100”线型，如图12-75所示。

05 确定当前图层。双击图层“轴线”前会有一个对号标识，如图12-76所示。

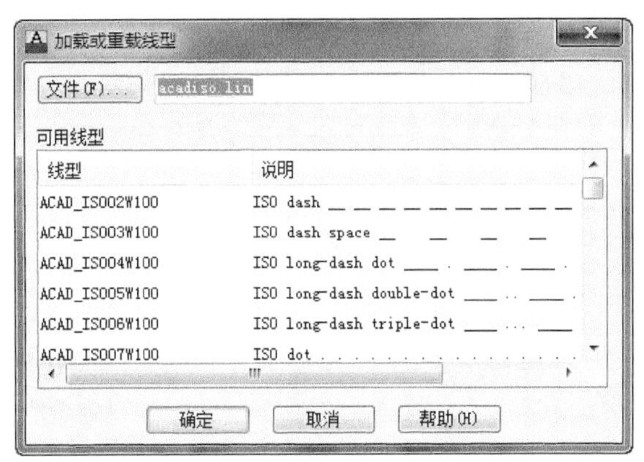

图12-75　加载线型

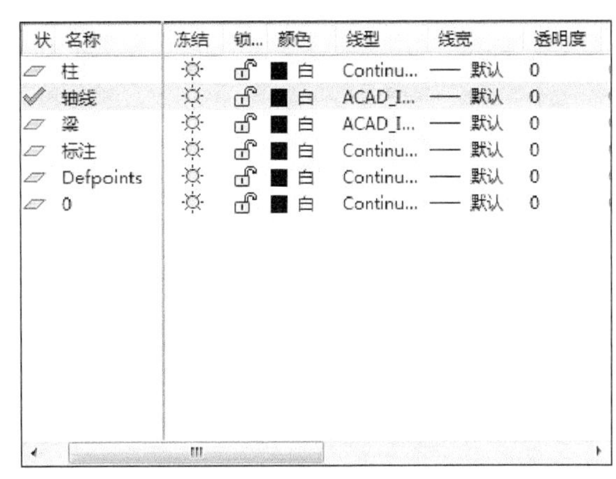

图12-76　确定当前图层

06 绘制横向轴线。选择“绘图”→“直线”命令，结果如图12-77所示。

图12-77　绘制横向轴线

07 绘制纵向轴线。选择“绘图”→“直线”命令，结果如图12-78所示。

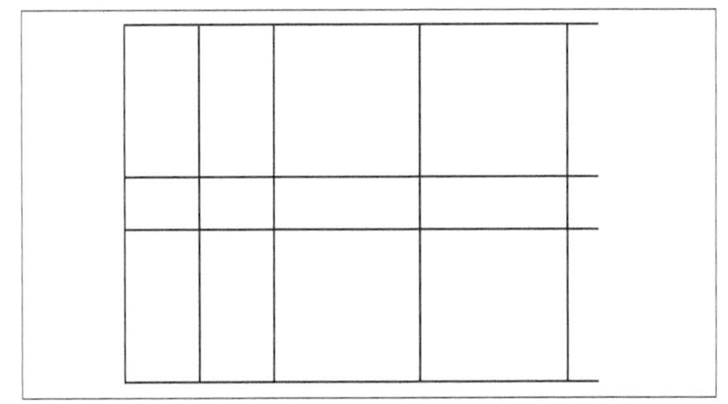

图12-78　绘制纵向轴线

08 绘制柱子。选择“绘图”→“矩形”命令绘制一个600×600的柱子，结果如图12-79所示。

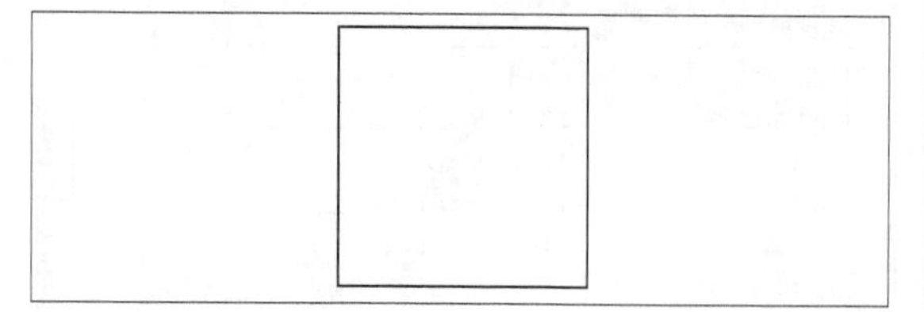

图12-79 绘制柱子

09 复制柱子。选择“修改”→“复制”命令绘制600×600的柱子，复制后如图12-80所示。

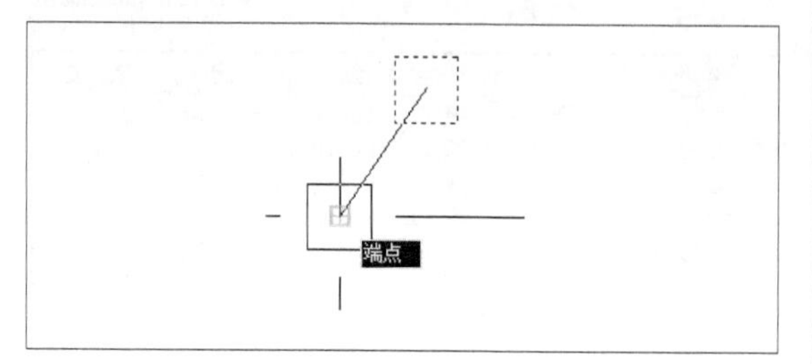

图12-80 柱子复制后

10 柱子绘制完毕。选择“修改”→“复制”命令复制到轴线中心，复制后如图12-81所示。

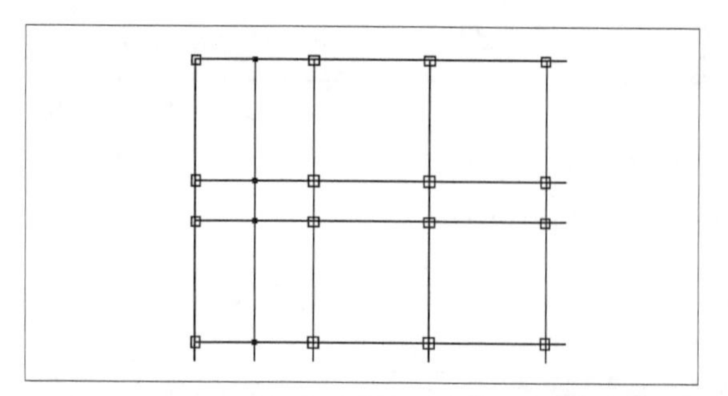

图12-81 柱子复制后

11 绘制柱子。选择“绘图”→“矩形”命令绘制300×300的柱子，复制前如图 12-82所示。

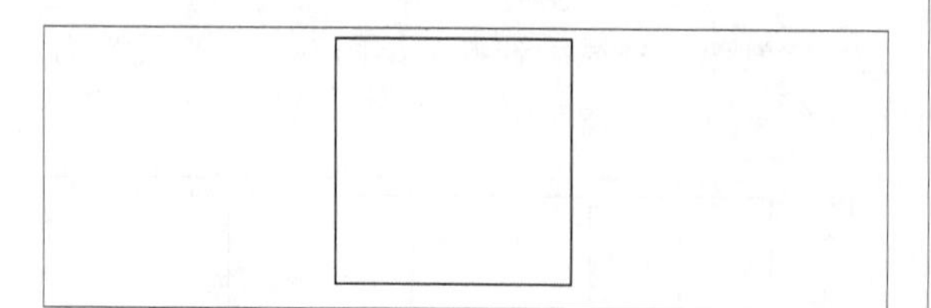

图12-82 绘制柱子

12 复制柱子。选择“修改”→“复制”命令复制到轴线中心，复制后如图12-83所示。

13 选定梁为当前层。选择“格式”→“图层”菜单命令，双击“梁”图层，前面就有一个对勾，如图12-84所示。

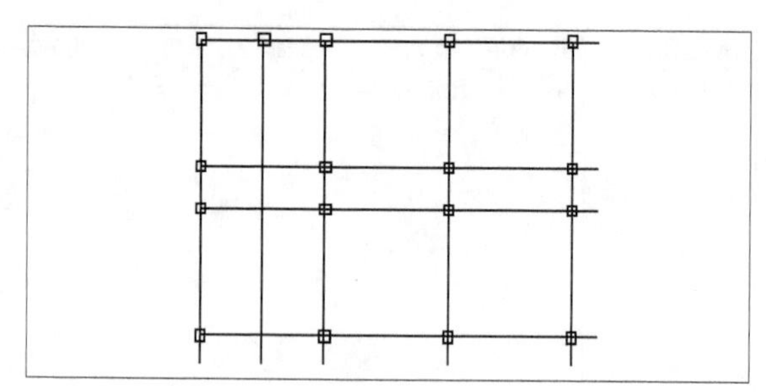

图12-83 柱子复制后

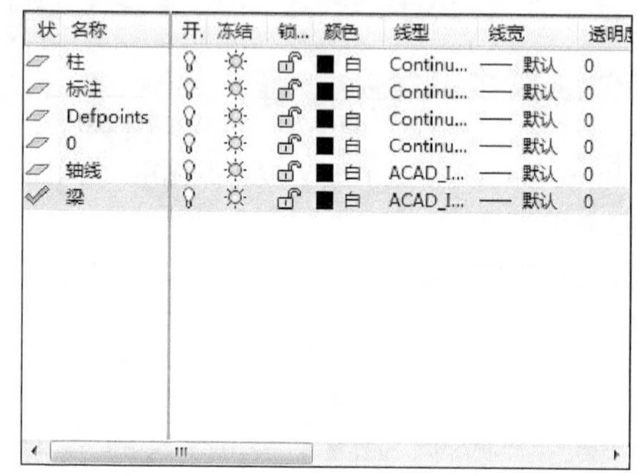

图12-84 选定梁为当前层

14 修改梁的线型。在“图层特性管理器”中单击“线型”选择“Continuous”线型，如图12-85所示。

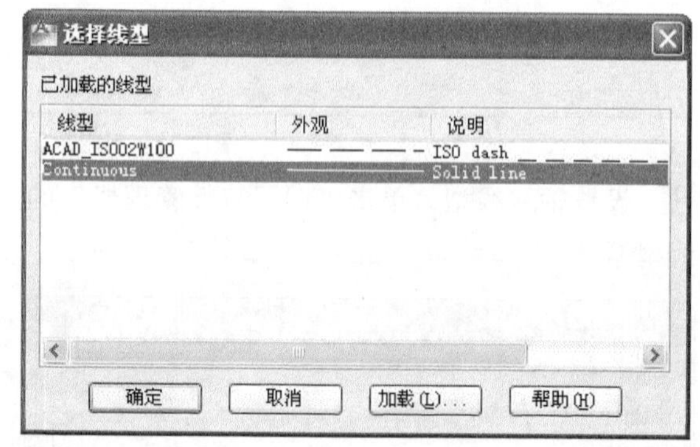

图12-85 修改梁的线型

15 绘制300宽梁。选择“绘图”→“直线”命令绘制梁，如图 12-86所示。

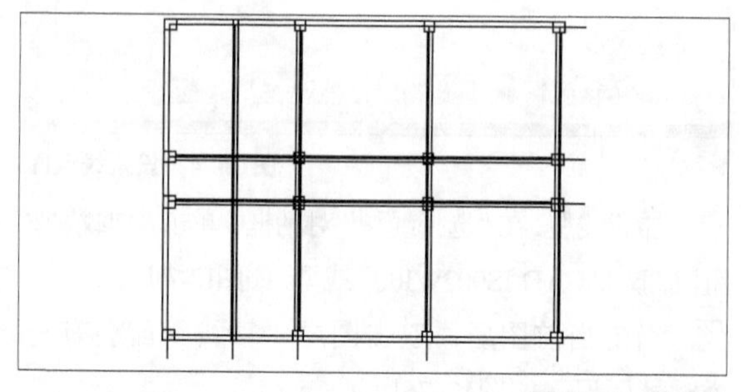

图12-86 绘制梁

16 显示虚线。有时候从图上看不出线型，尤其是虚线，可以通过右键单击弹出列表中选择“特性”来解决，如图 12-87所示。

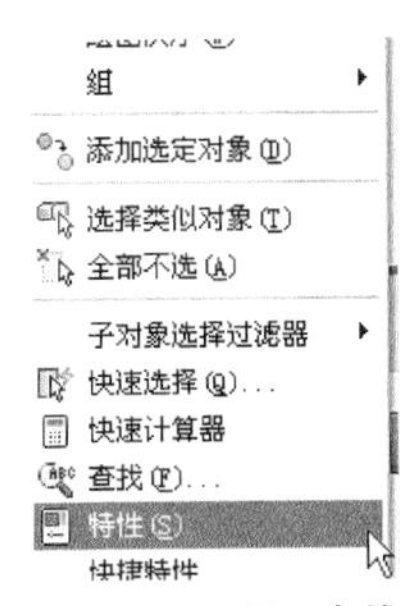

图12-87　显示虚线

17 “特性”对话框。单击“特性”后会弹出“特性”对话框，如图 12-88所示。

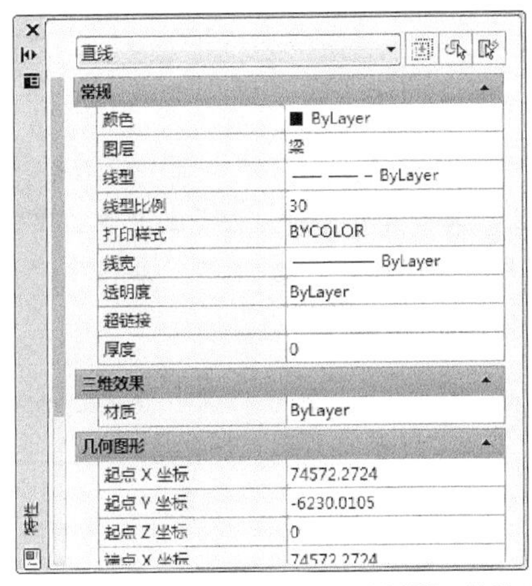

图12-88　“特性”对话框

18 指定线型比例。在“特性”对话框的“线型比例”下输入线型的比例，输入30，就可以看清楚显示虚线了，如图12-89所示。

常规	
颜色	ByLayer
图层	梁
线型	ByLayer
线型比例	30
打印样式	BYCOLOR
线宽	ByLayer
透明度	ByLayer
超链接	
厚度	0
三维效果	
材质	ByLayer
几何图形	
起点 X 坐标	74572.2724
起点 Y 坐标	-6230.0105
起点 Z 坐标	0

图12-89　指定线型比例

19 特性匹配。在指定了虚线的显示比例后可以利用“特性匹配”来使同样要显示的虚线显示，或是全部选定对象后在单击“特性”，如图12-90所示。

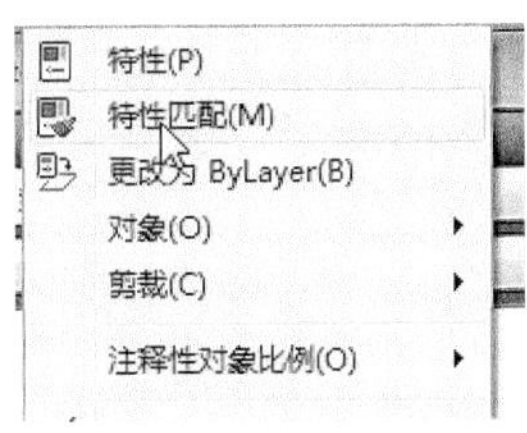

图12-90　特性匹配

20 修改当前图层。选择“格式”→“图层”命令，双击“标注”使其为当前图层，如图12-91所示。

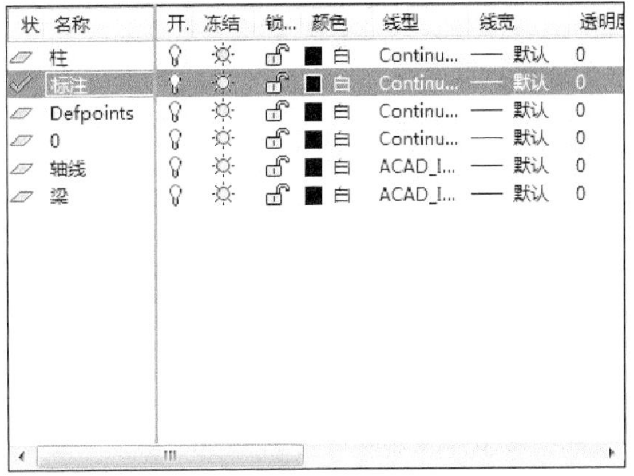

图12-91　修改当前图层

21 绘制完毕的梁柱图。利用“修剪”和“打断”命令绘制好梁柱图，如图12-92所示。

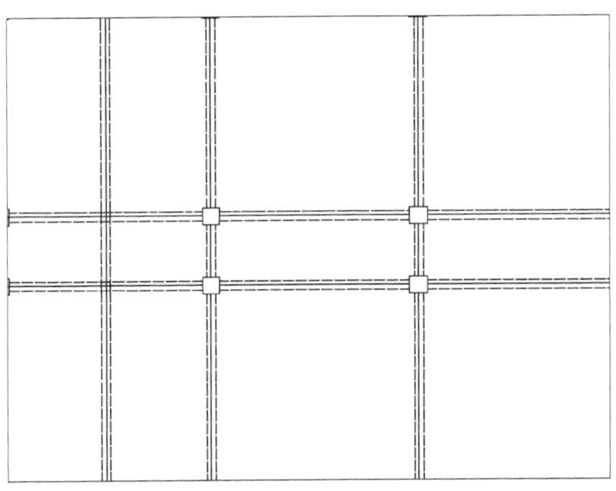

图12-92　绘制完毕的梁柱图

22 标注样式管理器。选择“格式”→“标注样式”命令，弹出“标注样式管理器”对话框，如图12-93所示。

23 修改标注样式。“标注样式管理器”对话框下单击“修改”按钮，弹出“修改标注样式”对话框，如图 12-94所示。

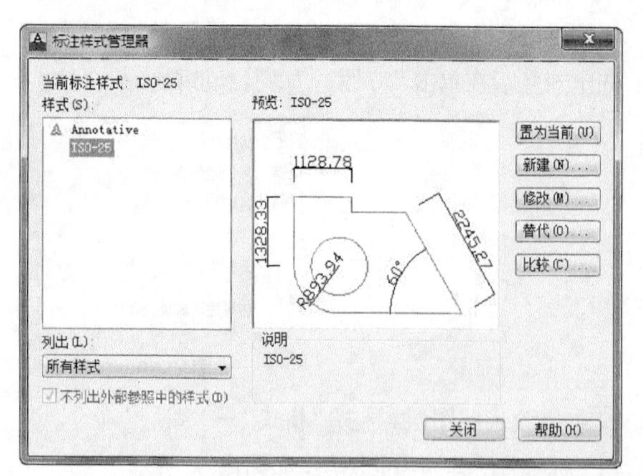

图12-93　标注样式管理器

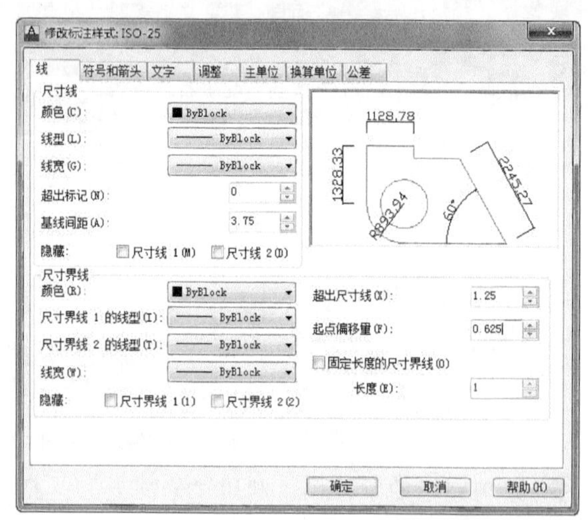

图12-94　修改标注样式

24 确定起点偏移量。设置“修改标注样式：ISO-25”对话框中的“线”选项卡下的起点偏移量，设置为300，如图 12-95所示。

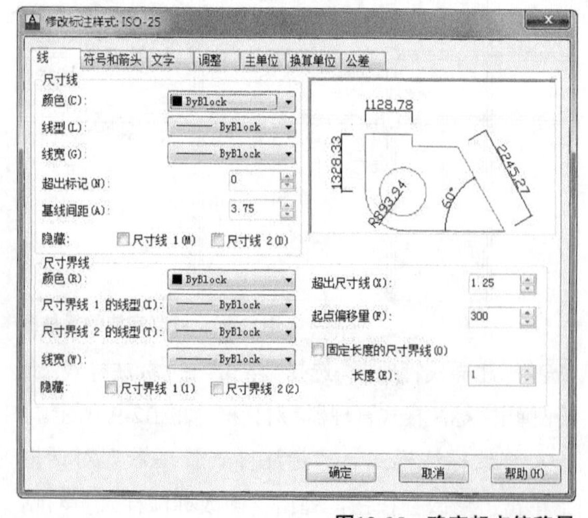

图12-95　确定起点偏移量

25 设置符号和箭头。在“修改标注样式：ISO-25”对话框中的“符号和箭头”选项卡的“箭头”项选择“建筑标记”，箭头大小为50，如图 12-96所示。

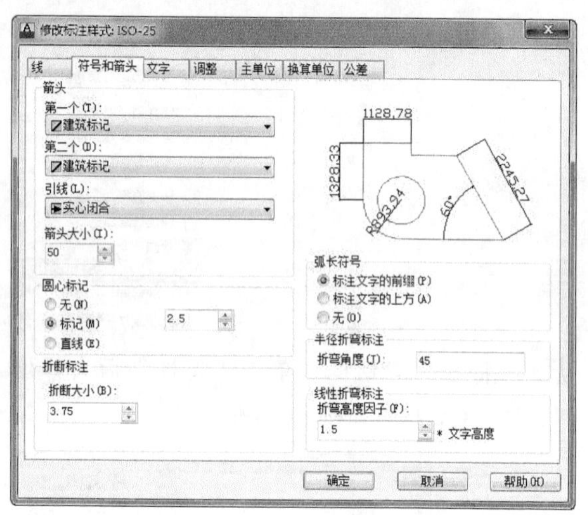

图12-96　设置符号和箭头

26 设置文字的样式。在“修改标注样式：ISO-25”对话框中的“文字”选项卡“文字样式”下单击“选择样式”按钮...，弹出“文字样式”对话框，如图 12-97所示。

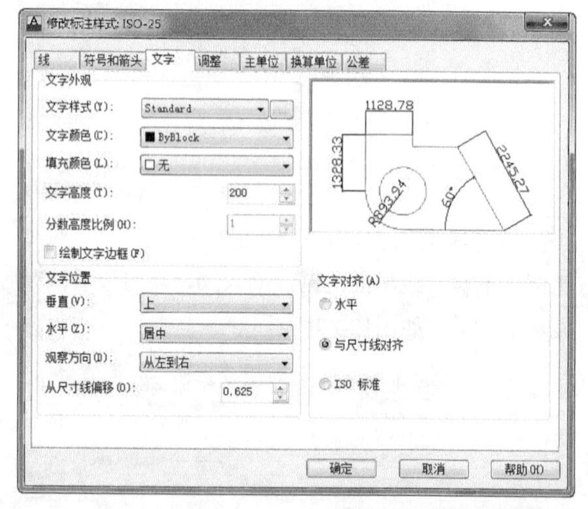

图12-97　设置文字的样式

27 设置文字高度。在“修改标注样式：ISO-25”对话框中的“文字”选项卡“文字高度”下输入200，如图12-98所示。

28 保持文字在尺寸界线间。在“修改标注样式：ISO-25”对话框中的“调整”选项卡下选择“文字始终保持在尺寸界线之间”单选按钮，如图12-99所示，设置完成后单击确认按钮关闭对话框。

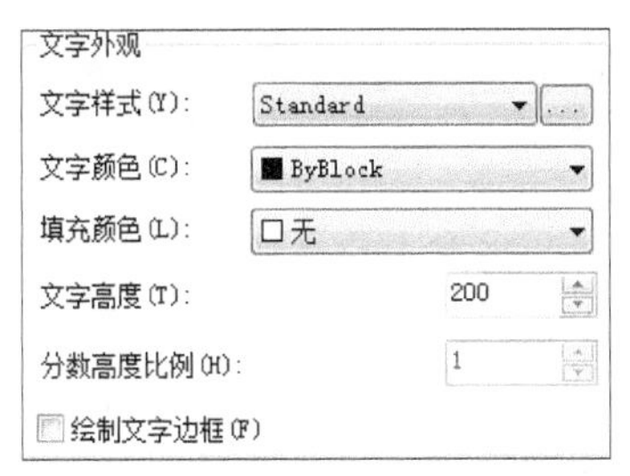

图12-98　设置文字高度

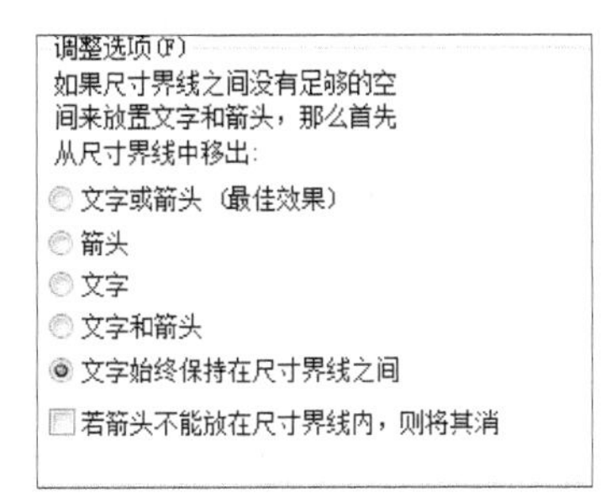

图12-99　保持文字在尺寸界线间

29 标注柱。选择“标注”→“线性”命令，结果如图12-100所示。

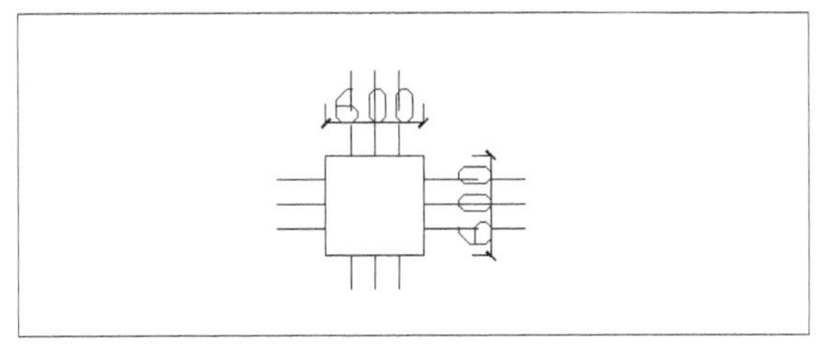

图12-100　标注柱

30 选定标注为当前层。选择“格式”→“图层”命令，在弹出的“图层特性管理器”中双击“标注”，如图 12-101所示。

状	名称	开.	冻结	锁...	颜色	线型	线宽	透明度
	柱				白	Continu...	—— 默认	0
✓	标注				白	Continu...	—— 默认	0
	Defpoints				白	Continu...	—— 默认	0
	0				白	Continu...	—— 默认	0
	轴线				白	ACAD_I...	—— 默认	0
	梁				白	ACAD_I...	—— 默认	0

图12-101　选定当前层

31 指定标注样式。选择“格式”→“标注样式”命令，弹出“标注样式管理器”对话框，选择刚刚设置的标注选项，单击“置为当前”按钮，如图 12-102所示。

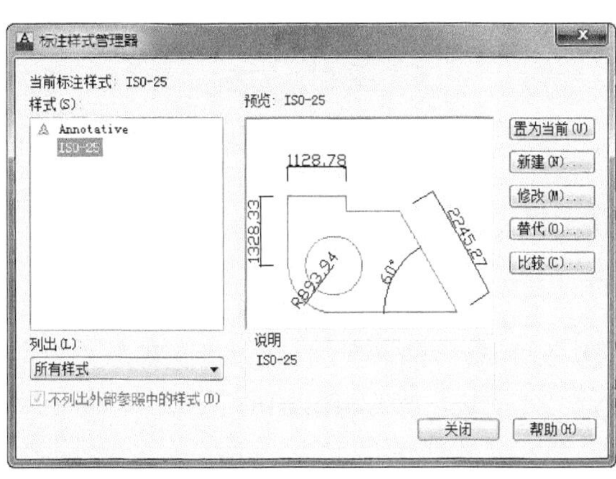

图12-102　指定标注样式

32 标注框架梁KL1。选择“绘图”→“文字”命令，效果如图12-103所示。

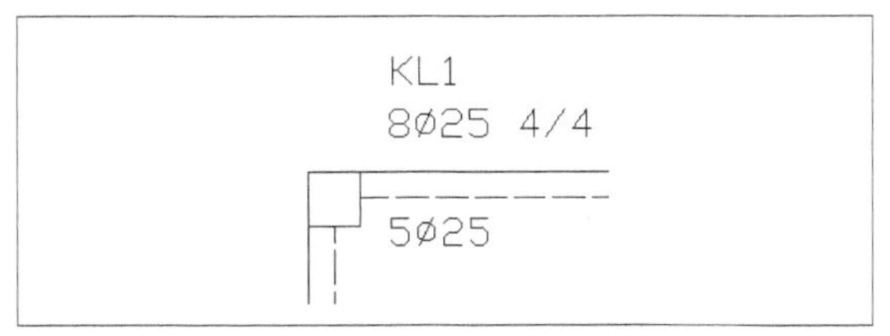

图12-103　标注框架梁KL1

33 集中标注框架梁KL1。选择“绘图”→“多行文字”命令，效果如图12-104所示。

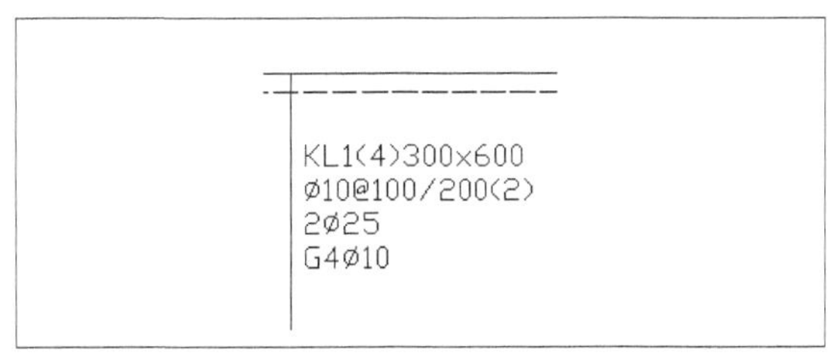

图12-104　集中标注框架梁KL1

34 集中标注框架梁KL2。选择“绘图”→“多行文字”命令，效果如图12-105所示。

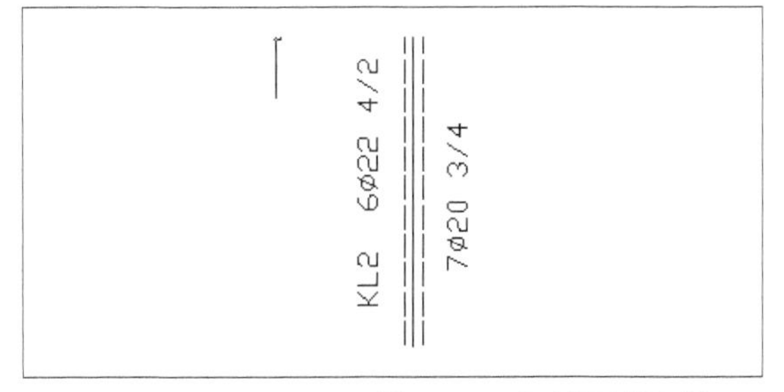

图12-105　集中标注框架梁KL2

35 集中标注框架梁KL3。选择“绘图”→“多行文字”命令，效果如图12-106所示。

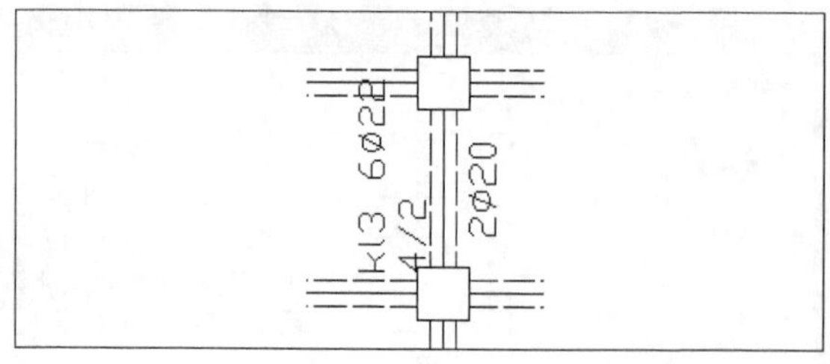

图12-106　集中标注框架梁KL3

36 集中标注框架梁KL4。选择“绘图” →“多行文字”命令，效果如图12-107示。

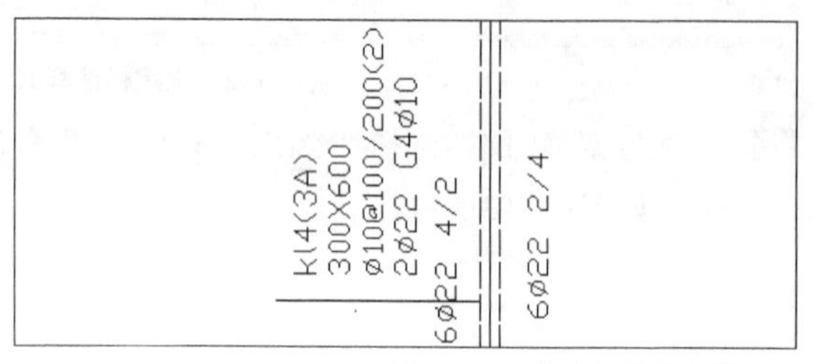

图12-107　集中标注框架梁KL4

37 标注框架梁KL3。选择“修改”→“复制”命令把原先的文字复制过来，粘贴到一样的梁上，如图 12-108示。

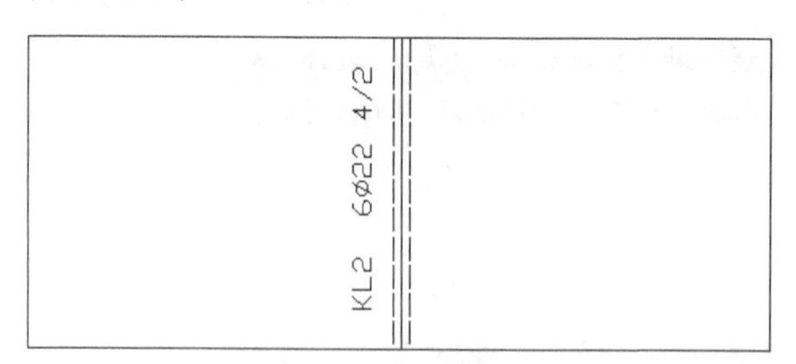

图12-108　集中标注框架梁KL3

38 标注轴线轴号。选择“标注” →“线性”命令标注轴线，如图12-109示。

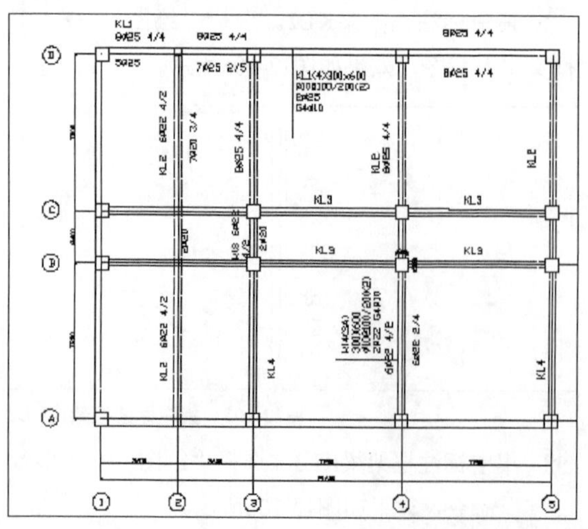

图12-109　标注轴线轴号

12.4　小结

本章主要介绍了一些基本建筑详图的基本知识和一般绘制方法，并利用AutoCAD 2013 绘制出了一个完整的建筑剖面图。通过本章的学习，读者应能够掌握绘制卫生间详图、墙身大样及建筑楼梯详图等绘制的基本方法和剖面图的主要绘制内容。

操作技巧

1. 在绘制时“点”命令有什么妙用？

答：这个命令有广泛的应用，例如在找线上一个精确点时就可以应用这个命令，通过“绘图”→“点”→“定数等分”命令可以等分直线找到需要的点，再修改点的样式，就可以方便地追踪找到需要的点。

2. 绘制卫生间时镜像命令有何用途？

答：一般住宅中卫生间都是对称设置的，这就为绘制卫生间提供了方便，可以选择“镜像”命令画出另一半，这也是一个绘制其他对称图形常用的方法。

3. 绘制卫生间时“设计中心”有何用途？

答：可以单击工具栏中“设计中心”按钮，弹出“设计中心”对话框，然后找到“Design center”文件夹下的“Kitchens.dwg”，可以从中找到厨房和卫生间中常用的家具图例，直接插入图中，方便而且实用，提高了绘图效率。

4. 卫生间中“块”命令的用途？

答：可以应用这个命令把卫生间绘图中常用的同样的卫生器具定制为一个块，然后利用插入块的命令插入到所需要的任意的位置，这个命令简化了很多的工作，以后可以在其他方面慢慢体会它的妙用。

5. 如何快速找到卫生间的门的位置？

答：可以应用“直线”命令画到门的边缘的具体位置，进一步用“直线”命令绘出墙体和门的边缘线，两边都找出这个边缘线后，就可以应用“打断”命令从边缘处打断，然后删除多余的线就可以了。

6. 偏移和复制命令有何妙用？

答：在绘制轴线时，绘制出一条轴线后就可以利用“偏移”命令进行复制，进而绘制出所有的轴线，复制命令也一样，也可以减少工作量，加快绘图速度。

12.5 练习

1. 新建一个图形文件，以“压缩弹簧”为文件名保存文件。然后重新打开该文件，进行图层设置，创建实线层、辅助线层；图层颜色分别为黑色、红色和黑色；图层线型分别为“Continuous”、“Continuous”和“AUCAD-ISO10W00”；默认线宽，绘制如图12-110所示的压缩弹簧。

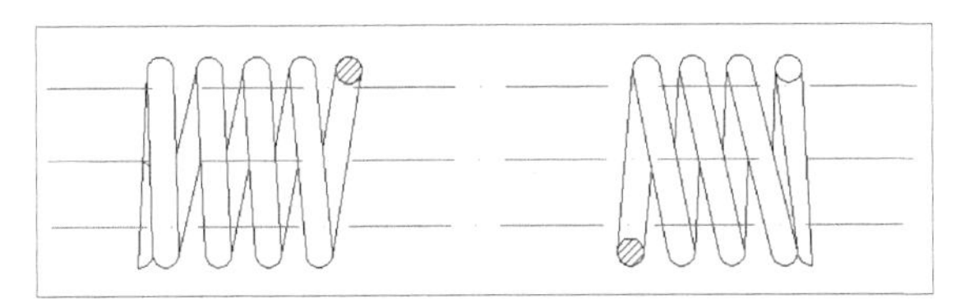

图12-110 压缩弹簧

2. 绘制一个如图12-111所示的开口销示意图，新建一个图形文件，以“开口销”为文件名保存文件。然后重新打开该文件，进行图层设置，创建“粗实线”层、“细实线”层、“中心线”层，将3个图层设置为黑色，图层线型为“Continuous”，实线层线宽为0.7mm，中心线层，颜色为红色，图层线性为CENTER，中心线层线宽为0.35mm。尺寸自拟，适当照顾比例，效果如图12-111所示。

3. 使用AutoCAD绘制如图12-112所示的抽水马桶效果图。创建一个“轮廓”图层，颜色为黑色，线宽设置为0.3,。尺寸自拟，适当照顾比例。

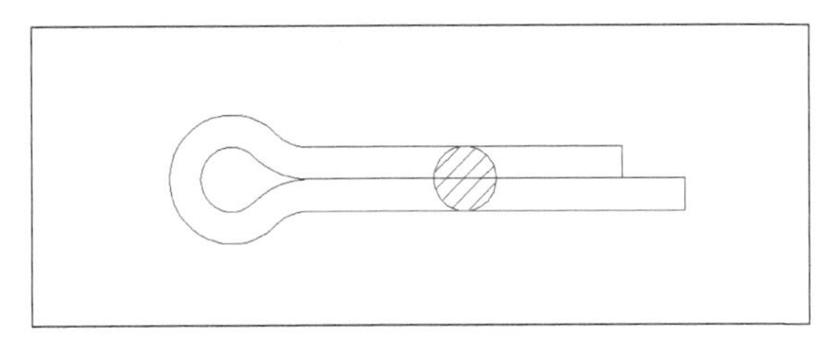

图12-111 开口销

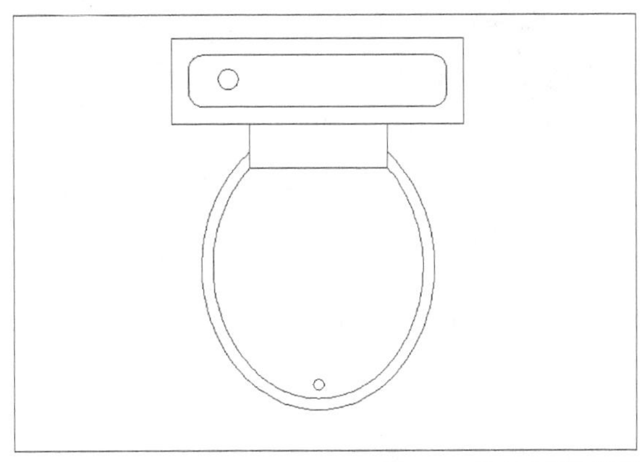

图12-112抽水马桶效果图

4. 绘制如图12-113所示的轴套。轴套主要用于在机械设备运转时保护轴，首先建立各图层以及设置各图层的线型。绘制轴套轮廓的中心线，通过直线偏移等操作，完成轮廓线的绘制，最后添加剖面线完成轴套的绘制。在该实例中将主要使用到“直线”、“倒角”、“偏移”等命令。

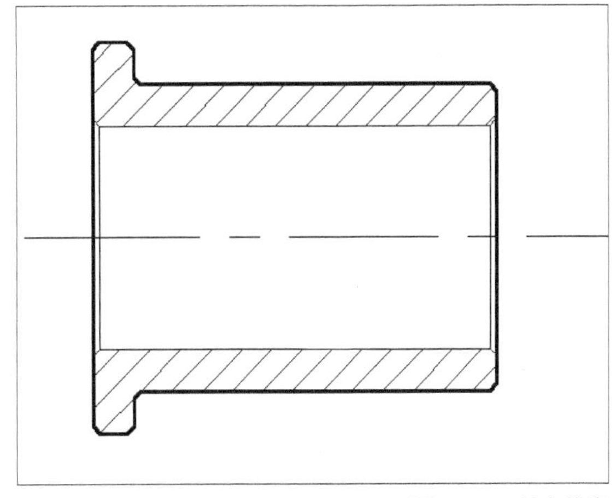

图12-113 轴套轮廓

第13章 建筑施工图的绘制

本章将详细介绍建筑施工图的主要内容和绘制方法，具体介绍一个建筑物的建筑施工图的绘制，包括总平面图绘制、平面图绘制、立面图绘制、剖面图绘制和详图绘制。每节将通过一个工程实例讲解具体的绘制过程，使读者体会绘制一幅施工图的过程、步骤和方法等。从而进一步熟悉和巩固AutoCAD 2013的有关命令和基本操作，为以后的绘图打下坚实的基础。

课堂学习目标

建筑施工图的内容
建筑施工图的绘制过程

建筑施工图是表示建筑外形、布局、构造及建筑装饰的工程图样，是依据正投影原理和国家有关建筑制图标准和建筑行业的习惯表达方法绘制的，是指导施工、编制建筑工程概预算的主要技术文件之一。

13.1　建筑总平面图的绘制

建筑总平面图又称为总平面图，表明建筑地域内的自然环境和规划设计状况，表示一项建筑工程的整体布局。建筑总平面图是建筑施工图的一部分，它是在建筑区域上空向地面投影所形成的水平投影图。

建筑总平面图是利用水平投影法和相应的图例将拟建建筑物四周一定范围内的建筑物和周边的地形状况表现出来的图纸。总平面图反映出建筑物的平面形状、朝向、位置及周边建筑地形的相互关系。建筑总平面图是新建房屋及其配套设施施工定位、土方施工及现场布置的依据，也是规划设计水暖电等专业总平面图和绘制管线综合图的重要依据。

绘制建筑总平面图的一般步骤如下。

01 设置绘图环境。

02 绘制道路。

03 绘制建筑物。

04 绘制建筑物周边环境。

05 标注尺寸和文字。

06 添加图框。

下面通过绘制一个建筑总平面图的实例介绍绘制过程。

1. 设置绘图环境

绘图之前首先应设置好绘图环境，设置绘图环境主要包括：设置图形界限和单位，设置图层，设置文字样式及标注样式等，建立绘图环境的步骤如下。

（1）设置图形界限。选择“格式”→“图形界限”命令，或在命令行中输入limits命令。执行上述命令后，命令行提示如下。

命令: limits

重新设置模型空间界限:

指定左下角点或 [开(ON)/关(OFF)] <0.0000,0.0000>:

//按回车键采用默认值

指定右上角点 <420.0000,297.0000>: 297000, 210000

设置绘图比例为1:500的一个长为297 000，宽为210 000大小的图形界限，即A2图纸的大小。

（2）设置绘图单位。选择“格式”→“单位”菜单命令，或在命令行中输入units命令。执行上述命令后，弹出“图形单位”对话框，如图13-1所示。

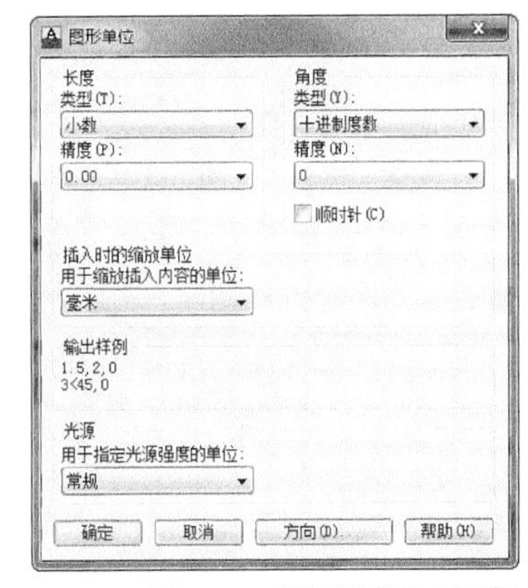

图13-1　“图形单位”对话框

在该对话框中，将“长度”组合框中，“类型”下拉列表中选择“小数”，“精度”下拉列表中选择“0.00”，其他设置保持系统默认参数。

（3）设置线型。在建筑图形中，不同的线型有不同的表示，则需要设置线型。选择“格式”→“线型”菜单命令，弹出“线型管理器”对话框，如图13-2所示。

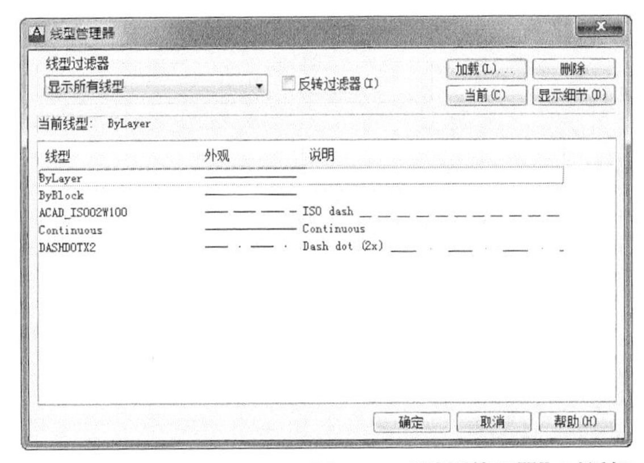

图13-2　“线型管理器”对话框

单击“加载”按钮，弹出“加载或重载线型”对话框，如图13-3所示，在“可用线型”中选择加载“ACAD-ISO02W100”和“DASHDOTX2”两种线型，单击“确定”按钮，返回“线型管理器”对话框，单击“确定”按钮，完成设置。

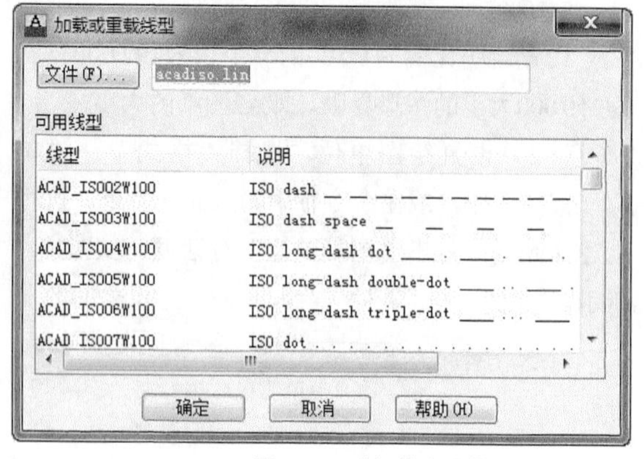

图13-3　“加载或重载线型”对话框

（4）设置图层。选择“格式”→“图层”菜单命令，或单击“图层”工具栏上的按钮，弹出“图层特性管理器”对话框，依次创建“轴线”、“道路”、“围墙”、“原有建筑”、“新建建筑”、“拟建建筑”、“绿化”及“标注”，其中“轴线”图层的“线型”选择“DASHDOTX2”，“原有建筑”图层的“线宽”选择“0.35mm”，“新建建筑”图层的“线宽”选择“0.70mm”，“拟建建筑”图层的“线型”选择“ACAD-ISO02W100”，“线宽”选择“0.70mm”，如图13-4所示。

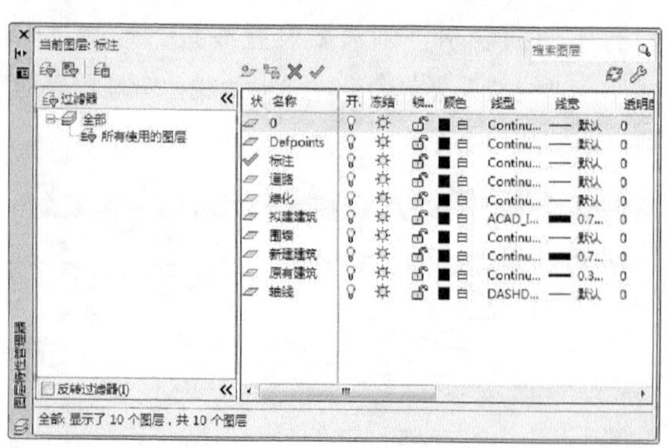

图13-4　“图层特性管理器”对话框

（5）设置文字样式。选择“格式”→“文字样式”菜单命令，弹出“文字样式”对话框，新建一个“文字”文字样式和一个“数字”文字样式，“文字”文字样式的具体设置参数为：“字体名”选择“FangSong_GB2312”，“宽度因子”设为“0.70”，如图13-5所示；“数字”文字样式的具体设置参数为：“字体名”选择“txt.shx”，勾选“使用大字体”，“大字体”中选择“gbcbig.shx”，“宽度因子”设为“0.70”，如图13-6所示。

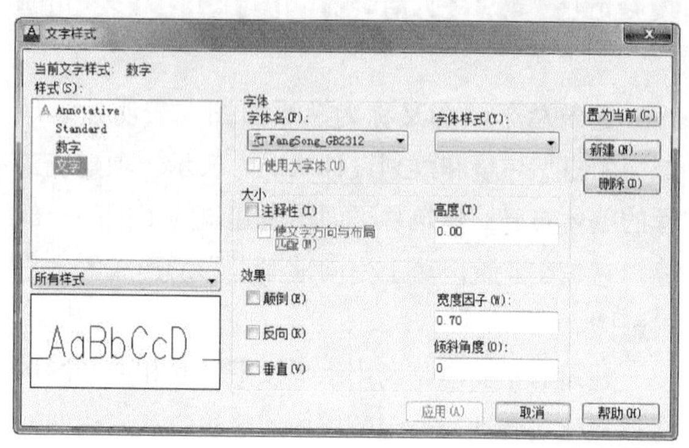

图13-5　“文字”文字样式

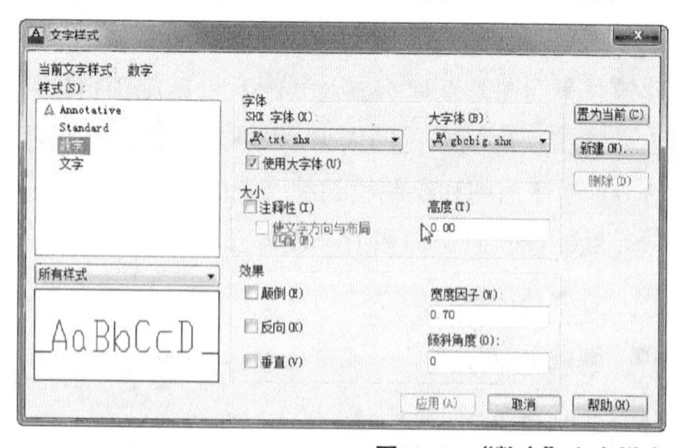

图13-6　“数字”文字样式

（6）设置标注样式。选择“格式”→“标注样式”菜单命令，弹出“标注样式”对话框，新建一个“1:500”标注样式。在“线”选项卡中，“超出尺寸线”设为“1”，“起点偏移量”设为“5”；“符号和箭头”选项卡中，“箭头”选择“建筑标记”；“文字样式”选项卡中，“文字样式”选择“数字”；“调整”选项卡中，“文字位置”选择“尺寸线上方，不带引线”，“使用全局比例”设为“500”，得到如图13-7所示的标注样式。

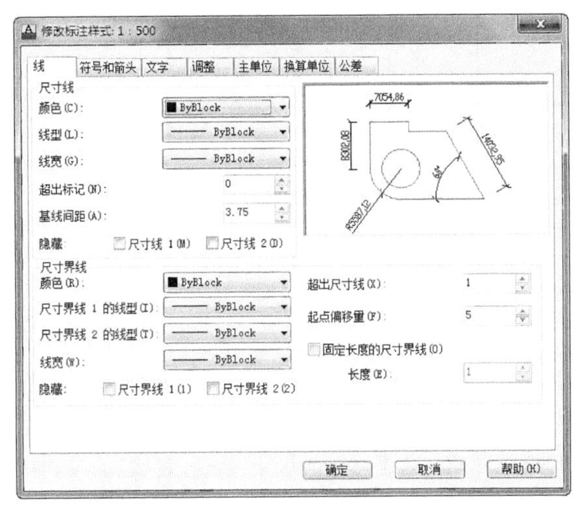

图13-7　“1:500”标注样式

到此为止，图形的绘图环境设置基本完成，若在绘图过程中需要修改时，仍可以对它们进行重新设置，这样就避免了用户在绘图时因设置不合理而影响绘图。

2. 绘制道路

（1）绘制道路的轴线。在“图层”下拉列表中选择“轴线”图层作为当前层。利用“直线”命令绘制两条互为垂直的轴线，如图13-8所示。

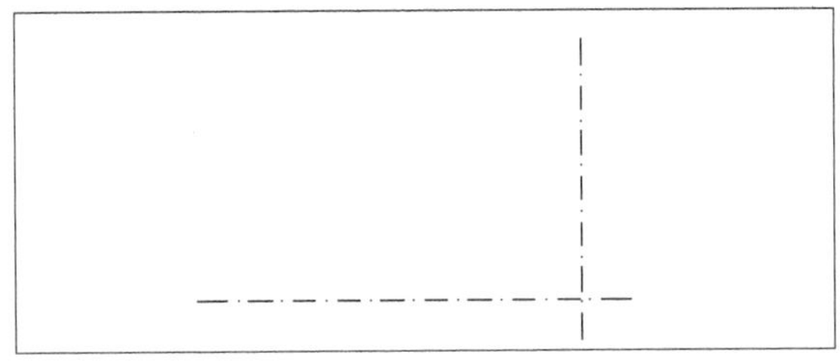

图13-8　轴线

技巧与提示

若直线的线型在绘图区内无法显示出来，用户可以双击直线，弹出“特性”选项板，修改“线型比例”即可显示，本例修改为“500”。

（2）绘制道路。在“图层”下拉列表中选择“道路”图层，作为当前层。选择“偏移”命令，将轴线向两侧偏移10 000，然后将偏移的直线放到“道路”图层中，即选中两条虚线，单击“图层”对话框的下拉列表框选中“道路”图层，6条虚线就变成了实线，结果如图13-9所示。

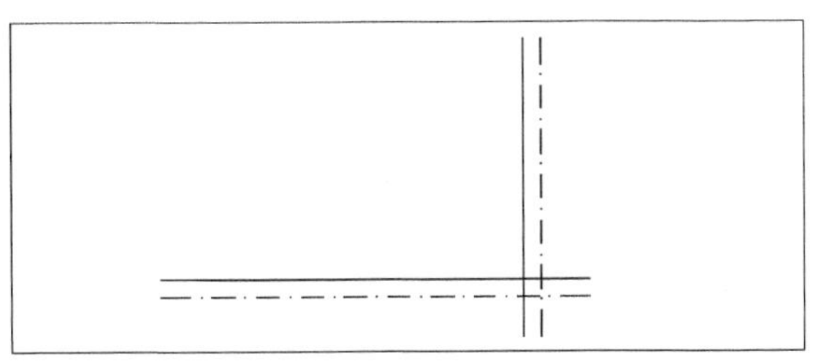

图13-9　偏移命令

利用“圆角”命令对直线进行修改，其中圆角的半径为10 000，最后的结果如图13-10所示。

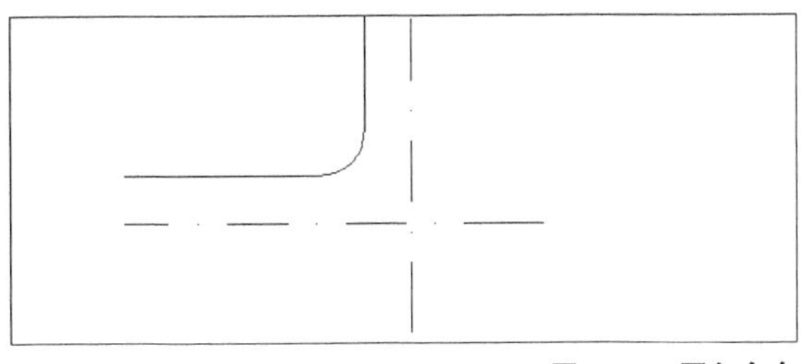

图13-10　圆角命令

3. 绘制建筑物

绘制建筑物时，新建建筑物用粗实线绘制，原有建筑物用中实线绘制，拟建建筑物用虚线绘制。

（1）绘制围墙。在“图层”下拉列表中选择“围墙”图层作为当前层。利用“直线”命令绘制围墙，围墙使用围墙符号表示，如图13-11所示，围墙距道路的距离为10 000，首先绘制成一个矩形，到绘制建筑物周边环境时再进行修改，如图13-12所示。

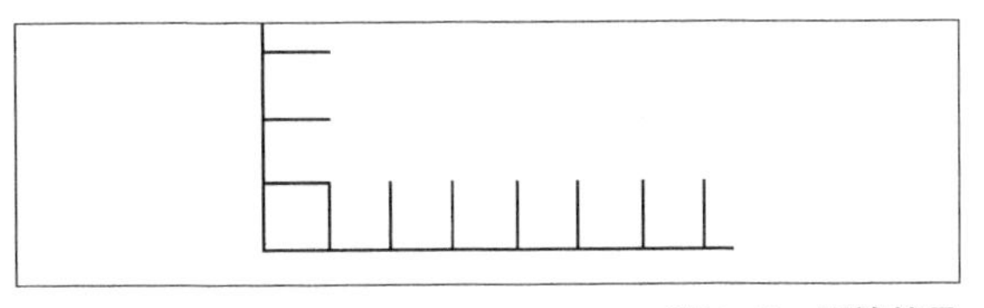

图13-11　围墙符号

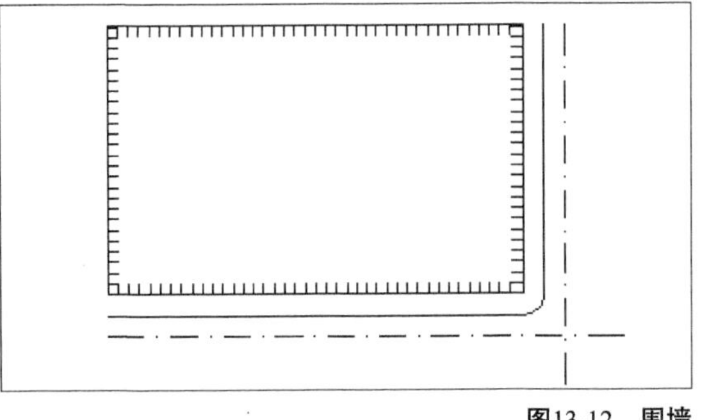

图13-12　围墙

（2）原有建筑。在“图层”下拉列表中选择“原有建筑”图层作为当前层。利用“矩形”命令绘制原有建筑，原有建筑1的尺寸为66 000×18 000，原有建筑2的尺寸为50 000×25 000，如图13-13所示。

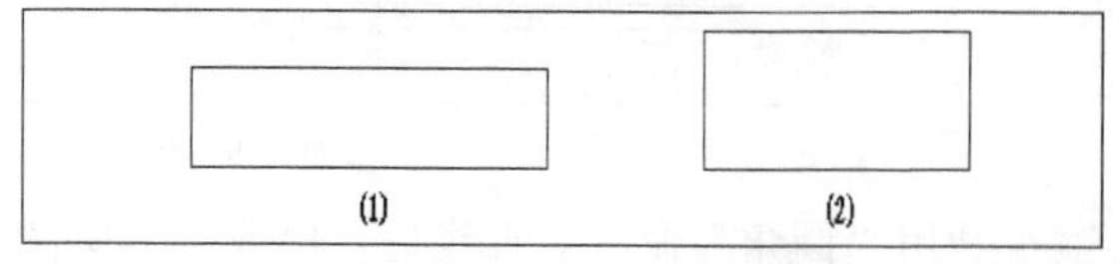

图13-13　原有建筑

原有建筑1距离围墙的右上端点的距离为10 000，两个原有建筑之间的距离为20 000，如图13-14所示。

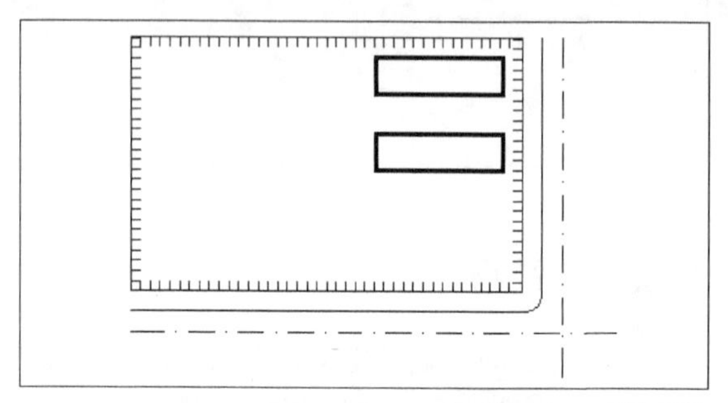

图13-14　原有建筑

> **技巧与提示**
>
> 若需要显示线宽可以单击状态栏上的“线宽”按钮，在线宽开和线宽关之间转换。

原有建筑2距离围墙的左下端点的距离为10000，如图13-15所示。

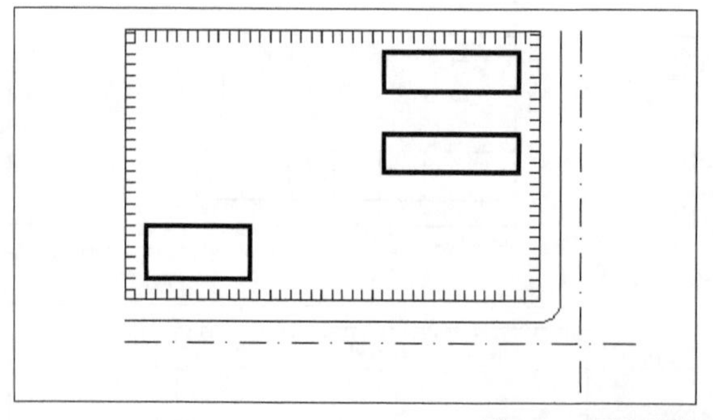

图13-15　原有建筑

（3）新建建筑。在“图层”下拉列表中选择“新建建筑”图层作为当前层。利用“矩形”命令绘制新建建筑，新建建筑的尺寸与原有建筑1的尺寸相同，与原有建筑之间的距离为20 000，如图13-16所示。

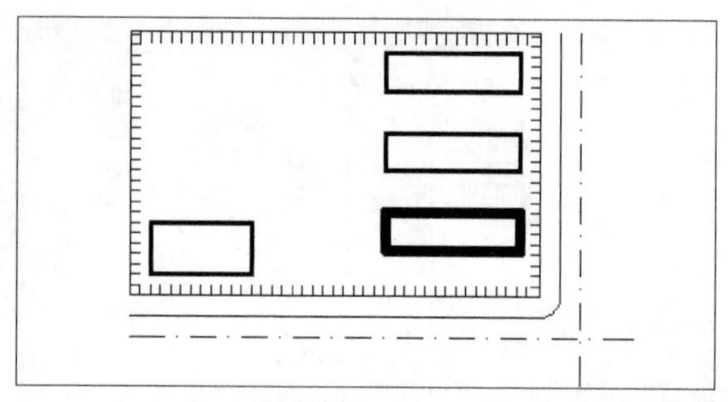

图13-16　新建建筑

（4）拟建建筑。在“图层”下拉列表中选择“拟建建筑”图层作为当前层。利用“矩形”命令绘制拟建建筑，拟建建筑的尺寸与原有建筑2的尺寸相同，与原有建筑之间的距离为20 000，此时将线宽关闭，如图13-17所示。

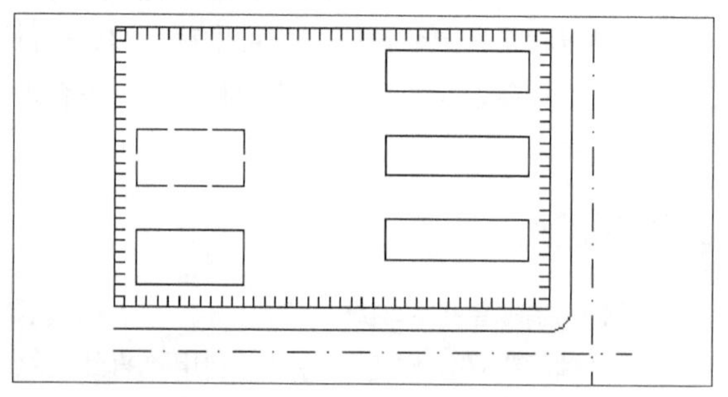

图13-17　拟建建筑

4. 绘制建筑物周边环境

（1）绘制活动区。在“图层”下拉列表中选择“道路”图层作为当前层。利用“矩形”命令绘制活动区，活动区的大小为80 000×30 000，与拟建建筑之间的距离为10 000，如图13-18所示。

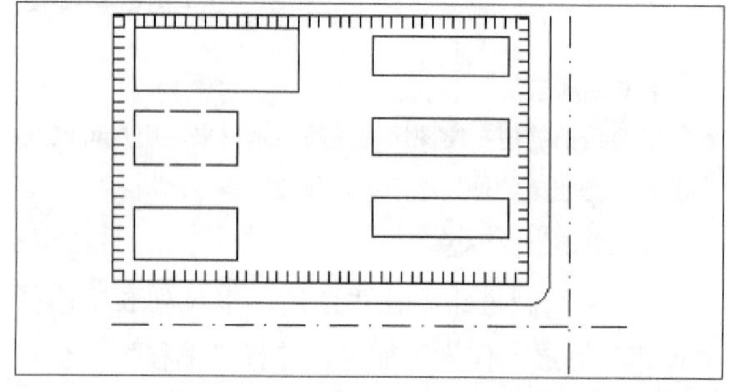

图13-18　活动区

距拟建建筑的右上端点20 000处，利用“矩形”命令绘制一个大小为50 000×30 000的矩形，如图13-19所示。

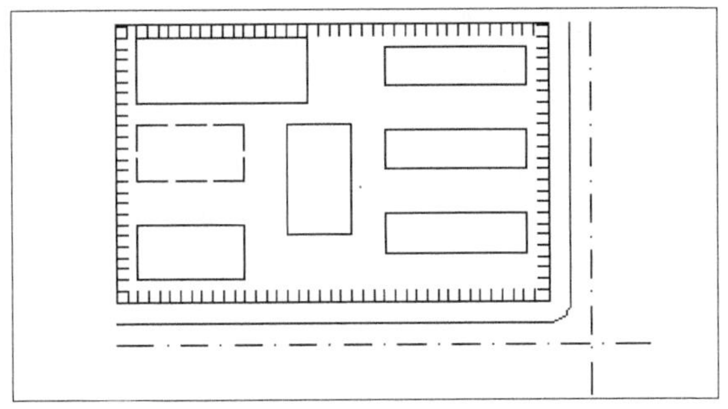

图13-19　活动区

（2）绘制道路。在“图层”下拉列表中选择“道路”图层作为当前层。利用“直线”命令绘制道路，道路的宽度为5 000，在道路拐角处利用“圆角”命令进行矩形圆角处理，圆角半径为5000，图中央的矩形道路以矩形对角线为中心，在对角线的交点处绘制一个半径为5 000的圆，结果如图13-20所示。

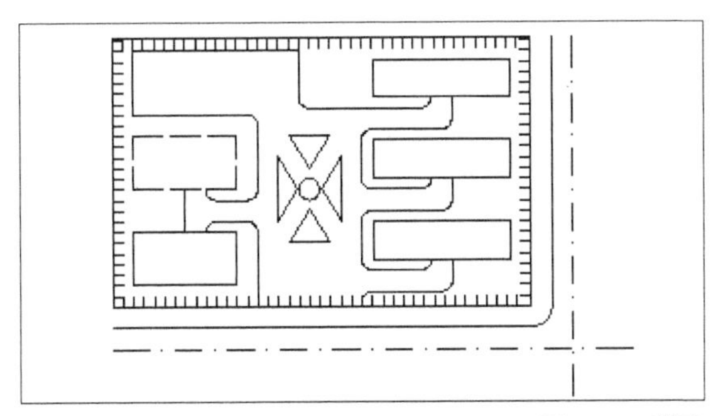

图13-20　道路

（3）绘制草坪。在“图层”下拉列表中选择“绿化”图层作为当前层。利用“图案填充”命令绘制草坪，在“预定义”类型中选择“GRASS”图案类型，比例设为“300”，结果如图13-21所示。

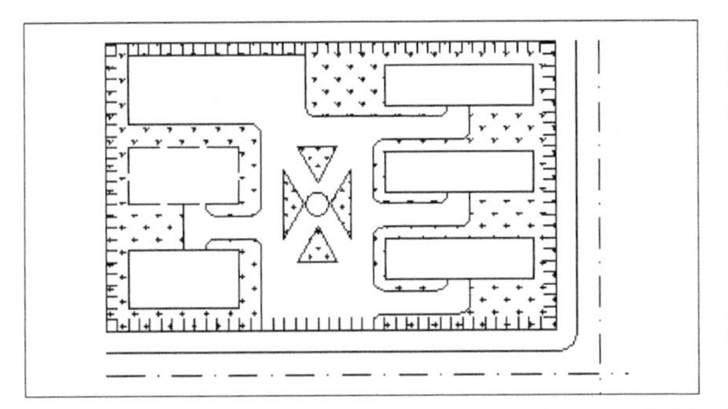

图13-21　草坪

利用“插入块”命令选择已经定义的外部图块“树木”插入到当前图形中，比例指定为“10 000”，并将围墙进行修改，结果如图13-22所示。

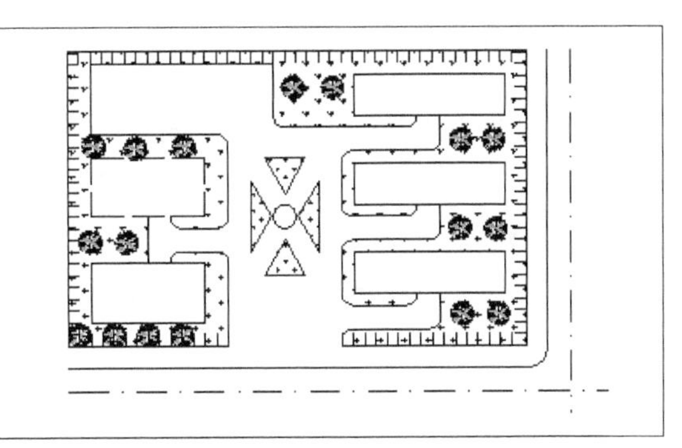

图13-22　树木

5. 标注尺寸和文字

在“图层”下拉列表中选择“标注”图层作为当前层。利用“线性标注”命令对图形进行标注，如图13-23所示。

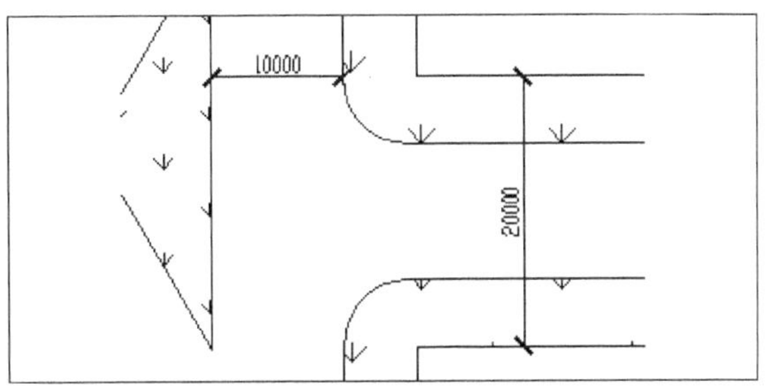

图13-23　标注

在原有建筑的轮廓线内标注“原有建筑”，在新建建筑的轮廓线内标注“新建建筑”，在拟建建筑的轮廓线内标注“拟建建筑”，在活动区的轮廓线内标注“活动区”，最后标注图名“建筑总平面图1:500”，文字大小为“3 500”，如图13-24所示的文字。

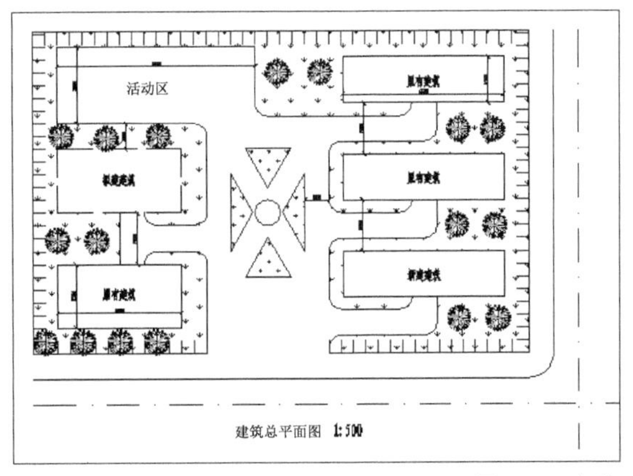

图13-24　标注

6. 添加图框

在“图层”下拉列表中选择“标注”图层作为当前层。本例采用A2图纸即可，绘图比例为1:500，故图框采用297 000×210 000。

利用“矩形”命令绘制图框的幅面线，再利用“偏移”命令绘制图框线，偏移距离为5 000，然后利用“拉伸”命令修改图框线，将图框线左端向右拉伸7 500，将图框线线宽修改为“1.4”，关闭线宽按钮，结果如图13-25所示。

图13-25 图框

利用“直线”命令绘制标题栏，标题栏的尺寸为60 000×20 000，将标题栏外框线的线宽改为“0.7”，标题栏分格线线宽改为“0.35”，如图13-26所示。

建筑总平面图			
设计		比例	
审核		日期	

图13-26 标题栏

最后的结果如图13-27所示。

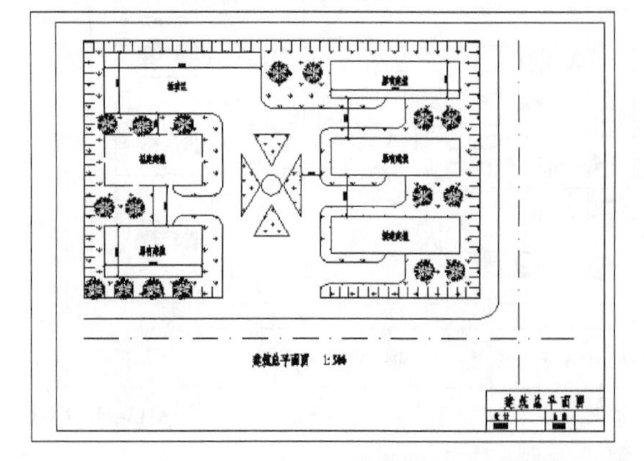

图13-27 建筑总平面图

13.2 建筑平面图的绘制

通常建筑平面图是指对建筑物作水平剖切所得到的水平剖面图。水平剖面图的位置一般选在窗台以上、窗过梁以下范围内。

对于多层建筑物，原则上应画出每一层的平面图。如果一幢房间的中间层各楼层平面布局相同，则可共用一个平面图，图名应为“×层至×层平面图”，也可称为“中间层平面图”或“标准层平面图”。因此，3层或3层以上的房屋，至少应有3个平面图，即首层平面图、标准（或中间）层平面图和顶层平面图。多层及高层建筑都如此。

除上述的楼层平面图外，建筑平面图还有屋顶（或屋面）平面图和顶棚平面图。屋面平面图是房屋顶部分的水平投影，顶棚平面图则是室内天花板构造或图案的表现图。对于顶棚平面图，如果采用水平正投影绘制，将出现大量的虚线，不利于看图，所以可使用“镜像”法，图名后需加上“镜像”二字。当建筑物左右对称时，也可将不同的两层平面图左、右各画出一半拼在一起，中间以对称符号分界。

建筑平面图是表达建筑物的基本图样之一，反映了建筑物的平面布置。它表示建筑物平面形状、房间及墙（柱）布置、门窗类型、建筑材料等情况的图样，它是建筑施工图中的一部分，是施工放线、墙体砌筑、门窗安装及室内装修等项的施工依据。

由于建筑平面图能够集中地反映建筑使用功能方面的问题，所以无论是设计制图还是施工读图，一般都从建筑平面图入手。

13.2.1 单元平面图的绘制

操作步骤

01 设置绘图环境。

02 绘制定位轴线。

03 绘制墙体及柱网。

04 绘制门、窗等细部构件。

05 标注尺寸和文字。

06 添加图框。

下面通过绘制一个单元平面图的实例介绍绘制过程。

1. 设置绘图环境

（1）设置图形界限。本例采用的绘图比例为1:100，故图形界限设置为59 400×42 000，即A2图纸放大100倍。

（2）设置绘图单位。在“图形单位”对话框中，将“长度”组合框中，“类型”下拉列表中选择“小数”，“精度”下拉列表中选择“0.00”，其他设置保持系统默认参数。

（3）设置线型。选择加载“DASHDOTX2”线型作为轴线的线型。

（4）设置图层。在“图层特性管理器”对话框中，依次创建“轴线”、“外墙”、“内墙”、“柱网”、“门窗”、“标注”、“楼梯”及“图框”，其中“轴线”图层的“线型”选择“DASHDOTX2”，“外墙”图层的“线宽”选择“0.35mm”。

（5）设置文字样式。在“文字样式”对话框中，新建一个“文字”文字样式和一个“数字”文字样式，“文字”文字样式的具体设置参数为：“字体名”选择“FangSong_GB2312”，“宽度因子”设为“0.70”；“数字”文字样式的具体设置参数为：“字体名”选择“txt.shx”，勾选“使用大字体”，“大字体”中选择“gbcbig.shx”，“宽度因子”设为“0.70”。

（6）设置标注样式。在“标注样式”对话框中，新建一个“1:100”标注样式，具体设置参数为：在“线”选项卡中，“超出尺寸线”设为“1”，“起点偏移量”设为“5”；“符号和箭头”选项卡中，“箭头”选择“建筑标记”；“文字样式”选项卡中，“文字样式”选择“数字”；“调整”选项卡中，“文字位置”选择“尺寸线上方，不带引线”，“使用全局比例”设为“100”。

2. 绘制定位轴线

在“图层”下拉列表中选择“轴线”图层作为当前层。利用“直线”命令绘制两条互为垂直的轴线，然后使用“偏移”命令将轴线偏移，水平轴线之间的距离依次为4 800、2 400、3 600，下部垂直轴线之间的距离依次为3 200、4 000、4 000、3 200，上部垂直轴线之间的距离依次为3 200、2 750、2 500、2 750、3 200，将中间3条轴线调整，如图13-28所示。

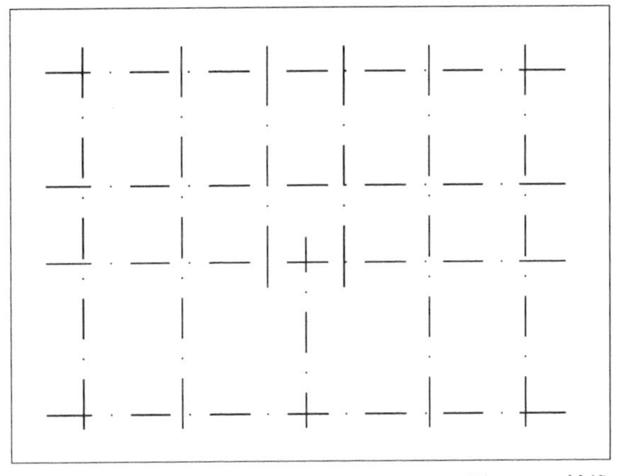

图13-28　轴线

3. 绘制墙体

通常有两种方法绘制墙体：一种是偏移轴线，将轴线向两边偏移一定量的距离得到墙体，再将其放到墙图层中；另一种方法使用“多线”命令绘制墙体。本例采用“多线”命令绘制墙体。

本例中，外墙采用300mm厚的墙体，轴线两侧分别为180，120；内墙采用250mm厚的墙体，轴线中心对称。绘制墙体之前，应首先设置多线样式。

操作步骤

01 选择“格式”→“多线样式”菜单命令，弹出“多线样式”对话框，在该对话框中，创建一个“外墙”多线样式，具体参数设置如下：选择直线的起点和终点封口，设置一条直线的偏移量为“0.6”，另一条直线的偏移量为“–0.4”。

02 再创建一个“内墙”多线样式，具体参数设置如下：选择直线的起点和终点封口，设置一条直线的偏移量为“0.5”，另一条直线的偏移量为“–0.5”。

结果如图13-29所示。

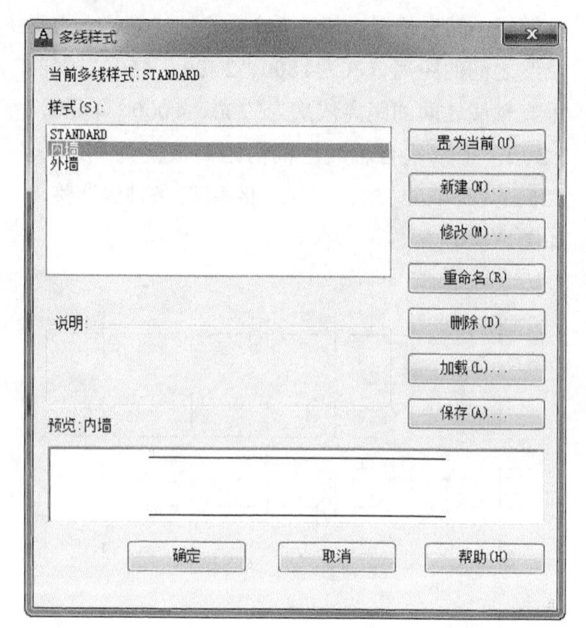

图13-29 设置多线样式

03 多线样式设置完成后，绘制墙体，在“图层”下拉列表中选择“外墙”图层作为当前层。利用“多线”命令绘制外墙，命令行提示如下。

命令: _mline
当前设置:
对正 = 上，比例 = 20.00，样式 = STANDARD
指定起点或 [对正(J)/比例(S)/样式(ST)]: st
输入多线样式名或 [?]: 外墙
当前设置:
对正 = 上，比例 = 20.00，样式 = 外墙
指定起点或 [对正(J)/比例(S)/样式(ST)]: s
输入多线比例 <20.00>: 300
当前设置:
对正 = 上，比例 = 300.00，样式 = 外墙
指定起点或 [对正(J)/比例(S)/样式(ST)]: j
输入对正类型 [上(T)/无(Z)/下(B)] <上>: z
当前设置:
对正 = 无，比例 = 300.00，样式 = 外墙
指定起点或 [对正(J)/比例(S)/样式(ST)]:
指定下一点:
指定下一点或 [放弃(U)]:

结果如图13-30所示。

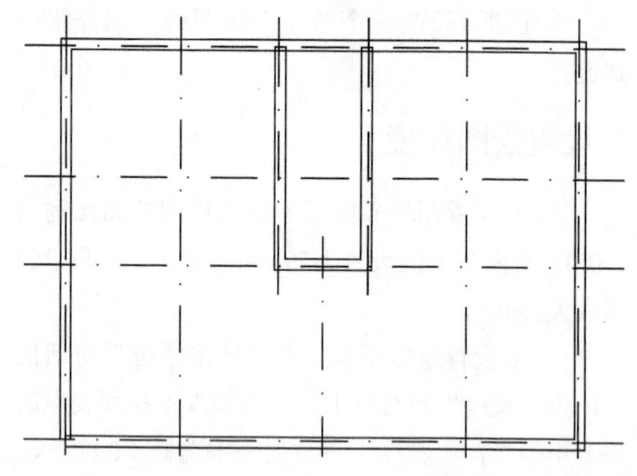

图13-30 绘制外墙

04 在“图层”下拉列表中选择“内墙”图层作为当前层。利用“多线”命令绘制内墙，命令行提示如下。

命令: _mline
当前设置: 对正 = 无, 比例 = 300.00, 样式 = 外墙
指定起点或 [对正(J)/比例(S)/样式(ST)]: st
输入多线样式名或 [?]: 内墙
当前设置: 对正 = 无, 比例 = 300.00, 样式 = 内墙
指定起点或 [对正(J)/比例(S)/样式(ST)]: s
输入多线比例 <300.00>: 250
当前设置: 对正 = 无, 比例 = 250.00, 样式 = 内墙
指定起点或 [对正(J)/比例(S)/样式(ST)]: j
输入对正类型 [上(T)/无(Z)/下(B)] <无>: z
当前设置: 对正 = 无, 比例 = 250.00, 样式 = 内墙
指定起点或 [对正(J)/比例(S)/样式(ST)]:
指定下一点:
指定下一点或 [放弃(U)]:

结果如图13-31所示。

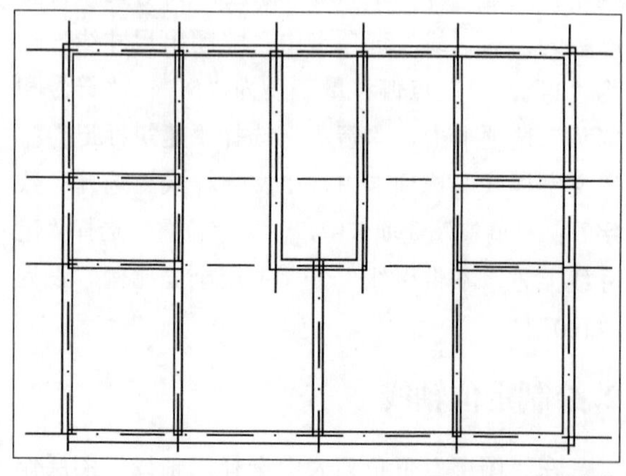

图13-31 绘制内墙

05 通过“多线”命令对墙体的细部进行编辑，墙体拐角处使用“角点结合”按钮，相交墙体处使用“T形合并”，结果如图13-32所示。

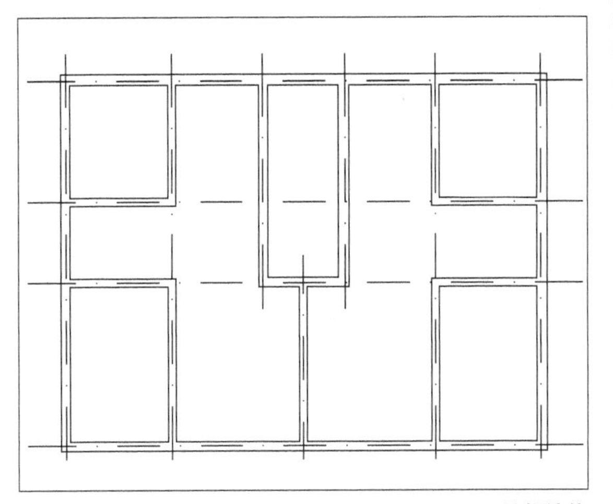

图13-32　编辑墙体

4. 绘制门窗

绘制门窗时，首先利用“直线”和“修剪”命令将门窗洞口的位置绘制出来，然后插入已经定义好的门窗图块即可。

（1）定义窗图块。门图块已经在前面的章节中定义为外部图块，直接调用即可，下面介绍如何定义窗图块。

首先利用“直线”命令绘制窗图形，如图13-33所示，窗的大小为1×1的矩形，窗的两条中间线距上下线的距离为0.33。

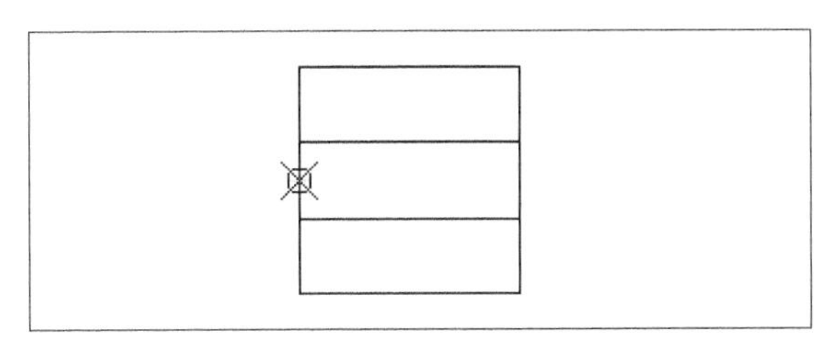

图13-33　窗图形

（2）创建为内部图块。单击“绘图”工具栏上的创建块按钮，在弹出的对话框中，“名称”中输入“窗”，采用单击方式来指定基点和选择对象，基点选择图13-33图形中的直线中点，选择对象为6条直线，如图13-34所示。

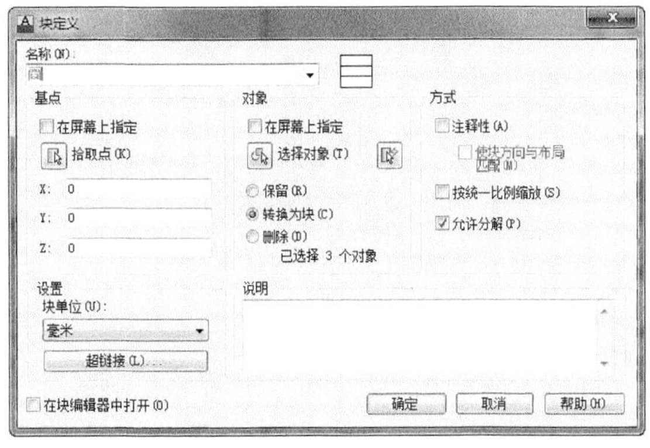

图13-34　“块定义”对话框

技巧与提示

在此将窗定义1×1大小的单位图块是为了提高该图块的通用性，适用于任何大小的窗，如需要插入的墙体厚为240，窗的长度为1 800，只需在插入图块时输入相应的比例X=1800，Y=240即可。

（3）墙体开洞。利用“直线”和“修剪”命令将墙体开洞绘制出窗洞口的位置，首先绘制两条辅助直线，如图13-35所示。

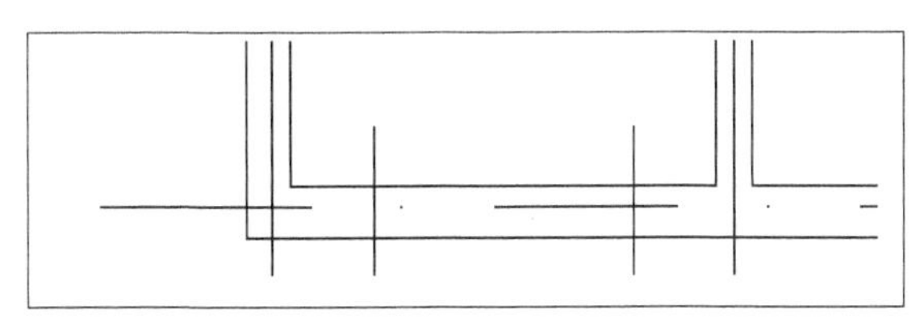

图13-35　墙体开洞

利用“修剪”命令将墙体打断，选择辅助线为修剪边界，如图13-36所示。

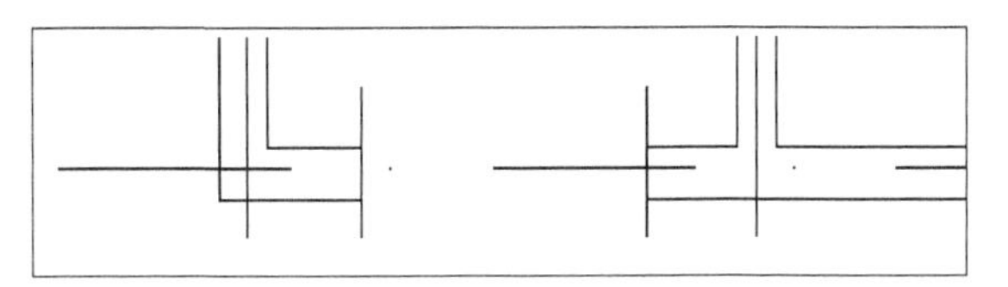

图13-36　墙体开洞

将辅助线删除，完成后的结果如图13-37所示。

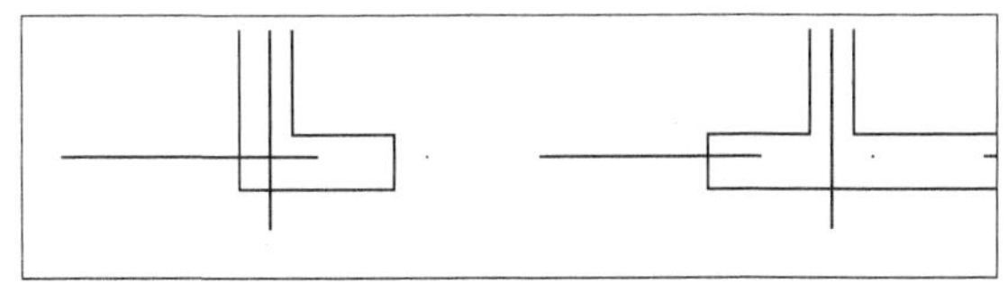

图13-37　墙体开洞

墙体开洞的最后结果如图13-38所示。

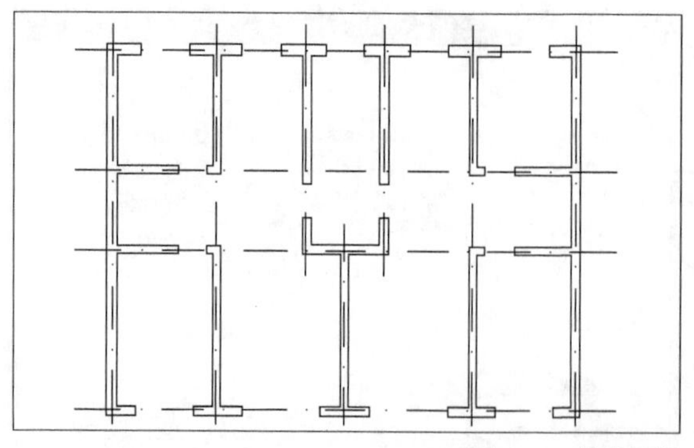

图13-38　墙体开洞

（4）插入图块。在“图层”下拉列表中选择“门窗”图层作为当前层。例如在图13-35所示的墙体处插入窗图块，利用“插入块”命令插入窗图块，设置如图13-39所示。

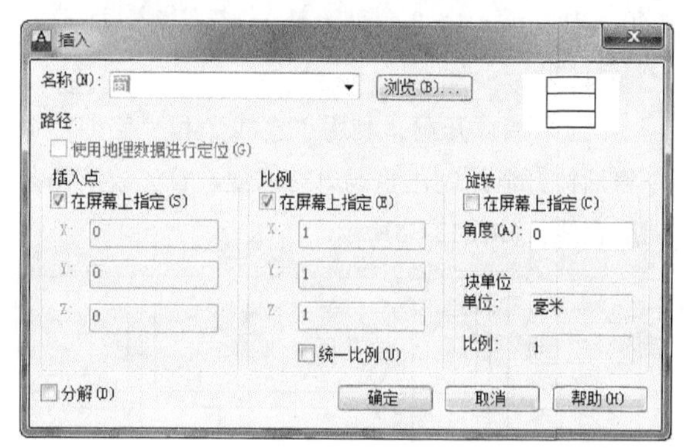

图13-39　插入块

结果如图13-40所示。

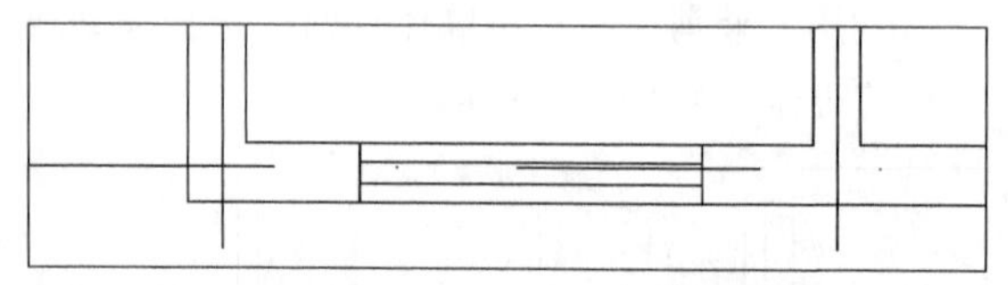

图13-40　绘制窗

在图13-38中分别插入门图块和窗图块，最后的结果如图13-41所示。

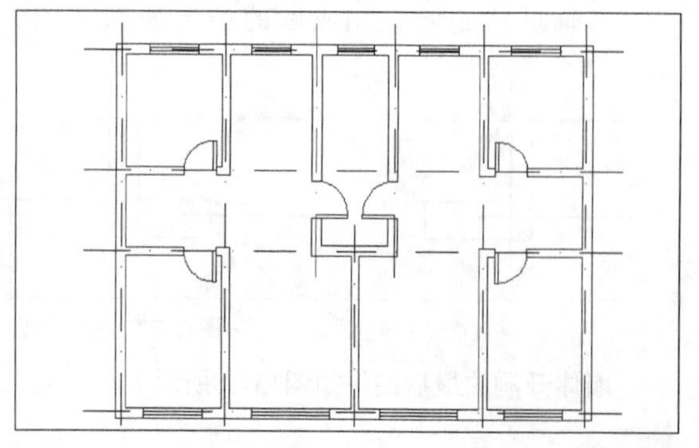

图13-41　绘制门窗

技巧与提示

在插入门图块时，若要插入如图13-42所示的第二个和第三个门图块，则需要设置X、Y的插入比例及图块的旋转角度。例如第二个图块的设置为X=+1，Y=+1，旋转角度设为–90°；第三个图块的设置为X=–1，Y=+1，旋转角度设为90°。对于其他情况，请读者自行练习。

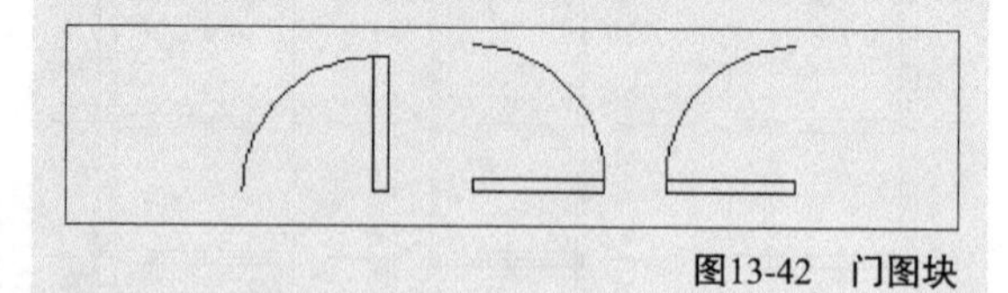

图13-42　门图块

5. 绘制柱网

在比例为1:100的平面图中，柱子不用绘制出材料的图例，直接涂黑。本例中，柱采用200×200的矩形柱，图形中进行图案填充即可。

在“图层”下拉列表中选择“柱网”图层作为当前层。利用“矩形”命令绘制出矩形来，在利用“图案填充”命令矩形图案填充，选择“SOLID”进行填充，如图13-43所示。

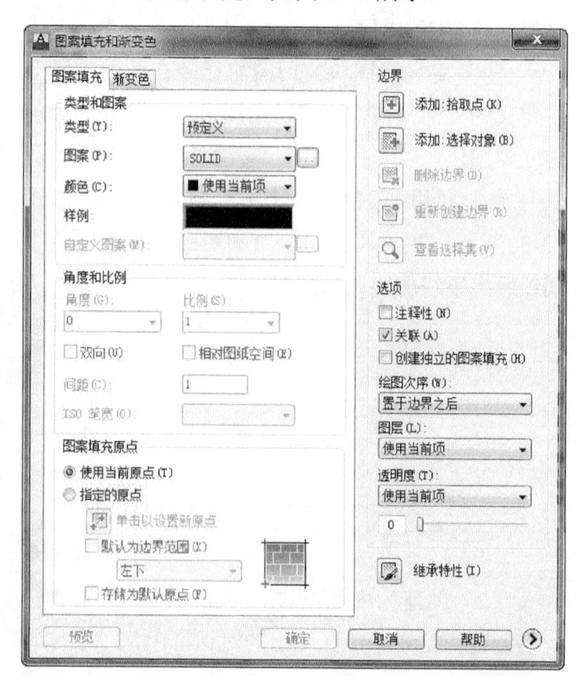

图13-43　图案填充

结果如图13-44所示。

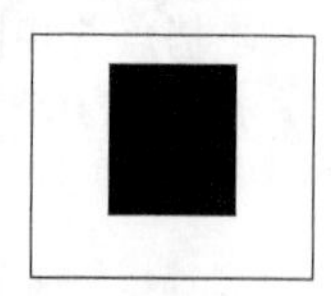

图13-44　柱

利用“复制”命令将填充好的柱复制到各个指定位置，最后结果如图13-45所示。

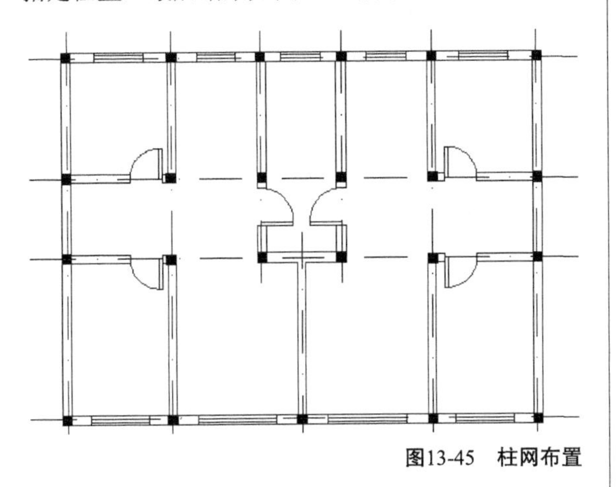

图13-45 柱网布置

6. 绘制楼梯

在“图层”下拉列表中选择“楼梯”图层作为当前层。首先绘制一条长度为2 140的直线，然后利用“矩阵”命令绘制其他楼梯线，楼梯踏步的宽度为300，结果如图13-46所示。

图13-46 楼梯线

在直线的中点两侧距中点为50处绘制两条直线作为楼梯井，结果如图13-47所示。

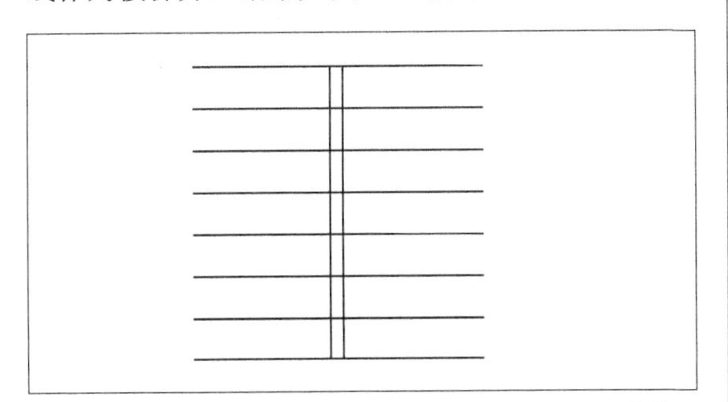

图13-47 楼梯井

利用“直线”命令绘制剖断符号，修剪后的结果如图13-48所示。

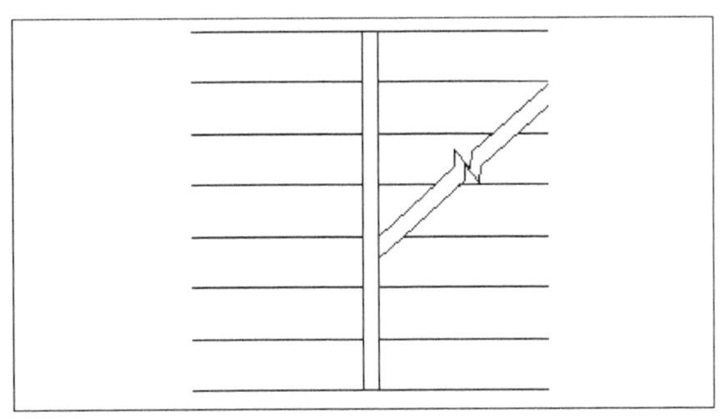

图13-48 楼梯

利用“直线”命令和“多行文字”命令绘制出楼梯上下行符号，如图13-49所示。

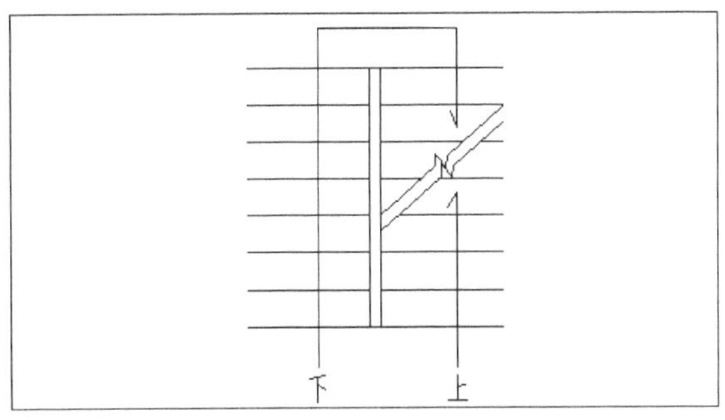

图13-49 楼梯

将绘制好的图形移动到平面图中，楼梯最下面的一条楼梯线距离轴线处300，结果如图13-50所示。

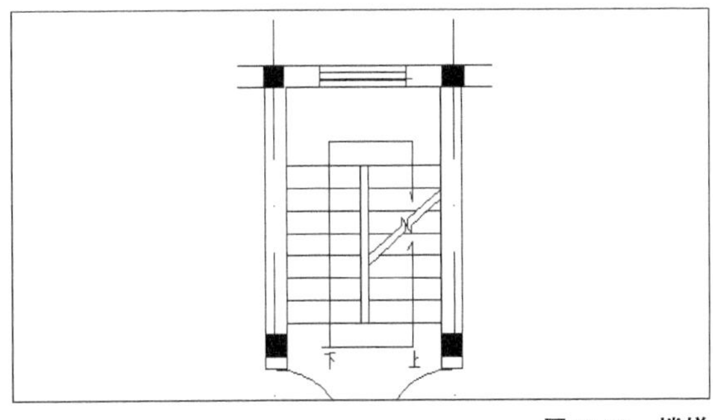

图13-50 楼梯

7. 绘制细部

绘制厨房和卫生间的门，采用推拉门的形式，如图13-51所示，门的宽度为20，长度由具体位置而定。

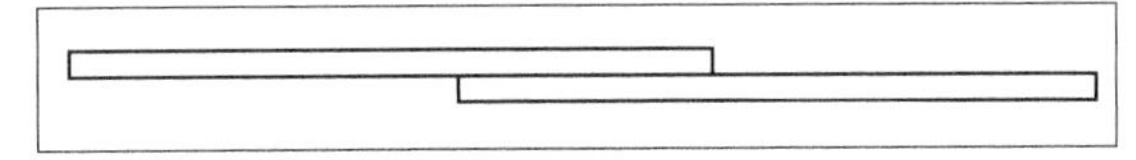

图13-51 推拉门

添加后的结果如图13-52所示。

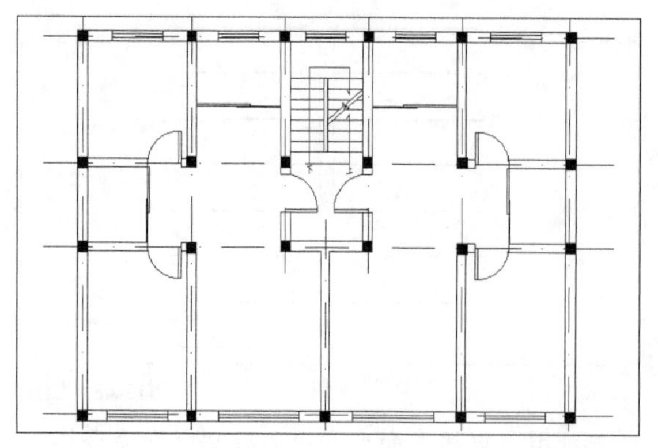

图13-52 推拉门

8. 标注尺寸和文字

在“图层”下拉列表中选择“标注”图层作为当前层。选择“1:100”标注样式作为当前样式，使用线性标注和连续标注，标注结果如图13-53所示。

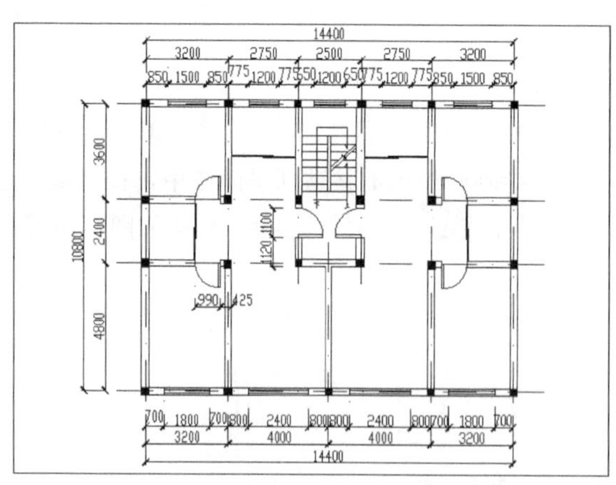

图13-53 尺寸标注

使用“多行文字”命令将各个房间的功能标注到图形中，并注明标题，如图13-54所示。

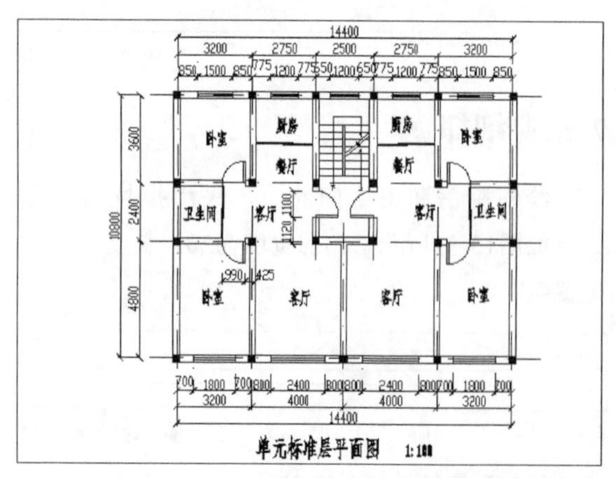

图13-54 文字标注

9. 添加图框

图框的具体绘制方法见8.2.9节，此处不再重复，图框大小采用A4图幅，添加后的结果如图13-55所示。

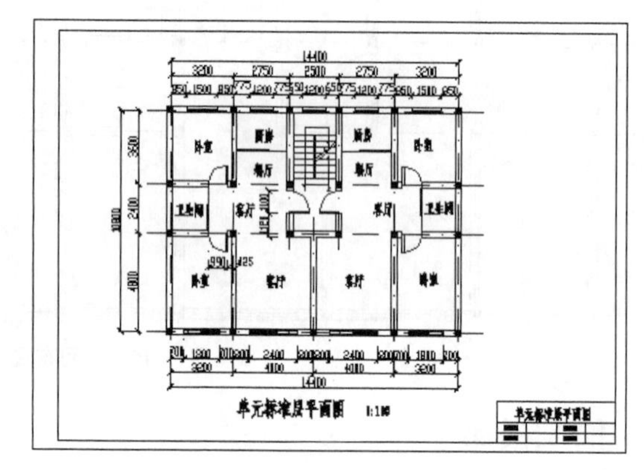

图13-55 添加图框

若需要绘制组合平面图时，只需将单元平面图进行组合，并进行必要的修改即可。例如，将单元标准层平面图组合成二个单元的组合平面图，如图13-56所示。

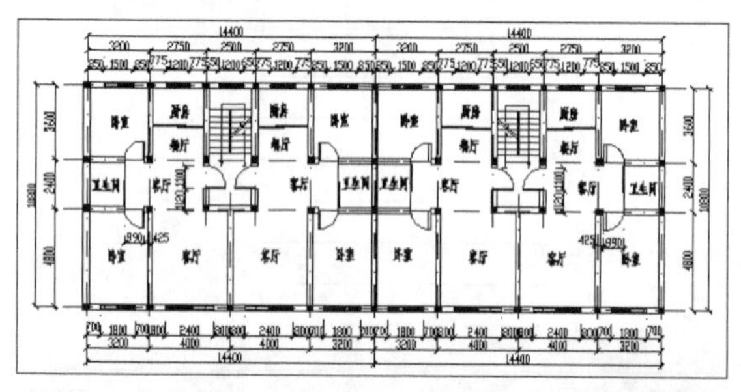

图13-56 组合平面图

13.2.2 屋面排水平面图的绘制

绘制屋面排水平面图的一般步骤如下。

01 设置绘图环境。

02 绘制定位轴线。

03 绘制女儿墙。

04 绘制排水。

05 标注尺寸和文字。

06 添加图框。

下面通过绘制一个屋面排水平面图的实例介绍绘制过程。

1. 设置绘图环境

（1）设置图形界限。本例采用的绘图比例为1:100，故图形界限设置为59 400×42 000。

（2）设置绘图单位。在“图形单位”对话框中，将“长度”组合框中，“类型”下拉列表中选择“小数”，“精度”下拉列表中选择“0.00”，其他设置保持系统默认参数。

（3）设置线型。选择加载“DASHDOTX2”线型作为轴线的线型。

（4）设置图层。在“图层特性管理器”对话框中，依次创建“轴线”、“女儿墙”、“排水”、“标注”及“图框”，其中“轴线”图层的“线型”选择“DASHDOTX2”，“女儿墙”图层的“线宽”选择“0.35mm”。

（5）设置文字样式。在“文字样式”对话框中，新建一个“文字”文字样式和一个“数字”文字样式，“文字”文字样式的具体设置参数为：“字体名”选择“FangSong_GB2312”，“宽度因子”设为“0.70”；“数字”文字样式的具体设置参数为：“字体名”选择“txt.shx”，勾选“使用大字体”，“大字体”中选择“gbcbig.shx”，“宽度因子”设为“0.70”。

（6）设置标注样式。在“标注样式”对话框中，新建一个“1:100”标注样式，具体设置参数为：在“线”选项卡中，“超出尺寸线”设为“1”，“起点偏移量”设为“5”；“符号和箭头”选项卡中，“箭头”选择“建筑标记”；“文字样式”选项卡中，“文字样式”选择“数字”；“调整”选项卡中，“文字位置”选择“尺寸线上方，不带引线”，“使用全局比例”设为“100”。

2. 绘制定位轴线

在“图层”下拉列表中选择“轴线”图层作为当前层。利用“直线”命令绘制两条互为垂直的轴线，然后使用“偏移”命令将轴线偏移，水平轴线之间的距离依次为4 800、2 400、3 600，下部垂直轴线之间的距离依次为3 200、4 000、4 000、3 200、3 200、4 000、4 000、3 200，如图13-57所示。

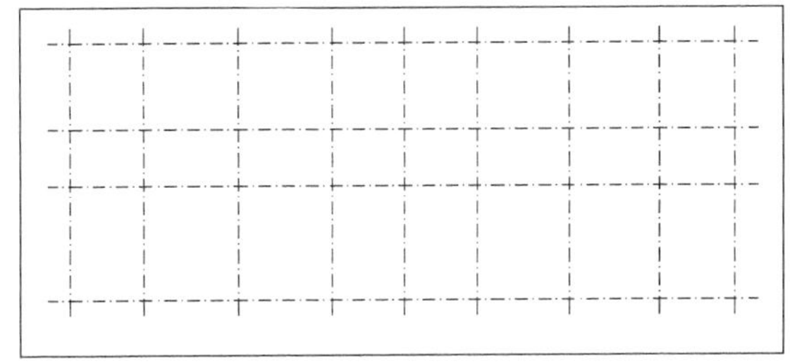

图13-57 轴线

3. 绘制女儿墙

在“图层”下拉列表中选择“女儿墙”图层作为当前层。女儿墙的厚度采用300，沿建筑物周边布置，轴线外测为175，轴线内侧为125，利用“偏移”命令将轴线偏移，再将偏移后的直线放到“女儿墙”图层，修剪后的结果如图13-58所示。

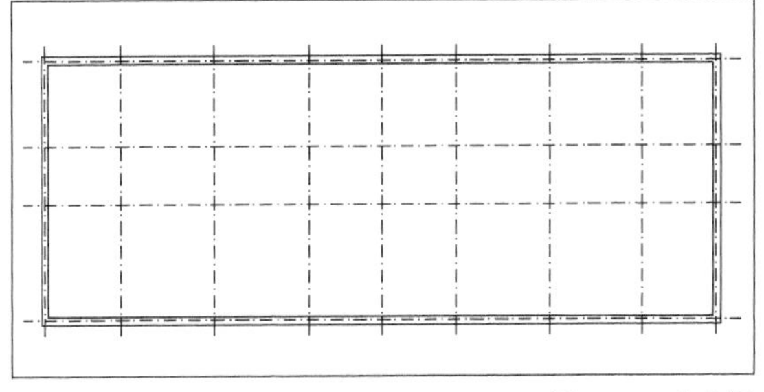

图13-58 女儿墙

4. 绘制排水

在“图层”下拉列表中选择“排水”图层作为当前层。在屋面排水平面图中应该绘制出排水坡度、排水方向和雨水口的位置，并标注出其具体参照的图集名称。排水坡度和排水方向一般采用如图13-59所示的形式，箭头方向表示排水方向，2%表示排水坡度。

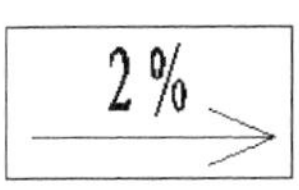

图13-59 排水

女儿墙处的排水的具体画法如图13-60所示。

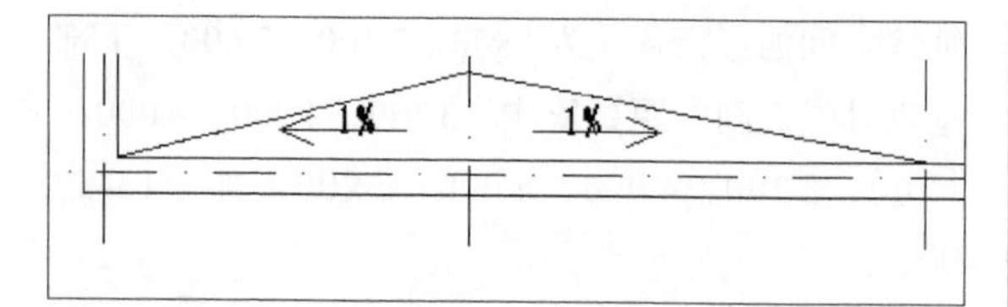

图13-60　排水

绘制的最后结果如图13-61所示。

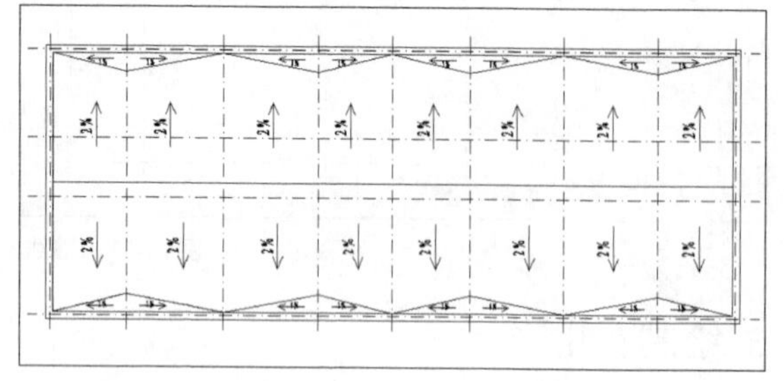

图13-61　屋面排水

5. 标注尺寸

在“图层”下拉列表中选择“标注”图层作为当前层。选择“1:100”标注样式作为当前样式，使用线性标注和连续标注，标注结果如图13-62所示。

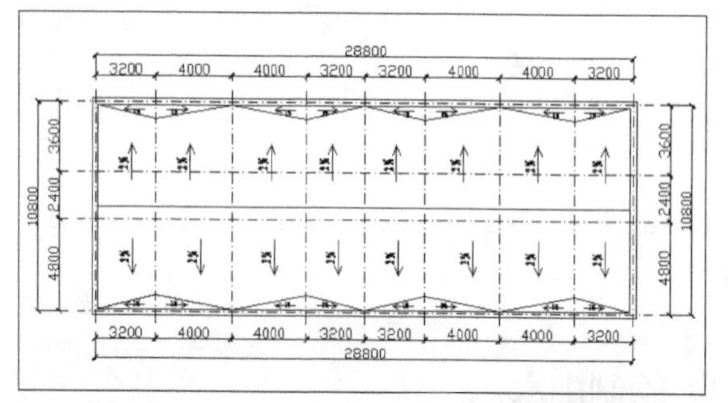

图13-62　标注尺寸

标注必要的文字说明和标题，如图13-63所示。

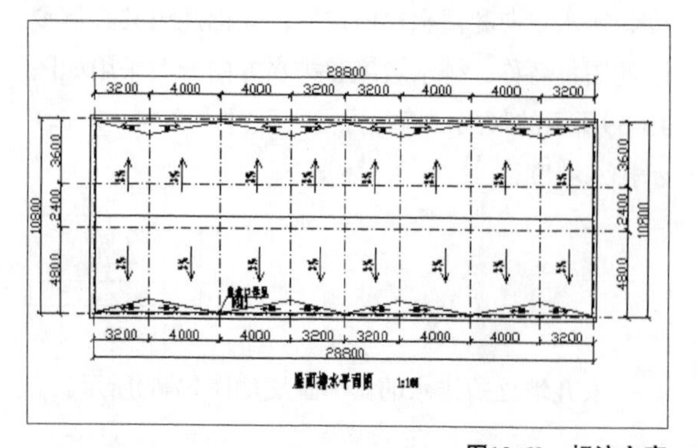

图13-63　标注文字

6. 添加图框

在“图层”下拉列表中选择“图块”图层作为当前层。图框的具体绘制方法见8.2.9节，此处不再重复，图框大小采用A3图幅，添加后的结果如图13-64所示。

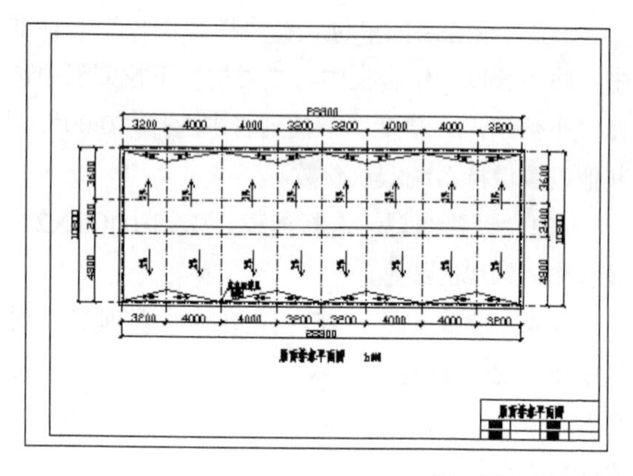

图13-64　添加图框

13.3　建筑立面图的绘制

建筑立面图是建筑物立面的正投影图，简称为立面图。它主要用来表示建筑物的体形和外貌、外墙装修、门窗的位置和形式及室内外各构配件各部位的必要的尺寸和标高。建筑立面图应包括投影方向可见的建筑外轮廓线和墙面线脚、构配件、墙面做法及必要的尺寸和标高等。

立面图的数量与建筑物的平面形式及外墙的复杂程度有关，原则上需要画出建筑每一个方向上的立面图。对于特别简单的立面图也可省略不画，可以绘制主要的立面图。

当建筑物有曲线或者折线形的侧面时，可以将曲线或者折线形的侧面绘制成展开立面图，以使各个部分反映实际形状。平面形状曲折的建筑物可绘制展开立面图、展开室内立面图。圆形或多边形平面的建筑物，可分段展开绘制立面图、室内立面图，但均应在图名后加注“展开”二字。

较简单的对称式建筑物或对称的构配件等，在不影响构造处理和施工的情况下，立面图可绘制一半，并在对称轴线处画对称符号。

13.3.1　南立面图的绘制

操作步骤

01 设置绘图环境。

02 绘制地坪线和外轮廓线。

03 绘制细部构件的轮廓线。

04 绘制细部构件。

05 标注尺寸和标高。

06 添加图框。

下面通过绘制一个南立面图的实例介绍绘制过程。

1. 设置绘图环境

（1）设置图形界限。本例采用的绘图比例为1:100，故图形界限设置为59 400×42 000，即A2图纸放大100倍。

（2）设置绘图单位。在“图形单位”对话框中，将“长度”组合框中，“类型”下拉列表中选择“小数”，“精度”下拉列表中选择“0.00”，其他设置保持系统默认参数。

（3）设置线型。选择加载“DASHDOTX2”线型作为轴线的线型。

（4）设置图层。在“图层特性管理器”对话框中，依次创建“轴线”、“外轮廓线”、“地坪线”、“细部”、“门窗”、“标注”及“图框”，其中“轴线”图层的“线型”选择“DASHDOTX2”，“外轮廓线”图层的“线宽”选择“0.35mm”，“地坪线”图层的“线宽”选择“1.00mm”，“门窗”图层的“线宽”选择“0.25mm”。

（5）设置文字样式。在“文字样式”对话框中，新建一个“文字”文字样式和一个“数字”文字样式，“文字”文字样式的具体设置参数为：“字体名”选择“FangSong_GB2312”，“宽度因子”设为“0.70”；“数字”文字样式的具体设置参数为：“字体名”选择“txt.shx”，勾选“使用大字体”，“大字体”中选择“gbcbig.shx”，“宽度因子”设为“0.70”。

（6）设置标注样式。在“标注样式”对话框中，新建一个“1:100”标注样式，具体设置参数为：在“线”选项卡中，“超出尺寸线”设为“1”，“起点偏移量”设为“5”；“符号和箭头”选项卡中，“箭头”选择“建筑标记”；“文字样式”选项卡中，“文字样式”选择“数字”；“调整”选项卡中，“文字位置”选择“尺寸线上方，不带引线”，“使用全局比例”设为“100”。

2. 绘制地坪线和外轮廓线

在“图层”下拉列表中选择“地坪线”图层作为当前层。利用“直线”命令绘制一条长为32 000的直线。

在“图层”下拉列表中选择“外轮廓线”图层作为当前层。利用“直线”命令绘制外轮廓线，如所示，外轮廓线的尺寸为32 300×15 200，如图13-65所示。

图13-65　轮廓线

在“图层”下拉列表中选择“轴线”图层作为当前层。利用“直线”命令绘制轴线，修改线型比例后，利用“插入块”命令，插入在第9章中定义的“轴线编号”图块，插入比例为X＝100，Y＝100，结果如图13-66所示。

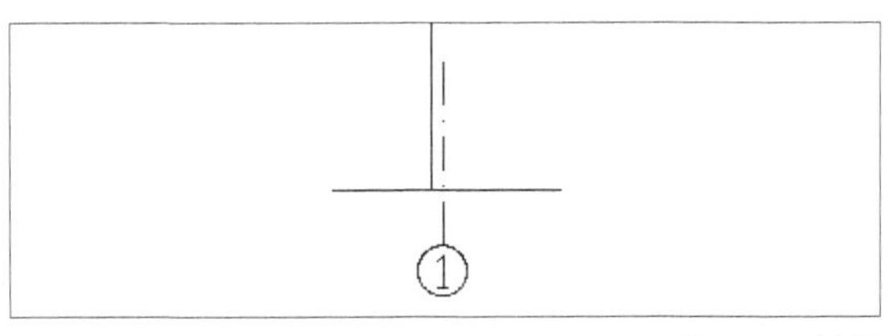

图13-66　轴线

3. 绘制门窗

在“图层”下拉列表中选择“门窗”图层作为当前层。本例中有两种窗类型，窗的具体尺寸如图13-67所示。

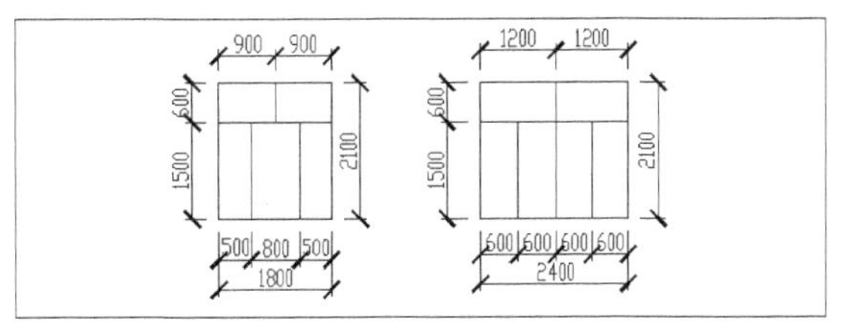

图13-67　窗类型

结合13.2.2节的单元平面图，绘制出如图13-68所示的图形，本例中，窗与窗之间的距离为1400。

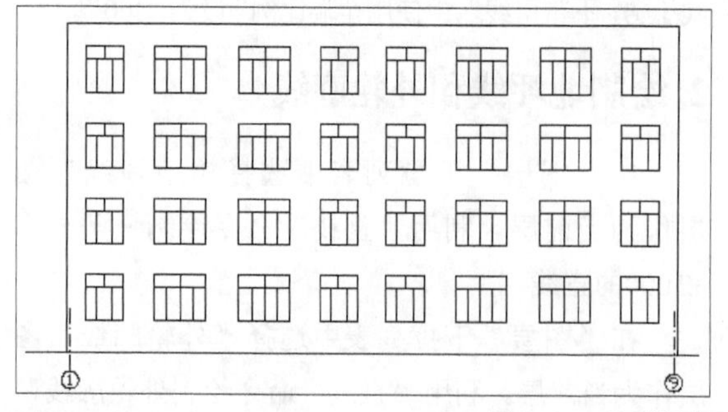

图13-68 绘制门窗

4. 绘制落水斗

在“图层”下拉列表中选择“细部”图层作为当前层。绘制600高的女儿墙，利用“直线”命令绘制落水斗，具体画法如图13-69所示。

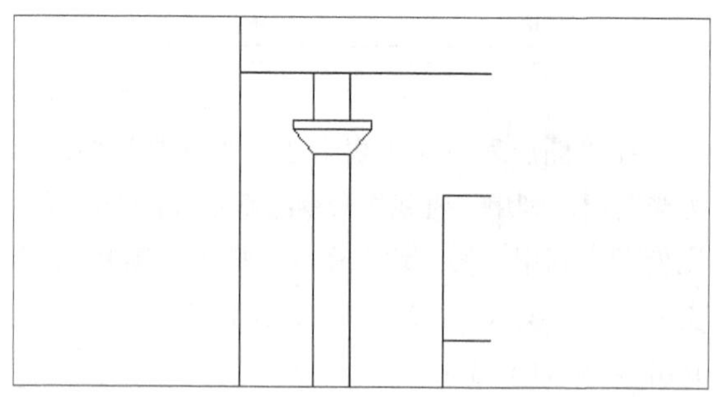

图13-69 落水斗

结果如图13-70所示。

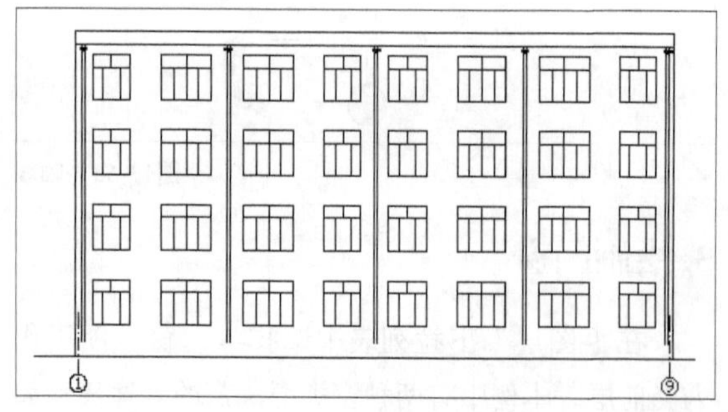

图13-70 绘制落水斗

5. 标注尺寸和标高

在“图层”下拉列表中选择“标注”图层作为当前层。选择“1:100”标注样式作为当前样式，使用线性标注和连续标注，并添加必要的文字说明和标题，最后的结果如图13-71所示。

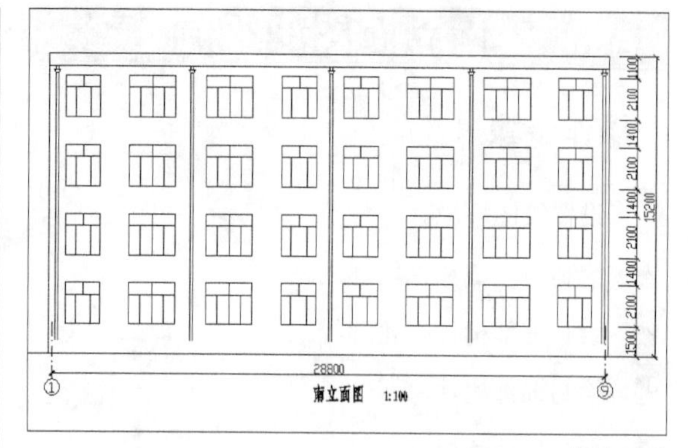

图13-71 标注尺寸

利用“插入块”命令，插入在第8章中定义的“标高”图块，插入比例为X=100，Y=100，首先绘制与建筑同等高度的短线，再插入标高图块，保持标高图块在同一铅垂线上，结果如图13-72所示。

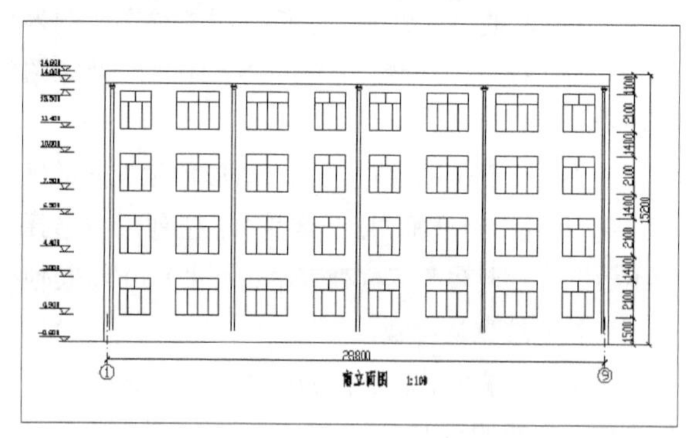

图13-72 绘制标高

6. 添加图框

在“图层”下拉列表中选择“图块”图层作为当前层。图框的具体绘制方法见8.2.9节，此处不再重复，图框大小采用A3图幅，添加后的结果如图13-73所示。

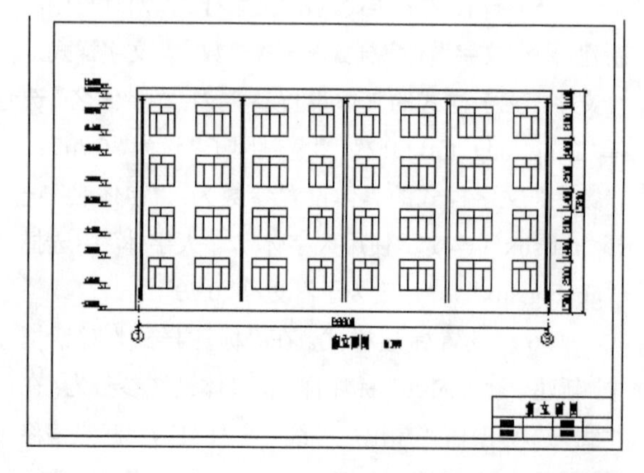

图13-73 添加图框

13.3.2　东立面图的绘制

东立面图可以在南立面图的绘图环境下绘制。

1. 绘制地坪线和外轮廓线

在“图层”下拉列表中选择“地坪线”图层作为当前层。利用“直线”命令绘制一条长为13 000的直线。

在“图层”下拉列表中选择“外轮廓线”图层作为当前层。利用“直线”命令绘制外轮廓线，如图13-74所示，外轮廓线的尺寸为11 500×15 200。

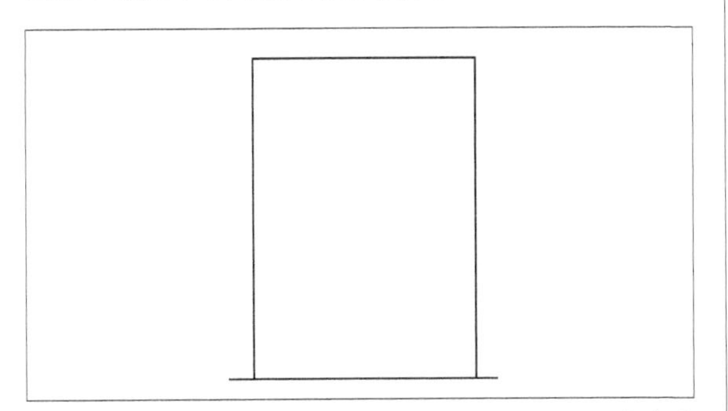

图13-74　轮廓线

绘制层高轮廓线，本例的层高为3 500，结果如图13-75所示。

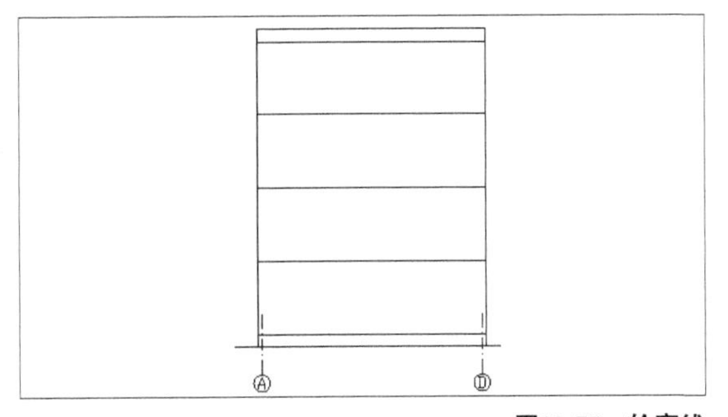

图13-75　轮廓线

在“图层”下拉列表中选择“轴线”图层作为当前层。利用“直线”命令绘制轴线，修改线型比例后，两轴线间的距离为10 800。利用“插入块”命令，插入在第8章中定义的“轴线编号”图块，插入比例为X=100，Y=100，结果如图13-76所示。

图13-76　轴线

2. 绘制门窗及细部

在“图层”下拉列表中选择“门窗”图层作为当前层。侧面有一种窗类型，窗的具体尺寸如图13-77所示。

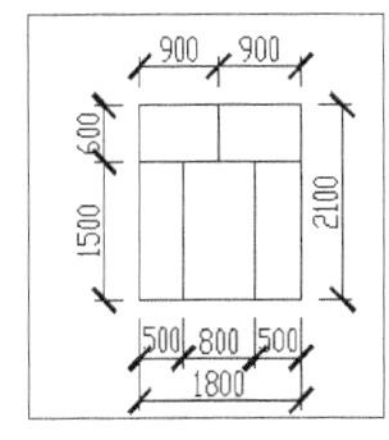

图13-77　窗类型

绘制窗的结果如图13-78所示，窗下檐距层高线900，居中布置。

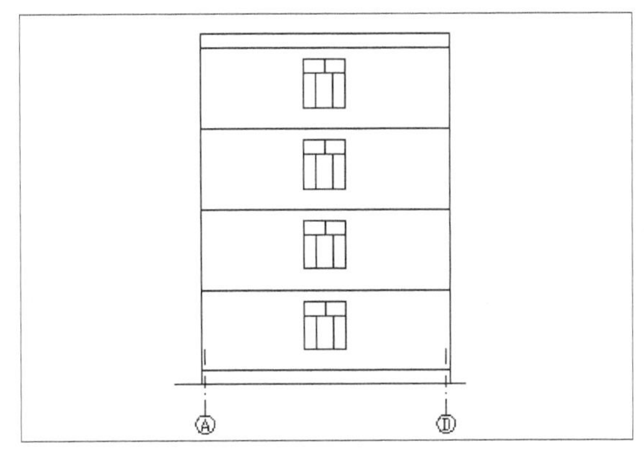

图13-78　绘制窗

3. 标注尺寸和标高

在“图层”下拉列表中选择“标注”图层作为当前层。选择“1:100”标注样式作为当前样式，使用线性标注和连续标注，并添加必要的文字说明和标题，最后的结果如图13-79所示。

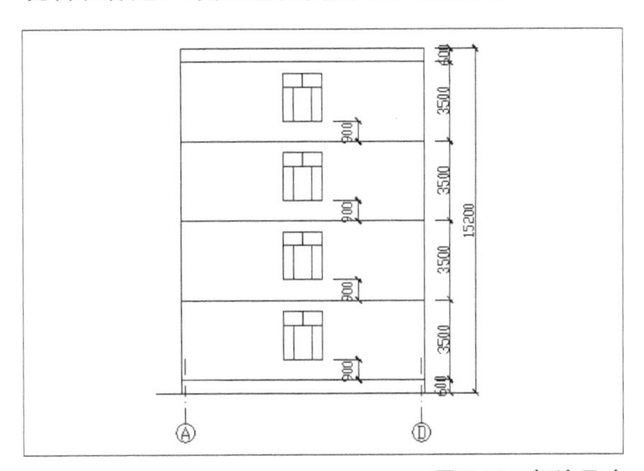

图13-79　标注尺寸

利用“插入块”命令，插入在第8章中定义的“标高”图块，插入比例为X=100，Y=100，首先绘制与建筑同等高度的短线，再插入标高图块，保持标高图块在同一铅垂线上，结果如图13-80所示。

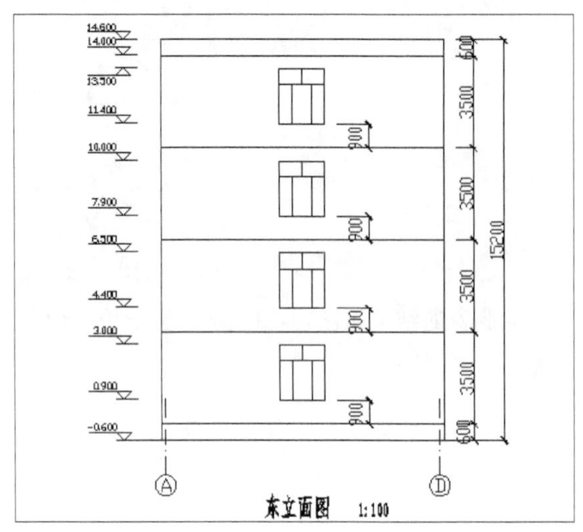

图13-80 绘制标高

13.4 建筑剖面图的绘制

建筑剖面图是表示建筑物在竖向方向上的建筑构造和空间布置的工程样图，它是与建筑平面图、建筑立面图相配套，指导建筑施工的主要技术文件之一。

建筑剖面图是用一个假想的垂直剖面图沿指定的位置将建筑物剖切开，并沿着剖切方向进行平行投影得到的平面图。剖面图主要体现了建筑物的结构形式、构造特征、高度和分层情况。画建筑剖面图时，必须正确选择和标注剖切平面的位置和投影方向，剖切符号标注在底层平面图中。

剖切位置应根据图纸的用途和设计深度，在平面图上选择能反映全貌、构造特征及有代表性的部位剖切。剖切平面一般应平行于建筑物的宽度方向或者长度方向，并且通过墙体的门窗洞口。投影方向一般为向左、向上。为了表达建筑物不同部位的构造差异，剖视图也可以使用平行剖切面进行剖切。

对于建筑平面图，如果建筑物是对称的，可以在平面图中只绘制一半；如果建筑物在某一条轴线之间具有不同布置的位置，可以在同一剖面图上绘制不同位置剖切的剖面图，只要给出说明即可。

建筑剖面图的数量应根据建筑物的实际复杂程度和建筑物的本身特点决定。一般选择一个或两个剖面图说明问题即可。但是对于建筑物构造复杂的情况下，要想完整地表现出建筑物的内部构造，需要从多个角度剖切才能满足要求。

绘制建筑剖面图的一般步骤如下。

01 设置绘图环境。

02 绘制墙体、楼板的轮廓线。

03 绘制细部。

04 标注尺寸和标高。

05 添加图框。

下面通过绘制一个建筑剖面图的实例介绍绘制过程。

1. 设置绘图环境

（1）设置图形界限。本例采用的绘图比例为1:100，故图形界限设置为59 400×42 000，即A2图纸放大100倍。

（2）设置绘图单位。在“图形单位”对话框中，将“长度”组合框中，“类型”下拉列表中选择“小数”，“精度”下拉列表中选择“0.00”，其他设置保持系统默认参数。

（3）设置线型。选择加载“DASHDOTX2”线型作为轴线的线型。

（4）设置图层。在“图层特性管理器”对话框中，依次创建“轴线”、“轮廓线”、“地坪线”、“细部”、 “标注”及“图框”，其中“轴线”图层的“线型”选择“DASHDOTX2”，“轮廓线”图层的“线宽”选择“0.35mm”，“地坪线”图层的“线宽”选择“1.00mm”。

（5）设置文字样式。在“文字样式”对话框中，新建一个“文字”文字样式和一个“数字”文字样式，“文字”文字样式的具体设置参数为：“字体名”选择“FangSong_GB2312”，“宽度因子”设为“0.70”；“数字”文字样式的具体设置参数为：“字体名”选择“txt.shx”，勾选“使用大字体”，“大字体”中选择“gbcbig.shx”，“宽度因子”设为“0.70”。

（6）设置标注样式。在“标注样式”对话框中，新建一个“1:100”标注样式，具体设置参数为：在“线”选项卡中，“超出尺寸线”设为“1”，“起点偏移量”设为“5”；“符号和箭头”选项卡中，“箭头”选择“建筑标记”；“文字样式”选项卡中，“文字样式”选择“数字”；“调整”选项卡中，“文字位置”选择“尺寸线上方，不带引线”，“使用全局比例”设为“100”。

2. 绘制墙体

在“图层”下拉列表中选择“地坪线”图层作为当前层。利用“直线”命令绘制一条长为13 000的直线。

在“图层”下拉列表中选择“轴线”图层作为当前层。利用“直线”命令绘制轴线，修改线型比例后，轴线间的距离为4 800、2 400、3 600。利用“插入块”命令，插入在第8章中定义的“轴线编号”图块，插入比例为X=100，Y=100，结果如图13-81所示。

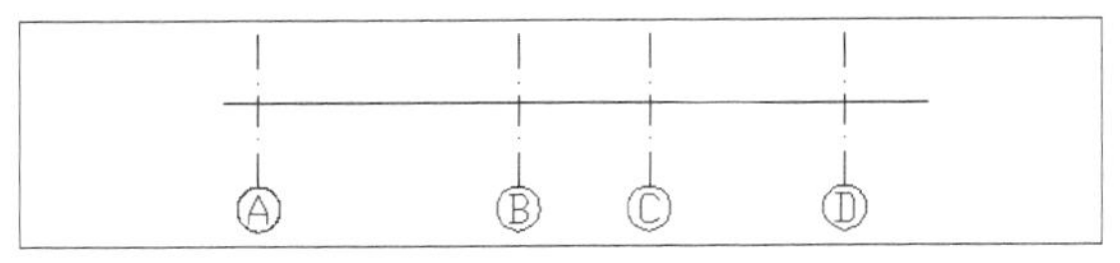

图13-81 轴线

在“图层”下拉列表中选择“轮廓线”图层作为当前层。外墙墙体为300厚，内墙墙体为200厚，利用“直线”命令绘制墙体，建筑物的总高度为12 400，修剪后的结果如图13-82所示。

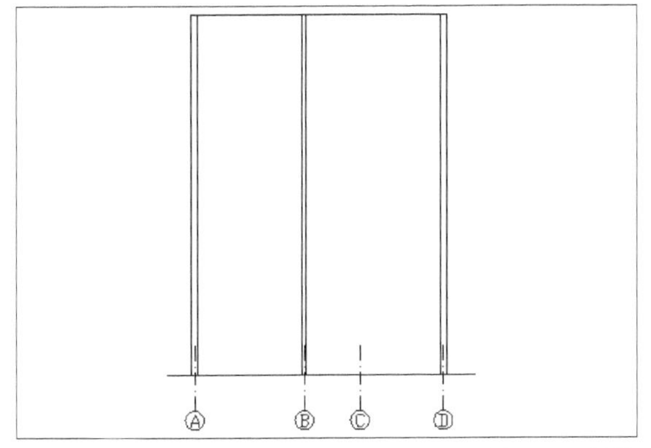

图13-82 墙体

修改地坪线，室内地坪与室外地坪的高差为600，台阶为150×300，修改结果如图13-83所示。

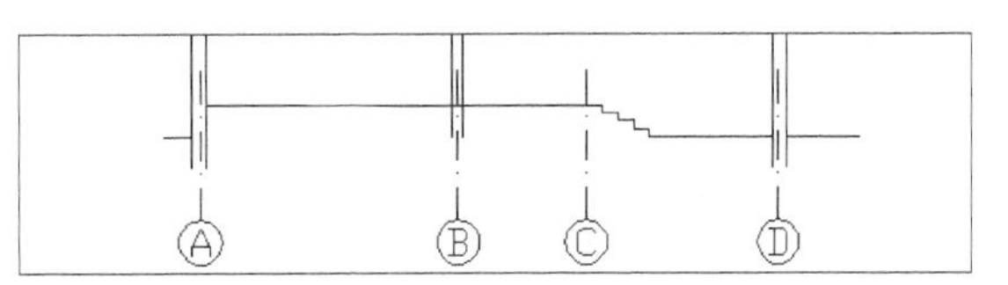

图13-83 修改地坪线

与外墙相连的梁的具体绘制方法如图13-84所示。

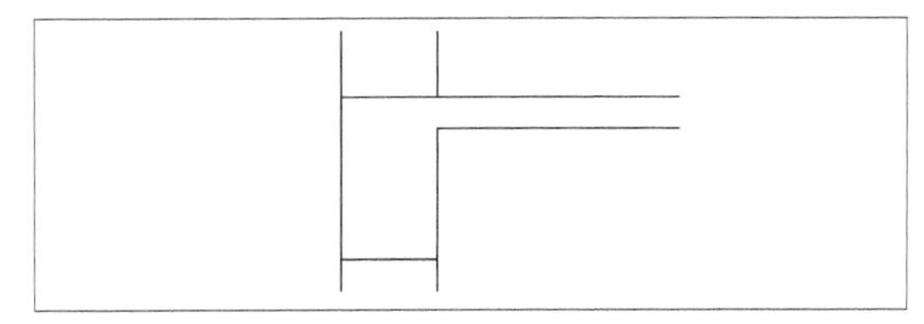

图13-84 楼板

与内墙相连的梁的具体绘制方法如图13-85所示。

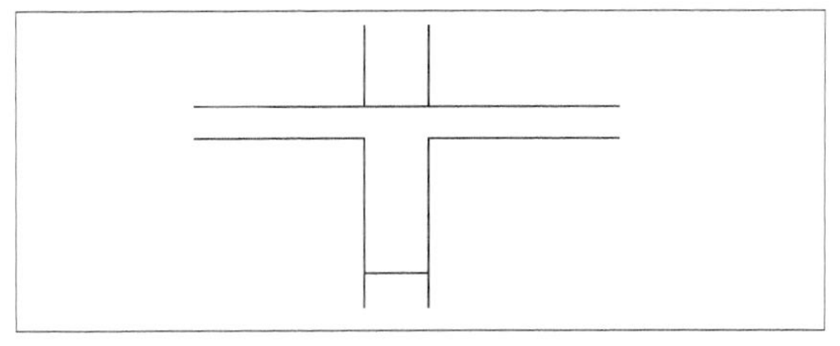

图13-85 楼板

利用图案填充命令对楼板进行填充，选择“SOLID”进行填充，如图13-86所示。

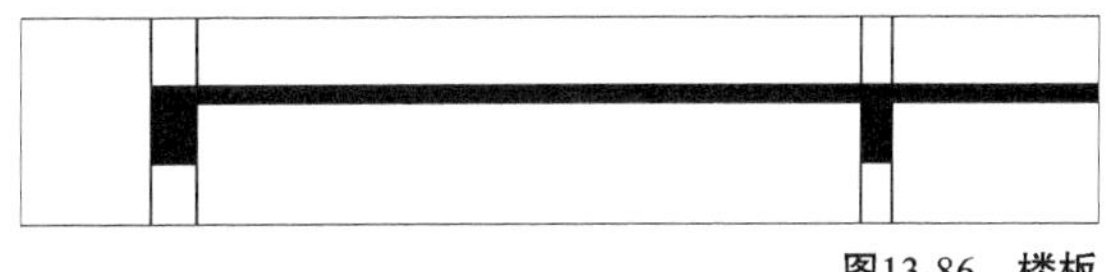

图13-86 楼板

3. 绘制楼梯

在“图层”下拉列表中选择“细部”图层作为当前层。楼梯踏步宽度为300，踏步高度为175，一跑楼梯为8个踏步，楼梯梁的尺寸为200×400。

休息平台与墙体的结合处的具体画法如图13-87所示。

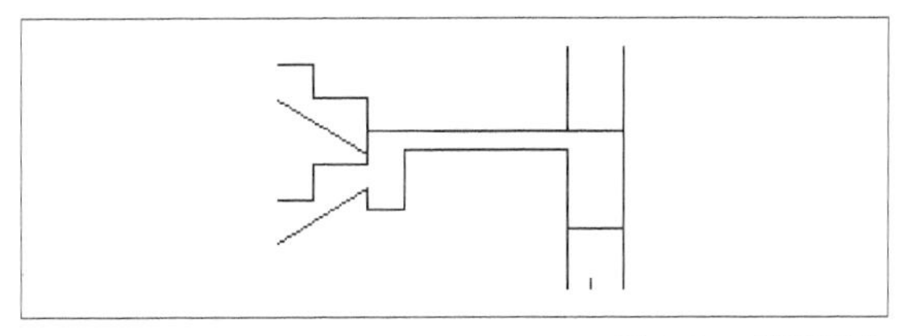

图13-87 楼梯平台

楼梯与楼板的结合处的具体画法如图13-88所示。

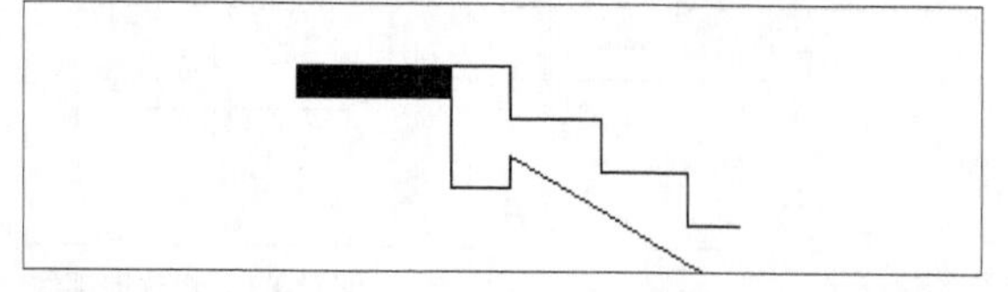

图13-88　楼梯平台

利用“图案填充”命令对楼板进行填充，选择“SOLID”进行填充，结果如图13-89所示。

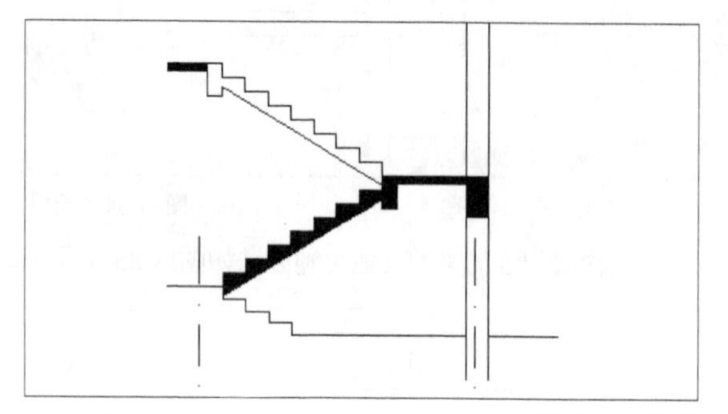

图13-89　楼梯

利用“复制”命令绘制出其他层的楼板和楼梯，最后结果如图13-90所示。

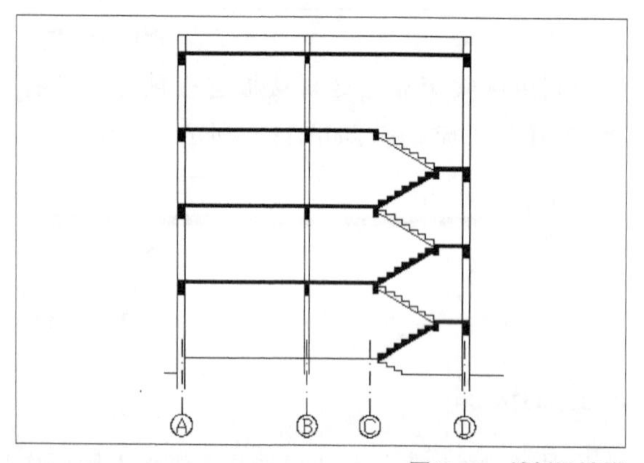

图13-90　楼板及楼梯

4. 绘制细部

在“图层”下拉列表中选择“细部”图层作为当前层。绘制如图13-91所示的门图例，门的宽度为1 000，高度为2 100。

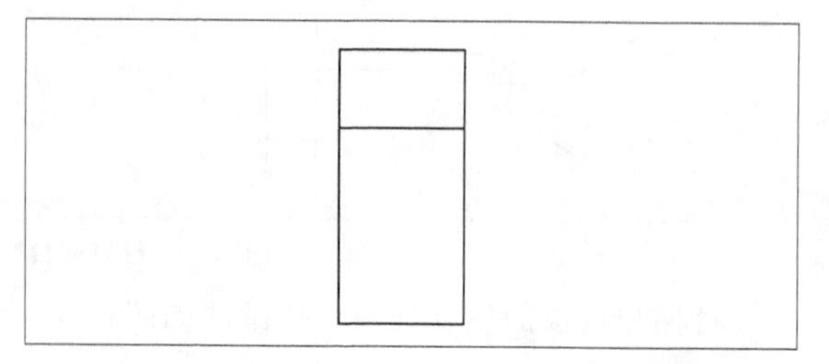

图13-91　门

添加到图形中，门的左下端点距左侧轴线距离为1 000，结果如图13-92所示。

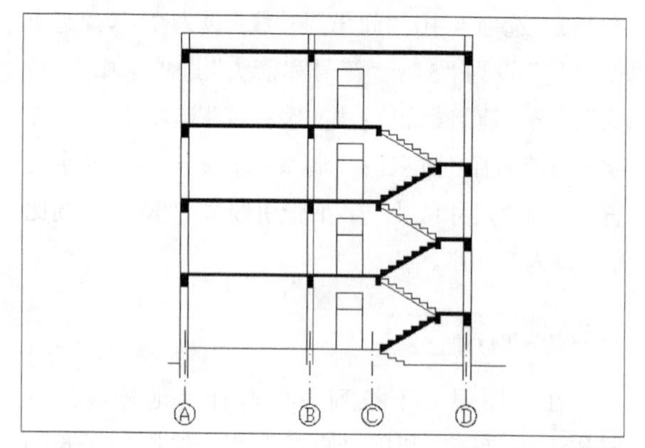

图13-92　绘制门

绘制外墙墙体的窗，窗的高度为1 800，利用“插入块”命令插入窗图块，X＝1 800，Y＝300，旋转角度为90°，结果如图13-93所示。

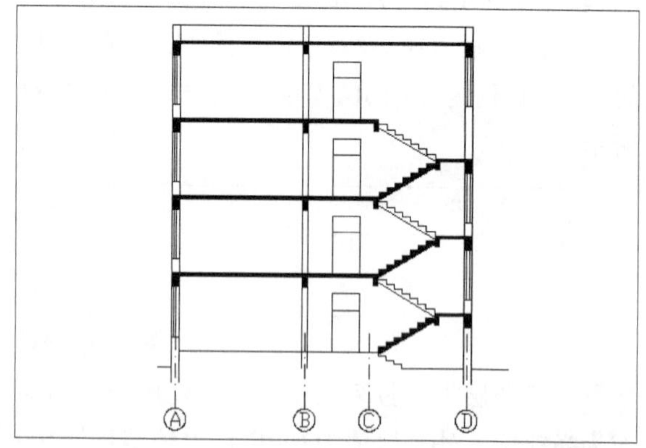

图13-93　绘制窗

利用“图案填充”命令对墙体进行填充，选择“ANSI31”进行填充，比例设为30，结果如图13-94所示。

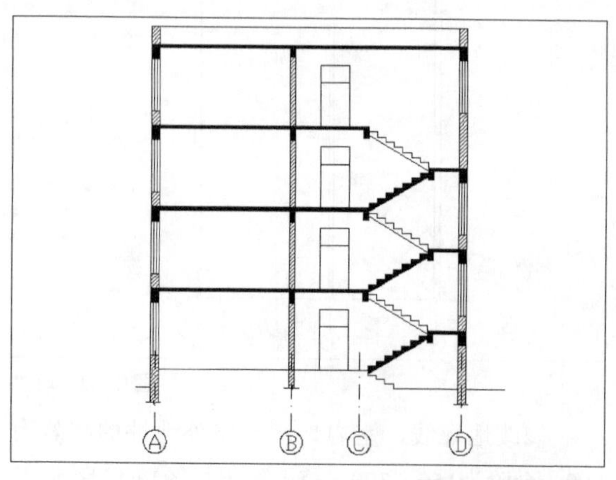

图13-94　墙体填充

5. 标注尺寸和标高

在“图层”下拉列表中选择“标注”图层作为当前层。选择“1:100”标注样式作为当前样式，使用线性标注和连续标注，并添加必要的文字说明和标题，最后的结果如图13-95所示。

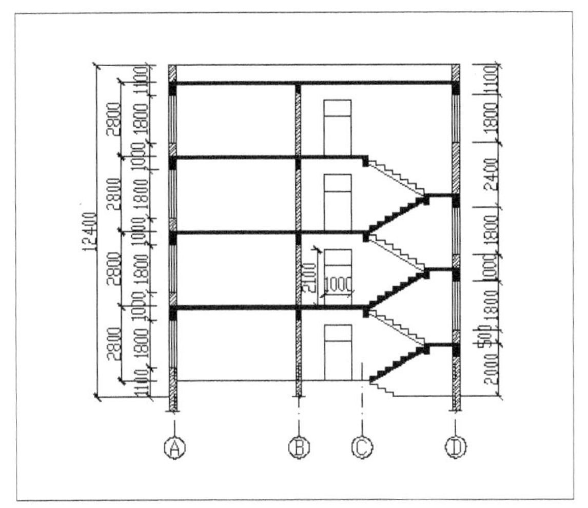

图13-95　标注尺寸

利用“插入块”命令，插入在第8章中定义的“标高”图块，插入比例为X＝100，Y＝100，结果如图13-96所示。

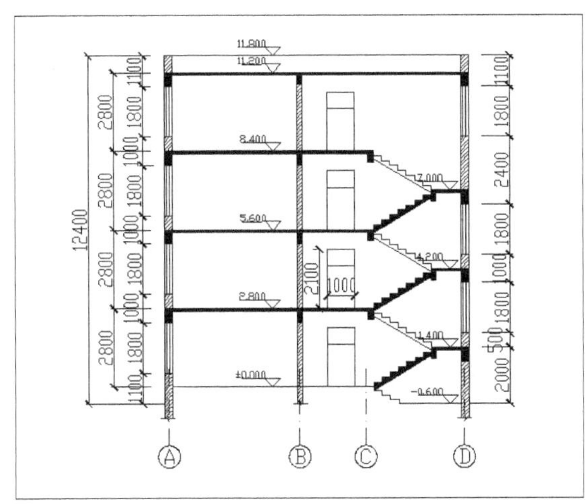

图13-96　绘制标高

6. 添加图框

在“图层”下拉列表中选择“图框”图层作为当前层。图框的具体绘制方法见8.2.9节，此处不再重复，图框大小采用A4图幅，添加后的结果如图13-97所示。

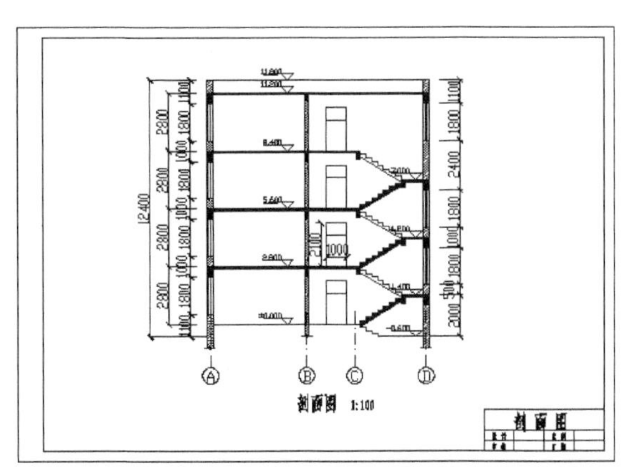

图13-97　添加图框

13.5　综合实例

某别墅平面图的绘制。

13.5.1　绘图准备

操作步骤

01 选择“文件”→“新建”菜单命令，弹出“选择样板”对话框，如图13-98所示。采用系统默认值，单击“打开”按钮，新建一个图形文件。

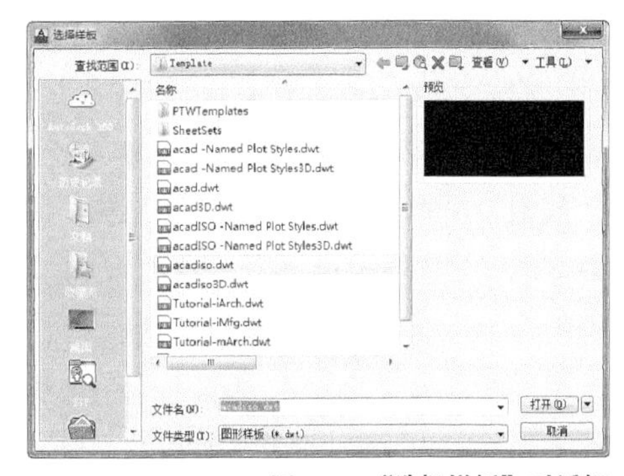

图13-98　“选择样板”对话框

02 选择“格式”→“单位”菜单命令，在弹出的图形“单位”对话框中将“长度”项的“精度”下拉列表中选择“0”。

03 选择“格式”→“图形界限”菜单命令，也可以在命令行中输入limits命令。命令行提示如下。

命令: _limits
重新设置模型空间界限:
指定左下角点或 [开(ON)/关(OFF)] <0,0>:
指定右上角点 <420,297>: 29700,21000

04 选择“视图”→“缩放”→“全部”菜单命令。

05 单击“图层”工具栏中的按钮，打开“图层特性管理器”对话框，单击“新建图层”按钮，建立几个基本图层，包括轴线、柱子、门窗、墙体、室内布置等图层，如图13-99所示。

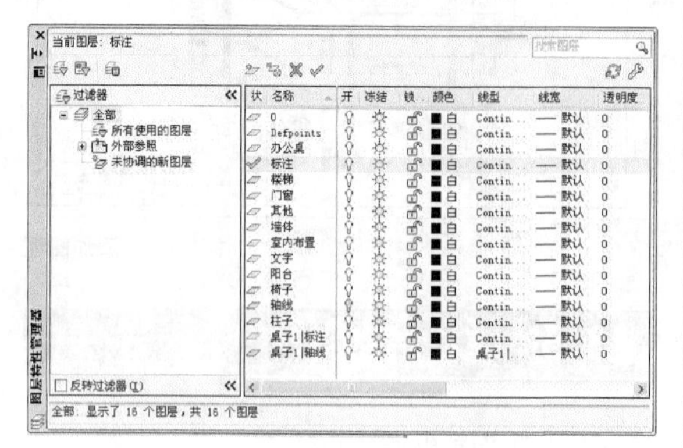

图13-99 新建图层

13.5.2 绘制墙体

1. 绘制轴线

操作步骤

01 单击状态栏中的按钮正交，打开“正交”功能。

02 将“轴线”层设置为当前层。

03 选择“格式”→“线型”菜单命令，打开“线型管理器”对话框，单击“加载”按钮，加载点划线线型DASHDO。

04 单击“绘图”工具栏中的按钮，绘制基准水平轴线，利用“偏移”命令将水平轴线按固定的距离偏移，从下到上依次偏移1000、1500、2000、1000、4000个单位，如图13-100所示。

图13-100 绘制水平轴线

命令行提示如下。

命令: _line 指定第一点:
//调用“直线”命令，绘制第一条水平轴线
指定下一点或 [放弃(U)]: 14000
//输入直线长度
指定下一点或 [放弃(U)]: //回车
命令: _offset //调用“偏移”命令
当前设置: 删除源=否
图层=源 OFFSETGAPTYPE=0
指定偏移距离或 [通过(T)/删除(E)/图层(L)] <通过>: 1000
选择要偏移的对象，或 [退出(E)/放弃(U)] <退出>:
指定要偏移的那一侧上的点，或 [退出(E)/多个(M)/放弃(U)] <退出>: //向上偏移
命令: _offset
当前设置: 删除源=否
图层=源 OFFSETGAPTYPE=0
指定偏移距离或 [通过(T)/删除(E)/图层(L)] <1000>: 1500
选择要偏移的对象，或 [退出(E)/放弃(U)] <退出>:
指定要偏移的那一侧上的点，或 [退出(E)/多个(M)/放弃(U)] <退出>:
选择要偏移的对象，或 [退出(E)/放弃(U)] <退出>:
命令: _offset
当前设置: 删除源=否
图层=源 OFFSETGAPTYPE=0
指定偏移距离或 [通过(T)/删除(E)/图层(L)] <1500>: 2000
选择要偏移的对象，或 [退出(E)/放弃(U)] <退出>:
指定要偏移的那一侧上的点，或 [退出(E)/多个(M)/放弃(U)] <退出>:
命令: _offset
当前设置: 删除源=否
图层=源 OFFSETGAPTYPE=0
指定偏移距离或 [通过(T)/删除(E)/图层(L)] <2000>: 1000
选择要偏移的对象，或 [退出(E)/放弃(U)] <退出>:
选择要偏移的对象，或 [退出(E)/放弃(U)] <退出>:
指定要偏移的那一侧上的点，或 [退出(E)/多个(M)/放弃(U)] <退出>:

命令: _offset

当前设置: 删除源=否

图层=源　OFFSETGAPTYPE=0

指定偏移距离或 [通过(T)/删除(E)/图层(L)] <1000>: 4000

选择要偏移的对象,或 [退出(E)/放弃(U)] <退出>:

指定要偏移的那一侧上的点,或 [退出(E)/多个(M)/放弃(U)] <退出>:

选择要偏移的对象,或 [退出(E)/放弃(U)] <退出>:

05 采用相同方法绘制垂直方向轴线,如图13-101所示。

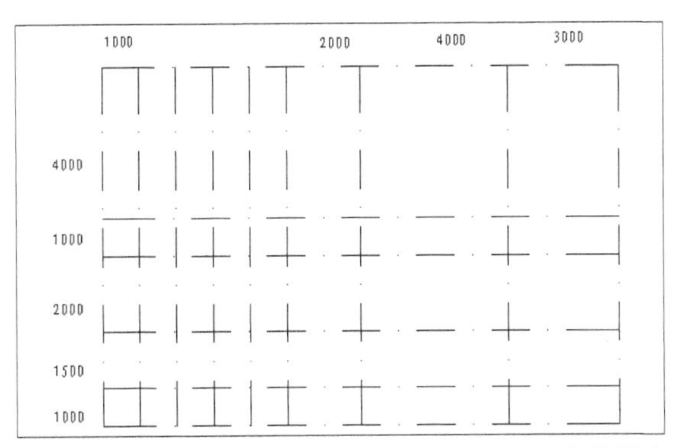

图 13-101　绘制好的轴线

2. 绘制墙体

操作步骤

01 将"墙体"层设置为当前层。

02 单击状态栏中的对象捕捉按钮,打开"对象捕捉"功能。

03 选择"格式"→"多线样式"菜单命令,打开"多线样式"对话框,单击"新建"按钮,在 "新样式名"文本框中输入240,如图13-102所示。

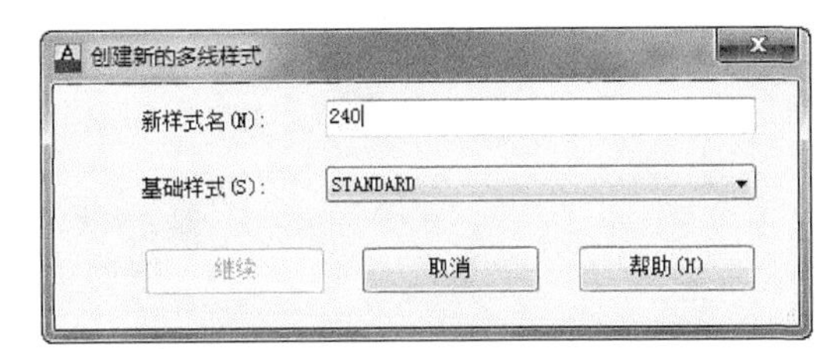

图13-102　"创建新的多线样式"对话框

04 单击"继续"按钮,在打开的"新建多线样式"对话框中设置图元上下偏移量分别为120,如图13-103所示。

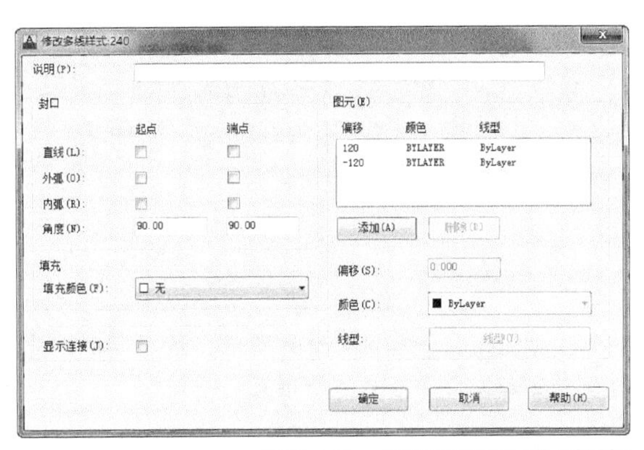

图13-103　"新建多线样式"对话框

05 单击"确定"按钮,返回"多线样式"对话框,单击"确定"按钮。

06 选择"绘图"→"多线"菜单命令,绘制墙线,绘制的结果如图13-104所示。命令行提示如下。

命令: _mline　//调用"多线"命令

当前设置

对正 = 上,比例 = 20.00,样式 = STANDARD

指定起点或 [对正(J)/比例(S)/样式(ST)]: j

//设置多县对齐样式

输入对正类型 [上(T)/无(Z)/下(B)] <上>: z

当前设置:

对正 = 无,比例 = 20.00,样式 = STANDARD

指定起点或 [对正(J)/比例(S)/样式(ST)]: s

//设置多线比例

输入多线比例 <20.00>: 1

指定起点或 [对正(J)/比例(S)/样式(ST)]: st

//设置多线样式

输入多线样式名或 [?]: 240

当前设置: 对正 = 无,比例 = 20.00,样式 = 240

指定起点或 [对正(J)/比例(S)/样式(ST)]:

//指定多线起始点

指定下一点:

指定下一点或 [放弃(U)]:

指定下一点或 [闭合(C)/放弃(U)]:

……

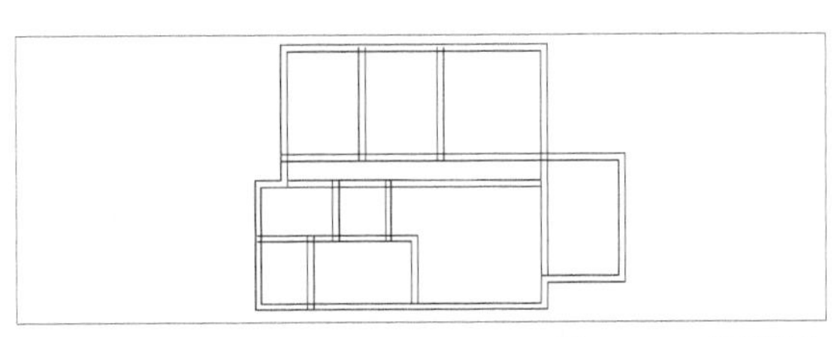

图13-104　绘制墙体

技巧与提示

绘制多线时，应注意多线的对正方式、比例和样式是否和绘制要求相符，如果不符合绘制要求，可在指定起点时在命令行输入相应的命令进行设置。

07 选择“修改”→“对象”→“多线”菜单命令，在弹出的“多线编辑工具”对话框中选择合适的多线编辑工具，如图13-105所示。从对话框中选择多线的交点形式，对墙线进行编辑。

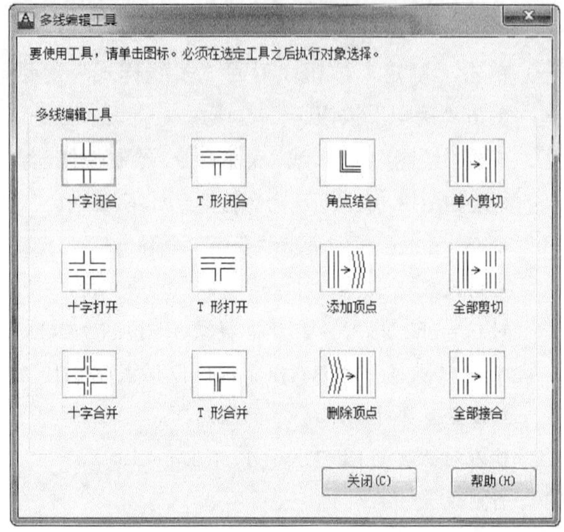

图13-105 “多线编辑工具”对话框

08 单击“修改”工具栏中的按钮，将不能进行编辑的多段线分解，利用“修剪”命令对其进行修剪，最后得到如图13-106所示的墙体。

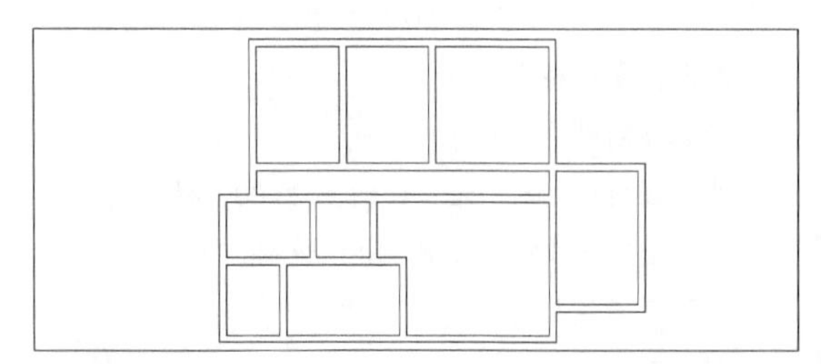

图13-106 修饰后的墙体

3. 绘制柱子

操作步骤

01 将“柱子”层设置为当前层。

02 单击“绘图”工具栏中的按钮，在一个轴线交点的位置绘制一个240×140的柱子，命令行提示如下。

命令: _polygon

//调用“正多边形”菜单命令

输入边的数目 <4>:

指定正多边形的中心点或 [边(E)]:

输入选项 [内接于圆(I)/外切于圆(C)] <I>: C

指定圆的半径:120

//输入外切圆的半径，确定正方形的边长

03 单击“绘图”工具栏中的按钮，在弹出的“边界图案填充和渐变色”对话框中设置填充图案为SOLID，如图13-107所示。

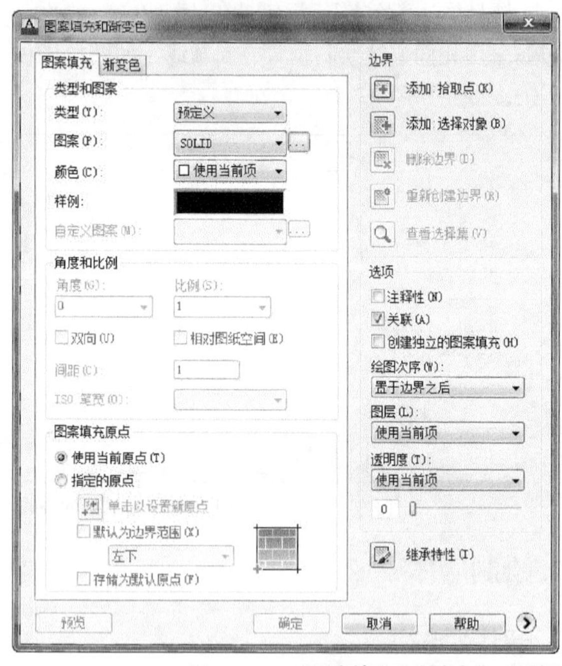

图13-107 “图案填充和渐变色”对话框

04 单击“拾取点”按钮，拾取正方形内部，单击鼠标右键确认后，返回“边界图案填充和渐变色”对话框，单击“确定”按钮即可绘制出一个柱子。

05 单击“绘图”工具栏中的按钮，弹出“块定义”对话框，拾取柱子中心点为基点，单击“选择对象”按钮，选择柱子，如图13-108所示。

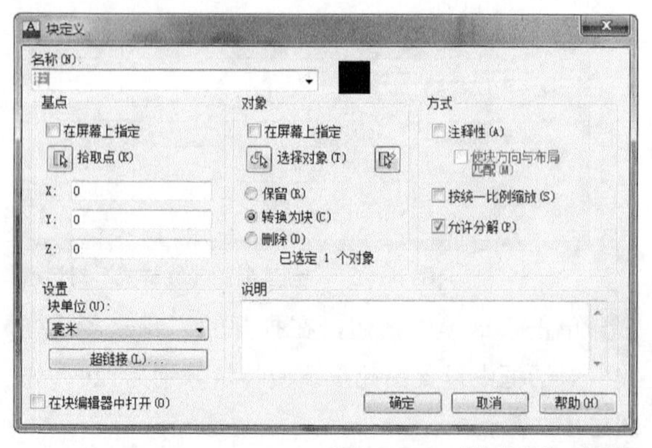

图13-108 “块定义”对话框

06 单击“绘图”工具栏中的按钮，打开“插入”对话框，各项设置如图13-109所示。

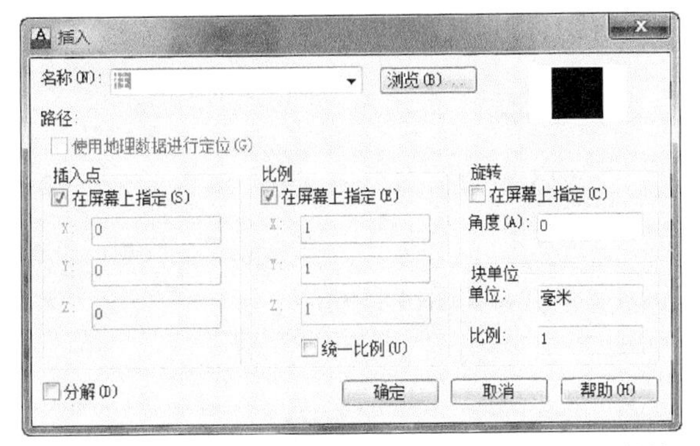

图13-109 “插入”对话框

07 设置完后，单击“确定”按钮，捕捉轴线的交点，插入柱子，结果如图13-110所示。

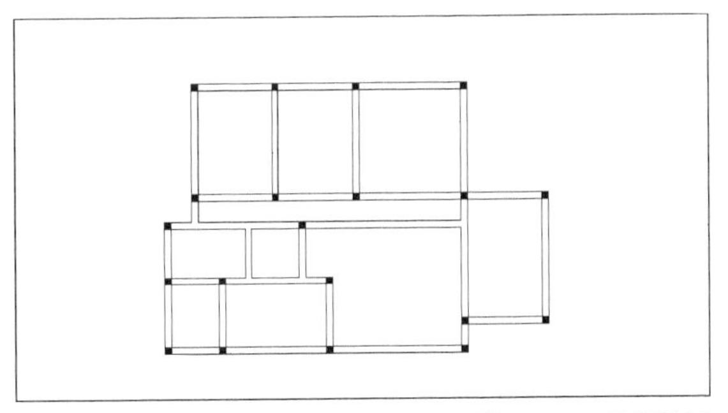

图13-110　绘制柱网

13.5.3　绘制门窗

1. 绘制门

操作步骤

01 将“门窗”层设置为当前层。

02 参照第9章中门（平面图）的绘制宽为900，厚为45的门，如图13-111所示，分别为左门与右门。

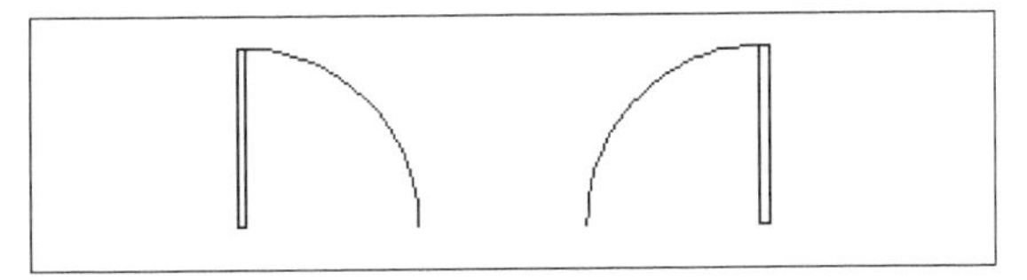

图13-111　左门和右门

03 将基本的两种门分别存储为块，单击“绘图”工具栏中的按钮，打开“插入”对话框，“名称”选择“右门”块，如图13-112所示，单击“确定”按钮，将其插入到合适的位置。

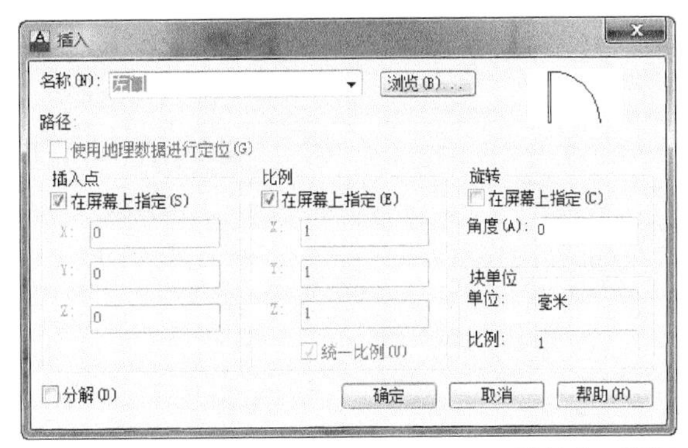

图13-112 “插入”对话框

命令行提示如下。

命令: _insert

指定块的插入点:　　　//选择合适的插入点

指定旋转角度 <0>:　　　//回车，按旋转角度0

04 采用同样方法把左门也插入进来，如图13-113所示。

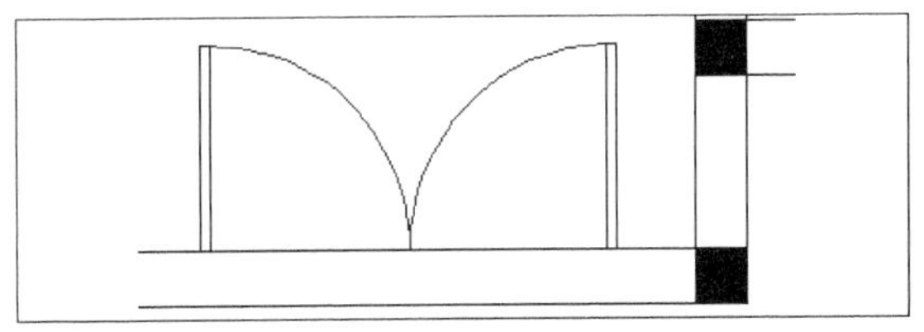

图13-113　插入门

05 单击“绘图”工具栏中的按钮，绘制两条直线，如图13-114所示。命令行提示如下。

命令: _line 指定第一点:

//捕捉左门框内侧角点

指定下一点或 [放弃(U)]:

指定下一点或 [放弃(U)]:

命令: _line 指定第一点:

//捕捉右门框内侧角点

指定下一点或 [放弃(U)]:

指定下一点或 [放弃(U)]:

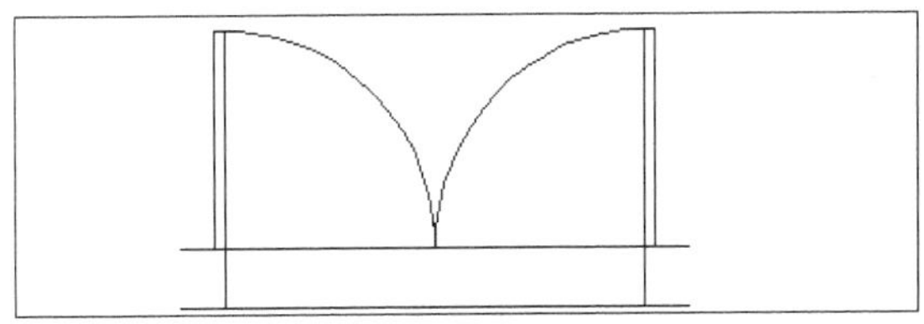

图13-114　绘制直线

06 单击“修改”工具栏中的按钮，修剪掉多余的直线，修剪后的门洞如图13-115所示。

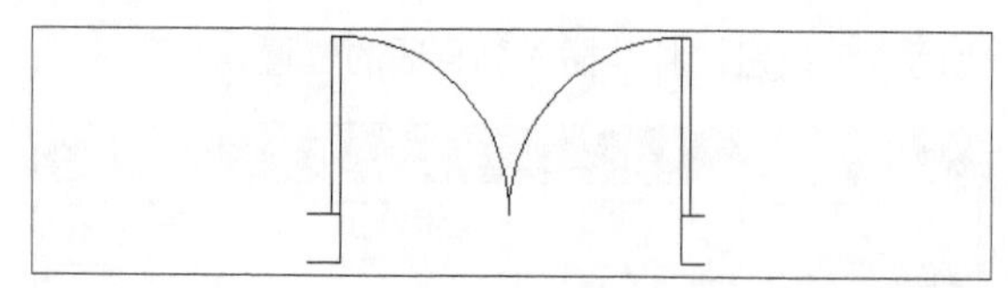

图13-115 修剪门洞

07 采用同样方法绘制出其他各处的门及门洞，结果如图13-116所示。

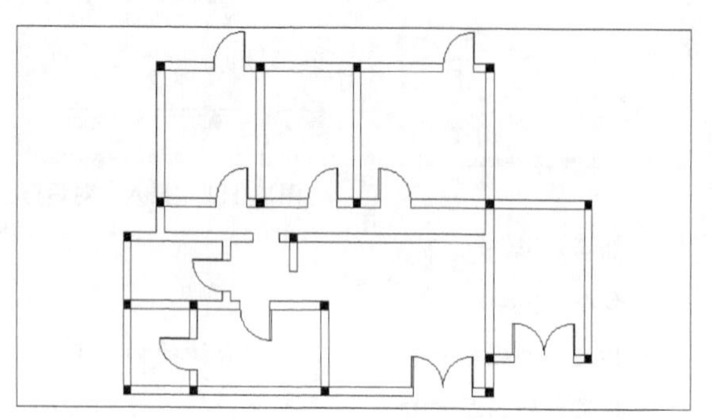

图13-116 绘制门及门洞

2. 绘制窗

操作步骤

01 采用第11章中窗的绘制方法绘制本别墅所用的3种窗，它们分别是2 200×240，1 500×240，800×2 400，如图13-117所示。

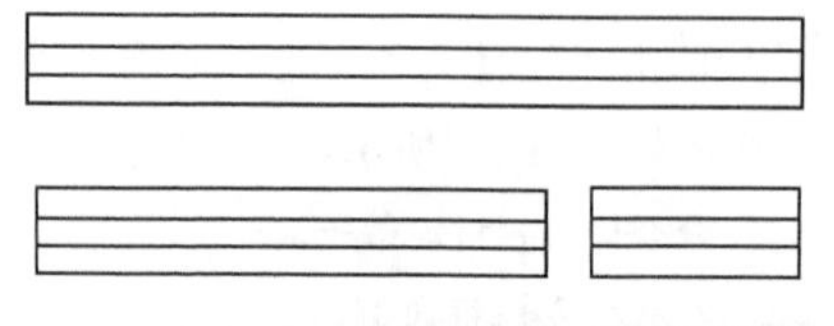

图13-117 3种形式的窗

02 单击“绘图”工具栏中的按钮，将3种形式的窗分别存储为块，以右下角点为基点。

03 单击“绘图”工具栏中的按钮，窗插入到合适的位置，如图13-118所示。

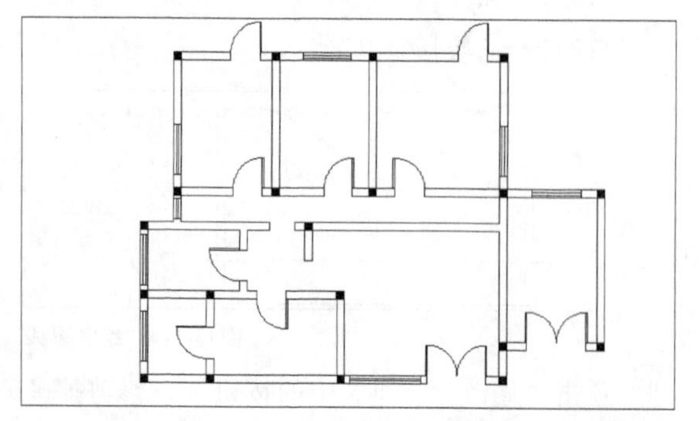

图13-118 插入窗户

13.5.4 绘制楼梯与阳台

1. 楼梯

操作步骤

01 将“楼梯”层设置为当前层。

02 单击“绘图”工具栏中的按钮，绘制一条长为800的直线，如图13-119所示。

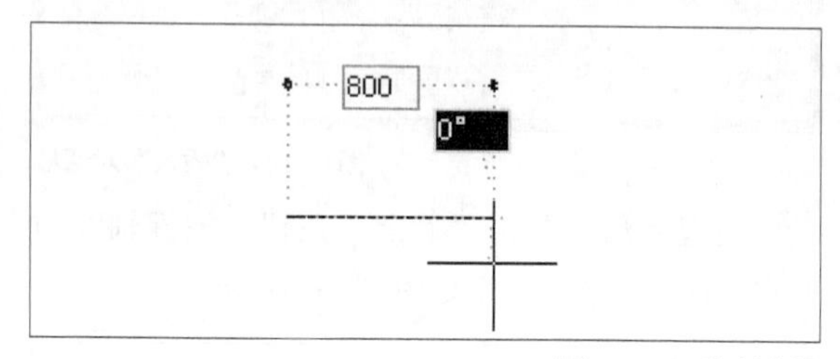

图13-119 绘制直线

命令行提示如下。

命令: _line 指定第一点:

指定下一点或 [放弃(U)]: <正交 开> 800

//打开“正交”功能，指定直线长度

指定下一点或 [放弃(U)]: //回车

03 单击“修改”工具栏中的按钮，将直线向上偏移150，偏移复制出8条直线，如图13-120所示。

图13-120 偏移直线

04 单击“绘图”工具栏中的按钮，绘制矩形扶手，命令行提示如下。

命令: _rectang

指定第一个角点或 [倒角(C)/标高(E)/圆角(F)/厚度(T)/宽度(W)]:

//捕捉第一个点，如图13-63所示

指定另一个角点或 [面积(A)/尺寸(D)/旋转(R)]: @−80,1200

05 利用“直线”命令绘制连接直线另一侧。

06 利用“直线”命令绘制剖切线，并利用“修剪”命令修剪掉多余的直线，如图13-121所示。

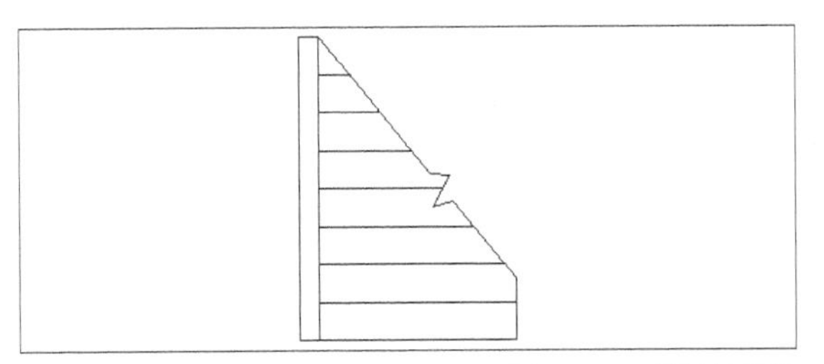

图13-121　绘制剖切线

07 单击“绘图”工具栏中的按钮⤻，绘制楼梯方向的指示线，如图13-122所示。命令行提示如下。

命令: _pline
指定起点: <正交 开> <对象捕捉 开>
当前线宽为 0
指定下一个点或 [圆弧(A)/半宽(H)/长度(L)/放弃(U)/宽度(W)]:
指定下一点或 [圆弧(A)/闭合(C)/半宽(H)/长度(L)/放弃(U)/宽度(W)]: w
指定起点宽度 <0>: 60
指定端点宽度 <60>: 0
指定下一点或 [圆弧(A)/闭合(C)/半宽(H)/长度(L)/放弃(U)/宽度(W)]:
指定下一点或 [圆弧(A)/闭合(C)/半宽(H)/长度(L)/放弃(U)/宽度(W)]:

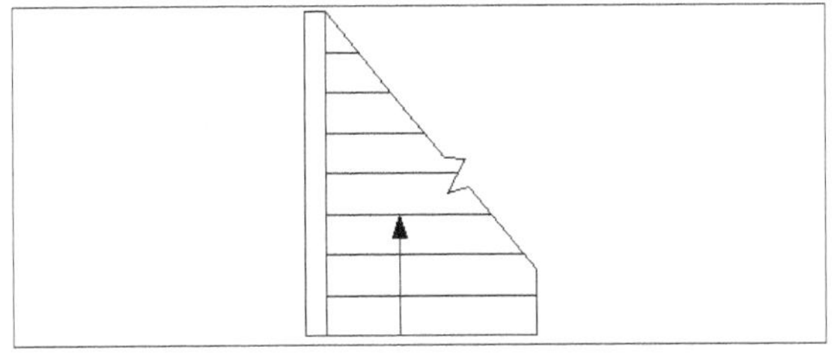

图13-122　绘制方向指示线

08 将楼梯保存为块，然后插入到途中合适的位置，如图13-123所示。

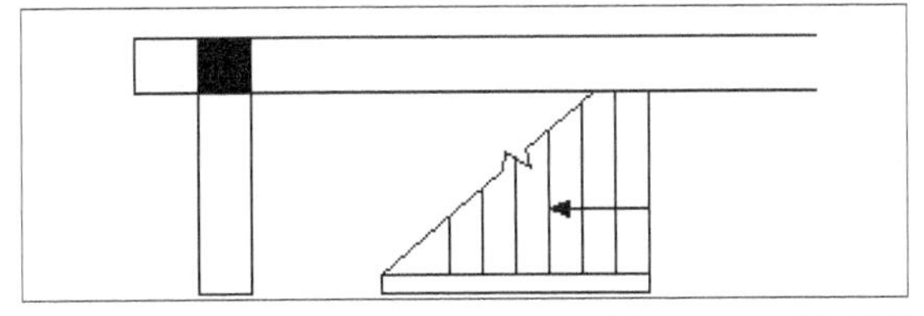

图13-123　插入楼梯

2. 阳台

操作步骤

01 将“阳台”层设置为当前层。

02 利用“直线”和“圆弧”命令绘制阳台轮廓，如图13-124所示。

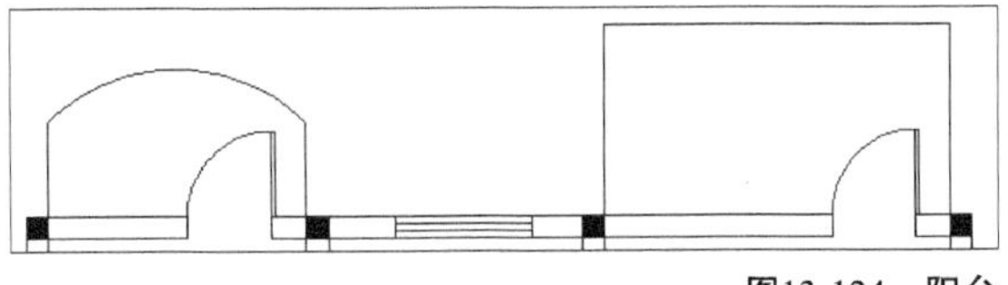

图13-124　阳台

13.5.5　绘制室内家具

将“室内家具”层设置为当前层。

1. 绘制沙发

根据第4章中沙发的绘制方法绘制如图13-125中的沙发。

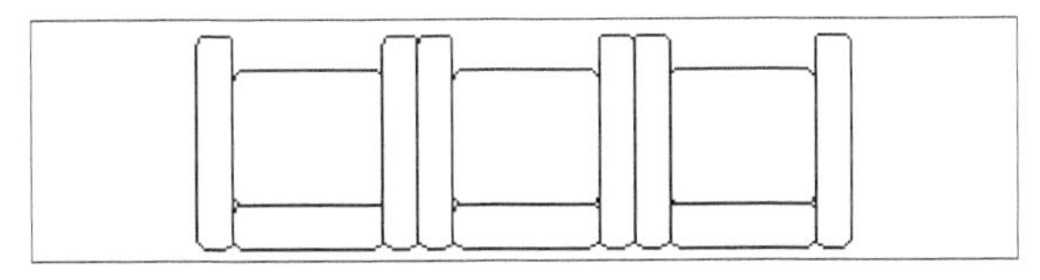

图13-125　沙发

2. 绘制桌子

操作步骤

01 单击“绘图”工具栏中的按钮▭，命令行提示如下。

命令: _rectang
指定第一个角点或 [倒角(C)/标高(E)/圆角(F)/厚度(T)/宽度(W)]:
指定另一个角点或 [面积(A)/尺寸(D)/旋转(R)]: @500,−1000

02 利用“偏移”命令，向内侧偏移，然后利用“倒角”命令，进行倒角，命令行提示如下。

命令: _offset
当前设置: 删除源=否
图层=源 OFFSETGAPTYPE=0
指定偏移距离或 [通过(T)/删除(E)/图层(L)] <150>: 120
选择要偏移的对象，或 [退出(E)/放弃(U)] <退出>:
指定要偏移的那一侧上的点，或 [退出(E)/多个(M)/放弃(U)] <退出>:
选择要偏移的对象，或 [退出(E)/放弃(U)] <退出>:

命令: _chamfer

("修剪" 模式) 当前倒角长度 = 80，角度 = 80

选择第一条直线或 [放弃(U)/多段线(P)/距离(D)/角度(A)/修剪(T)/方式(E)/多个(M)]: a

指定第一条直线的倒角长度 <80>: 80

指定第一条直线的倒角角度 <80>: 30

选择第一条直线或 [放弃(U)/多段线(P)/距离(D)/角度(A)/修剪(T)/方式(E)/多个(M)]:

选择第二条直线，或按住Shift键选择要应用角点的直线:

绘制好的桌子如图13-126所示。

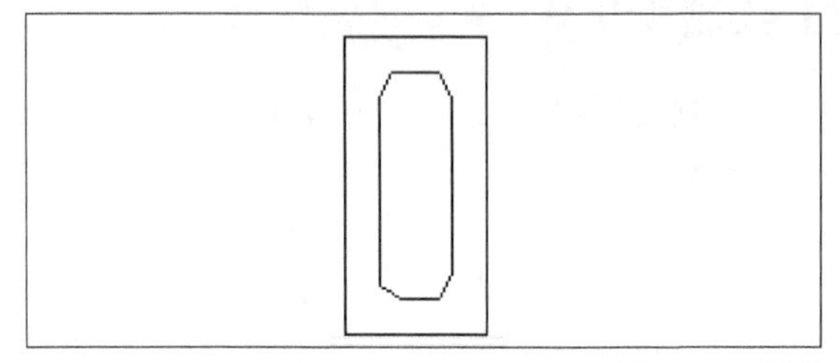

图13-126 桌子

3. 绘制床

操作步骤

01 单击"绘图"工具栏中的按钮，绘制一个矩形，命令行提示如下。

命令: _rectang

指定第一个角点或 [倒角(C)/标高(E)/圆角(F)/厚度(T)/宽度(W)]:

指定另一个角点或 [面积(A)/尺寸(D)/旋转(R)]: @1800,−2000

02 选择"工具"→"新建UCS"→"原点"菜单命令，新建坐标原点，指定矩形角点为新的原点，利用"矩形"命令绘制小矩形，命令行提示如下。

命令: _rectang

指定第一个角点或 [倒角(C)/标高(E)/圆角(F)/厚度(T)/宽度(W)]: 300,−300

指定另一个角点或 [面积(A)/尺寸(D)/旋转(R)]: @480,−250

03 绘制另一个矩形，单击"修改"工具栏中的按钮，对矩形进行倒圆角，命令行提示如下。

命令: _fillet

当前设置: 模式 = 修剪，半径 = 0

选择第一个对象或 [放弃(U)/多段线(P)/半径(R)/修剪(T)/多个(M)]: r

指定圆角半径 <0>: 100

选择第一个对象或 [放弃(U)/多段线(P)/半径(R)/修剪(T)/多个(M)]:

选择第二个对象，或按住 Shift 键选择要应用角点的对象:

结果得到如图13-127所示的图形。

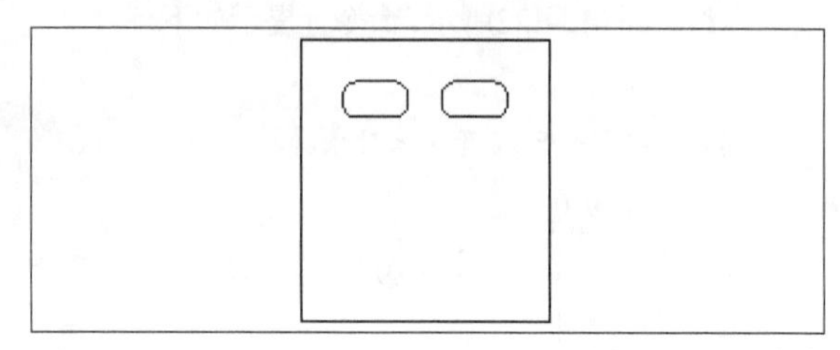

图13-127 双人床

04 单人床的绘制方法与之类似，这里不再介绍。

依次利用"二维图形"命令来绘制餐厅桌子、椅子、电视等家具，如图13-128所示。

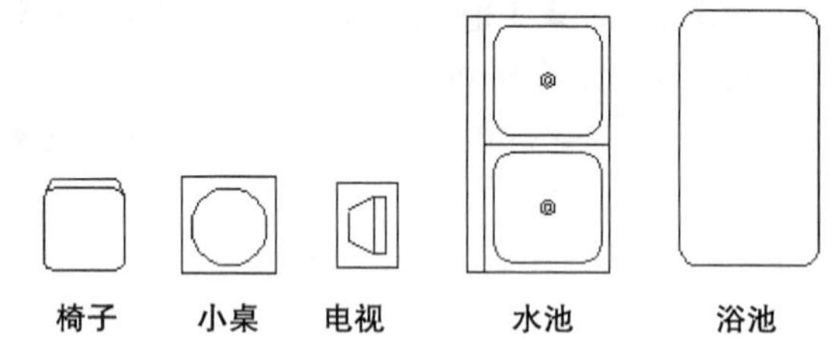

图13-128 室内家具

4. 插入室内物品

操作步骤

01 将所有绘制的室内家具存储为块，插入到平面图中来，如图13-129所示。

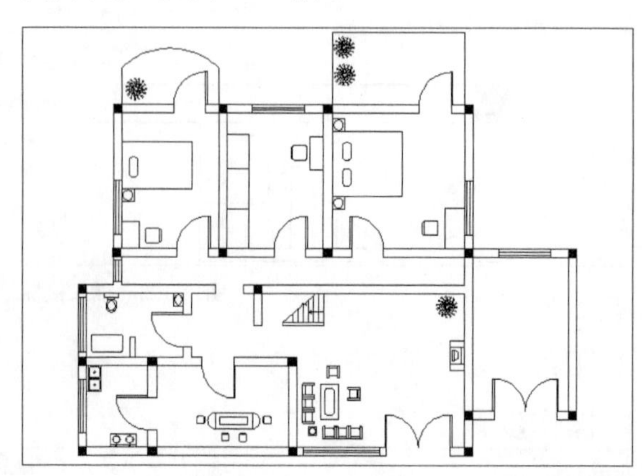

图13-129 插入室内家具

02 选择“工具”→“选项板”→“工具选项板”菜单命令，打开“工具选项板”面板，如图13-130所示。

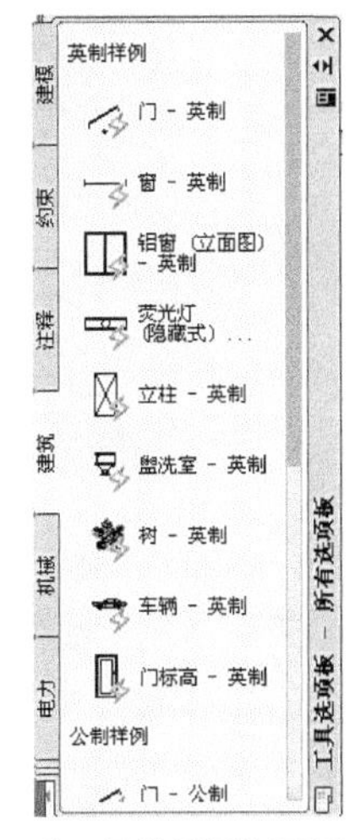

图13-130 “工具选项板”面板

03 单击“建筑”选项卡后，选择“车辆”，将汽车插入进来，如图13-131所示。

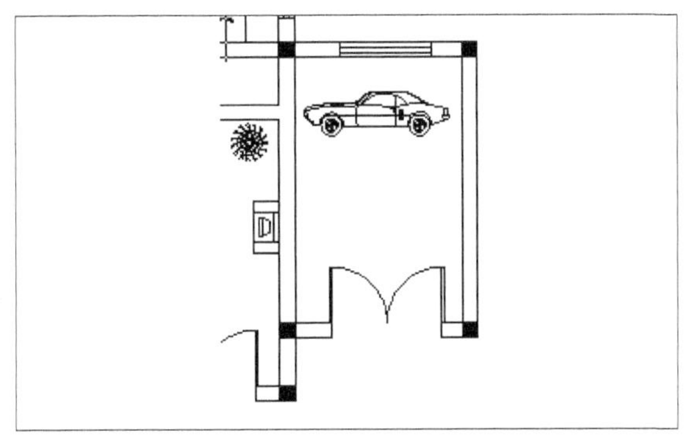

图13-131　插入汽车

13.5.6　填充图案

操作步骤

01 将“其他”层设置为当前层。

02 选择所有墙体，在“特性”工具栏中选择“颜色”框中的蓝色。

03 设置其他家居为深绿色。

04 在“特性”工具栏中设置颜色为黄色，单击“绘图”工具栏中的按钮，打开“图案填充和渐变色”对话框。

05 设置图案为NET，比例为80，如图13-132所示。单击“拾取点”按钮，拾取要填充的边界内部，对边界进行填充。

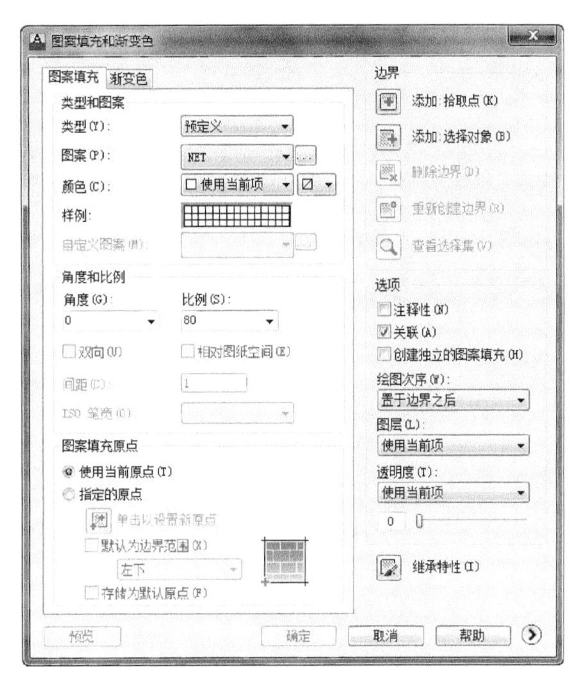

图13-132　“图案填充和渐变色”对话框

06 对不同的房间可设置不同的填充边界和图案的颜色，填充完后如图13-133所示。

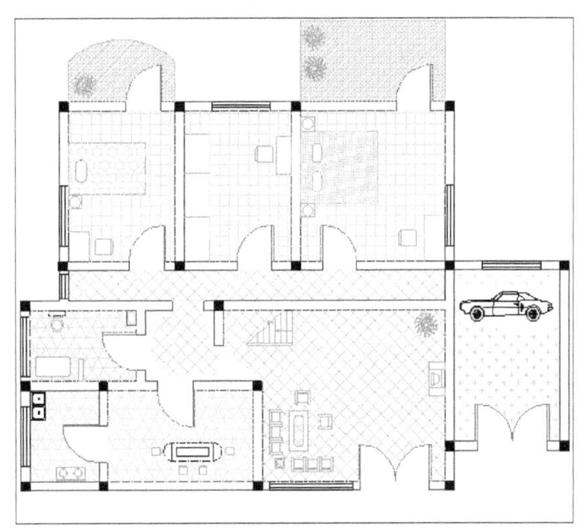

图13-133　填充后的图案

13.5.7　添加文字

操作步骤

01 将“文字”层设置为当前层。

02 选择“格式”→“文字样式”菜单命令，单击“新建”按钮，在“新建文字样式”对话框中输入“文字”，如图13-134所示。

图13-134 “新建文字样式”对话框

03 单击“确定”按钮，在弹出的“文字样式”对话框中设置“文字”样式，如图13-135所示。

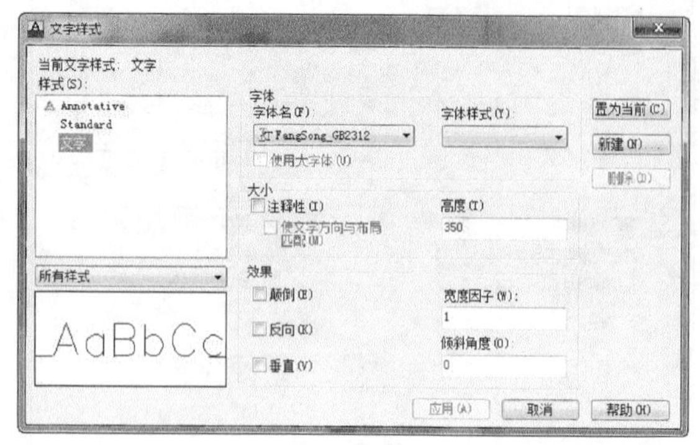

图13-135 “文字样式”对话框

04 单击“应用”按钮，关闭该对话框。

05 单击“绘图”工具栏中的按钮A，在合适的位置输入注释文字，如图13-136所示。

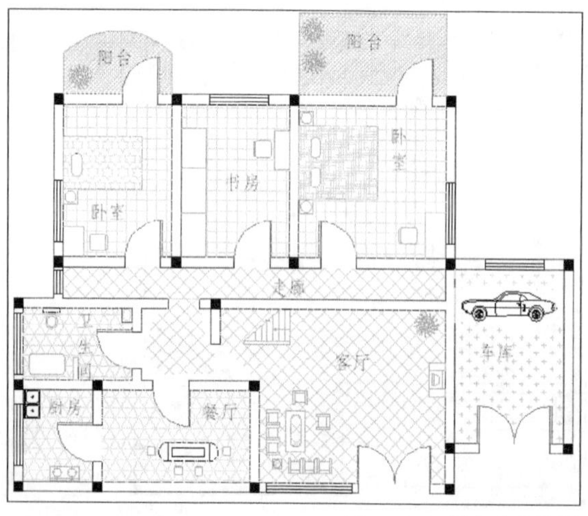

图13-136 添加文字注释

13.5.8 尺寸标注

操作步骤

01 将“标注”层设置为当前层。

02 选择“格式”→“标注样式”菜单命令，在打开的“标注样式管理器”对话框中单击“新建”按钮，在“创建新标注样式”对话框中输入新样式名“标注”，如图13-137所示。

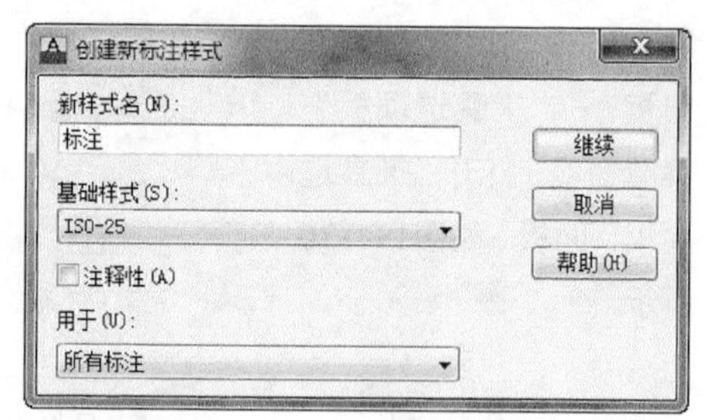

图13-137 “创建新标注样式”对话框

03 单击“继续”按钮，打开“新建标注样式”对话框，在“线”选项卡中设置起点偏移量为5；在“符号和箭头”中设置“箭头”为建筑标记；在“文字”选项卡中设置文字高度为3.5；在“调整”选项卡中设置全局比例为100。

04 单击“确定”按钮，关闭“标注样式管理器”对话框。

05 选择“标注”菜单中的各种标注命令，对平面图的尺寸进行标注，结果如图13-138所示。

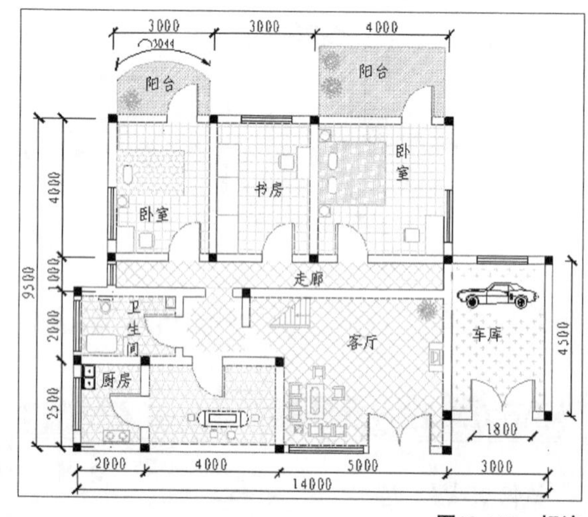

图13-138 标注

技巧与提示

对尺寸进行标注时，若有的位置用前面设置的“标注”样式不太合适或不太美观，可在标注后，选中该标注，然后右键单击选择“特性”命令，在打开的“特性”选项板中即可对个别样式进行修改。

13.5.9 添加图框和标题栏

本例所绘制的平面图为14 000×9 500，因此需要绘制一个A4大小的图框，绘制步骤与前面几章绘制相同，绘制好后的图框如图13-139所示。

图13-139　图框

绘制完图框后，采用同样的方法绘制出标题栏即可，绘制好后的标题栏如图13-140所示。

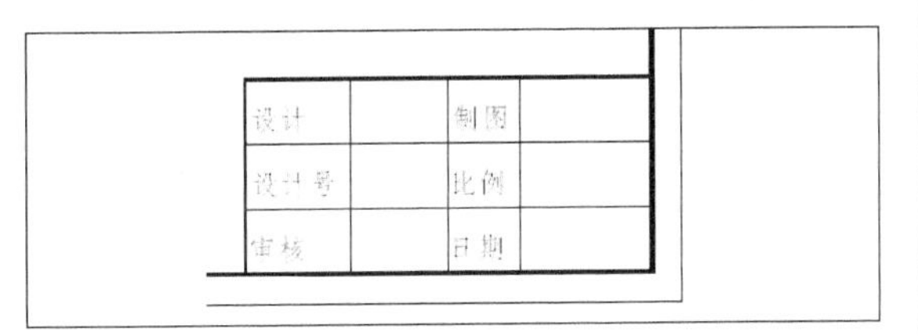

图13-140　标题栏

将绘制好的标题栏保存，然后插入到平面图中，结果如图13-141所示。

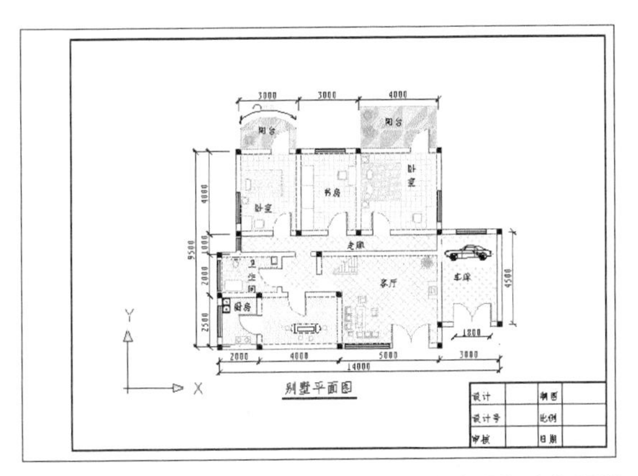

图13-141　添加图框和标题栏

13.6　小结

本章结合前面的基本绘图知识，并根据建筑制图标准绘制了多个实际的例子，通过本章的学习，读者应对平面图的绘制更加熟悉。

13.7　练习

1. 别墅一般有两种类型：一种是住宅别墅，大多建造在城市郊区附近，或独立或群体，环境幽雅恬静，有花园绿地，交通便捷，便于上下班；另一种是休闲型别墅，则建造在人口稀少、风景优美、山清水秀的风景区，供周末或假期消遣或疗养或避暑之用。首先对别墅的平面图进行标注，效果如图13-142所示。

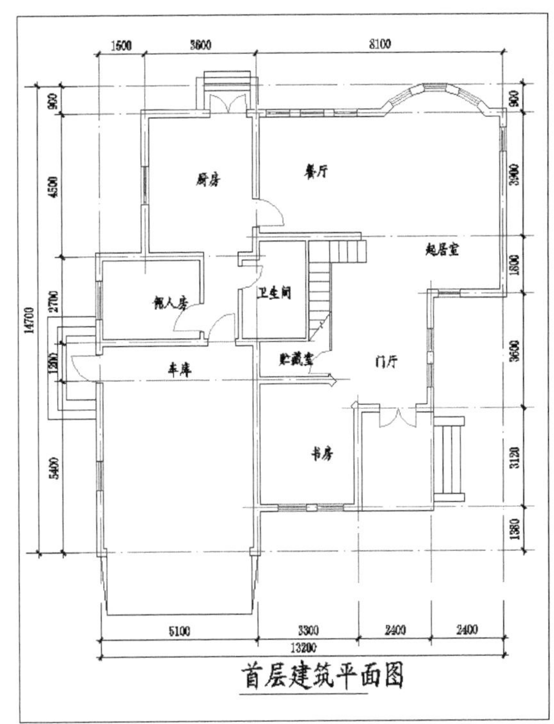

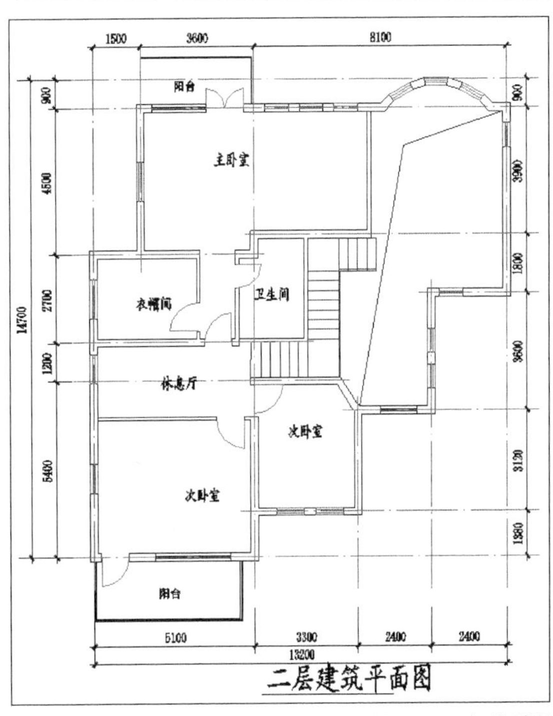

图13-142　标注别墅

2. 利用“插入块”命令绘制别墅的装修图，效果如图13-143所示。

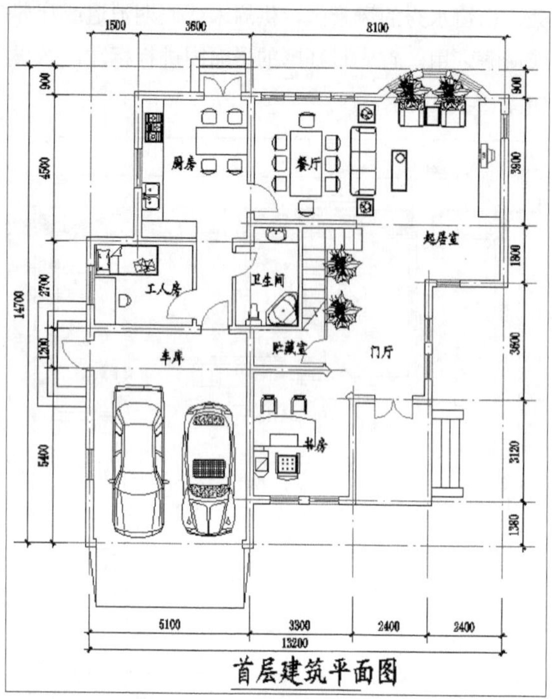

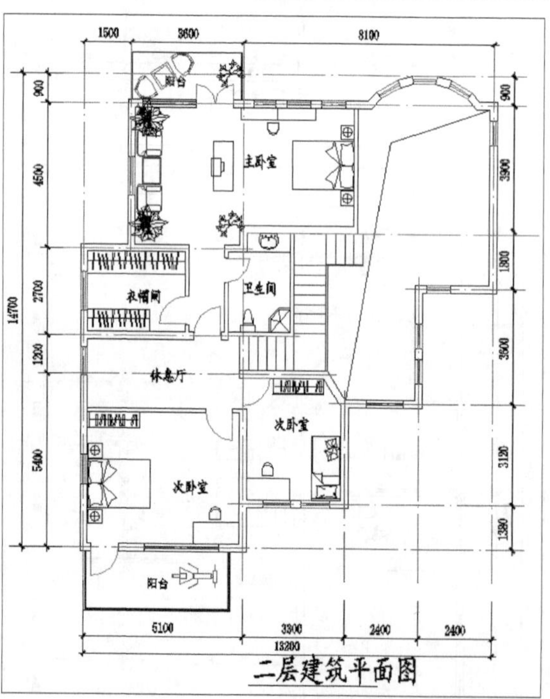

图13-143　绘制别墅的装修图

3. 利用“图案填充”命令绘制别墅的地面图，效果如图13-144所示。

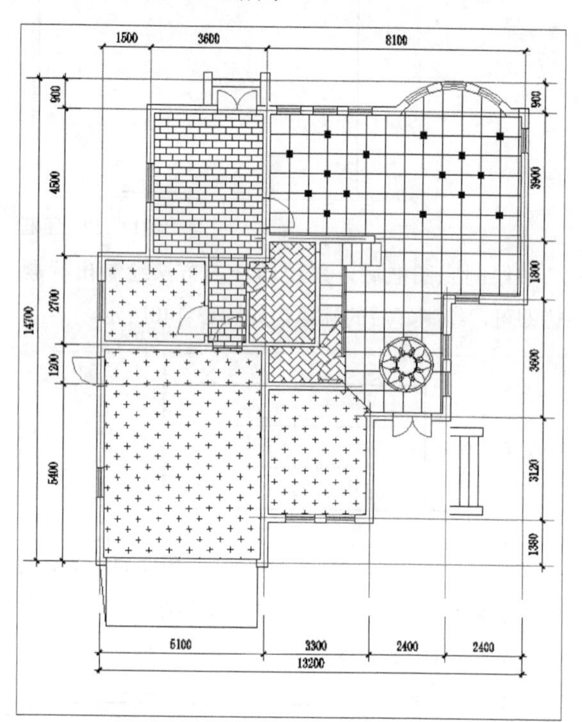

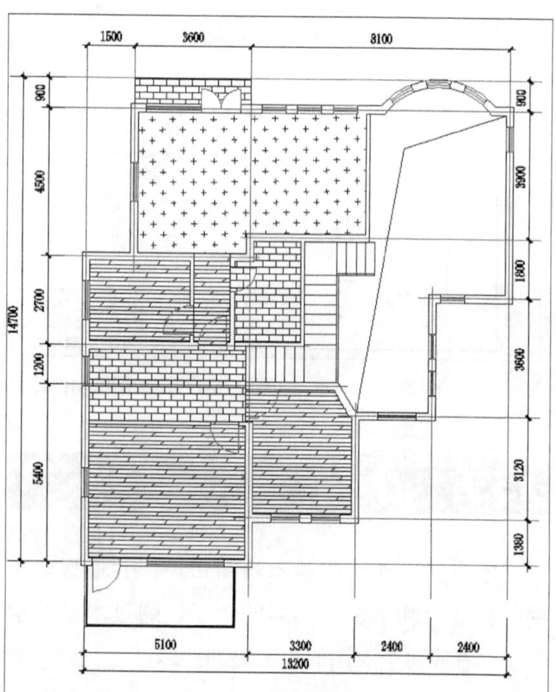

图13-144　绘制别墅的地面图

第14章 简单建筑的三维建模

本章主要讲述简单建筑的三维建模。三维建模自身的显示效果是非常粗糙的，不利于真实效果的体现，因此首先简述了对实体进行渲染处理及动画等。对三维实体进行视觉样式和渲染操作，可以创作出具有真实感的效果图。本章通过对简单建筑三维模型的绘制，使读者更加充分地了解三维建模。

课堂学习目标

渲染三维图形
运动路径动画处理
三维图形绘制
绘制基本实体

14.1 渲染

14.1.1 渲染三维图形

1. 命令功能

渲染命令是一种将三维线框和实体模型处理成照片及真实图像效果的操作。

2. 命令调用

（1）命令行：在命令行输入render命令。

（2）菜单栏：选择“视图（V）”→“渲染（E）”→“渲染（R）”菜单命令。

在命令提示下输入render命令，将显示以下render命令提示：

指定渲染预设[Draft(D)/低(L)/中(M)/高(H)/演示(P)/其他(O)]<中>：输入选项或按Enter键

指定渲染目标[“渲染”窗口(R)/视口(V)]<渲染窗口>：输入选项或按Enter键

其中各选项定义如下。

- “Draft”：草稿是最低级别标准渲染预设。此设置仅用于非常快速的测试渲染，其中反走样被忽略且样例过滤很低。

此渲染预设生成的渲染质量很低，但生成速度最快。

- “低”：“低”渲染预设可提供质量优于“草图”预设的渲染。反走样被忽略但样例过滤得到改进。默认状态下，光线跟踪也处于活动状态，因此可出现质量较好的着色。

此预设最适用于要求质量优于“草图”的测试渲染。

- “中”：使用“中”渲染预设时，可以期望更好的样例过滤并且反走样处于活动状态。与“低”渲染预设相比，光线跟踪处于活动状态且反射深度设置增加。

此预设提供了质量和渲染速度之间良好的平衡。

- “演示”：演示渲染预设用于高质量、真实照片渲染的图像，并且需要花费的时间最长。样例过滤和光线跟踪得到进一步改进。

由于此预设用于最终渲染，因此通常将全局照明设置与其一起使用。

- “其他”：如果存在一个或多个渲染预设，则“其他”选项使用户可以指定自定义渲染预设。选择“其他”后，将显示以下提示。

指定自定义渲染预设[?]：输入自定义渲染预设的名称或输?

“?”为列出自定义渲染预设，将显示文字屏幕，其中列出了存储在模型中的所有自定义渲染设置。仅列出自定义渲染预设。如果不存在自定义渲染预设，则文字屏幕将显示一条信息，说明未找到自定义渲染设置。不指定自定义渲染预设而按Enter键将返回到第一个提示，要求用户指定渲染预设。

- “渲染”窗口：如果选择“渲染”窗口作为渲染目标，则在图像处理过程中，图像将显示在渲染窗口中。选择“渲染”窗口后，将显示其他提示。

输入输出宽度<640>：输入所需的输出宽度或按Enter键

输入输出宽度<480>：输入所需的输出高度或按Enter键

输出宽度和输出高度值将指定渲染图像的宽度和高度。这两个值均可以像素为单位进行测量。

将渲染保存到文件？[是(Y)/否(N)]<否>：输入Y(如果要将渲染的图像保存到磁盘)或按ENTER键

如果接收默认值“否”，则将显示“渲染”窗口并且图像将被渲染。回答“是”将出现另一提示。

指定输出文件名和路径：输入将用于保存渲染图像的有效文件名和路径

- “视口”：如果选择“视口”，则当前显示在视口中的所有内容均将被渲染。

3. 操作实例

渲染如图14-1所示图形。

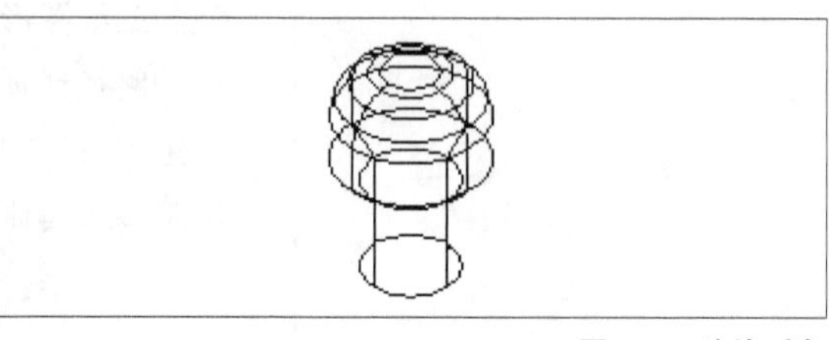

图14-1 渲染对象

操作步骤

01 命令行输入：render↙

02 命令行提示“指定渲染预设[Draft(D)/低(L)/中(M)/高(H)/演示(P)/其他(O)]<中>：”↙（默认预设选项为“中”，回车）。

03 命令行提示“指定渲染目标[“渲染”窗口(R)/视口(V)]<渲染窗口>：”↙（默认指定的渲染目标为“渲染窗口”，回车）。

04 命令行提示“输入输出宽度<640>：”320↙（指定输入输出宽度为320，回车）。

05 命令行提示“输入输出高度<480>：”240↙（指定输入输出高度为240，回车）。

06 命令行提示“是否将渲染保存到文件？[是(Y)/否(N)]<否>：”↙（指定不将渲染保存到文件，生成如图14-2所示图形）。

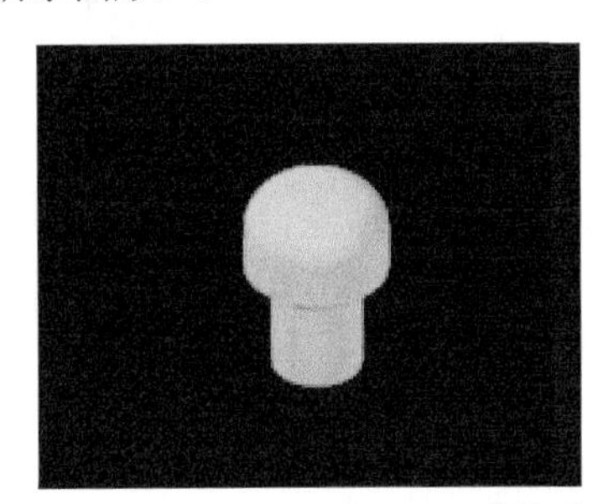

图14-2　渲染后

技巧与提示

在进行渲染处理之前，用户可以对图形进行光源、材质、贴图和渲染环境等的设置，使模型的图像看起来更加真实。

14.1.2　设置光源

通过执行light命令可以完成与光源相关的操作，如添加点光源、聚光灯和平行光，并设置每个光源的位置和光度特性等。可以通过在命令行直接输入light命令后回车来启动灯光效果设置。

调用光源命令后，系统弹出如图14-3所示的“视口光源模式”对话框。

选择“关闭默认光源（建议）”按钮后，命令行提示如下。

输入光源类型[点光源(P)/聚光灯(S)/光域网(W)/目标点光源(T)/自由聚光灯(F)/自由光域(B)/平行光(D)]<自由聚光灯>：

用户根据需要选择光源类型，下面我们来简要介绍几类光源的具体概念及操作方法。

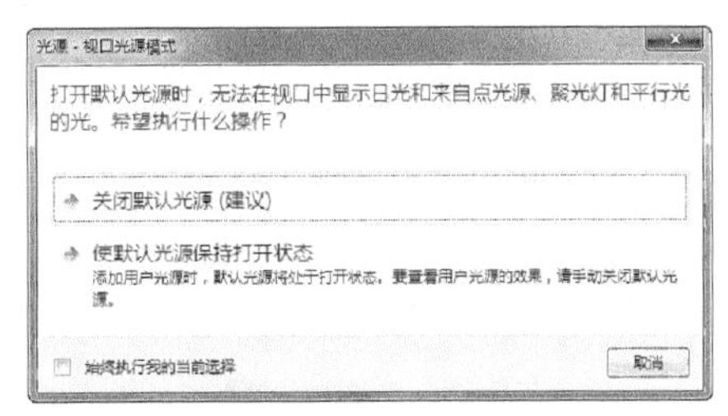

图14-3　“视口光源模式”对话框

● 点光源

1. 命令功能

创建点光源。

2. 命令调用

- 命令行：在命令行输入pointlight。
- 菜单栏：选择“视图（V）”→“渲染（E）”→“光源（L）”→“新建点光源（P）”菜单命令。

调用新建平行光命令后，系统弹出如图14-3所示的“视口光源模式”对话框。单击“关闭默认光源（建议）”按钮后，命令行提示如下。

指定源位置<0，0，0>：

输入坐标值或使用定点设备指定源位置。

如果将LIGHTINGUNITS系统变量设置为0，则将显示以下提示：

命令行提示“输入要更改的选项[名称(N)/强度(I)/状态(S)/阴影(W)/衰减(A)/颜色(C)/退出(X)]<退出>：

如果将LIGHTINGUNITS 系统变量设置为1或2，则将显示以下提示。

输入要更改的选项[名称(N)/强度因子(I)/状态(S)/光度(P)/阴影(W)/衰减(A)/过滤颜色(C)/退出(X)]<退出>：

其各选项定义如下。

- “名称”：指定光源名。名称中可以使用大小写字母、数字、空格、连字符(-)和下划线(_)。最大长度为256个字符。

- “强度因子”：设置光源的强度或亮度。取值范围为0.00到系统支持的最大值。
- “状态”：打开和关闭光源。如果图形中没有启用光源，则该设置没有影响。
- “阴影”：使光源投射阴影。

选用“阴影”选项后，命令行提示如下。

输入阴影设置[关(0)/锐化(S)/已映射柔和(F)/已采样柔和(A)]<锐化>:

各选项具体说明如下。

- “关”：关闭光源阴影的显示和计算。关闭阴影可以提高性能。
- “锐化”：显示带有强烈边界的阴影。使用该选项提高性能。
- “已映射柔和”：显示带有柔和边界的真实阴影。
- “已采样柔和”：显示真实阴影和基于扩展光源的较柔和的阴影（半影）。

“衰减”：选用“衰减”选项后，命令行提示如下。

输入要更改的选项[衰减类型(T)/使用界限(U)/衰减起始界限(L)/衰减结束界限(E)/退出(X)]<退出>:

各选项具体说明如下。

- “衰减类型”：控制光线如何随着距离增加而衰减。对象距点光源越远，则越暗。衰减(attenuation)也称为衰减(decay)。
- “使用界限衰减起始界限”：指定是否使用界限。
- “衰减结束界限”：指定一个点，光线的亮度相对于光源中心的衰减于该点结束。没有光线投射在此点之外。
- “颜色/过滤颜色”：控制光源的颜色。
- “退出”：退出命令。

在光度中，照度是指对光源沿特定方向发出的可感知能量的测量。光通量是指每单位立体角中的可感知能量。一盏灯的总光通量为沿所有方向发射的可感知的能量。亮度是指入射到每单位面积表面上的总光通量。

● 聚光灯

1. 命令功能

创建聚光灯。

2. 命令调用

- 命令行：在命令行输入spotlight命令。
- 菜单栏：选择“视图（V）”→“渲染（E）”→“光源（L）”→“新建聚光灯（S）”菜单命令。

调用新建平行光命令后，系统弹出如图14-3所示的“视口光源模式”对话框。单击“关闭默认光源（建议）”按钮后，命令行提示如下。

指定源位置<0，0，0>:

输入坐标值或使用定点设备指定源位置；

指定目标位置<1，1，1>:

输入坐标值或使用定点设备指定目标位置。

如果将LIGHTINGUNITS系统变量设置为0，则将显示以下提示。

命令行提示“输入要更改的选项[名称(N)/强度(I)/状态(S)/聚光角(H)/照射角(F)/阴影(W)/衰减(A)/颜色(C)/退出(X)]<退出>:

如果将LIGHTINGUNITS 系统变量设置为1或2，则将显示以下提示。

输入要更改的选项[名称(N)/强度因子(I)/光度(P)/状态(S)/聚光角(H)/照射角(F)/阴影(W)/过滤颜色(C)/退出(X)]<退出>:

“聚光角”为指定定义最亮光锥的角度，也称为光束角。“照射角”为指定定义完整光锥的角度，也称为现场角。照射角的取值范围为0°~160°。其他选项定义同上述“点光源”部分。

● 平行光

1. 命令功能

创建平行光。

2. 命令调用

- 命令行：在命令行输入distantlight命令。
- 菜单栏：选择“视图（V）”→“渲染（E）”

→“光源（L）”→“新建平行光（D）”菜单命令。

调用新建平行光命令后，系统弹出如图14-3所示的“视口光源模式”对话框。单击“关闭默认光源（建议）”按钮后，命令行提示如下。

指定光源来向<0,0,0>或[矢量(V)]:

指定点或输入v后，命令行提示如下。

指定光源去向<1，1，1>:

指定点后命令行提示如下。

输入要更改的选项[名称(N)/强度因子(I)/状态(S)/光度(P)/阴影(W)/过滤颜色(C)/退出(X)]<退出>:

各选项定义同“点光源(P)”部分。

● 光源列表

1. 命令功能

创建平行光。

2. 功能调用

- 命令行：在命令行输入lightlist命令。
- 菜单栏：选择“视图（V）”→“渲染（E）”→“光源（L）”→“光源列表（L）”菜单命令。
- 菜单栏：选择“工具（T）”→“选项板”→“光源（L）”菜单命令。

调用“光源列表”命令后，系统弹出如图14-4所示的“模型中的光源”窗口。

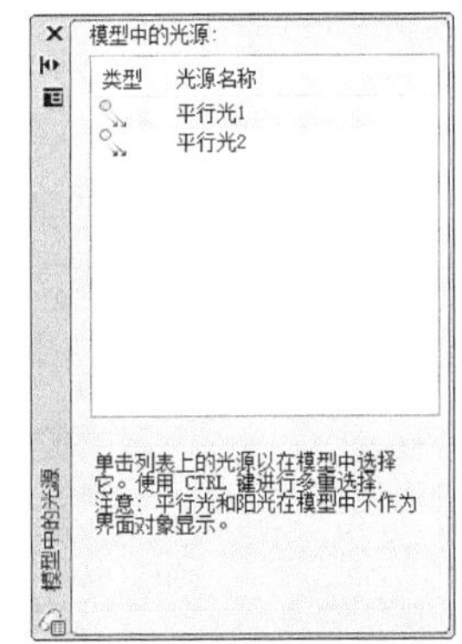

图14-4　“模型中的光源”窗口

该对话框列出了图形中的光源。“类型”列中的图标指示光源类型为：点光源、聚光灯或平行光，并指示它们处于打开还是关闭状态。选择列表中的光源可以在图形中选择它。若要对列表进行排序，则单击“类型”或“光源名称”列标题即可。

将鼠标选中光源，单击鼠标右键，系统弹出“删除光源”和“特性”选项。

- “删除光源”：选定一个或多个光源后，单击鼠标右键并单击“删除光源”以从图形中删除光源。也可以按Delete键。
- “特性”：选定一个或多个光源后，单击鼠标右键并单击“特性”以显示“特性”选项板，如图14-5所示。从中可以修改光源特性以及打开或关闭光源。当选定特性时，底部的面板上将显示特性的说明。也可以双击以显示“特性”选项板。

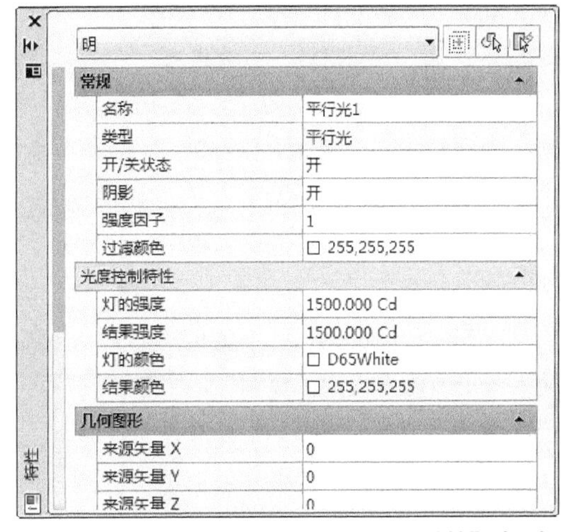

图14-5　“特性”选项板

- 操作示例

使用light命令为如图14-6所示齿轮添加光照。

（a）添加光照前

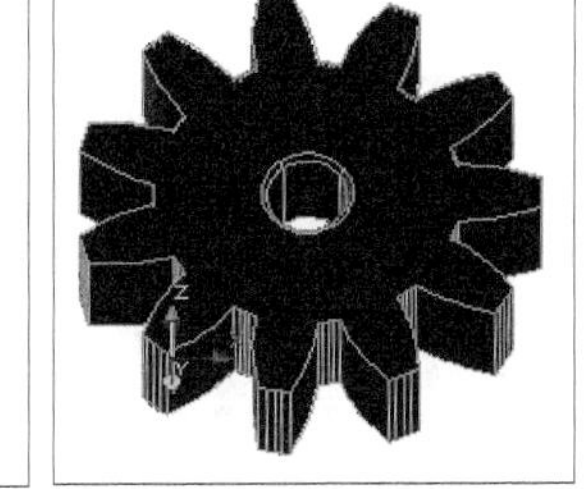

(b)　添加光照后

图14-6　齿轮模型

操作步骤

01 绘制如图14-6（b）所示齿轮。

02 执行“UCS”工具栏上“原点”按钮，将原点移至齿轮左角齿上如图14-6（a）所示。

03 命令行输入：_light↙。

04 系统会弹出如图14-3所示的“视口光源模式”

对话框，选择“不再显示此消息”选项，单击“是”按钮。

05 命令行提示“输入光源类型 [点光源(P)/聚光灯(S)/光域网(W)/目标点光源(T)/自由聚光灯(F)/自由光域(B)/平行光(D)] <点光源>:”p ↙（选择输入光源类型为点光源，回车）。

06 命令行提示“指定源位置 <0, 0, 0>: ”↙（默认源位置为坐标位置为坐标原点，回车）。

07 命令行提示“输入要更改的选项 [名称(N)/强度因子(I)/状态(S)/光度(P)/阴影(W)/衰减(A)/过滤颜色(C)/退出(X)] <退出>: : ”w↙（选择“阴影”选项，回车）。

08 命令行提示“输入 [关(O)/锐化(S)/已映射柔和(F)/已采样柔和(A)] <已采样柔和>: ”↙（选择“已采样柔和”选项，回车）。

09 命令行提示“输入要更改的选项 [形(S)/样例(A)/可见(V)/退出(X)] <退出>:”a ↙（选择要输入要更改的选项为“样例”，回车）。

10 命令行提示“输入阴影采样 <16>:”24↙（输入阴影采样24，回车）。

11 命令行提示“输入要更改的选项 [形(S)/样例(A)/可见(V)/退出(X)] <退出>:”↙（默认退出选项，回车）。

12 命令行提示“输入要更改的选项 [名称(N)/强度因子(I)/状态(S)/光度(P)/阴影(W)/衰减(A)/过滤颜色(C)/退出(X)] <退出>: : ”↙（默认退出选项，回车，即生成效果图如图14-6（b）所示）。

14.1.3 设置材质

1. 命令功能

管理、应用和修改材质。

2. 命令调用

（1）命令行：在命令行输入materials命令。

（2）菜单栏：选择“视图（V）”→“渲染（E）”→“材质（M）”菜单命令。

（3）菜单栏：选择“工具（T）”→“选项板”→“材质（M）”菜单命令。

执行“材质”命令后，系统弹出“材质浏览器”对话框，如图14-7所示。利用该对话框可以对图形进行材质设置。

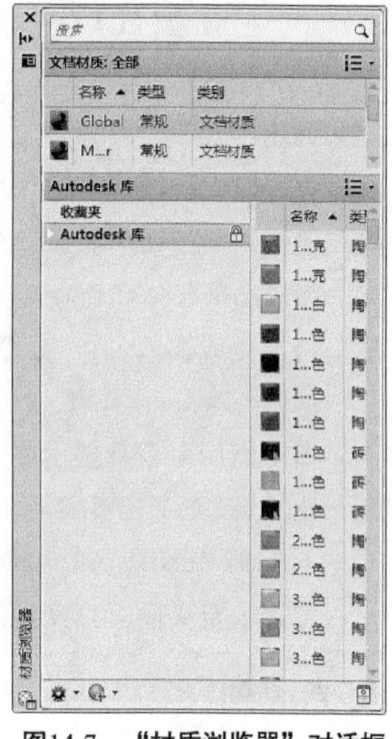

图14-7 “材质浏览器”对话框

14.1.4 渲染环境

1. 命令功能

可以使用环境功能来设置雾化效果或背景图像。

2. 命令调用

（1）命令行：在命令行输入renderenvironment命令。

（2）菜单栏：选择“视图（V）”→“渲染（E）”→“渲染环境（E）…”菜单命令。

调用“渲染环境”命令后，系统弹出如图14-8所示的“渲染环境”对话框。

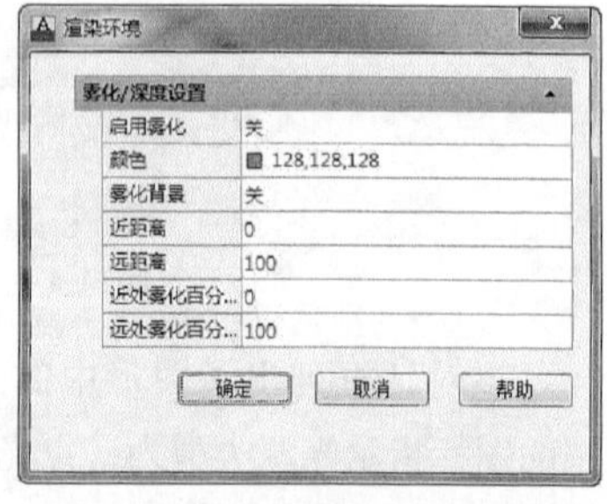

图14-8 “渲染环境”对话框

雾化和深度设置：实际上，雾化和深度设置是同一效果的两个极端：雾化为白色，而传统的深度设置为黑色。可以使用其间的任意一种颜色。其中各选项定义如下。

（1）启用雾化：启用雾化或关闭雾化，而不影响对话框中的其他设置。

（2）颜色：指定雾化颜色。

单击“选择颜色”打开“选择颜色”对话框。如图14-9所示。

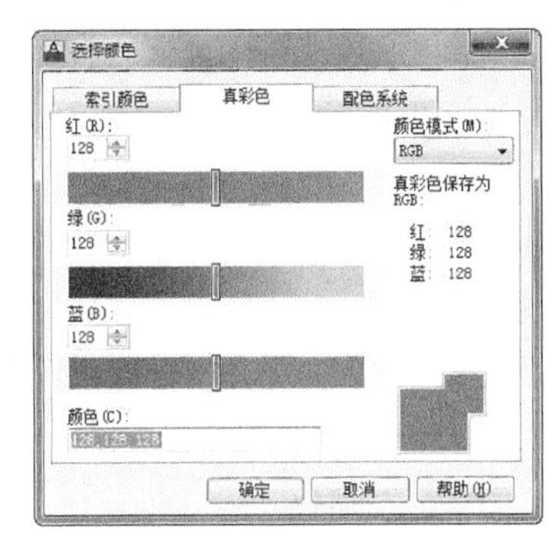

图14-9　“选择颜色”对话框

可以从255种AutoCAD颜色索引(ACI)颜色、真彩色和配色系统颜色中进行选择来定义颜色。

（3）雾化背景：不仅对背景进行雾化，也对几何图形进行雾化。背景主要是显示在模型后面的背景幕。背景可以是单色、多色渐变色或位图图像。

（4）近距离：指定雾化开始处到相机的距离。

将其指定为到远处剪裁平面的距离的百分比。可以通过在“近距离”字段中输入或使用微调控制来设置该值。近距离设置不能大于远距离设置。

（5）远距离：指定雾化结束处到相机的距离。

将其指定为到远处剪裁平面的距离的百分比。可以通过在“近距离”字段中输入或使用微调控制来设置该值。远距离设置不能小于近距离设置。

（6）近处雾化百分率：指定近距离处雾化的不透明度。

（7）远处雾化百分率：指定远距离处雾化的不透明度。

技巧与提示

对于比例较小的模型，“近处雾化百分率”和“远处雾化百分率”设置可能需要设置在1.0以下才能查看想要的效果。

14.2　运动路径动画

运动路径动画是在AutoCAD 2013中新增的功能之一，设计人员可以选择“视图”→“运动路径动画”命令，创建相机沿路径运动观察图形的动画，在进行简单动画时，不用借助其他软件，大大简化了操作，提高了效率。

14.2.1　创建相机

1. 命令功能

可以在视图中创建相机，作为动画时观察环境的眼睛。设置相机和目标的位置，以创建并保存对象的三维透视图。可以通过定义相机的位置和目标，然后进一步定义其名称、高度、焦距和剪裁平面来创建新相机。还可以使用工具选项板上的若干预定义相机类型之一。

2. 命令调用

（1）命令行：在命令行输入camera命令。

（2）菜单栏：选择“视图(V)”→“创建相机(T)”菜单命令。

命令行提示信息如下。

命令：camera

当前相机位置：高度=0 焦距=50 毫米

指定相机位置：

指定所需位置后，命令行提示：

指定目标位置：

指定目标位置后，命令行提示：

输入选项[?/名称(N)/位置(LO)/高度(H)/坐标(T)/镜头(LE)/剪裁(C)/视图(V)/退出(X)]<退出>:

命令行各命令说明。

（1）?：列出相机。显示当前已定义相机的列表。选择“?”，命令行提示信息如下。

输入要列出的相机名称 <*>:

（2）名称：给相机命名。选择“名称”，命令行提示信息如下。

输入新相机的名称 <相机 2>:

（3）位置：指定相机的位置。选择“位置”，命令行提示信息如下。

指定相机位置<当前>：

（4）高度：更改相机高度。选择“高度”，命令行提示信息如下。

指定相机高度<0>：

（5）坐标：指定相机的坐标位置。选择“坐标”，命令行提示信息如下。

指定坐标位置<*，*，*>：

（6）镜头：更改相机的焦距。选择“镜头”，命令行提示信息如下。

以毫米为单位指定焦距<50>：

（7）剪裁：定义前后剪裁平面并设置它们的值。选择“裁减”，命令行提示信息如下。

是否启用前向剪裁平面？[是(Y)/否(N)]<否>：

选择“是”启用前向剪裁，命令行提示信息如下。

指定从坐标平面的前向剪裁平面偏移<0>：

输入距离；选择“否”启用后向剪裁，命令行提示信息如下。

指定从坐标平面的前向剪裁平面偏移<0>：

（8）视图：设置当前视图以匹配相机设置。选择“视图”，命令行提示信息如下。

是否切换到相机视图？[是(Y)/否(N)]<否>：

（9）退出：取消该命令。

14.2.2 运动路径动画

1. 命令功能

通过在“运动路径动画”对话框中指定设置来确定运动路径动画的动画文件格式。可以使用若干设置控制动画的帧率、持续时间、分辨率、视觉样式和文件格式。

2. 命令调用

（1）命令行：在命令行输入anipath命令。

（2）菜单栏：选择“视图(V)”→“运动路径动画(M)”菜单命令。

启用该命令后，系统弹出如图14-10所示的“运动路径动画”对话框。

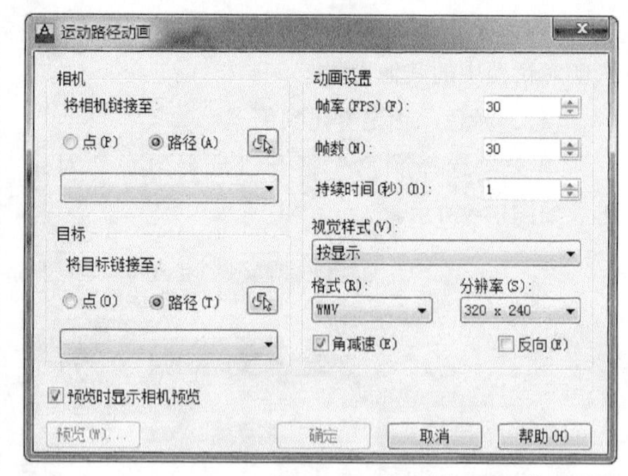

图14-10 “运动路径动画”对话框

各参数说明如下。

（1）相机。将相机链接至：将相机链接至图形中的静态点或运动路径。

- 点：将相机链接至图形中的静态点。
- 路径：将相机链接至图形中的运动路径。
- 拾取点/选择路径：选择相机所在位置的点或沿相机运动的路径，这取决于选择的是“点”还是“路径”。
- 点/路径列表：显示可以链接相机的命名点或路径列表。要创建路径，可以将相机链接至直线、圆弧、椭圆弧、圆、多段线、三维多段线或样条曲线。

技巧与提示

创建运动路径时，将自动创建相机。如果删除指定为运动路径的对象，也将同时删除命名的运动路径。

（2）目标。将目标链接至：将目标链接至点或路径。

技巧与提示

如果将相机链接至点，则必须将目标链接至路径。如果将相机链接至路径，可以将目标链接至点或路径。

- 点：如果将相机链接至路径，必须将目标链接至图形中的静态点。
- 路径：将目标链接至图形中的运动路径。
- 拾取点/选择路径：选择目标的点或路径，这取决于选择的是“点”还是“路径”。
- 点/路径列表：显示可以链接目标的命名点或路径列表。要创建路径，可以将目标链接至直线、圆弧、椭圆弧、圆、多段线、三维多段线或样条曲线。

（3）动画设置。控制动画文件的输出。

- 帧率（FPS）：动画运行的速度，以每秒帧数为单位计量。指定范围为1~60的值。默认值为30。
- 帧数：指定动画中的总帧数。该值与帧率共同确定动画的长度。更改该数值时，将自动重新计算“持续时间”值。
- 持续时间（秒）：指定动画（片断中）的持续时间。更改该数值时，将自动重新计算“帧数”值。
- 视觉样式：显示可应用于动画文件的视觉样式和渲染预设的列表。
- 格式：指定动画的文件格式。可以将动画保存为AVI、MOV、MPG或WMV文件格式以便日后回放。仅当安装Apple QuickTime Player后MOV格式才可用。仅当安装Microsoft Windows Media Player 9或更高版本后，WMV格式才可用并将作为默认选项。否则，AVI将作为默认选项。
- 分辨率：以屏幕显示单位定义生成的动画的宽度和高度。默认值为320×240。
- 角减速：相机转弯时，以较低的速率移动相机。
- 反向：反转动画的方向。

（4）预览时显示相机预览：显示“动画预览”对话框，从而可以在保存动画之前进行预览。

（5）预览：显示视口中动画的相机移动。如果勾选了“预览时显示相机预览”复选框，则“动画预览”对话框也将显示动画的预览。

14.3 别墅三维模型的绘制

14.3.1 别墅首层模型

1. 地面

操作步骤

01 选择“绘图”→“多段线”菜单命令，绘制一条长度为13 000×8 000的多段线，如图14-11所示。

图14-11　多段线

02 选择“视图”→“三维视图”→“西南等轴侧”菜单命令，进入西南等轴侧视图。

03 选择“绘图”→“建模”→“拉伸”菜单命令，将多段线拉伸100，如图14-12所示。

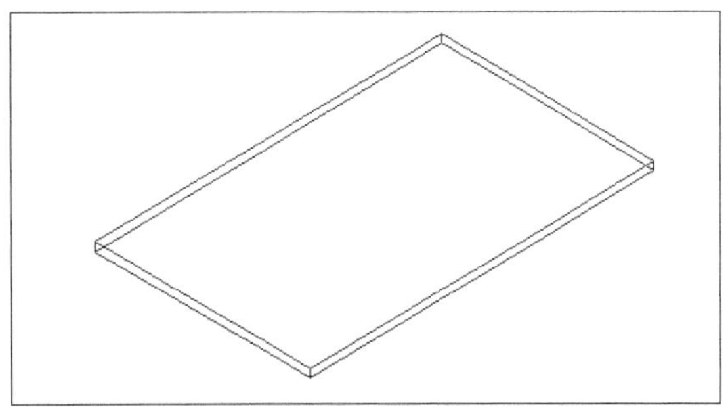

图14-12　拉伸

2. 墙体

操作步骤

01 选择“视图”→“三维视图”→“俯视图”菜单命令，进入俯视图。

02 选择“绘图”→“多段线”菜单命令，绘制一条多段线，如图14-13所示。

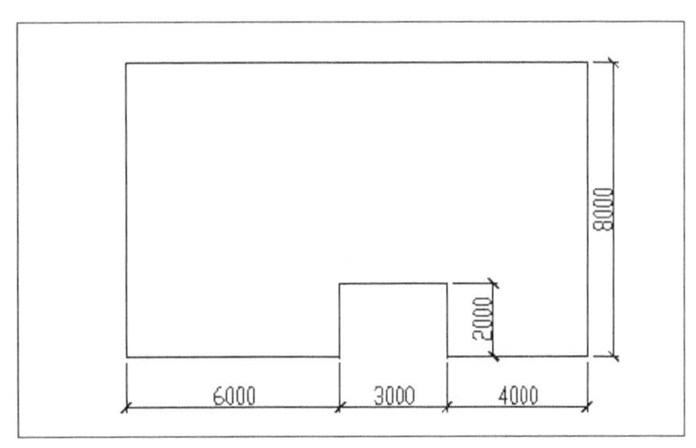

图14-13　多段线

03 选择“修改”→“偏移”菜单命令，将多段线向内偏移200，如图14-14所示。

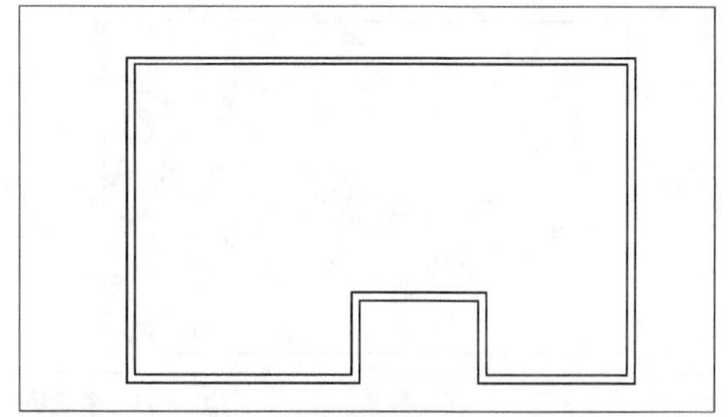

图14-14　偏移

04 选择“视图”→“三维视图”→“西南等轴侧”菜单命令，进入西南等轴侧视图。

05 选择“绘图”→“建模”→“拉伸”菜单命令，将多段线拉伸3 450，如图14-15所示。

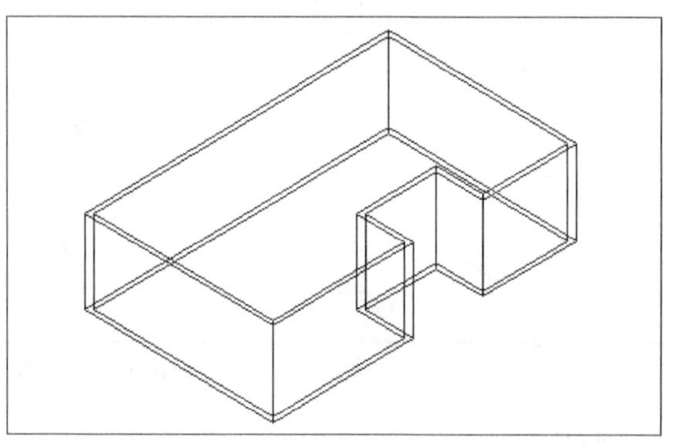

图14-15　拉伸

06 选择“绘图”→“建模”→“差集”菜单命令，将两个实体进行差集运算，将中间的实体从外边的实体中除去，使之成为一个整体，并放置到地面上，如图14-16所示。

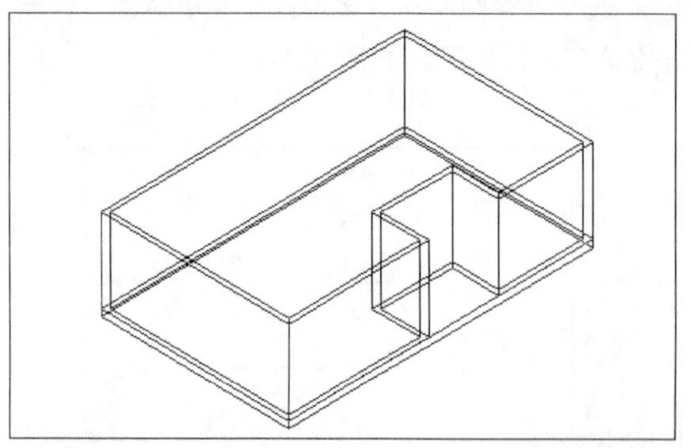

图14-16　差集

07 选择“视图”→“三维视图”→“俯视图”菜单命令，进入俯视图。

08 选择“绘图”→“多段线”菜单命令，绘制一条多段线，圆弧半径为2 000，如图14-17所示。

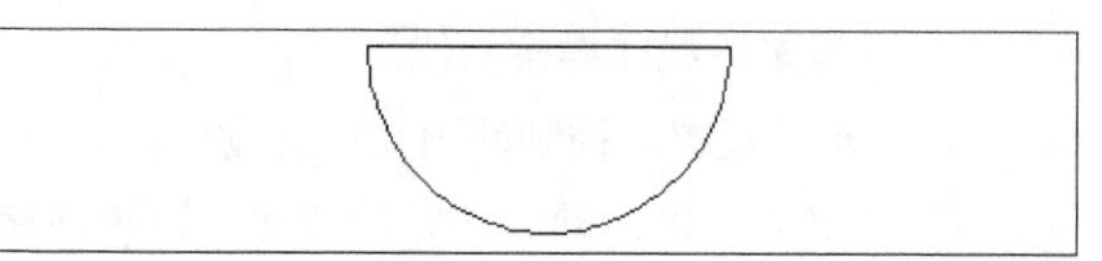

图14-17　多段线

09 选择“修改”→“偏移”菜单命令，将多段线向内偏移200，如图14-18所示。

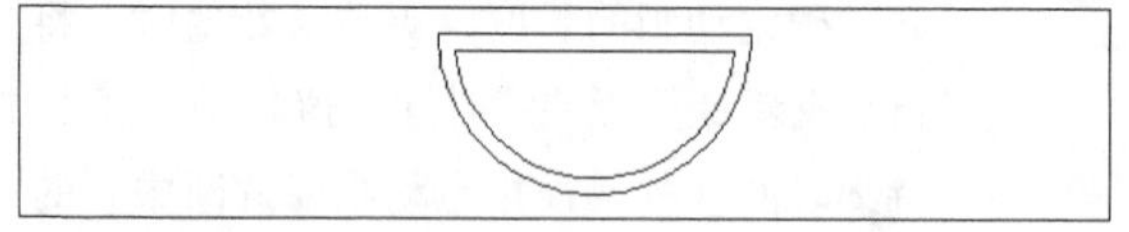

图14-18　偏移

10 选择“视图”→“三维视图”→“西南等轴侧”菜单命令，进入西南等轴侧视图。

11 选择“绘图”→“建模”→“拉伸”菜单命令，将多段线拉伸3 550，如图14-19所示。

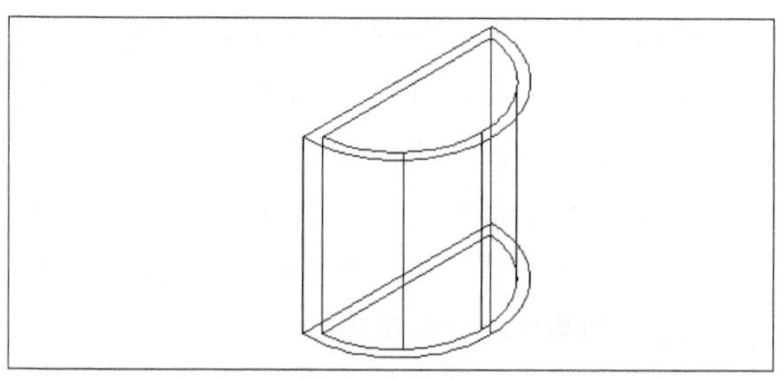

图14-19　拉伸

12 选择“绘图”→“建模”→“差集”菜单命令，将两个实体进行差集运算，将中间的实体从外边的实体中除去，使之成为一个整体，并放置到墙体处，圆弧中心距离墙边3 000，如图14-20所示。

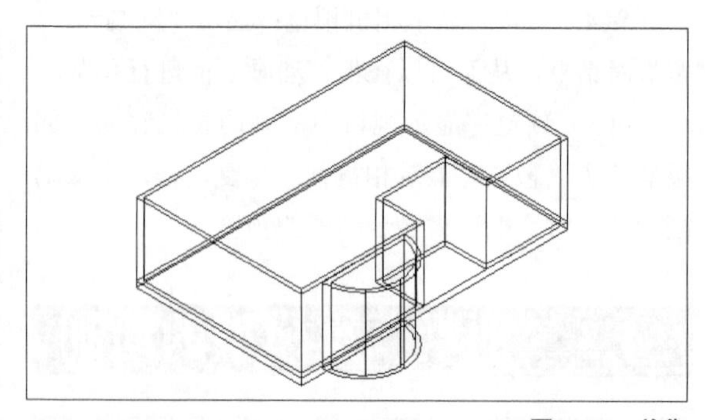

图14-20　差集

3. 墙体开洞

下面对墙体进行开洞。

操作步骤

01 选择“绘图”→“建模”→“长方体”菜单

命令，绘制一个1 200×2 100×200的长方体，如图14-21所示。

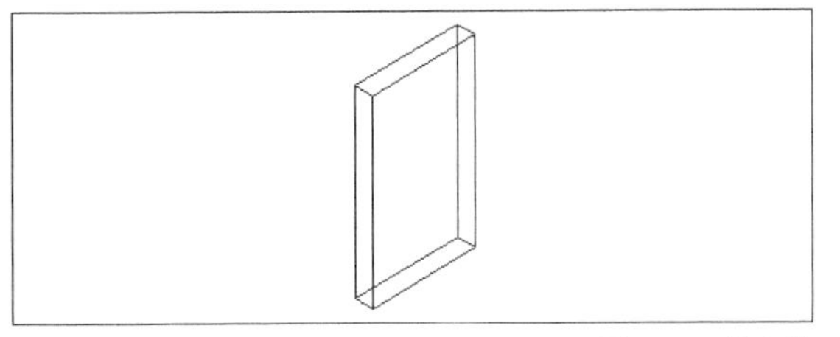

图14-21　长方体

02 将长方体放置到墙体中，并在该段墙体居中布置，选择“绘图”→“建模”→“差集”菜单命令，将两个实体进行差集运算，结果如图14-22所示。

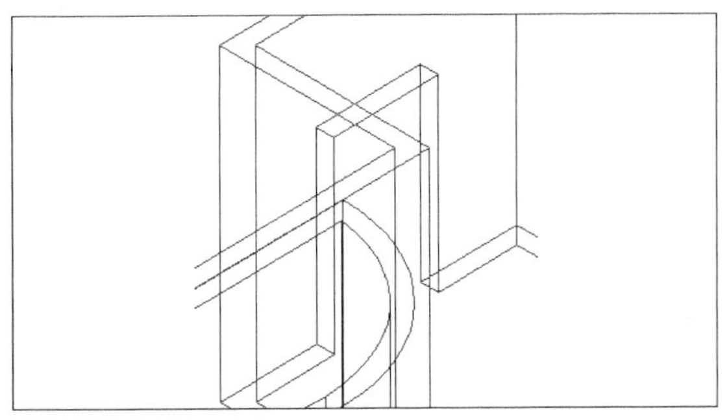

图14-22　差集

03 选择“绘图”→“建模”→“长方体”菜单命令，绘制一个2 400×1 800×200的长方体，结果如图14-23所示。

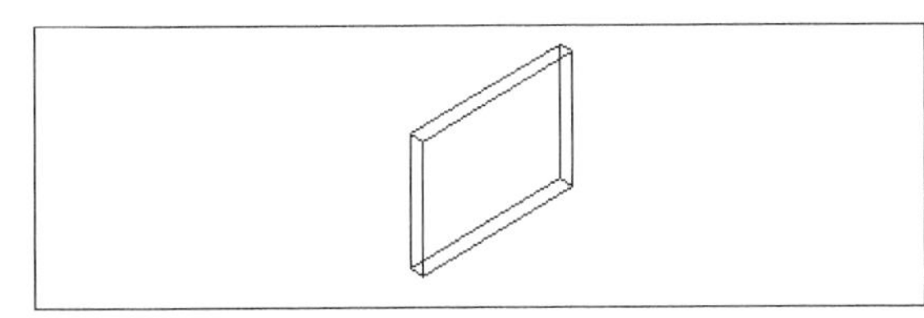

图14-23　长方体

04 将长方体放置到墙体中，距离地面900，并在该段墙体居中布置，选择“绘图”→“建模”→“差集”菜单命令，将两个实体进行差集运算，结果如图14-24所示。

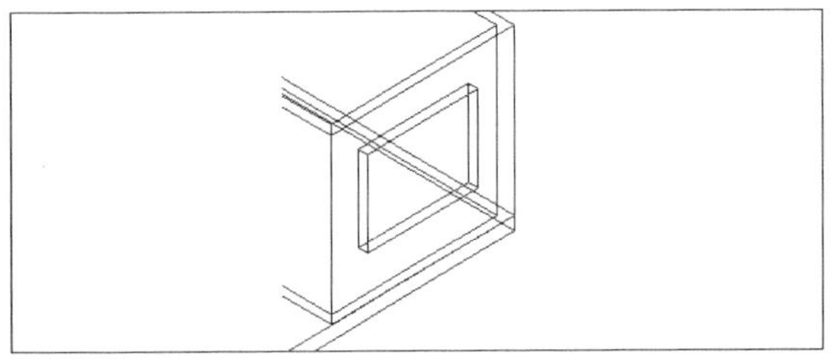

图14-24　差集

05 选择“绘图”→“建模”→“长方体”菜单命令，绘制一个900×1 800×200的长方体，如图14-25所示。

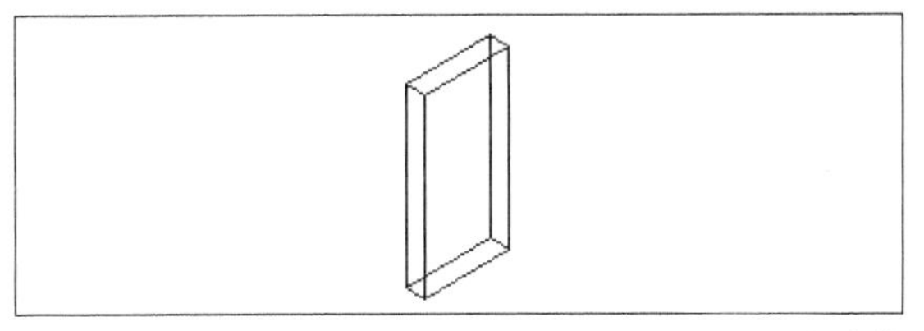

图14-25　长方体

06 选择“绘图”→“建模”→“长方体”菜单命令，绘制一个1 200×1 500×200的长方体，如图14-26所示。

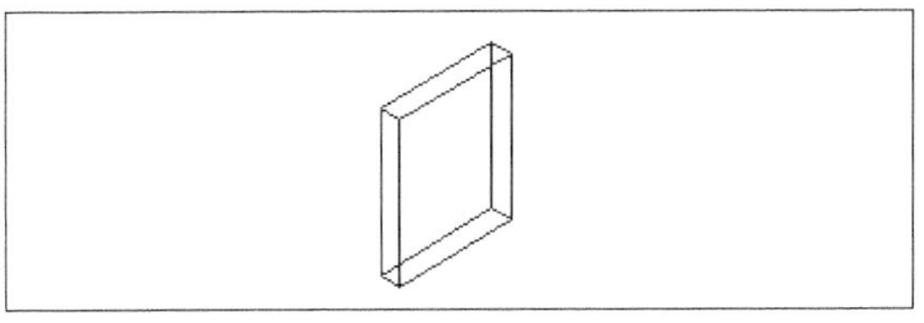

图14-26　长方体

07 将长方体放置到墙体中，图14-25所示的长方体距右侧墙体1 500，图14-26所示的长方体距左侧墙体1 500，距离地面900，选择“绘图”→“建模”→“差集”菜单命令，将两个实体进行差集运算，结果如图14-27所示。

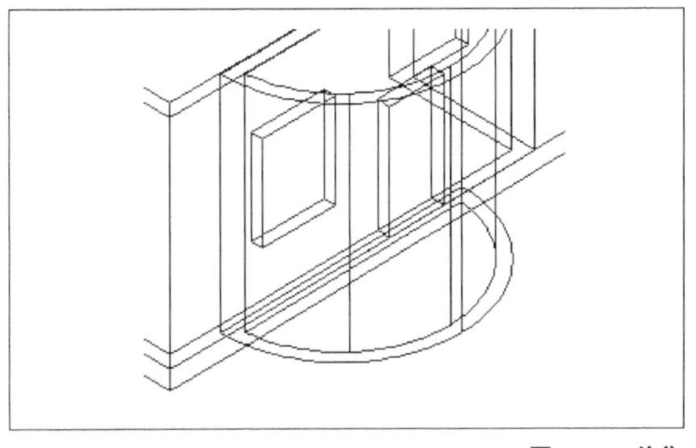

图14-27　差集

08 选择“绘图”→“建模”→“圆柱体”菜单命令，绘制一个半径为150，高度为3 550的圆柱体，将圆柱体放置到半圆弧实体中，结果如图14-28所示。

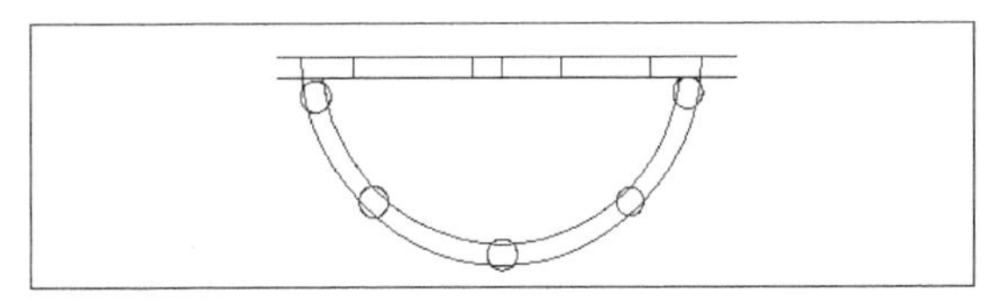

图14-28　圆柱体

4. 门窗

操作步骤

01 选择“绘图”→“建模”→“长方体”菜单命令，绘制一个1 200×2 100×100的长方体，如图14-29所示。

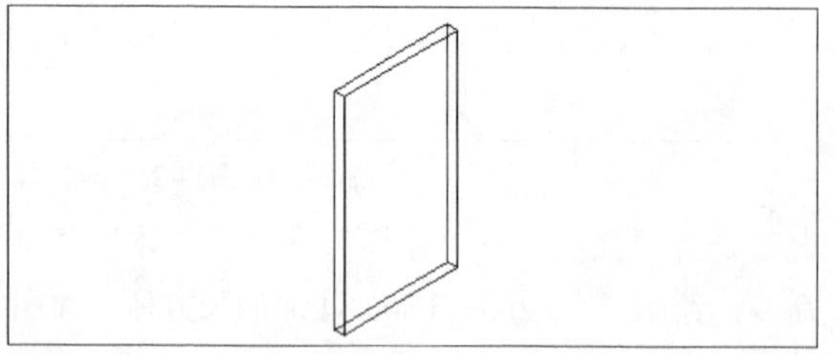

图14-29 长方体

02 再绘制一个1 000×400×100的长方体，距上边为300，居中布置，选择“绘图”→“建模”→“差集”菜单命令，将两个实体进行差集运算，结果如图14-30所示。

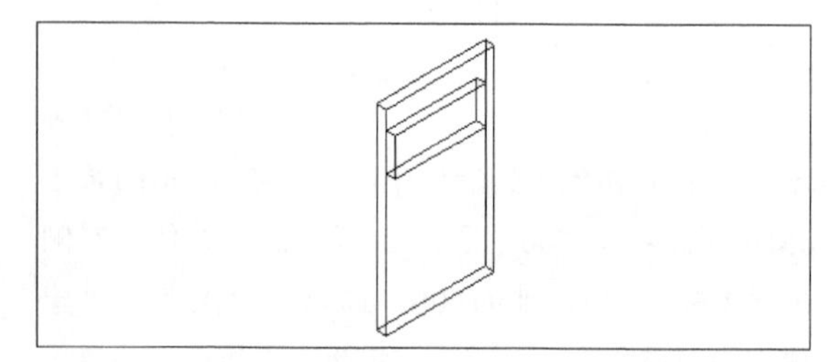

图14-30 门

03 绘制一个1 000×400×50的长方体，作为门的玻璃，居中布置，如图14-31所示。

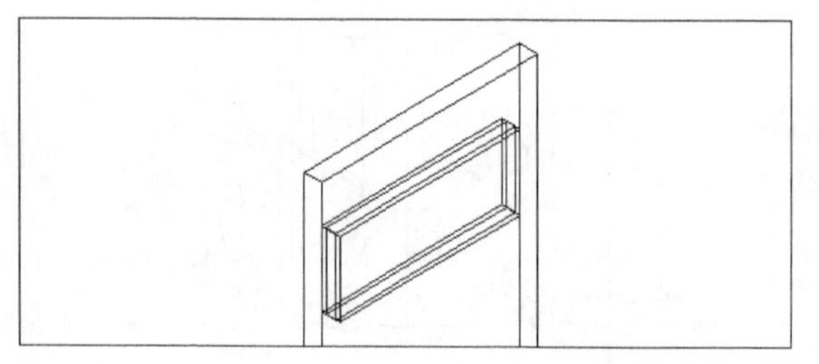

图14-31 门

04 选择“绘图”→“建模”→“长方体”菜单命令，绘制一个2 400×1 800×100的长方体，如图14-32所示。

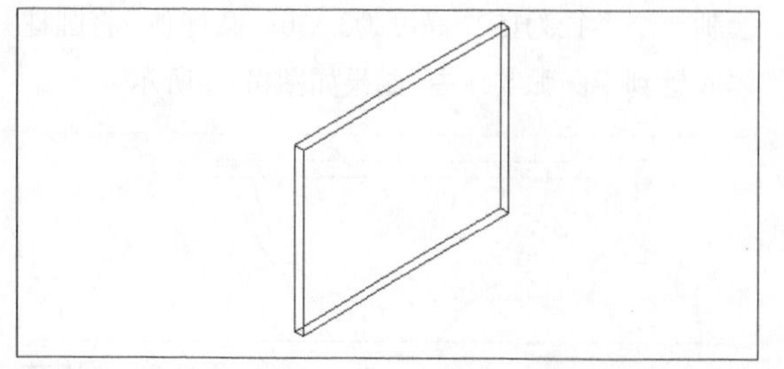

图14-32 长方体

05 再绘制4个1 050×750×100的长方体，距各边为100，选择“绘图”→“建模”→“差集”菜单命令，将实体进行差集运算，结果如图14-33所示。

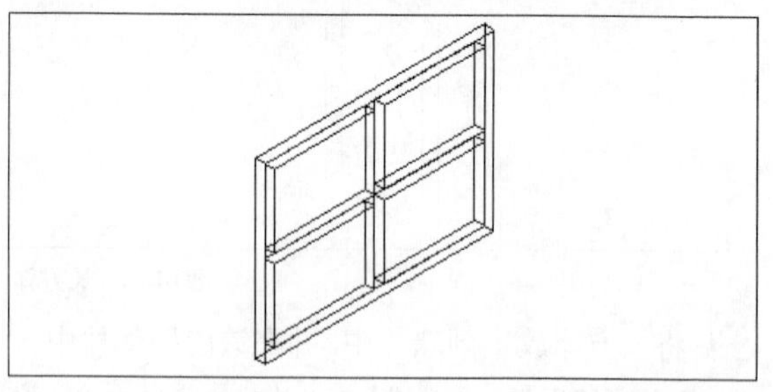

图14-33 窗

06 绘制4个1 050×750×50的长方体，作为窗的玻璃，居中布置，如图14-34所示。

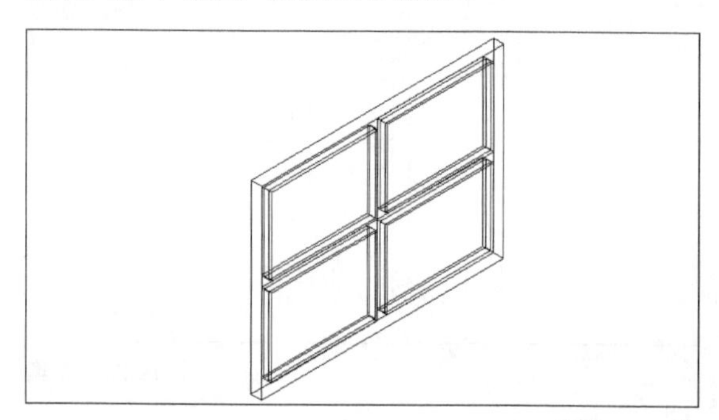

图14-34 窗

07 选择“绘图”→“建模”→“长方体”菜单命令，绘制一个900×1 800×100的长方体，如图14-35所示。

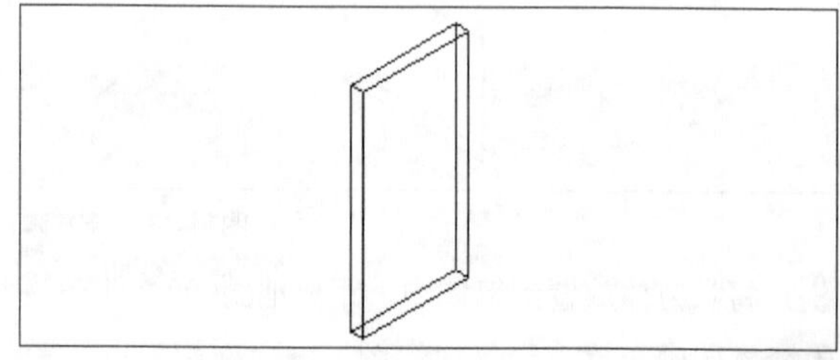

图14-35 长方体

08 选择“绘图”→“建模”→“长方体”菜单命令，绘制一个1 200×1 500×100的长方体，如图14-36所示。

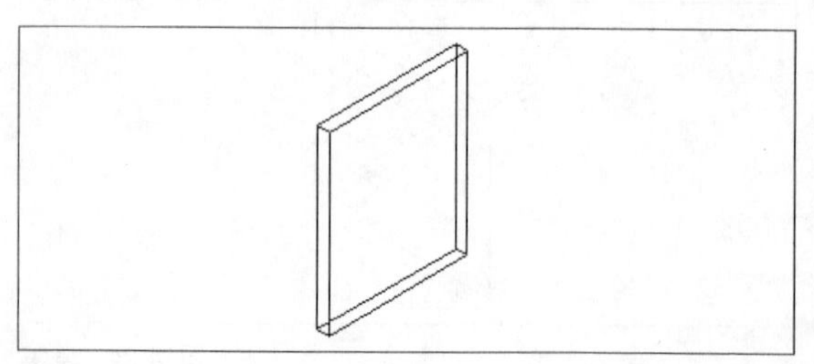

图14-36 长方体

09 选择“绘图”→“建模”→“长方体”菜单命令，绘制一个1 100×1 400×100的长方体，选择“绘图”→“建模”→“差集”菜单命令，将实体进行差集运算，结果如图14-37所示。

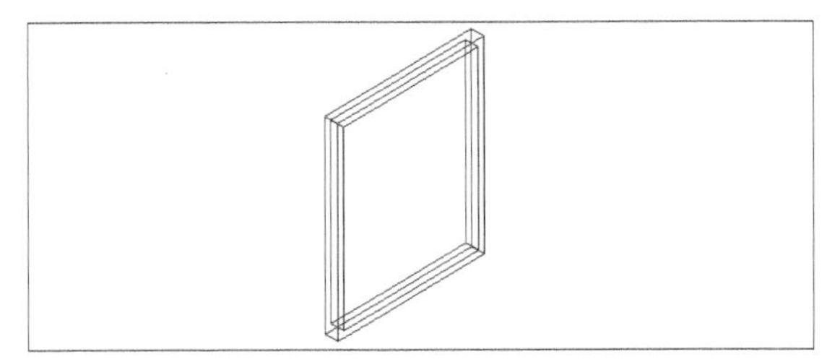

图14-37 长方体

10 选择“绘图”→“建模”→“长方体”菜单命令，绘制两个600×1 400×50的长方体，作为窗的玻璃，两长方体相叠部分长为100，如图14-38所示。

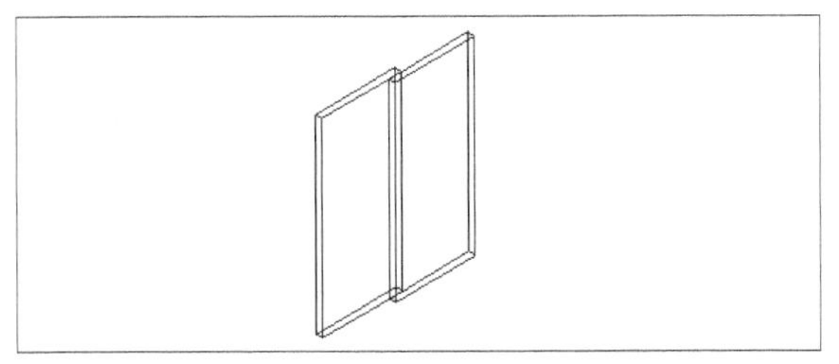

图14-38 长方体

11 布置到图14-37所示的实体中，结果如图14-39所示。

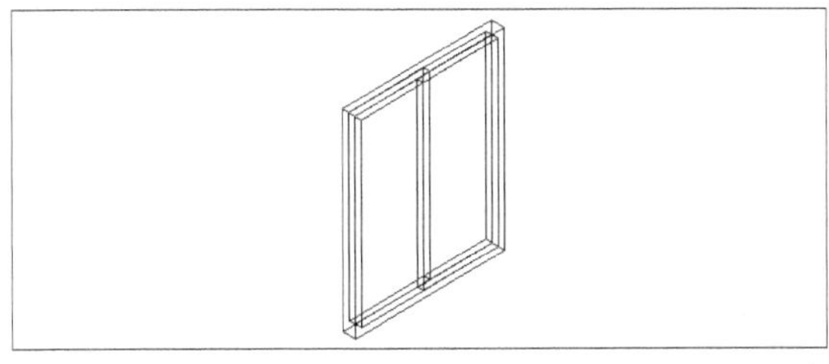

图14-39 窗

12 将上述绘制的门窗放置到墙体内，如图14-40所示。

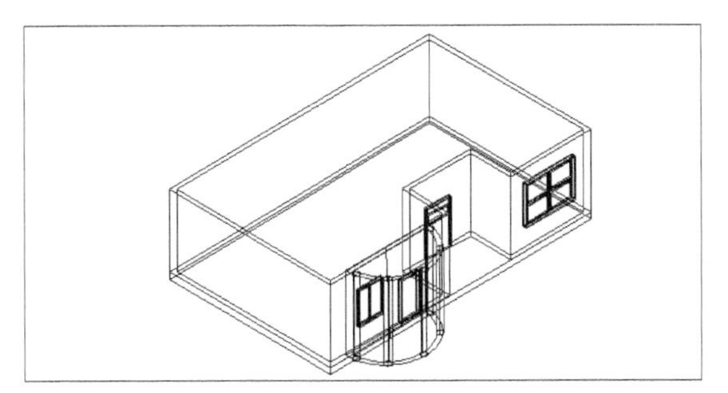

图14-40 门窗

14.3.2 别墅二层模型

1. 地面

操作步骤

01 选择“绘图”→“多段线”菜单命令，绘制一条多段线，尺寸与图14-13所示图形一致，如图14-41所示。

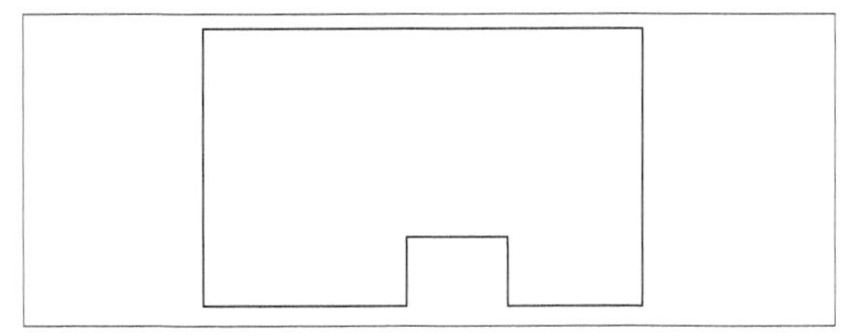

图14-41 多段线

02 选择“视图”→“三维视图”→“西南等轴侧”菜单命令，进入西南等轴侧视图。

03 选择“绘图”→“建模”→“拉伸”菜单命令，将多段线拉伸100，如图14-42所示。

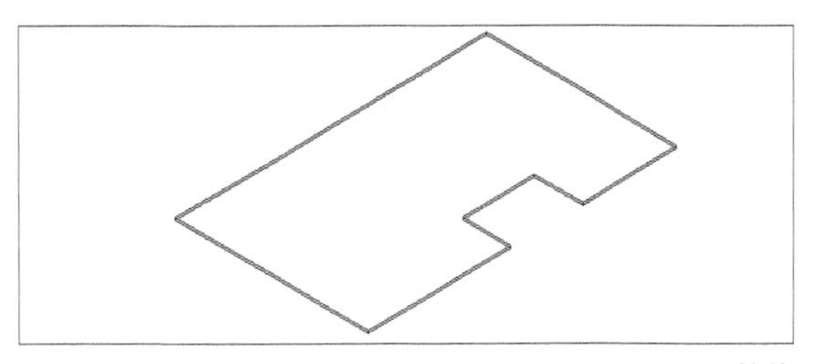

图14-42 拉伸

2. 墙体

操作步骤

01 选择“视图”→“三维视图”→“俯视图”菜单命令，进入俯视图。

02 选择“绘图”→“多段线”菜单命令，绘制一条多段线，如图14-43所示。

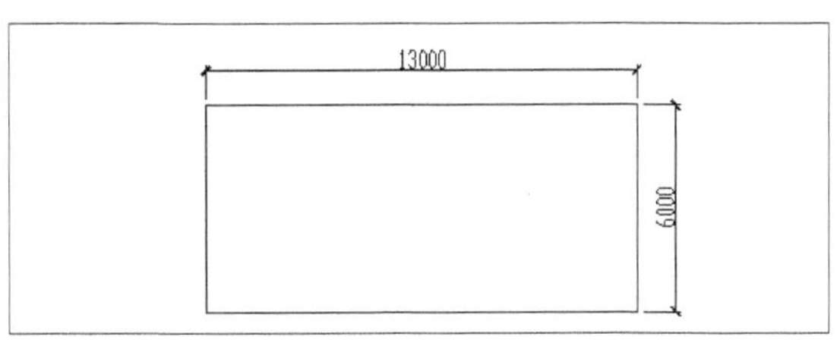

图14-43 多段线

03 选择“修改”→“偏移”菜单命令，将多段线向内偏移200，如图14-44所示。

图14-44　偏移

04 选择“视图”→“三维视图”→“西南等轴侧”菜单命令，进入西南等轴侧视图。

05 选择“绘图”→“建模”→“拉伸”菜单命令，将多段线拉伸3 000，如图14-45所示。

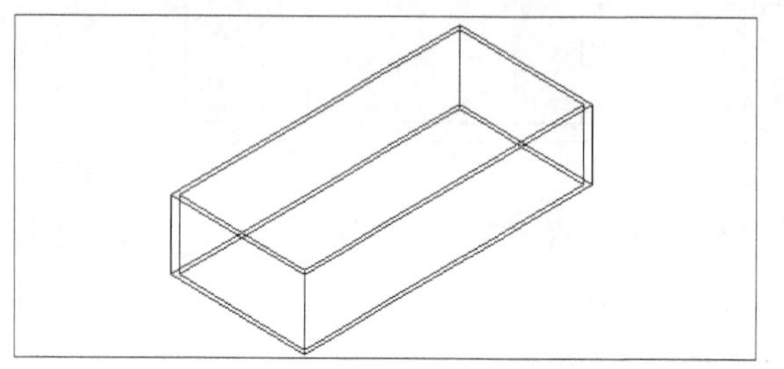

图14-45　拉伸

06 选择“绘图”→“建模”→“差集”菜单命令，将两个实体进行差集运算，将中间的实体从外边的实体中除去，使之成为一个整体，并放置到地面上，如图14-46所示。

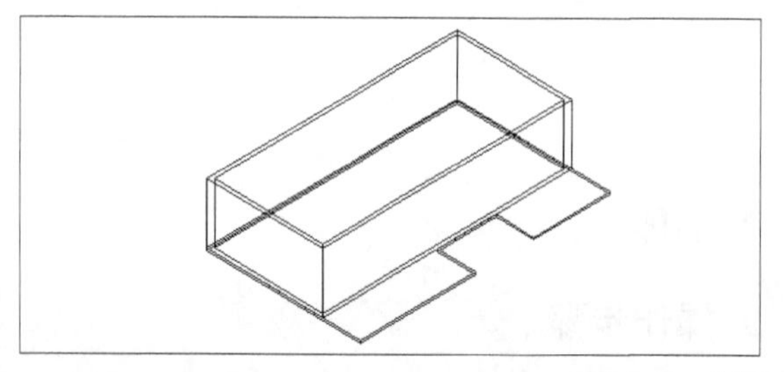

图14-46　差集

3. 墙体开洞

下面对墙体进行开洞。

操作步骤

01 选择“绘图”→“建模”→“长方体”菜单命令，绘制一个1200×2100×200的长方体，如图14-47所示。

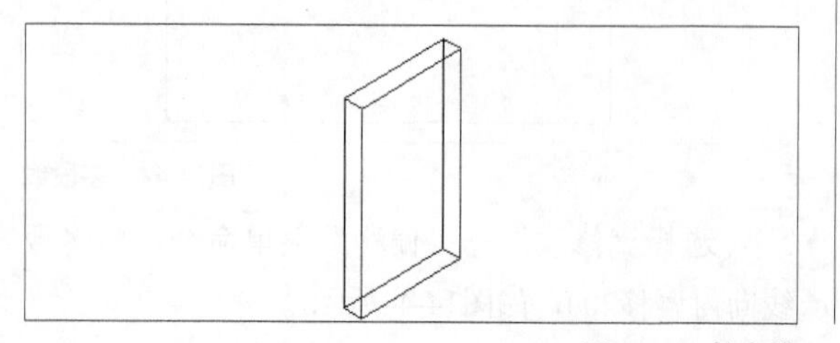

图14-47　长方体

02 将长方体放置到墙体中，距左侧墙体2 400，选择“绘图”→“建模”→“差集”菜单命令，将两个实体进行差集运算，结果如图14-48所示。

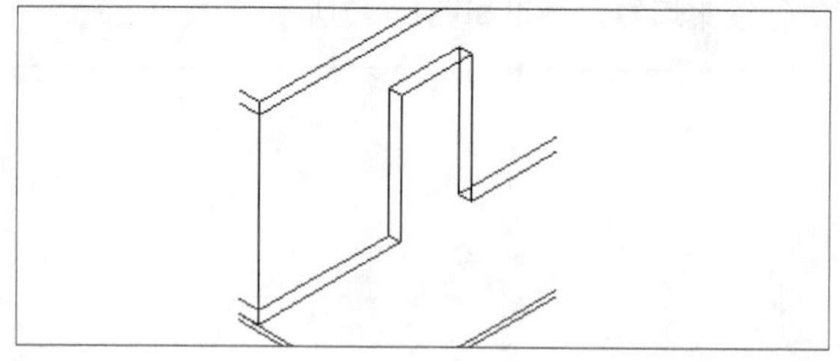

图14-48　差集

03 选择“绘图”→“建模”→“长方体”菜单命令，绘制一个1 200×1 500×200的长方体，如图14-49所示。

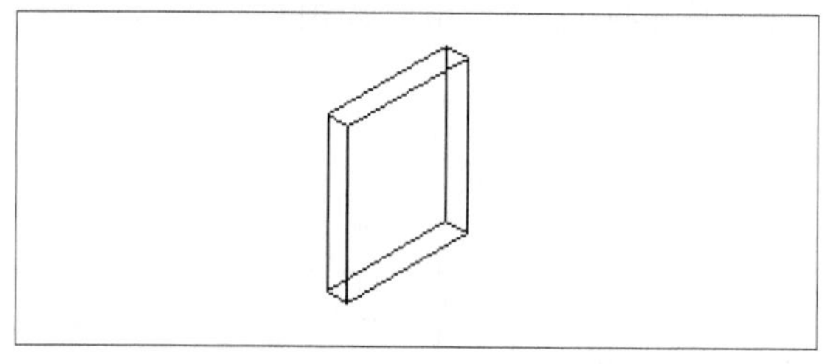

图14-49　长方体

04 将长方体放置到墙体中，图14-49所示的长方体距左侧墙体600，距离地面900，如图14-50所示。

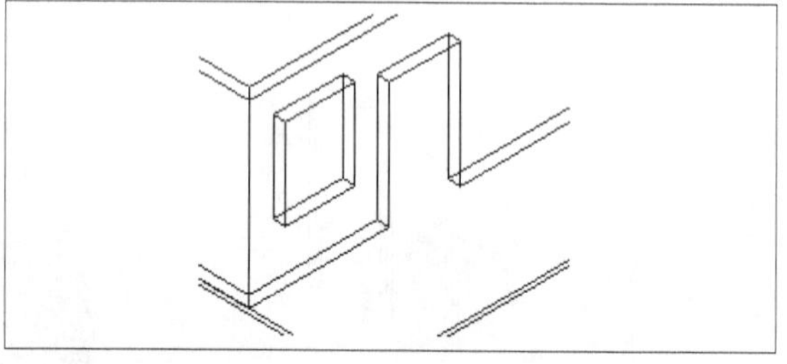

图14-50　窗

05 将该长方体向右侧进行复制，各个长方体之间的间距分别为2 100、1 500，选择“绘图”→“建模”→“差集”菜单命令，将两个实体进行差集运算，结果如图14-51所示。

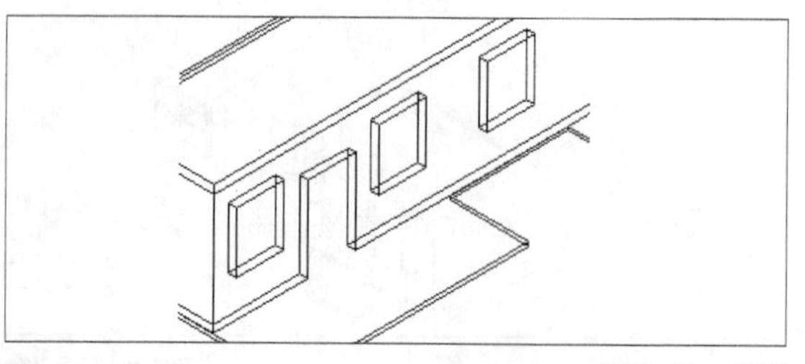

图14-51　差集

06 选择“绘图”→“建模”→“长方体”菜单命令，绘制一个900×1 800×200的长方体，如图14-52所示。

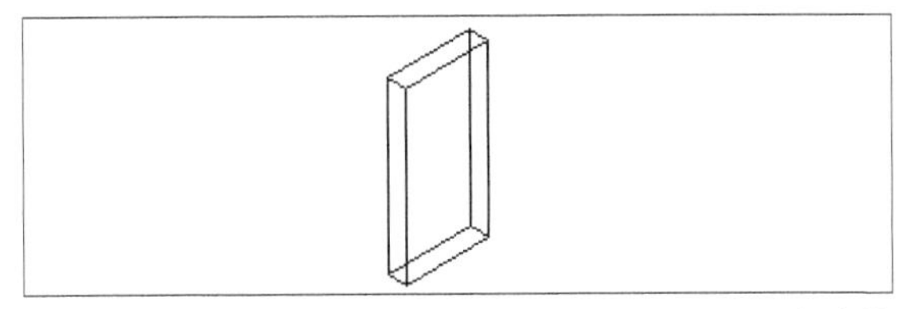

图14-52　长方体

07 将长方体放置到墙体中，距右侧墙体1 550，选择“绘图”→“建模”→“差集”菜单命令，将两个实体进行差集运算，结果如图14-53所示。

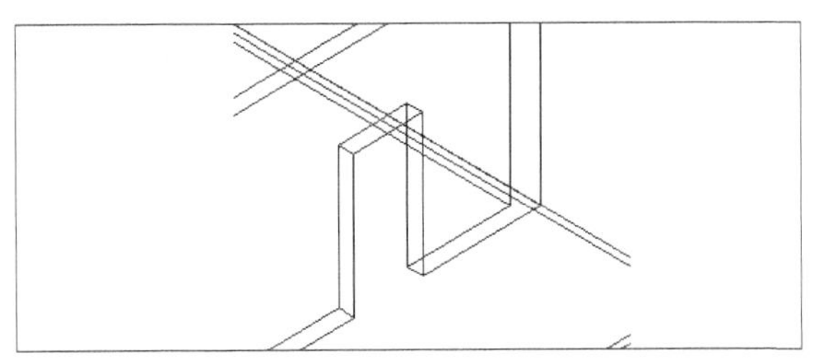

图14-53　差集

4. 门窗

操作步骤

01 选择“绘图”→“建模”→“长方体”菜单命令，绘制一个1 200×2 100×100的长方体，如图14-54所示。

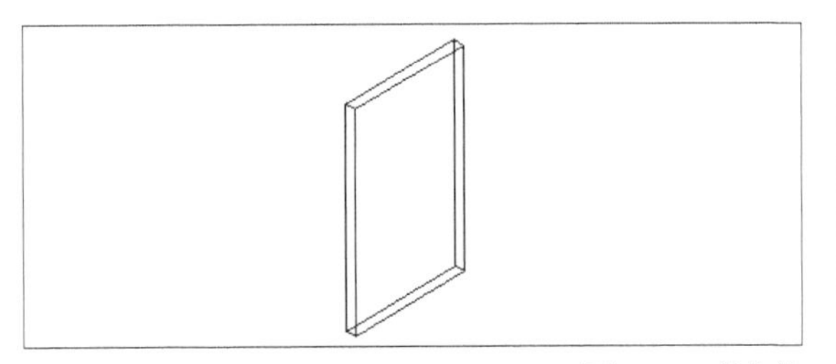

图14-54　长方体

02 再绘制两个1 000×900×100的长方体，距各边均为100，居中布置，选择“绘图”→“建模”→“差集”菜单命令，将两个实体进行差集运算，结果如图14-55所示。

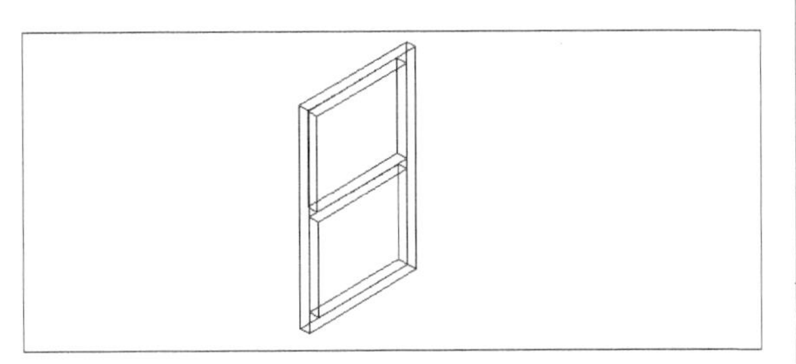

图14-55　门

03 绘制一个1 000×900×50的长方体，作为门的玻璃，居中布置，如图14-56所示。

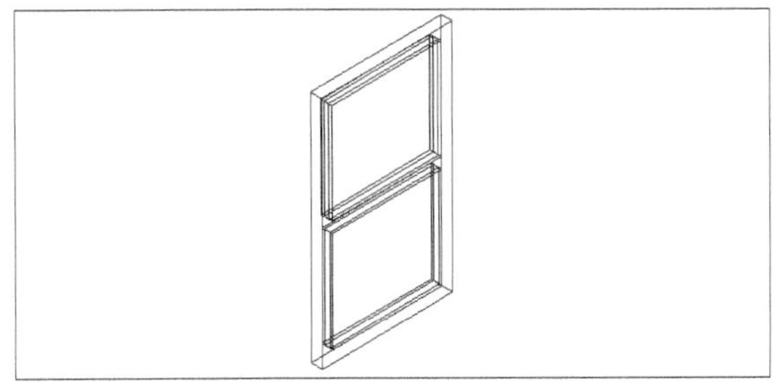

图14-56　门

04 选择“绘图”→“建模”→“长方体”菜单命令，绘制一个1 200×1 500×100的长方体，如图14-57所示。

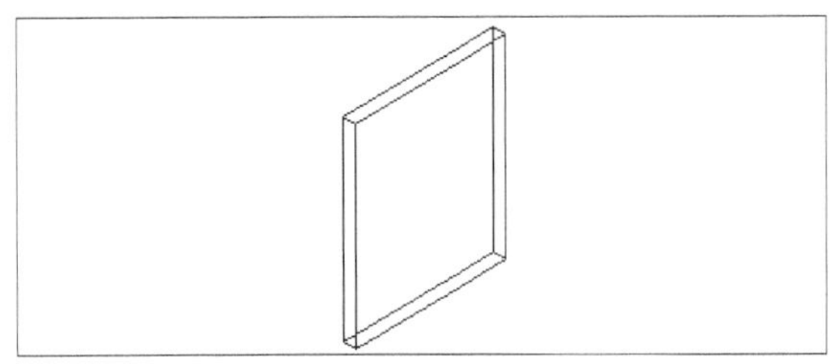

图14-57　长方体

05 选择“绘图”→“建模”→“长方体”菜单命令，绘制一个1 100×1 400×100的长方体，选择“绘图”→“建模”→“差集”菜单命令，将两个实体进行差集运算，结果如图14-58所示。

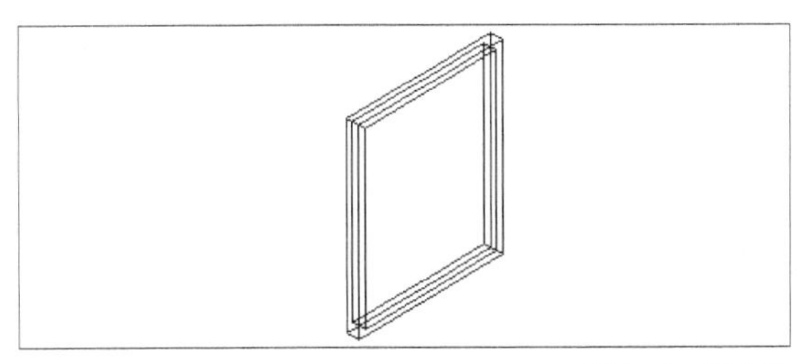

图14-58　长方体

06 选择“绘图”→“建模”→“长方体”菜单命令，绘制一个1 100×1 400×50的长方体，作为窗的玻璃，居中布置，如图14-59所示。

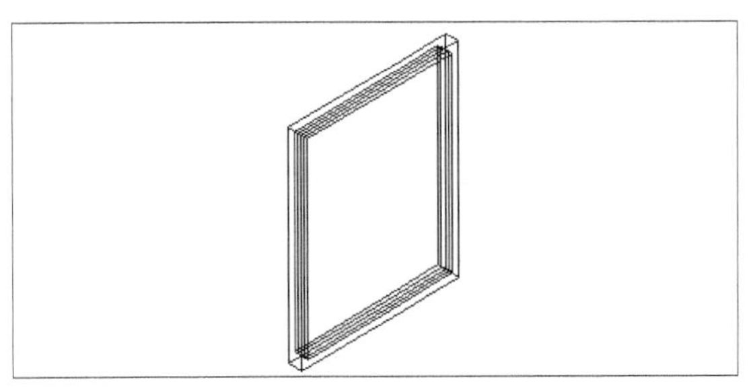

图14-59　长方体

07 选择“绘图”→“建模”→“长方体”菜单命令，绘制一个900×1 800×100的长方体，如图14-60所示。

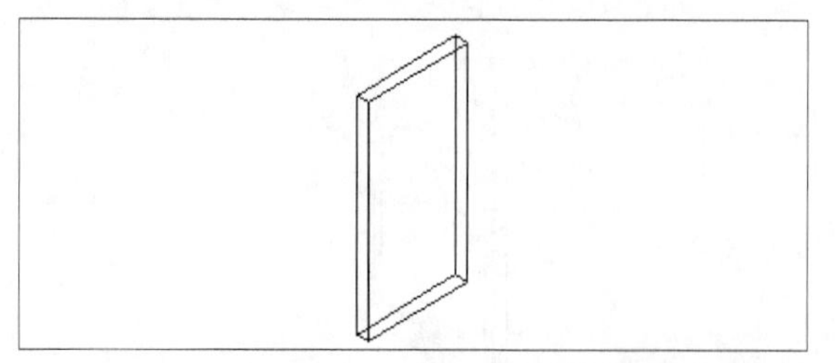

图14-60 长方体

08 将上述绘制的门窗放置到墙体内，如图14-61所示。

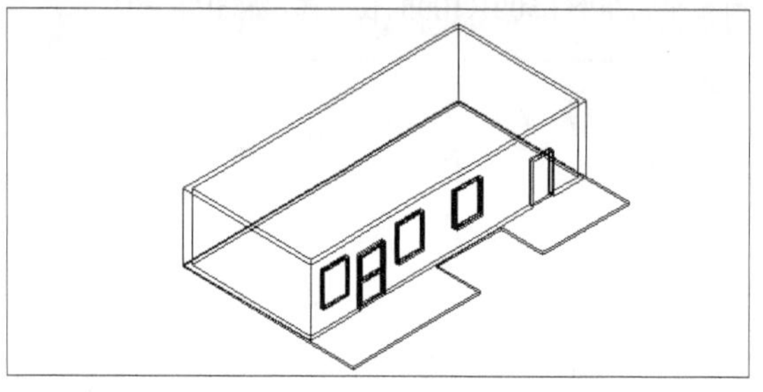

图14-61 门窗

5. 阳台

下面绘制阳台。

操作步骤

01 选择“绘图”→“建模”→“圆柱体”菜单命令，绘制一个半径为100，高度为900的圆柱体，如图14-62所示。

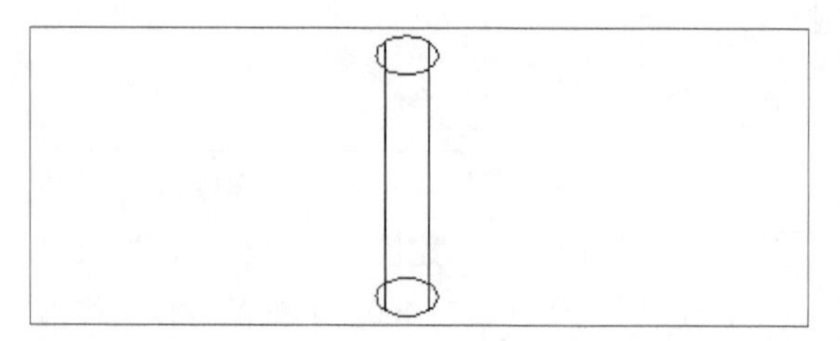

图14-62 圆柱体

02 选择“绘图”→“复制”菜单命令，在阳台处每隔1 000处布置一个圆柱体，如图14-63所示。

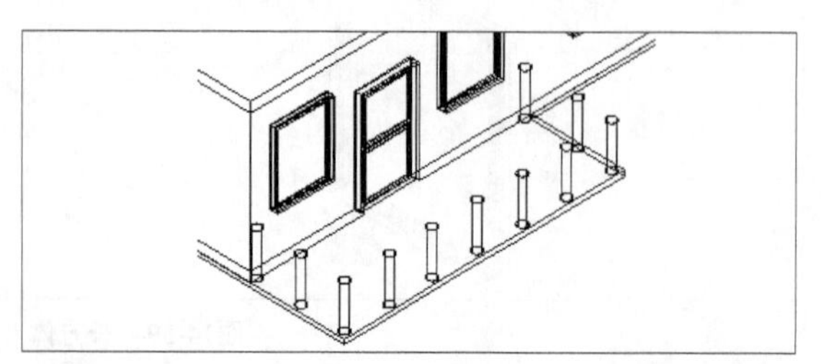

图14-63 阳台

03 选择“绘图”→“建模”→“圆柱体”菜单命令，绘制一个半径为50，高度为1 000的圆柱体，如图14-64所示。

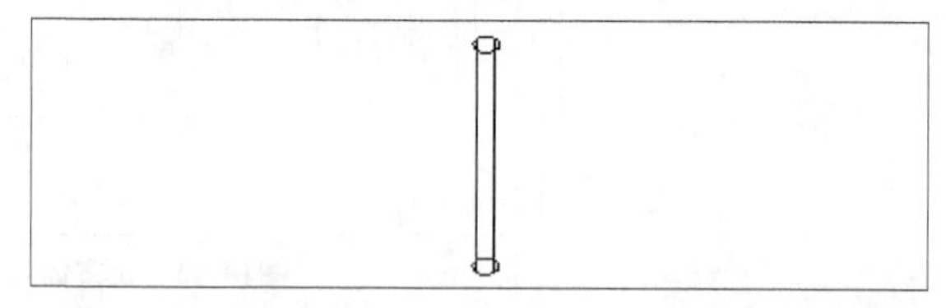

图14-64 圆柱体

04 将圆柱体绕y轴旋转90°，并将它布置到阳台处，选择“绘图”→“建模”→“并集”菜单命令，将实体进行并集运算，结果如图14-65所示。

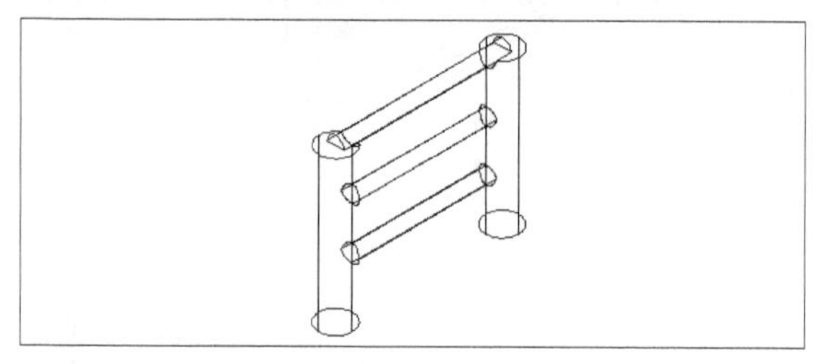

图14-65 阳台

05 该阳台的最后绘制结果如图14-66所示。

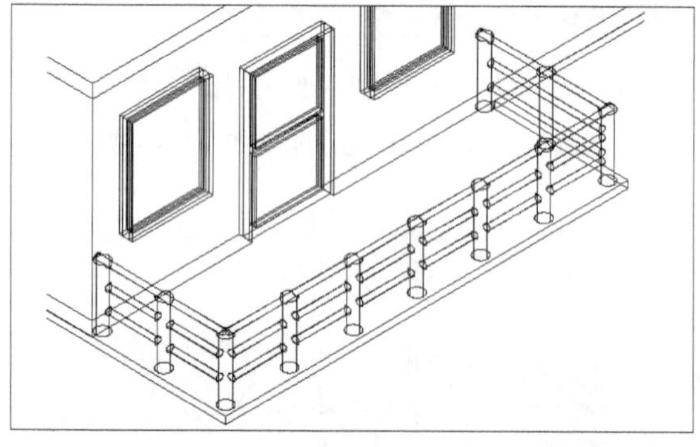

图14-66 阳台

06 另一侧的阳台绘制方法一样，不再重复，结果如图14-67所示。

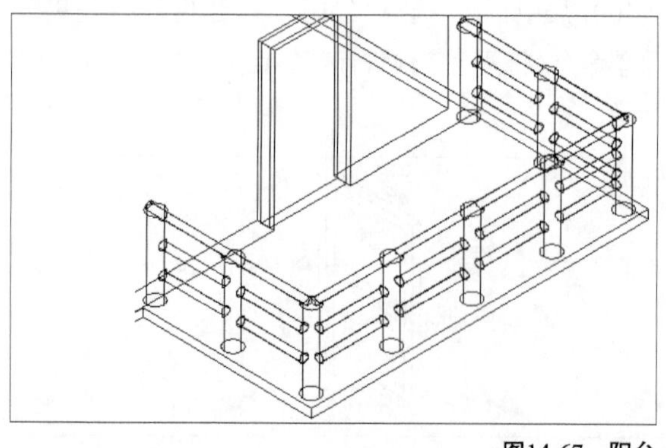

图14-67 阳台

07 将二层的模型放置到一层上，如图14-68所示。

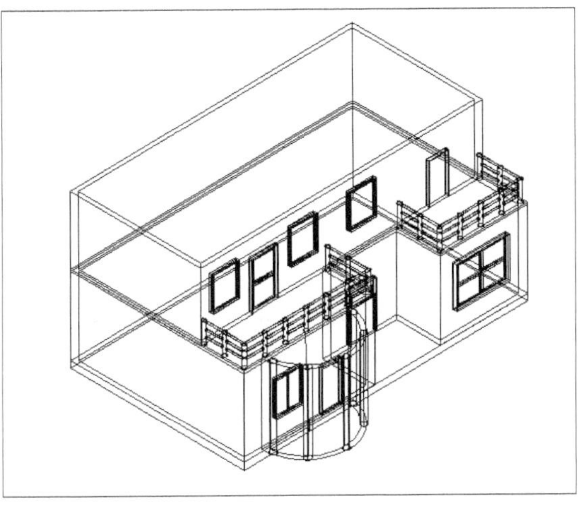

图14-68　别墅模型

14.3.3　屋顶

操作步骤

01 选择“视图”→“三维视图”→“俯视图”菜单命令，进入俯视图。

02 选择“绘图”→“多段线”菜单命令，绘制一条多段线，尺寸与图14-11一致，如图14-69所示。

图14-69　多段线

03 选择“视图”→“三维视图”→“西南等轴侧”菜单命令，进入西南等轴侧视图。

04 选择“绘图”→“建模”→“拉伸”菜单命令，将多段线拉伸100，如图14-70所示。

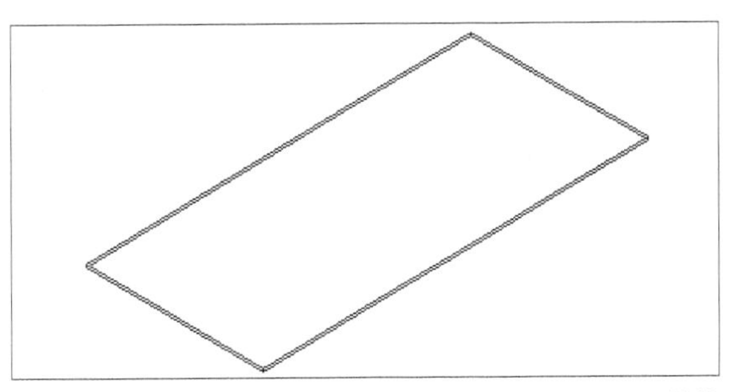

图14-70　拉伸

05 选择“视图”→“三维视图”→“左视图”菜单命令，进入左视图。

06 选择“绘图”→“多段线”菜单命令，绘制一条多段线，如图14-71所示。

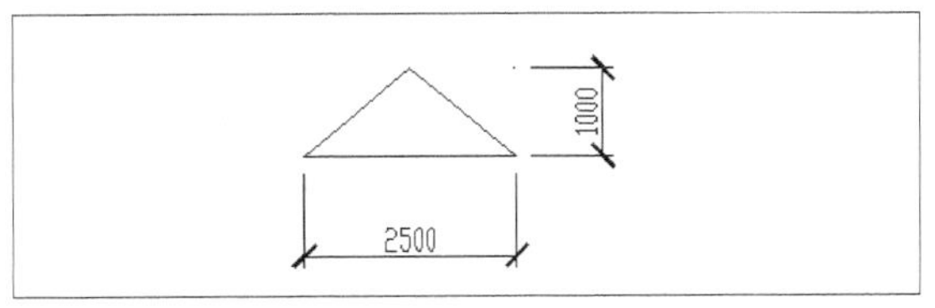

图14-71　多段线

07 选择“视图”→“三维视图”→“西南等轴侧”菜单命令，进入西南等轴侧视图。

08 选择“绘图”→“建模”→“拉伸”菜单命令，将多段线拉伸200，如图14-72所示。

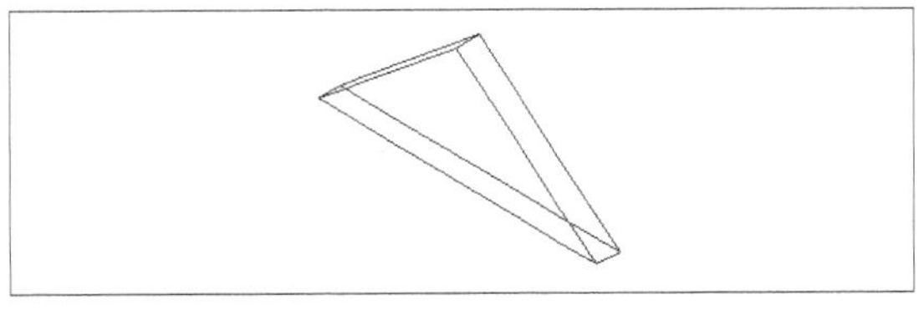

图14-72　拉伸

09 将实体布置到楼盖上，距两边各500，如图14-73所示。

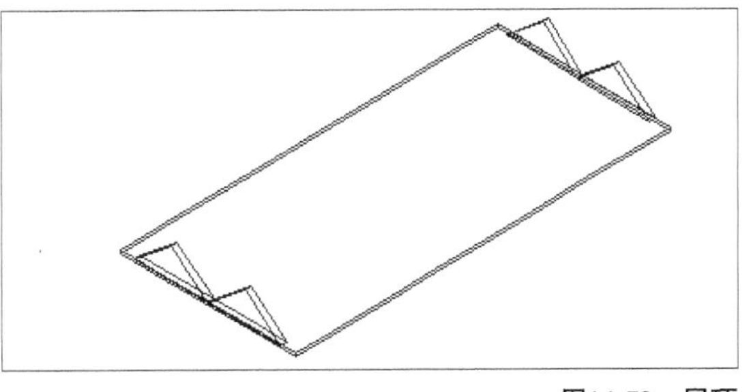

图14-73　屋顶

10 选择“视图”→“三维视图”→“左视图”菜单命令，进入左视图。

11 选择“绘图”→“多段线”菜单命令，绘制一条多段线，如图14-74所示。

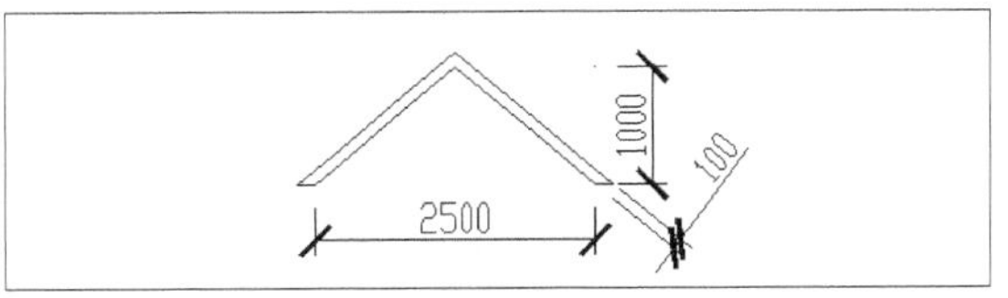

图14-74　多段线

12 选择“视图”→“三维视图”→“西南等轴侧”菜单命令，进入西南等轴侧视图。

13 选择“绘图”→“建模”→“拉伸”菜单命令，将多段线拉伸13 000，如图14-75所示。

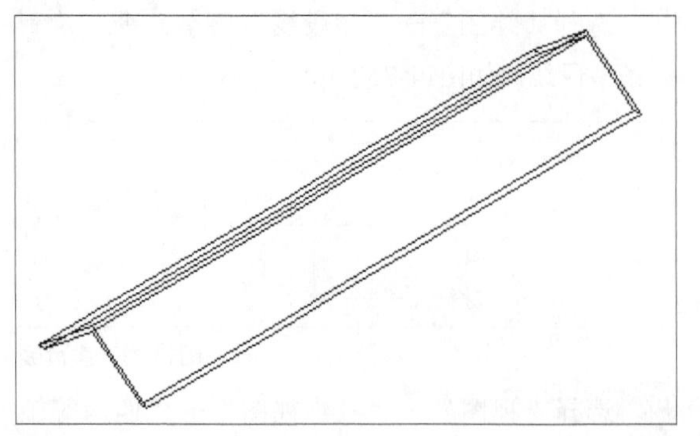

图14-75　拉伸

14 选择实体，利用“复制”命令，选择屋脊顶的顶点，将实体布置到楼盖上，如图14-76所示。

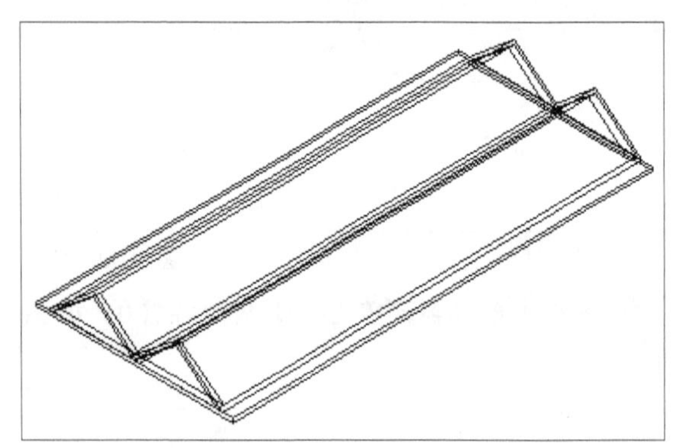

图14-76　屋顶

15 选择实体，利用“移动”命令，选择屋顶的左角点，将实体放置到别墅。选择“绘图”→“建模”→“消隐”菜单命令，消隐后的效果如图14-77所示。

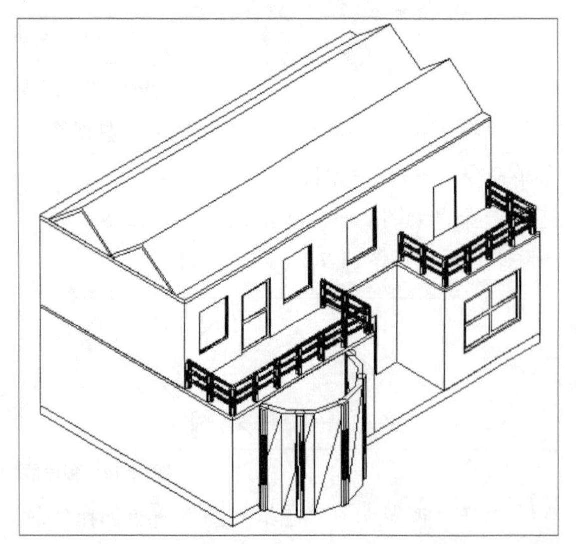

图14-77　消隐

14.3.4　渲染地面

操作步骤

01 选择“工具”→“选项板”→“工具选项板”菜单命令，弹出“工具选项板”，选择“地板材料—材质样例”选项卡，选中“表面处理.地板.材质.瓷砖.方块.赤陶”，单击鼠标右键，在弹出的快捷菜单中选择“将材质应用到对象”，回到图形中选择地面。

02 选择“视图”→“渲染”→“渲染”菜单命令，则在一个新的窗口中，对当前的图形进行渲染，渲染的效果如图14-78所示。

图14-78　渲染

14.3.5　渲染墙体

操作步骤

01 选择“工具”→“选项板”→“工具选项板”菜单命令，弹出“工具选项板”，选择“表面处理—喷漆.灰浆.墙面.上蜡—材质库”选项卡，选中“表面处理.墙面装饰面层.条纹.垂直.蓝灰色”，单击鼠标右键，在弹出的快捷菜单中选择“将材质应用到对象”，回到图形中选择墙体。

02 选择“视图”→“渲染”→“渲染”菜单命令，则在一个新的窗口中，对当前的图形进行渲染，渲染的效果如图14-79所示。

图14-79　渲染

14.3.6　渲染门窗

操作步骤

01 选择“工具”→“选项板”→“工具选项板”菜单命令，弹出“工具选项板”，选择“木材和塑料－材质库”选项卡，选中“木材－塑料.成品木器.木材.红木”，单击鼠标右键，在弹出的快捷菜单中选择“将材质应用到对象”，回到图形中选择窗的外框。

02 选择“门和窗－材质样例”选项卡，选中“门－窗.玻璃镶嵌.2”，单击鼠标右键，在弹出的快捷菜单中选择“将材质应用到对象”，回到图形中选择门窗的玻璃。

03 选择“视图”→“渲染”→“渲染”菜单命令，则在一个新的窗口中，对当前的图形进行渲染，渲染的效果如图14-80所示。

图14-80　渲染

14.3.7　渲染阳台

操作步骤

01 选择“工具”→“选项板”→“工具选项板”菜单命令，弹出“工具选项板”，选择“表面处理－喷漆.灰浆.墙面.上蜡－材质库”选项卡，选中“表面处理. 灰浆.滑石.平滑”，单击鼠标右键，在弹出的快捷菜单中选择“将材质应用到对象”，回到图形中选择阳台。

02 选择“视图”→“渲染”→“渲染”菜单命令，则在一个新的窗口中，对当前的图形进行渲染，渲染的效果如图14-81所示。

图14-81　渲染

14.3.8　渲染屋顶

操作步骤

01 选择“工具”→“选项板”→“工具选项板”菜单命令，弹出“工具选项板”，选择“砖石－砖块－材质库”选项卡，选中“砖石.块体砖块.砖块.组合式.发亮物”，单击鼠标右键，在弹出的快捷菜单中选择“将材质应用到对象”，回到图形中选择屋顶。

02 选择“视图”→“渲染”→“渲染”菜单命令，则在一个新的窗口中，对当前的图形进行渲染，渲染的效果如图14-82所示。

图14-82　渲染

03 选择“视图”→“三维视图”→“主视图”菜单命令，进入主视图。

04 渲染效果如图14-83所示。

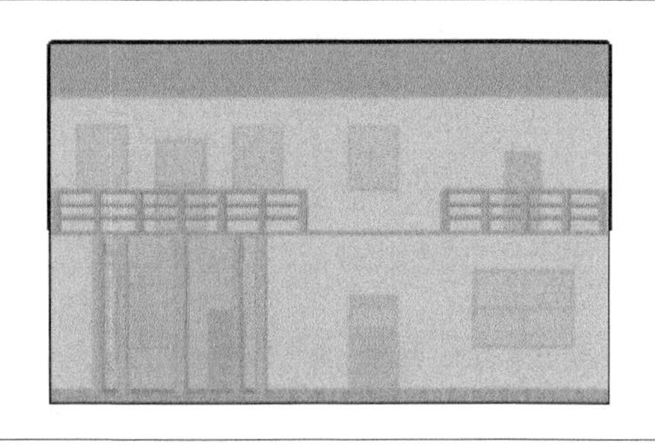

图14-83　渲染

05 总的渲染效果如图14-84所示。

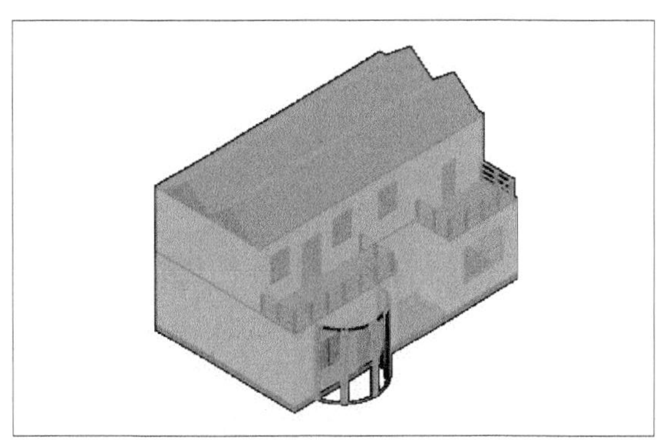

图14-84　渲染

14.4 客厅家具模型的制作

14.4.1 电视机的制作

电视机立体效果图如图14-85所示，下面将详细讲解绘制过程。

图14-85 立体效果图

1. 制作模型

操作步骤

01 单击“建模”工具栏上的长方体按钮或在命令行中输入box命令绘制电视机主体外壳。制作一个长方体以（0,0,0）为一个角点，长为800，宽为100，高为700，如图14-86所示。

命令行提示如下。

命令: _box
指定第一个角点或 [中心(C)]: 0,0,0
指定其他角点或 [立方体(C)/长度(L)]: 1
指定长度: 800
//将鼠标指向x轴正方向，再输入长度值
指定宽度: 100
指定高度或 [两点(2P)]: 700

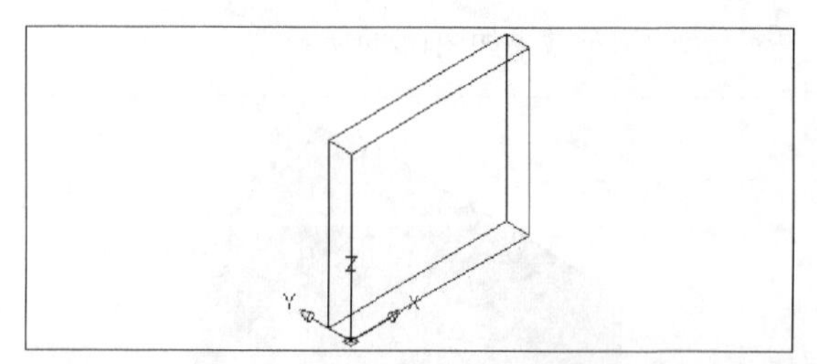

图14-86 电视机外壳

技巧与提示

本章的图形为西南等轴测视图下的状态，用户可以通过“视图”→“三维视图”→“西南等轴测”菜单命令来设定视图状态。

02 再制作一个以（50,0,100）为角点，长为700，宽为100，高为550，如图14-87所示。

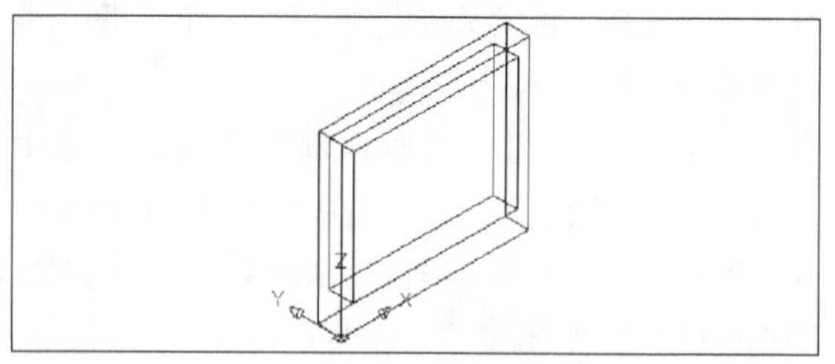

图14-87 电视机外壳

03 单击“建模”工具栏上的差集按钮或在命令行中输入subtract命令将两个长方体进行合并，使之成为一个整体。

命令行提示如下。

命令: _subtract 选择要从中减去的实体或面域...
选择对象: 找到 1 个 //选择大长方体
选择对象: 选择要减去的实体或面域 ..
选择对象: 找到 1 个 //选择小长方体
选择对象:

04 单击“建模”工具栏上的长方体按钮或在命令行中输入box命令绘制电视机屏幕。制作一个长方体以（50,10,100）为一个角点，长为700，宽为10，高为550，如图14-88所示。

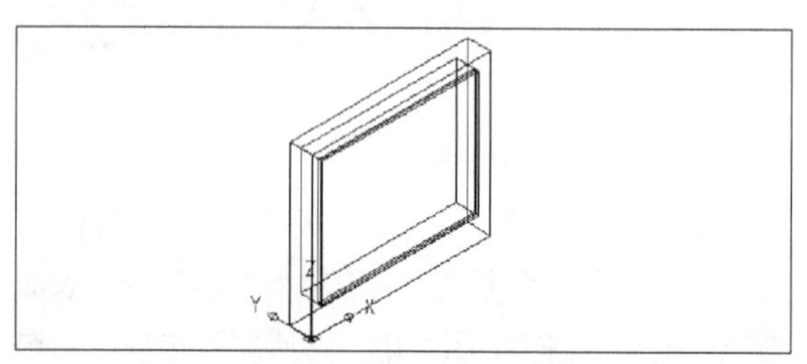

图14-88 电视机屏幕

05 单击“建模”工具栏上的长方体按钮或在命令行中输入box命令绘制电视机的控制按钮盖。制作一个长方体以（150,0,0）为一个角点，长为500，宽为5，高为70，如图14-89所示。

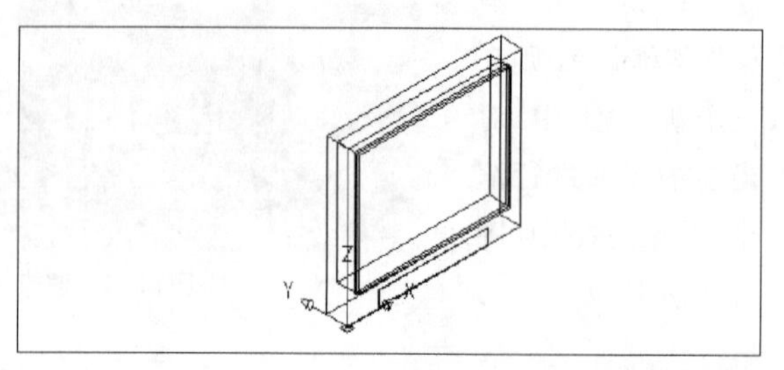

图14-89 电视机控制按钮盖

06 单击“修改”工具栏上的圆角按钮或在命令行中输入fillet命令将电视机外壳轮廓线的所有棱边进行圆角，圆角半径为10，如图14-90所示。

命令行提示如下。

```
命令: _fillet
当前设置: 模式 = 修剪, 半径 = 0.0000
选择第一个对象或 [放弃(U)/多段线(P)/半径(R)/修剪(T)/多个(M)]: r 指定圆角半径 <0.0000>: 10
选择第一个对象或 [放弃(U)/多段线(P)/半径(R)/修剪(T)/多个(M)]:
输入圆角半径 <10.0000>:
选择边或 [链(C)/半径(R)]:
已拾取到边。
选择边或 [链(C)/半径(R)]:
选择边或 [链(C)/半径(R)]:
选择边或 [链(C)/半径(R)]:
选择边或 [链(C)/半径(R)]:
选择边或 [链(C)/半径(R)]:
选择边或 [链(C)/半径(R)]:
选择边或 [链(C)/半径(R)]:
选择边或 [链(C)/半径(R)]:
已选定 8 个边用于圆角。
```

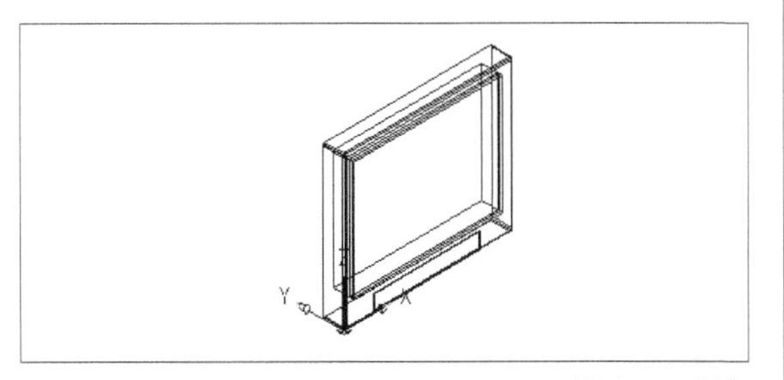

图14-90　圆角

07 执行“视图”→“视图样式”→“概念”菜单命令可得到如图14-91所示的效果。

图14-91　概念效果

2. 渲染

选择“视图”→“渲染”→“渲染”菜单命令，渲染的结果如图14-85所示。

14.4.2　电视柜的制作

电视柜立体效果图如图14-92所示，下面将详细讲解绘制过程。

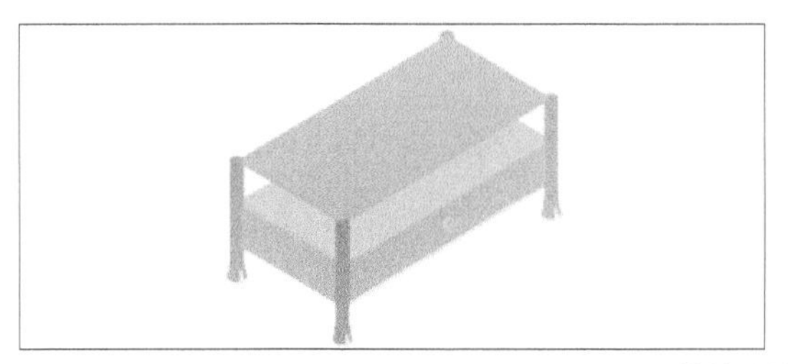

图14-92　立体效果图

1. 制作模型

01 单击“绘图”工具栏中的矩形按钮或在命令行中输入rectang命令绘制一个尺寸为1 200×600的矩形。将图形视图调整到西南等轴侧视图，如图14-93所示。

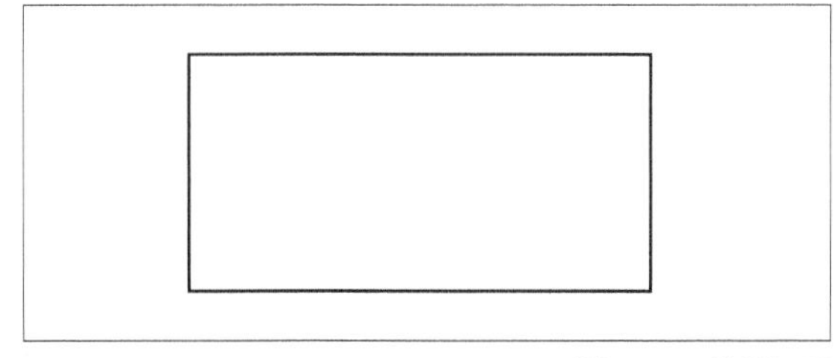

图14-93　绘制矩形

02 单击“建模”工具栏上的圆柱体按钮或在命令行中输入cylinder命令，选择矩形左下角点为圆柱体的中心点，绘制半径为30，高度为500的圆柱体，作为电视柜的支架，如图14-94所示。

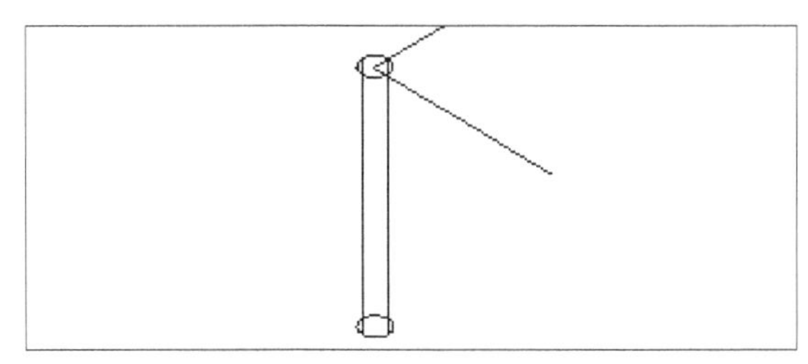

图14-94　绘制圆柱体

命令行提示如下。

命令: _cylinder

指定底面的中心点或 [三点(3P)/两点(2P)/相切、相切、半径(T)/椭圆(E)]:

指定底面半径或 [直径(D)] <410.1887>: 30

指定高度或 [两点(2P)/轴端点(A)] <399.5845>: −500

03 再次执行cylinder命令，以圆柱体下表面的中心点为中心点，绘制一个半径为35，高度为10的圆柱体，作为电视柜的支架的装饰圆环，如图14-95所示。

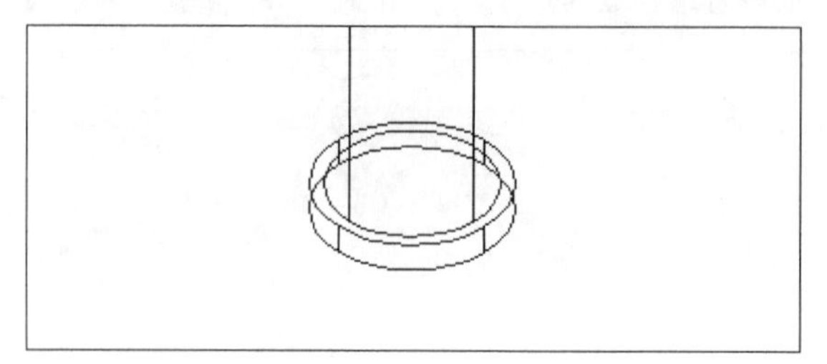

图14-95　装饰圆环

04 单击“绘图”工具栏中的圆按钮或在命令行中输入circle命令，以装饰圆环的下表面的中心点为圆心，绘制一个半径为30的圆，然后单击“建模”工具栏上的拉伸按钮，拉伸高度为“-50”，角度为“-15”，作为底部基座，如图14-96所示。

命令行提示如下：

命令: _extrude

当前线框密度: ISOLINES=4

选择要拉伸的对象: 找到 1 个

选择要拉伸的对象:

指定拉伸的高度或 [方向(D)/路径(P)/倾斜角(T)] <−10.0000>: t

指定拉伸的倾斜角度 <0>: −15

指定拉伸的高度或 [方向(D)/路径(P)/倾斜角(T)] <−10.0000>: −50

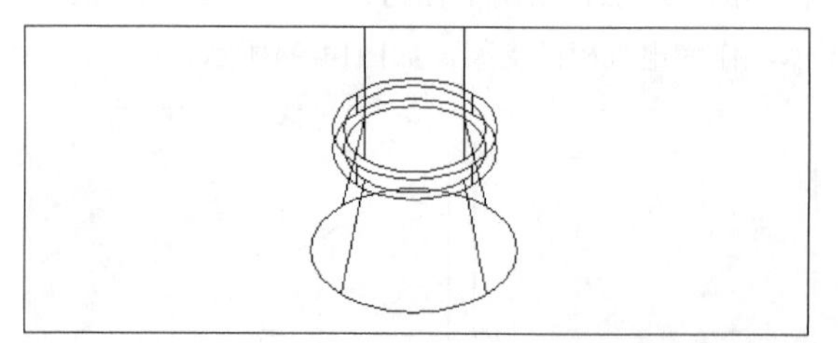

图14-96　绘制基座

05 单击“修改”工具栏上的复制按钮或在命令行中输入copy命令，以矩形的角点为基点，选择绘制的电视柜的支架为对象，复制的矩形的其他角点，如图14-97所示。

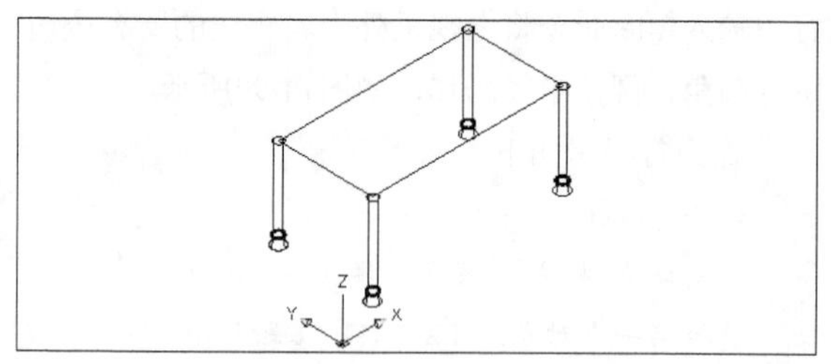

图14-97　复制命令

06 单击“建模”工具栏上的拉伸按钮，选择矩形为拉伸对象绘制隔板，拉伸高度为“-10”，角度为“0”，如图14-98所示。

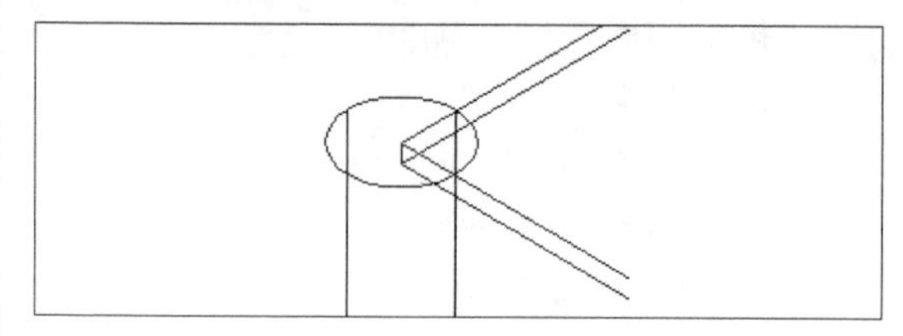

图14-98　绘制隔板

07 单击“修改”工具栏上的复制按钮或在命令行中输入copy命令，选择拉伸的隔板，依此向下复制200、400，如图14-99所示。

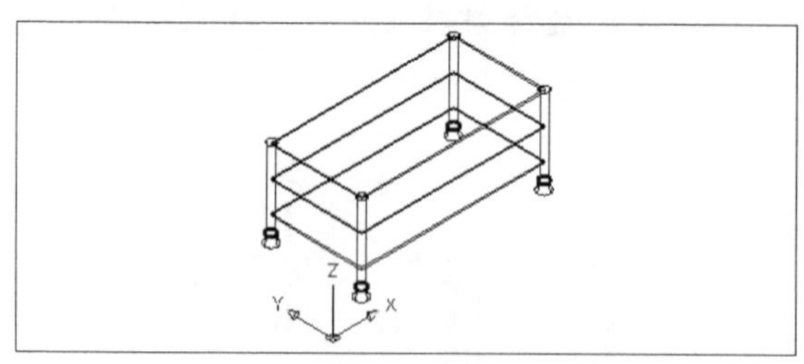

图14-99　绘制隔板

08 单击“建模”工具栏上的长方体按钮或在命令行中输入box命令绘制电视柜底层的隔板和柜门。制作一个长方体以最下层的隔板的矩形左下角点为角点，长为10，宽为600，高为210，再制作一个长方体以最下层的隔板的矩形左下角点为角点，长为1200，宽为10，高为200，如图14-100所示。

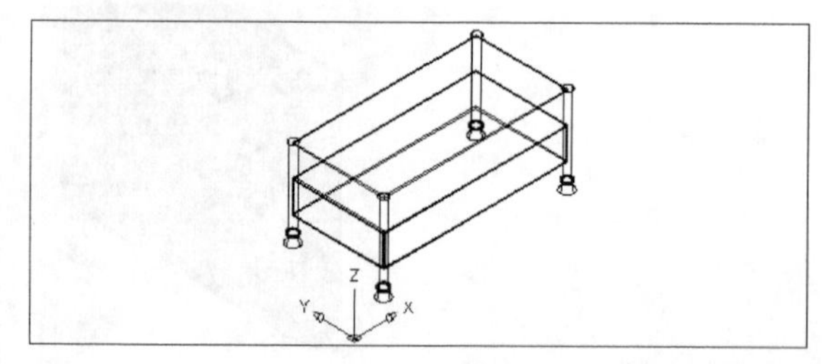

图14-100　绘制隔板和柜门

09 单击“修改”工具栏上的复制按钮或在命令行中输入copy命令，分别选择隔板和柜门，复制到底层相应的位置使之封闭，如图14-101所示。

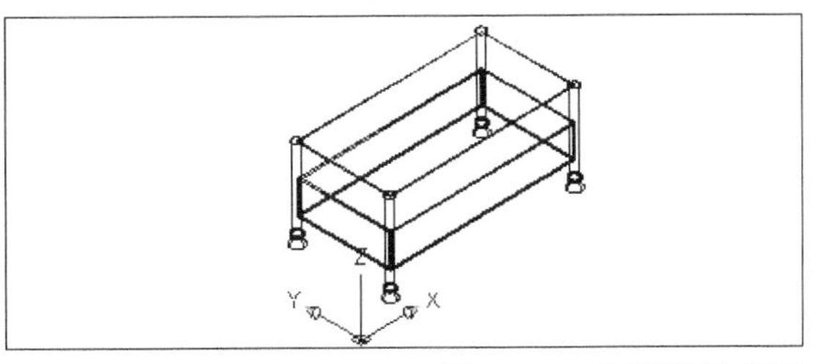

图14-101　绘制隔板和柜门

10 单击“UCS”工具栏上的按钮或选择“工具”→“新建UCS”→“X”菜单命令，将当前坐标绕*x*轴旋转90°，单击“建模”工具栏上的圆柱体按钮或在命令行中输入cylinder命令，选择柜门的几何中心为圆柱体的中心点，绘制半径为30，高度为20的圆柱体，作为电视柜门的拉手，如图14-102所示。

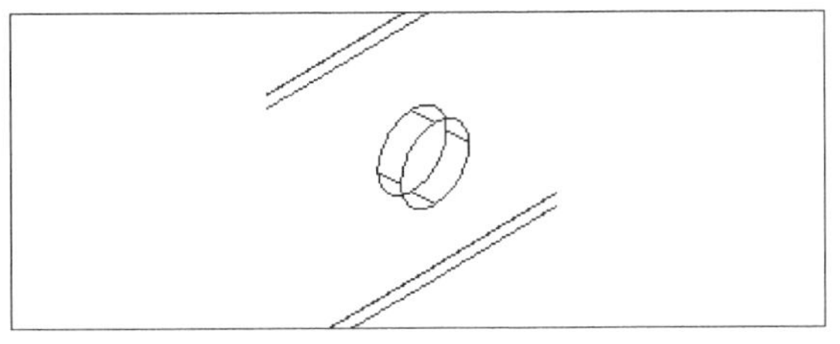

图14-102　绘制拉手

2. 渲染

操作步骤

01 选择“视图”→“渲染”→“渲染”菜单命令或单击“渲染”工具栏上的渲染按钮，则在一个新的窗口中，对当前的图形进行渲染。

电视柜的所有图形若采用“Global”材质，渲染的效果如图14-103所示。

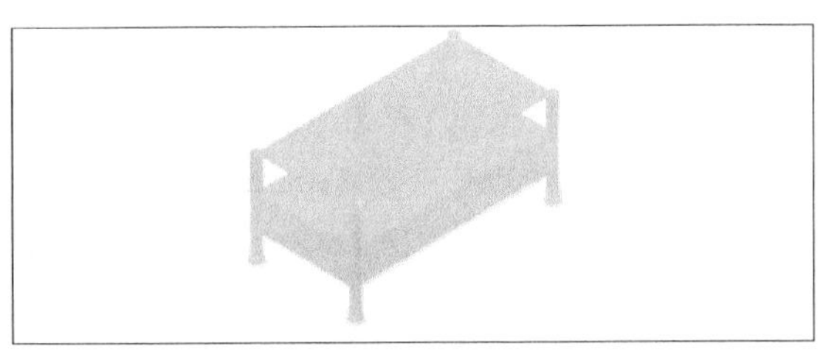

图14-103　渲染

02 在“材质”选项板中，在“材质编辑器”选项卡的“样板”下拉列表中选择“涂漆木材”作为电视柜隔板的材质；在“材质编辑器”选项卡的“类型”下拉列表中选择“真实金属”作为电视柜支架的材质，结果如图14-104所示。

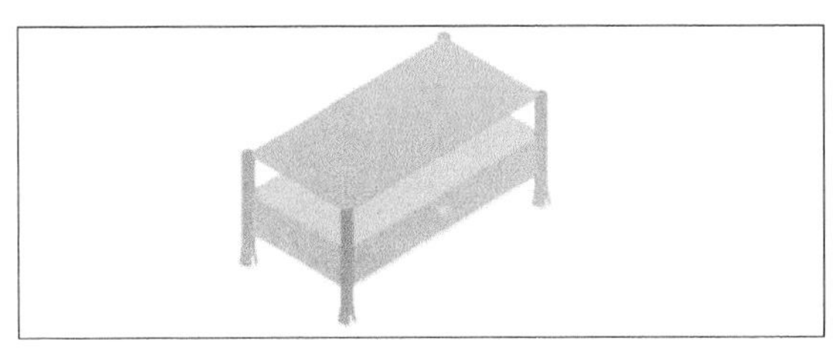

图14-104　渲染

14.4.3　沙发的制作

沙发立体效果图如图14-105所示，下面将详细讲解绘制过程。

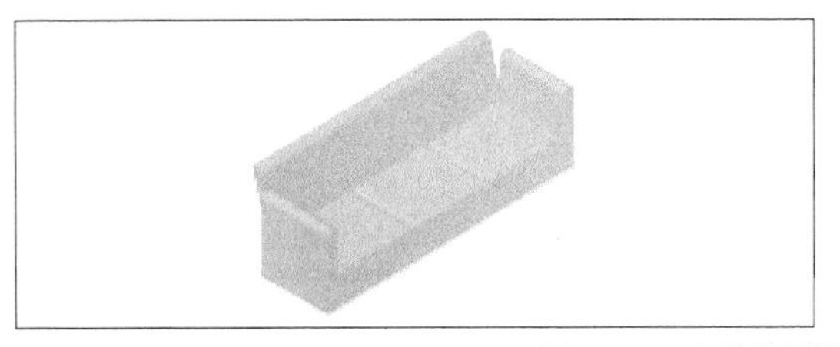

图14-105　立体效果图

1. 制作模型

操作步骤

01 单击“建模”工具栏上的长方体按钮或在命令行中输入box命令绘制一个长为2 100，宽为600，高为100的长方体，如图14-106所示。

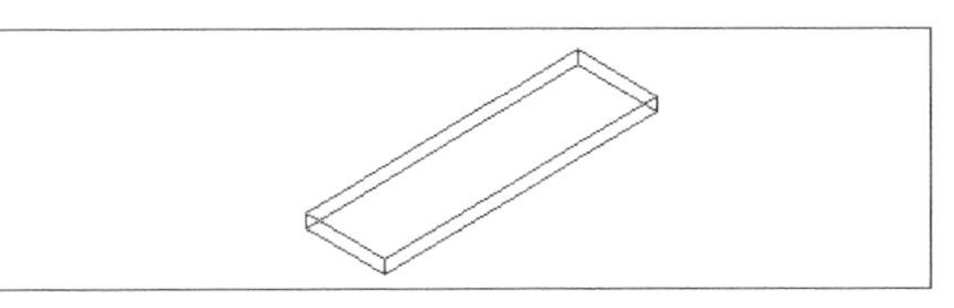

图14-106　沙发主体

02 单击“建模”工具栏上的长方体按钮或在命令行中输入box命令绘制一个以沙发主体的上表面的左下角点为绘制长方体的角点，长为700，宽为600，高为200的长方体，如图14-107所示。

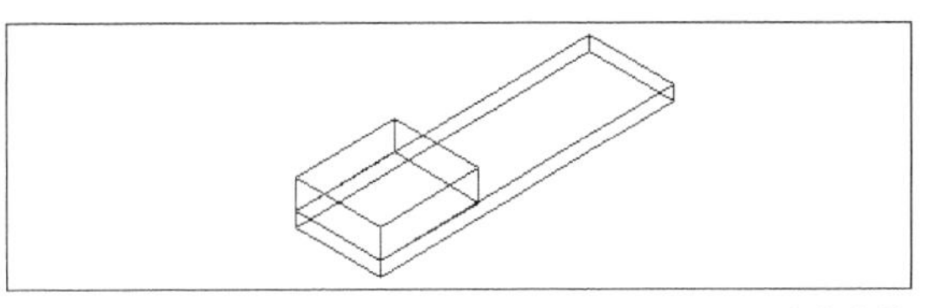

图14-107　沙发坐垫

03 单击“修改”工具栏上的复制按钮或在命令行中输入copy命令，选择绘制好的沙发坐垫，结果如图14-108所示。

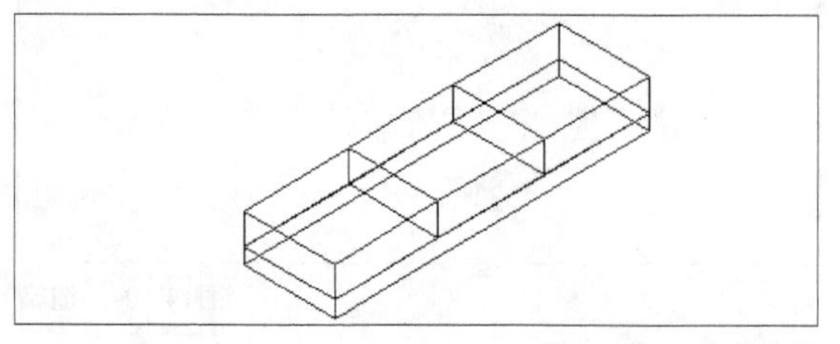

图14-108 沙发坐垫

04 选择“视图”→“三维视图”→“主视图”菜单命令，进入主视图，单击“绘图”工具栏中的“多段线”按钮，在命令行中输入pline命令，绘制如图14-109所示的一条闭合的多段线。

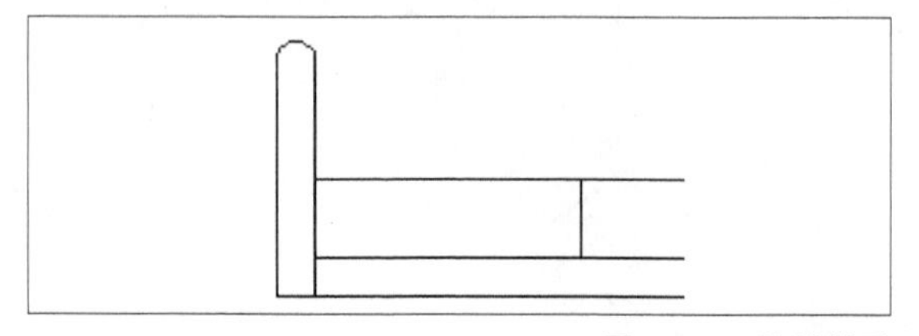

图14-109 沙发扶手

命令行提示如下。

命令: _pline
指定起点:
//选择左下角点
当前线宽为 0.0000
指定下一个点或 [圆弧(A)/半宽(H)/长度(L)/放弃(U)/宽度(W)]: 600 //向上输入600
指定下一点或 [圆弧(A)/闭合(C)/半宽(H)/长度(L)/放弃(U)/宽度(W)]: a
指定圆弧的端点或
[角度(A)/圆心(CE)/闭合(CL)/方向(D)/半宽(H)/直线(L)/半径(R)/第二个点(S)/放弃(U)/宽度(W)]: 100
//捕捉自上一结束点
指定圆弧的端点或
[角度(A)/圆心(CE)/闭合(CL)/方向(D)/半宽(H)/直线(L)/半径(R)/第二个点(S)/放弃(U)/宽度(W)]: l
指定下一点或 [圆弧(A)/闭合(C)/半宽(H)/长度(L)/放弃(U)/宽度(W)]:600 //向下输入600
指定下一点或 [圆弧(A)/闭合(C)/半宽(H)/长度(L)/放弃(U)/宽度(W)]: c //闭合

05 选择“视图”→“三维视图”→“西南等轴侧”菜单命令，进入西南等轴侧视图，单击“建模”工具栏上的拉伸按钮，选择多段线为拉伸对象，拉伸高度为“600”，角度为“0”，如图14-110所示。

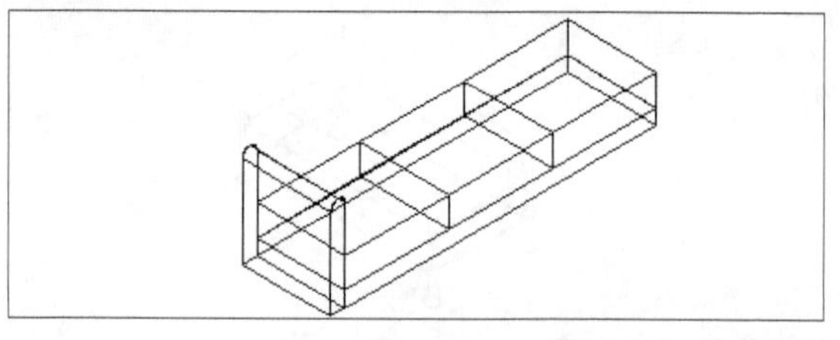

图14-110 沙发扶手

06 单击“修改”工具栏上的复制按钮或在命令行中输入copy命令，选择绘制好的沙发扶手，结果如图14-111所示。

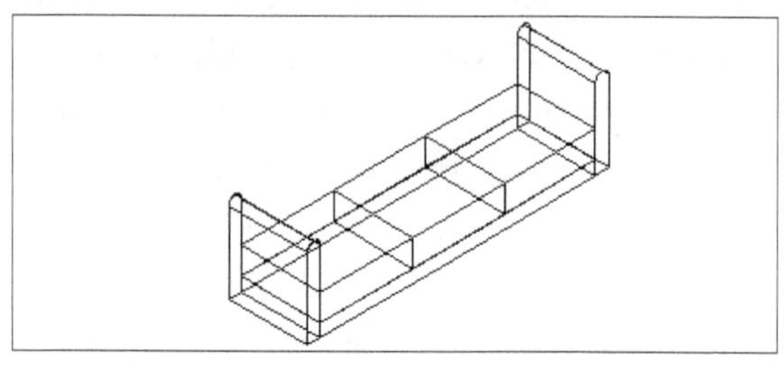

图14-111 沙发扶手

07 单击“建模”工具栏上的长方体按钮或在命令行中输入box命令绘制一个以沙发主体的下表面的左上角点为绘制长方体的角点，长为700，宽为200，高为750的长方体，如图14-112所示。

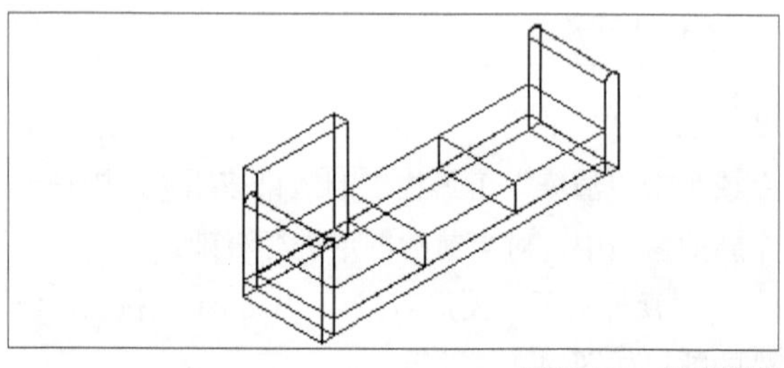

图14-112 沙发靠背

08 选择“视图”→“三维视图”→“左视图”菜单命令，进入左视图，单击“修改”工具栏上的旋转按钮，在命令行中输入rotate命令，选择沙发靠背，旋转15°，如图14-113所示。

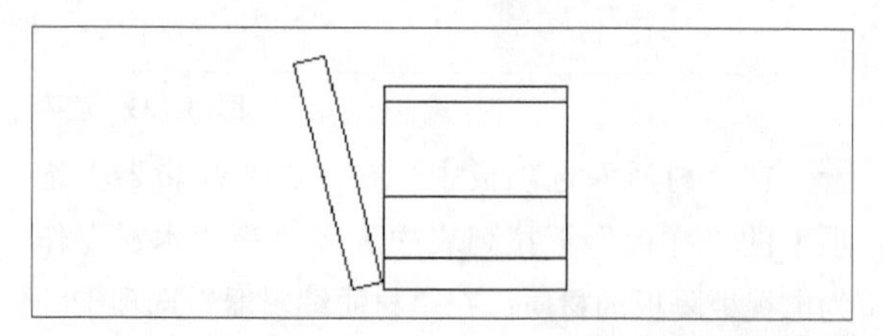

图14-113 沙发靠背

09 单击“修改”工具栏上的移动按钮，在命令行中输入move命令，将旋转后的图形移动到如图14-114所示的位置。

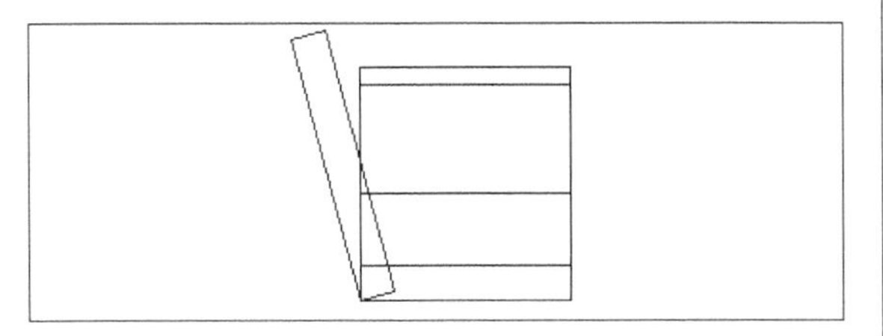

图14-114 沙发靠背

10 单击“视图”→“三维视图”→“西南等轴侧”菜单命令，进入西南等轴侧视图，单击“修改”工具栏上的复制按钮或在命令行中输入copy命令，选择绘制好的沙发靠背，结果如图14-115所示。

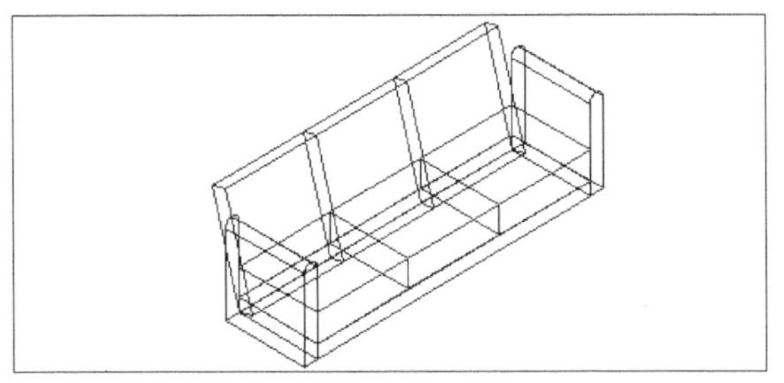

图14-115 沙发靠背

11 单击“修改”工具栏上的圆角按钮或在命令行中输入fillet命令将沙发的坐垫和靠背的所有棱边进行圆角，圆角半径为50，如图14-116所示。

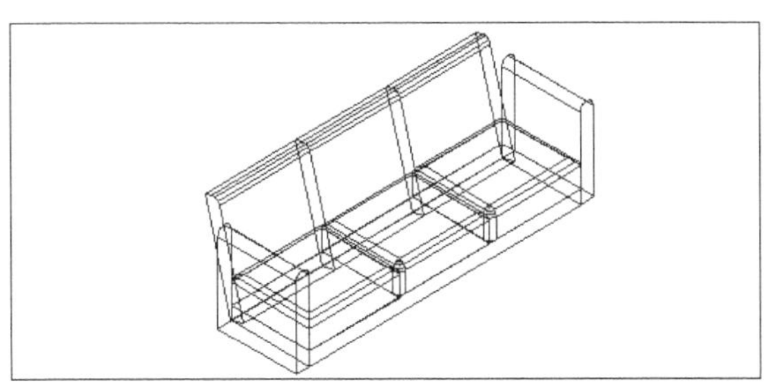

图14-116 沙发靠背

2. 渲染

选择“视图”→“渲染”→“渲染”菜单命令或单击“渲染”工具栏上的渲染按钮，则在一个新的窗口中，对当前的图形进行渲染。

沙发的所有图形若采用“Global”材质，渲染的效果如图14-105所示。

若沿坐标轴方向设置一道平行光光源，渲染的效果如图14-117所示。

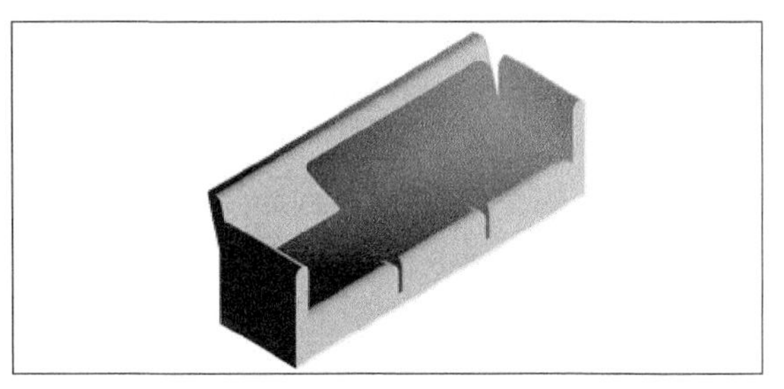

图14-117 渲染

14.4.4 茶几的制作

茶几立体效果图如图14-118所示，下面将详细讲解绘制过程。

图14-118 立体效果图

1. 制作模型

操作步骤

01 单击“绘图”工具栏中的多段线按钮或在命令行中输入pline命令，绘制如图14-119所示的一条闭合的多段线。

图14-119 多段线

命令行提示如下。

命令: _pline

指定起点:

当前线宽为 0.0000

指定下一个点或 [圆弧(A)/半宽(H)/长度(L)/放弃(U)/宽度(W)]: 150

指定下一点或 [圆弧(A)/闭合(C)/半宽(H)/长度(L)/放弃(U)/宽度(W)]: a

指定圆弧的端点或

[角度(A)/圆心(CE)/闭合(CL)/方向(D)/半宽(H)/直线(L)/半径(R)/第二个点(S)/放弃(U)/宽度(W)]: a
指定包含角: 180
指定圆弧的端点或 [圆心(CE)/半径(R)]: 60
指定圆弧的端点或
[角度(A)/圆心(CE)/闭合(CL)/方向(D)/半宽(H)/直线(L)/半径(R)/第二个点(S)/放弃(U)/宽度(W)]: l
指定下一点或 [圆弧(A)/闭合(C)/半宽(H)/长度(L)/放弃(U)/宽度(W)]: 150
指定下一点或 [圆弧(A)/闭合(C)/半宽(H)/长度(L)/放弃(U)/宽度(W)]: a
指定圆弧的端点或
[角度(A)/圆心(CE)/闭合(CL)/方向(D)/半宽(H)/直线(L)/半径(R)/第二个点(S)/放弃(U)/宽度(W)]: a
指定包含角: 180
指定圆弧的端点或 [圆心(CE)/半径(R)]:
指定圆弧的端点或
[角度(A)/圆心(CE)/闭合(CL)/方向(D)/半宽(H)/直线(L)/半径(R)/第二个点(S)/放弃(U)/宽度(W)]:

02 选择“视图”→“三维视图”→“西南等轴侧”菜单命令，进入西南等轴侧视图，单击“建模”工具栏上的拉伸按钮，选择矩形为拉伸对象绘制隔板，拉伸高度为“10”，角度为“0”，如图14-120所示。

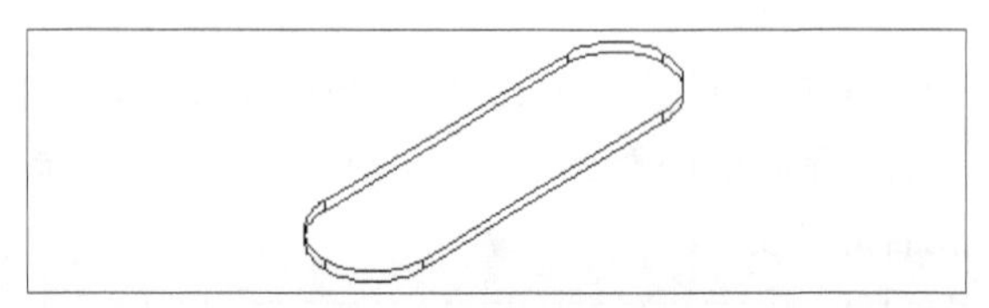

图14-120 茶几桌面

03 单击“建模”工具栏上的圆柱体按钮或在命令行中输入cylinder命令，绘制半径为4，高度为40的圆柱体，单击“修改”工具栏上的移动按钮，在命令行中输入move命令，选择圆柱体上表面圆心为基点，将绘制的圆柱体移动到距长方体上表面直线段端点距离10的位置，如图14-121所示。

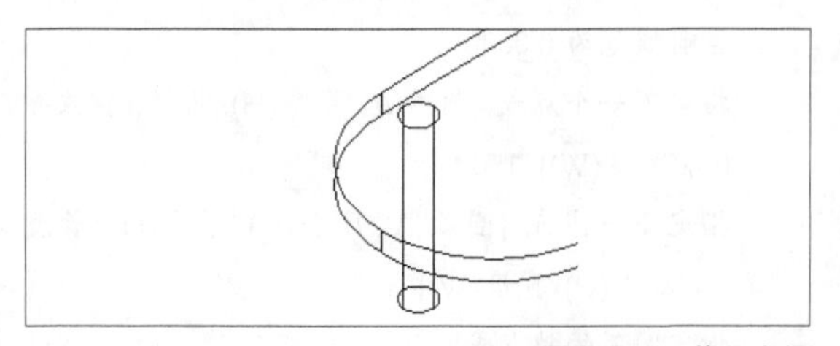

图14-121 茶几支架

04 单击“绘图”工具栏中的按钮或在命令行中输入circle命令，以圆柱体的下表面的中心点为圆心，绘制一个半径为4的圆，然后单击“建模”工具栏上的拉伸按钮，拉伸高度为“-10”，角度为“-15”，作为底部基座，如图14-122所示。

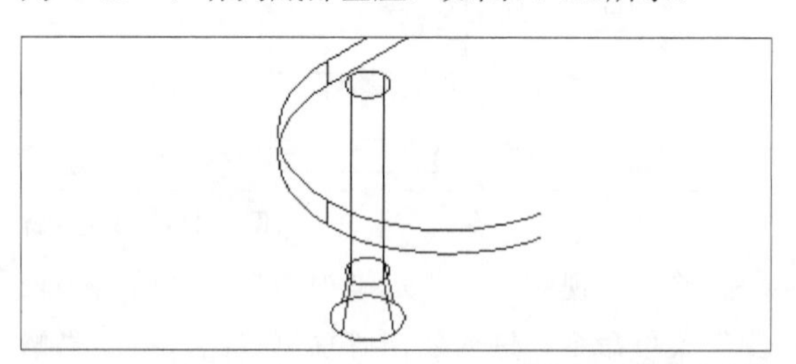

图14-122 茶几支架

命令行提示如下。

命令: _extrude
当前线框密度: ISOLINES=4
选择要拉伸的对象: 找到 1 个
选择要拉伸的对象:
指定拉伸的高度或 [方向(D)/路径(P)/倾斜角(T)] <-10.0000>: t
指定拉伸的倾斜角度 <0>: -15
指定拉伸的高度或 [方向(D)/路径(P)/倾斜角(T)] <-10.0000>: -10

05 单击“修改”工具栏上的复制按钮或在命令行中输入copy命令，选择茶几支架圆柱体上表面圆心为基点，选择绘制的茶几支架为对象，复制的结果如图14-123所示。

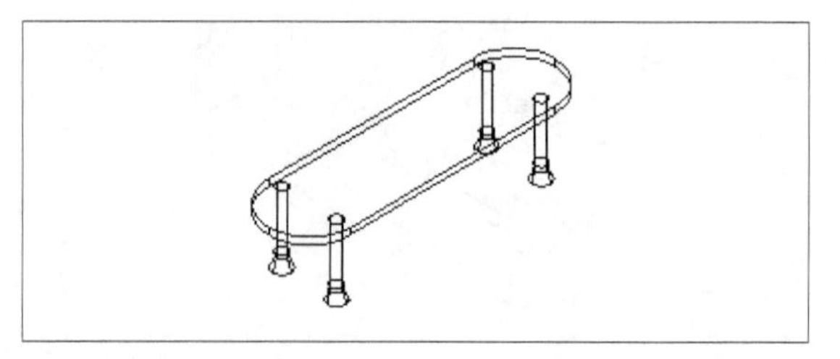

图14-123 茶几支架

06 单击“绘图”工具栏中的矩形按钮或在命令行中输入rectang命令，以4个茶几支架的圆柱体的上表面的圆心为角点绘制矩形，单击“修改”工具栏上的移动按钮，在命令行中输入move命令，将矩形向下移动30，单击“建模”工具栏上的拉伸按钮，选择矩形为拉伸对象绘制隔板，拉伸高度为“5”，角度为“0”，如图14-124所示。

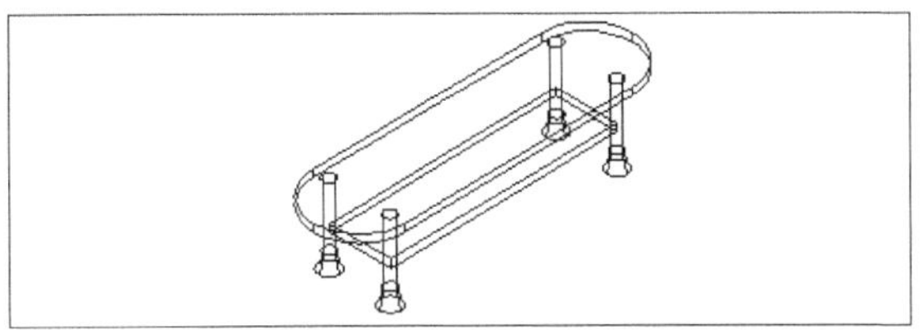

图14-124　茶几托板

07 选中拉伸的长方体，单击如图14-125所示的箭头，将长方体的4个侧面分别拉长5，结果如图14-126所示。

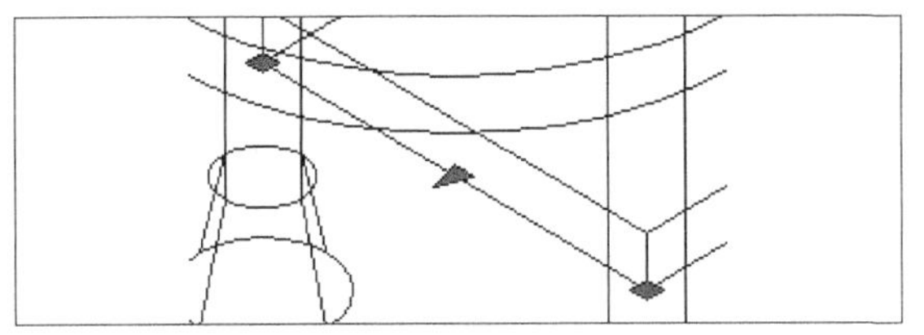

图14-125　箭头

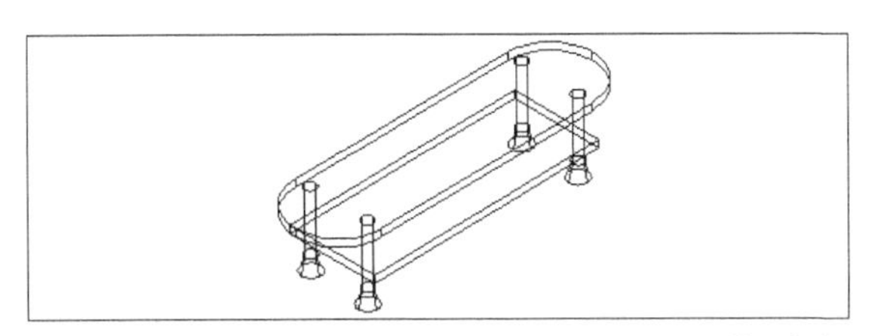

图14-126　茶几托板

2. 渲染

操作步骤

01 选择“视图”→“渲染”→“渲染”菜单命令或单击“渲染”工具栏上的渲染按钮，则在一个新的窗口中，对当前的图形进行渲染。

茶几的所有图形若采用“Global”材质，渲染的效果如图14-127所示。

图14-127　渲染

02 选择“工具”→“选项板”→“工具选项板”菜单命令，弹出“工具选项板”，在该选项板中，选择“门和窗－材质样例”选项卡，将“门－窗.玻璃镶嵌.玻璃透明”添加到当前图形。

若新建一个材质，如“材质1”，选择新添加的材质且在“材质”选项板中，在“材质编辑器”选项卡的“样板”下拉列表中选择“玻璃—清晰”作为茶几桌面的材质；其他图形选择“Global”材质，渲染后的结果如图14-128所示。

图14-128　渲染

14.4.5　门的制作

1. 制作模型

茶几立体效果图如图14-139所示，下面将详细讲解绘制过程。

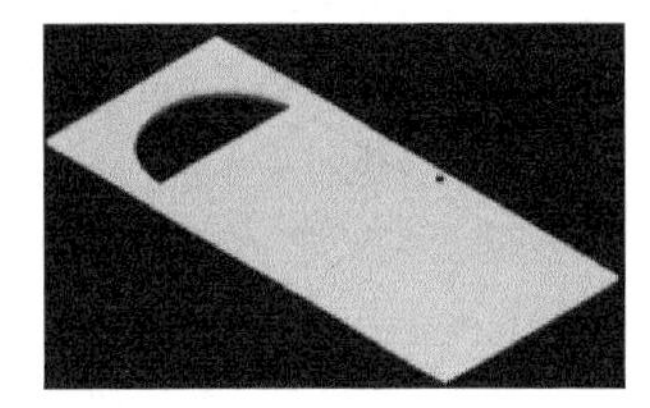

图14-129　立体效果图

操作步骤

01 单击“绘图”工具栏中的矩形按钮或在命令行中输入rectang命令，绘制一个长为2100，宽为900的矩形，如图14-130所示。

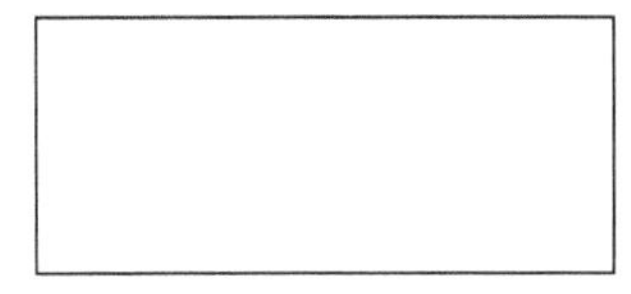

图14-130　绘制门体

02 单击“绘图”工具栏中的圆按钮或在命令行中输入circle命令，绘制一个半径为350的圆；单击“修改”工具栏上的移动按钮，在命令行中输入move命令，选择圆心为基点，圆心距矩形短边为500，距矩形长边为450。再绘制一条过圆心的直线，修剪后的结果如图14-131所示。

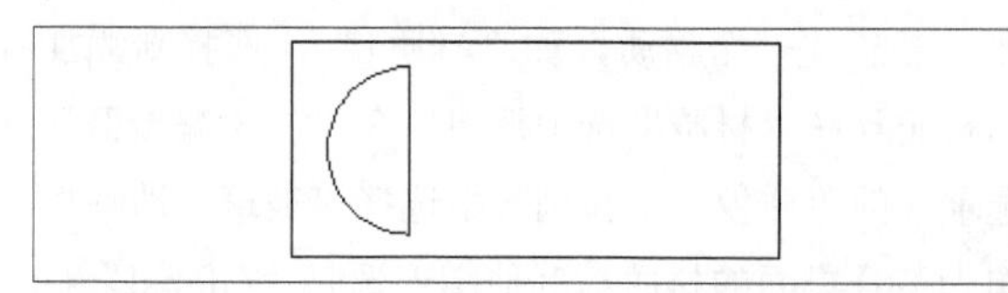

图14-131　绘制窗

03 单击“绘图”工具栏中的多段线按钮，在命令行中输入pline命令，按照图14-131所示的窗图形绘制一条闭合的多段线，再将圆和直线删除。

命令行提示如下。

命令: _pline

指定起点:

当前线宽为 0.0000

指定下一个点或 [圆弧(A)/半宽(H)/长度(L)/放弃(U)/宽度(W)]:

指定下一点或 [圆弧(A)/闭合(C)/半宽(H)/长度(L)/放弃(U)/宽度(W)]: a

指定圆弧的端点或

[角度(A)/圆心(CE)/闭合(CL)/方向(D)/半宽(H)/直线(L)/半径(R)/第二个点(S)/放弃(U)/宽度(W)]: a

指定包含角: 180

指定圆弧的端点或 [圆心(CE)/半径(R)]:

指定圆弧的端点或

[角度(A)/圆心(CE)/闭合(CL)/方向(D)/半宽(H)/直线(L)/半径(R)/第二个点(S)/放弃(U)/宽度(W)]:

04 单击“绘图”工具栏中的矩形按钮或在命令行中输入rectang命令，绘制一个长为700，宽为600的矩形，矩形距多段线的直线段为100，距矩形的长边为100，如图14-132所示。

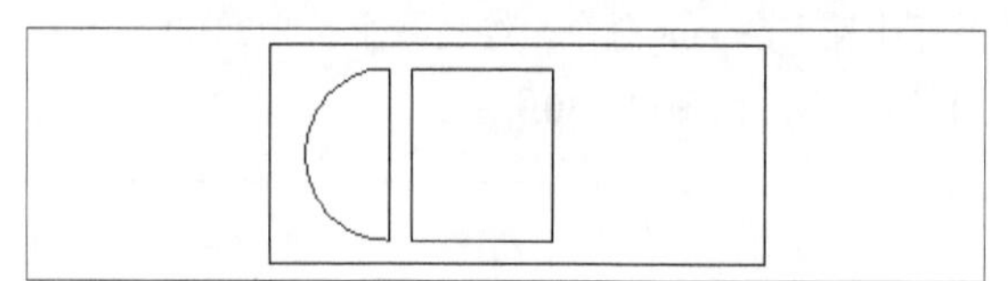

图14-132　门板

05 单击“修改”工具栏上的复制按钮或在命令行中输入copy命令，选择绘制的矩形门板，两个门板之间的距离为100，如图14-133所示。

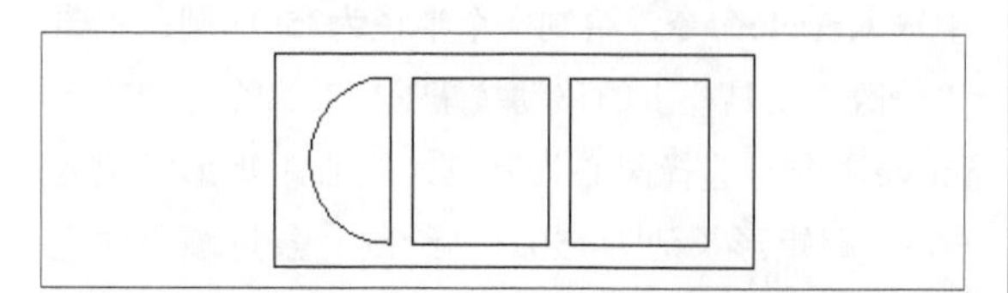

图14-133　门板

06 选择“视图”→“三维视图”→“东南等轴侧”菜单命令，进入东南等轴侧视图，如图14-134所示，单击“建模”工具栏上的拉伸按钮，分别选择绘制好的图形为拉伸对象，拉伸高度为“20”，角度为“0”，如图14-135所示。

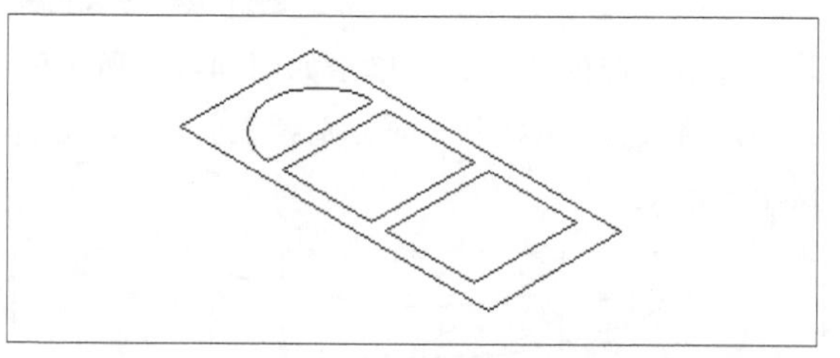

图14-134　东南等轴侧视图

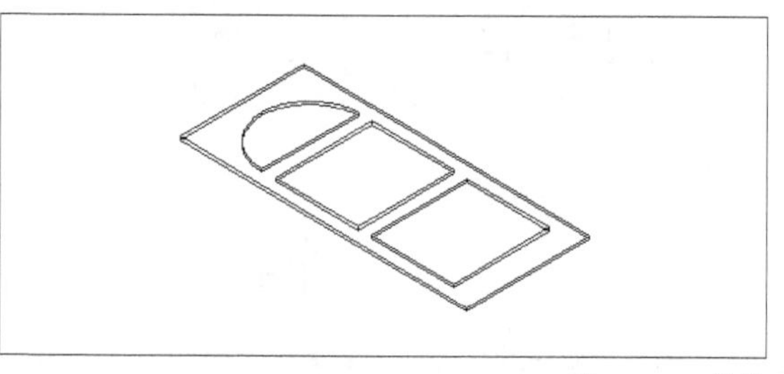

图14-135　拉伸

07 单击“建模”工具栏上的差集按钮或在命令行中输入subtract命令，将实体进行合并，使之成为一个整体，首先选择外边的大长方体为母体，其他的实体为字体进行求差运算。这样可以得到开了3个洞的门板实体。

08 单击“视图”→“三维视图”→“俯视图”菜单命令，进入俯视图，如图14-136所示，在门洞处利用“多段线”命令和“矩形”命令，再分别按其图形绘制半圆和矩形。

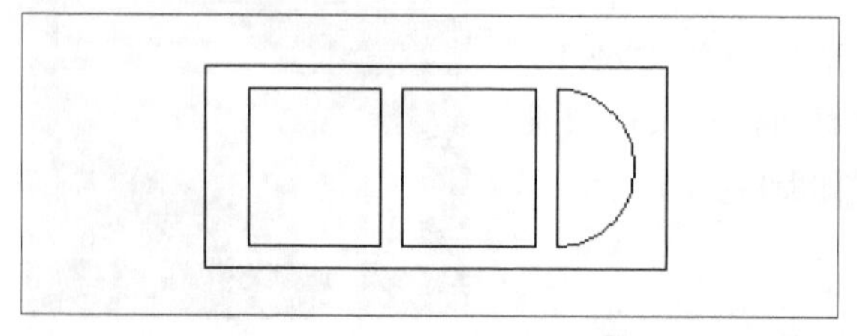

图14-136　俯视图

09 选择“视图”→“三维视图”→“东南等轴侧”菜单命令，进入东南等轴侧视图，单击“建模”工具栏上的拉伸按钮，分别选择绘制好的图形为拉伸对象，拉伸高度为“15”，角度为“0”，如图14-137所示。

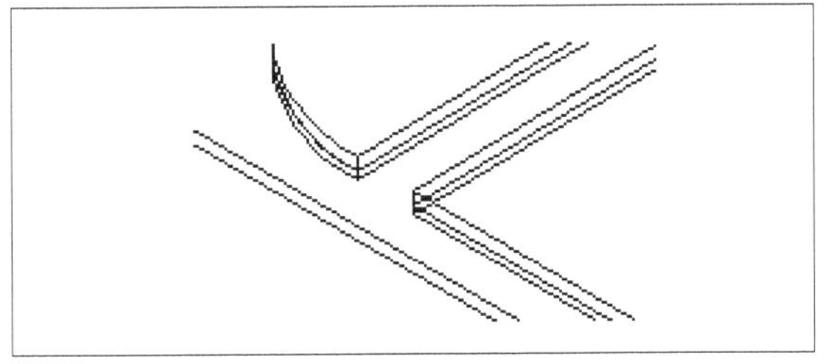
图14-137　拉伸

10 单击“绘图”工具栏中的多段线按钮，在命令行中输入pline命令，绘制如图14-138所示的门把手的断面。

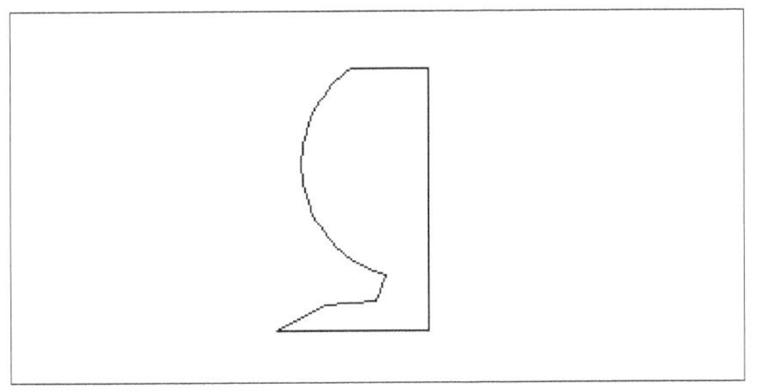
图14-138　门把手断面

11 单击“建模”工具栏上的旋转按钮或在命令行中输入revolve命令，将门把手断面绕其中心线旋转360°，效果如图14-139所示。

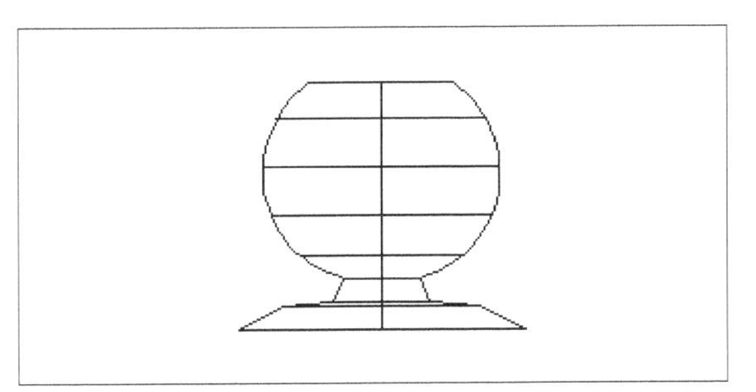
图14-139　旋转门把手

命令行提示如下。

命令: _revolve

当前线框密度: ISOLINES=4

选择要旋转的对象: 找到 1 个

选择要旋转的对象:

指定轴起点或根据以下选项之一定义轴 [对象(O)/X/Y/Z] <对象>:

指定轴端点:

指定旋转角度或 [起点角度(ST)] <360>:

12 选择“视图”→“消隐”菜单命令，消隐后的图形如图14-140所示。

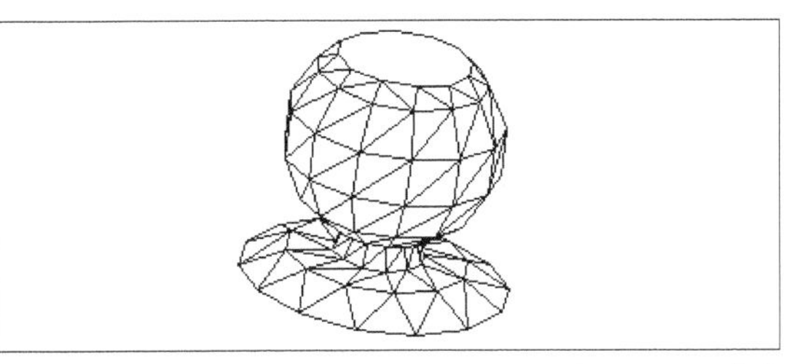
图14-140　消隐

13 单击“修改”工具栏上的移动按钮，在命令行中输入move命令，选择门把手的底面圆心为基点，将门把手移动到如图14-141所示的位置。

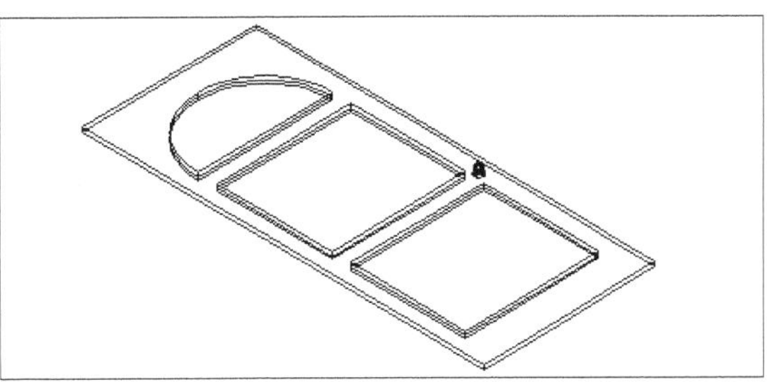
图14-141　门把手

2. 渲染

操作步骤

01 选择“视图”→“渲染”→“渲染”菜单命令或单击“渲染”工具栏上的渲染按钮，则在一个新的窗口中，对当前的图形进行渲染。

02 新建一个材质“材质1”，在“材质”选项板中，在“材质编辑器”选项卡的“类型”下拉列表中选择“真实金属”，“样板”下拉列表中选择“金属”作为门把手的材质；新建一个材质“材质2”，在“材质”选项板中，在“材质编辑器”选项卡的“样板”下拉列表中选择“玻璃—清晰”作为窗的材质；门实体选择“Global”材质，渲染后的结果如图14-129所示。

14.5　三维亭子绘制

14.5.1　绘制台基和台阶

绘制前先建立几个基本图层，以方便每一步的绘制与修改，选择“格式”→“图层”菜单命令，打开“图层特性管理器”对话框，建立台基和台阶、石栏杆、亭顶等图层，如图14-142所示。

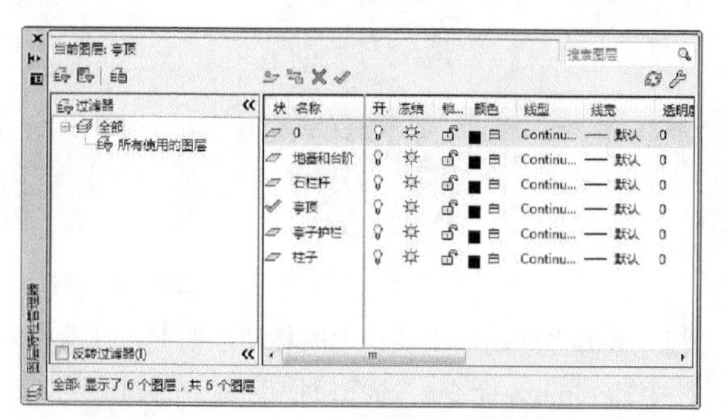

图14-142 新建图层

台基与台阶是亭子的最基本的构造。

操作步骤

01 将“台基和台阶”层设置为当前层。

02 选择“视图”→“三维视图”→“西南等轴测”菜单命令，改变为三维视图。

03 单击“建模”工具栏中的按钮，绘制如图14-143所示的长方体，命令行提示如下。

命令: _box

指定第一个角点或 [中心(C)]: 0,0,0

//指定中心点

指定其他角点或 [立方体(C)/长度(L)]: l

指定长度: 500　　//输入长度

指定宽度: 500　　//输入宽度

指定高度或 [两点(2P)] <30.4866>: 80

//输入高度

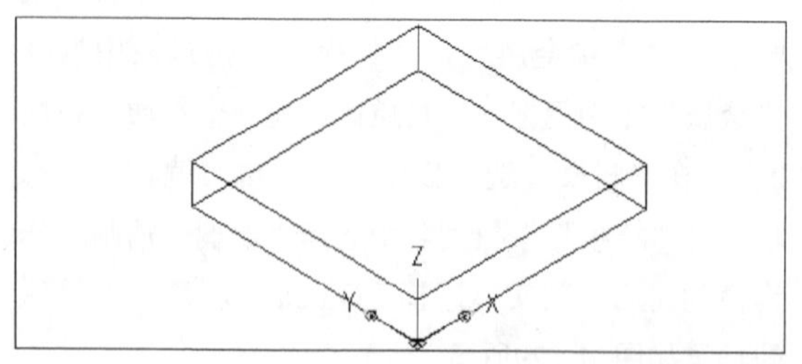

图14-143 绘制长方体

04 选择“视图”→“三维视图”→“左视”菜单命令，进入左视图。

05 单击“绘图”工具栏中的按钮，绘制如图14-144所示的图形。

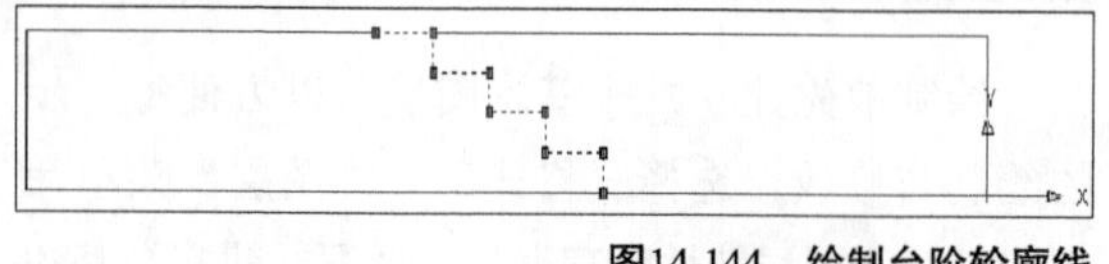

图14-144 绘制台阶轮廓线

命令行提示如下。

命令: _pline

指定起点:

当前线宽为 0.0000

指定下一个点或 [圆弧(A)/半宽(H)/长度(L)/放弃(U)/宽度(W)]: @30,0

指定下一点或 [圆弧(A)/闭合(C)/半宽(H)/长度(L)/放弃(U)/宽度(W)]: @0,20

指定下一点或 [圆弧(A)/闭合(C)/半宽(H)/长度(L)/放弃(U)/宽度(W)]: u

指定下一点或 [圆弧(A)/闭合(C)/半宽(H)/长度(L)/放弃(U)/宽度(W)]: @0,−20

指定下一点或 [圆弧(A)/闭合(C)/半宽(H)/长度(L)/放弃(U)/宽度(W)]: @30,0

指定下一点或 [圆弧(A)/闭合(C)/半宽(H)/长度(L)/放弃(U)/宽度(W)]: @0,−20

指定下一点或 [圆弧(A)/闭合(C)/半宽(H)/长度(L)/放弃(U)/宽度(W)]: @30,0

指定下一点或 [圆弧(A)/闭合(C)/半宽(H)/长度(L)/放弃(U)/宽度(W)]: @0,−20

指定下一点或 [圆弧(A)/闭合(C)/半宽(H)/长度(L)/放弃(U)/宽度(W)]: @30,0

指定下一点或 [圆弧(A)/闭合(C)/半宽(H)/长度(L)/放弃(U)/宽度(W)]: @0,−20

指定下一点或 [圆弧(A)/闭合(C)/半宽(H)/长度(L)/放弃(U)/宽度(W)]:

06 单击“视图”工具栏中的按钮，返回西南等轴测视图，如图14-145所示。

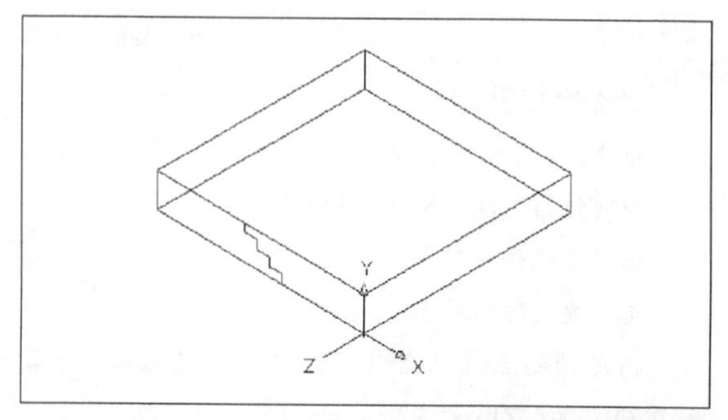

图14-145 返回西南等轴测视图

技巧与提示

打开“视图”工具栏的方法为在任意一个工具栏上右键单击，选择“视图”命令即可。

07 单击“建模”工具栏中的按钮，将绘制的多段线拉伸一定的宽度，命令行提示如下。

命令: _extrude

当前线框密度: ISOLINES=4

选择要拉伸的对象: 找到 1 个

选择要拉伸的对象:

指定拉伸的高度或 [方向(D)/路径(P)/倾斜角(T)] <80.0000>: 100

08 单击“修改”工具栏中的按钮，把拉伸后的台阶移动到合适的位置，如图14-146所示。

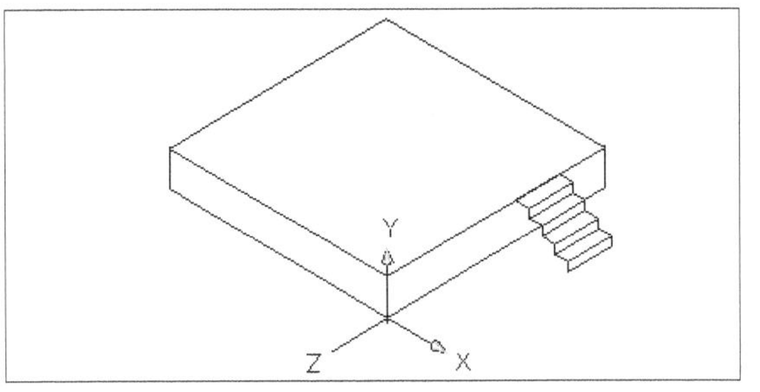

图14-146　台阶轮廓

09 利用“多段线”命令绘制如图14-147所示的轮廓线。

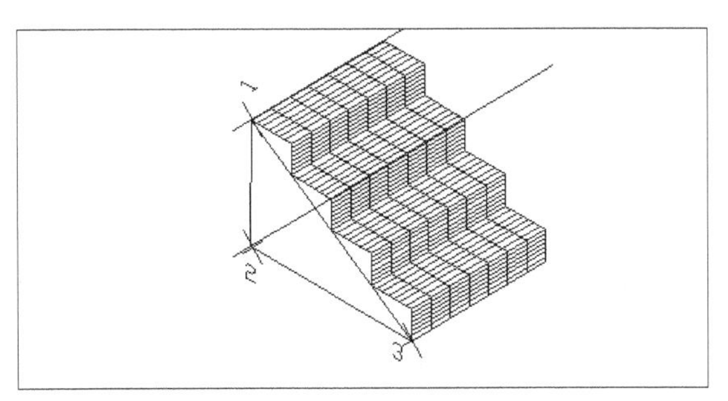

图14-147　绘制多段线

命令行提示如下。

命令: _pline　　//调用“多段线”命令

指定起点:　　//捕捉点1为起始点

当前线宽为 0.0000

指定下一个点或 [圆弧(A)/半宽(H)/长度(L)/放弃(U)/宽度(W)]:　//指定捕捉的第二点

指定下一点或 [圆弧(A)/闭合(C)/半宽(H)/长度(L)/放弃(U)/宽度(W)]:　//指定捕捉的第三点

指定下一点或 [圆弧(A)/闭合(C)/半宽(H)/长度(L)/放弃(U)/宽度(W)]:c　//闭合多段线

指定下一点或 [圆弧(A)/闭合(C)/半宽(H)/长度(L)/放弃(U)/宽度(W)]:　//回车

10 单击“建模”工具栏中的按钮，将其拉伸，命令行提示如下。

命令: _extrude

当前线框密度: ISOLINES=4

选择要拉伸的对象: 找到 1 个

选择要拉伸的对象:

指定拉伸的高度或 [方向(D)/路径(P)/倾斜角(T)] <100.0000>: 15

//指定拉伸高度为15，结果如图14-148所示

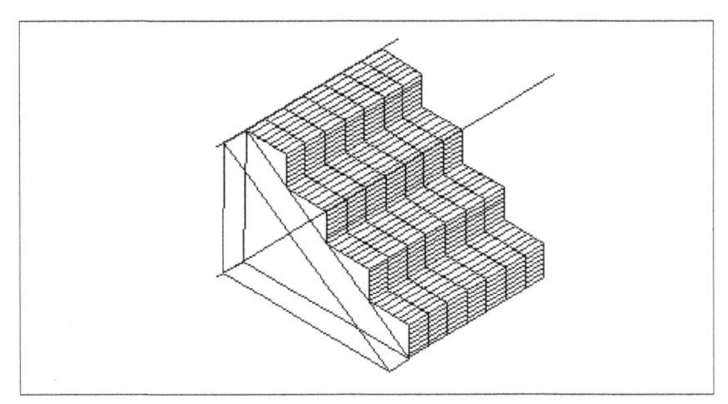

图14-148　拉伸后效果

11 单击“修改”工具栏中的按钮，将上一步绘制的拉伸实体复制到另一侧，如图14-149所示。

命令: _copy

选择对象: 找到 1 个

选择对象:

当前设置: 复制模式 = 多个

指定基点或 [位移(D)/模式(O)] <位移>: d

//选择通过位移复制

指定位移 <0.0000, 0.0000, 0.0000>: 115

//指定具体位移

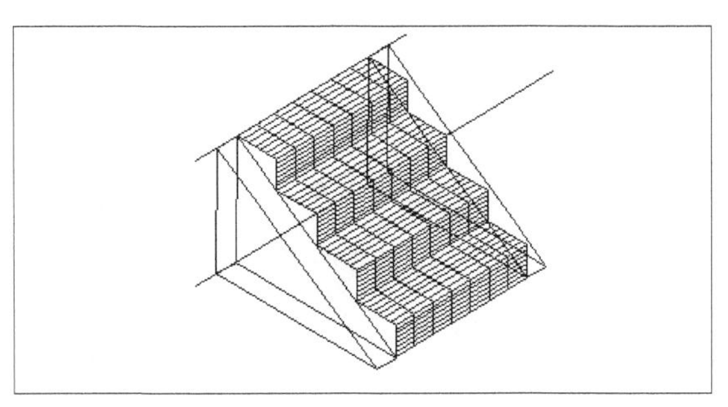

图14-149　复制后效果

12 选择“工具”→“新建UCS”→“Z”菜单命令，指定旋转角度为270°。

13 选择“工具”→“新建UCS”→“原点”菜单命令，指定新的原点如图14-150所示。

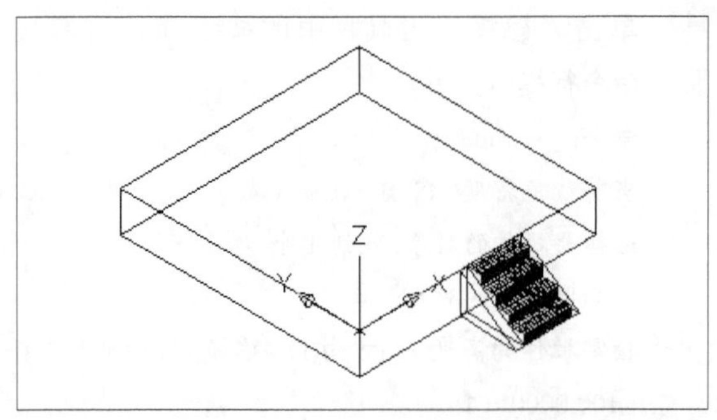

图14-150　指定新的坐标原点

14 单击“建模”工具栏中的按钮，绘制长方体，如图14-151所示，命令行提示如下。

命令: _box

指定第一个角点或 [中心(C)]:100，100，0

指定其他角点或 [立方体(C)/长度(L)]: l

指定长度 <100.0000>:300

指定宽度 <100.0000>:300

指定高度或 [两点(2P)] <80.0000>:60

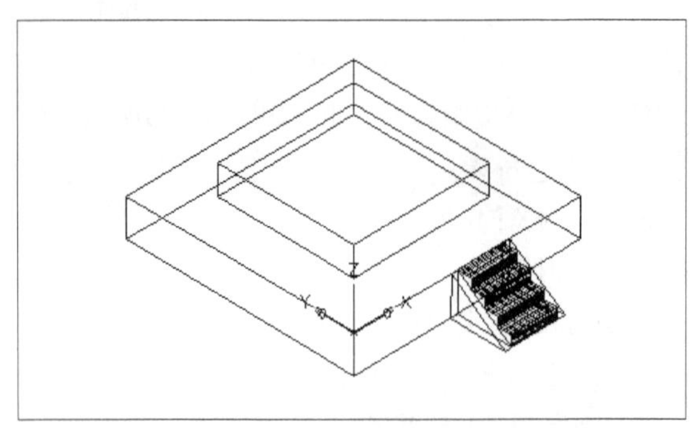

图14-151　绘制上部的长方体

15 按照步骤（4）~（11）绘制台阶，结果如图14-152所示。

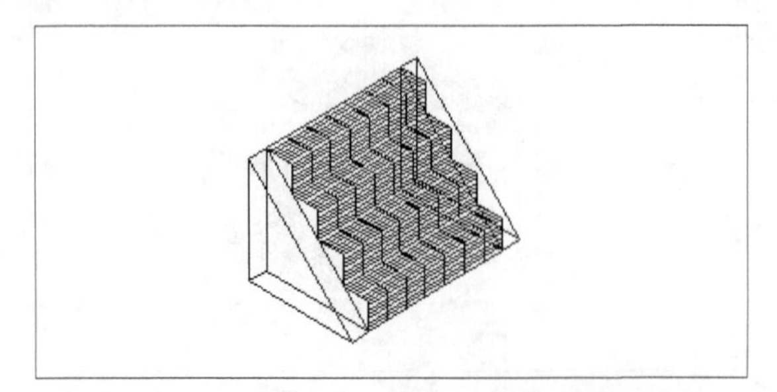

图14-152　绘制亭子内部台阶

16 单击“绘图”工具栏中的按钮，将其存储为块，如图14-153所示，单击对话框中的“拾取点”按钮，拾取台阶上侧中点为基点，单击“选择对象”按钮选择台阶。

图14-153　“块定义”对话框

17 单击“确定”按钮，即可将其存储为块。

18 单击“绘图”工具栏中的按钮，将块插入到合适的位置，如图14-154所示。命令行提示如下。

命令: _insert

指定块的插入点:

//指定上部长方体顶边的中点为插入点

指定 XYZ 轴比例因子: 1

//指定插入比例为1

指定旋转角度 <0>:

//回车即可得到如图14–154所示图形

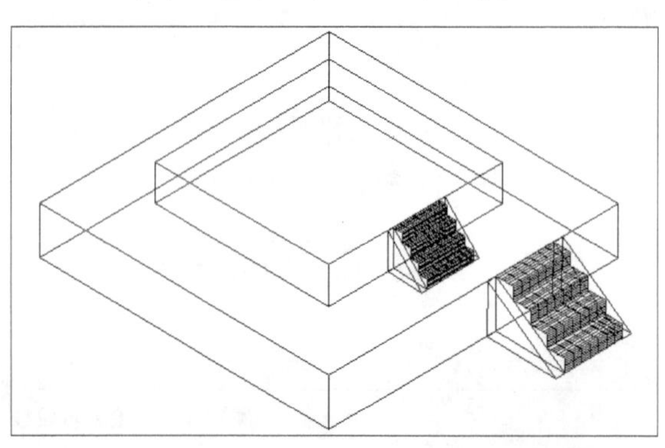

图14-154　插入台阶

19 选择“修改”→“三维操作”→“三维镜像”菜单命令，镜像出对面的台阶，如图14-155所示。

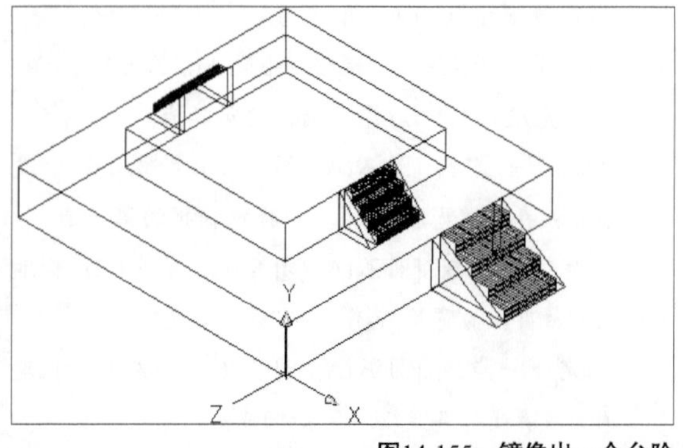

图14-155　镜像出一个台阶

命令行提示如下：

命令: _mirror3d

//调用"三维镜像"命令

选择对象: 找到 1 个

//选择要镜像的对象

选择对象: 找到 1 个，总计 2 个

选择对象: 找到 1 个，总计 3 个

选择对象: 　　//回车

指定镜像平面 (三点) 的第一个点或[对象(O)/最近的(L)/Z 轴(Z)/视图(V)/XY 平面(XY)/YZ 平面(YZ)/ZX 平面(ZX)/三点(3)] <三点>:

//指定上侧中心点

在镜像平面上指定第二点: 在镜像平面上指定第三点: 　//指定对边中点

是否删除源对象? [是(Y)/否(N)] <否>: N

//选择保留原对象

20 重复利用"三维镜像"命令镜像出另外一个台阶，镜像平面为长方体的对角面，命令行提示如下。

命令: _mirror3d

选择对象: 找到 1 个

选择对象: 找到 1 个，总计 2 个

选择对象: 找到 1 个，总计 3 个

选择对象:

指定镜像平面 (三点) 的第一个点或[对象(O)/最近的(L)/Z 轴(Z)/视图(V)/XY 平面(XY)/YZ 平面(YZ)/ZX 平面(ZX)/三点(3)] <三点>: 　//指定角点1，如图14-15所示

在镜像平面上指定第二点: 　//指定角点2

在镜像平面上指定第三点: 　//指定角点3

是否删除源对象? [是(Y)/否(N)] <否>: N

21 选择步骤（18）中镜像出的台阶为镜像对象，采用同样方法镜像后效果如图14-156所示。

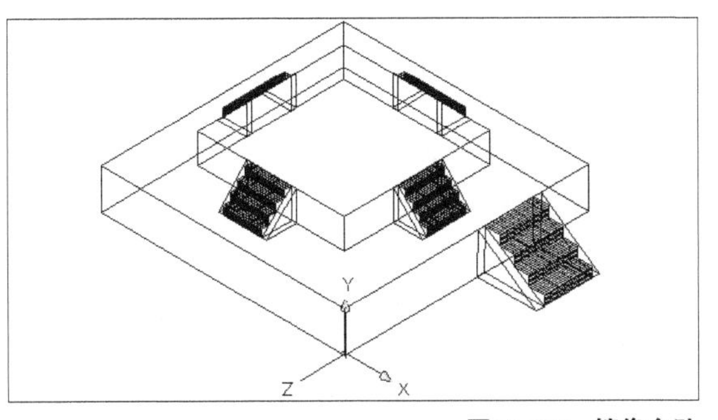

图14-156　镜像台阶

22 选择"视图"→"消隐"菜单命令后，台基和台阶效果如图14-157所示。

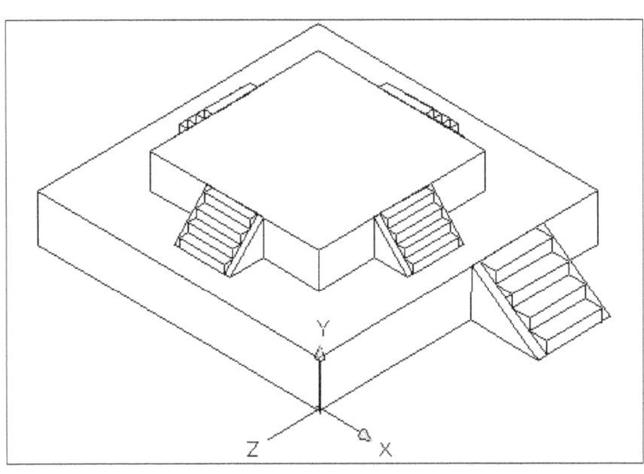

图14-157　消隐后的台基与台阶

14.5.2　绘制石栏杆

下面我们来绘制石栏杆作为亭子周围的护栏。

操作步骤

01 将"石栏杆"层设置为当前层。

02 改变UCS坐标，绕*x*轴旋转270°。

03 单击"建模"工具栏中的按钮，绘制如图14-158所示的长方体。命令行提示如下。

命令: _box

指定第一个角点或 [中心(C)]:

//指定下面长方体的顶点为第一个角点

指定其他角点或 [立方体(C)/长度(L)]: l

指定长度 <12.0000>: 15

指定宽度 <72.1991>: 15

指定高度或 [两点(2P)] <-3.9171>: 50

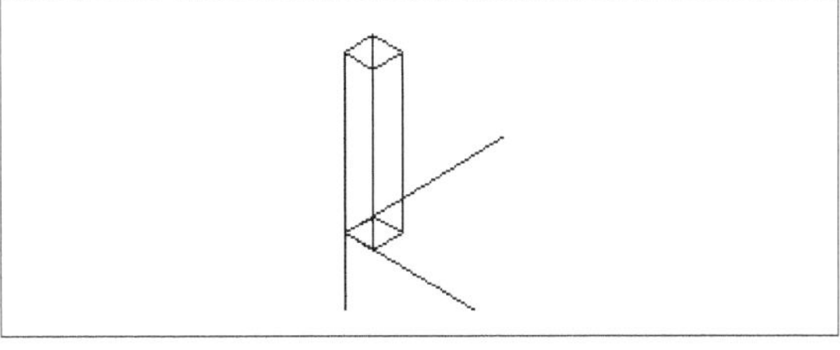

图14-158　绘制长方体

04 选择"工具"→"新建UCS"→"原点"菜单命令，指定新的坐标原点。

05 利用"长方体"命令再绘制两个长方体，如图14-159所示。命令行提示如下。

命令: _box

指定第一个角点或 [中心(C)]: 0,0,60

指定其他角点或 [立方体(C)/长度(L)]: l

指定长度 <12.0000>:

指定宽度 <12.0000>:

指定高度或 [两点(2P)] <50.0000>: 20

命令: _box

指定第一个角点或 [中心(C)]: 2,2,0

指定其他角点或 [立方体(C)/长度(L)]: l

指定长度 <12.0000>: 11

指定宽度 <12.0000>: 11

指定高度或 [两点(2P)] <20.0000>: 84

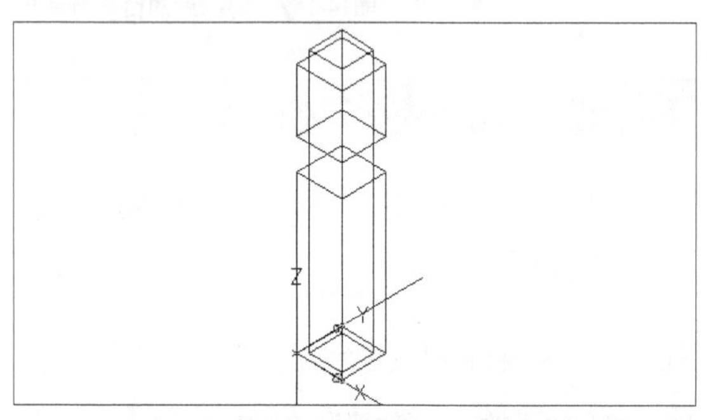

图14-159　绘制另外两个长方体

06 这3个长方体在整个图形中的位置如图14-160所示。

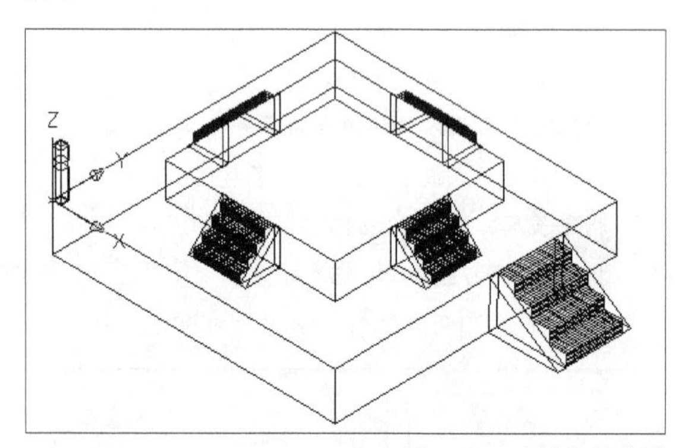

图14-160　长方体的位置

07 利用“长方体”命令绘制一个长80，宽11，高55的长方体，命令行提示如下。

命令: _box

指定第一个角点或 [中心(C)]: 13,2,55

指定其他角点或 [立方体(C)/长度(L)]: l

指定长度 <11.0000>: 80

指定宽度 <12.6.2734>: 11

指定高度或 [两点(2P)] <70.9078>: 55

08 再绘制一个长为78，宽为11，高为15的长方体，置于上一个长方体的内部，如图14-161所示。

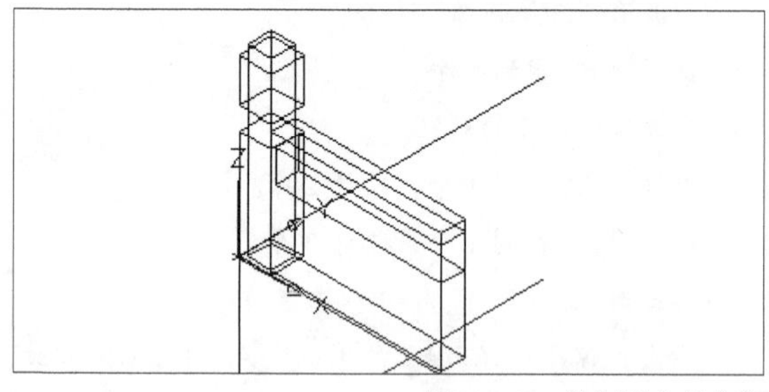

图14-161　绘制两个长方体

命令行提示如下。

命令: _box

指定第一个角点或 [中心(C)]: 15,2,50

指定其他角点或 [立方体(C)/长度(L)]: l

指定长度 <78.0000>: 78

指定宽度 <11.0000>: 11

指定高度或 [两点(2P)] <−50.0000>: 15

09 单击“建模”工具栏中的按钮，将内部的长方体减去，命令行提示如下。

命令: _subtract 选择要从中减去的实体或面域...

选择对象: 找到 1 个　　//选择外部的长方体

选择对象:　　//单击鼠标右键

选择要减去的实体或面域 ..

选择对象: 找到 1 个　　//选择内部长方体

选择对象:　　//单击鼠标右键

10 单击“建模”工具栏中的按钮，进入左视图，绘制一个如图14-162所示的长为80的直线，选择“绘图”→“点”→“定数等分”菜单命令，将其分为三等分。

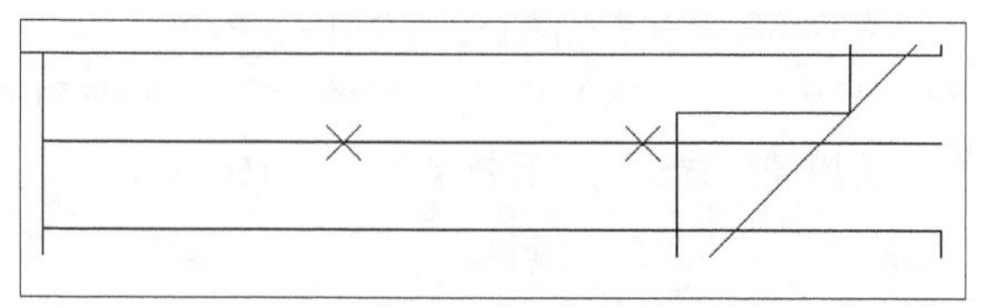

图14-162　绘制直线

命令行提示如下。

命令: _divide

选择要定数等分的对象:　　//选择直线

输入线段数目或 [块(B)]: 3　　//输入3

11 利用“圆”及“圆弧”命令绘制出如图14-163所示的图案，命令行提示如下。

命令: _circle 指定圆的圆心或 [三点(3P)/两点(2P)/相切、相切、半径(T)]:

// 调用“圆”命令

指定圆的半径或 [直径(D)]:

//绘制一个与上下两侧相切的圆

命令: _circle 指定圆的圆心或 [三点(3P)/两点(2P)/相切、相切、半径(T)]: //绘制一个小圆

指定圆的半径或 [直径(D)] <7.5028>:

命令: _polygon 输入边的数目 <4>: 6

//绘制正多边形

指定正多边形的中心点或 [边(E)]:

输入选项 [内接于圆(I)/外切于圆(C)] <I>: C

指定圆的半径: 5

命令: _arc 指定圆弧的起点或 [圆心(C)]:

//指定正多边形一个定点为起点

指定圆弧的第二个点或 [圆心(C)/端点(E)]:

//指定第一个圆的象限点为第二点

指定圆弧的端点:

//指定正多边形的另一个点为第三点

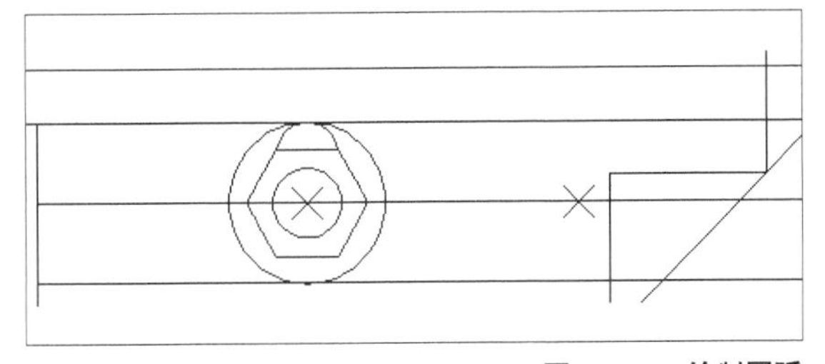

图14-163　绘制圆弧

12 单击“修改”工具栏中的按钮，阵列出其他圆弧。

13 设置完后单击“确定”按钮，然后删除大圆与正多边形，结果如图14-164所示。

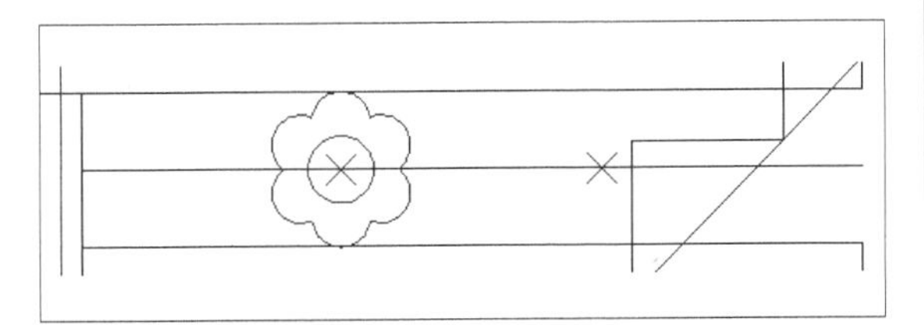

图14-164　阵列后效果

14 将图案复制到另一个等分点上，删除多余的直线与点，单击按钮，返回“西南等轴测”视图。

15 单击“建模”工具栏中的按钮，将图案拉伸一定高度，命令行提示如下：

命令: _extrude

当前线框密度: ISOLINES=4

选择要拉伸的对象: 找到 1 个

选择要拉伸的对象: 找到 1 个，总计 2 个

选择要拉伸的对象: 找到 1 个，总计 3 个

选择要拉伸的对象: 找到 1 个，总计 4 个

选择要拉伸的对象: 找到 1 个，总计 5 个

选择要拉伸的对象: 找到 1 个，总计 6 个

选择要拉伸的对象: 找到 1 个，总计 7 个

选择要拉伸的对象:

指定拉伸的高度或 [方向(D)/路径(P)/倾斜角(T)] <11.0000>: −11

16 改变视图可看到栏杆效果如图14-165所示。

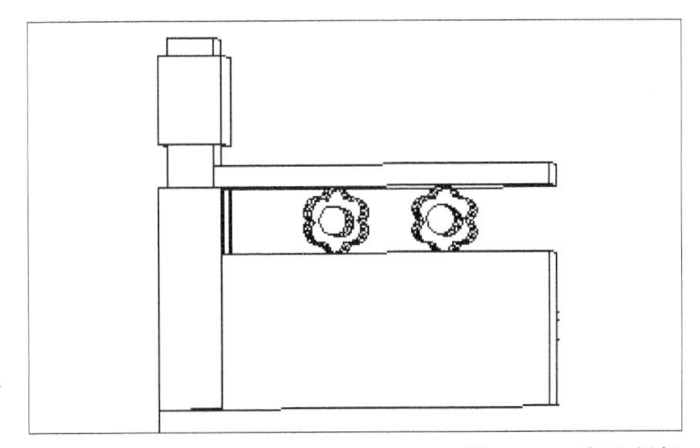

图14-165　部分栏杆

17 采用同样方法及“镜像”、“复制”等命令绘制出所有的栏杆，返回“西南等轴测”视图如图14-166所示。

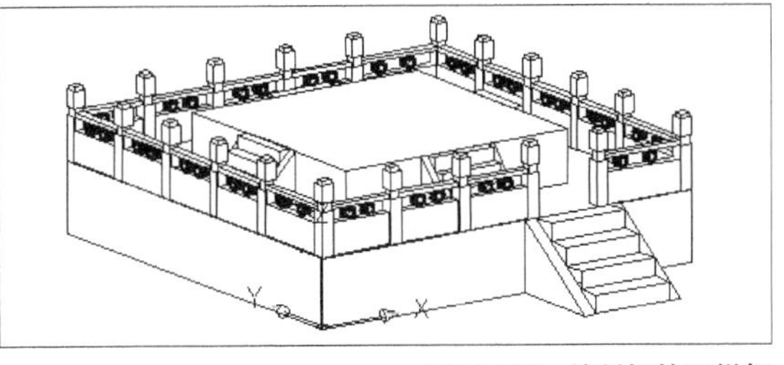

图14-166　绘制好的石栏杆

14.5.3　绘制木柱

操作步骤

01 将“柱子”层设为当前层。

02 选择“工具”→“新建UCS”→“原点”菜单命令，改变用户坐标系，使原点位于上侧台基的顶点处。

03 单击“建模”工具栏中的按钮，绘制如图14-27所示的支柱，命令行提示如下。

命令: _cylinder

//调用“圆柱体”命令

指定底面的中心点或 [三点(3P)/两点(2P)/相切、相切、半径(T)/椭圆(E)]: 20,20,0

//指定圆柱体中心点

指定底面半径或 [直径(D)]: 10

//指定圆柱体半径

指定高度或 [两点(2P)/轴端点(A)] <50.0000>: 400

//指定圆柱体高度

04 单击“修改”工具栏中的按钮，在弹出的“阵列”对话框中选择“环形阵列”单选按钮，设置中心点为“X：200”，“Y：200”，填充数目为4，填充角度为360。单击“选择对象”按钮，选择圆柱体，返回“阵列”对话框，单击“确定按钮”即可得到如图14-167所示的图形。

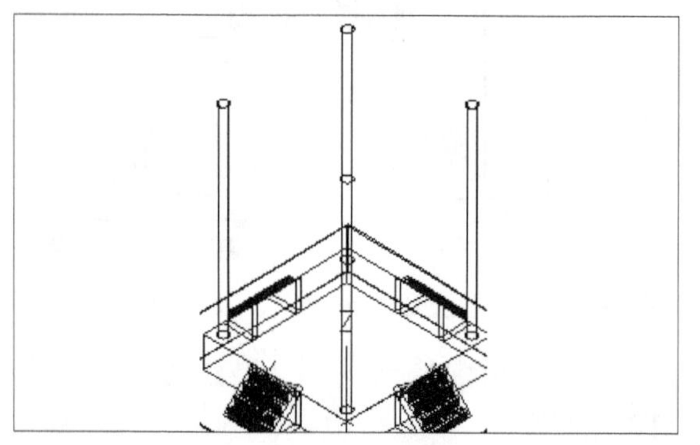

图14-167　阵列后的柱子

14.5.4　绘制侧栏

操作步骤

01 利用“圆柱体”命令绘制如图14-168所示的圆柱。

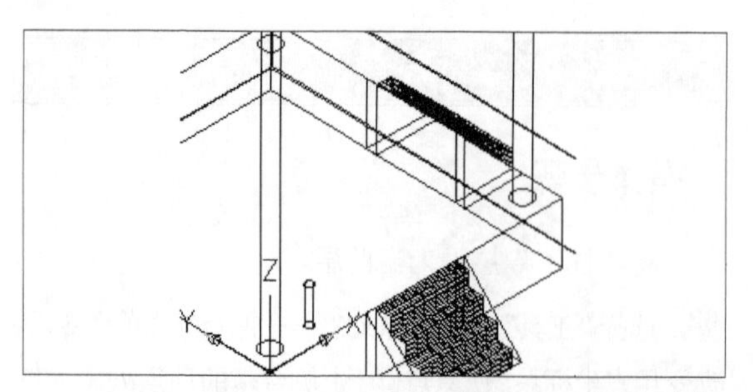

图14-168　绘制小圆柱

命令行提示如下。

命令: _cylinder

指定底面的中心点或 [三点(3P)/两点(2P)/相切、相切、半径(T)/椭圆(E)]: 60,20,0

指定底面半径或 [直径(D)]: 4

指定高度或 [两点(2P)/轴端点(A)]: 35

02 单击“修改”工具栏中的按钮，绘制出另外5个柱子。

03 设置好后，单击“确定”按钮，结果如图14-169所示。

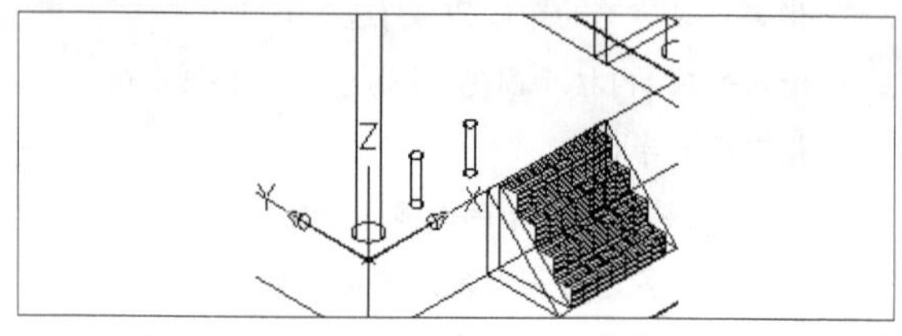

图14-169　阵列结果

04 单击“建模”工具栏中的按钮，绘制如图14-170所示长方体。

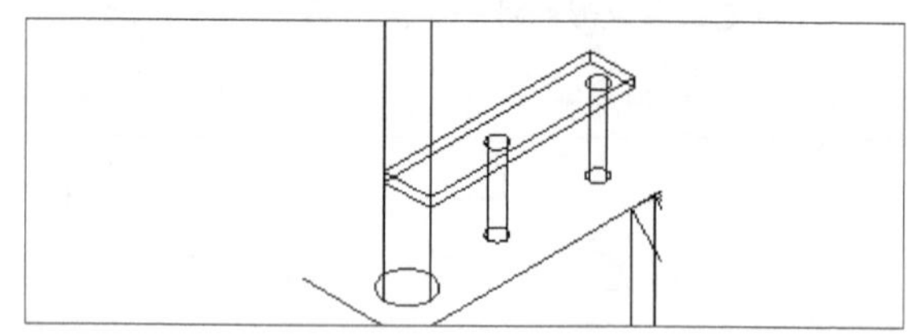

图14-170　绘制长方体

05 单击“修改”工具栏中的按钮，一一镜像出其他的侧栏，结果如图14-171所示。

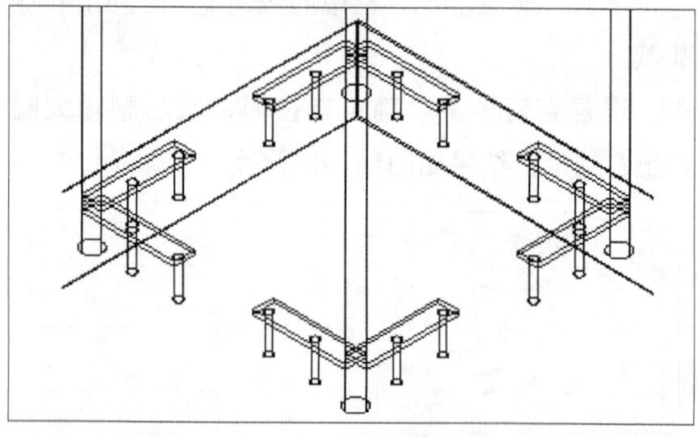

图14-171　镜像后的侧栏

14.5.5　绘制亭顶

亭子的顶部包括亭子的顶部与挂檐。

操作步骤

01 将“亭顶”层设置为当前层。

02 单击“绘图”工具栏中的按钮⬠，绘制一个长为300的正方形，如图14-172所示。

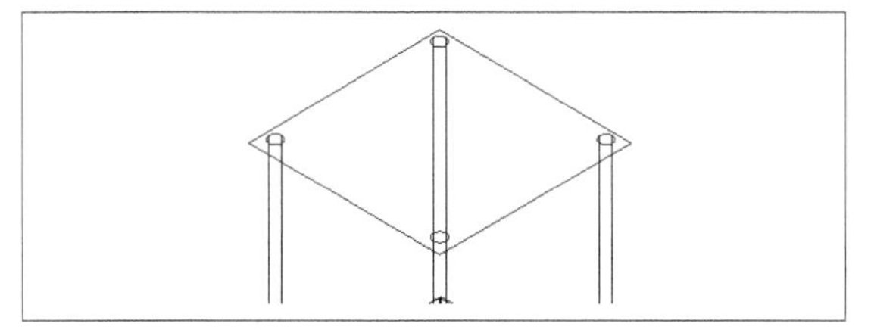

图14-172　绘制正方形

03 选择“工具”→“新建UCS”→“原点”菜单命令，新建坐标原点，如图14-173所示。

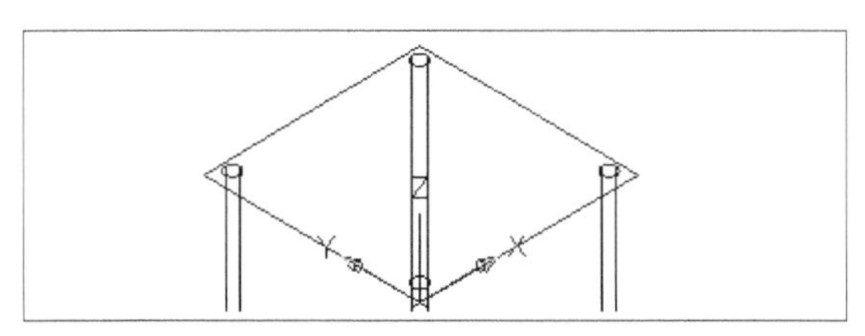

图14-173　新建坐标原点

04 再次利用“正多边形”命令绘制一个正方体，如图14-174所示，命令行提示如下。

命令: _polygon 输入边的数目 <4>:

//调用“正多边形”命令

指定正多边形的中心点或 [边(E)]: 150,150,40

//指定正多边形的中心

输入选项 [内接于圆(I)/外切于圆(C)] <C>: C

指定圆的半径: 50

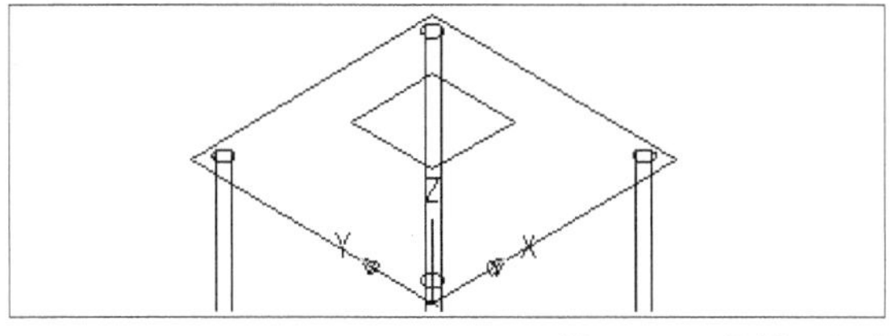

图14-174　绘制正方形

05 单击“修改”工具栏中的按钮，将外侧的正方形向内侧偏移30，命令行提示如下。

命令: _offset

当前设置: 删除源=否

图层=源　OFFSETGAPTYPE=0

指定偏移距离或[通过(T)/删除(E)/图层(L)] <10.0000>:30

选择要偏移的对象，或 [退出(E)/放弃(U)] <退出>:

指定要偏移的那一侧上的点，或 [退出(E)/多个(M)/放弃(U)] <退出>:

选择要偏移的对象，或 [退出(E)/放弃(U)] <退出>:

06 选择“绘图”→“圆弧”→“三点”菜单命令，以外面的正方形的顶点为起始点，内侧正方形边的中点为第二点，绘制完后效果如图14-175所示。

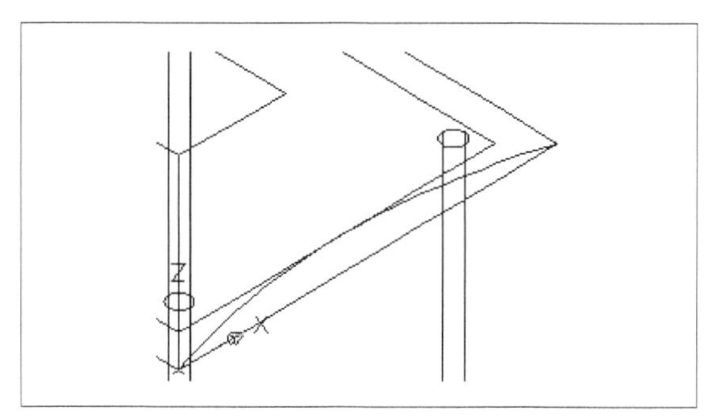

图14-175　绘制圆弧

07 采用同样方法绘制出其他的圆弧，删除两个正方形如图14-176所示。

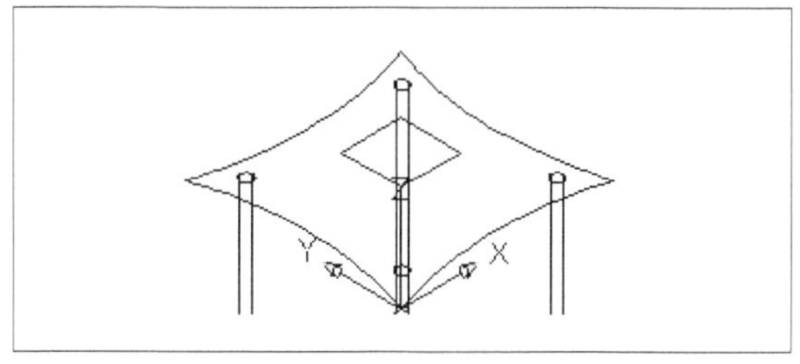

图14-176　绘制圆弧

08 单击“修改”工具栏中的按钮，将正方形分解。

09 单击“绘图”工具栏中的╱，连接图14-176中的正方形与圆弧的顶点，命令行提示如下。

命令: _line 指定第一点:

指定下一点或 [放弃(U)]:

指定下一点或 [放弃(U)]:

命令: _line 指定第一点:

指定下一点或 [放弃(U)]:

指定下一点或 [放弃(U)]:

命令: _line 指定第一点:

指定下一点或 [放弃(U)]:

指定下一点或 [放弃(U)]:

命令: _line 指定第一点:

指定下一点或 [放弃(U)]:

指定下一点或 [放弃(U)]:

10 选择“绘图”→“建模”→“网格”→“边界网格”菜单命令，如图14-177所示的侧面。

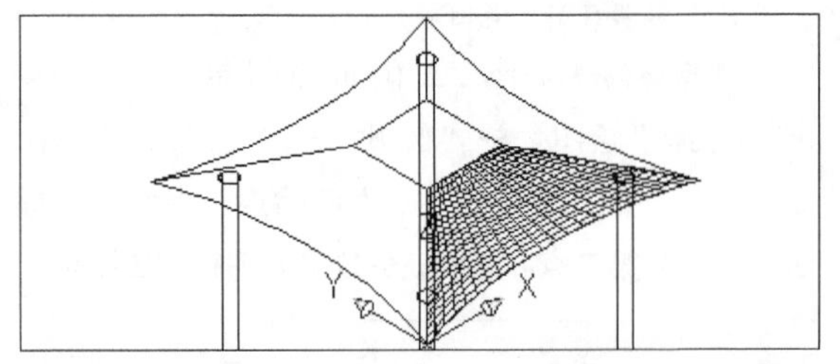

图14-177 生成侧面

命令行提示如下。

命令: _edgesurf

当前线框密度: SURFTAB1=20 SURFTAB2=20

选择用作曲面边界的对象 1:

选择用作曲面边界的对象 2:

选择用作曲面边界的对象 3:

选择用作曲面边界的对象 4:

技巧与提示

在命令行输入SURFTAB1或SURFTAB2改变它们的值，可改变网格的密度。

11 单击“修改”工具栏中的按钮，选择“环形阵列”，中心点为正方形中心，生成其他侧面。

12 选择“视图”→“三维视图”→“俯视”菜单命令，单击“绘图”工具栏中的按钮，绘制一正方形，如图14-178中的红色线所示。命令行提示如下。

命令: _polygon

输入边的数目 <4>:   //回车

指定正多边形的中心点或 [边(E)]:

//指定正方形中心

输入选项 [内接于圆(I)/外切于圆(C)] <C>: C

指定圆的半径: 50

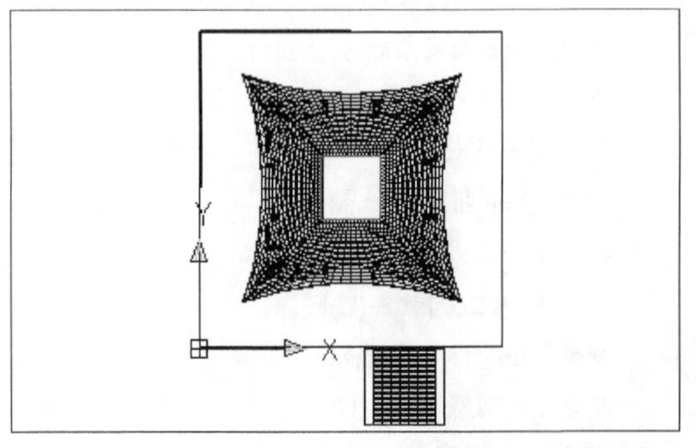

图14-178 绘制正方形

13 选择“视图”→“三维视图”→“西南等轴测”菜单命令，或单击“视图”工具栏中的按钮，返回“西南等轴测”视图。

14 单击“建模”工具栏中的按钮，将正方形拉伸20个单位，结果如图14-179所示。

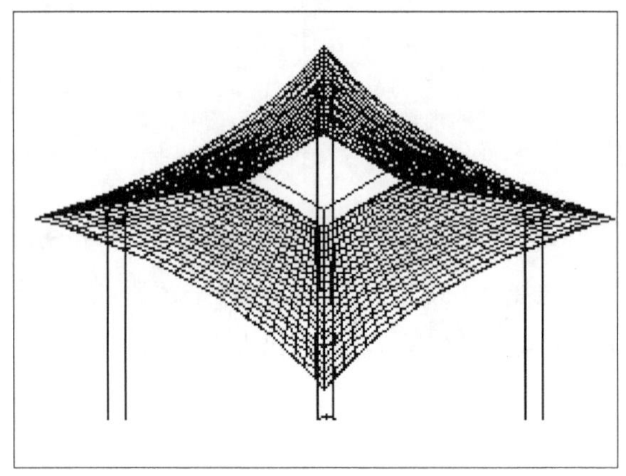
图14-179 拉伸后效果

15 单击“视图”工具栏中的按钮，进入左视图，利用“矩形”、“直线”、“修剪”命令绘制出如图14-180所示的图形。

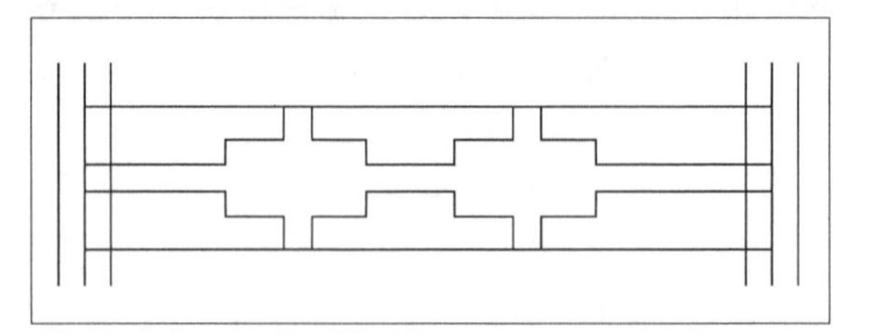
图14-180 绘制图案

16 返回“西南等轴测”视图，并单击“建模”工具栏中的按钮，将其拉伸一定高度，命令行提示如下。

命令: _extrude

当前线框密度: ISOLINES=4

选择要拉伸的对象: 找到 1 个

……

选择要拉伸的对象: 找到 1 个，总计 30 个

选择要拉伸的对象:

指定拉伸的高度或 [方向(D)/路径(P)/倾斜角(T)] <20.0000>: 5

//指定拉伸高度为5

利用“移动”命令将拉伸后的实体放到合适的位置，如图14-181所示。

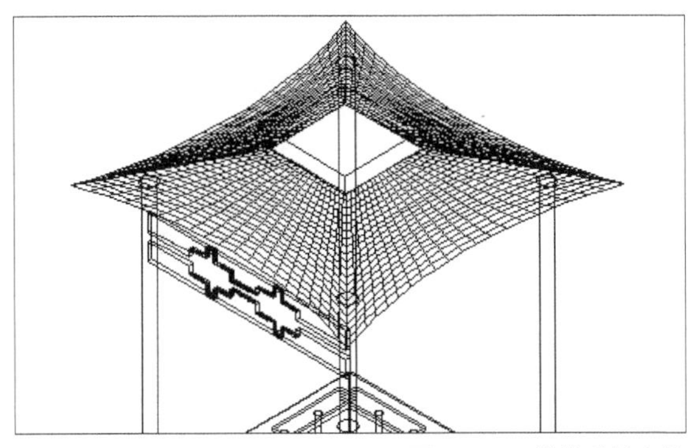

图14-181　拉伸后的实体

17 选择“修改”→“三维操作”→“三维镜像”菜单命令，将拉伸后的实体镜像至其他几个柱子中间，结果如图14-182所示。

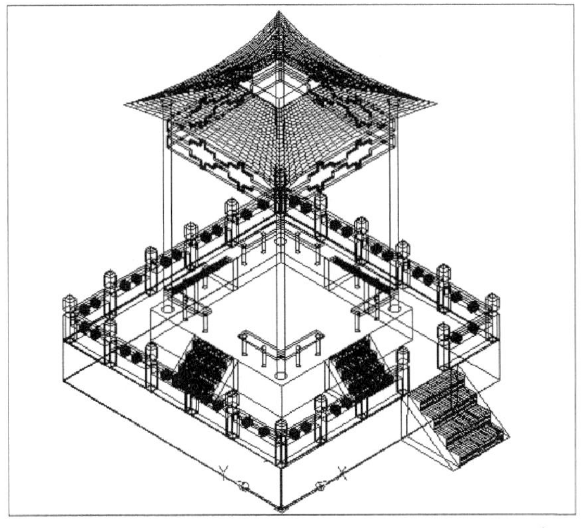

图14-182　亭子

14.5.6　着色

操作步骤

01 选择“实体编辑”工具栏中的按钮，对柱子进行着色，命令行提示如下。

命令: _solidedit

实体编辑自动检查: SOLIDCHECK=1

输入实体编辑选项 [面(F)/边(E)/体(B)/放弃(U)/退出(X)] <退出>: _face

输入面编辑选项

[拉伸(E)/移动(M)/旋转(R)/偏移(O)/倾斜(T)/删除(D)/复制(C)/颜色(L)/材质(A)/放弃(U)/退出(X)] <退出>: _color

选择面或 [放弃(U)/删除(R)]: 找到一个面。

//选择柱子

选择面或 [放弃(U)/删除(R)/全部(ALL)]:

//回车，弹出“选择颜色”对话框，设置颜色

输入面编辑选项

[拉伸(E)/移动(M)/旋转(R)/偏移(O)/倾斜(T)/删除(D)/复制(C)/颜色(L)/材质(A)/放弃(U)/退出(X)] <退出>: X

实体编辑自动检查: SOLIDCHECK=1

输入实体编辑选项 [面(F)/边(E)/体(B)/放弃(U)/退出(X)] <退出>: X

02 采用同样方法对柱子和侧栏进行着色。

03 对其他面分别着色后，选择“视图”→“视觉样式”→“概念”菜单命令，可看到着色后的效果如图14-183所示。

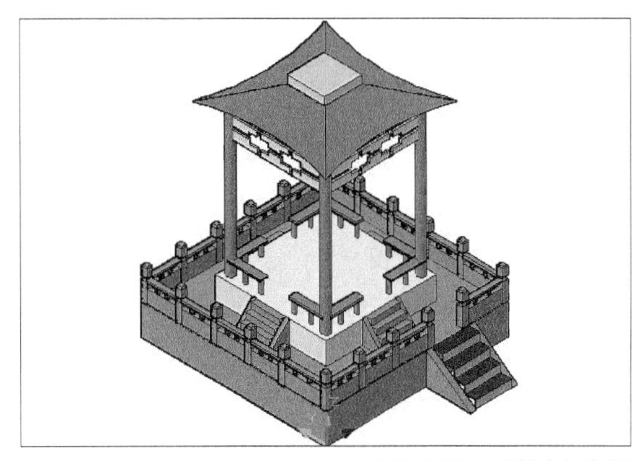

图14-183　“概念”视图

14.5.7　渲染

选择“视图”→“渲染”→“渲染”菜单命名，对图形进行渲染，为其添加背景后效果如图14-184所示。

图14-184　渲染效果

14.6 综合实例

14.6.1 大厦的制作

大厦效果图如图14-185所示。

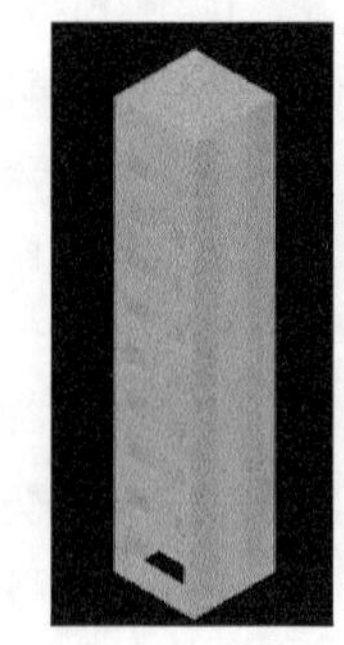

图14-185 效果图

1. 制作模型

操作步骤

01 单击“视图”→“三维视图”→“西南等轴侧”菜单命令，进入西南等轴侧视图，单击“建模”工具栏上的长方体按钮或在命令行中输入box命令，绘制一个长方体，长为200，宽为200，高为1000，如图14-186所示。

02 单击“建模”工具栏上的长方体按钮或在命令行中输入box命令，绘制一个长方体，长为200，宽为200，高为1000，如图14-187所示。

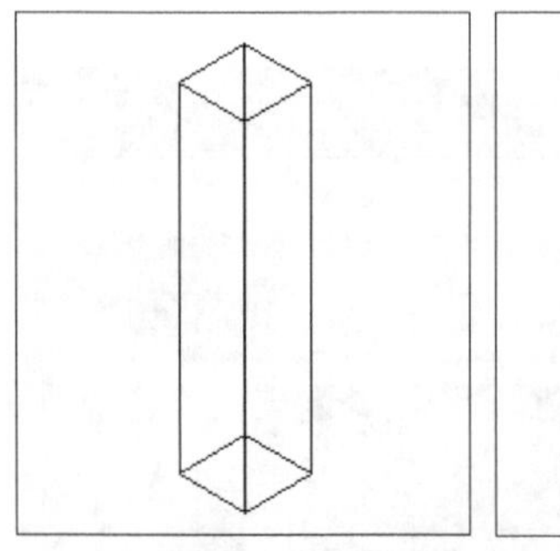

图14-186 长方体

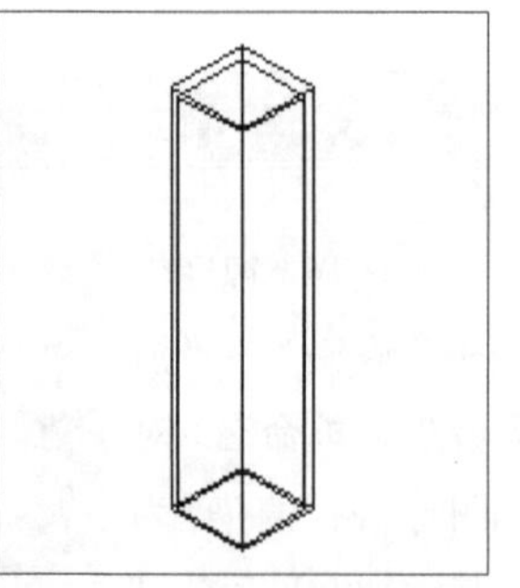

图14-187 长方体

03 单击“建模”工具栏上的差集按钮或在命令行中输入subtract命令，将实体进行差集运算。

04 选择“工具”→“新建UCS”→“X”菜单命令，将当前坐标绕x轴旋转90°，单击“绘图”工具栏中的矩形按钮或在命令行中输入rectang命令，绘制一个尺寸为200×1000的矩形。单击“建模”工具栏上的拉伸按钮，选择矩形为拉伸对象，拉伸长度为“-200”，角度为“15”，如图14-188所示。

05 单击“修改”工具栏上的移动按钮，在命令行中输入move命令，将实体移动到大厦主体，如图14-189所示。

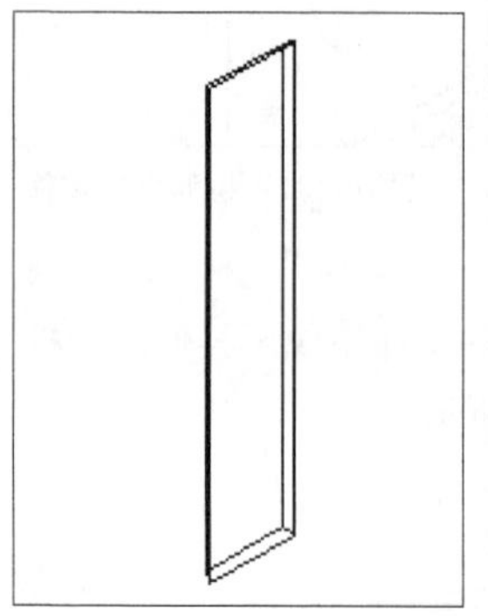

图14-188 拉伸

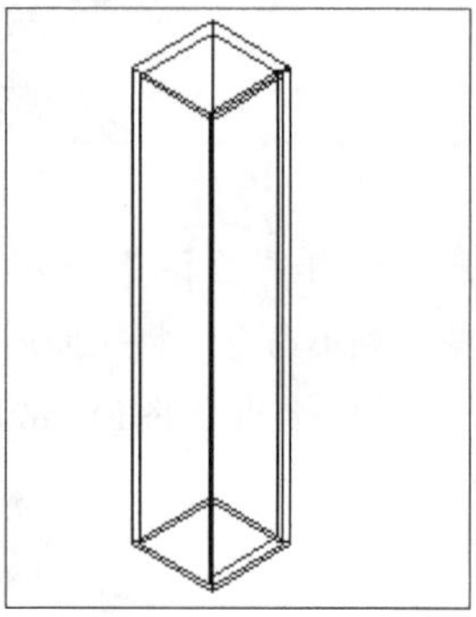

图14-189 棱台

06 单击“建模”工具栏上的长方体按钮或在命令行中输入box命令，绘制一个长方体，长为150，宽为20，高为50，将长方体布置到大厦主体上，间距为50，如图14-190所示。

07 单击“建模”工具栏上的差集按钮或在命令行中输入subtract命令，将实体进行差集运算，消隐后的效果如图14-191所示。

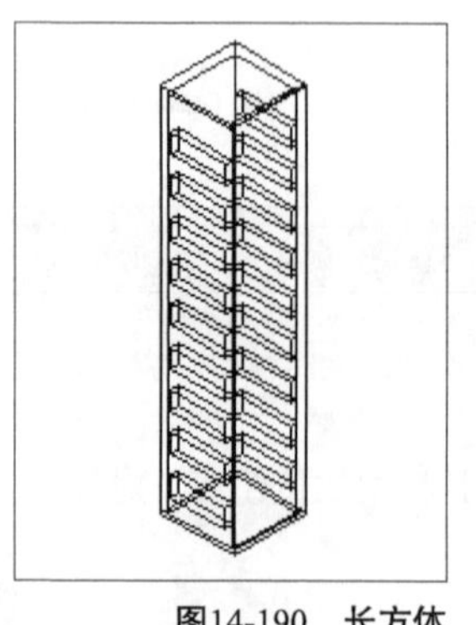

图14-190 长方体

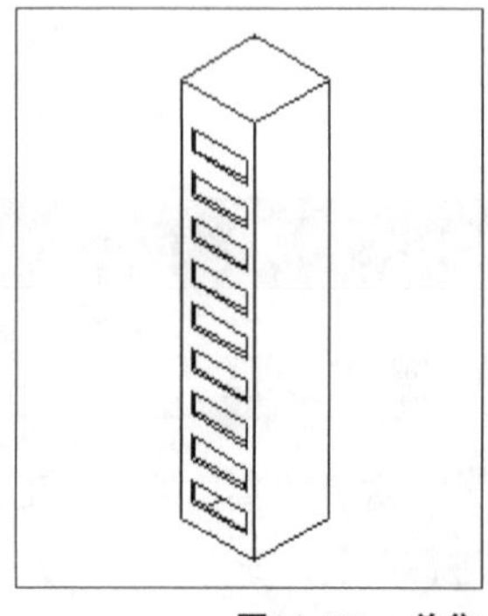

图14-191 差集

2. 渲染

操作步骤

01 选择“工具”→“选项板”→“工具选项板”菜单命令，弹出“工具选项板”，选择“地板—材质样例”选项卡，选中“表面处理.地板材料.大理石.白色”，单击鼠标右键，在弹出的快捷菜单中选择“将材质应用到对象”，回到图形中选择大厦主体。

02 选择“表面处理－材质样例”选项卡，选中“表面处理.墙面装饰面层.条纹.垂直.蓝灰色”，单击鼠标右键，在弹出的快捷菜单中选择“将材质应用到对象”，回到图形中选择两侧棱台。

03 选择“视图”→“渲染”→“渲染”菜单命令或单击“渲染”工具栏上的渲染按钮，则在一个新的窗口中，对当前的图形进行渲染，渲染的效果如图14-185所示。

14.6.2　古式门的制作

古式门效果图如图14-192所示。

图14-192　效果图

1. 制作模型

操作步骤

01 单击“视图”→“三维视图”→“西南等轴侧”菜单命令，进入西南等轴侧视图，单击“建模”工具栏上的长方体按钮或在命令行中输入box命令，绘制一个长方体，长为50，宽为50，高为1 800。

命令行提示如下。

命令: _box

指定第一个角点或 [中心(C)]:

指定其他角点或 [立方体(C)/长度(L)]: l

指定长度: 50

指定宽度: 50

指定高度或 [两点(2P)]: 1800

02 单击“建模”工具栏上的长方体按钮或在命令行中输入box命令，绘制一个长方体，长为600，宽为50，高为50，移动两个长方体，使之对角重合，如图14-193所示。

03 单击“修改”工具栏上的复制按钮或在命令行中输入copy命令，将长方体复制得到门的框架，横向的长方体之间的距离分别为300、500、300、650，如图14-194所示。

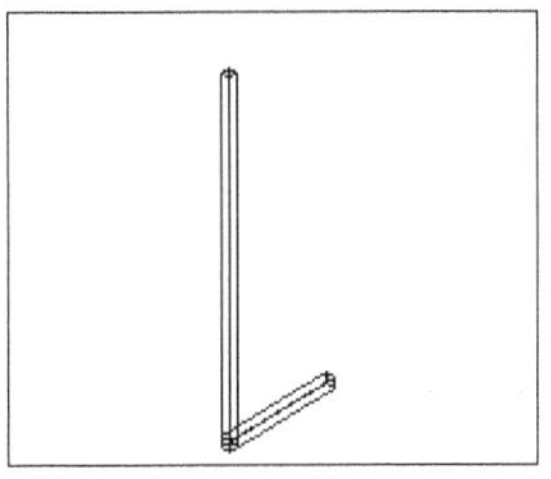

图14-193　长方体

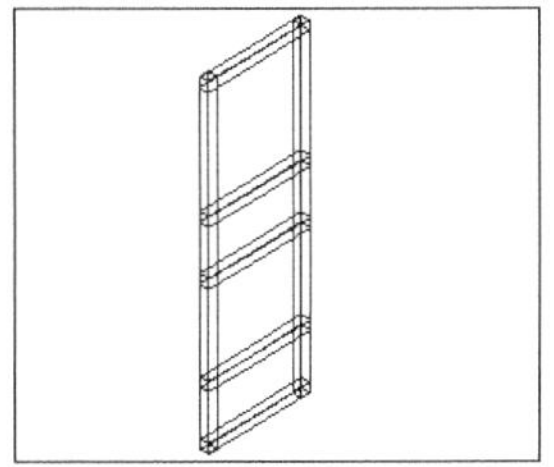

图14-194　长方体

04 单击“建模”工具栏上的长方体按钮或在命令行中输入box命令，绘制一个长方体，长为600，宽为30，高为300，如图14-195所示。

05 单击“建模”工具栏上的长方体按钮或在命令行中输入box命令，绘制一个长方体，长为600，宽为30，高为600，如图14-196所示。

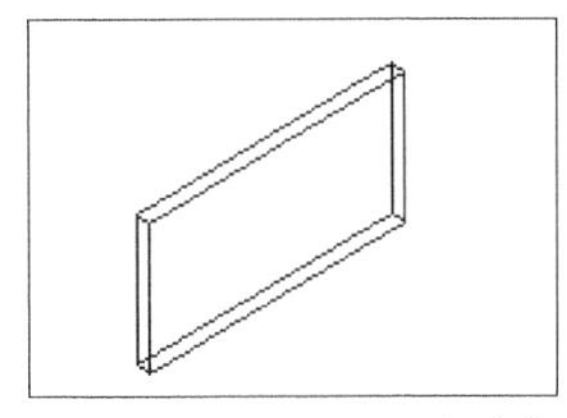

图14-195　长方体

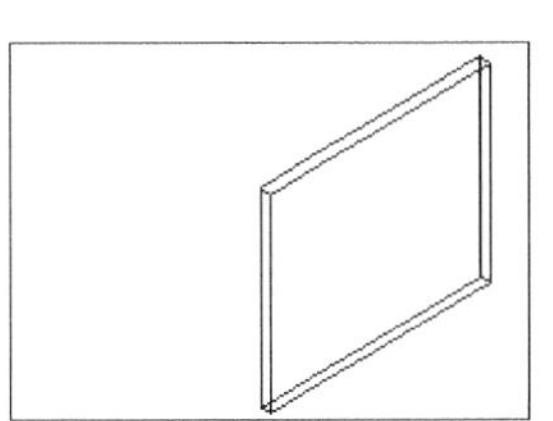

图14-196　长方体

06 添加到门框中作为门板，单击“建模”工具栏上的并集按钮或在命令行中输入union命令，将所有实体进行并集运算，如图14-197所示。

07 单击“建模”工具栏上的长方体按钮或在命令行中输入box命令，绘制长方体，长方体的截面为10×10，将长方体交叉布置，如图14-198所示。

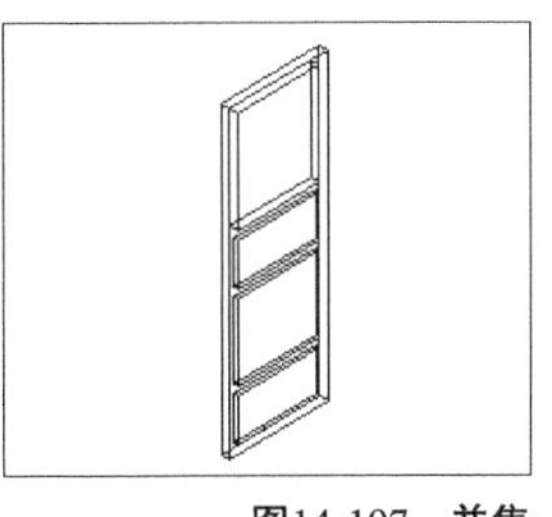

图14-197　并集

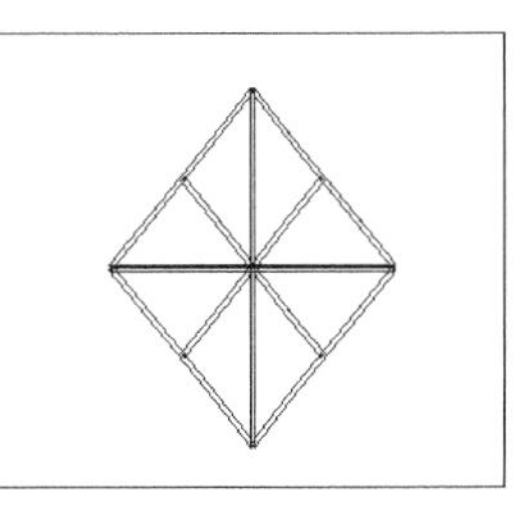

图14-198　长方体

08 将实体添加到门框中，单击“建模”工具栏上的并集按钮或在命令行中输入union命令，将所有实体进行并集运算，如图14-199所示。

09 单击“UCS”工具栏上的按钮或选择“工具”→“新建UCS”→“X”菜单命令，将当前坐标绕x轴旋转90°，单击“建模”工具栏上的圆柱体按钮或在命令行中输入cylinder命令，绘制半径为200，高度为20的圆柱体，如图14-200所示。

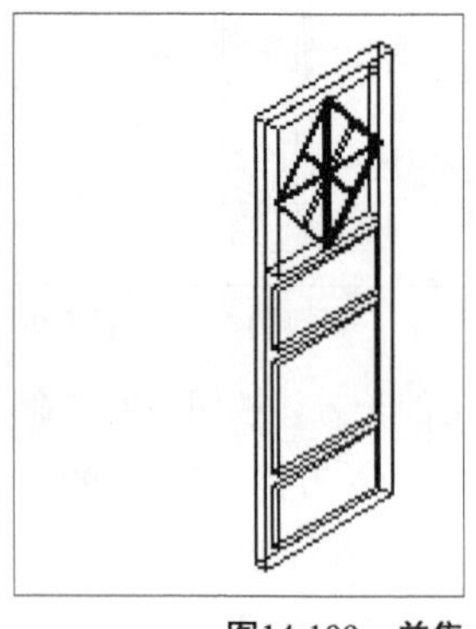

图14-199 并集

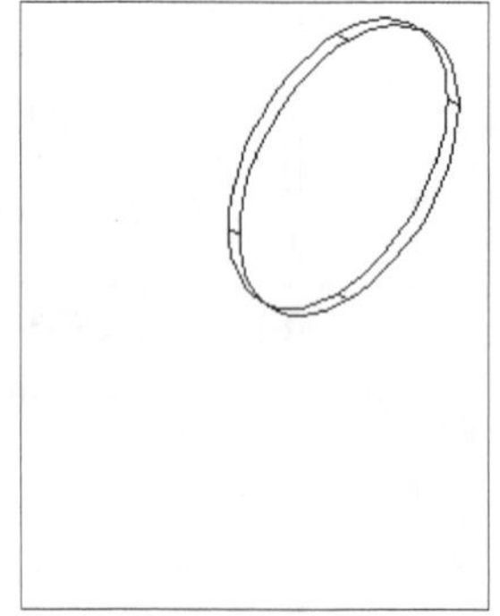

图14-200 圆柱体

命令行提示如下。

命令: _cylinder

指定底面的中心点或 [三点(3P)/两点(2P)/相切、相切、半径(T)/椭圆(E)]:

指定底面半径或 [直径(D)]: 200

指定高度或 [两点(2P)/轴端点(A)] <200.0000>: 20

10 将实体添加到门框中，单击“建模”工具栏上的并集按钮或在命令行中输入union命令，将所有实体进行并集运算，如图14-201所示。

11 消隐后的效果如图14-202所示。

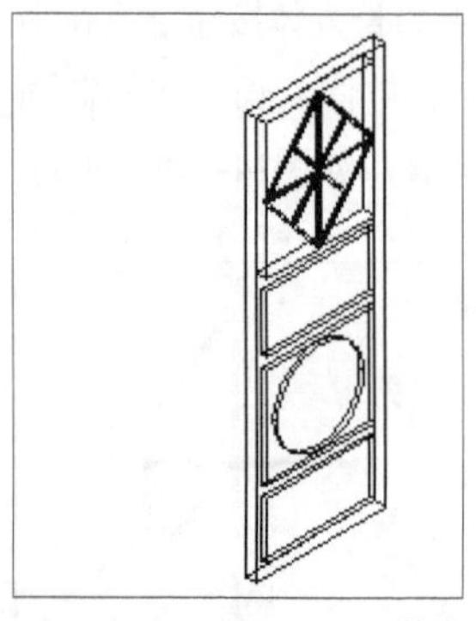

图14-201 并集

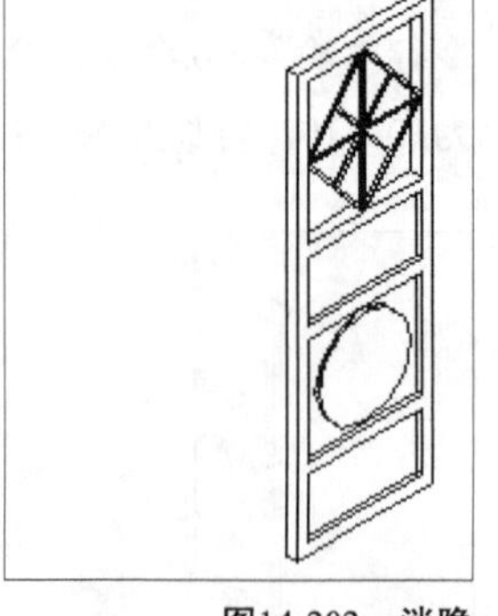

图14-202 消隐

12 单击“视图”→“三维视图”→“主视图”菜单命令，进入主视图，绘制出另一扇门，结果如图14-203所示。

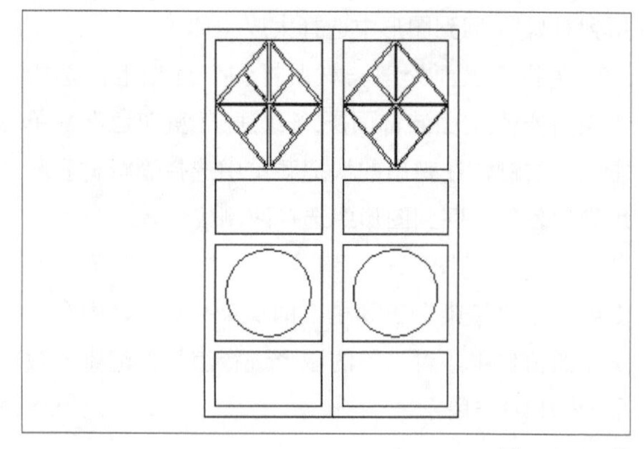

图14-203 门

2. 渲染

操作步骤

01 选择“木材和塑料－材质样例”选项卡，选中“木材－塑料.成品木器.木材.红木”，单击鼠标右键，在弹出的快捷菜单中选择“将材质应用到对象”，回到图形中选择门实体。

02 选择“视图”→“渲染”→“渲染”菜单命令或单击“渲染”工具栏上的渲染按钮，则在一个新的窗口中，对当前的图形进行渲染，渲染的效果如图14-204所示。

图14-204 渲染

14.7　小结

本章主要通过一个实例来讲解三维实体的基本绘制，通过本章的学习，读者应该能熟练地掌握三维绘图的基本方法。

14.8　练习

1. 床体同样是在建筑室内设计和工业设计中比较常见的家具，利用“多段线”、“长方体”、“偏移”、“复制”、“圆角”及“面域”等命令，进行如图14-205所示双人床三维造型的绘制。

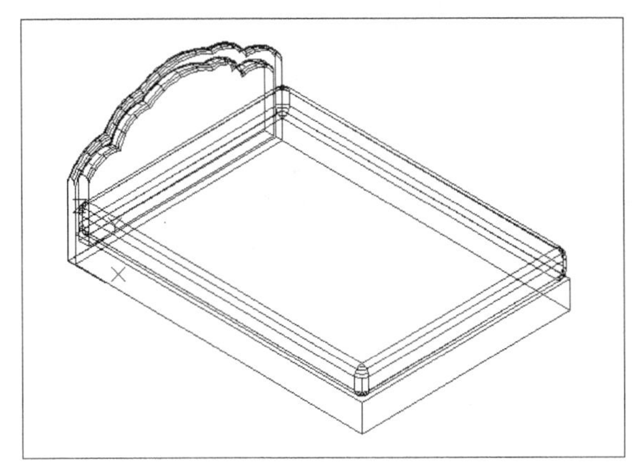

图14-205　双人床

2. 圆凳和上次任务中的圆桌是配套存在的，当然也是建筑室内设计和工业设计中很常见的家具之一。利用“多段线”、“圆”、“圆角”、“拉伸面”及“移动”等命令，进行如图14-206所示三维圆凳的绘制。

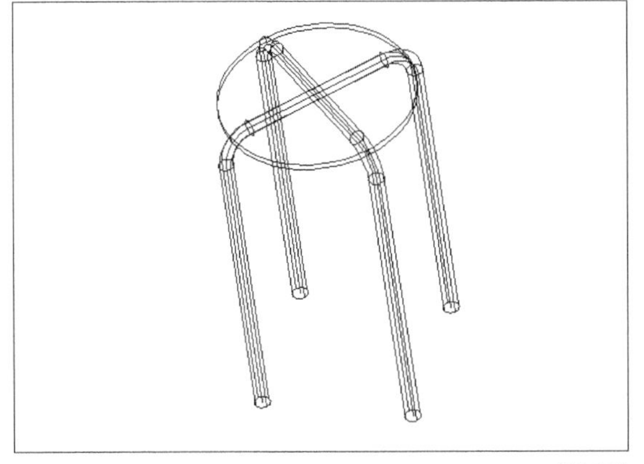

图14-206　三维圆凳

3. 茶几也是一种建筑室内设计和工业设计中常见的一种物体，虽然看起来并不起眼，但实际作用不可忽视，利用“矩形”、“拉伸面”、“旋转面”、“长方体”及“圆柱体”等命令进行如图14-207所示三维茶几的绘制。

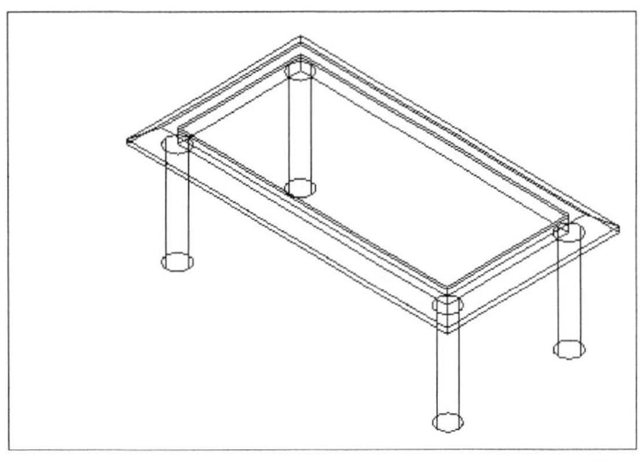

图14-207　三维茶几

4. 酒杯是在三维图形绘制中最简单基础的图形。利用“直线”、“圆”、“修剪”、“圆角”及“旋转”等命令进行如图14-208所示三维酒杯的绘制。

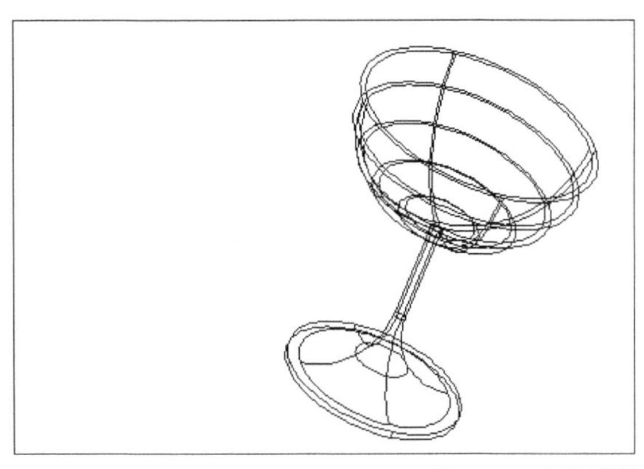

图14-208　三维酒杯

5. 利用“材质”命令使盘子在不同指定材质下呈现不同效果。

操作步骤

01 新建文件“盘子.dwg”，运用“直线”命令绘制中心线，使用“多段线”命令绘制盘子的轮廓线，通过“旋转曲面”命令旋转出的三维模型。

02 单击“渲染”工具栏中的按钮“材质”按钮，打开“材质”选项板。

03 单击“材质”选项板上的“创建新材质”按

钮，管理器下部显示了材质的属性，单击“漫射贴图”选项组中的“选择图像”按钮，选择光盘中的“向日葵.jpg”文件（或自选一个“.jpg”文件）。

04 单击“将材质应用到对象”按钮，按要求选定对象盘子，回车。此时盘子被赋予材质，运用“动态观察”工具栏中的命令，改变观察角度，如图14-209所示。

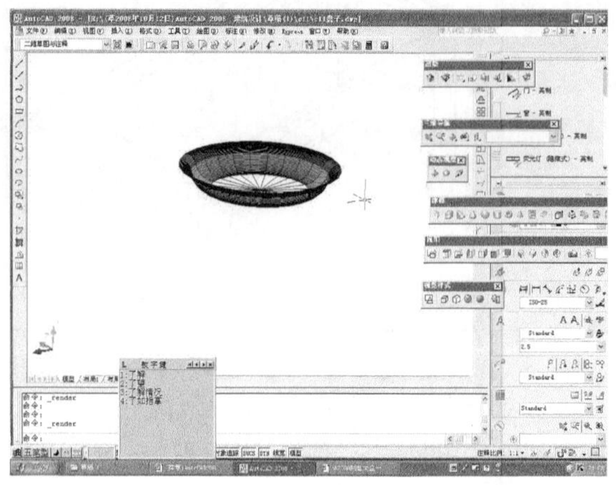

图14-209　渲染前

05 单击“渲染”工具栏中的按钮“渲染”按钮 ，效果如图14-210所示。

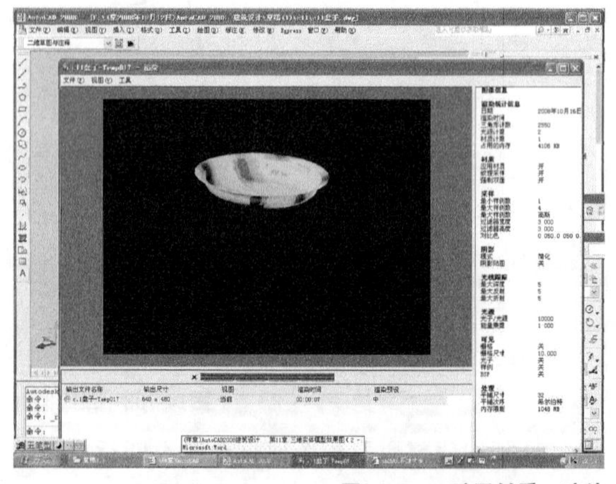

图14-210　赋予材质、渲染

06 单击“渲染”工具栏中的按钮“光源”按钮 ，重新渲染，效果如图14-211所示。

07 单击“视图”→“命名视图”，打开“视图管理器”对话框，单击“新建”按钮，在“视图名称”文本框中输入视图名称“背景”，“背景”选一个图像文件，把这个背景“置为当前”，再进行重新渲染，效果如图14-212所示。

08 “文件”→“保存”命令，保存此文件。

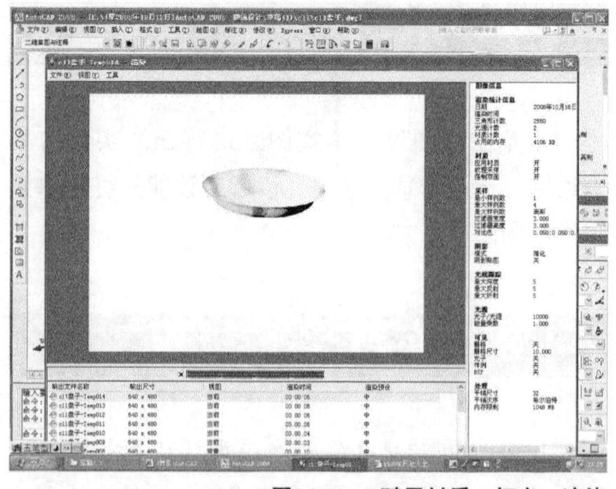

图14-211　赋予材质、灯光、渲染

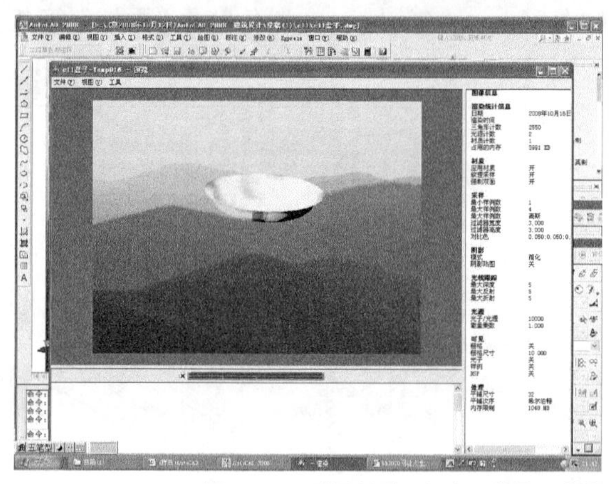

图14-212　赋予材质、灯光、背景、渲染

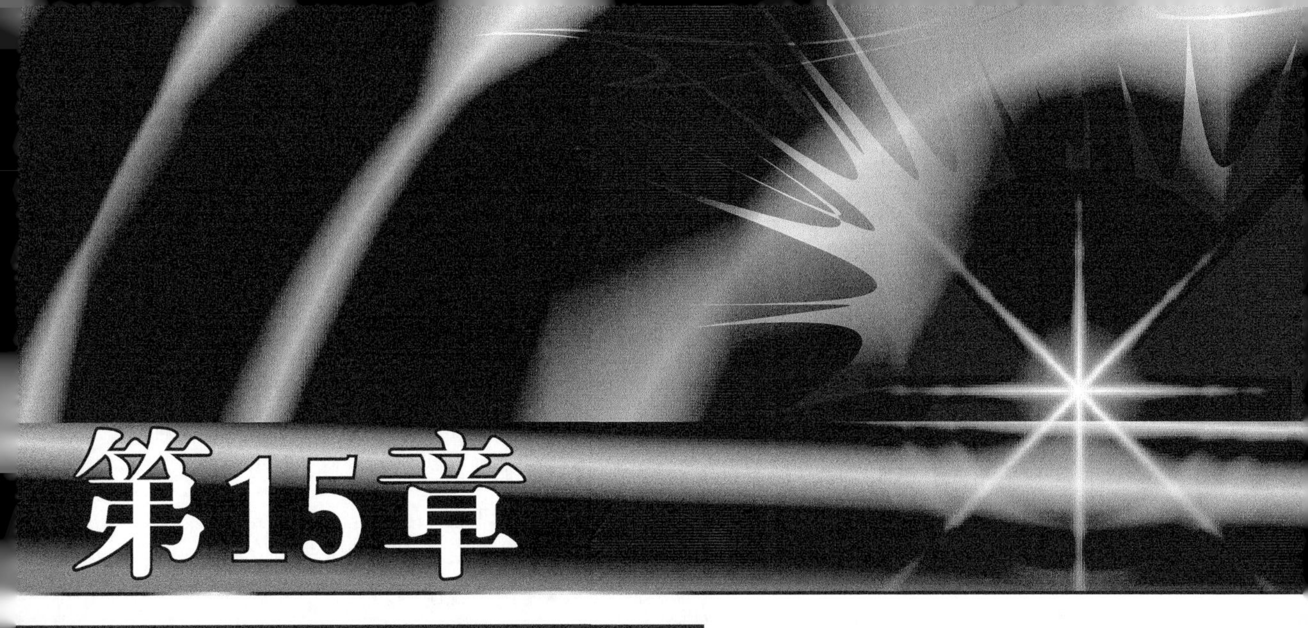

第15章 结构施工图的绘制

本章将详细介绍结构施工图的主要内容和绘制方法，具体介绍一个建筑物的结构施工图的绘制，包括基础图绘制、结构平面图绘制、框架配筋图绘制、楼梯结构详图绘制。每节将通过一个工程实例讲解具体的绘制过程，使读者体会绘制一幅施工图的过程、步骤和方法等。

课堂学习目标

结构施工图的内容
结构施工图的绘制过程

结构施工图是表示建筑物的各承重构件的布置、形状、大小、数量、类型、材料做法及相互关系和结构形式。结构施工图主要有基础图、结构平面图、框架配筋图和楼梯配筋图等内容，是施工的依据和参考。

下面将详细介绍基础图、结构平面图、框架配筋图和楼梯配筋图的绘制过程。

15.1 基础图的绘制

基础图是表示建筑物室内地坪以下基础部分即管沟的平面布置和详细构造的详图，它是建筑物地下部分承重结构的施工图，基础图分为基础平面图和基础详图两部分。

基础平面图是假想用一个水平剖切平面，沿着房屋的室内地面与基础之间切开，然后移去上部结构，向下投影得到的水平剖面图。基础平面图主要表示基础的平面布置情况，只需画出基础墙、柱的断面和基础底面的轮廓线即基础的中心位置即可。基础详图是假想用一个铅垂的剖切平面，在基础的指定部位进行剖切，用较大的比例画出基础的断面图。基础详图主要用来表示基础的细部尺寸和材料做法等。

基础平面图的定位轴线及编号应与建筑平面图相一致，应标明基础的平面定位尺寸和主要定形尺寸，若有些尺寸或要求各处都完全一样，可以省略不注，而用文字说明统一说明。基础详图应标注室内外地坪的标高、基础的埋置深度、基础各个部位的详细尺寸和标明材料的图例符号等。对于条形基础，基础详图就是基础的垂直断面图；对于独立基础，应画出基础的平面图、立面图和断面图。

基础图是施工放线、开挖基槽、砌筑基础和管沟墙的一个重要依据。

基础图主要包括以下内容。

- 图名、比例。
- 基础平面图的比例应与建筑平面图相同。
- 基础平面图应标出与建筑平面图相一致的轴线及其编号。
- 基础平面图应反映基础墙、柱，基础底面的形状、大小及基础与轴线之间的关系。
- 基础的编号、基础梁的代号、基础断面的剖切位置和编号。
- 基础的详细尺寸，基础墙的厚度，基础的宽、高，垫层的厚度等。
- 室内外地面标高及基础底面标高。
- 基础及垫层的材料、强度等级、配筋规格及布置。
- 防潮层、圈梁的做法和位置。
- 施工说明等。

15.1.1 柱下独立基础平面图的绘制

绘制柱下独立基础平面图的一般步骤如下。

01 设置绘图环境。

02 绘制轴线和柱。

03 绘制基础轮廓线和基础梁。

04 标注尺寸。

05 添加图框。

下面通过绘制一个实例介绍绘制过程。

1. 设置绘图环境

（1）设置图形界限。本例采用的绘图比例为1:100，故图形界限设置为59 400×29 700。

（2）设置绘图单位。在“图形单位”对话框中，将“长度”组合框中，“类型”下拉列表中选择“小数”，“精度”下拉列表中选择“0.00”，其他设置保持系统默认参数。

（3）设置线型。选择加载“DASHDOTX2”线型作为轴线的线型。

（4）设置图层。在“图层特性管理器”对话框中，依次创建“轴线”、“柱”、“轮廓线”、“基础梁”、“标注”及“图框”，其中“轴线”图层的“线型”选择“DASHDOTX2”，“轮廓线”图层的“线宽”选择“0.35mm”，“柱”图层的“线宽”选择“0.35mm”。

（5）设置文字样式。在“文字样式”对话框中，新建一个“文字”文字样式和一个“数字”文字样式，“文字”文字样式的具体设置参数为：“字体名”选择“FangSong_GB2312”，“宽度因子”设为“0.70”；“数字”文字样式的具体设置参数为：“字体名”选择“txt.shx”，勾选“使用大字体”，“大字体”中选择“gbcbig.shx”，“宽度因子”设为“0.70”。

（6）设置标注样式。在“标注样式”对话框中，新建一个“1:100”标注样式，具体设置参数为：在“线”选项卡中，将“超出尺寸线”设为“1”，“起点偏移量”设为“5”；“符号和箭头”选项卡中，“箭头”下拉列表中选择“建筑标记”；“文字样式”选项卡中，“文字样式”下拉列表中选择“数字”；“调整”选项卡中，“文字位置”选择“尺寸线上方，不带引线”，“使用全局比例”设为“100”。

2. 绘制轴线和柱

（1）在“图层”下拉列表中选择“轴线”图层作为当前层。利用“直线”命令绘制轴线，横向轴线的间距为6 000、4 500、6 000，纵向轴线的间距均为6 000，修改线型比例后，结果如图15-1所示。

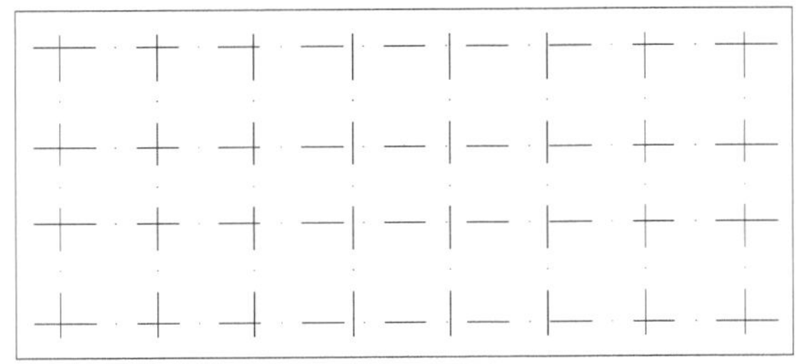

图15-1　轴线

（2）在“图层”下拉列表中选择“柱”图层作为当前层，在轴线的交点处中心布置大小为400×400的矩形柱，利用“矩形”命令绘制出柱的轮廓线，再利用“图案填充”命令，选择“SOLID”图案类型，结果如图15-2所示。

图15-2　柱

（3）将柱的中心依次布置在轴线的交点处，结果如图15-3所示。

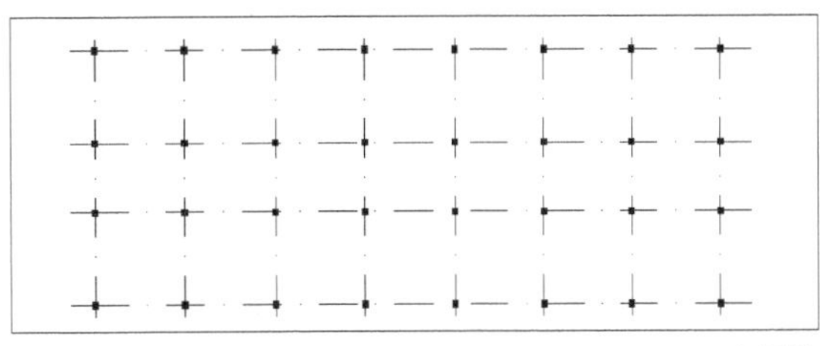

图15-3　布置柱

3. 绘制基础轮廓线和基础梁

（1）在“图层”下拉列表中选择“基础梁”图层作为当前层。基础梁的尺寸为200，中心对称布置轴线两侧，如图15-4所示。

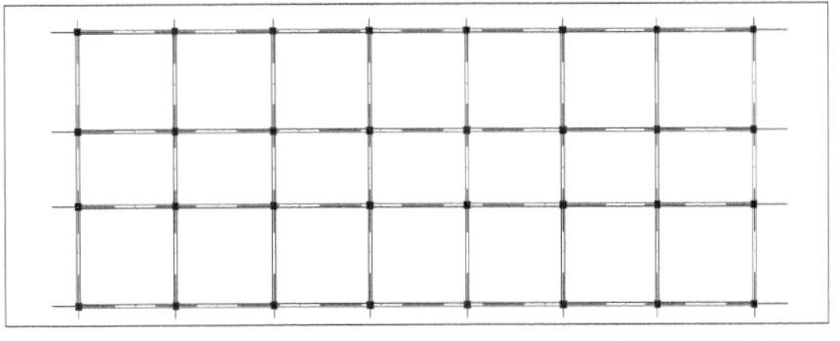

图15-4　基础梁

（2）在“图层”下拉列表中选择“轮廓线”图层作为当前层。基础轮廓线的尺寸为2 200×2 200，中心布置在轴线交点处，如图15-5所示。

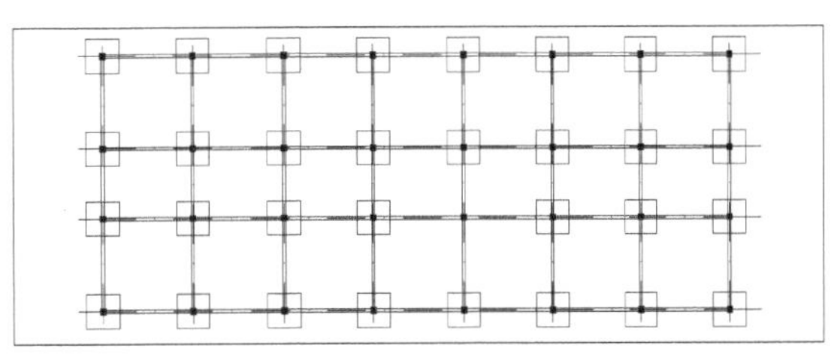

图15-5　基础轮廓线

4. 标注尺寸

（1）在“图层”下拉列表中选择“标注”图层作为当前层。标注基础的尺寸和编号、基础梁的尺寸和代号，如图15-6所示。

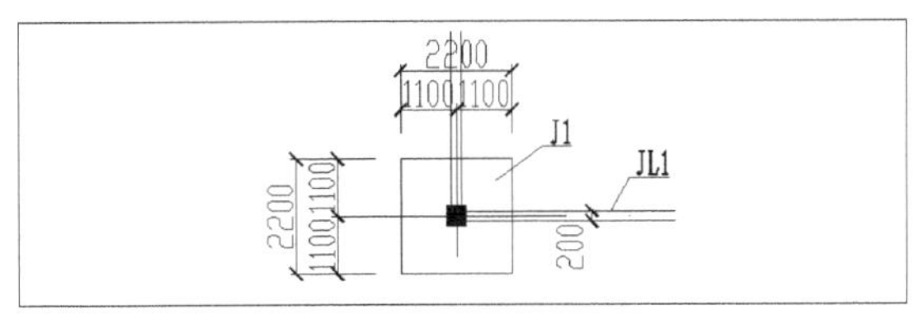

图15-6　基础标注

（2）其余的基础和基础梁只需标注其编号或代号即可，如图15-7所示。

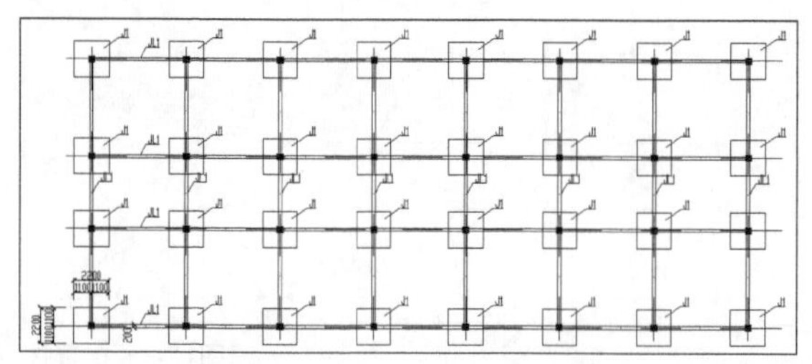

图15-7　基础标注

（3）最后的标注结果如图15-8所示。

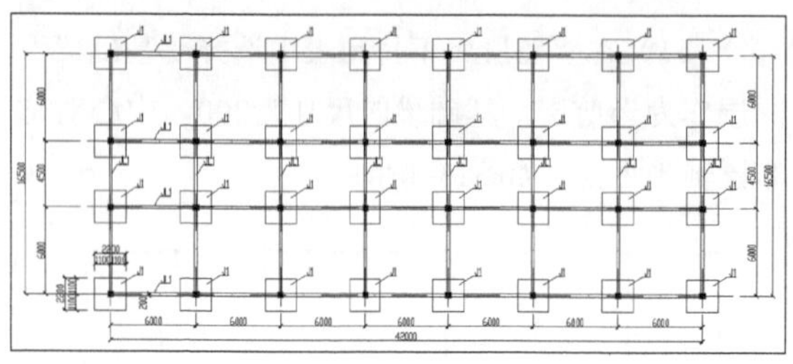

图15-8　标注

5. 添加图框

在“图层”下拉列表中选择“图框”图层作为当前层。图框的具体绘制方法见8.2.9节，此处不再重复，图框大小采用A2图幅放大100倍，添加后的结果如图15-9所示。

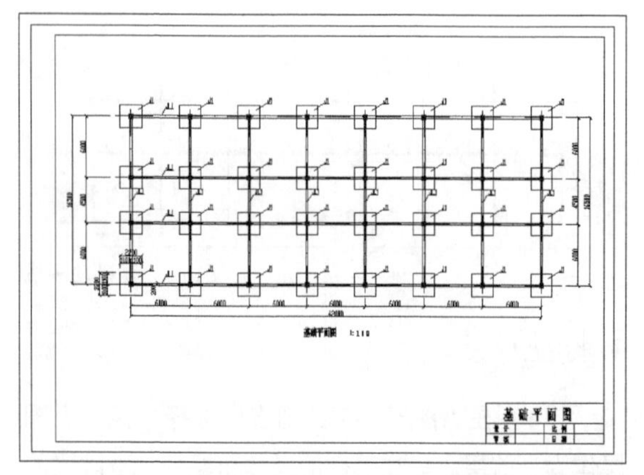

图15-9　添加图框

15.1.2　条形基础平面图的绘制

绘制条形基础平面图的一般步骤如下。

01 设置绘图环境。

02 绘制轴线和柱。

03 绘制墙体和基础轮廓线。

04 标注尺寸。

05 添加图框。

下面通过绘制一个实例介绍绘制过程。

1. 设置绘图环境

（1）设置图形界限。本例采用的绘图比例为1:100，故图形界限设置为59 400×29 700。

（2）设置绘图单位。在“图形单位”对话框中，将“长度”组合框中，“类型”下拉列表中选择“小数”，“精度”下拉列表中选择“0.00”，其他设置保持系统默认参数。

（3）设置线型。选择加载“DASHDOTX2”线型作为轴线的线型。

（4）设置图层。在“图层特性管理器”对话框中，依次创建“轴线”、“柱”、“轮廓线”、“墙体”、“标注”及“图框”，其中“轴线”图层的“线型”选择“DASHDOTX2”，“轮廓线”图层的“线宽”选择“0.35mm”，“柱”图层的“线宽”选择“0.35mm”。

（5）设置文字样式。在“文字样式”对话框中，新建一个“文字”文字样式和一个“数字”文字样式，“文字”文字样式的具体设置参数为：“字体名”选择“FangSong_GB2312”，“宽度因子”设为“0.70”；“数字”文字样式的具体设置参数为：“字体名”选择“txt.shx”，勾选“使用大字体”，“大字体”中选择“gbcbig.shx”，“宽度因子”设为“0.70”。

（6）设置标注样式。在“标注样式”对话框中，新建一个“1:100”标注样式，具体设置参数为：在“线”选项卡中，将“超出尺寸线”设为“1”，“起点偏移量”设为“5”；“符号和箭头”选项卡中，“箭头”下拉列表中选择“建筑标记”；“文字样式”选项卡中，“文字样式”下拉列表中选择“数字”；“调整”选项卡中，“文字位置”选择“尺寸线上方，不带引线”，“使用全局比例”设为“100”。

2. 绘制轴线和柱

（1）在“图层”下拉列表中选择“轴线”图

层作为当前层。利用“直线”命令绘制轴线，水平轴线之间的距离依次为4 800、2 400、3 600，下部垂直轴线之间的距离依次为3 200、4 000、4 000、3 200，上部垂直轴线之间的距离依次为3 200、2750、2500、2750、3200，对中间3条轴线进行调整，修改线型比例后，结果如图15-10所示。

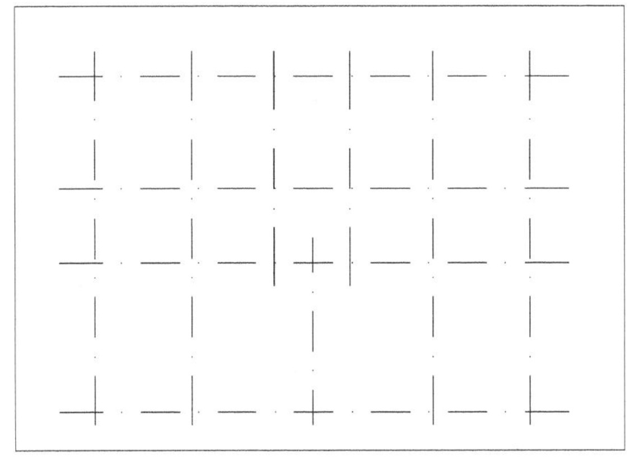

图15-10　轴线

（2）在“图层”下拉列表中选择“柱”图层作为当前层，在轴线的交点处中心布置大小为200×200的矩形柱，利用“矩形”命令绘制出柱的轮廓线，再利用“图案填充”命令，选择“SOLID”图案类型，结果如图15-11所示。

图15-11　柱

（3）将柱的中心依次布置在轴线的交点处，结果如图15-12所示。

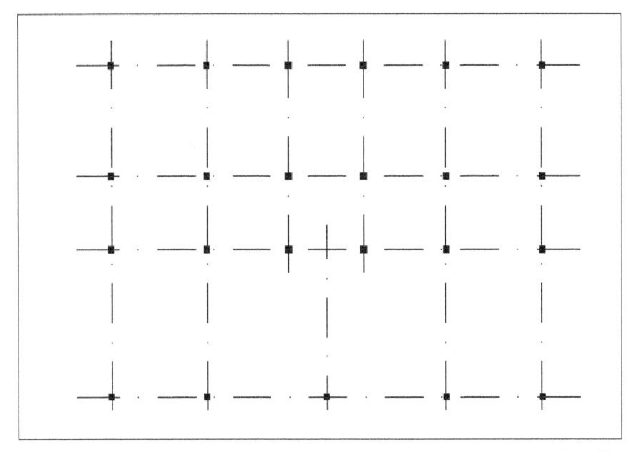

图15-12　布置柱

3. 绘制墙体和基础轮廓线

（1）在“图层”下拉列表中选择“墙体”图层作为当前层。墙体厚200，对称于轴线，如图15-13所示。

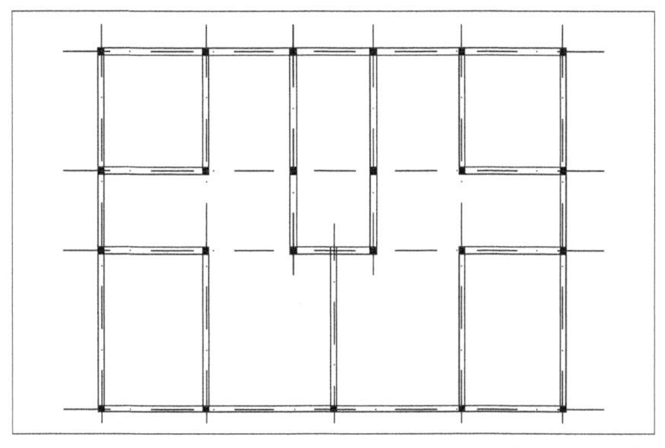

图15-13　墙体

（2）在“图层”下拉列表中选择“轮廓线”图层作为当前层。基础轮廓线的宽度为2 200，对称于轴线，修剪后的结果如图15-14所示。

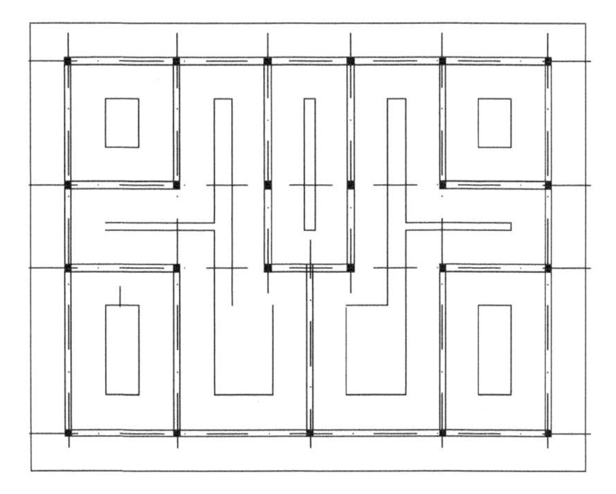

图15-14　基础轮廓线

4. 标注尺寸

（1）在“图层”下拉列表中选择“标注”图层作为当前层。需要标注条形基础的尺寸和断面的剖切符号及墙体的厚度，如图15-15所示。

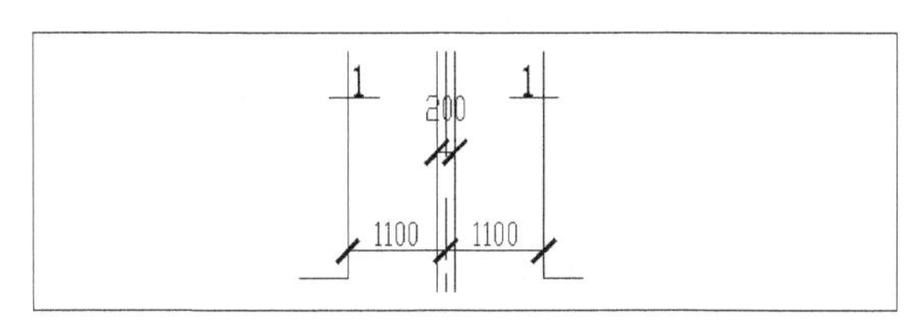

图15-15　基础标注

（2）其余的基础均需要标出断面的剖切符号，如图15-16所示。

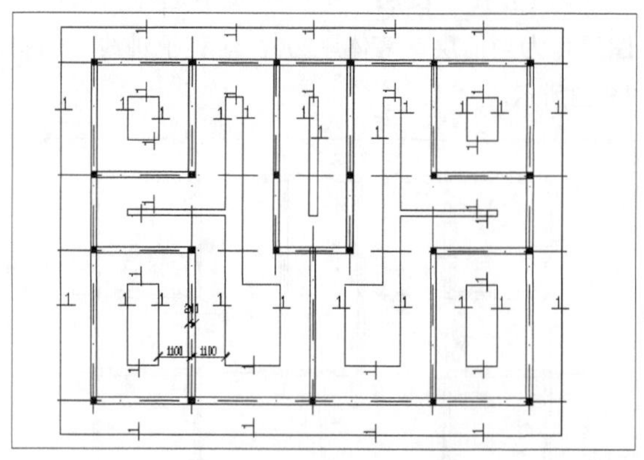

图15-16 基础标注

（3）最后的标注结果如图15-17所示。

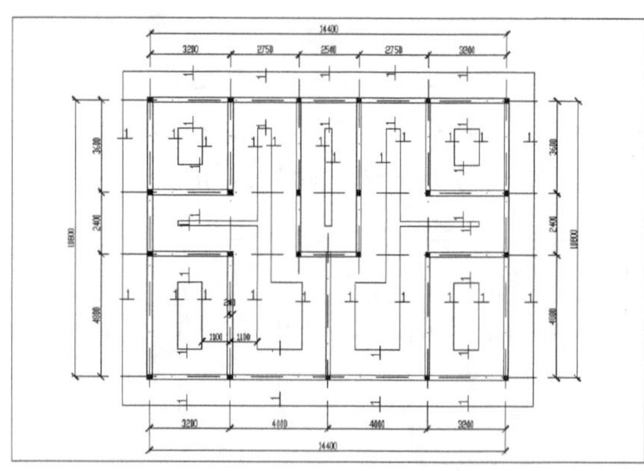

图15-17 标注

5. 添加图框

在“图层”下拉列表中选择“图框”图层作为当前层。图框的具体绘制方法见8.2.9节，此处不再重复，图框大小采用A4图幅放大100倍，添加后的结果如图15-18所示。

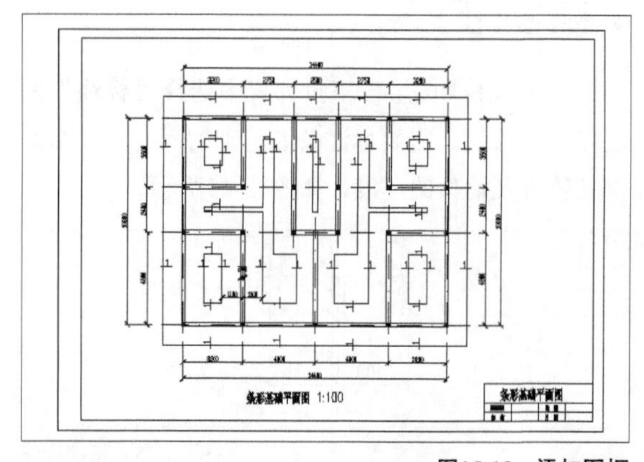

图15-18 添加图框

15.1.3 基础配筋图的绘制

绘制基础配筋图的一般步骤如下。

01 设置绘图环境。

02 绘制轴线和墙体。

03 绘制基础轮廓线。

04 绘制钢筋。

05 标注尺寸。

下面通过绘制一个实例介绍绘制过程。

1. 设置绘图环境

（1）设置图形界限。本例采用的绘图比例为1:20，故图形界限设置为5940×2970。

（2）设置绘图单位。在“图形单位”对话框中，将“长度”组合框中，“类型”下拉列表中选择“小数”，“精度”下拉列表中选择“0.00”，其他设置保持系统默认参数。

（3）设置线型。选择加载“DASHDOTX2”线型作为轴线的线型。

（4）设置图层。在“图层特性管理器”对话框中，依次创建“轴线”、“钢筋”、“轮廓线”、“墙体”、“标注”及“图框”，其中“轴线”图层的“线型”选择“DASHDOTX2”，“轮廓线”图层的“线宽”选择“0.35mm”。

（5）设置文字样式。在“文字样式”对话框中，新建一个“文字”文字样式和一个“数字”文字样式，“文字”文字样式的具体设置参数为：“字体名”选择“FangSong_GB2312”，“宽度因子”设为“0.70”；“数字”文字样式的具体设置参数为：“字体名”选择“txt.shx”，勾选“使用大字体”，“大字体”中选择“gbcbig.shx”，“宽度因子”设为“0.70”。

（6）设置标注样式。在“标注样式”对话框中，新建一个“1:20”标注样式，具体设置参数为：在“线”选项卡中，将“超出尺寸线”设为“1”，“起点偏移量”设为“5”；“符号和箭头”选项卡中，“箭头”下拉列表中选择“建筑标记”；“文字样式”选项卡中，“文字样式”下拉列表中选择“数字”；“调整”选项卡中，“文字位置”选择“尺寸线上方，不带引线”，“使用全局比例”设为“20”。

2. 绘制轴线和墙体

（1）在“图层”下拉列表中选择“轴线”图层作为当前层。利用“直线”命令绘制轴线。

（2）在“图层”下拉列表中选择“墙体”图层作为当前层。墙体的厚度为200，大放脚的台阶尺寸为60×120，结果如图15-19所示。

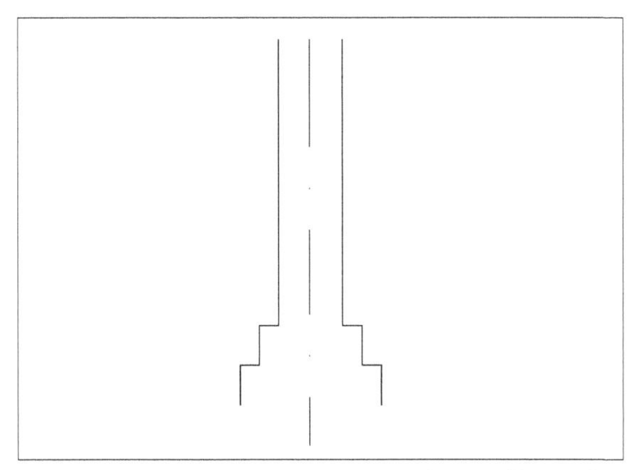

图15-19　轴线和墙体

3. 绘制基础轮廓线

（1）在“图层”下拉列表中选择“轮廓线”图层作为当前层。条形基础的尺寸为2 200×550，其中倾斜部分的高度为350，垂直部分的高度为200，基础垫层为2 400×100，结果如图15-20所示。

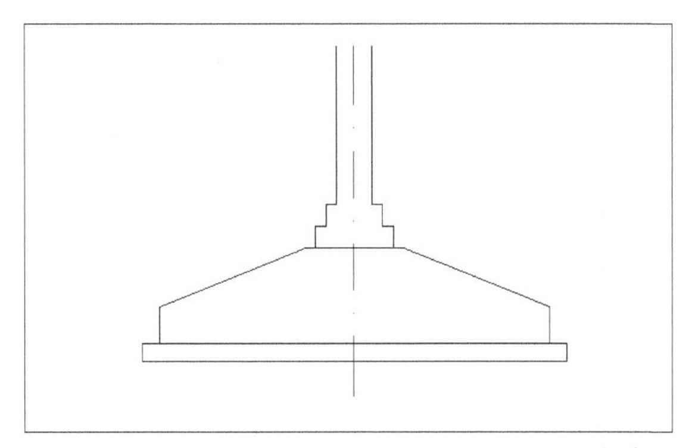

图15-20　基础轮廓线

（2）将圈梁的位置绘制出来，并将墙体进行填充，选择“ANSI31”图案类型，比例为30，结果如图15-21所示。

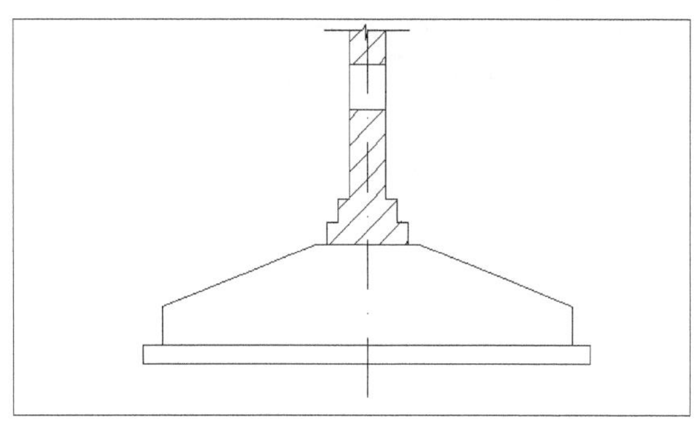

图15-21　填充

4. 绘制钢筋

在“图层”下拉列表中选择“钢筋”图层作为当前层。钢筋采用多段线绘制，设置多段线的宽度为25mm，钢筋的断面采用“圆环”命令来绘制，设圆环的内径为0，外径为35mm，结果如图15-22所示。

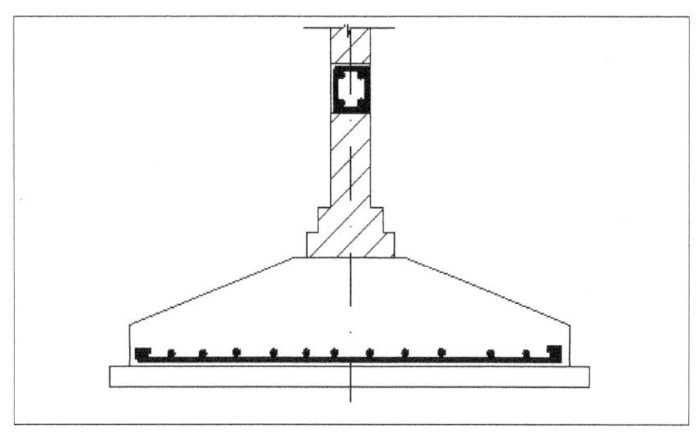

图15-22　钢筋

5. 标注尺寸

在“图层”下拉列表中选择“标注”图层作为当前层。需要标注出钢筋的直径和间距及有关尺寸，如图15-23所示。

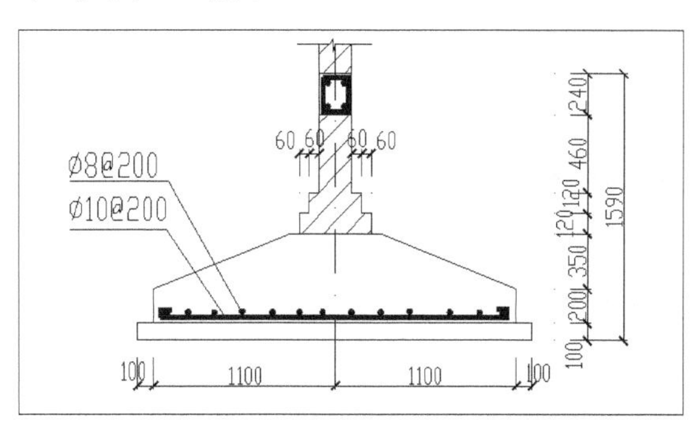

图15-23　标注

15.2 结构平面布置图的绘制

15.2.1 结构平面布置图的概述

楼层结构平面图是假想用一个水平剖切面沿着楼面将房屋剖切得到的水平投影。它表示房屋各层平面承重构件的平面关系，可以得到轴线、墙和柱等的位置，梁板等构件的名称编号，平面位置及定位尺寸等信息。楼层结构平面图是施工图纸重要的组成部分，它表示楼层、梁、板、柱和墙等平面布置，楼板的构造及配筋。

在楼层结构平面图中，若房间的进深和开间相同，配筋也相同时，可以详细画出一个房间的尺寸和配筋等，同时注明该房间的编号，其他房间直接标注相同的房间编号即可，从而简化绘图，提高绘图速度。

楼梯结构详图在楼层结构平面图中，由于比例较小不能清楚地表达，只需用细实线画出两条对角线，并注明“楼梯间”即可，然后单独绘制楼梯结构详图。

楼层结构平面图主要包括以下内容。

- 图名、比例。
- 建筑物各层结构布置的平面图。
- 各节点的截面详图。
- 构件统计表及钢筋表和文字说明。
- 柱直接涂黑，梁用粗实线表示，其他采用细实线表示即可。

15.2.2 结构平面布置图的绘制

绘制楼层结构平面图的一般步骤如下。

01 设置绘图环境。

02 绘制轴线。

03 绘制梁柱的平面布置。

04 绘制板配筋。

05 标注尺寸。

06 添加图框。

下面通过绘制一个实例介绍绘制过程。

1. 设置绘图环境

（1）设置图形界限。本例采用的绘图比例为1:100，故图形界限设置为59400×29700。

（2）设置绘图单位。在“图形单位”对话框中，将“长度”组合框中，“类型”下拉列表中选择“小数”，“精度”下拉列表中选择“0.00”，其他设置保持系统默认参数。

（3）设置线型。选择加载“DASHDOTX2”线型作为轴线的线型。

（4）设置图层。在“图层特性管理器”对话框中，依次创建“轴线”、“柱”、“钢筋”、“梁”、“标注”及“图框”，其中“轴线”图层的“线型”选择“DASHDOTX2”，“梁”图层的“线宽”选择“0.35mm”。

（5）设置文字样式。在“文字样式”对话框中，新建一个“文字”文字样式和一个“数字”文字样式，“文字”文字样式的具体设置参数为：“字体名”选择“FangSong_GB2312”，“宽度因子”设为“0.70”；“数字”文字样式的具体设置参数为：“字体名”选择“txt.shx”，勾选“使用大字体”，“大字体”中选择“gbcbig.shx”，“宽度因子”设为“0.70”。

（6）设置标注样式。在“标注样式”对话框中，新建一个“1:100”标注样式，具体设置参数为：在“线”选项卡中，将“超出尺寸线”设为“1”，“起点偏移量”设为“5”；“符号和箭头”选项卡中，“箭头”下拉列表中选择“建筑标记”；“文字样式”选项卡中，“文字样式”下拉列表中选择“数字”；“调整”选项卡中，“文字位置”选择“尺寸线上方，不带引线”，“使用全局比例”设为“100”。

2. 绘制轴线

在“图层”下拉列表中选择“轴线”图层，作为当前层。利用“直线”命令绘制轴线，纵向轴线的间距为3300，横向轴线的间距为6600、2400，如图15-24所示。

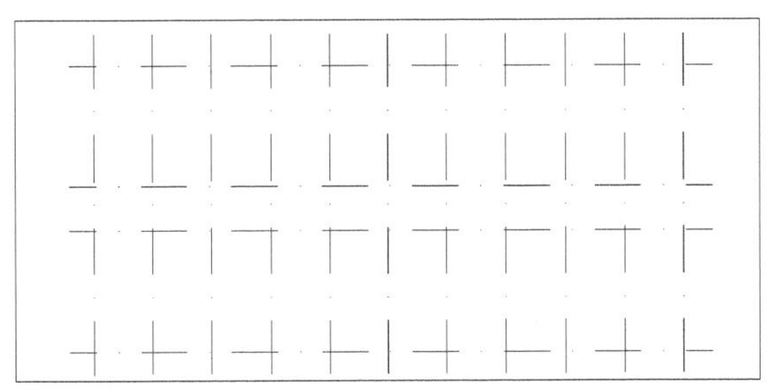

图15-24　轴线

3. 绘制梁柱的平面布置

（1）在“图层”下拉列表中选择“柱”图层作为当前层，在轴线的交点处中心布置大小为400×400的矩形柱，利用“矩形”命令绘制出柱的轮廓线，再利用“图案填充”命令，选择“SOLID”图案类型，结果如图15-25所示。

图15-25　柱

（2）将柱依次地中心布置轴线的交点处，结果如图15-26所示。

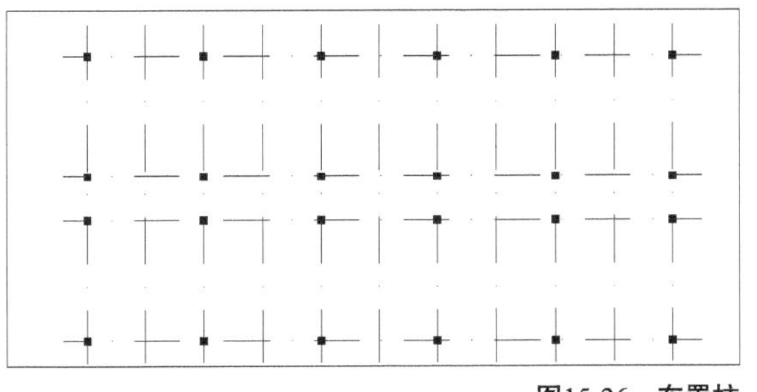

图15-26　布置柱

（3）在“图层”下拉列表中选择“梁”图层作为当前层。梁的宽度为200，中心对称布置于轴线两侧，修剪后的结果如图15-27所示。

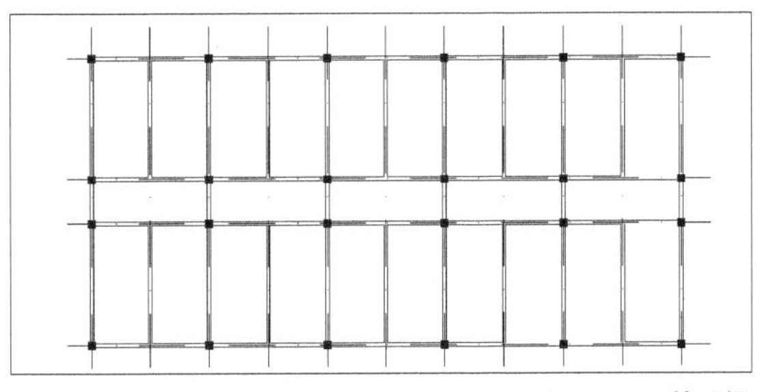

图15-27　基础梁

4. 绘制板配筋

（1）在“图层”下拉列表中选择“钢筋”图层作为当前层。钢筋采用多段线绘制，设置多段线的宽度为25mm，受力筋如图15-28所示。

图15-28　受力筋

（2）分布筋如图15-29所示。

图15-29　分布筋

（3）板负筋如图15-30所示。

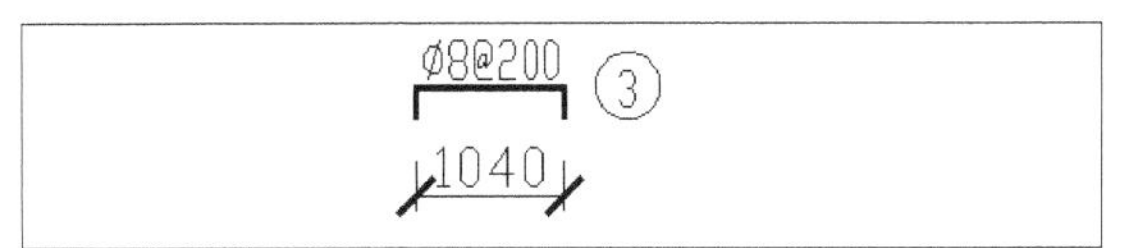

图15-30　板负筋

（4）主梁上的负筋如图15-31所示。

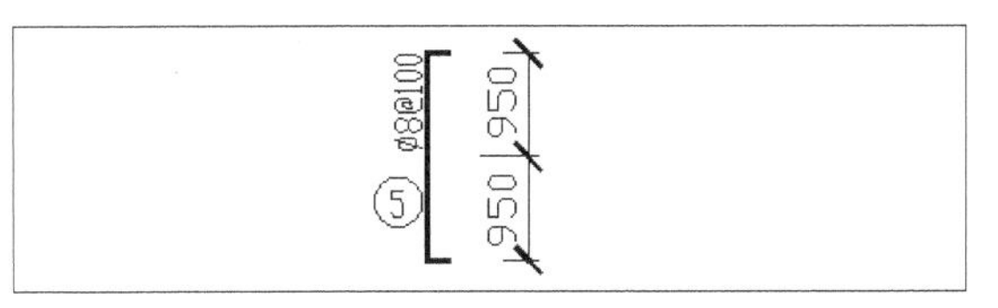

图15-31　梁上负筋

（5）次梁上的负筋如图15-32所示。

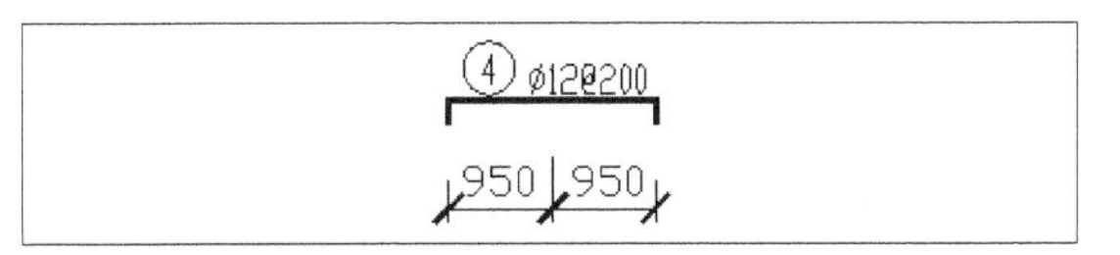

图15-32　梁上负筋

（6）最后将各种配筋绘制到图形中，如图15-33所示。

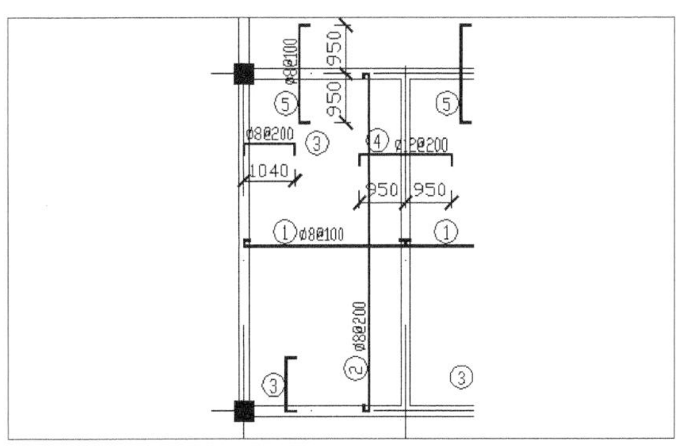

图15-33　板配筋

在结构平面图中，可以只在一个房间内绘制板的配筋及其配筋的尺寸标注，其他板中可以只画出配筋及其编号，如图15-34所示。

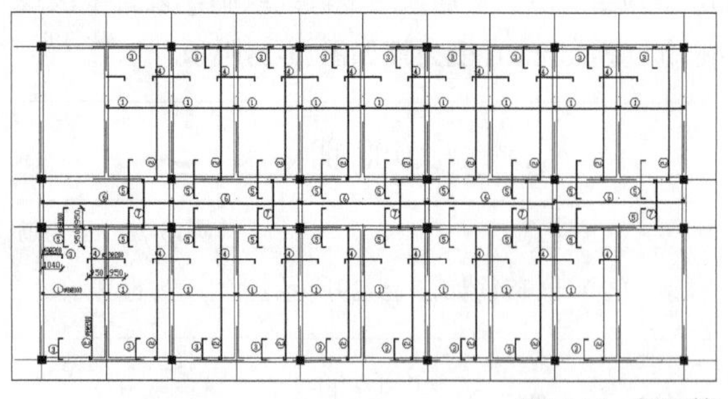

图15-34　板配筋

5. 标注尺寸

（1）在“图层”下拉列表中选择“标注”图层作为当前层。楼梯间只需用细实线画出两条对角线，并注明“楼梯间”即可，如图15-35所示。

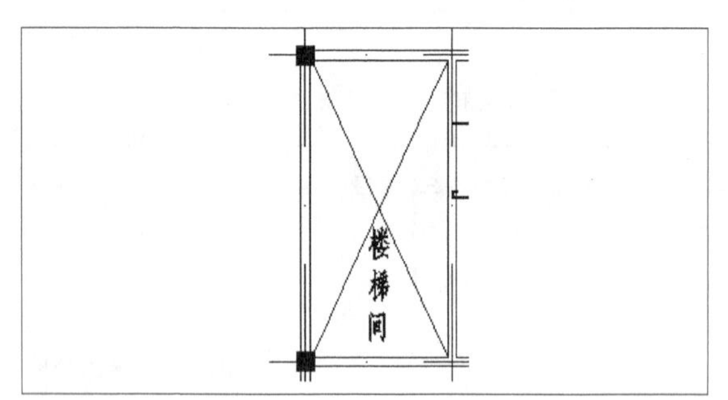

图15-35　楼梯间

（2）标注的结果如图15-36所示。

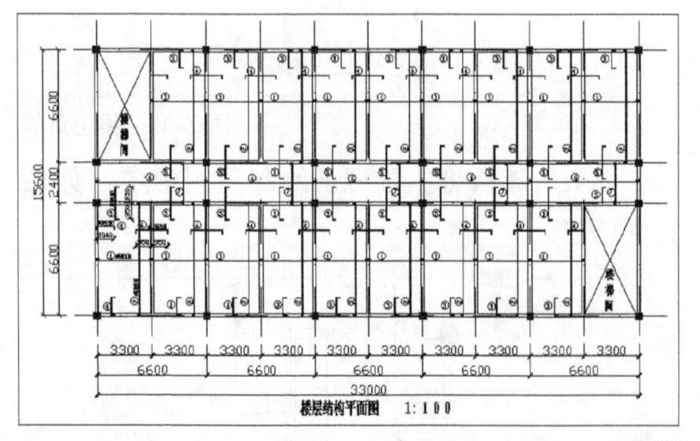

图15-36　标注

6. 添加图框

在“图层”下拉列表中选择“图框”图层作为当前层。绘制方法和格式与前面几张绘制方法相同，此处不再重复，图框大小采用A3图幅放大100倍，添加后的结果如图15-37所示。

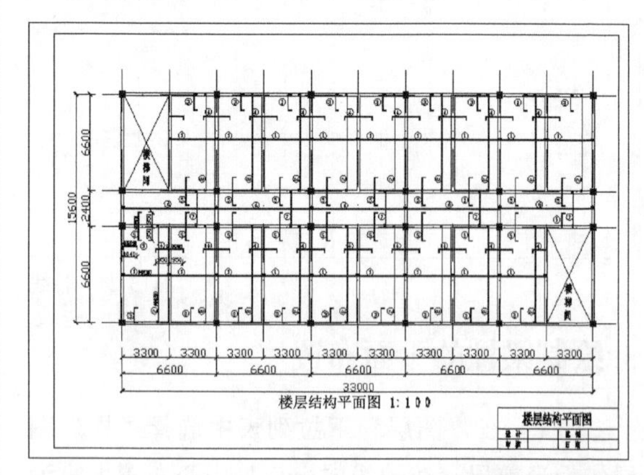

图15-37　添加图框

15.3　梁柱平法施工图的绘制

15.3.1　结施平法简介

结施平法是结构施工图平面整体表示法的简称。“平法”技术产生于1991年，成熟于1995年。“平法”被建设部列为1996年科技成果重点推荐项目，国家科委列为《“九五”国家级科技成果重点推荐计划》项目。

平法的表达方式是按照平面整体标注法的制图规则，把结构构件的尺寸和配筋及构造，整体直接表达在各类平面布置图（称为平面整体配筋图）上，再与标准构件详图相配合，构成一套新型完整的施工图。它改革了传统逐个构件的表达方式，大大减少了传统设计中同值性重复表达的内容，并将这部分表达内容用可重复使用的标准图集方式固定下来，从而使结构设计快捷方便，表达准确、全面、唯一，又易于修正，提高设计效率，并使施工和预算中的看图十分方便。同时，由于表达顺序和施工相一致，因此也便于施工和质量检查，使各个环节都节省了大量时间。

为了规范使用结构施工图平法设计，保证按平法绘制的施工图实现全国统一，确保设计和施工质量，在遵循国家现行有关制图标准和规范的前提下，还应遵循以下制图规则。

（1）本制图规则暂时只适用于各种现浇钢筋混凝土结构的基础、柱、剪力墙、梁、板、楼梯等构件的施工图平法设计。

（2）平法施工图由构件平面整体配筋图和标准构件详图两大部分组成。

（3）平面整体配筋图是按照各类构件的制图规则，在结构平面布置图上直接表达的尺寸、配筋和所选用的标准构件详的图样。

（4）平法表示各构件尺寸和配筋值的方式，有平面注写方式、截面注写方式和列表注写方式3种，可根据具体情况选择使用。

（5）用平法绘制施工图时，应对图中所有构件进行编号，编号中含有类型代号和序号等。类型代号的主要作用是指明所选用的标准构件详图，在标准构件详图上，按其所属的构件类型标注代号，明确该详图与平面整体配筋图中相同构件的互补关系，两者合并构成完整的施工图。

（6）对于混凝土保护层厚度、钢筋搭接长度和锚固长度，除图中注明者外，均须按标准构造详图中的有关构造规定执行。

下面介绍几种构件的平法绘制施工图的内容。

1. 柱

柱的平面整体配筋图的表达方式有两种：截面注写方式和列表注写方式。

柱平面整体配筋图的各种方式都必须通注以下内容。柱编号：在平面布置图上对所有的柱截面按规定进行编号，柱编号由类型代号和序号组成。标高：各层的楼层结构标高（扣除建筑面层）和结构层高，各段柱的起止标高，自柱根部往上以变截面位置或截面未变但配筋改变处为界分层或分段注写。

技巧与提示

柱类型和代号的对应关系如下："KZ"代表框架柱，"KZZ"代表框支柱，"LZ"代表梁上柱，"QZ"代表剪力墙上柱。

（1）截面注写方式。截面注写方式的柱的平面整体配筋图是在柱平面布置图上分别从不同编号中各选一个截面，用另一种比例放大绘制截面配筋图，注写柱截面尺寸和配筋数值，除以上通注内容以外，还应注写的内容和注写方法如下：截面尺寸b×h及其与轴线的关系；角筋和全部纵筋（纵筋采用一种钢筋时）。当纵筋采用两种钢筋时，须注写截面中部的钢筋数值，对称的矩形截面可只注一边；箍筋的钢筋级别和直径和间距的具体数值。当箍筋设有加密区时，用"/"区分加密和非加密区的间距，加密区范围按标准构件详图的规定取值。

（2）列表注写方式。列表注写方式的柱的平面整体配筋图是在柱平面布置图上分别从不同编号中各选一个截面标注几何参数代号，在柱表中注写几何尺寸和配筋数值，并配以各种柱截面形状及其箍筋类型来表达。

除以上通注内容以外，在柱表中还应注写的内容和注写方法如下：柱截面与轴线关系的几何代号；柱纵筋，包括角筋、b边中部筋和h边中部筋，对称配筋的矩形柱可只标注一侧，而圆柱则将全部纵筋注在角筋栏中；柱箍筋型号和个数，在箍筋类型栏中注写箍筋类型号，并在图中适当位置绘出柱截面形状和箍筋类型图；柱箍筋的钢筋级别和直径及间距，当箍筋设有加密区时，用"/"区分加密和非加密区的间距，加密区范围按标准构件详图的规定取值。

2. 梁

梁的平面整体配筋图是在梁平面布置图上采用平面注写或截面注写方式表达。梁平面布置图应分别按梁的不同结构层，将全部梁和与其相连的柱、墙、板一起绘制。梁的平面整体配筋图应注明各层的楼层结构标高和结构层高。轴线未居中的梁应注明其偏心定位尺寸（贴柱边的梁不注）。

（1）平面注写方式。平面注写方式的梁平面整体配筋图是用在梁平面布置图上分别从不同编号的梁中各选择一种梁，直接注明梁的截面尺寸和配筋具体数值的方式来表达梁配筋图。平面注写包括集中标注和原位标注。集中标注表达梁的通用数值，原位标注表达梁的特殊数值。当集中标注中的某项数值不适用于该梁的某部位时，则将该项数值按原位标注。

梁集中标注的内容规定有4项必注值和1项选注值，集中标注可以从梁的任意一跨引出。

梁的编号规则如下。

技巧与提示

梁类型和代号的对应关系如下："KL"代表楼层框架梁，"WKL"代表屋面框架梁，"KZL"代表框支梁，"XL"代表悬挑梁，"L"代表非框架梁。

① 梁截面尺寸：等截面梁用b×h表示；加腋梁用b×h Yc1×c2表示，其中c1为腋长，c2为腋高。

② 梁箍筋：包括钢筋级别、直径、加密区与非加密区的间距及肢数，箍筋肢数应写在括号内。箍筋加密与非加密区的不同间距及肢数需用"/"分隔，相同时则不需用斜线；加密区与非加密区的箍筋肢数相同时，则肢数只注写一次；加密区范围见相应抗震级别的标准构造详图。

③ 梁上部贯通筋或架立筋根数：应根据结构受力要求及箍筋肢数等构造要求确定，须将架立筋写在括号内，以示与贯通筋的区别。

④ 梁顶面标高高差：相对于楼层结构标高的高差值，须将其写入括号内，本项为选注内容，有高差时注写，当梁顶面高于所在楼面时为正值，反之为负值。如注写（-0.100）表示某梁低于它所在的楼层0.100米。

梁原位标注的内容包括下列几点。

① 梁支座上部纵筋（含贯通筋）：当上部纵筋多于一排时，用"/"将各排纵筋自上而下分开，如注写6Φ25 4/2表示上排4Φ25下排2Φ25。

当同排纵筋有两种直径时，用"+"将两种直径的纵筋相联，且角筋写在前面，如注写2Φ25+2Φ22，表示2Φ25放在两角，2Φ22放在中部。

当梁中间支座两边的上部纵筋相同时，仅标注一边的配筋值，另一边可不注。

当梁某跨支座和跨中的上部纵筋相同时，且其配筋值与集中标注的梁上部贯通筋相同时，则不需在该跨上部作原位标注；若与集中标注值不同时，可仅在上部注写1次，支座处省略不注。

② 梁下部纵筋：当下部纵筋多于一排时，用"/"将各排纵筋分开。

当同排纵筋有两种直径时，用"+"将两种直径的纵筋相联，且角筋写在前面。

③ 侧面纵向构造钢筋或侧面抗扭纵筋：当梁高于700时，需设置的侧面纵向构造钢筋按标准构造详图施工，平面整体配筋图中不标注。

当梁某跨侧面有抗扭纵筋时，须在该跨的适当位置标注抗扭纵筋的总配筋值并在其前加"*"号。

④ 附加箍筋或吊筋：将其直接标注在平面图中的主梁上，用线引注写总配筋值，当多数附加箍筋或吊筋相同时，在梁平面整体配筋图上可不画而用文字统一注明，少数与统一注明的不同时，在原位标注。

（2）截面注写方式。截面注写方式的梁平面整体配筋图与传统的断面图相似，在梁的平面布置图上对所有的梁按规定进行编号，分别从不同编号的梁中各选择一种梁，在用剖面号引出的"截面配筋图"上注写截面尺寸和配筋数值来表达梁的平面整体配筋图。

截面注写方式方法如下：从相同编号的梁中选择一种梁，先将"单边截面号"画在该梁上，再将截面配筋详图画在本图上或其他图上。在截面配筋详图上注写截面尺寸、上部筋、下部筋、侧面筋和箍筋的具体数值。截面注写方式既可单独使用也可与平面注写方式结合使用。

3. 剪力墙

剪力墙的平面整体配筋图是在画出剪力墙平面布置图的同时列出有关表格，在表中注写有关数值来表达的方式。

剪力墙的平面布置图可单独绘制，也可以与柱或梁合并绘制。当剪力墙较复杂时，应根据情况分层分别绘制剪力墙平面布置图。

列表注写方式表达的剪力墙要求的有关内容如下。

（1）编号规则。墙身编号由墙身代号和序号组成；墙梁编号由墙梁类型代号和序号组成；墙柱编号由柱梁类型代号和序号组成。

（2）剪力墙平面整体配筋图中注明各层的楼层结构标高和结构层高。在剪力墙柱表和剪力墙梁表及剪力墙身表中，对应于剪力墙平面布置图上的编号，注写相应的数值或绘制截面配筋图及几何尺寸。

（3）剪力墙柱表中表达的内容包括填写墙身编号，绘制墙身的截面图并标注几何尺寸；填写各段墙身起止标高；注写水平分布筋、竖直分布筋和拉筋。

（4）剪力墙梁表中表达的内容包括填写墙梁编号；填写墙梁所在的楼层号；填写墙梁顶面标高差；注写墙梁的截面尺寸，上部纵筋、下部纵筋和箍筋的具体数值。

（5）剪力墙身表中表达的内容包括填写墙柱编号；注写各段墙柱起止标高；注写纵向钢筋和箍筋，纵向钢筋注写总配筋值。

15.3.2　梁的平法施工图绘制

绘制梁的平法施工图的一般步骤如下。

01 设置绘图环境。

02 绘制轴线及梁柱。

03 绘制梁配筋。

04 标注尺寸。

05 添加图框。

下面通过绘制一个实例介绍绘制过程。

1. 设置绘图环境

（1）设置图形界限。本例采用的绘图比例为1:100，故图形界限设置为59 400×29 700。

（2）设置绘图单位。在“图形单位”对话框中，将“长度”组合框中，“类型”下拉列表中选择“小数”，“精度”下拉列表中选择“0.00”，其他设置保持系统默认参数。

（3）设置线型。选择加载“DASHDOTX2”线型作为轴线的线型。

（4）设置图层。在“图层特性管理器”对话框中，依次创建“轴线”、“柱”、“配筋”、“梁”、“标注”及“图框”，其中“轴线”图层的“线型”选择“DASHDOTX2”，“梁”图层的“线宽”选择“0.35mm”。

（5）设置文字样式。在“文字样式”对话框中，新建一个“文字”文字样式和一个“数字”文字样式，“文字”文字样式的具体设置参数为：“字体名”选择“FangSong_GB2312”，“宽度因子”设为“0.70”；“数字”文字样式的具体设置参数为：“字体名”选择“txt.shx”，勾选“使用大字体”，“大字体”中选择“gbcbig.shx”，“宽度因子”设为“0.70”。

（6）设置标注样式。在“标注样式”对话框中，新建一个“1:100”标注样式，具体设置参数为：在“线”选项卡中，将“超出尺寸线”设为“1”，“起点偏移量”设为“5”；“符号和箭头”选项卡中，“箭头”下拉列表中选择“建筑标记”；“文字样式”选项卡中，“文字样式”下拉列表中选择“数字”；“调整”选项卡中，“文字位置”选择“尺寸线上方，不带引线”，“使用全局比例”设为“100”。

2. 绘制轴线

在“图层”下拉列表中选择“轴线”图层作为当前层。利用“直线”命令绘制轴线，纵向轴线的间距为6 000，横向轴线的间距为6 000，如图15-38所示。

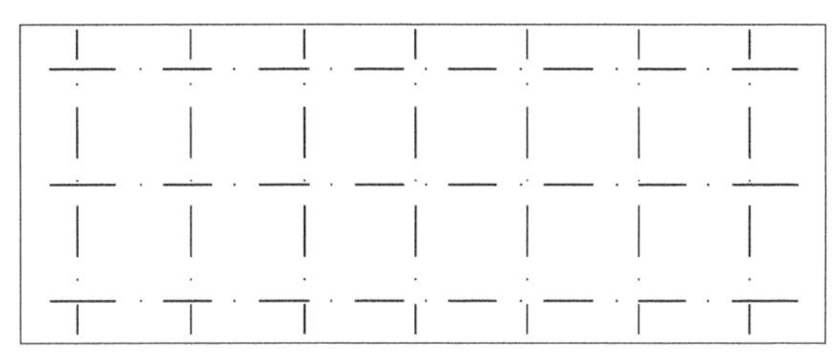

图15-38　轴线

3. 绘制梁注

（1）在“图层”下拉列表中选择“柱”图层作为当前层。在轴线的交点处中心布置大小为400×400的矩形柱，利用“矩形”命令绘制出柱的轮廓线，再利用“图案填充”命令，选择“SOLID”图案类型，结果如图15-39所示。

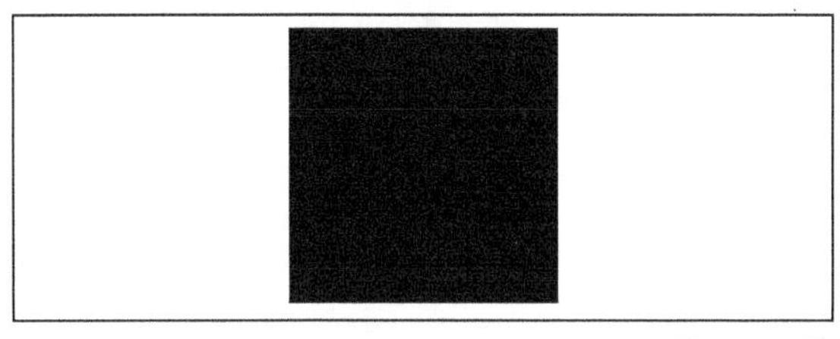

图15-39　柱

（2）将柱依次地中心布置轴线的交点处，结果如图15-40所示。

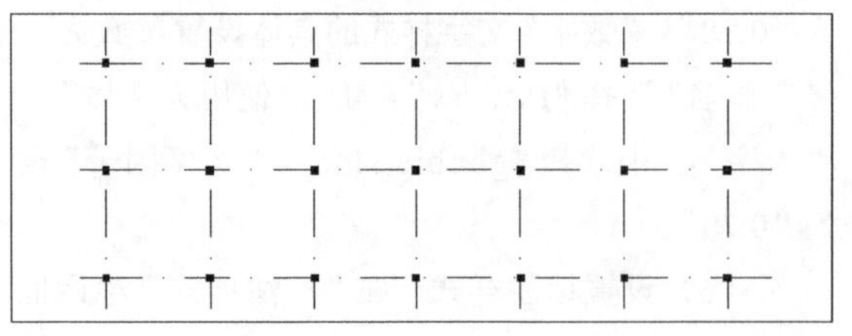

图15-40　布置柱

（3）在“图层”下拉列表中选择“梁”图层作为当前层。梁的尺寸为250×600，中心对称布置轴线两侧，修剪后的结果如图15-41所示。

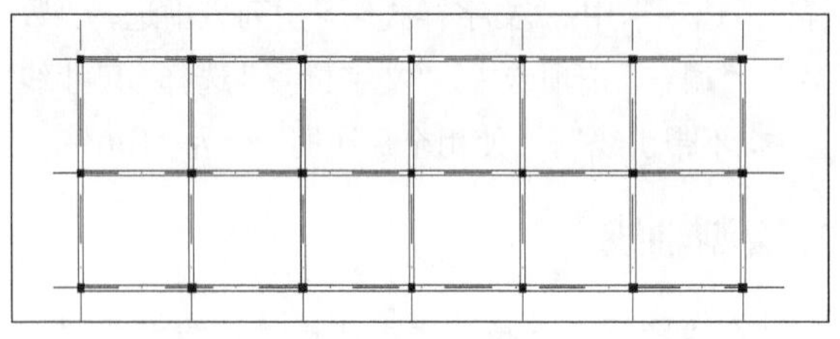

图15-41　梁

4. 绘制梁配筋

（1）在“图层”下拉列表中选择“配筋”图层作为当前层。梁的集中标注如图15-42所示。

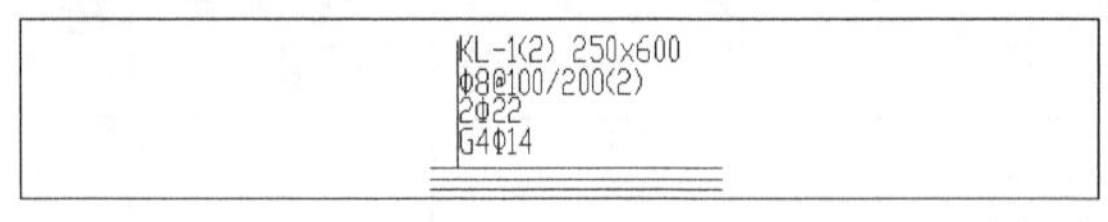

图15-42　集中标注

若集中标注未能表达清楚，可以使用梁的原位标注，如图15-43所示。

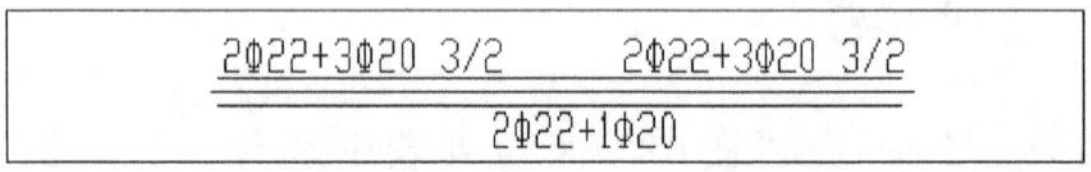

2Φ22+3Φ20 3/2　　2Φ22+3Φ20 3/2

2Φ22+1Φ20

图15-43　原位标注

（2）若其他处梁的配筋与标注的梁的配筋相同，只需标注梁的代号即可，如标注KL-1，如图15-44所示。

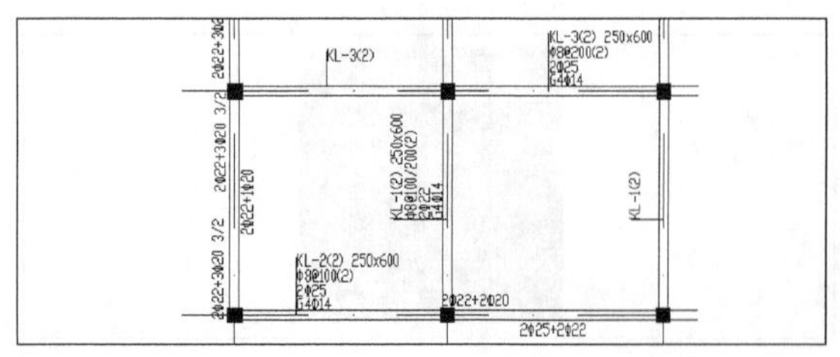

图15-44　配筋

（3）最后的标注结果如图15-45所示。

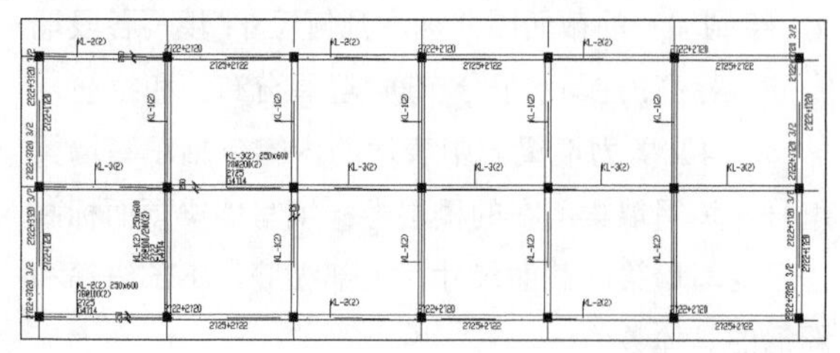

图15-45　配筋

5. 标注尺寸

在“图层”下拉列表中选择“标注”图层作为当前层。需要标注梁的尺寸及轴线间的尺寸，如图15-46所示。

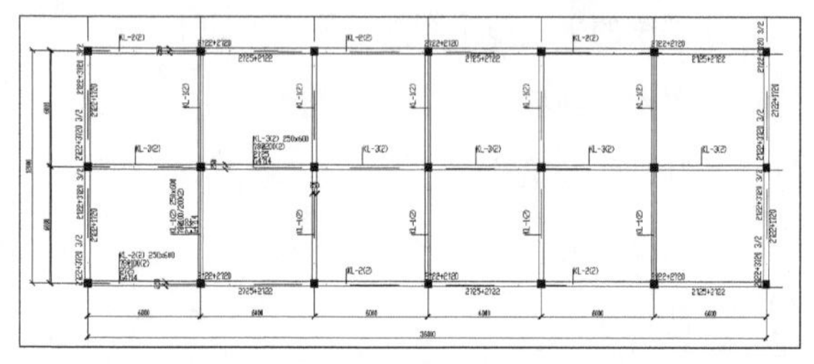

图15-46　标注

6. 添加图框

在“图层”下拉列表中选择“图框”图层作为当前层。绘制方法和格式与前面几张绘制方法相同，此处不再重复，图框大小采用A3图幅放大100倍，添加后的结果如图15-47所示。

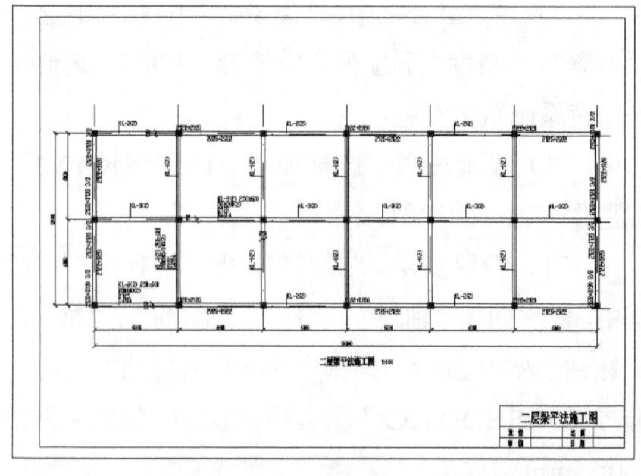

图15-47　添加图框

15.3.3　柱的平法施工图绘制

绘制柱的平法施工图的一般步骤如下。

01 设置绘图环境。

02 绘制轴线。

03 绘制柱截面配筋图。

04 标注尺寸。

05 添加图框。

下面通过绘制一个实例介绍绘制过程。

1. 设置绘图环境

（1）设置图形界限。本例采用的绘图比例为1:100，故图形界限设置为59 400×29 700。

（2）设置绘图单位。在“图形单位”对话框中，将“长度”组合框中，“类型”下拉列表中选择“小数”，“精度”下拉列表中选择“0.00”，其他设置保持系统默认参数。

（3）设置线型。选择加载“DASHDOTX2”线型作为轴线的线型。

（4）设置图层。在“图层特性管理器”对话框中，依次创建“轴线”、“柱”、“标注”及“图框”，其中“轴线”图层的“线型”选择“DASHDOTX2”。

（5）设置文字样式。在“文字样式”对话框中，新建一个“文字”文字样式和一个“数字”文字样式，“文字”文字样式的具体设置参数为：“字体名”选择“FangSong_GB2312”，“宽度因子”设为“0.70”；“数字”文字样式的具体设置参数为：“字体名”选择“txt.shx”，勾选“使用大字体”，“大字体”中选择“gbcbig.shx”，“宽度因子”设为“0.70”。

（6）设置标注样式。在“标注样式”对话框中，新建一个“1:100”标注样式，具体设置参数为：在“线”选项卡中，将“超出尺寸线”设为“1”，“起点偏移量”设为“5”；“符号和箭头”选项卡中，“箭头”下拉列表中选择“建筑标记”；“文字样式”选项卡中，“文字样式”下拉列表中选择“数字”；“调整”选项卡中，“文字位置”选择“尺寸线上方，不带引线”，“使用全局比例”设为“100”。

2. 绘制轴线

在“图层”下拉列表中选择“轴线”图层作为当前层。利用“直线”命令绘制轴线，纵向轴线的间距为6 000，横向轴线的间距为6 000，如图15-48所示。

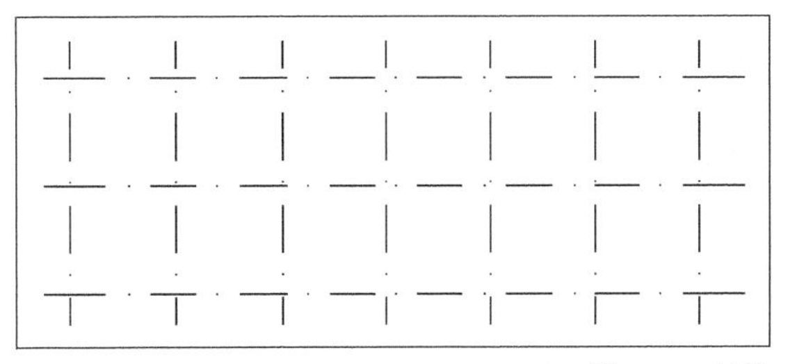

图15-48 轴线

3. 绘制柱截面配筋图

（1）在“图层”下拉列表中选择“柱”图层作为当前层。本例中有3种柱截面，KZ-1的截面配筋图如图15-49所示。

（2）KZ-2的截面配筋图如图15-50所示。

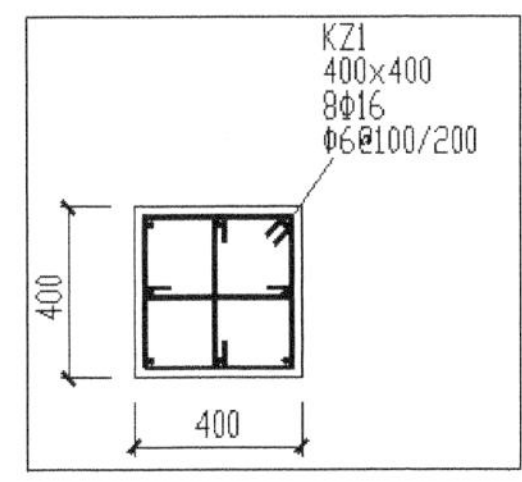

图15-49 柱截面配筋图

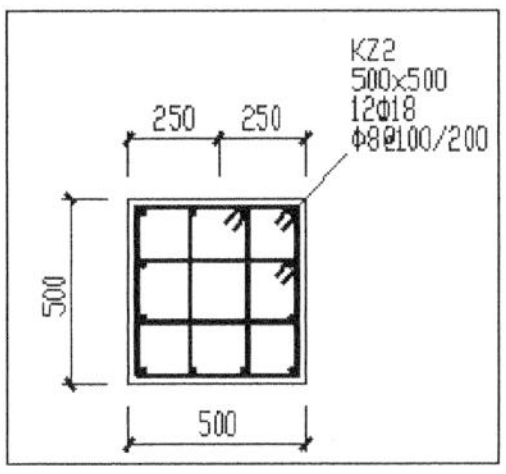

图15-50 柱截面配筋图

（3）KZ-3的截面配筋图如图15-51所示。

（4）若其他处柱的配筋与绘制的柱的配筋相同，只需标注柱的代号即可，如标注KZ-1，如图15-52所示。

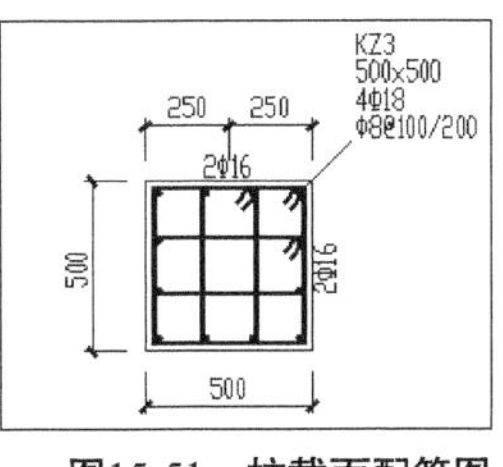

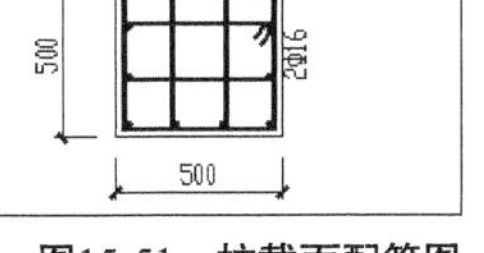

图15-51 柱截面配筋图

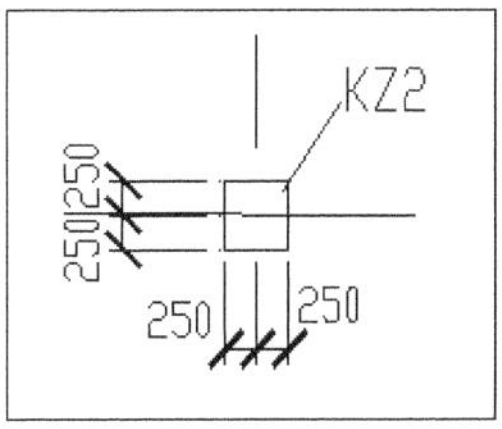

图15-52 柱

（5）最后的结果如图15-53所示。

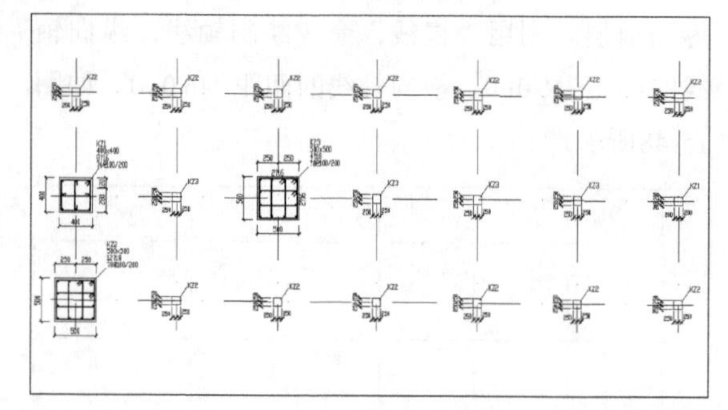

图15-53　柱

4. 标注尺寸

在“图层”下拉列表中选择“标注”图层作为当前层。需要标注轴线间的尺寸如图15-54所示。

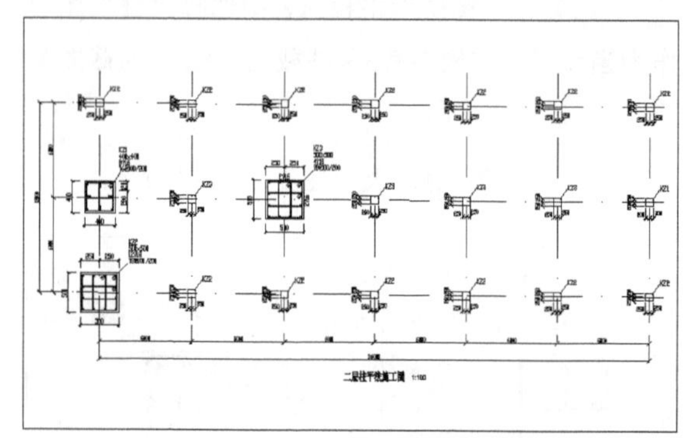

图15-54　标注

5. 添加图框

在“图层”下拉列表中选择“图框”图层作为当前层。图框的具体绘制方法见8.2.9节，此处不再重复，图框大小采用A3图幅放大100倍，添加后的结果如图15-55所示。

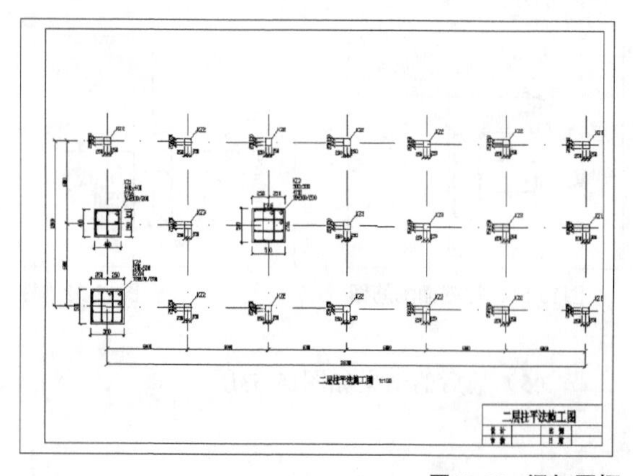

图15-55　添加图框

15.4　楼梯配筋图的绘制

楼梯结构详图应包括楼梯结构平面图、楼梯结构剖面图和构件的结构详图。这3种结构图所表达的内容有所不同，绘制的方法和步骤也有所不同。

楼梯结构平面图主要用来表示楼梯间各构件的平面布置的代号、大小、定位尺寸等情况，如楼梯梁、楼梯板、平台板等。楼梯结构详图与楼梯建筑详图比较，楼梯结构详图主要表示楼梯间各构件的情况，而楼梯建筑详图主要表示楼梯段的水平长度和宽度、各级踏步的宽度、平台的宽度和扶手的位置等。楼梯结构平面图中的轴线编号应与建筑施工图中一致，剖切符号一般在首层楼梯结构平面图中表示。

楼梯结构剖面图主要用来表示楼梯间各构件的竖向布置和构件情况，在该图中应标出楼梯高度和休息平台的高度，同时应标出各个构件的代号，与楼梯构件配筋图相对应。

楼梯构件详图主要用来表示在平面图和剖面图中由于没有足够的空间或需要较大的输出比例，则需要单独绘制楼梯构件，如剖面图中的楼梯梁和楼梯板的配筋详图。

15.4.1　楼梯结构平面图的绘制

绘制楼梯结构平面图的一般步骤如下。

01 设置绘图环境。

02 绘制轴线和墙体。

03 绘制楼梯线。

04 绘制楼梯平台的配筋。

05 标注。

下面通过绘制一个实例介绍绘制过程。

1. 设置绘图环境

（1）设置图形界限。本例采用的绘图比例为1:50，故图形界限设置为59 400×29 700。

（2）设置绘图单位。在“图形单位”对话框中，将“长度”组合框中，“类型”下拉列表中选择“小数”，“精度”下拉列表中选择“0.00”，其他设置保持系统默认参数。

（3）设置线型。选择加载“DASHDOTX2”线型作为轴线的线型。

（4）设置图层。在“图层特性管理器”对话框中，依次创建“轴线”、“柱”、“墙体”、“配筋”、“楼梯线”、“标注”及“图框”，其中“轴线”图层的“线型”选择“DASHDOTX2”，“墙体”图层的“线宽”选择“0.35mm”。

（5）设置文字样式。在“文字样式”对话框中，新建一个“文字”文字样式和一个“数字”文字样式，“文字”文字样式的具体设置参数为：“字体名”选择“FangSong_GB2312”，“宽度因子”设为“0.70”；“数字”文字样式的具体设置参数为：“字体名”选择“txt.shx”，勾选“使用大字体”，“大字体”中选择“gbcbig.shx”，“宽度因子”设为“0.70”。

（6）设置标注样式。在“标注样式”对话框中，新建一个“1:100”标注样式，具体设置参数为：在“线”选项卡中，将“超出尺寸线”设为“1”，“起点偏移量”设为“5”；“符号和箭头”选项卡中，“箭头”下拉列表中选择“建筑标记”；“文字样式”选项卡中，“文字样式”下拉列表中选择“数字”；“调整”选项卡中，“文字位置”选择“尺寸线上方，不带引线”，“使用全局比例”设为“100”。

2. 绘制轴线和柱

（1）在“图层”下拉列表中选择“轴线”图层作为当前层。利用“直线”命令绘制轴线，横向轴线的间距为7 800，纵向轴线的间距为3 900，修改线型比例后，结果如图15-56所示。

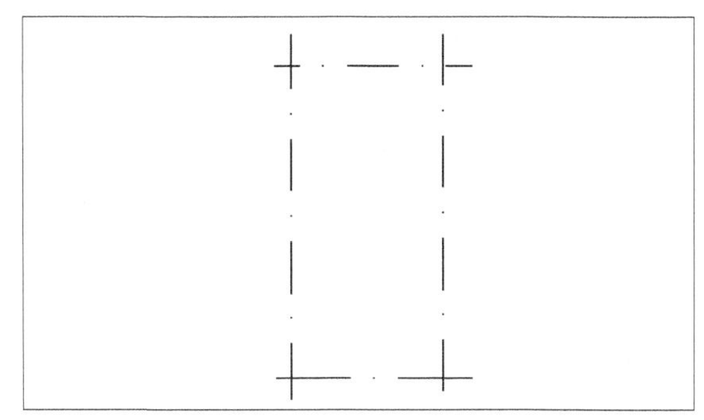

图15-56　轴线

（2）在“图层”下拉列表中选择“墙体”图层作为当前层。墙体的厚度为250，中心对称与轴线。在“图层”下拉列表中选择“柱”图层作为当前层。在轴线的交点处中心布置大小为600×600的矩形柱，利用“矩形”命令绘制出柱的轮廓线，再利用“图案填充”命令，选择“SOLID”图案类型，结果如图15-57所示。

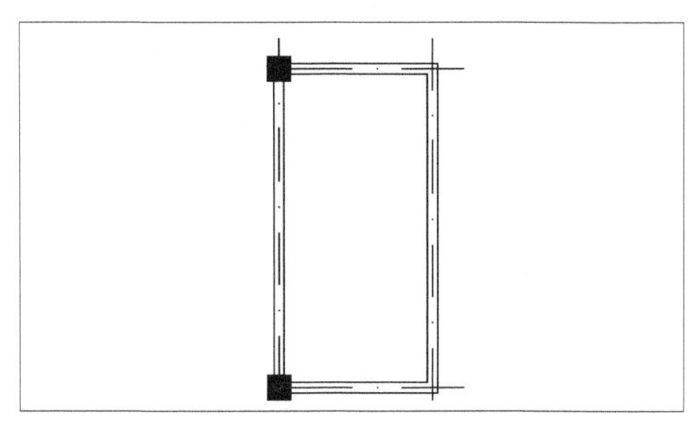

图15-57　墙体和柱

3. 绘制楼梯线

在“图层”下拉列表中选择“楼梯线”图层作为当前层。楼梯的踏步宽度为300，同时绘制出楼梯梁和楼梯柱，楼梯梁的宽度为200，楼梯柱的尺寸为200×200，结果如图15-58所示。

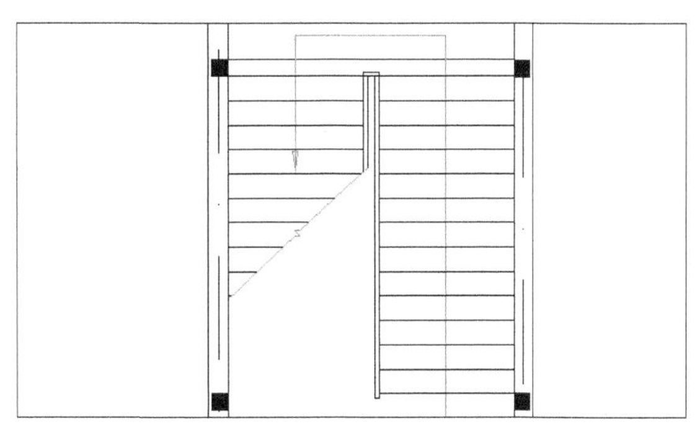

图15-58　楼梯线

4. 绘制楼梯平台的配筋

（1）在“图层”下拉列表中选择“配筋”图层作为当前层。钢筋采用多段线绘制，设置多段线的宽度为25mm，平台受力筋如图15-59所示。

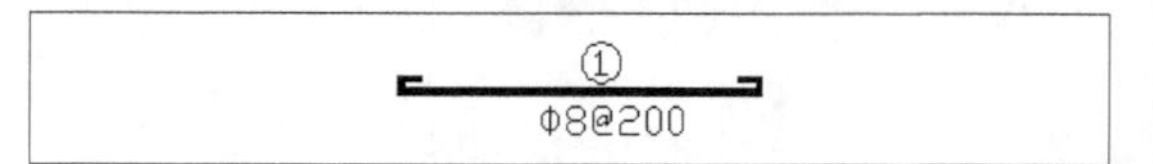

图15-59　受力筋

（2）平台分布筋如图15-60所示。

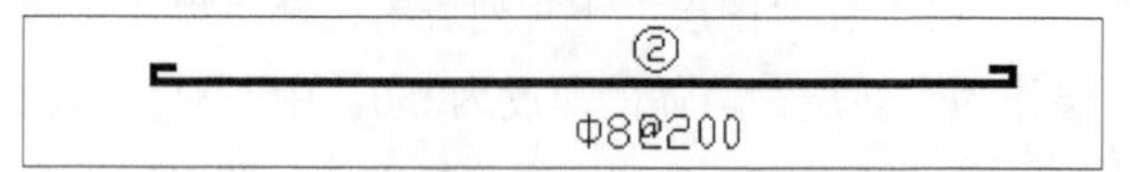

图15-60　分布筋

（3）平台负筋如图15-61所示。

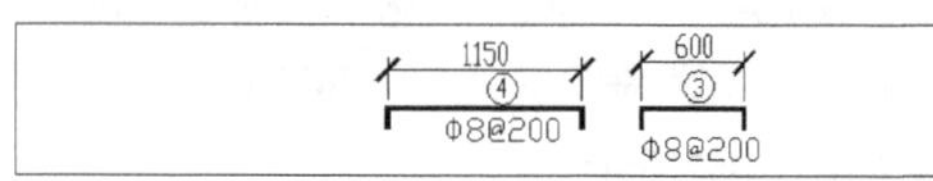

图15-61　平台负筋

（4）最后将各种配筋绘制到图形中，如图15-62所示。

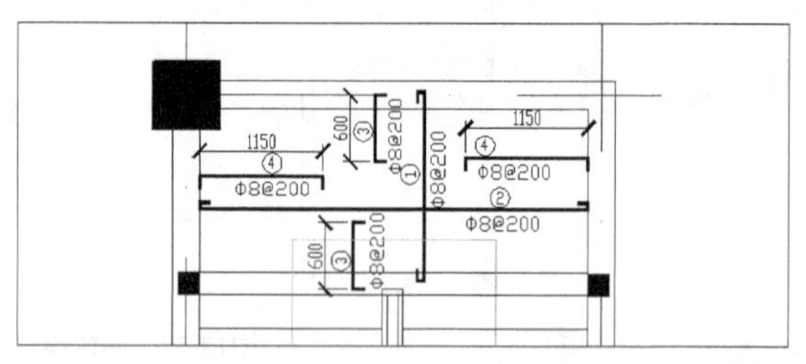

图15-62　平台配筋

5. 标注

（1）在“图层”下拉列表中选择“墙体”图层作为当前层。需要标注轴线间的尺寸、楼梯位置与轴线的关系，如图15-63所示。

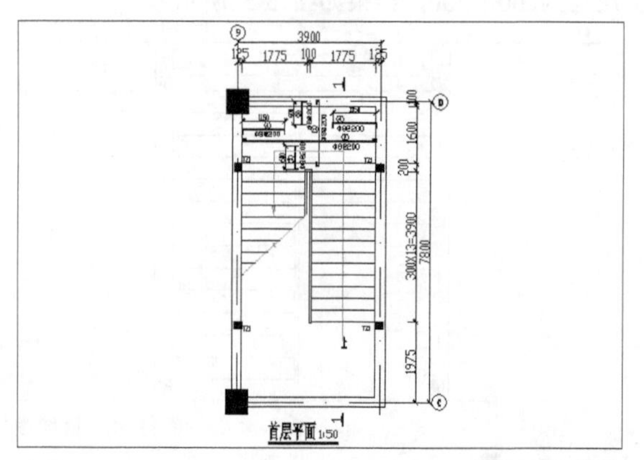

图15-63　标注

（2）楼梯其他层的平面图不再一一绘制，如图15-64～图15-66所示。

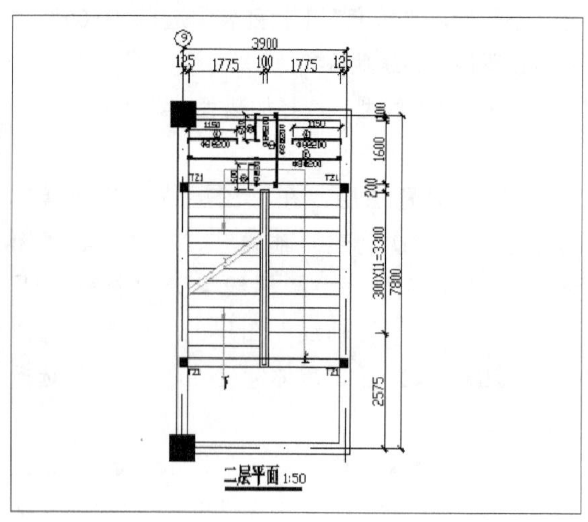

图15-64　二层平面图

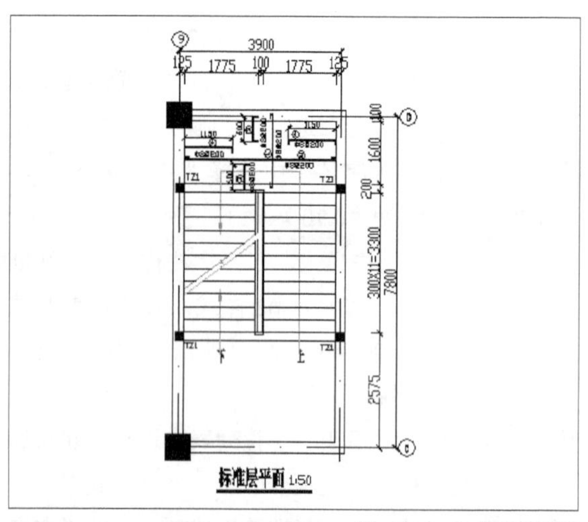

图15-65　标准层平面图

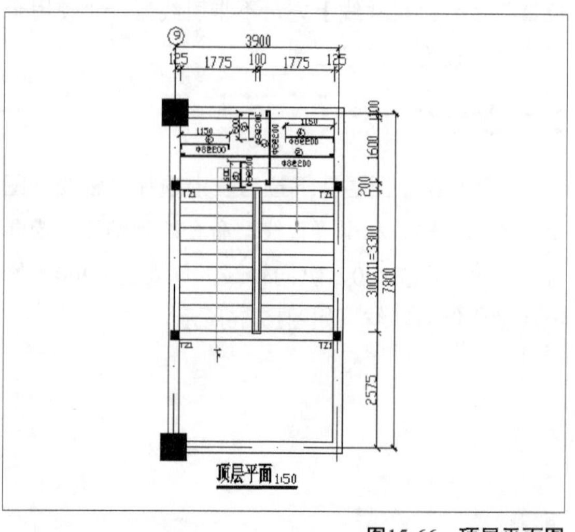

图15-66　顶层平面图

15.4.2　楼梯剖面图的绘制

绘制楼梯结构平面图的一般步骤如下。

01 绘制轴线和墙体。

02 绘制楼梯。

03 标注。

下面继续绘制15.4.1节实例的剖面图，从而介绍绘制过程。

1. 绘制轴线和墙体

（1）在“图层”下拉列表中选择“轴线”图层作为当前层。利用“直线”命令绘制轴线，轴线的间距为7 800，修改线型比例后，结果如图15-67所示。

（2）在“图层”下拉列表中选择“墙体”图层作为当前层。墙体的厚度为250，柱的截面宽度为600，结果如图15-67所示。

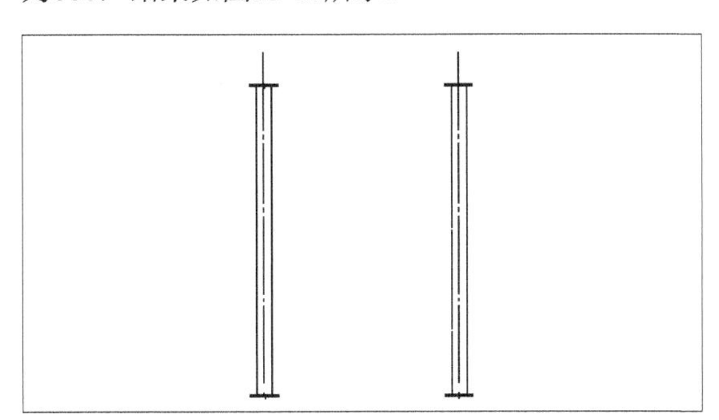

图15-67　轴线和墙体

2. 绘制楼梯

（1）在“图层”下拉列表中选择“楼梯线”图层作为当前层。首层楼梯的基础形式如图15-68所示，上顶面的宽度为300，下顶面的宽度为800，上面矩形的高度为600，下面矩形的高度为400。

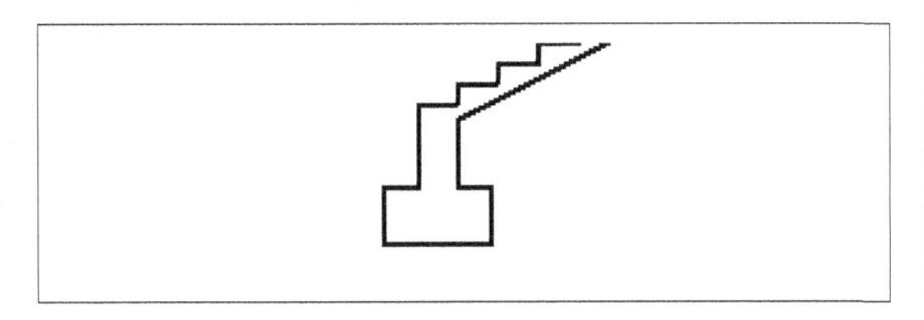

图15-68基础形式

（2）休息平台与墙体连接的具体形式如图15-69所示。

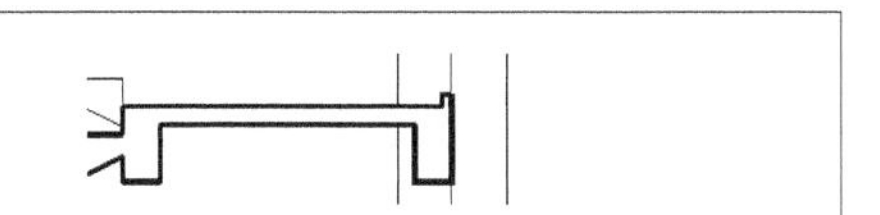

图15-69　与墙体的连接形式

（3）楼梯的最后形式如图15-70所示。

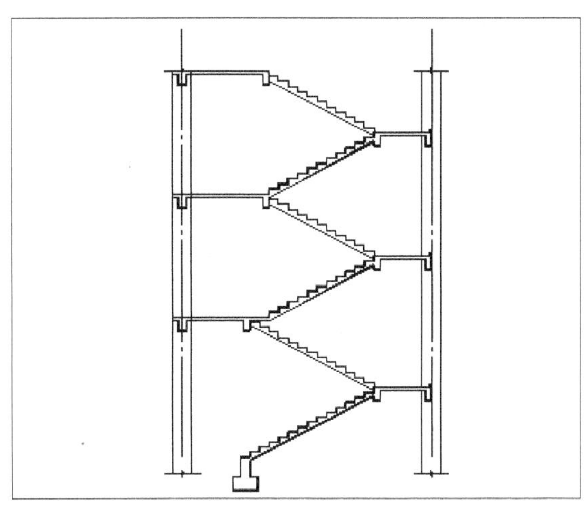

图15-70　楼梯

3. 标注

在“图层”下拉列表中选择“标注”图层作为当前层。需要标注轴线间的尺寸、楼梯的踏步高度、休息平台和楼板的标高、楼梯板和楼梯梁的代号及标题，如图15-71所示。

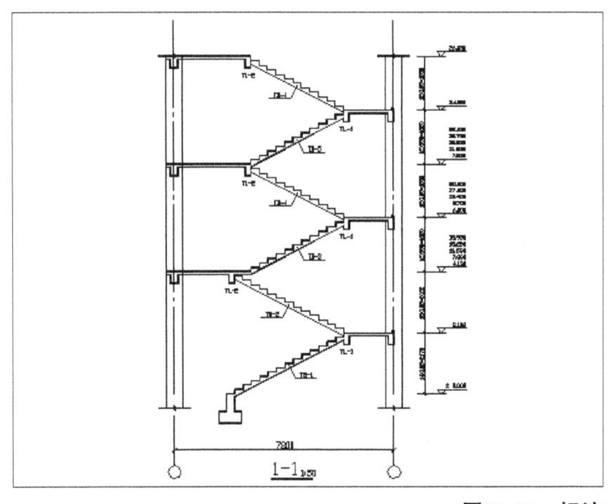

图15-71　标注

4. 添加图框

在“图层”下拉列表中选择“图框”图层作为当前层。图框的具体绘制方法见8.2.9节，此处不再重复。一般情况下，楼梯的结构平面图和楼梯的剖面图放到一张图纸上，将构件的详图另放到一张图纸上，添加后的结果如图15-72所示。

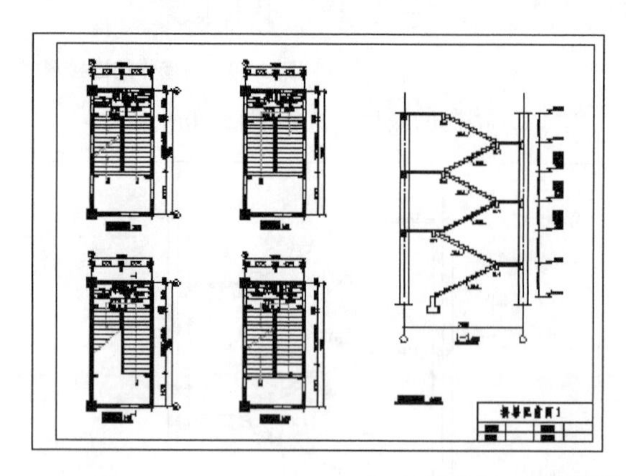

图15-72　添加图框

15.4.3　构件详图的绘制

绘制构件详图的一般步骤如下。

01 绘制楼梯。

02 绘制配筋。

03 标注。

下面继续绘制15.4.2节实例的构件详图，从而介绍绘制过程。

1. 绘制楼梯

在“图层”下拉列表中选择“楼梯线”图层作为当前层。楼梯的踏步宽度为300，踏步高度为155，楼板厚为100，楼梯梁的尺寸为200×400，结果如图15-73所示。

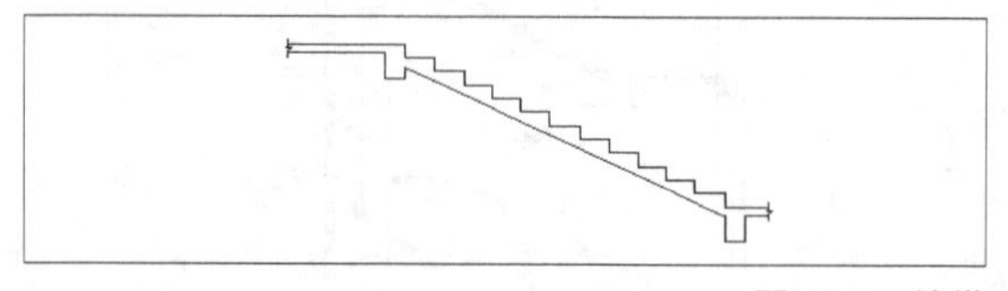

图15-73　楼梯

2. 绘制配筋

（1）在“图层”下拉列表中选择“配筋”图层作为当前层。钢筋采用多段线绘制，设置多段线的宽度为25mm，钢筋的断面采用“圆环”命令来绘制，设圆环的内径为0，外径为35mm，如图15-74所示。

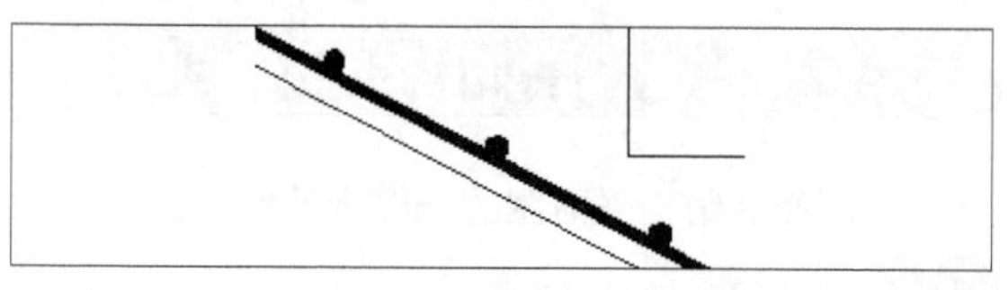

图15-74　分布筋

（2）平台负筋如图15-75和图15-76所示。

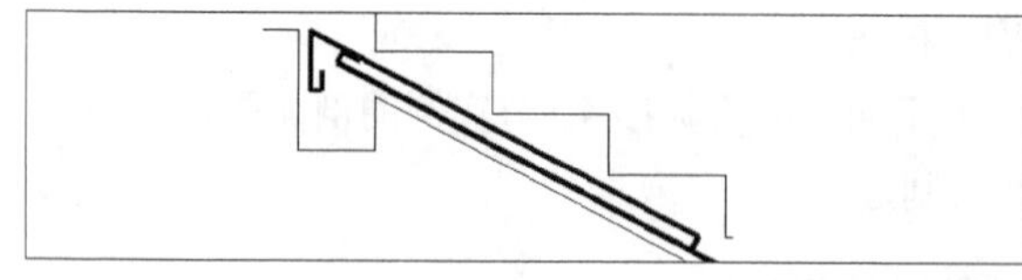

图15-75　负筋1

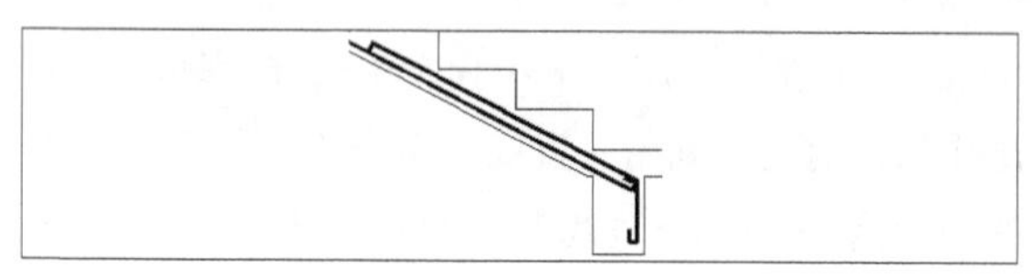

图15-76　负筋2

（3）最后结果如图15-77所示。

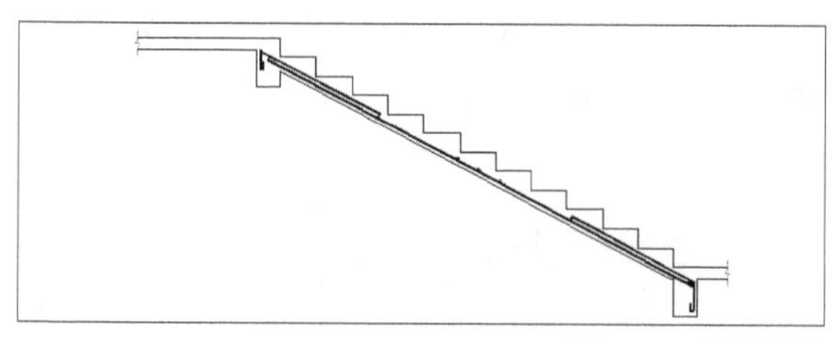

图15-77　楼梯配筋

3. 标注

在“图层”下拉列表中选择“标注”图层作为当前层。需要标注楼梯的踏步高度、休息平台和楼板的标高、楼梯板和楼梯梁的代号及标题，如图15-78所示。

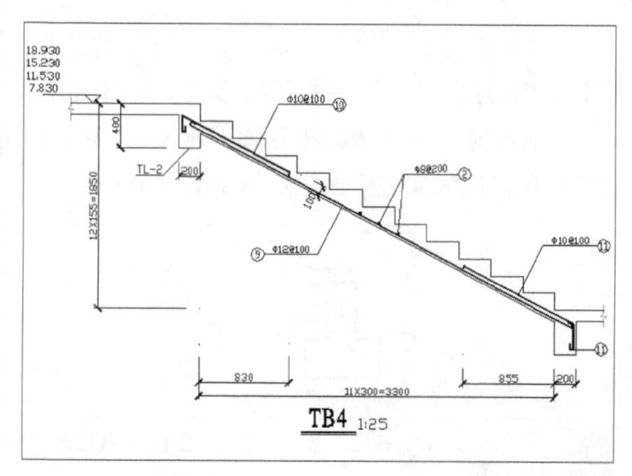

图15-78　标注

其他的楼梯板的配筋图不再一一绘制。

4. 楼梯梁的配筋

（1）TL-1的配筋如图15-79所示。

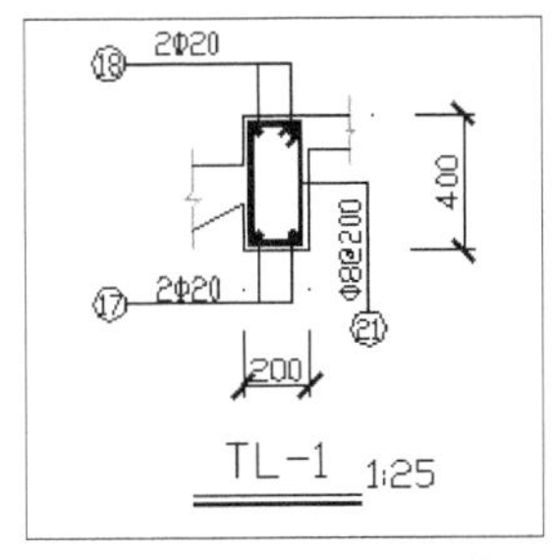

图15-79　TL-1的配筋图

（2）TL-2的配筋如图15-80所示。

（3）TZ-1的配筋如图15-81所示。

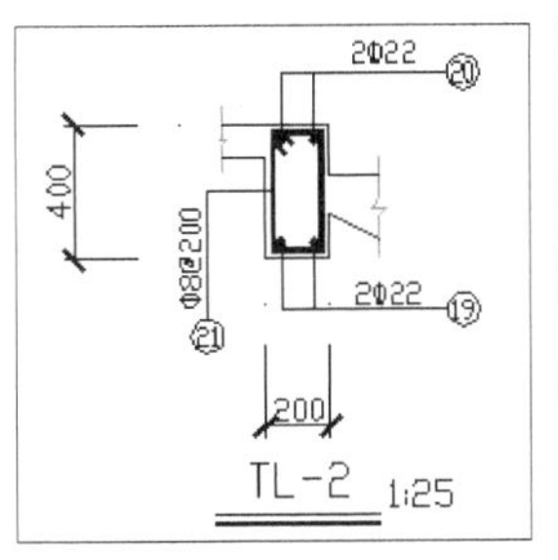

图15-80　TL-2的配筋图

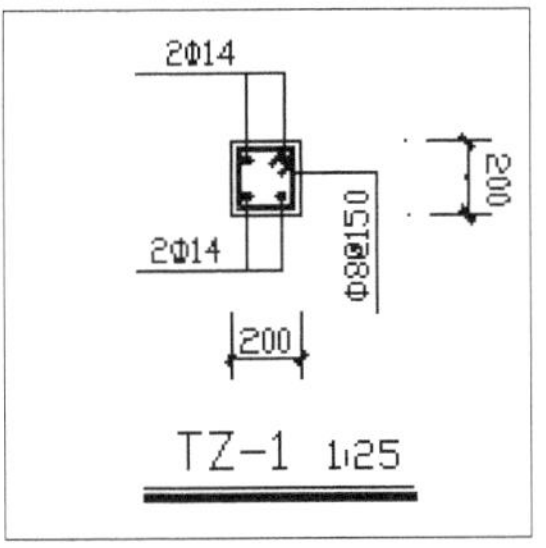

图15-81　TZ-1的配筋图

5. 添加图框

在“图层”下拉列表中选择“图框”图层作为当前层。绘制方法和格式与前面几张绘制方法相同，此处不再重复。一般情况下，楼梯的结构平面图和楼梯的剖面图放到一张图纸上，将构件的详图另放到一张图纸上，添加后的结果如图15-82所示。

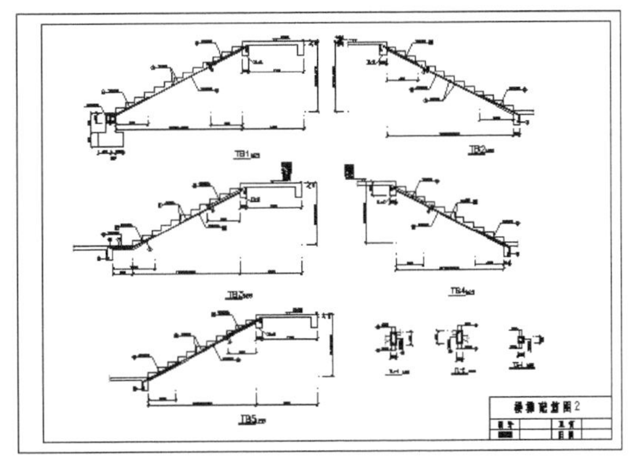

图15-82　添加标注

15.5　小结

本章主要介绍了结构施工图的基本知识，通过实例讲解了绘制过程，使读者对基础图的绘制、结构平面布置图的绘制、梁柱平法施工图的绘制及楼梯配筋图的绘制内容和要求有了一定的了解。通过本章的学习，读者应该掌握绘制结构施工图的基本方法和技巧。

15.6　练习

一、选择题

1. 移出断面一般应用（　　）来表示位置，用箭头表示投影方向。

A. 剖切符号

B. 剖切面

C. 投影面

D. 填充面

2. （　　）是经过或接近一系列给定点的光滑曲线。

A. 样条曲线

B. 多段线

C. 圆弧

D. 多段线

3. 在绘制旋转剖视图时，必须标出（　　）剖切位置，在它的起始处和转折处用相同字母标出，并指明投影方向。

A. 剖切位置　　　B. 尺寸

C. 断面位置　　　D. 剖切尺寸

二、判断题

1. 通过三点绘制圆弧。（　　）

2. 使用spline命令创建样条曲线。（　　）

3. 对于外形简单的对称机件，特别是回转体结构的机件。为了使图形清晰和便于标注尺寸，一般绘制为半剖视图。（　　）

三、填空题

1. 用一个假想剖切平面完全地剖开机件所得的剖视图，称为（　　）。

2. 当图形文件包含多个图层时，用（　　）对图形进行过滤，能极大地方便用户的操作。

3. （　）命令可以绕着指定轴翻转对象来创建对称的镜像图像。

四、操作题

1. 如图15-83所示，绘制一个教学楼的二层的梁结构详图，要求应用平法的平面注写方式来绘制。整栋楼东西方向是对称的，因此，下面只画出1～4轴的梁平法施工图。

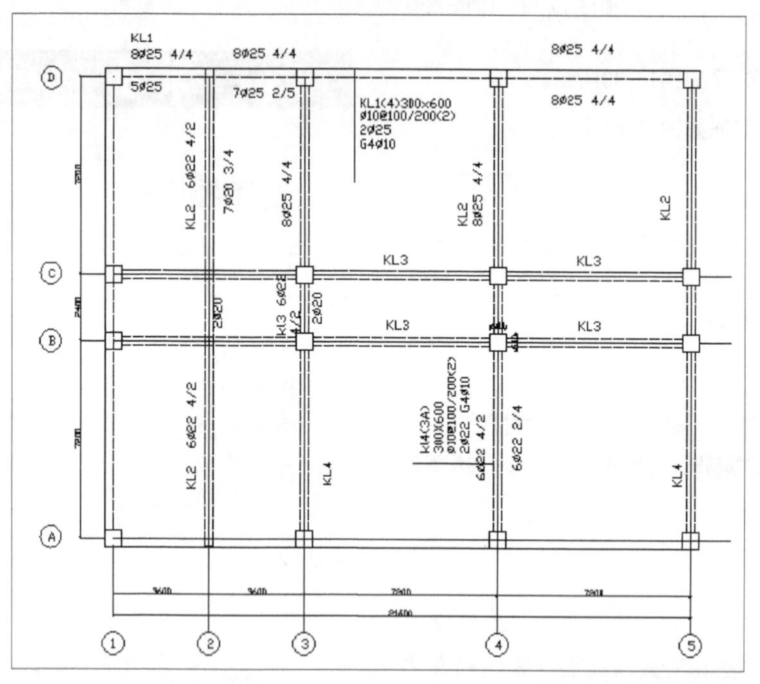

图15-83　梁结构详图

2. 利用本章所学知识绘制如图15-84所示的楼梯结构详图。

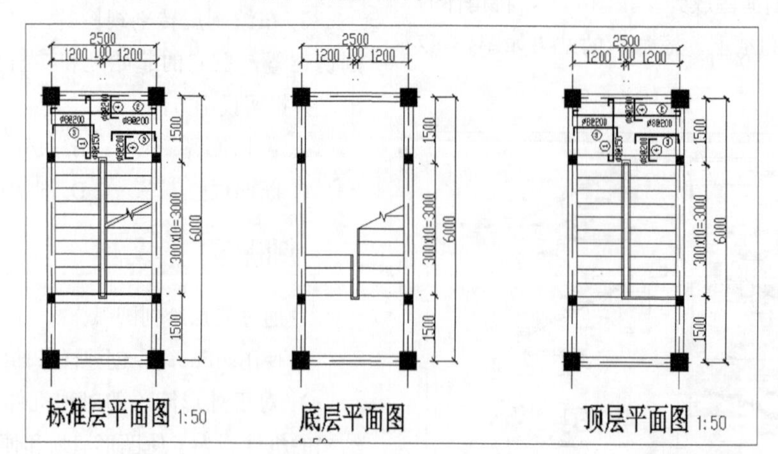

图15-84　楼梯结构详图

第16章 布局和打印

建筑图形的输出是整个设计过程的最后一步，即将设计的成果显示在图纸上，本章将学习打印机的设置及其创建图纸布局的方法，并通过设置打印样式、图纸尺寸、打印比例等打印出满意的图形。最后介绍了文件的输入和输出，及电子功能的应用、图形的超链接和发布。

课堂学习目标

设置打印机
工作模型空间
布局设置
页面设置
打印设置
网络链接

16.1 工作空间

在利用AutoCAD 2013进行绘图之前，理解模型空间、图纸空间的概念是很重要的。模型空间是完成绘图和设计工作的工作空间，一般图形的绘制都是在模型空间中完成的，而图纸空间是图纸布局环境，用来创建最终的打印布局，可以在这里指定图纸大小，添加标题栏，显示模型的多个视图及创建图形标注和注释。图纸空间如图16-1所示。

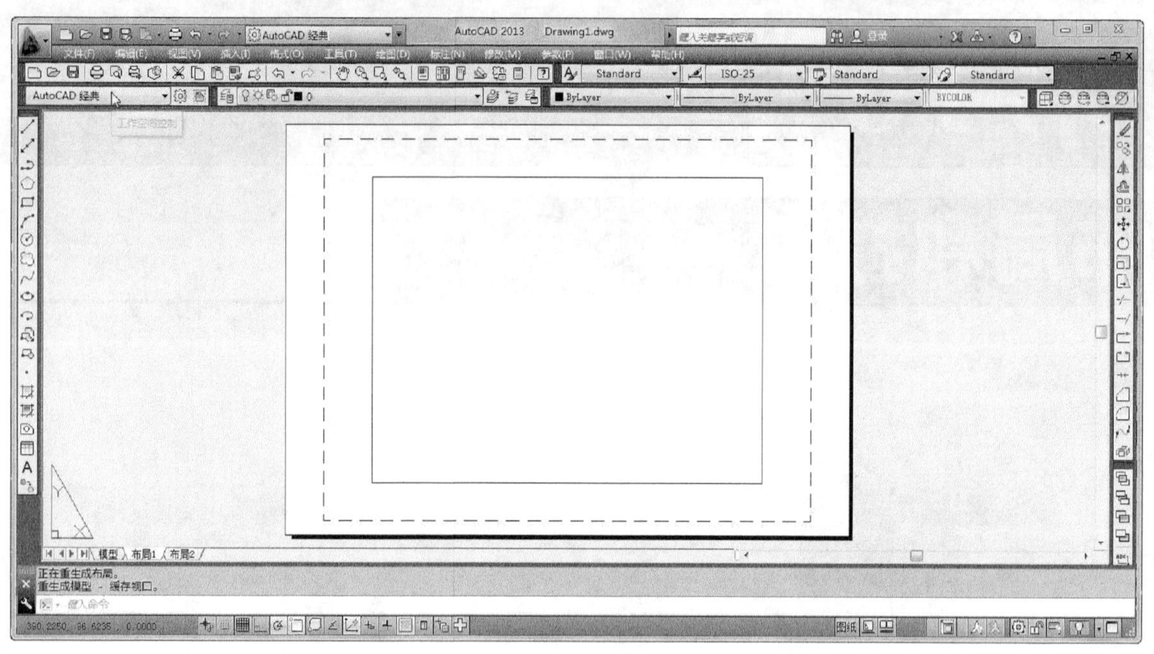

图16-1 图纸空间

AutoCAD 2013窗口中提供了两个并行的工作环境，即“模型”选项卡和“布局”选项卡。在“模型”选项卡上工作时，可以绘制主题的模型。在“布局”选项卡上，可以布置模型的多个“快照”。一个布局代表一张可以使用各种比例显示一个或多个模型视图的图纸。图形窗口底部有一系列选项卡，包括一个“模型”选项卡和一个或多个“布局”选项卡，如图16-2所示。

模型 布局1 布局2

图16-2 “模型”与“布局”选项卡

16.1.1 模型空间与图纸空间

1. 模型空间

“模型”选项卡提供了一个无限的绘图区域，称为模型空间，如图16-3所示。在模型空间中，可以绘制、查看和编辑模型。

在模型空间中，可以按1:1的比例绘制模型，并确定一个单位表示1毫米、1分米、1英寸、1英尺还是表示其他在工作中使用最方便或最常用的单位。

在“模型”选项卡上，可以查看并编辑模型空间对象。十字光标在整个绘图区域都处于激活状态。在模型空间中，还可以在布局中定义布局视口中显示的命名视图。

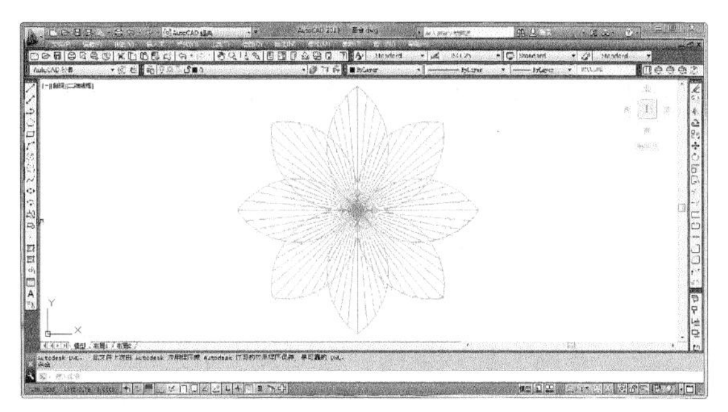

图16-3　模型空间

2. 图纸空间

“布局”选项卡提供了一个称为图纸空间的区域，如图16-4所示。在图纸空间中，可以放置标题栏，创建用于显示视图的布局视口，标注图形及添加注释。

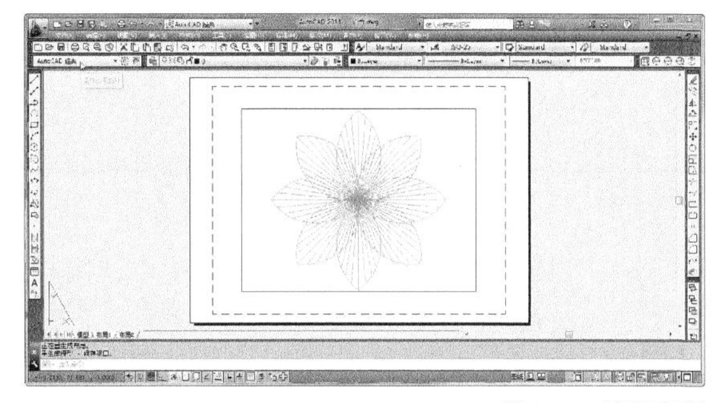

图16-4　图纸空间

在图纸空间中，一个单位表示打印图纸上的图纸距离。根据绘图仪的打印设置，单位可以是毫米或英寸。

在“布局”选项卡上，可以查看和编辑图纸空间对象，例如布局视口和标题栏。也可以将对象（如引线或标题栏）从模型空间移到图纸空间（反之亦然）。十字光标在整个布局区域都处于激活状态。

通常在模型空间内完成图形绘制和编辑工作。绘图完成后在图纸空间内输出图形。虽然在模型空间内可以进行图形打印，但只能打印当前活动视窗中的视图，也就是说在一张图纸上只能打印一个视图。图纸空间提供了对图形进行排列、绘制、局部放大及绘制多视图的功能，允许一个图形进行多次布局，即在一个图形文件中可以保存多种出图方式的信息，通常所说的布局就是指图纸空间。

技巧与提示

注意可以隐藏这些选项卡，而不显示为应用程序窗口中下部状态栏上的按钮。要隐藏这些选项卡，需在“模型”或“布局”按钮上单击鼠标右键，然后在快捷菜单上选择“隐藏布局和模型选项卡”。要显示模型和布局选项卡，可通过选择“工具”→“选项”菜单命令打开“选项”对话框，在“布局元素”组合框中选择“显示布局和模型选项卡”复选框即可，如图16-5所示。

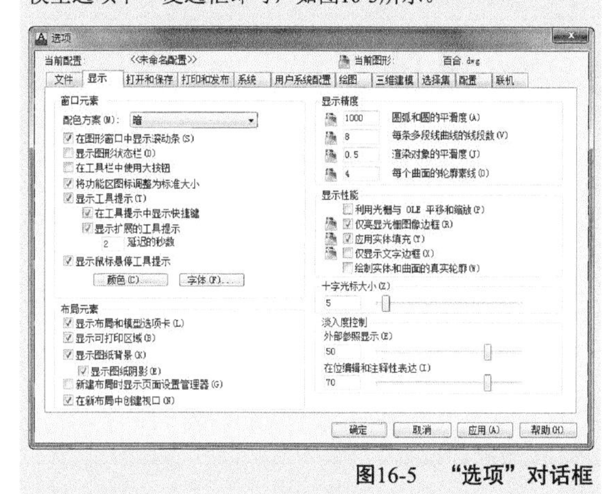

图16-5　“选项”对话框

16.1.2　模型空间与图纸空间的切换

在AutoCAD 2013中可以通过以下几种方法实现模型空间和图纸空间的转换。

方法一：通过单击屏幕下方的状态栏中的“模型”或“布局”按钮来切换，如图16-6所示。

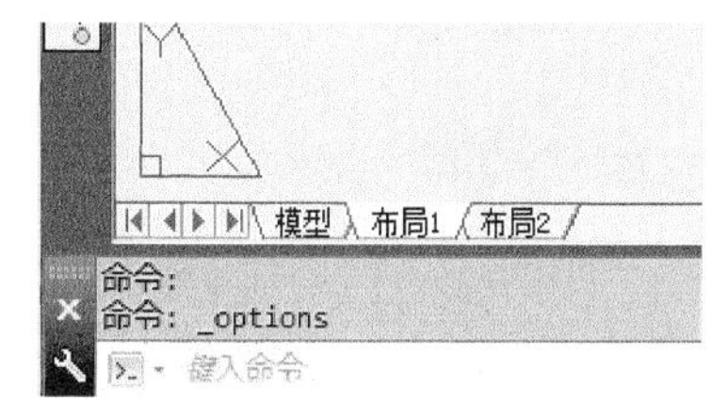

图16-6　单击“布局1”选项卡

方法二：在命令行输入mspace命令进入模型空间或输入pspace命令进入图纸空间。

方法三：修改变量tilemode的值，值为0时表示在图纸空间，值为1时表示在模型空间。命令提示行如下。

命令: tilemode

输入 TILEMODE 的新值 <1>: 0

恢复缓存的视口 – 正在重生成布局。

命令:

TILEMODE

输入 TILEMODE 的新值 <0>: 1

恢复缓存的视口

在模型空间和图纸空间之间切换来执行某些任务具有多种优点。使用模型空间可以创建和编辑模型。使用图纸空间可以构造图纸和定义视图。

16.2 布局

布局主要是为了在输出图形时进行布置。通过布局可以同时输出该图形的不同视口，满足各种不同出图要求，还可以添加标题栏等。

一般情况下，使用布局进行打印包含以下几个步骤。

01 创建模型图形。

02 配置打印设备。

03 激活或创建布局。

04 指定布局页面设置。如打印设备、图纸尺寸、打印区域、打印比例和图形方向。

05 插入标题栏。

06 创建浮动视口并将其置于布局。

16.2.1 创建新布局

1. 命令功能

创建并修改图形布局选项卡。

2. 命令调用

（1）命令行：在命令行输入layout命令。

（2）工具栏：单击“布局”→“新建布局”按钮。

（3）菜单栏：选择“插入（I）”→ “插入布局（L）” →“布局（L）”→“新建布局（N）”菜单命令。

（4）在绘图区的“模型”选项卡或某个布局选项卡上单击鼠标右键，然后选择“新建布局（N）”。

调用新建布局命令后，AutoCAD会提示如下。

“输入布局选项[复制(C)/删除(D)/新建(N)/样板(T)/重命名(R)/另存为(SA)/设置(S)/?]<设置>:”

其中各选项的含义如下。

- “复制”：复制布局。如果不提供名称，则新布局以被复制的布局的名称附带一个递增的数字（在括号中）作为布局名。新选项卡插到复制的布局选项卡之前。
- “删除”：删除布局。默认值是当前布局。不能删除“模型”选项卡。要删除“模型”选项卡上的所有几何图形，必须选择所有的几何图形然后使用ERASE命令。
- “新建”：创建新的布局选项卡。在单个图形中可以创建最多255个布局。选择“新建”选项后命令行提示：

“输入新布局名<布局#>：”。

- 布局名必须唯一。布局名最多可以包含255个字符，不区分大小写。布局选项卡上只显示最前面的31个字符。
- “样板”：基于样板（DWT）、图形（DWG）或图形交换（DXF）文件中现有的布局创建新布局选项卡。详见“16.2.2节使用样板创建布局”部分。
- “重命名”：给布局重新命名。要重命名的布局的默认值为当前布局。
- “另存为”：将布局另存为图形样板(DWT)文件，而不保存任何未参照的符号表和块定义信息。可以使用该样板在图形中创建新的布局，而不必删除不必要的信息。调用此命令后，命令行提示：

“输入要保存到样板的布局<当前>：”。

- 要保存为样板的布局的默认值为上一个当前布局。如果FILEDIA系统变量设为1，则显示“从文件选择样板”对话框，用以指定要在其中保存布局的样板文件。默认的布局样板目录在“选项”对话框中指定。
- “设置”：设置当前布局。
- “?”：列出图形中定义的所有布局。

16.2.2 使用样板创建布局图

1. 命令功能

基于样板(DWT)、图形(DWG)或图形交换(DXF)文件中现有的布局创建新布局选项卡。

2. 命令调用

（1）命令行：在命令行输入layout命令。

调用“新建布局”命令后，在系统提示“输入布局选项[复制（C）/删除（D）/新建（N）/样板（T）/重命名（R）/另存为（SA）/设置（S）/?]<设置>：”下，选择样板(T)选项。

（2）工具栏：单击“布局”→“来自样板的布局…”按钮。

（3）菜单栏：选择“插入（I）”→“布局（L）”→“来自样板的布局（T）…”菜单命令。

（4）在绘图区的“模型”选项卡或某个布局选项卡上单击鼠标右键，然后选择“来自样板（T）…”。

操作步骤

01 执行以上任一操作，打开“从文件选择样板”对话框，如图16-7所示。

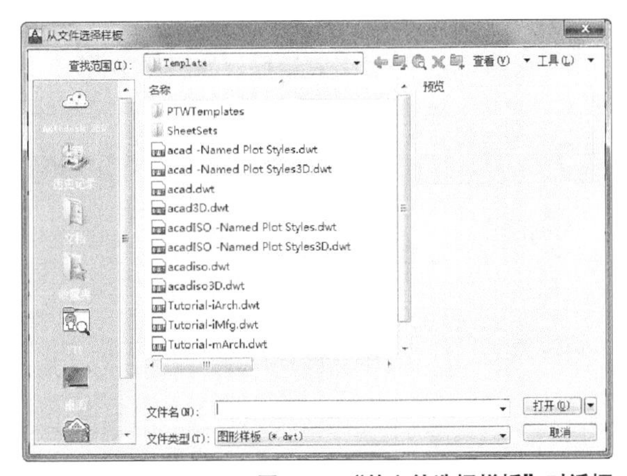

图16-7 “从文件选择样板”对话框

02 从列表中选择图形样板文件，单击“打开”按钮，打开“插入布局”对话框，如图16-8所示。

03 在“插入布局”对话框的列表中选择布局样板，单击“确定”按钮，即可实现样板布局的创建。

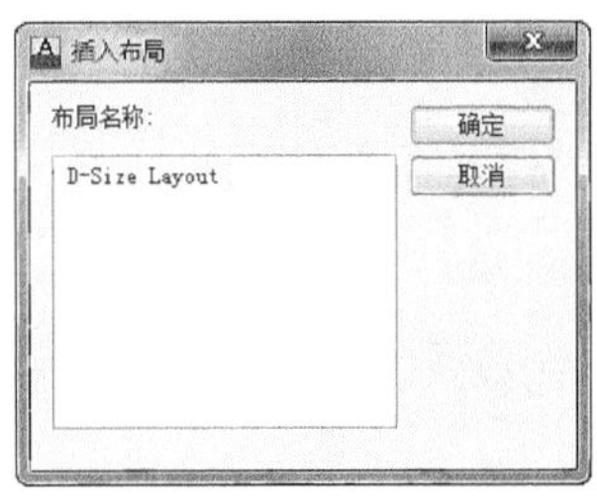

图16-8 “插入布局”对话框

16.2.3 使用向导创建新布局

1. 命令功能

创建新的布局选项卡并指定页面和打印设置。

2. 命令调用

（1）命令行：在命令行输入layoutwizard命令。

（2）菜单栏：选择“工具（T）”→“向导（Z）”→“创建布局（C）”菜单命令。

（3）菜单栏：选择“插入（I）”→“布局（L）”→“创建布局向导（W）”菜单命令。

操作步骤

01 选择“工具（T）”→“向导（Z）”→“创建布局（C）”菜单命令，AutoCAD会弹出“创建布局-开始”对话框。如图16-9所示。

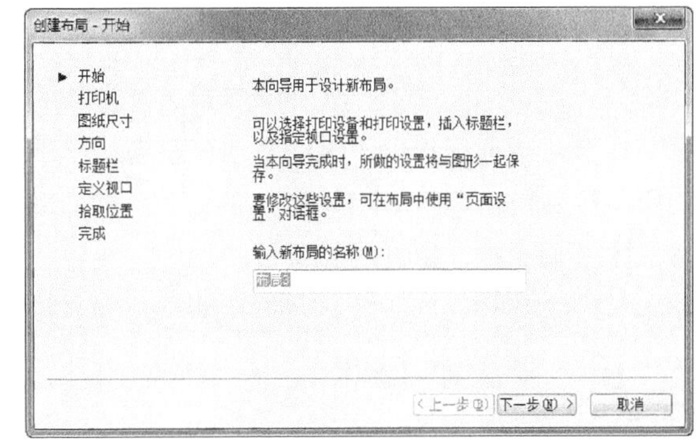

图16-9 “创建布局-开始”对话框

02 在“创建布局-开始”对话框中输入新布局名，单击“下一步”按钮，打开“创建布局-打印机”对话框，如图16-10所示。

03 在该对话框中选择打印机类型，然后单击“下一步”按钮，打开“创建布局-图纸尺寸”对话框，如图16-11所示。

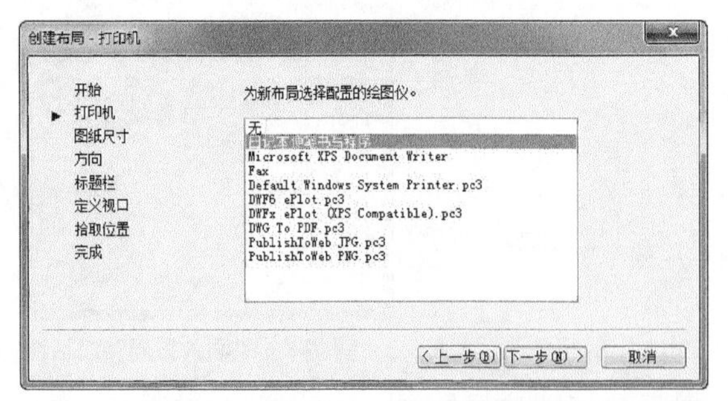

图16-10 “创建布局-打印机”对话框

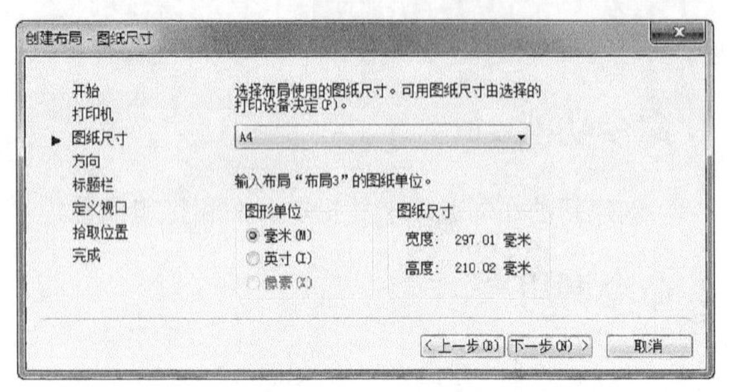

图16-11 “创建布局-图纸尺寸”对话框

04 在该对话框中设置图纸的尺寸，在“图形单位”选项组设置单位类型，然后单击“下一步”按钮，打开“创建布局-方向”对话框，如图16-12所示。

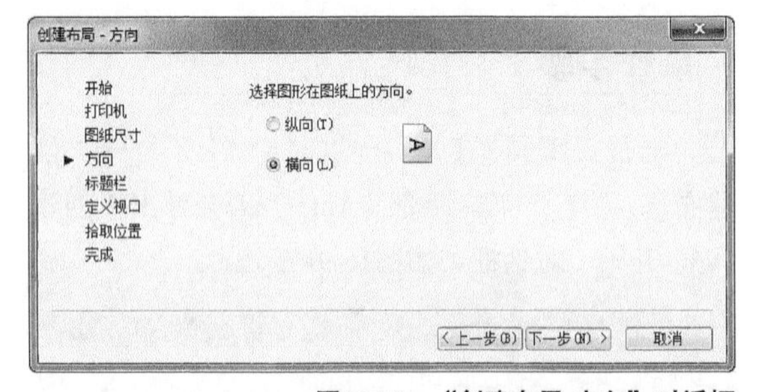

图16-12 “创建布局-方向”对话框

05 在该对话框中选中“纵向”或“横向”单选按钮，然后单击“下一步”按钮，打开“创建布局-标题栏”对话框，如图16-13所示。

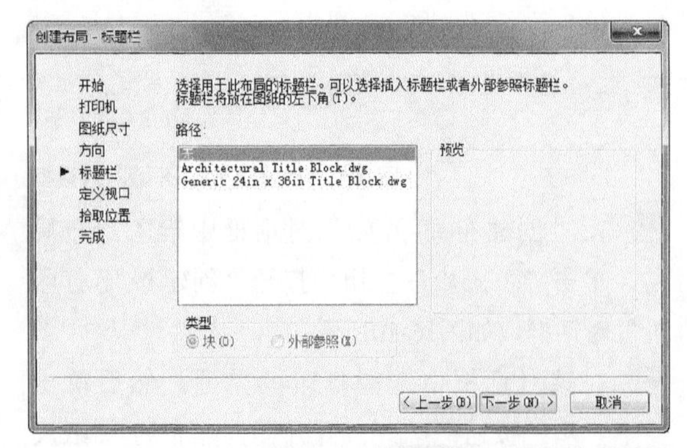

图16-13 “创建布局-标题栏”对话框

06 在该对话框中的“路径”列表框中选择需要的标题栏选项，然后单击“下一步”按钮，打开“创建布局-定义视口”对话框，如图16-14所示。

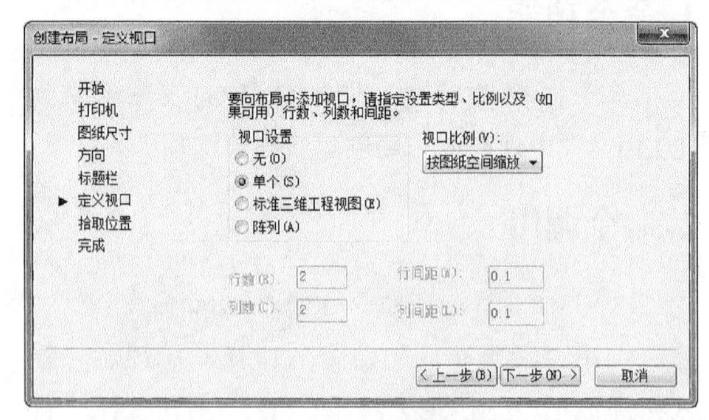

图16-14 “创建布局-定义视口”对话框

07 在该对话框中选择相应的视口设置和视口比例，然后单击“下一步”按钮，打开“创建布局-拾取位置”对话框，如图16-15所示。

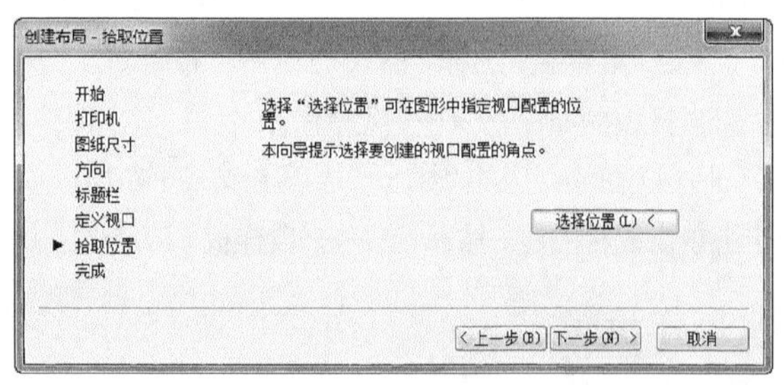

图16-15 “创建布局-拾取位置”对话框

08 在该对话框中单击“选择位置”按钮，进入绘图区选择视口位置，然后单击“下一步”按钮，打开“创建布局-完成”对话框，如图16-16所示。单击“完成”按钮即可完成布局创建。

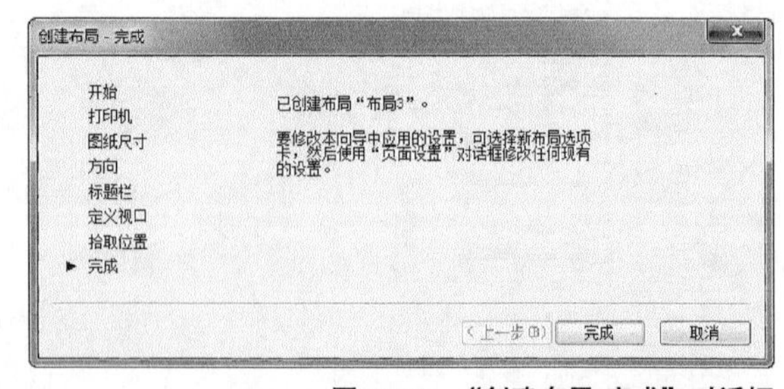

图16-16 “创建布局-完成”对话框

16.3 输入与输出图形

通过AutoCAD提供的输入/输出功能，不仅可以将在其他应用软件中处理好的数据导入到AutoCAD中，还可以将在AutoCAD中绘制好的图形输出成其他格式的图形。

16.3.1　输入图形

在实际应用中，AutoCAD一般是作为一种原创软件来使用的，AutoCAD能提供各种类型的导出文件，供其他应用程序使用，但是使用其他应用程序所创建的文件来创建图形文件并不常见。AutoCAD可以输入包括DXF（图形交换格式）、DXB（二进制图形交换）、ACIS（实体造型系统）、3DS（3d Studio）及WMF（Windows图元）等类型格式文件，输入方法类似，下面进行简单介绍。

● 输入3DS（3d Studio）格式文件

1. 命令功能

输入3D Studio（3DS）文件。

2. 命令调用

（1）命令行：在命令行输入3dsin命令。

（2）菜单栏：选择“插入（I）”→“3d Studio（3）”菜单命令。

调用3dsin命令后，AutoCAD打开“3d Studio文件输入”对话框，如图16-17所示。在该对话框的文件名列表框中选择一个文件名，单击“打开”按钮，AutoCAD打开“3d Studio文件输入选项”对话框，在该对话框中可以进行各项设置。

图16-17　“3d Studio文件输入”对话框

● 输入其他格式文件

1. 命令功能

以不同格式输入文件。

2. 命令调用

（1）命令行：在命令行输入import命令。

（2）菜单栏：选择“文件”→“输入”菜单命令。

调用import命令后，AutoCAD打开“文件输入”对话框，如图16-18所示，选择所需要的文件。其结果与3dsin命令类似。

图16-18　“文件输入”对话框

16.3.2　输出图形

在AutoCAD 2013中，单击菜单浏览器，选择“文件→输出”命令，系统弹出如图16-19所示的“输出为其他格式”列表框，可以在此选择需要导出文件的类型。

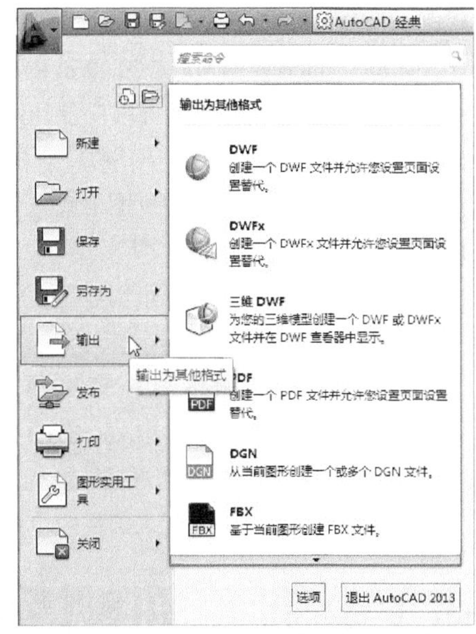

图16-19　“输出为其他格式”列表框

或者选择“文件→输出”命令，弹出如图16-20所示的“输出数据”对话框，在其中的文件类型下拉列表中，可以选择需要导出文件的类型。

图16-20 “输出数据”对话框

AutoCAD可以导出下列类型的文件。

（1）DWF文件：一种图形Web格式文件，属于二维矢量文件。可以通过这种文件格式在因特网或局域网上发布自己的图形。

（2）DXF文件：一种包含图形信息的文本文件，能被其他CAD系统或应用程序读取。

（3）ASIC文件：可以将代表修剪过的NURB表面、面域和三维实体的AutoCAD对象输出到ASCⅡ格式的ACIS文件中。

（4）3D Studio文件：创建可以用于3dsmax的3D Studio文件，输出的文件保留了三维几何图形、视图、光源和材质。

（5）Windows WMF文件：Windows图元文件格式（WMF），文件包括屏幕向量几何图形和光栅几何图形格式。

（6）BMP文件：一种位图格式文件，在图像处理行业应用相当广泛。

（7）PostScript文件：可创建包含所有或部分图形的PostScript文件。

（8）平板印刷格式：可以用平板印刷（SLA）兼容的文件格式输出AutoCAD实体对象。实体数据以三角形网格面的形式转换为SLA。SLA工作站使用这个数据定义代表部件的一系列层面。

16.4 打印输出

完成建筑图形的绘制后，要将绘制好的图形打印到图纸上，以方便指导工程设计和施工，打印出的图形可以是图形的单一视图，也可以是较复杂的是图排列，根据不同的需要，可以打印一个或者多个视窗，还可以通过选项的设置来决定打印的内容和图纸的布局，下面介绍如何打印图纸。

16.4.1 打印过程

在AutoCAD 2013中，单击菜单浏览器，选择“文件→打印”命令，系统弹出如图16-21 所示的列表框，可以在此选择需要打印文件的模式。

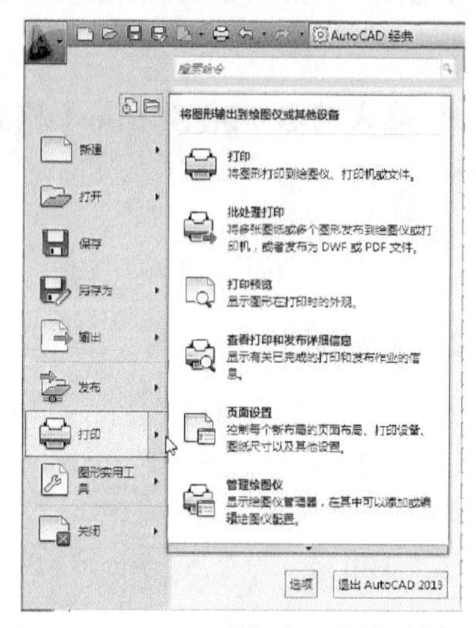

图16-21 打印列表框

或者选择“文件→打印”命令，弹出如图16-22所示的“打印-模式”对话框。通过“打印”对话框可以很容易地创建一个打印比例，当进入“打印”对话框时，屏幕上将提示你指定打印参数。

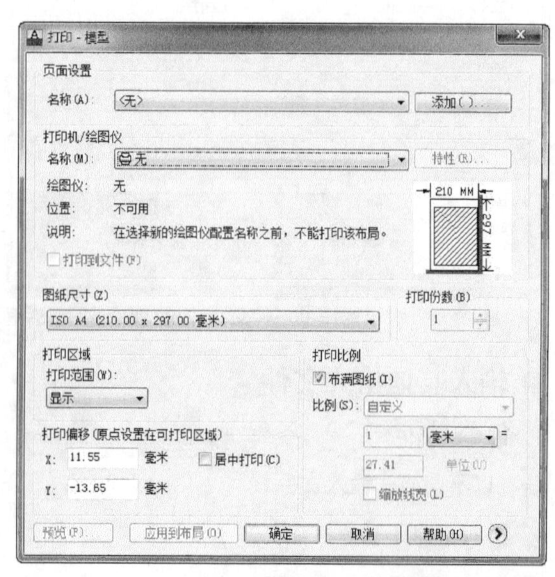

图16-22 “打印-模式”对话框

设置“打印”对话框有如下步骤。

01 如果一个命名的页面设置已经被定义并保存，可以从“页面设置”的“名称”列表中选取。

02 核实所需绘图仪是否为当前绘图仪。

03 设置打印参数。包括图纸尺寸、打印区域、图纸定位、打印比例、图形方向及打印选项等设置。

04 单击“预览”按钮，对打印图形进行预览。

05 如果预览结果不满意重新设置打印参数。

06 单击“确定”按钮，打印出图。

16.4.2　打印输出

安装好打印机后就可以打印图形了，单击“标准”工具栏中的按钮，弹出如图16-22所示的“打印”对话框。单击右下角的，弹出如图16-23所示的“打印”对话框，在“打印”对话框中设置相应的参数即可。

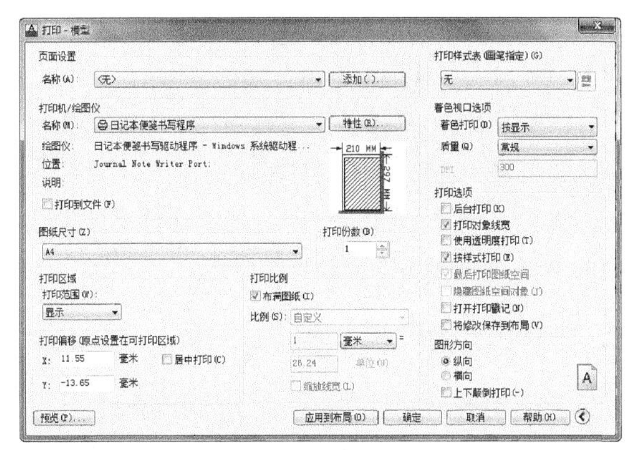

图16-23　“打印”对话框

其中各选项组的含义如下。

1.“页面设置”选项组

列出图形中已命名或已保存的页面设置。可以将图形中保存的命名页面设置作为当前页面设置，也可以在“打印”对话框中单击“添加”，基于当前设置创建一个新的命名页面设置。

（1）“名称”：显示当前页面设置的名称。

（2）“添加”：显示“添加页面设置”对话框，如图16-24所示。从中可以将“打印”对话框中的当前设置保存到命名页面设置。可以通过“页面设置管理器”修改此页面设置。

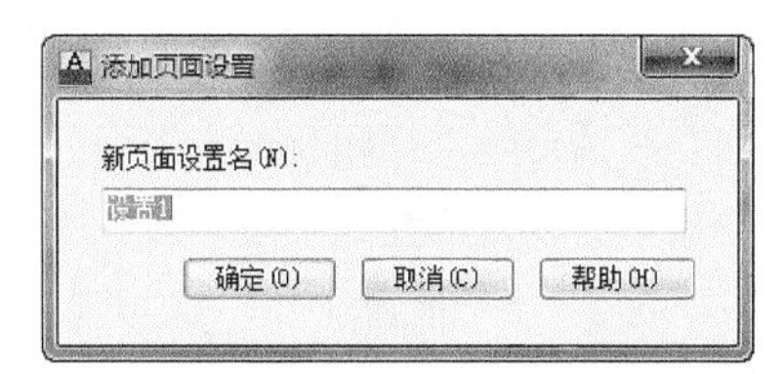

图16-24　“添加页面设置”对话框

2.“打印机/绘图仪”选项组

指定打印布局时使用已配置的打印设备。

如果选定绘图仪不支持布局中选定的图纸尺寸，将显示警告，用户可以选择绘图仪的默认图纸尺寸或自定义图纸尺寸。

（1）“名称”：列出可用的PC3文件或系统打印机，可以从中进行选择，以打印当前布局。设备名称前面的图标识别其为PC3文件还是系统打印机。

PC3文件图标：指示PC3文件。

系统打印机图标：指示系统打印机。

（2）“特性”：显示“绘图仪配置编辑器”（PC3编辑器），如图16-25所示。从中可以查看或修改当前绘图仪的配置、端口、设备和介质设置。

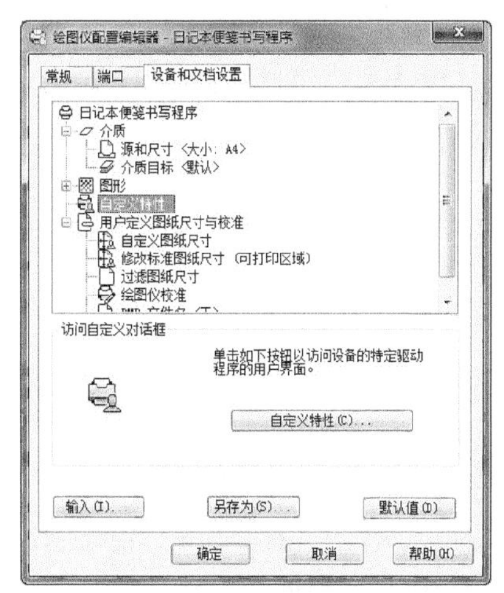

图16-25　“绘图仪配置编辑器”对话框

（3）“绘图仪”：显示当前所选页面设置中指定的打印设备。

（4）“位置”：显示当前所选页面设置中指定的输出设备的物理位置。

（5）“说明”：显示当前所选页面设置中指定的输出设备的说明文字。可以在绘图仪配置编辑器中编辑这些文字。

（6）“打印到文件”：打印输出到文件而不

是绘图仪或打印机。打印文件的默认位置是在“选项”对话框→“打印和发布”选项卡→“打印到文件操作的默认位置”中指定的。

如果“打印到文件”选项已打开，单击“打印”对话框中的“确定”将显示“浏览打印文件”对话框。如图16-26所示。

图16-26 “浏览打印文件”对话框

（7）“局部预览”：精确显示相对于图纸尺寸和可打印区域的有效打印区域。工具栏提示显示图纸尺寸和可打印区域。

3. “图纸尺寸”选项组

显示所选打印设备可用的标准图纸尺寸。如果未选择绘图仪，将显示全部标准图纸尺寸的列表以供选择。

如果所选绘图仪不支持布局中选定的图纸尺寸，将显示警告，用户可以选择绘图仪的默认图纸尺寸或自定义图纸尺寸。

页面的实际可打印区域（取决于所选打印设备和图纸尺寸）在布局中由虚线表示。

如果打印的是光栅图像（如BMP或TIFF文件），打印区域大小的指定将以像素为单位而不是英寸或毫米。

4. “打印份数”选项组

指定要打印的份数。打印到文件时，此选项不可用。

5. “打印区域”选项组

指定要打印的图形部分。在“打印范围”下，可以选择要打印的图形区域。

（1）“图形界限”：打印布局时，将打印指定图纸尺寸的可打印区域内的所有内容，其原点从布局中的（0,0）点计算得出。

（2）“显示”：打印选定的“模型”选项卡当前视口中的视图或布局中的当前图纸空间视图。

（3）“窗口”：打印指定的图形部分。如果选择“窗口”，“窗口”按钮将称为可用按钮。单击“窗口”按钮以使用定点设备指定要打印区域的两个角点，或输入坐标值。

6. “打印偏移”选项组

根据“指定打印偏移时相对于”选项（“选项”对话框，“打印和发布”选项卡）中的设置，指定打印区域相对于可打印区域左下角或图纸边界的偏移。“打印”对话框的“打印偏移”区域显示了包含在括号中的指定打印偏移选项。

（1）“居中打印”：自动计算X偏移和Y偏移值，在图纸上居中打印。当“打印区域”设置为“布局”时，此选项不可用。

（2）“X”：相对于“打印偏移定义”选项中的设置指定*x*轴方向上的打印原点。

（3）“Y”：相对于“打印偏移定义”选项中的设置指定*y*轴方向上的打印原点。

7. “打印比例”选项组

控制图形单位与打印单位之间的相对尺寸。打印布局时，默认缩放比例设置为1:1。从“模型”选项卡打印时，默认设置为“布满图纸”。

（1）“布满图纸”：缩放打印图形以布满所选图纸尺寸，并在“比例”、“英寸 =”和“单位”框中显示自定义的缩放比例因子。

（2）“比例”：定义打印的精确比例。“自定义”可定义用户定义的比例。可以通过输入与图形单位数等价的英寸（或毫米）数来创建自定义比例。

注意可以使用scalelistedit命令修改比例列表。

（3）“单位”：指定与指定的英寸数、毫米数或像素数等价的单位数。

（4）“缩放线宽”：与打印比例成正比缩放

线宽。线宽通常指定打印对象的线的宽度并按线宽尺寸打印，而不考虑打印比例。

8.“预览”按钮

按执行preview命令时在图纸上打印的方式显示图形。要退出打印预览并返回“打印”对话框，请按Esc键，然后按Enter键，或单击鼠标右键，然后单击快捷菜单上的“退出”按钮。

在将图形发送到打印机或绘图仪之前，最好先生成打印图形的预览。生成预览可以节约时间和材料。

9.“应用到布局”按钮

将当前“打印”对话框设置保存到当前布局。

10.“打印样式表”选项组

设置、编辑打印样式表，或者创建新的打印样式表。

（1）“名称”（无标签）：显示指定给当前“模型”选项卡或布局选项卡的打印样式表，并提供当前可用的打印样式表的列表。

如果选择“新建”，将显示“添加打印样式表”向导，可用来创建新的打印样式表。显示的向导取决于当前图形是处于颜色相关模式还是处于命名模式。

（2）“编辑”按钮：打开“打印样式表编辑器”对话框的“格式视图”选项卡，如图16-27所示。从中可以查看或修改当前指定的打印样式表的打印样式。

图16-27　“格式视图”选项卡

11.“着色视口选项”选项组

指定着色和渲染视口的打印方式，并确定它们的分辨率大小和每英寸点数(DPI)。

（1）“着色打印”：指定视图的打印方式。要为布局选项卡上的视口指定此设置，选择该视口，然后在“工具”菜单中选择“特性”。

在“模型”选项卡上，可以从下列选项中选择。

①“按显示”：按对象在屏幕上的显示方式打印。

②“线框”：在线框中打印对象，不考虑其在屏幕上的显示方式。

③“消隐”：打印对象时消除隐藏线，不考虑其在屏幕上的显示方式。

④“三维隐藏”：打印对象时应用“三维隐藏”视觉样式，不考虑其在屏幕上的显示方式。

⑤“三维线框”：打印对象时应用“三维线框”视觉样式，不考虑其在屏幕上的显示方式。

⑥“概念”：打印对象时应用“概念”视觉样式，不考虑其在屏幕上的显示方式。

⑦“真实”：打印对象时应用“真实”视觉样式，不考虑其在屏幕上的显示方式。

⑧“渲染”：按渲染的方式打印对象，不考虑其在屏幕上的显示方式。

（2）“质量”：指定着色和渲染视口的打印分辨率。

可从下列选项中选择。

①“草稿”：将渲染和着色模型空间视图设置为线框打印。

②“预览”：将渲染模型和着色模型空间视图的打印分辨率设置为当前设备分辨率的四分之一，最大值为150DPI。

③“普通”：将渲染模型和着色模型空间视图的打印分辨率设置为当前设备分辨率的二分之一，最大值为300DPI。

④“演示”：将渲染模型和着色模型空间视图的打印分辨率设置为当前设备的分辨率，最大值为600DPI。

⑤“最大”：将渲染模型和着色模型空间视图的打印分辨率设置为当前设备的分辨率，无最大值。

⑥“自定义”：将渲染模型和着色模型空间视图

的打印分辨率设置为"DPI"框中指定的分辨率设置，最大可为当前设备的分辨率。

（3）"DPI"：指定渲染和着色视图的每英寸点数，最大可为当前打印设备的最大分辨率。只有在"质量"框中选择了"自定义"后，此选项才可用。

12. "打印选项"选项组

指定线宽、打印样式、着色打印和对象的打印次序等选项。

（1）"后台打印"：指定在后台处理打印。（BACKGROUNDPLOT系统变量）。

（2）"打印对象线宽"：指定是否打印指定给对象和图层的线宽。如果选定"按样式打印"，则该选项不可用。

（3）"按样式打印"：指定是否打印应用于对象和图层的打印样式。如果选择该选项，也将自动选择"打印对象线宽"。

（4）"最后打印图纸空间"：首先打印模型空间几何图形。通常先打印图纸空间几何图形，然后再打印模型空间几何图形。

（5）"隐藏图纸空间对象"：指定hide操作是否应用于图纸空间视口中的对象。此选项仅在布局选项卡中可用。此设置的效果反映在打印预览中，而不反映在布局中。

（6）"打开打印戳记"：打开打印戳记。在每个图形的指定角点处放置打印戳记并/或将戳记记录到文件中。

（7）"打印戳记设置"按钮：选中"打印"对话框中的"打开打印戳记"选项时，将显示"打印戳记"对话框，如图16-28所示。

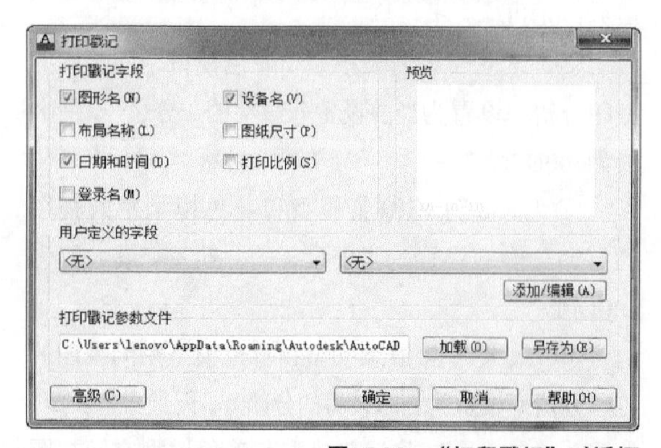

图16-28 "打印戳记"对话框

从该对话框中可以指定要应用于打印戳记的信息，例如图形名称、日期和时间、打印比例等等。打开"打印戳记"对话框，选择"打开打印戳记"选项，然后单击该选项右侧显示的"打印戳记设置"按钮。

也可以通过单击"选项"对话框的"打印和发布"选项卡中"打印戳记设置"按钮来打开"打印戳记"对话框。

（8）"将修改保存到布局"：将在"打印"对话框中所做的修改保存到布局。

13. "图形方向"选项组

为支持纵向或横向的绘图仪指定图形在图纸上的打印方向。图纸图标代表所选图纸的介质方向。字母图标代表图形在图纸上的方向。

（1）"纵向"：放置并打印图形，使图纸的短边位于图形页面的顶部。

（2）"横向"：放置并打印图形，使图纸的长边位于图形页面的顶部。

（3）"反向打印"：上下颠倒地放置并打印图形。

（4）"图标"：指示选定图纸的介质方向并用图纸上的字母表示页面上的图形方向

16.4.3 打印预览和打印

当设置好打印设备和打印页面设置后，便可以执行打印预览和打印。如设置"打印设备"名称为"DWF6 ePlot.pc3"，"图纸尺寸"选择"ISO A2（59400×4200毫米）"，用"窗口"选择图框的外边框为打印区域，其他采用默认值，单击"预览"按钮，预览效果如图16-29所示。

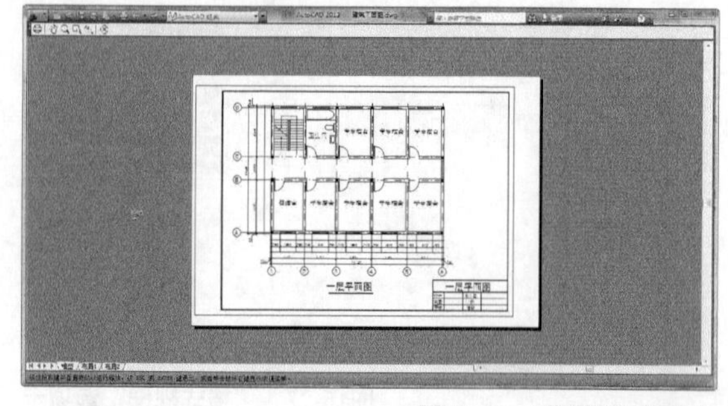

图16-29 "预览"的效果

16.5　图纸空间的打印输出

图纸空间是专门用来布图和输出图形的，它体现为“布局”选项卡，数量最多可达255个。利用布局输出不但可以同时打印多个布局中的图形，还可以打印输出在模型空间中各个不同视角下产生的视图。

16.5.1　页面设置管理器

1. 命令功能

设置将图形打印输出时的图纸页面、打印设备等内容。

2. 命令调用

（1）在命令行输入pagesetup命令。

（2）选择“文件”→“页面设置管理器”菜单命令。

执行上述命令后，弹出如图16-30所示的“页面设置管理器”对话框。

图16-30　“页面设置管理器”对话框

单击“新建”或“修改”按钮进入“页面设置”对话框，如图16-31所示。

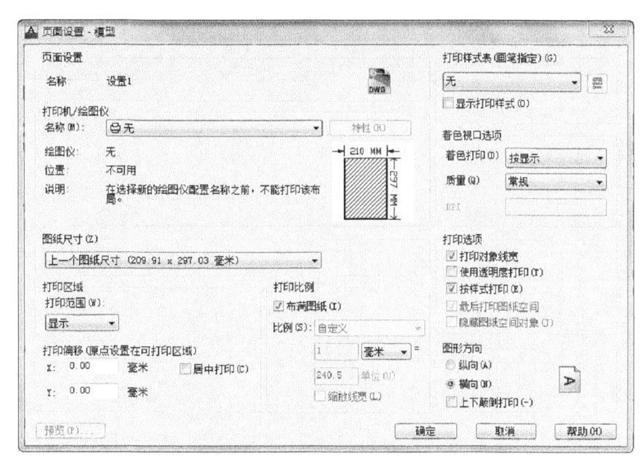

图16-31　“页面设置”对话框

各组合框的含义如下。

- “页面设置”组合框：显示当前页面设置。
- “打印机/绘图仪”组合框：该组合框用于显示当前设置的打印设备、与之连接的端口、在网络上的位置，以及用户定义的与之有关的任何附加注释。在“名称”列表中列出了可用于打印的系统打印机及PC3文件。单击“特性”按钮，会弹出“绘图仪配置编辑器”对话框，通过它可以浏览和修改当前绘图仪的配置、端口等设置情况。
- “打印样式表”组合框：用于指定当前配置于布局或视口的打印样式表。

16.5.2　页面设置

每个布局都有自己的页面设置，单击绘图区下方的“布局1”标签，进入“布局1”的图纸空间，单击“标准”工具栏中的按钮，弹出“页面设置-布局1”对话框，如图16-32所示，该对话框中的内容与模型空间的页面设置一致，此处不再一一介绍。

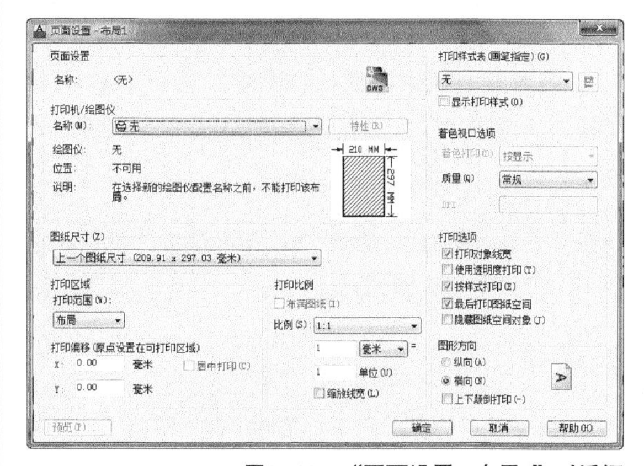

图16-32　“页面设置-布局1”对话框

16.5.3 单个视口的打印输出

1. 创建视口

操作步骤

01 使用图层命令，新建一个“视口层”的新图层，并将其设置为当前图层。

02 选择“视图”→“视口”→“一个视口”菜单命令，执行该命令在当前的布局中捕捉内边框的各个角点，新建一个多边形活动视口，如图16-33所示。

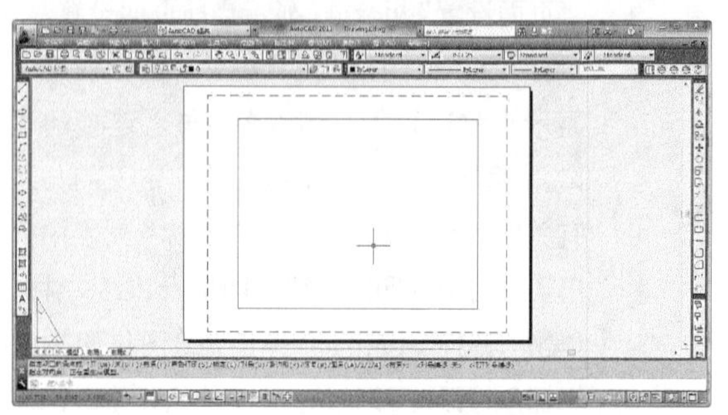

图16-33 在布局中创建视口

03 指定对角点后，即可看到布局中的视口，如图16-34所示。

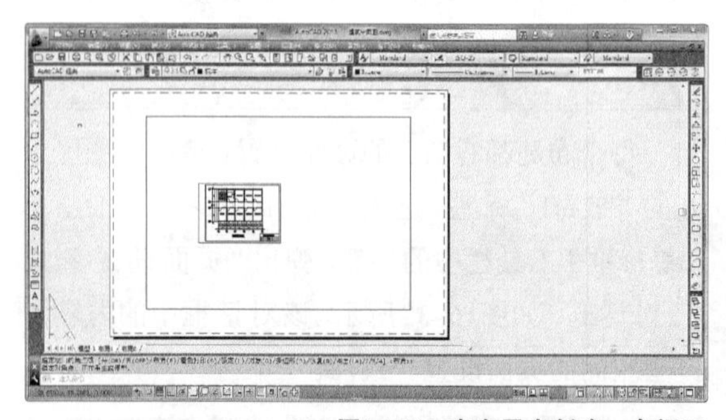

图16-34 在布局中创建一个视口

此时视口还未激活，在命令行输入mspace命令，即可看到视口边线框变为粗线状。

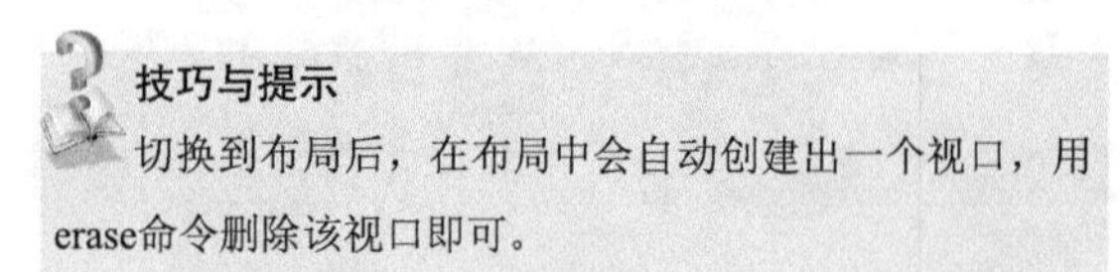

技巧与提示

切换到布局后，在布局中会自动创建出一个视口，用erase命令删除该视口即可。

2. 调整比例

选择视口边界单击鼠标右键，在“特性”面板中将“标准比例”设置为1:100，结果如图16-35所示。

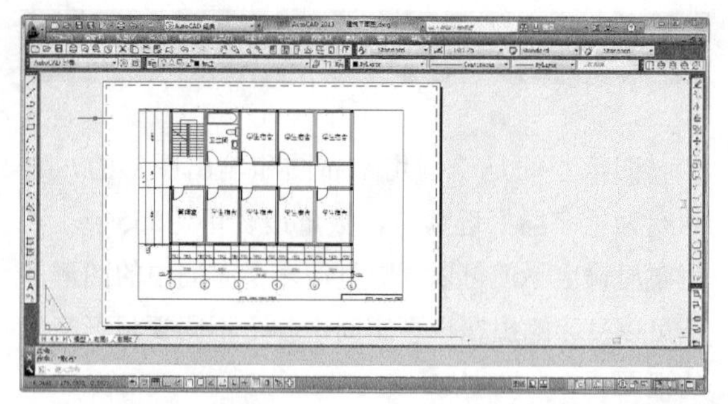

图16-35 改变比例

选择“文件”→“打印”菜单命令，弹出“打印－布局1”对话框，可进行预览和打印。

技巧与提示

在状态栏中的视口比例中选择“自定义”项，在弹出的“编辑比例列表”对话框中可单击“添加”按钮，可添加新的比例。

16.5.4 多个视口的打印输出

如果想要在同一张图纸上打印出图形的不同比例时的显示状态，可以通过在布局的主视口中再开一个视口来实现。

操作步骤

01 将“视口层”图层设置为大当前层。

02 单击“布局2”选项卡进入布局，选择“视图”→“视口”→“单个视口”菜单命令，在布局中指定一个矩形视口。

03 选中视口边框，单击鼠标右键，选择“特性”命令，在“特性”面板中设置“标准比例”为1:200，结果如图16-36所示。

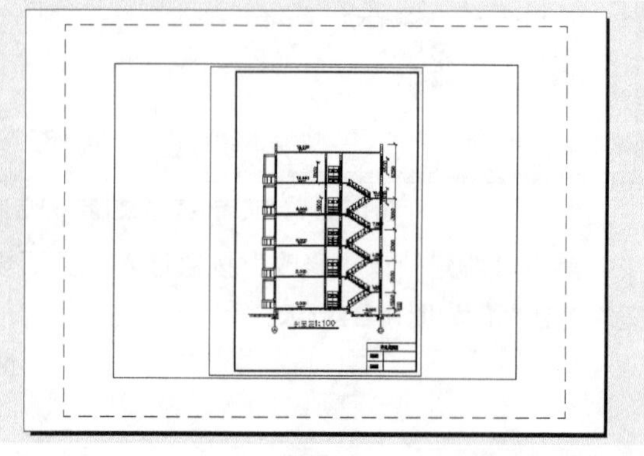

图16-36 设置视口比例为1:200

04 单击“绘图”工具栏中的按钮，设置线型颜色为红色，在上面创建的视口中绘制一个小矩形。

05 选择“视图”→“视口”→“对象”菜单命令，选择小矩形，即可看到一个以小红矩形为边框的视口，设置其比例为1:50。

06 在命令行输入mspace命令，即可激活小矩形视口，视口边框变为粗红色，如图16-37所示。

07 单击“标准”工具栏中的按钮，按住鼠标左键实时平移小红矩形视口中的图形对象，结果如图16-38所示。

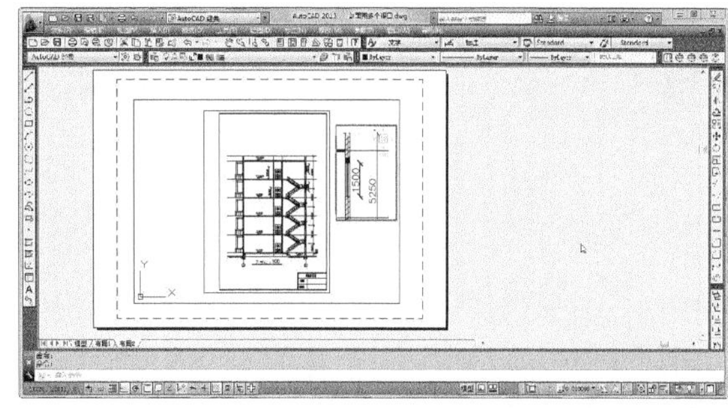

图16-37 在单个视口中再开一个视口

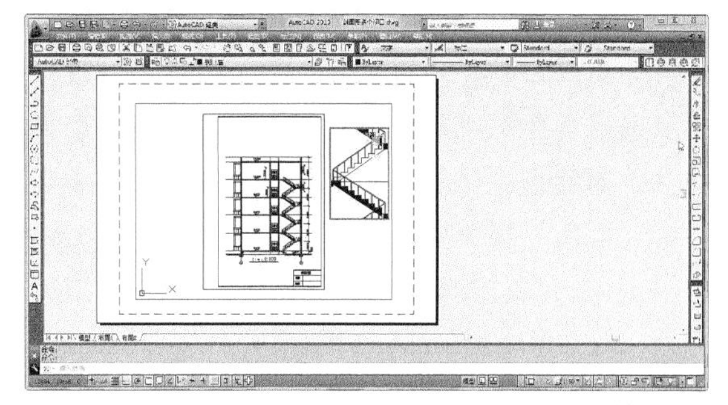

图16-38 在同一布局中的不同比例显示

16.6 利用Internet打开和保存图形文件

文件输入和输出命令可以识别任何指向 DWG 文件的有效统一资源定位器 (URL) 路径。

用户可以使用AutoCAD在Internet上打开和保存文件。AutoCAD文件输入和输出命令（open、export等）可以识别任何指向AutoCAD文件的有效URL 路径。指定的图形文件被下载到用户的计算机上并在 AutoCAD 绘图区域中打开。然后，用户可以编辑并保存图形，图形既可以保存在本地，也可以保存在Internet或Intranet上，具有足够访问权限的位置。

16.6.1 打开图形

1. 命令功能

可以使用 AutoCAD 在 Internet 上打开图形文件。

2. 命令调用

（1）命令行：在命令行输入open命令。

（2）工具栏：单击图标。

（3）菜单栏：选择“文件”→“打开”菜单命令。

在输入命令后，显示“选择文件”对话框，如图16-39所示。

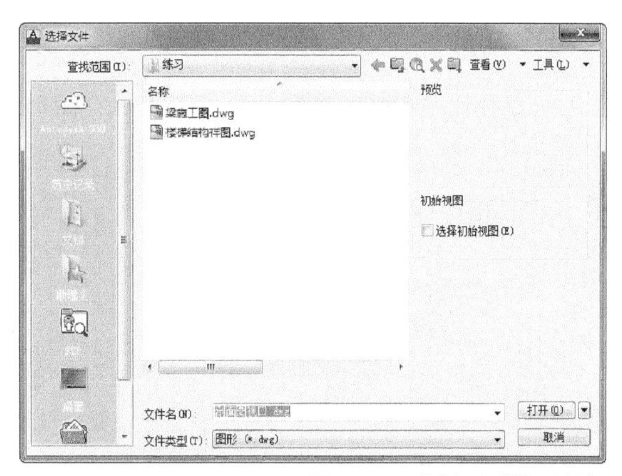

图16-39 “选择文件”对话框

可以打开和加载局部图形，包括特定视图或图层中的几何图形。在“选择文件”对话框中，单击“打开”旁边的箭头，然后选择“局部打开”或“以只读方式局部打开”，将显示“局部打开”对话框，如图16-40所示。

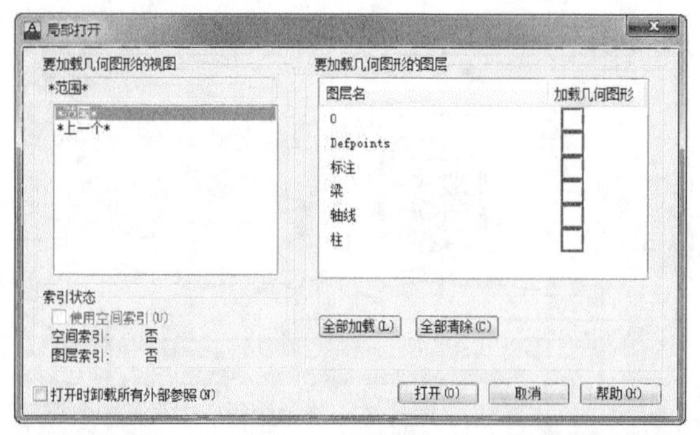

图16-40 "局部打开"对话框

如果已知要打开的文件的URL，则可以直接在"选择文件"对话框中输入。也可以在"选择文件"对话框中浏览已定义的FTP站点或Web文件夹，使用"浏览Web"对话框定位到存储文件的 Internet 位置，或使用"选择文件"或"图形另存为"对话框中的Buzzsaw图标访问由Autodesk、Buzzsaw开设的工程协作站点。

技巧与提示

要用Internet打开图形时，必须输入超文本传输协议或文件传输协议（例如 http:// 或 ftp://）和要打开的文件的扩展名（例如 .dwg 或 .dwt）

16.6.2 保存图形

1. 命令功能

可以使用 AutoCAD 在 Internet 上保存图形文件。

2. 命令调用

（1）命令行：在命令行输入save命令。

（2）工具栏：单击图标。

（3）菜单栏：选择"文件"→"另存为"菜单命令。

在输入命令后，显示"选择文件"对话框，如图16-41所示。

可以在"文件名"中输入该文件的 URL。必须输入文件传输协议或超文本传输协议（例如 ftp:// 或 http://）和要保存的文件的扩展名（例如 .dwg 或 .dwt）。将文件保存到指定位置时必须拥有访问权限。最后从"文件类型"列表中选择文件格式。单击"保存"按钮完成保存操作。

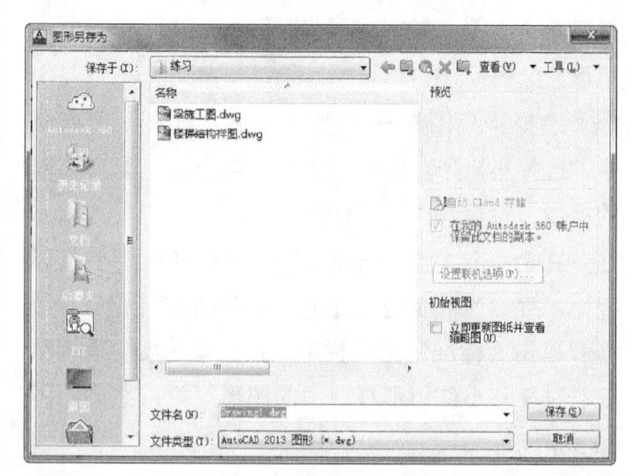

图16-41 "图形另存为"对话框

16.6.3 使用外部参照

1. 命令功能

将图形作为外部参照附着时，会将该参照图形链接到当前图形；打开或重载外部参照时，对参照图形所做的任何修改都会显示在当前图形中。

一个图形可以作为外部参照同时附着到多个图形中。反之，也可以将多个图形作为参照图形附着到单个图形。

2. 命令调用

（1）命令行：在命令行输入xattach命令。

（2）菜单栏：选择"插入"→"外部参照"菜单命令，单击"附着"按钮。

执行该命令后，系统弹出如图16-42所示的对话框。选择要附着的外部参照名称即可完成外部参照。

图16-42 "外部参考"对话框

16.7 使用电子传递功能

1. 命令功能

使用电子传递，可以打包要进行 Internet 传递的文件集。传递包中的图形文件会自动包含所有相关的依赖文件，例如外部参照和字体文件。

还可以归档图纸集，一边在项目周期中的最佳时间点以及项目结束时保存项目数据。与将项目复制到另一个文件夹相比，归档项目数据能够将由多版本过时图形文件保管的错误所带来损失的风险降到最低。

2. 命令调用

（1）命令行：在命令行输入etransmit命令。

（2）菜单栏：选择“文件”→“电子传递”菜单命令。

执行该命令后，系统弹出“创建传递”对话框，如图16-43所示。

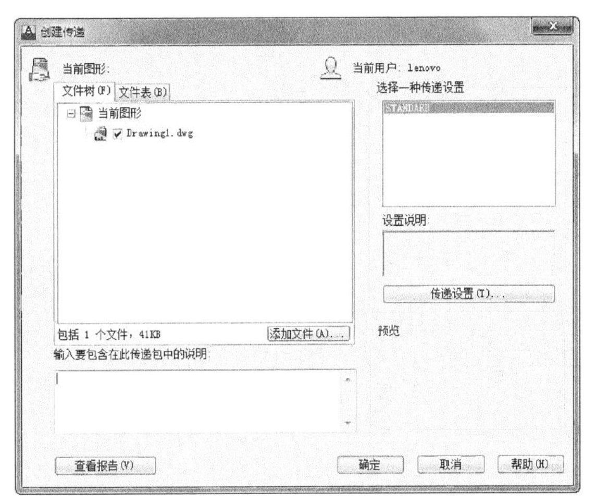

图16-43　“创建传递”工具栏

各项功能说明如下。

（1）“文件树”选项卡。以层次结构树的形式列出要包含在传递包中的文件。默认情况下，将列出与当前图形相关的所有文件（例如相关的外部参照、打印样式和字体）。用户可以向传递包中添加文件或从中删除现有文件。传递包不包含由 URL 引用的相关文件。

要传递的图形按以下类别列出。

① 图纸图形。列出与图纸集关联的图形文件。

② 图纸集文件。列出与图纸集关联的支持文件。

③ 当前图形。列出与当前图形关联的文件。

④ 用户添加的文件。列出使用“添加文件”选项手动添加的文件。

（2）“文件表”选项卡。以表格的形式显示要包含在传递包中的文件。默认情况下，将列出与当前图形相关的所有文件（例如相关的外部参照、打印样式和字体）。用户可以向传递包中添加文件或从中删除现有文件。传递包不包含由 URL 引用的相关文件。

（3）添加文件。打开一个标准的文件选择对话框，从中可以选择要包括在传递包中的其他文件。此按钮在“文件树”选项卡和“文件表”选项卡上都可用。

（4）输入要包含在此传递包中的注释。用户可在此输入与传递包相关的注释。这些注释被包括在传递报告中。通过创建 ASCII 文件，可以指定要包含在所有传递包中的默认注解样板，ASCII 文件的名为 etransmit.txt。保存此文件的位置必须使用“选项”对话框中的“文件”选项卡上的“支持文件搜索路径”选项进行指定。

（5）选择传递设置。列出之前保存的传递设置。默认传递设置命名为 STANDARD。单击以选择其他传递设置。要创建一个新的传递设置或修改列表中现有的传递设置，请单击“传递设置”，单击鼠标右键，显示具有若干选项的快捷菜单。

（6）传递设置。显示“传递设置”对话框，如图16-44所示，从中可以创建、修改和删除传递设置。

图16-44　“传递设置”对话框

（7）查看报告。显示包含在传递包中的报告信息。包括用户输入的所有传递注解，以及自动生成的分发注解，详细介绍了使传递包正常工作所需采取的步骤。例如，如果在一个传递图形中检测到SHX 字体，系统将说明将这些文件复制到什么位置才能在安装传递软件包的系统上检测到它们。如果创建了默认注释的文本文件，则注释也将包含在报告中。

16.8 图形的超链接

1. 命令功能

“超链接”提供了一种简单而有效的方式，可快速地将各种文档（例如其他图形、BOM 表或工程计划）与图形相关联。

超链接是在图形中创建的指针，用于提供跳转到关联文件的功能。例如，可以创建一个超链接以启动字处理程序并打开特定文件，或者激活 Web 浏览器并加载特定的 HTML 页面。也可以在文件中指定要跳转至的命名位置，例如图形文件中的视图或字处理程序中的书签。可以将超链接附着到AutoCAD 图形中的任意图形对象上。

2. 命令调用

（1）命令行：在命令行输入hyperlink命令。

（2）菜单栏：选择“插入”→“超链接”菜单命令。

执行该命令后，系统提示如下。

选择对象：选择对象以后系统弹出“创建传递”对话框，如图16-45所示。

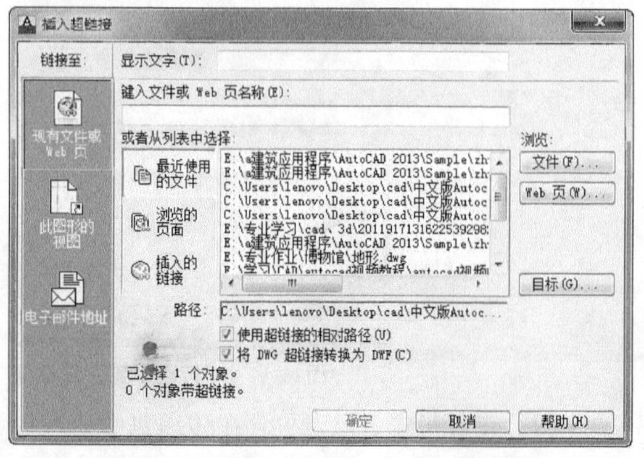

图16-45　“插入超链接”对话框

对话框中主要选项功能如下。

（1）“显示文字”：指定超链接的说明。当光标移动到附着有链接的对象上时，除光标变为链接图标外，还会在图标底部显示该说明。当文件名或 URL 对识别所链接文件的内容不是很有帮助时，此说明很有用。

（2）“现有文件或 Web 页”选项卡：创建到现有文件或 Web 页的超链接。

①键入文件或 Web 页名称：指定要与超链接关联的文件或 Web 页。该文件可存储在本地、网络驱动器或者Internet或Intranet上。

②最近使用的文件：显示最近链接的文件列表，可从中选择一个进行链接。

③浏览的页面：显示最近浏览过的 Web 页列表，可从中选择一个进行链接。

④插入的链接：显示最近插入的超链接列表，可从中选择一个进行链接。

⑤文件：打开“浏览 Web - 选择超链接”对话框（标准的文件选择对话框），从中可以浏览到需要与超链接相关联的文件。

⑥Web 页：打开浏览器，从中可导航到要与超链接关联的 Web 页。

⑦目标：单击该按钮，系统弹出“选择文档中的位置”对话框，如图16-46所示。可从中选择链接到图形中的命名位置。

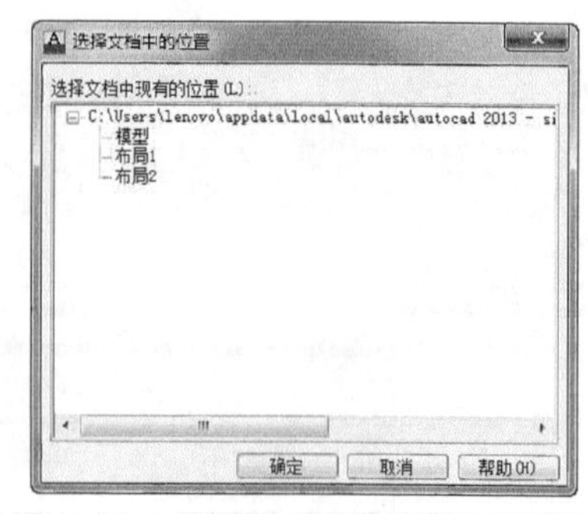

图 16-46　“选择文档中的位置”对话框

⑧路径：显示与超链接关联的文件的路径。如果选择了“超链接使用相对路径”，则只列出文件名。如果不选择“超链接使用相对路径”，则列出文件名和完整的文件路径。

⑨超链接使用相对路径：为超链接设置相对路径。如果选择此选项，链接文件的完整路

径并不和超链接一起存储。将相对路径设置为HYPERLINKBASE系统变量指定的值，如果未指定HYPERLINKBASE的值，则将相对路径设置为当前图形路径。如果没有选择此选项，则关联文件的完整路径和超链接一起存储。

⑩将DWG超链接转换为DWF：指定将图形发布或打印到DWF文件时，DWG超链接将转换为DWF文件超链接。

（3）“此图形的视图”选项卡（“插入超链接”对话框）如图16-47所示。

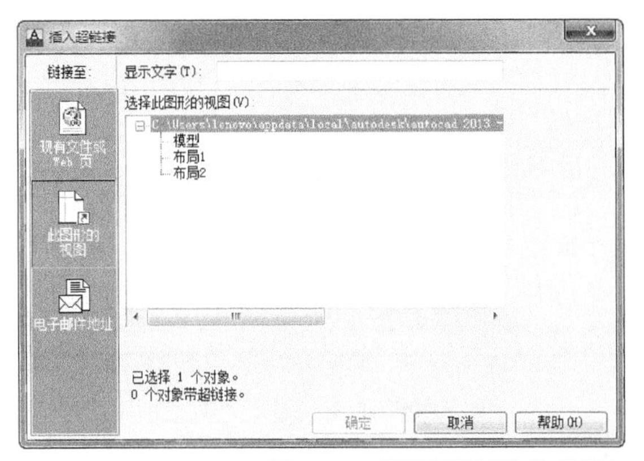

图16-47　“此图形的视图”选项卡

指定当前图形中链接目标命名视图。

选择此图形的视图：显示当前图形中命名视图的可扩展树状图，从中可选择一个进行链接。

（4）“电子邮件地址”选项卡：指定链接目标电子邮件地址。执行超链接时，将使用默认的系统邮件程序创建新邮件，（“插入超链接”对话框）如图16-48所示。

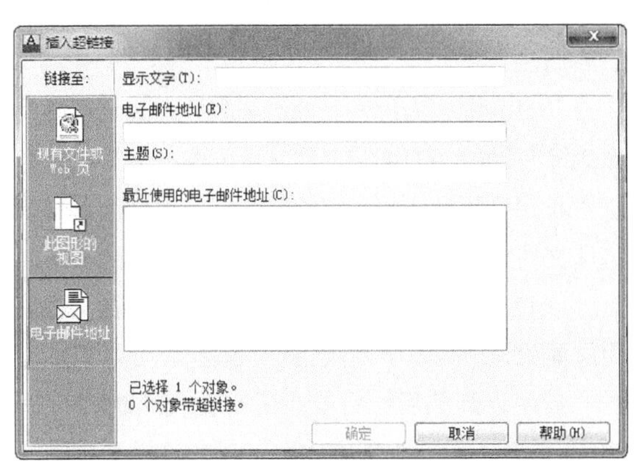

图16-48　“电子邮件地址”选项卡

①电子邮件地址：指定电子邮件地址。

②主题：指定电子邮件的主题。

③最近使用的电子邮件地址：列出最近使用过的电子邮件地址，可从中选择一个用于超链接。

16.9　图形发布

1. 命令功能

提供了一种简单的方法来创建图纸图形集或电子图形集。

电子图形集是打印的图形集的数字形式。可以通过将图形发布为DWF或DWFx文件来创建电子图形集。

通过图纸集管理器可以发布整个图纸集。只需单击鼠标，即可通过将图纸集发布为单个多页DWF或DWFx文件来创建电子图形集。

2. 命令调用

（1）命令行：在命令行输入publish命令。

（2）工具栏：单击“发布”按钮。

（3）菜单栏：选择“文件”→“发布”菜单命令。

执行该命令后，系统弹出发布对话框，如图16-49所示。

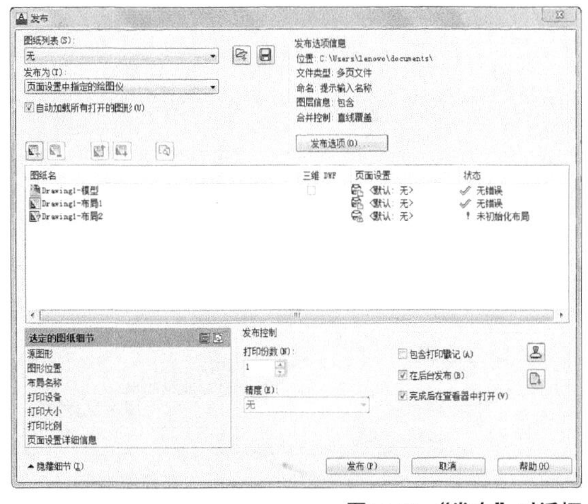

图16-49　“发布”对话框

对话框中主要功能选项如下。

（1）图纸名：由用虚线(-)连接的图形名和布局名组成。如果选中了“添加图纸时包含模型选项卡”，则只包括“模型选项卡”。可以通过在快捷菜单上选择“复制所选图纸”复制图纸。可以通过在快捷菜单上选择“重命名图纸”更改“图纸名”中显示的名称。在单个DWF或DWFx文件中，图纸名必须唯一。快捷菜单也提供了从列表中删除所有图纸的选项。

（2）页面设置/三维DWF：显示图纸的命名页面设置。可以通过单击页面设置名称，然后从列表中选择另一个页面设置来更改页面设置。只有“模型”选项卡页面设置可以应用于“模型”选项卡图纸，只有图纸空间页面设置可以应用于图纸空间布局。在“输入用于发布的页面设置”对话框（标准文件选择对话框）中选择“输入”，从另一个 DWG 文件中输入页面设置。

可以选择将模型空间图纸的页面设置设置为“三维DWF”或“三维DWFx”。“三维DWF”选项对于图纸列表中的布局项不可用。

（3）状态：将图纸加载到图纸列表时显示图纸状态。

（4）添加图纸：弹出显示“选择图形”对话框如图16-50所示，从中可以选择要添加到图纸列表的图形。将从这些图纸文件中提取布局名，并在图纸列表中为每个布局和模型添加一张图纸。图纸的初始名称由基础图形名和布局名（或单词Model）组成，中间用虚线 (-) 隔开。

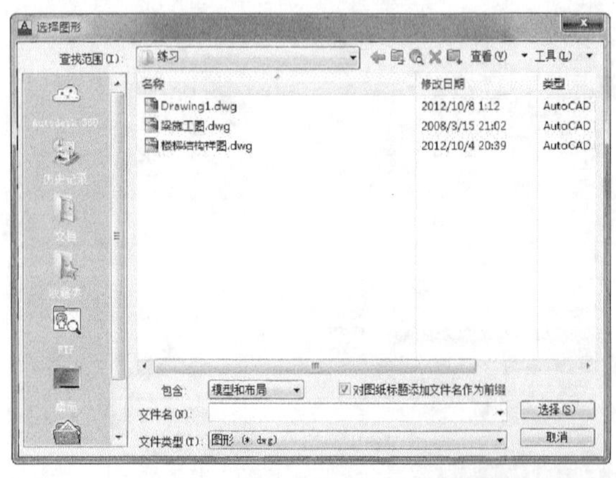

图16-50　“选择图形”对话框

（5）删除图纸：从图纸列表中删除当前选定的图纸。

（6）上移图纸：将列表中的选定图纸上移一个位置。

（7）下移图纸：将列表中的选定图纸下移一个位置。

（8）图纸列表：弹出显示“加载图纸列表”对话框如图16-51所示，从中可以选择要加载的DSD 文件或BP3（批处理打印）文件。如果“发布图纸”对话框中列有图纸，将显示“替换或附加”对话框。用户可以用新图纸替换现有图纸列表，也可以将新图纸附加到当前列表中。

图16-51　“加载图纸列表”对话框

（9）保存图纸列表：显示“列表另存为”对话框，从中可以将当前图形列表另存为DSD文件。DSD文件用于说明这些图形文件列表及其中的选定布局列表。

（10）添加图纸时包括指定添加图纸时，是否将图形中包含的模型和布局添加到图纸列表中，必须至少选择一个选项卡。

①模型选项卡：指定添加图纸时是否包含模型。

②布局选项卡：指定添加图纸时是否包含所有布局。

（11）发布为：发布图纸列表的方式。可以发布为多页DWF或DWFx文件（电子图形集），也可以发布到页面设置中指定的绘图仪（图纸图形集或打印文件集）。

（12）页面设置中指定的绘图仪 ：表明将使用页面设置中为每张图纸指定的输出设备。

启用该开关后，将发布所有非三维DWF或三维DWFx项。设置为三维DWF的项将在“要发布的图纸”列表的“状态”列中标记警告信息。

（13）发布选项：打开“发布选项”对话框，如图16-52所示，从中可以指定发布选项。

16-52　**“发布选项”对话框**

（14）隐藏细节：显示或隐藏“选定的图纸信息”和“选定的页面设置信息”区域。

（15）选定的图纸细节：显示所选图纸的以下信息：源图形、图形位置和布局名称。

（16）选定的页面设置信息：显示所选页面设置的以下信息，包括打印设备、打印大小、打印比例和页面设置详细信息。

16.10　网上发布

1. 命令功能

网上发布可以使用户方便快速地创建格式化的Web页，该Web页包含有AutoCADCAD图形的DWG、PNG或JEPG图像，用户可以将它们发到Internet上。

2. 命令调用

(1) 命令行：在命令行输入publishtoweb命令。

（2）菜单栏：选择“文件”→“网上发布”菜单命令。

执行该命令后，系统弹出网上发布向导对话框，如如16-53所示。

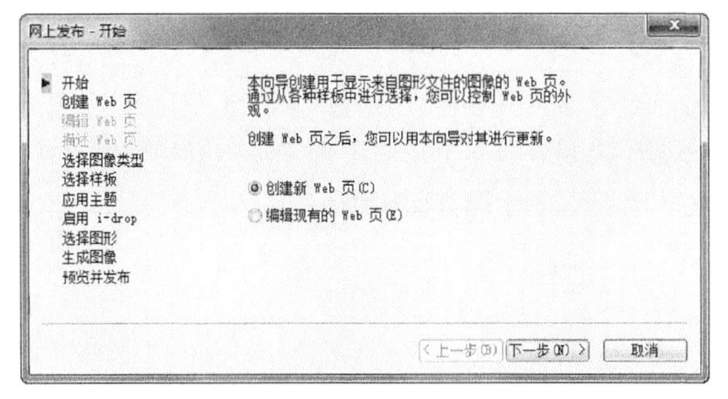

图16-53　“网上发布-开始”对话框

单击“下一步”按钮，弹出“网上发布-创建Web页”对话框，如图16-54所示。

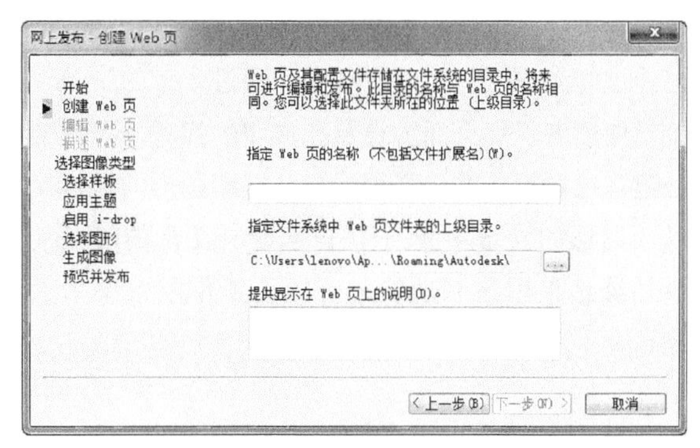

图16-54　“网上发布-创建Web页”对话框

在此对话框中可以添加Web页的名称和显示在Web页上的说明。添加完成后，单击“下一步”按钮出现“选择图形类型”对话框，如图16-55所示。

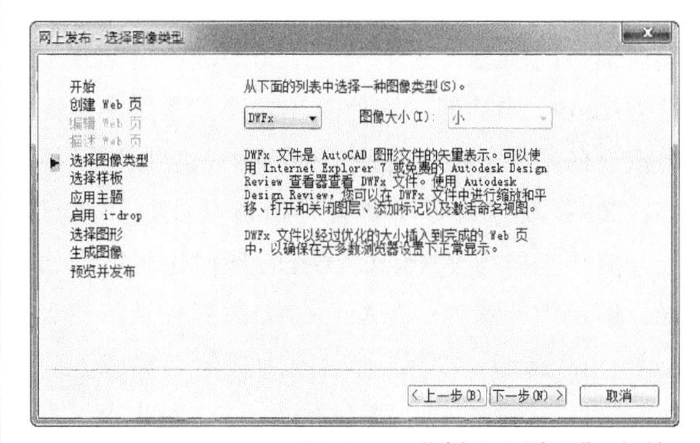

图16-55　“选择图形类型”对话框

接下来按向导提示依次出现选择样板、应用主题、启用i-drop、选择图形、生成图像、预览并发布对话框，完成Web的创建。

16.11　小结

AutoCAD不仅允许将所绘图形以不同样式通过绘图仪或打印机输出，还能够将不同格式的图形导入AutoCAD或将AutoCAD图形以其他格式输出，增强了灵活性。因此，当图形绘制完成之后可以使用多种方法将其输出。本章主要介绍了图形在最后打印和输出时的操作和应注意的问题，以及网络连接的相关问题。

二维和三维图形在图纸上的打印时绘制建筑图形的目标也是完成施工和建设的必要前提，同时图纸文档的创建、传递和发布也是建筑设置着和图纸管理者的重要工作内容。本章介绍的AutoCAD专门提供的图纸空间的布局选项卡和图纸管理器能够使这些工作变得简单、有序。通过本章的学习，希望使读者了解页面的设置和打印的样式，布局的创建，绘图设备的选择和配置，打印图形的设置，以及图形的发布功能。 在自己绘制图形的时候能够熟练地使用这些功能，必能使工作的效率大大提高。

操作技巧

1. AutoCAD在XP操作系统下打印时出现致命错误怎么办？

答：这跟AutoCAD 2002及以上版本使用打印戳记有关。在2000版时，增补的打印戳记功能就有很多的BUG，这个功能在2002版本后就直接做为AutoCAD功能。该功能在98操作系统中是完全没有问题的，但在有些XP系统中就会出错。所以在XP系统中最好不要去开启该功能。如果已经开启该功能而使AutoCAD在打印时出现致命错误，解决的方法为：在AutoCAD的根目录下找到AcPltStamp.arx文件，把它改为其他名称或删除掉，这样再进行打印就不会再出错了，但也少了打印戳记的功能。

2. 怎样对两个图进行对比检查？

答：可以把其中一个图做成块，并把颜色改为一种鲜艳颜色，如黄色，然后把两个图重迭起来，若有不一致的地方就很容易看出来。

3. 在模型空间里画的是虚线，打印出来也是虚线，但在布局里打印出来就变成实线了？在布局里怎么打印虚线？

答：可能是因为改变了线形比例，同时是采用的“比例到图纸空间”的方法（这是CAD的默认方法）。在线形设置对话框中把“比例到图纸空间”前的钩去掉。

4. 怎样扩大绘图空间？

答：（1）提高系统显示分辨率。

（2）设置显示器属性中的“外观”，改变图标、滚动条、标题按钮、文字等的大小。

（3）去掉多余部件，如屏幕菜单、滚动条和不常用的工具条。去掉屏幕菜单、滚动条可在“preferences”对话框“Display”页，“Drawing Window Parameters”选项中进行选择。

（4）设定系统任务栏自动消隐，把命令行尽量缩小。

（5）在显示器属性“设置”页中，把桌面（desktop）大小设定大于屏幕（screen）大小的1～2个级别，便可在超大的活动空间里绘图了。

5. 图形的打印技巧？

答：由于没有安装打印机或想用别人高档打印机输入AutoCAD图形，需要到别的计算机去打印AutoCAD图形，但是别的计算机也可能没安AutoCAD，或者因为各种原因（例：AutoCAD图形在别的计算机上字体显示不正常，通过网络打印，网络打印不正常等），不能利用别的计算机进行正常打印，这时，可以先在自己计算机上将AutoCAD图形打印到文件，形成打印机文件，然后，再在别的计算机上用DOS的复制命令将打印机文件输出到打印机，方法为：copy ＜打印机文件＞ prn /b，须注意的是，为了能使用该功能，需先在系统中添加别的计算机上特定型号打印机，并将它设为默认打印机，另外，复制后不要忘了在最后加 / b，表明以二进制形式将打印机文件输出到打印机。

6. 怎样打印粗细线？

答： AutoCAD粗细线可直接在图形中设置，也就是使用线宽来设置。可以在线宽设置对话框中将线宽的默认值设置为0.25mm，这也就意味着在图形中所有未设置过线宽的图元都为0.25mm的线宽。图形是否显示线宽可以在状态栏中单击“线宽”进行切换，该状态不影响图形打印时的线宽控制。以上的设置都正确，但有时还不能打印粗细线，因为打印对话框中还有一项线宽的设置，也就是在打印选项的右下角有一项“是否输出线宽”，这一项要选中才能打印粗细线。

16.12　练习

一、选择题

1. 在“图样空间”中，一个单位表示打印在图纸上的距离，单位可以是（　　）。

A．尺　　B．厘米

C．英尺　　D．毫米或英寸

2. 默认情况下，新图形最开始有（　　）个布局选项卡。

A．1　　B．2

C．3　　D．4

3. 在AutoCAD中，可以实现“模型空间”和“图样空间”的转换的方法（　　）。

A．用鼠标左键，双击图形窗口下面的“模型”或“布局”按钮

B．用鼠标右键，单击图形窗口下面的“模型”或“布局”按钮

C．用鼠标右键，双击图形窗口下面的“模型”或“布局”按钮

D．以上说法都不对

4. 在AutoCAD 2013中，可以创建多个布局，每个布局都代表（　　）张单独的打印输出图纸。

A．1　　B．2

C．3　　D．4

5. 下面说法正确的是（　　）。

A．可以单击要重命名的布局的“布局”选项卡，然后直接为布局输入新名称

B．可以双击要重命名的布局的“布局”选项卡，然后直接为布局输入新名称

C．可以复制“模型”选项卡

D．可以重命名“模型”选项卡

二、填空题

1. AutoCAD中有两种不同的工作环境，一种是（　　），另一种是（　　）。

2. 在“模型”选项卡上，可以查看并编辑模型空间对象。十字光标在（　　）绘图区域都处于激活状态。

3. 图形打印方向分为纵向、横向和反向3个选项共4种组合，在建筑设计中通常选择（　　）打印。

4. 在布局中也可以创建多个视口，每个视口可作为独立的图形对象进行操作，可规划、排列、调整这些视口以满足不同的工程设计要求。视口可重叠，称这种“视口”为（　　）。

5. （　　）空间是图纸布局环境，可以指定打印设备，确定相应的图纸尺寸和图形的打印方向，选择布局中使用的标题栏或确定视口设置。

三、上机操作题

1. 打开如图16-56所示的“图纸.dwg”图形，利用“打印-模型”对话框进行打印配置并预览，效果如图16-56所示。

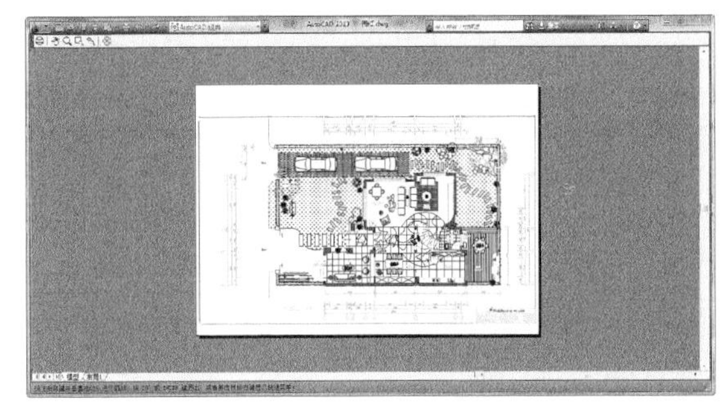

图16-56　“图纸”打印预览

2. “新建布局”命令创建新布局，效果如图16-57所示。

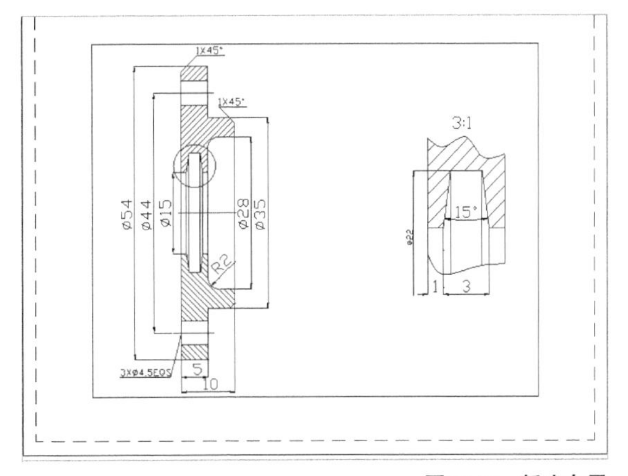

图16-57　新建布局

3. 画一任意图形，如图16-58所示，然后单击“布局2”选项卡进入布局，选择“视图”→“视口”→“单个视口”菜单命令，如图16-59所示。

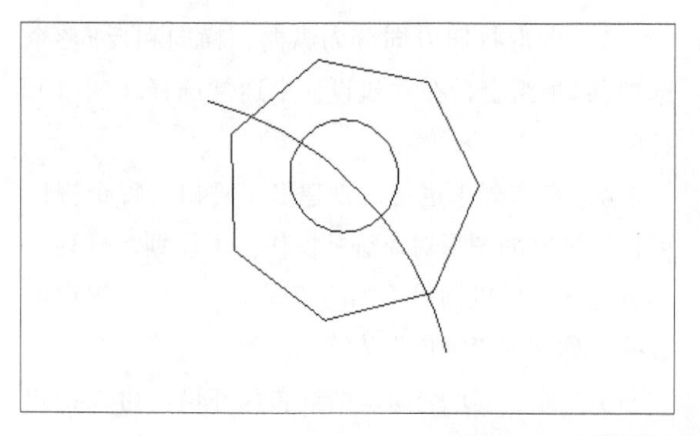

图16-58　任意图形

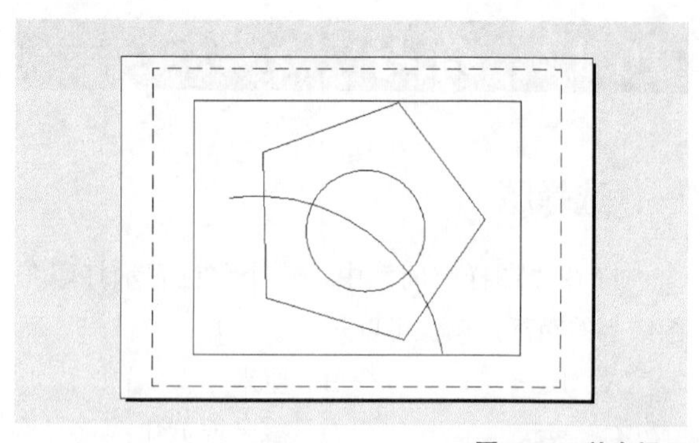

图16-59　单个视口

4. 画一任意图形，如图16-58所示，利用“视图”→“视口”→“三个视口”命令，获得最终效果如图16-60所示。

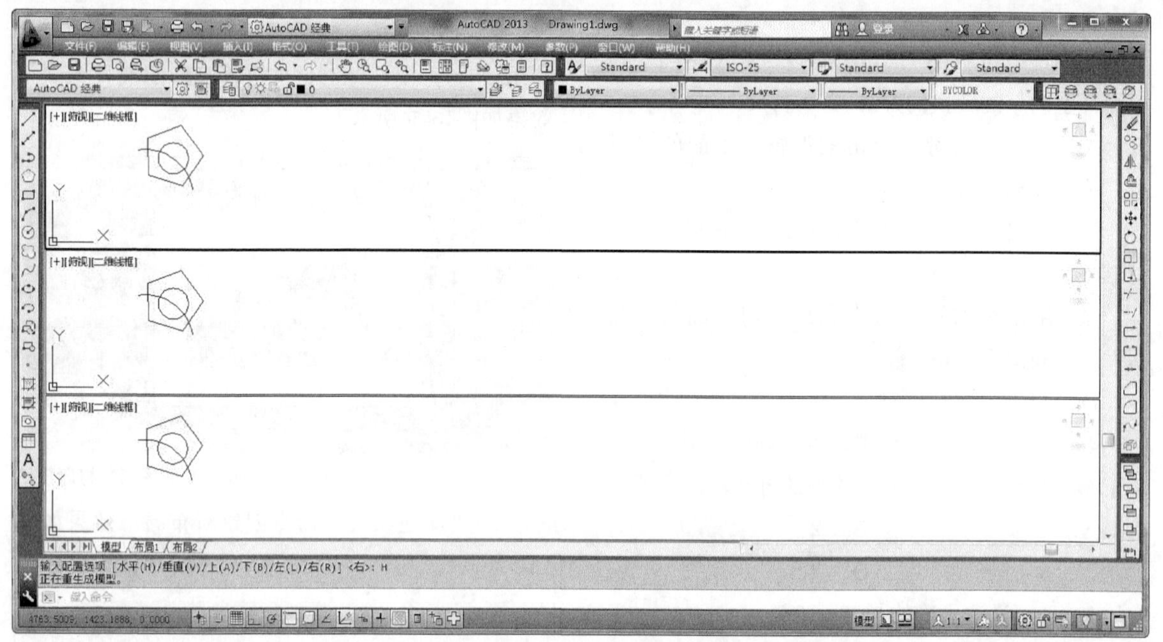

图16-60　多个视口

Auto CAD快捷键

AutoCAD 快捷键

快捷键	执行命令	命令说明
A	DARRAY	三维阵列
DO	DORBIT	三维动态观察器
F	DFACE	三维表面
P	DPOLY	三维多段线
A	ARC	圆弧
ADC	ADCENTER	AutoCAD设计设计中心
AA	AREA	面积
AL	ALIGN	对齐（适用于二维和三维）
AP	APPLOAD	加载、卸载应用程序
AR	ARRAY	阵列
*AR	*ARRAY	命令式阵列
ATT	ATTDEF	块的属性
*ATT	*ATTDEF	命令式块的属性
ATE	ATTEDIT	编辑属性
ATE	*ATTEDIT	命令式编辑属性
ATTE	*ATTEDIT	命令式编辑属性
B	BLOCK	对话框式图块建立
*B	*BLOCK	命令式图块建立
BH	BHATCH	对话框式绘制图案填充
BO	BOUNDARY	对话框式封闭边界建立
*BO	*BOUNDARY	命令式封闭边界建立
BR	BREAK	打断
C	CIRCLE	圆
CHA	PROPERTIES	对话框式对象特情修改
*CH	CHANGE	命令式特性修改
CHA	CHAMFER	倒角
COL	COLCR	对话框式颜色设定
COLOUR	COLCR	对话框式颜色设定
CO	COPY	复制
D	DIMSTYLE	尺寸样式设定
DAL	DIMALIGNED	对齐式线性标注
DAN	DIMANGULAR	角度标注
DBA	DIMBASELINE	基线式标注
DBC	DBCONNECT	提供到外部数据库表的接口
DCE	DIMCENTER	圆心标记
DCO	DIMCONTINUE	连续式标注
DDA	DIMDISASSOCIATE	标注不关联
DDI	DIMDIAMETER	直径标注
DED	DIMEDIT	尺寸修改
DI	DIST	测量两点间距离

附录　课后练习题答案

第一章

一、选择题

1. B　2．A　3．B　4．ABCD　5．D

二、填空题

1．Computer Aided Design计算机辅助设计

2．标题栏、菜单栏、工具栏、命令提示行、绘图区、状态栏、十字光标、坐标系图标、面板

3．拾取点、选择对象

4．在命令行中输入命令全称或简称、用鼠标选择一个菜单命令、单击工具栏中的命令按钮

5．工具按钮、一些功能控件

6．绘图区

第二章

一、选择题

1．C　2．AB　3．ABCDEF　4．A　5．BD

二、填空题

1．世界坐标系(WCS)。　2．1：1

3．“0”　4．鸟瞰视图

5．对象捕捉、对象捕捉

第三章

一、选择题

1．BD　2．ACD　3．BC　4．B　5．D

二、填空题

1．圆环、椭圆弧

2．定数等分、定距等分

3．样条曲线

4．定数等分或定距等分

5．比例

第四章

一、选择题

1．A　2．ABCD　3．C　4．ABCD　5．C

二、填空题

1. 固定　2. 阵列　3. 不会　4. 可以　5. 0、1

第五章

一、选择题

1．C　2．A　3．C　4．C

二、填空题

1. Standard

2. “文字格式”工具栏、“文字输入”窗口

3. 尺寸文字、尺寸线、尺寸界线和尺寸起止符号

4. “ByBlock”

5. 基线、基线

第六章

一、选择题

1．A　2．D　3．C　4．D　5．C

二、填空题

1. 世界坐标系WCS、用户坐标系UCS

2. 右手定则　3. 轴测

4. 在旋转方向上、绘制的网格线数目进行等分

5. 直线和多段线　6. 两个或多个

第七章

一、选择题

1．C　2．A　3．C　4．D　5．B

二、填空题

1．它除了在x轴，y轴方向的阵列数和距离外，在z轴方向上也具有阵列数

2．拉伸面

3．表面，可删除的表面包括内表面、圆角和倒角等

4．分割　　5．倒斜角

第八章

一、选择题

1．A　2．C　3．D

二、填空题

1．无界限的状态下，不设置图形界限

2．“.dwt”

3．包括建筑构配件详图和剖面节点详图

4．1:500，1:1 000

5．征地红线、围墙线、建筑物控制线

第九章

一、判断题

1．正确　2．正确　3．错误　4．正确

二、填空题

1. 平面图

2. 墙体、柱、门、窗、楼梯、阳台、台阶、厨卫洁具、室内布置、散水、雨蓬、花台、尺寸标注、轴线和说明文字等辅助图素

3. 首层平面图、标准（或中间）层平面图、顶层平面图

4. 施工放线、墙体砌筑、门窗安装、室内装修

第十章

一、选择题

1．C　2．A　3．D

二、判断题

1．×　2．√　3．×

三、填空题

1．索引颜色、真色彩、配色系统

2．尺寸线　3．箭头

第十一章

一、选择题

1．D　2．C　3．C

二、判断题

1．√　2．×　3．√

三、填空题

1．选择样板　2．0　3．线

第十五章

一、选择题

1．A　2．A　3．B

二、判断题

1．正确　2．正确　3．正确

三、填空题

1．半剖视图　2．图层过滤器　3．镜象

第十六章

一、选择题

1．D　2．B　3．B　4．A　5．B

二、填空题

1．模型空间、图样空间　2．整个

3．横向　4．浮动视口　5．图样